ENCYCLOPÉDIE

MÉTHODIQUE,

OU

PAR ORDRE DE MATIÈRES;

PAR UNE SOCIÉTÉ DE GENS DE LETTRES, DE SAVANS ET D'ARTISTES;

Précédée d'un Vocabulaire univerſel *, ſervant de Table pour tout l'Ouvrage, ornée des Portraits de* MM. DIDEROT & D'ALEMBERT, *premiers* Éditeurs *de l'*Encyclopédie.

60

Z

ENCYCLOPÉDIE
MÉTHODIQUE.

HISTOIRE NATURELLE.
TOME QUATRIEME.
INSECTES.

A PARIS,

Chez PANCKOUCKE, Libraire, hôtel de Thou, rue des Poitevins.

A LIÈGE,

Chez PLOMTEUX, Imprimeur des États.

M. DCC. LXXXIX.

AVEC APPROBATION, & PRIVILEGE DU ROI.

QUATRIEME DISCOURS.

*De la manière d'observer, de ramasser les insectes, d'en faire une collection ;
de la faire passer d'un lieu à un autre, & de la conserver.*

LA plupart des personnes qui font des collections d'insectes se bornent à en ramasser les différentes espèces, à les préparer & les conserver chacun à sa manière. Cette occupation peut faire connoître les espèces différentes; mais il n'en résulte aucune instruction sur l'histoire des insectes, ni en général, ni en particulier, sur leur rapport avec les autres insectes, les autres animaux & les différentes productions de la nature. Cependant ce sont ces rapports des objets les uns avec les autres, qu'il est le plus intéressant & le plus satisfaisant de connoître, & c'est à proportion qu'on les connoît mieux, en plus grand nombre, qu'on est plus avancé dans l'étude de la nature. Il ne suffit donc pas de ramasser les objets, & en particulier les insectes : ce premier soin est indispensable, mais il n'est que la première condition de l'étude qu'on doit se proposer.

Il faut encore comparer les objets entre eux, pour les distinguer, observer les habitudes des animaux, pour connoître leur histoire, & enfin les comparer avec les autres productions, pour saisir les rapports qui les rapprochent, ou les différences qui les séparent. C'est sous ces divers points de vue que je me propose de traiter de la manière de ramasser, d'observer les insectes, d'en former & d'en conserver une collection.

On peut ramasser les insectes ou dans leur état de perfection, & c'est ce qu'on fait le plus communément, ou leurs larves, leurs chrysalides & même leurs œufs; dans ce dernier cas on élève les larves dans des boîtes, en leur fournissant ce dont elles ont besoin. Par ce

Histoire Naturelle, Insectes. Tome IV.

moyen on obtient différens avantages : 1°. on a les insectes plus frais dans leur état de perfection; 2°. on a plus de facilité à les observer & à suivre leur manière d'être, mais on connoît moins leur action sur les autres substances; on est moins sûr de leurs habitudes, car la privation de la liberté doit, par rapport aux insectes, comme par rapport aux autres animaux, altérer les habitudes. Ajoutons que le nombre des insectes qu'on peut nourrir en une sorte de domesticité, est fort borné; on ignore, ou on ne peut pas fournir aux autres ce qui leur est nécessaire. Le plus grand avantage qu'on retire du soin d'élever des insectes, est donc de les avoir mieux conservés; mais c'est en les observant en liberté qu'on découvre mieux, qu'on connoît plus sûrement leur manière d'être, leurs rapports avec les autres productions, & qu'on parvient à rendre leur histoire plus complette. Le meilleur est donc de remarquer les lieux où les insectes se sont fixés d'eux-mêmes, de les y observer, de les suivre dans leurs différens états & dans leurs diverses manœuvres.

Cette étude des insectes demande beaucoup de tems & de patience : aussi ne la conseillons nous qu'aux personnes sédentaires, au moins pour quelque tems, dans les endroits où elles observent; les voyageurs ne sauroient la mettre en usage que dans les lieux où ils séjournent, ou plutôt où ils se fixent pour un certain tems. Nous commencerons donc par rapporter ce qu'un observateur libre d'employer tous les momens nécessaires à suivre les insectes, nous paroît devoir se proposer, & ensuite ce que nous croyons possible au voyageur.

De ce que l'observateur, libre de disposer de son tems, doit se proposer en observant les insectes.

1°. Décrire la forme & la couleur de la larve ou du ver, celle de ses parties principales ; 2°. le tems où on la trouve ; depuis quelle saison jusqu'à quelle autre ; sur quelle substance, sous quel climat elle a été observée ; 3°. de quels alimens elle se nourrit ; 4°. ses habitudes & ce qui lui arrive pendant qu'elle conserve la forme de larve : ainsi se cache-t-elle, ou reste-t-elle exposée à la vue, prend-elle de la nourriture tout le jour, ou à certaines heures, &c. ? 5°. combien de fois, pendant le tems qu'elle garde sa première forme, change-t-elle de peau ; à quels végétaux & à quels animaux nuit-elle ; quels sont les dégâts qu'elle occasionne, & sur quels objets, sur quelles parties les exerce-t-elle ; à quelle sorte de danger & d'ennemis est-elle exposée ? 6°. Quand est-elle prête de quitter la forme de larve, où se retire-t-elle, quelles sont les précautions qu'elle prend ? 7°. Au bout de combien de tems, après s'être préparée à devenir chrysalide, passe-t-elle à cet état ?

Suivre la chrysalide comme on a suivi la larve ; la décrire de la même manière ; remarquer ce qui lui arrive, comme changement de couleur, de mollesse dans ses parties, &c. ; au bout de combien de tems elle quitte sa forme, & quels dangers elle a couru pendant qu'elle l'a conservée ?

Par rapport à l'insecte parvenu à son dernier état, le décrire, remarquer la différence qu'il y a entre le mâle & la femelle ; observer les habitudes ; quelle est alors la nourriture de l'insecte ; quels dégâts & de quel genre il peut faire, quels risques il court, quels sont ses mouvemens, sa retraite ; décrire son accouplement, en remarquer la durée, observer ce qui le suit ; le mâle périt-il peu après, & au bout de combien de tems, ou bien survit-il jusqu'à la ponte de la femelle, & répand-il une liqueur sur les œufs ; en quels endroits, sur quelles substances & de quelle manière la femelle les

dépose-t-elle ; en quel nombre, & quelles précautions prend-elle, soit pour les œufs, soit pour les vers qui en doivent sortir ? Quelles sont la forme, la couleur, la grosseur des œufs ; la consistance & la nature de leur enveloppe ; combien se passe-t-il de tems de la ponte à la naissance des larves ? Enfin, retire-t-on quelqu'avantage de l'insecte qu'on observe ? quel est cet avantage ? sert-il en médecine, en économie, dans les arts ; à quoi & de quelle manière ?

Qu'on n'imagine pas que les objets que nous venons de présenter, surpassent la sagacité & la patience d'un observateur intelligent & assidu, qu'on ne sauroit saisir ces objets en les suivant sur des insectes qui vivent en liberté. La preuve que cette manière d'observer est praticable, même par rapport à des insectes qui ne sont pas captifs, c'est qu'elle a été mise en usage & pratiquée dans tous ses points, par les observateurs qui ont écrit le plus utilement & le plus savamment sur les insectes ; tels entr'autres sont MM. de Réaumur & de Geer. Certainement quand ils ont fait l'histoire des Ichneumons, des Oestres, des Guêpes, des Abeilles solitaires, des Cousins, des Ephémères, &c., ils n'ont pas fait & n'ont pu faire leurs observations d'après des animaux captifs, qui n'auroient même pas vécu en captivité, ou qui n'y auroient pas pu suivre les habitudes de leur espèce. Il est donc très-possible de faire, par rapport aux insectes en liberté, les différentes observations que nous avons proposées. Nous ne prétendons même pas qu'elles soient les seules qu'on puisse faire, nous les présentons comme les plus frappantes, & nous laissons aux observateurs à suppléer, suivant les circonstances, celles que nous aurions pu omettre.

Ce seroit, sans doute, assigner aux voyageurs une tâche impossible à remplir, que d'exiger d'eux qu'ils entrent dans tous les détails que nous venons d'exposer ; mais ils peuvent les consulter, &, suivant les circonstances, rassembler & noter le plus grand nombre de faits qu'il leur est possible. Cependant une attention qu'on ne peut trop leur recommander, eſt de ne faire mention que des faits dont ils ont été témoins; ſi ces faits ſont extraordinaires, de ne les rapporter qu'autant qu'ils ſont ſûrs de les avoir bien obſervés, & de citer, pour en convaincre, la manière dont ils les ont découverts.

Quant aux faits que les voyageurs rapporteroient ſur le récit qui leur ſeroit fait, ces faits ſont bien rarement dignes d'être crus; ils ne le ſont qu'autant qu'ils ſont préſentés par des perſonnes dont la véracité & les talens pour l'obſervation ſont connus. Cependant les faits conſtatés par la notoriété publique, annoncés par tous les habitans d'un canton, méritent d'être rapportés, quoique le voyageur n'en ait pas été témoin. Tels ſeroient les dégâts, les torts que certains inſectes feroient habituellement tous les ans, en un certain tems, ou l'emploi bien conſtaté qu'on feroit d'une eſpèce, ou de ſes productions, ſoit en économie, ſoit en médecine, ſoit dans les arts.

Après avoir préſenté nos idées ſur les obſervations dont le réſultat & le concours doivent ſervir à l'hiſtoire des inſectes, nous nous occuperons de la manière de ramaſſer ces animaux dans leurs différens états, & d'en faire une collection.

On peut recueillir les œufs, les conſerver en nature, ou nourrir dans le pays les larves qui en naiſſent, ou faire paſſer les œufs même dans des contrées très-éloignées.

Si on recueille les œufs à deſſein de les conſerver comme œufs, il eſt convenable de les enlever, adhérens à la matière ſur laquelle ils ont été dépoſés, ou contenus dans la ſubſtance qui les renferme, enfin d'en prendre l'amas complet, en le dérangeant le moins qu'il eſt poſſible. Le mieux eſt enſuite de jetter les œufs, la matière à laquelle ils ſont attachés, ou dans laquelle ils ſont contenus, dans une liqueur ſpiritueuſe; ou bien on peut faire périr le germe & deſſécher les œufs & leur ſoutien, ſoit par l'ardeur du ſoleil, ſoit par la chaleur d'un four. Swam-

merdam décrit une manière de vuider les œufs des inſectes pour les conſerver; mais c'eſt un ſoin qui exige un tems & une patience au-delà de ce que la plupart des obſervateurs voudroient y employer.

Si on ramaſſe les œufs à deſſein de les laiſſer éclorre dans le pays, & de nourrir les larves qui naîtront, il faut les enlever encore plus ſcrupuleuſemet que dans le cas précédent, avec des portions de la ſubſtance ſur laquelle, ou parmi laquelle on les a trouvés; les placer enſuite avec cette ſubſtance dans une boîte, en ayant égard aux circonſtances où l'on a rencontré les œufs, & à leur nature. Je m'explique: ſi on les a pris parmi des ſubſtances en fermentation, & ſe pourriſſant, animales ou végétales, dans un lieu frais, ombragé & humide, il faut enfermer dans la boîte, avec les œufs, un amas de la même ſubſtance ſur laquelle on les a pris, placer la boîte dans un endroit qui réponde aux circonſtances du lieu où la ponte avoit été faite.

L'exemple que nous venons de rapporter ſuffira pour faire connoître qu'il faut éloigner le moins poſſible les œufs qu'on enlève, & qu'on obſerve des circonſtances où ils ſe feroient trouvés naturellement. Ainſi, ſi on coupe une branche ſur laquelle un amas d'œufs ſoit dépoſé, comme cette branche auroit conſervé ſa végétation, pour qu'elle la perde le plus tard qu'il ſe pourra, il faut mettre l'extrémité de cette branche tremper dans l'eau, &c.

J'ai dit qu'on peut envoyer des œufs d'un pays dans une autre contrée très-éloignée. C'eſt ce dont j'ai vu un exemple à Amſterdam, chez M. Jacob l'Admiral, qui a travaillé ſur les inſectes, comme on le verra dans le diſcours ſuivant. On lui avoit envoyé de la Chine des œufs de la Phalène à miroirs; on lui en avoit envoyé de Surinam de différentes Phalènes; ces œufs étoient éclos à Amſterdam, M. l'Admiral avoit nourri les larves, & il étoit né à Amſterdam les mêmes Papillons qu'à la Chine & à

Surinam. Voici l'inftruction que me donna, à cet égard, cet homme patient.

Il faut avoir deux tables de liège minces; faire dans une des tables, avec un emporte-pièce, des trous qui pénètrent de la moitié de l'épaiffeur; placer dans chaque trou un œuf, que le trou foit affez profond pour que l'œuf ne le déborde pas; quand tous les trous font remplis, on couvre la table, qui les contient, de celle qu'on n'a pas percée; on les affujettit toutes deux, & on les contient exactement appliquées l'une à l'autre, par une ficelle dont on les entoure; on les place dans une boîte où elles foient féchement, qu'on conferve à l'ombre, & qu'on embarque par la plus prochaine occafion: on renferme dans la même boîte une branche de la plante, dont les larves de l'efpèce qui a produit les œufs fe nourrit; cette branche fert à indiquer, dans le lieu où les œufs font envoyés, une plante analogue à celle qui fert de nourriture aux larves dans le climat où fe trouve l'efpèce dont elles font; ou bien on met dans la boîte une note qui indique, 1°. l'efpèce d'infecte dont on envoie les œufs; 2°. le nom de la plante, de l'arbre ou de la fubftance dont les larves font leur aliment.

Celui qui reçoit les œufs, les retire de la table où ils font enfermés en les renverfant fur une feuille de papier; il les raffemble dans une petite boîte, qu'il expofe à une douce chaleur, foit par le moyen de l'étuve, foit en portant la boîte fur lui dans fon fein, comme l'un ou l'autre fe pratique à l'égard de la graine ou des œufs des Vers à foie: il recherche en même-tems les plantes les plus analogues à celle dont on lui a envoyé un échantillon, ou cette plante même fi elle croît dans le pays; il en coupe des branches, ou en lève des pieds: il a préparé d'avance une caiffe remplie de terre, couverte par une gaze que des cerceaux foutiennent; il plante les pieds dans cette caiffe; il y place les branches dans des vafes remplis d'eau; il obferve les œufs, & à mefure qu'il en fort des larves, il les enlève à l'aide d'un papier roulé qu'il leur préfente, fur lequel elles montent, & il les place fur la plante qu'il croit leur convenir; elles s'y attachent, où elles cherchent, parmi les les plantes analogues, une efpèce qui foit davantage de leur goût.

Quand les larves ont une fois fait un choix, il n'y a plus qu'à leur fournir l'aliment qui leur convient. Ce ne peut guère être qu'au printems ou en été qu'on faffe la tentative dont nous nous occupons; c'eft pourquoi le mieux eft de laiffer la caiffe à l'air; la gaze défend les larves contre les oifeaux & les infectes qui leur nuiroient. On fent qu'on ne peut efpérer d'élever des larves provenues d'œufs, envoyées d'un pays éloigné, que celles qui font d'efpèces qui n'ont qu'une génération par an, & dont les œufs n'éclofent qu'au bout de plufieurs mois: mais c'eft ce qui a lieu parmi un grand nombre de Papillons.

L'objet dont nous venons de traiter, peut paroître futil, & il le feroit en effet à peu près, s'il ne conduifoit qu'à l'amufement d'élever des larves étrangères, d'avoir des infectes plus frais, mieux confervés que de toute autre manière; mais il peut réfulter des foins qu'on fe donneroit un avantage réel: il eft très-poffible qu'un voyageur découvre une Chenille ou plufieurs Chenilles, dont on retireroit les mêmes avantages que du Ver à foie, dont l'éducation feroit peut-être plus facile & le produit plus grand; fi cette découverte a lieu dans un pays fort éloigné, il ne paroît pas qu'il y ait d'autre moyen d'y faire paffer l'infecte dont on a lieu d'efpérer des avantages, que d'envoyer des œufs de fon efpèce; & les inftructions de M. l'Admiral femblent renfermer tout ce qui peut affurer le tranfport des œufs, leur réuffite après leur arrivée, l'éducation des larves & l'acquifition d'une nouvelle efpèce; ces mêmes inftructions pourront donc fatisfaire la curiofité de ceux qui n'auront pas d'autre motif, & remplir les vues d'utilité qu'on pourroit être dans le cas de fe propofer.

Des larves.

On élève les larves nées dans le pays qu'on habite, en leur fourniſſant des alimens de même eſpèce que ceux ſur leſquels on les a trouvées. La caiſſe dont j'ai parlé plus haut convient très-bien pour ces larves, ſi elles vivent de plantes en végétation ; mais ſi elles ſe nourriſſent d'autres ſubſtances, il faut les leur fournir à chacune ſuivant ſon goût, les enfermer dans des boîtes où l'on laiſſe l'accès à l'air par quelques trous ſur le couvercle, ou une ouverture couverte d'une gaſe ; il faut, ſi l'on veut bien réuſſir, que les larves captives ſoient, autant qu'il eſt poſſible, dans les mêmes circonſtances de toute manière, où elles auroient été en liberté, ou au frais & à l'ombre, ou dans un lieu ſec & chaud, &c.

On ne peut faire paſſer d'un climat à un autre les larves dont l'aliment a beſoin d'être renouvellé ou de ſe conſerver frais ; cela ſeroit cependant poſſible en embarquant les végétaux enracinés avec les larves, mais c'eſt un ſoin que mériteroient bien peu d'eſpèces, qu'on prendroit bien rarement. Si au contraire l'aliment des larves n'a beſoin ni d'être frais, ni d'être renouvellé, il n'y a rien de plus facile que d'envoyer de ces larves, même en grand nombre ; telles ſont celles qui ſe nourriſſent de ſubſtance végétale ou animale deſſéchée ; celles qui creuſent le bois, ſe logent & ſe nourriſſent à ſon intérieur. On n'a pas autre choſe à faire que d'enfermer les larves dans des boîtes, avec la quantité de proviſion qu'on juge qu'elles pourront conſommer, comme des graines, fleurs ou herbes ſèches, des plumes, du poil, des chairs deſſéchées ; & les larves qui vivent à l'intérieur du bois, dans une portion de celui qu'elles ont creuſé, où on les a trouvées ; c'eſt ainſi que j'ai vu, chez M. l'admiral, des larves du *Charançon palmiſte*, de divers *Lepture*s, de différens *Capricornes*, envoyées, les premières dans des têtes de choux palmiſtes, les autres dans des branches ou des morceaux de bois : j'ai vu de ces larves venues de différens pays ; les unes vivantes, les autres en chryſalide, & des inſectes qui étoient provenus, à Amſterdam, de larves qui avoient précédé celles-ci.

Des Chryſalides.

Si l'on n'a pour but de ne ramaſſer les chryſalides que pour les conſerver ſous leur forme, on peut remplir cette intention de deux manières.

1°. Mettre les chryſalides dans l'eſprit de vin, ou autre liqueur analogue.

2°. Faire mourir les chryſalides en les expoſant à la chaleur d'un four, ou à celle du ſoleil ſous un récipient de verre.

L'une & l'autre méthode ont l'inconvénient que les couleurs changent beaucoup & s'altèrent.

Ce que je viens de dire pour les chryſalides peut également s'appliquer dans ſa totalité aux larves. Mais il y a encore une façon de conſerver celles-ci.

Prenez une larve entre le pouce & l'index de la main gauche, preſſez-la de la tête à la queue, faites, de la main droite, une très-petite inciſion au-deſſous du dernier anneau, où les inteſtins refoulés feront une avance ; tirez-les avec une pince, en preſſant toujours & ſucceſſivement le corps de haut en bas ; quand vous l'aurez vidé, paſſez dans l'inciſion le bout d'un chalumeau, retirez les bords de la peau, & élevez-les le long du chalumeau, tournez une ſoie autour des rebords de la peau, arrêtez-la par un demi-tour ou demi-nœud, ſoufflez dans le chalumeau, & quand la peau eſt bien diſtendue, poſez la Chenille ſur une table, ſans ceſſer de ſouffler, retirez le chalumeau pincé entre vos lèvres, & en même tems ſerrez le nœud de la ſoie, arrêtez-le en vous ſervant des deux mains ; la peau reſtera gonflée, vous la laisserez sécher, & vous aurez la larve assez conservée pour la forme, cependant toujours un peu bour-soufflée & trop grosse; mais le pis est que les couleurs s'altéreront, & que bien peu conserveront leurs nuances véritables. Mais jusqu'à présent l'on ne connoît rien de mieux que les méthodes que je viens de décrire. Cependant les larves & les chrysalides, con-servées par ces mêmes moyens, ne peuvent donner qu'une idée incomplette, souvent fausse, de l'animal qu'on a eu intention de conserver avec toutes les qualités qui lui étoient propres. Ces méthodes sont donc insuffisantes, elles peuvent, jusqu'à un cer-tain point, satisfaire la curiosité, mais elles ne sauroient dispenser de faire la descrip-tion des larves & des chrysalides; c'est la seule manière d'en conserver une idée con-forme au vrai, & d'en donner une exacte à ceux qui ne les ont pas observées vi-vantes.

Nous avons vu qu'on peut élever & même envoyer des larves; on peut encore plus aisément pratiquer l'un & l'autre par rapport aux chrysalides; pour les conserver & les envoyer, de manière que leur chan-gement ait lieu en son tems, il suffit de les enfermer dans une boîte, où, autant qu'il se pourra, elles soient dans les mêmes circonstances où on les a trouvées, & où elles seroient demeurées; ainsi les a-t-on trouvées en terre, dans des trous, dans du bois, dans de la vermoulure de bois, dans un lieu frais & ombragé, &c. ou suspen-dues à des plantes, à un corps quelconque, exposées à l'action de l'air & du soleil, &c. remplissez la boîte d'une certaine quantité de terre, & placez les chrysalides dans cette terre, mettez-les dans la boîte, contenues dans les mêmes trous de branches, ou la même vermoulure dans laquelle vous les avez trouvées; &c. conservez la boîte dans un lieu frais & ombragé, ou laissez-la exposée à l'air & au soleil; couverte seulement d'une gase qui arrête l'insecte au moment où il se sera tiré de son enveloppe; la chrysalide

tenoit à une branche, une plante, &c. posez la portion de la branche de la plante qui supporte la chrysalide, dans votre boîte.

Une attention qu'il faut avoir, c'est que les chrysalides attachées d'une manière fixe à un corps quelconque, ou les coques qui contiennent les chrysalides & qui étoient également fixées, le soient aussi dans la boîte; ainsi colez le support de la chrysalide, le bout de branche, le brin d'herbe qui la sou-tient, ou la coque, au fond de la boîte, par le moyen d'un peu de gomme arabique, fondue dans de l'eau; il suffit de fixer ces objets par un point; sans cette attention, l'insecte, en sortant de l'enveloppe de chrysalide, traî-neroit avec lui cette enveloppe, n'en pour-roit tirer ses membres, & demeureroit dans un état très-imparfait; il lui faut, pour se dégager, éprouver de la résistance de la part de son enveloppe, qu'elle ne suive pas ses mou-vemens; vous retirez bien votre main du gant, dont le bout des doigts est retenu par votre autre main, mais si le gant suivoit la main qu'on tend à retirer, s'il n'étoit pas fixe, on ne pourroit en dégager la main. Faute de la précaution de fixer les chrysa-lides, on les voit périr au moment où l'on croyoit jouir de leur produit.

Il en est des chrysalides, pour les envoyer d'un lieu en un autre, comme des larves; on ne peut envoyer que celles qui ne changent qu'au bout d'un tems assez long, pour que la métamorphose n'arrive qu'après le voyage; mais beaucoup d'insectes sont dans ce cas, & alors l'envoi des chrysalides est un excel-lent moyen 1°. pour qu'on ait des insectes bien conservés; 2°. pour envoyer & multi-plier, dans le lieu de l'envoi, les espèces dont la propagation pourroit être utile. Qu'on n'oublie donc pas, si l'on a ce dernier objet en vue, en envoyant les chrysalides, de faire connoître la nourriture des insectes qui en sortiront, & des larves qui naîtront de ces insectes.

Des insectes dans leur dernier état, ou leur état de perfection.

C'est dans leur état de perfection qu'on prend le plus grand nombre d'insectes, & ce n'est que pour les avoir dans cet état que souvent on les ramasse dans ceux qui le précèdent; cependant, pour en faire l'histoire, pour en former une collection qui donne de cette histoire une idée qui ne laisse rien à desirer, & qui offre la suite de la vie des insectes, il faudroit les posséder dans tous leurs états, à commencer par l'œuf, ensuite la larve, la nymphe ou la chrysalide, & l'insecte parfait, avec les ouvrages qu'il a exécutés dans ses différens états.

Il n'y a pas de collection de ce genre complette, & on ne trouve dans les cabinets que quelques espèces pour lesquelles on ait pris ces soins & l'on soit entré dans ces détails. Il est aisé de conserver les œufs & les insectes dans leur dernier état, sans qu'ils perdent que très-peu de leur forme & de leurs couleurs; mais la forme des larves est plus difficile à conserver, leurs couleurs & celles des chrysalides changent toujours plus ou moins. Ce sont, sans doute, les raisons pour lesquelles on ne fait que rarement entrer les larves & les chrysalides dans les collections: cependant il vaudroit encore mieux les conserver, quoique d'une manière imparfaite, que de ne les pas avoir du tout; elles retiendroient toujours beaucoup des traits qui les distinguent, & une note suppléeroit aux changemens arrivés aux larves, aux chrysalides, dont la forme ou les couleurs se seroient altérées. Nous exhortons donc les personnes qui feront des collections dans le lieu de leur demeure, & les voyageurs, autant qu'ils le pourront, à ramasser les œufs, les larves, les chrysalides, les insectes dans leur dernier état & les différens ouvrages exécutés pendant leur vie. Nous avons traité de la manière de conserver les larves & les chrysalides, les ouvrages, suites des travaux, n'exigent que d'être recueillis; il ne nous reste qu'à parler de la manière de ramasser les insectes dans leur état de perfection.

On s'est, depuis quelques années, livré à ce genre de recherche si souvent, avec tant d'ardeur, qu'on en a fait une sorte d'art; chacun l'a exercé à sa manière & selon des procédés qu'il a cru devoir préférer. Je traiterai, 1°. des lieux où l'on trouve les insectes; 2°. de la manière de les ramasser ou de les prendre, & des instrumens nécessaires à ce genre de capture; 3°. de la façon de faire mourir, de conserver, d'envoyer les insectes & de les garantir de ce qui peut ou en détruire la collection, ou l'endommager, même en diminuer l'éclat.

Des lieux où l'on trouve les insectes.

Il n'y a pas d'endroit où l'on ne trouve des insectes, comme il n'y a point de substance animale ou végétale dont ils ne se nourrissent; mais ils sont plus abondans, plus variés dans certains lieux que dans d'autres, & les diverses classes, habitent en général, des endroits différens.

C'est à la campagne, dans les bois, qu'on trouve les plus grands Coléoptères, le plus grand nombre des Capricornes, des Leptures, les espèces de Papillons de jour ou de nuit les plus variées. On trouve aussi beaucoup d'insectes dans les prairies, sur-tout dans la saison où les plantes y sont en fleur. Les *Diriques*, les *Hidrophiles*, les *Corises*, les *Punaises à aviron*, & beaucoup d'autres espèces ne se trouvent que dans les eaux stagnantes ou qui ont très-peu de cours. Il y a des espèces qui préfèrent les lieux élevés, exposés au midi, secs & arides; d'autres qui ne se tiennent que dans les endroits bas, frais, ombragés & humides; les unes voltigent incessamment de place en place, de fleur en fleur, les autres demeurent plus constamment sur les fleurs ou les feuilles des arbres ou des plantes; on en trouve beaucoup de cachées sous les pierres, parmi les substances corrompues, & qui fermentent, comme les corps morts des

animaux, les végétaux amoncelés, les excrémens qui forment une maffe. Ce font, fur-
tout des larves qu'on trouve parmi ces dernières fubftances, mais les infectes parfaits
les fréquentent auffi, ou pour s'en nourrir,
ou pour y dépofer leurs œufs, fouvent pour
l'un & l'autre. Quelques infectes habitent
même les fouterreins, les caves, les car-
rières abandonnées; le tronc des arbres creux,
le bois vermoulu, le tan, les couches fervent de nids & de retraites à beaucoup d'infectes. Il n'y a donc pas d'endroits où l'on
n'en puiffe trouver, de lieux qu'il ne faille
fréquenter, de hauteur où l'on ne doive monter, de fouterrein où l'on ne puiffe defcendre
fi on veut découvrir, ramaffer toutes les efpèces, & fur tout les obferver ou les recueillir dans leurs différens états. Je n'entrerai
pas dans les détails de ce qu'on peut pratiquer dans chaque endroit pour y découvrir les infectes qui peuvent y être retirés; les circonftances indiquent affez d'elles-
mêmes ce qu'on a à faire; je ne traiterai que
des chofes générales.

Des inftrumens néceffaires pour prendre les
infectes, de la manière de s'en fervir.

Si l'on fe contentoit de prendre les infectes à la main, il y en a beaucoup que leur
agilité fouftrairoit à la recherche qu'on en
feroit; on ne parviendroit pas à atteindre les
uns, on endommageroit un grand nombre
des autres; ces inconvéniens ont fait imaginer des inftrumens dont les plus néceffaires,
& ceux qui font indifpenfables font : 1°. *un*
filet; 2°. *une nappe*; 3°. *des pinces*; 4°. *une*
boîte pour y placer les infectes, & un *étui*
rempli d'épingles pour les fixer.

Du filet.

Le filet fert à prendre les Papillons, les
Demoifelles, beaucoup d'efpèces de mouches, &, en général, tous les infectes qu'on
veut arrêter pendant leur vol, ou ceux qui
étant pofés fuient de tres-loin quand on les
approche & avec beaucoup d'agilité. On a
imaginé deux fortes de filets. Le plus anciennement en ufage, employé & décrit par M.

de Réaumur, eft fait du même réfeau que
les perruquiers emploient pour les coëffes des
perruques; on fait avec une pièce de ce réfeau
une forte de chauffe pareille, pour la forme,
à celle qui fert à filtrer des liqueurs; on affujétit le contour de ce filet du côté de fon
ouverture, autour d'un ample anneau de
gros fil de fer ou de laiton; il y a à l'endroit
où les deux bouts du fil de fer courbé fe
rencontrent une protubérance formée par le
prolongement de ces deux bouts; on les engage
dans un tuyau de fer ou d'acier, dans lequel
on les maftique & les affujétit à demeure; le
tuyau eft terminé par une vis.

On a un bâton ou une canne, longue de
trois à quatre pieds; le bout en eft armé d'un
écrou en fer.

Quand on veut fe fervir du filet, on le
viffe à la canne; on la porte relevée, le filet
qui y pend eft fermé par fon extrémité étroite.

Si l'on veut prendre un infecte pofé, on
abat deffus le filet par fa large ouverture;
fi l'on en pourfuit un au vol, ou l'on tâche
de l'abattre & de le prendre fous le filet,
ou d'un tour de poignet on fait revenir la
partie qui pend, fur le bord ou anneau de
fil de-fer, elle y demeure fixée, & l'infecte
refte pris dans le filet. Quand il eft arrêté
de l'une ou de l'autre manière; fi c'eft un
infecte qu'on puiffe toucher fans le gâter,
ou, s'il n'y a pas à craindre qu'il échappe
quand on ouvre le filet, on paffe la main
dedans, on prend l'infecte & on le place
dans la boîte deftinée à cet ufage, de la
façon qu'il fera expofé plus bas.

Si, en maniant l'infecte qui eft pris, on
l'endommageoit, comme cela arrive aux Papillons, ou fi on craint qu'il n'échappe en
entr'ouvrant le filet, alors on en laiffe le tiffu
flotter fur l'infecte qui eft pris, le compri-
mer fur la terre où on le pofe; on obferve
l'endroit où l'infecte fe trouve arrêté, & à
travers les mailles du filet on le pique avec
une épingle, on l'enlève enfuite en prenant

l'épingle par la tête, & on la pique dans la boîte, comme il sera dit.

On a, depuis M. de Réaumur, imaginé un autre filet; celui-ci ressemble à un *fer à friser*; il est fait exactement de même, & il n'en diffère qu'en ce qu'il est beaucoup plus grand, que la tête du fer, au lieu d'être pleine, est formée par deux anneaux de fil de fer; ces anneaux sont remplis par un filet attaché autour de leur bord; le reste de l'instrument est tout en gros fil de fer avec une poignée double comme le fer à friser; on lui donne ordinairement environ un pied & demi à deux pieds de longueur, & aux anneaux qui supportent les filets quatre à cinq pouces de diamètre. Ce genre de filet convient assez pour prendre des insectes au vol, & on peut aussi s'en servir pour ceux qui sont posés, en prenant entre les deux filets la branche ou la tige en même-tems que l'insecte qui y est posé; il faut ensuite le percer nécessairement avec une épingle, & n'ouvrir le filet qu'après.

De la nappe & des pinces.

La nappe est un morceau de toile ou d'étoffe qu'une personne soutient étendu & un peu déprimé dans son milieu au-dessous de la cîme d'un arbre ou de touffes de plantes; une autre personne secoue l'arbre, en bat les branches avec un bâton, on en fait autant par rapport aux plantes. Il tombe de cette façon un grand nombre d'insectes sur la nappe, mais de ceux seulement qui ne sauroient fuir en volant; on les réunit au centre de la toile en la pliant à demi, & on les prend facilement.

Quelques personnes se servent d'un filet semblable au premier, mais de toile, au lieu d'être de réseau; elles raclent rapidement avec cette sorte de poche la sommité des branches ou celle des plantes en fleur, & elles trouvent grand nombre d'insectes pris dans la poche. Elles les y cherchent ou

avec la main, ou elles secouent la poche sur la nappe étendue à terre.

Les pinces servent à saisir les insectes qu'on pourroit écraser entre ses doigts, ceux qui sont fort petits; elles sont de cuivre, fort douces, & celles que les metteurs-en-œuvre appellent des *bruxelles*. Tandis qu'on tient l'insecte par la pointe de la pince qui n'empêche pas de le voir, au lieu qu'il seroit caché entre les doigts, on le pique avec une épingle. Les pinces servent encore à fouiller dans les trous des arbres creux, à écarter le bois vermoulu, &c. Mais leur principal usage est pour manier les insectes morts, étendre leurs différentes parties, comme nous l'exposerons.

De la boîte & des épingles.

Il faut avoir deux sortes de boîtes qui ne diffèrent cependant que de volume. L'une sert pour placer les insectes à la campagne à mesure qu'on les prend, l'autre pour en conserver la suite jusqu'à ce qu'on la mette en ordre, ou qu'on l'envoie d'un pays dans un autre.

L'une & l'autre boîtes doivent être ou d'un fort carton ou d'un bois léger, avoir un couvercle qui ferme exactement; le fond doit nécessairement être d'une matière que les épingles pénètrent aisément, & dans laquelle cependant elles tiennent solidement une fois qu'elles y sont engagées: on satisfait à ces deux conditions en couvrant le fond de la boîte d'une table de liége bien unie, qu'on a eu soin d'y fixer solidement, ou, au lieu de liége, en couvrant le fond de la boîte d'une couche de cire jaune qu'on a coulée étant fondue, & à laquelle on a donné un pouce d'épaisseur au moins.

Il faut proportionner les épingles à la grosseur des insectes; ainsi il faut en avoir une pelotte garnie d'échantillons différens; je dis une pelotte, parce que dans un étui le tout est mêlé, & souvent trop long à diftinguer. Quelques perfonnes recommandent d'avoir, au coin de la boîte, un petit amas de graiffe, dans laquelle on pique chaque épingle avant de s'en fervir. C'eft pour l'empêcher de rouiller & de s'attacher au corps de l'infecte deffeché, fi on veut la retirer : cette méthode a des avantages, mais nous verrons qu'il eft fort aifé de retirer les épingles rouillées, fans gâter les infectes.

Des précautions à obferver en plaçant dans la boîte les infectes à mefure qu'on les prend; de la façon de les faire mourir; de leur confervation dans la boîte deftinée à raffembler ceux qu'on prend en différens tems.

Nous avons parlé déjà plufieurs fois de piquer les infectes, mais nous n'avons pas dit comment on doit les piquer, & en quelle partie. C'eft au milieu du corcelet qu'il convient d'enfoncer l'épingle & de la faire entrer de deffus en bas; on la tient par la tête, & l'on tranfporte l'infecte, que fa pointe traverfe, dans la boîte où on le fixe en enfonçant l'épingle dans la table de liége, ou la couche de cire : il y a deux chofes à obferver; 1°. ne pas placer les infectes qui ont des mâchoires affez près les uns des autres, ni des divers infectes, pour qu'ils puiffent s'atteindre & fe toucher en fe remuant autour de l'épingle, car ils fe déchirent & s'entre-dévorent : 2°. les infectes qui ont les aîles très-amples ou couvertes de pouffière, qui peuvent fe détacher, comme les Papillons, gâtent leurs aîles en fe débattant, en les frottant les unes contre les autres, ils en brifent les bords & le bout contre le couvercle de la boîte. Quand même elle feroit affez profonde pour qu'on n'eût pas ce dernier rifque à courir, les infectes endommageroient encore leurs aîles en les frappant les unes contre les autres, & en les rabattant fur le fond de la boîte. On prévient ces inconvéniens en ne plaçant pas l'épingle fur le deffus du corcelet, mais de côté, & en affujettiffant le Papillon fur le fond de la boîte latéralement, & les quatre aîles appliquées les unes contre les autres; il ne peut les étendre que d'un mouvement commun; quand elles font affujetties d'un côté, il ne fauroit les remuer de l'autre; dans la pofition indiquée, les aîles, d'un côté, font affujetties & contraintes par le fond fur lequel elles pofent, les deux autres aîles demeurent néceffairement immobiles; l'infecte ceffe de vivre dans cette dure pofition fans s'être gâté, fans avoir rien perdu, mais les aîles relevées & appliquées les unes contre les autres; il eft facile de les étendre, comme nous l'allons dire plus bas.

Une plaie tranfverfale à la poitrine feroit, en peu de tems, périr les autres animaux, mais une plaie eft peu pour les infectes, ils vivent donc long-tems, un grand nombre plufieurs jours, percés par l'épingle qui les retient. On fait peu d'attention à ce long & horrible fupplice, dans lequel les infectes éprouvent le tourment de la douleur que la plaie caufe, celui de la faim, la gêne, la contrainte & l'impoffibilité cruelle de chercher dans fa mifère une attitude qui foulage; à peine fait-on réflexion que de fi petits animaux puiffent fouffrir, & peut-être même y a-t-il des gens qui penfent qu'ils ne fouffrent pas; en effet, ils ne font entendre aucun cri, aucune plainte, ces expreffions de la douleur qui nous font remarquer les animaux par qui nos oreilles en font frappées, & qui touchent de compaffion, au moins un certain nombre de ceux qui les entendent; mais les infectes font organifés ainfi que les autres animaux, leur organifation ne peut donc de même être affectée à fon détriment, fans qu'ils en éprouvent de la douleur; ils en donnent des preuves par les efforts fuperflus qu'ils font pour échapper, pour fe fouftraire à la contrainte douloureufe dans laquelle ils font retenus, & par la vîteffe avec laquelle ils fuient quand on leur rend la liberté, fi leurs forces n'ont pas été déjà trop épuifées; les infectes font donc fenfibles, ils fouffrent comme les autres animaux, & ceux dont on compofe une collection périffent d'un long & cruel fupplice.

Les animaux naissent sans doute assujettis à notre empire, destinés à nos besoins différens; mais ne pouvons-nous alléger leur joug, & ne pas chercher, en les employant à nos divers usages, à diminuer les maux, les douleurs que nous ne pouvons éviter de leur faire souffrir. Qui ne voudroit diminuer ou abréger le supplice de l'animal, qu'il immole sans remords à ses besoins parce qu'il sait que cet animal est né sous la condition d'y satisfaire? Qui pourroit supporter sans horreur les cris, les plaintes, les gémissemens, les hurlemens que pousseroient autour de lui pendant trois, quatre jours, sans interruption, les animaux qu'il destineroit à ses besoins différens? & parce que les expressions de la douleur ne frappent pas nos oreilles de la part des insectes, nous ne sommes pas sensibles à leur tourment, nous ne faisons même pas réflexion qu'ils souffrent! nous nous délivrerions, par rapport aux autres animaux, de l'horreur de leurs cris, & eux de leur supplice, en les faisant mourir promptement! pourquoi n'en faisons-nous pas autant pour les insectes & pour les poissons que nous traitons de même avec le dernier excès de rigueur, par les mêmes raisons & par le manque de réflexion à leur sujet! Eh quoi, me dira quelqu'un, s'attendrir sur le sort de quelques insectes, un plaidoyer sur ce mince sujet, en faveur de ces chétifs animaux: homme sans compassion, je t'ai prouvé qu'ils sont sensibles, que tu dédaignes de les ménager uniquement, parce que leurs plaintes ne t'importunent pas; je ne te dis pas de ne pas les sacrifier à ta volonté, mais je t'engage à les faire souffrir le moins qu'il est possible, & tu y réussiras en en formant une collection par les moyens suivans; la collection, loin d'en souffrir, n'en sera qu'en meilleur état.

On fera promptement mourir les insectes qu'on aura ramassés dans une course, en plaçant la boîte qui les contiendra dans une autre boîte beaucoup plus grande; on ouvrira la première, on en contiendra le couvercle pour qu'il ne se ferme pas; on placera au fond de la grande boîte un petit vase de terre, rempli aux deux tiers de fleur de soufre; on allumera le soufre & l'on fermera la grande boîte avec exactitude. La quantité de soufre doit suffire pour qu'en brûlant il remplisse la boîte d'une vapeur épaisse; une demie-heure après cette opération, on ouvrira la boîte au grand air pour laisser dissiper la vapeur du soufre. Fort peu de tems après, un quart d'heure environ, on pourra retirer la boîte plus petite & les insectes; ils seront tous morts. Les couleurs n'en seront en aucune manière altérées, & la forme ne peut pas en avoir souffert.

Au lieu d'employer le soufre, on peut, selon les circonstances, placer les insectes qui sont piqués & la boîte qui les renferme, qu'on aura ouverte, ou dans un four, ou sous une cloche, un récipient de verre. L'excès de la chaleur fera périr les insectes en peu de tems.

Quelques personnes prennent des morceaux de cartes d'une grandeur qui excède celle des insectes, y compris leurs ailes, les piquent l'un après l'autre dans le milieu d'un des morceaux, tiennent avec les pinces la tête de l'épingle, en présentent à une bougie allumée la pointe qui rougit, communique à l'épingle une chaleur qui brûle l'intérieur de l'insecte; c'est substituer un supplice bien dur à un supplice qui auroit été très-long, une mort cruelle à une mort lente. Ce procédé s'emploie avec succès pour retirer une épingle rouillée du corps d'un insecte desséché.

On a dit qu'en faisant tomber, avec un chalumeau, une goutte d'esprit de vin à la base des antennes, on tuoit instantanément les insectes. C'est un moyen qui réussit rarement. Si l'on veut faire mourir les insectes promptement, la vapeur du soufre me paroît le moyen le plus sûr, celui qui a le moins d'inconvéniens, ou plutôt qui n'en a pas.

Lorsque les insectes qu'on a ramassés ou

font morts lentement, ou qu'on a abrégé leur torture, il convient de les retirer de la boîte qu'on peut nommer *boîte de chasse*, pour les arranger dans de plus grandes où on les conserve, soit jusqu'à ce qu'on range la collection, soit jusqu'à ce qu'on l'envoie dans le pays pour lequel on la destine.

Il faut faire ce changement peu après que les insectes sont morts, & avant qu'ils commencent à se dessécher, pendant que leurs membres sont encore souples; il est bon d'avoir plusieurs boîtes pour placer dans chacune les insectes qui ont plus de rapport; l'ordre en sera moins difficile à établir par la suite. Les différentes boîtes doivent être, comme celle de chasse, à fond de liège, ou garnies, sur leur fond, d'une couche de cire; elles doivent fermer très-exactement, & c'est une bonne pratique d'en faire le couvercle à coulisse & à rainure.

Les choses disposées comme je viens de le dire, on prend un insecte qu'on enlève avec l'épingle qui le traverse; on la pique sur le fond de la boîte où sont déjà, ou bien, où seront des insectes de genre analogue; quand l'épingle est profondément enfoncée & bien fixée, on étend les membres de l'insecte en les maniant avec le bout des pinces; on les rappelle à la position naturelle, & on les y assujettit par des épingles qui les retiennent & qu'on dispose, qu'on multiplie suivant les circonstances, ce qu'on ne peut déterminer précisément.

On étend & on contraint de même les aîles; on peut dire à leur égard, en général, qu'on les force à demeurer étendues en plaçant une épingle de chaque côté du corcelet, entre ses bords & la base de la nervure des aîles: le reste varie suivant les cas. Mais si l'insecte a été piqué de côté, il faut retirer l'épingle, ouvrir les aîles, enfoncer une nouvelle épingle sur le dessus du corcelet, piquer l'insecte au fond de la boîte, étendre & assujettir ses aîles & ses mem-

bres; tout ceci se fait à l'aide des pinces & en touchant, le moins qu'on peut, avec les doigts auxquels les poussières des aîles s'attachent.

En étendant les membres & les aîles des insectes, on doit se proposer de les mettre dans une situation qui réponde, autant qu'il est possible, à celle que ces animaux gardoient étant vivans. Il ne faut donc ni forcer l'extension des aîles, comme on le fait souvent, ni plier les membres contre nature: le but est que les insectes paroissent être vivans, autant que peut le sembler un animal sans mouvement; ce but n'est rempli que par une position naturelle.

En plaçant chaque insecte dans la boîte destinée à conserver la collection, il faut piquer au-dessous de l'insecte, avec la même épingle, un morceau de carte avec un numéro; porter ce numéro sûr une liste qu'on fait de la collection à mesure qu'on l'augmente, & écrire à la suite de ce numéro ce qu'on sait de l'histoire de l'insecte auquel il est relatif.

Quelques jours après qu'on a étendu les membres des insectes, & qu'ils ont été contenus, on peut & l'on doit enlever toutes les épingles, excepté celle qui fixe le corps; chaque partie conserve la position dans laquelle elle s'est desséchée, ce qui a lieu plus tôt ou plus tard, suivant la grosseur des insectes, la chaleur, la sécheresse de la saison ou du climat, &c. Il faut donc, avant d'ôter les épingles, examiner si les articulations ont perdu leur flexibilité, ce qu'on reconnoît à la résistance que les membres opposent aux pinces avec lesquelles on essaie de les fléchir.

Les opérations que nous venons de décrire sont toutes indispensables pour les personnes sédentaires; mais il en est dont la difficulté de les mettre en pratique, même l'impossibilité, dispense les voyageurs: tout ce qu'on a droit de leur demander est de ramaſſer les inſectes, de les paſſer de la boîte de chaſſe dans les boîtes deſtinées à conſerver la collection. J'ajouterai, par rapport à ces boîtes, & ſur-tout en faveur des voyageurs, qu'il eſt très-commode, & que c'eſt une bonne pratique de les compoſer de corps de tiroirs, ou poſés les uns ſur les autres, ou à couliſſe, enfermées dans une armoire qui contienne tous les tiroirs & qui ſoit parfaitement cloſe.

Il eſt inutile d'ajouter ici qu'il faut, en ramaſſant les inſectes dans leur état de perfection, tenir pour chacun, comme pour les larves, les chryſalides, une note des faits qui compoſent leur hiſtoire. Mais il ne ſera pas ſuperflu de dire que chaque note peut être écrite ſur un cayer avec un numéro en tête, & ce numéro écrit ſur un morceau de carte piquée au-deſſous de chaque inſecte. C'eſt ce qu'il faut auſſi pratiquer pour les larves & les chryſalides, & indiquer le numéro qui les déſigne à l'endroit de la note pour l'inſecte parfait.

La méthode de piquer les inſectes eſt ſans contredit la meilleure; c'eſt celle qui eſt généralement pratiquée : mais il peut y avoir des cas, ſur-tout en voyage, où l'on n'en puiſſe pas faire uſage. Il eſt donc néceſſaire alors de recourir à d'autres moyens.

Un voyageur, preſſé dans ſa route, peut ſe contenter de porter ſur lui un flacon de verre fort & épais, à demi-plein d'eſprit de vin ou d'eau-de-vie, même de tafia ou autre liqueur ſpiritueuſe, ſuivant qu'on en trouve dans le pays; il jette dans ce flacon tous les inſectes à étui, même ceux à aîles nues, excepté les Papillons : les inſectes périſſent fort vîte, & leurs couleurs ni leur forme ne ſont altérées, ſi on a l'attention, dans les lieux de ſéjour, de renouveller la liqueur auſſi-tôt qu'elle devient trouble. On peut, lorſqu'on a du loiſir, ou retirer les inſectes du flacon, les piquer & les traiter comme les inſectes qu'on a piqués vivans, ou on

peut les laiſſer dans le flacon, en avoir même un plus grand qui ſerve de magaſin; mais il faut ne jamais perdre de vue qu'il eſt néceſſaire de changer la liqueur toutes les fois qu'elle ſe trouble. Faute de cette attention, les couleurs s'altèrent, la putréfaction ſe met dans la maſſe des inſectes, & leur corps putréfié tombe par pièces qui ſe ſéparent : on ne ſauroit mettre les Papillons dans un bocal, ni même les gros inſectes à étui, qui n'y pourroient entrer. Il faut donc, ſi l'on ne peut les piquer, étouffer les Papillons en les prenant, ce qu'on exécute en leur pinçant le corcelet en deſſous, & en l'écraſant latéralement avec la pointe des pinces qu'il faut porter ſur ſoi en tout tems. Le Papillon étant mort ou très-affoibli, on l'enferme, les aîles étendues, entre deux feuillets d'un livre, d'un regiſtre, ou entre deux feuilles de papier dont on replie les bords. Quant aux inſectes à étui qu'on ne peut faire entrer dans le flacon, il faut les enfermer dans une boîte & y jetter beaucoup de tabac, ſubſtance dont on ne manque guère, dont l'odeur les engourdit & même les tue. Ces moyens ne conviennent que dans les cas de néceſſité, hors deſquels la méthode de piquer les inſectes doit toujours être préférée.

De la manière d'envoyer la collection qu'on a formée.

On peut envoyer la collection dans les mêmes boîtes où on l'a raſſemblée, ou on peut y employer une ou pluſieurs boîtes ſpécialement deſtinées à cet uſage : il eſt avantageux pour ménager le local, de ſe ſervir d'une boëte compoſée d'un corps de tiroirs réunis par un fond, un deſſus, & des côtés qui ferment bien, qui n'ait qu'une face qui s'ouvre, nous en avons parlé plus haut.

De quelque boîte qu'on ſe ſerve, le fond doit en être ou de liége, ou couvert d'une couche épaiſſe de cire, & la boîte doit fermer bien exactement. Il faut, en y plaçant les infectes qu'on se prépare à envoyer , avoir attention :

1°. A ne placer dans la boîte aucun infecte suspect d'être , ou d'avoir été attaqué par des Mittes où d'autres infectes destructeurs des collections si on n'a pas fait périr ces infectes.

2°. Ne placer dans une même boîte , ou un même tiroir que des infectes de genre & de grosseur analogue ; comme des infectes à étui , avec de pareils infectes , des Papillons avec des Papillons , &c. , les plus gros infectes avec les plus gros , &c.

3°. Il faut que chaque individu soit isolé , qu'il ne touche à aucun autre , ni qu'il n'en soit touché.

4°. Il faut piquer profondément les épingles , & s'assurer qu'elles tiennent bien.

5°. Si les infectes sont très-gros , comme certains Scarabés , ou s'ils ont les aîles très-amples , comme certains Papillons , il faut les assujettir , outre l'épingle qui y sert , par une ou deux bandes de papier en travers du corps & des aîles ; fixer ces bandes de papier sur le fond , s'il est de liège , avec de la colle qui les y attache ; ou piquer ces mêmes bandes à leur bout avec des épingles , si le fond est de cire. Souvent faute d'employer de pareilles bandes , le poids des infectes les détache dans les cahots , & un seul infecte , en roulant dans la boîte , en brise un grand nombre. Ceci fait sentir combien il importe de ne piquer dans la même boîte , ou le même tiroir , que des infectes de genre & de grosseur analogues ; ils résistent mieux à leurs chocs réciproques , & s'il en arrive , il y a moins de dégât ; mais un gros infecte détaché en brise , en roulant , des centaines de petits , & mutile les autres , les pattes des gros , les aîles de ceux qui les ont nues , &c.

6°. Il faut au-dessous de chaque infecte , piquer une carte avec le numéro qui répond au numéro du catalogue sur lequel l'histoire de chaque infecte est écrite.

7°. La boîte ou les tiroirs remplis , il faut placer la boîte ou le corps de tiroirs dans une autre boîte plus large , & remplir les vuides en-dessus , en dessous , sur les côtés , avec une couche de foin sec , de mousse ou d'étoupe , épaisse de deux pouces , envelopper la boîte extérieure avec une toile grasse , en plaçant encore de la paille ou du foin entre la boîte & la toile. Au moyen de ces procédés , les chocs , les cahots , les secousses sont amortis , il est rare qu'il se détache des infectes , accident commun dans les envois faits sans précautions.

Je reviens aux voyageurs qui peuvent n'avoir pas les choses nécessaires pour envoyer une collection de la manière que je viens d'exposer. Qu'ils fassent l'envoi des Coléoptères dans des flacons dont ils aient renouvellé la liqueur , celui des infectes à aîles nues , & à réseau dans de pareils flacons , mais à part. Et enfin l'envoi des Papillons entre deux feuilles de papier , en ne plaçant qu'un Papillon entre les feuilles , & en en roulant les bords.

Quelques personnes placent les infectes de tout genre entre deux couches de coton : c'est la plus mauvaise des pratiques ; les pieds , les Antennes s'y embarrassent , & il est comme impossible de ne les pas briser en enlevant le coton pour retirer les infectes , les poussières des Papillons s'y attachent , & le contact les décolore.

D'autres ont cru qu'il étoit avantageux de vuider les infectes , comme cela est nécessaire pour les grands animaux , & ils ont poussé , à cet égard , la patience à l'extrême. C'est un soin & un tems absolument perdus ; car les infectes sont toujours plus éloignés de l'état naturel , & ils se conservent bien mieux , même les plus gros , en les laissant seulement dessécher.

De la manière d'arranger & de conserver une collection.

Un grand nombre de personnes place chaque espèce d'insectes dans un cadre séparé qui ne contient qu'un insecte ou plusieurs de la même espèce. Les cadres sont ou de bois ou de fort carton ; les deux fonds sont de verres, ou il n'y a que le supérieur qui en soit ; une feuille de papier collée sur un des bords du cadre & qu'on peut relever, sert de fond pour le renvoi des couleurs, & permet cependant de voir, quand on le veut, le dessous des insectes. On les fixe entre les deux verres, en les collant par le dessous du corcelet avec de la gomme arabique dissoute dans l'eau, & à laquelle on a mêlé un peu de farine, ce qui la rend plus tenace ; ou on colle sur le verre qui sert de fond, un morceau de moëlle de sureau, & sur cette hausse on colle l'insecte ou on l'y pique avec une épingle ; c'est aussi ce qu'on peut faire si le fond est de bois. La hausse donne du relief à l'insecte, l'empêche de paroître plaqué, & le rapproche de la position naturelle : ainsi l'usage en est préférable à la manière de coller immédiatement l'insecte sur le fond du cadre : la façon de le fixer par une épingle, procure l'avantage de pouvoir l'enlever & le changer toutes les fois qu'on peut le desirer.

Soit que les cadres soient de bois, soit qu'ils soient de carton, on assujettit les verres ou avec du mastic, ou par le moyen d'une bande de papier. La première méthode garantit plus sûrement de la piquure des insectes qui peuvent s'introduire dans le cadre, mais elle a l'inconvénient que quand le mastic est sec, il n'est pas aisé d'ouvrir le cadre sans briser le verre.

Des différentes manières d'arranger les insectes que je viens d'exposer, la meilleure m'a toujours paru de les placer dans un cadre à deux verres mastiqués, & de les coller sur une hausse : le nombre des épingles, quand les cadres sont rapprochés, a

quelque chose de désagréable à l'œil, & qui éloigne de l'état naturel.

Pour qu'une collection d'insectes renfermés dans des cadres fût aussi intéressante & aussi instructive qu'elle le peut être, il faudroit que le nom trivial de chaque espèce, précédé de la lettre initiale du genre, fût écrit sur le bas de chaque cadre avec un numéro, & que les numéros fussent inscrits sur un catalogue qui contînt un précis historique des espèces auxquelles ils seroient relatifs : il faudroit encore que chaque cadre renfermât les œufs, la larve, sa coque si elle en construit, la nymphe ou chrysalide, l'insecte mâle & femelle dans l'état de perfection, & les variétés constantes de l'espèce, quand il y en a, ou les variétés qu'on auroit rencontrées qu'une fois. Il n'est pas aisé de remplir tous ces objets pour toutes les espèces ; mais il y en a beaucoup par rapport auxquelles la chose est possible, ou même facile, & il faut en approcher pour toutes autant qu'on le peut.

Quand on arrange sa collection dans des cadres, espèce par espèce, on a soin, pour la commodité de l'arrangement des cadres à côté les uns des autres, d'en avoir qui soient toujours d'une grandeur double en largeur & en longueur les uns des autres, de façon que les grands cadres dont on se sert pour les grands insectes, puissent être rangés sans désordre, à côté des cadres moins grands dans lesquels on place les petites espèces.

Lorsque la suite qu'on a formée est placée dans les cadres, il faut rapprocher & mettre de suite ceux qui contiennent les insectes de différens genres, selon la méthode qu'on suit. Il y a ensuite deux façons de disposer les cadres ; ou on les range de champ sur des tablettes au-dessus les unes des autres, sur lesquelles les cadres sont retenus par une moulure qui déborde chaque tablette tant en haut qu'en bas, on incline un peu les cadres pour les placer ou les retirer. Les tablettes chargées de cadres présentent à la vue un grand tableau qui contient toute la suite des infectes rangés méthodiquement, ou on place les câdres à plat dans un corps de tiroirs. Cette méthode a de grands avantages sur la première. D'abord on voit les infectes plus commodément & de plus près ; il est ensuite plus facile de prendre & de reposer les câdres, d'intercaler à leur place les câdres nouveaux qu'on peut avoir à ajouter, & enfin les infectes garantis de la lumière, quand on ne les examine pas, en conservent bien mieux leurs couleurs qui ne s'altèrent pas, comme il arrive par l'impression de la lumière, & sur-tout par l'action des rayons solaires qui pâlissent en peu de tems les couleurs des infectes sur lesquels ils frappent. Ajoutons encore que si le corps de tiroirs ferme bien, c'est une grande sûreté de plus contre l'attaque des infectes destructeurs.

La méthode des infectes placés, espèce par espèce, sur des hausses, dans des câdres à deux verres rangés dans un corps de tiroirs, est donc la plus commode pour l'étude, la plus certaine pour la conservation de la collection, & elle mérite par conséquent qu'on la préfère.

Cependant il y a encore une autre méthode très-commode, & dont plusieurs personnes font plus de cas que de la précédente. Ces personnes ont ou des boîtes d'une grandeur égale, ou un corps de tiroirs aussi d'une même grandeur ; elles couvrent le fond des boîtes ou des tiroirs, d'une planche de liège ou d'une couche de cire, & elles collent par-dessus l'un ou l'autre une feuille de papier blanc ; elles piquent ensuite les infectes à côté les unes des autres dans l'ordre, prescrit par la méthode qu'elles suivent ; le tiroir ou la boîte, a près de son bord, en dedans, une rainure qui reçoit un verre qu'on a soin qui soit juste pour la place, & bien plan, ou bien droit : s'il réunit ces deux qualités, il ferme assez exactement pour empêcher l'entrée aux plus petits infectes ; mais si on craint encore qu'ils ne pénètrent, on colle une bande de papier entre les bords de la boîte, ou du tiroir & ceux de verre. En

suivant cette méthode, on jouit commodément de la vue des infectes, ils sont garantis de l'effet de la lumière ; on peut faire dans l'arrangement de chaque tiroir, de chaque boîte, tous les changemens que la possession de nouveaux infectes peut rendre nécessaires ; on peut, pour l'étude, enlever chaque infecte, l'examiner, le replacer, aussi souvent qu'on le veut, sans risque de le gâter ; il ne faut qu'un peu d'adresse & d'habitude pour enlever & replacer le verre : pour y être moins embarrassé, on peut coller sur les bords, dans la ligne du milieu, un petit ruban de chaque côté ; il sert à soulever le verre assez pour introduire la main & le saisir. La méthode qui vient de nous occuper à encore l'avantage de ménager, plus que tout autre, le local & la dépense, & elle plaît avec raison à un grand nombre de personnes, sur-tout à celles dont l'étude est le principal but.

Les amateurs qui désirent que leur collection offre un coup-d'œil agréable, au lieu des méthodes précédentes, rassemblent les infectes dans des câdres plus ou moins grands ; ceux qui n'ont que le coup-d'œil pour but les disposent sans suivre d'ordre méthodique, ils confondent les espèces & sacrifient la science à l'agrément ; mais ceux qui veulent le réunir à l'instruction, ne placent dans un même câdre que des infectes des mêmes genres à côté les uns des autres. On peut appliquer à la façon de faire tenir les infectes dans les grands câdres, ce qui a été dit sur ce même sujet pour les câdres séparés. Les grands cadres ont l'inconvenient de fermer moins exactement que les petits, d'exposer les infectes à l'action de la lumière, & ils sont, par ces raisons, bien moins propres à conserver long-tems une collection.

Des soins nécessaires pour conserver les insectes qu'on a encâdrés, & des risques auxquels ils sont exposés.

Une collection peut être endommagée ou détruite par l'effet de l'humidité, l'action

de

de la lumière, les infectes qui fe nourriffent de fubftance animale defféchée. L'humidité fait naître, fur le corps des infectes, ces fubftances qu'on appelle *moififfure*; elle gâte, falit & ternit les infectes. Il ne faut donc pas en enfermer qui foient encore humides, ou par leurs propres humeurs, ou par l'effet de quelque liqueur dont on les a retirés; il ne faut pas placer les câdres dans un lieu humide, contre un gros mur dont l'humidité pénètre à travers les câdres; il faut également éviter d'expofer les infectes à l'action des rayons folaires, ou même à l'impreffion d'une très-grande lumière continue.

Quant aux infectes deftructeurs, le premier moyen d'en garantir la collection eft de n'y faire entrer aucun infecte qui en foit déjà & actuellement attaqué, ou fufpect de l'avoir été, car il peut contenir des œufs. Il faut donc mettre de côté les infectes, dans ce cas, & ne les enfermer qu'après des précautions dont il va être parlé plus bas.

Lorfque les infectes font encâdrés, & la collection formée, il faut de tems en tems, comme toutes les trois femaines, vifiter les câdres & examiner fi l'on n'y trouve pas d'indices d'infectes deftructeurs. Ces indices font des pouffières que les infectes détachent, font tomber en marchant, en dévorant les infectes defféchés, des dépouilles des peaux dont leurs larves changent, & les excrémens que ces infectes rendent dans leurs différens états. Si les câdres font dans une pofition verticale, ces diverfes matières tombent fur le bord interne, inférieur du câdre, & il eft facile de les y remarquer; mais fi les câdres font à plat, les différentes fubftances reftent fous l'infecte attaqué qui les cache; il faut, fi le câdre eft à deux verres, l'examiner en deffous, le tenir verticalement & le frapper doucement, ce qui fait tomber, fur le bord inférieur, les matières qui peuvent fervir d'indices. Comme ces matières reftent fouvent à l'intérieur du corps de l'infecte qui eft rongé, il eft à propos, dans

tous les cas, de frapper doucement fur le deffus & les côtés des câdres.

On peut, fans voir les infectes rongeurs, juger qu'il y en a dans les câdres par les marques que nous venons d'indiquer; & fuivant la forme & quelques qualités des fubftances amaffées fur le fond ou le bord interne inférieur des câdres, on peut déterminer l'efpèce d'infecte qui exerce ces ravages, quoiqu'on ne voie pas les individus qui reftent cachés à l'intérieur des infectes qu'ils rongent

Je vais faire connoître les différentes efpèces d'infectes deftructeurs, les indices auxquels on peut les diftinguer, le tems où elles font à craindre, & enfuite je parlerai des moyens d'arrêter les ravages de ces infectes.

Je ne connois, dans nos contrées, je n'y ai obfervés qui huit efpèces d'infectes deftructeurs des collections; ce font deux Dermeftes.

Le Dermefte à deux points blancs.

Dermeftes niger, coleoptris punctis albis binis. GEOFF. infect. t. 1. pag. 100. n°. 4.

Dermefte, Encycl.

Le Dermefte du lard.

Dermeftes niger, elytris antice cineris. GEOFF. infect. t. 1. pag. 101. n°. 5. Dermefte Encycl.

Deux Anthrennes.

L'Anthrenne à broderie.

Antrennus fquammofus niger, fafcia punctisque coleoptrorum albis, futuris fufcis.

GEOFF. t. 1. pag. 114. n°. 1.

Anthrenne brodé, Encycl.

c

L'Amourette.

Antrennus squammosus niger, elytris fuscis, fastia triplici undulata alba. GEOFF. insect. t. 1. pag. 114. n°. 2.

Anthrenne destructeur, Encycl.

La Bruche à bandes.

Bruchus testaceus, elytrorum fascia duplici albida. GEOFF. insect. t. 1. pag. 164. n°. 1. Ptine, Encycl.

Le Scorpion araignée.

Chelifer fuscus, abdomine lineis transversis. GEOFF. insect. t. 2. pag. 618. Pince, Encycl.

La Teigne, qui s'attache aux étoffes de laine & aux pelletteries.

La Mitte.

Les Dermestes sont gros, les dégâts qu'ils exercent sont rapides & considérables; ces différens indices les font bientôt remarquer & reconnoître. Mais s'ils ont attaqué des insectes d'un grand volume & qu'ils se tiennent cachés sous le corps ou les aîles de ces insectes, ou qu'ils aient pénétré à leur intérieur, on les reconnoît aux signes suivans; il tombe sur le bord du câdre qu'on frappe doucement, une poussière grise, qui, rassemblée & roulée entre les doigts, paroît grasse & onctueuse; elle est la matière des excrémens des Dermestes dans leur état d'insecte parfait, & je ne connois pas d'autre signe qui les décèle dans cet état, si on ne les voit pas; mais il arrive souvent qu'en frappant, en remuant le câdre, en l'exposant au jour, les Dermestes se trahissent en quittant la retraite où ils étoient cachés, & en cherchant à fuir.

Les larves des Dermestes sont des vers brunâtres, à six pieds, composés d'anneaux bien distincts, & couverts de quelques longs poils. Ces larves marchent avec beaucoup de vivacité; elles ont de fortes mâchoires, elles mangent beaucoup; elles sont aisées à reconnoître. Mais si on ne les découvre pas, qu'on remarque sur le fond du câdre des filets brunâtres, semblables à des brins de fil entortillés & mêlés ensemble, si on y voit aussi des pellicules de la forme d'un Ver, de couleur brune, couvertes de quelques poils, & fendue sur la partie supérieure, on peut être assuré qu'il y a des larves de Dermestes dans le câdre; les fragmens semblables à des brins de fils sont leurs excrémens, les pellicules sont les peaux qu'elles ont dépouillées.

Les Dermestes restent peu de tems dans l'état de larve & de chrysalide; il y a, dans cette espèce, plusieurs générations qui se succèdent dans la même année; elles se renouvellent dès le commencement du printems jusqu'au commencement de l'automne, & elles sont d'autant plus fréquentes que la saison est plus belle, la chaleur plus forte & plus soutenue; il y a donc long-tems à craindre des Dermestes, & à peu près pendant neuf mois consécutifs.

Les Anthrennes sont bien moins grandes que les Dermestes, & à cet égard elles sont moins formidables, mais leur petitesse est cause qu'elles sont plus difficiles à découvrir; d'ailleurs elles se tiennent, ainsi que leurs larves, plus volontiers à l'intérieur, qu'à la surface des insectes qu'elles dévorent. Ces différentes conditions sont causes qu'on ne les apperçoit souvent qu'après qu'elles ont exercé de grands ravages, qu'elles ont beaucoup détruit, que les insectes qu'elles ont dévorés à l'intérieur sont presque réduits en poussière. Mais on évite ces inconvéniens en examinant sa collection de tems à autre, & les indices suivans font reconnoître ou les larves, ou les Anthrennes qu'on ne voit pas; une poussière grisâtre, très-fine, onctueuse au toucher, ramassée sur le fond du câdre, ou qui tombe de l'intérieur des

Infectes pendant les fecouffes légères dont on agite le câdre ; des dépouilles, ou pellicules fendues en deffus, fort petites, d'un brun clair, & ayant à leur extrémité deux efpèces de petites cornes droites & horizontales.

Les Anthrennes ne fe reproduifent que dans une faifon, c'eft aux mois de mai & de juin ; les larves qui naiffent vers la fin de l'été, mangent & croiffent fort peu dans les commencemens ; elles font en activité pendant l'automne & l'hiver, & elles paffent, à la fin de cette dernière faifon, à l'état de chryfa-lide. C'eft donc pendant l'automne & une une grande partie de l'hiver que les larves des Anthrennes exercent leurs dégâts ; les grands froids les engourdiffent, mais les froids modérés ne retardent pas leurs rava-ges : les Anthrennes, dans leur état de per-fection, font dangereufes & par leur dé-gât, & par la ponte de leurs œufs, dans les mois de mai & de juin. Ces infectes font fi voraces, que les Anthrennes qui paffent les dernières à leur état de perfection dans un câdre, dans lequel d'autres qui ont atteint plus tôt ce terme, font mortes, elles s'en nour-riffent.

Les Bruches font, comme les Anthrennes, difficiles à découvrir à caufe de leur p tireffe ; mais une habitude affez extraordinaire, qui leur eft particulière, les décèle. Elles fe cachent le jour, & elles font en mouvement la nuit. Ces finguliers infectes n'ont qu'une généra-tion par an ; elle a lieu au plus fort de l'hi-ver, dans les mois de janvier & de février. C'eft alors que les Bruches font parvenues à leur dernier état & qu'elles multiplient. Les froids les plus forts ne les engourdiffent pas. Dans une chambre dont j'avois laiffé les croifées ouvertes pendant plufieurs jours de fuite, durant une forte gelée, je vis au mois de janvier, le foir à minuit, des Bruches marcher fur les parois de boîtes dans lefquelles je confervois des oifeaux empaillés : dans la journée les Bruches fe cachoient, & je n'en voyois aucune. Leur hiftoire prouve qu'il n'y a aucun tems de l'année où il ne foit

dangereux de laiffer les fubftances animales deffechées expofées à l'air.

Les larves des Bruches font de très-petits Vers à fix pieds, dont la dépouille eft une pellicule qui n'eft pas terminée par deux pro-longemens comme celle des Anthrennes. On peut, à l'infpection de cette dépouille, re-connoître les larves des Bruches & celles-ci, en cherchant à les voir la nuit à la lumière. Les larves naiffent au printems, & paffent à l'état de chryfalide à la fin de l'été ; ainfi les larves de ces infectes font en vigueur pen-dant le printems & l'été, & l'infecte parfait dans le plus fort de l'hiver.

Les Teignes ne s'attachent qu'aux infectes dont le corps eft velu ou dont les aîles font farineufes ; c'eft par cette raifon qu'elles ne font guère à craindre que pour les Papil-lons. Quelquefois cependant elles coupent auffi les aîles à réfeau pour s'en nourrir & s'en envelopper ; mais leurs plus grands ra-vages tombent fur ces groffes Phalènes dont le corps eft très velu. On fait que les Tei-gnes naiffent de ces petites Phalènes qui volent en été dans les apparemens ; ceux-ci ne font redoutables que par le dépôt de leurs œufs ; ils ne font par eux mêmes aucun mal. Les larves naiffent en automne, croiffent peu pendant cette faifon & durant l'hiver ; mais leur crue eft prompte au commencement du printems, & leurs dégâts font rapides alors : on ne voit que difficilement ces infectes ca-chés parmi les poils qu'ils coupent, & couverts d'un fourreau fait de ces mêmes poils ; mais les excrémens des Teignes les font facilement reconnoître ; ce font de petits grains grifâ-tres, rudes & âpres au toucher. En fecouant le câdre, les poils qui font coupés fe déta-chent, tombent, & indiquent le mal qui exifte. Les larves deviennent chryfalides en avril, & Papillons en mai, juin, juillet & août. Il y a donc, pendant ces mois, le dépôt des œufs à craindre, pendant la fin de l'automne, l'hiver, & fur-tout pendant le commencement du printems, les dégâts des larves.

L'efpèce de Teigne qu'on trouve le plus communément dans les collections, eft la Teigne, la plus ordinaire auffi fur les pelleteries & les étoffes de laine ; mais on trouve encore, quoique plus rarement, quelques autres efpèces de Teignes dans les collections ; elles font plus grandes, & par cela plus dangereufes ; il fuffit, pour l'objet que je traite, qu'on fache les reconnoître au même indice que les Teignes des pelleteries.

La Pince eft un très-petit infecte, reconnoiffable par fes deux antennes ou fes deux premiers pieds en forme de pince de Scorpion. Cet infecte eft fort vif, il fe cache peu, il va, vient fouvent, & il eft, par cette raifon, facile à découvrir. Il paroît en activité toute l'année ou une grande partie de l'année. Je ne l'ai pas obfervé comme les infectes précédens, j'ignore le tems où il multiplie, & fi le froid l'engourdit : il eft fi petit, que chaque individu ne peut faire que très-peu de mal, mais l'efpèce peut nuire beaucoup par le nombre des individus. Cependant quelques perfonnes doutent que la Pince foit nuifible, elles croient au contraire qu'elle eft utile, parce qu'elle ne fe nourrit pas des objets dont la collection eft compofée, mais des Mittes que ces objets attirent, & qui en vivent.

Les Mittes, plus petites encore que les Pinces, font peu à craindre féparément, & il n'y a que leur très-grand nombre qui faffe un mal fenfible : on les voit courir en tout tems, comme les Pinces ; elles rongent les aîles à réfeau, les pouffières des aîles des Papillons, & les parties les moins dures ; leurs excrémens font une pouffière très-fine & impalpable. A peine leurs dégâts méritent-il attention, à moins que, par négligence, l'efpèce ne fe foit multipliée à un point extrême. Ce font, dit-on, les Mittes que les Pinces cherchent dans les herbiers, où les unes & les autres font fouvent bien nombreufes. J'ai peine à concevoir que les Pinces, en auffi grand nombre que les Mittes, ne les détruifent pas, & que les dégâts rapides, con-

fidérables, qui ont fouvent lieu, n ___ ___ pas dus aux deux efpèces très- ___ ___ ___. Je n'affure cependant rien ___ ___ ___ n'ayant pas eu le tems de l ___ ___ ___ l'obfervation.

Après avoir fait connoître les efpèces deftructives des collections d'infectes, le tems où elles font à craindre, le moyen de les reconnoître dans les différens états, je terminerai cet article par l'indication des moyens d'arrêter les ravages en détruifant les infectes qui les caufent.

Si l'on n'a pas employé la cire pour y fixer les épingles qui percent les infectes, quelque méthode qu'on ait fuivie d'ailleurs, le moyen le plus fûr d'arrêter le dégât des infectes deftructeurs, eft de recourir à un degré de chaleur qui les faffe périr. Il y a deux manières de mettre ce moyen à exécution. Le premier, praticable feulement du mois d'avril à la fin de celui d'août, confifte à expofer les câdres ou les tiroirs, pofés verticalement ou un peu inclinés au pied d'un mur frappé des rayons du foleil dans les heures de la journée les plus chaudes, comme de dix heures à quatre. Le reflet du mur, la réfraction des verres, occafionnent une vive chaleur à l'intérieur des câdres ; fi le tems eft beau, le ciel découvert, & ce font les circonftances qu'il faut choifir, en peu d'heures la chaleur devient fi forte, que les infectes deftructeurs ne peuvent la fupporter ; ils fortent des parties du corps des infectes defféchés où ils fe tenoient cachés, ils courent à travers le câdre, s'agitent, s'arrêtent, tombent en convulfions & meurent. Ce n'eft pas le feul avantage dont on jouiffe, l'excès de chaleur tue les larves chryfalides auffi-bien que les infectes, & détruit les germes dans les œufs. Ainfi toute la race contenue dans un câdre, en quelqu'état que foient les individus, périt en même-tems & en une fois.

Il faut employer le procédé que je viens de décrire pour tous les infectes qui n'avoient pas encore été placés, qui avoient été attaques, ou qui étoient suspects; on les affaiblira en les exposant au soleil sous un bocal de verre.

Si l'on n'a remarqué dans la collection que de légères traces d'insectes destructeurs pendant l'automne & l'hiver, comme les larves consomment peu pendant ces deux saisons, on peut différer d'exposer les câdres au soleil jusqu'au printems suivant; mais si, dans les saisons que nous venons d'indiquer, le nombre des individus rend leurs dégâts à craindre; si on reconnoît les traces des Dermestes, qui sont plus grands, qui consomment par un tems plus frais, il ne faut pas attendre le printems, mais recourir à une chaleur artificielle, soit en plaçant les câdres dans un four, soit à plat sur la tablette d'un poële, soit verticalement devant le feu d'une cheminée : dans ces différens cas, pour ne pas porter trop loin la chaleur, ou ne pas la laisser trop au-dessous de ce qu'elle doit être, il faut placer au milieu des câdres un thermomètre, porter & entretenir la chaleur de quarante-cinq à cinquante degrés; la conserver à ce point trois à quatre heures.

Voici quelques légers inconvéniens qui résultent de la méthode que je viens de décrire. 1°. La chaleur, de quelque façon qu'on l'excite, élève dans les câdres une vapeur qui se condense & se résout en gouttes d'eau par le frais où les câdres repassent ensuite. 2°. Les insectes qui ont reçu la mort roulent dans les câdres quand on les remue, ils tombent sur le fond ou le rebord inférieur, & ils salissent la collection. 3°. La vive action des rayons solaires ternit les couleurs, mais bien peu & d'une manière insensible, si on n'y a pas recours souvent. 4°. Les insectes qui ne sont que collés se détachent quelquefois. Il résulte de ces inconveniens, qu'après l'opération il faut ouvrir les câdres, les nettoyer & réparer les désordres légers qui peuvent avoir lieu. Mais que sont ces inconvéniens en comparaison de l'avantage de purger la collection en une seule fois, & d'en assurer la conservation pour toujours, si

on a, après les réparations nécessaires, fermé les câdres promptement & exactement. Quant à l'action du soleil, comme il suffit d'y exposer une fois la collection, il n'y a rien à en redouter, ou trop peu pour ne pas profiter des avantages qu'elle procure.

Si l'on s'est servi de la cire pour couvrir le fond des câdres ou des boîtes, on ne peut recourir à la chaleur ; alors il faut, si les insectes sont piqués, les transporter sur un autre fond qui permette d'en faire usage, ou s'ils sont collés, il faut ouvrir les câdres, les placer sur le fond d'une boîte proportionnée à leur volume & à leur grandeur, allumer dans cette boîte de la fleur de soufre en assez grande quantité, pour que la vapeur qui s'élevera remplisse toute la boîte qu'on aura eu soin de fermer ; ouvrir trois heures après la boîte au grand air, & retirer les câdres. Cette opération aura fait périr tous les insectes parvenus à leur dernier état & toutes les larves, mais sans avoir eu d'action sur les œufs & les chrysalides. Il faudra donc avoir soin de n'employer le soufre contre les espèces qui ont un tems fixe pour leur génération que dans celui où les œufs sont éclos, où il n'y a pas encore de chrysalides, & où toute l'espèce réside en des larves que la vapeur du soufre fait périr. Ces espèces sont *les Teignes*, *les Anthrennes*, *les Bruches*, & le tems d'en exterminer la race les mois de novembre & de décembre. Mais par rapport aux *Dermestes*, comme ils ont plusieurs générations en un an, & peut-être les *Pinces*, les *Mittes*, par la même raison, on ne peut les détruire en une fois. Il faut recommencer l'opération quand de nouveaux insectes sont sortis de l'état où on ne les a pas tués ; si on les observe & on les poursuit de près, deux ou trois fumigations suffisent pour extirper la race.

J'ai dit, en commençant cet article, que les insectes exposés à l'humidité, étoient gâtés par cette production qu'on nomme *moisissure*, qui croît sur leurs différentes parties. Dans ce cas, il faut ouvrir les câdres, expofer les infectes au foleil ou devant le feu ; lorfque la chaleur & l'air ont diffipé l'humidité, on enlève, fous la forme d'une pouffière, la *moififfure* qui couvroit les infectes, en les broffant avec un pinceau ou la barbe d'une plume. Mais fi on veut les nettoyer, avant d'avoir fait évaporer l'humidité, on applique la moififfure fur le corps des infectes, elle s'y colle, elle y adhère, & il eft très-difficile de l'enlever.

CINQUIEME DISCOURS.

Notice de la plupart des auteurs qui ont ecrit sur les insectes.

ON peut diviser les auteurs qui ont écrit sur les insectes, où à raison du tems dans lequel ils ont vécu, en *anciens* & en *modernes*, & le nombre des premiers est fort petit, tandis que celui des seconds est considérable; ou à raison de la manière dont ils ont traité leur sujet, on peut les classer comme il suit.

1o. Ceux qui n'ont considéré dans les insectes que leurs habitudes ou leur manière de vivre, ce qui comprend leur histoire; ces auteurs pourroient être appellés en conséquence *historiens*. Mais parmi ceux-ci, les uns ont traité ou de tous les insectes, & n'ont écrit que des généralites, ou ne se sont occupés que de quelques espèces en particulier : les autres n'ont parlé que des insectes d'une contrée déterminée, & de tous ceux de cette contrée ou de quelques-uns seulement. Il faudroit, d'après ces différences, distinguer ces auteurs, selon leurs travaux, en historiens *des insectes en général*, de certaines *espèces d'insectes en particulier*; *des insectes d'une contrée* en général, ou de quelques-uns en particulier.

2o. Plusieurs naturalistes, & le nombre en est aujourd'hui assez grand, n'ont remarqué que quelques parties externes des insectes d'une contrée seulement; ils ont, d'après la forme, la position, la structure de ces parties, divisé les insectes en *classes*, *ordres*, *sections*, *genres*, auxquels les espèces ont été subordonnées. Les remarques faites sur les parties qui ont servi à ces divisions constituent ce qu'on appelle *caractères*, & l'ensemble des divisions a été nommé *méthode* ou *système*. Le nom de *méthodistes* a été donné aux auteurs qui ont travaillé dans ce genre. Très-peu s'y étoient appliqué avant le Che-

valier Linné, & les méthodes antérieures à la sienne, ne comprenoient qu'un fort petit nombre de divisions. Ce savant est le premier qui ait publié une méthode dans laquelle on peut rapporter, d'après les caractères assignés, tous les insectes à un petit nombre près, aux divisions de la méthode. Depuis le chevalier Linné, plusieurs savans ont suivi la même carrière; MM. de Géer, Geoffroy, Fabricius, Schaeffer, s'y sont principalement distingués.

Les méthodes que ces auteurs ont publiées ont été proposées ou pour qu'on y pût rapporter les insectes de tous les pays, comme la méthode de Linné & de Fabricius, ou les auteurs n'ont eu en vue que les insectes d'une contrée, comme M. Geoffroy ceux des environs de Paris. Les auteurs méthodistes devroient donc être distingués en *méthodistes universels*, *méthodistes particuliers*. Les uns & les autres ont rendu à la science un grand service en abrégeant son étude, en établissant des divisions auxquelles on puisse rapporter les insectes comme par grouppes, & ne chercher ceux qu'on veut connoître que parmi ces grouppes, au lieu de parcourir d'un bout à l'autre l'ouvrage dans lequel on en traite. Les divisions sont des points de repos, des moyens de rapprochement, & les méthodes sont des catalogues clairs, concis des objets qu'on veut faire connoître ou étudier; elles apprennent, d'après quelques signes extérieurs, faciles à remarquer & convenus, à reconnoître & à distinguer ces objets; c'est le seul avantage qu'elles procurent, mais c'en est un très-grand dans une étude dont les objets sont multipliés presqu'à l'infini, dans laquelle un grand nombre se ressemble & n'est distingué que par les caractères que les auteurs ont remarqués, & qu'ils ont fait connoître. Enfin c'est abréger beaucoup l'étude, & par conséquent rendre un service bien important.

Cependant, en faisant l'éloge des méthodes, & en remerciant les auteurs qui ont eu la sagacité & la patience nécessaires pour les tracer, je ne peux m'empêcher de remarquer qu'on peut leur reprocher un défaut dans leur travail, qui leur est commun à tous, excepté à M. Geoffroy qui l'a en partie évité. Ce défaut est de n'avoir eu aucun égard à la grandeur des insectes, en sorte que la même division comprend souvent les plus grands & les plus petits : si les auteurs avoient déterminé certaines proportions, certaines divisions de grandeur, ce caractère seul, si frappant, si facile à reconnoître auroit encore beaucoup ménagé le tems en indiquant l'ordre de division dans lequel on auroit dû chercher l'insecte que l'on examine. M. Geoffroy a à la vérité mesuré la grandeur de chaque espèce ; mais cette mesure stricte n'est pas celle dont je parle ; elle peut d'ailleurs être vicieuse, en ce qu'il y a des individus plus grands les uns que les autres ; M. Geoffroy n'a pas employé la grandeur comme caractère constituant de sa méthode ; quelques auteurs ont établi des sections d'après la grandeur des insectes. Mais je crois que ce signe eût pu être employé beaucoup plus généralement qu'on ne l'a fait, & que son emploi rendroit l'étude beaucoup moins longue.

3°. Quelques physiciens ont peu ou point considéré dans les insectes, leur forme extérieure & leurs habitudes ; mais ils ont eu pour but d'observer leur organisation, la structure de leurs différentes parties, la manière dont s'exécutent ces changemens qu'on avoit improprement nommés *métamorphoses*. Personne ne contestera à Swammerdam le premier rang parmi ces auteurs ; il le mérite tant par le nombre de ses observations que par la sagacité avec laquelle il les a faites, la simplicité & la clarté avec lesquelles il en rend compte ; peut-être Wallisner mérite-t-il

d'être nommé après Swammerdam ; & ensuite Malpighi, Leuwenhoeck, MM. de Geer, de Réaumur, Lyonet, ont ajouté aux connoissances que nous ont procuré ces auteurs ; divers physiciens, en écrivant sur la physiologie, ou l'anatomie, ont aussi parlé de l'organisation des insectes, mais par occasion, sans se proposer ces animaux pour but.

Swammerdam est celui qui nous à le premier éclairé sur les changemens que subissent les insectes. Ce qu'il a découvert & écrit à cet égard, est devenu la base & la somme de nos connoissances sur ce sujet. On n'a fait depuis que confirmer ses découvertes. Les auteurs dont je viens de parler méritent, à juste titre, le nom *d'anatomistes.*

Rédi a le mérite d'avoir le premier révoqué en doute l'origine des insectes qu'on attribuoit à la putréfaction ; d'avoir démontré par l'expérience qu'ils se reproduisent, comme les autres animaux, par le concours des deux sexes. Comme c'est un effet de leur organisation, je place Rédi à la suite des anatomistes, quoiqu'il n'ait parlé que de l'effet, sans décrire les organes.

4°. Beaucoup d'auteurs se sont contentés de décrire les insectes, soit qu'ils les aient considérés avec ou sans méthode. Mais d'autres ont ajouté des figures à la description, & ces figures ont été ou simplement gravées, ou gravées & colorées ; MM. de Réaumur, de Geer, &c., fournissent des exemples de figures ajoutées aux descriptions & simplement gravées, & l'on pourroit dire qu'une foule d'auteurs en fournit de figures colorées, tels sont Cramer, Harris, Roesel, Klerk, Schoeffer, Albin, Ernest, &c. On pourroit désigner ces auteurs par le nom de *figuristes*, en ajoutant que les figures données par les uns ne sont pas colorées, que celles données par les autres le sont ; que ces auteurs ont représenté des insectes de tout genre & de tout pays, comme Roesel, d'autres certains genres d'insectes seulement, comme Cramer les Papillons, Stholle les Punaises,

Punaifes ; que quelques-uns n'ont traité que des infectes d'un pays , comme Schoeffer de ceux des environs de Ratisbonne, Mademoifelle de Merian de ceux d'Europe & de Surinam , &c.

On peut rapporter aux quatre ordres que que je viens d'établir , tous les auteurs qui ont travaillé fur les infectes ; mais comme un grand nombre a traité des infectes fous différens points de vue, dont il s'eft également occupé , il feroit très-difficile de préfenter le tableau des auteurs d'après cet ordre : le même auteur fe retrouveroit fouvent dans plufieurs ordres. Ainfi le nom de M. de Réaumur devroit fe trouver parmi ceux des *hiftoriens* , des *méthodiftes* , & des *figuriftes*. Pour éviter la confufion & les répétitions inévitables dans le tableau des auteurs préfenté d'après le genre de leur travail , je les nommerai fimplement par ordre alphabétique , en indiquant le genre ou les différens genres de leurs travaux , indication d'après laquelle le lecteur décidera lui-même à quel ordre chaque auteur doit être rapporté , s'il ne doit l'être qu'à un ou plufieurs ordres.

Je préfenterai d'abord une table dans laquelle feront énoncés tous les titres des ouvrages que j'ai pu connoître , & je me bornerai à ce fimple énoncé du titre pour les ouvrages les moins importans ; mais après la table générale des auteurs & des titres de leurs écrits, je donnerai un extrait des ouvrages les plus inftructifs. De la manière que je viens d'expofer , le lecteur connoîtra la plupart des ouvrages qui exiftent fur les infectes ; le but de chaque ouvrage, ce dont il traite, ce fur quoi on peut le confulter , & en même tems il aura une notion affez étendue des ouvrages les plus importans à connoître. Celui qui voudra travailler fur les les infectes fera donc éclairé fur les ouvrages dans lefquels il peut efpérer de trouver à s'inftruire ; il connoîtra ce qui eft exécuté par les auteurs qui ont le plus avancé la fcience, & par conféquent ce qui refte à faire. Le catalogue & la notice que l'on va lire ne pouvoient manquer, foit à caufe du nombre des auteurs, foit à caufe du mérite de plufieurs ouvrages , d'occuper une grande étendue. Mais l'Encyclopédie doit préfenter la fcience dans l'état où elle eft au moment où l'Encyclopédie eft rédigée , & le tablau & la notice des auteurs qui ont traité de la fcience, font le plus fûr moyen de remplir cette condition indifpenfable.

TABLEAU ALPHABÉTIQUE

Des auteurs en général.

ADMIRAL (Jacob l') , planches enluminées, de format in-*folio* , avec explication en hollandois , repréſentant des Papillons. A Amſterdam en 1761. Cet ouvrage eſt peu conſidérable. L'auteur eſt mort peu de tems après avoir commencé ſon entrepriſe. Il deſſinoit lui-même , & colorioit les modèles qui ſervoient aux planches qu'il devoit publier. Ce qu'il en a mis au jour eſt correct, & d'une belle exécution.

ALBIN (Eléaſet). *Inſectorum Angliæ* , *nat. hiſtoria* ; avec planches enl. in-4°. Hiſtoire nat. des inſectes d'Angleterre. Londres 1731.

Du même. Londres 1736, 53 planches, format in-4°. dont les 39 premières repréſentent des Araignées , la 40e le Scorpion , & le Pou de la Poule ; la 41e la Puce , la 42e le Pou de l'homme, & les 10 dernières des Tiques ou Poux de différens oiſeaux & de différens quadrupèdes , avec un texte en anglois.

ALBRECHT (Johannes-Peters). Diſſertations inprimées dans les mélanges des curieux , ou *miſc. cur.* décem. 3., ann. 9 & 10., 1701 , 1702 , pag. 26 , obſerv. 11 , écrites en latin , ſur les œufs des inſectes, quelquefois féconds (ſelon cet auteur) ſans que la femelle ſe ſoit accouplée.

ALBRECHT (Johannis-Sebaſtiani). Diſſerration écrite en latin ſur le Cerf-volant. act. phyſ. med. vol. 6. , obſerv. 120 , pag. 404, tab. 5 , fig. 2 , 3.

ALDROVANDI (Ulyſſis) Un vol. in fol. diviſé en 7 livres ſur les inſectes , avec figures

très-impatfaites , fait partie des ouvrages de ce ſavant.

　　Boulogne , 1602.
　　Francfort , 1623.
　　Boulogne , 1638.

Anonymes. Syſtême naturel du règne animal par claſſes , familles ou ordres , genres & eſpèces , avec une notice de tous les animaux : les noms grecs , latins & vulgaires que les naturaliſtes leur ont donnés , les citations des auteurs qui en ont écrit, &c. Paris, 1754 , in-8°. 2 vol. avec fig. Les inſectes font partie du ſecond vol.

ARISTOTE. Liv. 4. de l'hiſtoire des animaux , chap. 6. Quelques généralités ſur les parties des inſectes.

AVELIN (Gabriel-Emmanuel). Diſſertation latine ſur les merveilles des inſectes , (*de miraculis inſectorum*). Upſal, 1752 , in-4°.

BAEKNERI (Michaelis Andreæ). Diſſertation latine ſur le mal que cauſent les inſectes, (*de noxâ inſectorum*). Upſal, 1752, in-4°. , inſérée dans les amæn. acad. , tom. 3 pag. 335,

BAZIN. Obſervations ſur les plantes & leur analogie avec les inſectes. Straſbourg , 1741 , in-8°.

Du même. Hiſtoire des Abeilles.

Du même. Abrégé de l'hiſtoire des inſectes , 4 vol. in-12 , avec figure en taille douce, Paris, 1747. Cet ouvrage eſt en dialogues , &

n'eft qu'un extrait des mémoires de M. de Réaumur.

BERGSTRAESSER (Benignus). Nomenclature des infectes, texte allemand.

Du même. Icones Papillonum , &c. ou Papillons de jour, d'Europe, figurés, rangés fuivant le fyftème de Linné & Fabricius.

BOMARE (Valmont de) publia en 1746 6 vol. in-12 , fous le titre de *dictionnaire raifonné & univerfel d'hiftoire naturelle.* On trouve des généralités fur les infectes dans cet ouvrage, qui a eu plufieurs éditions. *Voyez* l'article de cet auteur.

BON. Differtation fur l'Araignée, avec une lettre fur le même fujet, par Pouget. Paris, 1710, in-8°.

Du même. Differtation fur l'utilité de la foie des Araignées. Montpellier, 1710, in-8°.

BONNET. Mémoire fur une nouvelle partie, commune à plufieurs efpèces de Chenilles. *Mém. de math. & de phyf.* vol. 1, pag. 44.

Du même. Mémoire fur la grande Chenille à queue fourchue du faule. *Mémoires de mathém. & phyf.*, *vol. 2, pag. 276.*

BONNET (Charles). Obfervations fur les Chenilles, le Fourmillon, les Pucerons. *Philof. tranf. angloife,* vol. 42 , n°. 470 , page 458.

BREYNII (Johannis-Philippi). Hiftoire naturelle du *Coccus Polonicus,* avec des généralités fur le *Kermes* & la Cochenille. Gedani, 1731, in-4°. latin, avec une planche en cuivre.

BRUNNICH. *Entomologia fiftens infectorum tabulas*, &c., in-8°. Hafniæ, 1764. Divifion méthodique des infectes en claffes, &c.

Du même. Lettre fur quelques plantes &

infectes rares, obfervés en Efpagne, fe trouve dans les *tranfact. philofop.* vol. 24., n°. 301, pag. 2045.

CAMELLI (Georgii Jofephi). Obfervations écrites en latin, fur les Araignées & les Scarabés des Ifles-Philippines; *Philofop. tranfact.* angl. v. 27, n°. 331, pag. 310.

CANTI PRATANI (Thomæ). Des Abeilles, deux traités latins, in-8°., Duaci 1627.

CAROLUS (Theodorus). Sur les Cantharides. Differt. lat. *misc. cur. dec.* 2 , ann. 1686 , pag. 66, obf. 36.

CATELAN (abbé de). Obfervations fur les yeux des infectes, écrites en latin. Léipfick. 1682, in-4°.

CATESBY. Hiftoire naturelle de la Caroline, in-folio, avec des figures colorées. On trouve dans cet ouvrage la defcription & la repréfentation de quelques infectes.

CLERK. Deux volumes in-4°. avec des planches coloriées; le premier fur les Araignées, le fecond des Papillons étrangers. Cet ouvrage eft rare, & fa rareté le rend fort cher.

CLEYERUS (Andreas). Des Cigales des Indes. Differt. lat. *misc. cur. dec.* 2 , ann. 6, 1687 , pag. 124, obf. 49.

COLERUS (Johannes). Differtation latine fur le Ver à foie. Giffac, 1665.

COLLINSON (Pierre). Obfervations fur les Demoifelles & les Ephémères, *Philofop. tranfact.* angl. vol. 43, n°. 472. pag, 37.

COLUMNÆ (Fabii Linicœi). Des productions de nos climats, les plus rares & les moinsconnues, in-4°. avec figures en taille-douce. Rome, 1616, ch. 17, du Ver-luifant, 18 & 19, de deux Scarabés.

DAUBENTON (le jeune). Quelques planches coloriées, de Papillons & insectes, format in-folio & in-4°., avec les noms triviaux. Paris, 1760.

DERHAM. Théologie-physique, 1 vol. in-8°., imprimé en anglois, à Londres en 1720, & traduit en françois en 1727, imprimé à Roterdam, partagé en plusieurs livres, dont le huitième traite des insectes.

DRURY. 3 vol. grand in-4°., avec de très-belles planches coloriées, représentant des Papillons & divers insectes, auxquelles est jointe une explication. Londres, 1770.

EBERLINI (Georgii Wolf Gangii). Discours latins sur les nuages de Sautere les qui parurent dans les cantons de l'Allemagne en 1693. Altossi, 1693, in-4°.

EDWARS. Cet auteur est principalement connu par les belles figures enluminées qu'il a données des oiseaux, tant de l'Europe que des trois autres parties du monde. Son ouvrage compose quatre volumes in-4°., qui furent successivement publiés à commencer de 1743; & trois volumes intitulés Glanures, le texte est en anglois. Cependant indépendamment des oiseaux, Edwars a donné, dans chaque volume, les figures de quelques insectes.

ERNEST. Suite de Papillons & Phalènes d'Europe, peints par Ernest, avec une explication historique en François. Paris, 1779.

FABRICIUS (Joan. Christ.). Cet auteur est celui qui a décrit le plus grand nombre d'insectes; on a de lui trois ouvrages, dont deux sur les insectes en particulier, & le troisième sur les insectes & les autres parties de l'histoire naturelle. Les deux premiers ont pour titre : l'un, Systema entomologia, sistens insectorum classes, &c., ou division méthodique des insectes en classes, &c. 1 vol. in-8°. Leipsic, 1775. L'autre, Species insectorum, &c.

ou description des différentes espèces d'insectes, avec la synonimie & une courte description historique. Hambourg, 1781. Le troisième ouvrage est intitulé : Philosophia entomologica, ou division méthodique des trois règnes. Leipsic, 1778.

FORSTER (Joan. Reinol). Nova species insectorum. Londres 1771.

FRANCI (Georgii). Dissertatio de Asellis seu Millepedibus. Heidelbergæ, 1679, in-4°. Dissertation sur les Millepieds.

FRISCH (Jod Leop). 1 vol. in-4°., texte allemand, avec un grand nombre de planches sans couleur, représentant beaucoup d'insectes, sans division méthodique, & seulement des insectes d'Europe, format in-4°. 1730.

GEER (Carol de). 8 vol in-4°. avec des planches en taille-douce, intitulés : Mémoires pour servir à l'histoire des insectes, écrits en françois. Stockholm, 1752. Cet auteur traite de l'histoire des insectes, & de la manière de les classer.

GEOFFROY. Histoire abrégée des insectes qui se trouvent aux environs de Paris, 2 vol. in-4°. Cet ouvrage contient une division méthodique des insectes, la description de chaque espèce; un précis historique des genres & des espèces, & des planches pour l'intelligence des genres, Paris 1762.

GOEDAERT (Joannes). Des métamorphoses des insectes, 3 volumes in-12, avec fig. gravées.

GRIZELINI. De la scolopendre qui rend la mer Adriatique lumineuse. Dissertation italienne, avec fig. gravée, Venise 1750.

GUETTARD. Description de deux espèces de nids singuliers faits par des Chenilles. Mém. de l'acad. royale des sciences, année 1749, pag. 246, tab. 10, 11, 12.

HAGENDORNII. *Differtatio de Araneis,* *mifc. cur. dec. 2, ann. 3, 1684,* pag. 88, obf. 30.

HARRIS (Mofes). Deux ouvrages fur les infectes, avec texte anglois & latin, & de très-belles planches colorées, publiés à Londres ; le premier format in-4°. 1776, le fecond in-folio, 1778.

HASSELQUIST. *Iter Palefinum.* Voyage en Paleftine, in-8°. Il y eft traité des infectes depuis la pag. 408 à la pag. 441.

HEBENSTREITII (Johannis Pauli). Differtation latine fur les nuages de Sauterelles & les effets qu'on leur attribue, *in-4°.,* avec une planche, 1693. Et du même : Differtation fur les moyens à employer contre les Sauterelles, même format, même année.

HOISTER (Laurentius). Des Poux des Mouches. Differtation latine. *Act. phyfiq. med.* vol. 1, pag. 409, obf. 186, tab. 11, fig. 6.

HILL. (John.) *The hiftory of animals,* &c. Hiftoire des animaux, &c. Londres, 1752, in-folio, avec planc. en taille-douce. Dans la troifième claffe il eft traité des infectes de la pag. 13 à la pag. 99.

HIRE (de la). Nouvelle remarque fur les infectes des orangers. *Mém. de l'acad. roy. des fciences,* 1704, pag. 60.

HIRE (de la). Defcription d'un infecte qui s'attache aux Mouches. *Mém. de l'acad. royale des fciences,* 1692, pag. 11, avec une figure.

HOMBERG (Guill.) Obfervation fur les infectes appellés Demoifelles. *Mém. de l'ac. royale des fciences,* 1699, pag. 46 & 195, avec une planche.

Du même. Obfervation fur les Araignées. *Mém. de l'acad. royale des fciences,* 1707, pag. 438, avec une planche.

HOOKE (Robert). *Mycrographia,* &c. ou Obfervations microfcopiques, vol. petit in-folio, avec de très-belles planches, écrit en anglois. Londres, 1667; pag. 163, la trompe des Abeilles ; pag. 169, les pattes des Mouches; pag. 172, leurs aîles; pag. 18, les œufs de différens infectes ; pag. 185, ceux du Coufin ; 195, d'une Teigne ; 198, des Araignées ; 203, de la Fourmi ; 207, du Scorpion-Araignée ; 210 & 211, de la Puce & du Poux ; 213, d'une Tique.

JOBLOT (L). Defcriptions & ufages de plufieurs microfcopes, avec de nouvelles obfervations fur une multitude d'infectes. Paris, 1754, in-4°., avec beaucoup de planches.

JONSTON (Joan). Trois livres fur les infectes, avec des planches, faifant partie des ouvrages de ce naturalifte.

KŒMPFER. Cet auteur, dans fon hiftoire du Japon, ouvrage in-folio, avec figures, fait mention d'une douzaine d'infectes environ.

LEEWENHOECK (Anton. Van.). Obfervations microfcopiques dans lefquelles il eft parlé des infectes en beaucoup d'endroits : nous en rendrons un compte particulier.

LESSER. Théologie des infectes, &c. un vol. in-8°. traduit de l'allemand, avec des remarques, par M. Lyonnet. Paris, 1745.

LINNÉ (Carol). *Syftema naturæ,* in-8°. écrit en latin, dont il y a eu douze éditions en différens endroits. Cet ouvrage contient une divifion méthodique des infectes. *Fauna Suecica,* in-8°. en latin, dont deux éditions. On y trouve la defcription des infectes de la Suède.

Du même. Amœnitates academica, 5 vol. in-8°. en latin, dans lefquels on trouve différentes obfervations fur les infectes. Ces ouvrages contiennent quelques planches.

*Du même. Oratio de memoralibus in in-
sectis.. Holmiæ ,* 1739, in-8°. en Suédois.

Et Museum Adolphi Frederici, &c. Holmia,
1754, in-fol. contenant 33 pl. , & en parti
culier la description des insectes, formant une
partie du musée du roi Frédéric Adolphe.

LISTER. (Martin). *Joannes Goedartius , de
insectis in methodium redactus ,* ou l'ouvrage
de Godeart, réduit en méthode. Londres ,
1685 , in-8°. avec planches.

Du même. A la suite de l'ouvrage de Rai ,
un appendice sur les Scarabés d'Angleterre.

LYONET (Pierre). Traité anatomique de
la Chenille qui ronge le bois de saule , avec
18 planches très soignées , & la description
des instrumens qui ont servi à l'auteur , un
vol. in-4°. de 616 pages. A la Haie, 1762.
Rien n'a été épargné pour cet ouvrage , tant
pour la partie typographique que pour les
planches. Mais on doit sur-tout être surpris de
la sagacité & de la patience de l'auteur. Il entre,
pour chaque partie , dans les plus grands détails, il traite l'anatomie de la Chenille du saule
à la manière des anatomistes qui ont écrit
sur l'anatomie humaine avec le plus de soin.
Cet ouvrage, qu'on a trop souvent taxé de
surabondance & de superfluidité, d'un genre
dans lequel on s'exercera fort peu , nous
donne une idée complète de l'anatomie d'une
Chenille, & par analogie, des autres Chenilles & des larves en général.

MALPIGHI (Marcellus). Dissertation latine
sur le Ver à soie. Londres, 1669 , in-4°. orné de 54 planches en taille-douce.

La même dissertation faisant partie de la
collection des œuvres de Malpighi, en 3 vol.
in-fol. Londres , 1686, tome 1, page 65.
C'est une description très-détaillée des parties
tant externes qu'internes du Ver à soie, de
sa chrysalide, de son Papillon. Cet ouvrage,
l'un des plus parfaits en son genre, peut être
regardé comme un modèle ; il jette encore

beaucoup de jour sur l'organisation des insectes en général , & sur la manière dont
s'opèrent les changemens qu'ils subissent.

MARALDI (Jacques-Philippe). Sur les
Abeilles. Mémoires de l'Acad. royale des
sciences année 1712 , page 391, avec une
planche.

MARCGRAVE. Histoire naturelle du Bré-
sil , divisée en huit livres , dont le septième
traite des insectes ; ouvrage in-folio , écrit
en latin avec des planches très-défectueuses.

MARSILI (Aloysius Ferdinan). *Historia
naturalis Danubii ,* ou Histoire naturelle du
Danube, en six vol. in-fol. avec de très-belles
planches. Le quatrième volume contient la
description des insectes.

MARTINET (Joann. Florent.). Dissertation
latine sur la respiration des insectes. Leyde ,
1753 , in-4°.

MAUPERTUIS (Pierre-Louis Moreau de).
Expériences sur les Scorpions. Mémoires de
l'Académie royale des sciences, année 1731,
page 317.

MÉRIAN (Marie-Sybille). Histoire des
insectes d'Europe. Amsterdam, 1718 , in 4°.
orné de 155 planches très belles. Il y a des
éditions de cet ouvrage en hollandois, en
en latin, en françois.

De la même. Histoire des insectes de Surinam. Amsterdam , 1719 & 1730 , avec
de très-belles planches ; texte latin & françois. Il y a des exemplaires enluminés.

MOUFFET (Thomas). *Theatrum insectorum.*
Londres , 1634 ; in-fol. écrit en latin, avec
de très-grossières planches en bois.

MURALTO (Jan.). Anatomie du Pou &
de la Puce. Dissert. lat. misc. cur. déc. 2 ,
ann. 1, 1682, pages 136-138. observ. 53,
54, 55

Du même. Differtation latine fur le Gryllo-talpa, le Scarabé du lys, le Frelon. Mifc. cur. déc. 2, ann. 1, 1682, pag. 154-158. obferv. 62, 63, 64.

Du même. Obfervat. lat. fur plufieurs in-fectes. Mifc. cur. déc. 2, ann. 2, 1683, de la page 40 à la page 60. obferv. 16 à 31.

NIREMBERG (Joan. Eufeb.). Hiftoire na-turelle des objets les moins connus, dans laquelle il y a des defcriptions d'infectes étrangers, in-fol. avec planches, texte latin. Anvers, 1635.

PALLAS. *Icones infectorum præfertim Ruffiæ Sibiriæque peculiarium.* Figures enluminées des infectes les plus rares, fur-tout des in-fectes de Ruffie & de Sibérie, 1781.

PETIVER (Jacobus). *Mufæum Petiver,* ou Defcription du cabinet de Petiver, en dix centuries, in-4°. & *Gaʒophylacii naturæ & artis decades decem,* in-fol. Londres, 1702. Ces deux ouvrages, avec des planches en taille-douce, font écrits en latin, & renfer-ment la defcription de plufieurs infectes.

PEUCERI (Gafpari). *Appellationes qua-drupedum, infectorum, &c.* ou noms des qua-drupèdes, infectes, &c. Leypfick, 1550, in-8°.

PLINE. Cet auteur, livre II, traite des in-fectes en vingt-trois articles; il s'étend par ticulièrement fur les Abeilles. Il y a beau-coup d'erreurs dans le peu de propofitions qu'il avance.

PLUCHE. Spectacle de la nature, &c. in-12. orné de planches, feptième édition. Paris, 1739. On trouve des entretiens fur les in-fectes dans le premier volume; ces entretiens font un extrait de ce qui avoit été écrit fur le même fujet que l'auteur traite.

POUPART (François). Hiftoire du Formica-leo. Mém. de l'Acad. roy. des fcienc. 1699, pag. 51, avec une planche.

PODA (Nicol. e Socie. Jefu). *Infecta mufei gracenfis, &c.* Ce catalogue d'infectes, rédigé fuivant le fyftême de Linné, eft de format in-8°. 1761.

PRE (Joann. Frédéric de). Differtation latine fur les propriétés en médecine des Mille-pieds, Fourmis, Lombrics. Erford, 1722, in-4°.

RAI (Joann.). *Methodus infectorum, &c.* ou Divifion méthodique des infectes. Lon-dres, 1705, in-8°.

Du même. Hiftoria infectorum. Hiftoire des infectes. Londres, 1710, in-4°. Il y a, à la fin du dernier ouvrage, un appendice de M. Lifter fur les Scarabés qui fe trouvent en Angleterre.

RAYGER (Carolus). Differt. lat. fur les Fourmis & les Sauterelles. Mifc. cur. déc. 3, année 2, 1694, pag. 27 & 29. obfervat. 21, 22.

RÉAUMUR (René-Antoine de). Mémoires pour fervir à l'hiftoire des infectes. Paris, 1734, 6 vol. in-4°. avec grand nombre de planche en taille douce.

REDI. *Experimenta circa generationem in-fectorum,* in-12. Amfterdam, 1671. Expé-riences fur la génération des infectes; ouvrage très eftimé & digne de l'être.

ROBERGITII (Laurentii). Differtation la-tine fur la nature des Fourmis. Upfal. 1709, in-4°.

ROESEL (Auguftus-Joann.). Cinq volumes in-4°. avec grand nombre de planches très-bien coloriées. Texte allemand. Nuremberg, 1746. Il eft particulièrement traité des Pa-pillons dans les premiers volumes, & de dif-férens infectes dans les fuivans.

ROSIER. Journal de phyfique & d'hiftoire naturelle, commencé par M. l'abbé Rofier en 1770. On trouve, dans la suite de ce Journal, la defcription de plufieurs infectes qui n'étoient pas connus, ou des obfervations nouvelles fur des infectes déjà décrits.

SCHAEFFER (Jacob. Chrift.). Quatre vol. in-4°. fur les infectes; texte latin & allemand. Les trois premiers volumes, publiés à Londres en 1731, contiennent le nom générique, fuivant le fyftème de Linné, des infectes des environs de Ratisbonne, & des planches coloriées avec foin, qui repréfentent ces infectes. Le quatrième volume, publié en 1766, & de même écrit en latin & en allemand, a pour objet la manière de divifer les infectes ou une méthode pour les claffer.

SCOPOLI. *Entomologia carniolica*, &c. in-8°, 1763 & 1778. Une méthode claffique des trois règnes, vol. in-8°.

SÉBA. Trois vol. grand in-fol. avec des planches ou fimplement gravées ou coloriées. Amfterdam, 1734. Cet ouvrage contient les repréfentations & defcriptions de beaucoup d'infectes, fur-tout de Papillons.

SEDILEAU. Sur l'origine d'une efpèce de Papillon d'une grandeur extraordinaire, & quelques autres infectes. Mém. de l'Acad.

roy. des fcien. 1692, pag. 193, avec une planche.

SWAMMERDAMII (Joann.). *Biblia natura*, 2 vol. in-fol. avec de très-belles planches gravées. Texte hollandois & latin. Leyde, 1737.

VALENTIN (Michael-Bernard). *Amphitheatrum zootomicum*, &c. Francfort, 1720, in-fol. avec planches en taille-douce. Partie feconde, de la page 181 à la page 231. Defcription anatomique de vingt efpèces d'infectes environ.

VALLISNER (Antoine). Deux vol. in-4°. avec planches gravées. Padoue, 1710. Texte italien. Ces deux volumes renferment la defcription anatomique de plufieurs efpèces d'infectes.

WEIDLERI (Joann. Frider.) Differtation latine fur les Chenilles & les Sauterelles qui dévaftèrent les campagnes aux environs de Virtemberg. Philof. tranfact. angl. vol. 38, n°. 432, page 291.

VOET (Jean-Eusèbe). Catalogue raifonné ou fyftèmatique des infectes qu'on appelle *Coléoptères*. La Haye, 1 vol. in-fol.

NOTICE

Des principaux ouvrages en particulier.

ALBIN (Éléazare).

M. Albin, peintre anglois, a donné deux ouvrages sur les insectes. Le premier, de format in·4°., écrit en latin, imprimé à Londres en 1731, est intitulé :

Insectorum angliæ Historia Naturalis illustrata iconibus in centum tabulis æneis, eleganter ad vivum expressis & istis, qui id possunt accuratè etiam coloratis.

Ab auctore Eleazarre Albin, pictore.

His accedunt annotationes amplæ & observationis plurimæ insignes à Guill. Derham. r. s. socio.

On voit, par le titre précédent, que l'ouvrage est orné de cent planches, qu'il y a des exemplaires coloriés & d'autres qui ne le sont pas. C'est d'après un des premiers que je donne une notice de l'ouvrage de M. Albin. Il a représenté la plante sur laquelle il a trouvé les larves & dont il les a nourries, les larves, les chrysalides, & les insectes dans leur état de perfection ; son ouvrage contient la description d'un grand nombre de Papillons, tant de jour que de nuit, & celle de fort peu d'autres insectes. Les planches sont accompagnées d'une explication imprimée sur une feuille au verso de chaque planche. Ce n'est qu'une courte description de la larve, de la chrysalide, de l'insecte parfait. M. Albin rapporte le nom triviale de la plante dont la larve a été nourrie, le tems qu'elle a vécu sous cette première forme, celui qu'elle a passé en chrysalide & où l'insecte a paru dans son dernier état : il ne suit aucun ordre, il ne paroît pas avoir eu idée des méthodes,

& il ne donne pas de nom aux insectes qu'il décrit. Mais les figures qu'il a dessinées & coloriées ont tout à la fois beaucoup d'élégance & de correction ; la gravure paroît approcher beaucoup de la perfection, mais les couleurs qu'on y a appliquées ne sont pas toujours d'un ton vrai & conforme aux couleurs des insectes qui sont repréfentés.

Les notes de M. Derham sont placées au bas de la page sur laquelle le texte est imprimé ; elles consistent, en plus grande partie, à indiquer les auteurs qui ont parlé des mêmes insectes que M. Albin, & à rapporter la citation de leurs ouvrages pour chaque insecte. Cependant ces citations ne sont pas nombreuses, parce que les ouvrages n'étoient pas encore fort multipliés du tems de M. Derham, & parce que M. Albin a décrit un assez grand nombre d'espèces qui ne l'avoient pas été avant lui. Rien n'est plus facile que de reconnoître les insectes à l'inspection de ses planches ; on ne peut pas se tromper, & les notes de M. Derham sont un moyen pour reconnoître les insectes dans des auteurs où il est souvent très embarrassant de les distinguer, comme Aldrovande, Moufet, &c ; mais je ne garantis pas que M. Derham ne se soit jamais trompé dans les citations. Il rapporte d'ailleurs quelques généralités, mais dans lesquelles il y a peu à puiser aujourd'hui, & elles ne sont pas épurées de tout préjugé ancien. En voici un exemple. A l'occasion de la Chenille *sphinx* qui donne le *demi-paon*, représentée planche VIII, M. Derham cite Goedaert, & dit que cet auteur pense que la corne que cette Chenille sphinx porte vers l'extrémité du corps, au-deſſus de l'avant dernier anneau, eſt *venimeuſe*. Une pareille propoſition, ſi elle étoit citée ne devoit l'être que pour en faire remarquer la fauſſeté ; ce que M. Derham n'a pas fait ; au contraire, il rapporte les raiſons que Goedaert a cru avoir d'avancer cette étrange propoſition Ainſi trop ſouvent on puiſeroit l'erreur dans les livres, au lieu de la vérité, ſi on ne liſoit pas avec diſcernement, ſi l'on n'étoit pas averti des préjugés qu'on doit rejetter, & cette connoiſſance eſt une grande partie de l'étude même.

Le ſecond ouvrage de M. Albin, imprimé à Londres en 1736, eſt un volume in-4°. écrit en anglois ; il renferme un texte qui eſt une partie deſcriptive, & des planches placées à la fin du volume. Il n'eſt queſtion, dans cet ouvrage que des Araignées, de quelques Scorpions, de pluſieurs ſortes de Poux ou Tiques, repréſentés au microſcope. Il y a trente-neuf planches pour les Araignées, une planche pour deux Scorpions, une planche pour la Puce groſſie, une pour le Pou, & neuf pour differentes ſortes de Poux ou Tiques. Les deſcriptions contenues dans le texte ſont fort courtes. C'eſt à regret que nous ne pouvons faire des planches le même éloge que de celles du premier ouvrage ; quoique gravées & coloriées avec ſoin, elles nous ont paru, même ſous ces deux rapports, inférieures aux planches de l'ouvrage ſur les Papillons, & ce qui les met infiniment au-deſſous, c'eſt qu'elles ſont la plupart peu exactes & peu conformes aux originaux qu'elles doivent repréſenter. Il eſt très-difficile de les y reconnoître.

ALDROVANDE.

Aldrovande a écrit ſept livres ſur les inſectes. On y trouve la même érudition, le même défaut de critique que dans les autres ouvrages de cet auteur. C'eſt de même une compilation de tout ce qui a été écrit avant le ſiècle d'Aldrovande ſur l'objet dont il traite. Il n'obmet rien, il rapporte toutes les citations, & il les tire également des naturaliſtes, des poëtes, des orateurs, des hiſtoriens, de tous les écrits dont il avoit néceſſairement raſſemblé & lu un prodigieux nombre ; il décrit à ſa manière chaque inſecte, il fait ſon hiſtoire, il parle de ſes propriétés utiles ou nuiſibles, de ſon uſage dans les choſes ſacrées ou profanes, en économie, dans les arts, en médecine, &c. L'hiſtorique eſt relatif à des figures groſſières, gravées en bois, informes, & qui ne donnent aucune idée de l'objet qu'elles ſont cenſées repréſenter.

Le premier livre eſt ſur les Abeilles ou inſectes qui font des rayons en général, ſur les Abeilles proprement dites en particulier. Il y a deux longues diſſertations ſur le miel, la cire & leurs uſages, conſidérés à la manière d'Aldrovande. Les amateurs de l'antiquité pourront trouver des recherches curieuſes dans ces deux diſſertations ; mais ceux qui auront pour but les inſectes, trouveront très-peu de faits à recueillir dans ce livre.

Le ſecond livre a pour objet les inſectes à quatre aîles ſans élitres ; il eſt traité d'abord des Papillons, enſuite des Demoiſelles, & des Cigales.

Les inſectes à deux aîles ſans élitres ſont le ſujet du livre troiſième ; celui du livre quatrième, ſont les inſectes à élitre, & il eſt traité d'abord des Sauterelles, des Mantes & de différens Coléoptères ; dans le cinquième livre, Aldrovande parle des inſectes aptères ou ſans aîles, qui ont des pieds ; & il s'occupe des Fourmis, puis des Poux, des Scorpions, des Araignées ; les Vers font la matière du ſixième livre, & les inſectes qu'Aldrovande appelle *inſectes aquatiques*, celle du ſeptième. Parmi ces derniers, ſont les Sang-ſues, les Etoiles de mer.

Quoique les ſept livres d'Aldrovande ſur les inſectes compoſent un aſſez gros volume in-folio, il n'y eſt cependant traité que d'une très petite partie des inſectes de nos climats, & cet ouvrage, monument d'érudition, eſt, à peu de chofe près, totalement inutile au-jourd'hui.

BRUNNICH.

M. Brunnich, déja connu par une defcription des oifeaux du Danemarck, dont nous avons donné l'extrait dans le dictionnaire d'Ornithologie, publia, en 1764, une mé-thode pour claffer les infectes. Cet ouvrage ne forme qu'un très-petit volume in-8°. Il eft écrit en latin, avec une traduction en Danois, contenue dans le même volume. Il porte le titre fuivant.

M. Th. Brunichii Entomologia fiftens in-fectorum tabulas fyftematicas cum introduc-tione & iconibus.

HAFNIÆ.

L'auteur, dans une introduction très courte, avertit qu'il ne donne fa méthode que dans la vue de faciliter l'étude des infectes à ceux qui commencent à s'y appliquer. *Tironibus.* Qu'il a fuivi les divifions, les caractères de Linné; qu'il a confervé, dans le texte latin, les termes employés par ce favant, & qu'il en a rendu le fens, autant qu'il lui a été poffible, dans la traduction danoife.

Cette introduction eft fuivie de trente-deux propofitions, chacune diftinguée par un n°. Elles contiennent les faits principaux de l'hiftoire des infectes en général. M. Brunnick divife les auteurs en

Entomologiftes.	Entomologi.	
En ceux qui ont fait des col-lections.	Collectores.	
En anciens.	Patres.	Ariftote, Pline, Diofcoride:
En commentateurs.	Commentatores.	Ceux des auteurs précédens.
En ceux qui ont donné des fi-gures, ...	Ichniographi.	Hoffnagel, Goedaert, Mérian, Valifnière, Albin, Frich, Wilkes, &c.
En ceux qui fe font occupés des métamorphofes des infectes.	Metamorphofti.	Goedaert, Mérian, &c
Ceux qui ont donné des def-criptions.	Defcriptores.	Rai, Linné.
En ceux qu'il nomme Mo-nographes..	Monographi.	Lifter, Clerck, &c
Qui fe font attachés à un feul genre.	Curiofi.	
Ceux qui ont fait ou décrit des collections.	Mufcographi	

M. Brunnich paffe enfuite à l'expofition de fa méthode; mais comme elle eft fondée fur les mêmes principes que celle de M. Linné, ainfi que M. Brunnich en avertit dans l'introduction, qu'il a même confervé dans le texte latin les expreffions du favant Suédois, qu'il a peu ajouté à fon travail, nous fommes difpenfés d'en dire davantage. Son ouvrage eft donc principalement pour fes concitoyens, en faveur defquels il a traduit en danois, la méthode de M. Linné. Le furplus eft un abrégé où il y a très-peu à puifer.

CLERCK.

L'ouvrage de M. Clerck comprend deux volumes in-4°., petit format, dont le premier contient 154 pages, & fix planches coloriées, placées à la fin du volume. Il n'y eft traité que des Araignées; il parut en 1757.

Le fecond volume fut publié en 1759. Il contient cinquante-trois planches coloriées, précédées d'un difcours très-court fur le plan de l'ouvrage. Ce volume eft intitulé, *Icones infectorum variorum, cum nominibus eorum trivialibus, locifque. E. C. Linnæi, &c. Syftemate allegatis.* C'eft-à-dire, figures des infectes les plus rares, avec leurs noms triviaux & les lieux où on les trouve, d'après le fyftême du chevalier Linné. Il n'y eft traité que des Papillons; les douze premières planches repréfentent des Phalènes, quelques Sphinx de petite taille, & beaucoup de Teignes. Chacune de ces douze planches contient quinze figures; elles font, la plupart, d'efpèces en effet affez rares. Les planches fuivantes, jufqu'à la quarante-cinquième comprife, font deftinées à repréfenter des Papillons dont les plus grands font figurés dans les premières planches; la quarante-fixème repréfente quelques Papillons & quelques Sphinx; la quarante-feptième ne repréfente que des Papillons de ce genre, & les fuivantes que des Phalènes. Les objets font figurés, vus des deux côtés, & leur nombre, pour chaque planche, eft proportionné à leur grandeur. Le nom eft écrit à côté de chaque figure. Mais le lieu où fe trouvé l'infecte n'eft pas rapporté, quoique cet avantage foit annoncé dans le titre de l'ouvrage, & on n'en eft inftruit qu'autant qu'on le cherche dans l'ouvrage de Linné, où on le trouve à la faveur du nom cité par M. Clerk : fon ouvrage ne contient donc qu'un affez petit nombre de figures qui, excepté une partie de celles contenues dans les douze premières planches, fe trouvent également dans les ouvrages de Drury, de Cramer, &c. Cependant ce même ouvrage a acquis une grande célébrité; il eft fort recherché & très-cher; les planches en font fort eftimées; la plupart font en effet correctes & d'une belle exécution, mais elles ne furpaffent pas à ce double égard les planches de Roefel & de Cramer; quelques-unes paroiffent avoir été coloriées d'après des modèles dont les couleurs étoient fort affoiblies; telle eft la troifième qui repréfente *le Priam*, un des plus beaux Papillons qui exiftent, & celui qui a peut-être les couleurs les plus brillantes. On en jugeroit fort mal d'après les planches, & l'on croiroit que fes teintes ne font que pâles & ternes, au lieu qu'il a les couleurs les plus vives & les plus éclatantes.

Le grand prix qu'on attache à l'œuvre de M. Clerk paroît donc plutôt fondé fur la rareté de cet ouvrage que fur fa fupériorité fur les œuvres du même genre, & fur le nombre d'objets qu'il fait connoître.

Le premier volume, moins confidérable, moins brillant que le fecond, eft beaucoup plus intéreffant; il a beaucoup plus contribué à l'avancement de la fcience, & à procurer à fon auteur une réputation méritée; j'ai déjà dit qu'il a pour objet les Araignées; il n'y eft parlé que de celles que l'auteur a obfervées en Suède, fa patrie; il eft écrit en fuédois & en latin. On trouve en tête une épître au lecteur; elle expofe le plan de l'ouvrage & la manière dont il a été exécuté, elle eft fuivie de huit chapitres qui compofent le corps de l'ouvrage, & qui font terminés par huit planches colorées, qui

repréfentent chacune environ dix Araignées.

Le premier chapitre a pour objet les généralités communes à toutes les Araignées, elles font expofées en trente-un paragraphes.

Le premier chapitre contient la divifion des Araignées, partagées par l'auteur, en troupes, *agmina*, claffes, genres & efpèces.

Il y a deux troupes, les Araignées qui vivent dans l'air, celles qui vivent dans l'eau. La première troupe renferme deux claffes, les Araignées qui tendent des filets, les Araignées fauteufes qui fe jettent fur leur proie. Chacune de ces deux claffes eft partagée en trois genres, *les verticales*, *les irrégulières*, *les tifferands*. Les premières tendent des filets circulaires, à réfeau; ceux des fecondes ne font ni à réfeau, ni circulaires, mais compofés de fils tranfverfals; les toiles des tifferands font plus compactes. La claffe des Araignées fauteufes eft également divifée en trois genres, les Loups, les Phalangiftes & les Cancriformes. Les fondemens de ces dénominations fe trouvent dans la fuite de l'ouvrage.

Après la divifion générale des Araignées, M. Clerk traite de chaque genre & des efpèces de ce genre qu'il a obfervées; il parle d'abord de tout ce qui eft commun au genre, des caractères qui le diftinguent, de fes manœuvres ou habitudes, des lieux où il vit; &c. il décrit enfuite les efpèces, & il rapporte ce que leur hiftoire offre de particulier. Il donne à chaque efpèce un nom propre à la faire reconnoître & dérivé de fa forme, de la couleur de fa peau, ou de quelqu'une de fes habitudes. Cette partie de l'ouvrage contient des détails curieux & inftructifs; elle forme un traité affez complet fur les Araignées qui vivent en Suède, & qui fe trouvent également dans la plupart des pays de l'Europe; c'eft la partie vraiment intéreffante de l'ouvrage de M. Clerck, & celle par laquelle cet ouvrage mérite d'être rangé parmi ceux qui ont fervi aux progrès de l'hiftoire naturelle.

CRAMER.

L'ouvrage de M. Cramer a pour titre : *Papillons exotiques des trois parties du monde, l'Afie, l'Afrique & l'Amérique, raffemblés & décrits par Pierre Cramer, docteur de la Société zélandoife à Vliffingue, &c.*

Il parut à Utrecht chez Barthelemy Wild, en 1779. Il contient quatre volumes grand in-4°., & il eft compofé de planches enluminées, précédées d'un difcours qui en renferme l'explication.

On trouve a la tête du premier volume : 1°. une dédicace à MM. les membres de la fociété *concordia & libertate;* 2°. une préface. L'épitre dédicatoire renferme des généralités fur les Chenilles & les Papillons; l'auteur expofe dans la préface le plan de fon ouvrage, la manière dont il l'a entrepris & exécuté; il donne enfuite la divifion des Papillons fuivant la méthode de Linné. Cependant, il ne fuit pas cette méthode dans l'exécution des planches, mais il y renvoie à chaque individu qu'il décrit. C'eft-à-dire, qu'une même planche contient des Papillons de différentes fections; mais la fection de chaque Papillon eft déterminée dans la defcription que l'auteur en fait. Il eût été plus méthodique de fuivre l'ordre des fections, & de donner de fuite les Papillons de la même divifion : mais la différence de grandeur des individus, l'ordonnance des planches s'accordent difficilement avec cette marche méthodique, & c'eft probablement par cette raifon que l'auteur ne l'a pas fuivie.

Les planches font placées à la fin de chaque volume, & des numéros pour les planches, des lettres pour les figures, renvoient au texte qui en contient l'explication. L'exécution des planches eft très-belle, & communément fort exacte; le deffein eft correct; les dimentions précifes; les couleurs vraies;

l'explication eft c'aire, concife, & développe ce que la planche ne peut exprimer, comme le nombre de pieds fur lefquels l'individu s'appuie, &c. Elle eft terminée par la citation du fyftème de M. Linné, de l'ouvrage de Séba, de Drury, & de quelques autres auteurs. Le nom trivial de chaque efpèce, ou employé par M. Linné, ou par quelqu'autre favant, ou par M. Cramer même, eft placé à la tête de chaque defcription; elle contient encore la partie du monde où l'on a trouvé l'individu décrit, & très-fouvent la citation de la collection où la figure & la defcription en ont été faites.

L'ouvrage de M. Cramer eft, jufqu'à préfent, le plus complet qui exifte dans fon genre, & un des mieux exécutés, foit pour la partie defcriptive, foit pour la partie figurative, & même pour l'exactitude des citations : il n'y a peut-être qu'un feul défaut dans cet ouvrage : c'eft celui d'avoir répété quelques figures qui font abfolument les mêmes, & d'avoir préfenté quelques variétés comme des efpèces. Mais M. Cramer eft tombé dans ce défaut, beaucoup moins que la plupart de ceux qui ont fuivi la même carrière, & il avertit de fes méprifes lui-même lorfqu'il les reconnoît. Son ouvrage approche donc beaucoup d'être parfait dans fon genre : & ce feroit un but qu'on attendroit, fi, en fuivant fa manière, on n'y faifoit de changement que de donner de fuite les figures felon l'ordre de la méthode, & de placer l'explication à côté de la figure. Quant à l'étendue de l'ouvrage, les individus connus depuis le tems où M. Cramer a travaillé la rendroient encore plus confidérable, & la collection plus complette.

Le premier volume contient 96 planches.
Le fecond. 96
Le troifième. 96
Le quatrième. . . . 112

L'ouvrage entier. . . . 400

Chaque planche repréfente un ou plufieurs Papillons, felon la grandeur des individus ; coloriés d'après chaque face, c'eft à-dire, une figure pour le deffus, une pour le deffous ; il y en a trois ou même quelquefois quatre pour le même Papillon, quand la différence entre les mâles & les femelles, & celle des deux furfaces de chacun l'exige. Mais lorfqu'il n'y a pas de différence entre les fexes ou entre les deux furfaces de l'individu, ou feulement une différence qui peut être exprimée & fentie par la defcription, M. Cramer ne donne qu'une figure.

DE GEER.

L'onvrage de M. de Geer, chambellan du roi de Suède, de l'académie & de la fociété royale des fciences de Suède, correfpondant de l'académie royale des fciences de Paris, eft un de ceux dont on fait, en général, le plus de cas, & qui ont le plus contribué à l'avancement de l'hiftoire des infectes ; il comprend huit volumes in-4°., dont deux font intitulés volume 6e. Cet ouvrage imprimé à Stockolm, en 1752, eft écrit en françois & orné d'un grand nombre de planches, placées à la fin de chaque volume, & citées dans le texte qui y renvoie ; elles ne font pas coloriées, mais elles font très-exactes, très-nettes ; elles donnent une idée précife de l'objet repréfenté, qu'il eft fort aifé de reconnoître en le comparant aux figures. Les planches de l'ouvrage de M. de Geer ont beaucoup de reffemblance avec celles des mémoires de M. Réaumur, par la manière dont elles font exécutées ; les ouvrages de ces deux favans ont, en général, de grands rapports, & fans que le fecond puiffe n'être regardé que comme un extrait du premier, il eft fenfible qu'ils ont été tous deux exécutés d'après le même plan ; mais bien loin de le diffimuler, M. de Geer, dans la préface qui eft en tête du premier volume, rend hommage à M. de Réaumur, le qualifie du titre de fon maître, prend celui de fon élève, & dit qu'il s'en honore. Cette proteftation de M. de Geer peut donner une idée de fon travail à ceux qui connoiffent celui de M. de Réaumur ; il continue dans la même préface de développer le plan qu'il a fuivi. Il nous apprend qu'il s'eft borné aux faits, qu'il les a rapportés tels qu'ils lui ont paru, fans fe permettre de raifonnemens pour les expliquer, qu'il a évité les critiques, & s'eft tenu en garde contre les conjectures, qu'à l'imitation de MM. Rai & Linné, il a écrit pour chaque efpèce une phrafe defcriptive, & qu'il a donné un nom fpécifique à la manière des botaniftes ; qu'enfin il a fait les deffins d'après lefquels les planches ont été gravées. L'expofition d'un plan auffi fage, la manière modefte dont cette expofition eft énoncée, préviennent très-favorablement en faveur de l'ouvrage ; je defirerois pouvoir en donner une idée complette, mais le grand nombre d'objets de ce genre, dont je fuis obligé de parler, me force à me renfermer dans des limites plus étroites que je ne le voudrois ; je tâcherai qu'elles contiennent au moins les objets effentiels & principaux. Je fuivrai pour l'analyfe de l'ouvrage de M. de Geer, le même plan que pour celle des mémoires de M. de Réaumur. Je donnerai un extrait de chaque volume & de chacun des mémoires qui y font contenus.

Premier Volume.

Dix fept mémoires, feize fur les Chenilles ; le dix-feptième fur les ennemis des Chenilles, & en particulier les Ichneumons ; enfuite l'explication des figures & les noms fpécifiques des infectes contenus dans ce volume. Cette dernière expreffion n'eft pas le mot propre, puifque la partie que M. de Geer intitule *noms fpécifiques*, eft une defcription de chaque efpèce précédée du nom générique, & cette defcription contient fouvent une, deux lignes & même au-delà ; au lieu de *noms fpécifiques*, il eût fallu dire *phrafes fpécifiques*.

Premier Mémoire.

Obfervations générales fur les Chenilles

confidérées d'abord a l'extérieur, & relativement à leur grandeur, leur manière de vivre, &c. Enfuite la defcription de leurs parties internes, de leurs vifcères, du corps graiffeux, &c. Cette partie ne contient guère que ce qu'on trouve fur le même fujet dans les mémoires de M. de Réaumur, dans les œuvres de Malpighi & de Swammerdam; énfuite la defcription de la moëlle épinière & des mufcles : fuit l'examen particulier des vaiffeaux qui fervent à contenir la fubftance de la foie. Remarques anatomiques particulières fur quelques efpèces de Chenilles. Examen particulier de la refpiration dans laquelle l'infpiration a lieu par les trachées & l'expiration par des pores cutanés. Examen de la manière dont les chryfalides refpirent; confirmation des obfervations de M. de Réaumur à cet égard. Les chryfalides refpirent, & elles infpirent & expirent par les ftigmates. Moyens employés par la nature pour conferver les efpèces qui naiffent fous la forme de Chenilles; pendant l'hiver une partie de ces efpèces ne réfide que dans les œufs dépofés par les Papillons, d'autres paffent l'hiver fous la forme de chryfalide, plufieurs fous la forme de Chenilles, & quelques-uns fous celle de Papillons.

2. MÉMOIRE.

Obfervations générales fur les Papillons.

Examen de leur extérieur; leur divifion en diurnes & en noûturnes, leur manière de vivre & leurs habitudes; il n'y a point ordinairement de rapport des couleurs des Chenilles à celles des Papillons; exemples d'exception à cette règle; examen, par rapport à quelques efpèces, des barbes entre lefquelles la trompe eft placée; obfervation fur les plumes, ou plus correctement fur les écailles qui couvrent les aîles; celles qui font en deffus font terminées la plupart par des échancrures, & celles du deffous des aîles fe terminent en s'arrondiffant : continuation de l'examen des écailles qui couvrent les différentes parties du corps; divifion des Papil-

lons tant diurnes que noûturnes, en claffes; d'après M. de Réaumur; conformation des aîles formées de deux plans appliqués l'un contre l'autre. Obfervations fur les trompes, & en particulier fur leur extrême irritabilité qu'elles confervent, & qui fe renouvelle encore trois à quatre heures après qu'on a amputé les trompes. M. de Réaumur n'avoit vu que les ftigmates du corcelet, il foupçonnoit qu'il y en a aux anneaux du ventre, & M. Bazin les avoit obfervées en les cherchant à l'intérieur, après avoir enlevé les vifcères; M. de Geer les a reconnues, & diftinguées facilement, à l'aide d'une loupe, dans un Papillon fortant de la chryfalide, & au moment où il s'en dégageoit; il y a deux ftigmates fur chaque anneau du ventre, ou de chaque côté; ils font ovales, étroits & trèsalongés; leur grand diamètre eft perpendiculaire à la longueur du corps, avec une fente au milieu qui fuit la même direction. Cette notion des ftigmates du ventre & la manière de les voir, font des faits que M. de Geer a fait connoître. Ces ftigmates ajoutés à ceux du corcelet, montent enfemble au nombre de feize. Mais M. de Geer en a encore découvert un de chaque côté de l'anneau antérieur du ventre qu'on ne compte pas ordinairement, parce qu'il eft enfoncé fous le corcelet, & ces deux ftigmates ajoutés aux feize précédens, complettent le nombre de dix-huit. Manière de découvrir les deux derniers ftigmates. Enfin entre les ftigmates de la chryfalide & les ftigmates du Papillon il y a des filets que le Papillon laiffe adhérens à la chryfalide; ces filets paroiffent une continuation ou une expanfion des ftigmates du Papillon, & c'eft encore une obfervation particulière à M. de Geer. Cet auteur s'occupe enfuite des parties de la génération, & à ce qu'en ont dit, Malpighi & M. de Réaumur, il ajoute quelques différences obfervées dans diverfes efpèces de Papillons; ces objets doivent être lus dans le mémoire même. Notre auteur remarque enfuite qu'on retrouve dans le Papillon cette fubftance abondante dans la Chenille obfervée par Swammerdam & M. de Réaumur
appellée

appellée *corps graiſſeux* , & que le dernier des deux obſervateurs penſoit ſervir au développement du Papillon contenu ſous la peau de Chenille : mais comme cette ſubſtance ſe retrouve dans le Papillon, & preſqu'auſſi abondamment que dans la Chenille, M. de Geer ne croit pas qu'elle n'ait pour uſage que celui que lui a aſſigné M. de Réaumur ; il penſe qu'elle eſt également néceſſaire à la Chenille & au Papillon, & il croit, comme c'étoit l'opinion de Swammerdam , que c'eſt la graiſſe de l'animal qui a , dans la Chenille & le Papillon, le même uſage que la graiſſe dans les autres animaux.

Ce mémoire eſt terminé par quelques obſervations ſur les muſcles qui ſervent à mouvoir les pinces avec leſquelles le mâle ſaiſit le ventre de la femelle, ſur les muſcles du corcelet, ſur la veſſie ſituée proche de l'anus dans laquelle les excrémens ſont contenus, ſur la communication entre cette veſſie & les inteſtins, d'où il réſulte que les excrémens y paſſent de l'eſtomac & du canal inteſtinal.

3ᵉ MÉMOIRE.

Des Chenilles raſes à ſeize jambes & de leurs Papillons.

M. de Geer, après avoir expoſé les généralités relatives aux Chenilles & aux Papillons , traite de l'hiſtoire de ces inſectes en particulier ; il obſerve de parler de ſuite & de ranger dans le même mémoire les Chenilles qui ont les mêmes caractères, quoique ſouvent il n'y ait pas la même correſpondance entre les Papillons , & qu'ils ſoient de différentes claſſes. Je ne peux ſuivre l'auteur dans les détails où il entre , & je dois, par conſéquent, me borner à un extrait très-court qui n'offre que les faits principaux , & la ſérie des obſervations.

Hiſtoire d'une Chenille raſe, aſſez grande, d'un beau verd avec trois raies longitudina-

les blanches. Cette Chenille vit des feuilles d'un grand nombre de plantes différentes ; l'auteur l'a obſervée au mois de janvier , déjà parvenue à la moitié de ſa grandeur : il penſe qu'elle naît au commencement de l'hiver , & que dans les jours froids elle cherche un abri en terre où elle ſe cache ; elle y entre à la fin de janvier pour s'y métamorphoſer ; ſa coque eſt compoſée de grains de terre liés par des fils de ſoie d'une manière aſſez lâche , & la coque a fort peu de conſiſtance ; elle ne prend la forme de chryſalide qu'au commencement de mars , & ſort ſous celle de Papillon au commencement de mai. C'eſt une Phalène à Antennes à filets coniques & grenés qui porte ſes aîles parallèles au plan de poſition ; leur fond eſt rougeâtre , traverſé par des raies verdâtres & noirâtres , avec une large tache triangulaire d'un verd obſcur ſur leur milieu.

L'auteur continue, dans le même mémoire, de donner l'hiſtoire de cinq Chenilles de la même claſſe ; on peut voir par l'extrait de l'hiſtoire de la Chenille précédente , de quelle manière ces hiſtoires particulières de différentes Chenilles ſont traitées ; l'auteur décrit les Chenilles, fait leur hiſtoire , décrit leur coque , & leur chryſalide, & le Papillon auquel elles donnent naiſſance ; il cite les auteurs qui ont parlé des mêmes Chenilles , ou du même Papillon ; il renvoie, en faiſant les deſcriptions , aux planches de ſon ouvrage. Je me bornerai donc à énoncer ſimplement les titres des mémoires ſur le même ſujet.

4ᵉ MÉMOIRE.

Des Chenilles raſes à ſeize jambes , qui portent ſur le onzième anneau du corps une eſpèce de corne courbée , & de leurs Papillons.

Ces Chenilles ont ou la peau grenue & chagrinée, ou raſe ; leur corps a une certaine ſolidité & réſiſte ſous le doigt ; elles ne filent pas, où mal ; la plupart s'enfoncent en terre pour ſe métamorphoſer , d'autres ſe font des coques groſſières avec des grains de terre & des fragmens de plantes. Suit l'histoire de quatre espèces de ces Chenilles & de leurs Papillons.

5ᶜ MÉMOIRE.

Des Chenilles velues & à tubercules, à seize jambes, & de leurs Papillons.

De la différente manière dont les poils sont arrangés. Toutes les Chenilles velues à aigrettes & à tubercules deviennent des Phalènes ; l'auteur n'en connoît pas qui donne naissance à des Papillons diurnes.

Histoire de cinq espèces de Chenilles.

6ᵉ MÉMOIRE.

Des Chenilles velues à seize jambes, sans tubercules, où dont les poils partent immédiatement de la peau, & de leurs Papillons.

Une partie de ces Chenilles se métamorphose en Papillons diurnes, l'autre en Phalènes, & ces dernières sont généralement les plus velues.

Histoire de quatre différentes Chenilles.

7ᶜ MÉMOIRE.

Des Chenilles velues & à brosses, à seize jambes, & de leurs Papillons.

Ordonnance des poils qui forment des aigrettes ou brosses, & des autres poils qui couvrent ces Chenilles ; elles deviennent des Phalènes.

Histoire de quatre espèces de cette section.

8ᶜ MÉMOIRE.

Des Chenilles demi-velues, à seize jambes, ou de celles qui ne sont ni rases ni bien velues, & de leurs Papillons.

Histoire de quatre espèces.

9ᶜ MÉMOIRE.

Des Chenilles épineuses à seize jambes, & de leurs Papillons.

Ce sont des Chenilles hérissées de poils si gros & si durs qu'on les a comparés à des épines ; elles donnent naissance aux plus beaux Papillons diurnes ; elles suspendent verticalement leur chrysalide, & les Papillons qui en naissent sont du nombre de ceux qui ne s'appuient que sur quatre pieds ; leurs chrysalides sont angulaires ou ont deux pointes coniques, deux espèces de cornes, & plusieurs de ces chrysalides sont remarquables par leurs couleurs éclatantes.

Histoire de trois Chenilles.

10ᶜ MÉMOIRE.

Des Chenilles à quatorze jambes, qui ont six jambes écailleuses & huit intermédiaires membraneuses, mais auxquelles les jambes postérieures du dernier anneau manquent.

Division de ces Chenilles en trois classes, suivant l'ordre établi par M. de Réaumur d'après la position des jambes membraneuses ; on connoît encore peu d'espèce de la troisième classe ; celles-ci sont grandes, & toutes les Chenilles de ces trois classes sont très remarquables, soit par leur forme, soit par des espèces de queue simple ou doubles, dont elles sont chargées. M. de Geer a donné un soin particulier à l'observation de ces Chenilles, a ajouté à leur histoire des faits qu'on ignoroit. Tel est celui qu'il fait connoître à l'égard d'une Chenille du saule & du peuplier, qui, lorsqu'on la touche, fait jaillir de prêt de sa tête deux jets d'une liqueur âcre qu'elle pousse assez loin.

Histoire de trois espèces.

11ᶜ MÉMOIRE.

Des Chenilles arpenteuses à dix jambes, & de leurs Papillons.

Ces Chenilles n'ont en tout que dix jambes ; comme elles ont cinq anneaux consécutifs qui en font dégarnis, que ces anneaux font plus longs que les autres, elles font obligées de replier leur corps en marchant, & de l'étendre alternativement, ce qui les a fait nommer *arpenteufes ou geomètres*, parce qu'elles femblent mefurer le terrein. C'eft peut-être la claffe la plus nombreufe en efpèces différentes ; elles deviennent toutes des Papillons de nuit ; au moins ne connoît-on pas encore d'arpenteufe qui fe change en Papillon diurne ; peu d'efpèces filent ; celles-là emploient à la formation de leur coque divers fragmens, mais la plupart entrent en terre pour s'y métamorphofer.

Plufieurs efpèces d'arpenteufes ont le corps roide dans l'état de repos, & elles reffemblent alors à de vrais brins de bois, d'autant plus qu'elles font fouvent d'une couleur brune. On les nomme *arpenteufes en bâton.*

Toutes les arpenteufes font rafes, ou fi elles ont des poils, ils font fi fins, fi rares, fi courts, qu'on peut regarder même celles qui en ont, comme étant rafes.

Albin a décrit plus d'arpenteufes qu'aucun autre auteur.

Defcription de fix efpèces dont la cinquième fe change en Papillon au commencement de l'hiver.

12ᵉ MÉMOIRE.

Des Chenilles dont les jambes intermédiaires membraneufes font inégales entr'elles en grandeur.

Le nombre des pattes fert à claffer les Chenilles, il y en a toujours fix écailleufes ; mais le nombre des membraneufes varie, leur longueur entr'elles eft la même, ou il y a fi peu de différence, qu'elle n'eft pas fenfible, & que les Chenilles s'appuient fur toutes les pattes membraneufes. M. de Geer a obfervé une efpèce qui à feize jambes, & l'autre quatorze qui, par ce caractère, appar

tiendroient à la première & à la feconde claffe, mais leurs pattes membraneufes font de longueur inégale, ce qui les oblige à marcher à la manière des *arpenteufes*. L'auteur trouva une de ces Chenilles fur le bouleau au printems, & d'autres Chenilles également à pattes membraneufes, de longueur inégale, fur l'aune & le rofier fauvage au mois d'août. Il penfe qu'on doit les ranger dans une claffe à part, & il propofe cette claffe pour y placer de même les autres Chenilles qui auroient le même caractère. Le 12ᵉ mémoire ne contient que l'hiftoire de ces deux Chenilles ; les obfervations qui les concernent font des faits dont M. de Geer a enrichi l'hiftoire des infectes

13ᵉ MÉMOIRE.

Des Chenilles qui plient, roulent & lient les feuilles des arbres & des plantes, & de leurs Papillons.

Ces Chenilles font d'une taille au-deffous de la médiocre ; elles paffent l'état de Chenilles dans une parfaite folitude ; leurs efpèces font très-multipliées ; c'eft par des brins de foie qu'elles contiennent les feuilles, qu'elles plient, qu'elles roulent ou qu'elles approchent les unes des autres ; les feuilles qu'on trouve ainfi difpofées l'ont prefque toujours été par des Chenilles ; car il y a auffi quelques Araignées, mais en petit nombre, qui exécutent les mêmes manœuvres.

Hiftoire de huit Chenilles.

14ᵉ MÉMOIRE.

Des Chenilles mineufes, ou des Chenilles qui vivent dans l'intérieur des feuilles, & de celles qui n'en rongent ordinairement que la moitié de l'épaiffeur.

Les Chenilles de cette claffe font plus petites encore que celles de la précédente, elles s'introduifent entre les deux membra-

nes des feuilles , en creufent & en rongent
le parenchime , ce qui en même-tems les
nourrit , & leur fournit un abri. Les unes
minent en grand ou tout autour d'elles , &
les autres en fuivant des chemins tortueux.
On a nommé ces dernières mineufes en galeries.

Hiftoire de cinq efpèces.

15ᵉ MÉMOIRE.

Des Chenilles qui vivent dans des galles , &
de celles qui vivent dans l'intérieur des bou-
tons & , des racines des arbres & des
plantes.

Les Chenilles dont M. de Geer a précédemment parlé , vivent fur les plantes & à
leur extérieur ; celles dont il s'occupe dans
ce mémoire, habitent quelque partie interne
des plantes, ou des galles dont elles ont produit la formation. Avant d'entrer en matière , M. de Geer expofe en géneral les
dégâts que plufieurs Chenilles & différens
Vers caufent dans les végétaux dont ils rongent quelques parties internes : il parle entr'autres d'un Ver jaune à fix jambes , couvert
d'écailles, qui vit en terre , qui s'attache au
feigle femé en automne , & en coupe la
plante à fleur de terre ; il foupçonne ce Ver,
qui fait périr beaucoup de feigle , de devenir un Scarabé ; car il n'a pas fuivi fa métamorphofe. Nous ignorons fi on a ce Ver à
redouter dans nos climats, ainfi qu'en Suède ,
& nous invitons les cultivateurs à vérifier ce
fait , à examiner ce Ver, & à le fuivre dans
fes changemens , premières conditions néçef-
faires pour parvenir à s'oppofer à fes dégâts.

Hiftoire d'une Chenille à feize jambes ,
rafe , brune , qui habite une galle réfineufe
du pin.

On trouve toute l'année fur les jeunes
branches du pin , les galles dont il s'agit;
elles avoient cependant été peu examinées ;

elles font habitées en automne , & vides le
refte de l'année ; elles paroiffent folides à
l'extérieur, mais , en les ouvrant, on trouve
qu'elles font creufes : les plus grandes ont
un pouce de long & fix à fept lignes de tour :
leur couleur eft d'un blanc fale mêlé de brun
jaunâtre ; elles font couvertes d'une pouffière
qui les fait paroître farineufes ; leur cavité
interne eft occupée par un noyau qui eft lui-
même creux , & qui fert de logement à une
Chenille : elle ronge la partie ligneufe de
la branche fituée fous la galle & au-delà ,
& fe nourrit de cette fubftance remplie de
réfine ; le vuide entre les parois de la galle &
le noyau , eft le réceptacle des excrémens.
Defcription & hiftoire de la Chenille qui
eft fort petite. M. de Geer obferve qu'elle
vit au milieu de la réfine, qu'elle s'en nourrit , tandis que fon odeur déplait a la plupart
des autres infectes.

Une Chenille de cette efpèce pofée fur une
feuille de papier imbibée de térébenthine ,
à coté d'une Chenille d'une autre efpèce,
n'y parut rien fouffrir , dans un efpace de
tems , qui fuffit pour faire périr l'autre Chenille.

Des Chenilles de même efpèce enfermées
dans un poudrier , où pendoient deux morceaux de papier mouillé de térébenthine ,
& qui étoit couvert , n'en fouffrirent pas au
bout d'une demi-heure.

Autres expériences qui prouvent que ni
l'odeur de la térébenthine , ni cette huile
même appliquée fur le corps de la Chenille ,
ne la tue pas. Cet énoncé expofe le fentiment de M. de Geer ; mais les expériences
ne me paroiffent pas auffi concluantes qu'il
les a jugées , & il me femble en réfulter au
contraire que l'odeur exceffive de la térébenthine incommode au moins beaucoup la Chenille dont il fait l'hiftoire. C'eft beaucoup
qu'elle réfifte aux épreuves qu'il lui a fait
fupporter. Defcription de fa Chryfalide & de
fon Papillon. C'eft une teigne affez petite.

Chenille qui ronge & mange les racines du houblon.

Cette Chenille que les auteurs n'avoient pas obfervée avant M. de Geer, eſt de grandeur médiocre ; elle a ſeize jambes ; elle attaque de préférence les racines qui ont reſté trois ou quatre ans en terre ſans être nettoyées : elle en ronge l'intérieur auſſi bien que la ſurface ; elle vit toujours en terre, & s'y métamorphoſe ; mais quand le Papillon eſt prêt à naître, la Chryſalide perce ſa coque, elle en ſort & s'avance à la ſurface de la terre ; elle la dépaſſe même & s'arrête à l'endroit où le fourreau des aîles finit. Le Papillon naît au commencement du mois de juin. Deſcription du mâle & de la femelle, qui ſont très-différens. Leurs Antennes ſont très-courtes, & n'excèdent guère une ligne de long ; ce qui eſt très-remarquable. Les deux dernières jambes du mâle ſont garnies, du côté extérieur, de longs poils jaunes. Les œufs ſont très-petits, même proportionnément à la grandeur de l'eſpèce, d'une forme alongée ; la femelle les dépoſe à terre, & les répand précipitamment, ſans ordre, comme du grain que l'on ſème.

Deſcription d'un Papillon remarquable, comme le précédent, par la petiteſſe de ſes antennes, & par la figure ſingulière de ſes jambes poſtérieures : ſes antennes n'ont qu'une demi-ligne de long ; les cuiſſes des jambes poſtérieures ne diffèrent de l'extérieur ordinaire qu'en ce qu'elles ſont garnies de très-longs poils, mais au lieu de jambes, on ne voit qu'une maſſe pyriforme attachée à la cuiſſe par le bout effilé, & garnie du côté intérieur, qui eſt applati, d'aſpérités qui forment une ſorte de broſſe. M. de Geer a vu pluſieurs de ces Papillons qui étoient des mâles, dont il ne connoît ni la femelle, ni la Chenille.

Chenille qui habite l'intérieur des boutons, des branches du pin, & qui les ronge.

Cette Chenille, fort petite, ſe trouve au mois de mai dans les boutons du pin qu'elle habite, dont elle ſe nourrit, au centre deſquels elle ſubit ſes changemens ; le Papillon naît en juin ; il eſt nocturne.

Chenille qui vit dans l'intérieur des boutons des roſiers.

C'eſt au commencement de mai que M. de Geer obſerva cette Chenille ; dans cette ſaiſon les roſiers ne font que commencer à pouſſer en Suède ; la Chenille en perce les boutons, s'y loge, les ronge & les détruit. Sa longueur eſt de cinq lignes & demie ; elle eſt de couleur ſombre, brunâtre ; elle couvre de ſes excrémens qu'elle pouſſe au dehors l'ouverture qu'elle a faite au bouton ; quand celui qu'elle a rongé eſt épuiſé, elle en attaque un autre ; elle ſe change vers le commencement de juin en une Phalène fort jolie, qui eſt mi-partie de noir & blanc.

Je n'ai point obſervé la même Chenille que M. de Geer, mais j'en connois une plus grande, toute verte, qui paroît dans nos climats dans le tems où les pouſſes des roſiers s'épanouiſſent, qui rapproche les jeunes feuilles, les lie par des brins de ſoie, & ſous cette enveloppe qu'elle couvre de ſes excrémens, ronge le bouton à fleur naiſſant. Cette eſpèce détruit, au printems, un grand nombre de roſes, & arrêtent beaucoup de pouſſes qui commencoient à végéter. Si l'on eſt curieux de conſerver les roſes d'un jardin, il faut tous les jours examiner les jeunes tiges, écarter les feuilles qui ſont rapprochées, & enlever les Chenilles qu'elles couvrent.

16ᵉ. MÉMOIRE.

Des Chenilles, Teignes & d'une Chenille véritablement aquatique.

Définition du mot Teigne. Diviſion de ces inſectes en vraies & fauſſes Teignes ; diverſité des genres à qui ces noms ont été donnés, le tout d'après M. de Réaumur.

Histoire d'une Chenille Teigne, qui vit des feuilles d'osier, qui se fait un fourreau de fragmens de gravier, &c., dont la femelle est entièrement dépourvue d'aîles.

Cette Chenille avoit été décrite par M. de Réaumur, qui n'en avoit pas observé le Papillon, ce que M. de Geer fait dans cet article.

Histoire d'une autre Chenille-Teigne qui vit aussi sur l'osier, &c.

Petite Chenille à seize jambes, trouvée dans un morceau de pain sec.

On sait que nos grains sont souvent attaqués par plusieurs espèces de Teignes; mais personne, dit M. de Geer, n'en avoit encore observé dans le pain. Il en trouva une dans un morceau de pain de seigle, au commencement de l'hiver de 1743. Des fils de soie qui formoient un tissu sur ce morceau de pain, le conduisirent à découvrir la Teigne : elle étoit logée dans une cavité creusée dans le pain, tapissée de soie, & jonchée d'excrémens, à l'inspection desquels on reconnoissoit que le pain lui avoit servi d'aliment elle s'enferma sous une coque, & devint une Phalène dans la même cavité.

Chenille aquatique verte qui, au premier coup-d'œil, paroît velue, & qui mange les feuilles du stratiotes, ou de l'aloë palustris de Bauhin.

M. de Réaumur a donné l'histoire de deux Chenilles aquatiques; ce mémoire offre l'histoire d'une troisième qui mérite bien d'être connue; elle vit sous l'eau; elle paroît velue; mais ce qui lui donne cette apparence, sont des parties que M. de Geer croit servir à la respiration, qu'il compare aux ouies des Poissons; la description de ces parties mérite qu'on la lise dans le mémoire; cependant cette Chenille a des stigmates, comme en ont les Chenilles terrestres, sur quoi l'auteur propose deux conjectures; la première que la Chenille inspire par les stigmates, & rend l'air par ses espèces d'ouies; la seconde qu'elle ne respire que par ces parties, & que les stigmates fermées dans la Chenille, ne s'ouvriront que pour la chrysalide. Des Chenilles de cette espèce ont vécu une heure entière totalement plongée dans l'huile, dont on ne peut frotter les stigmates des autres Chenilles sans les tuer.

L'espèce de Chenille dont il s'agit passa, sans se métamorphoser, l'hiver dans des poudriers, & ne cessa pas de manger. Il est probable qu'il en est de même des individus qui vivent dans les lacs; 1°. parce que le stratiotes croît à une profondeur assez grande pour que la masse totale des eaux ne gèle pas; 2°. parce qu'il ne cesse pas d'avoir des feuilles; 3°. parce que M. de Geer, au retour du printems, trouva un grand nombre de ces Chenilles qu'il tira du fond des lacs. Elles se métamorphosent au mois de juin, sans quitter les eaux où elles ont vécu. Cependant il paroît que la Chrysalide respire par les stigmates; mais sa coque est faite de façon qu'elle y est entourée d'air au milieu de l'eau. M. de Geer s'est assuré que la chrysalide tirée de sa coque & plongée dans l'eau, n'y sauroit vivre, & qu'elle périt aussi si on retire la coque de l'eau; la chrysalide a donc besoin de l'air qu'elle trouve à l'intérieur de de sa coque, & de l'humidité que l'eau entretient autour d'elle; le Papillon, en naissant, quitte le fond de l'eau pour étendre & developper ses aîles sur les rives où il a gravi.

Ce mémoire est terminé par la description d'un Papillon à antennes, extrêmement longues, dont la Chenille est inconnue à M. de Geer. C'est l'espèce que M. Geoffroy a depuis décrite, & nommée *la coquille d'or.*

17e. MÉMOIRE.

Des ennemis des Chenilles, & en particulier des Ichneumons & de leurs vers.

Les Chenilles ont à redouter un grand nombre d'ennemis; les oiseaux les déchirent ou les avalent tout entières ; plufieurs infectes les rongent à l'extérieur ou leurs Vers qui naiffent à l'intérieur des Chenilles , confument leur fubftance ; c'eft ce dernier genre d'ennemis des Chenilles qui eft l'objet de ce mémoire , & en particulier les *Ichneumons*. M. de Réaumur a traité le même fujet ; M. de Geer renvoie, à ce que ce naturalifte a dit en général , & rapporte des obfervations particulières.

Deux fortes de vers rongent l'intérieur des Chenilles ; les uns deviennent des mouches à deux aîles , les autres des Ichneumons ; ils naiffent d'œufs que les infectes de leur efpèce ont dépofés fur la peau des Chenilles, ou à leur intérieur par le moyen d'une tarière. Ces Vers rongent la fubftance de la Chenille , fe filent des coques fous fa peau, ou ils la percent, fortent du corps de la Chenille , & filent à quelqu'endroit où ils fe retirent.

Si la Chenille a été piquée jeune, elle périt ordinairement avant de devenir chryfalide , mais fi elle l'a été tard , elle devient chryfalide ; ni dans l'un ni dans l'autre cas , elle ne paffe pas à l'état de Papillon.

La Chenille qui a été piquée ne paroît pas s'en moins bien porter , & n'en croît pas moins, parce que les Vers épargnent les organes néceffaires à fon exiftence , & même à fon accroiffement, & qu'ils détruifent ceux qui fe développeroient dans les états poftérieurs à celui de Chenille , dans le quel ils la dévorent.

Parmi les Vers dont parle M. de Geer , il en remarque un femblable à un fil délié très long, qui vit, à l'intérieur, de quelques efpèces de Chenilles qui fort en perçant leur peau , & périt toujours après fa fortie : Ce Ver n'eft pas de la nature de ceux qui fe métamorphofent, mais de la claffe des Vers proprement dits : comment les Chenilles s'en trouvent-elles attaquées ? comment ce Ver

fe propage-t-il ? M. de Geer propofe ces queftions fans hafarder d'y répondre. Me feroit-il permis de m'écarter de cette fage circonfpection ? pour réfoudre les queftions propofées , il faudroit favoir fi l'analogue du Ver ne rampe pas fur les plantes dans les lieux fréquentés par les Chenilles qu'il attaque ; dès-lors ce Ver peut leur confier fes œufs , & les individus qui en naiffent vivre à leurs dépens ; comme plufieurs autres Vers qui ont leur analogue dans les eaux, comme les Lombrics , vivent à l'intérieur des divers animaux ; mais ne pourroit-on pas auffi hafarder de croire que ce Ver feroit aux Chenilles, ce que le *Tœnia* eft aux autres animaux ?

M. de Geer continue l'énumération des ennemis des Chenilles , parmi lefquels il compte les Punaifes des champs , les Vers de plufieurs Coléoptères ; il s'attache enfuite à parler des Ichneumons ; il obferve qu'ils font très-variés dans leur forme , qu'ils diffèrent fur-tout par les antennes, & il trouve dans les différences qu'elles offrent , des caractères d'après lefquels on peut divifer les Ichneumons en plufieurs claffes ou ordres. Les uns ont des antennes à filets coniques , d'autres des antennes terminées par un bouton ; il y en a de ramifiées , & les uns ont de très-longues , les autres de très-courtes antennes. Ces caractères pourroient donc être employés dans une divifion placée à la tête d'une hiftoire générale des Ichneumons, mais dans le 17e. mémoire, l'auteur ne traitant cette hiftoire que partiellement , il fe contente de divifer les Ichneumons fuivant les infectes, aux dépens de qui ils vivent. Il parle donc fucceffivement, & dans différens articles , des Ichneumons des Chenilles de grande taille , de ceux des Chenilles mineufes ; des Ichneumons des fauffes Chenilles, des Vers mangeurs de Pucerons, &c. Il décrit enfuite la forme des Ichneumons en général ; il note leurs reffemblances avec les Abeilles, les Guêpes, les *Guêpes Ichneumons*, & leurs différences d'avec ces infectes. A la fuite de ces généralités , notre auteur rapporte fa méthode fur les Ichneumons. Il les divife en neuf claffes.

CLASSE I. Antennes à filets coniques, corcelet & corps joints fans in-termède d'un filet , extrémité du corps terminée par une poin-te écailleufe , alongée en forme de queue.

CLASSE II. Antennes à filets coniques ; corcelet, corps joints par un filet courr. Corps plus gros vers l'extrémité qu'à l'origine.

CLASSE III. Corcelet, corps joints par un filet ; corps ovale & alongé.

CLASSE IV. Antennes à filets coniques ; corps , corcelet joints par un filet , corps aplati fur les deux côtés , en forme de faux.

CLASSE V. Antennes à filets coniques ; corps & corcelet unis par un filet. Corps fphérique à fon extrémité, & finiffant en boule alongée.

CLASSE VI. Ventre effilé à fon origine , implanté dans le deffus du cor-celet, qui excède de beaucoup l'infertion du ventre.

CLASSE VII. Antennes ramifiées.

CLASSE VIII. Antennes de groffeur à-peu-près égale dans toute leur lon-gueur.

CLASSE IX. Antennes grenées ou plus groffes vers leur extrémité que vers leur origine.

M. de Geer donne enfuite la defcription de quatre Ichneumons qui lui paroiffent , par leur forme , mériter d'être remarqués , mais il ignore le lieu où on les trouve. Il fait enfuite l'hiftoire 1°. des Ichneumons qui vivent aux dépens des grandes Chenilles; 2°. de ceux des Chenilles plieufes & rou-leufes de feuilles ; 3°. de ceux des Chenilles mineufes ; 4°. de ceux des Chenilles qui vi-vent à l'intérieur des galles & des boutons des arbres ; 5°. de ceux dont les vers vivent dans les œufs des Papillons ; 6°. des Ichneu-mons des fauffes Chenilles ; 7°. de ceux des galinfectes ; 8°. des Ichneumons des Vers mangeurs de Pucerons , enfin de ceux dont les Vers fe nourriffent dans l'intérieur des Pucerons.

Ce mémoire eft, en général, inftructif & très intéreffant

TOME II.

PREMIERE PARTIE.

Le tome fecond , partagé en deux parties, renferme des objets très - curieux ; favoir , dans la première partie :

1°. L'expofition des caractères des genres d'infectes dont il eft parlé dans ce tome, qui font les infectes à quatre aîles nues.

2°. Un difcours fur les infectes en général.

3°. Cinq autres difcours, dont le premier fur la génération, le fecond, fur la nour-riture, le troifième , fur la demeure , le qua-trième , fur la refpiration, le cinquième, fur la transformation des infectes. Enfuite huit mémoires, dont fix fur les différens genres de Papillons; le feptième , fur les Friganes en général ; le huitième , fur plufieurs efpèces de Friganes en particulier. Je ne rapporte pas ici le titre des différens mémoires, parce qu'il fera énoncé en tête de l'analyfe de chacun ; mais je crois devoir copier la table des caractères des genres. L'ouvrage de M. de Geer eft fi fouvent cité, il eft fi lumineux & fi rare, que je penfe qu'un grand nombre de lecteurs me faura gré de l'ex-tenfion que je donne à cette analyfe, & de **copier**

copier en entier les tables des genres établis par M. de Geer.

Caractères des genres des insectes dont il est parlé dans les mémoires du second volume.

M. de Geer divise les insectes en *classes*, les classes, en des divisions secondaires qu'il indique par des numéros, sans leur donner de nom; j'emploierai celui d'*ordres* pour ces divisions secondaires, parce que je crois qu'il en résultera plus de clarté; il partage ces mêmes divisions en *familles*, & les familles en *sections*.

PREMIERE CLASSE.

Quatre aîles farineuses, trompe roulée en spirale.

ORDRE I. *Le Papillon.*

Antennes à bouton ou plus grosses vers l'extrémité; aîle élevée perpendiculairement dans l'état de repos.

FAMILLE I. Six pattes ambulantes, aîles qui embrassent le dessous du ventre.

II. Six pattes ambulantes, aîles qui embrassent le dessus du corps.

III. Six pattes ambulantes, aîles inclinées vers le derrière.

IV. Quatre pattes ambulantes, deux fausses pattes en pendans de palatine.

V. Quatre pattes ambulantes, les deux serres très-petites & très-courtes.

ORDRE II. *Le Papillon-bourdon.*

Antennes en massue ou bien prismatiques, plus grosses au milieu; aîles horizontales qui ne couvrent pas le ventre.

FAMILLE I. Antennes en massue, l'extrémité du ventre grosse & à brosse; longue trompe en spirale.

II. Antennes prismatiques, l'extrémité du ventre pointue, longue trompe en spirale.

III. Antennes prismatiques, l'extrémité du ventre pointue, très-courte trompe.

ORDRE III. *Le Papillon phalène. Adscita* LINN.

Antennes en massue, aîles rabattues qui couvrent le ventre.

ORDRE IV. *Le Phalène tipule, Pterophorus* GEOFF.

Antennes filiformes, aîles composées de plusieurs branches barbues.

ORDRE V. *La Phalène, Phalæna.*

Antennes sétacées ou qui diminuent insensiblement de grosseur de la base à la pointe; aîles rabattues ou bien horizontales.

FAMILLE I. Antennes à barbes, point de trompe, ou très-petite.

SECTION I. Aîles horisontales.

II. Aîles inférieures débordant les supérieures.

III. Aîles rabattues & corcelet uni.

IV. Aîles rabattues & corcelet hupé.

FAMILLE II. Antennes à barbes, longue trompe en spirale.

SECTION I. Aîles rabatues, découpées.

   I I. Aîles rabatues égales.

  III. Aîles horizontales découpées.

  I V. Aîles horizontales égales.

    V. Aîles horizontales, dont les inférieures sont angulaires.

FAMILLE III. Antennes filiformes très-courtes ; point de trompe.

  I'V. Antennes sétacées, longues, point de trompe.

    V. Antennes sétacées, longue, trompe en spirale.

SECTION I. Les aîles supérieures croisées & les inférieures plissées.

   I I. Aîles rabatues & corcelet uni.

  III. Aîles rabattues & corcelet hupé.

  I V. Aîles horizontales étendues.

    V. Aîles, roulées embrassant la corps.

  V I. Aîles courtes & larges en devant.

  VII. Aîles pendantes aux côtés du corps.

 VIII. Aîles étroites élevées en queue vers le derrière.

CLASSE II.

Quatre aîles membraneuses, nues ou sans écailles ; bouche sans dents ni trompe.

ORDRE VI. *La Frigane, Friganea.*

Antennes sétacées plus longues que le corcelet ; bouche sans dents ni trompe, mais accompagnée de quatre barbillons ; aîles rabattues, & les inférieures pliées ; trois petits yeux lisses, cinq articles aux tarses.

FAMILLE I. Antennes de la longueur du corps ou environ.

  I I. Antennes plus longues que le corps.

ORDRE VII. *L'Ephémère, Ephemera.*

Antennes très courtes, bouche sans dents, ni trompe, ni barbillons ; aîles élevées perpendiculairement, & les inférieures plus petites ; deux ou trois petits yeux lisses, queue à filets sétacés, cinq articles aux tarses.

FAMILLE I. Queue à trois filets.

  I I. Queue à deux filets.

CLASSE III.

Quatre aîles membraneuses de grandeur égale, à nervures croisées ou à réseau ; bouche à dents.

ORDRE VIII. *La Demoiselle, Libellula.*

Antennes très courtes, bouche armée de quatre dents, aîles étendues ou élevées perpendiculairement, toutes de grandeur égale ; trois petits yeux lisses, trois articles aux tarses.

FAMILLE I. Tête groſſe, arrondie & preſque ſphérique; ailes étendues horizontalement.

I I. Tête large, mais courte; aîles élevées perpendiculairement.

ORDRE IX. *L'Hemérobe, Hemerobius.*

Antennes filiformes plus longues que le corcelet, bouche garnie de dents & accompagnée de quatre barbillons; ailes rabatues, de grandeur égale, & les inférieures pas pliées; point de petits yeux liſſes, cinq articles aux tarſes.

X. *Le Fourmillon, Myrmeleon.* LINN.

Antennes en maſſue, de la longueur du corcelet, bouche garnie de dents & accompagnée de quatre barbillons; aîles rabatues, de grandeur égale, & les inférieures pas pliées; point de petits yeux liſſes, cinq articles aux tarſes.

X I. *La Fauſſe - Frigane, Perla.* GEOFF.

Antennes ſétacées plus longues que le corcelet, bouche garnie de dents & accompagnée de barbillons; aîles égales, horizontales & croiſées, trois articles aux tarſes.

FAMILLE I. Queue ſimple.

I I. Queue à deux filets.

ORDRE XII. *La Mouche-Scorpion, Panorpa.*

Antennes filiformes plus longues que le corcelet, tête prolongée en trompe cylindrique, garnie au bout de dents & de barbillons; ailes égales horizontalès, trois petits yeux liſſes, cinq articles aux tarſes; la queue du mâle terminée par une pince.

X I I I. *La Raphidie, Raphidia.*

Antennes filiformes, bouche garnie de dents & de quatre barbillons; corcelet long, étroit & cylindrique; aîles égales rabatues, trois petits yeux liſſes, quatre articles aux tarſes, tarrière recourbée dans la femelle.

CLASSE IV.

Quatre aîles membraneuſes, dont les inférieures ſont plus courtes, à nervures, la plupart longitudinales; bouche armée de dents, aiguillon ou tarriere dans la femelle.

ORDRE XIV. *L'Abeille, Apis.*

Antennes briſées ou coudées, dont le premier article eſt long, bouche garnie de dents, avec une trompe flexible, coudée, pliée en arrière & couchée en deſſous; aîles étendues, aiguillon pointu, caché dans le corps; yeux à réſeau, ovales & unis.

XV. *La Pro Abeille, Apis-Ichneumon.*

Antennes ou en maſſue ou filiformes, diviſées en douze articles; bouche garnie de dents, avec une trompe dirigée en avant & placée dans un fourreau cylindrique écailleux; aîles étendues, ventre attaché au corcelet par un filet; aiguillon pointu, caché dans le corps; yeux à réſeau ovales & unis.

ORDRE XVI. *La Guêpe , Vespa.*

Antennes brisées , dont le premier article est long ; bouche garnie de dents, avec une trompe membraneuse cachée, ailes pliées en deux longitudinalement, ventre attaché au corcelet par un filet court, aiguillon pointu, caché dans le corps, yeux à réseau échancrés en croissant.

XVII. *La Guêpe-Ichneumon, Sphex.*

Antennes ou brisées ou filiformes à douze articles, bouche garnie de dents, mais sans trompe ; ailes étendues, ventre attaché au corcelet par un filet, aiguillon pointu, caché dans le corps, yeux à réseau ovales & unis.

FAMILLE I.   Antennes brisées en massue.

    II.   Antennes filiformes.

ORDRE XVIII. *La Guêpe dorée , Chrysis.*

Antennes filiformes brisées, à douze articles, dont le premier est le plus long, bouche garnie de dents, mais sans trompe ; ailes étendues, ventre concave en dessous, ordinairement avec des pointes roides à l'extrémité, tarrière flexible, membraneuse, cachée dans le corps, & qui renferme un aiguillon.

XIX. *L'Ichneumon Bourdon , Sirex.*

Antennes filiformes à plusieurs articles ; bouche garnie de dents, ailes moulées sur le corps, ventre appliqué au corce-

let dans toute sa grosseur, & terminé en queue roide & pointue, tarrière appliquée en partie au dessous du ventre, & placée entre deux demi fourreaux.

ORDRE XX. *L'Ichneumon, Ichneumon.*

Antennes ou sétacées à plusieurs articles, ou à masses, ou bien branchues ; bouche garnie de dents, ailes étendues horizontalement, ventre attaché au corcelet par un filet plus ou moins long, tarrière appliquée en partie au-dessous du ventre, & placée entre deux demi-fourreaux.

FAMILLE I.   Antennes sétacées, ventre cylindrique.

   II.   Antennes sétacées, ventre en fuseau.

  III.   Antennes sétacées, ventre en faucille.

  IV.   Antennes sétacées , ventre terminé en boule.

   V.   Antennes sétacées, le filet du ventre implanté sur le dessus du corcelet.

  VI.   Antennes filiformes, également grosses par tout.

  VII.   Antennes en massue & brisées.

  VIII.   Antennes branchues ou ramifiées.

  IX.   Femelles sans ailes.

ORDRE XXI. *Cynips, Linn. diplolepis.* GEOF.

Antennes filiformes longues,

à treize ou quatorze articles;
bouche garnie de dents, mais
sans trompe; aîles horizontales,
ventre presqu'ovale, applati
de côté, aigu en dessous, attaché au corcelet par un filet
court; tarrière contournée en
spirale dans le corps, & placée
entre deux lances; larves qui
vivent dans des galles.

XXII. *La Mouche à scie, Tentredo.*

Bouche garnie de dents, mais
sans trompe, aîles chiffonnées
& moulées sur le corps, ventre
appliqué au corcelet dans toute
sa grosseur, tarrière dentelée en
scie, appliquée au-dessous du
ventre.

FAMILLE I.   Antennes à bouton.

II.   Antennes en massue à trois
articles.

III.   Antennes filiformes à neuf
articles.

IV.   Antennes à barbes.

V.   Antennes sétacées à plusieurs
articles, toujours plus de neuf.

ORD. XXIII. *La Fourmi, Formica.*

Antennes brisées, dont le
premier article est long; bouche
garnie de dents, aîles horizontales dans le mâle & dans la femelle, mais point d'aîles dans
le mulet; ventre attaché au
corcelet par un filet court.

FAMILLE I.   Petite écaille verticale sur le
filet du ventre.

II.   Le filet du ventre composé
d'articles ronds & sans écailles.

PREMIER DISCOURS.

Sur les insectes en général.

A quels animaux convient le nom d'insectes? Quatre caractères les distinguent.

1°. Ils n'ont pas de squelette intérieur,
mais leur corps est couvert d'une peau plus
ou moins dure, écailleuse, & souvent crustacée.

2°. Ils ont le corps divisé en différentes
parties, par des espèces d'étranglemens ou
d'incisions plus ou moins profondes.

3°. Ils portent des antennes à la tête.

4°. Ils n'ont jamais moins de six pattes
articulées.

Développement & comparaison de ces
caractères avec l'organisation des autres animaux. Le premier caractère paroît, à M. de
Geer, le plus distinctif, en sorte qu'il range
parmi les insectes les animaux dans lesquels
il se rencontre, & exclut de leur classe tous
les animaux dans lesquels il ne se trouve
pas.

Définition des antennes, leur description,
ignorance absolue de leur usage, leur différence avec les cornes des Limaçons, qui
peuvent sortir & rentrer.

Plusieurs animaux ressemblent aux insectes
par le premier caractère, mais ils n'ont pas
d'antennes; tels sont les Vers, les Polypes,
les Orties, les Etoiles de mer, &c. & par
cette raison, ils doivent être exclus de cette
classe d'animaux. Le premier caractère n'est
donc pas suffisant pour distinguer seul les
insectes, comme M. de Geer semble l'insinuer. Les divisions en classes, ordres, &c.
sont si peu dans la nature, que les plus générales mêmes deviennent embarrassantes &
présentent des contradictions, des exceptions; elles n'en sont pas moins nécessaires
pour la facilité de l'étude.

Les pattes font compofées de trois parties articulées. La *cuiffe ;* elle eft attachée au corps par une partie intermédiaire mobile, qu'on pourroit appeller la *hanche.* La feconde partie eft la *jambe,* & la troifième, le pied ou le tarfe, fubdivifé en trois, quatre ou cinq articles, & terminé par des crochets, ordinairement au nombre de deux.

Divifion du corps en *tête, corcelet, corps proprement dit, ou ventre, &c.*

Examen des différentes parties externes.

Les infectes font mâles & femelles ; ceux qui doivent avoir des aîles ne font propres à fe perpétuer que quand leurs aîles font entièrement développées.

Des transformations ou métamorphofes.

On trouve des infectes par-tout ; ils ont, comme les autres animaux, l'inftinct néceffaire pour leur confervation.

Examen de leurs fens. Il eft difficile de déterminer s'ils voient mieux de près que de loin. Leur odorat eft exquis, ils ne manquent pas non plus de goût ; il eft incertain s'ils jouiffent de l'ouie. M. de Geer penfe que leur tact eft très-fin.

Ce difcours n'offre que des vues générales, peu circonftanciées, fans rien de particulier à l'auteur.

SECOND DISCOURS.

Sur la génération des infectes.

Redi, Swammerdam, Leuwenhoeck, ont détruit l'erreur qui attribuoit la génération des infectes à la pourriture, ils fe reproduifent, comme les autres animaux, par le concours des deux fexes; la plupart font ovipares, un petit nombre eft vivipare. Tems, diverfité, durée de l'accouplement. Exemple de ces différens objets dans différentes efpèces.

Tous les infectes ont befoin de s'accoupler pour fe reproduire. On n'en connoît pas encore d'hermaphrodites, même à la manière des Limaçons, c'eft-à-dire, qui aient les deux fexes, mais avec le befoin d'être fécondé par un individu de même efpèce. Les Pucerons, qui fembleroient faire exception, s'accouplent cependant, quoique rarement, mais on s'en eft affuré par l'obfervation.

Il y a des infectes qui n'ont point de fexe & qu'on nomme des mulets.

Des œufs des infectes & de leurs variétés ; des foins & précautions qu'ils prennent pour leurs œufs.

Quatre genres font vivipares, fans conter les *Pucerons,* les *Monocles,* les *Cloportes,* les Pro-galles infectes, les *Scorpions.*

Cependant les Monocles & les Cloportes ont des œufs, mais ils éclofent dans l'intérieur des mères ; il faut ajouter quelques Mouches qui font vivipares.

De la prodigieufe fécondité des infectes ; ce font, après les Poiffons, les animaux qui multiplient le plus.

TROISIEME DISCOURS.

Sur la nourriture des infectes.

Les infectes fe nourriffent, en général, de toutes les fubftances animales ou végétales. Il n'y en a point qui ne ferve d'aliment à quelqu'infecte. Il y en a qui mangent les matières animales & les matières végétales, d'autres qui ne font que carnaciers, un grand nombre qui tire fon aliment des matières animales ou végétales en différens états.

On a cru fauffement que certains infectes rongent les pierres ; ils vivent des lichens qui couvrent les pierres & non de celles-ci :

quant au terreau que quelques-uns dévorent en effet, ce n'eſt qu'un débri de plantes & d'animaux.

Il y a des inſectes qui ne peuvent vivre que d'une ſeule eſpèce de nourriture. Les exemples en ſont ſur-tout fréquens parmi les Chenilles, dont pluſieurs périſſent ſi elles ne trouvent pas l'eſpèce de feuille qui leur convient. Cependant beaucoup d'autres s'accommodent indifféremment des différentes plantes, & quelques-unes ſe dévorent les unes les autres.

Les Sauterelles dévorent ſans choix toutes les plantes, & les Guêpes toute chair crue ou cuite, celle des animaux morts, les animaux vivans eux-mêmes, & les fruits murs de toutes eſpèces.

Pluſieurs inſectes changent d'aliment après leur métamorphoſe. Ainſi la Chenille ſe nourrit de feuilles, & le Papillon du ſuc des fleurs.

Certains inſectes ont beſoin de manger très-ſouvent, & d'autres ſouffrent aiſément une longue abſtinence. M de Geer. dit que cette faculté appartient ſur-tout aux inſectes carnaciers, & il les compare aux grands animaux auſſi carnaciers qui ſupportent plus aiſément la faim que les autres. Il me ſemble qu'il auroit pu remarquer que c'eſt ſur-tout dans leur dernier état que les inſectes peuvent reſter plus de tems ſans manger, & qu'alors il y en a qui ſupportent des jeûnes auxquels tous les autres animaux ſuccomberoient.

Certains inſectes mangent à toute heure, & d'autres à des tems marqués ſeulement.

Toutes les parties des plantes ſervent de nourriture à différens inſectes; énumération des eſpèces qui attaquent les différentes parties, & courte deſcription des organes qui leur ſervent à prendre de la nourriture.

Détails ſur deux eſpèces de Chenilles qui rongent les bleds, particulièrement l'orge dans les greniers; M. de Réaumur a auſſi fait l'hiſtoire de ces Chenilles. Semblables détails ſur les Charanſons du bled d'après Leuwenhoeck. Les auteurs qui ſe ſont le mieux occupés de la deſtruction de ces trois eſpèces dangereuſes, ſont MM. Leuwenhoeck, lettre 71. 7 mars 1692; Hales, Inſtruction pour les mariniers, page 115; Deslandes, Recueil de traités de phyſique, page 91; du Hamel, Traité de la conſervation des grains; id. ſur les inſectes qui dévorent le bled dans l'Angoumois. Il réſulte des travaux de ces ſavans, que les fumigations ſont les meilleurs moyens de détruire les inſectes qui attaquent le bled.

De quelques-uns des inſectes qui rongent les racines; de ceux qui vivent des excrémens des autres animaux; des inſectes qui rongent le bois tant ſec que verd.

Des inſectes qui ſe nourriſſent de matières animales; de ceux qui vivent de chair morte, de chair deſſéchée; de ceux qui attaquent les animaux vivans & ſe nourriſſent de leur ſubſtance. Des inſectes qui, en piquant les Bœufs, occaſionnent des tumeurs dans leſquelles ils ſe nourriſſent; des *Oeſtres* qui vivent dans les inteſtins des Chevaux; des Vers qu'on trouve dans leur bouche; des Vers des ſinus du Mouton; de ceux qui vivent dans les entrailles de l'homme & des animaux.

Des inſectes de la galle que M. de Geer compare à ceux qui produiſent les tumeurs des bêtes à corne.

Enumération des inſectes qui ſe nourriſſent du ſang de l'homme & des animaux. Les Poux, Puces, Punaiſes, Couſins, *Knotts*, inſectes très-petits, ſemblables à des Tipules, dont on eſt fort incommodé en Suède. Les Taons, les Mouches-Araignées, fléaux des Chevaux & du bétail; la Mouche, ſemblable à la commune, mais armée d'une trompe. (c'eſt le *Stomox* de M. Geoffroi.)

Des inſectes qui s'attachent à d'autres inſectes ; de leurs Poux, qui ſont ordinairement des Mittes, leſquelles ont huit pattes, tandis que l'Abeille nourrit un véritable Pou qui n'en n'a que ſix.

Des inſectes qui vivent dans le corps d'autres inſectes.

Des inſectes qui en dévorent d'autres ; les uns les attaquent à force ouverte, telles ſont les *Demoiſelles*, les *Aſiles*, les *Carabus*, & ce ſont de véritables inſectes de rapine ; d'autres ſont obligés d'employer la ruſe ; tels le *Fourmilion*, les *Araignées*, les *Guêpes*, qui vivent en ſociété ; les *Frelons*, quelques eſpèces de *Guêpes ſolitaires* & de *Guêpes-Ichneumons*, ou enlèvent d'autres inſectes pour ſervir de proie à leurs petits qui s'en nourriſſent, ou ils dépoſent leurs œufs dans des lieux où les jeunes inſectes trouvent d'autres inſectes dont ils ont beſoin pour leur ſervir d'aliment.

Des inſectes qui ſe nourriſſent dans nos maiſons ; les Mittes de différentes eſpèces, les Blattes, les Grillons, les Teignes des pelleteries & des meubles, certaines fauſſes Teignes qui rongent les étoffes, d'autres, la cire, &c.

Malgré la longueur aſſez conſidérable de ce mémoire, il ne contient que des généralités, mais intéreſſantes, inſtructives, & qui peuvent être utiles à quelqu'un qui feroit un travail exprès ſur les différens alimens des inſectes ; travail qui ne ſeroit pas ſeulement curieux, mais qui pourroit être fort utile en éclairant ſur les dégâts occaſionnés par les inſectes, & les moyens d'y remédier.

QUATRIEME DISCOURS.

Sur la demeure des inſectes.

Les inſectes habitent tous les endroits qui ſont à la ſurface de la terre, & même les premières couches de ſon intérieur ; ils ſont très-abondans dans les eaux. On peut, par rapport aux endroits qu'ils habitent, les diviſer en *terreſtres* & en *aquatiques*.

Les eaux ſtagnantes abondent en inſectes ; les uns vivent à la ſurface & plongent rarement ; d'autres vivent conſtamment enfoncés ſous l'eau ; il y en a qui ne vivent dans cet élément que dans l'état de ver, dans celui de nymphe, & qui s'élèvent enſuite ſur la terre ; pluſieurs, après avoir paſſé leurs deux premiers états dans l'eau, peuvent également y vivre & ſur la terre dans leur troiſième état ; ils ſont alors de véritables amphibies. Il y en a qui, après avoir vécu dans l'eau, ſe retirent dans la terre pour y ſubir leur métamorphoſe, après laquelle ils peuvent vivre à l'air, quoiqu'ils habitent l'eau plus ſouvent : il y en a enfin qui, dans leurs premiers états, vivent en partie dans l'eau, en partie hors de l'eau, & qui, après leur dernier changement, ceſſent d'être aquatiques.

Quelques Araignées & quelques Punaiſes ſont du premier genre des inſectes aquatiques.

Les inſectes qui vivent toujours dans l'eau ne ſubiſſent pas de métamorphoſes ; tels ſont les *Monocles*, les *Écreviſſes*, les *Cloportes* & les *Mittes aquatiques*, &c.

Ceux qui quittent les eaux après leur dernier changement pour n'y plus rentrer ſont très-nombreux ; tels ſont les *Demoiſelles*, les *Éphémères*, pluſieurs eſpèces de *Tipules* & de Mouches.

Les inſectes qui vivent indifféremment dans l'eau & hors de l'eau, ſont les *Notonectes*, les *Scorpions d'eau*, &c. mais ils ne ſortent de l'eau qu'après avoir pris des ailes.

Les Scarabés qui vivent dans l'eau s'y cachent pendant le jour, en ſortent le ſoir, pour s'y replonger le matin. Leurs larves ſont conſtamment aquatiques ; mais elles quittent
l'eau

l'eau & elles entrent en terre pour se méta-morphoser. Ces insectes en larves sont donc aquatiques, terrestres en chrysalides, & amphibies dans leur dernier état.

La larve d'une petite Tipule a besoin d'avoir toujours une partie du corps exposée à l'air, l'autre plongée dans l'eau.

Les *Iules*, les *Scolopendres*, les *Cloportes*, habitent dans la terre, & n'en sortent que pour chercher de la nourriture. (Cette proposition ne doit pas être prise à la rigueur; car ces insectes ne s'enfouissent que pour se cacher, & on les trouve souvent à la surface de la terre, sous les pierres, dans des trous, &c. Elle est plus exactement vraie par rapport aux Fourmis).

Plusieurs insectes, comme les larves, qui rongent les racines, ne vivent que pendant un tems en terre. Différens Coléoptères se plaisent à fouiller la terre & s'y enfoncent; la larve du *Carabus* doré reste au fond des grandes fourmilières où elle se nourrit d'une terre grasse, & les Fourmis ne lui font aucun mal.

On trouve un grand nombre d'insectes dans le fumier & dans les bouses.

Quelques insectes creusent la terre pour y construire un nid où ils nourrissent leurs petits; telles sont certaines Abeilles, les Bourdons, &c. Le Fourmilion se cache dans le sable pour y attendre sa proie; une Araignée, dont M. l'abbé de Sauvages a donné l'histoire, se creuse un vrai terrier d'un ou même de deux pieds de profondeur, le tapisse de fils de soie, le ferme d'un couvercle composé de brins de terre liés par des fils de soie, attaché au terrier par une sorte de penture, & incliné de façon que le couvercle soulevé retombe par son poids.

Il n'y a point d'endroits où l'on trouve autant d'insectes que sur les arbres & les plantes. Enumération des différentes par-

ties des plantes habitées par des insectes; exposé des différentes parties des animaux sur lesquelles on en trouve.

Il y a des insectes vagabonds, qui, sans demeure fixe & déterminée, courent & rodent pour chercher les lieux les plus abondans en nourriture : ce sont, en général, ceux qui vivent de proie ou qui consomment beaucoup, comme les Sauterelles.

Ce mémoire est terminé par une observation assez remarquable. Les insecte qui passent l'hiver se retirent pendant cette saison dans des trous, des fentes de rocher, de murs, dans des troncs d'arbres creux, sous l'écorce, &c. Il y avoit quelques années, dans le tems où l'auteur écrivoit, qu'il étoit tombé en Suède, au milieu de l'hiver, pêle-mêle avec la neige une grande abondance de plusieurs insectes différens qui couroient sur la neige; mais une violente tempête avoit précédé & avoit abattu beaucoup d'arbres. C'est donc avec un fondement très-probable que M. de Geer pense que ces insectes avoient été emportés par la tempête, jettés hors de leur retraite, & dispersés par les vents. C'est de même par des circonstances particulières qu'on peut voir des insectes sur la neige, & il ne faut pas, comme Aristote l'a pensé, croire qu'elle soit naturellement la demeure d'aucun insecte.

CINQUIEME DISCOURS.

Sur la respiration des insectes.

Malpighi & Swammerdam ont prouvé que les insectes respirent; ils ont fait leurs observations principalement sur des Chenilles, & ils ont découvert, dans ces animaux, deux canaux latéraux, de la longueur du corps, qu'ils ont nommé *vaisseaux aériens*, d'autres, *vaisseaux latéraux* qui communiquent avec les premiers, & qu'ils ont appellés *trachées*. Enfin, ils ont reconnu que ceux-ci aboutissent à des ouvertures externes, auxquelles ils ont donné le nom de *stigmates*.

L'air entre par ces ouvertures, mais servent-
elles aussi à sa sortie? Cette question n'est
pas pleinement décidée. M. de Réaumur
pensoit que l'air entré par les stigmates s'é-
chappe par une infinité de pores situés à la
superficie de la peau, & M. Bonnet croit
au contraire que l'air entre & sort par les
trachées. M. de Réaumur & M. de Geer
pensent que dans les chrysalides l'air entre
& sort par les trachées; cependant d'autres
naturalistes ont douté que les chrysalides respirent, & parmi un grand nombre d'expériences faites par M. de Geer sur ce sujet,
plusieurs tendent à prouver que les chrysalides ne respirent pas; entr'autres, l'épreuve
de chrysalides soumises à la vapeur du mercure sans être tuées; mais d'autres expériences
tendent à prouver que les chrysalides respirent, & comme on reconnoît dans ces insectes, ainsi que dans tous les insectes en
général & dans tous leurs états, un appareil
de vaisseaux aériens, M. de Geer en conclut,
& j'oserai ajouter que ce me semble être très
judicieusement, que les chrysalides, & tous
les insectes, en général, respirent; mais que
e mécanisme de leur respiration est peut-
être, & vraisemblablement, fort différent de
celui de la respiration des grands animaux;
que cette fonction s'exécute en eux d'une
manière qui ne nous est pas encore connue.
Dans le reste du mémoire, M. de Geer
parcourt la position des stigmates tant dans
les différens insectes que dans leurs différens états.

SIXIEME DISCOURS.

Sur la transformation des insectes.

Malpighi & Swammerdam ont appris les
premiers que les changemens ou métamorphoses des insectes se réduisent au simple
développement successif de leurs parties cachées & couvertes les unes par les autres;
M. de Geer n'ajoute rien aux preuves que ces
auteurs en ont données: il admet, d'après
Swammerdam, la division des insectes, relativement aux métamorphoses.

1°. En ceux qui n'en subissent pas, qui naissent & meurent avec la même forme,
grandissent seulement & changent de
peau.

2°. En ceux qui naissent différens de ce qu'ils
seront par la suite, mais seulement par
le manque de parties qu'ils acquerront.
Ces parties sont les aîles; lorsqu'elles
ne paroissent pas du tout, l'insecte est
en larve, & on l'appelle *nimphe* lorsqu'on commence à distinguer l'étui des
aîles. Les larves & les nymphes ne cessent
pas de prendre de la nourriture & de
se donner du mouvement.

3°. Les insectes qui passent par l'état de chrysalide, état dans lequel ils ne prennent
de nourriture, ni ils ne peuvent agir,
& pendant lequel ils sont d'une forme
différente de la larve & de l'insecte
parfait.

4°. Les insectes qui ne changent point de
peau avant de passer à l'état de chrysalide, mais dont la peau de larve s'endurcit, leur sert d'étui ou de coque,
sous laquelle ils acquièrent leur dernière
forme, qu'ils percent, & dont ils sortent
quand ils ont atteint leur état de perfection.

Aux notions dont je viens de donner un
précis, & qui étoient connues, M. de Geer
ajoute ses observations sur les Iules. Il a remarqué qu'ils ne naissent pas avec le nombre
de pieds qu'ils ont par la suite, mais qu'ils
en acquièrent en grandissant. C'est une sorte
de changement dont on lui doit la connoissance.

La suite du mémoire est employée à l'é-
numération des insectes suivant le genre de
changement qu'ils subissent, au récit des faits
les plus remarquables que présentent ces changemens dans chaque espèce, enfin à des
généralités trop connues pour en faire l'extrait, & il est terminé par une remarque sur

la *Mouche-Araignée*. Cet infecte pond un œuf dont il fort, au lieu d'un vers, une Mouche femblable à fa mère pour la forme & pour la taille. M. de Réaumur a reconnu que la jeune Mouche avoit vécu dans l'œuf fous la forme de larve, & qu'elle y avoit fubi les changemens qui n'ont lieu qu'hors de l'œuf pour les autres infectes.

PREMIER MÉMOIRE.

Sur les infectes à quatre aîles farineufes & à trompe roulée en fpirale en général, & fur les Papillons en particulier.

M. de Geer reconnoît qu'il a, dans le premier volume, traité le même fujet qu'annonce le titre de ce mémoire; mais il contient de nouvelles vues générales & de nouvelles obfervations particulières. L'auteur commence par la divifion des Papillons en cinq genres, qui font :

1°. Celui des Papillons.

2°. Des Papillons-Bourdons ou Sphynx.

3°. Des Papillons-Phalènes.

4°. Des Phalènes-Tipules.

5°. Des Phalènes proprement dites.

: Les Papillons ont, 1°. les antennes à bouton, ou plus groffes vers le haut, 2°. dans l'état de repos leurs aîles font perpendiculaires au plan de pofition.

Les Sphinx ont, 1°. les antennes plus groffes dans le milieu, & à bouton ou prifmatiques. 2°. Leurs aîles font horizontales & laiffent le ventre à découvert.

Les Papillons-Phalènes ont, 1°. des antennes dont le diamètre augmente depuis leur origine, & qui forme comme une maffue qui finit en pointe. 2°. Leurs aîles pendent des deux côtés du corps, & forment comme

une forte de toît qui le couvre. Ce font les Sphinx *adfcita* du ch. Linné, les Sphinx-Beliers de M. Geoffroi.

Les Phalènes-Tipules ont,

1°. Les antennes filiformes ou à filets coniques.

2°. Les aîles rameufes ou branchues & compofées de pièces refendues & femblables à des plumes. Ce font les *Alucitæ* du chevalier Linné, les Ptérophores de M. Geoffroi.

1°. Les Phalènes proprement dites ont les antennes filiformes, qui vont en diminuant de la bafe à la pointe.

2°. Les aîles pendantes & inclinées ou parallèles au plan de pofition.

Suivent quelques généralités fur les Papillons, après lefquelles l'auteur fubdivife chaque genre en familles.

Le premier ou celui des Papillons proprement dits, en renferme cinq.

Ceux de la première famille ont fix pattes égales, fur lefquelles ils s'appuient en marchant; le bord inférieur de leurs aîles auffi inférieures, embraffe le deffous du corps.

Les Papillons de la feconde famille ne diffèrent de ceux de la première, qu'en ce que le bord de leurs aîles inférieures fe recourbe par-deffus le ventre qui en eft recouvert.

Les Papillons de la troifième famille diffèrent de ceux des deux familles précédentes, en ce que quand leurs aîles font redreffées, elles font toujours dans une fituation inclinée en-arrière; leurs aîles font d'ailleurs courtes, & leur corps fort gros.

Les Papillons de la quatrième famille ne fe pofent & ne marchent que fur quatre pattes; ils tiennent leurs deux premières pattes repliées & appuyées contre la poitrine; elles font terminées en pendans de palatine.

Les Papillons de la cinqiuème famille ne marchent non plus que fur quatre pattes; mais les deux antérieures plus courtes que les quatre autres, font cependant terminées de même.

Le furplus du mémoire contient cinq paragraphes qui ont pour objet les généralités relatives aux Papillons des cinq familles précédentes, aux Chenilles dont ils proviennent, &c. & l'auteur rappelle à chaque famille les Papillons dont il a donné l'histoire dans le volume précédent; il donne, dans celui-ci, l'histoire de plusieurs Papillons dont il n'avoit pas parlé.

2ᶜ. MÉMOIRE.

Des Papillons - Bourdons, des Papillons-Phalènes, & des Phalènes-Tipules.

Ce mémoire contient, 1°. des généralités fur chacun des trois genres de Papillons dont il y eſt traité; 2°. la divifion de chacun de ces genres en familes. Le genre des Papillons-Bourdons en contient trois.

FAMILLE I. Des antennes qui vont en augmentant de volume, plus grofles proche de leur extrémité, qui fe terminent brufquement en pointe déliée.

I I. Antennes prifmatiques, longue trompe, ventre terminé en cône pointu; point de broffe au derrière.

I I I. Mêmes caractères que pour la feconde famille, à l'exception de la trompe qui eſt très-courte.

Le genre des Papillons-Phalènes & celui des Phalènes-Tipules font peu nombreux en efpèces, & n'ont pas befoin d'être fubdivifés.

3ᶜ. MÉMOIRE.

Des Phalènes en général.

Divifion de ce genre en cinq familles.

1°. Antennes à barbes, point de trompe, ou fi courte, qu'elle n'excède guère la longueur de la tête.

2°. Mêmes antennes, mais la trompe longue & davantage que la tête & le corcelet pris enfemble.

Nota. Les mâles de ces deux familles ont les antennes fenfiblement en barbe, tandifque les femelles de plufieurs efpèces ont les antennes garnies de barbes fi courtes qu'on ne les diftingue qu'à la loupe, & que d'autres ont des antennes en filet; mais elles font armées de dentelures qui répondent aux barbes & fervent de caractère.

3°. Antennes en filet, fi courtes qu'elles n'excèdent pas la longueur de la tête, ou celle de la tête & du corcelet pris enfemble.

4°. Antennes en filet conique, plus longues que la tête & le corcelet; point de trompe fenfible.

Nota. Ces deux familles, fur-tout la quatrième, font peu nombreufes en efpèces.

5°. Antennes filiformes, une longue trompe.

Cette famille eſt la plus nombreufe en efpèces.

Remarques fur les Phalènes dont les femelles n'ont pas d'ailes.

Defcription des parties externes des Phalènes.

Des Chenilles qui deviennent des Phalènes; généralités fur ces Chenilles.

Généralités fur les Phalènes de chaque famille; rappel des efpèces déjà décrites par l'auteur, à la famille à laquelle elles appartiennent, & l'hiftoire d'efpèces dont l'auteur n'avoit pas encore parlé.

Nota. M. de Geer fubdivife la première famille en quatre fections.

4ᵉ. Mémoire.

Des Phalènes à antennes, à barbes & à trompe, & des Phalènes à antennes filiformes, tant courtes que longues, & qui n'ont point de trompe.

M. de Geer, après quelques généralités fur les Phalènes de la feconde famille, les divife en cinq fections; il décrit enfuite, ou il rappelle en fon lieu, les Phalènes de chaque fection. Il parle après celles-ci des Phalènes de la troifième famille, & de celles de la quatrième famille. Mais il ne fubdivife pas ces familles en fections.

5ᵉ. Mémoire.

Des Phalènes de la cinquième famille.

Généralités.

Divifion de la famille en huit fections.

Nota. Les caractères des fections font le plus fouvent tirés du port des aîles. Je n'ai pu entrer dans les détails de ces caractères qu'il faut chercher dans l'ouvrage même.

Le cinquième mémoire eft, après les objets dont je viens de tracer le précis, terminé comme les précédens, mais il ne comprend que l'hiftoire des trois premières fections.

6ᵉ. Mémoire.

Des Phalènes de la quatrième fection de la cinquième famille.

Ce mémoire eft divifé en paragraphes dont les quatre premiers contiennent l'hiftoire des Phalènes des quatre premières fections de la cinquième famille, & de trois autres paragraphes dans lefquels on trouve l'hiftoire des trois dernières fections de la cinquième famille.

7ᵉ. Mémoire.

Des Friganes en général.

Ce font les *Mouches papillonacées* de M. de Réaumur, nom employé par ce favant à caufe des rapports & de la reffemblance qui exifte entre les Phalènes & les Friganes dans la manière de porter les aîles, & dans les couleurs dont elles font teintes; mais les Friganes n'ont pas de trompe, & leurs aîles ne font pas colorées par des écailles qui les couvrent. D'ailleurs les Friganes ont des caractères qui leur font propres, qui les diftinguent, & ce font:

1°. Quatre aîles colorées ou opaques en tout ou en parties, pendantes aux deux côtés du corps, dénuées d'écailles ou de pouffières, dont les fupérieures couvrent entièrement les inférieures, & celles-ci pliffées dans l'état de repos.

2°. Bouche fans dents ni trompe, accompagnée de quatre barbillons mobiles.

3°. Antennes à filets coniques & grenés, toujours plus longues que le corcelet, & fouvent deux ou trois fois de la longueur de tout le corps.

4°. Trois petits yeux liffes fur la tête, outre les deux yeux à réfeau.

5°. Cinq articles aux tarfes.

Les larves des Friganes vivent dans l'eau ; elles s'y construisent des fourreaux qu'elles transportent par-tout avec elles, ce qui les a fait nommer par M. de Réaumur *Teignes aquatiques*. Ces fourreaux sont composés de différens fragmens, mais non pas principalement de bois, comme semble l'indiquer la dénomination de *ligni perda* que les anciens donnoient aux Friganes. Belon dit que les françois les nomment *charies* ; on les trouve, ou plutôt leurs larves, dans les eaux douces & stagnantes.

Description des différentes formes des fourreaux des larves, & division de ces larves d'après la forme de leur fourreau.

Description très-détaillée de quelques larves, & entr'autres des espèces les plus communes ; examen des touffes de poils qui couvrent le dessus & le dessous du corps. Probabilité que ces poils sont des vaisseaux aériens, soit qu'ils répondent aux ouies, & servent à la respiration, soit qu'ils aient pour usage de rendre le corps plus leger, d'en faciliter les mouvemens, & qu'ils répondent à la vessie à air des poissons. Manière de vivre des larves, précaution qu'elles prennent pour passer à l'état de nymphe. Conformité entre M. de Réaumur & M. de Geer sur ces objets.

Manière dont les nymphes s'éloignent de l'eau qui deviendroit funeste à la Frigane dans son dernier état, & dont celle-ci se retire de l'enveloppe de nymphe.

Description de deux espèces de Friganes.

8e. MEMOIRE.

Ce mémoire contient l'histoire particulière de dix espèces de Friganes. A l'occasion de la cinquième, M. de Geer fait une digression sur le *Gordius* de Linné, Ver en forme de fil ou de crin, dont il avoit déjà parlé dans le tome précédent, & qu'il a vu sortir du corps de certaines Chenilles ; ce Ver vit également à l'intérieur du corps des nymphes des Friganes, aux dépens desquelles il se nourrit, & qu'il fait périr. Il est très-commun dans les eaux stagnantes ; il y acquiert la longueur d'une aulne de Suède ; il est dans un mouvement continuel ; son corps effilé est bifurqué à un bout, pointu à l'autre, il s'avance toujours par ce dernier, ce qui a porté M. de Geer à le prendre pour la tête du ver.

Seconde partie du second vol. ou vol. troisième.

La seconde partie du second volume est composée de 18 mémoires qui complettent l'histoire des insectes à quatre ailes nues.

PREMIER MEMOIRE.

Des Ephemères.

Caractères des insectes de ce genre, leur division en deux familles. *Voyez* la table des genres de la seconde classe.

M. de Réaumur ayant traité en détail de l'histoire des Ephémères en général, M. de Geer y renvoie à ce qu'il en a écrit, & n'en rapporte qu'un précis très-court. Il remarque que les Ephémères dont parlent Swammerdam & Blanckaert, qui sortent, en été, pendant trois ou quatre jours des rivières de la Hollande, dans une abondance surprenante, ne vivent que quelques heures ; que les Ephémères plus petites qui sortent des rivières de Seine & de la Marne, au coucher du soleil, & qui forment dans l'air des tourbillons semblable à ceux de la neige, suivant la comparaison que M. de Réaumur en a faite, meurent toutes dans l'espace de deux ou trois heures. Mais qu'en Suède, quoique les Ephémères y soient en quantité, on n'en voit jamais un aussi grand nombre à la fois.

Description & histoire de cinq espèces d'Ephémères. Il faut remarquer dans l'histoire de la première espèce la description des ouies de la larve ; fon ventre eft compofé de neuf anneaux , dont les fix premiers foutiennent chacun une paire d'ouies que l'infecte tient dans une agitation prefque continuelle, qui, dans l'état de repos , couvrent le deffus du dos. En voyant ces ouies au microfcope, on diftingue fenfiblement qu'ils font cartilagineux, compofés d'une infinité de tours d'un fil prodigieufement fin , roulé en fpirale autour d'un cylindre ou d'un cône, & appliqués les uns contre les autres.

Il faut encore remarquer dans la même defcription celle des deux crochets fituées à l'extrémité du corps du mâle , dont il eft évident que l'ufage eft de lui fervir à faifir le ventre de la femelle , & que , par conféquent, cet Ephémère s'accouple : auffi M. de Geer affure-t-il plus bas qu'il a vu un mâle fe faifir , en l'air , d'une femelle , s'attacher à elle , s'envoler tous les deux , & fe pofer fur un mur fans fe féparer ; il en conclut que les Ephémères s'accouplent, que leur manière de s'accoupler reffemble beaucoup à celle des *Demoifelles*, que Swammerdam s'eft trompé lorfqu'il a cru qu'ils ne s'accouplent pas ; que M. Geoffroy a fimplement fuivi cette opinion fans en examiner les preuves ; qu'il eft démontré par ce fait, que l'efpèce d'Ephémère dont il s'agit s'accouple , & qu'on peut affurer , d'après l'analogie , que les autres efpèces s'accouplent auffi , mais que leur accouplement plus court s'exécute peut-être en volant, comme M. de Réaumur, très-éloigné du fentiment de Swammerdam, l'avoit préfumé.

On trouve encore dans cette même defcription l'énumération très-intéreffante des différentes parties du mâle & de la femelle. Toute cette defcription eft très-curieufe & très-inftructive.

10ᵉ. Mémoire.

Des Demoifelles.

Caractères des infectes de ce genre ; leur divifion en deux familles. *Voyez* la table ci-devant.

Les larves & les nymphes des Demoifelles vivent dans l'eau , y marchent , fur les plantes , fur la vafe & le fable ; elles fe tiennent fouvent dans la vafe ; mais elles favent auffi nager. Elles vivent d'autres infectes ; elles naiffent fous la même forme qu'elles gardent toujours ; mais après un certain tems elles changent de peau ; on leur voit alors fur le dos les quatre étuis des aîles qu'elles auront en devenant habitantes de l'air , & elles font en nymphe dans cet état. Defcription de la larve & de la nymphe, leur hiftoire.

Defcription & hiftoire de trois efpèces de Demoifelles. On y trouve les preuves que toutes les Demoifelles mâles n'ont pas les crochets du derrière de même figure , ni de même grandeur.

11ᵉ Mémoire.

Des Hémérobes , des fauffes Friganes , des Mouches-Scorpions & des Raphidies.

Des Hémérobes.

M. Linné eft le premier qui ait féparé les *Hémérobes* des infectes avec lefquels on les avoit confondus. Caractères de ce genre. M. Linné rangea d'abord les Fourmi-lions parmi les Hémérobes ; mais M. Geoffroy les ayant diftingués avec beaucoup de fondement, d'après la forme des antennes. M. Linné a fuivi cet exemple , & a fait des Fourmi-lions un genre auquel il a donné le nom de *Myrmeleon.*

Les Hémérobes naiffent de larves qui ont beaucoup de rapport avec celles des Fourmi-lions , comme il y en a entre ces deux genres d'infectes dans leur état de perfection. Ces larves vivent de Pucerons , & fe dévorent même entr'elles ; M. de Réaumur les a nommés *lions des Pucerons.*

Defcription & hiftoire de cinq efpèces d'Hémérobes. La dernière efpèce dont l'hiftoire & la defcription font beaucoup plus détaillées que la defcription & l'hiftoire des précédentes, vit dans l'eau lorfqu'elle eft dans l'état de larve. C'eft à M. Roefel qu'on doit l'hiftoire de cet infecte, & c'eft en partie d'après cet auteur que M. de Geer la donne lui-même.

Defcription de cette efpèce d'Hémérobe. La femelle dépofe fur les plantes aquatiques une prodigieufe quantité d'œufs; il en naît des larves qui ont de la reffemblance avec celles de certaines Ephémères, & entr'autres des filets qui paroiffent être des ouies, comme on en obferve fur les larves des Ephémères. Celles des Hémérobes parvenues à leur grandeur, fortent de l'eau, s'enfoncent dans la terre humide du rivage, y creufent une cavité où elles paffent à l'état de nymphe, & en peu de jours à celui d'infecte aîlé.

Des fauffes Friganes.

Les fauffes Friganes reffemblent beaucoup aux véritables, & M. Linné ne les en a pas diftinguées, mais M. Geoffroy a remarqué, avec raifon, qu'elles en différent affez, quand on les examine, pour en former un genre à part; c'eft ce qu'il a fait, & il a donné à ce genre le nom de *Perla*. Mais comme cette dénomination a été anciènnement appliquée aux Demoifelles, M. de Geer penfe qu'il conviendroit mieux de défigner ce genre nouveau par un nom qui le fût auffi, & il propofe celui de *fauffes Friganes*.

Caractères de ce genre.
Defcription d'une efpèce de fauffe Frigane.

Des Mouches-Scorpions.

Les Mouches-Scorpions, en latin *Panorpa*, font diftinguées de tous les autres infectes par des caractères frappans. Enumération de ces caractères. *Voyez* la table.

Defcription d'une efpèce de Mouche-Scorpion,

Des Raphidies;

Caractères de ce genre.

Defcription de l'efpèce commune.

12e. MEMOIRE.
Des Abeilles & des Pro-Abeilles.

M. de Geer avertit que M. de Réaumur ayant traité fort au long l'hiftoire des Abeilles tant domeftiques que fauvages, il ne confidère ces infectes que relativement aux caractères génériques qui les diftinguent. Enumération de ces caractères. Divifion des Abeilles en celles qui vivent en fociété, en Abeilles folitaires. Sous-divifion de ces dernières en Abeilles *Perce-Bois*, *Maconnes*, *Coupeufes de feuilles & Tapiffières*. Les premières creufent le bois fec & mort ou à demi-pourri, à peu-près fuivant fon axe vertical, & y creufent un logement pour leurs petits. Les fecondes compofent, pour le même ufage, des cellules faites avec de l'argille ou du gravier qu'elles appliquent ordinairement contre les murs, & qui acquiert la dureté de la pierre. D'autres creufent, entre les vuides remplis de terre que laiffent entr'elles les pierres des vieilles murailles, des trous ou tuyaux cylindriques deftinés à loger les larves, & tapiffent ces trous d'une efpèce de foie; il y en a enfin qui creufent en terre de femblables trous, & les revêtiffent de morceaux des *pétales* de certaines fleurs, ce qui a fait nommer ces Abeilles *Tapifferies*.

Defcription d'une petite Abeille maçonne bronzée.

Des Pro Abeilles.

Ce nom a été donné par M. de Réaumur à une efpèce d'infecte qui ne diffère des Abeilles que par la forme de la trompe; elle eft, en grande partie, renfermée dans un étui écailleux & cylindrique; le bout de la trompe fort de cet étui, & eft accompagné de quatre filets analogues aux quatre demi-fourreaux des autres trompes, mais autrement conftruits;

conſtruits ; ils paroiſſent grenés. D'ailleurs au lieu que la trompe des Abeilles a ſon bout tourné vers le col dans l'inaction, le bout de la trompe des Pro-Abeilles ſe trouve ſous les dents.

Ces différences obſervées par M. de Réaumur d'abord, & enſuite par M. de Geer, ont paru, à ce dernier, ſuffire pour former un genre à part des inſectes dans leſquels on les remarque ; il décrit deux eſpèces de Pro-Abeilles, une qu'il a obſervée en Suède, & l'autre qui avoit été apportée de Surinam.

13e. Memoire.

Des Guêpes.

M. de Geer renvoie, pour l'hiſtoire des Guêpes, comme pour celles des Abeilles, à ce que M. de Réaumur en a écrit.

Caractères qui diſtinguent les Guêpes des Abeilles. *Voyez* la table.

Il y a des Guêpes qui vivent en ſociété, d'autres qui ſont ſolitaires. Parmi les premières les mâles ſont dépourvus d'aiguillon ; ceux-ci & les Mulets ou Guêpes ouvrières meurent tous avant l'hiver, & il n'y a que quelques femelles qui réſiſtent à cette ſaiſon, & qui réparent au printems les pertes que leur eſpèce a ſouffertes.

Les Guêpes aiment, en général, les ſubſtances ſucrées, mais elles vivent auſſi de fruits, de viande & même d'autres inſectes. Les femelles qui ſurvivent à l'hiver, le paſſent probablement cachées dans des trous. Il eſt certain qu'on ne trouve que des femelles au printems, & qu'elles commencent alors à conſtruire des nids pour propager leur eſpèce. Il eſt de même probable que ces femelles avoient été fécondées l'automne précédent. Chaque nid de Guêpe doit donc ſon origine à une ſeule femelle, qui l'a commencé au printems.

Des Guêpes qui vivent en ſociété dans un nid ſuſpendu au-deſſous des toîts des maiſons.

Deſcription très-détaillée de la Guêpe noire & jaune, dont les antennes ſont toutes noires, ou de *la Guêpe commune.*

Deſcription du guêpier qu'elle conſtruit.

Des Frélons d'une eſpèce moyenne qui vivent en ſociété dans un nid ſuſpendu au-deſſous du toît des maiſons.

Deſcription d'une Guêpe noire & jaune dont les antennes ſont rouſſes en-deſſous, ou du *moyen Frélon.*

Deſcription du grand Frélon.

14e. Memoire.

Des Guêpes ichneumons & des Guêpes dorées.

Caractères génériques des Guêpes ichneumons. *Voyez* la table.

Ce ſont les inſectes déſignés par M. Linné, ſous le nom générique de *Sphinx.* Diviſion de ce genre en deux familles.

Deſcription de trois eſpèces de la première famille. De trois eſpèces de la ſeconde.

Des Guêpes dorées.

M. Linné a le premier diſtingué les inſectes de ce genre, auquel il a donné le nom de *Cryſis*, des Abeilles, avec leſquelles on les avoit confondus, & M. Geoffroy les a nommée *Abeilles dorées.* Ces inſectes ſont remarquables par l'éclat de leurs couleurs.

Caractères de ce genre.

Deſcription de deux eſpèces.

i

15ᵉ. Mémoire.

Des Ichneumons.

M. de Geer a déjà décrit quelques Ichneumons dans le premier volume de ses œuvres ; il ne répète pas ce qu'il a dit, il le rectifie, il ajoute de nouvelles connoissances à celles qu'il a déjà énoncées, & il décrit de nouvelles espèces.

Caractères de ce genre & sa division en neuf familles. *Voyez* la table antécédente.

M. Geer observe que les antennes des différentes espèces d'ichneumons varient beaucoup. Il pense que le *Cynips* & l'*Eulophe* de M. Geoffroy doivent être compris, comme ils l'ont toujours été, dans le même genre que les *Ichneumons*, mais que le *Cynips* de M. Linné, qui produit les galles, est d'un genre différent.

Description de vingt espèces d'Ichneumons des neuf familles, dans lesquelles l'auteur divise *ce genre. La septième espèce mérite d'être remarquée* par la singularité de l'histoire de sa larve ; elle fut trouvée & observée sur le corps d'une Araignée qu'elle suçoit, aux dépens de qui elle vécut, qui, quelques jours avant de périr, fila une toile. La larve forma, au centre, une coque sous laquelle elle se transforma.

Le mémoire, dont je ne viens de donner qu'une notice très-abrégée, est fort intéressant, & la lecture en est indispensable aux personnes qui desirent connoître l'histoire des Ichneumons en détail.

16ᵉ. Mémoire.

Des Mouches à scie.

Les Mouches à scie, *Tentredo* en latin, doivent le nom qu'on leur a donné en françois,

à ce que les femelles ont au ventre un instrument en forme de scie.

Caractères de ce genre.

Les Mouches à scie sont remarquables par la tarrière des femelles qui leur sert à entamer les corps sur lesquels elles déposent leurs œufs, par les œufs mêmes qui ont à croître après la ponte, par une conformité & une ressemblance extérieure entre les différentes espèces : l'auteur renvoie, sur ces objets, aux mémoires de M. de Réaumur ; il décrit ensuite les différentes parties des Mouches à scie.

Division de ce genre en cinq familles. *Voyez* la table.

Les larves des Mouches à scie sont connues sous le nom de *fausses Chenilles.* Leur comparaison avec les Chenilles, & les différences qui les distinguent, tant par la forme des parties de la larve, que par la manière de se métamorphoser. Examen des parties internes des fausses & des vraies Chenilles ; il en résulte beaucoup de ressemblance à l'intérieur, & quelques différences comme à l'extérieur. Cet examen est dû à M. de Geer.

L'auteur, en traitant des différentes espèces de Mouches à scie dont il parle, décrit d'abord les larves ou les fausses Chenilles, & ensuite l'espèce de Mouche qui en provient.

Description & histoire de douze espèces de la première famille.

17ᵉ. Mémoire.

Suite des Mouches à scie.

Description de 27 espèces de la 2ᵉ. famille ;
de 3 . . de la 3ᵉ.
de 5 . . de la 4ᵉ.

18ᵉ. MÉMOIRE.

Des Fourmis.

Difficulté d'affigner les caractères diftinctifs des Fourmis; M. Linné & M. Geoffroy qui l'a fuivi dans cet objet, ont cru trouver un caractère diftinctif dans l'écaille pofée verticalement fur l'étranglement & le corcelet. M. de Geer remarque que ce caractère fe trouve en effet dans beaucoup d'efpèces de Fourmis, mais que toutes ne l'ont pas. Un fecond caractère, employé par M. Linné, eft l'aiguillon du derrière; mais il manque à beaucoup d'efpèces. Suivant M. de Geer, le vrai caractère diftinctif des Fourmis confifte en ce que les mâles & les femelles ont quatre aîles, & que les Mulets n'en ont point. Ce caractère a auffi été employé par M. Linné.

Toutes les Fourmis connues en Europe vivent en fociété, dans des nids placés en terre, ou à fa furface; chaque famille eft compofée de mâles & de femelles qui ne fervent qu'à propager l'efpèce, de Mulets chargés de préparer, d'entretenir la fourmilière, de nourrir les petits.

Toute Fourmi provient d'un œuf; elle paroît d'abord fous la forme d'un Ver fans pattes, à tête écailleufe, qui devient enfuite nymphe & infecte parfait. Quelques efpèces filent des coques fous lefquelles elles deviennent nymphes, & d'autres paffent à cet état fans s'enfermer fous une coque.

Toutes les Fourmis font engourdies & dans l'inaction pendant l'hiver. C'eft donc à tort qu'on a cru qu'elles amaffent, pour cette faifon, des provifions pendant l'été. Leurs alimens confiftent en fruits, grains, en infectes morts, & quelquefois en infectes vivans; mais elles aiment de préférence toutes les fubftances fucrées. C'eft une pareille fubftance qui les attire fur les plantes chargées de Pucerons, & que ces petits animaux y répandent; car pour les Pucerons, en eux-mêmes, les Fourmis ne leur font ni bien ni mal.

M. de Geer, après ces premières notions, avertit qu'avant de rendre compte de fes propres obfervations fur les Fourmis, il expofera en abrégé celles que quelques auteurs modernes ont faites fur ces infectes, & il commence par l'extrait des remarques de Leuwenhoeck.

Examen des *œufs de Fourmis*, ou des produits de ces infectes auxquels on donne mal à propos ce nom. Ce font, ou les larves, ou les nymphes incapables de changer de lieu, de pourvoir à leurs befoins. Les Mulets leur fourniffent les alimens dont ils ont befoin, & les tranfportent lorfqu'il eft néceffaire de les changer de place. Leuwenhoeck a enfuite décrit les vrais œufs des Fourmis; il en a donné la figure & celle des Vers qui en fortent. Ce font les Fourmis rouges & les noires qui vivent dans la terre, qui ont été l'objet des obfervations de Leuwenhoeck; il a trouvé un aiguillon au ventre des premières, & n'en a pas trouvé aux fecondes; la piquure de celles en qui il a obfervé un aiguillon, caufe de la démangeaifon, & quelquefois de l'enflure à la peau. Une liqueur tranfparente, verfée dans l'endroit piqué, produit ces fymptômes.

Swammerdam décrit 1°. l'œuf des Fourmis. Il le dit fi petit qu'on a peine à le voir.

2°. Le Ver qui en fort, formé de douze anneaux, & qui fe tient toujours courbé.

3°. La nymphe.

4°. Suivant le même auteur les mâles ont quatre aîles, & il fe trompe en ajoutant que les femelles en font dépourvues.

5°. Les mâles font plus grands que les ouvrières; leurs dents font plus petites, leurs

i ij

yeux au contraire font plus grands, & le font auffi plus que les yeux des femelles. Ils ont en outre trois petits yeux placés en triangle fur le derrière de la tête, que les ouvrières n'ont pas, celles ci tuent les mâles quand le tems de la génération eft pafsé, comme il arrive parmi les Abeilles.

6°. Les femelles furpaffent les mâles en grandeur, & elles ont de même trois petits yeux liffes.

7°. Swammerdam parle du foin que les Fourmis ouvrières ont des Vers de leur efpèce; de la manière dont elles les tranfportent au fond de la fourmilière quand la terre eft sèche, & dont elles les approchent au contraire du fommet quand la terre eft humide. Il ne penfe point que les Fourmis faffent de provifions pour l'hiver, & il croit qu'elles le paffent dans l'engourdiffement.

Extrait de ce qui fe trouve de plus curieux dans un mémoire de M. Linné fur les Fourmis, inféré dans le deuxième volume des mémoires de l'académie royale des fciences de Suède, année 1741, pag. 37, &c.

M. Linné diftingue cinq fortes de Fourmis en Suède. Celles de la première efpèce, qu'on trouve difperfées, font les plus grandes, & femblent ne pas former de fociété: mais M. Linné penfe que ce n'eft qu'une fauffe apparence; & qu'elles ont des fourmilières qu'on ne connoît pas. Elles n'ont pas d'aiguillon.

Celles de la feconde efpèce bâtiffent les fourmilières élevées & coniques qu'on trouve dans les forêts de fapin; elles font formées de feuilles & de menus brins des branches de ces arbres; le plus fouvent un chemin fort long & battu, par le paffage des Fourmis, conduit de la fourmilière à un arbre qui en eft fort éloigné.

Lorfqu'on frappe fur la fourmilière, les Fourmis feringuent une liqueur d'une odeur aigrelette très-pénétrante; ces Fourmis mâchées répandent, dans la bouche, un goût acide fort agréable; enfin, on fait, avec ces fourmis, des crêmes pour l'entre mets, auxquelles elles donnent le goût de citron. M. Linné dit que ces Fourmis piquent, mais M. Geer affure qu'elles n'ont pas d'aiguillon.

Les Fourmis de la troifième efpèce, plus petites que les précédentes, font leur nid en terre, y forment en-dehors des inégalités, habitent les jardins & y caufent beaucoup de dommages.

Celles de la quatrième efpèce, encore plus petites, & rougeâtres, habitent dans la terre, & font des piquures cuifantes comme celles de l'ortie.

Enfin, les Fourmis de la cinquième efpèce font les plus petites, elles habitent en terre, & elles ne piquent point.

M. Linné, dans la deuxième édition du Fauna, ajoute deux efpèces aux cinq précédentes.

Ce favant remarque que les mâles & les femelles acquièrent, en un certain tems, des aîles; qu'alors ils quittent la fourmilière pour n'y plus rentrer, qu'ils voltigent aux environs, perdent, peu après, leurs aîles, qu'ils courent çà & là, & périffent à l'approche de l'hiver, que les Mulets paffent au contraire engourdis dans la fourmilière, qu'au printems ils la difpofent pour les befoins des petits qui naiffent alors des œufs dépofés l'été précédent par les femelles. M. de Geer remet à examiner ces obfervations dans la fuite de fon ouvrage: il obferve que M. Geoffroi dit que les mâles & les femelles voltigent hors de la fourmilière, & ne s'en approchent guère, finon les femelles pour y venir dépofer leurs œufs, mais il affure avoir fouvent trouvé des mâles même dans les fourmilières; il finit par divifer les Fourmis en deux familles, dont la première a , fur le filet qui joint le corcelet & l'abdomen , une écaille verticale , & dont la feconde a ce filet dépourvu d'écaille, mais compofé d'une ou deux petites pièces rondes articulées enfemble , & il termine le mémoire par la defcription & l'hiftoire très-détaillées de cinq efpèces de la première famille & de deux de la feconde.

TOME IV.

Ce tome a pour objet les infectes de la cinquième, fixième & feptième claffe ; il contient treize mémoires précédés des caractères des infectes dont il y eft traité.

CLASSE V^e.

CARACTERES.

Quatre aîles membraneufes. Trompe re courbée fous la poitrine.

GENRE **XXIV.** Le Trips, *Trips.* Antennes filiformes, de la longueur du corcelet, bouche en forme de trompe audeffous de la tête , aîles étroites & horizontales, qui ne couvrent qu'une partie de la largeur du ventre , & qui ont des franges de poils à leurs bords, corps allongé , étroit & prefque cylindrique, tarfes terminés par des veffies.

XXV. Le Puceron, *Aphis.* Antennes plus longues que le corcelet , trompe recourbée en-deffous, aîles droites élevées , ou point d'aîles, pattes propres à marcher, & non à fauter, extrémité du ventre garnie de deux cornes , ou bien de deux tubercules, un feul article aux tarfes.

GENRE **XXVl.** Le faux Puceron, *Chermes,* Linn. *Pfylla,* Geoff. Antennes plus longues que le corcelet , trompe placée en deffous de la poitrine, aîles élevées en toît , à vive arrête , pattes propres à fauter , tête terminée en deux pointes coniques, deux articles aux tarfes.

XXVII. La Cigale, *Cicada.* Antennes plus courtes que le corcelet , & terminées en poil très-fin, trompe recourbée fous la poitrine , aîles pendantes & voûtées , dont les fupérieures font quelquefois coriacées & colorées , & les inférieures fouvent pliffées, pattes propres à fauter , tarrière dentelée au derrière de la femelle , trois articles aux tarfes.

FAMILLE **I.** Tête prolongée en maffe alongée en forme de mufeau.

II. Corcelet grand , élevé & applati des deux côtés.

III. Corcelet garni de pointes angulaires des deux côtés.

IV. Corcelet uni , aîles pendantes, formant un toît fur le dos, toutes les aîles vîtrées, trois petits yeux liffes.

V. Corcelet uni , aîles pendantes & en toît ; les fupérieures colorées prefque demi écailleufes, deux petits yeux liffes.

VIᵉ. CLASSE

CARACTERES.

Etuis coriacés & presque membraneux, qui se croissent; deux ailes membraneuses, trompe recourbée sous la poitrine.

GENRE XXVIII. La Punaise, *Cimex*. Antennes plus longues que le corcelet, trompe recourbée sous la poitrine, deux étuis moitié coriacés ou demi-écailleux, & moitié membraneux qui se croisent, deux ailes membraneuses, trois articles aux tarses.

FAMILLE I. Antennes filiformes, ou de grosseur presque égale, divisées en cinq articles.

II. Antennes filiformes ou de grosseur presque égale, divisées en quatre articles.

III. Antennes sétacées, terminées en pointe fine; courte trompe courbée en crochet, & guère plus longue que la tête.

IV. Antennes sétacées, terminées en pointe fine; longue trompe droite, toujours au moins de la longueur de la tête & du corcelet.

V. Corps très applati & mince du dessus en-dessous.

VI. Corps étroit & très-alongé, presque cylindrique.

GENRE XXIX. La Punaise d'eau, *Nepa*, *Notonecta*. Antennes plus courtes que la tête, & placées en-dessous des yeux; trompe recourbée en-dessous du corcelet, deux étuis moitié demi-écailleux, & moitié membraneux qui se croissent, deux ailes membraneuses, pattes antérieures souvent en pinces, & postérieures souvent en nageoires; un ou deux articles aux tarses.

FAMILLE I. Pattes antérieures en forme de pinces. *Nepa*.

II. Pattes antérieures de figure ordinaire, mais faisant l'office de pinces. *Notonecta*.

VIIᵉ. CLASSE.

CARACTERES.

Etuis coriacés ou demi-écailleux aliformes, deux ailes membraneuses, bouche à dents.

GENRE XXX. La Mante *Mantis*. Antennes sétacées, bouche garnie de dents & de barbillons, tête panchée, corcelet allongé & étroit, pattes antérieures placées loin des autres, qui ne sont pas propres à sauter; ailes couchées horizontalement sur le corps, cinq articles aux tarses.

XXXI. La Sauterelle. *Locusta* Geoff. *Gryllus tetigonia* Linn. Antennes sétacées, ordinairement plus longues que le corps, bouche garnie de dents & de barbillons, tête placée verticalement, étuis appliqués contre les côtés du corps, aîles pliées en éventail, tarrière en forme de lame au derrière de la femelle, pattes propres à sauter, quatre articles aux tarses.

GENRE XXXII. Le Criquet, *Acrydium Geoff. Gryllus locusta Linn.* Antennes filiformes, plus courtes que le corps, bouche garnie de dents & de barbillons, tête placée verticalement, étuis appliqués contre les côtés du corps, aîles pliées en éventail, la femelle point de tarrière, pattes propres à sauter, trois articles aux tarses.

XXXIII. Grillon *Gryllus Geoff. Gryllus acheta Linn.* Antennes fétacées, plus longues que le corps, bouche garnie de dents & de barbillons, tête arrondie, étuis placés horizontalement, aîles pliées en éventail, & qui se prolongent en pointe au-dela de l'extrémité des étuis, deux filets au derrière, pattes ordinairement propres à sauter, trois articles aux tarses.

XXXIV. La Blatte *Blatta.* Antennes longues, fétacées, bouche garnie de dents & de barbillons, tête inclinée ou baissée en dessous du corcelet, étuis placés horizontalement, aîles pliées, corcelet applati & à rebords, deux pointes coniques divisées en

articulations au derrière, pattes non propres à sauter, cinq articles aux tarses.

GENRE XXXV. Le Perce-oreille, *Forficula.* Antennes filiformes, bouche garnie de dents & de barbillons, deux demi-étuis, au-dessous desquels les aîles sont entièrement cachées, deux parties mobiles en forme de pinces au derrière, trois articles aux tarses.

I. MÉMOIRE.

Des Trips.

M. de Geer, avant d'entrer en matière, commence par rappeler les caractères des insectes des quatre premières classes, & par remettre, sous les yeux du lecteur, les caractères des insectes des trois classes, dont ce volume contient l'histoire. Son but est, en rapprochant les classes, de faire voir leurs rapports, & comment elles se succèdent & se tiennent dans sa méthode, ainsi que dans l'ordre & la marche de la nature, *qui passe,* dit-il, *comme imperceptiblement d'un genre à un autre.*

Les *Trips,* qui font l'objet de ce mémoire, font si petits qu'on ne peut bien les observer sans le secours de la loupe ou du microscope. Ils n'avoient pas été remarqués; on ne leur avoit pas donné de nom particulier, quoiqu'ils forment un genre très-distinct, lorsque M. de Geer les fit connoître, & en en donnant l'histoire dans les mémoires de l'académie royale des sciences de Suède, en parla sous le nom de *Physapus,* mot qui exprime un caractère propre à ces insectes, & qui consiste en des vessies placées sous les pieds. Mais MM. Linné & Geoffroy ont, depuis, substitué le nom de *Trips* à celui que M. de Geer avoit employé, & cet auteur modeste l'adopte, parce qu'il reconnoît que les ouvrages des deux auteurs qui

s'en font fervi en ont rendu l'ufage général.

Caractères des Trips. Voyez *la table.*

Ils habitent fur les plantes, & en particulier fur quelques efpèces de fleurs. Ce
genre eft peu nombreux en efpèces.

Defcription de quatre efpèces.

2°. MÉMOIRE.

Des Pucerons.

Caractères des infectes de ce genre. Voyez
la table.

M. de Geer remarque que les Pucerons
ont occupé trois habiles obfervateurs. Leuwenhoeck, M. de Réaumur & M. Bonnet,
dont le traité fur ces infectes furpaffe, en
exactitude, tout ce qu'on avoit écrit fur
leur hiftoire. Mais, ajoute-t-il, ils préfentent des faits fi extraordinaires, dans leur
manière de fe reproduire & de fe conferver
d'une année à l'autre, qu'ils ne fauroient
être trop obfervés. *Mon deffein*, continue-t-
il, *eft donc de détailler ici les obfervations
que j'ai faites fur plufieurs efpèces de ces infectes, & dont une bonne partie avoit même
déja été écrite avant la publication des mémoires de M. Réaumur, & avant celle du
traité de M. Bonnet.*

Le projet de M. de Geer peut être fatif-
faifant pour lui; mais comme nous faifons
d'ailleurs connoître les obfervations qui lui
font communes avec les deux auteurs qu'il
cite, nous ne ferons remarquer que ce qui
peut lui être particulier.

*Defcription très détaillée des parties, 1°. des
Pucerons qui ne prennent jamais d'aîles;
& 2°. de ceux à qui il en vient.*

Deux variétés dans les Pucerons relativement à leur manière de vivre. Ceux de

la première reftent en tout tems à nud fur
les plantes; ceux de la feconde donnent naiffance, par leur piquure, à des galles dans
lefquelles ils demeurent, où ils font prendre
aux feuilles, aux pouces des formes très-
variées. Ce n'eft qu'un Puceron non-aîlé,
qui, par fa piquure, produit ces dérange-
mens d'organifation, & qui prépare un logement à fa nombreufe poftérité.

Defcription de douze efpèces de Pucerons.

On peut remarquer dans la defcription
de la première efpèce un fait qui prouve
que les pucerons, après avoir produit, pendant tout l'été, des petits vivans, dépofent
à l'automne des œufs qui fe confervent pendant l'hiver, & dont il naît des Pucerons
au printems. Ce fait étoit connu; mais l'obfervation que nous citons en eft une preuve
de plus.

On lit dans la defcription de la neuvième
efpèce des détails très-circonftanciés fur la
manière dont un mâle s'accouplât cinq fois
de fuite, & fans intervalle, avec cinq femelles différentes de la même efpèce; on y
trouve auffi la defcription de l'organe du
mâle & des parties de la femelle.

Dans la defcription de la dixième efpèce,
l'auteur prouve contre l'affertion de Leuwenhoeck, que les Pucerons qui deviennent
aîlés ne produifent jamais qu'après qu'ils
ont acquis des aîles. L'auteur penfe auffi,
& il regarde comme une fuite des faits qu'il
rapporte, que les Pucerons ne font ou que
vivipares, ou ovipares; c'eft-à-dire, que ceux
qui ont été vivipares pendant l'été, ceffent
de produire à l'automne, & que ceux qui,
dans cette faifon dépofent des œufs, quoiqu'ils foient de même efpèce, n'avoient pas
auparavant produit de petits vivans.

2°. MÉMOIRE.

Suite des Pucerons.

Defcription de cinq efpèces.

La

La première vit sur l'orme, dont elle déforme les feuilles par sa piquure.

La seconde occasionne sur les feuilles du même arbre des vésicules. Comme M. de Réaumur a traité fort au long de cette espèce, & que nous avons donné un extrait de ses observations; nous ne nous arrêterons pas à celles de M. de Geer.

La dix-septième espèce vit sur le sapin, & en piquant le bourgeon, elle occasionne une galle à plusieurs loges d'une construction singulière. La description de cette galle est un objet qu'il faut lire dans le mémoire même. M. de Geer conclut de ses observations sur cette galle.

1° Qu'elle est produite par des Pucerons.

2° Que les jeunes Pucerons qu'on y trouve, doivent tous leur naissance à une mère qui les a mis bas au pied de la galle, sous la forme d'œufs dont ils ne tardent guère à sortir.

3° Que la galle est toute formée avant la naissance des petits Pucerons, & que, par conséquent, c'est à la piquure de la mère seule qu'elle doit son origine, & non aux piquures des petits.... Avant de leur donner l'ê.re, la mère leur prépare donc un logement nécessaire & commode.

4° Que la mère meurt & se dessèche après avoir achevé sa ponte.

La suite des observations apprend, que les Pucerons mères, auteurs des galles au printems, nées en automne dans de pareilles galles qu'elles ont abandonnées, passent l'hiver attachées aux branches du sapin; qu'elles résistent à la rigueur du froid; que leur développement ne se fait qu'au printems, & qu'alors elles occasionnent les galles dont il est question.

Histoire Naturelle, Insectes, Tome IV.

4ᵉ MEMOIRE.

Des Faux-Pucerons.

Ce sont les *Chermes* de M. Linné, les *Psylles* de M. Geoffroy; ils ont beaucoup de rapports par leur forme, leur grandeur, leur lenteur, par les touffes cotonneuses dont ils sont souvent couverts, avec les vrais Pucerons; mais ils en diffèrent par des caractères notables, & en particulier par leur manière de vivre & de se reproduire.

Caractères de ce genre.

Tous les faux Pucerons deviennent aîlés après avoir changé de peau une dernière fois, ils sont ou mâles ou femelles. Ils s'accouplent après avoir acquis des aîles, & les femelles sont ovipares; ils ont les pattes postérieures propres à sauter, & ils exécutent des sauts qui les ont fait nommer par M. de Réaumur *Mouches sauteuses*.

M. de Geer s'est assuré qu'une espèce de faux Pucerons qui vit sur le saule, passe l'hiver sous la forme de Mouche dans quelqu'abri qu'il n'a pu découvrir, que les faux Pucerons en sortent au retour du printems pour s'accoupler, & qu'ils déposent alors leurs œufs sur les branches des arbres dont ils tirent leur nourriture; il conclut de cet exemple particulier pour le genre entier, & se fonde sur ce qu'à l'automne toutes les espèces sont aîlées, circonstances avant laquelle elles ne se reproduisent pas. Il pense que sa supposition doit être admise, jusqu'à ce que l'observation ait appris des faits contraires.

Les faux Pucerons sont assez nombreux en espèces, quoiqu'ils ne le soient pas autant que les vrais Pucerons. On les trouve sur beaucoup d'arbres & de plantes. Mais en particulier sur le buis, le poirier, l'aune, le frêne, le bouleau, &c.

Description de trois espèces.

5e. M É M O I R E.

Des Cigales.

Caractères de ce genre.

La plupart des grandes Cigales, telles que celles qu'on trouve dans les pays chauds, ont les aîles transparentes & trois petits yeux lisses, au lieu que les petites Cigales ont les aîles supérieures colorées, & qu'elles n'ont que deux petits yeux lisses ; ces différences les ont fait ranger, par plusieurs auteurs, dans un genre à part, & ils ont donné aux insectes qu'ils y ont compris, le nom de *pro-Cigales*.

M. de Geer n'approuve pas cette subdivision, il n'admet pas non plus le genre du *Fulgora*, dans lequel M. Linné a rangé les Cigales portes-lanternes ; il croit qu'on doit comprendre tous ces insectes dans un seul genre.

Notre auteur fait l'éloge du mémoire que M. de Réaumur a publié sur les Cigales des pays chauds de l'Europe ; il renvoie, pour leur histoire, à ce mémoire, il passe ensuite aux Cigales de nos contrées ; elles vivent sur plusieurs arbres & différentes plantes ; elles ne diffèrent, de leur dernier état, en sortant de l'œuf, qu'en ce qu'elles manquent d'aîles : bientôt on apperçoit l'étui qui les contient & qui paroît sur le dos ; les Cigales sont alors en larves ; au dernier changement de peau, elles rejettent l'étui des aîles qui se développent & les Cigales sont alors dans leur état de perfection. Les larves de plusieurs espèces vivent dans une sorte d'écume dont leur corps est entouré, & qui est un suc extravasé des plantes.

Division des Cigales en cinq familles. *Voyez* la table.

Description de neuf espèces.

La première description est fort détaillée, On y lit, 1°. la manière dont la nymphe se couvre d'écume ; 2°. que M. Poupart, & ; avant lui, M. Blanckaart, avoient donné des observations sur ce sujet, que cette espèce, qui saute très-lestement, est appellée, par Swammerdam, *Sauterelle-puce* ; enfin la même description présente un détail intéressant sur les habitudes & l'organisation de cet insecte.

Description de vingt-quatre espèces de Cigales exotiques, suivant la division du genre en cinq familles.

6e. M É M O I R E.

Des Punaises.

Caractères de ce genre.

Description & histoire de la Punaise du génévrier ; ces objets sont traités très en détail, d'une manière propre à donner des notions générales sur l'organisation des Punaises, sur leur manière de vivre & de se reproduire ; à la suite de cette première description on trouve la division du genre des Punaises en six familles. *Voyez* la table.

Description de trente-quatre espèces qui appartiennent aux quatre premières familles.

7e. M É M O I R E.

Suite des Punaises.

Ce mémoire contient la description, 1°. de six Punaises, trois de la cinquième & trois de la sixième famille. 2°. celle de vingt-neuf Punaises exotiques des cinq différentes familles.

L'auteur commence ce mémoire par l'histoire de la Punaise des lits : elle ne prend jamais d'aîles, & elle est toujours dans l'état de nymphe ; elle change plusieurs fois de peau pendant sa vie ; ses excrémens, semblables à une pulpe liquide, se dessèchent promptement & deviennent friables ; elle se cache le jour & n'eſt en mouvement que la nuit ; le froid l'engourdit, mais il ne la tue pas, & elle peut vivre très-long tems ſans prendre de nourriture ; renverſée ſur le dos, elle a de la peine à ſe retourner, & elle ne le peut pas ſur une ſurface très-polie.

M. de Geer parcourt les moyens indiqués par différens auteurs pour ſe débarraſſer des Punaiſes, & il prouve l'inſuffiſance de ces moyens ; il conclut que, quand un appartement eſt infecté, il n'y a de remède que d'enlever les meubles, de les bien nettoyer, d'enlever les tapiſſeries, d'enduire les murailles & de boucher les trous avec de la chaux ou du plâtre, mêlés d'une leſſive de vitriol ; on eſt délivré enſuite des Punaiſes pour long-tems.

La Punaiſe que M. de Geer décrit en tête de celles de la 6e. famille, eſt la Punaiſe aquatique qu'il nomme *Punaiſe Naïade*. Il remarque 1°. qu'elle paroît à la ſurface de l'eau au printems, & il penſe qu'elle paſſe l'hiver engourdie dans la vaſe ; 2°. il obſerve qu'on voit de ces Punaiſes qui ſont beaucoup plus grandes les unes que les autres, & il croit que ce ſont deux eſpèces ; 3°. il remarque qu'il y en a des unes & des autres d'aîlées & de non aîlées, & que ces dernières s'accouplent auſſi fréquemment entr'elles que les premières ; il en tire une induction, & il croit que les aîlées & les non aîlées ſont deux eſpèces diſtinctes. Il avance cette aſſertion contre le ſentiment de M. Geoffroy, & il ſe fonde ſur ce que le manque d'aîles, pour un inſecte qui en acquiert, eſt un état qui ſuppoſe qu'il n'eſt point encore parvenu à ſon degré de perfection. Or, ce n'eſt jamais ayant d'avoir atteint ce degré, qu'aucun inſecte s'accouple. Il y a donc, ſuivant M. de Geer, des Punaiſes naïades : 1°. de grandes ; 2°. de petites ; 3°. de grandes qui ſont aîlées ; & d'autres non aîlées ; & 4°. de petites aîlées & de petites non aîlées. Ce qui conſtitue quatre eſpèces.

8e. MEMOIRE.

Des Punaiſes d'eau.

M. Geoffroy, dit notre auteur, a établi quatre genres d'inſectes aquatiques, ſous les noms de *Naucore*, *Punaiſe à avirons*, *Coriſe* & *Scorpion aquatique* ; ce ſont les mêmes inſectes diviſés par M. Linné en deux genres, celui du *Notonecta*, & celui du *Népa*. Après cet expoſé, M. de Geer examine les caractères qui ont porté M. Geoffroy à diviſer ces inſectes en quatre genre ; diviſion fondée ſur la différence des inſectes de ces quatre genres, & il compare en quoi d'ailleurs tous ces inſectes ſe reſſemblent : il en conclut que les différences ne ſuffiſent pas pour les ſéparer, & au contraire il les réunit, d'après leur reſſemblance, en un ſeul genre qu'il déſigne par le nom de *Punaiſe aquatique*. Il expoſe enſuite les caractères de ce genre ſuivant ſa méthode, & il les diviſe en deux familles. *Voyez* la table.

Deſcription de quatre Punaiſes d'eau de la première famille, & de deux de la ſeconde.

Suivant M. de Geer, M. Geoffroy s'eſt trompé en regardant les pattes antérieures de la première eſpèce, comme des antennes, comme tirant leur origine de la tête, & n'accordant à cette eſpèce que quatre pattes ; elle en a ſix, & les deux antérieures naiſſent du corcelet & non de la tête.

9e. MEMOIRE.

Des Mantes.

M. de Geer propoſe de donner aux inſectes dont il parle dans ce mémoire, & les ſuivans de ce tome, le nom de *Dermaptères*, mot qui exprime que leurs étuis ſont coriacés ou membraneux. Ces inſectes ont donc des étuis demi-écailleux, & deux mâchoires latérales mobiles. Ils appartiennent tous, quant à leur transformation, à la ſeconde claſſe ſuivant l'ordre de Swammerdam, c'est à dire, qu'après avoir vécu d'abord sans aîles, ils en acquèrent, & que dans l'état de nymphe on leur voit fur le dos l'étui qui renferme les aîles. Cette claſſe contient, fuivant M. de Geer, la Mante, la Sauterelle, le Criquet, le Grillon, la Blatte & le Perce-Oreille. Ce dernier s'y trouve placé à cauſe que ſa transformation, s'opère de la même manière que celle des autres inſectes de cette claſſe.

Caractères des Mantes. *Voyez* la table.

Les Mantes vivent d'autres inſectes, & n'épargnent pas même leur propre eſpèce.

Deſcription de cinq eſpèces de Mantes exotiques.

10ᵉ. MEMOIRE.

Des Sauterelles.

Caractères des inſectes de ce genre.

M. Geoffroy eſt le premier qui ait diſtingué les Sauterelles des inſectes que leur reſſemblance avoit fait confondre avec elles, mais il leur a reconnu des caractères fuffiſans pour en faire avec raiſon, & même indiſpenſablement, un genre ſéparé. Il lui a donné le nom d'*Acridium*, & en françois celui de *Criquet*. C'eſt le *Grillus locuſta*. Linn. Caractères de ce genre. Le même auteur, M. Linné, à nommé les vraies Sauterelles *Grillus tetigonia*.

Deſcription très-détaillée d'une fort grande Sauterelle, très-commune dans les prairies de Suède : l'auteur donne cette deſcription comme propre à fournir des idées générales fur l'organiſation de toutes les Sauterelles. Il décrit, enſuite plus en abregé, cinq autres eſpèces de ce genre qui ſe trouvent en Suède, & il paſſe à la deſcription de dix-huit eſpèces exotiques.

11ᵉ. MEMOIRE.

Des Criquets.

Caractères de ce genre. *Voyez* la table.

L'auteur fuit, pour les Criquets, le même ordre que pour les Sauterelles; il commence par décrire une eſpèce très en détail, enſuite douze autres eſpèces plus en abregé ; après quoi il décrit vingt-deux eſpèces exotiques.

12ᵉ. MEMOIRE.

Des Grillons, des Blattes & des Perce-Oreilles.

De tout tems on avoit regardé les Grillons comme d'un genre ſéparé de celui des Sauterelles & des Criquets, mais M. Linné n'avoit formé qu'un genre de ces inſectes, & l'avoit nommé *Grillus*, en déſignant le Grillon proprement dit par le nom de *Gryllus-acheta*.

Caractères du *Grillon* proprement dit. *Voyez* la table.

Diviſion des Grillons domeſtiques, & Grillons des champs. La *Courtillière* ou *Taupe-Grillon* appartient à ce même genre.

Deſcription du Grillon domeſtique & du Taupe Grillon, ſuivie de la deſcription de huit Grillons exotiques.

Des Blattes

Caractères des inſectes de ce genre. Ils ont cinq articles à tous les tarſes. M. Geoffroy s'eſt trompé en n'en comptant que quatre aux deux dernières pattes. Les Blattes courent avec beaucoup de vîteſſe, mais elles ne fautent point. Leur transformation conſiſte, comme celle de tous les inſectes de cette ſection, à acquérir des aîles ; elles ſe cachent le jour, & ne paroiſſent guère que la nuit, ce qui les avoit fait nommer par les anciens *luci fuga* ; elles font très-voraces, & s'accommodent de toutes fortes d'alimens ; elles rongent les meubles, les étoffes de laine, le cuir ; elles font plus communes dans les moulins & les boulangeries. Il y en a de domeftiques, & d'autres qui vivent dans les bois. Defcription de deux efpèces de ces dernières, fuivie de celle de dix Blattes exotiques.

Des Perce-Oreilles.

Caractères qui les diftinguent. Le nom qu'on leur a donné eft fondé fur le vain préjugé qu'ils s'introduifent par l'oreille dans le cerveau, & caufent la mort ; on les trouve fous les pierres & l'écorce des arbres dans les lieux humides. Ils vivent de végétaux & principalement de fruits. La femelle dépofe fes œufs en un tas, à la furface de la terre, elle les couvre de fon corps, & femble, en quelque forte, les couver avec beaucoup d'attachement ; car elle s'en éloigne fort rarement : elle rend les mêmes foins à fes petits encore jeunes. Ceux-ci changent plufieurs fois de peau, & leur transformation confifte à acquérir des étuis & des aîles.

Defcription de deux efpèces.

13ᵉ. MÉMOIRE.

Ce mémoire ne contient que des additions à des mémoires précédens, foit de ce volume, foit de volumes antérieurs, & ces additions confiftent dans la defcription d'infectes exotiques ; favoir :

De fix Demoifelles,
De deux hémérobes,
De deux Fourmilions,
De deux fauffes Friganes,
De dix Abeilles,
De neuf Guêpes,
De huit Guêpes-Ichneumons,
D'un Ichneumon-Bourdon,
De trois Ichneumons,
De trois Mouches à fcie,
De huit Fourmis.

TOME IV.

Ce tome contient la defcription des infectes de la huitième claffe. Les caractères auxquelles on les reconnoît font ;

Etuis durs & écailleux, deux aîles membraneufes, bouche à dents.

Cette claffe renferme les genres fuivans divifés en fections.

SECTION I.

Cinq articles à tous les tarfes.

GENRE XXXVI. Le Staphylin, *Staphylinus.*
Antennes filiformes, demi-étuis qui couvrent les aîles entièrement ; ventre terminé par deux pointes mobiles.

XXXVII. La Lampyre, *Lampyris.*
Antennes filiformes, corcelet applati, demi-circulaire qui cache la tête par un large rebord, étuis flexibles les côtés du ventre pliés en papilles.

XXXVIII. Le Téléphore, *Telephorus.*
SCHAEF. *Cantharis.* LINN. *Cicindela.* GEOFF.

Antennes filiformes, corcelet applati & bordé qui ne cache point la tête.

XXXIX. La Colliure, *Colliuris.*

Antennes filiformes, tête conique & déliée par derrière, grands yeux brillans, corcelet fort long, étroit & cylindrique.

GENRE XL. Le Carabe, *Carabus*. LIN. *Bupreſtis*. GEOFF.

Antennes filiformes ou preſque à fibres coniques, corcelet tronqué par-devant & par-derrière, convexe au milieu, & à rebords aux côtés, ventre ovale & convexe, étuis à rebords étroits, grande appendice à la baſe des cuiſſes poſtérieures.

FAMILLE I. Point d'aîles ſous les étuis.

II. Qui ont des aîles ſous les étuis.

GENRE XLI. La Cicindelle, *Cicindela*. *Bupreſtis ſpecies*. GEOFF.

Antennes filiformes, grande tête plus large que le corcelet, gros yeux ſaillans, dents très-grandes & avancées, garnies de pluſieurs longues dentelures, corcelet arrondi & à petits rebords, grande appendice à la baſe des cuiſſes poſtérieures.

XLII. Le Bupreſte, *Bupreſtis*. LIN. *Cucujus*. GEOFF.

Antennes à filets grenés, dentelées en ſcie, de la longueur du corcelet; la moitié de la tête renfoncée dans le corcelet, corps alongé; il ne ſaute point.

XLIII. Le Taupin, *Elater*.

Antennes filiformes dentelées, corps alongé & pointu au bout, corcelet à deux pointes angulaires par-derrière; placé ſur le dos, il fait un ſaut.

GENRE XLIV. Le Bouclier, *Silpha*. LIN. *Peltis*. GEOF.

Antennes qui groſſiſſent vers l'extrémité en forme de maſſe, ordinairement découpée ou perfoliée; corcelet couvert par une large plaque en forme de bouclier à rebords, mais qui ne cache point la tête; étuis à rebords élevés, qui en deſſous, ſe replient ſur les côtés du corps.

XLV. Le Dermeſte, *Dermeſtes*.

Antennes qui groſſiſſent vers l'extrémité en forme de maſſe, ſouvent découpée tranſverſalement ou perfoliée, corcelet convexe & élevé ſans rebords, étuis également ſans rebords, jambes ſans dentelures.

XLVI. La Vrillette, *Ptinus*. LIN. *Byrrhus*. GEOF.

Antennes filiformes, corcelet convexe & arrondi en boſſe, dans lequel la tête eſt enfoncée, dont la plaque écailleuſe ſe prolonge vers les deux côtés en-deſſous, & qui a de chaque côté un rebord tranchant & ſaillant, corps cylindrique & convexe en-deſſus.

XLVII. Le Scarabé, *Sarabaus*.

Antennes terminées en bouton, ou en maſſe feuil-

letée, ou divifée longitudinalement en lames plates
en forme de feuillets ; jambes garnies de pointes écailleufes en forme d'épines ou
de dentelures.

FAMILLE I. Bouche à dents & ventre
plus court que la poitrine.

II. Bouche à dents & ventre
plus long que la poitrine.

III. Bouche fans dents.

GENRE XLVIII. Le Cerf-volant , *Lucanus.*
LINN. *Platycerus.* GEOF.

Antennes terminées en
maffe, divifée tranfverfalement d'un côté feulement
en lames ou en dents de
peignes ; dents ou mâchoires
avancées , non couvertes
par les lèvres & garnies de
dentelures ; trompe velue
dans la bouche , jambes
garnies d'épines ou de dentelures.

XLIX. L'Efcarbot , *Hifter.* LINN.
Attelabus. GEOF.

Antennes coudées, dont
le premier article eft long ,
& qui font terminées par
un bouton ovale , qui pa-
roît folide, mais qui ce-
pendant eft divifé en articles ferrés les uns contre
les autres ; tête renfoncée
dans le corcelet ; dents ordinairement avancées en
forme de pincettes ; jambes
larges & applaties, garnies
de pointes en forme d'épines ou de dentelures.

GENRE L. L'Attelabe, *Attelabus.*

Antennes filiformes de la
longueur de la tête & du
corcelet réunis , dents ou
mâchoires avancées, non
couvertes par les lèvres &
garnies de dentelures ; yeux
ovales , corcelet tronqué
par-devant , & arrondi &
plus étroit par - derrière ;
jambes garnies d'épines.

LI. Le Tourniquet , *Gyrinus.*

Antennes roides , groffes
& plus courtes que la tête ;
quatre grands yeux à ré-
feau, pattes intermédiaires
& poftérieures en nageoires.

LII. L'Hydrophile , *Hydrophi-*
lus. GEOF. *Dytifci fpecies.*
LIN.

Antennes de la longueur
de la tête , terminées par
une maffe perfoliée ; pattes
intermédiaires & poftérieures en nageoires, & garnies
de franges de poil.

LIII. Le Ditique , *Dytifcus.*

Antennes à filets coni-
ques & grenés , plus lon-
gues que la tête & que les
barbillons ; pattes intermédiaires & poftérieures en
nageoires , & garnies de
franges de poils.

SECTION II.

Cinq articles aux deux premières paires de
tarfes, & quatre feulement à la dernière.

GENRE LIV. La Cantharide, *Cantharis.*
GEOF. *Meloë.* LIN.

Antennes filiformes ,
dont le dernier article eft

terminé en pointe ; tête groffe & baiffée , corcelet arrondi , étuis flexibles , qui couvrent le corps en tout ou en partie.

FAMILLE I. Demi-étuis qui ne couvrent que la partie antérieure du corps , & point d'aîles.

    I I. Etuis entiers & des aîles.

GENRE LV. La Cardinale , *Pyrochroa.* GEOFF.

Antennes longues, filiformes , fouvent à dents de peigne ; yeux à échancrure en devant , corcelet ordinairement applati & fans rebords.

LV I. La Mordelle , *Mordella.*

Antennes filiformes à articles triangulaires ou en dents de fcie, tête grande, très-baiffée en deffous, & prefque de la longueur du corcelet ; corcelet convexe & fans rebords; étuis voûtés & courbés en deffous à leur extrémité qui eft déliée ; ventre pointu au bout.

LVII. Le Ténébrion, *Tenebrio.*

Antennes filiformes plus groffes vers l'extrémité ; corcelet médiocrement convexe, avec des rebords tranchans.

FAMILLE I. Qui n'ont point d'aîles.

    II. Qui ont des aîles.

SECTION III.

Quatre articles à tous les tarfes.

GENRE LVIII. Le Capricorne , *Cerambyx.* Antennes à filets coniques qui vont en diminuant de la bafe à la pointe ; yeux en forme de croiffant qui entourent la bafe des antennes ; étuis à peu près par-tout de largeur égale.

FAMILLE I. Corcelet applati & à rebords dentelés. *Prionus.* GEOFF.

    I I. Corcelet arrondi ou prefque cylindrique , fans rebords & à épines. *Cerambix.* GEOFF.

    III. Corcelet à peu près cylindrique , tout uni & fans épines. *Leptura.* GEOF.

    I V. Corcelet arrondi , de contour circulaire , un peu applati en deffus & fans épines. *Leptura.* GEOF.

GENRE LIX. La Lepture , *Leptura.* LIN. *Stenocorus.* GEOFF.

Antennes en filets de groffeur égale , pofées devant les yeux qui font ovales ou fans échancrure ; corcelet plus étroit que les étuis, particulièrement en devant ; étuis plus étroits par le bout.

FAMILLE I. Corcelet à épines.

    I I. Corcelet uni ou fans épines.

GENRE

GENRE LX. La Nécydale, *Necydalis.*

Antennes en filets de grosfeur à peu près égale; étuis fort courts, qui n'excèdent point l'étendue de la poitrine, ou bien très étroits, & qui ne couvrent qu'une partie des aîles, qui sont placées à nu & étendues le long du dos; yeux courbés en arc & qui entourent la base des antennes; ventre alongé.

FAMILLE I. Demi-étuis où pas plus longs que la poitrine.

II. Etuis entiers, mais trèsétroits, & qui ne couvrent qu'une partie de la largeur des aîles.

GENRE LXI. Le Clairon, *Clerus.* GEOF. *Attelabi spec.* LIN.

Antennes à filets grenés & à masse à l'extrémité; corcelet convexe plus délié par derrière, tête baissée, corps alongé.

LXII. La Casside, *Cassida.*

Antennes plus grosses vers le bout, & terminées en massue; corcelet applati à large rebord qui couvre la tête entièrement; étuis à larges marges qui excèdent le corps.

LXIII. Ips. *Dermestis spec.* LINN.

Antennes filiformes brisées ou coudées, terminées par un bouton; tête ronde

en forme de boule & un peu baissée; corcelet grand, cylindrique & élevé en bosse en dessus; ventre cylindrique; jambes dentelées.

LXIV. Le Charanson, *Curculio.*

Antennes à bouton; tête prolongée en trompe, sur laquelle les antennes sont placées.

FAMILLE I. Longue trompe, antennes coudées, cuisses dentelées.

II. Courte trompe, antennes coudées, cuisses dentelées.

III. Longue trompe, antennes coudées, cuisses sans dentelure.

IV. Courte trompe, antennes coudées, cuisses sans dentelure.

V. Longue trompe, antennes droites à articles égaux en longueur. *Rhinomacer.* GEOFF.

VI. Courte trompe, antennes droites à articles égaux en longueur.

VII. Ceux qui sautent au moyen de leurs grosses cuisses postérieures.

GENRE LXV. La Bruche, *Bruchus.* LINN. *Mylabris.* GEOFF.

Antennes filiformes en massue, ou qui augmentent en grosseur de la base à l'extrémité qui est arrondie; tête avancée en court mu-

1

feau applati & arrondi au bout ; yeux à échancrure en devant ; corcelet à rebord tranchant ; étuis arrondis au bout, plus courts que le que le ventre.

LXVI. L'Antribe, *Antribus*. Geof.

Antennes à bouton ou à maffe, compofées de trois articles, pofées fur la tête & non fur une trompe ; corcelet large & bordé.

LXVII. La Chryfomèle, *Chryfo-mela.*

Antennes filiformes, plus groffes à leur extrémité, plus courtes que le corps & à articles grenés ; corcelet à petit rebord vers les côtés ; ventre ovale, plus ou moins alongé.

Famille I.   Corps ovale, corcelet large. *Chryfomela* & *Gale-ruca.* Geof.

II.   Corps cylindrique, tête enfoncée dans le corcelet boffu. *Cryptocephalus* & *Melolontha.* Geoff.

III.   Corps alongé ; corcelet étroit prefque cylindrique. *Crioceris.* Geoff.

IV.   Ceux qui fautent au moyen de leurs groffes partes poftérieures. *Altica.* Geoff.

Section IV.

Trois articles à tous les tarfes.

Genre LXVIII. La Coccinelle, *Coccinella.*
Antennes à bouton ap-plati & comme tronqué ;

barbillons terminés en bouton triangulaire affez grand ; corps hémifphérique & plat en deffous ; corcelet & étuis garnis d'un rebord.

Famille I.   Etuis rouges ou jaunes à taches noires.

II.   Etuis rouges ou jaunes à taches blanches.

III.   Etuis noirs à taches rouges, jaunes ou blanchâtres.

1ᵉ. Mémoire.

Des infectes à étuis écailleux en général, & des Staphylins en particulier.

Les infectes dont il fera parlé dans les mémoires de ce volume, font ceux qu'on a nommés *Coléoptères, Coleoptera.* Ils ont des étuis ou fourreaux écailleux, plus ou moins durs, qui couvrent le deffus du ventre, deux dents ou mâchoires latérales dures & écailleufes, mobiles & placées à droite & à gauche ; leurs aîles, font membraneufes & couvertes par les étuis.

Defcription des parties du corps de ces infectes, parmi lefquelles les moins connues ou les moins remarquées en général font les *lèvres* placées en devant de la tête, l'une au-deffus de l'autre, la fupérieure étant d'une fubftance plus dure que l'inférieure ; quatre barbillons ou antennules, quelquefois fix attachés à la lèvre inférieure, & faifant l'office de mains pour faifir & retenir les alimens.

M. de Geer divife la patte des Coléoptères en *hanche*, immédiatement attachée au corcelet, en *cuiffe*, qui eft la partie la plus groffe, en *jambe* ou *tibia*, & en *pied* ou *tarfe*, qui eft fubdivifé en trois, quatre ou cinq articles, & terminé par deux ongles ou crochets. C'eft à M. Geoffroy qu'on doit d'avoir remarqué la conformation exacte du *pied* ou *tarfe*, & d'y avoir faifi des caractères propres à faire reconnoître les différens genres d'insectes.

Tous les Coléoptères sortent de l'œuf sous la forme de *larve*, & passent ensuite par l'état de *nymphe*. Il y en a qui ne deviennent insectes parfaits qu'au bout de trois & quatre ans. La classe de ces insectes contient quatre sections. *Voyez* la table précédente.

Des Staphylins.

Caractères de ce genre. *Voyez* la table.

Description de la conformation des Staphylins en général, & description particulière de quatorze espèces.

2ᵉ. M É M O I R E.

Des Lampyres, des Téléphores & des Colliures

Des Lampyres.

Ces insectes remarqués de tout tems par la propriété de plusieurs espèces de ce genre de luire dans l'obscurité, ont été désignés par les noms *Cicindela*, *Lampyris*, *noctiluca terrestris*; ils sont connus en françois sous le nom de Ver-luisant. On les a aussi long-tems confondus avec les Cantharides, mais M. Geoffroy a, le premier, fait connoître qu'ils forment un genre à part, & il a été suivi, dans cet objet, par M. Linné & les auteurs qui ont écrit depuis.

Caractères des Lampyres. *Voyez* la table. Description des parties de ces insectes en général, & en particulier de quatre espèces, suivie de celle de onze Lampyres exotiques.

La femelle de la première espèce n'a ni étuis ni aîles; c'est proprement elle qu'on désigne par le nom de *Ver-luisant*; elle est très-commune dans la campagne pendant les mois de juin & juillet; sa description très-détaillée; la lumière qu'elle répand jaillit des trois derniers anneaux du ventre. Il paroît qu'il dépend du Lampyre de répandre ou de ne pas répandre de lumière. Quoique la femelle ne prenne jamais d'étuis ni d'aîles, lorsqu'elle a acquis sa grandeur elle change de peau, & c'est en quoi consiste sa transformation. Mais elle reste engourdie quelque tems, & alors on peut la regarder comme dans l'état de nymphe; elle devient ensuite plus agile, & quoique peu différente de ce qu'elle étoit, on remarque quelque changement dans les proportions de ses parties.

M. de Geer observe que l'opinion ordinaire est que la femelle jette de la clarté pour avertir & attirer les mâles, mais que dans l'état de larve & celui de nymphe, dans lesquels elle n'est pas propre à la génération, elle en jette également, & qu'ainsi cette opinion est sans fondement.

Des Téléphores.

Ce sont les mêmes insectes nommés *Cantharus* par Ray, *Cantharis* par M. Linné, *Cicindela* par M. Geoffroy; mais M. Schœffer, & après lui M. de Geer, ont cru que le nom de *Cicindela*, ayant été employé pour désigner un autre insecte, il convenoit d'en donner un nouveau à celui-ci, & ils ont adopté le nom de *Téléphorus*.

Caractères des insectes de ce genre.

Les Téléphores sont carnaciers, ils vivent d'autres insectes, & se dévorent même entre eux; au moins c'est ce qui convient à plusieurs espèces, sinon à toutes; ils sont très-vîtes à la course, on les trouve sur l'herbe & les plantes; leurs larves, qui sont hexapodes, vivent en terre & s'y transforment en nymphes.

Description de onze espèces dont la dernière est exotique.

Des Colliures.

Le nom de *Colliure* a été donné par M. de Geer, aux insectes dont il s'agit, à cause de la largeur de leur corcelet ; on les prendroit par la forme pour des *Raphidies*, s'ils n'en différoient pas par des étuis ; M. Linné les a connus & les a placés dans le genre de l'*Attelabus*.

Caractères des Colliures. *Voyez* la table.

Description d'une espèce.

3ᵉ. MÉMOIRE.

Des Carabes & des Cicindelles.

Des Carabes.

M. de Geer pense qu'il convient de conserver aux insectes, dont il est question, le nom de *Carabe* en françois, d'après le nom latin *Carabus*, qui leur a été donné par M. Linné, que M. Schœffer a adopté, & il n'est pas d'avis d'y substituer celui de *Buprestes*, employé par M. Geoffroy.

Caractères auxquels on reconnoît les Carabes. *Voyez* la table. Ils répandent tous, quand on les touche, une odeur fétide ; ils sont tourmentés souvent comme les Scarabés & les Bourdons, par des Mittes qui se placent sous les étuis. Les plus grands Carabes de nos pays sont longs de huit ou neuf lignes, les médiocres de six, les petits de quatre & au-dessous. Ils sont, les uns & les autres, voraces & carnaciers ; ils aiment à se cacher en terre ou sous les pierres ; les grands ne sortent pas de leur retraite le jour, & sont vraiment nocturnes, mais les petits se montrent souvent pendant le jour. Leurs larves vivent en terre, & sont peu connues.

Description de huit Carabes de la première famille, ou de ceux qui n'ont pas d'aîles ; de douze de la seconde, ou de ceux qui ont des aîles, & de quatre exotiques.

Des Cicindelles.

Les Cicindelles de M. de Geer sont les insectes de la seconde famille des Buprestes, selon M. Geoffroy.

Leurs caractères. *Voyez* la table.

Suivant M. Geoffroy, les larves des Cicindelles se tiennent dans des trous en terre, où elles attendent en embuscade les insectes qui passent sur l'ouverture du trou, s'en saisissent & les dévorent. Dans l'état d'insecte parfait elles sont d'une extrême activité, elles courent & volent avec facilité, elles aiment les terreins secs & sablonneux, leurs couleurs sont vives & brillantes ; elles sont voraces & se nourrissent de différens insectes qu'elles attrapent.

Description de huit Cicindelles dont les deux dernières sont exotiques.

4ᵉ. MÉMOIRE.

Des Buprestes & des Taupins.

Des Buprestes.

Caractères qui les distinguent. Description de leurs différentes parties. Leurs larves ne sont pas encore connues ; on est fondé à soupçonner qu'elles vivent dans l'intérieur du bois. Description de douze espèces dont les quatre dernières sont exotiques.

Des Taupins.

Caractères de ce genre d'insectes. Description des différentes parties des Taupins ; lorsqu'ils sont placés sur le dos, ils s'élancent en l'air, & font un saut qui les remet sur leurs pattes. Leurs larves sont fort peu connues. On sait seulement qu'elles ont la forme d'un Ver à six pattes écailleuses, qu'elles sont couvertes d'une peau aussi écailleuse, & qu'elles vivent en terre.

Description de vingt-huit Taupins, dont les sept derniers sont exotiques.

5e. MÉMOIRE.

Des Boucliers, des Dermestes & des Vrillettes.

Des Boucliers.

Ce sont les mêmes insectes que le *Silpha* de M. Linné, le *Peltis* ou *Bouclier* en françois de M. Geoffroy. Leurs caractères, la description de leurs différentes parties.

Toutes les espèces de Boucliers se nourrissent de cadavres, de substances pourries & d'excrémens; ils exhalent une odeur fétide, & ils rendent par l'anus, quand on les prend, une goutte de liqueur de la plus mauvaise odeur. Leurs larves vivent dans la terre, de fumier, des chairs gâtées, & se transforment où elles ont vécu; elles ont six pattes, le corps alongé, couvert de plaques écailleuses.

Description de quatorze espèces. M. Gleditsch, Mem. de l'académie de Berlin, année 1752, page 53, nous apprend que les Boucliers de la première espèce se réunissent en troupes pour creuser en terre des trous où ils entraînent les cadavres des petits animaux, tels que Souris, Mulots, ou les matières excrémentielles; qu'ils se nourrissent de ces substances infectes, & qu'ils y déposent leurs œufs; ce qui les a fait nommer fossoyeurs.

Des Dermestes.

Leurs caractères. L'auteur rapporte à ce genre l'*Antrenne* de M. Geoffroy, qui est le *Byrrhus* de M. Linné. Il y rapporte également la *Cistelle* de M. Geoffroy, parce que ses antennes sont terminées en masse perfoliée, & que celles de l'Antrenne le sont aussi, quoique la masse en paroisse solide, & que les incisions qu'on y remarque soient moins profondes que dans la plupart des autres Dermestes.

Les Dermestes sont petits en général; lorsqu'on les touche ils retirent les antennes & les pattes, & ils restent long-tems sans mouvement. Leurs larves ont six pattes écailleuses; la tête l'est aussi, & armée de dents avec deux antennules ou barbillons; le corps est divisé en anneaux, couvert d'une peau coriacée & souvent velue; elles se transforment en nymphes sans faire de coque; elles se nourrissent de substance animale desséchée, chair, tendons, nerfs, peau, cartilage, ce qui rend ces larves très-dangereuses pour les collections d'animaux desséchés & pour les pelleteries. Car les Dermestes vivent dans les maisons & par-tout où ils trouvent des alimens qui leur conviennent. Notre auteur observe que les larves des Mouches à deux aîles, celles des Boucliers & des Dermestes consomment les restes des animaux que le tems & les circonstances ont épargnés.

Description de quatorze espèces dont les trois dernieres sont exotiques.

Des Vrillettes.

Elles ont été confondues tantôt avec les Cassides, tantôt avec les Dermestes, jusqu'à ce que M. Geoffroy ait reconnu qu'elles forment un genre distinct qu'il a nommé *Byrrhus* en latin, *Vrillettes* en françois, parce qu'elles percent le bois, & y font des trous semblables à ceux d'une vrille; M. Linné les a aussi placées dans un genre séparé, d'après le sentiment de M. Geoffroy; mais il a donné à ce genre le nom de *Ptinus*.

Caractères qui distinguent les Vrillettes. *Voyez* la Table. Elles retirent les pattes & les antennes comme les dermestes quand on les touche, & restent de même sans mouvement.

Description de six espèces. La première que l'auteur nomme *Vrillette opiniâtre*, est remarquable par la constance avec laquelle elle s'obstine à rester sans mouvement quand on la touche, & plutôt que de s'en donner aucun, se laisse déchirer, mutiler, couper

par morceaux, bruler à petit feu. La cinquième que M. de Geer appelle *Vrillette carna-
cière*, eſt auſſi remarquable par les dégâts
qu'elle cauſe dans les collections de plantes &
d'inſectes.

6ᶜ. Mᴇᴍᴏɪʀᴇ.

Des Scarabés.

Leurs caractères. Ils ſont plus exprimés en
général, que ceux de la plupart des autres
inſectes, il faut remarquer par rapport aux
Scarabés.

1º. Que leurs jambes antérieures ſont
conformées de façon à être propres à fouiller
la terre dans laquelle pluſieurs doivent entrer pour y dépoſer leurs œufs.

2º. Que la bouche eſt ordinairement garnie de deux dents ou mâchoires ſituées entre
une levre ſupérieure & une inférieure, &
que cependant quelques eſpèces, comme
l'Emeraudine, n'ont point de dents.

3º. Que tandis que la plupart ont un
écuſſon, d'autres en manquent, comme M.
Geoffroy l'a remarqué, ce qui l'a déterminé
à ſéparer les Scarabés en ceux qui ont un
écuſſon, ceux qui en manquent; à faire des
derniers un genre qu'il a nommé *Copris* en
latin, *Bouſier* en françois. Mais les Scarabés
à écuſſon ou ſans écuſſon ont tant de rapports
d'ailleurs, que MM. Linné & de Geer n'ont
pas cru devoir les ſéparer.

4º. Pluſieurs Scarabés ont ſur la tête, ou
ſur le corcelet, ou ſur tous les deux des eſpèces d'appendices ou de cornes écailleuſes.

Les Scarabés vivent de différentes ſubſtances. Les uns dans la terre, de fumier, &
des excrémens de toute eſpèce; les autres ſe
nourriſſent de feuilles, comme le *Haneton*,
& certains, comme *l'Emeraudine* du miel
qu'ils trouvent ſur les fleurs.

Leurs larves ſe tiennent ordinairement
dans la terre graſſe & humide ou dans le fumier. Leur corps eſt long, cylindrique, diviſé en douze anneaux, couvert d'une peau
molle; la tête, au contraire, eſt dure, écailleuſe, garnie de deux fortes dents, de
deux antennes diviſées en articulations, &
de quatre barbillons; les pattes ſont écailleuſes, au nombre de ſix.

A l'approche du tems de ſe transformer, les
larves, au moyen d'une liqueur viſqueuſe
qu'elles rendent, lient une certaine quantité
de terre, & en forment une boule ovale au
centre de laquelle elles paſſent à l'état de
nymphe, & de celui ci à l'état de Scarabé.
Pluſieurs de ces larves ne ſe transforment
qu'au bout de trois & quatre ans; telle eſt
celle de l'Emeraudine. Swammerdam a donné une deſcription anatomique du Scarabé
naſicorne, & de ſa larve, d'après laquelle on
peut prendre une idée de la conformation des
Scarabés & de leurs larves en général.

Diviſion des Scarabés en familles. *Voyez*
la Table. Deſcription de trente eſpèces,
dont celle de la 25ᵉ. ou de l'Emeraudine,
& celle de ſa larve ſont très-détaillées; le
mémoire eſt terminé par la deſcription de
dix-huit Scarabés exotiques.

7ᵉ. Mᴇᴍᴏɪʀᴇ.

Des Cerfs-volans, des Eſcarbots & des Atte-
labes.

Des Cerfs-volans.

Ce ſont les inſectes dont M. Geoffroy, &
M. Linné, après ce naturaliſte françois, ont
fait un genre diſtinct des Scarabés; le premier ſous le nom de *Platicerus*; le ſecond
ſous celui de *Lucanus*. Quant au mot Cerf-
volant il eſt dû à ce que les inſectes à qui
on donne ce nom, portent au devant de la
tête des cornes qui ont une ſorte de reſſemblance avec le bois d'un Cerf.

Caractères qui diſtinguent les Cerfs-volans.

Deſcription de trois eſpèces; la première,
qui eſt le plus grand Coléoptère de l'Europe,

eſt ſuivant M. Roeſel le mâle du Cerf-volant nommé par M. Geoffroy *grande Biche*; ſuivant le même, M. Roeſel, leur larve eſt un ver hexapode d'un blanc jaunâtre à tête & pattes couleur d'ocre, qui vit en terre, s'y nourrit de bois à demi pourri, qui y ſubit ſa métamorphoſe dans une coque que la larve ſe prépare, & qui ne devient inſecte aîlé qu'au bout de ſix ans. Un ami de M. de Geer lui a aſſuré avoir vu les Cerfs-volans décrits par M. Roeſel comme mâles & femelles, accouplés. Mais ce qui répand du doute ſur ce fait, c'eſt que M. Geoffroy a trouvé pluſieurs fois des Biches accouplées, & jamais de Biche unie à un Cerf-volant.

Deſcription de deux Cerfs-volans exotiques.

Des Eſcarbots

On les avoit confondus avec les Scarabés, & même avec les Coccinelles. MM. Linné & Geoffroy en ont fait un genre ſéparé, le premier ſous le nom de *Hiſter*, le ſecond ſous celui d'*Attelabus*, & en françois d'Eſcarbot.

Caractères auxquels on reconnoît les Eſcarbots; deſcription de leurs différentes parties.

Les Eſcarbots ſe plaiſent dans le fumier; les eſpèces de ce genre ſont petites, & les larves ne ſont pas encore connues.

Deſcription de cinq eſpèces.

Des Attelabes.

Les inſectes auxquels M. de Geer donne le nom d'Attelabes ont, dit-il, *des caractères combinés ſi différens de tous les autres inſectes à étuis, qu'on ne ſauroit les placer dans aucun des genres connus juſqu'à préſent, de ſorte qu'ils doivent néceſſairement faire un genre à part.* Caractères de ce genre. Deſcription des différentes parties des Attelabes. Ce genre eſt peu nombreux en eſpèces. Deſ-

cription de deux Attelabes. Le premier avoit été décrit par M. Linné, & placé parmi les *Tenèbrions*; le ſecond n'avoit pas été décrit.

8ᵉ. Memoire.

Des Tourniquets, des Hydrophiles & des Ditiſques.

Des Tourniquets.

Ce ſont de petits Scarabés, à peine auſſi gros qu'une Mouche commune, qu'on voit courir, ou plutôt nager avec une vîteſſe extrême, & former des cercles à la ſurface des eaux dormantes. Meret en avoit parlé ſous le nom de *Pulex aquaticus*, & M. Linné les avoit rangés parmi les ditiſques; mais M. Geoffroy en ayant fait un genre ſéparé auquel il a donné le nom latin de *Gyrinus*, & le nom françois de *Tourniquet*, cet exemple a été ſuivi par M. Linné qui a adopté le nom de *Girinus*.

Caractères particuliers à ce genre.

Les Tourniquets reparoiſſent auſſi-tôt que les glaces ſont fondues, ce qui rend probable qu'ils paſſent l'hiver au fond de l'eau; ils vivent également dans cet élément & dans l'air dans lequel ils s'élèvent ſouvent en prenant leur vol. On n'en connoît encore qu'une eſpèce. Sa deſcription.

Les Tourniquets courent ordinairement en troupes à la ſurface de l'eau; leur vîteſſe eſt étonnante; s'ils ſont en repos, auſſi-tôt qu'on les approche, ils s'éloignent avec une promptitude incroyable, & ils diſparoiſſent en plongeant; alors une bule d'air ſort de l'extrémité de leur corps à l'inſtant où ils s'enfoncent; poſés ſimplement ſur l'eau, ils n'en ſont pas mouillés, & ils reſtent à ſec; ils communiquent aux doigts, quand on les touche, une odeur fort déſagréable; ils s'accouplent à la ſurface de l'eau; les femelles dépoſent leur œufs ſur les feuilles des plantes aquatiques; ils ſont alongés en forme de très-petits cylindres, de couleur blanche jaunâtre ; il en fort une larve hexapode qui nage auffi-tôt ; elle a beaucoup de reffemblance avec une petite Scolopendre. Sa defcription très-détaillée. M. Roefel & M. de Geer ont tenté d'élever de ces larves dans des poudriers ; mais elles font toutes mortes au bout de quelques jours ; cependant, M. Modeer, dans les mémoires de l'académie royale des fciences de Suède, année 1710, p. 224, fans rapporter comment il eft parvenu à obferver les larves des Tourniquets, dit qu'au commencement d'août elles montent de l'eau fur les rofeaux, fe fixent fur fes feuilles, s'y entourent d'une coque de fubftance, femblable à du papier gris, qu'elles deviennent nymphes dans cette coque, qu'à la fin du mois elles en fortent fous la forme de Tourniquets qui fe précipitent dans l'eau auffi-tôt. Le même auteur ajoute que les nymphes des Tourniquets font fouvent détruites par des Ichneumons.

Des Hydrophiles.

M. Geoffroy eft le premier qui ait fait un genre diftinct des Hydrophiles, & qui les ait, avec raifon cependant, féparé des Ditifques.

Caractères diftinctifs des Hydrophiles ; defcription de leurs parties différentes; les mâles ont, vers l'origine des deux tarfes antérieurs, une pièce applatie, irrégulière & angulaire, garnie en deffous d'efpèces de fuçoirs concaves & velus ; ces pièces font ordinairement circulaires dans les ditifques ; elles fervent au mâle pour s'attacher à la femelle.

Les Hydrophiles & les Ditifques font carnaciers ; ils fe nourriffent de tous les infectes qu'ils peuvent attraper, & ils les faififfent de leurs deux pattes antérieures dont ils fe fervent comme de mains.

Quoique les Hydrophiles & les Ditifques puiffent vivre long-tems fous l'eau, ils ont befoin de venir de tems en tems refpirer l'air à fa furface ; pour y parvenir ils fe tiennent dans un état de repos, & comme ils font plus legers que l'eau, ils font portés à fa furperficie ; mais leur équilibre eft tel que l'extrémité pofterieure du corps furnage & eft plus élevée que l'eau ; les infectes écartent alors & baiffent un peu leurs étuis ; il fe forme entre l'eau & le deffous du corps un vuide où l'air eft admis, & duquel il eft porté à l'orifice des ftigmates placés fur les côtés, au bord & au-deffous des étuis ; à l'inftant de plonger, les Hydrophiles & les Ditifques ferment leurs étuis & bouchent les ftigmates que l'eau ne touche jamais. Ces infectes vivent dans toutes les eaux douces, mais en plus grande quantité dans les eaux ftagnantes ; c'eft à l'entrée de la nuit qu'ils fortent de l'eau, & qu'ils prennent leur vol pour paffer d'un étang ou d'une marre à une autre. M. Lyonet nous apprend qu'ils favent filer avec leur derrière, une coque où forte de nid dans lequel ils pondent, & ils renferment leurs œufs ; qu'ils adaptent à ce nid une efpèce de corne dont l'ufage eft de le conferver en équilibre. Les larves des Hydrophiles & des Ditifques ont à-peu près la même forme ; elles font hexapodes, alongées, plus minces vers la queue ; leur tête eft groffe, écailleufe, garnie de deux fortes dents qui leur fervent pour faifir leur proie ; elles font très-carnacières, & elles vivent d'infectes aquatiques ; elles ont befoin de refpirer l'air qu'elles reçoivent en plongeant la tête en bas, la queue élevée hors de l'eau par le moyen de deux flocons de poils qui aboutiffent à l'ouverture par laquelle elles pompent ou reçoivent l'air.

Les larves s'enfoncent en terre pour devenir nymphes ; ces infectes font alors terreftres, aquatiques dans l'état de larves, & amphibies dans celui de Coléoptères.

Il y a des efpèces d'Hydrophiles & de Ditifques qui ont plus d'un pouce de long, tandis que d'autres efpèces ne font pas plus grandes qu'une mouche commune.

Defcription de cinq Hydrophiles.

Des Ditisques.

Caractères qui les diftinguent ; leur defcription & celle de leurs larves. Defcription particulière de quatorze efpèces.

TOME V.

Le cinquième volume eft la fuite du précédent ; il contient huit mémoires. Il commence par l'hiftoire des infectes à étuis durs de la feconde fection, ou de ceux à cinq articles aux deux premières paires de tarfes, & quatre feulement à la dernière.

PREMIER MEMOIRE.

Des Cantharides, des Cardinales, des Mordelles & des Ténèbrions.

Des Cantharides.

Caractères qui les diftinguent ; M. Linné les a réunies dans le même genre que le *Meloë.* Mais M. Geoffroy les en a féparées, & il a établi deux genres, l'un des Cantharides, *Cantharis;* l'autre du Meloë, *Profcarabœus,* & *Profcarabé* en françois.

Divifion des Cantharides en non aîlées, à demi-étuis, & aîlées, à étuis entiers.

Suivant M. de Geer, la *Cérocome* dont M. Geoffroy a fait un genre particulier, *Cerocoma,* que M. Schaeffer nomme *Méloë,* & que M. Linné a défignée par la phrafe fuivante : *Meloë Scaefferi, alatus viridis, pedibus luteis, antennis mare abbreviatis clavatis,* eft une Cantharide.

Defcription & hiftoire d'une Cantharide fans aîle, c'eft le *Meloë, Profcarabé* de M. Geoffroy. Sa larve eft hexapode, d'un jaune d'ocre, avec les yeux noirs, la tête un peu ovale, garnie de deux antennes & de quatre barbillons. M. de Geer ayant remarqué une reffemblance complette entre cette larve & de petits vers qu'on trouve attachés fur une mouche velue à deux aîles, (*mufca intricaria* de Linné, fyft. nat. éd. 12, pag. 985, n°. 33.)

Hiftoire Naturelle, Infectes. Tome VI.

pour s'affurer fi les larves étoient de même efpèce, jetta dans un poudrier où il tenoit enfermés des individus de cette efpèce de mouche, qui furent auffi-tôt affaillis par les larves ; il répéta cette expérience plufieurs fois ; mais laffé de fournir aux larves, des mouches qu'il ne trouvoit pas aifément, elles périrent. Il conclud cependant que ces mouches, & peut-être d'autres infectes, fervent de pâture aux larves du *Méloë.* Quelque vraifemblable que lui paroiffe la preuve de cette affertion, il me femble que l'expérience n'eft pas affez complette pour être décifive, & conclure que les larves du *Méloe* fe nourriffent en fuçant d'autres infectes.

Defcription de quatre autres Cantharides, dont la première eft celle dont on fe fert en médecine, & les deux dernières font exotiques.

Des Cardinales.

On les a confondues ou avec les Téléphores, ou avec les Leptures, jufqu'à M. Geoffroy qui en a fait un genre diftinct. *Voyez* les caractères à la table.

Les larves des Cardinales ne font pas connues.

Defcription de fix efpèces dont les deux dernières font exotiques.

Des Mordelles.

Caractères de ce genre. L'auteur avoue qu'il ne les trouve pas affez marqués pour qu'il foit facile de diftinguer les mordelles ; il n'en connoît qu'une efpèce qu'il décrit.

Des Ténèbrions.

Leurs caractères diftinctifs. Différence remarquable des uns qui ont des aîles, aux autres qui n'en ont pas. Plufieurs vivent dans les maifons ; une efpèce fe trouve fréquemment dans la farine qui fert de nourriture à fes larves ; d'autres larves du même genre vivent fous l'écorce des arbres abattus, & rongent l'aubier ou le bois.

Defcription de neuf Ténébrions de nos contrées, & de cinq exotiques.

2ᵉ. MEMOIRE.

Des infectes à étuis durs, de la troifième fection, ou de ceux à quatre articles à tous les tarfes.

Des Capricornes.

Caractères de ce genre. *Voyez* la table. Divifion des Capricornes en quatre familles. L'auteur appelle antennes courtes, celles qui font moins longues que le corps ; médiocres celles qui font environ de la longueur du corps, longues celles qui furpaffent la longueur du corps.

Defcription de trente-une efpèces de Capricornes de nos contrées, & de vingt-deux efpèces exotiques.

3ᵉ. MEMOIRE.

Des Leptures & des Nécydales.

Des Leptures.

Les *Leptures* de M. de Geer font les *Stencores* de M. Geoffroy, & les Leptures de ce dernier font des Capricornes de la quatrième famille, fuivant l'ordre du premier.

Caractères & defcription des Leptures en général ; leur divifion en deux familles. Defcription de vingt-cinq efpèces dont la dernière eft exotique.

Des Nécydales.

Caractères des Nécydales, & leur divifion en deux familles. Defcription de quatre efpèces.

4ᵉ. MEMOIRE.

Des Clairons, des Caffides & des Ips.

Des Clairons.

Leurs caractères. Defcription de fix efpèces dont la fixième eft exotique.

Des Caffides.

Caractères des Caffides. Ils font bien exprimés & faciles à faifir. Les larves vivent fur les plantes, leur corps eft applati, garni d'épines tout autour, elles fe couvrent de leurs excrémens qu'elles foûtiennent par une efpèce de fourche à deux branches ; elles fe transforment fur les feuilles fans former de coque. Defcription de trois Caffides qui fe trouvent en Europe, & de feize exotiques.

Des Ips.

Ce font, fuivant M. Linné, des *Dermeftes* ; mais, felon M. de Geer, ils forment un genre diftinct, mitoyen entre les *Scarabés* & les *Dermeftes*.

Caractères des *Ips*. *Voyez* la table.

Defcription de huit *Ips*, dont le dernier eft exotique.

5ᵉ. MEMOIRE.

Des Charanfons, des Bruches & des Antribes.

Des Charanfons.

Caractères de ce genre. M. Geoffroy la divifé en deux genres, d'après la forme des antennes coudées ou non coudées ; favoir en genre du *Becmare*, *rhinomacer*, & genre du *Charanfon*, *curculio*. Mais M. de Geer préfère de ne former qu'un genre, parce que les rapports font complets d'ailleurs entre les *Becmares* & les *Charanfons*. Divifion en fept familles. *Voyez* la table.

Les larves des Charanfons ont une tête écailleufe garnie de dents ; elles n'ont point de pattes, mais les unes font couvertes d'une matière vifqueufe, qui leur fert à fe coller & fe cramponner, les autres ont des mamelons enduits de la même matière, & qui fervent au même ufage. Les larves de différentes efpèces vivent les unes fur les feuilles des plantes, les autres dans les boutons, les tiges & les branches des arbres, plufieurs à l'intérieur de différentes fortes de grains. Les unes fe transforment dans des coques de foie, les autres dans des coques faites d'une matière gommeuſe, & il y en a qui entrent en terre pour y ſubir leur transformation.

Deſcription de huit Charanſons de la première famille ; de cinq de la ſeconde ; de treize de la troiſième, le dernier eſt celui du bled, ſi connu par les dégâts qu'il cauſe dans les greniers. Leuwenhoeck en a donné l'hiſtoire, & nous a appris qu'après l'accouplement la femelle pique un grain avec ſa trompe, dépoſe un œuf dont il naît une larve qui perce le grain, ſe nourrit de ſa ſubſtance, ſe transforme en nymphe & en Charanſon dans le vuide qui s'eſt formé ; le Charanſon perce enſuite la coque pour ſortir. On s'eſt occupé beaucoup des moyens de prévenir les dégâts de cet inſecte, & l'on doit, à cet égard, conſulter en particulier les ouvrages de M. Duhamel ſur la conſervation des grains.

Deſcription de dix Charanſons de la quatrième famille ; de huit de la cinquième ; de quatre de la ſixième ; de quatre de la ſeptième, de dix Charanſons exotiques.

Des Bruches.

Ces inſectes nommés, par M. Linné, *Bruchi*; *Mylabres*, par M. Geoffroy, paroiſſent à M. de Geer, tenir le milieu entre les Charanſons & les Cryſomèles. M. Geoffroy a auſſi fait un genre qu'il a nommé *Bruche*. Mais c'eſt, ſelon de Geer, une *Vrillette*.

Caractères des *Bruches* dans le ſens de notre auteur. *Voyez* la table.

Deſcription de deux eſpèces.

Des Antribes.

C'eſt à M. Geoffroy qu'on doit ce genre nouveau. Ses caractères. *Voyez* la table.

Deſcription d'une eſpèce.

6ᵉ. MÉMOIRE.

Des Cryſomèles.

Leurs caractères. *Voyez* la table.

M. Geoffroy à diviſé ce genre nombreux en eſpèces, en *Mélolonte*, *Gribouri*, *Criocère*, *Altiſe*, *Galeruque*, & *Cryſomele*. Il a fait de ces diviſions autant de genres; M. de Geer n'en admet qu'un, celui de la *Cryſomele*, & il le diviſe en familles du même genre, d'après les diviſions de M. Geoffroy, au lieu de le diviſer en genres.

Deſcription des différentes parties des Cryſomeles. Diviſion de ce genre en quatre familles, dont la première renferme *la Galeruque* & *la Cryſomele* de M. Geoffroy ; la ſeconde ſon *Gribouri* & ſon *Mélolonte* ; la troiſième ſon *Criocère* ; la quatrième ſon *Altiſe*.

Deſcription de trente-une Cryſomeles de la première famille ; de onze de la ſeconde, de quatre de la troiſième, de onze de la quatrième, & de treize exotiques.

7ᵉ. MÉMOIRE.

Des inſectes à étuis durs de la quatrième ſection, ou de ceux à trois articles aux tarſes.

Des Coccinelles.

Caractères des inſectes de ce genre. *Voyez* la table. Deſcription détaillée de leurs différentes parties.

Les larves des Coccinelles ſont des vers hexapodes, à tête écailleuſe armée de dents, leur corps va en diminuant vers l'extrémité ; elles en appuient ſouvent la pointe en marchant, & s'en ſervent comme d'une ſeptième patte ; elles vivent uniquement de Pucerons, & elles habitent ſur les plantes où il s'en trouve ; elles les ſaiſiſſent avec leurs pattes & s'en ſervent pour les porter à leur bouche ;

elles en détruisent beaucoup ; car elles sont
très-voraces, & au point de ne se pas épargner entr'elles. Pour se métamorphoser, elles
s'attachent aux plantes par l'extrémité de
leur corps dont elles font sortir par expression une humeur gluante qui se dessèche &
sert de colle ; leur peau se retire, se dessèche, se fend au bout de peu de jours ; elles
la font remonter vers le point d'attache où
elle se rassemble en rides, & la nymphe y
reste engagée par l'extrémité de son corps.
Les Coccinelles ne demeurent que quelques
jours en cet état, & paroissent sous leur dernière forme, dans l'espace de six à onze ou
douze jours. Les élytres sont mols & blanchâtres au moment que tombe la dépouille de
nymphe, mais ils se durcissent & se colorent par l'action de l'air.

Les Coccinelles continuent, dans leur
dernier état, à vivre de Pucerons, à les chercher sur différentes plantes ; elles survivent
l'hiver, & sont du nombre des premiers insectes qui paroissent au printems.

Division du genre des Coccinelles en trois
familles.

Description de trente espèces, dont les
deux dernières sont exotiques.

8e. MEMOIRE.

De quelques espèces de larves dont les transfor-
mations sont inconnues, mais qui paroif-
sent être de la classe des insectes à étuis.

Description de six de ces larves. Cet objet
n'étant pas susceptible d'extrait, nous renvoyons à l'ouvrage même.

TOME VI.

Le sixième volume a pour objet les insectes de la neuvième & dixième classe. Leur
histoire est détaill e en huit mémoires précédés par une table dans laquelle sont exposés
les caractères des insectes de ces deux classes.

CLASSE IX.

Caractères des insectes qui la composent.
Deux aîles membraneuses découvertes, deux
balanciers ou maillets sous les aîles, bouche
à trompe sans dents.

ORDRE LXIX. La mouche, *musca.*

Antennes à palettes avec
un poil latéral, trompe à
lèvres charnues.

FAMILLE　　I.　Le poil des antennes simple & uni ou sans barbes,
le corps couvert de poils roides en forme de crins.

II.　Le poil des antennes velu ou garni de barbes, le
corps couvert de poils roides en forme de crins.

III.　Le poil des antennes simple & uni ou sans barbes,
le corps couvert de poils
fins & comme laineux.

IV.　Le poil des antennes velu
ou garni de barbes, le corps
couvert de poils fins & comme laineux.

ORDRE LXX.　Le Stratiome, *Stratio-*
mis Geof. musca sp. LINN.

Antennes cylindriques
coudées à trois articles,
trompe à lèvres charnues,
écusson armé de pointes
dures, aîles croisées.

LXXI. La Némotèle, *Nemotelus*
Schæf. musca sp. LINN.

Antennes cylindriques
ou grenées à trois articles,
plus courtes que la tête,
trompe à lèvres charnues.

FAMILLE I. Antennes cylindriques ou grenées à trois articles, terminées par un poil.

II. Antennes cylindriques à trois articles sans poil.

III. Antennes cylindriques à trois articles, terminées en filet droit & vuide, comme un ftilet.

IV. Antennes à palettes, avec un long poil près de leur extrémité.

ORDRE LXXII. Le Taon, *Tabanus.*

Antennes de la longueur de la tête, divifées en trois articles, dont celui de l'extrémité eft encore fub-divifé; trompe à lèvres charnues couvertes par deux gros barbillons, & accompagnée d'aiguillons applatis en forme de lancettes; aîles qui ne fe croifent point, trois pelotes aux tarfes.

FAMILLE I. Antennes en croiffant, ou dont le dernier article eft en forme de croiffant, terminé par une pièce conique divifée en quatre articles.

II. Antennes cylindriques ou dont le dernier article eft alongé, prefque cylindrique & divifé en plus de quatre articles.

ORDRE LXXIII. L'Afile, *Afilus.*

Antennes cylindriques coudées à trois articles, dont le dernier eft en maffe alongée, applatie & arondie au bout; trompe alongée, roide, écailleufe & dirigée en avant.

FAMILLE I. Antennes fimples ou terminées par une palette alongée, qui n'a point de poil au bout.

II. Antennes terminées par un poil roide.

ORDRE LXXIV. L'Empis, *Empis.* LINN.

Antennes à maffes coniques, divifées en trois articles de la longueur de la tête; longue trompe roide & écailleufe, dirigée perpendiculairement ou en arrière.

LXXV. Le Conops, *Conops.* LINN.

Antennes plus longües que la tête, très-rapprochées à leur bafe, & compofées de trois articles, dont le dernier eft conique & terminé en crochet; longue trompe coudée, liffe, roide & dépourvue de barbillons; ventre délié, à fon origine, & gros à fon extrémité.

LXXVI. Le Bombille, *Bombilius.* LINN.

Antennes de la longueur de la tête, coudées & compofées de trois articles, dont le dernier eft en maffe très-alongée; très-longue trompe fétacée, avancée & bivalve, à valves horizontales, entre lefquelles il y a des aiguillons fétacés; ventre court & large; aîles étendues & qui ne fe croifent point.

Ordre LXXVII. L'Hippoboſque , *Hippoboſca.*

Antennes ſétacées très-courtes en forme de poils , placées ſur des tubercules arrondis ; trompe en filet délié, placée dans un étui à deux valvules.

LXXVIII. L'Oeſtre , *Oeſtrus.*

Antennes en globules , diviſées en anneaux , & terminées par un filet délié en forme de poil ; point de trompe, ni de barbillons.

LXXIX. Le Couſin , *Culex.*

Antennes à filets coniques & hériſſées de beaucoup de poils ; longue trompe avancée, compoſée de pluſieurs aiguillons déliés , renfermés dans un fourreau flexible ; ventre alongé & cylindrique.

LXXX. La Tipule , *Tipula.*

Antennes ſétacées ou filiformes , ſouvent barbues dans le mâle, ou bien en maſſe cylindrique ; bouche en muſeau à levres , & accompagnée de deux longs barbillons articulés , & recourbés en deſſous ; ventre alongé & cylindrique.

FAMILLE   I. Antennes ſétacées ou filiformes , ſouvent en plumes dans le mâle.

II. Antennes peĉtinées ou à barbes en dents de peigne.

III. Antennes à nœuds ou compoſées de grains très-

bien ſéparés les uns des autres par un filet délié.

FAMILLE IV. Antennes en maſſue , ou bien en maſſe cylindrique diviſée en articles très-courts.

CLASSE X.

Deux aîles membraneuſes découvertes & point de balanciers, de trompe , ni de dents dans le *mâle*, point d'aîles, mais une trompe à la poitrine dans la *femelle.*

Ordre LXXXI. La Gallinſeĉte , *Coccus.* Linn. *Chermes.* Geoff.

La femelle qui eſt ſans aîles, eſt armée d'une trompe placée entre les deux pattes antérieures ; le mâle, qui n'a ni dents ni trompe, eſt pourvu de deux aîles & & de deux filets ſétacés au derriere.

FAMILLL I. La femelle reſſemble plus à une Galle qu'à un animal , ayant la peau très-liſſe & tendue.

FAMILLE II. La femelle reſſemble plus à un inſeĉte , conſervant ſur la peau des inciſions , qui diviſent le corps en anneaux.

1er. MÉMOIRE.

Des inſeĉtes à deux aîles membraneuſes & à deux balanciers en général, & des Mouches en particulier.

Les inſeĉtes dont il eſt queſtion dans ce mémoire & les ſuivans , ſont appellés *Diptera*, en latin, d'où on a fait le mot *Diptère*, en françois. L'auteur diviſe la claſſe de ces inſeĉtes en douze genres,

Examen des parties externes des *Diptères*. variété de la forme de la trompe, des barbillons, du corcelet même, dans les différens genres.

Nourriture des Diptères. Les uns fucent le miel, d'autres recherchent les viandes, les excrémens; trois genres font des insectes de rapine, la *Némotèle*, l'*Afile* & l'*Empis*. Le *Taon*, l'*Hippobofque* & le *Coufin* font avides de fang.

Les Diptères fortent de l'œuf fous la forme de larves; il y en a cependant quelques-uns de vivipares. Divers lieux où fe nourriffent & habitent les larves. Diverfité de formes des larves; elles n'ont point de pattes ou, fi elles en ont, elles font conformées fur un modèle particulier; les unes ont une tête membraneufe, flexible, qui varie fouvent de forme, les autres, au contraire, ont une tête écailleufe: le corps eft divifé en anneaux & couvert d'une peau membraneufe & flexible.

Les larves des Mouches parvenues à leur dernier degré d'accroiffement, fe raccourciffent & prennent la figure d'œufs oblongs fans fe défaire de leur peau, qui fe durcit & fous laquelle elles fe changent d'abord en boule alongée & puis en nymphe. Les larves des *Stratiomes*, des *Hippobofques*, des *Oeftres*, ne quittent pas non plus leur peau qui fe durcit fans perdre fa forme, en confervant leur figure primitive, & fous laquelle elles fe transforment en nymphes. Les larves des autres genres quittent leur peau & paroiffent fous la forme de nymphes découvertes. Plufieurs de ces nymphes, & ce font celles qui vivent dans l'eau, continuent à jouir d'un mouvement de progreffion. Parmi les nymphes terreftres, il y en a qui, avant de devenir infecte aîlé, fortent à moitié de terre.

Des Mouches.

Leurs caractères propres. *Voyez* le numéro 69, ci-deffus.

Defcription de leurs parties externes.

Le bourdonnement des Mouches eft produit par le frottement de la bafe de leurs aîles contre les parois du corcelet; preuves inconteftables qu'en donne M. de Geer. La caufe de ce bourdonnement avoit été attribuée au battement des aîles fur les balanciers. Mais M'. de Geer a obfervé que les aîles étant coupées près de leur bafe, le bourdonnement n'en continuoit pas moins, & cette bafe étant enlevée, il ceffe abfolument.

Incommodité des Mouches, defcription de leurs larves, expofition des lieux où elles fe nourriffent, de leurs alimens, &c. Divifion des Mouches en quatre familles. Nous en avons rapporté les caractères.

Defcription de quinze Mouches de la première famille, fubdivifion de cette famille en Mouches tachetées, & dont le corps de la femelle eft terminé par un tuyau écailleux.

Les larves de ces Mouches vivent, les unes, dans les grains, les autres, dans les noyaux de certains fruits, quelques-unes dans des galles.

Defcription de cinq de ces Mouches.

2ᵉ. MÉMOIRE.

Des Mouches de la feconde famille.

Defcription & hiftoire de vingt Mouches.

3ᵉ. MÉMOIRE.

1°. Des Mouches de la troifième famille.

Defcription de dix-neuf efpèces.

2°. Des Mouches de la quatrième famille.

Defcription de fept efpèces.

3°. Des Mouches exotiques.
Defcription de deux Mouches de Surinam, dont la première eft prefqu'entiè-

rement femblable à celle d'Europe, que l'auteur a décrite fous le nom de *Mouche des jardins*, repréfentée pl. 8, fig. 12, de ce volume. La feconde reffemble beaucoup à nos *Mouches dorées communes*.

4ᵉ. MÉMOIRE.

Des Stratiomes & des Némotèles.

Des Stratiomes.

Swammerdam a parlé des *Stratiomes* fous le nom d'*Afiles*; M. de Réaumur fous celui de *Mouche à corcelet* armée; Frich, Roefel, Linné, les ont auffi connues, mais il les ont regardé comme des *Mouches*. M. Geoffroy a reconnu le premier qu'ils forment un genre à part; M. de Geer a fuivi cet exemple, ainfi que M. Schæffer.

Caractères de ce genre. Ils font énoncés dans la table.

Les larves des Stratiomes vivent dans l'eau; leur corps eft long, un peu applati, plus large qu'il n'eft épais: il eft compofé d'anneaux dont les trois derniers font plus longs & moins gros, le dernier eft en forme de tuyau & le plus long. La tête petite, écailleufe oblongue, eft garnie d'un grand nombre de croches en partie charnus, & de barbillons dans une agitation continuelle, au moyen de laquelle l'eau & les très petits infectes microfcopiques qu'elle contient font portés vers la bouche de la larve. A l'extrémité du dernier anneau eft un pinceau de poils, il fert à foutenir l'extrémité du corps à la furface de l'eau, les poils aboutiffent en forme de rayons à l'extrémité du dernier anneau qui eft ouvert & qui fert à la refpiration; l'anus ouvert en forme de fente, eft placé deffous ce dernier anneau.

La larve devenue nymphe, ne change point de forme, mais elle eft roide & incapable de mouvemens. La peau devenue plus sèche, plus folide, fert de coque. Sous cette coque s'achève en cinq à fix jours le changement de la larve en infecte ailé. Manière dont il fe tire de fa coque.

Defcription de trois Stratiomes.

Des Némotèles.

Caractères rapportés dans la table.
Defcription de dix-huit Némotèles qui fe trouvent en Suède, & de cinq Némotèles exotiques.

Les larves des Némotèles quittent leur peau avant de devenir nymphes, elles vivent de différentes fubftances; celles de la cinquième efpèce vivent dans le fable fin, y creufent un entonnoir à la manière du Fourmi-lion, & fe nourriffent des infectes entraînés par l'éboulement du fable au fond de l'entonnoir. M. de Réaumur a décrit cette larve fous le nom de *Ver-lion*.

5ᵉ. MÉMOIRE.

Des Taons, des Afiles, des Empis, & des Conops.

Des Taons.

Le *Taon*, Tabanus en latin, eft généralement connu par les tourmens qu'il caufe aux chevaux & aux bœufs pendant l'été.

Caractères de ce genre. *Voyez* la table.

Obfervation fingulière de M. de Geer; favoir, qu'il n'y a que les Taons femelles qui piquent les animaux, & que les mâles fucent le fuc des fleurs; il dit que ce fait eft commun aux Taons & aux *Coufins*.

Perfonne n'avoit, avant M. de Geer, connu les larves des Taons; elles vivent en terre, en fortent à moitié pour paffer à l'état de nymphe. Defcription d'une larve & de la nymphe.

Defcriptions de fix efpèces de Taons qui fe trouvent dans nos climats, & de fept Taons exotiques.

Des

Des Asiles.

Caractères de ce genre, & description détaillée des différentes parties des Asiles.

Les Asi'es sont des insectes de rapine qui vivent d'autres insectes qu'ils percent avec leur trompe, & dont ils sucent les humeurs; leurs larves vivent en terre, s'y transforment en nymphe après avoir quitté leur peau. Ces larves n'ont pas de pattes, leur corps est alongé, divisé en douze anneaux, éffilé aux deux extrémités; leur tête est petite, écailleuse, armée de deux crochets, à l'aide desquels elles se transportent & se traînent d'un lieu à un autre.

Description de dix Asiles.

Des Empis.

Caractères de ce genre; ressemblance des *Empis* avec les *Cousins* & les *Tipules* par l'ensemble de leur forme.

Les *Empis* sont, comme les *Asiles*, des insectes de rapine.

Description de deux espèces.

Des Conops

Caractères de ce genre; description assez détaillée des différentes parties. Les Conops volent autour des fleurs avec une vivacité extrême, ils se nourrissent de miel. L'auteur ne connoît pas leurs larves.

Description de quatre espèces.

6e. MÉMOIRE.

Des Bombiles, des Hippobosques, des Oestres & des Cousins.

Caractères des Bombiles; description de quatre espèces, dont les deux dernières sont exotiques.

Les Bombiles volent autour des fleurs à la manière des Papillons-Bourdons, & en pompent de même le miel sans se poser. Leurs larves ne sont pas connues.

Des Hippobosques.

Caractères des insectes de ce genre. *Voyez* la table.

Description de deux espèces; examen détaillé, dans la description de la première espèce, des différentes parties des Hippobosques; de la manière singulière dont ces insectes se reproduisent. La femelle dépose un œuf presque aussi gros que le ventre dans lequel il étoit contenu. Il renferme une larve qui, en naissant, devient nymphe sous sa peau qui se durcit & qui prend une forme ovoïde. Une des plus fortes preuves de cette assertion, c'est que cet œuf a, dans le commencement, un mouvement de dilatation & de contraction, soit que ce soit un effet de la respiration ou de la circulation. Au moment de la ponte, l'Hippobosque demeure en repos, la peau qui recouvre le ventre se dilate à son extrémité, & s'ouvre; mais bientôt l'ouverture se referme, l'extrémité du ventre reprend son volume, & l'insecte ses mouvemens ordinaires, sans paroître avoir souffert d'une opération qu'on jugeroit devoir lui être aussi pénible.

Des Oestres.

Caractères qui distinguent ce genre. *Voyez* la table.

Les Oestres de même espèce sont souvent très-différemment colorés, comme M. de Réaumur l'a remarqué; ce qui rend les espèces très-difficiles à distinguer.

Les larves des Oestres vivent aux dépens des grands animaux.

Description de l'Oestre des intestins du Cheval, de celui des tumeurs des bœufs.

Des Coufins.

Caractères de ce genre, & defcription détaillée des différentes parties du corps des Coufins. M. de Geer obferve qu'ils ont été décrits par un grand nombre d'auteurs modernes; que Swammerdam en a donné d'excellentes figures ; que cependant celle qu'il donne de la trompe n'eft pas exacte, mais que pour connoître parfaitement tout ce qui concerne les Coufins, il faut ie chercher dans ce que M. de Réaumur a écrit fur ces infectes, & qu'en faveur de ceux qui n'ont pas les ouvrages de ce favant, il donne l'extrait de fon mémoire fur les Coufins. Comme nous donnons la notice des Œuvres de M. de Réaumur fur les Infectes, nous ne nous occuperons pas de l'extrait que préfente ici M. de Geer. Nous remarquerons, comme nous l'avons déjà dit à l'occafion des Taons, qu'il affure avoir obfervé que ce font les Coufins femelles feuls qui nous piquent, & que jamais il n'a été piqué par un Coufin mâle, quoiqu'il fe foit trouvé fouvent au milieu d'un grand nombre, & que les femelles l'affailliffent.

Defcription & hiftoire du Coufin commun.

7ᵉ. MÉMOIRE.

Des Tipules.

Caractères des infectes de ce genre. M. de Geer penfe que la *Mouche-Saint-Marc*, dont M. Geoffroy a fait un genre particulier fous le nom de *Bibion*, *Bibio*, en latin, eft une Tipule, & qu'on ne doit pas en faire un genre particulier, que la différence qu'on remarque dans les antennes ne fuffit que pour fubdivifer la Mouche-Saint-Marc en une famille du genre des Tipules.

Defcription des parties du corps des Tipules. Divifion de ce genre en quatre familles d'après la forme des antennes. Subdivifion des Tipules en grandes, petites & moyennes. Les premières ont un pouce & au-delà de longueur, les fecondes font de la grandeur des Coufins communs, & les moyennes ont une

taille entre deux. Plufieurs efpèces de petites Tipules s'élèvent en nombre infini de la furface du terrein, redefcendent, remontent & forment des fortes de balancemens en produifant un fon aigu.

Defcription de trente-fept efpèces de Tipules.

M. de Réaumur, des ouvrages duquel nous donnons un extrait, ayant traité de l'hiftoire des Tipules, il eût été fuperflu de de rapporter ici ce qu'en dit M. de Geer ; mais nous devons remarquer qu'en décrivant plufieurs efpèces, il a fait leur hiftoire particulière. Nous aurions defiré en pouvoir donner une notice. Les bornes prefcrites nous forcent de renvoyer à l'ouvrage même, le lecteur qui defireroit une connoiffance complette de l'hiftoire des Tipules, tant générale que particulière.

8ᵉ. MÉMOIRE.

Des Gallinfectes.

Les Gallinfectes, *Coccus de Linné*, font, quant aux femelles des infectes aptères, quant aux mâles des infectes à deux aîles, beaucoup plus petits que leurs femelles ; celles-ci paffent l'hiver attachées aux branches de différens arbres ; elles s'y tiennent par une trompe qui leur fert à fucer la féve , elles croiffent au printems, & elles font fécondées par les mâles qui les cherchent. Ces derniers ont à l'extrémité du corps deux filets entre lefquels eft une forte d'aiguillon, qui eft la partie mâle ou fon enveloppe ; ils n'ont d'ailleurs ni trompe ni mâchoires : la femelle fécondée, pond des œufs auxquels elle fert de couverture & d'enveloppe en les couvrant de fon corps.

Caractères des infectes de ce genre. *Voyez* la table.

Les jeunes Gallinfectes nées fous le corps de leur mère au printems, en fortent, fe répandent fur les feuilles ou les tiges, mais fans s'y fixer entièrement ; à l'automne, elles s'attachent aux branches, les femelles, pour le reste de leur vie, & les mâles pour jusqu'au printems suivant. Alors ceux-ci se métamorphosent sous leur peau qui leur sert de coque.

Description & histoire de la *Gallinsecte ovale* de l'*orme*, de la *Gallinsecte ronde* du *saule*.

Description d'une Gallinsecte exotique (la Cochenille). M. de Geer en a reçu de vivantes de l'isle de Saint-Eustache, ce qui l'a mis à portée d'en donner une description plus exacte qu'on n'avoit pu le faire encore, & de décrire les antennes qui sont toujours brisées dans les Cochenilles du commerce. Mais il avertit qu'il n'est pas sûr que les Gallinsectes de l'isle de Saint-Eustache soient les mêmes que celles du Mexique, qui fournissent la Cochenille, quoique toutes deux vivent sur la même plante. Il n'a non plus été à portée de décrire que des femelles.

T O M E *dernier.*

Ce tome est regardé comme un ouvrage posthume. Il paroît cependant que le manuscrit étoit complet avant la mort de l'auteur, & qu'on n'a fait que le rendre public. Il contient la description des insectes *Aptères*, ou qui n'ont point d'aîles; il est divisée en neuf mémoires, suivis d'un dixième, servant de supplément, & dans lequel on trouve la description de quelques insectes aîlés.

Enfin ce volume, & les œuvres de M. de Geer sur les insectes, sont terminés par la récapitulation de la distribution des insectes en classes, en ordres, en genres & en familles, avec une table générale de division de ces animaux.

C L A S S E X I.
C A R A C T E R E S.

Point d'aîles, six pattes, bouche à trompe. Les insectes de cette classe passent par l'état de nymphe.

GENRE LXXXII. La Puce, *Pulex.*

Six pattes, dont les postérieures sont longues & propres à sauter; deux yeux; courte trompe recourbée; antennes filiformes; anneaux du ventre couverts de pièces écailleuses.

C L A S S E X I I.

Point d'aîles, six pattes; huit yeux de chaque côté de la tête; antennes sétacées; trois filets au derrière; corps couvert de petites écailles.

GENRE LXXXIII. La Forbicine, *Forbicina.* GEOFF. *Lepisma.* LINN.

Six pattes; deux yeux composés; deux barbillons à la tête; antennes sétacées; trois filets au derrière; corps couvert de petites écailles.

LXXXIV. La Podure, *Podura.*

Six pattes; huit yeux de chaque côté de la tête; antennes filiformes; queue fourchue repliée sous le ventre, au moyen de laquelle elle saute.

LXXXV. Le Terme, *Termes.* LINN.

Six pattes; deux yeux à réseau; antennes sétacées ou filiformes, plus longues que le corcelet; bouche à deux dents au devant de la tête, & quatre barbillons mobiles.

GENRE LXXXVI. Le Pou, *Pediculus.*

Six pattes; deux yeux; courte trompe à la tête; antennes filiformes de la longueur de la tête; ventre applati.

LXXXVII. Le Ricin, *Ricinus, pediculi spec.* LINN.

Six pattes; deux yeux; antennes filiformes environ de la longueur de la tête; ventre applati; deux dents en dessous de la tête.

CLASSE XIII.

Point d'aîles, huit ou dix pattes, la tête confondue avec le corcelet, ou faisant ensemble une même masse, sans étranglement entre deux.

GENRE LXXXVIII. La Mitte, *Acarus.*

Huit pattes; deux yeux; deux bras en forme de petites pattes, articulés près de la tête; courte trompe.

LXXXIX. Le Faucheur, *Phalangium.*

Huit pattes; deux yeux; deux bras en forme de petites pattes; deux serres au-devant de la tête, divisées en deux doigts; corps ovale.

XC. L'Araignée, *Aranea.*

Huit pattes; huit yeux; deux bras articulés en forme de petites pattes; deux serres au-devant de la tête; mamelons charnus & mobiles au derrière qui font des filières

XCI. Le Scorpion, *Scorpio.*

Huit pattes; huit ou six yeux; deux serres ou tenailles aux côtés de la tête; deux autres serres plus petites au-devant de la tête; longue queue articulée, terminée par un aiguillon courbé; deux lames dentelées en peigne au-dessous du corps.

XCII. Le faux Scorpion, *Chelifer.* GEOFF. *Phalangii spec.* LIN.

Huit pattes; point d'antennes; deux serres ou tenailles aux côtés de la tête; deux autres serres plus petites au devant de la tête; corps oblong sans queue.

XCIII. L'Ecrevisse, *Astacus, Cancer macrorus.* LIN.

Dix pattes, dont les deux antérieures sont grandes & terminées par des serres doubles ou à deux doigts; antennes sétacées longues; deux yeux placés sur des pédicules mobiles; deux bras articulés; corcelet convexe, cylindrique; longue queue étendue, terminée par des nageoires plattes en forme de feuillets.

XCIV. Le Crabe, *Cancer. Cancer brachyurus.* LIN.

Dix pattes (quelquefois huit), dont les deux antérieures sont grandes & terminées par des serres doubles ou à deux doigts ; deux yeux placés fur des pédicules mobiles ; antennes fétacées courtes ; deux bras articulés ; grand corcelet applati ; queue triangulaire ou ovale, recourbée & appliquée fur le deſſous du corps.

Genre XCV. Le Monocle, *Monoclus.*

Pattes branchues & propres à la nage ; deux bras articulés, également branchus ; le corps couvert d'une écaille en forme de coquille bivalve ; les yeux placés fur cette écaille tout près les uns des autres, & formant comme une maſſe unique ; queue fourchue.

CLASSE XIV.

Point d'aîles, quatorze pattes & d'avantage, la tête féparée du corps par une inciſion ou étranglement.

Genre XCVI. La Squille, *Squilla. Cancer manibus adactylis & oniſci ſpec.* Lin.

Quatorze pattes, dont les quatre antérieures font à tenailles ſimples ; quatre antennes létacées ou à filets coniques ; lames minces en forme de feuillets fous la queue, ou bien point de queue.

XCVII. Le Cloporte, *Oniſcus.*

Quatorze pattes ; deux yeux à réfeau ; deux antennes filiformes coudées ; corps ovale diviſé en anneaux.

Genre XCVIII. La Scolopendre, *Scolopendra.*

Corps applati diviſé en pluſieurs anneaux ; pattes nombreuſes, une paire à chaque anneau du corps ; antennes fétacées ou à filets coniques ; pluſieurs yeux en forme de tubercules hémiſphériques ; deux tenailles en crochets, & deux barbillons en forme de petits bras en deſſous de la tête.

XCIX. Le Iule, *Iulus.*

Corps cylindrique diviſé en un très-grand nombre d'anneaux ; pattes nombreuſes, courtes ; deux paires à chaque anneau du corps ; antennes courtes filiformes ; deux yeux à réfeau ; deux dents.

1er. MÉMOIRE.

Des inſectes ſans aîles en général, & en particulier des Puces, des Forbicines, des Podures, des Termes, des Poux & des Ricins.

Les inſectes ſans aîles ou *aptéres* ne font pas ſujets à des métamorphoſes, excepté la Puce qui fort de l'œuf fous la forme de larve, & qui paſſe par l'état de nymphe avant de devenir inſecte parfait.

Les Aptéres préſentent dans leur forme des différences qui mettent en état de les diſtinguer en diverſes claſſes. *Voyez* la table. Quoiqu'ils ne prennent jamais d'aîles, ils changent de peau à meſure qu'ils croiſſent ; pluſieurs ont le corps couvert d'une peau dure & cruſtacée ; la plupart ont des dents, quelques-uns une trompe ; les antennes varient beaucoup pour la forme & la grandeur ; les *Mittes*, les *Faucheurs*, les *Arai-*

gnées, les *Scorpions* & les *faux Scorpions*, n'en ont point, fuivant M. de Geer, & les parties auxquelles on en a donné le nom, font des barbillons ou efpèces de bras dont ils fe fervent pour approcher leurs alimens de la bouche; ces parties n'ont aucun rapport avec les antennes par leur forme & leur pofition.

Parmi les Aptères, les uns n'ont que deux yeux, d'autres en ont huit, & certains feize. Ils font ordinairement liffes & fans facettes, excepté les *Ecreviffes* & les *Iules*. Dans les *Ecreviffes* & les *Crabes*, les yeux, placés fur une forte de pédicule, font mobiles.

Le corcelet eft d'une feule pièce, ou de deux ou trois, mais dans quelques efpèces, comme le Cloporte, il n'eft pas diftinct du refte du corps.

Les parties de la génération font placées ordinairement au bout du corps dans le mâle & dans la femelle; mais dans l'Araignée mâle, elles font renfermées dans le bouton qui termine les bras fitués à la tête, & qu'on a regardés comme les antennes; l'Araignée mâle a donc les parties doubles; la femelle n'en a qu'une placée au-deffous du ventre près du corcelet.

La plupart des Aptères font ovipares, quelques-uns font vivipares; tous ces infectes fe reproduifent avant d'avoir pris tout leur accroiffement, ce qui eft le contraire des autres animaux, & en particulier des infectes qui n'engendrent que fous leur dernière forme, ou lorfque leur développement eft complet.

La nourriture & la demeure des Aptères varient felon les efpèces; il y en a de terreftres & d'aquatiques, de *fanguivores*, de *carnaciers*, de *frugivores*, ou qui fe nourriffent de végétaux.

Des Puces.

On n'en connoît qu'une efpèce; fes caractères; fa defcription. Elle pond fes œufs au hafard, fuivant M. Roefel, fans les attacher, comme on le croit, aux différents poils; il en fort des larves de figure alongée, avec une tête écailleufe & de petites antennes; le corps eft divifé en anneaux, velu & terminé par deux crochets qui fervent à le pouffer en avant. Il n'y a point d'autres pattes.

Ces larves font fort vives, fe mettent en rond dans l'état de repos, fortent des œufs environ fix jours après la ponte, & ont atteint leur grandeur onze jours après leur naiffance; elles cherchent alors une retraite, s'y enferment fous une coque mince, y prennent la forme de nymphes, & fortent de la coque fous celle de Puce au bout de onze autres jours. Cependant les larves qui fe font enfermées en automne, fous une coque, n'en fortent qu'au retour du printems.

Des Forbicines.

M. Linné a nommé ce genre d'infectes *Lépifma*. Il penfoit que les Forbicines font originaires d'Amérique, d'où elles ont été apportées en Europe, & y ont multiplié dans les régions chaudes ou tempérées, car on n'en trouve point dans les contrées du nord.

Defcription de la feule efpèce connue.

Des Podures.

Leurs caractères. *Voyez* la table. M de Geer dit qu'il les obfervat & les fit le premier connoître en 1737, perfonne n'en ayant encore parlé.

Toutes les efpèces de Podures font très-petites, & on ne peut les bien examiner qu'au microfcope; elles aiment à fe raffembler en grand nombre; on les trouve en tas, fur les plantes, fur le fable, fur la furface des eaux dormantes, & même fur la neige en tems de degel ; elles courent avec beaucoup de vîteffe & fautent très-légérement. Elles préfèrent les lieux humides, elles ne fubiffent pas de métamorphofe. Leur divifion en deux familles. Defcription de fept efpèces. Celles qui font aquatiques ne peuvent vivre que très-peu de tems éloignées de l'eau & à fec.

Des Termes.

Les Termes ont été appellés en latin *Pediculi pulfatorii*, & en françois *Poux de bois.* Ce font de très-petits infectes, d'une extrême vivacité ; ils habitent les maifons, courent fur les meubles, & fe logent de prédilection fur les vieux livres, dans les herbiers & les collections d'infectes deffechés. (Il ne faut pas les confondre avec des infectes auxquels on a donné le même nom, & qui ont beaucoup de rapport avec les Fourmis.) Caractères des Termes dont il eft parlé dans ce mémoire.

Defcription d'une efpèce qui habite nos contrées. Il paroîtroit, d'après l'hiftoire de cette efpèce, qu'elle feroit deftinée à prendre des aîles, & qu'il y auroit des Termes aîlés & de non ailés. Mais ce fait n'eft pas avéré.

Defcription d'un Termes du Cap de Bonne-Efpérance. Ce Termes fe rapproche beaucoup des Fourmis ; mais fes antennes ne font pas coudées, fon ventre eft couvert d'une peau molle & membraneufe, & il tient au corcelet par toute fa largeur & non par un pédicule. Cette efpèce habite des nids dans lefquels on trouve d'autres infectes beaucoup plus grands, qui font probablement les femelles. Les hottentots mangent avec délices ces Termes.

Defcription d'une autre efpèce de Termes exotique. Celle ci fe trouve également en Amérique & dans les pays les plus méridionaux de l'ancien continent ; elle eft un

fléau affreux par les dégâts qu'elle caufe dans les maifons ; fa grandeur eft à peu près la même que celle des Fourmis noires les plus communes en Europe. Sa defcription. Les mâles font plus petits, ont la tête quarrée & les mâchoires très-fortes ; la tête des femelles eft alongée, & leurs mâchoires font courtes.

Ces Termes vivent dans des nids d'où ils fe répandent par des chemins couverts qu'ils favent conftruire, par-tout où ils veulent pénétrer. Les nids & les chemins font, fuivant un obfervateur qui les a vus aux ifles Antilles, conftruits d'une pâte qu'ils favent étendre. Cette pâte eft le réfultat des matières, fur lefquelles ils bâtiffent, diffoutes par une liqueur qu'ils répandent & qui réduit en une forte de pulpe toute efpèce de fubftance. Ces mêmes ouvrages, felon M. Adamfon, qui a vu les Termes en Afrique, font conftruits avec de la terre que les Termes aglutinent & lient pour conftruire leur demeure & leur chemin. M. Adamfon les nomme *Vagvagues.* Quoi qu'il en foit de la nature des matériaux qu'ils emploient, & qui peut varier dans les différens pays, les Termes ne fauroient fouffrir l'air, & ne travaillent jamais au jour, mais ils pénètrent par-tout à la faveur de leurs chemins couverts, & rien n'eft à l'abri de leur voracité ; étoffes, meubles, le bois même qui entre dans la conftruction des édifices, ils rongent & détruifent tout, & comme leur nombre eft prodigieux, leurs ravages font exceffifs. Ces derniers Termes ne paroiffent pas différer des infectes auxquels d'autres naturaliftes ont donné le même nom, qui fe trouvent dans les pays chauds de l'ancien & du nouveau continent. Mais ceux ci n'appartiennent pas à la claffe des Aptères, & il eft probable que M. de Geer n'a placé dans cette claffe les termes que parce qu'il ne les a pas bien connus.

Des Poux.

Caractères de ces infectes.

Defcription du Pou qui vit aux dépens de

de l'homme. M. Linné en a diftingué deux variétés, une qui s'attache à la tête, l'autre aux différentes parties du corps. La première variété eft couverte d'une peau plus dure, plus colorée, & elle eft un peu plus petite, elle eft bordée fur les côtés par une raie noire ponctuée; la feconde variété eft d'un blanc fale fans bordure fur les côtés.

Defcription du Pou du Bufle d'Afrique. Ce Pou diffère du précédent par cinq tubercules écailleux, placés fur les côtés du corps.

Des Ricins.

Les Ricins font les infectes parafites que l'on trouve fur les oifeaux & quelques quadrupèdes, & qu'on a regardés comme leurs Poux; mais au lieu d'une trompe ils ont deux dents ou mâchoires, caractère affez diftinctif pour que M. de Geer en ait fait un genre féparé. Leur defcription en général, & en particulier celle du Ricin du Pinçon, du Bruant, de la Corneille, de la Mouëtte, du Plongeon, de la Poule d'eau, du Chien.

2ᵉ. MÉMOIRE.

Des Mittes & des Faucheurs

Des Mittes.

Caractères de ce genre. Les Mittes ont huit pattes; mais en naiffant elles n'en n'ont que fix, & celles de la troifième paire ne pouffent qu'après qu'elles ont mué. Elles multiplient beaucoup, & on les trouve répandues par-tout. On leur a attribué d'être la caufe des maladies les plus graves, telles que plufieurs fortes d'épidémies, la dyffenterie, la petite vérole & la gale, la pefte même. M. de Geer paroît ne pas douter qu'elles ne foient la caufe de la gale; M. Geoffroy & beaucoup d'autres auteurs ont la même opinion, qui ne paroît cependant pas prouvée. Car les Mittes, ou Tiques, comme d'autres les nomment, caufent-elles la gale; ou la

fanie qui tranfude dans cette maladie, les attire-elle? Quant à l'opinion relative aux autres maladies, elle a fort peu de partifans.

M. de Geer rapporte au genre des Mittes la Tique d'Amérique, qui s'introduit dans la peau de l'homme & des animaux; ainfi que les Tiques ou Cirons qui tourmentent les différens animaux, même les autres infectes. Mais indépendamment de ces Mittes, il y en a d'aquatiques qui dépofent leurs œufs fur les pattes des Ditifques & autres infectes d'eau. Ces œufs prennent de l'accroiffement, ce qui prouve qu'ils pompent de la nourriture, & il en naît des Mittes qui continuent de vivre fur les mêmes infectes. Il arrive la même chofe à plufieurs infectes terreftres, fur lefquels les Mittes dépofent également leurs œufs.

Il feroit utile de divifer les Mittes en familles à caufe de leur grand nombre, & M. de Geer propofe de placer dans la première famille, celles qui vivent fur les provifions de bouche, dans la feconde, celles qui fe nourriffent aux dépens de l'homme & des quadrupèdes; dans la troifième, celles des oifeaux; dans la quatrième, les Mittes des autres infectes; dans la cinquième, celles des arbres & des plantes; dans la fixième, celles qui rodent par-tout fans fe fixer, & dans la feptième, les Mittes aquatiques.

Des Mittes qui fe trouvent fur les vivres ou les provifions de bouche.

Defcription de l'efpece qui vit fur le fromage, les viandes fumées & defféchées, le pain, les fruits fecs & gardés, &c.

Des Mittes de l'homme & des quadrupèdes.

Defcription de cinq efpèces. La première eft celle qu'on trouve dans les ulcères caufés par la gale, & à laquelle MM. de Geer, Linné & Geoffroy attribuent cette maladie.

Des

Des Mittes des Oiseaux.

Description de trois espèces.

Des Mittes des insectes.

Description de neuf espèces, savoir des Mittes des Bourdons, des Mouches, des Faucheurs, des Demoiselles, des Cousins, des Pucerons, &c. La dernière qui est la dix-septième, & que M. de Geer appelle Mitte végétative, exige de nous y arrêter un instant. Elle est très-petite; M. de Geer l'a observée sur un *Staphylin*; de l'extrémité de son corps naît un pédicule évasé, ensuite très-délié, puis de nouveau évasé & adhérent par ce dernier endroit à la peau du Staphylin. C'est donc, en quelque sorte, un insecte parasite attaché à un autre insecte dont il pompe les sucs, comme les plantes qui croissent de cette manière aux dépens d'autres plantes; mais cette Mitte n'est jamais seule; il n'y en a qu'une qui tienne au staphylin; d'autres Mittes tiennent au pédicule de la première par le leur; elles sont rangées au-dessus les unes des autres, & leur assemblage sur différentes parties du corps du Staphylin, y forme comme autant de houppes distinctes. Cependant chaque Mitte ne reste pas toujours attachée; mais quand elle veut changer de place, elle se cramponne par le moyen de ses pattes au premier objet fixe qu'elle rencontre, & elle se dégage en faisant effort, puis elle marche & se transporte où elle veut; alors elle ne se nourrit plus par son pédicule, mais par le moyen d'une trompe située en dessous de sa tête. M. de Geer a observé des Mittes de la même espèce accumulées sur une Lepture, les unes formant des houppes & liées par leur pédicule, les autres marchant sur la Lepture. M. Frich étoit le seul auteur qui eût parlé de ces Mittes avant M. de Geer.

Description de trois espèces de Mittes de la cinquième famille, de deux de la sixième, & de cinq de la septième, ou de celles qui sont aquatiques; parmi celles ci, la Mitte

que M. de Geer nomme *Mitte rouge*, dépose ses œufs sur différens insectes aquatiques, & ces œufs y croissent, y acquièrent du volume avant que les jeunes Mittes en sortent.

Description de trois Mittes exotiques, dont la première est la *Mitte pique*, ou la *Chique*, la *Tique*, le *Nigua* des américains. Cette Tique est excessivement abondante dans les bois où elle vit, sur les feuilles tombées & desséchées. Aussi-tôt qu'un homme ou un animal se repose sur ces feuilles, il est couvert de *Tiques*. Elles percent la peau sans qu'on sente leur piquure qui ne devient sensible que quand la Tique s'est introduite de la moitié de la longueur de son corps. Alors on éprouve une démangeaison fort vive, & si l'on tente de retirer la Tique, elle tient si fort qu'on la rompt; la partie du corps engagée dans la plaie y reste, cause une violente inflammation dont les suites sont fort dangereuses; on est donc obligé de scarifier la plaie pour retirer la Tique dans son entier. Elle est d'abord assez petite, mais elle se renfle considérablement en peu de tems par l'abondance du sang qu'elle suce. On ne court pas le risque d'en être piqué dans les prairies. Elle ne s'y trouve jamais.

Des Faucheurs.

Leurs caractères.

On les a confondus avec les Araignées jusqu'à M. Linné, qui d'abord les a regardés comme des Mittes, & qui ensuite a reconnu qu'on en devoit faire un genre séparé; ce qu'il a exécuté, & il a donné, à ce genre, le nom de *Phalangium*.

Les Faucheurs ne filent pas; leur peau est presque crustacée; ils n'ont que deux yeux; ils se nourrissent d'insectes qu'ils sucent & qu'ils saisissent en courant; ils déposent leurs œufs dans les terreins humides où le soleil pénètre peu.

Description de deux espèces.

3ᵉ. Mémoire.

Des Araignées.

Leurs caractères.

Les Araignées ont été observés par *Leuwenhoeck*, *Lister*, *Homberg*, de *Réaumur*, *Clerck*, *Roesel*, &c. Mais M. de Geer déclare que, sans s'attacher aux observations des auteurs, il ne rapporte que celles qu'il a faites lui-même, & il remarque que les Araignées méritent bien d'être étudiées, surtout à cause de leur forme, de leur manière de vivre & de leur façon de se propager.

La morsure des Araignées, au moins de celles qu'on trouve en Europe, n'est point vénimeuse comme on le croit communément; elle ne produit, au plus, qu'une légère inflammation & de la démangeaison, comme la piqûre des Cousins.

Le corps des Araignées paroît n'être partagé qu'en corcelet & en ventre. La tête qu'on reconnoît par la position des yeux, est comme confondue avec le corcelet; le ventre varie beaucoup dans différentes espèces, tant par la forme que par le volume; les filières sont situées à sa partie postérieure, & les parties de la génération sont placées vers son milieu en dessous dans les femelles.

Les mâles sont beaucoup plus petits, & leur ventre sur-tout est beaucoup moins considérable; chacun de leurs bras est surmonté d'un bouton qui contient les parties de la génération; elles sont donc doubles, mais le mâle ne fait usage que d'une de ces parties dans l'accouplement; il n'approche qu'avec beaucoup de précaution de la femelle, & seulement pour l'accouplement; quand il se trouve à sa portée dans d'autres circonstances, il en est souvent dévoré, & même lorsqu'il s'en approche trop brusquement pour s'accoupler. Parmi quelques petites espèces, les mâles vivent cependant sur la même toile que les femelles, mais en se tenant toujours à l'écart.

L'instant de l'accouplement est précédé de beaucoup de précautions de la part du mâle, qui s'approche & se retire plusieurs fois, & s'unit enfin à la femelle, après avoir eu soin de tendre un fil qui lui serve à se retirer aussi-tôt que l'accouplement est fini; il prend alors la fuite au plutôt, & il n'est cependant pas rare qu'il soit arrêté & dévoré par la femelle à laquelle il vient de se joindre.

Les Araignées ne vivent que de proie; & celle de toutes espèces leur est bonne, pourvu qu'elles soient assez fortes pour s'en rendre maîtresses; elles ne s'épargnent pas même entre elles, & elles s'entre dévorent; les unes ne font que sucer le sang, les autres dévorent leur proie, ou entière, ou en partie; celles qui tendent des toiles y prennent les insectes qui donnent dedans, & celles qui ne filent pas, saisissent leur proie à la course.

Lorsque deux Araignées se rencontrent sur la même toile, celle à qui la toile appartient se saisit de l'Araignée étrangère qui tâche de fuir, & la tue si elle est plus forte; mais si elles sont de grandeur égale, il se livre un rude combat, dont la suite ordinaire est la mort des deux parties. Cependant ce n'est que par quelqu'accident que deux Araignées se trouvent sur la même toile; elles ne cherchent point celles qu'elles n'ont pas filées, & elles ne les habitent pas, elles n'en délogent pas les Araignées plus foibles.

Les Araignées mangent beaucoup quand elles en trouvent l'occasion, & si leur nourriture continue à être abondante, leur accroissement est rapide; mais elles ont la faculté de supporter de très-longs jeûnes, quand la nécessité les y contraint; elles périssent par l'effet de la plus légère blessure, & sont en cela bien différentes des autres insectes. Elles rendent des excrémens liquides & sous la forme d'une espèce de bouillie.

M. Clerck croit que les Araignées ne vivent pas plus d'un an, & qu'elles changent trois fois de peau pendant la durée de leur vie ; elles font dans un état d'engourdissement pendant l'hiver (ces faits peuvent être vrais à l'égard des Araignées qui vivent dans les champs, mais il est avéré qu'il ne font pas fondés à l'égard des Araignées qui habitent les maisons.

De l'arrangement des yeux des Araignées.

Des Araignées *Loups.*
 Phalanges.
 Crabes.

De la manière dont les Araignées fi'ent & tendent leurs fils d'un arbre à un autre. Ces objets étant peu susceptibles d'extrait, & traités d'ailleurs *au mot Araignée*, l'ouvrage que nous faisons connoître, n'offrant rien de particulier à cet égard, nous ne nous arrêterons pas plus long-tems sur ces mêmes objets.

Toutes les Araignées, soit qu'elles tendent ou qu'elles ne tendent pas de toiles, filent des coques de soie pour y déposer leurs œufs. Les unes, (les Araignées loups,) transportent par tout avec elles la coque qui contient leurs œufs, & qu'elles portent ou sur leur dos, ou attachée à leur ventre ; les autres (les Araignées Crabes) attachent leur nid ou à une muraille ou à une feuille sèche qu'elles plient & se tiennent auprès sans le quitter. Les unes & les autres ont pour leurs œufs un attachement tel qu'il est difficile de leur enlever la coque qui les contient, & qu'elles se laissent plutôt tuer que de l'abandonner : les Araignées des jardins attachent leurs coques à des troncs d'arbres en automne, & périssent peu après ; les œufs n'éclosent qu'au printems suivant.

La coque des œufs des Araignées est molle & comme pulpeuse ; le petit en sort à peu-près de la même manière que s'opère le changement de peau des différens insectes ; c'est-à-dire, qu'il se fait sur l'œuf une fente par laquelle la jeune Araignée dégage successivement les différentes parties de son corps.

Les Araignées nouvellement nées sont foibles, comme engourdies & sans mouvement; elles ne sortent pas, ou fort peu, de la coque où elles sont nées ; les unes au bout de huit jours, les autres plus tard, & quelques-unes au bout de quatre semaines, changent de peau, & après cette opération, elles ont toute l'agilité propre à ce genre d'insectes.

Division des Araignées en sept familles.

FAMILLE I. *Tendeuses*, *Retiariæ*.

Quatre yeux au milieu de la tête, placés en quarré, & deux de chaque côté, séparés l'un de l'autre ou joints ; pattes antérieures plus longues ; filets réguliers à réseau tendus verticalement contre les murailles au-dessous des corniches, &c. Position au centre de ces toiles, la tête en bas.

I I. Les *Filandières*, *Textoriæ*.

Yeux & pattes antérieures comme dans la première famille ; filets ou toiles irrégulières sans forme déterminée, ou seulement par celle du lieu où se trouve la toile.

I I I. *Tapissières*, *Vestiariæ*.

Quatre yeux placés en quarré au milieu, & quatre latéraux situés deux à deux de chaque côté & séparés ; les pattes postérieures plus longues ; toiles horizontales, régulières, dans les angles des murs.

FAMILLE IV. Les *Loups*, *Lupi*.

Quatre yeux placés en quarré sur le derrière de la tête, & quatre plus petits en devant, situés sur une même ligne ; pattes postérieures plus longues

V. *Phalanges*, *Phalangia*.

Yeux placés sur deux lignes parallèles longitudinales , les deux antérieurs plus grands ; corps convexe & élevé en dessus ; pattes à-peu-près égales, postérieures, un peu plus longues ; courent sur les murailles, les arbres , &c. , s'élancent sur leur proie par un saut, en traçant un fil attaché au plan de position , qui les soutient dans leur saut. ●

V I. *Crabes* , *Cancroides*.

Quatre yeux sur une ligne courbe en avançant, & quatre autres sur une ligne droite transversale ; pattes postérieures plus courtes ; corps applati & ressemblant à celui des Crabes ; marche souvent de côté , comme les crustacés ; capture de la proie à la course.

VII. *Araignées aquatiques.*

Yeux & pattes comme dans la premiere famille ; filent sur l'eau quelques fils , & dans l'eau même, pour déposer leurs œufs, une coque de soie qu'elle savent remplir d'air , & dans laquelle elles se tiennent le ventre en haut ; il ne faut pas confondre avec les Araignées aquatiques qui plongent & vivent dans l'eau, dont on ne connoît encore qu'une

espèce , celles qui ne font que courir sur la surface & qui sont de la quatrième famille.

Les Araignées ont pour ennemis plusieurs espèces d'oiseaux qui en sont fort friands , *les Guêpes Ichneumons* dont la piquure les engourdit. Ces mouches leur rompent ensuite ordinairement les pattes , & les portent dans les nids qu'elles construisent en terre.

M. de Geer , pour donner une description détaillée des parties différentes des Araignées , fait en particulier celle d'une grande Araignée qu'il appelle *angulaire*.

Description de dix Araignées de la première famille.

4ᵉ. MÉMOIRE.

Suite des Araignées.

Description de huit Araignées de la deuxième famille ; de deux de la troisième , de cinq de la quatrième , de quatre de la cinquième , de trois de la sixième ; & enfin de l'espèce qui est aquatique , & de sept Araignées exotiques.

5ᵉ. MÉMOIRE.

Des Scorpions.

Caractères de ce genre. Description des différentes parties du Scorpion. Il est vivipare, & une femelle produit , suivant Redi , de vingt à vingt-six petits ; suivant M. de Maupertuis , jusqu'à soixante. (cette différence ne seroit-elle pas relative aux espèces ?) Les parties sexuelles ne sont encore ni connues ni décrites , non plus que l'accouplement. Les Scorpions s'acharnent souvent les uns contre les autres, ils s'entretuent & ils font aussi la guerre aux Araignées ; ils se défendent ou ils attaquent , en piquant avec le dard qui termine leur queue. Leur piquure passe en général pour venimeuse. Celle des Scorpions qui habitent les pays fort chauds , paroît être en effet dangereufe , & célle des Scorpions des pays moins chauds peu à craindre. On ne trouve pas de Scorpions dans les pays feptentrionaux. Divifion des Scorpions en deux familles. Ceux de la première n'ont que fix yeux , & ceux de la feconde en ont huit. Defcription de huit Scorpions.

Des faux Scorpions.

Les auteurs ont beaucoup varié fur la dénomination de cés infectes. M. Linné les a d'abord placés parmi lés Mittes , & enfuite il les a compris au nombre dés *Faucheurs* , fous le nom de *Phalangium cancroïdes*. Mais M. Geoffroy & , après lui , M. Schaeffer en ont fait un genre féparé nommé par lé premier *Pince* en françois , & *Chelifer* en latin. M. de Geer préfère de les nommer *Faux Scorpions* à caufe de leurs traits de reffemblance multipliés avec les vrais Scorpions , & parce que la dénomination de *Pince* n'indique qu'un de leurs attributs.

Caractères des *Faux-Scorpions.*

On les trouve dans les maifons peu foignées , parmi la pouffière & près , fur-tout, des vieux papiers; ils marchent avec vîteffe en tout fens , en avant , en arrière & de côté.

Defcription de deux efpèces.

6ᵉ MÉMOIRE.

Des Ecrevijfes.

Caractères qui les diftinguent. M. Linné les a réunis dans un même genre avec les Crabes ; mais la plupart des autres naturaliftes féparent ces animaux en deux genres.

Suivant M. de Geer , il n'y a aucun doute que les Ecreviffes & les Crabes ne foient des infectes, puifque leurs parties molles font contenues par les parties les plus folides qui font extérieures , que ces animaux ont des anten-nes & des mâchoires latérales. (mais ces trois caractères appartiennent-ils feuls & effentiellement aux infectes ; ce qui les caractérife fpécialement, ce qui leur eſt propre, n'eſt ce pas de fubir un changement de forme , & ce caractère manque aux Ecreviffes & aux Crabes ?)

C'eſt parmi les Ecreviffes & les Crabes qu'on trouve les plus grands infectes.

Les Ecreviffes quoiqu'aquatiques , peuvent vivre quelque-tems hors de l'eau ; elles font carnacières & elles mangent auffi les plantes aquatiques ; les parties de la génération font doubles dans l'un & l'autre fexe , & fituées en deffous du corps ; la femelle en pondant fes œufs , les attache à des filets placés fous fa queue ; ils y demeurent jufqu'à la naiffance des petits , & ils augmentent de volume jufqu'à ce moment. Leur fécondité eſt extrême. M. Baſter a compté douze mille œufs fous la queue d'un feul Homard femelle.

Les Ecreviffes changent de peau une fois par an , & ont la faculté de régénérer leurs pattes à la place de celles qu'elles ont perdues par accident.

Defcription très-détaillée des parties tant externes qu'internes de l'Ecteviffe de rivière , & fon hiſtoire auffi détaillée. Sentimens des auteurs fur la nature & l'ufage de ces deux corps qu'on trouve dans l'eſtomac des Ecreviffes prêtes à muer , qu'on ne trouve plus peu après qu'elles ont mué , & qu'on connoît fous le nom impropre *d'yeux d'Ecreviffes.*

Defcription de quatre autres Ecreviffes.

Des Crabes.

Leurs caractères. Quoiqué les Crabes en général aient dix pattes , quelques efpèces n'en ont que huit , & d'autres douze. Les Crabes habitent les eaux de la mer, il y en a peu d'efpèces dans les lacs & les rivières ;

quelques-uns vivent fur terre dans des trous qu'ils creufent dans le fable.

Defcription des différentes parties des Crabes. Il y en a de fort finguliers par la forme de leurs différentes parties. Un entr'autres qui a huit pattes, en a quatre placées de façon qu'il peut marcher pofé fur le ventre, & quatre fituées de manière qu'il marche auffi bien tourné fur le dos. M. de Geer rapporte ce fait d'après M. Vofmaer, & il dit que M. Bafter parle d'un Crabe à-peu-près femblable. (Mais ces deux faits ont-ils été affez examinés ?)

Hiftoire des Crabes de terre qui vivent fur les montagnes des îles Antilles en Amérique.

Defcription de quatre efpèces.

7e MÉMOIRE.

Des Monocles.

Ce font, en général, de très-petits infectes, dont la forme varie beaucoup, ce qui les rend plus difficile à diftinguer ; caractères d'après lefquels on peut cependant les reconnoître. *Voyez* la table.

Les Monocles habitent les eaux, & principalement celles des lacs & des marais. Ils font ovipares. M. Godeheu a obfervé au Malabar de très-petits Monocles qui vivent dans l'eau de la mer, & la rendent lumineufe, en jettant une liqueur dont la trace s'étend à deux ou trois lignes. Mémoire des favans étrangers, tom. 3, pag. 269. M. Linné a rangé parmi les Monocles l'infecte que M. Geoffroy en a féparé parce qu'il a deux yeux diftincts, & qu'il a nommé *Binocle*. Mais M. de Geer penfe, avec M. Linné, qu'il doit être rapporté au genre du Monocle, à caufe de fes rapports avec les autres infectes de ce genre.

Divifion des Monocles en quatre familles.

1°. Bras ramifiés attachés en dehors de la coquille.

2°. Bras contenus entre les deux battans de la coquille.

3°. Bras en forme d'antennes fitués près de la tête ; queue fourchue, droite à l'extrémité du corps & à découvert.

4°. Queue fimple à l'extrémité du corps. On trouve fouvent des polypes attachés aux Monocles. Obfervations de l'auteur fur cet objet.

Defcription de fept efpèces. La tranfparence de la première permet d'appercevoir au microfcope plufieurs de fes parties internes que l'auteur décrit avec beaucoup de foin. La dernière efpèce eft remarquable par deux paquets en forme de grappe, que la femelle porte par-tout avec elle, & qui tiennent par un pédicule aux côtés poftérieurs de fon corps. Ce font fes œufs ; elle rompt le pédicule, & abandonne les grappes quand les petits font nés.

8e. MÉMOIRE.

Des Squilles.

Caractères qui leur font propres. *Voyez* la table.

Les Squilles vivent également dans les eaux douces & falées.

Defcription de fix efpèces. Celle de la première eft très-détaillée & curieufe par les obfervations de l'auteur fur les parties de la génération, fur l'accouplement & fes fuites de la part de la femelle.

9e. MÉMOIRE.

Des Cloportes, des Scolopendres & des Iules.

Des Cloportes.

Leurs caractères.

Les Cloportes n'ont que l'apparence d'être vivipares ; les femelles portent leurs œufs dans une poche étendue fous le ventre, d'où les petits fortent après avoir rompu la coque de l'œuf; M. de Geer dit que c'eſt la femelle qui ouvre la poche qui contenoit ſes œufs; (il m'a paru que ce ſont les petits, & on ne voit pas comment la mère exécuteroit cette opération.

Les Cloportes aiment les lieux ſombres, humides, & évitent ceux qui ſont expoſés au ſoleil. M. Linné a placé les *Squilles* dans le genre des Cloportes; mais M. de Geer a cru devoir les en ſéparer, & en former un genre à part qui eſt le précédent.

Deſcription de deux eſpèces.

Des Scolopendres.

Caractères des Scolopendres; on leur donne ſouvent les noms de *Cent-pieds*, *Mille-pieds*. Deſcription de leurs différentes parties. Elles vivent dans la terre, les bois pourris, les lieux ſombres & humides; elles fuient la lumière & les rayons du ſoleil dont la chaleur eſt capable de les faire périr quand elles y ſont expoſées long-tems. Elles vivent d'inſectes pour leſquelles leur morſure eſt mortelle dans l'inſtant. On croit que les grandes Scolopendres des pays chauds ſont venimeuſes. Leur morſure cauſe au moins, au rapport des voyageurs, des enflures fort douloureuſes. Le nombre de leurs pattes varie, ſuivant les eſpèces, depuis trente juſqu'à deux cents.

Deſcription de quatre eſpèces dont les deux dernières ſont exotiques.

Des Iules.

Leurs caractères. On leur donne ſouvent, comme aux Scolopendres, le nom de *Mille-pieds*. Ils habitent dans la terre & dans les lieux frais, ſombres & humides. Deſcription de leurs différentes parties. Ils ſont ovipares, & ils dépoſent leurs œufs dans la terre. Les Iules ſont très-remarquables en ce que les petits n'ont en ſortant de l'œuf ni le nombre d'anneaux,

ni celui de pattes qu'ils auront par la ſuite, & qui augmente à meſure qu'ils avancent en âge.

Deſcription de quatre eſpèces dont la dernière eſt exotique.

10ᵉ MÉMOIRE.

Ce mémoire eſt un ſupplément aux précédens, on y trouve la deſcription de pluſieurs inſectes d'Europe, & il eſt terminé par celle de pluſieurs inſectes du cap de Bonne-Eſpérance.

Inſectes d'Europe.

Un Papillon Phalène-Bélier, trois Ichneumons, deux Phalènes, une fauſſe Frigane, une Tipule, une Gallinſecte.

Inſectes du cap de Bonne-Eſpérance.

Six Abeilles, deux Guêpes, une Guêpe-Ichneumon, une Fourmi, deux Cigales, quatre Punaiſes, une Mante, un Lampyre, cinq Carabes, deux Cicindèles, huit Bupreſtes, dix-ſept Scarabés, cinq Cantharides, trois Ténébrions, cinq Capricornes, un Charanſon, un Antribe, ſept Chryſomèles, deux Coccinelles.

Les mémoires dont nous venons de rendre compte ſont ſuivis, comme concluſion de tout l'ouvrage, d'une récapitulation de la diſtribution des inſectes en *claſſes*, *ordres*, *genres* & *familles*.

M. de Geer eſt perſuadé qu'on ne peut établir de méthode parfaite; mais il eſt convaincu que les méthodes n'en ſont pas moins néceſſaires pour faciliter la connoiſſance d'objets auſſi multipliés & auſſi variés que le ſont les inſectes; il examine ſur quels fondemens une méthode doit être établie, pour approcher de la perfection, le plus qu'il eſt poſſible, c'eſt à-dire, pour rendre l'étude plus facile. Nous ne pouvons le ſuivre dans cet exaïnen qui doit être

lu en entier ; nous nous contenterons donc
de dire qu'il réfulte de fes obfervations que fon
opinion eft que les caractères doivent être
fondés fur la différence & le rapport des
formes, & tels qu'on puiffe reconnoître les
infectes à leur feul afpect, fans favoir leur
hiftoire. Ainfi une méthode fondée fur les
métamorphofes eft imparfaite, parce qu'elle
fuppofe qu'on connoît l'hiftoire de l'infecte
qu'on examine. Les rapports qui appartiennent à un grand nombre, doivent fervir de
bafe aux divifions les plus générales, & les
rapports plus circonfcrits, aux divifions qui
embraffent un moins grand nombre d'efpèces.
Ces remarques font fuivies de l'expofition
des caractères qui appartiennent à chaque ordre, chaque claffe, chaque genre & chaque
famille ; cette expofition eft précédée des
faits généraux relatifs aux infectes compris
dans l'ordre, la claffe, &c. Je ne rapporte
point ici l'énumération des caractères, parce
que la table fuivante la contient, ni les remarques générales fur les infectes de chaque
ordre, de chaque claffe, &c ; parce que ces
remarques ont déjà été faites en traitant,
dans le cours de l'ouvrage de chaque ordre,
de chaque claffe, &c. Cependant j'invite le
lecteur à confulter dans l'ouvrage même ces
remarques qui font une forte d'hiftoire abrégée & rapprochée des infectes en général ;
mais cette hiftoire concife n'eft pas fufceptible
d'un extrait ; il ne pourroit fournir que des
idées incomplettes.

L'ouvrage entier eft terminé par une table
qui rappelle & met fous les yeux tous les caractères employés par M. de Geer, pour diftinguer & faire connoître les infectes. L'utilité dont peut être cette table, & le befoin
qu'on peut avoir d'y recourir fouvent, la connoiffance précife qu'elle fournit du plan que
M. de Geer a fuivi, font les raifons qui
m'engagent à la copier.

DERHAM.

TABLEAU DES INSECTES

SUIVANT LA METHODE DE M. DE GEER.

PREMIÈRE CLASSE GÉNÉRALE.

Les infectes qui ont des ailes.

ORDRE I.
Quatre ailes découvertes, ou fans enveloppe ni couverture.

1re. CLASSE. Ailes farineufes, ou couvertes de très-petites écailles. Trompe roulée en fpirale.
- 1 Le Papillon.
- 2 Le Papillon-Bourdon.
- 3 Le Papillon-Phalène.
- 4 La Phalène-Tipule.
- 5 La Phalène.

2e. CLASSE. Ailes membraneufes, ou fans écailles. Bouche fans dents ni trompe.
- 6 La Frigane.
- 7 L'Éphémère.

3e. CLASSE. Ailes membraneufes, de grandeur égale, à nervures croifées, ou à réfeau. Bouche à dents.
- 8 La Demoifelle.
- 9 L'Hémérobe.
- 10 Le Fourmilion.
- 11 La Fauffe-Frigane.
- 12 La Mouche-Scorpion.
- 13 La Raphidie.

4e. CLASSE. Ailes membraneufes, dont les inférieures font plus courtes, à nervures, la plupart longitudinales. Bouche armée de dents. Aiguillon ou tarrière dans la femelle.
- 14 L'Abeille.
- 15 La Pro-Abeille.
- 16 La Guêpe.
- 17 La Guêpe-Ichneumon.
- 18 La Guêpe dorée.
- 19 L'Ichneumon-Bourdon.
- 20 L'Ichneumon.
- 21 Le Cynips.
- 22 La Mouche à fcie.
- 23 La Fourmi.

ORDRE II.
Deux ailes couvertes par deux étuis coriaces ou écailleux.

5e. CLASSE. Ailes membraneufes. Trompe recourbée fous la poitrine.
- 24 Le Thrips.
- 25 Le Puceron.
- 26 Le Faux-Puceron.
- 27 La Cigale.

6e. CLASSE. Étuis moitié coriacés & moitié membraneux, qui fe croifent. Deux ailes membraneufes. Bouche à dents.
- 28 La Punaife.
- 29 La Punaife d'eau.

7e. CLASSE. Étuis coriacés, ou demi-écailleux, aliformes. Deux ailes membraneufes. Bouche à dents.
- 30 La Mante.
- 31 La Sauterelle.
- 32 Le Criquet.
- 33 Le Grillon.
- 34 La Blatte.
- 35 Le Perce-Oreille.

8e. CLASSE. Étuis durs ou écailleux. Deux ailes membraneufes. Bouche à dents.
- 36 Le Staphylin.
- 37 La Lampyre.
- 38 Le Téléphore.
- 39 La Colifure.
- 40 Le Carabé.
- 41 La Cicindelle.
- 42 Le Buprefte.
- 43 Le Taupin.
- 44 Le Bouclier.
- 45 Le Dermefte.
- 46 La Vrillette.
- 47 Le Scarabé.
- 48 Le Cerf-volant.
- 49 L'Efcarbot.
- 50 L'Attélabe.
- 51 Le Tourniquet.
- 52 L'Hydrophyle.
- 53 Le Ditifque.
- 54 La Cantharide.
- 55 La Cardinale.
- 56 La Mordelle.
- 57 Le Ténébrion.
- 58 Le Capricorne.
- 59 La Lepture.
- 60 La Nécydale.
- 61 Le Clairon.
- 62 La Caffide.
- 63 Lips.
- 64 Le Charanfon.
- 65 La Bruche.
- 66 L'Antribe.
- 67 L'Antipe.
- 68 La Cryfomele.
- 69 La Coccinelle.

ORDRE III.
Deux ailts découvertes.

9e. CLASSE. Deux ailes membraneufes. Deux balanciers ou maillets fous les ailes. Bouche à trompe, fans dents.
- 70 La Mouche.
- 71 La Stratiome.
- 72 La Némotèle.
- 73 Le Taon.
- 74 L'Afile.
- 75 L'Empis.
- 76 Le Conops.
- 77 Le Bombile.
- 78 L'Hippobofque.
- 79 L'Oeftre.
- 80 Le Coufin.
- 81 La Tipule.

10e. CLASSE. Deux ailes membraneufes & point de balanciers, de trompe, ni de dents dans le mâle. Point d'ailes, mais une trompe à la poitrine dans la femelle.
- 82 La Gallinfecte.

DEUXIÈME CLASSE GÉNÉRALE.

Les infectes qui n'ont point d'ailes.

ORDRE IV.
Qui paffent par des métamorphofes.

11e. CLASSE. Point d'ailes. Six pattes. Bouche à trompe. Ils paffent par l'état de nymphe.
- 83 La Puce.

ORDRE V.
Qui ne fe transforment point.

12e. CLASSE. Point d'ailes. Six pattes. La tête féparée du corcelet par un étranglement.
- 84 La Forbicine.
- 85 La Pofure.
- 86 Le Terme.
- 87 Le Pou.
- 88 Le Ricin.

13e. CLASSE. Point d'ailes. Huit ou dix pattes. La tête confondue avec le corcelet, ou faifant enfemble une même maffe fans étranglement entre-deux.
- 89 La Mitte.
- 90 Le Faucheur.
- 91 L'Araignée.
- 92 Le Scorpion.
- 93 Le Faux Scorpion.
- 94 L'Écreviffe.
- 95 Le Crabe.
- 96 Le Monocle.

14e. CLASSE. Point d'ailes. Quatorze pattes, & davantage. La tête féparée du corps par une incifion ou étranglement.
- 97 La Squille.
- 98 Le Cloporte.
- 99 La Scolopendre.
- 100 Le Iule.

DERHAM.

M. Derham, recteur d'Upminster, dans le comté d'Essex, publia en anglois, vers 1710, un volume in-8°. intitulé : *Théologie physique, &c.* Cet ouvrage a été traduit en françois, & imprimé à Rotterdam en 1727; il est divisé en plusieurs livres. Le huitième, page 501, est consacré aux insectes. Dans le premier chapitre, l'auteur traite des insectes en général; dans le second, de leur figure & de leur *structure*; dans le troisième, de leurs yeux & de leurs antennes; dans le quatrième, de leurs divers membres & de leurs mouvemens; dans le cinquième, de leur sagacité à se précautionner contre la rigueur de l'hiver; dans le sixième, qui est le dernier & le plus étendu, de leurs soins à l'égard de leurs petits. Ces six chapitres sont accompagnés de notes aussi longues & plus longues que le texte.

On ne trouve, dans ces deux parties que des généralités extraites, mais avec soin & intelligence, d'ouvrages qui traitent spécialement & plus en détail des insectes. M. Derham s'attache sur tout à démontrer que chaque membre des insectes, chacune de leur action répond à leurs besoins; qu'ils sont conformés de la façon la plus avantageuse, pour la manière de vivre à laquelle ils sont destinés; que leurs yeux & leurs différens organes sont proportionnés à leurs besoins, & qu'ainsi ils sont la preuve d'un but que le créateur s'étoit proposé à leur égard. M. Derham n'a rien ajouté à la science, mais il a recueilli & rapproché les faits, & les personnes qui ne se sont pas appliquées à l'étude des insectes, peuvent trouver dans son ouvrage à s'instruire, même agréablement, sur l'organisation & sur les habitudes de ces animaux en général.

DRURY.

On doit à M. Drury, auteur anglois, trois volumes sur les insectes. Le premier parut à Londres en 1770. Les trois volumes sont composés de planches coloriées & d'une explication de ces planches. L'ouvrage est de format grand in 4°. Le plus grand nombre des planches représente des Papillons auxquels les premières planches de chaque volume sont consacrées, & les dernières le sont à des insectes de différentes classes. L'explication est à deux colonnes, une en anglois, l'autre en françois, & elle est placée à côté de chaque planche. L'auteur ne suit point de méthode stricte dans la rédaction des planches, mais il a observé seulement de séparer les Papillons, de rassembler dans les mêmes planches les insectes qui ont du rapport. L'explication contient une description très-détaillée de chaque insecte, détermine sa grandeur, ce que la plupart des auteurs ont négligé mal à propos; indique le lieu d'où chaque insecte a été apporté, & les ouvrages dans lesquels il en est parlé. Mais il y a un très-grand nombre d'articles à la fin desquels M. Drury termine les descriptions par annoncer qu'il n'a trouvé l'insecte, dont il vient de parler, décrit dans aucun ouvrage. Soit que M. Drury n'ait pas fait beaucoup de recherches à cet égard, soit, comme il le dit dans la préface du second volume, que plusieurs ouvrages aient été publiés depuis son entreprise commencée, M. Drury annonce très souvent, comme n'étant point décrits, des insectes qui le sont par plusieurs auteurs, même par des auteurs fort antérieurs à ses travaux, & ce qui est difficile à concilier avec la fréquente expression d'*insecte non décrit* qui termine la plupart des descriptions, c'est qu'à la fin de chaque volume il y a une table pour chaque figure, dans laquelle on trouve les synonimes des différens auteurs; en sorte qu'on lit à la fin de la description du même insecte, qu'il n'est point décrit, & qu'on trouve à la table la citation des auteurs qui en ont parlé. Mais il ne faut pas sans doute imputer à M. Drury cette contradiction; il est probable que les citations rapportées à la fin de l'ouvrage, l'ont été par le traducteur.

L'exécution des planches est très belle, le dessin est exact, les couleurs sont vraies; quant à l'explication en françois, le style en est peu correct & fatiguant. La traduction paroît être le travail de quelqu'un à qui la langue françoise n'étoit pas familière; & les défauts de diction sont quelquefois tels, qu'on a peine à suivre la description. C'est une tache à un ouvrage d'ailleurs le plus étendu & l'un des mieux exécutés que nous ayons jusqu'à présent dans le même genre. Quoique le nombre des insectes nouveaux que M. Drury a fait connoître ne soit pas aussi considérable, qu'on s'en faut beaucoup, qu'on auroit à l'inférer des expressions qui terminent la plupart des descriptions: on doit cependant à cet auteur la connoissance de plusieurs insectes, & sur-tout d'insectes de la côte occidentale d'Afrique, en particulier de Serralione, où il paroît qu'il avoit le plus de correspondance.

Le premier volume contient vingt-huit planches de Papillons, treize de Coléoptères, & neuf d'insectes de différentes classes.

Le second, vingt-neuf planches de Papillons, quinze de Coléoptères, quatorze de différens insectes.

Le troisième, 39 planches de Papillons, & vingt-une autres planches, tant de Coléoptères que de différens insectes; ainsi l'ouvrage entier comprend cent soixante-huit planches, dont quatre vingt-seize de Papillons, & soixante-douze de différens insectes.

Chaque volume est précédé d'une préface: celle qui est en tête du premier commence par quelques détails sur les avantages que nous retirons des insectes; l'auteur rend compte ensuite de la manière dont il a travaillé, & il termine la préface par la définition des termes employés par les naturalistes, comme classe, genre, &c.; de ceux qui expriment les différentes parties des insectes, comme tête, corcelet, &c. cette explication est accompagnée d'une planche au trait.

Dans la préface du second & du troisième volume, beaucoup plus courtes que celle du premier, M. Drury rend compte de la manière dont il continuoit l'exécution de son travail, & il ajoute quelques observations générales; un avis qu'il publia après avoir terminé son ouvrage, apprend qu'il avoit rassemblé une collection de cinq mille soixante-six espèces d'insectes étrangers, & de mille quatre cent soixante-trois espèces d'insectes ramassés en Angleterre. Cette riche collection étoit le travail de vingt ans.

On ne trouve pas, dans l'ouvrage de M. Drury, les noms triviaux qui rendent la synonimie plus aisée, & abrègent la recherche des insectes dans les différens ouvrages où ces noms sont employés.

ERNEST.

Insectes d'Europe, peints d'après nature, par M. Ernest, gravés par M. Gerardin & coloriées sous leur direction, &c. A Paris, chez de Laguette, Libraire.

L'ouvrage dont nous venons de transcrire le titre, se distribue par cahiers ou fascicules; le premier cahier parut à la fin de 1779. Il y a, dans le moment où nous écrivons, au commencement de 1787, quinze fascicules. Nous ignorons le nombre de ceux qui restent à publier. L'ouvrage est de format in-4°.; chaque cahier contient douze planches enluminées, & de trente à quarante pages de texte qui les précède & qui en contient l'explication. Les planches nous ont paru en général d'une assez belle exécution; le dessin en est correct & fidèle, & les couleurs sont généralement vraies. Les planches représentent la larve, la chrysalide, l'insecte dans son dernier état, &c. & à cet égard elles laissent peu à désirer. On s'est singulièrement attaché à publier le plus grand nombre d'espèces qu'on a pu recueillir, & il paroît qu'on n'a rien négligé pour se procurer, autant qu'on l'a pu, les espèces qui se trouvent dans différentes contrées de l'Eu-

rope. On en a donc fait connoître un affez
grand nombre qu'on n'avoit pas encore remarqué, & ce fervice, qu'on a rendu à la
fcience, nous paroît mériter la reconnoiffance des favans & du public. Mais en fuivant un très-bon principe, celui de ne rien
négliger, de remarquer tout, de faire tout connoître, il nous paroît qu'on a fouvent porté
ces vues trop loin. Il ne faut pas fans doute
négliger les variétés, encore moins les efpèces. Mais il faut bien prendre garde de
ne pas multiplier les dernières fans fondement, de donner pour efpèce ce qui n'eft
que variété, & éviter de trop s'étendre à
à l'égard des dernières, dont les détails ne
peuvent être épuifés. Nous regrettons donc
que les auteurs aient trop multiplié les deffins, qu'ils aient établi des efpèces fur des
différences trop légères, & qu'ils aient donné
trop d'attention à des variétés, qui fouvent
ne font qu'individuelles, qu'on n'obferve
qu'une fois & qu'on ne rencontre plus. Il eût
été à defirer qu'ils euffent diftingué les variétés conftantes dans chaque efpèce, foit
dans un même pays, foit dans des pays dont
la température eft différente, qu'ils fe fuffent
bornés à deffiner ces feules variétés; les autres
méritoient au plus qu'on en dît un mot dans
le texte qui fert d'explication. Mais ce défaut eft une furabondance, qui, à la vérité,
appauvrit plutôt qu'elle n'enrichit; elle ne
doit pas empêcher qu'on ne recherche l'ouvrage pour ce qu'il contient d'ailleurs, & en
particulier pour les efpèces nouvelles qu'il
fait connoître; peut-être auroit-on pu fe
borner à ces feules efpèces, parce que l'hiftoire des efpèces connues avoit déjà fouvent
été traitée, qu'on en avoit donné des figures
égales au mérite de celles de M. Erneft;
mais on a voulu fans doute réunir des objets qui n'auroient été qu'épars, & que le
favant & l'amateur puffent les fuivre, les
étudier dans un ouvrage qui les raffemble-
roit, & l'on a pris le vrai moyen d'atteindre
à ce but.

L'explication des planches eft divifée en
trois paragraphes fous le nom d'*état*, premier, fecond état, état parfait, & contient
la defcription de chaque infecte dans chacun
de ces états ou de ceux par lefquels il paffe;
elle préfente auffi un précis de fes habitudes,
& elle eft fuivie de la citation des auteurs qui
ont traité de la même efpèce. Chaque efpèce
a un nom. On a confervé ceux qui étoient
déjà ufités, & on en a donné aux efpèces
nouvelles. Quant à l'ordre dans lequel les
infectes font rangés, il paroît qu'on a fuivi
pour le fond la méthode de M. Geoffroy,
à laquelle on a fait différens changemens ou
additions. Il nous refte, pour donner une
idée de tout ce qu'il y a de publié de l'ouvrage, de dire un mot de chaque cahier.

Le premier commence par un difcours fur
les infectes en général, le lecteur jugera du
ftyle, qui peut-être lui paroîtra quelquefois
embarraffé & peu clair : nous ne citerons
que cette phrafe :

» L'infecte en général eft, des habitans
» de la terre, la partie la plus confidérable
» par le nombre & la variété ».

Mais nous ne pouvons nous difpenfer de
prévenir le lecteur, qui ne feroit pas inftruit,
qu'il doit lire avec précaution le difcours
préliminaire fur les infectes; par exemple,
la propofition fuivante induiroit un commençant en erreur.

» M. le Boffu, dans fes nouveaux voyages
» aux Indes occidentales, rapporte des mé-
» tamorphofes bien plus furprenantes encore.
» Un ver blanc, qui fe nourrit dans les vieux
» arbres, & qu'il affure avoir vu; fe tranf-
» former en un arbriffeau qui prend racine en
» terre, porte tiges, feuilles, & monte à la
» hauteur d'un pied : peut-être, ajoute-t-on,
» en eft-il une infinité d'autres, dont les
» changemens font auffi extraordinaires »...
Rien ne nous le paroît autant que ce paffage,
& qu'on le trouve dans un ouvrage eftimable en général, écrit dans ces dernières années, & d'après les lumières acquifes depuis
un demi fiècle.

Le difcours préliminaire eft terminé par des généralités fur les Chenilles & les Papillons, & les fix planches que le cahier contient ont pour objet les Papillons de la première claffe felon l'ordre qu'on fuit dans l'ouvrage.

IIe. CAHIER.

Il commence par une differtation fur l'éducation des Chenilles ; c'eft-à-dire, fur la manière de les nourrir pour avoir des Papillons mieux confervés. Les planches offrent la fuite des Papillons de la première claffe.

IIIe. CAHIER.

Inftruction fur la chaffe & le développement des Papillons, c'eft-à-dire, fur la manière de les prendre, de les conferver dans une pofition avantageufe. Cette inftruction eft accompagnée de planches ; elles repréfentent les inftrumens néceffaires pour prendre les Papillons & les fixer en pofition quand on les a pris. Les premières planches font la fuite des précédentes, & à la trentième commencent les Papillons de jour de la feconde famille.

IVe. CAHIER.

Inftruction fur la manière d'imprimer les Papillons, c'eft-à-dire, de fixer les écailles qui couvrent leurs aîles fur un papier, de manière qu'elles y reftent attachées comme elles étoient fur les aîles, & que pour avoir la figure complète du Papillon, il n'y ait plus qu'à en deffiner & peindre le corps, les pattes & les antennes. Ce procédé déjà connu, comme l'inftruction l'annonce, & perfectionné, confifte à couvrir d'eau gommée un aire de la grandeur des aîles du Papillon, à appliquer les aîles fur cet efpace, & à les enlever quand l'eau eft évaporée.

Suite des Papillons de la feconde famille.

V^e. CAHIER.

Suite des Papillons de la feconde famille, & fupplément aux cahiers précédens.

VIe. CAHIER.

Suite du Supplément.

VIIe. CAHIER.

Deux cahiers fous ce numéro.
Suite du fupplément.

VIIIe. CAHIER.

Généralités fur les Papillons *Sphinx*. Leur divifion en trois claffes. Divifion de la première claffe en trois familles. Defcription des Sphinx de la première claffe.

IXe. CAHIER.

Suite des Sphinx de la première claffe, & Sphinx de la feconde.

X^e. CAHIER.

Suite des Sphinx de la feconde claffe & Sphinx de la troifième.

XIe. CAHIER.

Moyen facile de fe procurer beaucoup de Chenilles, de les deffécher & les conferver.

Des Papillons Phalènes en général. Leur divifion en fept claffes. Commencement de leur defcription.

XII, XIII, XIV & XVe. CAHIER.

Suite des Papillons *Phalènes*.

FABRICIUS.

M. Fabricius a décrit plus d'infectes qu'aucun autre auteur, & cependant il a vu tous ceux dont il parle, foit qu'il les ait recueillis lui-même, ou qu'il les ait obfervés à la faveur de fes voyages, dans les différens cabinets. Il a confervé à la plupart des infectes les noms triviaux de Linné, il en a changé très-peu; il a publié quatre ouvrages, dont je ne donnerai, en fuivant l'ordre des dates, qu'une idée fuccinte, parce que M. Olivier s'eft réfervé de faire connoître en détail les travaux de M. Fabricius, ainfi que ceux de M. Linné.

Tous les ouvrages de M. Fabricius font écrits en latin; on y retrouve, en plufieurs endroits, la même obfcurité dépendante des expreffions, & par la même raifon, que dans les écrits de M. Linné, par la néceffité de nommer des objets qui n'ont pas été connus & nommés par les latins. Cependant M. Fabricius eft concis, & il excelle fur-tout dans l'art de décrire.

Il publia en 1775 fon premier ouvrage; c'eft un in-8°. de 832 pages; il porte pour titre: *Syftema entomologiæ fiftens infectorum claffes, ordines, genera, fpecies.*

Le fyftème que cet auteur propofe, & dont il a eu le premier l'idée, eft fondé fur les parties de la bouche des infectes, relativement au nombre de ces parties, à leur figure, à leur proportion & à leur fituation.

Ce fimple expofé fuffit pour qu'on reconnoiffe que fi la méthode de M. Fabricius a le mérite de la nouveauté, & peut-être celui de convenir à un plus grand nombre d'infectes que les autres méthodes, elle a le défaut d'être fondée fur des caractères très-peu apparens, difficiles à remarquer dans le plus grand nombre des infectes, d'une extrême difficulté à faifir dans les petits, dans la plupart de ceux qui font defféchés, que l'œil peut feul rarement découvrir, qui exigent prefque toujours le fecours de la loupe, & aifés à confondre dans tous, ou très-difficiles à déterminer à caufe de la petiteffe, de la fituation, de l'enfoncement des parties cachées, environnées, couvertes par d'autres. Quels que foient les avantages d'une pareille méthode, elle manque de deux conditions qui me paroiffent les principales, d'être facile, aifément applicable à toutes les circonftances, & d'abréger le tems, en rendant l'étude plus aifée. Je laiffe à d'autres à décider fi cette méthode rend l'étude plus certaine, & fi les différens avantages qu'elle procure l'emportent fur la difficulté qu'elle préfente à la mettre en ufage. Quoi qu'il en foit, M. Fabricius divife les infectes en huit claffes, auxquelles il donne des noms qu'on n'avoit pas employés.

Bouche armée de mâchoires & de quatre ou fix antennules.

CLASSE I.   Mâchoire nue & libre. . . . . *ELEUTERATA.*

CLASSE II.   Mâchoire couverte d'un cafque obtus. . . . . . . *ULONATA.*

CLASSE III.   Mâchoire unie avec la lèvre. . . . . *SYNISTATA.*

CLASSE IV.   Point de mâchoire inférieure. . . . . . . *AGONATA.*

Bouche armée de mâchoires & de deux antennules.

CLASSE V.   Mâchoire inférieure fouvent armée d'un onglet. . . . *UNOGATA.*

CLASSE VI.   Bouche munie d'antennules & d'une langue en fpirale. . *GLOSSATA.*

CLASSE VII.   Bouche munie d'une trompe, renfermée dans une gaîne articulée. . . . . *RYNGOTA.*

CLASSE VIII. Bouche munie d'un fuçoir renfermé dans une gaîne inarticulée. . . . . *ANTLIATA.*

LA PREMIERE CLASSE, celle des *Eleuterata* qui font les *Coléoptères* des autres auteurs, eſt diviſée en ſix ordres.

ORDRE I.   Antennes en maſſe feuilletée.

ORDRE II.   Antennes & maſſe perfoliées.

ORDRE III. Antennes & maſſe ſolides.

ORDRE IV. Antennes moniliformes.

ORDRE V.   Antennes filiformes.

ORDRE VI. Antennes fétacées.

LA SECONDE CLASSE, celle des *Ulonata* contient trois ordres.

ORDRE I.   Antennes filiformes.

ORDRE II.   Antennes en forme d'épée.

ORDRE III. Antennes fétacées.

LA TROISIEME CLASSE, deux ordres.

ORDRE I.   Dénués de langue.

ORDRE II.   Munis d'une langue.

M. Fabricius n'a pas diviſé les claſſes IV, V, VI. Il a formé de la VIIe trois ordres, & deux de la VIIIe.

SEPTIEME CLASSE , trois ordres.

ORDRE I.   Trompe recourbée.

ORDRE II.   Trompe crochue.

ORDRE III. Trompe renfermée dans une gaîne ſituée ſous la poitrine.

HUITIEME CLASSE , deux ordres.

ORDRE I.   Munis d'une trompe.

ORDRE II.   ——— d'un fuçoir.

L'ouvrage dont nous venons de rendre compte ne contient que la bafe du fyftême, la divifion des infectes *en claffes* & la fous-divifion de plufieurs claffes *en ordres.* L'an-née fuivante, *1776*, M. Fabricius mit au jour un nouveau volume in-8°. de 310 pag., & l'intitula, *genera infectorum,* genres des infectes. L'auteur en établit 185 d'après le nombre, la figure, la fituation & la pro-portion de toutes les parties de la bouche. M. Fabricius a donc plus que doublé le nombre des genres que M. Linné avoit déjà portés plus loin qu'on ne l'avoit fait avant lui. Mais comment trouver dans les parties de la bouche, fi petites, fi difficiles à bien voir, des différences qui caractérifent les huit claffes & les cent quatre-vingt-cinq genres, fans que ceux qui étudient le fyftême n'aient pas befoin d'une attention, même d'une contention d'efprit extrême pour ne pas confondre, pour diftinguer des objets dont les différences ne peuvent être que fi peu marquées; & combien, avec la plus grande application, ne court-on pas rifque de fe tromper? On trouve à la fin du *genera* la defcription de plufieurs efpèces dont il n'eft pas parlé dans le fyftema.

En 1778, M. Fabricius donna au public un nouvel ouvrage in-8°. de 178 pages: intitulé, *Philofophia entomologica fiftens fcientiæ fundamenta, adjectis definitionibus, exemplis, adumbrationibus;* il eft divifé en onze parties.

1 *Bibliotheca.*
2 *Infectum.*
3 *Inftrumenta cibaria.*
4 *Metamorphofis.*
5 *Sexus.*
6 *Difpofitio.*
7 *Nomina.*
8 *Differentia.*
9 *Adumbrationes.*
10 *Œconomia.*
11 *Ufus.*

Cet ouvrage eft un compendium des géné-ralités relatives à l'hiftoire des infectes.

Le quatrième ouvrage de M. Fabricius, publié en 1781, divifé en deux tomes in-8°. l'un de 552, l'autre de 517 pages a pour titre: *Species infectorum fiftens eorum dif-ferentias fpecificas, fynonima auctorum, loca natalia, metamorphofim.* C'eft dans cet ou-vrage particulièrement que l'auteur décrit un très-grand nombre d'infectes.

La fuite des travaux de M. Fabricius, des connoiffances qu'il acquerroit, l'a fans doute engagé à publier féparément & confécuti-vement des écrits qui pouvoient être conte-nus en un feul, moyen qui éviteroit au lecteur l'incommodité de parcourir plufieurs volumes pour s'inftruire de tout ce qui con-cerne un infecte; fans doute qu'aujourd'hui, où les connoiffances de M. Fabricius ont atteint à-peu-près le but où il eft donné de parvenir en ce genre, qu'il procurera au public l'avantage dont je parle, & qu'il ajoutera ce nouveau fervice à ceux qu'il a rendus; on lui doit d'avoir décrit avec autant de précifion que de clarté beaucoup plus d'infectes qu'on n'en connoiffoit, d'en avoir peut-être augmenté la lifte de près de deux fois autant qu'elle en contenoit. Nous en fommes encore à ce point des connoif-fances, qu'une addition auffi confidérable au catalogue des productions de la nature en général, & des infectes en particulier, eft un fervice très-fignalé, mais le tems viendra, & peut-être n'eft-il pas éloigné, où les obfer-vations, les collections multipliées, les courfes fréquentes & les voyages nombreux, ayant mis à portée de dreffer un catalogue des productions naturelles à-peu-près auffi étendu que l'on puiffe fe le promettre, les bons efprits fentiront, & M. Fabricius le premier, qu'un autre travail, d'un genre directement oppofé, celui de reftreindre le catalogue ne fera pas moins important. Il ne s'agira plus d'ajouter à une lifte déjà trop longue, mais de la diminuer, d'en effacer les doubles emplois; de diftinguer les varié-tés dues à des circonftances particulières, à l'influence des climats, à la différence des fexes, à celle de la nourriture, &c. de les rapporter aux efpèces, de les effacer du catalogue & de n'y comprendre que les efpèces variées & déguisées par les caufes que nous venons d'affigner. Ce travail, fruit du tems & de l'obfervation, difficile dans toutes les parties de l'hiftoire naturelle, le fera fans doute fur-tout par rapport aux infectes; mais combien la reffemblance parfaite qui fe trouve entre beaucoup d'infectes de différens climats, donnés pour autant d'efpèces, uniquement parce qu'on les trouve en des lieux très-diftans, & que leur conformité parfaite, quand on les compare, ne permet pas de douter qu'ils ne foient les mêmes, fait-elle déjà fentir l'importance de la réduction que nous annonçons? Combien d'individus, qui ne diffèrent que par quelques traits fuperficiels, fe trouveront ne former qu'une efpèce? Je laiffe aux naturaliftes à décider s'il eft tems d'entreprendre ce travail en général, & en particulier pour les infectes, & le foin de le commencer à ceux qui ont la fagacité & le courage néceffaire; car il eft aifé d'ajouter à la lifte, & très-difficile d'en effacer, & ceux qui aiment à paroître dans une carrière peu pénible, s'oppoferont d'abord aux efforts qui rendront leur travail inutile & leurs découvertes nulles. Enfin, le catalogue fera moins étendu, mais il fera exact & nos connoiffances plus réelles.

FRICH.

On a, de M. Frich, un volume in-4°. fur les infectes, imprimé en 1730. Cet ouvrage eft écrit en allemand. Il contient des planches, qui fans avoir le mérite d'être bien gravées, fuffifent pour qu'on reconnoiffe les infectes qu'elles repréfentent; l'auteur n'a traité que de ceux d'Europe, & les planches ne font foumifes à aucun ordre méthodique. On voit, dans la même, des infectes des genres les plus éloignés. Cependant cet ouvrage eft fouvent cité par les auteurs qui ont écrit depuis fur les infectes, parce que les planches font nombreufes & les objets reconnoiffables.

GEOFFROI.

M. Geoffroi, docteur-régent de la faculté, & affocié ordinaire de la fociété royale de médecine, publia, en 1771, deux volumes in-4°. fous le titre d'*Hiftoire abrégée des infectes qui fe trouvent aux environs de Paris*. Le principal but de cet excellent ouvrage eft de ranger les infectes fuivant une méthode qui en comprenne tous les genres, au moyen de laquelle on diftingue aifément les efpèces, & on les rapporte à leur genre.

Un pareil ouvrage manquoit en françois quand celui de M. Geoffroi parut; il fut généralement applaudi & approuvé par tous les naturaliftes françois & étrangers; ils firent l'éloge de la méthode en général, de la clarté en particulier, & de la précifion avec lefquelles l'auteur a décrit les différentes efpèces; mais on regretta que M. Geoffroi fe fût borné aux feuls infectes qui fe trouvent aux environs de Paris, & l'on eût defiré pouvoir étudier & claffer les infectes de tous les pays, d'après une méthode dont il auroit été l'auteur.

Ce favant eft le premier qui, dans la defcription des infectes, ait employé la grandeur individuelle comme caractère de l'efpèce. Il note à chaque defcription la longueur & la largeur de l'individu mefuré à l'origine des ailes pour la largeur; il omet affez fréquemment cette feconde dimenfion, mais il indique toujours la première. Cette méthode rend la defcription plus précife & l'étude plus facile. Il eft étonnant que perfonne, avant M. Geoffroy, n'eût fenti, par rapport aux infectes, que la première indication à donner pour les faire connoître, ainfi qu'on l'avoit obfervé pour les autres animaux, eft d'indiquer s'ils font grands ou petits. Il réfulte de l'omiffion de cette indication dans les autres ouvrages, une difficulté qui eft tout d'un coup levée dans l'ouvrage de M. Geoffroy; c'eft que fi l'individu qu'on cherche à connoître diffère fenfiblement des

dimenfions

dimenfions de celui dont on lit la defcription. On paffe rapidement à un autre objet, & on ne s'arrête qu'à celui dont les dimenfions conviennent à l'individu dont on cherche à déterminer l'efpèce. Il faut au contraire lire ou les defcriptions entières, ou une grande partie de chaque defcription, pour reconnoître l'identité ou la différence de l'objet qu'on compare aux defcriptions contenues dans l'ouvrage qu'on confulte.

M. Geoffroy a donc, en ce point, rendu un fervice très-important; il a, avec fondement, appliqué aux infectes une manière de décrire dont on avoit fenti la néceffité pour les autres animaux, qui n'eft pas moins effentielle pour les infectes; & il a donné un exemple qu'on ne peut plus fe difpenfer de fuivre. Mais en fentant la néceffité de commencer les defcriptions par déterminer la grandeur individuelle, on doit obferver qu'il ne faut pas attacher à ce caractère une précifion ftricte & rigoureufe. En effet, il y a dans toutes les efpèces des individus plus grands les uns que les autres, & les fexes différent en général à cet égard; il ne faut donc employer la grandeur que comme un caractère d'approximation, & qui fixe les idées fur des objets d'une étendue à-peu-près déterminée. Ne pourroit on pas, par rapport aux infectes dont les dimenfions font fouvent fi difficiles à faifir, fans déterminer rigoureufement celles de chaque efpèce, divifer les infectes en des degrés de grandeur généraux, comme de pouces & de lignes, & rapporter à ces degrés les efpèces qu'on décriroit? Ainfi les plus grandes dimenfions renfermeroient les degrés de trois pouces, de deux, d'un pouce; les moyennes, ceux d'un pouce à fix lignes; & es petites, ceux au-deffous. Il fuffiroit donc en commençant, à décrire un infecte, d'énoncer fa grandeur par les expreffions fuivantes: *longueur trois pouces*, ou une ligne, &c., & d'avoir averti en général qu'il faudroit toujours fous-entendre le mot *à-peu-près*, *longueur à peu près trois pouces, &c.* Par ce moyen on jouiroit de l'avantage qui réfulte de déterminer la grandeur, fans être

expofé à l'inconvénient de la fixer d'une manière trop ftricte?

M. Geoffroy n'a pas toujours donné à chaque efpèce un nom particulier à la manière de Linné, mais très fouvent il a employé le nom du genre auquel il a ajouté une périphrafe pour caractérifer & diftinguer l'efpèce, comme *Mouche à corcelet noir tacheté de jaune, & ventre jaune à bandes noires*, tom. 1, p. 507, n°. 29. Il réfulte de cette méthode une idée prompte de l'objet pour celui qui ne le connoiffoit pas, au lieu qu'un fimple mot, un nom n'en préfente pas; mais pour celui qui voudroit retenir toutes les dénominations, & fe rappeller les infectes par leur moyen, ce qui eft en partie le but de la nomenclature, les périphrafes ont l'inconvénient de charger la mémoire, & elles ne font qu'une abrégé de la defcription qu'on lit enfuite; elles ne femblent pas fixer les idées d'une manière auffi précife qu'un fimple nom, ou qu'un mot.

M. Geoffroy ne fe borne pas à nommer & décrire les efpèces; on trouve dans fon ouvrage un précis hiftorique pour chaque efpèce, & des généralités qui conviennent à tous les infectes. Elles font comprifes dans cinq chapitres placés au commencement du premier volume. Le premier chapitre a pour objet *la defcription générale des infectes*, ou l'énumération de leurs différentes parties externes.

Le fecond, *leur génération.*

Le troifième, *leurs métamorphofes ou leur développement.*

Le quatrième, *leur nourriture.*

Le cinquième, *leur divifion en fections.*

L'auteur en établit fix.

1°. Les Coléoptères ou *infectes à étuis.*

CARACTERE.

Aîles couvertes d'étuis ou de fourreaux ; bouche armée de mâchoires dures.

2°. Les Hémiptères ou *infectes à demi-étuis.*

CARACTERE.

Aîles supérieures presque semblables à des étuis ; bouche armée d'une trompe aiguë, repliée en-dessous le long du corps.

3°. Les Tetrapteres à *aîles farineufes.*

CARACTERE.

Quatre aîles chargées de poussière écailleuse.

4°. Les Tétrapteres *à aîles nues, ou infectes à quatre aîles nues.*

CARACTERE.

Quatre aîles membraneuses nues & sans poussière.

5°. Les Diptères ou *infectes à deux aîles.*

CARACTERE.

Deux aîles ; un petit balancier sous l'origine de chaque aîle.

6°. Les Aptères ou *infectes fans aîles.*

CARACTERE.

Corps fans aîles.

M. Geoffroy divise ensuite les sections en *articles*, les articles en *ordres*, les ordres en *genres*, sous lesquels il range les espèces.
La première section contient trois articles.

ARTICLE. I.

Les infectes à étuis durs qui couvrent tout le ventre.

ARTICLE II.

Infectes à étuis durs qui ne couvrent qu'une partie du ventre.

ARTICLE III.

Infectes à étuis mols & comme membraneux.

Chaque article, chaque genre font précédés d'un précis sur les généralités de l'article & du genie ; ce précis contient, outre les caractères distinctifs de l'article ou du genre, les faits historiques sur la manière de vivre des insectes.

Le premier article de la première section est divisé en quatre ordres.

ORDRE I. *Infectes qui ont cinq articles à toutes les pattes.*

ORDRE II. *Infectes qui ont quatre articles à toutes les pattes.*

ORDRE III. *Infectes qui ont trois articles à toutes les pattes.*

ORDRE IV. *Infectes qui ont cinq articles aux deux premières paires de pattes, & quatre seulement à la dernière.*

Le premier ordre renferme les genres suivans.

1°. *Platicerus.*   Le Cerf-volant.

CARACTERES.

Antenna in extremo uno versu pectinatæ.   Antennes en peigne à l'extrémité, d'un seul côté.

Ce genre renferme deux familles.

Familia prima.	*Première famille.*
Antennis fractis.	A antennes coudées.
Familia secunda.	*Seconde famille.*
Antennis integris.	A antennes entières.

La première famille comprend quatre espèces, la seconde une seule, le genre en tout cinq espèces.

2° *Ptilinus.*	La Panache.

Antennæ secundum totam longitudinem uno versu pectinatæ.	Antennes en peigne tout du long d'un seul côté.

Ce genre ne contient que deux espèces.

3° *Scarabæus.*	Le Scarabé.

Antennæ clavatæ, clavâ lamellatâ; scutellum inter elytrorum origines.	Antennes à masse en feuillets; écusson entre les étuis.

Ce genre contient deux familles.

Familia prima	*Première famille.*
Antennarum lamellis septem.	Sept feuillets aux antennes.
Familia secunda.	*Seconde famille.*
Antennarum lamellis tribus.	Trois feuillets aux antennes.

La première famille n'est composée que de trois espèces, & la seconde en contient vingt-sept. Le genre en renferme trente en tout.

4° *Copris.*	Le Boufier.

Antennæ clavatæ, clavâ lamellatâ. *Scutellum inter elytrorum origines nullum.*	Antennes en masse à feuillets. Point d'écusson entre les étuis.

Dix espèces sont réunies sous ce genre.

5° *Attelabus.*	L'Escarbot.

Antennæ clavatæ, clava integra, in medio fractæ. *Caput intra thoracem.*	Antennes en masse solide, coudées dans leur milieu. Tête renfoncée dans le corcelet.

Ce genre contient trois espèces.

6° *Dermestes.*

Antennæ clavatæ perfoliatæ, ultimo articulo solido gibboso.

Elytra non marginata.

Ce genre réunit vingt-deux espèces.

Le Dermeste.

Antennnes en masse perfoliée (ou composée de lames enfilées dans leur milieu) & dont le dernier article forme un bouton.
Etuis sans rebord.

7° *Byrrhus.*

Antennæ articulis tribus ultimis longissimis, semi clavatæ.

Cinq espèces.

La Vrillette.

Antennes presqu'en masse , dont les trois derniers articles sont beaucoup plus longs que les autres.

8° *Anthrenus.*

Antennæ clavatæ , integræ, clavâ solidâ compressâ.

Deux espèces.

L'Anthrêne.

Antennes droites en masse solide , un peu applatie.

9° *Cistela.*

Antennæ extrorsum crassiores , non nihil perfoliatæ.
Thorax conicus non marginatus.

Trois espèces.

La Cistele.

Antennes plus grosses & un peu perfoliées par le bout.
Corcelet conique & sans rebord.

10° *Peltis.*

Antennæ extrorsum crassiores , non nihil perfoliatæ.
Thorax & elytra marginata.

Dix espèces.

Le Bouclier.

Antennes plus grosses & un peu perfoliées par le bout.
Corcelet & étuis bordés.

11° *Cucujus.*

Antennæ serratæ breves.
Thorax subtus nudus.

Six espèces.

Le Richard.

Antennes courtes en scie.
Corcelet uni & simple en dessous.

12° *Elater.*

Antennæ serratæ vel filiformes intra capitis cavitatem subtus receptæ.

Le Taupin.

Antennes en scie ou à filets , qui se logent dans une rainure formée en-dessous de la tête.

Thorax subtus aculeo intra cavitatem abdominis recepto.

Corcelet terminé en-deffous par une pointe reçue dans une cavité du ventre.

Seize efpeces.

13.° *Bupreftis.*

Le Buprefte.

Antennæ filiformes.
Trochanter magnus feu appendix ad bafim femorum pofteriorum.

Antennes filiformes.
Appendice confidérable à la bafe des cuiffes poftérieures.

Familiæ tres.

Trois familles.

Prima. Thorace cordato, capite latiore, elytris augufliore.

La première à corcelet en cœur, plus large que la tête, plus-étroit que les étuis.

Secunda. Thorace capite elytrifque angufliore.

La feconde à corcelet plus étroit que la tête & les étuis.

Tertia. Thorace capite latiore, elytrorum latitudine.

La troifième, à corcelet plus large que la tête & de la largeur des étuis.

La première famille eft compofée de 26 efpèces.

La feconde 7

La troifième 10

Le genre de 43 en tout.

14.° *Bruchus.*

La Bruche.

Antennæ filiformes.
Thorax fubrotundus gibbus.
Corpus fphæroïdæum, dorfo convexo.

Antennes filiformes.
Corcelet arrondi en boffe.
Corps fphéroïde, convexe en-deffus.

Deux efpeces.

15.° *Lampyris.*

Le Ver-luifant.

Antennæ filiformes.
Caput clypeo Thoracis marginato teftum.
Abdominis latera plicato papillofa.

Antennes filiformes.
Tête cachée par un large rebord du corcelet.
Côtés du ventre pliés en papilles.

Trois efpeces.

16.° *Cicindela.*

La Cicindele.

Antennæ filiformes.
Thorax planus marginatus
Caput detectum.
Elytra flexilia

Antennes filiformes.
Corcelet applati & bordé.
Tête découverte.
Etuis flexibles.

Dix-fept efpeces.

17° *Omalyfus.*

Antennæ filiformes.
Thorax planus tetragonus , angulis pofterio-
ribus in fpinam productis.

L'Omalyfe.

Antennes filiformes.
Corcelet applati à quatre angles, dont les
deux poftérieurs finiffent en pointes aiguës.

Une efpece.

18° *Hydrophilus.*

Antenna clavata perfoliata antennulis bre-
viores.
Pedes natatorii.

L'Hydrophile.

Antennes en maffe , perfoliées , plus courtes que les antennules.
Pattes en nageoires.

Cinq efpeces.

19° *Dyticus.*

Antenna filiformes , capite longiores.

Pedes natatorii.

Le Ditique.

Antennes filiformes plus longues que la
tête.
Pattes en nageoires.

Quinze efpeces.

20° *Gyrinus.*

Antenna rigida , capite breviores.
Pedes natatorii.
Oculi quatuor.

Le Tourniquet.

Antennes roides & plus courtes que la tête.
Pattes en nageoires.
Quatre yeux.

Une efpèce.

Ordre fecond du premier article de la première fection.

Caractère de cet ordre : quatre articles à toutes les pattes.

Suite des genres.

21° *Melolontha.*

Antenna ferrata ante oculos pofita.

La Mélolonthe.

Antennes en fcie pofées devant les yeux.

Cinq efpèces.

22° *Prionus.*

Antenna ferrata in oculo pofita.

Le Prione.

Antennes en fcie, dont l'œil entoure la bafe.

Une efpèce.

23° *Cerambix.*

Antenna à bafi ad apicem decrefcentes, in
oculo pofita.

Le Capricorne.

Antennes qui vont en diminuant de la
bafe à la pointe dont l'œil entoure la bafe.

Thorax aculeatus.	Corcelet armé de pointes.

Dix efpèces.

24° *Leptura.*	La Lepture.

Antennæ à bafi ad apicem decrefcentes, in oculo pofita.
Thorax inermis.

Antennes qui vónt en diminuant de la bafe à la pointe, & dont l'œil entoure la bafe.
Corcelet nud & fans pointes.

Familiæ tres.	*Trois familles.*
Prima. Thorace cylindraceo.	La première, à corcelet cylindrique.
Secunda. Thorace globofo.	La feconde, à corcelet globuleux.
Tertia. Thorace inæquali glabro.	La troifième, à corcelet inégal & raboteux.

Première famille .... 6 efpèces.
Seconde 10
Troifième 6

Genre .... 22 efpèces en tout.

25° *Stenocorus.*	Le Stenocore.

Antennæ à bafi ad apicem decrefcentes, ante oculos pofita.
Elytra apice angufliora.

Antennes qui vont en diminuant de la bafe à la pointe, pofées devant les yeux.
Etuis plus étroits par le bout.

Familiæ duæ	*Deux familles.*
Prima. Thorax armatus fpinâ vel tuberculo laterali.	La première, à corcelet armé d'une pointe ou d'un tubercule latéral.
Secunda. Thorax inermis.	La feconde, à corcelet nud.

Première famille .... 5 efpèces.
Seconde 7

Genre .... 12 efpèces.

26° *Cryptocephalus.*	Le Gribouri.

Antennæ filiformes articulis longis.
Thorax gibbus hæmifphæricus.

Antennes filiformes à longs articles.
Corcelet hémifphérique & en boffe.

Douze efpèces.

27° *Crioceris.*	Le Criocère.

Antennæ cylindraceæ articulis globofis.
Thorax cylindraceus.

Antennes cylindriques à articles globuleux.
Corcelet cylindrique.

Sept efpèces.

28° *Altica.*

l'Altife.

Antennæ ubique æquales.
Femora poftica craffa fubglobofa.

Antennes d'égale groffeur tout du long.
Cuiffes poftérieures groffes, prefque fphé-
riques.

Dix - neuf efpèces.

29° *Galeruca.*

La Galéruque.

Antennæ ubique æquales, articulis fubglo-
bofis.
Thorax inæqualis, fcaber, marginatus.

Antennes d'égale groffeur, à articles prefque globuleux.
Corcelet raboteux & bordé.

Six efpèces.

30° *Chryfomela.*

La Chryfomele.

Antennæ à bafi ad apicem crefcentes, arti-
culis globofis.
Thorax æqualis marginatus.

Antennes plus groffes vers le bout, à articles globuleux.
Corcelet uni & bordé.

Vingt efpèces.

31° *Mylabris.*

Le Mylabre.

Antennæ fenfim crefcentes, articulis hæmif-
pharicis, roftro brevi infidentes.

Antennulæ quatuor in extremo roftri.

Antennes plus groffes vers le bout, à articles hémifphériques, pofées fur une trompe
courte & large.
Quatre antennules à l'extrémité de la
trompe.

Trois efpèces.

32° *Rhinomacer.*

Le Becmare.

Antennæ clavatæ integræ, roftro longo in-
fidentes.

Antennes en maffe toutes droites, pofées
fur une longue trompe.

Onze efpèces.

33° *Curculio.*

Le Charanfon.

Antennæ clavatæ fractæ, roftro corneo longo
infidentes.

Antennes en maffe, coudées dans leur
milieu, & pofées fur une longue trompe.

Familiæ duæ.

Deux familles.

Prima. Femoribus inermibus.

La première, à cuiffes fimples.

Secunda,

Secunda. Femoribus denticulatis.   La feconde, à cuiffes dentelées.

Première famille . . . . 33 efpèces.

Seconde 20

Gente . . . . 53 efpèces en tout.

34.° *Boftrichus.*   Le Boftriche.

Antennæ clavatæ , clavâ ex articulis tribus compofitâ , capiti infidentes.
Roftrum nullum.
Thorax cubicus, caput intra fe recondens.

Tarfi nudi fpinofi.

     Antennes en maffe compofée de trois articles, pofées fur la tête.
     Point de trompe.
     Corcelet cubique dans lequel eft caché la tête.
     Tarfes nuds & épineux.

     Une efpèce.

35.° *Clerus.*   Le Clairon.

Antennæ clavatæ, clavâ ex articulis tribus compofitâ , capiti infidentes.
Roftrum nullum.
Thorax fubcylindraceus , non marginatus.
Tarfi fpongiofi.

     Antennes en maffe compofée de trois articles, pofées fur la tête.
     Point de trompe.
     Corcelet prefque cylindrique, fans rebords.
     Tarfes garnis de pelottes.

     Quatre efpèces.

36° *Anthribus.*   L'Antribe.

Antennæ clavatæ , clavâ ex articulis tribus compofitâ, capiti infidentes.
Roftrum nullum.
Thorax latus marginatus.
Tarfi fpongiofi.

     Antennes en maffe compofée de trois articles, pofées fur la tête.
     Point de trompe.
     Corcelet large & bordé.
     Tarfes garnis de pelottes.

     Sept efpèces.

37° *Scolytus.*   La Scolite.

Antennæ clavatæ , clavâ folidâ.
Roftrum nullum.

     Antennes en maffe folide d'une feule pièce.
     Tête fans trompe.

     Une efpèce.

38° *Caffida.*   La Caffide.

Antennæ extrorfum craffiores, nodofæ.

Thorax & elytra marginata.
Caput thorace tectum.
Hiftoire Naturelle, Infectes , Tome IV.

     Antennes plus groffes vers le bout , & à gros articles.
     Corcelet & étuis bordés.
     Tête cachée fous le corcelet.

Cinq efpèces.

39° *Anapfis.*   L'Anafpe.

Antennæ filiformes, fenfim crefcentes.   Antennes filiformes, qui vont en groffiffant vers le bout.

Scutellum vix apparens.   Ecuffon imperceptible.
Thorax planus, lævis non marginatus.   Corcelet plat, uni & fans rebords.

Quatre efpèces.

On voit d'après ce qui vient d'être expofé, que M. Geoffroy divife les fections d'après les aîles; les articles d'après les élytres ou étuis; les ordres d'après le nombre des pièces, ou tarfes aux différentes pattes, les genres principalement d'après les antennes & la forme du corcelet.

Je continue l'expofition de fa méthode.

ORDRE IIIᵉ du premier article de la première fection.

CARACTERE......... Trois articles à toutes les pattes.

40° *Coccinella.*   La Coccinelle.

Antennæ extrorfum craffiores, nodofæ, antennulis breviores.   Antennes à gros articles, plus groffes vers le bout, & plus courtes que les antennules.
Corpus hæmifphæricum.   Corps hémifphérique.

Vingt-fept efpèces.

41° *Tritoma.*   La Tritome.

Antennæ extrorfum fenfim craffiores, antennulis longiores.   Antennes plus groffes vers le bout, & beaucoup plus longues que les antennules.
Corpus oblongum.   Corps alongé.

Une efpèce.

ORDRE IVᵉ de l'article premier de la première fection.

CARACTERE......... Cinq articles aux deux premières paires de pattes, & quatre feulement à la dernière.

42° *Diaperis.*   La Diapère.

Antennæ taxiformes, articulis lentiformibus per centrum perfoliatis.   Antennes en forme d'If, à articles femblables à des lentilles enfilées par leur centre.
Thorax convexus marginatus.   Corcelet convexe & bordé.

Une efpèce.

43° *Pyrochroa.*   La Cardinale.

Antennæ uno versu pectinatæ.
Thorax inæqualis , scaber, non marginatus.

Une espèce.

Antennes en peigne d'un côté.
Corcelet raboteux , & non bordé.

44° *Cantharis.*

La Cantharide.

Antennæ filiformes.
Thorax inæqualis , scaber non marginatus.

Antennes filiformes.
Corcelet raboteux , & non bordé.

Familiæ duæ.

Deux familles.

Prima. Tarsorum articulis nudis,

La première, à tarses nuds.

Secunda. Tarsorum articulis spongiosis.

La seconde , à tarses garnis de pelottés.

Espèces.

Première famille............................. 2
Seconde 6

Genre .... 8 espèces en tout.

45° *Tenebrio.*

Le Ténébrion.

Antennæ filiformes.
Thorax planus marginatus.

Antennes filiformes.
Corcelet uni & bordé.

Familiæ duæ.

Deux familles.

Prima. Antennæ articulis globosis , extror-
sum crassiores.

La première, à antennes à articles globuleux, un peu plus grosses vers le bout.

Secunda. Antennæ articulis longis , ubique
æquales.

La seconde , à antennes à articles longs ;
égales par-tout.

Espèces.

Première famille......................... 10
Seconde................................. 1

Genre .... 11 espèces en tout.

46° *Mordella.*

La Mordelle.

Antennæ subserratæ, articulis triangularibus.

Antennes un peu en scie , à articles triangulaires.

Thorax antice attenuatus , convexus.

Corcelet convexe, plus étroit en devant.

Cinq espèces.

47° *Notoxus.*

La Cucule.

Antennæ filiformes.
Thorax cucullatus , dente acuto.

Antennes filiformes.
Corcelet armé d'une appendice qui revient en devant, en forme de coqueluchon.

Une espèce.

48° *Cerocoma.*

La Cérocome.

Antennæ ultimo articulo clavato : (masculis complicatæ , in medio pectinatæ.)

Antennes, dont le dernier article plus gros forme la masse , pliées & pectinées dans leur milieu dans les mâles.

Une espèce.

ARTICLE IIe de la première section.

CARACTERE........Etuis durs, qui ne couvrent qu'une partie du ventre.

ORDRE Ier du second article de la première section.

CARACTERE........Cinq articles à toutes les pattes.

Suite des genres.

49° *Staphilinus.*

Le Staphilin.

Antennæ filiformes.
Ala tecta.
Abdomen inerme.

Antennes filiformes.
Aîles cachées sous les étuis.
Extrémité du ventre nue & sans defense.

Vingt - cinq espèces.

ORDRE II du second article de la première section.

CARACTERE....... Quatre articles à toutes les pattes.

50° *Necydalis.*

La Nécydale.

Antennæ filiformes.
Ala nuda.

Antennes filiformes.
Aîles nues.

Une espèce.

ORDRE IIIe du second article de la première section.

CARACTERE....... Trois articles à toutes les pattes.

51° *Forficula.*

Le Perce - oreille.

Antennæ filiformes.
Ala tecta.

Antennes filiformes.
Aîles cachées sous les étuis.

Abdomen forficibus armatum.   Extrémité du ventre armée de pinces.

     Deux efpèces.

ORDRE IVe du fecond article de la première fection.

CARACTERES . . . . Cinq articles aux deux premières paires de pattes, & quatre feulement à la dernière.

52° *Meloe.*   Le Pro - Scarabé.

Antennæ à medio ad bafim & apicem de-crefcentes.   Antennes groffes au milien, qui vont en diminuant vers la bafe & vers le bout.

Alæ nullæ.   Point d'aîles.

     Une efpèce.

ARTICLE IIIe de la première fection.

CARACTERE . . . . Etuis mols & comme membraneux.

ORDRE I du troifième article de la première fection.

53° *Blatta.*   La Blatte.

Antennæ filiformes.   Antennes filiformes.
Ad ani latera appendices veficulofi tranfver-fim fulcati.   Deux longues véficules pofées aux côtés de l'anus, & ridées tranfverfalement.

     Trois efpèces.

ORDRE II du troifième article de la première fection.

CARACTERE . . . . Deux articles à toutes les pattes.

54° *Thrips.*   Le Trips.

Antennæ filiformes.   Antennes filiformes.
Os rimulâ longitudinali.   Bouche formée par une fimple fente longi-tudinale.
Tarfi veficulofi.   Tarfes garnis de véficules.

     Trois efpèces.

ORDRE IIIe du troifième article de la première fection.

CARACTERE . . . . Trois articles à toutes les pattes.

55° *Grillus.*   Le Grillon.

Antennæ filiformes.	Antennes filiformes.
Caudâ bifetâ.	Deux filets à la queue.
Oculi tres.	Trois petits yeux liffés.

Deux efpèces.

56° *Acrydium.*	Le Criquet.

Antennæ filiformes corpore dimidio bre- *viores.*	Antennes filiformes, plus courtes de moi- tié que le corps.
Oculi tres.	Trois petits yeux liffes.

Six efpèces.

ORDRE IVe du troifieme article de la premiere fection.

57° *Locufta.*	La Sauterelle.

Antennæ filiformes , corpore longiores.	Antennes filiformes , plus longues que le corps.
Oculi tres.	Trois petits yeux liffés.

Deux efpeces.

ORDRE V^e du troifieme article de la premiere fection.

CARACTERE . . . . Cinq articles à toutes les pattes.

58° *Mantes.*	La Mante.
Antennæ filiformes.	Antennes filiformes.

Une efpece.

SECTION SECONDE.

Cette fection comprend les infectes à demi-étuis, ou Hémiptères. L'auteur ne l'a pas divifée, comme la précédente, en articles & en ordres, feulement en genres. Il continue cependant de compter les pieces des tarfes, ou les articles des pattes, & il en indique le nombre en tête des caractères des genres, ce qui eft une forte de continuation de la divifion de la fection en ordres, fans faire de cette divifion, comme pour la précédente, des ordres féparés.

59° *Cicada.*	La Cigale.
Articuli tarforum tres.	Trois articles aux tarfes.
Antennæ capite breviores.	Antennes plus courtes que la tête.
Ocelli duo.	Deux petits yeux liffes.
Roftrum inflexum.	Trompe courbée en-deffous.

Alæ quatuor, inferiores cruciatæ.　Quatre aîles; celles de deſſous croiſées.

Vingt-huit eſpeces.

60° *Cimex.*　La Punaiſe.

Articuli tarſorum tres.　Trois articles aux tarſes.
Antennæ capite longiores articulis quatuor vel quinque.　Antennes plus longues que la tête, compoſées de quatre ou cinq articles.
Roſtrum inflexum.　Trompe courbée en-deſſous.
Alæ quatuor, ſuperiores ſemi-elytra.　Quatre aîles, celles de deſſus en partie écailleuſes, en partie membraneuſes.

Familiæ duæ.　*Deux familles.*

Prima. Antennarum articulis quatuor.　La première, quatre articles aux antennes.

Secunda. Antennarum articulis quinque.　La ſeconde, cinq articles aux antennes.

Eſpèces.

Première famille. 60

Seconde 17

Genre . . . . 77 eſpèces en tout.

61.° *Naucoris.*　La Naucore.

Articuli tarſorum duo.　Deux articles aux tarſes.
Antennæ breviſſimæ infra oculos poſitæ.　Antennes très-courtes, ſituées au-deſſous des yeux.
Roſtrum inflexum.　Trompe courbée en-deſſous.
Alæ quatuor cruciatæ.　Quatre aîles croiſées.
Pedes ſex, primi cheliformes.　Six pattes, les premières en forme de pinces d'écreviſſes.
Scutellum præſens.　Ecuſſon.

Une eſpèce.

62° *Notonecta.*　La Punaiſe à aviron.

Articuli tarſorum duo.　Deux articles aux tarſes.
Antennæ breviſſimæ ante oculos poſitæ.　Antennes très-courtes, ſituées au-deſſous des yeux.
Roſtrum inflexum.　Trompe courbée en-deſſous.
Alæ quatuor cruciatæ.　Quatre aîles croiſées.
Pedes ſex natatorii.　Six pattes en forme de nageoires.
Scutellum præſens.　Ecuſſon.

Deux eſpèces.

63.° *Corixa.*　La Coriſe.

Articulis tarforum unicus.
Antennæ breviffimæ infra oculos pofitæ.

Roftrum inflexum.
Alæ quatuor cruciatæ.
Pedes fex, primi cheliformes, poftici natatorii.

Scutellum nullum.

Une efpèce.

64.ᵉ Hepa.

Articulus tarforum unicus.
Antennæ cheliformes.
Roftrum inflexum.
Alæ quatuor cruciatæ.
Pedes quatuor.

Deux efpeces.

65° Pfylla.

Articuli tarforum duo.
Roftrum pectorale inter primum & fecundum par femorum.
Alæ quatuor laterales.

Pedes faltatorii.
Abdomen acuminatum.
Oculi tres.

Neuf efpeces.

66° Aphis.

Articulus tarforum unicus.
Roftrum inflexum.
Alæ quatuor erectæ vel nullæ.

Pedes ambulatorii.
Abdomen bicorne.

Quatorze efpeces.

67° Chermes.

Roftrum pectorale inter primum & fecundum par femorum.

Un feul article aux tarfes.
Antennes très courtes, fituées au-deffous des yeux.
Trompe courbée en-deffous.
Quatre aîles croifées.
Six pattes, les deux premières en forme de pinces, les dernières en nageoires.
Point d'écuffon.

Le Scorpion aquatique.

Un feul article aux tarfes.
Antennes en forme de pinces de Crabes.
Trompe courbée en deffous.
Quatre aîles croifées.
Quatre pattes.

La Pfylle.

Deux articles aux tarfes.
Trompe naiffant du corcelet entre la première & la feconde paire de pattes.
Quatre aîles pofées latéralement & formant le toît.
Pattes propres à fauter.
Ventre terminé en pointe.
Trois petits yeux liffes.

Le Puceron.

Un feul article aux tarfes.
Trompe courbée en-deffous.
Quatre aîles droites élevées, ou manquant tout-à-fait.

Pattes propres à marcher.
Extrémité du ventre, garnie de deux pointes ou tubercules.

Le Kermès.

Trompe fortant du corcelet entre la première & la feconde paire de pattes.

Alæ

Alæ duæ masculis erectæ.

Deux aîles droites, élevées, mais dans les mâles seulement.

Abdomen appendicibus setaceis.

Extrémité du ventre garnie de filets.

Fæmina folliculi formam induens.

Femelle qui prend la figure d'une graine ou gousse.

Dix-huit espèces.

68° *Coccus.*

La Cochenille.

Rostrum pectorale inter primum & secundum par femorum.

Trompe sortant du corcelet entre la première & la seconde paire de pattes.

Alæ duæ masculis erectæ.

Deux aîles droites élevées dans les mâles seulement.

Abdomen appendicibus setaceis.

Extrémité du ventre garnie de filets.

Fæmina insecti formam servans.

Femelle qui conserve la figure d'insecte.

Trois espèces.

Les deux premières sections & leurs divisions complettent les objets contenus dans le premier volume.

Il est terminé par une table françoise & une table latine alphabétique des noms des insectes.

A la suite de cette table sont placées dix planches gravées avec beaucoup de soin & de netteté. Elles représentent un insecte de chaque genre, & séparément les parties dont sont tirés les caractères qui distinguent le genre.

SECOND VOLUME.

SECTION IIIᵉ.

TÉTRAPTÈRES à aîles farineuses, ou insectes à quatre aîles farineuses.

Discours sur les généralités relatives à ces insectes, dans lequel on trouve des choses fort instructives sur les Chenilles, leur manière de faire leur coque, les chrysalides, &c.

Suit une table méthodique dans laquelle la section est divisée en cinq genres.

Les genres en familles.

Les familles en paragraphes.

Il y a une de ces tables en latin, l'autre en françois. Je ne copierai que celle-ci.

TABLE MÉTHODIQUE.

GENRES.	CARACTÈRES.	FAMILLES.	PARAGRAPHES.
Iᵉʳ Le Papillon. *Papilio.*	Antennes en masse. Chrysalide nue.	Deux. Iʳᵉ A quatre pieds. Pattes antérieures sans onglets, faisant souvent une espèce de palatine. IIᵉ A six pieds. Toutes les six pattes sans onglets. Chrysalide horizontale suspendue par un fil dans son miliéu.	Trois. Iᵉʳ A Chenilles épineuses & aîles anguleuses. IIᵉ A Chenilles épineuses & aîles arrondies. IIIᵉ A Chenilles sans épines, & pattes antérieures courtes, mais qui ne font pas la palatine.

GENRES.	CARACTÈRES	FAMILLES.	PARAGRAPHES.
IIᵉ Le Sphinx.	Antennes prifmatiques.	Trois.	
Sphinx.	Chryfalide dans une coque.	Iʳᵉ Sphinx - Bourdons.	
	A	Antennes prifmatiques, prefqu'égales par·tout.	
		Point de trompe.	
		IIᵉ Sphinx-Eperviers.	
		Antennes prifmatiques, prefqu'égales, par·tout.	
		Trompe en fpirale.	
		Chenille nue, portant une corne fur la queue.	
		IIIᵉ Sphinx - Eperviers.	
		Antennes prifmatiques plus groffes au milieu.	
		Trompe en fpirale.	
		Chenille velue fans corne.	
IIIᵉ Le Ptérophore.	Antennes filiformes.		
Pterophorus.	Trompe en fpirale.		
	Aîles compofées de plufieurs branches barbues.		
	Chryfalide nue & horizontale.		

GENRES.	CARACTERES.	FAMILLES.	PARAGRAPHES.
IVe La Phalène. *Phalæna.*	Antennes qui vont en décroiſſant de la baſe à la pointe. Chryſalide dans une coque. Chenille nue.	Deux Ire A antennes en peigne. IIe A antennes filiformes.	Trois pour chaque famille. Ier Sans trompe. IIe Avec une trompe, & les aîles rabattues. IIIe. Avec une trompe, & les aîles étendues. Ier De la ſeconde famille; avec une trompe, & les aîles étendues. IIe Avec une trompe, & les aîles rabattues. IIIe Sans trompe.
V^e La Teigne. *Tinæa.*	Antennes filiformes décroiſſant de la baſe à la pointe. Toupet de la tête élevé & avancé. Chenille cachée dans un fourreau. Chryſalide dans le fourreau de la Chenille.		

On pourroit reprocher à M. Geoffroy, de se servir, pour distinguer les divisions de cette section, de caractères qui ne sont pas sensibles, lorsqu'on n'a en sa puissance que l'insecte dans son état de perfection, de caractères qu'on ne peut même saisir tous à la fois & suivre en même tems, puisqu'on ne peut avoir le même individu en différens états, que successivement. Ainsi, il paroît que la description de la Chenille, de la Chrysalide, &c., ne peuvent servir à faire connoître le genre du Papillon, dont les caractères doivent être pris de lui-même, de son état actuel. Mais les caractères de cette dernière espèce que M. Geoffroy indique, sont suffisans, & ceux qu'il ajoute par surabondance, jettent du jour sur l'histoire de l'insecte; d'ailleurs il y a une telle réciprocité entre les caractères propres aux insectes indiqués par l'auteur, & les caractères accessoires qu'il ajoute, que ces caractères secondaires peuvent indiquer, lorsqu'on trouve l'insecte dans un de ses premiers états, de quel genre il sera dans son état de perfection. Cette méthode a donc des avantages sans inconvéniens.

Il suffiroit, après la table qu'on vient de lire, de rapporter le nombre des espèces contenues dans chaque famille, chaque paragraphe, dans le genre. Mais la répétition des caractères ne tiendra pas une grande place, elle procurera plus d'ordre & de clarté.

Genre 69ᵉ.

Papilio.	Le Papillon.
Antennæ clavatæ.	Antennes en masse.
Crysalis nuda.	Chrysalide nue.
Familiæ duæ.	*Deux familles.*
Prima, tetrapi.	La première, quatre pieds.
Paragraphi tres.	*Trois paragraphes.*
Primus, erucis spinosis, alis angulosis.	Premier, Chenilles épineuses & aîles anguleuses.
Secundus, erucis spinosis, alis rotundatis.	Second, Chenilles épineuses & aîles arrondies.
Tertius, erucis non spinosis, pedibus anticis brevissimis collare non efficientibus.	Troisième, Chenilles sans épines, & pattes antérieures courtes, qui ne font point la palatine.
Familia secunda, hexapi.	Seconde famille, six pieds.

PARAGRAPHE I de la première famille 7

Second 5

Troisième 10

Première famille, en tout 22

L'auteur divise la seconde famille en cinq paragraphes, qu'il n'a pas énoncés dans la able, à la tête du genre, & qu'il ne désigne pas en latin.

DISCOURS

PARAGRAPHE I, les grands Portes - queue.

Deux efpèces.

PARAGRAPHE II, les petits Portes-queue.

Quatre efpèces.

PARAGRAPHE III, les Argus.

Huit efpèces.

PARAGRAPHE IVe, les Eftropiés.

Trois efpèces.

PARAGRAPHE V^e, Les Papillons du chou, ou Braffcaires.

Neuf efpèces.

70° *Sphinx.*	Le Sphinx.
Antennæ prifmaticæ.	Antennes prifmatiques.
Cryfalis in puppâ.	Chryfalide dans une coque.
Familiæ tres.	*Trois familles.*
Prima, antennæ prifmaticæ ubique ferè æquales.	Sphinx-Bourdons.
Elingues.	Antennes prifmatiques prefqu'égales partout.
	Point de trompe.
Quatre efpèces.	
Secunda, antennæ prifmaticæ ubique ferè æquales.	Sphinx-Eperviers.
	Antennes prifmatiques prefqu'égales partout.
Spirilingues.	Trompe en fpirale.
Larva lævis, cornigera.	Chenille nue, portant une corne fur la queue.
Huit efpèces.	
Tertia, antennæ prifmaticæ, in medio craffores.	Sphinx-Béliers.
	Antennes prifmatiques plus groffes au milieu.

Spirilingues.
Larva villosa non cornigera.

Trompe en spirale.
Chenille velue sans corne.

Une espèce.

Les trois familles & le genre. . . . . 13 espèces en tout.

71.° Pterophorus.

Le Ptérophore.

Antennæ filiformes.
Lingua spiralis.
Alæ ramosæ, ramis pilosis.

Antennes filiformes.
Trompe en spirale.
Aîles composées de plusieurs branches barbues.

Crysalis nuda, horizontalis.

Chrysalide nue & horizontale.

Trois espèces.

72.° Phalæna.

La Phalène.

Antennæ à basi ad apicem decrescentes.

Antennes qui vont en décroissant de la base à la pointe.

Crysalis in puppâ.
Larva nuda.

Chrysalide dans une coque.
Chenille nue.

Familiæ duæ.

Deux familles.

Familia prima.

La première famille.

CARACTERE.

Pectinicornes.

A antennes en peigne.

Paragraphi tres.

Trois paragraphes.

Primus, elingues.
Secundus, linguata, alis deflexis.

Le premier, sans trompe.
Le second, avec une trompe, & les aîles rabattues.

Tertius linguata, alis planis.

Le troisième, avec une trompe, & les aîles étendues.

Familia secunda.

Seconde famille.

CARACTERE.

Antennis filiformibus.

A antennes filiformes.

Paragraphi tres.

Trois paragraphes.

Primus, linguata alis planis.

Le premier, avec une trompe, & les aîles étendues.

Secundus, linguata alis deflexis.

Le second, avec une trompe, & les aîles rabattues.

Tertius, elingues.

Le troisième, sans trompe.

73° Tinæa.

La Teigne.

Antennæ filiformes à basi ad apicem decrescentes.
Frons prominula.
Larva involutro tecta.
Crysalis in involucro larvæ.

Antennes filiformes décroissant de la base à la pointe.
Toupet de la tête élevé & avancé.
Chenille cachée dans un fourreau.
Chrysalyde dans le foureau de la Chenille.

Cinquante - quatre espèces.

SECTION QUATRIEME.

Tétraptères à aîles nues, ou insectes à quatre aîles nues.

Discours sur les généralités relatives à ces insectes.

Hujus sectionis tabula divisa in articulos tres.

Table de cette section, divisée en trois articles.

Primus, tarsorum articulis tribus.
Secundus, tarsorum articulis quatuor.
Tertius, tarsorum articulis quinque.

Le premier, trois pièces aux tarses.
Le second, quatre pièces aux tarses.
Le troisième, cinq pièces aux tarses.

Articulus primus, genera duo.

Libellula.
Perla.

Article premier, deux genres.

Le Demoiselle.
La Perle.

Articulus II, genus unicum.

Raphidia.

Article II, un genre.

La Raphidie.

Articulus III, genera quindecim.

Ephemera.
Phryganea.
Hemerobius.
Formicaleo.
Panorpa.
Crabro.
Urocerus.
Tenthredo.
Cynips.
Diplolepis.
Eulophus.
Ichneumon.
Vespa.
Apis.
Formica.

Article III, quinze genres.

L'Ephémère.
La Frigane.
L'Hémerobe.
Le Fourmilion.
La Mouche - Scorpion.
Le Frélon.
L'Urocère.
La Mouche à scie.
Le Cinips.
Le Diplolepe.
L'Eulophe.
L'Ichneumon.
La Guespe.
L'Abeille.
La Fourmi.

Nous

Nous allons rapporter les caractères de chaque genre, en indiquant leur numéro & le nombre d'espèces décrites dans chacun.

74° *Libellula.*

La Demoiselle.

Antennæ brevissimæ.
Os maxillosum.
Caudâ masculis forcipatâ.
Ocelli tres ante aut inter oculos.

Antennes très-courtes.
Bouche armée de mâchoires.
Queue armée de pinces dans les mâles.
Trois petits yeux lisses dans les yeux, ou au-devant.

Familiæ duæ.

Deux familles

Prima, alis erectis.

La première, à aîles relevées.

Secunda, alis patentibus.

La seconde, à aîles étendues.

Première famille .... 5 espèces.

Seconde 9

Genre .... 14 en tout.

75° *Perla.*

La Perle.

Antennæ filiformes.
Alæ incumbentes, cruciatæ, æquales.

Antennes filiformes.
Aîles égales, couchées & croisées sur le corps.

Os tentaculis quatuor.
Caudâ bisetâ.
Ocelli tres.

Bouche accompagnée de quatre barbillons.
Queue terminée par deux soies.
Trois petits yeux lisses.

Quatre espèces.

76° *Raphidia.*

La Raphidie.

Antennæ filiformes.
Alæ incumbentes.
Os tentaculis quatuor.
Caudâ nudâ.
Ocelli tres.

Antennes filiformes.
Aîles couchées sur le corps.
Bouche accompagnée de quatre barbillons.
Queue simple & nue.
Trois petits yeux lisses.

Une espèce.

77° *Ephemera.*

L'Ephemère.

Antennæ brevissimæ.
Alæ inferiores multò breviores.

Antennes très-courtes.
Aîles inférieures beaucoup plus courtes que les supérieures.

Caudâ setosâ.
Histoire Naturelle, Insectes. Tome IV.

Queue terminée par plusieurs soies.

Ocelli tres magni ante oculos. — Trois yeux lisses & grands devant les yeux.

Huit espèces.

78° *Phryganea.* — La Frigane.

Antennæ filiformes.
Alæ laterales, tectiformes, pone assurgentes. — Antennes filiformes. Ailes posées latéralement en forme de toît, & relevées à l'extrémité.

Os tentaculis quatuor. — Bouche accompagnée de quatre barbillons.
Caudâ nudâ. — Queue simple & nue.
Ocelli tres. — Trois petits yeux lisses.

Douze espèces.

79° *Hemerobius.* — L'Hémerobe.

Antennæ filiformes. — Antennes filiformes.
Alæ sæpè æquales. — Ailes souvent égales.
Os prominens tentaculis quatuor. — Bouche prominente avec quatre barbillons.
Caudâ nudâ. — Queue simple & nue.
Ocelli nulli. — Point de petits yeux lisses.

Trois espèces.

80° *Formicaleo.* — Le Fourmilion.

Antennæ breves, clavatæ, crassæ. — Antennes grosses, courtes & en masse.
Alæ æquales. — Ailes égales.
Os prominens tentaculis quatuor. — Bouche prominente avec quatre barbillons.
Caudâ nudâ. — Queue simple & nue.
Ocelli nulli. — Point de petits yeux lisses.

Une espèce.

81° *Panorpa.* — La Mouche - Scorpion.

Antennæ longæ filiformes. — Antennes longues filiformes.
Alæ æquales. — Ailes égales.
Rostrum corneum cylindraceum. — Trompe dure & cylindrique.
Caudâ cheliferâ forficibus armatâ. — Queue en pince de Crabe.
Ocelli tres. — Trois petits yeux lisses.

Une espèce.

82° *Crabro.* — Le Frelon.

Antennæ clavatæ. — Antennes en masse.
Alæ inferiores breviores. — Ailes inférieures plus courtes.
Os maxillosum. — Bouche armée de mâchoires.
Aculeus ani dentatus. — Aiguillon du derriere dentelé.

Abdomen ubique æquale thoraci connatum.

Ventre de même groffeur par-tout, & intimement joint au corcelet.

Ocelli tres.

Trois petits yeux liffes.

Trois efpèces.

8 3° *Urocerus.*

L'Urocère.

Antennæ filiformes.
Alæ inferiores breviores.
Aculeus ani dentatus, prominens corniculo tectus.

Antennes filiformes.
Aîles inférieures plus courtes.
Bouche armée de mâchoires.
Aiguillon dentelé, prominent & couvert d'une goutière.

Abdomen ubique æquale thoraci connatum.

Ventre de même groffeur par-tout, & intimement joint au corcelet.

Ocelli tres.

Trois petits yeux liffes.

Une efpèce.

84° *Tenthredo.*

La Mouche à fcie.

Artenna filiformes.
Alæ inferiores breviores.
Os maxillofum.
Aculeus ani dentatus non prominens.
Abdomen ubique æquale thoraci connatum.

Antennes filiformes.
Aîles inférieures plus courtes.
Bouche armée de mâchoires.
Aiguillon dentelé, caché dans le corps.
Ve.tre de même groffeur par-tout, & intimement joint au corcelet.

Ocelli tres.

Trois petits yeux liffes.

Familiæ tres.

Trois familles.

Prima, antennis novem nodiis.

La première, à antennes compofées de neuf articles.

Secunda, undecim nodiis.
Tertia, octodecim nodiis.

La feconde, de onze articles.
La troifième, de dix-huit.

PREMIERE FAMILLE . . . . 33 efpèces.

SECONDE. 2

TROISIEME. 3

Genre , ... 38 efpèces en tout

85° *Cynips.*

Le Cinips.

Antennæ cylendraceæ fractæ.
Alæ inferiores breviores.
Os maxillofum.
Aculeus ani intra valvas abdominis.

Antennes cylindriques brifées.
Aîles inférieures plus courtes.
Bouche armée de mâchoires.
Aiguillon conique entre les deux lames du ventre.

Abdomen fubovatum ad latera compreffum, fubtus acutum , petiolo thoraci connexum.

Ventre prefqu'ovale, applati des côtés, aigu en-deffous, attaché au corcelet par un pédicule court.

Ocelli tres.

Trois petits yeux liffes.

Familiæ tres.

Trois familles.

Prima , antennarum articulis undecim.

La première à antennes compofées de neuf anneaux.

Secunda , feptem.
Tertia , tredecim.

La feconde, de fept.
La troifième, de treize.

PREMIERE FAMILLE............ 26 efpèces.

SECONDE................. 3

Plus, un Cynips de la première famille, dont l'auteur ne connoît pas la galle; & deux de la feconde famille dans le même cas 3

Genre en tout ....,... 32 efpèces.

86° *Diplolepis.*

Le Diplolèpe.

Antennæ filiformes longæ articulis quatuordecim.
Alæ inferiores breviores.
Os maxillofum.
Aculeus ani conicus intra valvas abdominis.
Abdomen ovatum , ad latera compreffum , fubtus acutum, petiolo brevi thoraci connexum.

Antennes filiformes longues, compofées de quatorze articles.
Aîles inférieures plus courtes.
Bouche armée de mâchoires.
Aiguillon conique entre deux lames du ventre.
Ventre prefqu'ovale, applati des côtés, aigu en-deffous, attaché au corcelet par un pédicule court.

Ocelli tres.

Trois petits yeux liffes.

Six efpèces.

87° *Eulophus.*

L'Eulophe.

Antennæ ramofæ.
Alæ inferiores breviores.
Os maxillofum.
Aculeus ani conicus.
Abdomen fubovatum , petiolo thoraci connexum.
Ocelli tres.

Antennes branchues.
Aîles inférieures plus courtes.
Bouche armée de mâchoires.
Aiguillon conique.
Ventre prefqu'ovale, attaché au corcelet par un pédicule court.
Trois petits yeux liffes.

Une efpèce.

88° *Ichneumon.*

L'Ichneumon.

Antennæ filiformes , longæ , vibratiles, .
Alæ inferiores breviores.
Os maxillofum.
Aculeus ani triplex.
Abdomen petiolo tenui longo thoraci con-
nexum.
Ocelli tres.

Antennes filiformes, longues, vibratiles.
Aîles inférieures plus courtes.
Bouche armée de mâchoires.
Aiguillon divifé en trois pièces.
Ventre attaché au corcelet par un pédi-
cule long & mince.
Trois petits yeux liſſes.

Quatre-vingt-douze eſpèces.

89° *Vefpa.*

La Guêpe.

Antennæ fractæ articulo primo longiore.

Alæ inferiores breviores.
Os maxillofum , linguâ membranaceâ in-
flexâ.
Aculeus ani fimplex fubulatus.
Abdomen petiolo breviſſimo thoraci con-
nexum.
Ocelli tres.
Corpus glabrum.

Antennes brifées, dont le premier anneau
eſt très-long.
Aîles inférieures plus courtes.
Bouche armée de mâchoires, avec une
trompe membraneuſe en-deſſous.
Aiguillon fimple en pointe.
Ventre attaché au corcelet par un pédicule
court.
Trois petits yeux liſſes.
Corps raſe.

Vingt-quatre eſpèces.

90° *Apis.*

L'Abeille.

Antennæ fractæ articulo primo longiore.

Alæ inferiores breviores.
Os maxillofum , linguâ membranaceâ in-
flexâ.
Aculeus ani fimplex fubulatus.
Abdomen petiolo breviſſimo thoraci con-
nexum.
Ocelli tres.
Corpus villofum.

Antennes brifées, dont le premier anneau
eſt très-long.
Aîles inférieures plus courtes.
Bouche armée de mâchoires, avec une
trompe membraneuſe, couchée en-deſſous.
Aiguillon fimple & en pointe.
Ventre attaché au corcelet par un pédicule
court.
Trois petits yeux liſſes.
Corps velu.

Familiæ duæ,

Deux familles.

Prima , corpore villofo , Apis propriè dicta.

La première, corps velu, Abeille proprement dites.

Secunda, corpore hirfutiſſimo , Apis-Bom-
bylius.

La feconde, corps très-velu, Abeille-
Bourdon.

91° *Formica.*

La Fourmi.

Antennæ fractæ, articulo primo longiore.

Antennes brisées, dont le premier anneau est très-long.

Alæ inferiores breviores, neutris nulla.

Aîles inférieures plus courtes, & point d'aîles dans les mulets.

Os maxillosum.

Bouche armée de mâchoires.

Abdomen petiolo brevi thoraci connexum cum squammâ intermediâ.

Ventre attaché au corcelet par un pédicule court, avec une petite écaille entre deux.

Ocelli tres.

Trois petits yeux lisses.

Six espèces.

SECTION CINQUIEME.

Diptera.

Les Diptères, ou insectes à deux aîles.

Genera.

Genres.

Oestrus.	L'Oestre.
Tabanus.	Le Taon.
Asylus.	L'Asyle.
Stratiomys.	La Mouche-armée.
Musca.	La Mouche.
Stomoxus.	Le Stomoxe.
Volucella.	La Volucelle.
Nemotelus.	La Némotèle.
Scatopse.	Le Scatopse.
Hippobosca.	L'Hippobosque.
Tipula.	La Tipule.
Bibio.	Le Bibion.
Culex.	Le Cousin.

92° *Oestrus.*

L'Oestre.

Antennæ setaceæ globulo prodeuntes.
Os nullum, puncta tantum tria.
Ocelli tres.

Antennes sétacées qui naissent d'un bouton.
Trois points au lieu de bouche.
Trois petits yeux lisses.

Trois espèces.

93° *Tabanus.*

Le Taon.

Antennæ setaceæ conica è quatuor partibus.

Antennes sétacées coniques, divisées en quatre parties.

Os proboscide dentibusque conniventibus.

Bouche composée d'une trompe & de dents qui se joignent.

Ocelli tres.

Trois petits yeux lisses.

Onze espèces.

94° *Afylus.*

L'Afyle.

Antennæ fetaceo-conica quadripartitæ.

Antennes fétacées, coniques, divifées en quatre parties.

Os roftro fubulato acuto.

Bouche formée par une trompe fimple & aigue.

Ocelli tres.

Trois petits yeux liffes.

Vingt efpèces.

95° *Stratiomys.*

La Mouche-armée.

Antennæ fetaceæ fracta.
Os probofcide abfque dentibus.
Thoracis apex aculeatus.
Ocelli tres.

Antennes fétacées & brifées.
Bouche avec une trompe fans dents.
L'extrémité du corcelet armée de pointes.
Trois petits yeux liffes.

Familiæ duæ.

Deux familles.

Prima, thoracis aculeis duobus.

La première, corcelet armé de deux pointes.

Secunda, aculeis fex.

La feconde, corcelet armé de fix pointes.

PREMIERE FAMILLE .... 7 efpèces.

SECONDE I

Genre...................... 8 efpèces.

96° *Mufca.*

La Mouche.

Antennæ è patellâ planâ, folidâ, fetâ, laterali feu pilo.
Os probofcide abfque dentibus.
Ocelli tres.

Antennes formées par une palette platte & folide, avec une foie ou poil latéral.
Bouche, avec une trompe, fans dents.
Trois petits yeux liffes.

Familiæ quinque.

Cinq familles.

Prima, alis variegatis.

La première, à aîles panachées.

Secunda, ore larvato.

La feconde, à mafque.

Tertia, variegatæ.

La troifième, panachées.

Quarta, aurata.

La quatrième dorées.

Quinta, vulgares.

La cinquième, communes.

DISCOURS

Genre . . . . 88 espèces en tout.

97° *Stomoxus.*

Antennæ patellatæ setâ laterali pilosâ.

Os rostro subulato simplici aculato.

Ocelli tres.

Une espèce.

Le Stomoxe.

Antennes formées par une palette, avec un poil latéral velu.
Bouche formée par une trompe simple & aigue.
Trois petits yeux lisses.

98° *Volucella.*

Antennæ patellatæ setâ laterali pilosâ capiti insidentes.
Os proboscide vaginâ acutâ seu rostro reconditum.
Ocelli tres.

Trois espèces.

La Volucelle.

Antennes formées par une palette, avec un poil latéral velu, & placées sur la tête.
Bouche formée par une trompe renfermée dans une gaîne, ou bec aigu.
Trois petits yeux lisses.

99° *Nemotelus.*

Antennæ moniliformes, stylo terminatæ, rostro insidentes.
Os proboscide, vaginâ acutâ seu rostro reconditum.
Ocelli tres.

Deux espèces.

La Némotèle.

Antennes grenues, terminées par une pointe, & placées sur la gaîne de la trompe.
Bouche formée par une trompe, renfermée dans une gaîne, ou un bec aigu.
Trois petits yeux lisses.

100° *Scatopse.*

Antennæ filiformes.
Os proboscide absque dentibus.
Ocelli tres.

Deux espèces.

Le Scatopse.

Antennes filiformes.
Bouche, avec une trompe, sans dents.
Trois petits yeux lisses.

101° *Hippobosca.*

L'Hippobosque.

Antennæ

Antennæ setacea brevissimæ ex unico pilo.

Antennes sétacées très courtes, composées d'un seul poil.

Os rostro cylindrico obtuso.

Bouche formée par une espèce de bec cylindrique & obtus.

Ocelli nulli.

Point de petits yeux lisses.

Deux espèces.

102.° *Tipula.*

La Tipule.

Antennæ filiformes, subpectinatæ, (maribus sæpè plumosæ) capite multò longiores.

Antennes filiformes un peu pectinées (souvent en panache dans les mâles) beaucoup plus longues que la tête.

Os tentaculis incurvis articulatis.

Bouche accompagnée de barbillons recourbés & articulés.

Ocelli tres.

Trois petits yeux lisses.

Familiæ duæ.

Deux familles.

Prima, alis patentibus.

La première, à aîles étendues.

Secunda, alis incumbentibus.

La seconde, à aîles rabattues, ou tipules culiciformes.

PREMIERE FAMILLE . . . . 14 espèces.

SECONDE 14

Genre . . . . 28 espèces en tout.

103.° *Bibio.*

Le Bibion.

Antennæ taxiformes perfoliatæ, capite vix longiores.
Os tentaculis incurvis articulatis.

Antennes en if (1), perfoliées, presqu'aussi courtes que la tête.
Bouche accompagnée de barbillons recourbés & articulés.

Ocelli tres.

Trois petits yeux lisses.

Cinq espèces.

104.° *Culex.*

Le Cousin.

Antennæ pectinatæ (maribus plumosæ.)

Antennes pectinées (en panache dans les mâles.)

Os siphone filiformi.

Bouche formée par un tuyau mince & filiforme.

Ocelli tres.

Trois de petits yeux lisses.

Deux espèces.

_____

(1) C'est-à-dire, enfilées par leur milieu, & imitant les ifs qu'on voyoit autrefois dans les jardins. Mais cette indication est fautive, puisque les ifs ne prennent pas naturellement cette forme.

SECTION SIXIEME.

Insecta aptera.
Insectes aptères, ou insectes sans aîles.

Pediculus.	Le pou.
Podura.	La Podure.
Forbicina.	La Forbicine.
Pulex.	La Puce.
Chelifer.	La Pince.
Acarus.	La Tique.
Phalangium.	Le Faucheur.
Aranea.	L'Araignée.
Monoculus.	Le Monocle.
Binoculus.	Le Binocle.
Cancer.	Le Crabe.
Oniscus.	Le Cloporte.
Asellus.	L'Aselle.
Scolopendra.	La Scolopendre.
Iulus.	L'Iule.

104° *Pediculus.*
Le Pou.

Pedes sex.	Six pattes.
Oculi duo.	Deux yeux.
Antennæ filiformes.	Antennes filiformes.
Abdomen simplex.	Ventre simple.

Vingt-six espèces.

105° *Podura.*
La Podure.

Pedes sex.	Six pattes.
Oculi duo.	Deux yeux.
Antennæ filiformes.	Queue fourchue, repliée à l'extrémité du
Abdominis caudâ bifurcâ, inflexâ, saltatrix.	ventre, & faisant le ressort pour aider l'insecte à sauter.
Corpus squammis tectum.	Corps couvert de petites écailles.

Familiæ duæ.
Deux familles.

Prima, globulosæ.
La première, globuleuses.

Secunda, longæ.
La seconde, alongées.

PREMIERE FAMILLE............... 3 espèces.

SECONDE 7

Genre .... 10 espèces en tout.

106° *Forbicina.*

La Forbicine.

Pedes sex origine latâ & squammosâ.

Six pattes, dont l'origine est large & écailleuse.

Oculi duo.
Os tentaculis duobus mobilibus.
Antennæ filiformes.
Abdominis cauda tripilis.
Corpus squammis tectum.

Deux yeux.
Bouche avec deux barbillons mobiles.
Antennes filiformes.
Trois filets au bout de la queue.
Corps couvert de petites écailles.

Deux espèces.

107° *Pulex.*

La Puce.

Pedes sex saltatorii.
Oculi duo.
Os inflexum.
Antennæ filiformes.
Abdomen simplex subrotundum.

Six pattes propres à sauter.
Deux yeux.
Bouche recourbée en-dessous.
Antennes filiformes.
Ventre simple & arrondi.

Une espèce.

108° *Chelifer.*

La Pince.

Pedes octo.
Oculi duo.
Antennæ cheliformes rostro longiores.

Huit pattes.
Deux yeux.
Antennes en pince de Crabe, plus longues
que la trompe.

Deux espèces.

109° *Acarus.*

La Tique.

Pedes octo.
Oculi duo.
Antennæ simplices rostro breviores.

Huit pattes.
Deux yeux.
Antennes simples plus courtes que la trompe.

Quatorze espèces.

110° *Phalangium.*

Le Faucheur.

Pedes octo.
Oculi duo.
Antennæ angulosa.
Tentacula duo longa antennæ-formia.

Huit pattes.
Deux yeux.
Antennes formant un angle aigu.
Deux longs barbillons semblables à des an-
tennes.

Une espèce.

111° *Aranea.*

L'Araignée.

Pedes octo.
Oculi octo.

Huit pattes.
Huit yeux.

Familiæ quinque.	Cinq familles.

Prima , oculi in formam lunulæ difpofiti.   La première , yeux en lunule.

Secunda , oculi quandrulum efformantes.   La feconde , yeux en quarré.

Tertia , oculi in duas lineas pofiti.   La troifième , yeux fur deux lignes.

Quarta , oculi in tres lineas.   La quatrième, yeux fur trois lignes.

Quinta , oculi fafciculum reprefentantes.   La cinquième , yeux en bouquet.

Premiere Famille . . . . 5 efpèces.

Seconde 7

Troisieme 1

Quatrieme 3

Cinquieme 1

Genre . . . . 17 efpèces en tout.

112° Monoculus.   Le Monocle.

Pedes fex.   Six pattes.
Oculus unus.   Un feul œil.
Antennæ multiplices fetis plurimis lateralibus.   Antennes branchues , avec plufieurs poils latéraux.

Corpus cruftâ tectum.   Corps cruftacé.

Cinq efpèces.

113° Binoculus.   Le Binocle.

Pedes fex.   Six pattes.
Oculi duo.   Deux yeux.
Antennæ fimplices fetaceæ.   Antennes fimples & fétacées.
Caudâ bifidâ.   Queue fourchue.
Corpus cruftâ tectum.   Corps cruftacé.

Trois efpèces.

114° Cancer.   Le Crabe.

Pedes decem , primi cheliformes.   Dix pattes , les deux premières en forme de pinces.

Oculi duo.   Deux yeux.
Antennæ filiformes.   Antennes filiformes.
Caudâ foliofâ.   Queue compofée de plufieurs lames.
Corpus cruftâ tectum.   Corps cruftacé.

Deux efpèces.

115° *Onifcus.*

Le Cloporte.

Pedes quatuordecim.
Antennæ duæ fractæ.

Quatorze pattes.
Deux antennes coudées.

Deux efpèces.

116° *Afellus.*

L'Afelle.

Pedes quatuordecim.
Antennæ quatuor fractæ, duæ longiores.

Quatorze pattes.
Quatre antennes brifées, dont deux font plus longues.

Une efpèce.

117° *Scolopendra.*

La Scolopendre.

Pedes ad minimum viginti quatuor, fæpè plus.
Corpus planum.
Antennæ filiformes, articulis brevibus plurimis.

Vingt-quatre pattes au moins, fouvent davantage.
Corps applati.
Antennes filiformes, compofées de plufieurs articles courts.

Six efpèces.

118° *Iulus.*

L'Iule.

Pedes plufquam centum.
Corpus teres cylindraceum.
Antennæ articulis quinque.

Plus de cent pattes.
Corps arrondi & cylindrique.
Antennes compofées de cinq articles.

Deux efpèces.

En additionnant le nombre des genres & des efpèces contenus dans l'ouvrage de M. Geoffroy, il réfulte du total, qu'il a divifé les infectes qui fe trouvent dans les environs de Paris, en 118 genres, & qu'il a décrit 1325 efpèces. Mais depuis la publication de fon travail, l'auteur a reconnu lui-même un grand nombre d'efpèces qui avoient échappé à fes recherches antérieures, & les perfonnes qui ont fuivi la même étude, ont également trouvé beaucoup d'efpèces nouvelles. Cette partie de l'hiftoire naturelle eft fi féconde, les objets qu'elle préfente font fouvent fi peu frappans, tant de circonftances en peuvent offrir dans un temps qui manquent dans d'autres, qu'après les recherches les plus exactes & les plus multipliées, il y aura encore des découvertes à faire en ce genre. On défiroit que quelqu'un réunît & publiât celles qui avoient été faites depuis le travail de M. Geoffroy. Ce fervice a été rendu au public par M. de Fourcroy, docteur de la Faculté de Médecine, de l'Académie royale des Sciences, affocié ordinaire de la Société royale de Médecine, démonftrateur de Chymie au jardin du Roi, &c. Je place la notice de fon ouvrage à la fuite de celle de l'ouvrage de M. Geoffroy, à caufe du rapport & de la connexion qu'il y a entre le travail de ces deux Naturaliftes.

M. de Fourcroy publia, en 1785, deux volumes in-feize, fous le titre d'*Entomologia Parifienfis five catalogus infectorum quæ in agro Parifienfi reperiuntur.*

L'auteur avoit préfenté fon manufcrit à l'Académie royale des Sciences, & à la Société royale de Médecine. On trouve l'approbation de ces deux compagnies en tête du premier tome, à la fuite d'un difcours préliminaire qui contient le plan de tout l'ouvrage. L'auteur apprend qu'il s'eft concerté avec M. Geoffroy, qu'il a claffé les infectes fuivant la méthode de ce favant ; qu'il a ajouté la defcription de plus de deux cens cinquante efpèces nouvelles ; que, pour mettre le lecteur à portée de les diftinguer, il les a marquées d'une étoile ; qu'il indique les endroits où fe trouvent les infectes qu'il décrit ; qu'il a ajouté beaucoup de noms triviaux, qui ne fe trouvent pas dans l'ouvrage de M. Geoffroy, que ces noms font la plupart empruntés des écrits de Linné, & il nous apprend encore que M. Geoffroy a fait quelques changemens à fon propre ouvrage abrégé par M. de Fourcroy ; le plus remarquable eft la fuppreffion d'un genre, celui de l'*Eulophe.* M. Geoffroy a reconnu cet infecte pour un *Cynips* à antennes branchues, & la réunit à ce genre ; d'où il fuit, qu'au lieu de 118 genres, la méthode de M. Geoffroy n'en contient plus que 117.

J'ajouterai à cette notice, fournie par M. Fourcroy lui-même, dans le difcours préliminaire, que fes defcriptions réuniffent la clarté & la précifion ; qu'elles donnent de chaque objet une idée fuffifante, pour qu'on puiffe aifément le reconnoître, en le voyant pour la première fois. Enfin l'ouvrage de M. de Fourcroy eft un catalogue portatif, clair, étendu autant qu'il eft néceffaire, facile à confulter, de la même utilité pour l'étude des infectes qui fe trouvent dans nos campagnes, que le *Botanicon* de M. Vaillant, pour l'étude des plantes qui croiffent aux environs de Paris.

GOEDAERT.

Goedaert publia à Amfterdam, en 1700, trois volumes in-12 fur les infectes, fous le titre de *Métamorphofes naturelles, ou hiftoire des infectes, &c.* avec figures en taille-douce.

Cet ouvrage eft compofé de deux parties, le texte & les planches ; celles-ci font placées à la fin de chaque volume ; elles repréfentent la larve, la chryfalide, l'infecte dans fon état de perfection. Elles font groffièrement gravées, & cependant elles ne le font pas affez pour qu'on ne reconnoiffe pas aifément l'infecte parfait, pour peu qu'on ait d'habitude à voir des infectes, & qu'on s'en foit déjà occupé ; mais pour les larves, comme leur forme eft fouvent plus difficile à rendre, que les détails demandent une expreffion plus correcte, un travail plus fini, les planches en donnent rarement une bonne idée.

Le texte eft divifé en articles par numéros, & l'auteur a donné à ces articles le nom d'*expériences.* Ce font plutôt des obfervations fur chacun des objets dont il eft queftion dans l'ouvrage. Ces expériences confiftent à rapporter le lieu & le tems où la larve a été trouvée, l'efpace de tems qu'elle a vécu fous fa première forme, les alimens dont elle s'eft nourrie, le nombre de fois qu'elle a mué, ce qu'elle a fait pour fe difpofer à fe métamorphofer ; combien de tems elle a été en chryfalide, quelle a été la durée de la vie de l'infecte fous fa dernière forme.

On voit que Goedaert travailloit d'après un bon plan, que fes obfervations étoient des matériaux pour ceux qui travailleroient par la fuite à l'hiftoire des infectes ; mais fon exécution eft défectueufe en plufieurs points. Ses obfervations font trop courtes en général, inftruifent fort peu fur les habitudes, trompent même affez fouvent à cet égard & leur principal mérite, le feul peut-être, eft d'apprendre combien de tems chaque larve demeure en chryfalide; car pour la durée du premier état, comme Goedaert ne prend pas le plus fouvent les larves au fortir de l'œuf, mais au moment où il les a trouvées, le tems qu'il les a gardées fous cette forme n'apprend pas quel eft celui pendant lequel elles y demeurent en effet; quant à la durée de la vie de l'infecte après fa fortie de la chryfalide, que conclure du tems qu'a vécu un infecte enfermé à celui que vit en liberté l'infecte de la même efpèce?

Un autre défaut des expériences de Goedaert eft de renvoyer aux planches fans aucune defcription, enforte qu'on ignore abfolument les couleurs des infectes dont il parle, & que pour la forme en général & celle des différentes parties, on n'en peut juger que d'après des planches trop peu foignées pour donner, de ces objets, des idées précifes.

Goedaert obfervoit en Europe, & il ne pouvoit, d'après fon plan, traiter que des infectes de cette partie du continent; c'eft ce qu'il a fait, à un très-petit nombre d'exceptions près. Il écrivoit dans un tems où les méthodes n'étoient pas connues; il n'en a pas eu l'idée, & il traite indifféremment des divers infectes comme ils fe font préfentés; il a plus obfervé de Papillons que d'autres infectes.

Outre les obfervations particulières, le premier volume en contient de fort courtes fur la nature des infectes en général & leurs changemens. On ne doit pas regretter qu'elles ne foient pas plus étendues, car elles ne préfentent que les préjugés anciens qui étoient encore en vogue. J'ai dit que Goedaert induit en erreur dans plufieurs obfervations particulières. En voici deux exemples. En parlant du Haneton. Tome 1ᵉ., expérience 7ᵃ, pag. 155. *Les Hanetons vivent affez long-tems quand ils peuvent feulement,*

en été, trouver de la nourriture, & qu'en hiver ils puiffent feulement fe garantir du grand froid. Il faut remarquer qu'il parle du Haneton dans fon premier état.

En traitant du Ver qui a été nommé depuis, *Lion des Pucerons,* Goedaert, tom. 11, expér. 44, pag. 198 & fuiv., attribue l'origine des Pucerons à une liqueur répandue par les Fourmis, vivifiée par le foleil, & la fréquence des Fourmis aux endroits où fe tiennent les Pucerons, à l'amour des Fourmis pour eux, & au foin de les défendre contre les Vers qui en font leur pâture.

On a joint dans le premier volume, aux obfervations de Goedaert, des remarques d'un M. de Mey fur les généralités relatives aux infectes. C'eft l'ouvrage d'un compilateur érudit qui a ramaffé, extrait, & publié fous une forme nouvelle tous les préjugés, les erreurs des auteurs anciens fur l'origine des infectes, fur leurs habitudes & leurs propriétés. Tout commençant doit s'abftenir de lire ces remarques.

On voit que l'ouvrage de Goedaert offroit dans l'origine un bon plan, qu'alors même fon utilité étoit médiocre par les vices de l'exécution; & aujourd'hui que ce plan a été fuivi avec beaucoup plus de fruit par un affez grand nombre d'obfervateurs, l'ouvrage de Goedaert eft à-peu-près inutile, en même tems que la lecture en peut induire les commençans en erreur.

M. Lifter, auteur anglois, publia à Londres, en 1685, les ouvrages de Goedaert avec quelques changemens. Ils confiftent à avoir rangé les obfervations de Goedaert dans un ordre méthodique, & à avoir ajouté en note quelques obfervations à celles de Goedaert. Cet ouvrage de format in-8°. eft écrit en latin, & intitulé, *Joannes Goedartius de infectis in methodum redactus; cum notularum additione. Operâ M. Lifter, è regiâ focietate Londinenfi.*

La méthode de M. Lifter n'eft ni affez lumineufe, ni affez étendue, & beaucoup trop incorrecte pour mériter que nous la faffions connoître. Il claffe les Papillons d'après la manière dont ils portent leurs aîles dans l'état de repos, la forme de la chryfalide, le nombre des pieds des Chenilles. Ainfi un homme qui trouve un Papillon pour le rappeller à fa claffe, a befoin de connoître fa chryfalide & fa Chenille. Ajoutons que dans la quatrième fection M. Lifter rapporte aux Papillons les Demoifelles & plufieurs autres infectes qui n'y ont pas plus de rapport. C'en eft affez pour faire juger de la méthode. Les notes ne m'ont pas en général paru fort inftructives, & je crois que ce commentaire, aux œuvres de Goedaert, n'ajoute rien aujourd'hui à leur peu de valeur pour nous. Cet ouvrage eft accompagné de planches qui en font peut-être la meilleure partie, & qui donnent une affez bonne idée des objets qu'elles repréfentent.

HARRIS.

M. Moïfes Harris, auteur anglois, a enrichi l'hiftoire naturelle de deux ouvrages fur les infectes; le premier parut à Londres en 1776, fous format in-4°., & le fecond dans la même ville, en 1778, fous format in-folio. L'un & l'autre contient un texte à deux colonnes, une en anglois, l'autre en françois, & eft orné de planches enluminées. Ces planches, la plupart exactes, d'un coloris, d'une exécution auffi parfaite que puiffe peut-être en fournir l'art d'enluminer, ne font inférieures à aucunes de celles qu'on connoît jufqu'à préfent en ce genre; elles nous ont paru mériter d'être placées avec les planches de Roefel, de Cramer & de Drury, au-deffus de tous les ouvrages de cette efpèce.

Le premier ouvrage eft intitulé, *Expofition des infectes anglois, avec des obfervations & des remarques curieufes, dans lefquelles chaque infecte eft particulièrement décrit, fes parties & fes propriétés font confidérées; leurs* *fexes diftingués, & leur hiftoire naturelle fidellement récitée.* Le tout enrichi de taille-douces, deffinées, gravées & coloriées par l'auteur.

Ce titre annonce beaucoup; auffi l'ouvrage n'y répond-t-il qu'en partie. Il commence par une introduction dans laquelle M. Harris examine les différentes parties externes des infectes, & il renvoie à une planche gravée au trait feulement. C'eft pour les infectes ce que les anatomiftes ont fait pour l'homme, les auteurs qui ont écrit fur l'équitation, pour le cheval. Perfonne n'étoit encore entré dans un détail auffi circonftancié des parties externes des infectes. M. Harris a été obligé d'employer beaucoup de termes & de noms nouveaux, parce qu'on n'avoit pas diftingué les parties qu'il remarque & qu'il défigne par un nom particulier. En voici quelques exemples. *Les bords d'éventail, les bords abdominaux, les tendons en barre, les clous des épaules,* &c. Il eft douteux que tous les détails, dans lefquels l'auteur eft entré, foient utiles; mais on ne peut lui refufer d'avoir diftingué avec fondement certaines parties qu'il eft utile de remarquer, dont la connoiffance plus particulière & plus générale faciliteroit les defcriptions; d'un autre côté, la vue de la table defcriptive des différentes parties eft un excellent moyen de les faire bien connoître. Après cette première table, on en trouve une d'un genre plus nouveau encore, car il n'y en a pas d'autre exemple, au moins pour les infectes; c'eft un tableau circulaire compofé de quatre cercles concentriques, ou *circles,* comme s'exprime l'auteur. Chacun de ces cercles eft partagé en dix-huit quarrés par des lignes ou rayons tendans du centre à la circonférence; le centre des quatre cercles eft vide & renferme dans fon milieu trois triangles, un bleu, un rouge, un jaune. Ces trois triangles fe rencontrent par un de leurs angles, & paroiffent noirs dans leur juxta-fuperpofition. C'eft pour faire voir, dit l'auteur, que le noir réfulte du mélange égal des couleurs rouge, bleue & jaune. Toutes

les

les autres couleurs, ajoute M. Harris, dépendent du mélange différemment proportionné de ces trois couleurs primitives. Nous laissons aux artistes à prononcer sur cette assertion de M. Harris, qui nous paroît pouvoir souffrir quelques objections. Je continue de rendre compte du tableau. Les soixante-douze quarrés dont il est composé sont chacun d'une couleur où d'une teinte différente, & chacun est marqué d'un numéro relatif à une table qui indique le nom de la couleur de chaque quarré.

L'idée de ce tableau est certainement ingénieuse, l'exécution en est utile pour la description des insectes, & particulièrement pour celle des Papillons. Mais pour tirer de ce tableau tout le profit qu'il promet, il faudroit que les couleurs employées pour sa composition ne fussent pas sujettes à changer. C'est ce dont on peut se flatter, sur-tout dans le genre de l'enluminure? D'un autre côté, plusieurs personnes ne seront-elles pas embarrassées à distinguer les nuances qui se rapprochent, se confondent presque, & ne sont distinctes qu'aux yeux de l'artiste comme l'est M. Harris. S'il m'est donc permis de dire mon sentiment sur le tableau des couleurs, je le crois utile dans le principe, je pense qu'un pareil tableau en tête des ouvrages enluminés, s'il étoit bien fait, si on y avoit employé les couleurs les moins changeantes, & si on n'y avoit distingué que les nuances les plus frappantes, seroit très-propre à fournir une *gamme* qui pourroit devenir générale, & qui faciliteroit beaucoup les descriptions, qui les rendroit plus claires, plus précises, & fixeroit l'idée, si souvent indéterminée, des expressions qu'on y emploie. On doit donc à M. Harris une idée dont l'exécution corrigée deviendroit fort avantageuse. Je soumets au reste ces réflexions aux artistes, à qui il appartient particulièrement d'en juger, & le tableau qui pourroit être exécuté devroit l'être par leurs conseils réunis aux lumières du naturaliste qui entreprendroit de le faire exécuter. Le reste du volume contient cinquante planches de la plus belle exécution & de la plus conforme aux objets qu'elles représentent; ce sont des insectes de différens genres qui se trouvent en Angleterre, & souvent avec l'insecte parfait, la larve & sa chrysalide. Rien de plus fini dans son genre que cette partie de l'ouvrage; mais les figures sont relatives à une description qui n'est que la répétition de ce que la planche offre à la vue, exprimée par des mots, à la vérité propres à leur objet, & qui fixent l'attention sur chaque partie en particulier. Ainsi celui qui examine chaque planche ne verroit souvent que l'ensemble de l'objet, & la description fixe son attention sur chaque partie, ce qui la rend utile. Mais d'ailleurs on ne trouve point la partie historique des insectes, comme le titre l'annonce; M. Harris suit les divisions générales, admises par la plupart des auteurs, & il rapporte, en tête de chaque division, les caractères qui la distinguent; il commence par les Lépidoptères ou Papillons, & il entre dans la division des classes en ordres, dont il rapporte aussi les caractères. Nous n'entreprendrons pas d'analyser sa méthode, qui ne nous a paru ni lumineuse, ni fondée sur des principes assez stables; d'ailleurs M. Harris semble souvent la négliger lui-même, puisque parmi les planches appartenantes à une des grandes divisions générales, on en trouve de relatives à des ordres d'autres divisions. Mais ce qui est particulier à M. Harris, c'est qu'il distingue dans chaque ordre les mâles & les femelles par des caractères propres à chaque sexe. Cependant ces caractères n'étant pas toujours aussi faciles à saisir que ceux que fournit l'anus en le comprimant, il semble qu'il vaut mieux se borner à cette méthode simple, aisée, généralement adoptée de distinguer les mâles & les femelles. Enfin, M. Harris détermine la grandeur de chaque insecte.

Le second ouvrage du même auteur est intitulé, *Histoire naturelle des insectes anglois, nommément les Phalènes & Papillons avec les plantes sur lesquelles ils se nourrissent,*

_& une relation de leurs changemens respec-
tifs ; leurs repaires communs dans l'état ailé,
& leurs noms vulgaires ou de genre, donnés
& établis par la société ingénieuse des Au-
réliens._

L'ouvrage commence par une introduction qui contient des généralités sur les
Chenilles, les chrysalides, les Papillons leurs
œufs & la manière de les déposer ; sur les
caractères qui distinguent les Phalènes & les
Papillons, ainsi que leurs Chenilles. On
trouve ensuite l'énumération des ustensiles
nécessaires pour prendre & préparer les Papillons & Phalènes, & des instructions sur
les moyens de les conserver. Nous ne ferons
point l'analyse de cette introduction qui ne
nous a rien offert de particulier.

Le reste de l'ouvrage contient quarante-
quatre planches qui représentent indifféremment des Papillons & des Phalènes, en plus
ou moins grand nombre dans chaque planche, & leurs chrysalides, & les plantes
dont les Chenilles se nourrissent. Chaque
Papillon ou Phalène est désigné par un nom
trivial. Ces noms ne nous ont pas paru plus
heureusement appliqués par les membres
de la société aurélienne, que par les auteurs qui ont employé de semblables noms;
il ne nous a pas semblé non plus que M.
Harris ait évité l'erreur commune de déterminer exclusivement la nourriture d'une
Chenille, parce qu'on l'a trouvée sur telle
plante ou qu'on l'en a nourrie ; comme si
elle ne pouvoit pas se rencontrer sur d'autres plantes & en vivre. Nous ne citerons
qu'un seul exemple à l'appui de ces deux
assertions. C'est celui du Papillon que M.
Geoffroy a appellé grand Porte-queue du
fenouil. M. Harris, planche 36, pag. 7 ,
le nomme _queue d'Hirondelle_, & dit que la
Chenille mange la saxifrage des prés ; ainsi
M. Geoffroy a appellé le Papillon Porte-
queue du fenouil, parce qu'il en a trouvé
la Chenille sur le fenouil, & M. Harris dit
que cette Chenille vit de saxifrage parce
qu'il l'a trouvée sur cette plante ; un troi-

sième pourroit dire que c'est la Chenille de
la carotte ; un quatrième celle du panèt :
car elle se nourrit aussi de ces deux plantes:
preuve suffisante de l'abus d'attribuer exclusivement telle ou telle Chenille à telle ou
telle plante. Quant au nom de queue d'Hirondelle, il ne donne en rien une idée plus
précise du Papillon que celui de grand Porte-
queue. Au reste, M. Harris, déjà très-habile
lors de son premier ouvrage, s'est surpassé
dans l'exécution des planches de celui-ci,
mais il n'y traite pas plus que dans le premier des habitudes des insectes.

JONSTON.

Jonston a consacré aux insectes quatre des
livres qu'il a écrits sur les animaux ; le premier est précédé d'une préface dans laquelle
il expose quelques généralités sur les insectes,
d'après les idées d'Aristote & de Pline, & il
finit cette courte préface par sa méthode sur
les insectes ; elle consiste à les diviser en terrestres & aquatiques, en insectes qui ont des
pieds & ceux qui n'en ont pas. Cependant,
dans la suite de l'ouvrage il subdivise les insectes. Dans le premier livre il traite des insectes terrestres, sans élytres & à quatre aîles,
& il subdivise ces insectes en ceux dont les
quatre aîles sont membraneuses, ceux qui
ont quatre aîles farineuses ; il traite dans
le même livre des insectes sans élytres qui
n'ont que deux aîles ; il parle ensuite des
insectes qui ont des élytres, & il commence
par les Sauterelles & les Grillons, après lesquels il passe aux Scarabés qu'il divise ; d'a-
près Moufet, en grands qui ont des cornes,
en grands qui n'ont pas de cornes, puis, sans
annoncer de division, il traite de différens
genres de Scarabés ; il ne leur assigne pas de
caractères, & ne les distingue que par les
noms qui leur ont été donnés.

Le livre second a pour objet les insectes
terrestres qui ont des pieds, & qui n'ont pas
d'aîles. Jonston parle d'abord des insectes de
cette division qui ont six pieds, & il com-

mence par les Fourmis; enfuite des infectes de la même divifion à huit pieds; tels font les Araignées; fuivent les infectes fans aîles à douze & quatorze pieds, & il place, dans cette divifion, les larves, & en particulier les Chenilles; puis il paffe aux infectes terreftres fans aîles qui ont un grand nombre de pieds, tels que les Cloportes, l'Iule, la Scolopendre.

Dans le troifième livre, Jonfton traite des infectes terreftres fans pieds, & d'abord des Vers qu'il fubdivife en ceux qui vivent fur les plantes, ceux qui vivent à l'intérieur des autres animaux; il fubdivife les premiers en Vers qui rongent les différentes parties des plantes, *arborari*; ceux qui produifent des gales, *fruticarii*; ceux qui rongent les femences; ceux qui dévorent les plantes; puis en parlant des Vers qui naiffent à l'intérieur des animaux, de ceux qui fe trouvent dans les vifcères de l'homme, fur lefquels il dit fort peu de chofe, & il termine ce livre très-court par l'hiftoire de la limace. Dans le quatrième, qui eft auffi très-court, Jonfton traite 1°. des infectes aquatiques qui ont des pieds, d'abord de ceux qui en ont un petit nombre, puis de ceux qui en ont beaucoup, enfuite de ceux qui n'en ont point, & il finit par quelques pages fur les étoiles de mer, quelques alinéas fur le Cheval marin ou Hippocampe, & fur le raifin de mer; d'où il eft aifé de conclure que Jonfton confond les objets, & met au nombre des infectes des animaux qui ne font pas de cette claffe; qu'il range le même infecte dans des fections différentes, comme il eft aifé de le remarquer à l'égard des Papillons & des Chenilles qui ne font que le même infecte, & qu'il place dans le premier livre, en les confidérant comme Papillons, parmi les infectes terreftres qui ont des pieds & quatre aîles farineufes, & dans le fecond livre, au rang des infectes terreftres fans aîles à douze & quatorze pieds. Mais ce n'eft pas le feul défaut de cette divifion des Chenilles, puifque les deux fections qu'en forme Jonfton font bien éloignées de renfermer toutes les efpèces de Che-

nilles. Il eft inutile de nous arrêter à remarquer en détail les vices d'une méthode que perfonne ne fuit, ni même n'étudie plus, qui répand plutôt de la confufion, & de l'obfcurité que de l'ordre & de la clarté fur l'objet qu'elle devroit éclaircir. Il fuffit donc de remarquer en général que la méthode de Jonfton n'eft ni lumineufe, ni exacte, ni applicable à toutes les efpèces, à tous les genres des infectes, même de ceux qui préfentent des caractères les plus propres à les faire diftinguer. Cependant, cette méthode n'eft pas même énoncée clairement; on n'en trouve point le tableau féparé, & on ne la devine qu'en parcourant l'ouvrage entier. Vingt-huit planches groffièrement gravées, dont les figures font toutes incorrectes & méconnoiffables, font répandues dans les quatre livres qui traitent des infectes; elles repréfentent un grand nombre d'objets, mais défigurés, dont elles ne peuvent donner l'idée, & elles font abfolument inutiles; elles n'ont qu'un rapport indirect avec le texte, puifque l'auteur ne les cite pas, & qu'on ne trouve leur relation avec le difcours que par la conformité des noms employés au bas des figures & dans le texte. Ajoutons que Jonfton n'eft pas plus heureux dans la defcription que dans la repréfentation des infectes, qu'il n'en parle guères que d'après Moufet & Aldrovande qu'il copie, que les noms qu'il donne aux infectes font très fouvent ceux que les anciens ont employés, que faute de bonnes defcriptions, on ne fait à quels individus appliquer, que d'ailleurs il cite beaucoup de faits apocrifs, qu'il attribue aux infectes des propriétés qu'ils n'ont pas, & que fon ouvrage eft une compilation de l'érudition & des erreurs de ceux qui l'ont précédé.

KÆMPFER.

Kæmpfer, pag. 110 & fuiv. de l'hiftoire du Japon, format in-folio, fait mention de quelques infectes. Ce qu'il en dit eft accompagné d'une planche qui en repréfente environ une douzaine; il parle d'abord d'une efpèce de Fourmis qu'il appelle *Fourmi blan-*

che ; d'après ce qu'il est dit tant sur sa forme, que sur ses habitudes , il paroît que c'est un insecte du genre des *termes* si communs sur les côtes de Guinée, genre qui se trouve également en Amérique où les européens donnent le nom de *Poux-de-bois* en plusieurs endroits, & celui de *Fourmi-blanche* aux insectes qui composent ce genre. Par-tout ils sont fort petits , mais infiniment multipliés , par-tout ils jettent , en certains tems , des essaims qui passent d'un lieu à un autre , en se pratiquant des chemins couverts , & qui , par-tout , causent de grands dégâts dans le tems de ces émigrations , parce que ces insectes ne sont arrêtés par aucune digue, que les bois de charpente même , qu'ils pulvérisent , sont employés pour les chemins couverts qu'ils se construisent ; ils causent donc au Japon , comme en Afrique & en Amérique , la chute des édifices, ils ravagent les meubles & ils dévastent les plantes. Ce même genre se trouve en Europe , mais les individus y sont peu multipliés , ils font peu de mal , & ils ne sont pas remarqués par cette raison.

Kæmpfer décrit ensuite un *Mille pied* qu'il dit long de deux ou trois pouces , de couleur brune , ayant un grand nombre de pieds. Sa piqûre n'est pas dangereuse , au lieu que celle des Mille-pieds des Indes l'est plus que celle du Scorpion. Mais d'après la figure de cet insecte représenté planche 10 n°. 1. , ce n'est pas un *Mille-pied* ou *Iule* , mais une Scolopendre fort analogue à celle qu'on nomme , très-improprement dans quelques-unes de nos provinces , *la Malfaisante*.

Kæmpfer appelle *insectes rampans* les deux espèces dont je viens de parler d'après lui, & il nomme les suivans *insectes volans*.

Ce sont les *Abeilles* , les *Guêpes* , les *Cousins* , les *Mouches* , les *Sauterelles* , que Kæmpfer ne fait que nommer , & tout ce qu'on peut extraire de ce qu'il en dit , c'est qu'il y a peu d'Abeilles au Japon. Il décrit ensuite quelques espèces d'insectes en particulier; mais

d'une manière si incomplette , qu'il est impossible de se former une idée des individus dont il parle. Telle est la description d'un très-grand Papillon appellé *jamma tssio* ou Papillon de montagne. *Il est tout-à-fait noir , ou de diverses couleurs qui font un mélange agréable de taches blanches , noires & autres.* Je ne m'arrêterai pas davantage à des descriptions dont il ne peut résulter aucune idée de l'objet à décrire , & je me bornerai aux seuls insectes figurés. La planche 10 , n°. 6. , représente deux espèces de Cigales & leurs larves ; l'une est beaucoup plus grande , & l'autre plus petite. La grande paroît la première , & disparoît vers les jours caniculaires ; la petite espèce paroît plus tard , & on la voit jusqu'en automne. Elle ne se fait entendre que depuis le lever du soleil jusqu'à midi ; la grande espèce ne discontinue pas de faire retentir les bois du bruit qu'elle y fait. Kæmpfer dit que la dépouille de la larve est mise , au Japon , au nombre des médicamens , qu'on la vend publiquement ; mais il n'apprend pas quelle propriété on lui attribue. Enfin, on voit au n°. 7 , planche 10 , la représentation de deux *Buprestes* , suivant Linné , & deux *Cucujus* , suivant Geoffroy. Il paroît que c'est le Bupreste à bandes de Chandernagor , ou celui qui est entièrement verd avec deux bandes dorées longitudinales sur les élytres.

LEUWENHOEK.

On trouve dans les ouvrages de Leuwenhoek qui sont écrits en latin, & qui forment cinq volumes in-4°. , plusieurs articles sur les insectes, sur-tout sur les insectes ou animaux microscopiques , soit spermatiques , soit des infusions. Je ne parlerai que des insectes proprement dits qui sont mon seul objet. Ce n'est point leur histoire qu'il faut chercher dans les œuvres de Leuwenhoek, ni la description de leur forme extérieure , mais quelque trait de leur histoire , & la description d'une ou de plusieurs de leurs parties internes , ou de quelques-uns de leurs organes , car Leuwenhoek ne donne pas leur anatomie complette, mais celle de quelques parties seulement. Les bornes que je suis forcé de ne pas passer ne me permettent que d'indiquer les objets sur lesquels on peut consulter Leuwenhoek.

Il y a deux volumes imprimés à Delft, le premier en 1697, le second en 1719; & trois volumes imprimés à Amsterdam, un en 1719, & deux en 1722. Ces cinq volumes sont composés de dissertations adressées à différentes personnes sous le titre de lettres.

Dans le volume imprimé à Delft, en 1697, il est question, pag. 198, de certains *Acarus*, qui vivent sur les fleurs du myrte. Pag. 60, de l'aiguillon du Pou mâle; pag. 11, des aîles d'une Mouche née d'un Ver qui s'attache au pédicule des roses; pag. 96, d'un insecte aîlé qui vit sur les fleurs du myrte; pag. 9 & suiv., d'une Mouche observée sur la rose; pag. 140 & suiv., des Crabes; pag. 155, d'une Mouche dont le Ver rend les feuilles des arbres difformes; pag. 119, des Fourmis; pag. 80 & 81, réfutation de l'opinion de Jonston sur la génération du Pou; pag. 60, 70, 71, parties génitales de cet insecte; pag. 12, sur des Mouches nées de Vers qui piquent les feuilles du cerisier; pag. 152 & suiv., d'autres Mouches qui piquent les feuilles du tilleul; pag. 75 & 76, des œufs du Pou; pag. 59 & suiv., une description anatomique assez détaillée du Pou mâle & du Pou femelle; plusieurs traits de leur histoire; pag. 192, de la piqûre du Scorpion.

Pag. 63, du volume également imprimé à Delft, mais en 1719, Leuwenhoek s'occupe du Monocle qui vit sur la lentille d'eau; pag. 112, épître 7 de deux espèces de Cousins & d'une espèce de tipule, de quelques Coléoptères, d'une Mouche, & de quelques faits sur les Abeilles.

Pag. 340, épître 35, de la Mordelle, de sa cornée, des yeux de la Mouche commune, de ceux des insectes en général, de ceux des Homars, Crabes & Squilles.

Des trois volumes imprimés à Amsterdam, le premier le fut en 1719, & les deux autres en 1722.

On trouve dans le volume imprimé en 1719, pag. 255 & suiv., la description anatomique des Abeilles, & des faits sur leur histoire; pag. 316 jusqu'à la pag. 342; il est question des *Araignées*; pag. 411 & suiv., du *Ver à soie*. Cet article & le précédent sont traités plus au long que Leuwenhoek ne le pratique ordinairement; pag. 148 & 149, il est parlé des *Cousins*; pag. 79, 80, 259, des Fourmis; pag. 277, ce que sont ces insectes; pag. 157 & 177, des *Millepieds*; pag. 166, de la Mouche commune; pag. 174 & 175, des yeux des Mouches; pag. 364 & suiv., de différentes sortes de Mouches qui gâtent les arbres; pag. 39 & suiv., des Scarabés, des organes de leur vue; pag. 167 & suiv., du Scorpion, de son aiguillon, de son venin; pag. 203, Ver du fromage.

Des deux volumes imprimés en 1722, à Amsterdam, le premier est divisé en trois parties. Dans la première partie, pag. 53, il est question de la *lande* ou œuf du *Pou*; dans la seconde partie, pag. 55, anatomie du Crabe; troisième partie, pag. 47, description anatomique du Ver à soie; pag. 85 & suiv., dissertation assez étendue sur les *Fourmis*; pag. 110 & suivante, du *Millepieds* ou *Scolopendre*, & pag. 70, du *Pou*.

Enfin, dans l'autre volume imprimé à Amsterdam en 1722, pag. 352 & suiv., traité sur les *Acarus* ou *Tiques*; pag. 137 & suiv., description de l'aiguillon du *Cousin*; pag. 324 & suiv., différens articles sur la Puce; page 485, des aîles des Mouches.

Je n'ai pu qu'indiquer les objets dont Leuwenhoek a traité; ceux qui liront ses obfervations regretteront que cet auteur n'ait pas mis plus d'ordre & de fuite dans fon travail ; il leur paroîtra avoir obfervé fans plan , fans vue , mais avec une grande patience & beaucoup d'exactitude. Il feroit poffible de tirer beaucoup plus d'utilité de fes ouvrages, fi quelqu'un prenoit la peine de raffembler les obfervations éparfes, de les réunir & de les rapporter à leur objet ; enfin , de les préfenter dans l'ordre qui devroit naturellement les lier. Ce travail rendroit celui de Leuwenhoek plus utile, & je crois qu'il pourroit l'être alors beaucoup plus que dans l'état dans lequel l'auteur l'a publié.

LINNÉ.

Le chevalier Linné, fi juftement célèbre, a écrit fur les infectes avec plus de méthode & d'une manière plus étendue qu'on ne l'avoit fait avant lui ; il s'en eft principalement occupé dans fes deux ouvrages, qui ont pour titre : *Syftema naturæ*, & *Fauna Suecica*. Il en traite auffi dans plufieurs de fes autres écrits. On peut le regarder comme le fondateur des méthodes en hiftoire naturelle, & particulièrement pour les infectes : celles qui avoient été propofées avant la fienne, manquoient de clarté, d'ordre, d'étendue ; elles n'étoient pas fondées fur des caractères apparens, faciles à reconnoître, inhérens aux objets ; mais fur des circonftances de la vie des infectes, fur leurs habitudes, fur les lieux où on les trouve, fur la nature de leurs alimens. Le chevalier Linné a fenti qu'une méthode devoit avoir pour bafe des caractères apparens , conftans, inhérens aux individus, & il a beaucoup mieux rempli ce but qu'on ne l'avoit fait. On l'a imité depuis, on a perfectionné un genre de travail dans lequel il a ouvert la carrière. On fait affez que ce favant a écrit en latin, qu'il a eu fouvent à parler d'objets que les anciens n'avoient pas obfervés ; ces objets n'avoient pas par conféquent de noms dans la langue latine, il a fallu leur en donner. Linné les a dérivés du grec, & leur a donné une terminaifon latine : mais la nouveauté des expreff-

fions qu'il a employées , leurs racines dans une langue qui n'eft pas familière aujourd'hui à beaucoup de perfonnes, ont fouvent embarraffé les lecteurs. On pourroit peut-être lui reprocher de n'avoir pas apporté affez de foins à la formation des expreffions dont il a fait ufage le premier. Ce défaut rend fes écrits trop fouvent obfcurs. Quelqu'un qui donneroit une table explicative, claire, concife & bien dreffée des termes qu'il emploie, rendroit un grand fervice aux jeune gens qui étudient fes écrits ingénieux ; il leur épargneroit la tâche longue & ennuieufe par laquelle il faut commencer de s'habituer à fa langue. Je reviens à fes deux principaux ouvrages fur les infectes. Tous deux font de format in-8°. Il y a treize éditions du *Syftema naturæ*. Elles ont été fucceffivement déterminées par des corrections , des additions aux précédentes. Il n'y en a que deux du *Fauna*. L'auteur expofe , dans le premier ouvrage , fa méthode ; il décrit enfuite, dans chaque édition , un plus ou moins grand nombre d'efpèces , tant européennes qu'étrangères. Chaque efpèce eft déterminée par un numéro, par une phrafe qui exprime les principaux traits de l'efpèce , & dans les dernières éditions par un nom *trivial*. Ce nom eft celui d'une divinité ou d'un héros de la fable, d'un homme fameux dans l'hiftoire en général , ou célèbre en particulier en hiftoire naturelle, ou de la plante fur laquelle on trouve l'efpèce d'infecte auquel le nom eft appliqué. Tout le monde convient que les noms triviaux font utiles , que c'eft une forte de gamme commode pour s'entendre ; mais quelques perfonnes auroient voulu que ces noms fuffent formés exprès, ou, comme on dit, forgés & infignifians, ou qu'ils euffent été expreffifs, c'eft-à-dire, qu'ils euffent caractérifé les objets auxquels ils auroient été impofés. On reproche à Linné d'avoir, par exemple , donné aux Papillons les noms des héros grecs & troyens.

Nous ofons dire que ces reproches ne nous paroiffent pas fondés. Des noms forgés, infignifians euffent été fort difficiles à retenir, ils auroient été une furcharge pour la fcience & pour ceux qui l'étudient; des noms expref fifs feroient très avantageux, ils fixeroient les idées, ils aideroient la mémoire. Linné en a fenti l'importance, il les a employés pour les divifions qui, étant peu nombreufes, permettent qu'on trouve & qu'on emploie de pareils noms, & dans quelques circonf tances particulières dans lefquelles des carac tères bien tranchés peuvent être exprimés par un mot. La difficulté de compofer de femblables noms, augmente avec le nombre des objets dont il faut parler, de leurs rap ports plus grands, de leurs différences moins marquées, & leur multitude rend la chofe impoffible; car alors les objets fe touchent, fe confondent, font diftingués par des traits fi peu faillans, fi peu fenfibles, que l'ex preffion même de ces traits, quand il feroit poffible de la rendre par un mot, ne donne roit qu'une idée très-imparfaite de l'objet, ne le diftingueroit pas de ceux qui lui ref femblent & qui le touchent dans la férie des êtres; il n'y a donc plus alors de ref fource pour faire connoître l'objet que de le décrire dans fon entier, & le nom tri vial n'eft qu'un moyen d'en retenir la def cription, de fe la rappeler à l'occafion de ce nom; mais fi la mémoire eft déjà char gée de ce même nom, on a de moins à l'apprendre & plus de facilité à le retenir; on n'a plus qu'à fe rappeler l'objet auquel il a été appliqué. Peu de ceux qui étudient l'hiftoire naturelle ignorent les noms des divinités, des héros, des hommes célèbres, ils n'ont donc qu'à faire l'application de ces noms, & fe reffouvenir à leur occafion des objets qu'ils défignent dans la méthode où on les a employés: mais, dira-t-on, un même nom alors rappelle l'idée de deux objets, & d'objets fi difparates? Qu'im porte? Car, peut-on fuppofer que celui qui s'occupe pour le moment de Papillons, par exemple, confondra au nom d'Agamemnon les idées d'un infecte dont il veut fe rappeler la forme & les couleurs, avec le chef des rois grecs, & qu'il brouillera deux penfées auffi éloignées? Non, fans doute; &

les noms d'Ajax, Hector, Andromaque, Ulyffe, &c. donnés à des Papillons peuvent bien, au premier apperçu, paroitre appliqués d'une manière ridicule, mais en y penfant on reconnoît que cette application eft un moyen de rappeler le fouvenir d'objets très multi pliés fans charger la mémoire de nouveaux noms & fans un rifque réel qu'on confonde les idées: il en réfulte donc de l'utilité fans inconvénient; l'emploi de ces noms eft donc raifonnable.

M. Linné termine enfin l'article de chaque infecte par l'indication du lieu où il a été ou obfervé, ou ramaffé. À l'occafion de cette indication, je remarquerai qu'elle ne doit jamais être prife à la rigueur, comme trop d'auteurs l'ont fait; quand M. Linné dit d'un infecte, *habitat in Europâ, In diâ, infulâ Ceylan, &c.* il faut entendre, par ces expreffions que l'infecte dont il vient de parler a été trouvé en Europe, dans l'Inde, à l'ifle de Ceylan, &c. Mais il n'en faut nulle ment conclure qu'il ne fe trouve que dans le lieu ou la contrée, la région, la partie du globe défignée; on peut être fûr que l'ef pèce y exifte, fans exclufion d'autres lieux même très-éloignés, fitués dans différentes parties du monde, où il eft poffible qu'elle vive auffi. Ainfi, par exemple, le Papillon *Apollo* fe trouve dans les plaines de la Suède & fur les Alpes, les Pyrenées & peut-être fur d'autres montagnes, en d'autres régions baffes des pays froids. Le Sphinx tête de mort nous eft apporté de la Chine, il eft commun dans nos provinces méridionales, & nous le trouvons dans nos campagnes. Il feroit facile d'accumuler des exemples de ce genre. Il en réfulte donc que l'indication du lieu où un infecte a été obfervé n'eft qu'une preuve que l'efpèce dont il eft vit en ce lieu, & l'on n'en doit pas tirer, comme on le fait fouvent, l'induction que cette efpèce ne fe trouve pas ailleurs.

M. Linné divife les infectes en fept claffes d'après la forme, le nombre, la pofition des ailes.

Les insectes compris dans les cinq premières classes, ont quatre aîles : ceux de la première classe, *Coleoptera*, Coléoptères, ont les deux aîles supérieures coriacées ; c'est ce qu'on appelle *élytres*.

Seconde. Les aîles supérieures à demi-coriacées & en recouvrement. Cette dernière expression signifie que le bord d'une des aîles recouvre celui de l'autre.

Hemiptera, Hémiptères.

Troisième. Les quatre aîles membraneuses couvertes de petites écailles.

Lepidoptera, Lépidoptères. Ce sont les Papillons.

Quatrième. Aîles membraneuses; anus sans aiguillon.

Neuroptera, Neuroptères.

Cinquième. Aîles membraneuses; ventre armé d'un aiguillon.

Hymenoptera, Hyménoptères.

Les insectes de la sixième n'ont que deux aîles, à la base desquelles sont placées deux balanciers.

Diptera, Diptères.

Les insectes de la septième n'ont point d'aîles.

Aptera, Aptères.

La première & la septième classes sont sous-divisées chacune en trois ordres.

Les caractères des trois ordres de la première classe sont déduits de la forme des antennes.

ORDRE I. Antennes en masse, c'est-à-dire, dont la pointe est renflée & plus grosse que le reste de l'antenne.

II. Antennes filiformes ou de grosseur égale dans toute leur étendue.

III. Antennes sétacées ou qui vont en diminuant de grosseur de la base à la pointe.

Division de la septième classe.

ORDRE I. Insectes aptères qui ont six pattes, dont la tête & le corcelet ne sont pas joints intimement.

II. Depuis huit jusqu'à quatorze pattes; la tête & le corcelet joints ensemble.

III. Quatorze pattes ou davantage; la tête & le corcelet ne sont pas intimement joints.

Ces sept classes, les trois ordres de la première, & les trois de la dernière, sont sous-divisés en quatre-vingt-cinq genres, d'après la forme des antennes, celle du corcelet & du corps, & quelquefois d'après quelques caractères accessoirs.

Le *Fauna* contient l'énumération & la description des insectes de la Suède; ils sont présentés suivant l'ordre systématique de l'auteur, désignés par des numéros, de courtes phrases descriptives, les lieux où on les trouve, & un nom trivial : mais ils sont de plus décrits dans le détail de leur ensemble & de chacune de leur partie externe. L'auteur décrit aussi leur larve, leur chrysalide, & fait une histoire abrégée de leurs habitudes. Je ne m'étendrai pas davantage sur la méthode de Linné, qui est la plus connue, sur-tout parmi les étrangers, qui

ne

ne l'eſt peut-être pas aſſez parmi nous, & dont on ne ſemble avoir ſenti le mérite en France que depuis peu d'années. Cependant quoique la méthode de M. Linné l'ait oc cupé dans tous les rems de ſa vie, qu'il l'ait rectifiée, étendue, ſuivant qu'il y étoit engagé par la connoiſſance de nouveaux inſectes, que ſon intention fût que tout ce qui en exiſte pût être rangé d'après ſa méthode, & enfin qu'il eut pour ce genre de travail une ſagacité peu ordinaire, la méthode n'a pas encore l'étendue qu'il deſiroit lui don- ner ; les recherches très-multipliées aujour- d'hui, les voyages fréquens ſont connoître des inſectes qu'il eſt impoſſible de ranger & de comprendre dans la méthode de M. Lin- né, qui néceſſitent à y faire des additions ; mais elles peuvent être déduites des mêmes principes, & l'idée de la méthode n'en eſt pas moins bonne parce qu'elle manque d'une étendue que l'obſervation & les tems ſeuls lui peuvent procurer.

Si l'on compare la méthode de M. Linné à celles des auteurs qui l'ont précédé, elle eſt infiniment préférable par les raiſons que j'ai rapportées ; ſi on la compare à celles des auteurs qui ont écrit depuis, elle eſt ou-plus étendue ou plus facile. La méthode lumi- neuſe de M. Geoffroi, adaptée à ſon objet, la deſcription des inſectes des environs de Paris, eſt trop limitée pour être applicable aux inſectes étrangers en général. Celle de M. Fabricius, plus étendue que celle de M. Linné, a pour baſe des caractères très- peu apparens, fort difficiles à ſaiſir, qui exigent la plus grande attention de ceux qui ſont fort exercés & un travail très-pénible, ſouvent infructueux de ceux qui ne le ſont pas ; elle ne facilite donc pas l'étude, elle ne l'abrège pas autant que celle de M. Lin- né, & ces deux conditions ſont les pre- mières qu'une méthode doit remplir. C'eſt le but qu'il me ſemble qu'on pourroit attein- dre en faiſant ſeulement à la méthode de M. Linné des additions dans les principes de cette même méthode. On ſentira, d'après ce que j'en viens de dire, le cas que j'en fais.

Si je n'en donne pas le développement, c'eſt que M. Olivier, qui s'eſt chargé de l'ordre méthodique & de la partie deſcriptive, qui penſe à peu près comme moi ſur la mé- thode de M Linné, qui a compoſé prin- cipalement la ſienne d'après cet auteur, en empruntant des vues de MM. Geoffroi & Fabricius, s'eſt réſervé de faire connoître en détail la méthode de Linné. *Voyez* l'expoſé du ſyſtème de M. Olivier, à la ſuite des diſcours généraux.

Mlle. MAIRIAN.

On doit à Mademoiſelle Mairian deux traités ſur les inſectes ; l'un ſur les inſectes d'Europe, l'autre ſur les inſectes de Surinam : elle obſervoit, & elle a écrit il y a un peu plus d'un ſiècle ; après avoir commencé, comme elle nous l'apprend dans une préface qui eſt à la tête de ſon ouvrage ſur les in- ſectes de-Surinam, par élever des Vers à ſoie en Hollande, ſa patrie, elle s'occupa à nour- rir des Chenilles, à ſuivre leur metamor- phoſes, à les deſſiner & les peindre dans leurs différens états ; livrée toute entière à ce genre d'occupation, elle fut encouragée par les amateurs qui virent la ſuite de ſes deſſins, à les graver & à les publier avec les obſervations qui y étoient relatives ; Mademoiſelle Mai- rian exécuta cette entrepriſe en deux parties, dont elle publia la première en 1679, & la ſeconde en 1683. Mais après ce premier eſſai, la beauté des inſectes qu'elle voyoit apporter des pays étrangers, & le deſir de les obſer- ver dans les lieux où ils prennent naiſſance la déterminèrent à s'embarquer pour Surinam, où elle continua de ſe livrer à ſon goût pour l'étude des inſectes, & d'où elle rapporta en Europe une ſuite de deſſins & d'obſervations qui lui ont fourni la matière du ſecond traité ſur les inſectes.

On a, dans les bibliothèques, l'ouvrage de Mademoiſelle Mairian ſur les inſectes d'Europe, ſous trois formats ; in-4°., & grand in-folio, ornés de planches ſimplement gravées, ou de planches gravées & enluminées. Les planches ont été tirées pour le format in-4°. Mais on en a réuni quatre pour chaque feuille du format grand in-folio. L'ouvrage a été ou écrit ou traduit en latin. Ce texte contient le tems où la larve a été trouvée, celui pendant lequel elle a vécu sous cette forme; le tems qu'elle a passé en chrysalide, & le nom de la plante sur laquelle la larve avoit été trouvée, dont elle avoit été nourrie. A ces notions Mademoiselle Mairian ajoute une description de la larve, & de l'insecte, quelques mots sur leurs habitudes; mais le tout trop abrégé pour faire reconnoître & caractériser ou la larve ou l'insecte parfait, & pour compléter leur histoire, pour en donner même une notion suffisante. Il faut donc nécessairement, pour reconnoître les objets, recourir aux planches; elles sont, en général, bien gravées & exactes; il y a beaucoup de différence entre les exemplaires enluminés, suivant le tems probablement, où ils l'ont été, & les soins qu'on y a apportés. Les planches représentent la larve, la plante dont elle se nourrit, sa coque, sa chrysalide, l'insecte parfait. Mademoiselle Mairian n'a donné que les animaux qu'elle a élevés; elle a nourri & fait connoître beaucoup plus de Papillons que d'autres insectes; le tout n'est cependant pas très-étendu, & cet ouvrage très-précieux dans son tems, a beaucoup perdu de son mérite aujourd'hui par le nombre d'ouvrages du même genre, qui ont été publiés depuis. Comme Mademoiselle Mairian ne faisoit pas éclorre les insectes, mais les prenoit à l'instant où elle les trouvoit, & sur la plante où elle les rencontroit, son ouvrage, comme tous ceux qui ont été exécutés sur le même plan n'apprend exactement ni le tems que l'insecte passe dans l'état de larve, ni les différentes plantes dont il peut se nourrir; car il y a beaucoup de larves qui vivent de différentes plantes, & c'est s'abuser de nommer un insecte du nom d'une plante, parce qu'on en a trouvé la larve dessus cette même plante. Cela n'est exact que quand la larve ne se trouve absolument pas sur aucune autre plante.

Les insectes de Surinam sont figurés & décrits dans un ouvrage grand in-folio. Il contient 72 planches avec un texte qui en donne l'explication. Mademoiselle Mairian élevoit les larves des insectes; les planches de son ouvrage représentent les plantes sur lesquelles elle a trouvé les larves, & dont elle les a nourries; elle a figuré les larves, les chrysalides & les insectes dans leur état de perfection. Le texte relatif à chaque figure contient la description de la plante sur laquelle la larve a été trouvée, le tems qu'elle a vécu sous cette forme, celui qu'elle a passé sous celle de chrysalide, & les précautions qu'elle a prises en touchant à cet état. Les descriptions sont claires, elles présentent une idée, facile à saisir, de l'objet dont elles traitent, mais il ne faut point chercher dans les descriptions de Mademoiselle Mairian, de caractères spéciaux ou génériques, tels que les auteurs méthodistes en ont employés depuis. Mademoiselle Mairian ne connoissoit pas cette manière d'envisager la science, & d'en faciliter l'étude; les descriptions qu'elle fait désignent leur objet par leur ensemble, & ne le désignent point par un trait différentiel remarqué & indiqué par l'observateur. L'exécution des planches est très-belle; il y en a de deux sortes, les unes simplement gravées, & les autres coloriées ou enluminées. Ces dernières ont plus d'éclat, sont plus recherchées & flattent davantage; mais quoiqu'en général elles soient fort belles; il y a plusieurs insectes dont les couleurs sont plus vives que sur l'insecte même.

Il y a deux éditions de cet ouvrage, une qui ne contient que le texte latin, & l'autre ce même texte avec la traduction en françois. Mademoiselle Mairian a décrit beaucoup de Papillons, & peu d'insectes; elle a joint à cet objet l'histoire du Crapau-Pipa, celle du Cayman, d'un très-grand Lézard & d'une Marmose. Son ouvrage est, en général recherché, & mérite de l'être. Il est instructif & remplit son objet, celui de faire connoître une partie des insectes de Surinam, & d'en donner l'histoire.

MOUFET.

Moufet, auteur anglois, publia à Londres en 1634 un volume in-4°. sur les insectes, écrit en latin, avec des planches; il le fit paroître sous le titre suivant:

Insectorum sive minimorum animalium theatrum olim ab EDOARDO WOTTONO; CONRARDO GESNERO, THOMAQUE PENNIO inchoatum tandem Tho. Moufeti opera concinnatum, auctum perfectum: & ad vivum expressis iconibus quingentis illustratum.

On ne connoissoit pas encore, en histoire naturelle, les méthodes ou systèmes; Moufet n'en fait point, son ouvrage est partagé en deux livres; le premier est divisé en 29 chapitres, le second 42. Il traite des insectes sans aucun ordre, établi d'après des principes, mais purement arbitraire. Le premier livre renferme l'histoire des Abeilles, celle des Guêpes, des Bourdons, des Mouches, des Coufins, des Papillons, des Scarabés, &c. Le second livre commence par l'histoire des Chenilles, en particulier par celle des Vers à soie, & l'auteur continue de s'occuper des Chenilles qu'il divise en rafes & en velues; il parle, dans la suite, du livre de différens insectes.

Moufet traite l'histoire des insectes avec beaucoup de détails & d'érudition. Il recherche l'étimologie des noms, il rapporte la manière de vivre des insectes, les torts qu'ils font, les moyens qu'on connoissoit de son tems pour prévenir ces torts, les avantages qu'on tire des insectes en médecine & en économie; mais Moufet montre plus d'érudition que de véritable savoir & de critique; il cite les opinions des anciens sur la production des insectes, sur les biens & les maux qu'ils leur attribuoient, sans réfuter leurs erreurs & leurs préjugés: il paroît avoir lu beaucoup & observé peu. La partie historique est accompa-

gnée de figures grossières, incorrectes, à peine reconnoissables, qui ne se seroient souvent pas sans le secours du nom qui est à côté, & qui donnent de l'objet représenté une idée fausse & incomplète. Plusieurs des noms cités par Moufet, d'après les anciens, sont aujourd'hui inusités, & l'on est fort embarrassé de savoir à quels insectes les rapporter.

Les articles sur lesquels Moufet s'est le plus étendu sont, dans le premier livre, l'histoire des Abeilles, celle des Guêpes & des Bourdons; dans le second livre, l'histoire du Ver à soie, celle des Araignées, celle des Vers qu'il distingue en Vers des minéraux, des végétaux, & des animaux; mais il est très mal aisé de savoir ce qu'il entend par Vers des minéraux, il ne dit sur cet objet que des généralités qui ne répandent aucun jour sur cette matière: à l'égard de la plupart des Vers qu'il nomme Vers des végétaux, ce sont des larves de différens insectes; & par rapport aux vers des animaux, il confond tellement les objets, qu'il met les Poux en tête de cette section, qu'il y comprend les teignes des Pelleteries, & que ce n'est qu'à la suite de l'histoire de ces insectes, qu'il parle des Vers qui vivent dans les intestins des animaux, tels que les Lombrics, le Tænia, &c. Il parle fort au long de la génération, des signes, de la présence de ces Vers, des remèdes employés ou conseillés par différens auteurs pour leur expulsion, mais toujours à sa manière, avec beaucoup d'érudition, de propention à tout croire, & point de discernement ni de critique.

L'ouvrage de Moufet est donc respecté & cité à cause de son antiquité, de l'érudition dont il est rempli, mais il n'apprend à ceux qui sont instruits que des citations qui leur évitent la peine de rechercher les sources, & souvent l'envie d'y puiser; mais ceux qui n'ont pas assez de lumière courroient beaucoup de risque, en lisant l'ouvrage de Moufet, de nerecueillir que des préjugés & des erreurs, au lieu des connoissances qu'ils chercheroient. C'est un moment qu'il me semble tems de déposer dans les bibliothèques, & qui peut servir à prouver combien, avec une érudition très-vaste, on étoit peu éclairé sur l'histoire des insectes, il y a un siècle & demi ; combien cent ans d'observations ont appris de faits, & détruit de préjugés, combien l'imagination égare, & l'expérience éclaire !

MULLER.

M. Muller publia à Leipsic, en 1781, un volume in-4°. écrit en latin ; intitulé :

Hydrachna quas in aquis Daniæ palustribus detexit, descripsit, pingi & tabulis 11, æneis incidi curavit, Otho Fredericus Muller, &c.

M. Muller appelle *Hydrachnæ* des insectes aptères qui vivent dans l'eau, soit dans la vase, soit sur les feuilles des plantes aquatiques ; il avertit, dans un discours préliminaire que ces insectes étoient fort peu connus avant qu'il les eût observés, qu'on en distinguoit qu'un fort petit nombre d'espèces. Il cite les auteurs qui en avoient parlé, & qui les avoient cependant confondus avec des insectes d'autre genre. Tels sont Linné, Swammerdam, Roesel. Les *Hydrachnæ* ont, par leur forme, de la ressemblance avec les *Tiques* & les *Araignées*. Mais ils ne vivent que dans l'eau, & ils se nourrissent de proie ; ils sont ovipares ; ils méritent d'être observés particulièrement, parce que les bestiaux en avalent beaucoup en s'abreuvant.

A la suite du discours préliminaire dont je viens de présenter le sommaire. On trouve un mémoire écrit en françois, adressé par M. Muller à l'académie des sciences de Paris, dont ce savant est correspondant. En voici l'extrait.

Dans ce mémoire, M. Muller appelle les Hydrachnes, *Tiques aquatiques*. C'est un genre particulier, participant de celui des *Tiques* & de celui des *Araignées*. Même nombre de pieds entre ces trois genres, parité relativement aux barbillons & dans le port. L'insertion des pieds, leur anus les rapprochent des Araignées, dont le nombre des yeux, le défaut de pinces, la bouche les éloignent, tandis que le nombre des yeux, les barbillons les font ressembler aux Tiques, dont l'insertion des pieds & la tête moins marquée les font différer. Leur tête, leur corcelet, sont tellement unis, qu'ils ne paroissent former qu'un tout.

Les caractères de ce genre sont :

Point d'aîles ni d'antennes.

Huit pattes insérées au-dessous de la partie du devant. (Il suffisoit de dire *antérieurement.*)

deux, quatre ou six yeux.

Deux barbillons.

Anus papillaire.

Ce genre est très-nombreux en espèces.

Les parties génitales du mâle sont placées à l'extrémité de son corps, & celles de la femelle au-dessous du ventre. Pendant l'accouplement, le mâle nage à son ordinaire, la femelle s'élève perpendiculairement, & présente le dessous du ventre à l'extrémité du corps du mâle avec lequel elle s'unit. L'accouplement a lieu en août.

Après le mémoire que je viens d'extraire, on trouve la description écrite en latin, de 49 espèces, représentées en douze planches placées à la fin de l'ouvrage.

PALLAS.

M. Pallas mit au jour en 1781 la première partie d'un ouvrage sur les insectes, qu'il publia sous le titre suivant :

Icones insectorum præsertim Rossiæ, Siberiæ que peculiarium. Erlangæ.

Cet ouvrage eft donné par fafcicules. Nous n'avons pu nous procurer que les deux premiers. La forme en eft in-4°. Ils contiennent fix planches enluminées ; chaque planche vingt à vingt-cinq efpèces d'infectes environ : le deffin eft exact, les couleurs font vraies, les caractères fidèlement exprimés, & nous croyons que ces planches font un des meilleurs ouvrages en ce genre qu'on ait encore mis au jour. M. Pallas n'a donné, dans ces fix premières planches, que des deffins de *Coléoptères*, il les a divifés en *Scarabés* repréfentés dans la première planche, en *Scarabés* & *Charanfons* contenus dans la feconde planche ; en *Ténébrions*, qui rempliffent la planche troifième ; en *Bupreftes* de Linné & Richards de *Geoffroi*, repréfentés dans la quatrième planche ; dans la cinquième, M. Pallas a placé les *Coléoptères*, qu'il appelle *Méloïdes*, & qui font tant les infectes vulgairement connus fous le nom de *Méloë*, que ceux dont les autres infectologiftes compofent, au moins la plupart, le genre des Cantharides. Enfin, la fixième planche repréfente des *Cérambix* ou *Capricornes*.

Chaque figure eft accompagnée d'un numéro relatif à un difcours écrit en latin, qui précède les planches ; chaque infecte eft défigné par fon nom générique, fuivi d'une épithète qui diftingue l'efpèce ; on lit enfuite une phrafe qui eft une defcription abrégée, puis les fynonymes ou noms que les auteurs ont donnés à l'infecte. M. Pallas indique les lieux où il a trouvé les efpèces qu'il fait connoître, & il termine chaque article par une defcription détaillée des parties principales telles que la tête, les mâchoires, les antennes, le corcelet, &c.

L'ouvrage que nous analyfons eft très intéreffant, non feulement par la beauté des planches, la clarté des defcriptions, mais encore & en particulier en ce qu'il contient beaucoup d'efpèces nouvelles, difficiles à fe procurer, & qui, par cette raifon, feroient demeurées inconnues fort long-tems ; indépendam-

ment de ces efpèces, dont la defcription & la repréfentation font la partie principale de l'ouvrage, l'auteur a fait repréfenter & il a décrit plufieurs infectes étrangers à l'Europe, foit qu'ils fuffent remarquables par leur forme, ou par la beauté de leurs couleurs, foit qu'on n'en eût donné avant M. Pallas que des defcriptions incomplettes ; ce font ces raifons comme il l'expofe dans un difcours préliminaire, qui l'ont déterminé à joindre ces efpèces à celles de la Ruffie & de la Sibérie ; comme ceux-ci font, la plupart, de petite taille, M. Pallas a encore eu en vue d'orner les planches par quelques infectes plus apparens. Les différentes raifons que nous venons d'expofer nous paroiffent fuffire pour qu'on foit fondé à placer l'ouvrage de M. Pallas au nombre de ceux qui fixent les connoiffances déjà acquifes, mais imparfaites, & les complettent par des defcriptions claires & des figures exactes, & qui avancent la fcience par la connoiffance de nouveaux objets.

Je remarquerai, en finiffant cette analyfe, que M. Pallas a trouvé en Ruffie & en Sibérie plufieurs infectes que d'autres naturaliftes avoient obfervés dans les Indes & en Amérique. Ces rapprochemens font très-intéreffans, & M. Pallas donne, en les faifant, un exemple très-bon à fuivre, que nous imitons dans le cours de notre ouvrage, & duquel nous nous étions occupés avant de connoître l'ouvrage dont nous venons de faire l'analyfe.

PETIVER.

Petiver, Apothicaire à Londres, de la fociété royale de la même ville, écrivoit au commencement de ce fiècle : on a de lui une fuite d'ouvrages, publiés par fections fous le titre de *Décades*, & qui ont pour objet les plantes & les animaux.

Les cinq premières décades réunies forment un volume in-4°. enrichi d'un grand nombre de planches. Ce volume porte pour titre : *Catalogus claffícus & topicus omnium rerum figuratarum in quinque decadibus seu primo volumine Gazophylacii naturæ & artis singulis ad proprias tabulas & numeros relatis.* Cet ouvrage fut imprimé à Londres en 1709. Il confiste en un recueil de cent planches, précédé d'une table en latin qui indique la planche, la figure qui représente chaque objet ; cette indication est accompagnée du nom générique de l'objet dont il s'agit, & d'une phrase qui en contient une très courte description ; la table est composée de 608 numéros divisés en quatre parties ; la première est pour les productions de l'Europe ; la seconde, pour celles de l'Asie ; la troisième pour celles de l'Afrique, & la quatrième, pour celles de l'Amérique.

Il y a pour chaque figure un numéro relatif à la place qu'elle occupe dans la planche, & pour beaucoup de figures un second numéro dont le rapport est avec la table latine placée en tête de l'ouvrage. Ces derniers numéros sont d'un caractère plus petit que les premiers. Quand ils ont lieu, il faut les chercher dans la table latine ; on y trouve le nom générique & la description abrégée de l'objet représenté ; mais quand il n'y a qu'un numéro, il faut recourir à une table angloise placée à la fin de l'ouvrage, divisée par numéros des planches, & dont chaque division contient les différens numéros des divers objets figurés.

Les planches contiennent indistinctement des plantes & des animaux de tout genre ; Petiver n'a suivi aucun ordre ; il a mêlé même aux objets d'histoire naturelle plusieurs productions de l'art, comme le titre de son ouvrage l'annonce. Les figures, sans être belles relativement à l'art, sont cependant assez nettes, assez exactes, elles donnent, de la chose représentée une idée assez complette pour qu'en y comparant les objets, il soit communément aisé de les reconnoître ; Petiver a d'ailleurs eu le talent de saisir & d'exprimer souvent en peu de mots des traits caractéristiques. Son ouvrage est donc en général utile, d'autant meilleur à consulter que la plupart des auteurs qui ont écrit depuis lui, l'ont cité, & qu'en recourant aux figures qu'il a publiées, que les auteurs rappellent, on s'assure si les objets dont on croit qu'ils parlent sont en effet ce qu'on les croit. Mais estimé en général de ceux qui étudient l'histoire naturelle, l'ouvrage de Petiver n'est pas fait pour les personnes qui n'ont pour objet que de parcourir des planches agréables. Il y a en tout dix décades.

Indépendamment de cet ouvrage, Petiver a publié le catalogue de sa collection sous le titre de *Museum Petiverianum.* Cet opuscule, qui forme un petit in-12, précéda les décades ; il est divisé en dix centuries, & écrit partie en latin, partie en anglois. L'auteur y distingue chaque objet par un numéro que suit une courte phrase descriptive & l'indication des auteurs qui en avoient déjà parlé.

Enfin on a encore de Petiver un catalogue anglois des productions de l'Angleterre, des quatre parties du continent, de diverses contrées de chacun des continens ; ce catalogue renvoie aux planches & aux figures du grand ouvrage ou du Gazophylacium.

Il est question, dans ces différens ouvrages, d'un grand nombre d'insectes, & les écrits de Petiver peuvent être mis au nombre des livres nécessaires à ceux qui étudient cette partie de l'histoire naturelle.

R A I.

M. Rai, de la société royale de Londres, laissa en mourant un ouvrage latin sur les insectes. La société royale en ordonna l'impression, & il parut sous format in-4°. en 1710.

M. Rai est un des premiers auteurs qui ait traité des insectes méthodiquement, il les divise

En insectes qui ne changent point de forme ou ne subissent pas de métamorphoses.

En infectes qui changent de forme ou qui subissent des métamorphoses.

Il sub-divise ces deux premières grandes sections,

En insectes qui n'ont point de pieds, & en insectes qui ont des pieds.

Les insectes qui ne changent pas de forme, qui n'ont pas de pieds, sont ou terrestres ou aquatiques.

Les terrestres naissent dans la terre, comme les Lombrics, & sont grands ou petits.

Les petits sont rougeâtres comme les Lombrics, ou vers, ou ils ont l'extrémité du corps jaunâtre.

Les terrestres naissent encore dans les intestins des animaux ; & d'abord dans les intestins de l'homme.

Il y en a de quatre sortes ou genres, les longs & arrondis, les larges ou *Tænia*, les Cucurbitins, les Ascarides. Les *Tænia* se divisent en *Tænia* proprement dits, & en *Solins* ou *Solitaires*.

Les Ascarides occupent principalement l'intestin rectum.

Les vers ou insectes qui naissent dans les intestins des animaux sont ou grêles & sétiformes, ou courts & gros.

Les insectes de la même section, sont grands ou petits.

Les grands sont ou arrondis & déliés, ou applatis & larges.

Les petits sont de même, ou arrondis & déliés, ou applatis & larges.

Les insectes qui ne changent pas de forme & qui ont des pieds, se sous-divisent à

raison du nombre des pieds en ceux qui en ont

Six,

Huit,

Quatorze,

Vingt-quatre,

Trente,

Au-delà de trente.

Je passerois les limites dans lesquelles je suis forcé de me renfermer, si je suivois l'auteur dans les sous-divisions de ces sections formées d'après le nombre des pieds.

Je continue de donner une idée des principales divisions de sa méthode. Il partage les insectes qui changent de forme ou qui subissent des métamorphoses, en raison du genre de changement qu'ils subissent ; & M. Rai admettant trois ordres de changemens, ils lui fournissent trois sections générales de sa seconde classe d'insectes, ou de ceux qui subissent un changement de forme.

Le premier ordre de changement, suivant M. Rai, qui est le second selon Swammerdam, a lieu de la manière suivante.

L'insecte, après être sorti de l'œuf, dépouille la peau qui le recouvroit ; & ou il prend la forme d'une larve dont il sort par la suite un insecte ailé d'une forme différente de la larve, ou le changement qu'il subit consiste dans le simple développement de parties qu'il n'avoit pas en sortant de l'œuf.

Mais dans l'un ou l'autre cas, l'insecte parvient à son état de perfection sans cesser de se donner du mouvement & de prendre de la nourriture.

Cette première division contient treize sous-divisions, dans lesquelles sont compris,

    1°. Les Demoiselles ;

    2°. Les Punaises des jardins;

    3°. Les Sauterelles ;

    4°. Les Grillons des champs;

    5°. Les Grillons des maisons ;

    6°. La Courtilière ;

    7°. Les Cigales;

    8°. Les Blattes ;

    9°. Les Tipules aquatiques;

    10°. Le Scorpion d'eau ;

    11°. Les Mouches aquatiques.

    12°. Les Ephémères ;

    13°. Le Perce-oreille.

Cette sous-division n'est pas exacte, en effet les Demoiselles, les Ephémères & les Cigales doivent se rapporter au premier ordre de la sous-division, tandis que les Punaises, les Sauterelles, les Grillons, la Courtilière, les Blattes, le Scorpion aquatique, le Perce Oreille, doivent être placés dans le second ordre. On ne voit pas non plus pourquoi séparer les Grillons des champs de ceux des maisons & en faire deux ordres; quant aux Tipules & aux Mouches, auxquelles l'auteur donne le nom d'aquatiques, sa division peut leur convenir, mais elle seroit trop étendue si on la rapportoit aux insectes désignés communément par les noms de Tipules, & à toutes les Mouches dont les Vers vivent dans l'eau, qu'on pourroit par cette raison appeler *Mouches aquatiques.*

Le second ordre de changement est celui des insectes qui, entre leur premier & leur dernier état, passent par un troisième qui est

intermédiaire, dans lequel ils sont sans mouvement, & ils ne prennent pas de nourriture ; ils sont alors en *chrysalide.*

Les insectes de cette section peuvent être divisés, à raison de leurs aîles, en ceux qui les ont recouvertes d'étuis, & ceux dont les aîles sont nues.

On donne à ceux qui ont les aîles couvertes d'étuis le nom générique de *Scarabés.*

Ceux qui ont les aîles nues, les ont ou *farineuses*, & ce sont les *Papillons*, ou *membraneuses*; & ces mêmes insectes à aîles membraneuses en ont deux ou quatre.

Après cette première division de sa seconde section, M. Rai classe les Scarabés d'après la forme des cornes ou épines dont leur tête ou leur corcelet est armé, & il dit qu'on doit aussi les classer d'après la forme des antennes, mais il propose plutôt les moyens d'établir un système méthodique qu'il n'en fait un lui-même; il prouve seulement qu'il a eu en vue & peut-être indiqué ce qui a été exécuté depuis; il passe ensuite aux Papillons, qu'il divise en diurnes & en nocturnes; il classe les derniers d'après le nombre des pieds des Chenilles qui leur donnent naissance, d'après la taille des Papillons, d'après les taches, bandes, points, marques ou yeux qu'on remarque sur leurs aîles. On trouve encore ici les rudimens de méthodes qui ont été développées depuis.

Des Papillons ou insectes à aîles farineuses, M. Rai passe aux insectes à aîles membraneuses, il classe d'abord ceux qui n'ont que deux aîles, ensuite ceux qui en ont quatre; mais comme sa méthode n'offre pas à cet égard les avantages que des méthodes plus récentes ont procurés, je n'entrerai pas dans les détails qu'elles contient, je remarquerai seulement que M. Rai partage les Phryganes, dont les larves vivent dans l'eau & se couvrent d'étuis formés de différens fragmens, à raison de la forme de ces étuis ; des

des subftances dont ils font compofés ou couverts, & qu'il partage les Abeilles, confidérées génériquement, en

Celles qui vivent en fociété & qui amaffent du miel,

Celles qui vivent en fociété fans amaffer de miel.

Celles qui vivent folitaires, &c.

Le troifième ordre de changement eft celui dans lequel le ver croît fans changer de peau, acquiert fous fa peau une forme qu'il n'avoit pas, ou devient, fous cette peau, une vraie chryfalide, demeure quelque tems fans mouvement & fans prendre d'alimens, & devient enfuite infecte aîlé. Sous cet ordre font rangées les Mouches des Vers de la viande, enfuite des infectes à l'égard defquels notre auteur s'explique obfcurément; en général, cette dernière partie de fon fyftème eft peu lumineufe.

J'ai cru devoir donner du fyftème méthodique de M. Rai une notice affez étendue pour que le lecteur pût juger du mérite & des défauts de ce fyftème, de ce qu'on en a imité depuis & emprunté, de qu'elle utilité il a été, quoique très-imparfait, pour la rédaction de fyftèmes plus lumineux, plus complets, & qui comprennent les différens infectes dans un ordre plus facile à faifir & à fuivre. Quant au refte de l'ouvrage, il confifte dans la defcription des infectes rangés fuivant la méthode de l'auteur. Chaque defcription eft précédée d'une phrafe qui contient le nom générique & une defcription abrégée de l'efpèce, comme la plupart des auteurs méthodiftes l'ont pratiqué depuis. Cette phrafe donne une première idée de l'infecte, en trace un efquiffe qui eft fini & perfectionné par la defcription. M. Rai décrit en général avec exactitude & clarté, mais les phrafes qui précèdent fes defcriptions font fouvent un peu longues. Ce favant, dans la rédaction de l'ouvrage, eft entré dans

des fous-divifions dont il n'eft pas fait mention dans le tableau de fon fyftème. Ces divifions ont été fouvent faites d'après des caractères heureufement faifis & que les auteurs ont employés depuis, comme il eft aifé de le remarquer par rapport à la fection des Papillons. M. Rai a donc le mérite d'avoir un des premiers confidéré les infectes d'après une méthode, d'en avoir propofé une qui répand du jour fur ce genre d'étude, qui l'abrège, d'avoir décrit correctement, clairement, d'une manière concife, d'une façon qui ménage le tems du lecteur, à la faveur de la phrafe qui précède la defcription, & d'avoir en tout donné l'exemple. Son ouvrage contient la defcription d'un grand nombre d'infectes Européens & de peu d'infectes étrangers; on y trouve très-peu d'hiftorique.

A la fuite de l'ouvrage de M. Rai eft un appendice par M. Lifter, contenant la defcription des infectes propres à l'Angleterre, précédé d'un tableau fyftématique de cet auteur, dont les deux premières divifions font d'après la forme des œufs ronds ou longs, enfuite d'après le nombre des pieds, la préfence ou le manque d'élytres, la forme des antennes, &c.

RÉAUMUR.

L'ouvrage de M. de Réaumur de l'académie royale des fciences, imprimé à Paris, à l'imprimerie royale en 1734. Comprend fix volumes in-4°.; il eft intitulé MÉMOIRES POUR SERVIR A L'HISTOIRE DES INSECTES. C'eft en effet un recueil de mémoires. L'auteur n'a pas eu pour but une méthode à la faveur de laquelle on pût divifer & claffer tous les infectes en général, mais il indique pour les infectes dont il traite, des caractères, au moyen defquels il les claffe, les divife en fections & en différens genres; il n'indique pas feulement ces caractères pour les infectes dans leur état de perfection, mais il claffe même les *larves* & les *chryfalides*. M. de Réaumur, après s'être occupé des caractères des infectes dans leurs différens états & les avoir claffés , examine leurs parties tant externes qu'internes , l'organifation & les fonctions de ces différentes parties;il décrit en troifième lieu les habitudes des infectes , leurs procédés dans leurs différens états ; il fait connoître les avantages que nous retirons de ces animaux , les torts qu'ils nous caufent , & les moyens de les prévenir ou d'y remédier. Le plan de M. de Réaumur renferme donc tout ce que doit contenir l'hiftoire d'un animal ; favoir , *les caractères qui le diftinguent , fon organifation , fes habitudes , les avantages qu'il nous procure , le tort qu'il nous fait , le moyen de l'empêcher ou d'y remédier.* Ce plan fuivi & exécuté , offriroit une hiftoire complette des infectes. M. de Réaumur a fenti que ce ne pouvoit être que le produit du tems & de l'obfervation , qu'il falloit amaffer des matériaux , & laiffer à ceux qui vivroient dans les tems où ils feroient raffemblés à les mettre en ordre , à donner l'hiftoire générale des infectes. L'exécution de ce travail exige , pour première condition , qu'on connoiffe & qu'on diftingue entr'elles les différentes efpèces d'infectes; on ne peut être conduit à ce but & y atteindre qu'à la faveur d'une méthode au moyen de laquelle on claffe & on reconnoiffe tous les infectes en général. M. de Réaumur n'a pas rempli cette première condition ; il ne fe l'étoit pas même propofée ; mais depuis fon travail, M. Linné , Geoffroy , Fabricius , ont exécuté cette première partie du plan. La feconde feroit la connoiffance de l'organifation des infectes. Swammerdam, Valliffnièry , Malpighi y ont beaucoup donné de foin , & l'ont foit fort avancée; M. de Réaumur a profité de leurs travaux , & s'en eft beaucoup aidé ; on peut regarder cette partie comme fort avancée ; car la nature de la chofe ne comporte pas qu'on entre dans des détails pour tous les genres d'infectes; il fuffit qu'on connoiffe l'organifation des infectes qui compofent les premières divifions de la méthode générale de claffer ces animaux. La troifième condition , néceffaire pour une hiftoire complette des infectes , feroit la connoiffance des habitudes de toutes les efpèces. C'eft en-

core une partie pour laquelle les généralités fuffifent , parce que les habitudes les plus importantes font les mêmes pour toutes les efpèces fubordonnées aux grandes divifions des méthodes. Quoique M. de Réaumur ait profité des obfervations des naturaliftes qui l'avoient précédé , il a beaucoup ajouté à leur travail fur les habitudes des infectes ; il a de même augmenté les connoiffances fur les avantages & les torts dont les infectes font les auteurs. J'ajouterai à ce que je viens d'expofer , que la plupart des infectes dont M. de Réaumur s'eft occupé , font des infectes de notre climat , & qu'il a auffi traité de quelques infectes étrangers. On peut conclure de tout ce qui vient d'être obfervé fur fon travail , qu'il eft à la fois *méthodique , fans* comprendre une méthode générale , *anatomique & hiftorique* , que par conféquent il comprend toute l'étendue dont l'hiftoire des infectes eft fufceptible ; mais il la comprend d'une manière incomplette , non pas par la faute de l'auteur , mais par le manque de connoiffances , d'obfervations & de faits recueillis dans le tems où il écrivoit. On lui doit , d'avoir recueilli des faits épars , des obfervations peu connues confignées dans des ouvrages étrangers & peu lus en France ; ce fervice eft particulièrement relatif à la patrie de l'auteur ; il a auffi beaucoup contribué à y infpirer le goût de l'étude des infectes , négligée avant lui , & même méprifée par l'effet du préjugé , foit fur l'origine des infectes , foit fur le peu d'influence qu'on leur accordoit fur les autres productions de la nature , & le peu de place qu'on penfoit qu'ils occupoient dans fon ouvrage ; M. de Réaumur a fingulièrement augmenté les connoiffances relatives aux habitudes des infectes , aux avantages que nous en retirons , au tort qu'ils nous font ; il a cherché les moyens de les rendre plus utiles , ceux de prévenir leurs ravages ou d'y remédier ; mais ces derniers objets , qui n'avoient pas été remplis par ceux qui l'avoient précédé , ont auffi échappé à fes efforts , ainfi qu'à ceux des favans qui ont depuis fuivi cette utile partie de fes travaux.

Après avoir rendu à M. de Réaumur la justice que je crois qui lui est due, je ne dissimulerai pas qu'il n'est pas heureux dans la manière de classer les insectes; qu'il établit un trop grand nombre de divisions & de sous-divisions, ce qui revient, par un excès opposé, au même que de ne point admettre de méthode; que les caractères qu'il emploie ne sont ni assez précis, ni assez constans, ni présentés dans un ordre assez clair. Quant a la partie anatomique, M. de Réaumur a peu ajouté à ce qu'on connoissoit avant lui, & par rapport à la partie historique dans laquelle il a le plus avancé les connoissances, on lui a reproché des détails trop minutieux, en général trop de prolixité dans les différentes parties. Les détails suivans acheveront de faire connoître un ouvrage utile, dont la lecture est indispensable à tous ceux qui s'appliquent à l'étude & à l'histoire des insectes en prenant cette étude dans toute son étendue, dont les défauts tiennent au tems ou cet ouvrage a été écrit, & au style trop diffus de l'auteur.

Le premier volume contient quatorze mémoires. On trouve dans le premier, le plan de l'ouvrage en général.

Le Second mémoire a pour objet les Chenilles en général, & leur division en classes & en genres. L'auteur les divise en sept classes, dont il tire les caractères du nombre & de l'arrangement des jambes intermédiaires, c'est-à-dire, de celles qui sont situées entre les six jambes écailleuses, & les deux jambes postérieures.

La première classe comprend les Chenilles à huit jambes intermédiaires, ou seize jambes en tout. C'est la classe la plus nombreuse dans ce pays-ci.

La seconde & la troisième, celles qui ont quatorze jambes; mais la seconde est composée des Chenilles qui n'ont pas de jambes, au quatrième, cinquième, ni au sixième, dixième & onzième anneau; la troisième de celles qui ont le quatrième & le cinquième anneau dépourvus de jambes, & qui en ont au sixième, septième & huitième, mais qui n'en ont pas sur le neuvième, dixième & onzième.

La quatrième classe est encore composée de Chenilles à quatorze jambes, rangées comme dans les Chenilles de la première classe; mais elles manquent des deux jambes postérieures.

La cinquième classe contient les Chenilles qui n'ont que quatre jambes intermédiaires; douze en tout.

La sixième, celles qui n'en ont que deux intermédiaires, dix en tout, & la septième celles à qui toutes les jambes intermédiaires manquent, qui n'ont que huit jambes.

M. de Réaumur observe ensuite que parmi les Teignes un grand nombre a six jambes écailleuses, & deux jambes postérieures qui ne sont que de simples crochets; ces teignes appartiennent à la septième classe des Chenilles; d'autres Teignes ont huit jambes intermédiaires, mais si courtes qu'on ne les reconnoît qu'à l'aide de la louppe; celles-là sont de la première classe des Chenilles. Notre auteur, après cette première observation, examine s'il convient de laisser au nombre des Chenilles, les larves qui ont moins de huit jambes, & celles qui en ont plus de seize & qui ressemblent d'ailleurs aux Chenilles par la conformation générale; il pense qu'on doit les exclure de la classe des Chenilles, & la raison qu'il en donne, est que ces larves ne se changent pas en papillons, mais en insectes d'un autre genre. Cette remarque que M. de Réaumur n'avoit osé regarder de son tems comme générale, a été confirmée par l'expérience de ceux qui ont suivi les mêmes observations, & l'on paroît fondé à ne regarder, avec M. de Réaumur, comme Chenilles, que les larves qui ont au moins huit jambes, & celles qui en ont au plus seize.

M. de Réaumur subdivise ensuite les sept classes des Chenilles en genres dont il tire les caractères de l'extérieur & de la façon de vivre de ces insectes. Je ne le suivrai pas dans ces subdivisions, qui sont fort multipliées, qui sont compliquées, & qui n'offrent pas toujours des caractères propres à faire reconnoître l'insecte au simple aspect, & dans le moment où on l'observe pour la première fois; en effet, la grandeur des Chenilles qui est, suivant M. de Réaumur, un des principaux caractères qui servent à distinguer les genres, les habitudes, sont des caractères insuffisans, puisque la grandeur varie avec l'âge, & que les habitudes n'indiquent les différences que par une observation suivie, & qu'au contraire les caractères nécessaires pour une méthode doivent être tels qu'en les consultant, on distingue & on reconnoisse les insectes à tout âge, au premier moment, & dans l'instant où on les voit.

Parmi les différences que notre auteur observe pour diviser les Chenilles en genres, les plus remarquables, celles qui nous paroissent les plus propres à caractériser ces insectes sont les divisions suivantes.

Chenilles rases.

Chenilles épineuses.

Chenilles velues.

Chenilles rases dont la peau est absolument dégarnie de poils.

Chenilles rases dont la peau est couverte de poils si fins & si courts qu'on ne les apperçoit qu'à l'aide de la loupe. Chenilles rases dont la peau est âpre & *chagrinée*.

Chenilles rases à peau chagrinée, qui portent sur le onzième anneau une corne dirigée ordinairement en arrière & un peu courbée.

Chenilles rases qui portent sur chaque anneau des tubercules arrondis, d'où sortent des poils rases, gros & courts.

Chenilles épineuses. Ce font celles dont les anneaux font chargés de poils si gros & si durs, qu'on peut leur donner le nom d'épines. Ces poils font ou simples, ou branchus; leur nombre à chaque anneau, leur couleur fournissent encore des caractères.

Chenilles velues sur tout le corps, ou sur quelques parties seulement, & ce font des Chenilles *demi-velues*, velues ou demi-velues à poils longs ou courts. Velues à poils courts, durs, pressés, dont le corps est applati, & ressemble à celui des Cloportes; ce qui les a fait nommer, par M. de Réaumur, *Chenilles-Cloportes*.

Velues à poils longs & doux que l'auteur nomme *Chenilles veloutées*.

Velues dont les poils font disposés par houppes ou aigrettes, qu'on peut appeller *Chenilles à brosse*, dont les poils font dirigés en arrière. *Chenilles hérissonnes*, dont ils font inclinés en bas, & recouvrent les jambes, &c.

Quant aux habitudes d'après lesquelles l'auteur caractérise les Chenilles.

Les unes font solitaires toute leur vie, d'autres en passent une partie en société, quelques unes ne se séparent en aucun tems, deviennent chrysalides à côté les unes des autres, & ne rompent leur association qu'au moment où elles paroissent sous la forme de Papillons. Le plus grand nombre reste exposé à l'air en tout tems, d'autres se cachent en terre pendant le jour, & ne sortent que la nuit; il y en a qui mangent à toute heure, d'autres à certaines heures seulement. Les Chenilles des cinq premières classes ne font que de petits pas & alongent successivement les anneaux de leurs corps; celles de la sixième & septième classe; dépourvues de jambes intermédiaires, font de très grands pas , courbent la partie poftérieure de leur corps en arc pour l'approcher de la partie an- térieure , alongent & portent enfuite celle- ci en avant ; ces Chenilles femblent mefurer le terrein qu'elles parcourent , ce qui les a fait nommer *Géomètres ou arpenteufes, &c.*

3ᵉ. MÉMOIRE.

Les différentes parties des Chenilles font l'objet de ce mémoire. Il ne m'eft pas poffi- ble de fuivre l'auteur dans les détails ; je me borne donc à remarquer qu'il traite d'abord des jambes , enfuite de la tête dont il décrit la forme , puis de la bouche par rapport à la- quelle il admet des lèvres , & il décrit *la filière* en parlant de la lèvre inférieure. M. de Réaumur continue la defcription de la tête , en examinant fi les Chenilles ont des yeux ; il penfe qu'elles en font pourvues , & il rapporte les raifons de fa manière de pen- fer qui ne font pas affez probatoires pour que le problème foit décidé ; des yeux , no- tre auteur paffe aux *ftigmates* & aux *trachées* ; de ces parties à la defcription du canal qui tient lieu d'œfophage , d'eftomac , d'inteftins , qui s'étend en ligne droite de la bouche à l'anus ; il parle enfuite du *corps graiffeux* qui occupe tous les vuides de la capacité du ven- tre , en remplit la plus grande partie , qu'on apperçoit auffi-tôt qu'on ouvre une Chenille , qui fe fond & s'enflamme à la manière des huiles par le contact du feu. Ces premiers objets font fuivis de la defcription des ca- naux ou réfervoir de la liqueur qui , en for- tant de la filière , forme la foie ; ces vaiffeaux fitués un de chaque côté du corps , font très-amples , & ont dans quelques efpèces de Chenilles , plus de volume que l'eftomac & les inteftins enfemble ; l'auteur avertit de les diftinguer de quatre branches formées par d'autres vaiffeaux que Malpighi a nommés vaiffeaux variqueux , & dont il n'a pu déter- miner l'ufage. Le cœur eft l'organe dont on trouve enfuite la defcription ; il confifte dans un long vaiffeau étendu de la tête à l'extré- mité du corps. Suivant Malpighi , ce vaiffeau eft partagé par des étranglemens en nombre

égal à celui des anneaux du corps ; M. de Réaumur croit au contraire que ce vaiffeau eft égal dans toute fa longueur ; il fonde ce fen- timent fur ce qu'après qu'on a injecté ce vaiffeau , on n'y apperçoit point d'étrangle- ment , fur ce que lorfqu'on l'a mis à décou- vert dans une Chenille vivante , qu'on en a écarté les parties qui l'avoifinent , il conti- nue quelque tems encore de fe contracter & de fe dilater fans qu'on apperçoive qu'il foit rétréci en certains points , & élargi en d'au- tres ; mais notre auteur n'en regarde pas moins , avec Malpighi , ce vaiffeau comme le cœur ou l'organe qui en remplit les fonc- tions , tous deux s'accordent à convenir que fa contraction commence à l'extrémité du corps , & fe propage vers la tête ; qu'on ne diftingue pas , fans doute à caufe de l'extrê- me ténuité des parties , les vaiffeaux qui re- çoivent le fang de cette grande artère ou cœur , & qui l'y rapportent.

La dernière obfervation contenue dans le mémoire que j'analyfe , eft relative aux mufcles qui fervent aux mouvemens des an- neaux dont le corps eft compofé ; on les dé- couvre lorfqu'on a enlevé toutes les parties qui rempliffoient la capacité du corps ; ils confiftent en des faifceaux ou paquets de fibres attachés du bord d'un anneau au bord de l'anneau fuivant : indépendamment de ces premiers mufcles auxquels on peut don- ner le nom de *mufcles droits* , il y a dans le tiffu de la peau des fibres mufculaires obli- ques qui concourent avec les premiers muf- cles aux différens mouvemens. M. de Réau- mur n'a point parlé dans ce mémoire , ni du cerveau ni de la moelle épinière.

4ᵉ. MÉMOIRE.

Toutes les Chenilles changent de peau plufieurs fois pendant qu'elles confervent cette première forme. Ce changement eft le fujet de ce mémoire. Le premier fait remarquable à cet égard , c'eft que la dé- pouille d'une Chenille ou la peau qu'elle quitte contient l'enveloppe ou le tiffu extérieur de toutes les parties externes ; ainſi on voit ſur cette dépouille des poils, un crane, des dents, des crochets aux pieds, &c. Mais ces objets ne ſont que des gaînes qui ren fermoient les parties dont elles conſervent la forme & l'apparence.

Lorſqu'une Chenille eſt prête à changer de peau, ſes couleurs s'affoibliſſent, elle eſt quelque tems ſans prendre de nourriture, ſa peau, ou plûtôt ſon épiderme, ſe deſſèche ; la Chenille gonfle par intervalles quelqu'un de ſes annaux ; ce gonflement rompt la couche externe de la peau qui eſt deſſéchée, & cette rupture commence par une ouver- ture ſur le dos, elle s'étend enſuite en long ; la Chenille ſe dégage en retirant d'abord la partie antérieure de ſon corps, & enſuite la partie poſtérieure de l'enveloppe qu'elle quitte. Cette opération, quoique laborieuſe, eſt très-courte, & ſa durée eſt au plus d'une minute.

Les couleurs des Chenilles qui ont changé de peau depuis peu de tems ſont vives & brillantes, & cet éclat indique l'état des Che- nilles en qui on le remarque.

Cependant, les poils qu'une Chenille quitte avec ſa peau ne ſont pas de ſimples étuis où gaînes, mais des poils entiers. En voici la preuve ; ſi l'on coupe les poils d'une Chenille prête à changer de peau, elle n'en eſt pas moins velue après le changement qui arrive ; cependant ſi les poils qu'elle quitte n'étoient qu'une gaîne, en les cou- pant on auroit inciſé les poils que cette gaîne renfermoit, & la Chenille ne ſeroit plus ve- lue après ſon changement de peau ; les poils dont elle paroît alors couverte ſont donc de nouveaux poils qui étoient couchés entre la peau qu'elle a quittée & la nouvelle peau ; l'arrangement des poils entre les lames des peaux que les Chenilles dépouillent eſt un objet curieux, auquel notre auteur s'arrête, & qu'il explique avec une ſagacité que les bornes qui me ſont preſcrites ne me permet- tent pas de ſuivre. Je remarquerai ſeulement

qu'on lui doit les vraies notions ſur cet objet.

Les Chenilles qui viennent de changer de peau ſont beaucoup plus grandes qu'avant cette opération. Cette augmentation de vo- lume eſt ſi conſidérable, que le nouveau crâne eſt quelquefois plus ample que le pré- cédent, des deux tiers ou des trois quarts. Ce changement paroîtra ſurprenant ſur-tout après un tems de diette ; mais on le conce- vra aiſément, en réfléchiſſant que l'enveloppe quittée par l'inſecte eſt deſſéchée, qu'elle eſt incapable de s'étendre ; que c'eſt par cette raiſon qu'elle ſe fend ; que la nouvelle peau eſt, au contraire, molle, extenſible & qu'elle ſe prête à l'extenſion des parties dont le développement avoit été retenu les jours pré- cédens par une peau deſſéchée.

5e. MÉMOIRE.

M. de Réaumur commence dans ce mé- moire l'hiſtoire des Papillons ; il traite de leurs parties extérieures, & principalement des aîles, des yeux, des antennes & des trom- pes ; il obſerve d'abord qu'il n'y a aucun rapport entre les couleurs des Chenilles & celles des Papillons ; que les plus belles Che- nilles donnent ſouvent des Papillons peu co- lorés, tandis que les Chenilles les moins frappantes par les couleurs, deviennent de très-beaux Papillons.

A la ſuite de cette remarque, l'auteur re- cherche le caractère diſtinctif des Papillons, & il le trouve dans la ſtructure de leurs aîles, au nombre de quatre, couvertes de pouſſières qui adhèrent aux doigts quand on les touche. Ces pouſſières examinées au mi- croſcope, & en particulier par le père Bon- ami, qui en a décrit un très-grand nombre, ont été comparées à des plumes ; M. de Réau- mur n'eſt pas de ce ſentiment ; ſelon lui ces pouſſières ſont des écailles avec un court pédicule qui s'engage dans la ſubſtance de l'aîle ; elles ſont rangées comme les ardoiſes le ſont ſur un toît. Ce ſentiment étoit auſſi celui du célèbre Linné , qui donne aux aîles des Papillons l'épithète d'*imbricata*.

Lorfqu'on a enlevé les pouffières , on découvre la fubftance de l'aîle ; elle eft foutenue par des nervures qui en forment la charpente ; elles fe fubdivifent en des rameaux qui laiffent des efpaces remplis par une fubftance blanche , tranfparente & friable. Il eft vraifemblable que cette fubftance eft la même que celle des nervures & de leurs rameaux , mais applatie & étendue en lame; & le tout paroît à notre auteur de la nature de l'écaille. L'aîle n'eft donc pas colorée par elle-même , mais elle doit fon éclat & fes nuances aux écailles qui la couvrent.

De l'examen des aîles , M. de Réaumur paffe à celui de la tête , du corcelet & du corps ; par rapport à la tête , il s'occupe des yeux qui préfentent , felon les efpèces , une portion de fphère plus ou moins complette , qui ont des couleurs variées & irifées , & dont la furface eft fillonnée & rayée. Ces fillons font produits par les lignes entre les cryftallins dont l'œil eft compofé ; car il en eft un affemblage ; ou plutôt chaque point entre les fillons eft un cryftallin dont la multiplicité eft fi grande , qu'il y en a plufieurs milliers fur un œil. Quelques phyficiens ont nié que les corps que nous décrivons fuffent réellement les yeux ; M. de Réaumur rapporte les opinions pour & contre à ce fujet ; mais cet objet eft aujourd'hui fi généralement reconnu , qu'il eft inutile de fuivre cette difcuffion , & perfonne ne doute plus que les corps dont il eft queftion ne foient de véritables yeux , du nombre de ceux qu'on a nommés *yeux à réfeau*.

Les antennes placées fur la tête font , par leur forme , des efpèces de cornes mobiles d'une conftruction fouvent très-différente ; notre auteur en tire des caractères pour claffer les Papillons ; elles lui fourniffent les moyens de les divifer en plufieurs genres.

Le premier eft celui des Papillons dont les antennes d'égale groffeur de leur origine à leur extrémité , font terminées par un bouton.

Les antennes des Papillons du fecond genre augmentent infenfiblement de diamètre depuis leur origine jufques tout auprès de leur extrémité ; elles diminuent tout-à-coup de groffeur , fe terminent par une pointe fituée à leur partie inférieure dont il fort une houppe compofée de filets , & elles reffemblent , par leur forme , à une maffue ; ce qui les fait nommer par l'auteur *antennes en maffue*.

Celles des Papillons du troifième genre conformées comme les antennes des Papillons du fecond genre , en different en ce qu'elles font plus larges qu'épaiffes , en ce que leur extrémité eft une pointe ovale dénuée de bouquets de poils ; ces antennes font d'ailleurs contournées , & reffemblent aux cornes des béliers.

Le quatrième genre comprend les Papillons dont les antennes prennent fubitement , près de leur origine , une augmentation de groffeur qu'elles confervent jufques près de leur bout , où elles fe contournent pour fe terminer en une pointe qui , quelquefois , en foutient une feconde compofée de plufieurs filets ou poils très-déliés.

Le cinquième les Papillons dont les antennes font ou plus groffes , ou auffi groffes à leur origine que dans le refte de leur longueur , & qui vont en diminuant de diamètre pour fe terminer en pointe. L'auteur les nomme *antennes à filets coniques & grenés* , parce qu'elles font compofées de grains enfilés au bout les uns des autres.

Les antennes en plumes qui confiftent en un tuyau ou un filet qui décroît de diamètre de la bafe à la pointe , & qui de chaque côté eft chargé de filets difpofés comme les barbes d'une plume , appartiennent aux Papillons du fixième genre. Ce font ces fortes d'antennes qu'on connoît ordinairemeut fous le nom de *pectinées*.

Après avoir décrit la forme des différentes antennes, & en avoir tiré des caractères pour claffer les Papillons, M. de Réaumur recherche quel eft l'ufage de ces mêmes parties : il rapporte les différens fentimens à cet égard ; il les réfute & conclut que l'ufage des antennes nous eft inconnu. Il s'occupe enfuite de la trompe , & il remarque d'abord qu'elle manque tout-à-fait à certains Papillons, qu'elle eft très-peu apparente, & difficile à découvrir dans d'autres ; qu'elle eft fituée au bas de la tête, en devant, entre les deux yeux, & roulée en fpirale quand l'infecte n'en fait pas ufage ; fa fubftance eft analogue à celle de la corne ; elle eft compofée de deux portions égales appliquées l'une contre l'autre , & , qui laiffent entr'elles un vuide ou canal. Je me bornerai à cette courte analyfe, quoique l'auteur entre, par rapport à la trompe, dans de très-longs détails, qui font intéreffans, mais qui ne font pas fufceptibles d'extrait. On lui doit particulièrement d'avoir prouvé qu'elle eft compofée de deux parties appliquées l'une à l'autre.

6ᵉ. MÉMOIRE.

Ce mémoire a pour objet la divifion des Papillons en claffe & en genres ; il n'y eft parlé que des Papillons diurnes. Je ne peux me difpenfer de remarquer un défaut d'ordre qui eft frappant en cet endroit ; puifque l'auteur a déjà traité en partie du même fujet, & qu'il a claffé en général les Papillons dans le mémoire précédent, il revient en quelque forte fur fes pas dans celui-ci. Après cette divifion générale, il paffe à une divifion particulière : il réfulte de cette double manière de procéder de la confufion & de l'obfcurité , plutôt que de l'ordre & de la clarté.

L'auteur commence par la divifion des Papillons en *diurnes*, ou qui ne volent que le jour, & en *nocturnes* ou *Phalènes* qui ne volent que la nuit ; il obferve que de ces derniers il y en a qui fe tiennent abfolument cachés pendant le jour , & d'autres qui volent feulement plus volontiers, où plus fréquemment la nuit que le jour.

Les Papillons du premier genre , du fécond & du troifième , d'après le mémoire précédent , font des Papillons diurnes ; les trois autres genres font compofés de Phalènes. Ceux-ci font en général plus nombreux en efpèces. L'auteur remarque que les Phalènes qui fuient en général la clarté du jour, recherchent la nuit celle des lumières que nous allumons , & il obferve que ce font particulièrement les mâles qui font attirés par l'éclat des lumières.

L'auteur entre enfuite en matière ; il avertit que les antennes lui ont déjà fervi à claffer les Papillons, que les trompes peuvent fervir au même ufage , mais que la forme , la pofition & le port des aîles fourniffent les caractères les plus nombreux ; il donne enfuite fa méthode , & d'abord pour les Papillons diurnes : ils ont été divifés dans le mémoire précédent en trois genres où fections ; car un défaut dans la partie dont nous traitons , eft que l'auteur n'a pas affez fixé & déterminé fes expreffions.

Les Papillons du premier genre , d'après le mémoire précédent , font fubdivifés dans celui-ci ; ils ont tous des antennes à bouton, caractère par lequel ils appartiennent au premier genre ; ils portent leurs aîles perpendiculaires au plan de pofition , mais le bord des aîles inférieures des uns embraffe le deffous du corps , & celui des autres le couvre en deffus ; d'où réfulte deux fubdivifions ou deux claffes : il eft facile de remarquer que cette diftinction ne peut être remarquée qu'autant que le Papillon eft vivant & libre, qu'elle ne peut être employée pour le claffer après qu'il eft mort, & que par conféquent, elle n'eft d'aucune utilité pour nous apprendre

dre à diftinguer les Papillons dans l'état où nous les voyons le plus fouvent, où nous en recevons le plus grand nombre, où nous les confervons dans les collections ; c'en eft affez pour que nous puffions ne pas fuivre plus loin la méthode de notre auteur, mais pour ne laiffer rien ignorer à l'égard d'un homme auffi juftement célèbre. Continuons l'analyfe.

Les Papillons diurnes font divifés en fix claffes.

Première claffe. Antennes en bouton ; aîles perpendiculaires au plan de pofition ; deffous du corps embraffé par le bord des aîles inférieures : Papillons pofés & marchans fur fix jambes.

Deuxième claffe. Mêmes caractères que la première. Mais les Papillons ne fe pofent & ne marchent que fur quatre jambes ; les deux premières n'en font que de fauffes qu'ils tiennent repliées, & qui fe terminent par des efpèces de cordons *femblables aux pendans des palatines.* Je fouligne ces dernières expreffions comme ne préfentant pas une idée nette, & fourniffant, par conféquent un caractère très-incomplet.

Troifième claffe. Mêmes caractères que les deux précédentes ; différence en ce que les deux premières jambes ne font pas terminées de même, mais fi courtes, qu'elles font inutiles, & qu'on a peine à les appercevoir.

Quatrième claffe. Six jambes véritables ; antennes en bouton ; aîles perpendiculaires au plan de pofition, dont le bord des inférieures couvre le deffus du corps, & dont le bord de chaque aîle inférieure eft terminé par un appendice en forme de queue. On donne aux efpèces de cette claffe le nom de *Papillons à queue.*

Cinquième claffe. Antennes en maffe ; fix vraies jambes ; aîles parallèles au plan de

pofition dans l'état de repos, ou jamais affez relevées pour que les deux fupérieures s'appliquent l'une contre l'autre.

Sixième claffe. Antennes en maffe ou qui de leur origine jufques près de leur extrémité, vont en groffiffant.

Septième claffe. Antennes en cornes de Bélier.

7ᵉ. MEMOIRE.

Divifion des Phalènes ou Papillons nocturnes.

Avant d'entrer en matière, M. de Réaumur obferve que tous les Papillons diurnes ont des trompes, mais qu'il y en a beaucoup de nocturnes qui en manquent, quelquesuns en ont de fi courtes qu'on ne les peut diftinguer qu'à l'aide d'une forte loupe. Comme ce caractère n'eft pas facile à faifir, l'auteur le néglige pour l'ordre méthodique, & commence par établir deux grandes divifions des Phalènes : celles qui ont des trompes ; celles qui en font dépourvues, & il range dans cet ordre celles dont les trompes ne peuvent être découvertes qu'à l'aide de la loupe.

Première claffe. Antennes prifmatiques. Je remarquerai que les Papillons compris dans cette claffe font ceux qu'on a depuis généralement appellés *Sphinx,* de l'attitude de leur Chenille, ou *Bourdons,* du bruit qu'ils font en volant, & qu'on les diftingue des Phalènes, parmi lefquelles notre auteur les range.

Seconde claffe. Antennes qui décroiffent de la bafe à l'extrémité & finiffent en pointe.

Les Papillons de ces deux premières claffes ont des trompes.

Troifième claffe. Antennes comme celles

des Papillons de la seconde classe ; mais point de trompe.

Quatrième classe. Antennes à barbe & une trompe.

Cinquième classe. Antennes à barbe, point de trompe.

Sixième classe. Les Phalènes dont les mâles ont des aîles de grandeur ordinaire, & dont les femelles en ont de si petites qu'elles paroissent n'en point avoir. Ce caractère exigeant qu'on connoisse déjà les Papillons pour lesquels on l'emploie, ne peut remplir son objet.

Septième classe. Aîles qui paroissent composées de véritables plumes, & semblables aux aîles des oiseaux.

Indépendamment des caractères employés pour diviser les Papillons en classes, M. de Réaumur en propose dans les deux mémoires précédens pour subdiviser les classes en genres ; il les indique seulement pour les Papillons diurnes, sans établir la série des genres ; ce qu'il fait par rapport aux Phalènes qu'il divise en dix genres. Les bornes dans lesquelles nous sommes forcés de nous renfermer, ne nous ont pas permis de le suivre dans ces subdivisions.

8e. MÉMOIRE.

Des chrysalides en général, & à quoi de réel se réduisent les transformations apparentes des Chenilles en Chrysalides, & des Chrysalides en Papillons.

L'auteur commence par décrire les chrysalides ; il y distingue deux faces ; le dos qui est uni & arrondi, le ventre qui est couvert de petits reliefs en formes de bandelettes ; il appelle *tête* la partie d'où naissent ces bandelettes ; il divise ensuite les chrysalides en deux classes générales, les *angulaires*

& les *arrondies*. Les reliefs sont bien exprimés dans les premières, & si peu sensibles dans les secondes, qu'elles paroissent unies. Les angulaires deviennent toutes des Papillons diurnes, & il n'y a que peu des arrondies qui ne deviennent pas des Phalènes. M. de Réaumur s'occupe ensuite des éminences ou reliefs qui sont sur le ventre des chrysalides ; après avoir parlé de leur configuration, il traite de leurs couleurs ; il y en a qui sont dorées entièrement, d'autres par plaques seulement ; ce sont ces variétés qui ont fait employer en général le mot *chrysalide* tiré du grec, & qui exprime la dorure de ces insectes : tantôt c'est un or foncé, tantôt un or verdâtre, mais toujours brillant, & qui a l'éclat du poli ; d'autres chrysalides ont des taches d'argent. Les couleurs des autres chrysalides sont, en général, peu brillantes, & le brun est leur couleur la plus commune.

Les transformations ou métamorphoses sont le sujet qui occupe ensuite notre auteur ; il remarque que ces expressions empruntées des métamorphoses admises par la fable, expriment un prétendu changement, une mutation de forme, qui ne sont pas plus réels que les métamorphoses décrites par les poëtes. Malpighi & Swammerdam ont appris les premiers que les changemens des insectes consistent en de simples dépouillemens d'enveloppes qui cachoient les parties ; que le Papillon est tout formé, & qu'il croît sous les tégumens de la Chenille & de la chrysalide ; mais qu'on ne l'apperçoit sous sa forme que quand il a dépouillé les enveloppes de Chenille & de chrysalide.

Après avoir instruit le lecteur que le Papillon est enfermé sous l'enveloppe de la chrysalide ; M. de Réaumur examine & décrit comment ces parties sont disposées & arrangées sous cette enveloppe ; il apprend, d'après les auteurs cités un peu plus haut, que le Papillon est également contenu sous l'enveloppe de Chenille, qui recouvre en outre celle de chrysalide ; que pour s'en convaincre il suffit de laisser quelques jours une Chenille tremper dans le vinaigre ou l'esprit de vin : ces liqueurs épaississent la substance de la Chenille, lui procurent de la consistance ; alors en enlevant les peaux dont la Chenille auroit changé, & l'enveloppe de chrysalide, on découvre le Papillon sous ces tégumens.

Après les objets dont nous venons de traiter, notre auteur compare la chenille & la chrysalide aux œufs des oiseaux, le Papillon au jeune oiseau ; ce dernier naît à l'instant où il sort bien conformé de l'œuf ; le Papillon, qui n'a sa conformation qu'en sortant de la chrysalide, ne naît donc, à proprement parler, que dans ce moment ; le jeune oiseau a beaucoup à croître, & à se fortifier après sa naissance ; mais le Papillon à toute sa croissance, & sa vigueur en sortant de la chrysalide : l'œuf d'un oiseau ne fournit qu'au développement de l'embrion, & non au complément de grandeur & de force de l'individu ; il contient la nourriture qu'il fournit, & n'en prend point au dehors qu'il communique à l'embrion ; la Chenille est une sorte d'œuf qui prend de la nourriture, & qui la communique, & la chrysalide en est un plus conforme à ceux des oiseaux, qui en contient, en communique & n'en reçoit pas du dehors.

Il seroit très-curieux, ajoute M. de Réaumur, de connoître toutes les communications entre la Chenille & le Papillon, mais elles dépendent de parties si fines & si molles qu'il nous est presqu'impossible de parvenir, à cet égard, au but que nous souhaiterions d'atteindre. Les efforts faits jusqu'à M. de Réaumur se bornent à nous apprendre qu'il y a des parties propres à la Chenille, étrangères au Papillon, qu'il rejette en devenant chrysalide, d'autres qui lui sont intimement liées, qu'il conserve, mais qui s'oblitèrent, se dessèchent & s'effacent : les jambes membraneuses de la Chenille sont du nombre des premières parties, ainsi que les mâchoires, les muscles même qui servoient à leur

mouvement ; les parties internes qui appartenoient à la Chenille, & qui s'oblitèrent, sont les réservoirs de la soie, le canal intestinal ; cependant le Papillon a aussi un estomac & des intestins ; mais ces viscères sont grossiers dans la Chenille, en comparaison de ce qu'ils sont dans le Papillon. L'estomac & les intestins de la Chenille sont formés de deux membranes, une externe, une interne plus tenue ; quelques jours avant le changement en chrysalide, la Chenille rejette avec les excrémens la membrane interne qui y adhère par lambeaux, & en même-tems la membrane externe se plisse, s'oblitère, l'œsophage se sépare & se retire, &c.

Le reste du mémoire est employé à remarquer que l'opinion commune est que les insectes contenus sous l'enveloppe de chrysalide n'ont plus besoin de prendre de nouvelle substance, mais de se dépouiller d'une humidité superflue, dont l'évaporation procure à leurs parties la consistance & la solidité nécessaires. M. de Réaumur n'admet pas entièrement cette opinion ; il prouve que les chrysalides perdent peu par l'évaporation, & il pense, avec bien de la vraisemblance, que les parties fluides dont tous les membres sont abreuvés, se changent en une substance qui fortifie ces parties ; c'est ainsi que le blanc & le jaune de l'œuf se convertissent dans les parties du Poulet. L'évaporation ne dissipe donc qu'une très-petite quantité de l'humidité des chrysalides, & la plus forte portion des fluides dont elles sont remplies sert au développement, à l'affermissement, à la consistance des parties du Papillon.

9ᵉ. MÉMOIRE.

Des précautions & des industries employées par diverses espèces de Chenilles pour se métamorphoser en chrysalides. Comment les chrysalides se tirent du fourreau de Chenille ; & de la description des chrysalides.

La situation de chrysalide est un état critique. A son approche toutes les Chenilles agiffent , comme fi elles en connoiffoient le danger. Les unes filent des coques de pure foie : les autres fe cachent fous terre , & s'y conftruifent des coques ou mi-parties de foie & de terre, ou de terre battue & agglutinée feulement ; d'autres Chenilles ne fe préparent pas de coques , mais elles fe retirent feulement à l'abri & à l'écart, dans quelque creux d'arbre , quelque trou de mur , ou fous quelque corps qui faffe faillie ; les unes fe fufpendent par l'extrémité de la queue , d'autres par un lieu tranfverfal au milieu du corps , quelques-unes appliquent feulement une partie du dos de la chryfalide au plan de la pofition fur lequel cette partie s'agglutine & y adhère. Ces différentes manœuvres , fimples en apparence, font cependant un travail difficile pour un animal tel qu'une Chenille. L'auteur expofe les opérations diverfes qu'il exige ; & que les Chenil exécutent. Il faut lire ces détails, peu fufceptibles d'extrait, dans le mémoire même.

Après avoir détaillé les manœuvres par lefquelles la Chenille fe métamorphofe en chryfalide, ou plutôt paroît fous cette forme, notre auteur examine fi dans cet état l'infecte refpire, & fi c'eft par les ftigmates qu'on peut reconnoître fur la chryfalide , ainfi qu'on les reconnoiffoit fur la Chenille ; des expériences qu'il a faites , en plongeant à diverfes époques , différentes parties des mêmes efpèces de chryfalide dans l'huile , il conclut que les organes de la refpiration néceffaires à la Chenille , le font de même à la chryfalide dans les premiers tems ; qu'une partie de ces organes fe bouche par la fuite, & que lorfque le Papillon s'eft fortifié jufqu'à un certain point fous l'enveloppe de chryfalide , il n'y a plus d'ouvertures qui lui tranfmettent l'air , & par lefquelles il refpire, qu'à la partie antérieure de celle-ci ; que lorfque le Papillon a paru fous fa dernière forme , ce n'eft que par les ouvertures placées fur fon corcelet qu'il refpire, ouvertures qui répondoient , par leur pofition , à celles fituées à la partie antérieure de la chryfalide.

Deux remarques très importantes qu'on trouve vers la fin du mémoire , font 1°. que les ftigmates donnent feulement entrée à l'air dans la Chenille , & ne fervent pas à la fortie ; 2°. que la circulation commerce dans la Chenille à la queue , & fe propage vers la tête ; qu'elle a lieu au contraire dans la chryfalide & dans le Papillon , de la tête à la queue. Mais eft-il affez prouvé que l'air ne fort pas par les ftigmates de la Chenille ?

10ᵉ. MEMOIRE.

De l'induftrie des Chenilles qui fe pendent verticalement par le derrière la tête en bas.... & de quoi dépend la belle couleur d'or de plufieurs efpèces de chryfalides.

M. de Réaumur s'attache à décrire les manœuvres des Chenilles qui fe fufpendent , parce que leurs opérations n'ont pas été vues par ceux qui l'ont précédé, fi ce n'eft Valifniery qui en a détaillé quelques-unes ; il remarque encore que ces manœuvres font difficiles à obferver, parce qu'elles ont lieu dans des momens fort courts qu'il faut faifir. Cependant, comme ces opérations font plus curieufes qu'inftructives au fond, qu'un abrégé n'en donneroit qu'une idée incomplette, & que les détails néceffaires pour les faire connoître deviendroient trop longs , je renverrai , fur cet objet, au mémoire même. Il refte à donner une idée de la caufe qui fait paroître certaines chryfalides ou dorées entièrement , ou couvertes de taches dorées. Cette apparence eft due à la fineffe & à la tranfparence de la peau de chryfalide colorée par elle même en brun ou dans cette teinte , appliquée fur une partie mucilagineufe de la chryfalide qui eft d'un blanc éclatant. C'eft ainfi que le mucilage de certains Poiffons , apperçu à travers leurs écailles, les fait paroître dorés ; c'eft auffi de la même manière qu'en étendant un vernis fur un fond brillant & poli, l'art donne aux cuirs la couleur & l'éclat de l'or , fans employer à cette opération ce précieux métal.

11ᵉ. MÉMOIRE.

De l'industrie des Chenilles qui se suspendent par un lien qui leur embrasse le dessus du corps, & des chrysalides qui sont suspendues par le même lien.

Je me contenterai, par les raisons rapportées dans l'extrait du mémoire précédent, de citer le titre de celui-ci sans en suivre les détails.

12ᵉ. MÉMOIRE.

De la construction des coques de formes arrondies, soit de pure soie, soit de soie & poils.

Quelques Chenilles entrelacent des fils en différens sens, en occupent le centre, & s'y métamorphosent; ces fils laissent appercevoir la chrysalide à travers les espaces qui les séparent; d'autres se construisent des coques un peu mieux fournies, mais qui laissent encore appercevoir la Chenille & la chrysalide; comme ces coques ne couvrent pas suffisamment l'insecte, il les place entre des feuilles qu'il rapproche & qui le cachent; les Chenilles qui emploient davantage de soie à la formation de leur coque, ne les couvrent pas ordinairement d'autres substances comme les précédentes, mais il y en a qui font entrer des substances étrangères dans la texture de leur coque, & qui les emploient concurremment avec la soie. Les chrysalides de pure soie sont les plus communes; elles sont, en général, des espèces de boules plus ou moins alongées; les unes sont d'égale grosseur à leurs deux bouts; les autres plus grosses à un bout qu'à l'autre: il y en a de très-minces, & d'autres d'un tissu plus épais, plus fort.

Toutes les coques en général sont formées par les contours d'un fil de soie plié & replié sur lui-même; mais ce fil n'est serré & pressé que vers l'intérieur de la coque, & à sa surface il n'est qu'entrelacé d'une manière lâche; c'est ce qu'il est facile d'observer sur les coques des vers à soie; il n'y a

que les contours serrés du fil qu'on puisse dévider, & la couche extérieure n'est propre qu'à être cardée; elle n'est, par rapport à la Chenille, qu'une sorte d'échaffaudage qui lui a été nécessaire pour parvenir à construire la coque proprement dite, ou la couche intérieure. Je regrette de ne pouvoir, avec l'auteur, suivre la manière dont le fil est contourné sur lui-même; comment après plusieurs zigzags à une extrémité, il passe au bout opposé où il en forme de semblables. Je me bornerai à remarquer que Malpighi a distingué six couches différentes sur la coque du ver à soie, & qu'il a trouvé que la longueur du fil qui peut se devider de dessus une coque, est de neuf cents trente pieds de Boulogne. Ce fil, vu au microscope, est applati ou plus large qu'épais; il est fourni par les deux réservoirs, de la soie dont il a été parlé au troisième mémoire, & qui aboutissent à la filière; il résulte donc de deux couches qui s'unissent en passant par la filière, & se collent l'une à l'autre; aussi arrive-t-il quelquefois que quand par une cause quelconque leur adhésion n'est pas parfaite, on distingue les deux couches dont le fil est composé.

Quelques Chenilles, au lieu d'entourer leur coque d'un tissu lâche, la couvrent d'un tissu si serré qu'il a l'apparence d'une membrane. L'auteur soupçonne que cette couche est d'une substance différente de la soie; qu'elle n'est point fournie par la filière, mais que la Chenille la rejette par l'anus près duquel on trouve, dans certaines Chenilles, des vaisseaux qu'il juge être le réservoir de cette espèce de liqueur gommeuse.

La Chenille très commune, qu'on a nommée la livrée d'après ses couleurs, construit une coque plus légère que celle des vers à soie: quand cette coque est achevée, la Chenille répand entre les fils qui la composent, une liqueur qui, desséchée, devient une poussière jaunâtre, dont toute cette coque est pénétrée; il y a apparence que l'usage de cette poussière est de boucher les pores qui donneroient accès à un air nuisible à la chrysalide. C'est un exemple des différences qui se trouvent entre les coques des diverses espèces. Une Chenille qui vit sur le saule, pénètre également sa coque d'une liqueur qui se convertit en une poudre jaune : mais d'autres Chenilles, en qui la matière soyeuse n'est pas assez abondante, fortifient leur coque en faisant entrer dans leur composition, les poils dont elles sont elles-mêmes couvertes. C'est la pratique du plus grand nombre des Chenilles velues, négligée cependant par plusieurs espèces de ces Chenilles. Celles qui la suivent, après avoir commencé leur coque, s'arrachent avec leurs mâchoires, les poils qui tiennent peu alors, les appliquent sur le tissu de la coque, & les y fixent en filant par-dessus ; elles filent donc alternativement, & mêlent aux couches de soie, des lits de poils pris entre les couches soyeuses. Quelques autres Chenilles, par les mouvemens qu'elles se donnent engagent leurs poils entre les fils de soie qui les traversent, & y sont retenus par la pression de ces fils. L'auteur cite des exemples de chacune des opérations qu'il détaille, & il décrit la Chenille, la chrysalide, le Papillon qui lui fournissent ces exemples. Enfin, une Chenille velue qui vit des lichens qui croissent sur les pierres, s'arrache les poils, en forme une palissade qu'elle arrange sur les pierres, & dont elle fixe les pièces à leur base ; au centre de cette palissade la Chenille file une coque très-peu épaisse, qu'elle fortifie par quelques fragmens de la pierre même, & elle incline en même-tems les pieux de la palissade par des fils attachés à leur pointe vers un centre commun : renfermée sous cet abri, la Chenille y est sous une espèce de baldaquin ou de berceau qui couvre la chrysalide.

13ᵉ. Mémoire.

De la construction des coques de soie de formes singulières, & de celles dans la composition desquelles il entre d'autres substances que la soye.

Des Chenilles qui n'ont ni assez de matière soyeuse, ni assez de poils pour se construire des coques aussi solides qu'elles en ont besoin, font entrer dans la texture de ces coques des matières étrangères. Ce sont des portions de plantes qu'elles coupent & qu'elles savent adapter à leur coque ; mais d'autres y emploient des substances dont on se douteroit encore bien moins qu'elles se servissent ; telles sont certaines Chenilles qui fortifient leur coque de fragmens détachés des pierres sur lesquelles elles s'attachent ; d'autres de fragmens de l'écorce des arbres sur lesquels elles se nourrissent. Jusqu'ici il n'a été question que des Chenilles qui se métamorphosent à l'air libre, mais plusieurs, pour subir cette opération, entrent en terre. Les unes se contentent d'y pénétrer & d'affermir la terre battue autour d'elles ; d'autres, en plus grand nombre, soulèvent la terre, l'écartent l'affermissent autour d'elles en la foulant ; puis elles filent des coques entre les parties desquelles elles prennent & lient des fragmens du terrein même ; enfin elles tapissent l'intérieur de ces coques, grossières en apparence, d'une couche de pure soie. Mais ce n'est pas seulement en terre qu'on trouve des coques qui y en sont construites en partie ; quelques Chenilles qui se métamorphosent sur les plantes, font entrer dans la composition de leur coque, la terre qu'elles transportent au lieu où elles filent. Je n'ai fait qu'indiquer les généralités ; notre auteur entre dans les détails ; il résulte des diverses manœuvres des Chenilles que leurs coques ont des formes différentes. L'auteur les décrit, il leur donne des noms qui expriment ces formes ou les rappellent ; mais, je le répète encore, ces objets ne peuvent être bien connus qu'en les suivant dans le mémoire même.

14ᵉ. Mémoire.

De la transformation des chrysalides en Papillons.

Les parties molles & abreuvées de sérosité des Papillons qui viennent de se changer en chrysalide, acquièrent, sous son enveloppe la confistance qui leur eft nécessaire. Ce changement s'opère en partie par l'évaporation du fluide superflu, & beaucoup plus encore par l'union des parties fluides aux parties solides & l'épaississement des premières. Il y a des Papillons qui ne restent en chrysalide que dix, d'autres quinze ou vingt jours; mais il y en a qui passent dans cet état plusieurs mois, & quelques-uns une année presque entière.

Les Chenilles ne tardent pas, en général, à se changer en chrysalide, après qu'elles se sont enfermées sous une coque de forme & de construction quelconque; cependant l'auteur rapporte l'exemple de deux espèces de Chenilles qui conservent leur forme, après s'être enfermées, pendant huit mois, ne deviennent chrysalide qu'après ce long terme, & peu après Papillons; il parle ensuite de la manière dont le Papillon se tire de l'enveloppe de chrysalide. Il est alors couvert d'écailles, de poils. Ces parties étoient molles dans les commencemens, elles étoient minces & collées à la surface du Papillon; elles ont acquis du volume, de la solidité, ce sont relevées; il en a résulté un écartement entre la surface du Papillon, l'intérieur de la chrysalide, une interruption de communication entre ces parties & le desséchement de l'enveloppe de chrysalide devenue friable. Pour peu donc que le Papillon gonfle quelqu'une de ses parties, qu'elles fassent effort contre la peau de chrysalide, celle-ci se fend & s'ouvre. C'est par ce moyen que le Papillon se dégage, & sans suivre en détail la façon dont la peau de chrysalide se fend & s'ouvre, je me contenterai d'observer qu'elle se sépare en deux pièces transversales vers le milieu de la longueur de la chrysalide, que la pièce supérieure s'ouvre longitudinalement en deux portions.

Le papillon qui s'est dégagé de la chrysalide ou reste posé dessus, ou se place à peu de distance. Ses ailes sont alors si petites qu'elles paroissent seulement comme de simples moignons; mais au bout d'un quart d'heure ou d'une demi-heure; elles ont acquis leurs dimensions en tout sens. Leur peu d'étendue ne dépend pas de ce qu'elles soient pliées & plissées, comme on l'avoit imaginé. Notre auteur a le premier reconnu & démontré la cause de la petitesse des ailes au moment où le Papillon naît, & comment elles parviennent à leur grandeur en très peu de tems; elles sont à la naissance du Papillon, très-épaisses & molles; elles ont crues en surface, & non en étendue, ce que la chrysalide ne leur permettoit pas; mais, dégagées de leur enveloppe, elles s'étendent par l'impulsion des fluides qui pénètrent leurs vaisseaux, qui y sont poussés par les organes de la circulation, & elles perdent en épaisseur ce qu'elles acquièrent en étendue; elles ne consistoient donc qu'en des vaisseaux froncés qui se sont développés, & elles ont en même-tems perdu cette mollesse qui ne résultoit que de l'engorgement des vaisseaux. Si on coupe une aile à un Papillon qui vient de naître, & qu'on l'étende avec les doigts en tout sens en la tirant par ses bords, elle acquière la même étendue & la même épaisseur que lui eût procuré le mouvement des fluides à travers ses canaux. Le Papillon, pour faciliter le développement de ses ailes, & pour procurer probablement plus d'action aux liqueurs, agite & secoue les ailes fréquemment: on les voit s'étendre pendant les mouvemens qu'il se donne, mais en même-tems elles se plissent, se froncent & se chiffonnent, pour finir cependant par être planes & parfaitement étendues. Les premiers plis viennent de ce que les liqueurs agissent plus fortement plus près du corps & moins puissamment, suivant l'éloignement où en sont les portions de l'aile; sa base est donc déjà étendue, amincie, que sa pointe est encore plissée & épaisse, contraste qui en produit le désordre momentané, mais peu-à-peu les fluides pénétrant dans tous les canaux, & s'y étendant également, toute la surface de l'aile s'applanit.

Ce ne sont pas seulement les ailes du Papillon naissant qui sont molles & abreuvées, mais toutes ses parties, tant externes qu'internes, le font aussi dans ce moment, & acquèrent, comme les aîles, leur consistance par l'évaporation du fluide surabondant, le mouvement de la circulation & l'impression de de l'air. Mais si quelqu'obstacle gêne le développement des aîles soumises à l'action de ces différentes causes pendant les premiers momens qui suivent la naissance, les aîles demeurent difformes: la raison en est due à ce qu'elles acquièrent de la rigidité, & qu'elles ne peuvent plus être étendues par l'effet de la circulation.

Des matières dont on vient de lire l'extrait, M. de Réaumur passe à la manière dont les Papillons nés dans des coques, les percent & en sortent. Il remarque, avec tous ceux qui se sont occupés de cet objet, que c'est par le bout que regardoit la tête de la chrysalide que le Papillon s'ouvre le passage, qu'il perce ce bout; mais comment le perce-t-il, dépourvu, comme il est de tout instrument, propre à diviser? Les uns ont comparé la tête du Papillon à un Bélier dont il frappe, & avec lequel il romp & enfonce la cloison de sa coque, les autres ont vu que quelques Papillons jettent une liqueur par la trompe qui amollit la coque au bout où la tête répond, & ils ont pensé qu'il écartoit ensuite les fils ramollis, & dont le gluten qui les lioit étoit dissous; mais il y a des Papillons qui ne jettent pas de liqueur en naissant; M. de Réaumur observe que les yeux sont les parties les plus saillantes de la tête, que les facettes dont ils sont composés produisent, par leur assemblage, un corps âpre qu'il compare à une lime, & il pense que les yeux, en imitant cet instrument, divisent & coupent les fils de soie par le frottement de la tête contre la coque. Cette supposition ingénieuse me semble confirmée par un fait analogue dont M. de Réaumur n'a pu appuyer son opinion, parce qu'il étoit ignoré de son tems; c'est la manière dont le Poussin incise la coque de l'œuf par le frottement d'une très-petite corne qu'il porte à la pointe du bec sur sa partie supérieure. On a comparé les chrysalides aux

œufs, on a trouvé entre ces corps de grands rapports, c'en est un de plus que la manière dont le Poussin & le Papillon ouvrent l'un sa coquille, l'autre sa coque.

Quelques coques, celle, par exemple, du Papillon Grand-Paon de nuit, sont d'un tissu si fort que le Papillon ne pourroit les percer; mais les fils sont disposés à l'endroit par où il doit sortir de façon qu'ils ne font que coincider à un point central, sans y adhérer, & que pour qu'ils livrent passage, il suffit de les écarter; cette opération est aisée de dedans en dehors, & seroit très-difficile de dehors en dedans; ainsi, dans un sens tout contraire, certains paniers que les pêcheurs nomment *verveux* dont l'intérieur est disposé à l'inverse de celui des chrysalides, offrent une entrée facile, ferment la sortie, & donnent une bonne idée des coques dont nous traitons.

Le Papillon sorti de la chrysalide, ses aîles étant étendues, ses membres affermis, sa trompe qu'il a souvent roulée & étendue, étant pliée en spirale, finit, avant de prendre son essort, par jetter par l'anus une liqueur limpide ou colorée ordinairement en rouge, plus ou moins abondante, & d'une teinte plus ou moins foncée. M. de Réaumur paroît la regarder comme excrémentielle; il rapporte aux taches dont cette liqueur couvre les corps sur lesquels elle a été répandue les pluies de sang dont les historiens ont fait mention, & il fait honneur à M. Pereisc, d'avoir le premier découvert l'origine de ce prétendu prodige; il eut lieu à Aix où M. Pereisc faisoit son séjour: il remarqua & fit voir que les taches qu'on attribuoit à une pluie de sang, se trouvoient non pas en-dessus, mais en-dessous de la saillie des bâtimens, montra une pareille tache dans une boîte où étoit né un Papillon de même espèce que ceux qui voloient en grand nombre après la prétendue pluie de sang, dont ses observations firent connoître la cause.

IIe. VOLUME.

Le fecond volume comprend une préface dans laquelle l'auteur donne une idée générale des mémoires qui compofent ce fecond tome, & il ajoute quelques fupplémens aux mémoires du volume précédent; le fecond en contient douze, dont les Chenilles & les Papillons continuent d'être l'objet comme ils l'ont été en plus grande partie des mémoires du premier volume.

PREMIER MÉMOIRE.

De la durée de la vie des chryfalides; des moyens de la prolonger & de l'abréger..... ainfi que la durée de la vie complette de quantité d'infectes de différens genres.

Le réfultat de ce mémoire eft que fuivant la faifon où naiffent certains infectes, ils vivent quatre à cinq fois plus de tems que s'ils étoient nés dans une faifon différente. La belle Chenille du fenouil, par exemple, qui fe change en chryfalide au mois de juillet, ne refte dans cet état que treize jours, & celle de la même efpèce qui n'y parvient qu'en août ou feptembre y demeure jufqu'à l'été fuivant, ou l'efpace de neuf à dix mois.

Cette différence eft due à ce que la chryfalide tranfpire, que l'évaporation du fluide furabondant fortifie les membres du Papillon en permettant le rapprochement de leurs parties, & fur-tout en ce que la chaleur & & l'évaporation de l'humeur fuperflue, produifent l'épaiffiffement des fucs qui confolident les membres du Papillon; il eft donc aifé de fentir pourquoi la vie d'une chryfalide eft très bornée au fort de l'été, & d'où vient elle eft très longue en automne, pendant l'hiver & le printems; de ces faits l'auteur conclut qu'il eft en notre pouvoir d'abréger ou de prolonger en général l'exiftence des infectes qui paffent par l'état de

chryfalide. Le fait fuivant prouve la première propofition : des chryfalides qui, demeurées dans leur retraite à l'automne, ne feroient devenues Papillons que l'été fuivant placées dans les ferres du jardin du roi, s'y changèrent en Papillons au milieu de l'hiver; les Papillons, dont la naiffance avoit été hâtée, nâquirent auffi bien conditionnés que s'ils ne fuffent nés que l'été fuivant, & la durée de leur vie, fous leur dernière forme, fut la même que celle des Papillons de leur efpèce pour qui le cours de la vie n'eft point abrégé. Du fait précédent, M. de Réaumur infère qu'on peut prolonger la durée de la vie des infectes, en tenant leurs chryfalides dans un lieu frais; il prouve cette feconde propofition par plufieurs expériences; des chryfalides portées dans une cave y font reftées fous cette forme toujours beaucoup plus long-tems que des chryfalides de même efpèce confervées à la température de l'atmofphère; la naiffance des Papillons a été d'autant plus retardée, que les chryfalides ont été expofées au froid plus promptement après avoir pris cette forme; trois chryfalides de la belle Chenille du Titimale étoient encore dans cet état un an après qu'elles euffent dû en avoir changé, & ces chryfalides étoient bien vivantes. Si, au lieu de porter les chryfalides dans une cave, on les tenoit dans une glacière, il eft évident qu'on retarderoit encore plus leur développement. Mais quel feroit l'effet de ce long retardement, l'infecte parviendroit-il à fon terme, & y arriveroit-il avec la vigueur ordinaire à fon efpèce? Le refte du mémoire eft employé à difcuter fi l'on a rendu un bon office à l'infecte dont on a prolongé la vie, mais en le retenant dans un état d'inaction, & à chercher enfuite s'il y auroit moyen, par la diminution de la tranfpiration, qui eft la caufe de la vie plus longue des infectes, de prolonger auffi la nôtre. Le lecteur ne me faura pas mauvais gré fans doute de ne pas fuivre l'auteur dans ces objets de pure fpéculation, dont il appréciera la valeur fur leur fimple expofé.

nes, le font auffi dans ce moment, & acquèrent, comme les aîles, leur confiſtance par
l'évaporation du fluide furabondant, le mouvement de la circulation & l'impreſſion de
de l'air. Mais ſi quelqu'obſtacle gêne le développement des aîles ſoumiſes à l'action de
ces différentes cauſes pendant les premiers
momens qui ſuivent la naiſſance, les aîles
demeurent difformes : la raiſon en eſt due à
ce qu'elles acquièrent de la rigidité, &
qu'elles ne peuvent plus être étendues par
l'effet de la circulation.

Des matières dont on vient de lire l'extrait,
M. de Réaumur paſſe à la manière dont les
Papillons nés dans des coques, les percent &
en ſortent. Il remarque, avec tous ceux qui ſe
ſont occupés de cet objet, que c'eſt par le
bout que regardoit la tête de la chryſalide
que le Papillon s'ouvre le paſſage, qu'il perce
ce bout ; mais comment le perce-t-il, dépourvu, comme il eſt de tout inſtrument,
propre à diviſer ? Les uns ont comparé la
tête du Papillon à un Bélier dont il frappe,
& avec lequel il romp & enfonce la cloiſon
de ſa coque, les autres ont vu que quelques
Papillons jettent une liqueur par la trompe qui
amollit la coque au bout où la tête répond, &
ils ont penſé qu'il écartoit enſuite les fils ramollis, & dont le gluten qui les lioit étoit diſſous ;
mais il y a des Papillons qui ne jettent pas
de liqueur en naiſſant ; M. de Réaumur obſerve, que les yeux ſont les parties les plus
ſaillantes de la tête, que les facettes dont ils
ſont compoſés produiſent, par leur aſſemblage, un corps âpre qu'il compare à une lime,
& il penſe que les yeux, en imitant cet inſtrument, diviſent & coupent les fils de ſoie
par le frottement de la tête contre la coque.
Cette ſuppoſition ingénieuſe me ſemble confirmée par un fait analogue dont M. de
Réaumur n'a pu appuyer ſon opinion, parce
qu'il étoit ignoré de ſon tems ; c'eſt la manière dont le Pouſſin inciſe la coque de l'œuf
par le frottement d'une très-petite corne
qu'il porte à la pointe du bec ſur ſa partie ſupérieure. On a comparé les chryſalides aux

œufs, on a trouvé entre ces corps de grands
rapports, c'en eſt un de plus que la manière
dont le Pouſſin & le Papillon ouvrent l'un
ſa coquille, l'autre ſa coque.

Quelques coques, celle, par exemple, du
Papillon Grand-Paon de nuit, ſont d'un tiſſu
ſi fort que le Papillon ne pourroit les percer ;
mais les fils ſont diſpoſés à l'endroit par où
il doit ſortir de façon qu'ils ne ſont que
coincider à un point central, ſans y adhérer,
& que pour qu'ils livrent paſſage, il ſuffit de
les écarter ; cette opération eſt aiſée de dedans en dehors, & ſeroit très-difficile de
dehors en dedans ; ainſi, dans un ſens tout
contraire, certains paniers que les pêcheurs
nomment verveux dont l'intérieur eſt diſpo-
ſé à l'inverſe de celui des chryſalides, offrent une entrée facile, ferment la ſortie,
& donnent une bonne idée des coques dont
nous traitons.

Le Papillon ſorti de la chryſalide, ſes
aîles étant étendues, ſes membres affermis,
ſa trompe qu'il a ſouvent roulée & étendue,
étant pliée en ſpirale, finit, avant de prendre ſon eſſort, par jetter par l'anus une liqueur limpide ou colorée ordinairement en
rouge, plus ou moins abondante, & d'une
teinte plus ou moins foncée. M. de Réaumur
paroît la regarder comme excrémentielle ; il
rapporte aux taches dont cette liqueur couvre les corps ſur leſquels elle a été répandue
les pluies de ſang dont les hiſtoriens ont fait
mention, & il fait honneur à M. Pereiſc, d'a-
voir le premier découvert l'origine de ce
prétendu prodige ; il eut lieu à Aix où M.
Pereiſc faiſoit ſon ſéjour : il remarqua & fit
voir que les taches qu'on attribuoit à une
pluie de ſang, ſe trouvoient non pas en-
deſſus, mais en-deſſous de la ſaillie des bâtimens, montra une pareille tache dans une
boîte où étoit né un Papillon de même eſpèce que ceux qui voloient en grand nombre
après la prétendue pluie de ſang, dont ſes
obſervations firent connoître la cauſe.

VOLUME

IIe. VOLUME.

Le second volume comprend une préface dans laquelle l'auteur donne une idée générale des mémoires qui composent ce second tome, & il ajoute quelques supplémens aux mémoires du volume précédent; le second en contient douze, dont les Chenilles & les Papillons continuent d'être l'objet comme ils l'ont été en plus grande partie des mémoires du premier volume.

PREMIER MÉMOIRE.

De la durée de la vie des chrysalides; des moyens de la prolonger & de l'abréger..... ainsi que la durée de la vie complette de quantité d'insectes de différens genres.

Le résultat de ce mémoire est que suivant la saison où naissent certains insectes, ils vivent quatre à cinq fois plus de tems que s'ils étoient nés dans une saison différente. La belle Chenille du fenouil, par exemple, qui se change en chrysalide au mois de juillet, ne reste dans cet état que treize jours, & celle de la même espèce qui n'y parvient qu'en août ou septembre y demeure jusqu'à l'été suivant, ou l'espace de neuf à dix mois.

Cette différence est due à ce que la chrysalide transpire, que l'évaporation du fluide surabondant fortifie les membres du Papillon en permettant le rapprochement de leurs parties, & sur-tout en ce que la chaleur & & l'évaporation de l'humeur superflue, produisent l'épaississement des sucs qui consolident les membres du Papillon; il est donc aisé de sentir pourquoi la vie d'une chrysalide est très bornée au fort de l'été, & d'où vient elle est très-longue en automne, pendant l'hiver & le printems; de ces faits l'auteur conclut qu'il est en notre pouvoir d'abréger ou de prolonger en général l'existence des insectes qui passent par l'état de chrysalide. Le fait suivant prouve la première proposition : des chrysalides qui, demeurées dans leur retraite à l'automne, ne seroient devenues Papillons que l'été suivant placées dans les serres du jardin du roi, s'y changèrent en Papillons au milieu de l'hiver; les Papillons, dont la naissance avoit été hâtée, nâquirent aussi-bien conditionnés que s'ils ne fussent nés que l'été suivant, & la durée de leur vie, sous leur dernière forme, fut la même que celle des Papillons de leur espèce pour qui le cours de la vie n'est point abrégé. Du fait précédent, M. de Réaumur infère qu'on peut prolonger la durée de la vie des insectes, en tenant leurs chrysalides dans un lieu frais; il prouve cette seconde proposition par plusieurs expériences; des chrysalides portées dans une cave y sont restées sous cette forme toujours beaucoup plus long-tems que des chrysalides de même espèce conservées à la température de l'atmosphère; la naissance des Papillons a été d'autant plus retardée, que les chrysalides ont été exposées au froid plus promptement après avoir pris cette forme; trois chrysalides de la belle Chenille du Titimale étoient encore dans cet état un an après qu'elles eussent dû en avoir changé, & ces chrysalides étoient bien vivantes. Si, au lieu de porter les chrysalides dans une cave, on les tenoit dans une glacière, il est évident qu'on retarderoit encore plus leur développement. Mais quel seroit l'effet de ce long retardement, l'insecte parviendroit-il à son terme, & y arriveroit-il avec la vigueur ordinaire à son espèce? Le reste du mémoire est employé à discuter si l'on a rendu un bon office à l'insecte dont on a prolongé la vie, mais en le retenant dans un état d'inaction, & à chercher ensuite s'il y auroit moyen, par la diminution de la transpiration, qui est la cause de la vie plus longue des insectes, de prolonger aussi la nôtre. Le lecteur ne me saura pas mauvais gré sans doute de ne pas suivre l'auteur dans ces objets de pure spéculation, dont il appréciera la valeur sur leur simple exposé.

2e. MÉMOIRE.

De l'accouplement des différentes espèces de Papillons, de leurs parties destinées à la génération, des figures de leurs œufs, des endroits où ils les déposent, & avec quelles précautions.

L'auteur commence ce mémoire important par avertir que les Papillons femelles sont, comme il est ordinaire à tous les insectes, plus grandes que les mâles; qu'elles ont le corps plus renflé, plus arrondi, moins effilé. Cependant cette différence entre les sexes est moindre parmi les Papillons diurnes que parmi les nocturnes; il y a des femelles entre ces derniers qui ont un volume double de celui des mâles. Les Papillons diurnes, mâles & femelles, ont ordinairement les aîles colorées de même, à quelques nuances & quelques taches de plus ou de moins près, mais sans différence bien sensible, tandis qu'il y en a une si grande dans les couleurs des aîles entre les mâles & les femelles de certaines espèces de Papillons de nuit, qu'on ne peut les reconnoître qu'autant qu'on les a vus accouplés. De ces préliminaires l'auteur passe à la manière dont les Papillons s'accouplent; en général, les mâles sont très-ardens, leurs vols, leurs courses, particulièrement parmi les espèces qui ne prennent point de nourriture, n'ont pour but que la rencontre des femelles; celles-ci paroissent peu empressées de jouir, mais elles y sont disposées, sans chercher à en hâter le moment, & elles se prêtent à la pétulance des mâles; les uns se posent à côté de leurs femelles & s'unissent à elles en se couvrant réciproquement de leurs aîles; d'autres se posent sur les femelles qu'ils fécondent. L'indifférence des femelles dont nous avons dit un mot, n'est guère relative qu'aux Papillons de nuit; quant à ceux de jour, c'est dans le milieu de leurs vols que commence leur accouplement, le mâle s'approche de la femelle, celle-ci le fuit; il la poursuit, souvent elle attire plusieurs mâles qui cherchent à s'écarter les uns les autres & qui la

suivent. Lorsque la femelle, après avoir volé long-tems, se pose sur quelqu'objet; si elle redresse en même-tems ses aîles, le mâle n'en peut approcher; mais si elle les tient étendues, il la saisit aussi-tôt. Il arrive souvent qu'une femelle se refuse long-tems, en tenant ses aîles relevées, au mâle qui voltige à l'entour, qui s'écarte quelquefois très-loin, qui attend l'instant de jouir. L'union est aussi-tôt formée, & tous deux redressant leurs aîles, le corps du mâle se trouve embrassé entre celles de la femelle. Si dans cet état les Papillons sont obligés de prendre la fuite, la femelle seule fait agir les aîles & emporte avec elle le mâle, dont les mouvemens, d'après sa situation, ne seroient que gêner ceux de la femelle & leur nuire réciproquement. Quelques autres Papillons se posent sur une tige grêle, le mâle d'un côté, la femelle de l'autre, & s'unissent par l'extrémité de leur corps.

La durée de l'accouplement ou de l'union des sexes varie selon les espèces; il y en a pour lesquelles elle ne s'étend pas au-delà d'une heure, d'autres pour qui elle passe seize heures; les mâles sont en général languissans après avoir joui, mais ils reprennent bientôt des forces & ils peuvent s'accoupler de nouveau; les femelles, au contraire, ne jouissent qu'une fois, parce que le but de la nature, leur fécondation, est rempli par un seul acte. Le Papillon du Ver à soie qui interrompt, reprend son union avec sa femelle, qui peut passer jusqu'à quatre jours dans ces alternatives, est peut-être un exemple particulier, ou au moins un exemple très-rare.

Les parties de la génération des Papillons mâles ne sont pas entièrement conformées de la même manière dans toutes les espèces, mais les différences qu'on rencontre n'empêchent pas qu'on en puisse prendre une idée générale; on l'acquiert en pressant entre le pouce & l'index le corps du Papillon vers les derniers anneaux; on fait sortir un crochet écailleux qui se recourbe en-dessous,

& deux lances latérales auffi écailleufes, hériffées de poils extérieurement & liffes à
l'intérieur : ces trois pièces retirées à l'intérieur dans l'état de repos, font faillie en-
dehors lorfque l'infecte cherche à s'accoupler ; il faifit l'extrémité du ventre de la femelle par le moyen du crochet, & il l'embraffe avec les deux lames latérales ; cette
première opération affure fa pofition & facilite l'introduction de l'organe principal,
il eft logé dans un fourreau charnu à fa bafe,
couvert de cannelures en fpirales, & il confifte dans un filet ou tuyau écailleux.

En preffant le ventre des femelles, on
fait fortir dans plufieurs efpèces deux lames
écailleufes qu'on peut comparer à des pinces
& qui en fervent, comme on le verra par
la fuite. Mais beaucoup d'efpèces manquent
de ces premières parties ; ce qui eft plus conftant, c'eft qu'à l'extrémité du ventre de
toutes les femelles, il y a deux ouvertures,
l'une fupérieure, deftinée à la fortie des œufs,
par laquelle cependant il fort auffi quelques
excrémens, l'autre, inférieure, deftinée à
recevoir l'organe du mâle ; l'intérieur du ventre eft rempli par un prodigieux nombre
d'œufs rangés fur huit files, quatre de chaque
côté, & chacune femblable à une forte de
chapelet ; ce font les branches de l'ovaire,
il confifte lui-même dans un canal qui fe
termine à l'anus, qui eft beaucoup plus large, mais plus court que fes branches. Elles
naiffent par deux rameaux qui fe fubdivifent d'abord en deux parts, & chaque part
en deux rameaux ; fur les côtés de l'ovaire
font placés deux corps ovales, dont l'ufage
n'eft pas bien déterminé ; de l'autre côté de
l'ovaire, & plus près de l'anus, eft un corps
rond creux, auffi gros lui feul que les deux
dont nous venons de parler ; de l'intérieur
de ce corps naiffent deux caneaux, dont
l'un aboutit à l'anus, l'autre, à l'ovaire ;
il eft deftiné à recevoir la femence du mâle,
ce qui lui a fait donner le nom de *matrice*.
Cette précieufe liqueur coule dans l'ovaire
par fon fecond canal, & y féconde les œufs
à leur paffage : ces détails font d'après Malpighi. Enfin l'ovaire communique encore

avec une forte de veffie remplie d'une liqueur dont l'ufage le plus probable eft d'enduire les œufs d'une humeur propre à les
faire adhérer au plan de pofition & à les
conferver, en leur communiquant une faveur
défagréable aux infectes qui les dévoreroient.

De la defcription des organes fexuels,
M. de Réaumur paffe à la forme des œufs ;
la plupart font arrondis, il y en a qui paroiffent des fegmens de fphère, d'autres, de
petits cônes très-écrafés ; plufieurs ont une
forme pyramidale, &c. La couleur des
œufs récemment pondus eft blanche en général ; il y en a cependant de beaucoup de
couleurs & de teintes différentes ; les uns font
d'une nuance uniforme, les autres tachetés ;
communément ils confervent leur couleur
jufqu'à la naiffance de la Chenille ; mais il
y en a qui en changent, & les uns plutôt,
les autres plus tard.

Leur enveloppe eft ferme & folide ; elle
n'eft pas friable & paroît plutôt une corne
mince, ou une fubftance de cette nature,
qu'une coquille femblable à celle des œufs
des oifeaux.

Le choix des endroits fur lefquels les Papillons dépofent leurs œufs, & les précautions
qu'ils prennent, terminent le mémoire. Dans
le choix du lieu, le Papillon a égard à la
nourriture qui conviendra à la jeune Chenille, & dépofe fes œufs fur l'endroit où
elle la trouvera, ou fur la plante même dont
elle fe nourrira, &c. Quand aux précautions
la plupart des Papillons diurnes dépofent
leurs œufs un à un, ifolés, fur les plantes
convenables ; d'autres les dépofent fur une
même feuille près les uns des autres ; ces
œufs tiennent par une humeur vifqueufe
qui les colle & qui eft peu abondante, mais
d'autres œufs font profondément enfoncés
dans une couche de colle plus épaiffe ; tels
font ces œufs connus par les cultivateurs
fous le nom de *bague*, & qui embraffent la
plante autour de laquelle ils font dépofés ;
le dernier exemple par lequel nous finirons
cet extrait, eft celui de la Phalène appellée

la commune. Elle a la faculté d'alonger plus que les autres Papillons femelles l'extrémité de son anus; ses derniers anneaux font couverts de longs poils, les prolongemens de son anus lui permettent de déposer ses œufs à une assez grande distance, & de les arranger près les uns des autres; ils lui permettent encore de replier la partie saillante de l'anus sur les derniers anneaux; elle saisit les poils dont ils sont chargés, avec ces cuelerons dont nous avons parlé, ou ces pinces qui terminent l'anus des femelles; elle arrache ses poils, en forme des couches sur lesquelles elle dépose des œufs dont la viscosité attache & les poils & les œufs au plan de position; cependant la longueur des poils fait qu'ils débordent les œufs & les recouvrent; le nid consiste donc en des plans de poils & d'œufs cachés sous les poils.

3e. Mémoire.

Des Chenilles qui vivent en société, mais seulement pendant une partie de l'année.

Les Chenilles qui vivent en société proviennent d'œufs qui ont été déposés par une même mère à côté les uns des autres, ou réunis en une forte de nid. Comme la ponte s'est faite en un ou peu de jours, les Chenilles naissent à-peu-près dans le même tems; elles se trouvent près les unes des autres, & continuent de vivre en société : mais les unes se métamorphosent même sans se séparer, ne s'écartent qu'en devenant Papillons, tandis que d'autres se quittent & vont chacune de leur côté lorsqu'elles sont parvenues à une certaine grandeur. C'est des habitudes de ces dernières dont l'auteur s'occupe dans ce mémoire. Ces différentes familles, produites d'une seule mère, sont quelquefois de six à sept cents, & communément de deux à trois cents.

La Chenille la plus ordinaire dans nos campagnes, que cette raison a fait nommer la commune, qui cause le plus de perte par le tort qu'elle fait aux arbres & aux fruits,

est du nombre de celles qui ne passent qu'une partie de leur vie en société. Elle naît d'un Papillon blanc qui arrange ses œufs en une espèce de nid, formé de poils qu'il s'arrache de ses derniers anneaux. Les femelles de cette espèce font leur ponte à-peu-près chacune en quarante-huit heures, & toutes pondent dans l'intervalle d'environ trois semaines. Les jeunes Chenilles naissent environ quinze jours après la ponte, qui a lieu à la fin de juin ou au commencement de juillet; c'est donc du quinze de ce dernier mois au huit d'août à-peu-près que naissent toutes les Chenilles de cette espèce.

Le nid où le tas d'œufs a été posé sur une feuille; les Chenilles en naissant trouvent des alimens sur cette feuille même, elles en rongent le dessus & dévorent sa surface supérieure à-peu-près dans la demie-épaisseur de la feuille, sans toucher aux nervures. La première née commence à manger, la seconde se place à côté de la première, & les suivantes forment une file; toutes sont tournées du même côté, & avancent en mangeant. Un second rang se forme à côté du premier quand celui-ci occupe toute la largeur de feuille, un troisième succède au second, & bientôt la feuille est entièrement couverte. La première feuille étant épuisée, les jeunes Chenilles s'arrangent dans le même ordre sur une seconde; mais leur nombre, qui est de trois à quatre cents, les oblige de se ranger sur plusieurs feuilles voisines les unes des autres. A peine les Chenilles qui sont nées & qui ont mangé les premières se sont-elles rassasiées, qu'elles se mettent à filer; d'autres, & toutes successivement, les imitent bientôt : il résulte de ce travail commun un tissu, une voile étendue au-dessus des Chenilles & des feuilles qu'elles ont rongées. Ce nid met la famille à couvert, quelques jours après elles le quittent, se rendent à l'extrémité d'une branche, y couvrent plusieurs feuilles de fils de soie, les approchent, les courbent & les contiennent par ces fils, puis elles enveloppent d'autres fils un espace beaucoup plus grand; le tout est une habitation, un nid, si l'on veut employer cette expression, qui leur servira de domicile pour l'automne & l'hiver. De jour en jour elles l'agrandissent pendant un certain tems, en l'enveloppant de nouvelles couches de soie; cette construction est cause que le nid est composé à l'intérieur de cellules & de cloisons. Les pommiers & les pruniers sont dans les jardins les arbres le plus communément & le plus abondamment couverts de ces nids; ce sont, dans les bois, les chênes, les ormes & les aube-épines. Les jeunes Chenilles occasionnent en automne le dessèchement d'un grand nombre de feuilles dont elles ont rongé le paranchime supérieur, & souvent on attribue à la chaleur, à la sécheresse, ce qui n'est que l'effet de leurs dégâts. Elles se retirent dans les nids lorsqu'il fait de grosses pluies, pendant l'ardeur la plus vive du soleil, & une partie de la nuit & lorsqu'elles ont à changer de peau; mais lorsqu'à la fin du mois de septembre ou au commencement d'octobre, les froids commencent à se faire sentir, toutes se retirent dans le nid pour y passer l'hiver. Elles y restent engourdies & comme si elles étoient privées de la vie jusqu'à la fin de mars dans notre climat, ou au commencement d'avril. La chaleur plus hâtive ou plus retardée décide de leur réveil ou de leur première sortie du nid; quelquefois elle n'a lieu qu'après que les feuilles ont déjà commencé à pousser, quelquefois avant; en sorte qu'une chaleur foible & continuée peut produire le développement des feuilles, sans mettre les Chenilles en action, tandis qu'une chaleur vive, mais passagère, les anime, sans suffire au développement de la végétation. Lorsque les Chenilles sont ranimées, elles sortent de leur nid, le couvrent, cherchent ensuite de la nourriture aux environs; mais si elles n'en trouvent pas, elles ne savent pas en aller chercher au loin, elles reviennent s'arranger sur leur nid, & meurent d'inanition en peu de jours. Il peut donc arriver que lorsque le froid a duré & qu'il y succède une chaleur passagère assez vive pour animer les Chenilles avant que les feuilles aient poussé, il

périsse un grand nombre de Chenilles, pendant que toutes sont sauvées, lorsque la température a également développé la végétation & la vie active des Chenilles. A leur sortie du nid, au printems, elles sont encore très-petites, elles n'ont ni mangé ni accru pendant l'hiver; aussi n'attaquent-elles le premier & le second jours que les plus jeunes feuilles, mais elles les rongent dans toute leur épaisseur, en évitant seulement les nervures; c'est alors que commencent leurs dégâts les plus sensibles; elles croissent promptement & consomment beaucoup. Après s'être rassasiées, elles reviennent s'arranger sur leur nid, & restent à l'air s'il est doux; mais s'il est froid ou qu'il tombe une forte pluie, elles rentrent; cependant, l'entrée du nid, les cloisons qu'il contient deviennent trop étroites, les Chenilles y remédient par de nouveaux plans de soie dont elles enveloppent leur ancien nid, & entre lesquels elles se mettent à l'abri. Mais dans les premiers jours du mois de mai elles commencent à se séparer, à ne plus revenir au nid commun, à vivre seules ou par petites bandes isolées; selon qu'elles se trouvent alors, elles se filent un nid particulier ou commun pour le nombre qu'elles sont, & elles subissent leur dernier changement de peau sous cet abri. Il n'est pas aussi sûr que le nid sous lequel elles ont passé l'hiver. Aussi s'il survient, vers le 10 de mai, tems de leur dernière mue, des pluies froides & abondantes, il en périt un grand nombre; ces pluies, dont on se plaint à d'autres égards, sont donc, relativement à celui-ci, très-utiles. Elles firent un si grand bien en 1732, que les Chenilles, qui, au commencement de mai avoient donné, par leur nombre les plus vives alarmes, ne furent jamais moins abondantes qu'à la fin de ce mois, & qu'elles le furent peu les deux années suivantes.

M. de Réaumur observe que le seul moyen en notre pouvoir de nous opposer aux dégâts de la Chenille commune est d'écheniller, mais que ce moyen seroit pratiqué avec bien plus d'activité, s'il en résultoit un intérêt immédiat & attaché à l'action même d'écheniller ; il propose de tenter de carder les nids, & de faire, de la soie qui les compose, quelqu'usage qui, par le profit qu'on y trouveroit, engage à ramasser les nids. Il remarque ensuite que les Chardonnerets ouvrent les nids pendant l'hiver, & qu'ils détruisent une partie des Chenilles. Il eût pu faire la même remarque à l'égard des Mésanges. Il fait ensuite la réflexion que les Chenilles, à l'abri des pluies, de la neige, dans leur nid, y sont peu garanties du froid, mais que le plus rigoureux ne leur porte pas d'atteinte ; il le prouve par l'expérience des Chenilles plongées dans un refroidissement de dix-neuf degrés au-dessous de la glace, plus de quatre au-dessous du froid de 1709, qui ne souffrirent pas de cette épreuve.

Les Chenilles qui se font séparées au mois de mai, vivent solitaires jusqu'à la fin du mois de juin, & commencent alors à filer une coque pour se métamorphoser ; elle est d'un tissu lâche, faite d'une soie grossière, d'un brun sale, & la Chenille l'attache souvent à une feuille ou une branche, & le Papillon naît au bout de dix-huit à vingt jours. Il dépose ses œufs de la manière que nous avons exposé. M. de Réaumur propose d'enlever les amas d'œufs ; ce seroit une opération facile, au moins dans les jardins, & qui auroit l'avantage de prévenir les dégâts que causent les Chenilles en automne ; il propose aussi de ramasser les coques & de les carder. Il passe ensuite à l'histoire des Chenilles qui vivent sur le pin, qui, comme les précédentes, passent une partie de leur vie en société, dont les nids sont plus dignes d'attention par la quantité & la qualité de leur soie. Je ne le suivrai pas dans les détails relatifs à ces Chenilles ; ils ont beaucoup de rapports avec l'histoire de la commune. Le nom de celle-ci, le tort qu'elle nous fait, m'ont engagé à la faire connoître d'une manière particulière, & à donner à son histoire une étendue plus grande que celle que les limites, que je ne dois pas passer, me prescrivent pour la plupart des autres insectes.

Le troisième mémoire est terminé par l'histoire de la Chenille appellée *Livrée*, de l'arrangement de ses couleurs ; c'est cette Chenille dont le Papillon dépose ses œufs autour d'une branche en forme de bague. Les Chenilles, à mesure qu'elles sortent de l'œuf, s'arrangent sur la bague, & quelques heures après elles rongent les feuilles voisines, puis elles assujettissent en commun par des fils de soie des feuilles qu'elles dévorent, & de ces feuilles elles passent à d'autres qu'elles assujettissent de même ; elles sont du nombre de celles qui passent une partie de leur vie en société, ainsi qu'une autre espèce qui vit dans les prairies, & y construit, pour s'abriter, un nid de soie blanchâtre attaché à des touffes d'herbe ; les Chenilles de cette espèce passent l'hiver dans ces nids, & en sortent dès la fin de février ou le commencement de mars.

4e. MÉMOIRE.

Des Chenilles qui vivent en société pendant toute leur vie.

M. de Réaumur commence ce mémoire par l'histoire d'une Chenille à seize jambes qui vit sur le chêne, qui forme une république ou une famille de six, sept, & même huit cents individus. Les Chenilles ne se quittent jamais, & deviennent même chrysalides à côté les unes des autres ; mais l'instant de la séparation est celui de la naissance des Papillons. Les jeunes Chenilles ne font qu'étendre des toiles sous lesquelles elles se mettent à l'abri & elles se cachent pour changer de peau ; elles n'ont point de demeure fixe, elles filent tantôt à une place, tantôt à une autre ; mais parvenues à-peu près au tiers de leur grandeur, c'est-à-dire, vers le commencement de juin, elles se construisent un nid, qu'elles n'abandonnent qu'en devenant Papillons. Ce nid est le plus souvent attaché au tronc d'un chêne, quelquefois à une des principales branches ; il est posé toujours affez bas & auprès de terre, ou à fept ou huit pieds de hauteur, il eft vafte, n'a pas toujours la même forme ; tantôt il eft oblong, tantôt il approche d'être fphérique ; il a quelquefois dix-huit à vingt pouces de longueur fur cinq à fix de large & quatre de profondeur, il reffemble à un nœud de l'arbre même, il eft formé par plufieurs couches de foie appliquées les unes fur les autres, fans cloifon à l'intérieur, en forte que ce n'eft qu'une forte de poche. Les Chenilles reftent dans ce nid pendant que le foleil eft fur l'horizon, & elles n'en fortent guère que le foir. Alors il y a une Chenille qui fe met en marche, une feconde la fuit, une troifième, &c. & toutes s'avancent de file, tant que la première marche ; car les autres s'arrêtent en même-tems que celle qui eft en tête. Cette marche a fait nommer par M. de Réaumur ces Chenilles *proceffionnaires* ou *évolutionnaires*. Lorfque les Chenilles qui marchent les premières ont formé une file d'une certaine longueur, celles qui fuivent s'arrangent deux à deux & forment une file fur deux rangs, fuivie d'une file fur trois, qui l'eft d'une file fur quatre, &c. Arrivées au lieu où elles veulent manger, la première Chenille s'arrête, les autres doublent les rangs & s'arrangent à côté les unes des autres.

Lorfqu'elles font raffafiées, une d'entre elles recommence la marche, & toutes la fuivent en files pour retourner & rentrer au nid ; le tems de la métamorphofe arrivé, elles s'y filent à côté les unes des autres des coques qui forment toutes enfemble une efpèce de gâteau ; elles fortifient ces coques des poils dont elles étoient couvertes, & elles reftent en chryfalides environ un mois. Notre auteur avertit les obfervateurs qui peuvent examiner les nids, que ce n'eft qu'avec précaution qu'il convient de les ouvrir, fur-tout lorfque les Chenilles ont fait leur coque, parce que les poils dont elles étoient couvertes font mêlés à ces nids, que ces poils pénètrent les pores de la peau, & y caufent de vives cuif-

fons ; il s'en détache que le vent porte au vifage & aux yeux, qui y caufent de même beaucoup d'incommodité. Envain emploiet-on les lotions de toutes efpèces ; aucune ne foulage ; le tems feul guérit le mal qui dure, felon la quantité des poils qui ont pénétré, deux, trois, & jufqu'à cinq jours. M. de Réaumur amortit cependant les cuiffons qu'il fouffroit en fe frottant avec du perfil ; mais il n'a fait cette épreuve qu'une fois : il prend occafion du fait précédent pour avertir qu'il n'y a que les Chenilles velues qui caufent des démangeaifons, que cet effet n'a pas lieu fi elles n'ont été froiffées ; que c'eft lorfqu'elles font prêtes de muer, tems où les poils ont moins d'adhérence, qu'on a plus à en craindre, & qu'il y en a quelques-unes de celles qui vivent en fociété qui, dans les tems voifins de leur mue, font comme entourées d'une atmofphère de poils que le vent emporte, qui pénètre comme autant de dards dans les pores, raifon pour laquelle on éprouve des cuiffons quand on a paffé près des familles de ces Chenilles.

L'auteur termine ce mémoire par l'hiftoire d'une Chenille qui paffe fa vie & le tems de chryfalide en fociété ; elle vit fur les pommiers, elle eft petite, rafe, d'un blanc lavé de jaune, tachetée de points noirs, elle a feize jambes. Les Chenilles de cette efpèce fe conftruifent plufieurs nids dans leur vie, elles en changent fouvent, ils leur fervent de retraite & de lieu où elles prennent leur pâture, car elles ne mangent que dans leur nid ; elles ne rongent jamais que le parenchime des feuilles, leur nombre eft d'un à deux cents par famille, leur nid confifte en des toiles femblables à celles des Araignées, dont elles entourent un certain nombre de feuilles avant de les ronger. Elles conftruifent huit à dix nids différens dans leur vie, filent chacune une coque particulière dans le dernier, & y fubiffent leur changement.

5ᵉ. MÉMOIRE.

De la mécanique avec laquelle diverses espèces de Chenilles plient, roulent & lient des feuilles de plantes & d'arbres, & sur-tout celles de chêne.

Plusieurs espèces de Chenilles vivent seule à seule sur la même plante ou le même arbre, dans des sortes de coques qu'elles se forment en roulant, les unes une feuille en tout ou en partie, d'autres en la pliant seulement, certaines en rapprochant plusieurs feuilles les unes des autres. Tous ces ouvrages, au centre desquels ces insectes vivent isolés, sont exécutés par le moyen de fils de soie qui retiennent les feuilles dans la position convenable aux Chenilles. Le chêne est de tous nos arbres celui sur lequel on voit le plus de feuilles roulées par des Chenilles. L'auteur suit & décrit la mécanique employée pour ce travail. On ne peut, par un extrait, en donner une juste idée, on peut seulement conclure que l'opération consiste à étendre, d'un point à un autre, des fils de soie, à placer à différentes distances, des couches de ces fils : on conçoit que ce sont autant de liens qui retiennent les feuilles; mais comment les Chenilles les recourbent-elles? c'est qu'il est beaucoup plus difficile de se représenter, & ce qu'on ne peut comprendre ou qu'en voyant les Chenilles travailler ou en suivant, comme dans l'ouvrage de l'auteur, auquel je suis forcé de renvoyer, des planches qui représentent les différentes manœuvres des Chenilles. Heureusement cet objet n'est que de pure curiosité. J'ajouterai que les Chenilles changent plusieurs fois d'habitation en roulant, pliant ou rapprochant de nouvelles feuilles, & qu'outre celles qui roulent les feuilles du chêne, à l'égard desquelles M. de Réaumur s'est plus étendu, il parle encore de beaucoup d'autres Chenilles remarquables sous le même point de vue, & dont il décrit les opérations avec les détails qui lui sont ordinaires. Toutes ces Chenilles sont petites en général, elles subissent leur métamor-

phose au centre de leur dernière habitation & deviennent des Papillons peu apparens.

6ᵉ. MÉMOIRE.

De quelques espèces de Chenilles remarquables, soit par leurs attitudes, soit par leurs formes, soit par la figure de quelqu'une de leurs parties.

Les premières Chenilles dont il est fait mention dans ce mémoire sont celles qui, d'après l'attitude qui leur est ordinaire, ont été comparées aux *Sphinx*, & auxquels on en a donné le nom; ce sont des Chenilles rases, qui, dans les tems de repos embrassent avec leurs pieds membraneux une tige de la plante dont elles se nourrissent, & qui tiennent le reste du corps, ou sa partie antérieure, relevée & un peu recourbée vers la tête, tandis que le reste du corps est horizontal; telle est une Chenille du troëne. Ces Chenilles ont une corne sur le dernier anneau, elles en changent en même-tems que de peau, ou plutôt de l'envelope de la corne qui est contenue sous les peaux dont la Chenille doit changer comme dans autant de gaînes enfermées les unes dans les autres.

Il est question ensuite d'une Chenille remarquable par la structure de ses deux dernières jambes écailleuses qui s'élargissent à leur bout, sont terminées par deux crochets, & ressemblent, en quelque sorte, à un poing fermé; puis d'une autre Chenille à demi-velue, dont les poils sont, les uns semblables à des cheveux très-fins, les autres terminés en fer de lance, plusieurs par une palette portée sur un long pédicule. Une troisième Chenille se fait remarquer par son attitude bizarre dans les tems de repos; les deux tiers de son corps sont parallèles à l'horizon, tandis que le tiers antérieur est relevé & replié en-arrière. Sur l'osier vit une Chenille qui n'a pas, comme les précédentes, une position constante, mais qui en varie presque continuellement, même en mangeant,

mangeant, qui tantôt relève sa tête, tantôt sa queue, quelquefois le milieu du corps, &c.

M. de Réaumur s'occupe ensuite de Chenilles qui portent à leur derrière une espèce de queue, les unes simple, les autres fourchue. La plupart de ces Chenilles sont encore remarquables par leurs attitudes; telle est une Chenille du saule, qui porte une queue fourchue, qu'elle relève & baisse à volonté. Cette queue est formée par deux tuyaux qui contiennent une corne que la Chenille fait sortir & rentrer à son gré, & qu'elle montre sur-tout lorsqu'on l'inquiète. Il est probable que cette corne sert à la Chenille à chasser les insectes qui l'incommodent, c'est un usage auquel l'auteur l'a vue l'employer. Cette Chenille mérite encore d'être remarquée par la conformation de sa coque. Elle la compose de bois tendre qu'elle réduit en poussière, dont elle lie les fragmens avec de la soie, & qu'elle entoure de grains de terre liés par la même substance; cette coque est plus dure que le bois de saule même dont elle est formée. M. de Réaumur auroit pu rapporter à ce mémoire la Chenille du fenouil, qui fait sortir & rentrer à son gré d'entre le premier & le second anneau de son corps en dessus, une corne bifurquée.

7e. MÉMOIRE.

De quelques Papillons singuliers, savoir du Papillon paquet de feuilles sèches, du Papillon à tête de mort, & des petits Papillons de l'éclair & du chou.

Le Papillon paquet de feuilles sèches, ainsi nommé de sa ressemblance avec l'objet auquel on le compare dans la dénomination qu'on lui donne, est fort grand, d'un brun rougeâtre ou couleur de feuilles sèches. Ses ailes supérieures, qu'il porte en toît, imitent, par leurs nervures & leurs contours, les nervures & les échancrures qu'on remarque sur la plupart des feuilles; sa tête est terminée par deux barbes qui se réunissent

& qui ont l'air d'une sorte de bec; ces barbes & les antennes couchées sur les côtés du corcelet, ressemblent au pédicule qui soutiennent les feuilles. Ce Papillon reste immobile pendant presque tout le jour; la Chenille dont il provient file une coque brune mêlée de poils & d'une poussière blanche, ne prend point de précautions pour la cacher, & la construit souvent au pied d'un arbre. C'est dans le mois de juillet qu'on trouve ce Papillon. Sa Chenille, une des plus grandes de nos pays, a jusqu'à quatre pouces de longueur; elle vit sur le poirier & sur le pêcher; elle est à demi velue, a seize jambes, & est en-dessus d'un gris de souris, en-dessous d'un brun sombre; son pénultième anneau supporte une corne charnue fort courte.

Le Papillon *tête de mort*, ainsi appellé parce que l'on voit sur son corcelet la représentation assez passablement figurée d'une tête de mort, est une Phalène de la première classe, suivant la méthode de notre auteur; c'est pour la grandeur & la masse du corps, le plus grand de nos Papillons : ses couleurs sont mêlées de brun noir & de brun couleur de feuille-morte. Ce Papillon, remarquable par la figure représentée sur son corcelet, l'est encore par un cri très-fort, aigu, semblable à une sorte de grognement qu'il fait souvent entendre. Ces deux causes réunies ont souvent suffi pour que ce Papillon ait répandu l'effroi, quoique la figure représentée sur le corcelet ne soit due qu'à un bizarre arrangement de poils noirs & de poils jaunâtres & que le cri soit produit par le frottement de la trompe contre les lames qui en accompagnent l'origine.

On le trouve en des pays très-différens. Albin l'a vu en Angleterre, M. Duhamel l'a trouvé à quelques lieues de Paris, M. de Réaumur l'avoit reçu d'Egypte; il est surtout commun en Bretagne, & du tems où M. de Réaumur écrivoit, l'abondance des Papillons tête de mort étoit regardée dans cette province comme un signe funeste de mortalité. J'ajouterai aux remarques sur les lieux où l'on trouve ce Papillon, que je l'ai reçu de la Chine, de l'Allemagne, qu'il étoit en abondance dans une boîte d'insectes ramassés, dans diverses contrées de l'Inde, par le chirurgien major de l'escadre de M. le Comte de Suffren. Il ne paroît donc pas qu'il y ait d'espèce de Papillons en général plus répandue.

La Chenille, qui est très belle & variée de verd, de jaune, &c. vit de préférence sur le jasmin. On la trouvoit rarement aux environs de Paris anciennement, elle n'y est pas rare depuis quelques années; j'en ai trouvé qui vivoient des feuilles de la pomme de terre. Est-ce parce que cette plante est une nourriture agréable pour ces Chenilles, qu'elles sont aujourd'hui plus communes dans nos campagnes?

Du Papillon tête de mort, un des plus grands de nos contrées, l'auteur passe aux Papillons qu'il appelle de l'éclair & du chou, & qui à peine de la grosseur de la tête d'une épingle, sont les plus petits qu'il ait connus. C'est l'opposition de grandeur qui le détermine à en parler en cet endroit. Ces Papillons sont blancs, mais pour les reconnoître pour ce qu'ils sont & détailler leurs parties, il faut avoir recours au microscope; on les reconnoît alors pour de véritables Phalènes. Il s'offre cependant une différence dans la trompe, qui est composée d'une gaîne & d'un stilet plus court. Aussi le Papillon ne cherche t il pas les fleurs, pour en pomper les sucs, mais il se tient en-dessous des feuilles de l'éclair, sur lesquelles sur-tout il est abondant, car on le trouve aussi, mais en moins grand nombre, sous les feuilles de chou, & il enfonce sa trompe dans le parenchime des feuilles. M. de Réaumur ayant isolé de ces Papillons, est parvenu à voir leurs œufs, à reconnoître & décrire les Chenilles qui en naissent. La ponte n'est au plus que de dix à douze œufs par individu; exception qui auroit dû frapper notre auteur, puisqu'en général les animaux sont d'autant plus féconds qu'ils sont plus petits. Mais il n'y a pas de loi absolument

invariable. Il faut lire dans le mémoire même la description de la Chenille, de la Chrysalide, du Papillon, de ses œufs; cependant M. de Réaumur observe que le défaut de fécondité individuelle est compensé par la multiplicité des générations qui se succèdent; en sorte que d'après les calculs qu'il fait, un seul Papillon de l'éclair peut avoir en une année une postérité de deux cents mille individus, quoique le premier Papillon n'ait produit que dix œufs, tandis que le Papillon qui n'a par an qu'une génération, est borné pour la postérité d'une année aux cinq à six cents individus nés des œufs qu'il a déposés. Ce trait est un des plus frappans entre les vues qui semblent avoir déterminé la nature & les effets qui ont lieu. Il faut ajouter que le Papillon & la Chenille se trouvent sur la plante qui les nourrit pendant toute l'année, même pendant le plus fort de l'hiver.

8e. MÉMOIRE.

Des arpenteuses à douze jambes, ou des Chenilles qui ont fait de grands désordres en 1735 dans les légumes du Royaume.

Il y a peu d'espèces d'Arpenteuses à douze jambes dans nos jardins & nos campagnes. Ces Chenilles semblent différer souvent par leurs couleurs, mais elles deviennent des Papillons si semblables, que M. de Réaumur doute qu'il y ait plus d'une espèce, & pense que les Chenilles diversement colorées ne sont que des variétés. Ces Chenilles sont de médiocre grandeur, on les trouve ordinairement sur le chou, la chicorée & la jacobée; elles ne sont pas communément en grand nombre, & l'on en rencontre quelques-unes au milieu même de l'hiver. Cependant à la fin de juin & jusqu'à celle de juillet 1735, il parut un grand nombre de ces Chenilles, semblables à celles qu'on voit ordinairement & qui sont toutes vertes; il en parut encore beaucoup plus, qui, avec le même nombre de jambes, différoient par un fond de couleur plus brune, & par quatre raies longitudinales de couleur citron. Ces

Chenilles étoient fi nombreufes aux environs de Paris & dans plufieurs provinces qu'elles dévaftèrent les potagers & les marais ; elles attaquèrent d'abord les laitues, enfuite les pois, les groffes fèves, les haricots, & n'épargnèrent, après avoir détruit ces premières plantes, aucune de celles de nos jardins.

Le peuple imagina que plufieurs perfonnes étoient mortes d'avoir mangé de ces Chenilles reftées parmi des plantes négligemment épluchées. Ce préjugé & la difette réelle des légumes, furent caufe que les marchés furent dépourvus pendant plufieurs femaines de légumes herbacées. Ces efpèces de Chenilles fe nourriffent en outre d'un grand nombre d'autres plantes, & de plantes très-différentes ; elles occafionnèrent en particulier une perte confidérable dans les chanvres. Ainfi la déprédation de ces Chenilles fut générale. Les bleds furent les feules plantes qu'elles épargnèrent. Elles filent des coques minces qu'elles attachent aux tiges des plantes, & elles roulent autour quelques feuilles ; deux jours après elles font en chryfalide, & au bout de feize à dix-fept jours en Papillon. C'eft une Phalène brune nuée de rougeâtre, de jaunâtre & de gris, avec une tache couleur d'or pâle fur les aîles qui approche de la figure de l'Y. Quoique ce Papillon foit une Phalène, il vole continuellement en plein jour. M. de Réaumur recherche enfuite la caufe de la multiplicité extraordinaire de ces Chenilles en 1735, la plus probable eft que l'hiver avoit été très-peu rigoureux, que comme il y a de ces Chenilles dans les hivers même ordinaires, elles avoient crû plus promptement, s'étoient métamorphofées plus tôt, que les générations avoient été devancées au commencement du printems & multipliées plus que de coutume à la fin de cette faifon. Notre auteur s'efforce de faire voir l'utilité qu'il y auroit de détruire en Août les Papillons qui naiffent de ces Chenilles. Il prouve qu'en tuant alors deux de ces Papillons, ce feroit quatre-vingt mille Chenilles de moins pour le mois de juin fuivant. Mais malgré ce grand avantage il ne perfuadera pas cette forte de chaffe aux jardiniers & aux agriculteurs : elle n'eft propofable au plus qu'à quelques particuliers qui, s'y livrant feuls, ne produiront pas un grand effet. L'auteur finit par rechercher fi les Chenilles ont pu caufer les maladies qu'on leur a attribuées, & il penfe que non ; mais il ne donne pas une preuve démonftrative & convaincante que des Chenilles, ou certaines Chenilles, qu'on auroit mangées ne puiffent incommoder, quoiqu'il foit bien probable, mais non pas prouvé, qu'il n'en réfulteroit pas de mal.

9ᵉ. MEMOIRE.

Des Arpenteufes à dix jambes, & de quelle manière les Chenilles favent fe defcendre & fe remonter par le moyen d'un fil.

La claffe des Arpenteufes à dix jambes eft fi nombreufe en efpèces, que pour faire connoître toutes celles que notre auteur a obfervées, quoiqu'il ne les ait pas toutes vues affurément, il faudroit un volume entier. Il fe borne donc à donner des idées générales des variétés que cette claffe préfente, & à rapporter ce qui eft particulier à quelques efpèces.

Les Arpenteufes font petites en général, quelques-unes, cependant, ont au-delà d'un pouce, longueur que M. de Réaumur affigne pour caractère des Chenilles de grandeur médiocre. Ces Chenilles font auffi plus effilées, & elles ont, à proportion de leur groffeur, le corps plus long que les autres. Il y en a qui s'éloignent moins par ces caractères de la forme ordinaire, & c'eft de celles-là dont notre auteur compofe le premier genre des Arpenteufes à dix jambes. Car il divife cette claffe en claffes fecondaires & en genres. Je me difpenferai de le fuivre dans ces détails qui deviendroient trop longs. La plupart des Arpenteufes du premier genre appliquent deux feuilles l'une contre l'autre par le moyen de fils de foie, & rongent ces feuilles qui servent en même tems à les cacher.

M. de Réaumur distingue dans les Arpenteuses du second genre une espèce remarquable par le port des ailes du Papillon qu'elle produit; c'est une Phalène à antennes en barbe, qui, contre la coutume des Papillons de nuit, porte ses ailes relevées à la manière des Papillons diurnes. Cette Chenille vit sur le genet; elle est d'un vert brun.

M. de Réaumur comprend dans le troisième genre les Arpenteuses qu'il nomme *Arpenteuses en bâton*, expression qui donne une idée fort juste d'une manière d'être qui leur est très ordinaire, & dans laquelle leur corps est aussi roide qu'un bâton; elles ont le plus souvent une couleur brune; ce qui achève de les faire prendre pour un véritable morceau de bois; il entre ensuite dans les détails nombreux des variétés de grandeur, de formes des différentes parties &c. qui peuvent servir à distinguer les diverses espèces d'Arpenteuses.

Les Chenilles de cette nombreuse classe entrent la plupart en terre, où elles deviennent chrysalides dans une coque qu'elles se sont préparée. Quelques-unes cependant filent une coque entre des feuilles qu'elles ont pliées, roulées, ou simplement rassemblées; d'autres tendent seulement d'une feuille à une autre des fils qui suffisent pour retenir la chrysalide; enfin il y en a qui se suspendent pour se métamorphoser. D'une Chenille de cette espèce nâquit un Papillon nocturne; observation importante, en ce qu'elle détruit une loi qu'on avoit cru sans exception, savoir que toutes les Chenilles qui se suspendent se changent en Papillons de jour; mais les exceptions à cette loi sont rares. Ce qui est fort ordinaire c'est que les femelles nées d'Arpenteuses sont dépourvues d'aîles, ce qui les rend très-différentes de leurs mâles.

Lorsqu'on inquiète une Chenille arpenteuse, ou qu'on agite seulement les feuilles sur lesquelles elle est posée, elle cherche à éviter le danger en se laissant descendre à la faveur d'un fil de soie qu'elle alonge à son gré, tantôt plus promptement, tantôt plus lentement, & souvent à plusieurs reprises; elle remonte aussi par le moyen du même fil, en le pinçant entre ses mâchoires, en attirant son corps, & le recourbant vers sa tête & en renouvellant cet exercice.

10e. MEMOIRE.

Des Chenilles aquatiques.

M. de Réaumur pense qu'on peut trouver dans les eaux tous, ou presque tous les genres d'insectes qu'on voit sur la terre. Quoiqu'il soit certain qu'on y en trouve beaucoup, cette proposition nous paroît trop étendue. L'auteur, pour la confirmer, ajoute que les insectes aquatiques sont plus difficiles à trouver que les terrestres, & que, quoiqu'il n'ait observé que deux Chenilles d'eau dont il donne l'histoire, il ne s'ensuit pas qu'il n'y en ait un beaucoup plus grand nombre; que l'histoire des deux espèces dont il parle est au moins une preuve qu'il y a des Chenilles qui vivent dans l'eau. La première est une Teigne, c'est-à-dire, une Chenille qui vit à l'intérieur d'un fourreau qu'elle se construit; elle vit sur le *potamogeton*, plante aquatique dont les feuilles, aussi larges & aussi épaisses que celles de l'oranger, s'étendent sur la surface de l'eau; elle coupe des pièces d'une feuille, dont elle se forme un fourreau, composé de deux parties roulées l'une sur l'autre; elle a seize jambes, & elle est de la première classe, blanche & rase. Quoique cette Chenille vive dans l'eau, elle ne respire pas cet élément à la manière des poissons, mais l'air, comme les insectes terrestres; elle est même toujours à sec dans sa coque plongée dans l'eau; la Chenille alonge sa tête hors du fourreau & de l'eau, la retire sans que l'eau s'introduise dans le fourreau que le corps remplit &

bouche à fon extrémités. Mais comme la Chenille change de coque & qu'elle en conftruit une nouvelle à mefure qu'elle grandit, la difficulté eft de conftruire une nouvelle coque qui ne contienne pas d'eau; il faut lire, dans le mémoire même, les détails de cette opération.

Toutes les fois que la Chenille veut manger, elle alonge fa tête hors du fourreau, & elle ne ronge que le parenchime d'un des côtés de la feuille; elle fe porte d'une place à l'autre en alongeant fes premiers anneaux, en fe cramponnant & en attirant fa coque retenue par les pattes membranéufes; lorfqu'elle eft prête de fe métamorphofer elle tapiffe de foie l'intérieur de fa coque, & après avoir paffé par l'état de chryfalide, elle devient une Phalène à antennes à filets grenés, tachetée de brun feuille morte fur un fond gris de perle, plus colorée en-deffous qu'en deffus : cette Phalène dépofe fes œufs fur les feuilles du *potamogeton*. Cette plante nourrit encore une feconde efpèce de Chenille de la grandeur à-peu-près de la précédente, mais d'un brun verdâtre. C'eft auffi une Teigne, mais dont le fourreau eft beaucoup plus groffièrement travaillé. La *lentille d'eau*, cette plante fi commune dans les eaux ftagnantes, nourrit auffi une Chenille; elle eft d'un brun olive, avec quelques teintes de biftre, elle a feize jambes, elle s'enferme dans une coque formée de plufieurs feuilles rapprochées & liées enfemble; elle devient une Phalène à antennes à filets grenés.

11e. MÉMOIRE.

Des différentes efpèces d'ennemis des Chenilles.

Les Chenilles ont un grand nombre d'ennemis, dont les uns les dévorent toutes entières, les autres les dépècent ou les rongent par parties, plufieurs ne font que les piquer & fucer leurs humeurs; un grand nombre dépofe à leur intérieur des œufs dont naiffent des larves qui les dévorent. Les infectes font de ces différens ennemis ceux à l'hiftoire defquels M. de Réaumur s'arrête particulièrement dans ce mémoire. Il obferve d'abord que les Chenilles trouvent un ennemi dans leur propre efpèce. C'eft une Chenille rafe qui vit fur le chêne, elle eft de la première claffe, d'un brun noir, rayée de trois bandes d'un beau jaune fur le dos, & d'une pareille raie de chaque côté. Cette Chenille faifit celle de fes femblables qui fe trouve à fa portée, la bleffe avec les mâchoires vers les premiers anneaux, fuce enfuite fes humeurs & dévore fes parties internes; elle laiffe la peau, les dents & les mâchoires. Vingt Chenilles de cette efpèce enfermées dans un poudrier où l'on renouvelloit les feuilles de chêne au befoin, furent dans peu réduites à une feule qui dévora la dix-neuvième. Cet exemple eft encore unique dans fon genre. Mais fi ce n'eft pas dans leur claffe que les Chenilles rencontrent de nombreux ennemis, c'eft dans celle des autres infectes.

Les uns entament la peau & fucent la Chenille, les autres pénètrent à fon intérieur & le dévorent. Ce font des vers de différens infectes. On les peut, fuivant notre auteur, divifer en folitaires & en Vers qui vivent en fociété. Les premiers ne fe trouvent qu'au nombre d'un ou deux à l'intérieur d'une Chenille, les feconds y font en grand nombre; les uns & les autres ou fe métamorphofent fous la peau de la Chenille, ou la percent pour fortir avant leur changement, ou ils ne fortent que de la chryfalide : plufieurs fe filent des coques à côté les uns des autres, foit à l'intérieur, foit au dehors de la Chenille. Ces Vers font produits par des œufs que les femelles de leur efpèce, pourvues d'une tarrière, dépofent deffous la peau des Chenilles en la piquant. Ils fe nourriffent principalement du corps graiffeux qui occupe la plus grande capacité du corps de la Chenille; ils épargnent les organes néceffaires à fon exiftence & à fon entretient; ainfi ils croiffent à fes dépens fans lui caufer d'abord la mort, ils périroient eux-mêmes; mais le corps graiffeux eft deftiné au développement des parties du Papillon contenu sous l'enveloppe de Chenille, & ce corps étant confumé par les Vers, le Papillon périt, quoique les Chenilles aient parcouru la durée de leur première forme. Cependant quelques vers ménagent moins les organes néceſſaires à la Chenille, finiſſent par les attaquer & la tuent; mais ceux-ci ſont alors à leur terme, & n'ont plus beſoin de la Chenille, au lieu que les autres n'ont atteint leur grandeur que quand elle eſt ellemême à ſon terme.

Il y a des chryſalides qui ſont piquées & dévorées par des Vers nés à l'intérieur de la même manière qu'il vient d'être expoſé par rapport aux Chenilles; je ne ſuivrai pas notre auteur dans la deſcription qu'il fait de pluſieurs eſpèces de ces Vers, non plus que je ne l'ai pas ſuivi dans celle des différens Vers qui vivent aux dépens des Chenilles; c'eſt dans le mémoire même qu'il faut chercher ces détails.

Les Vers dont nous venons de donner l'idée ne ſont pas les ſeuls ennemis des Chenilles, elles en ont beaucoup d'autres parmi leſquelles on peut compter les Punaiſes des jardins qui les piquent & les ſucent, un Ver noir de la grandeur d'une Chenille de moyenne taille, que M. de Réaumur croit ſe changer en Scarabé, qui s'introduit dans le nid des Chenilles proceſſionnaires, les y tue & y en dévore un grand nombre. Les Vers de ces eſpèces ſont ſi voraces, qu'ils ſe gorgent de nourriture, tombent dans l'engourdiſſement, & qu'alors ils ſont quelquefois eux-mêmes dévorés par d'autres vers de leur eſpèce. Le mémoire eſt terminé par la deſcription d'un Scarabé qu'on trouve fréquemment ſur le chêne, & qui s'y nourrit de Chenilles.

12e. MÉMOIRE.

Des Chenilles qui vivent dans les tiges, les branches & les racines des plantes & des arbres, & des Chenilles & de quelques Vers qui vivent dans l'intérieur des fruits.

Les Chenilles dont il a été queſtion dans les mémoires précédens vivent à l'extérieur des végétaux dont elles rongent les fenilles; celles qui ſont l'objet de ce mémoire habitent à l'intérieur des plantes ou des arbres. elles ſe tiennent particulièrement entre l'aubier & l'écorce, & ſe nourriſſent des fibres ligneuſes; elles ſont communément raſes, & leur peau, plus délicate que celle des autres Chenilles ſeroit bientôt deſſéchée par le contact de l'air. Cependant elles ſont, dans leur retraite, expoſées aux mêmes ennemis que celles qui vivent à l'air; il y en a qui ne s'accommodent que de certaines plantes ou de certains arbres, & d'autres qui vivent indifféremment à l'intérieur d'arbres ou de plantes d'eſpèces différentes. Les unes ſe tiennent au-dedans des branches ou des tiges, les autres au dedans des racines. De la deſcription de pluſieurs eſpèces de ces différentes Chenilles, notre auteur paſſe aux inſectes qui vivent dans l'intérieur des fruits, & même des grains. Il remarque qu'on appelle communément ces inſectes des Vers, & les fruits ou grains qu'ils ont attaqués fruits ou grains véreux; il avertit qu'il y a en effet des Vers de beaucoup d'eſpèces, c'eſt-à-dire, des larves qui doivent ſe changer en inſectes différens des Papillons qui rongent l'intérieur des fruits ou des grains, mais qu'il y a auſſi beaucoup de ces inſectes qui ſont des Chenilles ou des larves qui deviennent Papillons. La piquure de ces animaux eſt une des cauſes les plus ordinaires de la chûte des fruits, ſoit nouvellement noués, ſoit déja formés & prêts de leur maturité. Car les fruits ſont également attaqués, mais par différens inſectes, dès qu'ils ſont noués, quand ils approchent d'être mûrs, & pendant tout le tems qu'ils tiennent à l'arbre; de tous les inſectes qui ſe nourriſſent à l'intérieur ſoit des fruits, ſoit des grains, M. de Réaumur ne conſidère, dans ce mémoire, que ceux qui ſont de véritables Chenilles. Il remarque que certains fruits en ſont ſouvent attaqués, tandis que d'autres ne le ſont que très-rarement, ou preſque jamais. Ainſi l'on trouve ſouvent des Chenilles, ou des Vers, ſuivant l'expreſſion commune, dans les prunes, les bigarots, les pommes & pluſieurs variétés de poires : on n'en trouve pas au contraire dans les pêches, les abricots, les raisins. On accuse souvent les Vers d'être la cause unique de la disette des fruits. Cette inculpation ne paroît pas fondée en ce que les mêmes causes contraires à la multiplicité des fruits, le font aussi à la multiplicité des insectes; en sorte que les intempéries qui font avorter les fruits, causent aussi la mortalité des insectes; la proportion entre le nombre total des fruits & les fruits véreux dans chaque année, est toujours la même; lorsque les fruits sont abondans, il y en a beaucoup plus de véreux, deux, par exemple, sur six; & quand il y a moitié moins de fruits, il y en a aussi moitié moins de véreux à proportion du nombre total.

Le Papillon, dont les Chenilles doivent se nourrir à l'intérieur d'un fruit, dépose ses œufs sur les fruits au moment où ils nouent; la Chenille qui naît bientôt, le perce, y pénètre, la plaie se referme & n'est pas visible. Mais on ne trouve communément qu'une Chenille à l'intérieur d'un grain ou d'un fruit, qui, par son volume, paroîtroit pouvoir en nourrir plusieurs; le Papillon n'a-t il déposé qu'un œuf sur chaque fruit; a-t-il pu reconnoître si le fruit sur lequel il dépose, n'étoit pas déja chargé d'un autre œuf? Sans doute, il y a une cause, mais qui n'est pas connue, par le moyen de laquelle un fruit ou un grain ne contient qu'un Vers ou qu'une Chenille. Cependant cette loi, quoique générale, n'est pas sans exception; on trouve quelquefois deux vers dans un même fruit. Les grains, les plus précieux pour nous, ne sont pas épargnés par les Chenilles, il y en a qui attaquent les différentes sortes de bleds, & l'orge est particuliérement sujette à cet inconvénient. Le Papillon, dont la Chenille dévore ce grain, dépose sur un seul vingt à trente œufs, cependant on ne trouve qu'une Chenille dans chaque grain. Supposera-t on avec M. de Réaumur des guerres ou des combats meurtriers pour la possession du grain où on trouve la Chenille, ou n'est-

il pas plus naturel de croire que chaque Chenille, en naissant, s'attache à un grain qui n'a pas encore été piqué, comme les Chenilles nées d'œufs déposés sur une feuille, se répandent sur les feuilles voisines, sans se disputer toutes la même feuille ?

Les Chenilles qui vivent à l'intérieur des grains, y subissent aussi leur métamorphose, & le Papillon sort par le vuide que la Chenille a formé en se nourrissant; mais celles qui vivent à l'intérieur des fruits en sortent pour se métamorphoser; elles percent le fruit de dedans en dehors, & c'est alors qu'il tombe; la solidité de l'écorce la plus dure, n'empêche pas que la Chenille qui s'est introduite, jeune dans le fruit tendre, ne le perce quand il a acquis sa consistance & elle sa grandeur; les noisettes, les glands, les noyaux même des dattes, sont percées par des Chenilles qui ont vécu à l'intérieur, & qui se sont nourris de l'amande. Nous n'avons présenté que les généralités contenues dans ce mémoire, sans nous arrêter à la description des espèces si importantes cependant à connoître. Deux motifs nous ont portés à cette réticence. Il sera question de la manière de vivre des insectes dans l'histoire de chacun en même tems qu'on en trouvera la description suivant l'ordre méthodique, & dans le discours, sur les torts que nous font les insectes, nous parlons de ceux dont il est question dans ce même mémoire. Ce que nous en aurions dit en cet endroit eût été un double emploi.

VOLUME III.

Le troisième volume contient douze mémoires dont l'auteur donne une idée générale dans une préface qui est à la tête du volume. Il nous apprend que les mémoires ont pour objet, le premier les *Vers mineurs des feuilles*, c'est-à-dire, de très-petites larves qui se logent dans le parenchime des feuilles, entre les deux membranes qui le contiennent, & y trouvent là nourriture, le logement & un abri; le second, les

Teignes, ou les larves qui se font des étuis qu'elles peuvent transporter avec elles ; le troisième, les moyens de prévenir les ravages que les Teignes exercent sur les étoffes & les pelleteries auxquelles elles s'attachent ; le quatrième, les Teignes qui vivent sur les arbres ou les plantes, & à qui les feuilles servent pour en faire leurs fourreaux ; le cinquième, la description d'un grand nombre de fourreaux de différentes Teignes, construits ou avec des brins de bois & de feuilles, ou avec des matières différentes, & qui le font aussi de celles dont les Teignes qui les construisent se nourrissent ; le sixième, les Teignes dont les fourreaux sont de soie pure ; le septième, les Vers ou Teignes qui se couvrent de leurs excrémens, & que l'auteur nomme *Hottentots* ; le huitième, les *fausses Teignes*, c'est-à-dire, les larves qui se font des fourreaux de soie, mais attachés & fixés contre un corps solide, qu'elles ne peuvent transporter, & qu'elles ne font que prolonger suivant le besoin ; le neuvième, les Pucerons ; le dixième, les faux Pucerons ; le onzième, les Vers mangeurs de Pucerons ; le douzième, les galles des plantes, les productions analogues à ces galles, & les insectes qui les habitent.

Iᵉʳ. MÉMOIRE.

Des insectes nommés Mineurs des feuilles, ou des insectes qui se logent dans l'épaisseur des feuilles.

Les Chenilles ont occupé le lecteur dans les deux premiers volumes ; leur histoire n'a cependant point été épuisée, il en est encore question dans ce premier mémoire ; il traite des Chenilles & des Vers qui se logent & vivent entre le parenchime des feuilles ; l'auteur nomme les premières, *Chenilles mineuses*, les seconds, *Vers mineurs.*

Lorsqu'on voit sur une feuille une partie jaune, blanchâtre, ou d'un vert fort différent du reste de la feuille ; on peut être assuré qu'elle nourrit, ou qu'elle a nourri une Chenille ou un Ver mineurs ; ces insectes conduisent leurs fouilles de trois façons différentes ; les uns s'ouvrent des routes étroites, longues & tortueuses, & cette manière de procéder leur a fait donner par notre auteur le nom de *Mineurs en galerie* ; d'autres pratiquent des ouvertures plus larges, irrégulières, mais cependant dont les unes sont arrondies, les autres forment des quarrés longs ; enfin, il y a des Vers qui, dans leur premier âge, ayant miné en galerie, minent en grand sur la fin de leur vie, c'est-à-dire, qu'ils s'ouvrent un large espace en tout sens autour d'eux.

La classe des insectes mineurs est très-nombreuse, & renferme un très-grand nombre d'espèces ; il y a peu d'arbres & de plantes qui n'en nourrissent ; mais tous ces insectes sont en général fort petits. Il y a des Vers mineurs qui deviennent Papillons, d'autres Mouches, & il y en a qui se changent en Scarabés. La plupart des Vers mineurs passent leur vie dans la plus grande solitude, sans la rencontre d'insectes d'aucune espèce, pas même de la leur ; mais il y en a qui, attachés à la même feuille, se rencontrent vers le tems de devenir chrysalides, qui ouvrent ensemble alors un espace plus grand, & se métamorfosent près les uns des autres ; il y en a aussi quelques-uns qui dès leur naissance se réunissent vingt ou trente, minent & vivent ensemble.

Lorsqu'un insecte, dont la larve est un mineur, dépose ses œufs, il en place un ou plusieurs sur une feuille, suivant l'espèce dont il est ; les larves en sortant des œufs percent la feuille & s'y logent ; on reconnoît l'endroit par où elles sont entrées, parce que la galerie y est plus étroite, & qu'elle va en s'élargissant à mesure que les larves qui croissent, vont en avant ; l'espace qu'elles laissent derrière elles est rempli par leurs excrémens.

Les *Chenilles mineuses* creusent en rongeant

géant le parenchime avec leurs mâchoires ; les Vers mineurs qui se changent en Mouches & à qui un crochet tient lieu de mâchoires, s'en servent comme d'une pioche, pour creuser & s'ouvrir un passage.

Les différens Vers mineurs deviennent chrysalides sous la peau de Vers qui se dessèche & qui leur tient lieu de coque. Mais les uns, avant cette opération, sortent de la feuille qui les a nourris, les autres y subissent leur changement ; les Chenilles mineuses se construisent une coque de soie dans l'intérieur de la feuille qu'elles ont creusée. La réaction des fibres ou nervures que les Vers & les Chenilles n'attaquent pas, & les soies que les Chenilles tendent pour filer une coque, font prendre aux feuilles différentes formes, occasionnent des plis, des rugosités, des convexités, & donnent lieu à divers accidens de ce genre que l'auteur décrit en détail ; il passe ensuite à l'histoire de quelques-uns des Vers mineurs qui deviennent des Scarabés. Il parle d'abord d'un Ver blanc qui vit sur l'orme, & qui se change en un Charanson, ensuite d'un Ver blanchâtre à tête brune, qui se nourrit des feuilles de bouillon blanc, & qui devient également un Charanson, & enfin d'un Ver mineur des feuilles de mauve, qui se métamorphose en un insecte de même genre que les deux premiers.

2e. MÉMOIRE.

Des Teignes qui rongent les laines & les pelleteries.

M. de Réaumur donne le nom de *Teignes* aux Vers ou larves dont la peau est rase, nue & délicate, ce qui leur rend nécessaire un vêtement ou fourreau à l'intérieur duquel elles vivent. Il distingue les Teignes en *véritables* & en *fausses*. Les premières se construisent un fourreau mobile qu'elles transportent par-tout avec elles ; les secondes s'en font un plus grand, mais attaché à un plan fixe, dans lequel elles vont & viennent, mais

qu'elles ne peuvent transporter & qu'elles ne quittent pas. Il ne s'attache, dans ce mémoire, qu'aux Teignes des laines & des pelleteries. Ce sont, à proprement parler, de véritables Chenilles qui ne diffèrent que par la manière de vivre à l'intérieur d'un fourreau. M. de Réaumur s'applique particulièrement à décrire l'art avec lequel elles construisent ce fourreau, & il commence à cet égard par les Teignes qui rongent les étoffes. Elles se construisent un fourreau cylindrique ouvert par les deux bouts, un peu plus large vers le milieu qu'aux extrémités, proportionné à leur taille, & long de quatre à cinq lignes quand elles sont parvenues à leur grandeur. Ce fourreau est tissu de soie en-dedans, & au dehors de fragmens, de laine que les Teignes détachent du fond sur lequel elles vivent ; en sorte que le fourreau est de la couleur de ce fond, & qu'il est bigaré, lorsque le fond l'est lui-même. Les Teignes dont il s'agit naissent d'œufs déposés par de très-petits Papillons, d'un gris-blanc, qu'on voit voler dans les appartemens depuis le milieu du printems jusqu'à celui de l'été, suivant M. de Réaumur. Mais cet observateur, si exact, se trompe sur ce point ; il est vrai que passé le milieu de l'été, les Papillons de Teignes sont beaucoup moins nombreux, mais on en voit encore, & jusques dans les derniers jours de septembre il en voltige quelques-uns. La durée entre la ponte des Papillons & la naissance des Teignes est d'environ trois semaines ; mais cet intervalle doit varier suivant le degré de chaleur. Aussi-tôt que les Teignes sont nées elles travaillent à se faire un fourreau qu'elles agrandissent à mesure qu'elles croissent. Pour remplir ce travail elles alongent une partie de leur corps hors d'un des bouts du fourreau, saisissent avec leurs mâchoires les poils de l'étoffe qui leur conviennent, les arrachent ou les coupent, & les appliquent au bout du fourreau en retirant leur corps à l'intérieur ; des fils de soie qu'elles tendent en-dedans lient les fils de laine qui ont été ajoutés au bout du fourreau ; cependant il est assez large pour permettre à la Teigne de s'y retourner ; on la voit, après avoir alongé un bout, faire sortir sa tête par l'autre, & travailler à l'agrandissement de ce second bout, de la même manière qu'elle a alongé le bout opposé.

Lorsqu'une Teigne ne se trouve pas bien à la place où elle est, elle en change, ce qui arrive assez souvent ; elle fait sortir le tiers antérieur de son corps hors du fourreau ; les crochets des pieds de derrière y restent engagés, & elle le tire après elle, marchant avec assez de vîtesse par la seule contraction de ses premiers anneaux. Mais le prolongement du fourreau n'est pas le seul travail nécessaire ; il faut aussi que la Teigne qui a grossi puisse élargir l'enveloppe qui la couvre ; elle y parvient en fendant le fourreau dans la moitié de sa longueur à un de ses bouts, & en mettant une nouvelle pièce entre l'écartement, qu'ont laissé entr'eux les deux côtés ouverts ; lorsqu'ils sont réunis par cette pièce, la Teigne fend de même l'autre moitié & l'élargit de la même façon ; après avoir procédé de cette manière sur un des côtés du fourreau, elle se comporte de même par rapport à l'autre côté, en sorte qu'elle fend à quatre reprises le fourreau, & l'élargit par deux bandes longitudinales qu'elle y ajoute. Si on place une Teigne qui a vécu sur une étoffe à fond rouge, sur une autre étoffe à fond blanc, quand elle aura élargi son fourreau, on y remarquera deux rayes longitudinales blanches qui sont la démonstration de la manière dont elle a travaillé, manœuvre que notre auteur a vu souvent répéter par des Teignes. Les étoffes ne leur fournissent pas seulement de quoi se couvrir, mais elles s'en nourrissent aussi, elles tirent des brins de laine une substance alimentaire sans que la digestion altère les couleurs dont la laine a été empreinte, en sorte que les excrémens sont de la couleur des étoffes que les Teignes ont rongées, & qu'on y peut remarquer les mêmes bigarures ou les mêmes nuances que sur les étoffes mêmes.

Les Teignes nées en automne passent l'hiver sous cette première forme, & elles sont souvent engourdies & sans action dans cette saison ; mais au printems elles s'éloignent des étoffes, au moins la plupart, car plusieurs ne les quittent pas, elles emportent avec elles leur fourreau, le suspendent par un bout à quelqu'endroit élevé, souvent au plancher, en ferment les deux bouts avec un tissu de soie, & y subissent leur changement en chrysalide & en Papillon.

Les Teignes des pelleteries & celles qui s'attachent aux plumes vivent de la même manière que les Teignes des étoffes de laine ; elles se nourrissent des poils ou des barbes des plumes, comme les premières des brins de laine, elles en forment de même leur fourreau. Cependant M. de Réaumur croit que les Teignes des étoffes de laine & celles des pelleteries diffèrent, que ce sont deux espèces. Je ne crois pas cette opinion fondée, elle n'est pas la plus reçue ; la conformité entre les Papillons, l'identité dans les procédés des Teignes, & sur-tout le dégât que les Papillons qui voltigent dans les appartemens occasionnent dans les pelleteries & dans les collections d'animaux, tout indique que les Teignes des étoffes & celles des pelleteries sont les mêmes. Mais M. de Réaumur paroît avoir ignoré deux faits ; savoir que les Teignes dont il parle n'attaquent pas seulement les étoffes & les pelleteries ; qu'elles s'attachent encore aux Papillons desséchés, sur-tout aux Phalènes qui sont fort velues, & qu'elles trouvent, tant sur le corps de ces insectes que sur les poussières qui couvrent les aîles, de quoi se nourrir & se former des fourreaux.

Le second fait dont M. de Réaumur paroît n'avoir pas eu connoissance, c'est que les poils & les plumes sont encore dévorés par une Teigne différente de celles dont il a fait l'histoire, & beaucoup plus grande, qui devient une Phalène très-différente.

3e. MÉMOIRE.

Suite du précédent; recherches sur les moyens de défendre les étoffes & les pelleteries des dégâts des Teignes.

M. de Réaumur observe que toutes les Teignes sont nées du milieu d'août, au commencement de septembre, qu'il n'en reste plus de vieilles, que les jeunes ne tiennent ni aux étoffes, ni aux pelleteries; qu'il est aisé de les en faire tomber, au lieu que quand elles ont pris de l'accroissement elles attachent leur fourreau de façon qu'il n'est pas facile de le détacher; cette observation conduit à conseiller de battre & de secouer les meubles, de les housser à la fin du mois d'août ou au commencement de septembre.

Je remarquerai que je pense, d'après l'observation, avec M. de Réaumur, que l'on détruiroit la plus grande partie des Teignes en pratiquant les opérations qu'il indique dans le tems où il les conseille; mais comme je l'ai dit dans l'extrait du mémoire précédent, M. de Réaumur borne trop la naissance des Teignes; il est certain qu'il y a encore des Papillons à la fin d'août, & même en septembre. Ils sont moins nombreux, mais il y en a; ils déposent des œufs, & les Teignes qui en naissent échapperoient aux précautions prises avant leur naissance; il faudroit donc les répéter & en faire usage à la fin des mois d'août & de septembre.

La seconde remarque de l'auteur est que les Teignes s'attachent plus volontiers aux étoffes à proportion que le tissu en est plus lâche, parce qu'elles ont plus de facilité à en couper & à en détacher les poils; c'est ce qui est cause que l'usage de ces étoffes est fort diminué. Cependant au défaut d'étoffes d'un tissu lâche, elles s'accommodent de celles qui sont serrées & fortement frappées. Il y auroit deux moyens de garantir les unes & les autres. Le premier seroit de faire périr les Teignes sur les étoffes auxquelles elles

se sont attachées; le second, au défaut de ce premier, d'imprégner ces étoffes d'une saveur qui les empêchât de les ronger. On ne manque pas de procédés annoncés comme propres à remplir ces objets; les anciens naturalistes en ont décrit un grand nombre que les modernes ont recueillis & dont ils ont chargé leurs écrits. Mais de ces moyens les uns sont évidemment inutiles & même ridicules, les autres ne sont pas d'une efficacité bien démontrée. Ainsi personne ne croira aujourd'hui qu'une étoffe placée sur un cercueil, celle qui est couverte d'une peau de Lion, sont à l'abri des Teignes, & que des Cantharides suspendues au plancher suffisent pour les éloigner; mais il n'est pas également absurde de croire avec les anciens, que l'odeur de la sabine, du myrte, de l'absinthe, de l'iris, de l'écorce de citron, de l'anis, éloigne les Teignes, & qu'on garantit les étoffes en les chargeant de ces différentes substances en poudre.

Après l'exposé des moyens indiqués par les anciens, M. de Réaumur rend compte des expériences qu'il a suivies pour en vérifier la valeur & celle d'autres tentatives qu'il a faites; il commence par remarquer que le poil des animaux vivans n'est jamais rongé par les Teignes, que les toisons des Moutons & les peaux des quadrupèdes qu'on n'a pas passés, sont beaucoup moins attaquées, & le sont plus tard que les peaux qui ont été préparées. Il en conclut qu'il y a donc une saveur dans le poil des animaux vivans, qui déplaît aux Teignes, que cette saveur se conserve long-tems après la mort de l'animal & qu'elle est détruite par la préparation des peaux; que si après la fabrication des étoffes on leur rendoit en partie la saveur que la préparation a détruite, elles en plairoient moins aux Teignes; cette saveur réside dans une graisse ou *suin* que la préparation enlève, & que le frottement des peaux non préparées sur des étoffes fabriquées leur rend en partie sans altérer leur couleur. L'expérience a confirmé cette conjecture; car des Teignes enfermées dans des bocaux avec des morceaux de serge frottés avec une toison non préparée y ont passé plusieurs semaines sans manger, & le besoin seul les a forcées à attaquer ces morceaux de serge, tandis que des morceaux non frottés, placés dans les mêmes bocaux, ont été attaqués sur le champ.

Ces observations conduisent M. de Réaumur à conseiller de frotter les meubles & les étoffes avec des toisons non dégraissées, ou à faire bouillir ces toisons dans de l'eau, à tremper dans cette eau des brosses & à en vergetter les meubles ou étoffes ; il assure que cela n'altère en aucune manière les couleurs. Conduit par cette première notion, l'auteur a essayé l'usage des différentes graisses, des huiles, &c. & il n'a rien trouvé d'aussi efficace que le frottement avec les toisons graisses. Mais il ne paroît pas qu'il ait éprouvé ce moyen en grand ; il ne nous apprend pas ce qu'il auroit produit sur une tenture ; il est différent de frotter un morceau de serge ou une tenture ; l'application du corps dont on se sert pour frotter peut être complette sur un morceau, & elle peut manquer en beaucoup d'endroits sur une étoffe étendue ; le dernier procédé exige un soin, une attention qui peuvent rendre l'opération insuffisante. D'autres épreuves, par le moyen desquelles l'auteur avoit imprégné des morceaux de serge de l'infusion ou décoction de différentes plantes, de la dissolution de différens sels, dans lesquelles il avoit chargé l'étoffe de poudres amères ou odorantes, ont eu quelque succès, mais trop bornés pour que M. de Réaumur lui-même s'arrête à ces moyens & les regarde comme propres à la conservation des étoffes ; il passe ensuite à un autre moyen connu, celui d'envelopper des pommes de pin dans les étoffes ; il lui paroît que ce moyen est propre à éloigner les Teignes par l'odeur que répandent les pommes de pin, & cette conjecture est fortifiée, parce que des Teignes mises dans un bocal avec de la serge frottée de thérébentine d'un côté, furent trouvées mortes le lendemain. Cette expérience a conduit l'auteur à

chercher la quantité qu'il faut de thérébenthine en évaporation dans un espace déterminé pour faire périr les Teignes, & il a trouvé qu'elles mouroient à un degré d'odeur, qu'un homme, dont la tête n'est pas très-foible, peut supporter ; cependant, plus les armoires, les garde-meubles, seront remplis d'une forte odeur, plutôt & plus sûrement détruira-t-on les Teignes. Si l'odeur est très-forte & les garde-meubles, armoires bien fermés, les Teignes périront en un seul jour. Pour répandre une pareille odeur, il suffit de placer dans les chambres ou armoires des morceaux de toile, d'étoffe, de papier, sur lesquels on ait étendu de la thérébenthine.

Je ne peux me dispenser de faire deux remarques. D'abord M. de Réaumur n'a pas déterminé assez précisément l'étendue entre les surfaces imprégnées de thérébenthine & celle des armoires & garde-meubles.

2°. Malgré l'extrème confiance dans ses observations, je suis forcé de rapporter que j'ai inutilement employé le moyen qu'il indique pour des oiseaux enfermés dans des boîtes vîtrées. Les Teignes n'ont pas souffert, quoique l'odeur fût très-forte dans ces boîtes. Mais peut-être les Teignes trouvoient-elles sous l'épaisseur des plumes une retraite où l'odeur ne les affectoit pas, comme elle peut les affecter sur une étoffe, sur une surface exposée à toute l'action des vapeurs odorantes.

J'ajouterai que le moyen indiqué par notre auteur pour les meubles, dans le tems qu'on les serre, qu'on les renferme, me paroît mériter d'être vérifié par de nouvelles expériences, & que, comme c'est au mois d'août & de septembre que les Teignes naissent, qu'elles sont plus délicates, que c'est dans ce même tems qu'on se sert moins des meubles, ce seroit aussi dans ce tems qu'il conviendroit de détruire les Teignes en répandant pendant un jour une forte odeur de thérébenthine dans les armoires ou les garde-meubles.

L'odeur de l'esprit de vin tue, d'après M. de Réaumur, les Teignes comme l'odeur de la thérébenthine; il pourroit être employé de la même façon: l'usage en seroit plus coûteux, mais moins désagréable, & pourroit servir pour des meubles précieux. Comme l'esprit de vin s'évapore très-promptement, il en faudroit beaucoup plus que de thérébenthine, & fermer les armoires avec encore plus de soin.

Des essais précédens M. de Réaumur a passé à celui des fumées de différentes substances brûlées. Il a trouvé que toute fumée épaisse faisoit périr les Teignes, mais que l'odeur de la fumée de tabac qui reste attachée à des substances qui ont été exposées à cette fumée, même après que la fumée est dissipée, fait encore périr les Teignes.

Les vapeurs du mercure & du soufre tuent les Teignes ainsi que toutes espèces d'infectes, mais elles sont dangereuses & elles gâtent les couleurs.

L'auteur finit ce mémoire important par un résumé sur la manière d'employer les moyens qu'il a fait connoître.

Rien de mieux pour conserver les meubles que de les frotter avec une toison grasse, ou de faire tremper cette toison dans de l'eau prête à bouillir, de vergetter les meubles avec une brosse trempée dans cette eau. Ce n'est qu'un préservatif pour éloigner les Teignes qui ne se sont pas encore fixées; lorsqu'une étoffe, un meuble, en sont atteints, il faut recourir ou à la fumée du tabac, ou à l'odeur de la thérébenthine.

Si on emploie le tabac on en jette des feuilles hachées comme pour fumer, sur des charbons allumés dans un réchaud; on place ce réchaud dans une armoire, qu'on ferme bien, & si on opère dans un garde-meuble, on en bouche la cheminée, on en ferme les fenêtres, on proportionne le nombre des réchaux, la quantité de tabac à la grandeur des armoires, des garde-meubles; de façon que la fumée soit épaisse. On se retire de la pièce après avoir pris les précautions nécessaires pour n'avoir rien à craindre du feu. Je remarquerai encore qu'il eût été à désirer plus de précision entre la dose de tabac & la grandeur des pièces; on laissera les armoires, garde-meubles fermés pendant vingt-quatre heures. Mais la fumée de tabac pourroit noircir les galons & altérer les couleurs tendres. Il faudra, dans ces cas, avoir recours à l'odeur de la thérébenthine. Son odeur sera d'autant plus forte que la thérébenthine aura été étendue sur une plus grande surface. On peut frotter les meubles mêmes avec un pinceau ou brosse de peintre trempée dans la thérébenthine; les meubles n'en souffriront pas, on pourra les plier & les enfermer ensuite; ils conserveront une forte odeur qu'on leur fera perdre en les exposant à l'air quand on voudra s'en servir; si au lieu de frotter les meubles mêmes on ne veut que les exposer à l'atmosphère d'une armoire ou d'une pièce chargée de l'odeur de la thérébenthine, on se rappellera que plus l'odeur sera forte, mieux l'opération réussira, & que l'odeur sera en proportion des surfaces qu'on aura imprégnées de thérébenthine.

Le tems de faire l'une ou l'autre de ces opérations est du quinze août à la fin de septembre; alors on détruit toutes les Teignes en une seule fois. Mais si l'on a manqué ce moment, on peut opérer en toute saison.

M. de Réaumur conclue que les Teignes des pelleteries étant les mêmes que celles des étoffes, on les détruira par les mêmes moyens; que pour garantir les pelleteries il suffira de les enfermer dans des étuis ou des boîtes avec des linges imprégnés de thérébenthine.

La fumée de tabac & l'odeur de la thérébenthine peuvent être employés contre les Punaises comme contre les Teignes ; mais il est besoin pour les Punaises d'une fumée plus épaisse & d'une odeur plus forte.

4ᵉ. MÉMOIRE.

Des Teignes dont les fourreaux sont faits de membranes de feuilles, & des Teignes qui se font leur fourreau d'une espèce de coton.

Les Teignes qui ont été le sujet du mémoire précédent vivent dans nos demeures; celles dont il s'agit dans ce mémoire habitent les jardins & la campagne. Elles sont en général peu connues, les auteurs, jusqu'à M. de Réaumur, ne les avoient pas observées; on les trouve sur beaucoup d'arbres, en particulier sur les rosiers, les pommiers, les poiriers, les chênes, & sur-tout sur les ormes. Celles qu'on trouve sur différens arbres diffèrent entre elles d'espèce, mais elles ont de commun de se loger dans des espèces de fourreaux. Ce sont des Chenilles à peau rase, dont cependant le premier anneau quelquefois entier, quelquefois en partie seulement, & le dernier sont couverts d'une plaque écailleuse ; elles se construisent un fourreau qui approche plus ou moins de la forme cylindrique, dont le bout que regarde la tête de l'insecte est bordé, courbé, & plus fort que le reste du tuyau; le bout opposé est fermé, & s'ouvre cependant au moment où la Teigne rend ses excrémens; il est formé par la rencontre de trois pièces triangulaires & mobiles. Le fourreau est lisse dans sa longueur, & il offre une résistance assez forte ; il est beaucoup plus long & plus ample que ne semble l'exiger la taille de l'insecte ; mais il lui sert d'une retraite où il se donne des mouvemens & où il a besoin de se retourner; sa couleur est celle des feuilles sèches en général. A la suite de ces généralités, notre auteur examine comment les Teignes se fabriquent un fourreau fait de feuilles, comment elles le travaillent de manière qu'il ne devienne

pas trop fragile par la dessication des pièces des feuilles dont il est formé ; avant que d'entrer dans ces détails, il parle de la manière dont les Teignes se nourrissent. Elles suspendent leur fourreau aux feuilles qu'elles veulent entamer, & elles l'y attachent par le bout du côté duquel leur tête est tournée ; il est souvent incliné & forme différens angles avec la feuille qui le soutient; quand il est fixé, la Teigne entame la membrane inférieure de la feuille, la perce sans pénétrer au-delà de la membrane supérieure qu'elle ne perce jamais, mais elle se nourrit du parenchime contenu entre les deux membranes, & pour le détacher en plus grande quantité, elle alonge une partie de son corps & le replie entre les membranes en rongeant le parenchime.

Pour parvenir à savoir comment les Teignes travaillent leur fourreau, l'auteur arracha les fourreaux de Teignes qui s'étoient fort avancées au-dehors entre les membranes d'une feuille ; ces Teignes privées de leur fourreau agrandirent l'ouverture formée entre les deux membranes, la poussèrent en droiture & se logèrent à l'aise entre ces deux membranes, puis elles les séparèrent en deux pièces longitudinales, l'une supérieure, l'autre inférieure & parallèles ; leurs mâchoires sont les instrumens qui leur servent pour tailler les deux pièces; quant au parenchime qu'elles renferment, il sert d'aliment aux Teignes qui n'en laissent aucun atôme entre les deux pièces; lorsqu'elles sont coupées elles tiennent encore à la feuille, parce que leurs bords sont chargés d'engrenures; mais leurs bouts ont des formes & des échancrures difficiles à décrire, & convenables à la disposition que doivent avoir chacune des extrémités du fourreau. Les pièces étant taillées, la Teigne les assujettit & les lie par des fils de soie tendus des bords d'une membrane aux bords de l'autre membrane, puis à force de se tourner, de se mouvoir en tout sens, elle les moule sur son corps, leur fait prendre la forme cylindrique qu'elles conservent en se dessechant. Ce premier travaille étant achevé, la Teigne liſſe la partie interne du fourreau en la frottant avec ſa tête, & elle en tapiſſe la moitié intérieure d'un tiſſu de ſoie appliqué comme un vernis.

Nous avons vu dans le mémoire précédent que les Teignes des fourrures agrandiſſent leur fourreau devenu trop petit ; celui des Teignes qui le compoſent de feuilles ne peut être agrandi de la même façon, elles le quittent donc & elles s'en font un nouveau au beſoin.

Ce n'eſt pas ſeulement ſur les arbres, mais ſur pluſieurs eſpèces de plantes que l'on trouve des Teignes.

Toutes les Teignes dont il a été queſtion dans ce mémoire ſont de la claſſe des Chenilles, l'auteur ajoute à leur hiſtoire celle d'un Ver qui ſe transforme en une Mouche à deux aîles. Ce Ver ſe nourrit des graines du ſaule, & ſe fait un fourreau des poils cotonneux qui enveloppent cette graine ; il n'a d'autre art pour ſe vêtir que de raſſembler autour de lui ces poils, de les entremêler & d'en former une ſorte de feutre.

5ᵉ. MÉMOIRE.

Des Teignes qui ſe font des fourreaux dont l'extérieur n'eſt pas liſſe, ſoit avec des fragmens de feuilles, ſoit avec des fragmens de tiges, de plantes ; & de pluſieurs autres eſpèces de Teignes qui ſe font des fourreaux qui ne ſont pas pris des plantes ni des matières dont elles ſe nourriſſent.

Les fourreaux des Teignes dont il eſt queſtion dans ce mémoire ont des formes très-différentes, ſuivant les eſpèces de Teignes, mais conſtantes, comme tous les travaux des animaux des mêmes eſpèces.

Une Teigne qui vit ſur l'aſtragale ſe conſtruit un fourreau de la forme d'un cornet courbe, mais chargé d'un triple rang d'appendices que l'auteur compare à cet ajuſtement qu'on nomme *falbala.*

Ariſtote & Pline avoient, de leur tems, remarqué une Teigne que le philoſophe grec avoit appellé *Xylophthoros,* perd-bois. Elle ſe fait un fourreau de ſoie, le renforcit en le couvrant de fragmens de bois, ou plus ſouvent de morceaux de feuilles ou de tiges de plantes ; d'autres Teignes ne couvrent pas leur fourreau de feuilles, mais de portions de tiges, & c'eſt communément le gramen ou chien-dent qu'elles emploient. Cependant il y en a qui y font ſervir des portions de tiges d'autres plantes & même d'arbuſtes.

Il paroît, d'après les obſervations de notre auteur, que la plupart des Teignes dont il vient d'être parlé ſe changent en Papillons, dont les femelles ſont dépourvues d'aîles.

C'eſt ſur-tout dans les eaux qu'il faut chercher les Teignes que les anciens avoient appellé *Perd-bois.* Il a été déjà queſtion de deux eſpèces dans la dixième mémoire du ſecond volume. L'une vit ſur le potamogeton, & l'autre ſur la lentille aquatique. Ces eſpèces de Teignes beaucoup plus nombreuſes dans les eaux que ſur terre dans nos climats, ne méritent pas plus que celles de terre le nom de Perd-bois, puiſqu'elles en emploient très-peu, & qu'elles ſe ſervent de morceaux de feuilles, de fragmens de toute eſpèce qui ſe trouvent à leur portée. Suivant Belon, les françois nomment les Teignes aquatiques *charrées.* Elles ne ſont point de véritables Chenilles comme les terreſtres, mais des Vers qui ſe changent en Mouches à quatre aîles. Notre auteur auroit donc dû exclure de cette claſſe les Teignes dont il parle dans le dixième mémoire du ſecond volume, dont l'une vit ſur le potamogeton, l'autre ſur la lentille d'eau ; il me ſemble qu'il auroit même dû donner un nom différent aux Vers qui, quoique ſe vêtiſſant à la manière des

Teignes, ne deviennent pas des Papillons. L'uniformité de nom induit en erreur. Il en faudroit un différent.

Le tuyau des Teignes aquatiques est à l'intérieur tout de foie, lisse & uni, fortifié au-dehors par des fragmens de toutes fortes, peu importe, pourvu qu'ils servent à renforcer le fourreau. Aussi lorsque ces Teignes viennent à quitter un fourreau devenu trop étroit, & qu'elles s'en sont fait un nouveau, le dernier est-il à l'extérieur tout à fait différent du premier ; ce qui dépend des fragmens que l'insecte a trouvés dans le moment à sa portée. Ces fourreaux sont bigarrés, irréguliers, comme déguenillés & composés de chiffons, de haillons rassemblés. Cette apparence ne les rend pas moins propres à leur usage. Sont-ils couverts de portions plattes de feuilles, le fourreau a l'air plat, quoiqu'il soit cylindrique ; sont-ils fortifiés par des brins de jonc appliqués les uns contre les autres, ils ont l'air d'un ouvrage cannelé, &c. Ce ne sont ni des feuilles, ni des tiges qui servent à d'autres Teignes, mais elles chargent leur fourreau de grains de sable, de fragmens de coquilles.

Il ne paroît pas que les Teignes s'attachent plutôt à une substance qu'à une autre pour couvrir leur fourreau, mais à celles qui peuvent en général l'alléger, augmenter sa surface & en rendre les mouvemens plus faciles dans l'eau. Cette ressource étoit nécessaire à des animaux qui nagent mal, qui marchent dans l'eau, sur le sable, la vase, les plantes, qui traînent leur fourreau après eux. Il faut cependant excepter les Teignes qui se lestent avec du sable.

Dans l'énumération que M. de Réaumur fait des parties de la Teigne aquatique qu'il décrit, on doit remarquer des filets membraneux qui sortent en grand nombre de ces anneaux ; ils n'avoient paru, à M. Vallisnieri, que des liens qui attachent le corps de la Teigne à son fourreau, mais M. de Réaumur soupçonne qu'ils ont du rapport avec les ouyes des Poissons Il les croit inutiles pour fixer le corps au fourreau, parce que ce besoin est rempli suffisamment par deux crochets situés à la partie postérieure & inférieure du corps, & son soupçon est encore fondé sur ce que l'on voit ces filets dans certains momens former des aigrettes & s'agiter.

Les Teignes aquatiques ont, ainsi que les Chenilles, la faculté de filer, c'est par le moyen de cette faculté qu'elles composent l'intérieur du fourreau de soie, & qu'elles attachent en-dessus les différentes parties étrangères qui y sont nécessaires ; c'est dans leur fourreau qu'elles subissent l'état de chrysalide ; elles bouchent les deux bouts du fourreau, quand elles sont prêtes de cet état par des brins de soie qui forment une grille. Au moyen de cette précaution elles sont à l'abri contre les autres insectes aquatiques qui pourroient s'introduire dans leur fourreau, & cependant l'eau, qu'elles ont besoin de respirer sous la forme de chrysalide, pénètre & se renouvelle dans le fourreau.

Le besoin de respirer l'eau est démontré pour la chrysalide, en ce qu'on voit alternativement la grille du fourreau foulée en dedans dans l'inspiration, & repoussée en dehors dans l'expiration.

La nymphe de la Teigne dont nous suivons l'histoire a, sur le devant de la tête, une touffe de poils que débordent deux crochets qui forment une espèce de bec ; ils sont différens des mâchoires de la larve, la mouche n'aura point de crochets ni de mâchoires les crochets que nous examinons appartiennent donc à la nymphe, & il est probable qu'ils lui servent à détacher les grilles qui ferment son fourreau lorsqu'elle est prête d'en sortir sous sa dernière forme ou celle de Mouche. Cette Mouche est du nombre de celles qui ont quatre aîles ; le lecteur la connoîtra mieux en la désignant par le nom de *Frigane* qu'on lui donne communément,

communément, & sous lequel M. Geoffroy l'a décrite.

M. de Réaumur s'occupe ensuite d'une espèce de Teigne beaucoup plus petite que la précédente dont le fourreau paroît couvert d'un ruban vert qui l'entoure. Ce ruban est composé de petites pièces de feuilles plaquées avec beaucoup d'art. Notre auteur observe que les Teignes ont peine à vivre dans trop peu d'eau ou dans de l'eau corrompue, & que cependant elles peuvent vivre à l'air & se passer d'eau pendant cinq à six jours; il continue de parler de différentes Teignes parmi lesquelles on peut en remarquer de fort petites qu'on a taxé de ronger & d'endommager les pierres, parce qu'on les trouve sur les murs, & que leur fourreau qui est en-dedans, de soie, est couvert de petits fragmens ou de poussières de pierre. Mais il est probable que ces Teignes, comme notre auteur l'a pensé, vivent des mousses & lichens qui croissent sur les pierres, & qu'ils se couvrent des fragmens qui se délitent par l'action de la gelée & celle de l'humidité; il y a de ces Teignes dont le fourreau est conique, semblable à une chausse d'Hippocras, d'autres dont le fourreau est à trois pans presque plats.

6e. MÉMOIRE.

Des Teignes qui se font des fourreaux de pure soie.

Les fourreaux des Teignes de pure soie sont remarquables par leur forme. Les unes s'en font un qui est terminé en crosse à sa partie postérieure; les autres recouvrent la partie antérieure du leur de deux plaques qui forment une sorte de manteau. Notre auteur nomme les premières *Teignes en crosse*, les secondes *Teignes à manteau*. On trouve plus de ces Teignes sur le chêne que sur aucun autre arbre; le merisier en nourrit aussi. Celles en crosse du chêne ont un fourreau brun, & celles du merisier un fourreau noir. Les unes & les autres rongent

les feuilles à la manière des Chenilles, c'est à-dire, qu'elles en rongent toute la substance, les membranes & le parenchime. Leur fourreau n'est que de soie pure, comme les coques de beaucoup de Chenilles, mais le tissu en est bien plus serré, ce qui le fait paroître, en certains endroits, comme couvert de petites écailles. Lorsqu'il devient trop étroit, les Teignes ne l'abandonnent pas, comme le font celles qui se vêtissent de feuilles, mais elles l'élargissent comme les Teignes des étoffes, avec cette différence que celles-ci fendent leur fourreau longitudinalement en deux endroits, & que les Teignes qui se vêtissent de pure soie ne fendent le leur qu'en-dessous; elles y ajoutent une bande intermédiaire qui l'agrandit.

Le fourreau des jeunes Teignes à manteau n'est point couvert de cette enveloppe, elles ne l'ajoutent qu'en vieillissant; ce manteau est composé de deux pièces qui sont toujours écartées en-dessus & souvent rapprochées en-dessous du corps.

Les Teignes dont il vient d'être question deviennent de très-petites Phalènes blanches. Il faut suivre dans le mémoire même les procédés qu'elles emploient pour la structure de leur fourreau. Cet objet n'est pas susceptible d'extrait.

7e. MÉMOIRE.

Des Vers ou Teignes qui se couvrent de leurs excrémens.

Les insectes dont il s'agit dans ce mémoire n'ont de rapport avec les Teignes qu'en ce que leur Ver ou larve a besoin de se couvrir, mais elle ne devient point un Papillon, elle ne se fait point de fourreau, elle se couvre de ses excrémens. Il semble donc que le nom de *Teigne* ne lui convient pas & ne peut en donner de fausses idées; celui d'*Hottentot* que notre auteur

e e

leur a auffi donné, offre des notions plus rapprochées. Le premier des infectes Hottentots dont il s'occupe, eft celui qui eft connu depuis M. Geoffroy fous le nom de *Criocère du lys*. C'eft un très-petit coléoptere dont le corcelet & les étuis font d'un rouge de cire d'Efpagne, & dont le deffous du corps eft noir. Il vit fur les lys; fon Ver, court, gros & ramaffé en mange les feuilles; il eft couvert de fes excrémens qui forment autour de lui une maffe humide, arrondie, oblongue, informe, de couleur de feuilles macérées & broyées. On ne voit du Ver que la tête qui déborde & fes fix jambes; fon anus eft à la partie fupérieure du pénultième anneau, & les excrémens, à leur fortie, font pouffés fur le dos du côté de la tête par la direction de l'inteftin recourbé de ce côté; ils font gluans, mais pas affez pour fortement adhérer; le mouvement alternatif d'élévation & d'abaiffement des anneaux du corps fuffit pour les faire glifler d'arrière vers la tête. A mefure que les excrémens fe deffèchent ils bruniffent & deviennent moins humides; dans ce dernier cas, lorfque l'infecte en eft trop chargé il fe débarraffe par un frottement brufque contre quelque partie de la plante qui le nourrit; il refte alors à découvert, mais pour peu de tems. Si on enleve fon tégument & qu'on lui fourniffe des alimens, on le voit environ deux heures après rendre des excrémens qui fervent à lui former une nouvelle couverture.

La femelle de l'infecte qui nous occupe, fait fa ponte par tas de dix à douze œufs: les jeunes Vers vivent quelques jours près les uns des autres; ils fe féparent enfuite; ils ont atteint leur grandeur à-peu-près en quinze jours. Ils font très-voraces; près de leur terme ils font couverts de moins d'excrémens, fouvent même ils font nuds; ils font alors plus actifs que dans leur premier âge qu'ils paffent à ne changer de place qu'autant qu'il n'y a plus de quoi vivre autour d'eux; ils entrent en terre pour devenir chryfalide; ils fe font une coque couverte de grains de terre, liffe & luifante à l'intérieur, tapiffée de foie blanche & fatinée. Cependant cet enduit n'eft pas un tiffu de fils de foie, mais un vernis produit par une humeur que le Ver diftille de fa bouche, qui s'étend fur l'intérieur de la coque & s'y deffèche.

Sur les feuilles de différens gramens on trouve auffi des Vers Hottentots, & les feuilles de l'orge & de l'avoine en nourriffent une efpèce qui devient un très-petit Scarabé. Ceux-ci font couverts d'excrémens tantôt prefque fluides & tranfparens, tantôt plus compacts; ils ne mangent que le parenchime des feuilles; ils fe retirent en terre pour fe métamorphofer.

L'artichaut & quelques chardons des plus grandes efpèces nourriffent auffi un Ver Hottentot. Celui-ci eft couvert d'une maffe de grains noirs; elle n'eft pas immédiatement portée par le corps qu'elle couvre, mais l'infecte l'y applique ou l'en éloigne, l'élève ou l'abaiffe à volonté. Son dernier anneau fe relève & fe recourbe du côté de la tête; il donne naiffance à deux appendices membraneux ou écailleux recourbés vers la tête & prefqu'auffi longs que le corps; c'eft fur ces appendices que font reçus les excrémens; ils y font pouffés par l'anus & portés en avant par le mouvement que l'infecte donne à des poils qui bordent les deux appendices.

Ces grains, collés les uns aux autres, en fe deffèchant & foutenus fur la fourchette qui réfulte des deux appendices, forment un toît que le Ver fouleve, abaiffe felon les mouvemens des appendices. Ce Ver fe métamorphofe fur la plante qui l'a nourri, ne fait point de coque, demeure fous le toît qui la couvert, qu'il fortifie en-deffous de fa dépouille de Ver; en la quittant, il devient un Scarabé du genre de ceux que les nomenclateurs modernes ont appellés *Boucliers*, ou *Caffides*.

8ᵉ. MÉMOIRE.

Des fausses Teignes.

L'auteur a défini les Teignes des insectes qui vivent dans un fourreau qu'ils transportent par-tout avec eux ; les fausses Teignes en diffèrent en ce que leur fourreau n'est pas transportable, mais qu'il est attaché au plan de position. Sous ce point de vue c'est un logement, une retraite plutôt qu'un fourreau, & les Vers à tuyau, si communs dans les eaux de la mer, pourroient être regardés comme de fausses Teignes ; mais ces Vers diffèrent à tant d'autres égards, qu'ils ne peuvent être confondus avec les fausses Teignes qui, comme les véritables, subissent des métamorphoses. L'auteur commence par l'histoire de fausses Teignes qui vivent dans les ruches des Abeilles, s'y multiplient quelquefois au point de forcer les Abeilles à chercher elles-mêmes un autre asyle ; elles se nourrissent de la cire préparée par celles-ci. Elles n'ont point de goût pour le miel, n'attaquent que les cellules où il n'y en a pas encore de déposé, & ne touchent pas à celles qui en contiennent. Ces Teignes, très-anciennement connues, & qui le sont de tous ceux qui ont traité des Abeilles, deviennent des Phalènes ; Virgile & Aristote en parlent ; le premier les appelle *durum Tineæ genus*, & le second les confondant avec d'autres insectes, leur donne le nom de *Térédines*.

Deux espèces de fausses Teignes vivent à l'intérieur des ruches. Toutes deux sont des Chenilles à seize jambes ; leur peau est blanchâtre & rase. La première espèce, plus petite que les Chenilles de médiocre grandeur, est la plus commune ; la seconde est un peu plus grande. Toutes deux ont les mêmes habitudes & la même manière de vivre. Elles percent la cire, s'y introduisent & y ouvrent des galeries qui leur servent de retraite ; elles n'en sortent point, mais elles alongent ces galeries selon leurs besoins, en portent la longueur communément à cinq ou six pouces, & quelquefois au double, elles y trouvent le logement, un abri contre l'aiguillon des Abeilles & leur nourriture ; l'intérieur du tuyau ou galerie est tapissé de soie couverte de grains de cire qui sont les excrémens de la Teigne ; ces grains, endurcis par l'action digestive, paroissent rendre la galerie plus impénétrable à l'aiguillon des Abeilles.

Cependant les rayons sont composés de cellules partagées par des cloisons mitoyennes ; lorsque les Teignes ont percé ces cloisons, elles se trouvent à découvert dans le vide des cellules ; pour y remédier elles divisent, avec leurs mâchoires, les cloisons en grains très-petits qu'elles poussent devant elles, ces grains sont des matériaux dont elles continuent leur galerie à travers les cellules, & qui les couvrent ; elles attaquent ensuite une nouvelle cloison & se conduisent de même : l'ouvrage n'est point poussé en ligne droite, mais il suit des contours plus ou moins tortueux, & il est par-tout assez large pour permettre aux Teignes de se retourner. Lorsqu'elles ont atteint le terme de leur grandeur elles se font une coque de soie blanche qu'elles recouvrent de leurs excrémens comme elles en ont couvert la galerie. L'auteur ne dit point si c'est dehors de cette demeure qu'elles filent leur coque, ou si c'est à l'intérieur de la galerie même ; il n'a pas non plus observé combien de tems les fausses Teignes des ruches restent en chrysalide, mais il dit qu'au mois de juin ou au commencement de juillet les Papillons sont nés en grand nombre. Ils ont les aîles & le corps d'un gris de souris, le devant de la tête jaunâtre, les yeux d'un rouge de bronze éclatant. Cependant il y a aussi des Papillons d'un gris de cendre, dont les yeux sont bruns, & qui ont derrière la tête des poils couleur de feuille morte. Cette différence entre les Papillons nés de fausses Teignes de la première espèce ou de la plus petite, fait soupçonner à l'auteur qu'il y a deux espèces de ces Teignes. Quoique la cire soit l'aliment qu'elles préfèrent, elles s'accommodent de beaucoup d'autres fubftances ; renfermées dans des bocaux où la cire leur manquoit, elles ont vécu de bois, de ferge, de peau qui avoit fervi à couvrir des livres, de carton, de feuilles sèches. Des générations nourries dans des bocaux où la cire fembloit épuifée & toute réduite en excrémens s'y font multipliées & renouvellées pendant plufieurs années ; les dernières employoient comme aliment les excrémens rendus par les premières ; mais il eft aifé de fentir que ces réfidus contenoient encore des fubftances nutritives, & que la première digeftion n'avoit extrait qu'une partie de la fubftance alimentaire de la cire.

Enfin, les fauffes Teignes n'attaquent volontiers la cire qu'autant qu'elle eft mince, les pains de cire même bruts & les bougies ne font pas de leur goût, & elles ne s'en nourriffent que par néceffité.

Les Papillons des fauffes Teignes de la plus grande efpèce font des Phalènes fans trompe, dont les aîles font d'un gris-brun.

Les nids de ces efpèces d'Abeilles qu'on connoît communément fous le nom de *Bourdons*, qui conftruifent les leurs d'une cire brute qu'ils amoncèlent fous des mottes de gazon font auffi fujets à être dévaftés par une forte de fauffe Teigne plus petite que la moins grande des deux précédentes, & qui devient une Phalène d'un gris uniforme.

M. de Réaumur fait une remarque bien fenfée, c'eft que les excrémens d'un animal qui fe nourrit d'une fubftance auffi fingulière que la cire mériteroient d'être examinés, que leurs qualités, leur altération pourroient éclairer fur la nature peu connue de la cire ; il a tenté à cet égard des expériences qu'il feroit trop long de rapporter, & dont le réfultat eft qu'une partie de la cire eft changée par l'action digeftive des Teignes, mais que leurs excrémens con-

tiennent encore de la cire qui n'a pas été dénaturée, qui en a les différentes propriétés, & qui cependant, par fon mêlange avec la partie altérée des excrémens, eft miffible à l'eau & foluble dans ce fluide.

Des Teignes dont il vient d'être parlé, M. de Réaumur paffe à d'autres fauffes Teignes dont les unes rongent les étoffes de laine, d'autres le cuir, & particulièrement les peaux employées par les relieurs ; & d'autres enfin endommagent les grains & différens alimens dont nous vivons.

Les premières, plus grandes que les Teignes communes des étoffes, mais de même de la claffe des Chenilles à feize jambes, ne fe font point un fourreau proprement dit ; elles creufent l'étoffe, y tracent un fillon, fe logent dans fa cavité, & rendent au-deffus d'elles une tente formée en partie de foie qu'elles filent & de brins de laine ; elles attachent la tente à l'étoffe dans toute fa longueur, & ne laiffent d'ouverture que du côté de leur tête, elles fe retournent pour rendre leurs excrémens.

Il eft difficile de remarquer les tentes des fauffes Teignes dont nous nous occupons ; placées dans l'épaiffeur de l'étoffe, elles paroiffent feulement dans des endroits où le tiffu eft bourreux & mal travaillé ; on ne peut guère non plus faire tomber, ni détacher les tentes en broffant, ou en battant les meubles, comme il eft plus aifé de le faire par rapport aux fourreaux des vraies Teignes ; mais heureufement les fauffes Teignes ne font pas fort communes. Elles naiffent vers le commencement de juillet, & ne deviennent Papillons que vers la fin de mai ou le commencement de juin fuivant ; elles s'attachent aux étoffes qui doublent les voitures par préférence aux meubles, & elles font rares dans les appartemens.

Les fauffes Teignes des *cuirs* font encore des Chenilles de la première claffe, & des

Chenilles de médiocre grandeur ; elles fe font un long tuyau qu'elles attachent au corps qu'elles rongent, elles le recouvrent de grains qui ne font prefque que leurs excrémens ; elles ne fe nourriffent pas feulement de cuir & de la peau qui couvre les livres, mais de toute efpèce de fubftance animale defféchée, elles s'accommodent des infectes morts, & l'on en trouve fous l'écorce des arbres aux endroits où il a vécu des infectes, où ils ont laiffé leurs dépouilles, où il en a péri. Elles filent, pour fe métamorphofer des coques blanches qu'elles recouvrent de leurs excrémens qui font des grains noirs.

Une troifième efpèce de fauffe Teigne plus petite que les précédentes, nous fait cependant un beaucoup plus grand tort ; elle s'attache aux grains qui nous font les plus néceffaires, particulièrement au froment & au feigle ; elle lie plufieurs grains enfemble par des fils de foie, & fe fait, entre les vuides que laiffent ces grains, un tuyau de foie blanche d'où elle alonge fa tête pour ronger les grains qui font autour d'elle ; emportée avec fon tuyau & à l'abri dedans, elle n'eft point incommodée par le tranfport du grain qu'on remue. Leuwenhoeck a parlé de cette Teigne & l'a confondue mal à propos avec celle des étoffes. Le rapport entre les Papillons des deux Teignes a été la fource de cette erreur.

Les Papillons des fauffes Teignes du bled font de fort petites Phalènes à antennes en filet ; elles portent leurs aîles en toît élevé ; le fond des fupérieures eft un gris blanc, terne à l'ombre, argenté au foleil ; fur ce fond font diftribuées d'affez grandes tâches irrégulières d'un brun clair. Le corps, le deffous des aîles fupérieures & les deux faces des inférieures font d'un gris-blanchâtre. Ce Papillon commence à paroître vers la fin de mai.

La dernière fauffe Teigne dont il eft fait mention dans ce mémoire fe nourrit de la pâte de chocolat qu'elle creufe, & fur la-quelle elle fe couvre d'un tuyau de foie blanche ; c'eft une Chenille à feize jambes, & le Papillon eft une Phalène d'un gris un peu jaunâtre, tâcheté de quelques points bruns. Il eft plus que probable que cette Teigne fe nourrit d'autres fubftances que de chocolat qui n'eft pas fouvent à fa portée. Mais fon hiftoire n'étoit pas encore bien connue au tems où M. de Réaumur écrivoit.

9ᵉ. MÉMOIRE.

Hiftoire des Pucerons.

M. de Réaumur obferve qu'après avoir donné l'hiftoire des infectes qui fe font des logemens, des fourreaux, &c. il feroit dans l'ordre de parler de ceux qui, en fuçant les plantes, occafionnent des extravafations de fucs, des excroiffances qui les couvrent & leur fervent de logement. Tels font les infectes qui vivent dans les gales produites par leur piqûre ; mais l'hiftoire de ces infectes fera plus facile à faire, & fera plus aifément comprife après celle des Pucerons dont les faits prépareront la connoiffance de ceux qui appartiennent aux infectes des galles.

Les Pucerons font non-feulement très-nombreux, ils font encore fi variés que peut-être chaque plante en nourrit une efpèce particulière ; toutes au moins en font plus ou moins couvertes en différens tems. Mais ce feroit un travail auffi long qu'inutile de donner l'hiftoire de toutes les efpèces de Pucerons ; elle ne doit comprendre pour tous que les faits qui leur font communs, & les obfervations particulières pour chaque efpèce. Leuwenhoek & Hartfoeker, dans l'extrait critique des lettres de cet auteur, ont traité des Pucerons. Mais le premier s'eft quelquefois trompé, & le fecond beaucoup plus fouvent.

Les Pucerons font en général fort petits, lourds & lents dans leur marche ; ce caractère oppofé à celui qu'indique le nom qu'on leur a donné, & qui préfente l'idée d'un infecte agile, léger, qui tiendroit par ces qualités de la *Puce*. Les Pucerons ont six pattes & d'abord privés d'aîles, la plupart en acquièrent quatre par la fuite. Les uns portent leurs antennes en avant, les autres couchées fur le dos, & dans ces derniers elles furpaffent fouvent la longueur du corps ; mais ce qui eft fur-tout remarquable, ce font deux filets, cornes ou tuyaux pofés en-deffus du dos près de l'extrémité du corps. Ils ont une origine commune, dont ils s'écartent à mefure qu'ils fe prolongent. Ces filets font roides, inflexibles, très-courts, & fi petits dans plufieurs Pucerons qu'on a peine à les diftinguer ; il y en a dans lefquels ils manquent, & font remplacés par deux fimples tubercules. Il fera parlé de leur ufage.

Le vert eft la couleur du plus grand nombre des Pucerons ; il y en a cependant de noirs, de blancs, de bronzés, d'un rouge-pâle ; ces derniers ne font de cette couleur qu'en automne, ils étoient verts pendant l'été. Ils vivent en fociété, ils s'attachent aux tiges & aux feuilles des plantes, aux jeunes pouffes & aux feuilles des arbres ; ils font fouvent fi nombreux, qu'ils cachent les plantes fur lefquelles ils font établis. On les apperçoit au premier coup-d'œil fur certaines plantes, comme le chèvre-feuille ; fur d'autres, quoiqu'ils foient nombreux, il faut les chercher pour les voir, parce qu'ils fe cachent ou occafionnent dans la plante des défordres qui les couvrent.

De tous les Pucerons, ceux qui s'établiffent fur les jeunes pouffes du fureau, font les plus aifés à obferver. Ils femblent tenir à la plante ; ils y tiennent en effet en quelque forte par leur trompe enfoncée dans l'écorce, & par le moyen de laquelle ils pompent leur nourriture ; cependant ils la retirent & la plient fous leur ventre pour marcher & changer de place. Elle eft ordinairement de la moitié de la longueur du corps. Très-fouvent les Pucerons font fi multipliés qu'ils forment fur les plantes une double couche au-deffus les uns des autres. La fupérieure eft moins ferrée que la couche inférieure, & compofée de Pucerons qui ne cherchent pas à fe nourrir, mais à multiplier leur efpèce. Ils font en mouvement tandis que les premiers, fur lefquels ils marchent, font dans l'inaction.

Ce qu'il y a de plus remarquable dans l'hiftoire des Pucerons, c'eft la manière dont ils fe reproduifent. Ils font vivipares. Leuwenhoeck l'avoit appris par le moyen de la diffection ; il avoit trouvé leur ventre rempli de Pucerons tout formés. M. de Réaumur a confirmé cette obfervation, en voyant de jeunes Pucerons fortir du corps des plus gros par l'ouverture de l'anus : l'action interne du Puceron adulte pouffe au-dehors le jeune Puceron, qui naît en venant en arrière. Quand fes pieds, placés près de la tête, font dégagés, il s'en aide pour fe tirer du fein où il a été formé. L'opération eft au plus de fix à fept minutes. Ces infectes font fi féconds, qu'un feul en met au jour quinze à vingt par jour, fans que le volume de fon ventre paroiffe diminuer ; quand on le preffe & qu'on l'écrafe, on n'en fait fortir que quelques Pucerons tout formés ; mais on en apperçoit, pour ainfi dire fans nombre, depuis l'état de conformation complette jufqu'à celui d'embrion. M. de Réaumur obferve avec bien du fondement, que les autres animaux vivipares mettent au jour leurs petits en une feule fois, tous formés au même point, fans qu'il en refte à leur intérieur qui foient à différens degrés d'accroiffement.

Les Pucerons, nouvellement nés, diffèrent des vieux, par la couleur & par l'applatiffement du corps ; ceux qui font verts, font d'un ton plus pâle, ceux qui deviennent noirs, font verts en naiffant ; les Pucerons jaunâtres mettent au monde des petits qui font blancs.

Le Puceron qui vient de naître, marche auffi-tôt ; il cherche une place où il fe fixe, & il la choifit à la fuite des autres Pucerons qui forment une file sur la plante ; il se place immédiatement derrière le dernier Puceron de la file qui s'agrandit à mesure des nouvelles naissances ; elle est composée de Pucerons tournés tous les uns la tête du côté inférieur de la tige, les autres du côté supérieur.

La piquure multipliée des Pucerons ne peut manquer de dépenser une grande quantité de sève ; aussi beaucoup d'arbres & de plantes en souffrent-ils, mais cet effet n'est pas aussi général qu'on le croit. Les Pucerons ne font aucun tort au sureau, au sycomore, aux abricotiers, &c., mais ils nuisent beaucoup aux pruniers, aux pêchers, aux chèvre-feuilles, &c. Ils en déforment, ils en dessèchent les feuilles & les pousses ; ils leur font prendre des formes bizarres ; ils occasionnent sur les feuilles des excroissances, souvent semblables à des fruits, quelquefois de la grosseur d'une noix & même d'une très-petite pomme. Ces excroissances sont creuses & servent de logemens aux Pucerons dont les piquures les ont produites ; on en voit plus communément dans nos climats de plus grosses sur les feuilles d'orme que sur tout autre arbre ; lorsque ces excroissances sont encore peu considérables, elles sont exactement fermées de toute part, & l'on ne trouve à l'intérieur qu'un Puceron parvenu à sa grandeur, mais environné de jeunes Pucerons auxquels il a donné naissance, & dont le nombre s'augmente presque continuellement. L'orme n'est pas le seul arbre sur les feuilles duquel on voie des excroissances produites par la piquure des Pucerons ; le peuplier est souvent chargé de pareilles tubérosités, ainsi que le térébinthe & beaucoup d'autres arbres. Ces excroissances, qui sont de vraies galles, sont employées pour la teinture dans plusieurs contrées, & il y a apparence que nous en retirerions le même avantage si l'on s'étoit plus appliqué à déterminer l'usage que nous pourrions faire des galles auxquelles les Pucerons donnent naissance dans nos contrées.

Après les observations particulières sur les Pucerons qui occasionnent des galles, M. de Réaumur revient aux généralités qui leur sont communes avec les Pucerons qui vivent à l'air. Par-tout où ces insectes sont en grand nombre, on voit aussi beaucoup de fourmis ; elles pourroient servir à les faire découvrir si on y étoit embarrassé : les uns, comme Leuwenhoeck & son critique, ont cru que les Fourmis étoient ennemis des Pucerons ; les autres ont imaginé avec Goedaert, qu'elles les protègent, & que même elles en sont les mères : cette opinion aussi fausse que l'autre, a prévalu, & est encore celle de plusieurs gens de la campagne. Mais sans songer à ce qui attire les Fourmis près des Pucerons, on attribue communément aux premières les torts que les seconds font aux plantes ; le vrai cependant est que les Fourmis ne sont attirées que par l'épanchement d'une humeur aqueuse & sucrée, qui s'amasse sur l'endroit couvert de Pucerons, que c'est cette humeur que les Fourmis cherchent pour s'en nourrir, & non les Pucerons pour lesquels elles sont fort indifférentes ; qu'elles profitent de l'épanchement de cette humeur, sans y contribuer, sans participer en rien au tort que les Pucerons font aux plantes & aux arbres. Cependant cette même humeur n'est point une simple extravasation de la sève, mais elle est le produit de deux liqueurs que rendent les Pucerons, l'une par l'anus, l'autre par les deux cornes creuses, ou conduits qui sont placés en-dessus du corps ; la dernière paroît par sa consistance, quoique fluide & limpide, analogue aux excrémens, & la seconde à l'urine. Ainsi cette conjecture, si elle étoit vérifiée, fourniroit un fait singulier de plus dans l'histoire déja si remarquable des Pucerons. Ils changent, ainsi que les autres insectes, plusieurs fois de peau pendant la durée de leur vie. Mais ce qui est particulier à la plupart, c'est d'être plus ou moins couverts d'une sorte de duvet, qui paroît composé de fils. Ce duvet est plus abondant sur les Pucerons du hêtre que sur ceux d'aucune autre espèce. Mais quelle est son origine dans tous les Pucerons ? Notre auteur avoue qu'il n'a pu la reconnoître, & que la conjecture la plus vraisemblable est que le duvet est produit par une humeur qui s'échappe par les pores de la peau, qui se dessèche à l'air, & dont les globules, en s'agglutinant, forment une sorte de fil.

Le plus grand nombre des Pucerons devient ailé en vieillissant. On reconnoît ceux qui doivent éprouver ce changement en les examinant à la loupe. Le haut de leur dos est plissé, & de chaque côté il y a un renflement produit par l'origine des ailes pliées & contournées qu'il renferme. Lorsqu'après avoir changé plusieurs fois de peau, un Puceron quitte sa première dépouille, ses ailes ne paroissent d'abord que comme un appendice, un paquet de chaque côté, mais chaque appendice se sépare en deux portions, & les quatre ailes prennent la forme qui leur est propre, sans que l'insecte y contribue, comme le font au contraire les Papillons naissans, en les agitant. Il paroît que le développement des ailes du Puceron est purement l'effet de la circulation. Mais quel est le sexe des Pucerons ailés ? Quel est leur emploi par rapport à l'espèce ? Frich n'a pas hésité à prononcer que les Pucerons ailés font les mâles de leur espèce. L'analogie portoit à le penser. Mais Leuwenhoeck, M. Geoffroy père, Cestoni, notre auteur, ont prouvé par des observations différentes & multipliées, que des Pucerons ailés mettent au jour d'autres Pucerons, comme ceux qui ne sont pas ailés & qu'ils sont également vivipares. Tous les Pucerons non-ailés, ou pourvus d'ailes, remplissent donc les fonctions de mère ; on n'en connoît pas encore à qui la nature n'ait confié que celles de mâle. Ces singuliers insectes réunissent-ils les deux sexes ? On a un pareil exemple dans les limaçons : mais ils s'accouplent, ils se fécondent mutuellement ; ils ne sauroient se passer d'un concours réciproque : les Pucerons ne paroissent pas en avoir besoin : on n'en n'a pas vus d'accouplés ; ils paroissent se suffire, se féconder chacun en particulier, & ils semblent des herma-

phrodites capables de perpétuer leurs espèces, à la manière de la plupart des végétaux, comme Leuwenhoeck & Cestoni l'ont avancé. Cette proposition sera plus évidemment prouvée dans des mémoires postérieurs à celui-ci. Le lecteur doit donc la regarder dès ce moment comme très-fondée. Les Pucerons ont différens ennemis ; il est traité dans un autre mémoire de ceux qui en détruisent le plus ; l'auteur parle dans celui ci d'un moucheron qui se pose sur un Puceron, replie son anus sous le ventre du Puceron, y dépose un œuf, d'où naît un Ver qui pénètre dans le ventre du Puceron, ronge ses parties internes, sort par une piquure en-dessous de la peau qu'il n'a pas entamée, & se file auprès une coque ronde dans laquelle il se métamorphose. On trouve assez souvent de ces coques sur les files de Pucerons qui couvrent les plantes. Cette observation très-bien suivie par M. Cestoni, l'a été aussi par M. de Réaumur.

L'auteur termine ce mémoire par l'histoire de Pucerons qui vivent les uns amoncelés à l'intérieur d'un trou dans un arbre, les autres sous l'écorce près des endroits où elle est fendue. Il trouva les premiers dans un tronc d'orme & les seconds sous l'écorce de plusieurs chênes. Les uns & les autres, mais les derniers sur-tout sont plus grands que les autres espèces de Pucerons & les derniers sont encore remarquables par leur trompe ; elle est placée en-dessous de la tête, assez près des deux premières jambes, trois fois longue comme le corps, qu'elle déborde à son extrémité postérieure vers laquelle elle est dirigée ; sa pointe est recourbée en-dessus, & l'insecte l'enfonce fort avant dans l'écorce qui le couvre. En devant de l'insertion de cette trompe avec le corps est placé un filet plus court & plus gros que l'insecte tient appliqué sur la trompe, qui n'y adhère cependant, pas & qu'il est aisé d'en écarter. M. de Réaumur croit que c'est une seconde trompe qui reçoit le suc pompé par la première & qui le transmet aux organes digestifs.

Enfin,

Enfin, ce n'eſt pas ſeulement ſur les tiges, les feuilles, ſous l'écorce & dans les
trons des arbres qu'on trouve des Pucerons;
il y en a qui s'attachent aux racines & l'auteur cite un aſſez grand nombre de ces eſpèces; il en a vu ſur les racines du mille-
feuilles, de la cynogloſſe, de l'avoine, de
l'oſeille à feuilles étroites, de l'arum & d'une
eſpèce de lichnis.

10e. MÉMOIRE.

Des faux Pucerons du figuier & de ceux du buis.

M. de Réaumur donne le nom de *faux
Pucerons* à des vers qui ſe tiennent ſous les
feuilles du figuier, quelquefois ſur les figues
ſans rien changer à l'état de ce fruit : ils
reſſemblent aux Pucerons par l'extérieur,
par leur inaction, par la nature de leurs
excrémens, par des filets cotonneux dont ils
ſont ſouvent couverts, mais ils en différent
eſſentiellement en ce qu'ils deviennent tous
aîlés, en ce qu'aucun ne ſe propage qu'il
n'ait acquis des aîles, que tous ſubiſſent
une vraie métamorphoſe & qu'ils deviennent un moucheron qui a la faculté de
ſauter; l'auteur d'après cette faculté nomme
ces moucherons, *moucherons ſauteurs*; il remet
à une partie plus éloignée de ſes ouvrages
à les diſtinguer par des caractères plus dé-
taillés & plus précis. Dailleurs le ver du
Moucheron ſauteur ſe nourrit, comme les
Pucerons, par une trompe qui lui ſert à pomper le ſuc de l'arbre ſur lequel il vit. C'eſt
dans les mois de mai & de juin que les
faux Pucerons du figuier deviennent des
Moucherons ou Mouches ſauteuſes.

Lorſqu'on examine au mois de mai les
pouſſes du buis, il eſt aiſé de remarquer
à leur extrémité des feuilles contournées en
boules. Ces boules ſont formées par deux
feuilles extérieures qui ſont devenues concaves & qui ſe ſont rapprochées; on trouve
à l'intérieur d'autres feuilles qui ont pris
moins de développement & la même for-

me; toutes ces feuilles reſſemblent à des
calottes appliquées les unes contre les autres
du côté de leur cavité, & elles laiſſent des
vides entre elles. La cavité intérieure & les
vides entre les différentes feuilles ſont remplis de faux Pucerons tantôt au nombre de
vingt, tantôt au nombre de deux ſeulement, & dans tous les nombres intermédiaires pour chaque boule. On y trouve en
même tems des grains ronds, ou oblongs,
quelquefois contournés, qui ont une certaine
conſiſtance & qui s'écraſent cependant aiſément ſous le doigt, ce ſont les excrémens
des faux Pucerons; ils ne préſentent rien
de dégoûtant, ajoute M. de Réaumur, &
mis ſur la langue ils s'y fondent en y laiſſant une ſaveur ſucrée. Si l'on en eût,
ajoute-t-il encore, ramaſſé une aſſez grande
quantité, ce qui ne ſeroit pas difficile, on
auroit ſûrement trouvé que c'eſt un excellent remede à quelque maladie. Cela n'eſt
pas impoſſible; mais la propoſition eſt au
moins haſardée.

Les faux Pucerons du buis ſe nourriſſent
comme ceux du figuier par le moyen d'une
trompe; ils deviennent de même des mouches ſauteuſes; on commence à les trouver
dans leurs boules vers le milieu d'avril &
ils deviennent des mouches vers le quinze
de mai. En vain en chercheroit-on dans
les coques de l'année précédente, on n'en
trouve que dans celles des jeunes pouſſes.

11e. MÉMOIRE.

Des Vers mangeurs de Pucerons.

Les Vers mangeurs de Pucerons ſont ou
dépourvus de jambes, ou ils en ont. Tous
ceux de la première diviſion deviennent des
mouches à deux aîles, & parmi ceux de la
ſeconde, les uns ſe changent en mouches à
quatre aîles, les autres en Scarabés.

Goëdaert a connu les vers de la première
eſpèce, il en parle en cinq endroits; M. de
Réaumur ajoute à pluſieurs de ſes obſerva-

tions, & il en confirme d'autres. Ces Vers parvenus à leur grandeur en ont une qui, par rapport aux Pucerons, excède les rapports de taille du plus grand lion aux plus petits quadrupèdes dont cet animal fait sa proie. Ces vers ont la faculté de s'alonger, de se raccourcir, & ces mouvemens sont cause qu'ils ne présentent pas une forme constante. Il y en a de couleurs & d'espèces différentes. Quelle que soit la couleur de ces Vers, ils ressemblent parfaitement, par la conformation, à ceux des Mouches de la viande ; ils sont de la même classe, & non des Chenilles comme Goëdaert l'a mal-à-propos écrit & comme on l'a répété d'après lui. Ils ont en-dessous de l'extrémité ou seroit située la tête, un dard écailleux armé de deux autres dards moins longs. Les trois représentent une sorte de fleur de lis ; à leur jonction est une ouverture qui est la bouche ; le Ver jette, par cette ouverture, une bave dont l'usage sera déterminé plus bas. L'auteur, en cet endroit, observe entre ces Vers des différences d'après lesquelles il les divise en plusieurs genres. Nous renvoyons pour cet objet au mémoire même.

Les Vers mangeurs de Pucerons, placés au milieu des animaux qui leur servent de pâture, qui sont sans défense, qui ne savent pas fuir, n'ont besoin, pour se rassasier, que de saisir & dévorer ceux qui les environnent ; ils n'ont pas même à poursuivre leur proie, & il ne leur est nécessaire de changer de place que quand ils ont détruit tout ce qui les environnoit. Ils paroissent ne pas voir & n'être avertis de la présence de leur proie que par le toucher ; ils tâtent & n'ont pas d'autres moyens de juger de ce qui les environne ; c'est pourquoi ils alongent la partie antérieure de leurs corps, & la portent quelquefois très en avant en la tournant de tous côtés : aussi-tôt qu'ils sentent un Puceron, ils le saisissent en le perçant de leur triple-dard ; ils le retirent aussi-tôt à l'intérieur chargé de leur proie, & ils font rentrer l'un & l'autre sous leur premier anneau ; alors, comme on peut le voir, en observant

à la louppe un des Vers qui sont blancs, & dont les anneaux sont transparens ; on distingue un corps semblable au piston d'une pompe, & qui en fait les fonctions ; il s'élève & s'abaisse à l'intérieur du Ver, & pompe les sucs & les humeurs du Puceron avec lesquels il attire aussi des fragmens solides ; en sorte que le Puceron épuisé n'offre plus qu'une véritable dépouille que le Ver rejette.

Un Ver qu'on a privé de nourriture pendant quelques heures & auquel on en rend, suce plus de cent Pucerons en trois ou quatre heures. Ces insectes ne mangent pas continuellement, mais les intervalles de leur repas sont courts ; aussi deux ou trois vers suffisent-ils pour détruire en deux ou trois jours la plus grande partie des Pucerons dont une pousse fort longue étoit couverte. Il paroît que les Vers de certaines espèces ont un goût de préférence pour des Pucerons aussi de certaines espèces ; quoiqu'ils s'accommodent de toutes dans le besoin. Les Vers qui ont pris un certain degré de croissance sont d'une force infiniment supérieure aux Pucerons ; mais les Vers naissans ont besoin de suppléer, par leur acharnement, à leur manque de vigueur ; ils percent donc un Puceron qui souvent leur échappe, qui fuit quoique lentement, auquel ils s'attachent, & qui quelquefois transporte avec lui un ennemi qui l'épuise au moyen de ses armes, & en fait sa proie.

Lorsque les Vers mangeurs de Pucerons ont acquis tout leur accroissement, & qu'ils touchent au moment de leur transformation ils s'éloignent des Pucerons, s'arrêtent sous la courbure de quelque feuille ; ils y répandent une liqueur visqueuse qu'ils rendent par la bouche, ils étendent cette liqueur en contractant & étendant les anneaux dont ils sont composés, puis ils rampent sur la surface imbue de la liqueur qu'ils ont répandue ; ils s'arrêtent à un point qui leur convient, & y demeurent fixés par le dessèchement de l'humeur ; alors leur corps se raccourcit, se gonfle en avant, s'applatit & s'éfile en arrière, où il se forme une forte de queue, & le Ver devient une chryfalide à laquelle fa peau qui le couvroit & qui fe deffèche, fert d'enveloppe. Le terme le plus ordinaire pour la durée de l'état de chryfalide, eft d'environ dix-fept jours, au bout defquels les mouches percent leur coque & en fortent.

Une obfervation qui mérite qu'on s'y arrête, c'eft que les mouches nées des Chryfalides des Vers mangeurs de Pucerons du fureau & du faule, prennent, en fortant de leur chryfalide, un accroiffement fi fubit, qu'au bout d'un quart d'heure elles ont le double du volume qu'elles avoient en fortant de leur coque. M. de Réaumur penfe que cette crue fubite n'eft pas feulement l'effet des humeurs qui, en circulant, érendent des parties molles & encore fans confiftance ; il remarque que celles de la Mouche naiffante en ont une affez forte; il croit qu'elles fe gonflent d'air, & que c'eft la quantité qu'elles en afpirent qui les tuméfie ; il le prouve en ce qu'en piquant la Mouche, fon corps tuméfié s'affaiffe.

Quoi qu'il en foit, cette tuméfaction ne dure que quelque-tems, & au bout d'un quart-d'heure la Mouche qui étoit tuméfiée, dont le corps avoit une forme arrondie, diminue de volume, paffe à celui qu'elle confervera, & elle prend la forme alongée propre aux infectes de fon genre. Cette tuméfaction, au moment de la naiffance, cette réduction qui lui fuccède, font deux faits très-remarquables, mais dont la caufe ne nous paroît pas encore bien connue.

Les Vers dont nous venons de parler n'ont point de jambes, ceux dont il nous refte à extraire l'hiftoire en font pourvus, & deviennent les uns des Mouches à quatre aîles, les autres des Scarabés, & les uns & les autres fe nourriffent auffi de Pucerons. Il n'y a que peu d'efpèce des premiers, mais leur force & leur voracité les rendent redoutables aux Pucerons ; elles les ont fait nommer par notre auteur *Lions des Pucerons* ;

cette dénomination leur convient encore par les rapports de forme qu'ils ont avec l'infecte appellé *Fourmi-lion*, & en ce qu'ils deviennent des infectes aîlés du même genre.

Les Vers-Lions des Pucerons ont le corps alongé & applati, terminé par une pointe fur laquelle ils s'appuient, & qui remplit l'office d'une feptième jambe ; leur tête eft terminée par deux crochets aigus, creux, qui font un fuçoir, qui fervent à faifir les Pucerons en les en piquant, & à pomper leurs humeurs.

Les Lions des Pucerons prennent un accroiffement rapide : ils ont atteint leur grandeur à peu-près en quinze jours, & pendant cet intervalle ils détruifent une grande quantité de Pucerons. Leur voracité eft fi grande qu'ils n'épargnent pas leur propre efpèce, qu'ils s'attaquent & fe détruifent mutuellement ; parvenus à leur grandeur, ils fe retirent fous quelque feuille, y filent une coque de foie très-blanche, à l'intérieur de laquelle ils fe métamorphofent. Leur filière eft, comme celle des Araignées, placée à l'extrémité du corps près de l'anus. Les Mouches, comme les appelle M. de Réaumur, qui proviennent des Vers-Lions des Pucerons, peuvent être remarquées par le ver brillant & fouvent doré, qui eft la couleur de leur corps, par la fineffe de leurs aîles qui paffe celle de la gaze la plus fine, mais fur-tout par les œufs qu'elles dépofent ; ce font des filets déliés implantés fur des feuilles, terminés par un bouton qui eft véritablement l'œuf.

De très-petits Vers des Lions des Pucerons dont M. de Réaumur compofe le troifième genre de ces Vers, fe forme, avec les dépouilles des Pucerons, une forte de manteau ou de demi-fourreau dont ils fe couvrent en-deffus, depuis leur fecond anneau jufqu'à l'extrémité du corps.

Il ne refte à parler que des Vers qui fe transforment en Scarabés. Ces vers font applatis ; leur corps terminé en pointe s'élargit en remontant vers la tête ; ils donnent la chasse aux Pucerons en parcourant les plantes qui en nourrissent, ils les saisissent & les dévorent à l'aide de leurs mâchoires ; lorsqu'ils sont au terme de leur accroissement, ils se cramponnent par l'extrémité du corps sur quelque feuille, & ils y subissent leur métamorphose. Au bout de quatorze à quinze, jours, ils paroissent sous la forme de petits Scarabés.

Un des Vers-lions des Pucerons qui deviennent des Scarabés, est remarquable par un duvet blanc dont il est couvert, ce qui a porté l'auteur à l'appeller *Hérisson blanc*. Ce duvet est disposé par aigrettes, il a quelque ressemblance avec les piquans du Hérisson, il tient si peu qu'on l'enlève par le plus léger attouchement, & que la peau reste rase. Elle paroît alors très-délicate, elle est de couleur verdâtre. Mais les touffes qu'on a enlevées sont remplacées par de nouvelles qui croissent si rapidement, qu'un Ver qu'on a dépouillé est au bout de dix à douze heures aussi bien vêtu qu'avant qu'on l'eût touché. Quelle est la nature de ce duvet ? sont-ce des poils, un véritable duvet cotonneux formé par l'exudation d'une humeur qui se desseche ? C'est ce qui n'est pas déterminé, & ce qui est mis en question dans ce mémoire.

12ᵉ. MEMOIRE.

Des galles des plantes & des arbres, & des productions qui leur sont analogues. Des insectes qui habitent ces galles.

On donne le nom de *galles* a des tubérosités, des excroissances qui naissent sur toutes les parties des plantes, plus communément sur les feuilles, ou au sommet des jeunes pousses ; elles sont occasionnées par des insectes qui trouvent la nourriture & l'abri à l'intérieur des galles, & produites par des sucs extravasés, par un changement dans l'arrangement des fibres ; elles ont différentes formes, mais les plus ordinaires sont celles d'un fruit ou d'une fleur, à tel point qu'il est facile de s'y méprendre au premier coup-d'œil.

Les insectes qui occasionnent les galles naissent d'œufs que les mères ont déposés dans l'intérieur de quelque partie d'une plante ; la piquure de ce premier insecte, le déchirement qu'occasionne le Ver qui naît, sont suivis du gonflement de l'endroit qui a été piqué, & de la formation d'une galle. M. de Réaumur en distingue de trois sortes : les unes n'ont à leur intérieur qu'une cavité, mais grande & remplie de plusieurs insectes, ou plusieurs cavités moins vastes, mais qui communiquent les unes aux autres. Les galles de la seconde espèce sont composées de cellules sans communication entr'elles, & le nombre de ces cellules n'est quelquefois que de trois ou quatre, quelquefois il passe cent ; enfin, il y a des galles qui ne renferment qu'une cavité & qu'un seul insecte.

Les galles diffèrent par leur texture comme par leur forme ; il y en a de rondes & de très-dures, comme celles qu'on connoît sous le nom de noix de galle ; de rondes & d'un tissu pulpeux comme les galles qu'on appelle des pommes de chêne ; d'alongées, d'autres semblables à des grains de groseille, & qui ne sont qu'une pellicule remplie de sérosité, &c. Ces différences ont fait distinguer les galles par les noms de galles en pomme, en grain ou pepin de raisin, de groseille, &c.

Les galles sont ou lisses ou couvertes d'aspérités, elles tiennent immédiatement à la plante, ou elles y sont attachées par un court pédicule. Mais il y en a beaucoup qui n'ont point la régularité de forme de celles dont nous venons de parler, & qui ne consistent qu'en un épaississement, une déformation des parties de la plante. Chaque espèce de galle est habitée par une espèce d'insecte différent & toujours par un insecte de même espèce. M. Malpighi a fait voir qu'il n'y a pas de partie des plantes qui ne ne porte des galles.

Lorsqu'une galle est intacte, qu'on n'y peut découvrir aucune ouverture, on peut être assuré qu'elle renferme l'insecte ou les insectes qui l'ont produite ; mais si elle est percée c'est une preuve qu'elle n'est plus habitée ou qu'elle ne l'est plus par tous les individus qu'elle a renfermés. Plusieurs sont si petits que ce n'est qu'à l'aide d'une forte louppe qu'on peut appercevoir les trous dont ils percent les galles pour en sortir. Suivant le tems où l'on ouvre ces excroissances, on y trouve les insectes dans différens états ; car tous ceux qui vivent dans des galles passent par trois formes différentes. Le plus grand nombre devient des Mouches à quatre, d'autres des Mouches à deux aîles, quelques-uns des Scarabés, d'autres des Papillons, & il y a même une Punaise qui prend son accroissement dans une sorte de galle.

M. de Réaumur décrit ensuite différentes galles, d'abord celles qui sont habitées par plusieurs insectes, ensuite celles qui n'en contiennent qu'un ; je ne le suivrai pas dans ces détails qui deviendroient trop longs.

Après avoir décrit la forme des différentes galles en général, M. de Réaumur s'occupe de leur formation, de leur accroissement, des causes de la différence de leurs formes. Sa première observation est que les galles croissent en général si rapidement qu'il est très-difficile de les suivre dans leur crue ; que deux à trois jours suffisent pour que celles qui deviennent les plus grosses, qui le deviennent autant & plus qu'une noix aient acquis tout leur volume. Quant à leur origine aucun des modernes ne l'a rapporté avec les anciens à la corruption des parties sur lesquelles elles se trouvent, mais Redi, qui s'est si fort distingué par son courage à combattre les préjugés, s'est abandonné lui-même au vain système d'une ame végétative dont il doue les végétaux, & qui

veille à la production des insectes renfermés dans les galles. Nous ne suivrons pas plus loin ces idées chimériques qui ne trouvent plus de croyance, & nous nous fixerons à rapporter l'origine des galles, à la piquure d'insectes de l'espèce de ceux qui les habitent. Malpighi a prouvé que ce n'est pas un système, mais un fait. Cependant, est-ce la seule piquure de l'insecte qui dépose ses œufs qui occasionne le développement de la galle ; est-il indépendant de cette piquure, qui n'en est que l'occasion, ou ce développement est-il dû à l'action des Vers sortis des œufs ; ou enfin est-ce & la piquure de l'insecte qui dépose, & l'action des Vers qui naissent qui produisent des galles ? Jusqu'ici ces questions ne paroissent pas bien résolues.

M. de Réaumur croit que la mère entame toujours la plante en déposant ses œufs, & que les plaies qu'elle fait, sont la cause de la production des galles ; & ce qui paroît le prouver, c'est qu'on trouve les œufs déja renfermés dans plusieurs galles avant la naissance des Vers. Ainsi la seule plaie faite par la mère les a produites.

M. de Réaumur entre ensuite dans des détails très-circonstanciés à l'égard de l'espèce de Mouches qui produit à elle seule plus de galles que tous les autres insectes. C'est une Mouche à quatre aîles, armée d'une tarrière ; nous dirons par anticipation, & pour en faciliter la connoissance, que c'est un *Cynips*. Elle occasionne une galle en forme de groseilles & presque ligneuse. L'auteur s'attache à décrire la tarrière de cette Mouche ; il la suit dans ses opérations & dans les changemens qui arrivent aux Vers nés de ses œufs ; il lui compare les autres insectes des galles, & il observe ce qu'elle offre de particulier ; mais les bornes qui nous sont prescrites, ne nous permettent pas de le suivre dans ces détails qui ne sont pas susceptibles d'extrait.

Nous nous bornerons à observer qu'il

résulte des faits rapportés par l'auteur, de ses observations & de ses raisonnemens.

1° Que toute galle est le produit d'une piquure.

2° Que la piquure occasionne l'extravasation des sucs.

3° Que la tuméfaction est la suite de l'extravasation.

4° Que la tuméfaction irrite, stimule la partie engorgée & y attire des sucs qui y abondent.

5°. Que l'œuf pompe les sucs extravasés, qu'il en acquiert de l'accroissement, & que la galle est une sorte de matrice dont l'œuf pompe de la nourriture.

IVe VOLUME.

Une préface placée à la tête de ce volume, présente une idée générale des mémoires qu'il renferme. Ils sont au nombre de seize & ils ont pour objet 1° l'histoire des Gallinsectes; 2° celle de différentes espèces de Diptères ou Mouches à deux ailes, & des Cousins.

PREMIER MÉMOIRE.
Histoire des Gallinsectes.

Ce sont des insectes dont les femelles ressemblent, par leur forme, à de simples galles, sans avoir aucune apparence d'un être vivant, sans se donner aucun mouvement. M. de Réaumur ayant remarqué que ces êtres singuliers n'avoient pas de nom, leur a donné celui de Gallinsecte, qui exprime leur ressemblance avec les galles, & qui les rapporte à leur véritable classe. Quant aux espèces, il les distingue par les végétaux sur lesquels on les trouve. Il n'est guère d'arbres & d'arbrisseaux sur lesquels on n'en observe, & souvent plusieurs espèces. On pourroit les distinguer & les classer d'après leur forme & leur couleur; les unes sont

arrondies & sphériques, les autres ne sont qu'hémisphériques, & les unes & les autres varient entre ces deux formes; leur couleur est communément rembrunie, mais il y en a qui ont des nuances & même des couleurs différentes.

Toutes les Gallinsectes sont petites & l'extrême de la taille des différentes espèces est à peu près dans la proportion de la grosseur d'un grain de poivre à celle d'un très-gros pois. Elles se multiplient souvent à un point excessif. Le pêcher & l'oranger sont les deux arbres qui, dans nos climats, en sont le plus souvent & le plus abondamment couverts, celles du dernier de ces arbres avoient déjà été observées par Messieurs de la Hire & Sedileau; ils les avoient improprement nommées Punaises des orangers. Cette marchandise qu'on détache tous les ans en Provence & en Languedoc de certains arbrisseaux & qui est connue dans le commerce sous les noms de Kermès, graine d'écarlate, vermillon, coccus de Pline, n'est autre chose qu'une Gallinsecte. Elle est fort employée en teinture & de quelqu'usage en médecine.

M. de Réaumur, pour donner une idée générale de la manière d'être des Gallinsectes, s'attache à l'histoire de l'espèce la plus commune, celle du pêcher.

Si l'on observe les pêchers vers la fin de mai, on en trouve les branches couvertes de deux espèces de Gallinsecte, l'une sphérique & l'autre hémisphérique en forme de bateau renversé. La partie convexe est le dos de l'insecte, la partie aplatie son ventre; en le détachant on trouve sous le ventre une substance cotonneuse sur laquelle il repose, & il adhère en même tems à la branche très-fortement.

Si on examine le même insecte un peu plus tard, on le trouve gonflé & semblable à une vésicule; quelque tems après il ne ressemble plus qu'à une membrane; mais cette membrane couvre un amas de petits grains. Ce font des œufs dont le volume gonfloit la Gallinfecte, qu'elle a dépofés, qu'elle continue de couvrir & dont quelques jours après ils fort de jeunes Gallinfectes.

M. de Réaumur croit que les œufs font dix à douze jours à éclorre ; que les petits reftent quelques jours à couvert fous le corps de leurs mères. Mais enfuite ils en fortent. Ce fon: alors des êtres bien différens de leur mère, & de ce qu'ils deviendront eux-mêmes ; ils font applatis, ils ont deux antennes, fix pattes, & ils marchent avec beaucoup de vîteffe ; ils fe fixent fur les feuilles dont ils tirent aliment, non en les rongeant, mais en en pompant le fuc par une trompe placée près la première paire de pattes. Lorfque le tems de la chûte des feuilles approche, ou qu'elles tombent déja, les Gallinfectes les abandonnent pour fe fixer fur les branches ; c'eft alors qu'elles deviennent immobiles, qu'elles fe fixent à une place pour leur vie ; leur accroiffement eft très-lent jufqu'au retour du printems ; mais au commencement de Mars il devient prompt, & leur tuméfaction leur ôte toute reffemblance avec un infecte. Cependant les Gallinfectes changent alors de peau ; elles dépouillent l'ancienne par lambeaux qui tombent, & elles reftent couvertes par la peau que celle-ci cachoit.

C'eft vers la fin de Mai, comme nous l'avons déja dit, que les Gallinfectes font leur ponte. On avoit cru qu'elles fe fécondoient elles-mêmes ; M. de Réaumur a reconnu qu'elles ont pour mâle une Mouche à deux aîles qui les cherche. Cette Mouche eft d'abord une larve qui vit fur le pêcher, qui enfuite s'y prépare une coque, & devient une chryfalide d'où fort la Mouche. Ainfi le mâle fubit les changemens ordinaires aux infectes, tandis que la femelle n'en éprouve pas. Enfin la durée de la vie des Gallinfectes eft d'environ un an. Tels font les principaux faits de l'hiftoire de ces infectes ; elle étoit en partie connue, mais

M. de Réaumur a confirmé les faits, il y en a ajouté de nouveaux, & il a diffipé l'incertitude qui les accompagnoit encore.

Le mémoire eft terminé par l'hiftoire du *Kermès* ou *graine d'écarlate*, pour laquelle nous renvoyons à l'ouvrage même, ainfi que pour les Gallinfectes de différens arbres ou arbuftes dont il y eft parlé.

Des Pro-Gallinfectes, de la Cochenille & de la graine d'écarlate de Pologne.

Les Pro-Gallinfectes reffemblent, par la forme & la manière d'exifter, aux Gallinfectes ; mais elles en diffèrent en ce qu'en tout tems, en les regardant à la loupe, on diftingue aifément les anneaux dont leur corps eft compofé ; au lieu que les anneaux des Gallinfectes difparoiffent à un certain terme de leur âge, & qu'elles ne femblent plus qu'une peau continue. Notre auteur donne l'hiftoire d'une Pro-Gallinfecte qui fe trouve fur l'orme, & de la cochenille qu'il rapporte au même genre d'infecte.

C'eft principalement à la bifurcation des branches d'orme d'un an ou deux qu'on trouve les Pro-Gallinfectes, & c'eft au mois de Juillet qu'elles ont atteint leur grandeur. Ce font alors de petits tubercules convexes, ovales, d'un brun-clair, entourés d'un cordon blanc cotonneux. Ce cordon eft un nid dans lequel on trouve les jeunes Pro-Gallinfectes au commencement de Juillet. Ces petits animaux font d'un blanc jaunâtre ; ils ont deux antennes dirigées en avant. Ils naiffent tout formés, & leur mère eft vivipare. Ils marchent fort vîte les premiers jours ; ils fe fixent enfuite, & ne perdent cependant que vers le mois d'Avril fuivant la poffibilité de changer de place. L'accroiffement eft lent pendant l'automne & l'hiver, & ne devient confidérable qu'au mois d'Avril ; alors on voit commencer autour de la Pro-Gallinfecte le nid cotonneux, qui s'aceroît & qui paroît formé par une humeur que fournit la transpiration de l'insecte. Notre auteur n'a pu parvenir à connoître le mâle des Pro-Gallinsectes, ni même à s'assurer si elles s'accouplent.

L'histoire de la Cochenille termine le mémoire : on apporte cette précieuse marchandise du Mexique. On en distingue deux sortes, la Cochenille *mesteque* & la *silvestre*. On prend soin de la première, de laquelle on s'occupe principalement à Méteque dans la province de Honduras ; on ramasse la seconde sur les plantes sur lesquelles la Cochenille vit naturellement. Ces plantes appellées par les Américains *Nopalli*, sont connues des François sous les noms d'*opuntia*, *figue d'Inde*, *raquette*, *nopal*. On cultive autour des habitations les opontias destinés à nourrir les Cochenilles. On en fait plusieurs récoltes par an ; la dernière, lorsque la saison des pluies approche ; mais en même tems on coupe des feuilles de nopal couvertes de jeunes Cochenilles ; on les conserve dans l'habitation à l'abri des pluies ; les nopals peuvent rester long-tems sans se dessécher quoiqu'on ne les ait pas plantés ; ils fournissent assez d'aliment aux Cochenilles, dont l'accroissement est fort prompt, pour qu'elles aient atteint presque tout leur volume, & qu'elles soient prêtes de se reproduire, quand les pluies sont passées. Alors les cultivateurs font de fort petits nids, semblables, pour la forme, à ceux des oiseaux, & aussi composés de matières analogues, comme mousse, duvet, &c. Dans chacun de ces nids on place douze à quatorze Cochenilles, & on disperse les nids sur les opontias dont les épines sont favorables pour les retenir : trois à quatre jours après, les nids sont remplis de jeunes Cochenilles qui se dispersent bientôt sur les nopals ; s'y fixent à différentes places, & s'y nourrissent en pompant leur aliment par une trompe, & y prennent leur accroissement.

La première récolte est celle des mères

qu'on avoit dispersées dans les nids ; trois à quatre mois après on enlève de dessus les nopals les Cochenilles, dont quelques-unes ont déjà commencé à faire leurs petits, & on observe cependant d'en laisser un certain nombre pour qu'elles multiplient ; on détache celles qu'on enlève en les faisant tomber avec un pinceau de poil fort doux, & on les fait périr soit en les plongeant dans de l'eau, soit en les plaçant dans un four chauffé à un degré convenable ; quelquefois aussi on les tue en les jettant sur une plaque de pierre chauffée. La préparation fait varier la valeur de la Cochenille, selon qu'elle altère plus ou moins sa qualité. La seconde partie du mémoire est employée à faire l'histoire *du coccus polonines*, ou graine d'écarlate de Pologne. Cette ingrédient servit à teindre en écarlate jusqu'à ce qu'on eût fait la découverte de la Cochenille.

On trouve le *coccus* sur les racines du *poligonum cocciferum*, *casp. Bauh.*, & M. de Réaumur croit, d'après l'histoire que M. Breynius en a donnée, qu'on doit le regarder comme une Gallinsecte. On en fait la récolte vers la fin du mois de juin. Chaque grain de coccus est alors à-peu-près sphérique, d'un pourpre violet, & les uns ne sont pas plus grands qu'une graine de pavot, les autres le sont autant qu'un grain de poivre. Il sort, de dessous les plus gros grains, de petits Vers, qui se meuvent pendant quelques jours, qui deviennent ensuite immobiles, & qui, quelque tems après, pondent jusqu'à cent cinquante œufs, dont il sort de petits insectes, qui croissent jusques vers la fin de juillet. De ces insectes les uns passent par l'état de chrysalide & deviennent de très-petites Mouches ; les autres ne subissent pas de changement : ces derniers sont ceux qui deviennent gros comme des grains de poivre, & ceux-ci, peu après la naissance des petites Mouches, se couvrent de duvet & font leur ponte. On peut inférer de ces faits que les Mouches sont les mâles, les coccus, plus gros, les
femelles,

femelles, & que ces infectes se reproduisent comme le Kermès, dont l'histoire a été donnée dans le mémoire précédent.

3ᵉ. Mémoire.

De la distribution générale des Mouches en classes, en genres & en espèces.

M. de Réaumur n'ayant pas été très-heureux dans les divisions classiques des insectes, & ces divisions n'étant pas fort adoptées de nos jours, parce qu'on en a proposé de plus précises & de plus lumineuses, je ne m'arrêterai pas long-tems à l'objet de ce mémoire, je remarquerai seulement que M. de Réaumur fait deux premières divisions générales des Mouches, celle des Mouches à deux & celle des Mouches à quatre aîles; qu'il nomme ces premières divisions les deux premières classes des Mouches; qu'il considère ensuite ces insectes relativement à la bouche ou l'organe qui leur sert à prendre de la nourriture.

CLASSE I.   Mouches qui ont une trompe sans dents.

CLASSE II.   Qui ont une bouche sans dents sensibles.

CLASSE III.   Qui ont une bouche munie de dents.

CLASSE IV.   Qui ont une trompe & des dents.

Une cinquième classe est composée de Mouches qui ont une tête alongée, & que l'auteur nomme *tête en trompe*.

Indépendamment des cinq classes précédentes, l'auteur en établit de secondaires, fondées sur la forme du corps. Mais cette forme ne peut être déterminée d'une manière précise & sans laisser lieu à des équivoques, à des doutes; d'ailleurs M. de Réaumur, d'après ces principes, place les

Demoiselles parmi les Mouches; ces remarques suffisent pour faire concevoir que sa méthode est insuffisante, & si loin de l'état actuel des connoissances qu'on ne peut s'en servir utilement. Quoi qu'il en soit, notre auteur établit trois classes secondaires;

Celles des Mouches
à corps court & plus large qu'épais;
à corps long;
à corps soit long, soit court.

Il divise ces huit classes en genres caractérisés par le port des aîles, la figure des antennes, le port des trompes, ou par d'autres parties extérieures; ce qui établit des différences si multipliées & ce qui conduit à une méthode si compliquée qu'il n'en résulte que très peu de facilité pour l'étude & la connoissance des Mouches en général; nous nous dispenserons en conséquence de suivre M. de Réaumur dans la division des genres. Il entreprend, dans le mémoire suivant, qui est le quatrième, de diviser en classes & en genres les Vers qui se métamorphosent en Mouches, soit à deux, soit à quatre aîles. Il établit d'abord deux classes générales;

Celles des Vers à tête de figure variable;
à tête de figure constante.

Puis il subdivise ces deux classes, 1°. en Vers à tête de figure variable, qui ont sur le derrière les stigmates les plus sensibles, qui n'ont point de jambes écailleuses, ni même de membraneuses bien formées.

2°. Vers à tête de figure variable, pourvus de jambes.

3°. Vers qui ont une tête de figure constante, sans dents, ou plus exactement sans deux mâchoires mobiles.

4°. Vers qui ont une tête de figure constante, & deux dents mobiles découvertes, sans jambes écailleuses.

5°. Mêmes caractères & six jambes écailleuſes.

6°. Vers qui portent en devant de leur tête, qui eſt de forme conſtante, deux cornes roides & fines par où ils ſe nourriſſent.

7°. Corps alongé, six jambes écailleuſes, & deux crochets placés à leur partie poſtérieure.

8°. Les *fauſſes Chenilles*, tête arrondie, six jambes écailleuſes & plus de dix membraneuſes.

Chacune de ces claſſes eſt ſubdiviſée en plus ou moins de genres.

4ᵉ. Mémoire.

Des trompes à lèvres groſſes & charnues des Mouches à deux aîles.

Les différentes Mouches qui ont des trompes pompent les fluides, les unes en les élevant d'un réſervoir où ils ſont abondans, les autres les tirent des ſubſtances qui ne ſont qu'humides, & celles-ci ſont obligées d'exprimer les ſucs, de les raſſembler, avant de s'en ſaturer. Ces divers beſoins exigeoient des inſtrumens ou organes différens; des trompes ou ſuçoirs dont la ſtructure fut variée; c'eſt cette ſtructure différente des trompes, relative aux beſoins des eſpèces, qui fait l'objet de ce mémoire. Il eſt peu ſuſceptible d'extrait parce que les planches ſont particuliérement néceſſaires pour l'intelligence du ſujet. Je me bornerai donc aux ſeuls objets pour l'intelligence deſquels les figures ne ſont pas abſolument néceſſaires.

M. de Réaumur commence par examiner les trompes, qui ne ſont pas renfermées dans un fourreau, qui ſont preſqu'entiérement charnues & terminées par deux eſpèces de groſſes lèvres. Mais parmi ces trompes il y en a de plus compoſées les unes que les autres. Les trompes des Mouches bleues de la viande & celles qui ont la même ſtructure ſont les plus ſimples. Les Mouches qui en ſont pourvues retirent dans l'état de repos leur trompe dans une ſciſſure écailleuſe ſituée à la partie antérieure & inférieure de la tête. La trompe couchée & repliée dans cette ſciſſure y eſt entiérement cachée. Mais pour en faire uſage la Mouche la fait ſortir de la cavité où elle étoit engagée & l'alonge; on reconnoît alors, ſi on fait uſage d'une loupe, que la trompe eſt compoſée de deux pièces à-peu-près égales en longueur, & dont la ſeconde peut ſe courber ſur la première. Celle-ci eſt en forme d'entonnoir preſqu'entiérement membraneuſe; la ſeconde, plus fine à ſon origine que dans le reſte de ſon étendue, eſt du côté interne preſque cartilagineuſe, & elle ſe termine par un renflement ou empatement, formé par deux lèvres; elles laiſſent entre elles une ouverture qu'on peut regarder comme la bouche de la Mouche. Lorſqu'elle fait uſage de ſa trompe les lèvres en ſont dans une vive agitation & elles exécutent pluſieurs mouvemens différens; ils ont pour but de vider l'air contenu dans la trompe; lorſque le vide y eſt formé, la liqueur monte par la preſſion de l'atmoſphère dans la trompe, dont le bout eſt en contact avec la liqueur. Cependant ce ne ſont pas ſeulement des fluides que le Mouches aſpirent, mais des ſucs épais & même des ſubſtances concrettes, mais ſolubles comme le ſucre. Dans ces cas les Mouches font découler de leur trompe une liqueur qui délaie les ſucs épais & qui diſſout les matières concrettes, l'agitation des lèvres favoriſe l'action de cette liqueur. Mais les Mouches parviennent à ſucer le ſuc des fruits & même le ſang des animaux; il s'enfuit qu'il faut qu'elles ſoient munies d'un inſtrument perforant; auſſi en ſont-elles pourvues, & cet inſtrument eſt un aiguillon que M. de Réaumur eſt parvenu à découvrir & qu'il a fait connoître; l'aiguillon eſt ſitué ſur la partie antérieure de la ſeconde pièce de la trompe; il eſt renfermé dans un étui à deux lames écailleuſes, & il aboutit à l commiſſure des deux lèvres. C'eſt avec cet aiguillon que la Mouche entame l'épiderme & parvient enſuite à pomper les ſucs qui ſont contenus au-deſſous. M. de Réaumur a trouvé cet aiguillon à la Mouche commune, ſi fréquente dans les maiſons, il ne lui en a trouvé qu'un, & il en a trouvé pluſieurs à d'autres Mouches qui ont également une trompe charnue. Les Taons, ſi avides du ſang des animaux, ſont du nombre de ces Mouches qui ont pluſieurs aiguillons & une trompe charnue. M. de Réaumur décrit leurs aiguillons faciles à obſerver, tandis que ceux des Mouches communes ne ſe découvrent pas aiſément, & qu'il faut, pour les voir, obſerver des Mouches nouvellement ſorties de l'état de chryſalide. Cependant M. de Réaumur préſume que ce n'eſt pas par les lèvres de la trompe que le Taon aſpire; il croit que le ſang monte entre les lames des aiguillons, qui font office de pompes foulantes & aſpirantes, que les lèvres ne ſervent que d'appui à ces pièces, & à preſſer les bords de la plaie, à en exprimer le fluide. Il conjecture que les Mouches ruminent, & qu'à la faveur de la liqueur qu'elles font couler de leur trompe, elles y ramènent les alimens que ce mouvement élabore; ces deux conjectures ſont appuyées ſur des faits.

5ᵉ. Mᴇᴍᴏɪʀᴇ.

Des parties extérieures & des parties intérieures des Mouches, & principalement des Mouches à deux aîles.

M. de Réaumur commence par s'occuper des yeux, & d'abord de ceux à réſeau, il renvoie à ce qu'il a dit à ce ſujet en parlant des yeux des papillons; il obſerve que ceux des Mouches ſont à proportion plus grands & que les facettes en ſont plus petites, d'où il ſuit que leurs yeux ſont un aſſemblage d'un plus grand nombre de facettes; il obſerve que quelques Mouches, comme les *Ephémères*, ont deux ſortes d'yeux à facettes, qui diffèrent par la grandeur, & que les yeux à facettes ſont diverſement co-

lorés dans les différens inſectes. Des yeux à réſeau l'auteur paſſe aux yeux liſſes, dont la plupart des Mouches ſont pourvues, indépendamment des yeux à réſeau. Toutes les Mouches cependant n'en n'ont pas: ils forment, par leur poſition, un triangle dans le plus grand nombre de celles en qui on les peut obſerver.

Après avoir traité des yeux, M. de Réaumur s'occupe des ſtigmates. « Toutes » les Mouches, dit-il, ſoit à deux, ſoit à » quatre aîles, qui ont un corcelet ſimple » ou ſans diviſion, ont deux ſtigmates à » chaque côté de leur corcelet; elles en ont » auſſi ſur les anneaux de leurs corps, mais » ceux du corcelet ſont les plus conſidérables. »

M. de Réaumur décrit enſuite les *balanciers*. Ils appartiennent aux ſeules Mouches à deux aîles. Indépendamment des balanciers ces Mouches ont encore à l'origine des aîles deux appendices membraneux, un de chaque côté, qui paroiſſent comme des aîles tronquées. Ces appendices & les balanciers ſuppléent-ils aux ſecondes aîles qui manquent aux Mouches qui n'en ont que deux, ou quel eſt leur uſage? Le corps eſt compoſé d'anneaux fortifiés par des plaques ou enveloppes écailleuſes. L'auteur entre dans le détail des différentes formes de ces écailles. Il paſſe enſuite à la deſcription des parties dont les jambes ou pattes ſont compoſées, il remarque que la partie qui répond au pied eſt toujours terminée par deux crochets ſi fins que l'inſecte trouve priſe ſur les ſurfaces les plus polies. Pluſieurs eſpèces ont la plante du pied garnie de pelottes hériſſées de poils: elles aident ſans doute la Mouche à ſe ſoutenir, mais les crochets ſeuls ſuffiſent, puiſque les eſpèces privées de ces pelottes, telles que l'Abeille, n'en montent pas moins le long du verre perpendiculaire.

Avant d'examiner les parties internes, M. de Réaumur avertit que certains inſectes ont ou le corps entier diaphane ou une portion du corps tranſparente, & que ſi on regarde ces

infectes en les oppofant à la lumière & fe
tenant derrière eux, on voit diftinctement
plufieurs de leurs parties internes. Du nombre
de ces infectes eft une Mouche qui naît d'un
Ver mangeur des Pucerons. En tenant cette
Mouche dans la pofition qui vient d'être
décrite, vers le milieu du fecond anneau, en
comptant du corcelet, on apperçoit un organe
qui paroît être le cœur, & ce vifcère eft
dans cette Mouche unique comme dans les
grands animaux; il en part latéralement un
vaiffeau, qui fe dirige en-deffus du corcelet;
le cœur fe contracte & fe dilate à intervalles
inégaux, il darde dans, le vaiffeau latéral,
des jets de liqueurs; après cinq ou fix jets
la liqueur revient au cœur par le même vaiffeau qui l'en avoit éloignée. Ici M. de Réaumur
propofe plufieurs queftions. Le cœur auroit-
t-il la forcede rappeller par fuccion le fluide
qu'il a d'abord fait jaillir; ou ce fluide feroit il
renvoyé par un fecond cœur placé à la partie
fupérieure du corcelet? enfin eft-ce bien par le
même vaiffeau que le fluide revient, ou par
un vaiffeau collatéral qui fuit le même trajet?
L'auteur ne réfout pas ces queftions, mais
il incline, d'après des faits & l'obfervation,
à admettre un fecond cœur & un fecond
vaiffeau. Il a reconnu le même méchanifme
dans beaucoup d'autres efpèces de Mouches.
Faut-il en conclure avec lui que le cœur eft
unique dans ces Mouches, & qu'il ne confifte
pas en un long vaiffeau à étranglement, qui
eft une fuite de cœurs, comme Swamerdam &
Malpighi l'ont reconnu dans d'autres infectes;
mais ces deux cœurs fuppofés par M. de
Réaumur détruifent l'idée d'un cœur unique;
ils préfentent celle d'un vaiffeau dont les
étranglemens font plus diftans; en fecondlieu,
il y auroit, ce me femble, une épreuve dé-
terminante qui n'eft pas venue à la penfée de
M. de Réaumur : ce feroit de bleffer ce
cœur; s'il eft unique, la mort de ces Mouches
doit fuivre inftantanément la plaie du cœur,
comme elle fuit celle du cœur des grands
animaux; cependant ces mêmes Mouches
criblées de plaies vivent encore, & leurs
parties féparées confervent quelque tems la

vie; ce qui ne peut fe concilier avec un
cœur unique : concluons donc, jufqu'à de
nouvelles preuves, que tous les infectes ont
pour cœur un vaiffeau à étranglemens, plus
ou moins fréquens, qui en fait les fonctions.

Outre les jets de liqueur dont l'auteur
vient de parler ou apperçoit, dit-il, un
nuage, une vapeur qui les précède & qui
chemine à travers le vaiffeau latéral. Il ne
décide pas ce que c'eft que ce nuage; il
préfume même que ce peut être une illu-
fion d'optique. Il parle enfuite de deux veffies fituées à la partie poftérieure du corcelet, il nomme ces veffies *les poulmons des
Mouches*. Elles font formées par des ramifications des trachées, elles s'étendent du
bas du corcelet jufqu'au trois & quatrième
anneau du ventre; elles font donc très-
grandes, & elles occupent plus d'un tiers
de la capacité du corps; elles reçoivent
l'air par les quatre trachées qui font placées
fur le corcelet; c'eft à raifon de leur volume
que M. de Réaumur les nomme *poulmon
des Mouches* : car il avertit que les trachées
envoient leurs ramifications dans les parties
les plus reculées & les moins confidérables,
qu'ainfi, à proprement parler, chaque partie
eft fournie d'un poulmon, ou que ce vifcère
s'étend à toutes les parties. Les Mouches
à quatre aîles ont également des poulmons
dans le fens que nous venons d'expliquer.

M. de Réaumur parle enfuite de l'eftomac. Il eft fitué par-delà les poulmons, &
compofé de trois lobes charnus dont le troi-
fiéme eft beaucoup plus petit; de l'eftomac
naît le canal inteftinal, & après plufieurs
circonvolutions il fe termine à l'anus. L'auteur remarque que dans les Chenilles & les
Papillons l'inteftin eft prefque droit, aulieu
qu'il forme beaucoup de circonvolutions dans
les Vers qui fe changent en Mouches, &
dans ces derniers infectes, ou ces infectes parvenus à leur dernier état.

[6ᵉ. Mémoire.

De la première & seconde métamorphose des Vers qui se font une coque de leur propre peau.

M. de Réaumur fait souvenir le lecteur, qu'il a parlé, dans le cours des mémoires précédens, de Vers qui subissent leur changement sous leur peau qui s'endurcit & leur sert de coque : il reproche aux naturalistes de ne s'être pas occupé de la manière dont s'exécutent les changemens que ces Vers subissent; ils ont pensé, dit-il, qu'ils s'opèrent comme les changemens des Chenilles en Papillons; & par cette raison ils ont négligé de les observer. Le fond de ces changemens est, à la vérité, le même que parmi les Chenilles; mais ceux des Vers, dont il s'agit, offrent des différences qui méritent d'être remarquées : il nous semble que cette seconde partie de la proposition de M. Réaumur est très fondée, mais qu'il a trop généralement reproché aux naturalistes de n'avoir pas parlé des différences propres aux Vers qui subissent leur changement sous leur propre peau; il auroit dû excepter au moins Swammerdam, qui a traité de ces changemens en particulier. Les Vers, dont il s'agit, n'offrent pas seulement des différences avec les autres insectes en général, mais entre les Vers même qui subissent ce genre de changement.

M. de Réaumur ne s'occupe, dans ce mémoire, que des Vers dont il a composé la première & la troisième classe de cet ordre ; & par rapport aux Vers de la première, il se borne à ceux de la Mouche bleue de la viande. Leur histoire donne l'idée des transformations des autres Vers des différens genres de la même classe.

Lorsque les Vers de la Mouche bleue de la viande sont parvenus à leur grosseur, ils s'éloignent de la viande qui leur avoit servi de nourriture; ils s'enfoncent à plusieurs pouces sous terre, s'ils sont libres de le faire, ou ils se retirent à l'écart dans les endroits secs qu'ils peuvent trouver, & cependant à l'ombre. Là, au bout de deux à trois jours, ces Vers perdent le mouvement, & leur forme, leur peau perd sa mollesse & sa couleur. Ils se racourcissent en une sorte de barillet oblong, couvert d'une peau dure, crustacée & friable, d'un brun qui se fonce de jour en jour.

Les Chenilles qui passent à l'état de chrysalide sont dans cet état du moment qu'elles quittent leur peau; mais les Vers des Mouches qui se transforment sous leur peau ne sont point en chrysalide, aussi tôt que leur peau s'est desséchée, qu'ils se sont raccourcis & qu'ils ont perdu leur forme & leur mouvement. Si on examine ces Vers douze, vingt-quatre & même trente-six heures après leur raccourcissement, qu'on les dépouille de leur peau, ce n'est pas une vraie chrysalide qu'on trouve dessous, car on n'y reconnoît pas les membres de la Mouche, mais on trouve simplement une matière pulpeuse rassemblée sous une forme ellipsoïde ou celle d'une boule alongée. Ce n'est pas la simple mollesse ou fluidité des parties qui empêche de les reconnoître; car si l'on fait cuire le Ver dans de l'eau qu'on chauffe jusqu'à l'ébullition, la pulpe dont il est formé se durcit, sans qu'on reconnoisse sur cette pulpe les parties de la nymphe ; cependant ces parties commencent à paroître au bout de quelques jours, & alors l'état de ces Vers est le même que celui de tous les insectes qui deviennent chrysalide. M. de Réaumur en infère que les Vers dont il s'agit subissent une métamorphose de plus que les autres insectes, & il appelle cette métamorphose leur *état de boule alongée* ou d'*ellipsoïde*. Mais malgré les efforts qu'il fait pour soutenir cette opinion, il paroîtra tojours que ce n'est que la mollesse des parties qui empêche d'en reconnoître la forme, que la différence ne consiste qu'en ce que cette mollesse est beaucoup plus grande dans les Vers que dans les autres insectes dont les membres sont aussi très pulpeux & à peine reconnoissables dans les pre-

miers tems de l'état de chryfalide. La coction
eft un moyen brufque de coaguler, qui peut
déranger, & qui probablement dérange une
organisation commençante, qui réunit en
une maffe des fibres pulpeufes, & les confond en détruifant leur arrangement; il ne
paroît pas qu'on puiffe tirer de conféquence
des faits qu'elle préfente, & que l'opinion
de M. de Réaumur foit fondée.

Au bout de quelques jours, les parties de
la nymphe deviennent fucceffivement fenfibles, M. de Réaumur fuit les degrés de leur
développement, & il expofe fes opinions fur
la manière dont ils s'opèrent. Nous ne pouvons le fuivre dans ces détails; mais nous
obferverons avec lui que le chaud & la féchereffe, le froid & l'humidité accélèrent ou
retardent, fur-tout le froid, le tems que le
Ver demeure en boule alongée & en nymphe fous fa propre peau : en forte que les
Vers qui ne fe tranfforment qu'en automne
ne deviennent des Mouches qu'au printems
fuivant.

M. de Réaumur parle de légères différences
que préfentent le changement de quelques
Vers de la première claffe, & il paffe à celui des Vers de la troifième. Ces Vers font
aquatiques; on les trouve fur-tout dans les
mares. Il y en a qui, près de fe changer,
n'ont que fept à huit lignes de long, &
d'autres plus de trois pouces. Ce font différentes efpèces; ces Vers refpirent par l'anus
qu'ils élèvent en conféquence à la furface de
l'eau (nous n'entrons pas ici dans plus de
détails, parce que l'extrait que nous donnons
de Swammerdam, qui décrit un de ces Vers
à l'article du quatrième ordre des métamorphofes donne une idée fuffifante de ces Vers,
& que nous ne ferions que nous répéter).
Nous nous bornerons à remarquer que ces
Vers ne fe raccourciffent pas pour fe métamorphofer, que leur changement fe fait fous
une peau qui conferve fon étendue & fa
couleur, mais que ces Vers deviennent roides
& immobiles. C'eft ce qu'ils offrent de particulier.

7ᵉ. MÉMOIRE.

De la dernière métamorphofe des infectes
qui fortent des coques faites de la peau
du Ver, fous la forme de Mouches à
deux aîles.

L'objet de ce mémoire eft de décrire comment les Mouches fortent de la peau de Ver
qui s'eft durcie & leur a fervi de coque. Il
y a deux fortes de coques quant à la forme,
les unes en forme d'œuf, les autres qui confervent la forme alongée du Ver. La fortie
des Mouches de ces deux genres de coques
ne s'opère pas précifément de la même manière.

Les nymphes dans leur coque font en
général revêtues d'une double enveloppe,
une immédiate, l'autre externe. La première eft mince, & non feulement elle
ceint tout le corps, mais elle fe partage en
autant d'étuis qu'il y a de parties; c'eft un
gant en quelque forte; l'enveloppe externe
entoure feulement tout le corps, l'une eft
membraneufe & mince, l'autre coriacée ou
comme cruftacée, l'une flexible, l'autre caf-
fante. Les membres de la Mouche qui fort
de fes enveloppes font abreuvées de férofité &
fans force. Cette circonftance fembleroit
devoir empêcher fa fortie, & c'eft cependant
ce qui la favorife; toutes les parties de la
Mouche font fufceptibles de fe dilater &
fe dilatent en effet par de l'air que l'infecte
abforbe en grande quantité; fa tête fur tout
fe gonfle plus que les autres parties, & elle
s'alonge en une veffie très ample; les parties
font alternativement dilatées & contractées;
ce mouvement, l'expanfion de la tête détache
le bout de la coque compofé de deux demi-
calottes jointes par deux cordons qui fe
rompent, les calottes tombent, la coque
eft ouverte; l'enveloppe immédiate fe fend,
la Mouche fait fortir fa tête, fon corcelet,
fes deux premières pattes, & fucceffivement
les fuivantes qu'elle tire de leur étui & qui
lui fervent, en fe cramponnant, à tirer le
refte de fon corps.

La Mouche nouvellement fortie de fes enveloppes eft beaucoup moins groffe qu'elle ne le deviendra; mais l'air qu'elle afpire en plus grande abondance dilate fes parties encore molles, diffipe la férofité qui les abreuve, & alors elles fe trouvent, par leur confiftance, hors d'état d'être amplifiées, & elles demeurent fixées à la grandeur qu'elles doivent avoir.

Les nymphes enfermées dans une coque alongée l'ouvrent, non en faifant tomber un des bouts de cette coque, mais en le forçant de s'entr'ouvrir par la dilatation de leurs membres, & fur-tout de leur tête, & les Mouches fortent par cette ouverture comme le Papillon de la peau de chryfalide qui fe fend fur le dos. Cependant les Mouches dont il s'agit fortent de leur coque fur l'eau, & ne la quittent que quand toutes leurs parties font développées & affermies. Mais ces Mouches fe foutiennent fur l'eau, pofées fur leur patte fans enfoncer, & même de quelque manière qu'on les renverfe elles fe remettent toujours fur leurs pattes qui les foutiennent à la furface de l'eau.

8ᵉ. MÉMOIRE.

Hiftoire abrégée de divers genres & de diverfes efpèces de Mouches à deux aîles de la première claffe, & nées de Vers auffi de la première claffe; de leurs alimens fous la forme de Ver; de l'accouplement de ces Mouches, de leur ponte, de la figure de leurs œufs.

Toutes les Mouches à deux aîles de la première claffe ont du goût pour les matières facrées, quoiqu'il y en ait qui font auffi avides de fang, & quoique les Vers, fous la forme defquels ces Mouches ont d'abord vécu, fe nourriffent d'alimens très-différens. M. de Réaumur entre dans l'énumération de ces différentes fortes d'alimens. Les détails fur ces objets deviendroient trop longs; il faut les chercher dans le mémoire. De la nourriture des Vers, l'auteur paffe

à leur accroiffement, il eft fi prompt, quand le tems eft favorable, c'eft-à-dire, chaud, que des Vers de la Mouche de la viande pefoient, quarante-huit heures après leur naiffance, chacun fept grains, tandis que vingt-quatre heures plutôt vingt-cinq n'égaloient pas le poids d'un grain.

Chaque efpèce de Mouche ne dépofe fes œufs que fur l'aliment qui conviendra aux Vers; c'eft une erreur de croire que les chairs & les cadavres recouverts de terre à une médiocre épaiffeur foient la pâture des Vers; fi on y en trouvoit ce ne feroit que parce que des œufs auroient été dépofés fur les chairs avant qu'on les eût enfevelies.

Les Mouches bleues de la viande dépofent leurs œufs par grouppes ou tas; les Vers naiffent ordinairement en moins de vingt-quatre heures après le ponte; ils s'enfoncent dans la viande auffi-tôt après leur naiffance, & ils croiffent, comme il a déjà été dit, avec une rapidité furprenante.

L'auteur parle enfuite d'un Ver qui vit dans les truffes, qui en hâte la putréfaction, d'autres Vers qui fe nourriffent de la boufe de Vache, & de Vers qui vivent dans les excrémens humains. Les Vers dont il s'agit fe changent en Mouches; car on trouve dans les mêmes fubftances des Vers qui deviennent d'autres infectes. Leur hiftoire n'offre point de faits affez particuliers pour les recueillir dans cet extrait. Il faut pourtant excepter celui-ci qui eft très-remarquable; c'eft que la ponte de la plupart des Mouches & peut être de toutes, fe fait à plufieurs reprifes, comme celle des Oifeaux, que dans les intervalles les femelles s'accouplent plufieurs fois, & que la ponte dure fouvent quatre à cinq jours. Il eft enfuite queftion de la figure des œufs des différentes efpèces de Mouches; de l'accouplement du mâle & de la femelle; il commence par la pofition du mâle fur la femelle dont il faifit le dernier anneau en abaiffant l'extrémité de fon corps; dans quelques efpèces cette attitude dure autant que l'accouplement, mais dans d'autres, le mâle se pose après s'être uni à la femelle, sur le même plan qu'elle, & alors, leur tête est tournée de deux côtés opposés.

Tous les mâles des Mouches à deux aîles sont plus petits que les femelles, excepté dans l'espèce qui pond des œufs à aîlerons dans les excrémens. Dans cette espèce c'est le mâle qui est le plus grand.

Les Mouches mâles agassent les femelles qui d'abord les évitent, & ensuite non-seulement se rendent, mais diffèrent des autres animaux en un point très-essentiel. En effet, lorsque le mâle s'est posé sur la femelle, & que celle-ci y a consenti, elle fait sortir hors de son ventre une partie qu'elle introduit dans le ventre du mâle. On a cru que c'étoit par l'anus de celui-ci, c'est par une ouverture placée plus bas, & qui en est différente. Ainsi dans les Mouches à deux aîles c'est le mâle qui a une ouverture pour l'accouplement, qui reçoit, & c'est la femelle dont la partie de la génération est reçue ; ce qui est directement l'opposé des autres animaux. Cependant tout ne se passe pas aussi différemment de l'ordre ordinaire dans toutes les Mouches, mais dans quelques-unes seulement. L'auteur entre dans l'énumération & la description des parties de l'un & de l'autre sexe. Nous ne pouvons le suivre faute de figures nécessaires pour être bien entendu.

9. MÉMOIRE.

Des Mouches vivipares à deux aîles ; comment les petits Vers vivans sont placés & arrangés dans le corps de la mère.

Les Mouches vivipares déposent des Vers tout formés, & tels qu'ils sortent des œufs des autres Mouches. Les espèces vivipares sont en petit nombre en comparaison des ovipares, sur-tout parmi les Mouches à quatre aîles. On reconnoît si une Mouche est vi-

vipare ou ovipare en étant témoin de sa ponte ou *mise-bas*, en pressant son ventre & en forçant des œufs ou des Vers d'en sortir en l'ouvrant ; car les Vers sont arrangés différemment de ce que le sont les œufs. Une Mouche de la grosseur de celle de la Mouche bleue de la viande, mais facile à reconnoître par sa couleur grise, fournit l'exemple d'une espèce vivipare. L'auteur en cite deux autres fournis par des Mouches peu différentes de la précédente ; ces Vers vivent & se métamorphosent comme ceux de la Mouche bleue de la viande. Il cite encore deux espèces de Mouches vivipares qu'on trouve en automne sur le lierre ; toutes deux sont fort grosses ; l'une l'est plus que la Mouche bleue, & l'autre est à peu près de la même taille.

Les Vers sont arrangés dans le ventre de la Mouche le long d'un cordon situé dans le ventre, roulé en spirale, & formant ordinairement cinq circonvolutions. Ce cordon peut être regardé comme une matrice. M. de Réaumur en a trouvé la longueur de plus de deux pouces & demi, & le nombre des Vers qu'il renfermoit de vingt mille. Cependant chaque Ver a des enveloppes particulières qui sont des expansions du cordon, & une cavité où il est logé séparément. Il ne paroît pas que les Vers sortent immédiatement de leurs cellules quand la Mouche les met bas ; mais qu'ils se détachent d'abord de la matrice ; qu'ils se répandent dans la capacité du ventre, & qu'ils se dirigent ensuite vers l'ouverture qui leur donne issue.

Toutes les Mouches vivipares n'ont pas cependant une matrice roulée en spirale. Elle est droite dans quelques-unes.

M. de Réaumur conjecture que plusieurs Vers ou animalcules qu'on voit dans l'eau à l'aide du microscope, sont des Vers de Mouches si petites que nous ne les voyons pas elles-mêmes, & qui ont déposé dans l'eau ou des œufs ou des Vers.

10e MÉMOIRE.

10ᵉ. MÉMOIRE.

Des Mouches à deux aîles qui ont l'air d'A-
beilles, & de celles qui ont l'air de Guêpes
& de Frélons.

Les Abeilles, les Guêpes & les Frélons
qui sont les plus grosses des Guêpes, ont
quatre aîles ; cependant il y a plusieurs espèces de Mouches à deux aîles qui d'ailleurs ont tant de ressemblance avec ces insectes, qu'au premier coup-d'œil on les
confond. Ce sont ces Mouches qui sont l'objet de ce mémoire. L'auteur commence par
celles qui ressemblent aux Abeilles, il dit
qu'il y en a plusieurs espèces, que Redi en
a compté six, & qu'il y en a davantage. Il
s'occupe ensuite de l'histoire de ces Mouches.
Elles proviennent de Vers à tête de figure
variable, avec une queue rase qu'ils alongent ou raccourcissent à volonté, qui est
toujours plus longue que le corps, & dont
une sorte de ressemblance a fait nommer ces
Vers, *Vers à queue de Rat.* Ils vivent dans
l'eau ; ils s'y soutiennent la tête en bas, la
queue élevée à la surface de l'eau, & c'est
par l'extrémité de la queue qu'ils respirent.
Swammerdam & Wallisner ont connu ces
Vers, ils en ont donné l'histoire ; comme
nous en avons parlé d'après Swammerdam,
& que M. de Réaumur ajoute peu à ce
qu'il en a dit, nous serons courts sur l'extrait
de cette partie. Développement de l'organe
par lequel les Vers inspirent & rejettent l'air.
Examen de leur bouche, de leur anus. Ils
se nourrissent de feuilles macérées & pourries, & du détriment de ces feuilles. Ces
Vers sont du nombre de ceux qui se métamorphosent sous leur peau qui s'endurcit.
Quatre cornes cependant qui ne paroissoient
pas sur le Ver se montrent au-dehors sur
la peau de chrysalide. Leur usage le plus
probable est qu'elles sont les organes de la
respiration. Conjectures sur le développement de ces cornes. Vingt-quatre heures
après leur développement, ce que M. de
Réaumur appelle avec Swammerdam & Wallisner la première métamorphose des Vers,

est accompli ; c'est-à-dire qu'ils sont, sous
leur peau endurcie, dans l'état de nymphe,
à l'égard de laquelle le changement en
Mouche s'opère comme par rapport aux
autres Vers de Mouches qui se transforment
aussi sous leur peau ; au bout de huit à dix
jours les Mouches se tirent de l'enveloppe
de nymphe & de celle de Ver. Il y a différentes espèces de Vers à queue de Rat
& de Mouches qui en naissent. On trouve
de ces Vers dans les cloaques ou latrines,
où il y a de l'humidité ; ils en sortent &
se retirent sur terre pour se métamorphoser ;
ils deviennent une très grosse Mouche. M.
de Réaumur décrit plusieurs autres espèces
de Vers à queue de Rat, & finit par une
espèce très grosse qui vit dans les nids des
Bourdons, & qui s'y nourrit des Vers & des
nymphes de ces insectes

11ᵉ. MÉMOIRE.

Des Mouches à deux aîles qui ont l'air de
Bourdons & de la Mouche du Ver du nez
des Moutons.

Il y a des Bourdons de différente taille
& des Mouches qui leur ressemblent, aussi de
différente grandeur ; mais toutes ces Mouches
n'ont que deux aîles, & elles n'ont pas une
trompe semblable à celle des Bourdons. Cependant ces Mouches, semblables aux Bourdons par quelques apparences, diffèrent assez
entr'elles pour être non-seulement d'espèces
diverses, mais même de différens genres &
de différentes classes ; aussi leurs Vers se
trouvent-ils dans des endroits très-différens
& vivent-ils de substances fort disparates ;
en effet, les uns se nourrissent dans les intestins des Chevaux, les autres sous la peau
des bêtes à cornes ; d'autres dans les sinus
du Mouton, & il y en a qui habitent &
qui se nourrissent à l'intérieur des oignons
de certaines espèces de fleurs. C'est par l'histoire de ces derniers Vers que le mémoire
commence. Quant à ceux du nez des Moutons, ils ne se changent pas en Mouches
qui aient l'extérieur des Bourdons, mais le

rapport dans la manière de vivre a engagé l'auteur à les placer à la suite des Vers des intestins du Cheval & de ceux des tumeurs des bêtes à corne.

M. de Réaumur commence par décrire un Ver qui se nourrit en terre à l'intérieur des oignons de narcisses. Ces oignons sont percés par le ver à leur base; on y trouve un & quelquefois deux Vers; quand on les a tirés dehors on ne pourroit distinguer leur tête d'avec leur queue; mais ils tâchent de fuir, & on reconnoît leur tête à deux crochets qu'ils alongent, qui leur servent à se cramponner & se tirer en avant, comme ils s'en servoient à l'intérieur de l'oignon pour le dépécer. Description de ces Vers. Ils se métamorphosent sous leur propre peau, & deviennent des Mouches au mois d'avril. Il est probable que la Mouche sait s'introduire en terre pour déposer un ou deux œufs sur chaque oignon.

Les habitans de la campagne savent que des tumeurs qu'ils voient sur le corps des bêtes à corne en certain tems sont produites par un Ver qui habite ces tumeurs, que ce Ver se change en Mouche, & ils appellent & le Ver & la Mouche *Taon*, parce qu'ils voient les Taons très-acharnés sur les bêtes à corne. Mais la Mouche qui produit ces tumeurs est différente du Taon. M. Vallisner l'a le premier bien connue, M. de Réaumur en avertit, & en profitant à cet égard de ses découvertes, il y en ajoute de nouvelles. Les tumeurs ont en dedans une cavité, elles sont proportionnées à la grosseur du Ver qui les habite; ce n'est guère que vers la mi-mai que les tumeurs sont dans toute leur grosseur. Ce sont les jeunes bêtes ou celles de deux à trois ans sur lesquelles on voit le plus de Tumeurs; il est rare qu'il y en ait sur les vieilles bêtes. Ces Tumeurs ne paroissent ni faire souffrir l'animal, ni altérer sa vigueur; elles se voient le plus ordinairement sur l'échine, les épaules & le haut des cuisses. On n'en voit pas sur les bêtes qui vivent dans les pays de plaine, mais celles qui pâturent dans des pays boisés y sont très-sujettes.

Les Vers des Tumeurs sont d'abord blancs, ils deviennent bruns ensuite, & ils finissent par être d'un brun ardoisé. Ils n'ont point de pieds, mais à leur place des poils qui leur servent à se cramponner & à ramper; ils n'ont pas de mâchoires, & c'est par cette raison qu'ils ne causent pas de douleur à l'animal qui les nourrit; ils ne déchirent pas ses fibres, mais ils vivent au milieu du pus qui s'amasse dans les Tumeurs; ils y sont plongés & ils s'en nourrissent. L'œuf dont ils sont nés a été introduit par une plaie; l'œuf & ensuite le Ver sont devenus un corps étranger qui empêche la plaie de se fermer, qui l'entretient en suppuration, comme un poids entretient un cautère. Cependant le trou par lequel l'œuf a été introduit ne se ferme point, il s'agrandit au contraire en proportion que la Tumeur grossit, & quand le Ver est prêt à sortir, le trou se trouve d'une largeur convenable. Une raison bien simple entretient le trou ouvert & sert à l'agrandir. Le Ver tient son derrière appliqué sur les bords du trou, & l'empêche de se fermer; il s'agrandit à mesure que le Ver grossit & celui-ci, dans les derniers jours, y engage une portion plus considérable de son corps; ainsi le pois qui se dilate élargit l'ouverture d'un cautère.

Les Vers parvenus à leur grandeur sortent de la Tumeur à reculons, glissent sur le dos de l'animal, roulent à terre & s'y traînent sous quelqu'abri, comme une cavité, sous une pierre, pour s'y métamorphoser; bientôt la Tumeur s'affaisse & le trou se cicatrise. Ainsi, en suivant l'analogie avec le cautère, il se ferme promptement si on cesse d'y placer un pois. Ne seroit-ce pas parce que ces Tumeurs sont véritablement analogues au cautère, que les bêtes, loin d'en souffrir, n'en sont que mieux portantes, & qu'on les préfère dans les marchés, parce qu'elles sont moins sujettes à des maladies!

Je dois avertir que ce rapport, que je crois entrevoir avec le cautère, eſt une conjecture que je préſente, & non une idée de M. de Réaumur.

Ce ne ſont pas ſeulement les bêtes à corne qui ſont ſujettes à des Tumeurs produites par des Vers. Suivant Rédi, les Cerfs, ſuivant M. Valliſner, les Daims & les Chameaux, & d'après Linné, les Rennes, y ſont auſſi ſujets.

Notre auteur retourne au Ver fixé ſous un abri; ſa peau, ſous laquelle il ſe métamorphoſe, ſe durcit. Je n'ai pu, dit M. de Réaumur, ſavoir s'il paſſe par l'état de boule alongée avant de parvenir à celui de nymphe. Le reſte du mémoire eſt employé à décrire la nymphe, la manière dont la Mouche ſe tire de ſes enveloppes, ce qui arrive à la fin de juillet, & à décrire très-en détail la Mouche qui a la plus grande reſſemblance avec un Bourdon de moyenne taille. Enfin, M. de Réaumur décrit la tarrière ou aiguillon qui ſert à la Mouche pour dépoſer ſes œufs dans le tiſſu de la peau des bêtes à corne; cette tarrière eſt compoſée de trois pièces fort groſſes en comparaiſon des aiguillons des autres inſectes, de ſorte qu'il en réſulte une plaie aſſez grande; elle ne paroît pas cependant à notre auteur devoir être douloureuſe, parce qu'il ſuppoſe que la Mouche ne verſe pas de liqueur cauſtique, & que la peau des bêtes à corne eſt en général peu ſenſible.

Quelques perſonnes penſent cependant que les bêtes redoutent beaucoup cette piquure, & que le bourdonnement de la Mouche qui l'exécute eſt cauſe des agitations, des mouvemens de fureur dans leſquels ces bêtes, qui étoient tranquilles, entrent quelquefois ſubitement. Il me ſemble que ce point n'eſt pas bien éclairci. Une autre remarque, par laquelle je finis, c'eſt que les Mouches naiſſent à la fin du mois de juillet, & par conſéquent les Vers au commencement d'août, les Tumeurs & les Vers ne ſont à leur groſ-ſeur qu'à la mi-mai; ainſi, c'eſt pendant l'intervalle entre ces deux termes que ſe fait l'accroiſſement des Vers & des Tumeurs.

Après la partie du mémoire dont on vient de lire l'extrait, M. de Réaumur s'occupe des Vers des inteſtins du Cheval.

Le Cheval nourrit, dans ſes inteſtins, deux ſortes de Vers; les uns longs & les autres courts. C'eſt de ces derniers dont il eſt queſtion dans ce mémoire; ils deviennent des Mouches velues à deux aîles ſemblables à de petits Bourdons; beaucoup d'auteurs avoient parlé de ces Vers avant M. Valliſner, mais il eſt le premier qui ait reconnu leur métamorphoſe & achevé leur hiſtoire.

Les Mouches qui donnent naiſſance aux Vers dont il eſt queſtion, n'habitent qu'à la campagne, & elles n'approchent ni des villes ni des maiſons; elles font leur ponte en été, & peut-être encore au commencement de l'automne; elles s'introduiſent ſous la queue des Chevaux dans l'anus, & font leur ponte dans le canal inteſtinal. Il paroît que les Chevaux redoutent l'approche de ces ſortes de Mouches, & qu'un certain inſtinct les porte à l'éviter; ils s'agitent, ſe tourmentent en entendant le bourdonnement des Mouches, & ils les éloignent par les mouvemens de leur queue; les Mouches ſont donc obligées de ſaiſir un inſtant où elles ſurprennent un Cheval; alors elles s'inſinuent dans l'anus, y excitent une démangeaiſon qui ſollicite le Cheval à dilater l'anus, à le porter en-dehors; ces efforts mêmes favoriſent l'action de la Mouche qui pénètre plus avant & qui gagne l'inteſtin. Sa préſence ne paroît être d'abord pour le Cheval qu'incommode, mais l'opération de la ponte devient apparemment fort douloureuſe, car le Cheval, cet animal ſi patient, entre en fureur, rue, ſe couche à terre, ſe roule, ſe relève, hennit & devient intraitable. Cet état dure environ un quart d'heure.

On ignore si la Mouche est ovipare ou vivipare. Mais soit que les Vers naissent d'œufs qui ont été déposés, soit que la Mouche les ait mit bas sous la forme de Vers, ils remontent le long du canal intestinal quelquefois jusqu'à l'estomac, & se fixent à différentes distances. Il est inutile de dire que la Mouche ressort aussi-tôt après sa ponte.

Description des Vers, dans laquelle il faut remarquer des crochets placés près de leur tête, à la faveur desquels ils se cramponnent contre l'intestin, & résistent au passage des matières qui les entraîneroient ; il faut également remarquer que leurs stigmates sont couvertes d'une sorte de bourse qui leur permet de les fermer, en sorte qu'ils ne sont pas suffoqués par le chile, ni tués par les substances huileuses qu'on pourroit injecter pour les faire périr. Lorsqu'ils sont parvenus à leur grosseur, qui est moyenne entre celle des Vers des tumeurs des bêtes à cornes & celle des Vers de la Mouches bleue de la viande, ils s'approchent de l'anus, se laissent entraîner par les excrémens, cherchent un abri, & s'y métamorphosent d'abord en boule alongée, ensuite en nymphe. Les Mouches dans lesquelles ils se changent enfin sont très-différentes entr'elles par la couleur des poils dont elles sont couvertes, en sorte qu'on les prendroit pour des espèces différentes, si l'on n'en jugeoit que d'après les couleurs.

A la suite des Vers qui vivent dans les intestins du Cheval, M. de Réaumur parle de ceux dont une Mouche a su déposer les germes dans les sinus du Mouton, du Daim ou du Chevreuil, qui se nourrissent de la muscosité qui abreuve ces parties & qui sortent des sinus pour se métamorphoser. Ces Vers sont plus gros que ceux des intestins du Cheval ; on n'en trouve souvent qu'un, quelquefois deux, & au plus trois par tête de Mouton. La Mouche dans laquelle ils se métamorphosent est diptère ou à deux aîles, & elle est tigrée de jaunâtre & de brun.

13e. MÉMOIRE.

Histoire des Cousins.

M. de Réaumur commence par avertir que des Auteurs célèbres tels que Swammerdam, Leewenhoeck, &c. ont examiné les Cousins, & donné leur histoire ; mais il ajoute qu'ils ont omis des faits intéressans qu'il a recueillis. C'est à ces faits que nous nous attacherons principalement dans cet extrait.

Il y a, aux environs de Paris, suivant M. de Réaumur, trois sortes de Cousins. On pourroit les confondre avec les Tipules, mais les dernières n'ont point d'aiguillon à la tête, & les Cousins en ont un. Pour s'assurer de cette différence, on a besoin de la loupe par rapport aux petites espèces de Cousins & de Tipules.

Les aîles des Cousins sont chargées d'écailles noires, non pas pressées & contiguës, comme celles qui couvrent les aîles des Papillons, mais dispersées & formant des sortes de ramifications. Ces écailles ressemblent à des palettes oblongues, pointues à un de leur bout. Elles ne se trouvent pas sur les aîles seulement, mais il y en a sur toutes les parties du corps, & outre les écailles, les Cousins sont encore revêtus de poils longs, très-fins. Leurs antennes sont des panaches plus fournies dans les mâles ; leurs yeux sont à réseau, ils n'en ont pas de lisses. Mais de toutes les parties de ces insectes, leur trompe est la plus remarquable ; elle est en même-tems très-fine & fort composée, elle résulte de l'assemblage d'un étui & de pièces qu'il renferme ; l'étui est composé de deux parties qui peuvent s'écarter & se rapprocher à peu près dans toute leur longueur ; les pièces internes sont, selon Leuwenhoeck, au nombre de quatre, & au nombre de dix, selon Swammerdam. Elles sont d'une finesse extrême, terminées en pointe de fer de lance. C'est à peu près tout ce qu'on en sait en général, & M. de Réaumur avertit qu'il est fort difficile de déterminer précifément leur nombre & leur figure. Ce font ces pièces internes qui pénè:rent dans la peau lorfqu'un Coufin nous pique ; les parois de l'étui, en s'écartant, permettent aux pièces internes de s'enfoncer dans la plaie & elles foutiennent en même-tems ces pièces hors de la plaie & en ne s'en écartant qu'à me-fure quecelles-ci pénètrent. Lorfque le Coufin retire fa trompe, l'élafticité des pièces de l'étui les rapproche. Quelque petite que foit la piquure du Coufin, elle eft fort douloureufe & fuivie d'un gonflement. Ces effets font dus à ce qu'ils verfent dans la plaie une féro-fité propre à rendre le fang qu'il a befoin de pomper, plus fluide. On apperçoit cette humeur découler de la trompe d'un Coufin qu'on preffe légèrement entre fes doigts.

Les Coufins demeurent tranquilles pendant la journée ; ils fe pofent à l'ombre fur les feuilles des arbres ; il eft probable qu'ils y pompent les fucs nourriciers dont ils ont befoin, & leur nombre eft fi grand, celui des animaux ou des hommes qu'ils peuvent piquer fi borné, qu'il eft très-vraifemblable qu'un petit nombre feulement fe trouve à por-tée de fe raffafier de fang ; que cette nourriture ne leur eft pas néceffaire, & qu'ils peuvent également fe nourrir du fuc des végétaux & du fang des animaux.

Les larves des Coufins vivent dans les eaux ftagnantes & corrompues, jamais dans les eaux vives & courantes. Ce font des Vers apodes ou fans pieds, du fixième genre des Vers de la troifième claffe de M. de Réaumur ; ils fe changent en Mouches à deux aîles ; ils refpirent par l'extrémité de leur corps qu'ils tiennent à la furface de l'eau ; ils vivent de très-petits infeétes ou de détriment de vé-gétaux qu'ils trouvent dans l'eau ; ils font d'une extrême agilité. L'auteur fait de ces Vers une defcription très-détaillée. Comme nous les avons fait connoître d'après Swam-merdam, nous renvoyons à ce que nous en avons dit dans l'extrait des ouvrages de cet auteur.

Les Vers des Coufins changent plufieurs fois de peau, & c'eft une remarque que les auteurs avoient omife avant M. de Réaumur ; après en avoir changé trois fois, ils paffent à l'état de nymphe, dans lequel leur corps fe re-plie de façon que la queue fe rapproche de la tête : ces nymphes ne ceffent pas d'avoir la faculté de fe mouvoir, elles font au con-traire fort vives ; elles reffemblent, par la première faculté, aux nymphes en géné-& elles n'en diffèrent qu'en ce que les parties contenues fous la peau de nymphe ne font guère plus vifibles que les parties contenues fous la peau de chryfalide, mais les chry-falides n'ont pas la puiffance de changer de place. C'étoit par l'extrémité de fon corps que le Ver refpiroit, & la nymphe ref-pire par deux prolongemens placés aux côtés de fa tête. Lorfque le Coufin eft prêt à paffer à l'état volatil, la nymphe fe tient à la fur-face de l'eau, étend fa queue qui avoit été contournée, fes parties internes fe gonflent, la peau de nymphe fe fend fur le corcelet qui fe trouve élevé au-deffus de la furface de l'eau, & le Coufin fe dégage en tirant fes différentes parties de l'enveloppe de nym-phe ; il s'appuie fur cette enveloppe qui lui fert de foutient, il élève fon corps autant qu'il peut dans une direétion perpendiculaire, & pour peu que l'air foit agité, il eft pouffé fur la furface de l'eau avec la dépouille qui le fupporte ; lorfqu'il a dégagé tout fon corps il s'appuie de fes pieds fur l'eau fans qu'il enfonce, & il prend fon effor.

Les Coufins multiplient prodigieufement, & M. de Réaumur eftime qu'il y a fix à fept générations de mai en oétobre. Les fe-melles dépofent leurs œufs à la furface de l'eau en tas, qui ont la forme d'une forte de nacelle.

VOLUME V.

Ce volume commence par une préface, dont le but eft de préfenter une idée géné-rale des mémoires qu'il contient. Ils font au nombre de treize; le premier fur les Tipules, le fecond fur les Mouches Saint-Marc, le troifième fur les Mouches à quatre aîles, les fauffes Chenilles & les Mouches à fcie qui en proviennent; les neuf autres font relatifs à l'hiftoire des Abeilles.

PREMIER MÉMOIRE.

Hiftoire des Tipules.

Les Tipules font des Mouches à deux aîles dépourvues de trompe, ce qui les diftingue, des Coufins; elles n'ont qu'une bouche fimple & point de mâchoires, elles appartiennent à la feconde claffe des Mouches à deux aîles fuivant la méthode adoptée par M. de Réaumur. Leur genre renferme un grand nombre d'efpèces, toutes très-fécondes; auffi les Tipules font-elles très-communes : parmi les efpèces qui compofent ce genre, les unes vivent dans les eaux lorfqu'elles font dans l'état de larve, & les autres vivent ou fous terre ou fur des plantes.

L'auteur n'entreprend pas de parler de toutes les Tipules, mais de celles qu'on voit le plus communément ou dont l'hiftoire préfente des faits plus remarquables, & il commence par les Tipules dont les larves vivent hors de l'eau.

C'eft dans les prairies qu'on voit les plus grandes efpèces de Tipules; celles-ci ont jufqu'à vingt lignes de long, leur corps eft mince & délié, leurs jambes font très-longues; on les voit depuis le printems jufqu'au commencement de l'hiver, mais les mois où leur nombre eft le plus grand font ceux de feptembre & d'octobre. Leur vol eft court, quoique leurs aîles foient amples. Les petites efpèces de Tipules font beaucoup plus agiles, il y en a même qui fe foutiennent prefque continuellement en l'air, & qui y forment des fortes de nuées qu'on prend communément pour des Moucherons ou des Coufins; ces petites Tipules réfiftent mieux au froid; elles fe montrent même en hiver dans les

momens où il fait foleil; elles fe foutiennent en l'air en s'élevant & redefcendant continuellement à un certain degré de hauteur

Les larves des Tipules font des Vers fans pieds, à tête de figure conftante; celles des grandes efpèces & de plufieurs efpèces moyennes vivent fous terre.

Defcription de ces larves. Elles fe tiennent à un pouce ou deux de la furface de la terre; on les trouve fur-tout dans les prairies baffes & humides, elles fe nourriffent de terre; celle qui leur convient le mieux eft le terreau formé des débris récens des végétaux; cependant ces Vers ou larves, qui n'attaquent pas les plantes, leur font très-nuifibles, & caufent de grands dégâts dans les prairies; ils font dus à ce que les larves labourent, fillonnent la terre, la foulèvent à fa furface, déracinent les jeunes plans, & les expofent à être défféchés.

On trouve fouvent des larves des Stipules parmi le terreau qui fe forme & qui s'amaffe dans les cavités des arbres creux.

Avant de paffer à l'état de Mouche, les larves fubiffent celui de nymphe, dans lequel cependant les formes de la Mouche ne font pas fi exprimées au-dehors que dans plufieurs autres efpèces de nymphes. Avant de fubir cet état, la larve quitte fa peau comme la Chenille qui paffe à l'état de chryfalide dépouille la fienne. Defcription des nymphes de différentes Tipules. Ces nymphes font hériffées de piquans & de crochets; lorfque le tems de devenir mouche approche, les nymphes, à la faveur de leurs crochets, s'élèvent à la furface de la terre & en fortent jufqu'au-deffous du corcelet; la peau qui les couvre fe fend & la Tipule fe tire de fon enveloppe par cette ouverture. Defcription des parties de la génération & de la manière dont s'opère l'accouplement; il eft long, & fa durée de près de vingt-quatre heures; quand il eft terminé, la femelle cherche un terrein convenable pour dépofer fes œufs,

& à l'aide de ses longues jambes se tenant le corps presque perpendiculaire, elle en enfonce l'extrémité dans la terre où elle dépose ses œufs.

Après avoir parlé des Tipules dont les larves vivent sous terre, M. de Réaumur s'occupe d'autres Tipules dont les larves vivent dans les bouses de Vache; il parle ensuite d'espèces dont les larves se nourrissent de différentes sortes de champignons qui commencent à se passer & se pourrir, & d'une espèce dont la larve vit de l'agaric du chêne. Celle-ci est sur-tout remarquable en ce que sa larve enduit le chemin sur lequel elle passe d'une muscosité visqueuse, & en ce que cette même muscosité lui sert, quand elle devient nymphe, à former une coque sous laquelle elle s'enferme.

A la suite des espèces de Tipules terrestres dont M. de Réaumur s'est occupé, il parle de plusieurs espèces aquatiques ou dont les larves vivent dans l'eau, & y passent aussi l'état de nymphe.

La première de ces espèces est très-petite & celle qu'on a le plus confondu avec les Cousins; sa larve vit dans les eaux croupies; c'est un très-petit Ver, d'un assez beau rouge, à tête écailleuse, n'ayant pas de pieds bien formés, mais des appendices qui lui en tiennent lieu; cette larve se couvre de la vase qui s'amasse au fond des eaux croupissantes, ou de fragmens de plantes, & s'en forme un tuyau au centre duquel elle se tient; elle en sort quelquefois, peut-être pour chercher une place plus à son gré, & elle nage en repliant son corps à la manière des serpens; elle passe à l'état de nymphe sous le dernier tuyau qu'elle s'est formé. Description de cette nymphe, dans laquelle il faut remarquer une sorte de panache qui s'élève sur son corcelet, & que M. de Réaumur paroît bien fondé à comparer aux ouies des poissons.

Ce mémoire est terminé par la description des larves de deux très-petites espèces de Tipules; l'une de ces larves est blanche & semblable d'ailleurs aux larves rouges dont il a été parlé. Celle-ci est contenue dans une matière gélatineuse semblable à du frai de Grenouille; comment cette substance est-elle produite, est-ce le mucus de l'œuf qui s'augmente & végete, est-ce la larve qui produit cette matière & qui s'enveloppe? L'autre larve est transparente, semblable à un fil de cryistal, elle est remarquable par deux crochets qui accompagnent sa tête.

2e. MÉMOIRE.

Histoire des Mouches S. Marc, & quelques supplémens au neuvième & au douzième mémoire du volume IV.

Les Mouches auxquelles on donne, en certains cantons, le nom de *Mouches St. Marc,* sont d'une grosseur moyenne, de la seconde classe générale des Mouches sans dents, suivant le système de M. de Réaumur; elles paroissent des premières au printems, elle sont très-nombreuses, leur bouche consiste en une fente accompagnée de deux lèvres recouvertes par deux barbillons elle; leur suffit pour exprimer des boutons qui ne sont pas épanouis des sucs qui les nourrissent. Peut-être en occasionnent-elles le desséchement & le tort que les gens de la campagne les accusent de causer aux arbres, est-il réel. Description de ces Mouches. V. Bibion. Leurs larves vivent sous terre, & s'y nourrissent de terreau, mais elles en sortent lorsqu'elles sentent au-dessus d'elles des bouses de vaches, & elles pénètrent dans ces bouses, où elles trouvent un aliment qui leur convient. Ces larves changent plusieurs fois de peau, vivent sous la forme de Ver pendant l'automne & l'hiver qui suivent leur naissance, passent à l'état de nymphe dans les premiers jours de mars, & paroissent sous la forme de Mouches à la fin de ce mois.

Après l'histoire des Mouches Saint-Marc, M. de Réaumur donne, en supplément au neuvième mémoire du volume précédent, celle d'une très-petite Mouche ou Moucheron, très-commune presque dans tous les tems de l'année. Cette Mouche est attirée par toutes les substances qui, ayant été douces, commencent à s'aigrir, comme la lie de vin, le marc de raisin, &c., son corps & son corcelet sont jaunâtres; ses yeux sont à réseau & rougeâtres; elle n'a que deux aîles; on ignore si elle est vivipare ou ovipare. Les Vers sont semblables à ceux de la viande, mais beaucoup plus petits; ils se métamorphosent sous leur propre peau, & paroissent sous la forme de Mouche, dix à douze jours après avoir pris celle de nymphes.

M. de Réaumur ajoute ici un supplément à l'égard des Vers des truffes dont il a parlé dans la neuvième mémoire du volume précédent. Ce supplément consiste dans la description d'une Mouche, qui naît d'un Ver des truffes; l'auteur ne connoissoit alors que les Vers & non les Mouches. Nous nous bornerons à remarquer que les Mouches ont quelque ressemblance avec celles qui déposent leurs œufs sur les excrémens humains.

Le supplément au douzième mémoire du volume précédent a pour objet des Vers qui vivent dans l'arriere-bouche des cerfs; on trouve ces Vers dans deux espèces de poches charnues, situées près du pharinx; le mois de Mars est la saison où on les trouve. Ils n'ont point de jambes; ils sont de la classe des Vers à tête de figure variable; ils se traînent à l'aide de deux crochets placés près de la tête; ils sont blanchâtres, & ils ressemblent, par la forme, aux Vers des nazeaux des moutons. M. de Réaumur estime qu'une poche ou bourse qu'il examina, en contenoit au-delà de cent; ils étoient d'une grosseur fort différente; il y en avoit de fort petits, & les plus grands l'étoient autant que les Vers des nazeaux des moutons; ils adhèrent si fortement aux chairs sur lesquelles ils se cramponnent, qu'on ne peut les détacher de force sans déchirer ou les Vers ou les chairs. Description de ces Vers.

Les chasseurs leur attribuent la chûte du bois des cerfs; cette supposition est absolument dénuée de tout fondement. Cependant il ne faut pas imaginer que les Vers occasionnent les bourses dans lesquelles on les trouve; ces bourses sont des parties propres au cerf dans lesquelles les Vers vivent. M. de Réaumur n'a point vu la Mouche dans laquelle ils se transforment: il suppose par analogie que cette Mouche s'introduit par les nazeaux du cerf, qu'elle pénètre jusqu'aux bourses, qu'elle y dépose ses œufs; que quand les Vers sont à leur terme, ils sortent par les nazeaux & se métamorphosent en se retirant sur terre sous quelqu'abri.

3ᵉ. MÉMOIRE,

& le premier sur les Mouches à quatre aîles.

Des fausses Chenilles & des Mouches à scie dans lesquelles elles se transforment.

Les fausses Chenilles ressemblent assez par leur forme aux véritables pour en imposer, mais les vraies ont au plus dix jambes membraneuses, & les fausses en ont au moins douze. Cette différence peut suffire pour les distinguer; on peut ajouter que les jambes membraneuses des fausses Chenilles ou sont dépourvues de crochets, ou que ceux dont elles sont garnies ne sont pas disposés comme les crochets des jambes membraneuses des véritables Chenilles; que la tête des fausses est sphérique ou approche beaucoup de l'être, au lieu que celle des vraies est applatie.

Le nombre des jambes des fausses Chenilles varie, & pourroit fournir un moyen de les classer à raison de leur nombre. Notre auteur n'entre pas dans ce détail, & il s'attache dans ce mémoire à rapporter les faits les plus remarquables de l'histoire des fausses Chenilles. Elles changent plusieurs fois de peau comme les vraies Chenilles; mais celles-ci, à chaque mue, conservent les mêmes couleurs, au lieu que les fausses Chenilles en changent à plusieurs mues, & sur-tout

à

à celle qui précède leur changement; elles ont des couleurs plus brillantes dans leur premier âge, & de plus sombres dans le dernier. Il y en a qui, avant leur dernière mue, ont des tubercules, d'autres des épines, & qui les perdent dans cette mue.

La plupart des fausses Chenilles ne sont étendues que lorsqu'elles mangent, & elles demeurent roulées sur elles-mêmes le reste du tems; plusieurs prennent en mangeant des attitudes bizarres, elles relèvent la partie antérieure de leur corps, saisissant avec leurs jambes le bord des feuilles, & elles contournent le reste de leur corps en différens sens; il y en a qui se tiennent dessous les feuilles & qui n'en mangent que le parenchime; celles-ci ont une peau luisante & gluante, elles sont d'un vert brun, on les trouve principalement sur les arbres fruitiers. Il y en a qui creusent l'intérieur des tiges, telle est une espèce qui s'attache au rosier, d'autres qui pénètrent dans les fruits nouvellement noués, sur-tout les poires, & qui en causent la chûte au printems.

Lorsque les fausses Chenilles sont prêtes de leur métamorphose, elles se filent une coque lisse & molle à l'intérieur, mais solide & en état de résister à l'extérieur; elles se changent en nymphes sous cette coque; elle est composée de deux tissus, dont l'extérieur, quoiqu'à réseau, est très-solide, & l'intérieur, quoiqu'il ne soit point à maille, mais continu, est doux & mollet. Il y a des fausses Chenilles, comme celles du rosier, du chèvre-fueille, qui entrent en terre pour se métamorphoser, d'autres qui filent leur coque dans des trous d'arbres creux, d'autres sur les feuilles. Les coques des différentes espèces sont plus ou moins solides & travaillées avec plus ou moins de soin.

Les fausses Chenilles deviennent des Mouches à quatre aîles, dont la bouche est armée de mâchoires; elles sortent de leur coque plus tôt ou plus tard, suivant la saison

où elles s'y sont renfermées; car si c'est en été, elles en sortent au bout de quinze jours ou trois semaines, & si c'est en automne elles n'en sortent qu'au printems suivant. Elles ouvrent leur coque à l'aide de leurs mâchoires.

Toutes les Mouches qui naissent de fausses Chenilles ont dans leur ensemble une ressemblance de conformation, qui les rend faciles à reconnoître. Elles ont le corps assez court & fort gros, le corcelet & le ventre peu distincts, l'air lourd & pesant. On les approche & on les prend plus aisément que la plupart des autres Mouches. Les femelles sont ovipares; les unes déposent leurs œufs dans l'intérieur ou sous l'épiderme des plantes, les autres sur les feuilles; cependant toutes sont pourvues d'une sorte de tarrière dont la conformation a fait donner à ces Mouches le nom de *Mouches à scie*. Cette tarrière est composée de deux pièces internes & d'un étui fait de deux plaques. Les deux pièces internes sont de substance cornée, pointues, hérissées sur les côtés de dents comme une scie, & sur leur surface d'aspérités ou de dents plus courtes comme une lame; en sorte que c'est en même-tems une scie & une rape : ces deux pièces jouent de manière que quand la Mouche en pousse une, elle retire l'autre. Quant à l'étui, il sert à conserver à ces pièces le soutien dont elles ont besoin. Lorsqu'une Mouche veut déposer ses œufs elle perce donc le bois, elle le scie, elle agrandit l'ouverture par l'effet des surfaces semblables à une rape. Mais à quoi sert cet instrument à celles qui déposent leurs œufs à la superficie des plantes? Cet objet n'a pas été déterminé. Une autre remarque importante, c'est que les œufs des Mouches à scie sont du nombre de ceux qui augmentent de volume du moment de la ponte à celui où les vers sortent des œufs; cette augmentation est si considérable, que des œufs de même espèce, comparés peu de tems après la ponte, avec d'autres œufs dont les Vers étoient prêts à sortir étoient moitié plus petits.

4ᵉ. MÉMOIRE.

Sur les Cigales & sur quelques Mouches de genres approchans.

M. de Réaumur place les Cigales à la suite des Mouches à scie, à cause du rapport d'industrie qu'elles ont avec elles dans la manière de placer leurs œufs; il n'y en a pas d'autre, & j'ajouterai que dans la façon actuelle de considérer les insectes, on est surpris de trouver les Cigales au rang des Mouches. Mais en se conformant à la méthode de M. de Réaumur, les Cigales sont du nombre des Mouches qui ont le corcelet composé de deux pièces ou qui paroît double.

Les Cigales sont des insectes des pays méridionaux. On en trouve cependant, mais rarement dans nos climats; elles ont été remarquées de tout tems à cause du grand bruit qu'elles font; dans la description de ces insectes, M. de Réaumur s'attache particulièrement aux organes qui produisent ce bruit; ces organes n'appartiennent qu'aux mâles; ils sont situés en-dessous du corps; mais on doit remarquer sur cette même surface la trompe qui est commune aux deux sexes, & la tarrière qui sert à la femelle pour déposer ses œufs.

La partie antérieure & inférieure de la tête est terminée par une pièce triangulaire; de la pointe de cette pièce naît un filet recourbé sous le corcelet dans l'état de repos, mais capable d'être redressé; ce filet est la trompe; la Cigale en est pourvue dans l'état de nymphe comme dans celui de Cigale; il sert dans l'un & l'autre à piquer les plantes & à en extraire des sucs nourriciers; ce filet ou plutôt cette trompe est composée d'un étui qui est une pièce creusée dans sa longueur & formée de deux lames écailleuses ou cornées; au milieu est située la trompe proprement dite; elle est terminée par une pointe fine & courbe, & le tout est d'une substance cornée.

Nous avons déjà dit que les mâles seuls des Cigales rendent un son, quoiqu'on attribue au contraire communément cette faculté aux femelles: les organes qui produisent ce bruit, sont situés sous le ventre. Ce sont, à l'extérieur, deux plaques membraneuses, une de chaque côté, capables de se soulever & de s'abaisser; elles couvrent une cavité pratiquée sur les côtés du ventre, partagée en deux portions par une pièce écailleuse de forme triangulaire, sur le fond de chaque cellule est tendue une membrane mince, polie, transparente, semblable à une lame très-fine de talc ou de verre.

On peut voir sur une Cigale, sans la disséquer, les parties dont nous venons de présenter une esquisse; on les a long-tems regardées comme servant seules au bruit que font ces animaux, & on s'étoit efforcé d'en expliquer le jeu; mais on a été désabusé depuis, & on a reconnu que ces pièces ne font qu'une partie des organes employés au son des Cigales; que pour découvrir les autres parties, il faut les chercher à l'intérieur du corps de ces insectes.

La principale des parties internes est une sorte de cimbale située au-dessous de chacune des cellules extérieures, formée par une membrane très-élastique, plissée, ridée & supportée par un cercle écailleux; deux muscles dont les tendons se terminent aux rugosités des cimbales, servent à les plisser, & leur ressort les fait relever. Le mouvement de ces cimbales agite donc l'air contenu dans les cellules, en soulevant le miroir ou plaque qui a été comparé à une lame de talc, & les vibrations de ce même air sont modifiées par la forme, la substance des parties qui composent & qui couvrent les cellules.

La partie propre aux femelles est une tarrière placée dans une cavité pratiquée à l'extrémité du dernier anneau. Elle est composée de deux pièces en forme de fer de lance, couvertes d'aspérités à leur bout comme une lime; ces deux pièces sont renfermées dans un étui;

elles ont la propriété de se mouvoir de manière que l'une s'élève quand l'autre s'abaisse. Elles servent à percer & ouvrir le bois dans lequel les Cigales déposent leurs œufs. Ce qui vient d'être dit n'est qu'un abrégé très-succinct; M. de Réaumur s'étend au contraire dans de très longs détails sur la structure de la tarrière; mais nous n'avons pu le suivre dans ces détails non plus que dans ceux qui concernent les organes du son.

Les Cigales choisissent, pour déposer leurs œufs, de petites branches sèches dont le bois soit rempli de beaucoup de moëlle; elles percent le bois jusqu'à la moëlle de toute la longueur de leur tarrière, & ordinairement de trois à quatre lignes, mais quand elles ont atteint la moëlle, elles dirigent l'ouverture suivant sa longueur, & n'entament pas le bois qui est au-delà; elles ne percent les branches que d'un côté; elles déposent un œuf dans chaque trou, & une seule Cigale dépose environ cinq cents œufs; ils sont blancs & oblongs; les bavures du bois referment & bouchent chaque trou à mesure que la Cigale retire sa tarrière. Il sort de ces œufs des Vers à six pieds ayant à peu près la forme d'une puce; ils sortent des trous par la même ouverture par laquelle les œufs y ont été introduits; ils descendent sur la terre, ils s'y enfoncent; ils y deviennent nymphes, c'est-à-dire qu'il leur pousse des fourreaux qui recouvrent les aîles dont la Cigale sera pourvue; c'est la seule différence qu'il y ait entre les Vers & les nymphes; celles-ci sont d'un blanc sale, & on distingue à travers la peau qui les couvre, les parties de la Cigale, en sorte qu'on peut reconnoître les sexes; ces nymphes, pourvues, comme les Cigales, de six jambes & d'une trompe, sont agissantes, & elles pénètrent en terre jusqu'à la profondeur de deux à trois pieds; elles se tiennent près des racines des arbres; il est probable qu'elles en tirent leur nourriture; mais le mémoire ne l'exprime pas positivement; il n'apprend pas non plus précisément dans quel tems les

Vers naissent & descendent en terre, combien il se passe de tems avant la dernière métamorphose; il paroît qu'elle a lieu l'été qui suit la ponte; les nymphes, pour se métamorphoser, quittent la terre, se cramponnent sur des branches, leur peau se fend longitudinalement sur le corcelet, & la Cigale sort de sa dépouille. Les nymphes étoient mises par les anciens au rang des comestibles; ils mangeoient aussi les Cigales mêmes; les Vers sont exposés dans les trous des branches à un ichneumon qui dépose ses œufs dans les mêmes trous, & donne naissance à un ver qui détruit ceux des Cigales.

M. de Réaumur parle ensuite de deux insectes qu'il associe, à cause de leur forme, aux Cigales, & le second & à cause de sa forme & de sa manière de déposer ses œufs; mais il décrit si peu correctement ces deux insectes, qu'il n'est pas aisé de les reconnoître & de déterminer précisément à quelle classe ils appartiennent suivant les méthodes nouvelles; le second, qui n'est pas plus grand qu'un fort petit Moucheron, se trouve en très-grand nombre sur les rosiers depuis le printems jusqu'à l'automne; il a une trompe semblable à celle des Cigales, & la femelle a de même une tarrière, à l'aide de laquelle elle dépose ses œufs sous l'écorce des branches. Il naît des œufs des Vers qui deviennent sous l'écorce même des nymphes qui y vivent & s'y changent en Mouche.

Le mémoire est terminé par la description de cette grande Cigale qu'on a appellée *Porte-Lanterne*, qui se trouve à Surinam & dans la Guiane; elle est remarquable par la lumière qu'elle répand dans l'obscurité; cette lumière est assez considérable pour qu'on puisse, à sa faveur, lire un papier imprimé d'un caractère fort fin. Je n'en dirai pas davantage en cet endroit sur cet insecte, qui sera décrit à son rang.

5ᵉ. Mémoire.

Le premier sur les Abeilles.

L'auteur traite dans ce mémoire de la forme des ruches les plus propres à faire des observations sur les Abeilles ; de ce qu'on doit penser de la constitution de leur gouvernement ; des moyens dont il s'est servi pour voir les faits qu'il rapporte.

M. de Réaumur commence l'histoire des Abeilles par prévenir qu'elles ont été célèbres de tout tems, mais qu'on a rapporté à leur égard des faits sans preuve, & qui sont souvent le produit de l'imagination, jamais, ou presque jamais celui de l'observation ; il apprend que M. Maraldi est le premier qui ait donné une histoire des Abeilles dont l'observation ait été la base ; que cette histoire est insérée dans les volumes de l'académie royale des sciences pour l'année 1712 ; que quelque tems après Boërhaave publia les œuvres de Swammerdam, dont l'histoire des Abeilles fait partie. M. de Réaumur témoigne le cas qu'il fait de ces deux traités ; mais il ne pense pas qu'ils dussent l'empêcher de publier ses propres observations ; elles seront donc le sujet de ce mémoire & des suivans.

Les Abeilles ne méritent pas seulement d'être observées à cause des faits curieux que leur histoire nous présente ; mais aussi à cause des avantages qu'elles nous procurent ; ils consistent, comme tout le monde le sait, dans la récolte du miel & de la cire. Ce double motif a engagé en tout tems un grand nombre de personnes à s'occuper des Abeilles &, à écrire sur leur histoire. L'énumération des auteurs qui en ont traité seroit très-longue ; les principaux parmi les anciens sont Caton, Varron, Columelle, Virgile, Palladius, parmi les modernes tous ceux qui ont publié des livres sur l'économie rurale & les auteurs d'un grand nombre de traités particuliers. Tous ces divers ouvrages ont un défaut qui leur est commun, c'est que les auteurs racontent des faits sans dire s'il les ont vus ou comment ils sont parvenus à les voir. Or il suffit d'avoir jeté les yeux sur une ruche & d'avoir remarqué à quel point les Abeilles y sont entassées, comment elles se couvrent les unes les autres & se dérobent mutuellement à la vue, pour qu'on sente combien il est difficile de discerner ce qui se passe au centre de ce peuple dont on n'aperçoit que les lignes extérieures & par qui celles qui agissent à l'intérieur sont cachées.

Cependant il est quelques faits faciles à reconnoître en se plaçant seulement auprès d'une ruche ; tels sont les suivans.

On voit sans cesse des Abeilles regagner la ruche chargées de récolte, d'autres Abeilles se présenter à leur arrivée, recevoir des premières leurs charges, & celles-ci regagner la campagne ; dans d'autres momens on voit toutes les Abeilles entrer en foule dans la ruche & y demeurer ; si l'on regarde alors en l'air on voit aux environs quelque nuage & bientôt il tombe de la pluie ; il est donc probable que les Abeilles savent la prévoir & qu'elles rentrent pour l'éviter. Quelquefois on voit une Abeille sortir chargée d'un fardeau qu'elle va déposer à quelque distance, & ce fardeau est le corps d'une Abeille privée de la vie. C'est certainement un fait remarquable, mais dont personne de sensé ne cherchera à pénétrer l'intention, comme trop de gens l'ont fait.

On voit de même, en certains tems, les Abeilles transporter des nymphes & de jeunes Abeilles à peine formées hors de la ruche ; dans d'autres momens les mouches se livrer autour de la ruche des combats tantôt plus, tantôt moins acharnés & dans lesquels ou il ne périt pas d'Abeilles, ou il périt un plus ou moins grand nombre. Il est facile d'observer ces faits dont les causes nous sont encore inconnues malgré les vains efforts qu'on a faits pour en rendre raison. Mais l'intérieur d'une ruche offre un fpectacle bien plus intéreffant encore ; les principaux objets de ce fpectacle font les rayons que la ruche contient, la cire dont ils font formés, le miel qui y eft dépofé, les grouppes d'Abeilles qui rempliffent la ruche, dont les unes font en action & diverfement difpofées, formant des fortes de guirlandes en fe tenant acrochées les unes aux autres par les deux pattes de derrière, & les autres font dans un état d'inaction & de repos. La vue de ces objets excite une curiofité difficile à fatisfaire & qui ne peut guère l'être en n'obfervant que les Abeilles qui vivent dans les ruches ordinaires, quoiqu'il y ait de ces ruches de beaucoup de formes différentes. L'invention des ruches vitrées affez récente, qui n'eft guère que de ce fiècle, a facilité les obfervations fur les Abeilles, fans avoir diffipé toutes les difficultés.

Une ruche eft un affemblage de gâteaux pofés du haut en bas, à peu près parallèlement au-deffus les uns des autres & remplis de cellules ; entre ces gâteaux il y a un efpace vide pour le paffage d'au moins deux Abeilles & quelques trous ou ouvertures qui pénètrent d'un gâteau à l'autre perpendiculairement de haut en bas. Ces efpaces, ces ouvertures font des chemins & des communications d'un gâteau à l'autre.

Cependant la pofition des gâteaux & le nombre des communications des uns aux autres ne font jamais parfaitement femblables ; il y a à ce double égard des variétés entre les differentes ruches & même dans une feule.

Digreffion fur la forme qu'on a donnée aux ruches de verre ; la plus favorable a paru à notre auteur celle d'une boîte plate dans laquelle on renferme un miroir pour l'obferver pofé de champ fur un de fes côtés : celle dont il s'eft fervi étoit haute de vingt-deux pouces, large de vingt-quatre, paiffe de quatre & demi.

Defcription d'autres ruches vitrées que l'auteur a auffi employées. Ces différens objets ne font pas fufceptibles d'extrait, & demandent des détails qu'il faut chercher dans la lecture du mémoire même.

Quand on regarde à travers une ruche vitrée les Abeilles qu'elle renferme, on n'y en voit pendant la plus grande partie de l'année que de celles qu'on connoît ordinairement & qui font toutes femblables ; mais il y a une faifon où parmi celles-ci on en découvre de fenfiblement plus grandes ; ce font les mâles, qu'on a nommés *Bourdons* à caufe du bruit qu'ils font en volant & que M. de Réaumur aime mieux appeller *faux-Bourdons* pour les diftinguer des vrais qui font d'une autre efpèce. On ne voit ces faux-Bourdons dans les ruches que depuis le mois de mai jufqu'à la fin du mois de juillet ; on n'y en voit jamais autant que le jour qui précède celui où l'on ceffe d'y en voir. Leur nombre au refte eft toujours très-inférieur à celui des Abeilles ordinaires. Auffi ne font-ils pas deftinés à s'unir à celles-ci qui n'ont point de fexe & dont la charge eft de vaquer aux travaux de la ruche : mais les mâles doivent féconder une feule femelle qui peuple la ruche & dont toutes les mouches qui y naiffent tirent leur origine. C'eft cette mouche qu'on avoit appelé *roi*, & dont le nom de *reine* qu'on lui donne, depuis qu'on a connu fon emploi, indique au moins le fexe. Cette unique femelle eft deftinée à cent mâles qui eft le plus petit nombre qu'on compte de ceux-ci dans une ruche, & quelquefois à mille.

Elle eft plus groffe que les mouches ordinaires, moins que les mâles, mais elle eft beaucoup plus alongée & fes aîles ne s'étendent qu'à la moitié de la longueur de fon corps.

M. de Réaumur ayant partagé un effaim en deux grouppes qu'il obligea d'entrer chacun dans une ruche vitrée, l'un de ces grouppes étant beaucoup moins nombreux en individus que l'autre, fe trouva cependdant pourvu d'une mère ou femelle & l'autre en resta privé.

L'auteur rapporte ce qui arriva à chaque portion de cet essaim. Il distingua dans le premier la mère qu'il vit marcher d'abord seule le long des parois du verre, mais bientôt plusieurs mouches se rendirent auprès d'elle & la suivirent ; il s'en forma deux lignes qui ne cessèrent plus de l'accompagner. L'auteur rapporte ensuite très en détail les événemens qui eurent lieu le jour que l'essaim eut été partagé, & les jours suivans. Ces événemens concourent à prouver qu'il n'y a d'action & de travail que dans une ruche où il se trouve une mère ; que tout demeure dans l'engourdissement dans celle qui en est dépourvue & que les Abeilles qu'elle contient, aussi-tôt qu'elles ont reconnu par un moyen quelconque une autre ruche où il y a une mère s'y transportent ; mais que les Mouches en possession de cette ruche reçoivent mal les nouveaux hôtes, fussent-ils même accompagnés d'une mère, qu'elles leur livrent de rudes combats & leur donnent la mort.

Cependant ce n'est pas à la mère avec laquelle l'essaim est sorti & qui est née dans la même ruche qu'il est individuellement attaché, comme on pouvoit le penser ; car M. de Réaumur ayant séparé les Mouches de la mère avec laquelle elles s'étoient établies, les ayant placées dans une ruche où il mit en même tems une mère tirée d'une ruche qui leur étoit étrangère, celles-ci adoptèrent cette nouvelle mère & travaillèrent avec autant d'activité qu'elles avoient fait dans la ruche d'où on les avoit tirées, & avec la mère qui avoit vécu la première avec elles. Je me suis assuré, dit M. de Réaumur, que les Abeilles s'intéressent toujours & s'attachent à une mère, même étrangère pour elles. Cette assertion est confirmée par le fait suivant.

Parmi des Abeilles submergées étoit une mère d'une autre ruche que ces Abeilles, toutes furent retirées sans mouvement ; mais la chaleur leur en rendit ; les premières Abeil-

les qui purent se mouvoir s'approchèrent de la mère restée engourdie, ne cessèrent de la frotter de leur trompe, tandis qu'aucune ne s'approcha des autres Abeilles également sans mouvement ; le même attachement pour une mère quelconque est encore prouvé par les faits suivans ; une, deux & jusqu'à trois meres ayant été introduites dans une ruche qui en avoit une, & dont les travaux étoient en activité, ces meres furent bien accueillies. Cependant ce fait est contradictoire à ce qu'on a de tout tems avancé sur les combats qu'occasionne la présence de plusieurs meres dans une ruche & ces combats sont réels. Mais les circonstances sont différentes, & ces faits, quoique contradictoires en apparence, seront conciliés en faisant l'histoire des essaims : l'auteur remet à ce tems à les expliquer ; il conclud de tout ce qu'il a dit que l'attachement des Abeilles pour une mère est le principe de toutes leurs actions & que cet attachement a lui-même pour cause leur amour pour leur postérité.

6ᶜ. Mémoire.

Des parties extérieures des Abeilles ordinaires. Comment elles font dans les campagnes la récolte de la cire & celle du miel.

M. de Réaumur paroît avoir pensé que ce sont la forme des Abeilles, la structure de leurs différentes parties externes, dont plusieurs leur servent en effet d'instrumens, qui contribuent à leurs travaux, qui les facilitent, & on pourroit peut être dire qui en décident. En conséquence il fait avec le plus grand détail la description de l'extérieur des Abeilles ; nous le suivrons dans les principaux articles ; il commence par la tête dont le devant est plat & à peu près triangulaire & qui de sa partie supérieure à son extrémité inférieure va en s'étrécissant : les yeux a réseau placés sur les côtés sont des espèces d'ovales, dont un des bouts est moins ouvert. Ils sont séparés par un intervalle qui a quelques inégalités, & de chaque côté naît une antenne poſée ſur une petite éminence; les antennes ſont de ſubſtance cornée, formées de pièces articulées bout à bout, & elles peuvent ſe plier en deux; leur baſe eſt un bouton oblong, rouge & luiſant, cette baſe eſt articulée avec une ſorte de fuſeau au-deſſus duquel ſont dix pièces dont la dernière eſt une ſorte de bouton, & dont les neuf autres ſont cylindriques.

La tête de l'Abeille eſt plus longue qu'épaiſſe & que large. Sa partie ſupérieure eſt arrondie & c'eſt ſur ſa portion la plus élevée & en arrière que ſont placés triangulairement trois yeux liſſes.

Les Abeilles ont une trompe & des dents; celles ci contribuent à rendre la figure de la tête triangulaire; elles ſont couvertes par une lèvre cruſtacée qui termine le devant de la tête. Les dents ne ſervent pas ſeulement à l'Abeille pour broyer les alimens; mais ſurtout pour exécuter ſes plus grands travaux; chaque dent agit latéralement & laiſſe en s'approchant un eſpace vide entre elles deux; cet eſpace eſt rempli par des poils qui naiſſent des mâchoires & qui ſervent à retenir les parcelles qui ont été broyées; cependant les mâchoires peuvent s'approcher complettement, & même ſe croiſer.

La tête tient au corcelet par un col court, mais charnu & flexible; près de ſon origine eſt placée la trompe; quand elle eſt en repos elle ſe dirige en avant, puis elle ſe réfléchit en arrière.

Les quatre aîles ſont attachées au-deſſus du corcelet & ſur les côtés, & les ſix jambes le ſont en deſſous. Les quatre principaux ſtigmates ſont auſſi placés ſur le corcelet; il ne tient au ventre que par une eſpèce de filet; mais ce filet eſt très-court & le corcelet étant terminé en pointe, & le ventre préſentant à ſon origine une cavité, ces deux parties paroiſſent ordinairement, & hors les cas de mouvemens

extraordinaires, comme jointes l'une à l'autre.

Le corps ou ventre eſt compoſé de ſix anneaux, compoſés de deux pièces écailleuſes, dont l'une couvre le deſſus & les côtés & l'autre le deſſous. Cette ſtructure aſſure aux Abeilles une couverture capable de réſiſter & qui ſe prête en même tems aux mouvemens néceſſaires.

Les Abeilles ordinaires ont pluſieurs taches rouſſâtres; elles ſont dues à des touffes de poils de grandeur inégale, rameux & ſemblables à des tiges couvertes de branches ou à des tiges de mouſſe; les yeux à réſeau en ſont remplis, mais de ſi fins qu'on ne les voit qu'à l'aide d'une forte loupe. Ces poils ont fait douter que les yeux à réſeau des Abeilles fuſſent véritablement de ces ſortes d'yeux & les ont fait regarder comme autant d'yeux liſſes; quoiqu'il en ſoit, les différens yeux des Abeilles leur ſervent à diſtinguer les objets; car ſi on ne couvre que les uns ou les autres de vernis, elles continuent de voir, & ſi on en couvre les uns & les autres, leurs mouvemens prouvent qu'elles ne voient plus & leurs geſtes, leur allure ſont d'animaux aveugles.

M. de Réaumur s'attache à décrire les poils des Abeilles parce que ces poils ont des uſages, autres que de vêtir, dont il ſera parlé. Il paſſe enſuite à l'examen des jambes; celles de la première & de la ſeconde paire diffèrent peu de longueur, mais celles de la troiſieme paire ſont beaucoup plus longues que celles des deux autres; elles ont environ cinq lignes de long, tandis que les autres n'en ont guère que trois; chaque jambe eſt compoſée de cinq parties principales, d'une ſubſtance écailleuſe, brune & luiſante. La première partie, celle qui eſt attachée au corcelet eſt la plus courte; ce n'eſt qu'une eſpèce de bouton conique; la ſeconde pièce eſt oblongue & un peu contournée; la troiſieme eſt plus conſidérable & autrement faite dans la troiſieme paire que dans les deux autres; elle eſt dans cette jambe applatie & triangulaire : on peut appeller cette pièce *palette triangulaire*. La quatrieme piece dans les jambes de la seconde & troisieme paire est aussi applatie & M de Réaumur lui donne le nom de *pièce quarrée* ou *brosse*. Enfin la cinquieme partie de chaque jambe ou le pied est très-déliée & composée de cinq articles, dont le dernier est armé de deux crochets recourbés en en bas.

Les Abeilles amassent sur les fleurs, non la cire, mais la matière dont elles la composent; elles ne trouvent cette matière que sur les fleurs & jamais sur les feuilles des plantes, comme quelques personnes l'ont pensé; elles ne la rencontrent même que sur les étamines qui seules la fournissent; elle y est déposée sous la forme d'une poussière dont les grains, vus au microscope, ont tous la même figure dans la même plante & une forme différente dans les plantes de diverses espèces. Cette poussière est peu adhérente aux étamines & s'attache aisément aux poils dont le corps des Abeilles est couvert : celles-ci se chargent, en se frottant contre les étamines, d'une si grande quantité de poussière qu'elles en sont couvertes & qu'elles paroissent diversement colorées selon la teinte des poussières dont elles se sont chargées.

Les unes retournent dans cet état à la ruche; les autres se nétoient avant de la regagner; mais toutes ramassent les poussières dont elles se sont couvertes par le moyen des brosses dont leurs deux jambes postèrieures sont garnies; elles réunissent ces poussières en deux pelottes que celles qui se nétoient avant de retourner à la ruche, placent dans une cavité que des poils longs & roides forment à la partie supérieure & postérieure des deux dernières jambes; elles font ensuite leur trajet chargées de ce fardeau. L'auteur remet au mémoire suivant à parler de l'emploi de la matière à cire que les Abeilles ont transportée à la ruche, & il passe dans celui-ci à la récolte du miel.

M. Linné a remarqué mieux qu'on ne l'avoit fait avant lui, que les fleurs ont des vessies remplies d'une liqueur miellée; il les a nommées *nectairs*. Ce sont les réservoirs où les Abeilles puisent le miel. La trompe est l'instrument qui leur sert à le ramasser.

M. de Réaumur décrit cette partie dans un très-grand détail; je me contenterai ici, ayant suivi cet objet dans l'extrait de Swammerdam, de remarquer que la trompe est composée d'un étui double, qu'elle est elle-même formée de deux lames, qu'elle paroît coudée dans l'inaction, qu'elle est terminée par un mamelon percé accompagné de poils, &c.

Cependant M. de Réaumur ajoute beaucoup à la description faite par Swammerdam, & il faut, pour avoir une idée complette de la trompe des Abeilles, lire ce qui en est écrit dans le mémoire que les bornes prescrites ne me permettent pas de copier & dont cette partie n'est pas susceptible d'extrait. Enfin M. de Réaumur ne pense pas que la trompe agisse en pompant, mais il la compare à une langue qui lappe ou qui lèche. Il faut voir les preuves de son sentiment dans son propre ouvrage.

7e. MÉMOIRE.

De l'aiguillon des Abeilles, de leurs combats & des différences remarquables entre les parties extérieures des Abeilles ordinaires & les parties extérieures des mâles & des mères.

L'aiguillon est une arme défensive dont il est rare que l'Abeille se serve quand on ne la provoque pas : toutes les espèces d'Abeilles, Guêpes, Bourdons en sont pourvus & l'aiguillon de tous ces insectes est à peu près fait sur le même modèle. Il suffit par conséquent de donner une idée de la conformation de celui des Abeilles.

Dans l'état de repos l'aiguillon est entièrement caché à l'intérieur du corps; mais quand l'Abeille s'en sert pour sa défense, elle le fait

sortir

fortir de l'extrémité de fon corps près de l'anus, elle le darde en avant & le retire en dedans alternativement, en pliant en tous fens les anneaux de fon ventre & en cherchant à piquer fon ennemi. En même tems que l'aiguillon paroît fous la forme d'un dard aigu, on voit fortir avec lui deux corps blanchâtres qui l'accompagnent, mais au-delà defquels il s'élance beaucoup: ces corps font deux envelopes entre lefquelles il eft contenu à l'intérieur du corps & par le moyen defquelles il eft garanti de l'action des parties environnantes comme ces parties font garanties de la fienne. A l'extrémité de l'aiguillon dardé hors du corps on apperçoit une goutte d'une liqueur très-limpide, bientôt remplacée par une feconde goutte, fi la première a été diffipée. Les faits qui viennent d'être rapportés peuvent être obfervés à la vue fimple. Mais il faut fe fervir d'une forte loupe pour mieux connoître la ftructure de l'aiguillon que M. de Réaumur développe dans les termes fuivans.

L'aiguillon n'eft pas un inftrument auffi fimple qu'il le paroît. Sa bafe eft folide, épaiffe & va en groffiffant; elle diminue cependant à mefure qu'elle s'élève; il y a à fon extrémité une efpèce de talon du côté du dos de la Mouche; & c'eft de là que part l'aiguillon proprement dit ou le dard: le tout eft d'un brun châtin & de la fubftance de la corne ou de l'écaille; le dard s'effile en s'alongeant, & finit par une pointe très-fine. Cependant ce dard n'eft que l'enveloppe d'un autre dard beaucoup plus fin, ou plûtôt de deux dards femblables & égaux.

L'aiguillon eft donc compofé d'une gaîne & de deux dards; ils ont chacun fur un de leurs côtés des dentelures fines; ces dentelures produifant un grand frottement quand les dards ont été introduits dans les chairs, font caufe que l'aiguillon y refte fouvent engagé.

L'Abeille ne pique pas feulement, mais elle verfe dans la piquure une liqueur limpide, dont

le réfervoir eft une veffie fituée à la bafe de l'aiguillon, entre les deux dards; cette veffie eft tranfparente, d'une forme olivaire; elle fe termine par un vaiffeau qui s'ouvre entre les deux dards dans leur étui, & à l'extrémité oppofée on voit deux vaiffeaux dont l'infertion n'eft pas connue, que Swammerdam regarde comme des vaiffeaux *aveugles*.

Lorfqu'une Abeille a piqué, fi quelque circonftance lui fait hâter fa retraite, il arrive fouvent qu'elle laiffe dans les chairs, les dards, leur étui, fes enveloppes, la veffie du venin & des parties mufculaires; c'eft pour elle une perte mortelle.

C'eft la liqueur qui coule du dard des Abeilles & de celui des autres infectes qui en ont un femblable, qui eft la caufe principale de la douleur que ces piquures font éprouver. Entre les preuves que M. de Réaumur cite à ce fujet en voici deux qui font convaincantes.

Si l'on fe pique avec une épingle, on n'éprouve qu'une très-légère douleur, mais fi on a chargé la pointe de l'épingle de la liqueur ramaffée à l'extrémité du dard d'un Abeille, la douleur eft femblable à ce qu'elle auroit été fi la piquure eût été faite par cet infecte même.

Lorfqu'une Guêpe ou un infecte à dard analogue a piqué plufieurs fois de fuite, les dernières piquures font à peine fenfibles & diminuent à mefure que la liqueur eft moins abondante.

On vante l'huile d'olive comme un bon remède contre l'effet de la piquure des Abeilles. L'action de ce médicament eft fouvent fans vertu, felon la fenfibilité des perfonnes & des parties qui ont été piquées.

L'aiguillon eft à la fois une arme offenfive & défenfive dont les Abeilles fe fervent pour fe défendre & pour attaquer. C'eft par leur piquure qu'elles fe fouftraient fouvent à la pourfuite de l'homme ou des animaux, qu'elles fe délivrent de l'ennemi qui pille leur magafin, comme les Bourdons, ou qui renverfe leurs demeures, comme divers animaux, dans différentes occafions; c'eft par le moyen de leur aiguillon qu'elles s'attaquent les unes & les autres, qu'elles tuent, en un certain tems, les mâles, & qu'elles fe livrent des combats à mort.

Les mâles n'ont point d'aiguillon, mais les femelles ou mères en ont un; elles paroiffent moins difpofées que les ouvrières à s'en fervir, car on peut les manier, les tenir entre fes doigts fans qu'elles piquent, & ce n'eft qu'en les irritant long-tems qu'on les y détermine.

Les ouvrières fortent de la ruche de grand matin dans les beaux jours, au lieu que les mâles ne fortent guère que d'onze heures à cinq heures du foir.

Les mâles ne rapportent jamais rien à la ruche, mais ni leurs pattes ni leurs dents ne font conformées comme ces mêmes parties des ouvrières, les dents de façon à incifer & ouvrir les capfules des fleurs, les pattes à fe charger des pouffières; ainfi ce font les inftrumens qui leur manquent pour le travail, & c'eft un préjugé d'attribuer leur inaction à un défaut moral.

La trompe des mâles eft de même plus courte, moins grande & moins propre à ramaffer le miel que celle des ouvrières.

Les yeux à réfeaux & les antennes font plus amples dans les mâles que dans les ouvrières.

Ces deux dernières loix font affez générales par rapport à tous les infectes.

Les mâles font plus velus que les ouvrières.

Les mères font fur-tout remarquables par la longueur de leur corps; leurs dents & leur trompe font, comme celles des mâles, plus petites que celles des ouvrières; leurs ailes fur-tout font propres à les faire remarquer par leur extrême petiteffe; les mères enfin font moins velues que les mâles & que les ouvrières.

8ᵉ. MÉMOIRE.

Des gâteaux de cire; comment les Abeilles parviennent à les conftruire; comment elles changent en véritable cire la pouffière des étamines; de la récolte & de l'emploi de la propolis; comment elles rempliffent les alvéoles de miel, & comment elles l'y confervent.

Les ruches font compofées de gâteaux de cire parallèles, difpofés au-deffus les uns des autres; ces gâteaux contiennent à chacune de leur furface des cellules ou *alvéoles* de figure régulière. Les alvéoles font des tuyaux exagones; cette configuration procure aux Abeilles l'avantage de faire des cellules les plus grandes qu'il fe puiffe, en occupant le moins de place & laiffant le moins de vide poffible; d'employer à leur confection la moindre quantité de cire, & le rang d'alvéoles qui fe trouve à chaque furface, les double dans le même efpace.

Le fond de chaque cellule eft formé par la réunion de trois pièces quadrilatérales. Il faut lire dans le mémoire même ce que l'auteur dit fur la forme des alvéoles & de leur bafe; il examine enfuite comment les Abeilles conftruifent les alvéoles & les gâteaux ou rayons dont la ruche eft compofée; ce font les dents ou mâchoires qui leur fervent d'inftrumens & avec lefquelles elles appliquent, étendent, amincissent & pétriffent la cire; ce font encore des objets qu'il faut chercher dans le mémoire; M. de Réaumur paffe aux ufages des alvéoles. Il y en a de deftinés à fervir de magafin pour le miel, d'autres à l'éducation ou accroiffement des Vers, & à leur changement en Mouches.

La grandeur des alvéoles eft proportionnée à celle des Vers qui doivent y être elevés, ainfi les alvéoles deftinés aux mâles font plus grands que ceux qui font deftinés aux ouvrières, & les alvéoles pour les mères surpaſſent tous les autres.

Mais comment les Abeilles convertiſſent-elles en cire la pouſſière qu'elles ont amaſſée ſur les fleurs & qui en eſt la matière? Cette pouſſière n'eſt point encore de la cire, car ſi on l'enlève aux Abeilles qui l'ont recueillie, qu'on la preſſe entre les doigts, elle ne s'y pétrit point à la manière de la cire; au lieu de ſe fondre à une chaleur modérée, elle ſe deſſèche, jette de la fumée & ſe réduit en charbon; cette même pouſſière, préſentée à la flamme, s'embrâſe, brûle à la manière des végétaux ſecs; enfin cette pouſſière, jettée ſur l'eau, ſe précipite au fond, au lieu que la cire ſurnage. Les Abeilles font donc éprouver à cette pouſſière une préparation qui lui communique les propriétés de la cire qui lui manquoient.

Pluſieurs naturaliſtes ont penſé que les Abeilles, en mêlant le miel aux pouſſières des plantes, les convertiſſoient en cire; mais par ce mélange on ne change pas l'état des pouſſières, ainſi que notre auteur s'en eſt aſſuré; il ne préſume pas non plus que, comme Swammerdam l'avoit penſé, ce ſoit la liqueur de l'aiguillon qui change la nature des pouſſières; des tentatives qu'il a faites à cet égard l'ont éloigné de cette opinion, & il remarque que les Guêpes, les Bourdons qui rendent par leur aiguillon une liqueur analogue à celle de l'aiguillon des Abeilles ne forment pas de gâteaux de cire. La manière dont les pouſſières ſont converties en cire par les Abeilles ne nous eſt donc pas connue. Il ſeroit utile ſans doute de découvrir un procédé d'après lequel on pût exécuter cette opération, parce qu'on pourroit ramaſſer beaucoup de pouſſières, & rendre la cire infiniment plus commune. Les procédés ſuivans ne réſolvent pas ce problème, mais ils mettent ſur la voie des expériences qui pourroient conduire à ſa ſolution.

Des pelotes de cire brute enlevées à des Abeilles ont été miſes dans un tube rempli d'eſprit de vin, la liqueur chauffée juſqu'à l'ébullition & enſuite évaporée dans une cuiller d'argent; elle a laiſſé un réſidu ſemblable à de la vraie cire, ce réſidu en avoit la couleur, l'odeur, la conſiſtance; mais mis dans la bouche, il s'y fondit comme un morceau de ſucre, & il en avoit le goût. Ce n'étoit donc pas encore de véritable cire?

Cependant l'auteur croyant s'être aſſuré inconteſtablement que c'eſt dans l'eſtomac même des Abeilles que la cire brute éprouve le changement qui la convertit en vraie cire, ainſi que quelques auteurs l'avoient ſoupçonné, il lui a parut dès-lors ſuperflu de chercher des moyens qu'il n'eſt pas probable que l'art puiſſe imiter. Swammerdam nioit que les Abeilles puſſent ſe nourrir de cire brute, & il ſe fondoit ſur ce que l'ouverture de leur trompe eſt trop reſſerrée pour admettre des molécules ſolides; M. de Réaumur convient de ce fait, mais il obſerve que les Abeilles ont, outre leur trompe, une *bouche* ſituée au bout de la tête à la partie ſupérieure de la trompe, au bas des dents, & qu'elle peut admettre des molécules de cire brute.

Non-ſeulement un obſervateur peut voir les Abeilles occupées à mâcher la cire, mais il peut la retrouver dans leur eſtomac & leurs inteſtins: il eſt donc prouvé qu'elles l'avalent.

Il a déjà été remarqué que les alvéoles ſervent à deux uſages, à dépoſer le miel, à loger les Vers; il y en a encore qui ſervent de magaſins pour y dépoſer la cire brute dans les tems & les jours où la récolte en eſt abondante & excède la conſommation qui peut en être faite.

Les Abeilles rejettent ſous la forme d'excrémens & par l'anus les fœces de la cire & du miel, mais c'eſt par la bouche qu'elles regorgent la partie de la cire brute qu'elles avoient avalée, & qui a été convertie en véritable cire; cette ſubſtance eſt rendue ſous la forme & la conſiſtance d'une pâte humide qui, auſſi-tôt qu'elle eſt déſſéchée, a toutes

kk ij

les propriétés de la cire. L'auteur s'est assuré de ces faits par le moyen des ruches de verre, & il les rapporte avec des circonstances qui ne permettent pas de les révoquer en doute. Il est donc prouvé que les poussières des fleurs font la matière de la cire brute ; que les Abeilles avalent la cire brute, qu'elle subit un changement à leur intérieur, & qu'après ce changement elle est convertie en véritable cire.

Deux autres preuves confirment que c'est de leur intérieur que les Abeilles tirent la véritable cire, ou celle dont elles construisent les alvéoles.

Un essaim sorti de la ruche, attaché à une branche ; des Abeilles qu'on fait passer d'une ruche à une autre, n'ont ni magasin de cire brute à leur disposition, ni pelottes de cette cire sur leurs palettes aux jambes postérieures, cependant & l'essaim & les Abeilles changés de ruche commencent à construire des alvéoles avant d'avoir été à la récolte des poussières ou de la cire brute ; c'est donc de leur intérieur qu'elles tirent la vraie cire qu'elles mettent en œuvre.

On ne trouve point de poussière dans les intestins des mâles. Ils ne se nourrissent que de cire. Le soin de ramasser les poussières, de construire les alvéoles, de les approvisionner, occupent & mettent en action un grand nombre d'Abeilles à la fois ; cependant il y en a toujours un nombre plus grand qui demeurent en repos & forment des groupes sans mouvement : il est probable que ce sont des Abeilles qui se reposent, & que toutes travaillent & se délassent à leur tour.

Indépendamment de la cire & du miel, les Abeilles récoltent une troisième substance ; elle leur sert à enduire les parois de la ruche, à la fermer exactement, en ne laissant de libre que l'ouverture pour l'entrée & pour la sortie. Cette substance est généralement connue sous le nom de *propolis*. C'est une

résine soluble à l'esprit de vin & à l'huile de thérébenthine, fort extensible quand elle est fraîche, qui se durcit par l'effet du tems & se ramollit à la chaleur ; elle diffère par l'odeur, la couleur & la solidité, non-seulement dans les différentes ruches, mais dans différentes places de la même ruche. Sa couleur en général est un brun rougeâtre plus ou moins foncé à sa surface, & le jaunâtre de la cire à son intérieur ; son odeur est aromatique, elle a les propriétés des résines en général.

Ce n'est guère que dans les premiers tems que les Abeilles se sont établies dans une ruche qu'elles ont besoin d'y apporter de la propolis ; aussi est-il assez difficile de les en voir chargées dans d'autres tems ; lorsqu'elles la récoltent à la campagne, & qu'elles la transportent à la ruche, elle est molle & extensible ; elles la rapportent sous la forme de deux petites plaques ou deux écailles, supportées sur leurs pattes de derrière : c'est sur-tout le soir qu'elles en font la récolte ; celle qui l'a ramassée ne pourroit la déposer, elle est trop tenace ; mais quand l'Abeille est posée, quelques-unes de ses compagnes enlèvent avec les mâchoires des parcelles de propolis, les appliquent où il est besoin, & par ce moyen les pattes de la première Abeille sont peu à peu déchargées. On croit que c'est sur les peupliers, les saules & les bouleaux que les Abeilles ramassent principalement la propolis ; elle leur sert à enduire les parois de la ruche, à en boucher toutes les fentes, comme il a déjà été dit ; elles en enduisent encore les matières qui se trouvent par hasard introduites dans la ruche & qui sont trop pesantes pour qu'elles puissent les transporter au dehors ; ainsi, lorsqu'un Limaçon, une Limace, pénètrent dans la ruche, comme cela arrive quelquefois, les Abeilles tuent à coup d'aiguillons cet hôte téméraire & incommode, & le couvrent d'un enduit de propolis.

Tout le monde sait que c'est sur les fleurs que les Abeilles ramassent le miel, qu'il leur fert de nourriture, & qu'elles en font provifion dans leur ruche; elles le pompent avec leur trompe, elles en rempliffent leur eftomac qui peut-être regardé comme double, & dont le fecond eft fortifié par des mufcles circulaires : lorfqu'elles ont fait la récolte du miel, elles retournent à la ruche, s'arrètent aux alvéoles qui font dans l'ordre d'être remplis, & ce font ceux des gâteaux fupérieurs; elles y dégorgent le miel qu'elles ne rendent pas par l'extrémité de la trompe, mais par une ouverture placée au-deffus de fa bafe, & qui eft *la bouche.* Ce n'eft que par le travail de plufieurs Abeilles qu'un feul alvéole eft rempli de miel. Il arrive fouvent qu'une Abeille qui en revient chargée eft rencontrée par d'autres Abeilles qui n'ont pu en aller récolter & qui ont befoin d'aliment, alors elle relève fa trompe, elle dégorge du miel que fes compagnes fucent. Celui qui eft dépofé à la ruche y eft verfé dans des alvéoles, dont les uns reftent ouverts & dont les autres font fermés par un couvercle de cire. Le miel des premiers alvéoles eft pour les befoins journaliers, celui des feconds pour les jours & les faifons où la récolte du miel ne peut avoir lieu à la campagne. Chaque alvéole fermé eft rempli autant qu'il le peut être. Cependant le couvercle n'a pu y être appliqué qu'après que le miel a été dépofé, & il fembleroit, d'après la pofition horizontale des alvéoles, devoir couler & fe répandre, mais l'étroiteffe du vafe, la vifcofité du miel, une couche d'un miel plus épais dépofé à la furface, empêchent qu'il ne découle : c'eft donc moins à le contenir que fert le couvercle, qu'à le garantir dans les paffages fréquens des Abeilles fur les alvéoles, à empêcher que leurs pieds n'y touchent, & à le défendre du contact de l'air qui le deffécheroit, l'épaiffiroit trop, état dans lequel il n'eft pas un aliment convenable aux Abeilles.

9ᵉ. MÉMOIRE.

De la fécondation & de la ponte de la mère Abeille.

M. de Réaumur commence ce mémoire en remarquant que l'automne & l'hiver font périr un fi grand nombre d'Abeilles, qu'une ruche très-peuplée à la fin de l'été, eft fouvent prefque déferte à la fin de l'hiver; mais cette dépopulation eft bientôt réparée au printems, & vers la fin de mai le nombre des habitans eft fi grand, que la ruche ne leur fuffit plus, qu'il faut forcément qu'il en forte de nombreux effaims. Cependant cette merveilleufe propagation eft le produit de la feule mère qui a furvécu à la plupart de fes compagnes : c'eft à renouveller l'efpèce dépérie qu'elle eft deftinée; notre auteur borne à ce feul mais important objet, toutes fes fonctions, & il réfute toutes les merveilles que les anciens ont débitées fur fes droits, fa vigilance, fur les ordres qu'on prétendoit qu'elle donnoit, & enfin fur le gouvernement qu'on lui attribuoit.

Ce n'eft pas fur le moral feul de la mère Abeille que les anciens s'étoient trompés, ils avoient même méconnu fon fexe, ils en avoient fait un roi; Swammerdam eft le premier qui ait reconnu & déterminé le fexe de ce prétendu roi. Cependant Pline & quelques anciens avec lui, avoient foupçonné que c'eft une femelle. Tout le monde fait que, fuivant l'opinion ancienne, c'étoit la corruption qui produifoit les infectes, que de la chair de Taureau naiffoient les Abeilles, de la tête du Lion les rois de ces courageux animaux, &c. Nous ne nous arrêterons pas plus long-tems à ces erreurs auxquelles d'autres erreurs ont fuccédé quelque tems; car on a prétendu que les reines naiffoient des reines, les ouvrières des ouvrières; d'autres ont pris les Bourdons qui font les mâles, pour les femelles, & on a auffi imaginé, même très-anciennement, que les Abeilles n'avoient point de fexe, mais qu'elles apportoient dans leur ruche certaines fubftances d'où naiffoient des Vers qui devenoient des Mouches.

Si, dans les mois d'avril & de mai, lorfqu'un effaim n'habite une ruche que depuis huit à dix jours, on en faifit la mère, qu'on la facrifie & qu'on l'ouvre, dans le moment où elle eft en pleine ponte, on découvre à la vue fimple des grains en grand nombre, & d'autres plus petits, à l'aide d'une loupe, en quantité innombrable. Il eft aifé de reconnoître que ces grains font des œufs, & c'eft déjà une affez forte preuve que c'eft par des œufs que les Abeilles fe multiplient, que c'eft la mère qui les produit. Si on preffe l'extrémité du corps des Bourdons, on en fait fortir deux appendices ou corps charnus, & fi on ouvre le ventre de ces infectes, on y remarque des vaiffeaux remplis d'une liqueur blanche. Ces feuls indices fuffifent pour faire préfumer que ce font des mâles deftinés à féconder la mère. Mais en quelque tems au contraire qu'on faffe l'anatomie des Abeilles ordinaires ou Mulets, on ne reconnoît en elles que les vifcères qui fervent à l'entretien de l'individu, & aucune partie relative à l'un des deux fexes; on eft donc fondé à penfer que les Mulets n'en ont pas,

Lorfque la mère Abeille fait fa ponte, elle parcourt les rayons à certaines heures, & c'eft ordinairement le matin, de fept à dix heures; elle marche d'un pas lent, accompagnée de quelques Mouches rangées autour d'elle; elle introduit fa tête dans chaque alvéole ouvert, comme pour l'examiner, & lorfqu'elle la trouvé vide, elle y fait entrer, en fe retournant, l'extrémité de fon corps, elle y dépofe vers le haut, au parois qui fait le fond, un œuf qu'elle introduit par la pointe à la furface de la cire. L'œuf eft oblong, il demeure dépofé dans une fituation horizontale plus ou moins incliné; cette opération ne demande qu'un inftant & eft fucceffivement répétée un très-grand nombre de fois, car la fécondité de la mère Abeille eft fi grande, que dans les commencemens de l'établiffement d'une ruche, les ouvrières ont bien de la peine à conftruire un affez grand nombre d'alvéoles pour fuffire à la fécondité de la mère qui ne dépofe cependant qu'un œuf dans chaque alvéole, mais qui en dépofe fouvent dans des alvéoles qui ne font que commencés. M. de Réaumur évalue à douze

mille le nombre des œufs qu'une mère produit en moins de deux mois au printems, faifon où la propagation eft dans toute fa force.

Les alvéoles deftinés aux Vers qui fe changent en mâles, ceux conftruits pour les Vers qui deviennent des mères ont plus d'étendue que les alvéoles ordinaires. La mère Abeille dépofe dans chacun de ces alvéoles l'efpèce d'œuf auquel il eft deftiné; la relation entre la connoiffance de l'alvéole & de l'œuf qu'elle va y dépofer, font un de ces phénomènes qu'on ne peut expliquer que par le mot vague d'*inftinct*. Un alvéole deftiné pour une mère a une telle capacité, il coûte l'emploi de tant de cire, qu'un feul pèfe autant que cent alvéoles ordinaires & même plus. Cependant une mère pond quelquefois de quinze à vingt œufs deftinés à donner naiffance à de nouvelles mères; mais quelquefois elle n'en pond que trois ou quatre, & même aucun; alors la ruche ne fournit pas d'effaim. Ce n'eft pas feulement par l'étendue, mais encore par la forme que les alvéoles ou cellules pour les mères diffèrent des ordinaires; ces alvéoles ne reffemblent pas mal à un gobelet renverfé, attaché au gâteau de cire par un pédicule.

Après les faits dont nous venons de donner un extrait, M. de Réaumur entre dans des détails anatomiques fur les parties fexuelles des mères & des mâles ou *Faux-Bourdons*.

L'ovaire de chaque mère Abeille eft double, & comme celui de plufieurs autres infectes, un affemblage de vaiffeaux qui, tirant leur origine du même point, aboutiffent tous à un canal commun. Ces vaiffeaux, dans les tems éloignés de la ponte, comme en hiver, font d'une ténuité extrême, mais au printems, dans la faifon de la ponte, ils font gonflés & remplis d'une prodigieufe quantité d'œufs,

Les différens vaiffeaux des deux ovaires aboutiffent à deux canaux qui fe terminent en un feul canal. Ce dernier conduit a été regardé par Swammerdam comme la matrice; c'est un canal fort court, dans le trajet duquel les œufs sont enduits, selon le même auteur, d'une matière visqueuse propre à les fixer contre les parois des alvéoles.

Swammerdam évalue à cent quarante le nombre des vaisseaux de chaque ovaire, & il a compté dix-sept œufs par chaque vaisseau, sans ceux qui, étant encore loin de paroître au jour, étoient trop petits pour être remarqués, ainsi il a pu compter cinq mille cent œufs sur les deux ovaires, & l'on peut, sans se tromper, supposer qu'il y en avoit le double que leur petitesse déroboit à la vue de l'observateur. On ne doit donc plus être surpris qu'une seule mère donne naissance à onze ou douze mille Abeilles.

L'ouverture des mâles ou Faux-Bourdons montre leur corps rempli de vaisseaux spermatiques, & l'on ne trouve aucune partie semblable à ces vaisseaux, ni à l'intérieur des mères, ni dans les Abeilles ouvrières. En pressant l'extrémité de leur corps on en fait sortir, non du bout du dernier anneau, qui n'est pas percé à son extrémité, mais en-dessous de cet anneau, différentes pièces dont l'auteur fait la description, dont on ne peut donner une juste idée sans le secours des figures, ce qui nous force de renvoyer à l'ouvrage. Ces parties sont visiblement destinées pour l'accouplement; cependant personne ne dit avoir vu une mère dans cet acte, & beaucoup d'auteurs prétendent qu'il n'a pas lieu. Mais ce n'est pas une preuve que la mère Abeille ne s'accouple pas. L'analogie est contraire à cette opinion. Notre auteur a vu des Bourdons s'accoupler, d'autres ont vu des Guêpes dans l'accouplement, & les familles des Bourdons & des Guêpes sont, comme celles des Abeilles, composées de mères, de mâles & d'ouvrières. Il est donc très-probable que le même acte a lieu de la part des Abeilles. Les anciens pensoient que les mâles répandoient sur les œufs, après la ponte, une liqueur qui les fécondoit, & Swammerdam a imaginé que les œufs étoient fécondés dans les ovaires de

la mère Abeille par les esprits ou odeurs qui émanent des mâles, sans qu'il fût-besoin que celles-ci s'unissent aux mâles Le nombre des mâles, qui monte quelquefois à mille pour une seule mère, est un argument assez fort en faveur de ces deux opinions. Mais on a vu des mères Bourdons & des mères Guêpes qui vivent dans les mêmes circonstances par rapport au nombre des mâles, jointes avec un de ceux-ci; il paroît donc qu'il ne manque que d'avoir surpris une Abeille mère dans le même acte, observation qui ne peut qu'être fort rare, à cause des gâteaux de cire, des grouppes d'Abeilles qui dérobent la mère aux yeux de l'observateur hors les tems où elle passe d'une cellule à une autre pour y faire sa ponte. L'auteur termine ce mémoire par des faits qui paroissent bien forts en faveur de l'accouplement des Abeilles : deux mères jeunes & vigoureuses, renfermées dans des poudriers de verre avec des mâles aussi vigoureux, ont fait à ceux-ci les avances, les ont recherchées, leur ont offert du miel, ont pris à leur égard différentes attitudes, ont paru chercher à les animer, & dans plusieurs circonstances l'extrémité de leur corps s'est trouvée en contact. Il paroît donc que ce sont les mères qui excitent les Bourdons naturellement froids, & que l'acte ne consiste que dans une juxta-position des parties, un attouchement, une union momentanée, comme la chose a lieu par rapport aux oiseaux & aux Poissons.

10e. MÉMOIRE.

Des moyens de faire passer les Abeilles d'une ruche dans une autre, & comment on peut examiner une à une toutes celles d'une ruche.

Il est également utile pour l'observateur & pour celui qui entretient des Abeilles par des vues économiques, de connoître des moyens de les faire passer d'une ruche dans une autre. De cette façon on se met en possession de leurs travaux sans les perdre, comme il arrive par la pratique usitée de les suffoquer dans leur ruche pour s'emparer de la cire & du miel ; il eſt auſſi avantageux aux Abeilles de les forcer à changer de logement quand les fauſſes Teignes ſe ſont trop multipliées dans leur habitation, & qu'elles y détruiſent plus que les Abeilles ne peuvent réparer. Mais c'eſt ſur-tout par ce paſſage d'une ruche à une autre que l'obſervateur s'aſſure de certains faits, comme de ce qu'il n'y a qu'une mère dans chaque ruche pendant la plus grande partie de l'année, du tems où il y en a pluſieurs, que pendant neuf mois on n'y trouve pas de mâles, &c.

La manière ordinaire de vider une ruche pour en remplir une autre, eſt de renverſer la première ſans deſſus deſſous, de la fixer dans cette poſition, ſoit par le moyen d'un trou fait en terre & dans lequel entre ſon ſommet, ſoit par quelques groſſes pierres qui l'étaient ; on choiſit pour cette opération le matin ou le ſoir d'un jour un peu frais, & les momens où des nuages cachent le ſoleil ; celui qui renverſe la ruche s'eſt auparavant couvert d'une ſorte de demi-domino de toile de crin, à travers lequel il voit auſſi-bien qu'à travers un verre ; ce domino eſt lié ſous les bras autour du corps, les mains ſont garanties par un gant couvert d'un ſecond gant de laine, & les jambes le ſont ou par des botines de cuir ou des ſerviettes qui forment pluſieurs tours ; de cette façon on n'a pas à craindre d'être piqué. Par-deſſus la ruche pleine & renverſée, on en poſe dans ſon ſens naturel une vide de même diamètre, & l'on bouche les vides entre les deux ruches avec de la terre graſſe ou de la fiente de vache, puis de deux baguettes que l'on tient une de chaque main, on frappe précipitamment ſur les côtés de la ruche renverſée : ſa poſition, le bruit, l'ébranlement des coups de baguette déterminent les Abeilles à monter de la ruche inférieure dans la ſupérieure ; on juge, au bourdonnement qu'on entend dans cette dernière, du nombre des Mouches qui y ont paſſé, & lorſqu'il eſt conſidérable, on enlève la ruche ſupérieure, on la porte à l'endroit où étoit l'inférieure, & on l'y met dans la même poſition, circonſtance eſſen-

tielle : mais ſi les Abeilles ſont lentes à monter dans la ruche ſupérieure, on agite les deux ruches à bras, ce qui détermine au moins un petit nombre d'Abeilles à monter dans la ſupérieure, effet qui ſuffit ; on étend auprès de la nouvelle ruche un drap, on ſecoue rudement deſſus l'ancienne ruche dont l'ouverture eſt tournée en bas ; on a ſoin de poſer une planche d'un bout ſur le drap, & de l'autre à l'ouverture de la nouvelle ruche ; les Abeilles renverſées de force ſur le drap, près d'une habitation qu'elles connoiſſent, s'acheminent vers celle qui en occupe la place. Cependant il y en a qui s'obſtinent à reſter dans leur ancienne demeure ; on les néglige, on les enlève en ſéparant de la ruche avec un couteau fait exprès les gâteaux de cire ; on balaie avec les barbes d'une plume les Mouches qui y ſont reſtées cramponnées.

M. de Réaumur décrit enſuite la manière de faire paſſer les Abeilles dans une autre ruche par le moyen de la fumée & par le moyen de l'eau. De ces deux méthodes, la première a l'inconvénient de faire périr ſouvent un aſſez grand nombre d'Abeilles, & l'exécution en eſt aſſez difficile. Je ne m'arrêterai pas par cette raiſon à la décrire ; je donnerai une idée de l'autre méthode qui eſt plus ſimple, plus commode, & qui entraîne moins de perte.

Le ſoir du jour qui précède le changement qu'on médite pour le lendemain, on fait à la ruche qu'on veut dépeupler quelques ouvertures à ſon ſommet ; le lendemain de bon matin on la tranſporte près d'un puits, ſur le bord duquel on a placé un baquet auſſi profond que la ruche eſt haute ; on la poſe ſur le fond du baquet ; on poſe au-deſſus de l'ancienne ruche la nouvelle, par ſa baſe qui reçoit le ſommet de l'ancienne, on lutte les ouvertures qui peuvent être entre les deux, en ſe ſervant de terre glaiſe ; on remplit le baquet d'eau qui force les Abeilles à monter dans la ruche nouvelle, on l'enlève, on la poſe, dans le voiſinage, ſur un terrein uni & ſolide qui bouche ſon ouverture, & on

la

la porte, quand le tumulte commence à y diminuer, à la place qu'on lui deſtine. Cependant des Mouches en aſſez grand nombre tombent dans l'eau par divers accidens ; il faut les pêcher avec une écumoire à la ſurface où elles ſont ſoutenues, les étendre ſur un drap près de la nouvelle ruche ; bientôt elles reprennent leur vigueur, elles ſe re event & entrent dans la nouvelle habitation, il en périt fort peu & moins que de toute autre manière. Mais le miel qui ſe trouve dans des cellules ouvertes eſt endommagé ; c'eſt une perte fort médiocre, parce que la plus grande partie du miel eſt contenue dans des alvéoles fermés, ou il eſt garantit par la cire.

L'obſervation qu'une Abeille qui paroît noyée & privée de la vie peut la reprendre, conduiſit M. de Réaumur à ſe ſervir de l'eau pour obſerver les Abeilles d'une ruche une à une, les pouvoir compter, y diſtinguer les bourdons, y chercher la mère, &c.

Il remarqua & connut par divers eſſais qu'une Abeille peut reſter long-tems ſous l'eau, neuf heures & davantage ſans y perdre la vie, qu'en l'eſſuyant, ou la rechauffant, elle reprend ſes forces & ſon activité ; quand il eut fait ſes tentatives ſur quelques individus iſolés, il n'héſita plus à ſubmerger les Abeilles d'une ruche entière & par ce procédé il eut un moyen d'examiner l'intérieur d'une ruche, l'état de ſes habitans ſans les faire périr, en tout tems & toutes les fois qu'il le jugea à propos. Il décrit dans le reſte du mémoire les manipulations néceſſaires pour ſubmerger les Abeilles, les ſécher, les réchauffer & les rappeller à la vie ; pour ſécher leur habitation qu'on a inondée, la remettre en état de les recevoir ; & il expoſe les différentes obſervations qu'on peut ſe propoſer de faire par le moyen de la ſubmerſion. Ces divers objets ſont fort curieux, mais ils ſont d'un détail qui ne permet pas d'extrait & nous exhortons le lecteur que ces mêmes objets pourroient intéreſſer, à lire le mémoire même.

11ᵉ. MÉMOIRE.

De ce qui ſe paſſe dans chaque alvéole d'une ruche depuis qu'un œuf y a été dépoſé, juſqu'à ce que le Ver ſorti de cet œuf parvienne à être une Abeille.

Les œufs des Abeilles ſont oblongs, plus gros à un bout qu'à l'autre, de couleur tirant ſur celle de la giraſole, ils n'ont pour enveloppe qu'une ſimple membrane ; la mère n'en dépoſe qu'un dans chaque cellule & , comme on l'a déja dit ailleurs, elle l'enfonce par ſon bout pointu à l'orifice de la cire ; il demeure ſuſpendu & incliné par le moyen d'un gluten qui le retient. Cependant il arrive quelquefois, lorſque le nombre des alvéoles ne repond pas à la fécondité de la mère, qu'elle dépoſe pluſieurs œufs dans un même alvéole ; le plus grand nombre qu'on y en ait obſervé eſt de quatre.

C'eſt un ſentiment qui a long-tems été accrédité que les Abeilles couvent leurs œufs & cette fonction avoit été adjugée aux mâles ; mais on a reconnu par des obſervations plus exactes que les œufs n'ont beſoin pour éclorre que du degré de chaleur répandu dans la ruche ; ce dégré, toujours conſidérable, l'eſt ſouvent autant que celui de l'incubation d'une poule.

La ſortie du Ver hors de l'œuf a lieu deux ou trois jours après la ponte, ſes métamorphoſes ſont promptes & au bout de vingt à vingt & un jour l'Abeille dans laquelle il s'eſt transformé prend ſon eſſor.

Le Ver nouveau né eſt long ; il ſe tient en rond ; il poſe ſur le fond de la cellule couvert d'une ſorte de bouillie qui lui ſert de couſſin & de nouriture ; cette bouillie ne ſuffiroit pas à ſon entretien, ſi elle n'étoit fréquemment renouvellée, c'eſt un ſoin que prennent les ouvrières attentives à viſiter les cellules & à les approviſionner en y dégorgeant la pâtée dont les Vers ſe nourriſſent. Cette pâtée ou bouillie a un goût inſipide ou plûtôt elle n'en a pas ; c'eſt comme une ſorte de colle ; il eſt probable que c'eſt un réſidu de la cire brutte & du miel changés en cette pâtée par l'action des viſcères de la mouche qui la dégorge. Mais ce qui doit être remarqué, c'eſt que les Abeilles proportionnent à l'âge des Vers la pâtée dont elles les nourriſſent ; inſipide & plus claire dans les commencemens, elle a plus de conſiſtance & prend un goût ſucré à meſure qu'ils avancent en âge. (Nous nous interromperons ici un inſtant pour remarquer que les oiſeaux qui nourriſſent leurs petits en dégorgeant comme les Abeilles l'aliment dont ils ont beſoin, leur donnent de même dans les premiers jours une nourriture fluide qu'on a regardée dans ces derniers tems comme un véritable lait fourni par des glandes du pharinx, qu'enſuite ils les alimentent d'une pâtée plus épaiſſe, & finiſſent par les nourrir de grain ſimplement amoli : cette analogie entre des inſectes & des oiſeaux qui nourriſſent leurs petits par regorgement, nous a paru mériter de fixer un moment l'attention du lecteur ; s'opéreroit-il dans les Abeilles, comme on l'a cru de nos jours pour les oiſeaux, une ſécrétion laiteuſe dans les premiers momens de la naiſſance des jeunes ; où l'aliment plus fluide n'eſt-il que le réſidu d'un grain plus longuement digéré, du miel & de la cire brutte plus élaborés par les viſcères de l'Abeille qui s'en eſt nourrie ?

Les Vers des Abeilles n'ont pas de pieds ; ils paſſent leur état de Ver roulés ſur eux mêmes ; ils ſont d'abord d'un blanc bleuâtre & d'un blanc de lait par la ſuite ; ils ſont ſi mols & ſi pulpeux qu'on ne peut guère les toucher ſans les bleſſer : ils ont une tête de figure conſtante, une ſorte de bouche alongée & deux dents peu fortes & peu apparentes : ils prennent leur accroiſſement en moins de ſix jours & au bout de huit de la ponte, car ce n'eſt qu'au bout de deux jours qu'ils ſortent de l'œuf. Lorſqu'ils ont atteint leur grandeur & qu'ils n'ont plus beſoin d'alimens, des ouvrières ferment la cellule en y appliquant un couvercle de cire. Alors le Ver ſe déroule, il s'étend, il tapiſſe ſa demeure de ſoie ; il reſte dans l'inaction après cette opération & il paſſe, environ au bout de vingt-quatre heures, à l'état de nymphe.

Lorſque par un accident quelconque un gâteau ſe détache en tout ou en partie & tombe au fond de la ruche, les Abeilles arrachent les Vers des cellules qui ne ſont pas fermées, les tuent & les portent hors de la ruche ; il arrive quelquefois même qu'elles uſent de ce cruel procédé envers les Vers qui ſe trouvent de même dans des cellules ouvertes, quoiqu'il ne ſoit arrivé aucun dérangement dans les gâteaux : nous ne ſuivons point l'auteur dans les ſuppoſitions qu'il fait pour expliquer une manière d'agir ſi oppoſée aux ſoins que les Abeilles prennent ordinairement de leur poſtérité : il nous paroît trop difficile de pénétrer les cauſes de ces contradictions apparentes & que c'eſt trop hazarder d'en donner des explications morales.

La cellule pour une mère eſt, comme on l'a dit, plus grande ; les Abeilles l'approviſionnent auſſi de plus de nourriture ; il n'en reſte pas dans les cellules ordinaires après le changement du Ver en nymphe & on ne trouve une portion ſurabondante après ce changement que dans les cellules des mères.

Lorſque les parties de l'Abeille ont pris leur conſiſtance ſous la peau de nymphe, cette peau ſe fend, l'Abeille en ſort ; elle ſe ſert de ſes dents pour percer le couvercle de cire qui ferme l'alvéole, pour le rompre par fragmens ; lorſque l'ouverture eſt aſſez grande, elle paſſe au dehors ſa tête & ſes deux premières pattes qui lui ſervent, en ſe cramponnant à tirer au dehors le reſte du corps ; elle ſe poſe aux environs de la cellule dont elle vient de ſortir ; ſes aîles achèvent de ſe développer, & ſes membres de ſe fortifier en perdant l'humidité ſurabondante qui les mouille encore ; cette évaporation eſt accélérée par d'anciennes mouches qui s'approchent de la nouvelle & l'essuient avec leur trompe ; l'Abeille nouvellement née a les couleurs moins foncées & le ventre plus gros : si on l'ouvre on le trouve rempli de miel, & cet aliment entroit en plus grande proportion dans la pâtée dont les Vers ont été alimentés dans les derniers tems : ainsi le miel qu'ils ont consommé sur la fin de leur vie s'est conservé dans leur viscère, les a nourris pendant qu'ils étoient en nymphe & c'est encore leur premier aliment dans l'état de Mouche.

Qu'on me permette de rappeller encore ici l'analogie qui se trouve entre le Poulet & le Ver des Abeilles : le jaune, aliment le plus consistant de la nourriture que l'œuf renferme se conserve plusieurs jours dans les viscères du Poussin tout formé, renfermé sous la coquille, état qui répond à celui de nymphe, & il est encore le premier aliment du Poussin sorti de la coquille : de même le miel, partie plus nourrissante de la pâtée se conserve dans les viscères du Ver, & il est la première nourriture de l'Abeille nouvellement née : aussi-tôt qu'elle sent ses membres affermis elle prend son essor, elle suit les autres Mouches à la campagne, & elle exécute les mêmes travaux ; il naît quelquefois plus de cent Mouches par jour dans une seule ruche.

12ᵉ. MÉMOIRE.

Des Essaims.

Les ruches font des pertes considérables pendant l'hiver, mais au retour du printems l'Abeille mère recommence sa ponte. Les œufs qu'elle dépose d'abord ne produisent que des Abeilles ouvrières qui ne sont qu'au bout d'environ trois semaines en état de travailler ; quelque tems après il naît des mâles ou faux Bourdons, & peu après une & quelquefois plusieurs jeunes mères ; le nombre des ouvrières depuis le printems est considérable, & alors la ruche se trouve surchargée. Cependant ce n'est pas seulement le manque

de place, la gêne, qui déterminent une partie des Abeilles à quitter leur habitation & à en chercher une nouvelle ; il faut de plus, & c'est une condition indispensable, qu'il soit né dans la ruche une jeune mère que l'essaim puisse suivre & qui lui assure une postérité ; sans cette condition il ne se fait pas d'émigration.

Des ruches si peuplées qu'elles ne sauroient contenir toutes les mouches, ne donnent pas d'essaim parce qu'il n'y a pas de jeune mère, & d'autres ruches dans lesquelles il reste encore beaucoup de place à occuper, en donnent aussi-tôt qu'une jeune mère est née : elle est en état de conduire les Abeilles qui la suivent & auxquelles on donne le nom d'*essaim* fort peu de jours après sa naissance, peut-être dès le jour même : mais la sérénité du ciel, la température de l'air accélèrent ou retardent sa sortie.

Une ruche *essaimera* bientôt ou jettera un essaim, lorsqu'on y voit des mâles, quand dans un beau jour il sort peu d'Abeilles ; l'instant est plus proche lorsque le soir & la nuit même on entend dans la ruche un bruit qui n'y est pas ordinaire.

C'est de dix heures à trois que les essaims sortent ; dans le moment qui précède leur sortie on entend redoubler le bourdonnement dans la ruche, on voit des Mouches en sortir en grand nombre : aussi-tôt que la nouvelle mère a prit elle-même l'essor, les Mouches se précipitent à sa suite en si grand nombre, qu'elles forment dans l'air un tourbillon qui l'obscurcit aux environs. Il paroît que leur vol a pour objet de découvrir un lieu propre pour une nouvelle habitation & que ce n'est pas la mère qui en détermine le choix.

Car si quelques Mouches se posent en un endroit, elles y sont bientôt suivies par d'autres : la mère ne s'y rend que quand le grouppe est déjà considérable ; mais aussi-tôt qu'elle s'y eſt jointe, toutes les Abeilles qui étoient encore en l'air la ſuivent & forment enſemble un grouppe en s'accrochant par les pieds.

Lorſque les eſſaims prennent en ſortant un vol élevé, il y a à craindre qu'ils ne ſe portent au loin & qu'ils ne ſoient perdus.

On les détermine à baiſſer leur vol en jettant en l'air à pleines mains du ſable fin, & on eſt auſſi dans l'uſage, peut-être inutile, de faire du bruit en frappant ſur quelque vaiſſelle de cuivre; l'expérience a appris que les Abeilles s'abaiſſent par ces moyens, dont le premier paroît ſeul les déterminer, & qu'elles ſe fixent promptement ſur quelque branche baſſe.

Quand un eſſaim s'eſt fixé, un homme couvert du camail que nous avons décrit, & les mains couvertes de gands, préſente d'une main une ruche renverſée au-deſſous de l'eſſaim & le fait tomber dans la ruche de l'autre main; cette opération n'eſt ni longue, ni difficile; auſſi tôt qu'elle eſt achevée, on poſe la ruche à terre dans ſa ſituation naturelle en laiſſant des ouvertures entre le ſol & la ruche; les Abeilles tombées à terre aux environs, celles qui étoient encore en l'air s'y rendent en foule; cependant il y en a qui s'obſtinent quelquefois à retourner ſur la première branche ſur laquelle elles s'étoient fixées; on les en dégoûte en frottant cette branche de feuilles de ſureau ou de feuilles de rue; & ſi ces moyens ne ſuffiſent pas, on déloge ces Abeilles obſtinées par la fumée qu'on dirige ſur leur branche favorite; pour les engager au contraire à ſe fixer dans la ruche, on a eu ſoin de la frotter en dedans avec des feuilles de méliſſe ou des fleurs de fève, de la couvrir en quelques endroits d'une légère couche de miel.

Si le ſoleil donne ſur la nouvelle ruche & qu'il ſoit fort, il faut la garantir par l'ombre, ou d'une feuillée, ou d'un drap qu'on tend au-deſſus.

Nous venons de parler d'un eſſaim poſé favorablement; mais quelquefois il s'attache à l'extrémité d'une très-petite branche ſur le haut d'un arbre fort élevé; alors ou l'on a recours à une échelle pour atteindre avec la ruche juſqu'à l'eſſaim, ou on attache la ruche au bout d'une perche par le moyen de laquelle on la préſente à l'eſſaim, tandis qu'un homme monté ſur l'arbre fait tomber l'eſſaim avec un balet plus ou moins long; les circonſtances déterminent les moyens qu'on doit employer.

Après avoir décrit la ſortie des eſſaims & la manière de les recueillir, M. de Réaumur traite pluſieurs objets qui leur ſont relatifs; il examine d'abord s'il ne ſe trouve pas pluſieurs mères dans un même eſſaim; il reconnoît qu'il y en a quelquefois deux, & qu'alors l'eſſaim ſe partage en deux bandes, mais inégales, l'une peu nombreuſe & l'autre compoſée de la plupart des Abeilles, & celles encore qui ont ſuivi une des mères en moindre nombre, la quittent-elles bientôt pour ſe joindre à la troupe principale. La mère enfin qui eſt abandonnée ſe réunit elle-même à l'eſſaim qui ſe retrouve avoir deux mères; il y en a quelquefois juſqu'à quatre, mais quel qu'en ſoit le nombre, quelque motif qui détermine les Abeilles, elles ne conſervent qu'une mère, elles donnent promptement la mort aux autres, & n'entreprennent leurs travaux qu'après cette exécution. Mais ce ne ſont pas ſeulement les mères ſurnuméraires ſorties avec les eſſaims qui ſont ſacrifiées, celles qui ſont reſtées dans l'ancienne ruche y reçoivent également la mort. Il eſt donc prouvé qu'il naît dans les ruches un nombre de mères plus grand que leur entretien & le beſoin des eſſaims ne l'exigent, & que les Abeilles qui ne conſervent qu'une mère par ruche, donnent la mort à ces mères ſurabondantes. Il ſemble naturel de penſer que les mères les plus vigoureuſes ſont celles qui ſont conſervées, & il paroît d'ailleurs que cette furabondance a pour objet d'affurer aux ruches & aux effaims une mère en tout tems ; car différentes circonstances peuvent faire périr les Vers deftinés à paffer à l'état de mères ; la ruche & les effaims en euffent été privés s'il n'étoit né que le nombre de Vers ftrictement néceffaire ; la furabondance affure la durée des ruches, la multiplication de l'efpèce, le foin qu'en prend la nature, & eft, au contraire, une de ces preuves fi fréquentes du peu de cas qu'elle fait des individus.

On penfe ordinairement qu'il eft défavantageux de permettre à une ruche peu peuplée d'*effaimer.* Pour l'en empêcher, il fuffit de retourner la ruche, d'en mettre l'ouverture du côté oppofé ; les Abeilles travaillent d'abord fur le devant, & la ruche étant retournée, elles trouvent un vide qui les engage à ne pas jetter d'effaim ; on parvient au même but en ajoutant une hauffe à la ruche.

Lorfqu'on a un certain nombre de ruches, il arrive quelquefois que deux effaiment en même tems, & que les deux effaims fe réuniffent ; il convient de les partager en les renverfant chacun dans une ruche à-peu-près en nombre égal. Mais pour que ce partage réuffiffe, il faut qu'il y ait une mère dans chaque ruche, c'eft ce qu'on reconnoît le lendemain matin à l'activité ou l'inaction des Mouches d'une des deux ruches ; s'il y en a une privée de mère, il faut mêler de nouveau les deux effaims pour tenter un nouveau partage plus heureux.

Les effaims qui fortent les premiers font plus nombreux, & ils fe mettent au travail dans une faifon plus favorable dont l'influence dure plus long-tems ; ils font meilleurs & de plus de rapport par ces deux raifons.

On peut demander fi un effaim eft compofé de jeunes Abeilles & d'une mère nouvellement née. Comme on connoît à la cou-

leur des Abeilles leur âge, ainfi qu'il a été dit, on peut répondre qu'on en voit de tout âge parmi celles qui compofent un effaim, comme il en refte auffi de tout âge dans la ruche. Quant à la feconde queftion, M. de Réaumur répond feulement qu'il eft très-probable que c'eft toujours une jeune mère qui accompagne un effaim.

L'effaim le plus nombreux que M. de Réaumur ait vu étoit du poids de huit livres, & contenoit quarante trois mille huit Mouches. Un excellent effaim pèfe, d'après Butler, environ fix livres angloifes, un bon cinq, un médiocre quatre. On peut connoître le poids d'un effaim en ayant fait la tare de la ruche avant de l'y loger.

Les Abeilles placées dans une nouvelle ruche tranfportent dehors les ordures qui peuvent y être, ou ce qui leur déplaît, elles en bouchent les ouvertures en y étendant de la *propolis*, & elles conftruifent des gâteaux en commençant par le haut de la ruche.

13ᵉ. MÉMOIRE.

Des foins qu'on doit prendre des Abeilles pour les conferver & les faire multiplier, & profiter de leurs travaux.

Le miel & la cire nous font utiles pour l'économie, pour la médecine, & la cire pour les arts. L'économie retire du miel une nourriture faine ; la médecine l'emploie comme un remède adouciffant & incifif, & la cire entre dans la compofition d'un grand nombre d'onguens ; elle fert dans les arts de différentes manières, pour en former des grouppes en la modelant, pour couvrir la planche fur laquelle on grave, pour étendre, dans des arts plus groffiers, fur différentes étoffes & les rendre imperméables à l'eau ; enfin, on fait quel ufage confidérable on en fait pour nous éclairer. Il nous eft donc très-avantageux de multiplier les Abeilles, fans lefquelles nous ne pouvons avoir ni cire, ni miel. Deux moyens peuvent concourir à ce but. Le premier de multiplier les ruches en accordant un léger encouragement à ceux qui se livreroient à ce soin, le second d'empêcher qu'il ne périsse tous les ans un aussi grand nombre d'Abeilles qu'on en perd faute des précautions nécessaires pour prévenir cette perte.

La première cause de la destruction des Abeilles est l'usage beaucoup trop fréquent de ne s'emparer de leur travail qu'en les faisant périr par la vapeur du soufre. On justifie cette mauvaise pratique en alléguant que les Abeilles eussent péri pendant l'hiver ; mais cette excuse est sans fondement, puisque communément une ruche se conserve dix ans & plus ; le vrai est que la mort des Abeilles n'est déterminée que par le desir de s'emparer en une fois de la totalité du miel & de la cire qu'elles ont amassés ; mais un intérêt plus éclairé & l'expérience apprennent qu'il vaut mieux ne les en priver qu'en partie & à différens tems de l'année ; que les récoltes partielles qu'on en fait surpassent la récolte unique qui a lieu en les détruisant. Cependant, si l'on s'obstine à ne vouloir faire qu'une récolte, il n'est pas encore nécessaire de donner la mort aux Abeilles ; il suffit de ne pas attendre que la saison soit trop avancée, de faire passer les Abeilles ou dans une ruche vide, ou dans une ruche peu peuplée, & dont le produit seroit d'une très-foible valeur ; les Abeilles amasseront encore de quoi passer l'hiver, & dédommageront amplement au printems du sacrifice qu'on leur aura fait.

Cependant, du commencement de l'automne au retour du printems on perd beaucoup d'Abeilles, souvent la moitié de leur nombre, même dans les pays où on est dans l'usage de *tailler* les ruches. Il y a deux causes de cette perte, le froid & la disette. Le froid au degré de la congellation engourdit les Abeilles & les jette dans une asfixie pendant la durée de laquelle elles n'ont pas besoin d'alimens ; le dégel les ranime, & alors elles

consomment le miel & la cire amassés pendant l'automne ; mais si le froid devient ou très-long, ou très-violent, il fait périr beaucoup d'Abeilles. Dans les hivers rudes il en périt donc un grand nombre par l'excès du froid, & dans les hivers doux par le manque de vivres.

Les hivers qui leur sont les plus favorables sont donc ceux où un froid modéré & d'une durée qui ne devient pas trop longue, les entretient dans un engourdissement pendant lequel elles ne prennent pas d'alimens. Chaque Abeille exposée seule à l'air froid y périroit, mais les Abeilles réunies entretiennent dans la ruche une chaleur suffisante pour les garantir des effets d'un froid extérieur modéré. Le thermomètre qui n'étoit qu'à trois degrés au-dessus de zéro au mois de janvier, placé à l'air près d'une ruche, monta à dix en peu de tems à l'intérieur de cette même ruche. Plus une ruche sera peuplée, plus la chaleur y sera donc grande, & moins les Mouches auront à craindre du froid extérieur : un moyen de prévenir ses ravages est donc de rassembler pour l'hiver les Abeilles en grand nombre dans les mêmes ruches.

M. de Réaumur, après les préliminaires dont on vient de lire un extrait, entre dans des détails pratiqués sur les moyens de conserver les Abeilles.

Le premier est de boucher à l'automne toutes les issues des ruches, de les transporter ensuite dans un cellier, une serre où elles sont moins exposées au froid que si elles étoient demeurées à l'air libre. Cependant il faudroit placer les ruches peu peuplées dans des endroits plus chauds que les ruches riches en habitans, parce que ces dernières se garantissent par elles-mêmes.

Mais cette pratique a un grand inconvénient ; il consiste en ce que l'air s'altère par la transpiration des Abeilles dans les ruches fort peuplées, qu'il se corrompt par la putréfaction des Abeilles qui y meurent, & qu'il en réfulte des maladies auffi funeftes que les effets du froid. Notre auteur confeille donc de ne boucher les iffues que des ruches foibles, de ne mettre que celles-là à l'abri, & de ne point retirer de l'air libre les ruches très-peuplées.

M. de Réaumur rapporte enfuite les foins qu'il fe donna pour placer des ruches foibles, chacune dans un tonneau défoncé ; il les couvrit les unes de terre, les autres de foin, ou de paille, ou de fable ; les Abeilles de ces ruches réfiftèrent au froid de l'hiver qui les eût fait périr, vu le petit nombre d'Abeilles, fans la précaution de les couvrir ; mais nous infiftons peu fur le détail de ces opérations, parce que, quoique fimples, il nous paroît qu'elles feroient peu fuivies par les gens de la campagne; il fuffit de les avertir qu'on diminue les effets du froid en couvrant les ruches avec de la paille ou du foin, foit en les plaçant sous une dans un tonneau défoncé, foit en les rapprochant à côté les unes des autres fur des planches pofées fur des trétaux: on doit encore obferver qu'il faut laiffer l'entrée de la ruche libre, pour que, quand il y a des jours affez beaux & où le foleil eft affez fort, les Abeilles qui veulent fortir en aient la liberté. Mais ce n'eft pas affez de les garantir du froid, il faut les fauver de la difette; dans les hivers doux, & pendant les dégels de ceux qui font plus froids, on doit donc vifiter les ruches de tems en tems pour s'affurer de l'état des provifions, & fi le miel eft prêt à manquer, en fournir aux Mouches pour leur befoin.

Les Mulots, lorfqu'ils peuvent pénétrer dans une ruche dont les Abeilles font engourdies par le froid, y en détruifent un prodigieux nombre, d'autant plus grand qu'ils ne mangent que la tête. On prévient ce ravage en tenant les ruches élevées fur des appuis auxquels les Mulots ne fauroient monter & en plaçant ces appuis fous les ruches de manière qu'il y ait un rebord entre ces appuis & l'entrée de la ruche, & que pour gagner cette entrée les Mulots fuffent obligés de marcher à la renverfe.

Chaque pays a des ruches d'une forme ou d'une matière différente ; les ruches dont on fe fert aux environs de Paris, & dont le tout monde connoît la forme, font d'ofier ; on les revêt en dehors d'un enduit de plâtre, ou de terre & de chaux, ou de cendre, & de boufe de vaches. Cet enduit a pour objet de boucher les ouvertures par où l'air & le vent pourroient pénétrer dans la ruche ; il fert auffi a garantir de la pluie celles qu'on ne couvre pas d'un toît qui les garantiffe affez ; mais on eft ou dans l'ufage de les couvrir toutes par un toit commun, ou chacune par une *chappe* de paille qui en embraffe le haut.

Les ruches doivent être placées dans un endroit expofé au foleil, fans qu'il les frappe trop d'applomb ; c'eft pourquoi il eft bon de les couvrir d'un toit qui leur fourniffe de l'ombre ; on ne doit jamais les placer au nord.

L'eau eft abfolument néceffaire aux Abeilles, ainfi les ruches doivent être ou voifines d'un endroit où il s'en trouve, ou il faut y en entretenir ; car la pureté de l'eau n'eft pas néceffaire, & celle qui eft croupie convient autant aux Abeilles que l'eau fraîche.

Les pays abondans en prairies font ceux qui font les plus favorables aux Abeilles, & ceux qui leur conviennent le moins, font au contraire ceux où la campagne eft bientôt découverte & demeure aride après la moiffon. Pour tirer des Abeilles tout l'avantage poffible, & augmenter le commerce dont elles font la fource ; il faudroit, quand les fleurs paffent dans une contrée, tranfporter les ruches dans une autre où les Abeilles trouveroient abondamment des fleurs. Les Egyptiens faifoient paffer ainfi les ruches d'un pays à un autre ; cet ufage a encore lieu en Italie, & M. de Réaumur cite l'exemple d'un particulier, en France, près Pithivier ; qui a tiré un grand avantage & beaucoup de profit du transport de ses ruches. Les Egyptiens les transportoient sur le Nil, & on les transporte en Italie sur le Pô ; le particulier voisin de Pithivier, étoit obligé de voiturer ses ruches par terre. Ce transport exige de grandes précautions pour prévenir la chûte des gâteaux, par l'effet des cahots, la désertion des Abeilles, &c. Nous passerions les bornes, si nous suivions l'auteur dans le détail de ces précautions, & si nous n'en donnions qu'une idée suffisante pour la curiosité, il y auroit à craindre qu'en voulant imiter l'habitant des environs de Pithivier, en ne suivant qu'imparfaitement son exemple, on ne fît beaucoup de tort à ses ruches ; il vaut donc mieux renvoyer au mémoire même ceux qui voudront faire passer les ruches d'un pays à un autre, pratique qui, quoique fort avantageuse, sera très peu mise en usage.

M. de Réaumur traite ensuite des ennemis des Abeilles & de leurs maladies : elles n'ont que peu ou point à craindre des Araignées & des Fourmis ; mais certains oiseaux & en particulier les Moineaux Francs en détruisent beaucoup ; c'est pour eux un mets friand ; les fausses Teignes qui détruisent les gâteaux de cire ne sont pas redoutables aux Abeilles pour elles-mêmes, mais c'est leur plus grand ennemi par les dégâts qu'elles causent dans leurs travaux. *Voyez* t. 3, mémoire 8. Les Abeilles ont une sorte de poux qui leur sont particuliers ; ces poux ne sont pas plus gros que la tête d'une très-petite épingle, ils sont rougeâtres, ils se tiennent sur le corcelet de la mouche, on n'y en voit ordinairement qu'un & ce ne sont que les vieilles Abeilles qui sont sujettes à cette vermine.

La maladie la plus ordinaire aux Abeilles est le dévoiment qui paroît leur être causé par le froid & l'humidité ; il meurt de ces insectes un grand nombre à l'automne, dans le temps de la chûte des feuilles, & au retour du printems, mais on ne nous apprend pas quelle est ou quelle sont les causes de cette double mortalité.

Le mémoire est terminé par l'énumération des tems où l'on *taille* les ruches dans les différentes contrées du royaume, par la description de cette opération qu'on nomme aussi *châtrer*. Nous ne suivrons pas l'auteur dans ce qu'il dit sur cet objet, tant pour n'en pas donner, par un simple extrait, une idée qui ne suffiroit pas pour cette opération importante, que parce que cet objet est du ressort de M. l'abbé Tessier, auteur du dictionnaire d'économie rustique.

VI. VOLUME.

Ce volume commence par une préface divisée en deux parties : dans la première, l'auteur donne une idée générale des objets dont il est traité dans ce volume, & il expose dans la seconde ce qui étoit nouvellement découvert de son tems par rapport aux animaux qu'on multiplie en les divisant par morceaux. Ce dernier objet n'a point de rapport au sujet que nous sommes chargés de traiter : la première partie de la préface n'est qu'un abrégé de ce que que nous allons exposer ; ainsi nous passons tout de suite à l'extrait des mémoires.

Iᵉʳ. MEMOIRE.

Histoire des Bourdons velus dont les nids sont de mousse.

Les Bourdons sont généralement connus ; ils appartiennent, suivant la méthode de notre auteur, au genre des Abeilles ; ils récoltent du miel & de la cire ; ils sont beaucoup plus gros que les Abeilles, couverts de poils longs & pressés qui les font paroître plus gros qu'ils ne sont ; ils font, en volant, un bruit ou bourdonnement qui a déterminé le nom qu'on leur a donné ; les poils qui les couvrent sont noirs ou jaunes, & forment des bandes ; les nuances & la disposition des bandes varient beaucoup sur les différens individus

dividus qui n'en son pas moins de la même espèce : ils diffèrent auſſi par la grandeur ; les plus gros ſont des femelles , ceux de grandeur moyenne des mâles , & les plus petits des ouvriers dépourvus de ſexe ; mais toutes ces trois ſortes ſont de même eſpèce , & le produit de la même mère. Ces inſectes ſavent ſe conſtruire une habitation à laquelle M. de Réaumur donne le nom de *nid.* Ces nids ſont faits de nouſſe placée à terre , mais qui a été coupée , arrachée & apportée d'ailleurs ; ils ont à l'extérieur l'apparence d'un ſimple tas de mouſſe. C'eſt dans les prairies , les ſainfoins & les luzernes qu'on peut trouver les nids des Bourdons ; ils ont de cinq à ſix pouces de diamètre en étendue, & de quatre à cinq en élévation ; il n'eſt cependant pas aiſé de les découvrir , & on ne les voit bien que quand les champs ont été fauchés ; ils reſſemblent à une motte de terre couverte de mouſſe ; un trou pratiqué à un des coins ſert de porte , & conduit à un chemin couvert de mouſſe, long de plus d'un pied. Il y a cependant des nids dont l'ouverture ſe trouve en deſſus , & qui ſont ſans avenue.

En découvrant le nid des Bourdons , ce qu'on peut faire ſans crainte d'en être piqué, quoiqu'ils aient un aiguillon , on apperçoit à l'intérieur une ſorte de gâteau mal façonné, compoſé d'œufs aglutinés les uns aux autres ; il n'y a quelquefois qu'un de ces gâteaux , quelquefois il y en a deux ou trois au-deſſus les uns des autres.

Auſſi-tôt qu'on laiſſe en liberté les Bourdons dont le nid a été découvert , ils le réparent , & tous s'y emploient ; car les plus grands & ceux de taille moyenne, travaillent comme les plus petits. La conſtruction d'un nid ſe fait de la façon ſuivante : les Bourdons s'arrangent par files du point où ils veulent s'établir juſqu'à une certaine diſtance ; ils ont la tête tournée à l'oppoſé du lieu où le nid doit être placé ; les Bourdons les plus avancés coupent de la mouſſe ou l'arrachent brin à brin avec leurs mâchoi-

res ; ils font paſſer les brins qu'ils ont coupés ſous la première paire de leurs jambes , de cette paire à la ſeconde , à la troiſième ; le ſecond Bourdon de la file en fait autant , enſuite le troiſième, & les brins de mouſſe ſont ainſi pouſſés & amaſſés juſqu'à l'endroit où finiſſent les files de Bourdons, & où le nid doit être conſtruit. Les Bourdons qui s'y trouvent arrangent & enlaſſent les brins en les ſaiſiſſant avec leurs mâchoires , & en les applatiſſant avec les pieds ; au reſte , ces inſectes n'emploient que la mouſſe qu'ils trouvent près du lieu où ils veulent s'établir , & ils ne la tranſportent jamais de loin ; ils enduiſent l'intérieur du nid d'une couche de cire brute qui en lie les matériaux , & le rend impénétrable à la pluie ; cette couche n'eſt épaiſſe que comme deux feuilles de papier , & n'eſt formée que d'une cire brute qui ne ſe fond pas à la chaleur comme la vraie cire , mais qui s'enflamme & laiſſe une partie charbonneuſe après que la flamme eſt éteinte.

Suivant qu'on ouvre un nid plus ou moins ancien , on trouve à ſon intérieur un ſeul ou pluſieurs gâteaux ; leur ſurface ſupérieure eſt convexe , l'inférieure eſt concave ; ils ſont formés de corps oblongs, de trois grandeurs & groſſeurs différentes, dont les uns ſont fermés & les autres ouverts par un de leurs bouts ; la différence de volume de ces corps rend la ſurface des gâteaux raboteuſe & inégale ; ce ſont des coques que les Vers des Bourdons ſe filent pour le tems de leur changement. Sur les coques , dont on vient de parler , s'élèvent en différens points des gâteaux des corps de la couleur & de la forme d'une truffe ; ils ſont formées d'une eſpèce de pâte ; on trouve au centre un vide dans lequel ſont dépoſés des œufs d'un blanc un peu bleuâtre ; il y a de vingt à trente de ces œufs dans chaque maſſe de pâte. Au lieu d'œufs , on trouve ſouvent des Vers dans les maſſes de pâte ; elles ſervent à ces Vers de nid & de nourriture ; mais on y en trouve que quelques-uns ou même un ſeul ; d'où M. de Réaumur conclut que les Vers ſe diſperſent peu après leur naiſſance , & que les Bourdons les entourent de nouvelle pâtée ; c'eſt une ſorte de miel aigrelet : l'auteur croit que ce miel eſt préparé dans les viſcères des Bourdons qui le dégorgent ; outre cette pâtée, on ne manque pas de trouver ſur chaque gâteau quatre à cinq petits godets en forme de go blets, formés d'une cire brute, & remplis d'un fort bon miel : l'uſage de ce miel, ſelon la conjecture de notre auteur, eſt de ſervir à humecter la pâtée quand elle vient à ſe deſſécher.

Les Vers qui ont crû au milieu de la pâtée y filent une coque pour le tems de leur métamorphoſe ; mais alors les Bourdons ſe nourriſſent de la pâtée, où ils en forment de nouveaux godets pour d'autres œufs, car les coques reſtent toujours à découvert.

Nous avons déjà dit que les plus grands des Bourdons ſont les femelles, ceux de taille moyenne les mâles, & les plus petits les mulets. Chaque femelle a un ovaire double chargé d'œufs, mais en bien moindre nombre que les ovaires des Abeilles ; auſſi les républiques des Bourdons ſont-elles très-peu peuplées en comparaiſon de celles des Abeilles.

M. de Réaumur croit, d'après des obſervations qui rendent ſa conjecture aſſez vrai-ſemblable, qu'il n'y a que les mères Bourdons qui réſiſtent à l'hiver ; & qu'au printems toute république de ces inſectes eſt le produit d'une mère qui a commencé par conſtruire ſeule un nid & y dépoſer ſes œufs.

En vain chercheroit-on dans les mulets les organes d'un ſexe ; ils en ſont abſolument privés. Les mâles n'ont point d'aiguillon, tandis que les femelles & les mulets en ſont armés.

Les Bourdons ont pour ennemis une ſorte de petits poux dont ils ſont ſouvent couverts ; les Fourmis qui ſont friandes de la pâtée qui ſert de nourriture aux Vers ; pluſieurs eſpèces de Mouches à deux aîles, dont les Vers ſe nourriſſent de la pâtée amaſſée par les Bourdons, ou des larves mêmes & des nymphes de ces inſectes ; une fauſſe Teigne qui dévaſte leur nid. Mais les Mulots, les Rats, les Fouines, & peut-être d'autres quadrupèdes de ce genre, leur ſont une rude guerre, dévaſtent leurs nids, les mettent en pièce, & dévorent les Bourdons eux-mêmes.

Ce qui a été dit de la ſtructure de la trompe & de celle de l'aiguillon des Abeilles, peut donner une idée ſuffiſante des mêmes objets par rapport aux Bourdons.

On ne trouve, pendant l'hiver, aucun Bourdon dans les nids de ces inſectes ; on n'y voit, au retour du printems, que des femelles ; il eſt probable que celles ci paſſent l'hiver dans quelques trous de murs, dans des arbres creux, peut-être dans des trous en terre ; que les mâles & les mulets périſſent tous en automne.

2ᵉ. MÉMOIRE.

Des Abeilles Perce-Bois.

Les Abeilles qui ont été le ſujet des mémoires précédens, & les Bourdons vivent en ſociété ; il va être queſtion d'Abeilles qui vivent ſolitaires. Cependant on trouve pluſieurs de celles-ci dans un même endroit ; mais ce n'eſt pas qu'elles y travaillent les unes pour les autres, c'eſt parce que le terrain & le lieu leur conviennent à chacune en particulier. Les travaux de ces Abeilles ont pour but, non elles-mêmes, mais leur poſtérité ; ils ſont entrepris & exécutés pour lui procurer le logement & la nourriture ; l'eſpece de ces Abeilles que notre auteur conſidère la première en eſt une qui perce & qui creuſe le bois. C'eſt un des premiers inſectes qu'on voit paroître au retour du printems, & des derniers qui fréquentent les jardins ; cette eſpece n'eſt jamais très-commune ; mais on voit en tout tems des Abeilles Perce-bois, excepté dans la fin de l'automne , & pendant l'hiver ; elles font remarquables par leur grandeur , par le noir violet qui eſt leur couleur , par l'éclat de leurs aîles qui font de couleur d'acier poli, & qui en ont les reflets. Ces Abeilles ne percent que le bois mort, & jamais celui qui eſt en végétation; elles commencent par ouvrir un trou, & creuſer enſuite une gallerie un peu oblique de quinze à vingt pouces de longueur, ſuf-fiſante pour qu'elles puiſſent s'y retourner, ce qui exige une aſſez grande capacité ; auſſi peut-on introduire facilement le doigt index dans une pareille galerie. C'eſt avec les dents que les Abeilles Perce-bois creuſent les trous qui ſont néceſſaires à leur poſtérité ; elles coupent les fibres du bois , & les réduiſent en grains, ſemblables à ceux que détache une ſcie groſſière ; elles jettent ces grains hors du trou à meſure qu'elles en ont détaché une certaine quantité. La gallerie n'eſt cependant que le commencement de l'ouvrage , & un vide préparé pour des logemens qui doivent y être conſtruits. Une Abeille partage en douze loges environ la gallerie qu'elle a creu-ſée ; elle établit ce partage par le moyen de cloiſons ou de planchers qu'elle compoſe des brins de ſciure qu'elle reprend & qu'elle aglu-tine par le moyen d'une liqueur viſqueuſe ; elle commence par le fond de la gallerie ; mais avant de poſer le premier plancher , elle amaſſe dans la cellule qu'il formera , une pâtée propre à nourrir le Ver qui doit y naî tre & y croître ; elle dépoſe ſur cette pâtée un œuf, elle conſtruit le premier plancher , & elle continue ſon travail de cellule en cel-lule. Le Ver qui naît dans chacune , y trouve la nourriture qui lui eſt néceſſaire ; il paſſe dans ſa priſon à l'état de nymphe, & par-vient à celui de Mouche ; il ouvre alors ſa demeure avec ſes dents, ſans paſſer de la cellule où il eſt né , dans une des cellules voiſines, mais en pratiquant une ouverture ſur le côté.

L'Abeille , dont les travaux viennent d'ê-tre décrits, eſt la femelle de ſon eſpèce, le mâle eſt un peu plus petit & dépourvu d'ai-

guillon , au lieu que la femelle en a un très-fort. M. de Réaumur n'a pu remarquer ſi le mâle concourt aux travaux de la femelle.

Les Abeilles Perce-bois ſont tourmentées par une Mitte très-petite & remarquable par un poil deux fois plus longs que leur corps, placé à ſon extrémité.

3e. MEMOIRE.

Des Abeilles Maçonnes.

Les Abeilles dont il s'agit dans ce mé-moire conſtruiſent leur nid d'une ſorte de mortier, ce qui leur a fait donner le ſurnom de Maçonnes : il y en a de toutes noires & de rouſſes, qui approchent de la couleur des Abeilles. Les noires ſont munies d'un fort ai-guillon , & ſont les femelles ; elles ſont char-gées ſeules de la conſtruction du nid , & de tout le travail qui y eſt relatif; les rouſſes n'ont point d'aiguillon & ſont les mâles.

C'eſt ſur les murs conſtruits de pierres & ſans enduit, qu'on peut obſerver les nids des Abeilles Maçonnes. C'eſt ſur-tout à l'expoſi-tion du midi qu'ils ſont plus nombreux ; on en trouve auſſi à l'expoſition du levant, & à celle du couchant , mais jamais au nord. Ces nids attachés au corps de la pierre même, n'offrent, à l'extérieur, qu'une éminence ra-boteuſe ; en dedans ils ſont partagés en plu-ſieurs cellules ; ils acquièrent une dureté ſi grande qu'il eſt fort difficile de les entamer avec un couteau.

Une Abeille qui s'apprête à bâtir un nid, commence par roder le long d'un mur con-venablement conſtruit & bien expoſé ; après qu'elle a reconnu l'endroit qui lui convient ; elle cherche, aux environs, quelqu'amas de ſable, elle y choiſit les grains de la groſſeur & de la nature propre à l'exécution de ſon ouvrage ; elle mouille chaque grain d'une li-queur viſqueuſe qu'elle dégorge , & qui ſert à lier un ſecond grain au premier ; elle mouille le ſecond grain, en attache un troifième , & fucceffivement un nombre affez grand pour former un amas de la groffeur d'un grain de plomb à lièvre. Quand ce premier amas eft formé, la Mouche le faifit entre fes mâchoires pour le tranfporter au lieu où elle veut bâtir. Ce lieu eft fouvent diftant de plus de cent pas de l'endroit où la Mouche ramaffe & prépare le mortier qu'elle emploie ; auffi le tranfport en dure-t-il cinq à fix jours ; il faut remarquer que le fable employé par les Abeilles eft toujours mêlé de terre , ce qui en facilite la liaifon.

On fait déjà que le nid eft compofé de cellules ; elles ont la forme d'un dez à coudre , & l'ouvrière les conftruit à la fuite les unes des autres, en en laiffant l'entrée ouverte ; arrivée fur le lieu où elle bâtit , la Mouche pétrit le mortier avec fes pieds , l'applique & le façonne avec fes dents ; elle polit l'intérieur de la cellule autant qu'il en eft fufceptible , & elle mouille d'une nouvelle liqueur toute la charge qu'elle vient de mettre en œuvre. Chaque cellule à environ un pouce de hauteur & fix lignes de diamètre. Lorfqu'une cellule eft élevée à peu près aux deux tiers de fa hauteur, la Mouche la remplit d'une pâtée femblable a celle dont il a été queftion dans l'hiftoire des Abeilles Percebois. Cette pâtée eft compofée de pouffières d'étamines de fleurs fur lefquelles l'Abeille dégorge du miel , & avec lequel elle les réduit en pâtée , en pétriffant le tout. Quand la cellule , élevée des deux tiers de fa hauteur , a été remplie de pâtée , la mouche achève de lui donner toute fa hauteur , elle y ajoute de nouvelle pâtée , elle dépofe un œuf , & elle ferme la cellule avec un couvercle conftruit d'un mortier pareil à celui qui en fait le fond & les côtés.

C'eft dans les cellules que les Vers doivent naître, vivre , paffer à l'état de nymphe & à celui de Mouche. M. de Réaumur s'eft affuré que les parois des cellules font perméables à l'air & qu'ainfi celui dont les infectes qui y font renfermés ont befoin, fe renouvelle.

Les nids ne font quelquefois compofés que de quatre cellules, quelquefois de nombres intermédiaires jufqu'à huit. Elles font placées à côté les unes des autres fans beaucoup de régularité ; leur direction ou pofition fur le plan qui les foutient varie beaucoup. Lorfque toutes les cellules font achevées, l'Abeille les couvre d'un enduit commun qui les dérobe toutes à la vue.

Cet enduit eft d'un fable plus gros que celui des cellules. Les Abeilles fe difputent affez fouvent la poffeffion des cellules commencées & elles fe livrent des combats ou pour les conferver ou pour les ufurper. C'eft du quinze au vingt d'Avril jufqu'à la fin de juin que les Abeilles maçonnes font occupées de la conftruction de leur nid. Ce n'eft que l'année fuivante que les jeunes Abeilles fortent des nids dans lefquels elles ont crû pendant l'été & elles fe font confervées pendant l'hiver. Le ver fe file une coque de foie fous laquelle il paffe à l'état de nymphe ; ce changement a lieu en novembre, mais ce n'eft au plûtôt qu'en avril que la Mouche quitte l'état de nymphe & qu'elle fort de fa cellule. Ce font les jeunes mouches qui percent & qui ouvrent le couvercle de leur cellule & l'enduit commun : ce qui ne permet pas d'en douter, c'eft que des Mouches font forties de leurs cellules fous un entonnoir dont elles avoient été couvertes. Les mâles font les premières Mouches qui fortent des cellules : la manière dont fe fait l'accouplement n'eft pas connue : différentes efpèces d'Ichneumons dépofent leurs œufs dans les cellules ouvertes que les Abeilles conftruifent, & les Vers qui y naiffent deviennent la pâture des Vers des Ichneumons. Le Ver d'une efpèce de Scarabé armé de fortes dents eft un ennemi encore plus dangereux pour les Vers des Abeilles maçonnes, il pénètre d'une cellule à une autre & il détruit trois à quatre Vers. Il y a des Abeilles maçonnes en différens pays & la couleur de leur nid diffère, felon celle des matériaux que les lieux qu'elles habitent leur fourniffent.

Il y a quelques autres efpèces d'Abeilles auxquelles le nom de maçonnes convient auffi parce qu'elles bâtiffent de même des nids; mais ils font fimplement de terre & les unes les placent fous des lieux abrités, les autres dans des trous qu'elles trouvent dans du bois & dont elles profitent.

4e. MÉMOIRE.

Des Abeilles qui creufent la terre pour y faire leur nid & des Abeilles coupeufes de feuilles, ou de celles qui font de très-jolis nids avec des morceaux de feuilles.

Un affez grand nombre d'Abeilles folitaires d'efpèces différentes, au lieu de conftruire des nids en maçonnerie, ne font que creufer la terre pour y dépofer leurs œufs & la pâtée néceffaire aux Vers qui en naiffent. Les trous qu'elles ouvrent en terre font du diamètre de leurs corps, mais ils ont quelquefois jufqu'à un pied de profondeur, quelquefois ils n'ont que fix pouces; ils font le plus fouvent en ligne droite & quelquefois ils forment des finuofités; ces trous font d'une exécution très-longue parce que les Abeilles n'enlèvent à la fois que très-peu de terre qu'elles portent à l'entrée du trou qu'elles creufent; les unes les ouvrent à la furface des terres battues, comme celle des allées de jardin, les autres à la furface des terres graffes coupées à pic ou fous un angle peu incliné, quelques-unes dans la terre qui fert à lier les pierres des murs de jardin. Notre auteur n'entre pas dans l'énumération des différentes Abeilles qui pratiquent des trous en terre; il remarque feulement qu'il y en a de toutes grandeurs, depuis de très-petites jufqu'à de plus groffes que les Abeilles ordinaires; elles ne diffèrent pas moins par les couleurs. Leurs travaux fe bornent à creufer des trous au fond defquels elles amaffent de la pâtée; elles dépofent un œuf & ferment enfuite le trou qu'elles ont ouvert.

Mais il y en a d'autres qui, après avoir également creufé des trous préparent au fond un nid artiftement compofé de morceaux de feuilles, ce font celles-ci qui fixent particulièrement l'attention de notre auteur. Leurs nids ont la forme & la longueur des étuis dans lefquels nous confervons des cure-dents; ils font fort gros, elles les cachent fous terre; ils font formés de plufieurs petits étuis ajuftés & abouchés les uns aux autres; chaque petit étui eft formé de plufieurs morceaux de feuilles que les Abeilles favent couper, plier & affujettir. Je me coutenterai de cette indication de leur travail, le lecteur qui voudra le connoître plus en détail, trouvera amplement à fe fatisfaire dans la lecture du mémoire même. M. de Réaumur n'y laiffe rien à defirer fur aucune circonftance. Cependant l'étui total eft compofé de plus petits étuis, comme on l'a déjà dit; chaque petit étui a la figure d'un dez à coudre & eft une cellule deftinée à recevoir un œuf après qu'elle a été remplie de pâtée. Des cloifons mitoyennes féparent à l'intérieur chaque étui ou chaque cellule; mais comme la pâtée en contact des cloifons à leurs deux furfaces pourroit trop les affoiblir, l'ouvrière laiffe un vide intérieur entre chaque étui. On peut juger par ce qui a été dit des dimentions de l'étui total, de la capacité du trou néceffaire pour le loger & du travail que ce trou exige de l'Abeille qui le creufe avant d'y conftruire l'étui. Auffi ces Mouches font-elles en général affez grandes & d'une taille moyenne entre celles des mâles ou bourdons parmi les Abeilles & les ouvrières parmi ces mêmes mouches. Elles ont toutes une trompe qui diffère peu de celle des Abeilles; M. de Réaumur ne détermine pas fi elles font pourvues d'un aiguillon. Leurs Vers fe métamorphofent fous une coque de foie très-forte qu'ils fe filent dans leur cellule.

Malgré les foins de la mère qui leur donne naiffance, ils font fouvent victimes des Vers dont un infecte étranger a fu introduire le germe dans les cellules en l'abfence de celle qui les conftruifoit.

DISCOURS

5ᵉ. MÉMOIRE.

Des Abeilles dont les nids font faits d'efpèces de membranes foyeufes, & des Abeilles tapiffières.

Les premières Abeilles dont il eſt queſtion dans ce mémoire conſtruiſent des nids qui, par leur forme, ont du rapport avec les précédens, mais qui en diffèrent par la matière dont ils ſont compoſés; les Abeilles qui les conſtruiſent les placent entre les joints des pierres, dans des trous qu'elles y trouvent, ou qu'elles y ſavent creuſer; elles diffèrent de toutes les Abeilles ſolitaires dont il a été parlé juſqu'ici, en ce qu'elles cherchent l'expoſition du nord, tandis que les autres cherchent celle du midi : leur nid eſt compoſé de cellules, dont chacune a la forme d'un dez à coudre de deux lignes de diamèttre; l'étui contient de deux à quatre cellules miſes bout à bout. Chaque cellule & l'étui entier ſont formés d'une ſubſtance membraneuſe; elle paroît être le produit d'un gluten que l'Abeille rejette & qui ſe deſſèche.

M. de Réaumur, malgré ſa ſagacité ordinaire, n'a pu déterminer d'une façon entièrement ſatisfaiſante la nature & la fabrique de ces nids : il paſſe à l'hiſtoire des Abeilles qui creuſent perpendiculairement la terre le long des chemins, il en a déjà précédemment parlé, mais ſeulement de celles qui ne font que creuſer des trous ſans rien appliquer à leurs parois; il s'occuppe en cet endroit d'une très-petite Abeille qui, après avoir creuſé en terre un trou, le tapiſſe de pièces qu'elle coupe ſur des fleurs de coquelicot nouvellement épanouies. Au fond de ce trou ainſi tapiſſé, qui a trois pouces de long à peu près, l'Abeille amaſſe de la pâtée & y dépoſe un œuf; quand ce double ouvrage eſt achevé elle rabat ſur la pâtée les pièces qui tapiſſoient le trou; ces pièces forment un couvercle au-deſſus duquel il reſte un vide d'environ deux pouces; l'Abeille le remplit ſi artiſtement de terre

qu'il n'eſt plus poſſible de reconnoître l'endroit où le trou a été ouvert.

6ᵉ. MÉMOIRE.

Hiſtoire des Guêpes en général & en particulier de celles qui vivent ſous terre en ſociété.

Il y a des Guêpes qui vivent en ſociétés nombreuſes, d'autres dont les ſociétés ne ſont compoſées que d'un petit nombre d'individus, il y en a enfin qui vivent ſolitaires : elles ſont toutes remarquables par leurs travaux, par les ſoins qu'elles prennent pour leur poſtérité; mais elles nous ſont non-ſeulement inutiles, elles nous ſont encore nuiſibles par le tort qu'elles font aux fruits & par la perte des Abeilles qu'elles tuent & qu'elles dévorent. De ces généralités M. de Réaumur paſſe aux caractères qui diſtinguent les Guêpes, & les principaux ſont *le corps attaché au corcelet par un ſimple filet; point de trompe & des dents en dehors de la bouche; les aîles ſupérieures pliées ſuivant leur longueur dans l'état de poſition; le brun & le noir partagés par anneaux pour couleurs dominantes.*

Les Guêpes diffèrent beaucoup en groſſeur. La première eſpèce, à cet égard, eſt la Guêpe connue en latin ſous le nom de *Crabra* & en françois ſous celui de *Frelon.* Celles qui vivent en ſociété bâtiſſent, ainſi que les Abeilles, des cellules hexagones; mais elles emploient pour les conſtruire, non de la cire, mais des fibres des végétaux qu'elles réduiſent en une ſorte de papier. On appelle *Guêpier* l'aſſemblage de leurs cellules. Les Guêpes s'établiſſent, ſuivant les eſpèces, en différens lieux; les unes bâtiſſent à couvert & les autres en plein air; les plus communes en ce pays, habitent ſous terre; ce ſont celles qui piquent les fruits en automne, qui entrent dans les appartemens, & ſur-tout dans les pièces où l'odeur des alimens les attire. Notre auteur s'attache principalement à leur hiftoire, parce que les faits qui la compofent peuvent en général s'appliquer aux autres Guêpes qui vivent en fociétés par rapport auxquelles il fuffit de remarquer les faits qui leur font particuliers.

Les Guêpes communes ou celles qui vivent fous terre ne fe nouriffent pas feulement de fruits, elles font carnacières, elles font une guerre cruelle aux autres Mouches & particulièrement aux différentes efpèces d'Abeilles ; elles fondent deffus, les terraffent, féparent à coups de dents redoublés le corps du corcelet, s'envolent en emportant entre leurs dents le corps dont elles font principalement avides ; elles le font auffi de viandes plus folides, de celles que nous préparons pour nous ; elles fe jettent fur les pièces expofées dans les boucheries, s'y raffafient & coupent en fe retirant un morceau qu'elles emportent à leur guêpier. Mais leur préfence répare leur larcin, parce que les Mouches bleues qui dépofent leurs œufs fur la viande & qui en hâtent la corruption, n'ofent pénétrer dans les boucheries dont les Guêpes fe font emparées ; en conféquence les bouchers ont coutume de les y fouffrir & même de les y attirer en leur abandonnant chaque jour un morceau de rate ou de foie, qui font les mets qu'elles préfèrent.

On fait déjà que les Guêpes communes habitent fous terre ; leur demeure ou guêpier eft tantôt à la profondeur de fix pouces feulement, tantôt à celle d'un pied & demi, & dans les proportions entre ces extrêmes : fon entrée, qui n'eft qu'un trou à la furface de la terre, n'a qu'un pouce de diamètre, & conduit à une gallerie tortueufe, de même diamètre excavée en terre ; les bords extérieurs du trou font labourés comme ceux d'un clapier de lapins : le guêpier auquel la gallerie aboutit à une forme arondie, plus ou moins régulière & plus ou moins alongée, il eft couvert d'une enveloppe commune, femblable à un papier très-épais, d'un gris cendré, quelquefois

d'un brun jaunâtre ; la furface en eft inégale & rabotteufe ; elle eft percée de deux trous dont l'un fert aux Guêpes d'entrée & l'autre de fortie ; il n'en peut paffer qu'une à la fois ; mais la combinaifon de leur marche empêche qu'elles ne fe nuifent. L'intérieur du guêpier eft occuppé par des gâteaux plats, parallèles, placés horizontalement, femblables aux rayons des Abeilles & réfultans de l'affemblage de cellules hexagones : le papier ou une matière analogue au papier eft celle des gâteaux ainfi que de la couche extérieure. Il y a dans un guêpier, fuivant fa grandeur de onze à quinze gâteaux ; il n'y a qu'un rang de cellules par gâteaux, elles ont toutes leur ouverture tournée en bas ; entre les gâteaux font des vides qui fervent de paffage ou de chemin ; ces vides ont environ un demi-pouce d'épaiffeur & ils font traverfés en beaucoup d'endroits par des fibres ou liens de papier plus ferrés, qui lient les gâteaux les uns aux autres ; entre les bords des gâteaux & l'enveloppe, totale du guêpier il y a des endroits où les bords des gâteaux ne tiennent pas à l'enveloppe, ou ils font flexibles, & ces endroits font des paffages pour aller d'un gâteau ou rayon à un autre. Après cette defcription générale de la forme & de la compofition d'un guêpier, M. de Réaumur examine comment les Guêpes le conftruifent & ce qui fe paffe enfuite à fon intérieur pour leur population ; il avertit que c'eft en plaçant les Guêpes dans des ruches vitrées qu'il a pu fe procurer les connoiffances néceffaires pour traiter de ces objets. Il faut remarquer parmi les chofes qu'il dit à cet égard que l'attachement des Guêpes pour leurs petits eft fi fort, que quoi qu'on brife, ou divife le guêpier, elles ne les abandonnent point & les fuivent dans la ruche où on les place. Elles y entrent d'elles-mêmes avec empreffement, & fe mettent auffi-tôt à réparer les défordres qu'on a caufé à leur guêpier. La matière dont il eft formé eft dans l'origine une pâte que les Guêpes recueillent à la campagne, & qu'elles compofent des fibres ligneufes des plantes qu'elles ont brisées & triturées, elles rentrent au guêpier en tenant entre les mâchoires une boule de cette pâte; elles l'appliquent où il est besoin, elles l'étendent & la moulent en la foulant avec leurs pieds de derrière, de devant en arrière, tandis qu'elles l'alongent avec leurs dents d'arrière en avant. C'est du bois sec que les Guêpes tirent la matière dont elles forment leur guêpier; elles savent écarter, détacher les fibres selon leur longueur & les rompre en fragmens; leurs dents leur servent d'instrumens, elles font passer entre leurs pieds de derrière les fibres qu'elles ont détachées; elles les humectent d'une humeur qu'elles rendent qni sert à les lier & elles en composent des pelottes qu'elles apportent à leur guêpier pour les y mettre en œuvre.

Il n'y a qu'un petit nombre de Guêpes employées à construire le guêpier. Ces Mouches, comme les Abeilles, sont de trois sortes, les femelles, les mâles & les mulets. Ces derniers sont les plus nombreux de beaucoup, & c'est sur eux que roulent les travaux. Ils bâtissent, ils nourrissent les mâles, les femelles & les petits; quelques-uns sont occupés à amasser des matériaux pour le guêpier & à les employer; mais le plus grand nombre donne la chasse à d'autres insectes, ou récolte d'autres vivres qu'il apporte au guêpier; lorsqu'un mulet y entre il distribue sa charge aux petits, aux femelles, aux mâles, & même aux mulets qui ont travaillé au guêpier & qui en prennent leur part. Cependant ils n'apportent jamais que des substances animales, & les mulets qui ont sucé des fruits reviennent au guêpier à vide en apparence, mais en y entrant ils dégorgent à plusieurs reprises des gouttes d'une liqueur qui est avidement recueillie par d'autres Guêpes qui étoient restées à l'intérieur.

Les mulets sont les plus petits des Guêpes, les femelles les plus grosses, & les mâles d'une grosseur moyenne.

Depuis le mois de juin jusqu'au mois de septembre, les mères ne sortent guère des guêpiers où elles sont occupées à pondre & à nourrir les petits. Ces soins sont très-considérables & par le nombre des cellules qui excède quelquefois seize mille, & qui sont presque toutes remplies, & parce que les œufs même ont besoin d'être soignés. Ils sont oblongs, pointus par un bout, fixés par ce bout sur le fond de la cellule auquel ils adhèrent fortement. Les mères les examinent souvent, soit pour les humecter d'une sérosité dont ils peuvent avoir besoin, soit pour s'assurer de l'instant où les Vers en sortent. Il est certain que les mères en sont occupées sans qu'on sache précisément pour quel motif. On connoît mieux les soins qu'elles rendent aux Vers. Ils sortent des œufs au bout de huit jours, & paroissent considérablement plus gros que l'œuf qui les contenoit. On ignore s'ils changent plusieurs fois de peau; elle est blanche, lisse & molle. Les mères nourrissent ces Vers à la manière des Oiseaux; elles leur apportent la becquée, mais elles ne sauroient suffire seules à ces soins, & les mulets s'en occupent aussi. Notre auteur a remarqué que la becquée pour les jeunes Vers n'est qu'une goutte d'une liqueur, tandis que c'est une pâtée solide pour les Vers plus âgés. Au reste, c'est en dégorgeant que les Guêpes nourrissent les Vers, & en rappellant de leur estomac les alimens plus ou moins digérés, comme les Oiseaux font remonter de leur jabot les grains plus ou moins amollis & broyés suivant l'âge de leurs petits.

Les Vers parvenus à leur grosseur remplissent toute la capacité de leur cellule, alors ils en ferment l'ouverture avec un couvercle de soie; les Vers des mulets font ce couvercle plat & ceux des mères le font convexe. Cette opération n'est que de quelques heures, & elle a lieu à-peu-près vingt jours après la naissance des Vers, elle est suivie de leur changement en nymphe, état qu'ils conservent environ neuf jours, après lesquels l'insecte paroît sous sa dernière forme. La jeune la jeune Guêpe ne diffère des vieilles que par des nuances moins foncées, elle profite bientôt de la nourriture que celles-ci lui fourniffent & elle ne tarde pas à fe mettre au travail. La cellule d'où elle eft fortie eft auffi-tôt nettoyée par une ancienne Guêpe qui la met en état de recevoir un nouvel œuf.

Il faut remarquer que les cellules pour les Vers des trois fortes font diftinctes & féparées, en forte qu'un gâteau eft tout compofé de cellules pour des mulets, ou de cellules pour des mères & des mâles, car les cellules de ces deux fortes font réunies fur le même gâteau.

Le guêpier en entier & tout ce qu'il contient eft l'ouvrage de quelques mois, & ne fert qu'une année; il eft prefque défert en hiver, & il eft totalement abandonné au printems. Les mulets périffent tous, même dès les premières gelées; mais quelques mères réfiftent au froid de l'hiver; elles font deftinées à une nouvelle population, & chacune d'elles devient la fondatrice d'une nouvelle république dont elle eft la mère au fens propre; elle quitte au printems fon ancienne demeure, elle en creufe une nouvelle fous terre, elle y conftruit des cellules pour recevoir fes œufs, elle les foigne & elle nourrit les Vers qui en fortent; ceux-ci deviennent bientôt une famille, puis un peuple qui l'aide dans fes travaux. Une ou deux mères fuffifent aux befoins du guêpier pendant la belle faifon, mais quand elle eft prête à finir il en naît beaucoup de jeunes; il eft probable que ce font de celles-ci qui réfiftent à l'hiver & qui fondent de nouveaux guêpiers au printems.

M. de Réaumur n'affure pas qu'aucun des mâles ne paffe l'hiver, mais il le croit; il n'en a jamais trouvé dans les guêpiers qu'à la fin d'août. Ce ne font donc que des mulets qui naiffent au printems dans les nouveaux guêpiers, & à la fin de l'été des femelles qui doivent reproduire au printems fuivant, & des mâles deftinés à les féconder.

Hiftoire Naturelle, Infectes. Tome IV.

en automne; ils font dépourvus d'aiguillon, dont les mères & les mulets font armés.

Il arrive quelquefois qu'il y a des combats dans les guêpiers comme dans les ruches, de mulets contre mulets, de mulets contre des mâles; mais ces combats font plus rares & peu fouvent meurtriers; ils font auffi exécutés par moins de combattans. Mais au commencement d'octobre les mulets arrachent des cellules, qui font encore ouvertes, tous les vers de quelque forte qu'ils foient, & ils les maffacrent fans exception, comme s'ils vouloient leur épargner une vie languiffante que le froid termineroit bientôt; à peine fe fait-il fentir qu'il tue les mulets & affoiblit les mères au point de les engourdir. Nous avons déjà dit qu'un petit nombre de celles-ci feulement y réfifte pendant la durée de l'hiver. Dans l'été même, les Guêpes ne fortent point pendant les jours de pluie & de grand vent, & elles font alors réduites à fe paffer d'alimens; car elles ne font pas de provifions.

7e. Mémoire.

Des Frêlons, des Guêpes cartonnières, & de quelques autres Guêpes qui vivent en fociété.

Les Frêlons font de véritables Guêpes, & n'en différent qu'en ce que ce font les plus grands infectes de ce genre. La manière dont ils conftruifent leur ruche ou guêpier eft la même que fuivent les Guêpes dont il a été parlé dans le mémoire précédent, la matière qu'ils y emploient eft auffi la même, mais ils la préparent moins bien, & le papier de leur guêpier eft plus mauvais; il réfifteroit moins à l'humidité & à la pluie; les Frêlons bâtiffent à l'abri, dans des greniers, dans des trous de murs, dans des arbres creux, &c. Ils ont le vol lourd & font beaucoup de bruit en volant; leurs habitudes font les mêmes que celles des Guêpes, ainfi nous nous difpenfons d'en parler; la force de leur aiguillon eſt proportionnée à leur groſſeur, & leur piquure fait beaucoup de mal. Cependant ils ne font à redouter que quand il fait fort chaud, & par un tems frais on peut les approcher fans crainte, parce que le froid les engourdit promptement. L'hiſtoire des Frêlons eſt en tout ſi conforme à celle des Guêpes que ce que nous en dirions ne ſeroit qu'une répétition en tous points.

Des Frêlons, M. de Réaumur paſſe à quelques eſpèces de Guêpes qui ſuſpendent leur guêpier à des branches d'arbres en plein air; ces guêpiers ont ſouvent la forme d'une roſe; il y en a d'alongés, ils ſont d'un aſſez mauvais papier, mais qui réſiſte apparemment ſuffiſamment à la pluie; notre auteur parle enſuite des guêpiers qu'on apporte d'Amérique, dont la texture eſt beaucoup plus forte, & qui font faits d'un véritable carton, ce qui a fait donner le ſurnom de cartonnières aux Guêpes qui les conſtruiſent. M. de Réaumur décrit la forme tant extérieure qu'intérieure de ces guêpiers & des Guêpes qui les conſtruiſent. Ce qu'il y a principalement à remarquer à ce double égard, c'eſt que les Guêpes qui bâtiſſent ces nids ſi ſolides & ſouvent ſi ſpacieux, ſont fort petites, que le nid eſt entouré d'une enveloppe qui l'enferme en entier, au bas de laquelle eſt une ſeule ouverture pour l'entrée & la ſortie, en ſorte que les Vers y ſont parfaitement à l'abri, quoique le nid ſoit en plein air.

Le mémoire eſt terminé par le deſcription de quelques Guêpes qui vivent en ſociété & qui diffèrent des précédentes en ce qu'elles n'entourent pas leur nid d'une enveloppe commune, qu'il n'eſt compoſé que de deux ou trois gâteaux; elles ſuſpendent ces nids verticalement à quelque branche, le premier gâteau ſert de toît aux autres & ce qui conſerve le nid, c'eſt que ces Guêpes ont la faculté d'étendre ſur les gâteaux une liqueur dont elles les peignent pour ainſi dire, qui eſt une ſorte de vernis & qui les empêche d'être pénétrés par l'eau.

Enfin, M. de Réaumur termine l'hiſtoire des Guêpes qui vivent en ſociété, en parlant des moyens de détruire les guêpiers dont la proximité eſt nuiſible par les dégâts que les Guêpes font dans les jardins & dans les vergers; de tous les moyens uſités, comme des gluaux au bord du trou du guêpier, de l'eau bouillante qu'on y verſe, du feu qu'on allume pour forcer les Guêpes par la chaleur à ſortir & à ſe brûler en paſſant, &c. aucun ne lui paroît remplir parfaitement ſon objet; il conſeille par préférence une mèche ſoufrée dont on fait pénétrer la vapeur dans le guêpier par ſon entrée. Ce ſont ſur-tout les Guêpes qui vivent ſous terre, & les Frêlons qui gâtent les fruits.

8ᵉ. MÉMOIRE.

Des Guêpes ſolitaires en général, & en particulier des Guêpes Ichneumons.

Les Guêpes ſolitaires ſont pour les inſectes de ce genre, ce que les Abeilles ſolitaires ſont dans le leur; elles vivent, comme les Guêpes qui forment des républiques, d'autres inſectes auxquels elles donnent la chaſſe & de fruits; elles ſont ſur-tout redoutables aux différentes mouches. Les anciens avoient remarqué pluſieurs eſpèces de Guêpes ſolitaires, ils leur ont donné le nom de *Guêpes Ichneumons.* Comme à des inſectes courageux qui en détruiſent de mal-faiſans, de même que l'Ichneumon quadrupède détruit les œufs du Crocodile; mais les anciens ont étendu ce nom a des eſpèces d'inſectes qui ne ſont pas des Guêpes.

M. de Réaumur diſtingue les *Guêpes proprement dites*, les *Guêpes-Ichneumons*, & les *Mouches-Ichneumons*: les Guêpes qu'il ſurnomme *Ichneumons*, diffèrent des autres Guêpes, en ce que dans l'état de repos elles ne portent pas leurs deux aîles ſupérieures pliées en deux. Notre auteur entre enſuite en matière, il décrit les opérations des Guêpes ſolitaires en général, & il fait connoître en particulier quelques Guêpes Ichneumons.

Il y a des Guêpes folitaires qui dépofent leurs œufs dans un trou cylindrique creufé en terre ; les unes choififfent un fable gras, les autres fe contentent de fouiller un terrain ordinaire ; d'autres préfèrent le mortier employé pour les murs de jardin. C'eft d'une de ces efpèces que M. de Réaumur donne principalement l'hiftoire qui convient à pluſieurs autres. Elle commence fes travaux à la fin de mai, & les continue pendant tout le mois de juin ; elle creufe dans le mortier un tuyau de quelques pouces de profondeur, du diamètre de fon corps ; mais en creufant ce trou, elle fabrique à fon orifice en dehors, un tuyau qu'elle forme du même mortier qu'elle creufe à mefure qu'elle fouille ; ce tuyau eft comme guilloché, d'abord droit, il tend enfuite en en bas ; il n'eft pas deftiné à être confervé, & ce n'eft qu'une forte d'échaffaudage. Cependant le mortier que la Guêpe creufe eft très-dur, mais elle fait l'amollir en le mouillant d'une liqueur qu'elle dégorge ; elle forme, avec les pieds de derrière, des pelottes du fable qu'elle ratiffe avec fes mâchoires, & ces pelottes lui fervent à conftruire le tuyau extérieur. La liqueur que la Guêpe dégorge eft épuifée en deux ou trois minutes ; elle s'envole alors & revient bientôt fournie d'une nouvelle provifion qu'elle a pompée ou fur quelque plante dont c'eft le fuc, ou dans quelque marre. Chaque Guêpe creufe plufieurs trous, & conftruit plufieurs tuyaux, fans obfervér de parité entre la profondeur refpective des trous dont il y en a de plus profonds les uns que les autres, & entre celle des tuyaux qui font également plus longs ou plus courts, ni entre la profondeur des trous & la longueur des tuyaux.

Le trou eft deftiné à recevoir un œuf que la Guêpe dépofe au fond, ainfi que la pâtée néceffaire au Ver, & à fervir à ce dernier de logement ; mais ces objets n'occupent qu'une partie de la profondeur du trou ; la Guêpe en bouche le furplus avec les grains de mortier qu'elle a attachés à l'orifice du trou, fous la forme d'un tuyau & qu'elle reprend. Ce qui mérite fur-tout d'être remarqué, c'eft qu'avant de fermer chaque trou, la Guêpe y renferme la nourriture néceffaire au Ver qui doit y naître, & cette nourriture confifte en dix à douze Vers d'autres efpèces d'infeétes, vivans, roulés fur eux-mêmes, & affujétis dans le trou, de manière qu'ils ne peuvent fe remuer : ce font des viétimes prêtes pour le Ver qui va naître, & qui les dévorera fans peine, fans combat, les uns après les autres, quoiqu'elles foient plus grandes que lui, parce qu'elles font hors d'état de fe défendre, à-caufe de la gêne où elles font réduites. La provifion du Ver eft confommée à-peu-près en huit jours, au bout de ce terme il tapiffe le trou de foie, & paffe à l'état de nymphe. Tous les Vers qui font facrifiés à fes befoins font femblables, mais M. de Réaumur n'a pu reconnoître à quelle efpèce d'infeétes ils appartiennent.

Des Guêpes qui travaillent à la manière des précédentes, au lieu de Vers, nourriffent leurs petits d'Araignées qu'elles enferment vivantes dans chaque trou ; il y en a qui leur donnent pour provifion des Mouches à deux aîles. Jufqu'ici il n'a été queftion que des Guêpes qui creufent la terre, le fable ou le mortier ; mais il y en a qui creufent le bois, comme les Abeilles Perce-bois, & ces différens travaux, à-peu-près exécutés fur le même plan, ont toujours le même but ; ces Guêpes nourriffent leurs Vers comme les précédentes, d'infeétes ou de Vers d'infeétes, & il n'y en a jamais que d'une efpèce dans chaque trou. Enfin il y a des Guêpes qui, au lieu de creufer des trous pour y dépofer leurs œufs, conftruifent des tuyaux de terre. On peut appeller ces Guêpes, *Guêpes Maçonnes* ; on n'en trouve pas qui travaillent en ce genre aux environs de Paris ; M. de Réaumur en parle d'après des Guêpes & leur nid qui lui avoient été envoyés d'Avignon & de lieux plus éloignés. Ce mémoire eft terminé par la defcription d'une Guêpe d'un coloris très-brillant qui fe trouve à l'Ifle-de-France, & qui y donne la chaffe aux Kakerlaks, ces infeétes fi dégoûtans & fi incommodes.

9ᵉ. Mémoire.

Des Mouches Ichneumons.

M. de Reaumur traite dans ce mémoire des Ichneumons proprement dits; il n'en affigne pas d'abord les caractères diſtinctifs, comme cela ſembloit naturel, mais il commence par leur hiſtoire. Les Ichneumons ſont des inſectes dont les femelles pourvues d'une tarrière, dépoſent leurs œufs dans le corps d'autres inſectes, les Vers y trouvent à la fois l'abri & la nourriture; ce n'eſt que dans les deux premiers états, celui de larves, de nymphes ou chryſalides que les inſectes ſont expoſés à être percés par les Ichneumons femelles; quelques-unes cependant percent auſſi les œufs, & y dépoſent les leurs. Les Ichneumons ont, en général, différentes manières de dépoſer leurs œufs; les uns, & c'eſt le plus grand nombre, percent la peau des inſectes, & dépoſent leurs œufs deſſous, les autres ſe contentent de les appliquer ſur l'inſecte que les Vers ſauront percer & qu'ils devoreront, il y en a qui piquent les œufs des inſectes, & y dépoſent les leurs; le Ver qui en ſort trouve dans le premier œuf ce dont il a beſoin : enfin d'autres Ichneumons pénètrent dans les nids de différens inſectes & y font leur ponte; il y en a qui, au lieu de s'introduire dans le nid, en percent les parois avec leur tarrière, & qui font leur ponte à côté de celle de l'inſecte auteur du nid.

M. de Réaumur aſſigne en cet endroit les caractères qu'il regarde comme propres aux Ichneumons. Il diſtingue deux genres de ces inſectes. Les femelles de ceux du premier genre ont une longue queue compoſée de trois filets qui ne paroiſſent que des poils. De ces trois filets, les deux extérieurs, creuſés en-dedans, ne ſont que l'étui du troiſième; le filet du milieu, liſſe, arrondi, s'applatit à l'extrémité & ſe termine en pointe dentelée. Les femelles des Ichneumons du ſecond genre ont auſſi une tarrière, mais qui eſt couchée ſous leur ventre & qui ne l'excède pas, ou ne l'excède

que peu. Le reſte du mémoire eſt employé à décrire différentes eſpèces d'Ichneumons, parmi leſquels on doit en remarquer une eſpèce apportée de Laponie, plus grande qu'aucune des eſpèces qui ſe trouvent dans nos climats, & qui ſurpaſſe même en grandeur les plus gros Frélons. Comme M. de Réaumur, en parlant des ennemis que les Chenilles ont à redouter, a déjà beaucoup parlé des Ichneumons, il n'entre pas, dans ce mémoire, dans des détails qui devroient naturellement y trouver place, mais qui ſeroient des répétitions, & l'on eſt, ce ſemble, en droit de penſer que l'auteur devoit ſupprimer ou ce mémoire, ou ce qu'il a dit des Ichneumons à l'occaſion des Chenilles.

10ᵉ. Mémoire.

Hiſtoire du Formica-Leo.

Le Formica-Leo n'étoit pas connu des anciens, mais c'eſt un des inſectes qu'on a le plus obſervé depuis le commencement de ce ſiécle; il l'a d'abord été par MM. Poupart, Vallifnier, de la Hire, &c. On s'eſt diſputé la gloire d'en avoir donné les premières notions. M. de Réaumur définit le Formica-Leo un Ver à ſix pieds, deſtiné à ſe changer en un inſecte à quatre aîles; il en reconnoît différentes eſpèces, mais il n'y en a qu'une dans nos contrées, & c'eſt celle qui fixe l'attention de notre obſervateur.

Le Formica-Leo a une forme remarquable, ſon corps, qui eſt fort gros à proportion de la tête & du corcelet, eſt une eſpèce d'ellipſoïde; il eſt couvert de rugoſités tranſverſales, de houppes de poils & de taches noirâtres ſur un fond gris; les ſtigmates ſont placés au-deſſous des houppes de poils.

Le corcelet eſt court, il a peu de diamètre, il ſoutient les deux premières jambes; les deux autres paires ſont attachées au corps. Tantôt le Formica-Leo ſemble avoir un cou très-long, tantôt n'en pas avoir, parce qu'il le rentre ſous le corcelet qui paroît donner naiſſance immédiate à la tête. Cette dernière partie eſt platte, ſa plus grande largeur eſt à la partie antérieure; de chaque côté de la tête part une corne d'environ une ligne & demie dans le Formica Leo parvenu au terme de ſa crue. Chacune de ces cornes eſt une trompe deſtinée à pomper le ſuc des inſectes dont le Formica-Leo ſe nourrit; ces trompes ſont écailleuſes, mobiles, & ont un mouvement latéral ſemblable à celui des mâchoires de beaucoup d'inſectes; elles ſe courbent en-dedans vers leur extrémité, qui va en diminuant de diamètre.

Le Formica-Leo ne vit que d'inſectes qu'il ne pourſuit pas, mais auxquels il tend un piége; il ne marche qu'à reculons, il attend ſa proie au fond d'un trou, creuſé dans le ſable fin & bien ſec, il y demeure caché ſous le ſable, en ne laiſſant paroître au-dehors que que l'extrémité de ſes deux cornes ou trompes qu'il tient écartées, autant qu'elles le peuvent être. S'il paſſe alors quelqu'inſecte ſur le bord du trou, il ne manque pas de tomber au fond avec le ſable qui s'éboule & qui l'entraîne; d'ailleurs le Formica-Leo, pour hâter ſa chûte, jette en l'air une pluie de ſable en enfonçant & relevant alternativement ſa tête; l'inſecte eſt entraîné & ſaiſi entre les deux ſuçoirs du Formica-Leo qui ſe renferment; il entraîne ſa proie ſous le ſable & l'y ſuce; quand elle eſt épuiſée, il la rejette, d'un coup de tête, au-delà des bords de ſon trou.

C'eſt communément au pied des vieilles murailles, ou de quelque gros tronc d'arbre un peu incliné, que les Formica-Leo s'établiſſent, dans les endroits enfin où ils trouvent un ſable fin, ſec & un abri; ils ne paſſent pas leur vie dans le même trou, ils n'y habitent que quelques jours, & ils en changent ſelon que le talus du premier trou eſt devenu moins eſcarpé par les éboulemens cauſés par les proies qui y ſont tombées, ou qu'ils y ont ſouffert la faim faute de proies qui aient donné dedans; ils montent alors de leur trou & cherchent aux environs une place où ils en

établiſſent un nouveau; leur trace eſt marquée par un ſillon en zigzag creuſé à une nouvelle place, ils tracent d'abord ſuperficiellement un cercle qui détermine la plus grande ouverture de leur nouveau trou, dont la profondeur aura environ les trois quarts du diamètre de la grande ouverture; ils cheminent circulairement & pas à pas en creuſant, ils s'arrêtent à chaque pas, chargent leur tête de ſable, & en la relevant bruſquement le jettent hors de l'enceinte du trou. Cependant ce n'eſt que dans le ſable, qui eſt du côté de l'axe du cône, qu'ils creuſent, ce n'eſt que de ce ſable qu'ils chargent leur tête, en pouſſant deſſus avec la jambe intérieure de la première paire la charge qu'ils veulent enlever; de cette façon ils n'enlèvent que le ſable qui eſt au centre, & non celui qui eſt à la circonférence, comme il arriveroit ſans cette précaution: après avoir jetté du ſable deux ou trois fois, le Formica-Leo fait un nouveau pas, & il recommence la même manœuvre; après un certain nombre de pas, il ſe retrouve au lieu d'où il étoit parti; alors il décrit un nouveau cercle, mais plus étroit que le premier, & il trace enfin une vraie ſpirale.

Un trou eſt quelquefois l'ouvrage d'une demi-heure, quelquefois le Formica-Leo met de longs intervalles de repos entre un de ſes pas & les autres. S'il arrive qu'il ſe trouve dans le ſable un gravier trop peſant pour que le Formica-Leo puiſſe le lancer avec ſa tête, alors il paſſe deſſous ce gravier l'extrémité de ſon corps, il le gliſſe en-deſſous juſqu'à ce que le gravier ſoit ſur le milieu de ſon dos; enſuite il ſort de ſon trou à reculons, le long des parois, en retenant le gravier toujours prêt à échapper, par divers mouvemens des anneaux de ſon corps. Cependant il lui échappe ſouvent, roule, & l'inſecte eſt contraint de recommencer ſa manœuvre, qui exerce ſa patience ſans la laſſer; s'il ne peut réuſſir, ou il abandonne le trou qu'il creuſoit, ou il range le gravier ſur les bords; enfin quand le trou eſt achevé, le Formica-Leo ſe tient au fond ſous le ſable, & il n'a plus qu'à attendre qu'il ſe préſente une proie;

quelquefois il paſſe pluſieurs jours ſans qu'il en ſurvienne, & ces jours en ſont d'abſtinence pour l'inſecte doué en même-tems d'une longue patience & de la faculté de pouvoir ſe paſſer long-tems d'alimens. Cette derniere faculté eſt telle qu'on peut conſerver des Formica-Leo, même en été, pendant pluſieurs mois, dans des boîtes, ſans leur donner de proie & ſans qu'ils en périſſent. Mais dans l'état naturel ils ſont peu expoſés à la diſette, parce que toute eſpèce d'inſectes leur convient, même leurs ſemblables, qu'ils n'épargnent pas ſi on les jette, ou s'ils tombent dans un trou : au reſte, ils ne veulent de proie que vivante, & ils rejettent celle qui eſt morte, ne fît-elle que d'expirer à l'inſtant; ils ſucent ſi complettement les ſucs de leur victime, que lorſqu'ils l'abandonnent, ce n'eſt plus qu'un aſſemblage de membranes sèches. Cette ſuccion parfaite eſt due à la fineſſe de leur trompe, qui eſt une pompe à l'intérieure de laquelle agit une pièce qui eſt un véritable piſton.

Les Formica-Leo naiſſent en été ou en automne, & ne ſe transforment jamais la même année; le mois de juin eſt celui où ils paſſent à l'état de nymphe; quand ils ſe ſentent proches de cet état, ils s'enfoncent ſous le ſable ou du dernier trou qu'ils ont creuſé, ou ils ſortent de ce trou, cherchent aux environs un lieu qui leur convienne, & s'y cachent ſous le ſable. Ils y conſtruiſent une coque ronde, creuſe, tapiſſée intérieurement de ſoie, & formée par des grains de ſable liés par des brins de ſoie; c'eſt au milieu de cette coque qu'ils ſubiſſent leur changement.

La Nymphe du Formica-Leo a une forme alongée, ſa couleur eſt griſâtre; au bout d'environ trois ſemaines le Formica-leo en ſort ſous la forme d'un inſecte à quatre aîles, qui a été mal à propos rangé dans le genre des Demoiſelles; M. de Réaumur l'en diſtingue, mais il n'aſſigne pas les caractères qui lui conviennent d'une manière préciſe, il ſe contente de dire que le corps eſt très-long, d'une couleur griſâtre avec un peu de jaune qui termine chaque anneau; que les aîles ſont très-amples; que

l'inſecte les porte en toît rabattu, que ſon vol eſt lourd & peſant; il ignore qu'elle eſt la nourriture du Formica-Leo devenu aîlé, il croit que ce ſont les fruits, il ignore de même la manière dont il s'accouple, il rapporte ſeulement des indices qui lui font penſer que l'accouplement a lieu peu après le dernier changement.

11e. MÉMOIRE.

Des Mouches à quatre aîles nommées Demoiſelles.

M. de Réaumur ſemble confondre, au commencement de ce mémoire, les Demoiſelles proprement dites, qui en ſont l'objet, avec le Formica-Leo qu'il dit, dans le mémoire précédent, devoir en être diſtingué; il les confond auſſi avec quelques autres inſectes. S'il eût mieux aſſigné les caractères propres aux uns & aux autres, il auroit évité cette confuſion. Il appelle *Demoiſelles terreſtres* le *Formica-Leo*, & d'autres inſectes auxquels il donne auſſi le nom de Demoiſelles; il nomme *Demoiſelles aquatiques* les inſectes dont il eſt ſpécialement queſtion dans ce mémoire, parce que dans leur premier état ils vivent dans l'eau. Il diſtingue les Demoiſelles en trois genres; celles du premier ont le corps court & applati, celles des deux autres genres l'ont grêle, cylindrique, ſemblable à un bâton; mais celles du ſecond genre ont la tête groſſe, arrondie, & celles du troiſième l'ont plus menue, courte & large.

Les Demoiſelles naiſſent dans l'eau & y prennent leur accroiſſement complet. Elles paroiſſent d'abord ſous la forme d'un Ver hexapode, bientôt elles paſſent à l'état de nymphe; ce changement conſiſte dans le développement de quatre petits corps plats; ces petits corps ſont les étuis des aîles que la Demoiſelle aura par la ſuite. Les nymphes n'ont qu'une couleur terne d'un vert-gris, ſouvent ſali par la vaſe. Elles inſpirent & expirent l'eau par l'extrémité de leur corps. M. de Réaumur décrit les organes qui ſervent à cette fonction, & la manière dont ils l'exécutent. Cette deſcription n'étant pas fusceptible d'extrait, je renvoie le lecteur au mémoire même.

M. de Réaumur, repaffant des parties internes aux parties externes, dit que chaque nymphe porte une forte de mafque, quatre dents très-fortes, fituées fur une bouche très-large ; ces parties font recouvertes par celle qui a été nommée le *mafque*. Il eft d'une fubftance cartilagireufe ; il n'eft qu'appliqué fur la tête avec laquelle il n'a pas d'adhérence, & il tire fon origine de la partie qui répond au col à laquelle il eft fixé ; il eft compofé de deux pièces qui fe réuniffent & s'écartent à volonté ; la nymphe s'en fert en guife de ferres pour arrêter & contenir les infectes aquatiques dont elle fe nourrit ; un petit infecte pris entre les valves ou battans du mafque, eft auffi-tôt faifi & broyé par les dents, mais un infecte plus gros eft retenu au dehors par ces mêmes valves, tandis que les dents agiffent fur lui intérieurement.

La plupart des nymphes, & peut-être toutes, vivent dans l'eau dix à onze mois. C'eft en été, du mois d'avril à celui d'octobre, que les nymphes paffent à l'état de Demoifelles. Ce dernier changement ne s'opère pas dans l'eau, mais fur terre ; les nymphes montent à des tiges de plantes, à des troncs d'arbres ou fur quelqu'autre corps, s'y cramponnent, & en une heure ou deux, quelquefois beaucoup plus long-tems elles paffent à l'état de Demoifelles. M. de Réaumur décrit ce paffage dans le plus grand détail ; mais comme il n'offre rien de particulier, qu'il fe fait une ouverture fur le dos de la nymphe à la peau qui fe fend ; que la Demoifelle dégage fes membres par cette ouverture, nous ne fuivrons pas l'auteur dans ces détails, nous ne le fuivrons pas non plus dans ceux où il entre par rapport à la Demoifelle récemment fortie de fa dépouille, dont les membres, & fur-tout les ailes, amollis & pulpeux, font contrefaits, raccourcis, puis s'étendent peu à peu, fe fèchent, prennent de la confiftance & fe colorent.

Lorfque les membres d'une Demoifelle nouvellement tirée de l'enveloppe de nym-

phe, ont pris toute leur étendue & leur confiftance, elle s'envole pour donner la chaffe à d'autres infectes, dont ceux de ce genre font leur pâture. Les unes cherchent les bois, & ce font les plus grandes, les autres les prairies & les lieux frais & humides.

L'accouplement des Demoifelles eft peut-être ce qu'il y a de plus remarquable dans leur hiftoire. Les parties de la femelle font placées à l'extrémité de fon corps, à peu près comme dans les autres infectes ; mais celles du mâle font fituées en-deffous du corps près de fa jonction avec le corcelet. Cette difpofition eft caufe que dans l'accouplement la femelle replie fon long corps, pour en appliquer l'extrémité aux parties du mâle qui la tient embraffée, & qu'elle forme avec lui à peu près un anneau ; tous deux volent dans cette fingulière pofition, car ils ne demeurent pas pofés & en repos pendant l'accouplement, dont la durée eft affez longue.

Les mâles des Demoifelles furpaffent leurs femelles en grandeur contre la loi inverfe prefque générale pour les autres infectes ; on doit encore obferver que les deux fexes diffèrent fouvent de couleur. M. de Réaumur remarque ces deux faits, mais il n'en tire pas une application aux oifeaux aquatiques, qui paroît cependant naturelle ; c'eft que parmi ceux-ci les mâles font auffi plus grands que les femelles, & le font à proportion plus que les mâles des autres oifeaux, & les mâles diffèrent toujours des femelles par les couleurs ; ce double rapport entre des animaux qui paffent leur vie en partie au milieu des eaux, en partie dans les airs, m'a paru mériter d'être remarqué.

L'accouplement eft précédé par de longs préludes, que notre auteur décrit avec foin. Nous nous bornerons à remarquer que le mâle tend toujours à voler au-deffus de la femelle ; qu'il faifit l'inftant de s'abaiffer fur elle ; de lui embraffer le col avec fes deux mâchoires ; qu'en même tems il plie fon corps, en amène l'extrémité fur le corcelet de la femelle, pour le ferrer entre deux crochets qu'il porte à l'extrémité du corps; il s'affure par ce moyen de la poffeffion de celle qu'il pourfuit, mais il ne jouit pas; le dernier acte dépend de la femelle, qui s'y refufe quelquefois plus d'une heure entière. Cependant les deux infectes volent, & fe pofent alternativement; enfin, la femelle fe décide à courber fon corps, & à en appliquer l'extrémité aux parties du mâle. La durée de l'accouplement eft d'environ une demi-heure. Cependant les préludes qui devancent, ne font pas exactement les mêmes pour toutes les efpèces; mais c'eft le même fond avec quelques légères différences par rapport auxquelles nous renvoyons au mémoire. Les femelles ne tardent pas à dépofer leurs œufs après l'accouplement; toutes font leur ponte dans la journée où il a eu lieu, & toutes dépofent leurs œufs fur la furface de l'eau; mais les unes dépofent, en une feule fois, tous leurs œufs contenus dans une efpèce de poche, les autres font leur ponte à plufieurs reprifes, & il eft probable que quelques-unes incifent la furface de certaines plantes aquatiques pour pondre dans les entailles · cette conjecture eft fondée fur ce que quelques femelles ont à l'extrémité du corps des parties propres à former les incifions que l'on fuppofe avoir lieu,

12ᵉ. MÉMOIRE.

Des Mouches appellées Ephémères.

Le nom d'*Ephémères* a été donné à plufieurs efpèces d'infectes du même genre, d'après la brièveté de leur vie; ce nom, qui femble exprimer que fa durée eft d'un jour, donne une idée trop étendue de l'exiftence de certaines efpèces dont la vie fe borne à quelques heures. Cependant il ne faut entendre cette courte exiftence que relativement à la dernière forme fous laquelle vivent les Ephémères, car, quant à leurs deux états primitifs, la durée en eft longue. Je ne peux m'empêcher de regretter que

M. de Réaumur emploie le nom de *Mouches* par rapport aux Ephémères, parce que ces infectes n'ont point d'analogie avec les Mouches fous aucun rapport.

Les Ephémères ont quatre aîles membraneufes, nües, tranfparentes, dont les fupérieures font fort amples, & les deux inférieures au contraire fort petites. Dans l'état de repos, i's ont coutume de relever leurs aîles & de les tenir verticalement appliquées les unes contre les autres; leur corps formé de dix anneaux, alongé, va en diminuant de la tête à la queue; il eft terminé par trois filets, quelquefois tous trois très-longs & égaux, quelquefois par deux longs filets fur les côtés, & un plus court au milieu.

Toutes les Ephémères commencent par l'état de Ver, & paffent enfuite à celui de nymphe; les unes vivent, pendant trois ans, fous ces deux premiers états, d'autres pendant deux, & quelques-unes pendant un an feulement. Mais toutes périffent peu de tems après leur dernière métamorphofe, quelques-unes cependant y furvivent plufieurs jours.

L'Ephémère, dans l'état de Ver & dans celui de nymphe, ne diffère qu'en ce qu'on voit fur le dos de la nymphe quatre plaques qui font les fourreaux des aîles, dont l'infecte fera ufage dans fon dernier état.

Des Vers & des larves, les uns vivent dans des trous qu'ils fe creufent fur le bord des eaux, les autres fous des pierres ou autres abris. Les premiers ne changent de place que quand l'eau venant à baiffer, ils font obligés de creufer un nouveau trou au-deffous de fa furface, mais les autres marchent fouvent au fond des eaux. Les uns & les autres refpirent par des ouies qu'ils tiennent dans une continuelle agitation. Comme nous donnons la defcription de ces parties en faifant l'extrait de l'ouvrage de Swammerdam, & que M. de Réaumur n'ajoute rien de bien important à ce que ce premier auteur en a dit,

dit, qu'il le fuit dans cette partie, ainfi que dans les principaux faits de l'hiftoire des Ephémères, nous abrégerons beaucoup ce que nous aurions à dire ici d'après M. de Réaumur. Ce ne feroit qu'une répétition, & il eft plus jufte de renvoyer à l'extrait des ouvrages de Swammerdam.

Les différentes efpèces d'Ephémères parviennent chaque année en un tems à peu près fixe, & avec une forte de régularité, à leur dernier état; mais cette époque de leur dernier changement varie dans les différens pays, foit que cette différence tienne à l'influence du climat ou à la difparité des efpèces. C'eft du dix au vingt Août, tantôt plus tôt, tantôt plus tard, que l'efpèce la plus abondante aux environs de Paris, paroît fous fa dernière forme; c'eft cette efpèce que M. de Réaumur a obfervée avec le plus de foin. Nous allons recueillir d'après lui les principaux traits de fon hiftoire.

C'eft au coucher du foleil que ces éphémères commencent à paffer à leur dernier état, & quelque tems après fon coucher, que ce paffage eft dans toute fa force. L'année que M. de Réaumur l'obferva, il eut lieu le 19 d'août; quelques Ephémères fortirent de l'état de nymphe au coucher du foleil, mais ils ne parurent en quantité que vers neuf heures & demie du foir. Il étoit furvenu dans l'intervalle une orage, & peut-être avoit-il retardé la fortie des Ephémères; lorfqu'elle fut dans fa force, la quantité de ces infectes fur le bord de l'eau devint fi confidérable que M. de Réaumur dit qu'elle eft inconcevable; la neige ne tombe jamais à flocons fi preffés que l'étoient les troupes d'Ephémères; tout le rivage en étoit couvert à deux pouces d'épaiffeur. Au bout d'une demi-heure la quantité d'Ephémères commença à diminuer, & peu-à-peu il ceffa d'en paroître de nouveaux. Le vingt, il y eut une pareille quantité d'Ephémères; elle fut moins confidérable le vingt-un; il fit froid toute cette journée, & plus froid encore le lendemain; il parut auffi moins d'Ephémères;

mais le tems où le nombre des métamorphofes étoit à-peu-près accompli, devoit être arrivé.

Quelle que foit dans un jour la chaleur, quel que foit l'état du ciel, qu'il foit ferein ou nébuleux, c'eft à la même heure que les Ephémères fubiffent leur changement; il a lieu pendant deux heures environ, après quoi le changement de celles qui reftent à fe métamorphofer eft pour le lendemain à la même heure.

Au bout des deux heures que dure le changement des Ephémères, l'air qu'ils avoient rempli en eft entièrement dégagé; il n'y en paroît plus. Que font-elles devenues? Leur exiftence eft terminée ou prête de l'être; le plus grand nombre eft tombé dans la rivière où il a fervi de pâture aux Poiffons; cette pâture eft fi abondante que les pêcheurs lui ont donné le nom de *manne*; ils difent qu'elle tombe pendant trois jours, & ils ont raifon, en ce qu'elle eft dans fa plus grande abondance, pendant trois jours; car pendant quatre ou cinq après, il paroît encore des Ephémères, mais en petite quantité; celles qui ne tombent pas dans l'eau périffent en un peu plus de tems fur la terre. Mais toutes, pendant les deux heures que dure leur exiftence, ont rempli le but de la nature, celui de perpétuer leur efpèce; à peine les Ephémères ont-elles quitté la dépouille de nymphe, qu'elles font leur ponte. Au refte, aucun infecte ne paffe auffi promptement & auffi facilement à fon dernier état; l'Ephémère fort avec la plus grande facilité de l'enveloppe de nymphe à laquelle demeure attachées les dents qui ont fervi au Ver.

Prefqu'auffi tôt qu'une femelle Ephémère eft née, elle dépofe fes œufs fur l'eau, mais en les laiffant tomber par-tout ou elle fe trouve, fur la furface de l'eau, fur celle des pierres & autres corps qu'elle ne couvre pas; il n'eft peut-être pas d'infecte auffi fécond; les œufs de l'Ephémère font difpofés en deux grappes qui ont jufqu'à quatre lignes de long; la femelle dépofe ces deux grappes à la fois, & en un inſtant, mais comment les œufs ont-ils été fécondés ; car à peine une Ephémère eſt elle ſortie de la dépouille de nymphe & s'eſt-elle élèvée en l'air, qu'elle ſe rabat ſur la ſurface de l'eau, & y fait ſa ponte. Il eſt difficile de répondre à cette queſtion. Swammerdam penſoit que les mâles répandent ſur les œufs, après la ponte, une liqueur qui les féconde. M. de Réaumur croit que les Ephémères s'accouplent ; mais que leur accouplement eſt plus court que ce. lui d'aucun autre animal ; qu'il conſiſte dans un ſimple attouchement des parties des deux ſexes, & que cet attouchement a lieu dans de petites volées que les Ephémères éxecutent à la ſurface de l'eau ; il a cru, & d'autres perſonnes avec lui ont penſé être témoins de ces attouchemens.

Il y a des Ephémères différentes de l'eſpèce des précédentes, qui ne ſubiſſent pas leur changement toutes à la fois, mais à des intervalles différents, qu'on voit paroître pendant un aſſez longue eſpace de tems. Celles-ci ne ſont pas bornées à une exiſtence de quelques heures, il y en a qui vivent ſix à ſept jours ; elles offrent encore un autre phénomène ; c'eſt qu'après leur métamorphoſe elles ont encore à changer une fois de peau, ce qui n'arrive à aucun autre inſecte qui a ſubit ſa dernière métamorphoſe ; elles dépouillent juſqu'à leurs premières aîles qui n'étoient que l'étui des dernières, ſous leſquelles elles avoient conſervées de l'humidité, & elles étoient demeurées pliſſées & réduites en un filet ; mais auſſi-tôt qu'elles ſont tirées de cette gaîne elles s'étendent, deviennent liſſes & caſſantes. Parmi ces Ephémères, il y a des eſpèces plus grandes, & d'autres plus petites ; les unes ſubiſſent leur métamorphoſe le jour avant le coucher du ſoleil, & les autres la nuit.

13ᵉ. MÉMOIRE.

Addition à l'hiſtoire des Pucerons donnée dans le troiſième volume.

Il y a des Pucerons aîlés, d'autres qui ne le ſont pas ; mais les uns & les autres appartiennent à la même claſſe d'inſectes, ils ont auſſi les uns & les autres la faculté de ſe reproduire, & ils ſont vivipares ; ces faits, rappellés dans ce mémoire, ont été prouvés dans les mémoires du troiſième volume dont les Pucerons ſont l'objet, il s'agit dans celui-ci de la manière dont leur fécondation eſt opérée ; fait très-remarquable, & par lequel les Pucerons diffèrent de tous les autres animaux connus.

Il n'y a point de génération ſans le concours de deux individus ; les hermaphrodites mêmes, tels que les limaçons, qui réuniſſent les deux ſexes, ne peuvent ſe féconder eux-mêmes, & ne produiſent qu'après s'être unis à un individu de leur eſpèce. Le concours des deux ſexes & leur union paroît donc une loi générale. Cependant les naturaliſtes qui avoient obſervé les Pucerons avec le plus de ſoin & de patience, n'en avoient jamais vu d'accouplés, & ces Pucerons n'en avoient pas moins produit ; les obſervateurs en avoient conclu que les Pucerons, hermaphrodites proprement dits, ſe ſuffiſoient ſeuls ; & ſe fécondoient eux-mêmes ; mais cette concluſion étoit, haſardée par ce qu'on pouvoit ſuppoſer que la brièveté de l'accouplement, les parties par leſquelles il avoit lieu, le tems où il s'opère, comme la nuit peut-être, & d'autres circonſtances inconnues en avoient dérobé la vue à ceux qui cherchoient à en être témoins.

Swammerdam, remarque notre auteur, avoit établi pour loi générale que tout inſecte pour ſe reproduire a beſoin de s'accoupler après ſa dernière métamorphoſe ; mais M. de Réaumur ſéqueſtra un Puceron qui n'avoit pas encore d'aîles, il le renferma de manière qu'il ne pouvoit avoir de communication avec aucun inſecte de ſon eſpèce ; ce Puceron ſubit ſon dernier changement de peau, acquit des aîles & donna bientôt naiſſance à d'autres Pucerons ; il n'avoit pu cependant s'accoupler depuis ſon dernier changement, ainſi la loi poſée comme générale par Swammerdam ne l'eſt pas ; le Puceron dont il s'agit y fait exception, & s'il n'étoit devenu fécond que par l'effet de l'accouplement cet acte avoit eu lieu avant le dernier changement du Puceron. Mais à quel âge de la vie des Pucerons leur accouplement s'opère - t - il, s'il a lieu ? Où ces animaux font - ils exceptés de la loi même qui nécessite tous les autres à s'accoupler ? Pour se déterminer il s'agissoit d'enfermer un Puceron à sa naissance, de l'isoler parfaitement, de l'entretenir jusqu'à sa dernière métamorphose, & d'observer ce qui arriveroit; c'est ce que M. de Réaumur offrit à la sagacité des observateurs, & ce qu'exécuta M. Bonnet de Genève. Le 20 mai 1740, il isola un Puceron du Fusain qui venoit de naître, & prit toutes les précautions nécessaires pour que ce Puceron ne pût communiquer avec aucun autre, & qu'il ne manquât pas d'aliment; le 31 du même mois, ce Puceron changea de peau pour la quatrième & dernière fois : le lendemain il mit sur le soir un petit au monde; il fut donc bien prouvé qu'il étoit devenu en état de produire sans s'être certainement accouplé depuis qu'il étoit né; M. Bonnet continua de l'observer, il tint registre des petits auxquels il donna naissance; le nombre en fut, en six jours, de quatre-vingt-quinze.

Cette première expérience de M. Bonnet fut communiquée à trois autres observateurs; ces Messieurs & M. Bonnet la répétèrent sur des Pucerons de différentes espèces, & le résultat fut constamment le même sous les yeux de quatre observateurs différens. Quelques savans ont cependant pensé qu'il y avoit des accouplemens, mais rares, entre les Pucerons, & qu'un seul suffisoit pour féconder plusieurs générations contenues au sein de l'individu femelle qui s'accouploit; d'autres ont imaginé que les Pucerons avoient les deux sexes & qu'ils se fécondoient eux-mêmes. Ce dernier sentiment pourroit, sinon être prouvé, du moins appuyé par l'inspection anatomique; car ce seroit un pas de fait, si l'on découvroit les deux sexes dans le même Puceron; malheureusement ces animaux font

si petits que leur anatomie échappe à nos recherches; cependant les faits suivans, sans prouver le dernier sentiment, semblent l'autoriser.

M. Bonnet isola un Puceron du sureau à l'instant de sa naissance, huit jours après il fit des petits & continua d'en faire; M. Bonnet isola un de ces petits comme sa mère, & il en isola quatre nés de quatre mères toutes isolées à l'instant de leur naissance; ces Pucerons de quatre générations subséquentes furent féconds sans accouplement. M. Lyonet répéta l'expérience sur des Pucerons d'une autre espèce & elle eut le même résultat.

Cependant on ne peut douter que les Pucerons ne s'accouplent; MM. Lyonet & Bonnet en ont été témoins. Mais ces accouplemens n'ont lieu qu'aux approches de l'hiver; on ne les a jamais vus dans un autre tems.

Au lieu de Pucerons vivans, ceux qui se font accouplés, déposent de petits corps oblongs semblables à des œufs; en seroient-ce en effet ? M. de Réaumur croit que ce ne font que des fœtus avortés, mais il ne donne son opinion que comme une conjecture, & il ne décide pas lui-même si les Pucerons très-sûrement vivipares dans la belle saison, ne sont point ovipares aux approches de l'hiver, ce qui seroit une singularité de plus dans leur histoire. Pourquoi d'ailleurs l'accouplement seroit-il plus nécessaire pour féconder les œufs que les embrions ? On est donc certain que les Pucerons peuvent se reproduire jusqu'à quatre générations consécutives sans accouplement; mais quel est le terme de cette singulière faculté? comment les Pucerons deviennent - ils féconds ? ce font encore deux questions irrésolues.

14e. MÉMOIRE.

Sur la manière extrêmement singulière dont naissent quelques Mouches à deux aîles, appellées Mouches-Araignées.

Les Mouches-Araignées font de la classe

de celles à deux aîles, du nombre des Mouches qui incommodent les Chevaux ; on les connoît en Normandie sous le nom de *Mouches Bretonnes*, ailleurs sous celui de *Mouches d'Espagne* ; leur taille est moyenne entre celle des Taons & des Mouches communes ; elles se posent en grand nombre sur les parties des Chevaux les moins garnies de poils, comme entre les cuisses & sous la queue ; elles attaquent aussi les bêtes à corne & même les Chiens, ce qui les a encore fait nommer *Mouches de Chiens* ; leur corps est applati, leurs jambes sont longues, mais elles les portent fort écartées du corps, ce qui fait qu'il touche le plan de position ; elles marchent fort vîte, elles évitent le danger plus volontiers en courant qu'en prenant leur vol ; lorsqu'on leur a arraché les aîles, elles ressemblent aux Araignées par la forme de leur corps & par la longueur de leurs jambes ; leur couleur est le brun tâcheté de jaunâtre ; on leur trouve de la résistance sous les doigts, & on en éprouve à les écraser ; leurs aîles débordent le corps de la moitié de leur longueur. Elles n'ont point d'yeux lisses, seulement des yeux à réseau, mais fort grands ; leur tête fort petite, triangulaire, se termine par une sorte de bec formé de deux palettes, c'est l'étui d'une trompe très-déliée. On voit quelques-unes de ces Mouches au printems, beaucoup en été ; elles sont sur-tout communes en automne ; la manière dont ces Mouches se perpétuent est ce qui mérite dans leur histoire une attention particulière. La Mouche-Araignée qui est prête à faire sa ponte a le corps très-renflé, au lieu qu'il est applati dans les autres tems ; elle dépose bientôt un seul œuf, mais si gros qu'on a peine à concevoir qu'elle ait pu le produire ; il est arrondi, un peu oblong, il ressemble à une graine, & notre auteur le compare à un pois pour le volume ; après cette opération le corps de la Mouche redevient applati.

M. de Réaumur en examinant l'œuf dont il vient d'être question en rompit la coque, mais par la suite il eut un pareil œuf pondu de même sous ses yeux. Au bout d'un mois, il en vit sortir une Mouche semblable en tout, même en grosseur, à celle qui lui avoit donné naissance. Il est donc avéré qu'il y a des Mouches dont la génération diffère infiniment de celle des autres Mouches ; 1°. en ce qu'elles pondent un œuf d'un volume aussi gros que leur propre corps ; 2°. en ce qu'il sort de cet œuf, non un Ver qui ait à croître & qui ait des changemens à subir, mais une Mouche entièrement formée, au terme de sa crue, en sortant de l'œuf, & semblable à sa mère en tous points. Ce fait avéré par rapport aux Mouches-Araignées qui tourmentent les Chevaux, est encore confirmé par une autre Mouche-Araignée un peu moins grosse qu'en trouve dans les nids des Hirondelles, où elle dépose ses œufs ; ils ne diffèrent de celui dont il vient d'être parlé que par le volume ; la Mouche qui les pond les place dans le nid des Hirondelles pour qu'ils y trouvent la chaleur dont ils ont besoin. Aussi ne fusse qu'en tenant chaudement l'œuf de la Mouche-Araignée des Chevaux que M. de Réaumur parvint à en voir sortir une Mouche ; il en sort de même des œufs qu'on trouve dans les nids d'Hirondelles de semblables à tous égards aux Mouches qui les ont pondus.

Cependant M. de Réaumur ayant ouvert à différens tems des œufs de Mouches-Araignées, en ayant plongé dans l'eau chaude pour donner de la consistance aux parties qu'ils contenoient, cet habile observateur s'est assuré que la Mouche-Araignée est d'abord dans l'œuf sous l'état de Ver, qu'elle passe ensuite à celui de boule alongée & de nymphe ; la différence qu'il y a donc ici c'est que les autres insectes & les autres Mouches croissent, subissent des changemens, prennent de la nourriture hors de l'œuf, & que les Mouches-Araignées subissent leurs métamorphoses, acquièrent leur grandeur & trouvent de la nourriture sous la coque de l'œuf même.

M. de Réaumur n'a pu reconnoître en quel lieu les Mouches-Araignées des Chevaux dépofent leurs œufs pour leur procurer la chaleur nécessaire ; car il paroît que ces œufs en ont besoin, ainsi que ceux des Mouches qui déposent les leurs dans les nids des Hirondelles ; il compare le corps des Mouches-Araignées à une bourse qui se resserre après la ponte ; mais ces Mouches sont très-communes, elles multiplient donc beaucoup, elles ne déposent qu'un œuf à la fois, il paroît donc indispensable qu'elles aient une vie assez longue pendant laquelle leur ponte se renouvelle. C'est sur quoi M. de Réaumur ne s'explique pas.

REDI.

Redi publia, en 1671, un traité latin, imprimé à Amsterdam, sur la génération des insectes. Quoique cet ouvrage ne forme qu'un très-petit volume in-12 & qu'il pût être réduit de peut être plus de moitié, en ne retranchant que ce qui est superflu, il a acquit à son auteur une réputation méritée. On avoit cru depuis la plus haute antiquité jusqu'à Redi, que les insectes étoient le produit de la corruption. C'étoit la croyance du vulgaire & le sentiment de tous les philosophes. Redi eut assez de force d'esprit pour douter de cette opinion générale, de génie pour découvrir & démontrer qu'elle étoit fausse, de sagacité pour trouver la vérité & de courage pour la faire connoître. Il n'employa que des moyens fort simples & il ne raisonna que d'après l'expérience ; il vit que la chair des animaux corrompue à l'air se couvroit de Vers ; il remarqua que ces Vers se changeoient en différentes espèces de Mouches ; il hésita après cette première observation à croire que la différence d'espèce des Mouches dépendît de la différence des chairs, il reconnut par l'expérience le peu de fondement de cette opinion ; il en fut affermi dans ses doutes ; il enferma quatre sortes de chairs dans quatre vases qu'il ferma exactement, s'étant bien assuré que les chairs soumises à l'expérience qu'il alloit tenter n'avoient pas été touchées par aucune espèce de Mouches, & il plaça des mêmes

chairs dans des vaisseaux qu'il laissa découverts ; ces dernières furent bientôt la proie des Vers qui devinrent des Mouches différentes, tandis que les premières se gâterent & se décomposèrent sans qu'il parût aucun Vers à l'intérieur des vaisseaux qui les renfermoient.

Cependant Redi pensa que le contact de l'air pouvoit être cause de la différence des deux résultats ; il recommença donc la même expérience en couvrant les vases, dont il vouloit défendre l'accès aux insectes, avec une gase ou étoffe analogue qui leur en fermoit l'entrée & laissoit passage à l'air ; le résultat fut le même, & il ne se démentit pas dans les expériences que Redi répéta, & dont il fait l'énumération ; il plaça sous terre différentes chairs qui n'avoient pas été touchées par aucun insecte ; il les couvrit de terre avec soin, & les retira corrompues, mais sans y trouver de Vers ; il en conclut que lorsque des Vers dévorent les chairs recouvertes de terre, ces chairs ont été mises en terre chargées d'œufs que les insectes ont déposés avant que ces chairs aient été enfouies, & il le prouva en enterrant des chairs sur lesquelles des Mouches s'étoient posées auparavant, qui furent couvertes de Vers, tandis que les chairs qu'il avoit garanties du contact des Mouches n'en produisirent aucun.

Ce que je viens d'exposer suffit pour donner une idée de la manière dont Redi a procédé, comment il a reconnu l'erreur & découvert la vérité, ou que tout être vivant, comme il le conclut, & les insectes, comme les autres animaux, sont engendrés & qu'ils sont produits par une semence de leur espèce. Mais ce dont on doit le louer c'est qu'en établissant cette vérité généralement reconnue depuis, il a la générosité d'avertir qu'Harvé l'avoit présentée avant lui & avoit écrit que tout être vivant est le produit d'une semence.

Sans cette assertion d'Harvé, Redi n'eût

peut-être pas eu de doutes, & l'erreur eût encore subsisté long-tems.

J'ai dit que l'ouvrage de Redi, fort court, pouvoit être réduit de plus de moitié; en effet il se borne, pour ce qui est essentiel à son objet, à l'exposition des expériences dont j'ai donné l'idée; le surplus consiste en citations, en luxe d'érudition, suivant le goût du siècle, dont Redi ne sut pas se défendre en réfutant sur la production des insectes l'erreur qui régnoit alors. L'exposition des expériences, telles que j'en ai présenté l'apperçu, ne forme pas la moitié de l'ouvrage; le reste contient des observations, remarques ou dissertations sur différens insectes & des citations sur ce que les anciens en ont écrit; ainsi Redi discute les assertions des anciens sur la génération des Abeilles, sur le goût des Guêpes pour la chair des Serpens, qui exhalte leur courage & leur venin, &c.

Quelques faits curieux sont mêlés aux longues & inutiles citations que ces dissertations renferment : mais comme l'objet de Redi, la production ou génération des insectes, est rempli par les expériences dont j'ai parlé d'abord, & qu'à peu de chose près le surplus est étranger à ce même objet, je me bornerai à l'extrait que je viens de présenter. Un défaut dans l'ouvrage de Redi, c'est qu'il est écrit de suite, sans séparation des matières, de façon que c'est en quelque sorte un seul & long chapitre qu'il faut lire en entier pour savoir ce qu'il contient & en faire soi-même la division pour le bien connoître. On trouve dans le corps de l'ouvrage & particulièrement à la fin plusieurs planches grossièrement gravées ; le plus grand nombre représente diverses espèces de Pous ou de Tiques, & sur-tout de Pous de différens oiseaux.

ROESEL.

L'ouvrage de M. Roesel, composé de cinq volumes in-4°., petit format, parut à Nurremberg en 1746; il fut publié par cahiers ou fascicules, que l'auteur donna au public par intervalles. Il est formé de planches colorées, & d'une explication en Allemand; la belle exécution des planches, leur correction réunirent les suffrages des amateurs & des naturalistes aussi-tôt que les premiers cahiers eurent paru. La suite des fascicules répondit à ce qu'on avoit droit d'attendre d'après les premiers & toutes les planches de l'ouvrage en général, sont parfaitement exécutées, à un petit nombre près dont les couleurs sont exagérées. Cet ouvrage est supérieur, quant aux planches, à ce qui avoit été exécuté antérieurement dans le même genre, & l'on n'a pas fait mieux depuis à cet égard. Quant au texte, nous ne pouvons en parler, parce qu'il est écrit dans une langue qui nous est étrangère, & qu'on n'en a pas encore donné de traduction. Il paroît par son étendue, par les planches auxquelles il a rapport que M. Roesel est entré dans les détails des habitudes des insectes & même, par rapport à plusieurs, dans les détails des descriptions anatomiques. Il est donc à regretter qu'on ne nous ait pas encore fait connoître un auteur dont une partie de l'ouvrage fait autant espérer de la partie la plus intéressante. C'est un service à rendre à la science, & auquel nous invitons ceux qui pourroient procurer cet avantage, de faire connoître ce qu'on pourroit attendre de la traduction entière de l'ouvrage, en donnant celle de quelques morceaux relatifs aux habitudes & à l'organisation de quelques insectes. Bornés à ne parler que des planches, nous observons qu'elles représentent beaucoup d'insectes d'Europe, & un nombre assez considérable d'insectes étrangers, que l'auteur a le plus souvent représenté, par rapport aux insectes d'Europe, la Larve, la Chrysalide, l'insecte & une feuille ou une branche de la plante qui lui sert de nouriture : la dernière partie du troisième volume contient une histoire des Polypes.

SCHAEFFER.

M. Schaeffer a publié trois volumes in-4°.

fur les infectes qu'on trouve aux environs de Ratibonne. Ces trois volumes ne contiennent que des planches colorées, avec le nom générique de chaque infecte en latin & en allemand. L'auteur a fuivi la méthode de Linné pour déterminer le genre de chaque infecte. Il n'ajoute à ce nom générique & à la figure aucune defcription ; il repréfente indifféremment des infectes de divers genres dans la même planche. On ne peut donc reconnoître les infectes que par les feules figures. Elles font la plupart exactes & d'un coloris vrai; elles font connoître les infectes à peu près auffi-bien qu'il foit poffible, lorfqu'on ne fait que les deffiner & les colorer. Le nombre de ceux que M. Schaeffer a repréfentés eft très confidérable, & l'on trouve dans fon ouvrage beaucoup de figures d'infectes qui ne vivent pas dans nos campagnes; on eft étonné d'y en rencontrer qui fe trouvent dans nos provinces méridionales, malgré la différence des climats. Il paroît qu'en général les environs de Ratisbonne font plus féconds en grands infectes que ne le font nos campagnes des environs de Paris.

Indépendamment des trois volumes des lefquels je viens de donner une notice, M. Schaeffer en publia un quatrième en 1776. Il eft également de format in-4°. & le texte en eft de même en latin & en allemand, mais l'objet en eft fort différent. Celui-ci préfente une méthode ou fyftème de claffer les infectes ; il eft divifé en fections. L'auteur traite dans la première de la forme & de l'organifation des infectes. Il les divife en *tête, corcelet, ventre, membres*. Il fous-divife les parties de la tête en *antennes, yeux, yeux liffes, bouche*; les membres en *élytres, aîles, pieds, queue, balanciers,* haleteres, *peignes,* pectines. Les balanciers n'appartiennent, ainfi que les peignes, qu'à certains infectes.

Les parties qui viennent d'être nommées font repréfentées ou réunies fur l'infecte vu dans fon entier, ou féparées dans une table placée à côté du texte. M. Schaeffer examine enfuite chaque partie féparément, fes conexions avec d'autres parties, fa forme, fon

ufage; il fuit de cette façon l'examen de la tête en entier, des antennes, des yeux & des yeux liffes, de la bouche, du corcelet, du ventre, des élytres, des aîles, des pieds, de la queue, des balanciers & des peignes. Chacun de ces objets eft examiné fous tous fes points de vues, fous toutes les dénominations qui lui conviennent & qui en peuvent diftinguer les différentes efpèces; ainfi la *queue*, par exemple, eft confidérée comme *fimple*, en *aiguillon* ou armée d'un aiguillon, en *pince courbée en-deffous*, en *foie ou fétacée*, en *pinces de Crabe*, en *pointe de fer de lance*, en *lames ou à feuillets*. Et ces différentes dénominations font déterminées par des figures qui y font relatives. Ces figures ont le double mérite de l'exactitude & de la netteté. Rien n'eft donc plus propre, que cette première fection, à donner aux commençans une idée jufte de l'enfemble du corps des infectes, de fes différentes parties, de leur dénomination & des épithètes que les auteurs y ont jointes pour exprimer leur conformation différente.

La feconde fection a pour objet la divifion des infectes en claffes & en ordres; celle des claffes eft tirée des aîles, & celle des ordres, des tarfes. M. Schaeffer regarde les élytres comme des aîles; fa divifion générale eft en infectes aîlés & non aîlés, la divifion des infectes aîlés, en aîlés à quatre aîles, aîlés à deux aîles.

Les infectes aîlés à quatre aîles, ont les fupérieures cruftacées (ou ce font des élytres), & ces infectes font les *Coléoptères*. Les aîles fupérieures font plus longues que la moitié du ventre, & ce font, felon la dénomination que l'auteur leur donne, les *Coleoptero-macroptera*. . . . Iᵉ. Claffe.

Ou les élytres font moins longs que la moitié du ventre, & ce font les *Coleoptero-mycroptera.* IIᵉ. Claffe.

Ou les aîles fupérieures ont la pointe membraneufe, & ce

font les *Heminoptera five He-*
miptera. . . . . IIIe. Claffe.

Les infectes qui ont quatre
aîles membraneufes, les ont ou
couvertes d'une pouffière en forme d'écailles ; ce font les *Hyme-*
no-lepidoptera. . . . . . IVe. Claffe.

Ou nues, & ce font les *Gym-*
noptera. . . . . V^e. Claffe.

M. Schaeffer conferve aux infectes à deux aîles le nom de
Diptera. . . . . VIe. Claffe.

Aux infectes non aîlés le nom
d'*Aptera.* . . . . VIIe. Claffe.

Il admet donc fept claffes, & ne diffère
guère des autres auteurs méthodiftes que par
la manière de regarder les élytres comme
des aîles & par quelques changemens dans la
dénomination.

Les ordres font au nombre de fix.

ORDRE I. Cinq articles à tous les tarfes.

ORDRE II. Cinq aux premières paires,
quatre aux dernières.

ORDRE III. Quatre à tous les tarfes.

ORDRE IV. Trois ⎫
                  ⎬ à tous les tarfes.
ORDRE V. Deux ⎪
               ⎭
ORDRE VI. Un

On voit, par cet expofé, que M. Schaeffer
fuit, dans la divifion des ordres, la méthode
de M Geoffroy, à laquelle il a ajouté deux
ordres de plus, qui font le cinquième & le
fixième.

La troifième fection contient l'énumération des genres au nombre de cent dix-huit.
Ils font déterminés par la forme des antennes,
& le nombre d'articles des tarfes, deux caractères énoncés pour tous les genres & fuivant les circonftances, par la forme, la pofition
de certaines parties, comme la tête, faillante
ou enfoncée, le corcelet uni ou épineux, les
aîles relevées ou déprimées, &c. En général,
M. Schaeffer a tiré les caractères génériques
d'un plus grand nombre de parties qu'on ne
l'avoit fait avant lui, il a fouvent employé pour
caractère la forme, la ftructure de la bouche, en quoi il a été depuis imité par M.
Fabricius, qui l'a furpaffé beaucoup dans cet
emploi de la bouche & de fes acceffoires.

A la tête de la troifième fection eft une
table des cent dix-huit genres, divifée en
huit colonnes pour le nom générique, la defcription des aîles, des pieds, de la bouche,
des antennes, du corcelet, du ventre, & pour
le numéro de la table qui repréfente un infecte du genre dont il eft queftion, & les
parties qui caractérifent ce genre.

Ces huit colonnes ne font pas toutes remplies, & ne le font que fuivant les caractères
employés par l'auteur pour chaque genre.

La table dont nous venons de rendre
compte eft fuivie de cent trente-deux planches relatives à chaque genre. Chaque planche repréfente un ou deux infectes du genre
auquel elle eft confacrée, & les diverfes parties
féparées qui caractérifent ce genre ; au verfo de
cette planche eft une feuille fur laquelle font
énoncés chacun des caractères, & le numéro
de la figure de la planche contre qui les repréfente.

Il ne nous eft pas poffible de tranfcrire ici
la table ni l'énoncé des caractères des cent
dix-huit genres. Nous nous contenterons de
remarquer que les planches font de la plus
belle exécution, que les moyens que M.
Schaeffer a fuivis, font à la vérité difpen-
dieux, mais qu'ils tendent l'étude de fa méthode auffi facile que cet étude eft ordinairement

ment embarraffante & obfcure dans les ouvrages de la plupart des auteurs méthodiftes, qui, faute de repréfenter & d'offrir à l'œil les objets dont ils parlent, qu'ils décrivent en termes trop fouvent peu ufités, font entendus bien difficilement. Il nous paroît donc que M. Schaeffer a donné un exemple utile, dans lequel nous ne prétendons pas qu'il n'eût été devancé, car M. Geoffroy avoit, avant M. Schaeffer, gravé un infecte de chacun des genres qu'il a établis; mais M. Schaeffer a de plus repréfenté, outre un infecte de chaque genre, chaque partie caractériftique féparément.

Enfin une quatrième fection termine l'ouvrage que nous venons d'analyfer; elle contient l'énumération & la repréfentation des inftrumens & uftenfiles néceffaires pour ramaffer, nourrir, préparer & conferver les infectes.

On trouve encore, après cette quatrième fection, un appendice qui contient l'énumération & la repréfentation des parties caractériftiques de cinq nouveaux genres qui font appellés par l'auteur

Bupreftoïdes,

Cléroïdes,

Dermeftoïdes,

Elatéroïdes,

Notoxus.

SCOPOLI.

M. Scopoli, médecin allemand publia, en 1778, un volume in-8°. écrit en latin, imprimé à Prague fur les productions des trois règnes de la nature. C'eft une méthode de claffer ces productions. L'auteur commence par le règne minéral, & finit par le règne animal; ce qui eft l'inverfe de la plupart des autres auteurs méthodiftes; il procède contre leur ufage du plus fimple au plus compofé; il commence le règne animal par les ani-

maux microfcopiques ou qu'on ne découvre dans les infufions qu'à l'aide du microfcope, & il le termine par l'homme; il donne aux divifions qu'il adopte les noms de *tribu*, de *nation, tribus, gens.* Chaque tribu eft défignée par un numéro & par deux épithètes; l'une eft formée du nom de quelqu'auteur célèbre, l'autre d'un caractère général à la tribu. Ainfi la cinquième tribu eft caractérifée par les mots de *Geoffroii* & de *Gymnoptera*; & la feptième, par ceux de *Reamurii* & de *Probofcidea.*

Je me bornerai à parler des feules tribus qui ont rapport aux infectes. L'auteur n'en établit que cinq.

La première, qui eft la quatrième tribu du règne animal, eft défignée par les mots *Swammerdammii Lucifuga.* Elle eft relative aux cruftacés, & elle contient deux nations.

La cinquième tribu, qui eft la feconde des infectes, *Geoffroii Gymnoptera*, comprend les infectes à deux ou quatre ailes nues, membraneufes. Elle contient trois nations.

La fixième tribu des animaux en général; la troifième des infectes, *Roefelii, Lepidoptera*, a pour objet les Papillons. Elle contient trois nations.

La quatrième tribu des infectes, la feptième du règne animal, *Reamurii, Probofcidea*, a pour objet les infectes qui ont une trompe. Elle contient deux nations.

Enfin, la cinquième tribu des infectes, la huitième des animaux, *Fabricii Coleoptera*, comprend les Coléoptères, & elle contient deux nations. Mais outre les divifions de *tribus* & de *nations*. M. Scopoli admet les divifions d'*ordres*, de *diftributions*, *ordo primus*, *diftributio prima, &c.* & des fous-divifions qui contiennent des numéros relatifs aux genres. *Genus primum*, genre premier, des animaux *monas, 474, homo.* Ainfi, felon la méthode de M. Scopoli, le règne animal contient 474 genres, depuis les animaux des infusions jusqu'à l'homme.

Il ne m'est pas possible de suivre l'auteur, même pour les insectes, dans l'énumération des caractères qu'il emploie pour les différentes divisions. Je me bornerai à remarquer qu'il les tire en général des parties employées au même usage par les autres auteurs méthodistes. Sa méthode, très-différente des autres par l'ordre qu'il a suivi, par les dénominations des divisions qui expriment la même chose au fond, paroît présenter une difficulté de plus à ceux qui ont commencé l'étude ou qui l'ont suivie selon les routes ordinaires, sans applanir les difficultés qui tiennent, non à la méthode, mais à la nature de la chose.

Le même auteur avoit publié en 1763 un in-8°. intitulé : *Entomologia carniolica, insecta carniolica*, &c. C'est une description des insectes de la Carniole, classés suivant la méthode de Linné.

SÉBA.

Séba, Apothicaire à Amsterdam, avoit formé une collection d'histoire naturelle considérable, sur-tout en animaux ; la description de cette collection, commencée par le posseseur, & continuée par ses héritiers, contient trois volumes in-folio, grand format. Le texte est en latin & en françois : l'ouvrage contient un très-grand nombre de planches. On y trouve une explication des figures avec la dénomination des objets qu'elles représentent, le lieu d'où ces objets ont été apportés, & leur histoire fort abrégée. La plupart des exemplaires ne renferment que des planches seulement gravées, & quelques exemplaires des planches colorées par-desus la gravure. Le trait est fort médiocre, & les couleurs n'ont ni éclat ni ne sont vraies. Les objets se succèdent sans ordre & sans méthode ; tout est mêlé, ou il n'y a que quelques masses séparées comme les insectes ; dans ces masses mêmes il n'y a pas de méthode ; rien n'est classé, ou ne l'est que grossièrement ; on retrouve des objets de même genre, épars dans le reste de l'ouvrage ; les descriptions ne portent pas sur des caractères propres à distinguer les objets, mais sur l'ensemble vague de la grandeur, de la forme, des couleurs. L'indication sur les lieux d'où les objets ont été apportés, indication de laquelle on devroit conclure qu'on les trouve dans ces mêmes lieux, est souvent fautive. On voit d'après cet exposé, que l'ouvrage de Séba est fort médiocre, de très-peu d'utilité, qu'on ne doit guère compter sur les faits qu'on y trouve ; cependant il est fort cher, parce qu'il est d'une masse considérable, que l'exécution en a été très-dispendieuse, qu'il est un livre de luxe dans une bibliothèque. Malgré ces défauts, on ne peut guère s'en passer dans les bibliothèques d'histoire naturelle, parce qu'il traite de plusieurs objets qui ne sont représentés que dans ce seul ouvrage.

Je me bornerai à indiquer les planches qui représentent des insectes.

TOME I.

La XXXIV. Vingt-trois de l'Amérique & des Indes.

La XXXV. Dix-huit d'une origine incertaine.

La XXXVI. Vingt-un d'Amérique.

La XXXVII. Vingt-un d'une origine incer aine.

La XXXVIII. Dix huit tant des Indes que de l'Amérique.

La XXXIX. Dix-huit de différens pays.

La XL. Vingt Papillons tirés du livre de Hollaar.

La XLI. Vingt-deux des Indes & d'Amérique.

La XLII. Vingt-cinq d'une origine incertaine.

La XLIII. Vingt Papillons, quelques Chenilles & Chryfalides d'Amérique.

La XLIV. Dix-huit Papillons des Indes.

La XLV. Vingt-quatre d'Amboine & des Indes.

La XLVI. Vingt des Indes.

La XLVII. Quatorze d'Amboine, ou d'autres contrées des Indes.

La XLVIII. Trente Phalênes d'Europe, & un *Ichneumon.*

La XLIX. Quatre Papillons & Chenilles d'Europe; un *Chibro* & un *Ichneumon.*

La L. Neuf Phalênes d'Europe.

La LI. Trente-quatre Phalênes d'Europe.

La LII. Douze Phalênes avec leurs Chenilles d'Europe, & un *Diptère.*

La LIII. Quatre Phalênes, quatre Sphinx; leurs Chenilles, leurs Chryfalides.

La LIV. Quatorze Sphinx, la plupart d'origine incertaine.

La LV. Seize idem.

La LVI. Dix idem.

La LVII. Seize tant grandes que petites Phalênes exotiques.

La LVIII. Dix grandes Phalênes vitrées de différens pays.

La LIX. Dix huit tant Papillons que Phalênes d'Europe & exotiques, & un Ichneumon.

La LX. Vingt Phalênes, tant étrangères que d'Europe.

La LXI. Dix-sept tant Papilllons que Phalênes d'Europe, avec les Chenilles & Chryfalides.

La LXII. Seize Phalênes & Chenilles d'Europe.

La LXIII. Seize idem.

La LXIV. Quarante Phalênes d'Europe; point de Chenilles.

La LXV. Des Demoifelles, Sauterelles, Criquets, Ephémères, Tipules & Grillons.

La LXVI & LXVII. Douze tant Sauterelles que Mantes étrangères.

La LXVIII. Six Demoifelles, dix Mantes.

La LXIX. Quatre Sauterelles, huit Mantes.

SMEATHMAN.

M. Smeathman étoit anglois; il avoit fait plusieurs voyages sur les côtes de Guinée; il s'y étoit appliqué à des observations d'histoire naturelle; il avoit rédigé celles qu'il avoit faites sur les *Termes* : ces observations soignées pour la partie du style par M. Rigaud, médecin de Montpellier, font le sujet d'un ouvrage in-12, contenant 56 pages & 8 planches, imprimé à Paris en 1787, sous le titre de mémoire pour servir à l'histoire de quelques insectes connus sous les noms de *Termès* ou *Fourmis Blanches*.

Les Termes, dit M. Smeathman, ont reçu différens noms ; on les trouve en Amérique, aux Grandes Indes & sur les côtes du Senegal.

Les François les nomment, dans cette dernière contrée *Vagues-Vagues* ; en Amérique *Poux de Bois* ou *Fourmis Blanches*, aux Indes *Caria*. M. Linné est le premier qui ait employé le nom de *Termes*, & il a placé les insectes auxquels il l'a donné dans la classe des *Aptères*. Ce grand homme a été conduit à cette erreur par les fausses notions qui lui ont été communiquées ; tous les Termes ont des aîles dans leur état de perfection ; ils en ont quatre qui sont nues & membraneuses, & ces insectes n'ont point d'aiguillon ; ils doivent en conséquence être placés dans la classe des *Neuroptères* ; ils y forment un genre nouveau qui comprend plusieurs espèces. Tous les Termes construisent des habitations ; mais, selon les espèces, les uns les placent sur la terre, les exhaussent au-dessus & les prolongent au-dessous de la surface du terrain, d'autres les fixent contre le tronc ou les branches des arbres, même les plus élevées.

Chaque espèce, selon M. Smeathman, est composée de trois sortes d'individus. Les *travailleurs*, les *soldats*, les *aîlés*. Ces derniers ont seuls la faculté d'engendrer ; ils ne travaillent pas ; ils quittent leur première habitation pour établir ailleurs de nouvelles colonies. Pour entendre cette proposition il faut savoir, comme la suite de l'ouvrage l'apprend, que tous les Termes finissent par avoir des aîles, & qu'ils ne sont aptes à la génération que quand ils sont devenus aîlés.

Les Termes construisent sur terre des habitations qui ont la forme d'un dôme, ou plutôt d'une colonne ; ils les élèvent à la hauteur de cinq à six pieds ; le nombre de ces nids est si grand en certains endroits qu'on les prend pour des villages composés de cases de nègres ; leur solidité est telle que les bœufs sauvages montent dessus sans y causer de dommage ; la terre dont ces habitations sont formées se décompose pourtant à l'extérieur & devient au bout de quelques années capable de nourrir des plantes qui y croissent & qui la couvrent. L'intérieur des habitations est divisé en galleries, en cellules qui servent de logement aux Termes.

Au centre est une loge plus vaste que les autres, elle est pour la *reine & les rois*. Ceux-ci y étant une fois enfermés n'en peuvent plus sortir, & la nourriture leur est apportée par les travailleurs des magasins placés dans des galleries voisines : la cellule royale a des ouvertures assez larges pour les travailleurs mais trop étroites pour les reines & les rois.

M. Smeathman décrit ensuite les cellules destinées aux jeunes Termes. Il dit que les grands nids dont il vient d'être question, sont presque les seuls qui aient été remarqués. Mais on en trouve d'autres, aussi situés sur le sol, qui n'ont que trois pieds de haut, & il y en a aussi autour des troncs d'arbres ou qui vont d'une branche à l'autre qui sont sphériques & dont les plus gros approchent du volume d'une barique de sucre. Ces derniers nids sont composés de rapure de bois liée par un gluten, au lieu que l'argile est la matière des premiers.

Après avoir fait la description des habitations, M. Smeathman passe à celle des habitudes des Termes ; il traite, suivant ses propres expressions, de leur *police intérieure*, de *leurs combats* & des *dégâts* qu'ils font. Il craint qu'on ne le taxe d'exagération, & il en appelle au témoignage des voyageurs.

Les *ouvriers* sont les plus nombreux. Leur nombre est à celui des *soldats* comme cent à un. Ils ne sont pas plus gros que nos Fourmis, & vingt-cinq pèsent environ un grain. Je crains qu'on ne trouve déjà la présomption de M. Smeathman fondée ; comment a-t-il pu compter les habitans d'une peuplade aussi nombreuse, aussi formidable que le sont celles des Termes ; déterminer avec précision le rapport en nombre d'une espèce à une autre ? Et comment vingt-cinq Termes aussi gros que nos Fourmis communes ne pèsent-ils qu'un grain ? Les soldats sont quinze fois aussi gros que les ouvriers, *on voit évidemment qu'ils ont subi une métamorphose de plus*. Et enfin les aîlés, qui sont *l'insecte dans son état de perfection*, ont quatre grandes aîles portant deux pouces & demi d'envergure ; ils sont aussi gros que deux soldats & leur corps a de huit à neuf lignes de long. On voit par cet exposé que le sentiment de M. Smeathman est que les *ouvriers*, les *soldats*, les *aîlés* sont les mêmes insecte en trois états différens. Ce fait dont on ne connoît pas d'exemple mérite le plus sévère examen, & M. Smeathman l'établit comme avéré, sans en donner de preuve, sans faire voir comment il a découvert que les Termes subissent trois métamorphoses, comment il a reconnu que les ouvriers ne sont pas simplement Mulets, comme parmi les Fourmis ; il est vrai que l'histoire de ces derniers insectes n'est peut-être pas assez bien examinée ; mais les nouveautés que présente celle des Termes, qui pourroit conduire à mieux connoître celle des Fourmis, ne doit pas être admise sans un mûr examen.

Lorsque les Termes ont pris des aîles, ils quittent leur habitation pour aller fonder de nouvelles colonies ; c'est ce qui arrive vers la fin de la saison sèche. Ils sont poursuivis dans leurs émigrations par les oiseaux, les Fourmis proprement dites, & les nègres même qui s'en nourrissent. Ils seroient tous détruits, si n'étant rencontrés par des Termes, qui n'ont pas pris d'aîles encore, qui sont restés dans ces chemins couverts, lesquels sont comme des racines des habitations, ils n'y étoient entraînés par ces Termes ; alors ceux-ci enferment dans la cellule royale les nouveaux hôtes qui deviennent rois & reines. Le ventre de ces dernières prend un volume

excessif, & devient *deux mille fois* plus gros que le reste du corps ; c'est une source d'œufs dont il en sort continuellement ; une ancienne reine en pond soixante par minute. Que d'observations curieuses & piquantes ! Quelle sagacité, quelle patience pour les avoir faites ! Comment avoir vu les Termes restés dans les chemins couverts y conduire les aîlés, les enfermer dans la cellule ? Il a fallu rompre les habitations, & comment conclure des mouvemens tumultueux dans un moment de désordre, aux habitudes d'un peuple qui jouit ! Si on détruit une partie de l'habitation, si l'on y fait une brèche, c'est parmi les *bellicosi* un ou plusieurs soldats qui paroissent, & un plus grand nombre suivant le besoin ; ne paroît-il pas d'ennemi, ce sont les ouvriers qui remplacent les soldats, & qui réparent la brèche. Voilà des faits fort curieux ; mais toujours reste-t-il à demander la preuve ; d'où vient ce nom de soldat ? M. Smeathman ne rapporte pas de fait qui le justifie. Il passe ensuite à la description des dégâts que font les Termès, contre lesquels il n'y a que les métaux & les pierres qui soient à l'abri.

L'ouvrage dont je viens de donner une notice, contient des faits qui méritent d'autant plus un examen rigoureux, que ces faits sont plus extraordinaires, qu'ils font exception aux loix que la nature suit ordinairement, & que M. Smeathman les avance, sans en fournir de preuves ; sans apprendre comment il est parvenu à observer ces faits si difficiles à constater. On doit donc, pour les croire, attendre au moins que d'autres observateurs les aient vérifiés.

On ne trouve pas d'ailleurs dans cet ouvrage l'ordre, la netteté, les divisions qui caractérisent le récit des faits qu'on a vus, suivis, constatés & reconnus par des observations exactes & répétées.

STOLL.

On doit à M. Stoll, auteur Hollandois,

un traité fur les Cigales, les Punaifes, les Scorpions aquatiques, ou infeêtes du genre du *Nepa*; les Punaifes aquatiques, ou infeêtes du genre du *Notonecta*. Ce qui comprend le fecond ordre de la divifion des infeêtes fuivant la méthode de Linné, ou les infeêtes *Hémiptères*, &c. Cet ouvrage paroît par fafcicules; le premier a été publié, à Amfterdam, en 1780. Il y a dans ce moment, à la fin de 1786, dix fafcicules. Chacun eft compofé de deux ou trois planches deftinées aux Cigales, & de quatre ou cinq qui repréfentent des Punaifes, des *Nepa*, ou des *Notonecta*; les planches font colorées, & relatives au texte qui les pré-

cède; il eft à deux colonnes, une en Hollandois, & l'autre en François. Le format eft in-quarto.

L'auteur apprend par un avertiffement placé en tête du premier fafcicule, qu'il avoit travaillé avec M. Cramer à l'ouvrage que cet habile homme a publié fur les Papillons; il entre enfuite en matière, il rapporte les caractères, tirés du fyftême de M. Linné, des quatre genres dent il fe propofe de décrire les efpèces, & il divife les deux premiers genres en familles; favoir, celui des Cigales en fix familes.

Les Porte-lanternes.	*Fulgora.*
Les Feuillées.	*Foliacea.*
Les Croifées.	*Cruciata.*
Les Cigales à aîles fermées.	*Deflexa.*
Les Chantantes.	*Mannifera tetigonia.*
Les Sautantes.	*Ranatra faltatoria.*

Les Punaifes en fept familles auxquelles il n'affigne pas de noms, & qu'il diftingue feulement par les caractères qui, felon lui, les différencient.

Les bornes dans lefquelles je dois me renfermer ne me permettent pas de tranfcrire la table des familles que M. Stoll établit pour les Cigales & pour les Punaifes. Je me contenterai d'obferver que fes divifions font affez heureufes, qu'elles facilitent l'étude des infeêtes pour lefquels elles font employées, que fans applanir toutes les difficultés, elles les diminuent.

Quant aux *Népa* & aux *Notonecta*, M. Stoll ne fous-divife pas ces deux genres qui font peu nombreux en efpèces.

Les planches m'ont paru d'une très-belle

exécution, très-correctes pour le deffin & les couleurs; les caractères y font bien obfervés & bien rendus; les infeêtes font très-aifés à reconnoître.

Les defcriptions font en général concifes, fans manquer de clarté, fans omettre rien d'effentiel. L'auteur y indique la famille de chaque Cigale & de chaque Punaife, le lieu où l'infeête fe trouve, & il cite quelquefois les auteurs qui en ont parlé. Mais il ne paroît pas, à cet égard, avoir porté loin fes recherches. C'eft la partie par laquelle pèche fon ouvrage, fort eftimable d'ailleurs; M. Stoll auroit rendu un grand fervice s'il eût donné une fynonymie. En poffédant les belles planches on eft à peu près dans le cas d'un homme qui auroit les individus, mais qui, s'il vouloit favoir quels auteurs en ont parlé, feroit obligé de lire les différens

rens ouvrages fur les infectes. Qui ajoute-
roit à celui de M. Stoll une fynonymie,
offriroit dans ce genre un travail très-utile
au public.

Si on place à côté des planches de M.
Cramer celles de M. Stoll, on aura fur les
Papillons & les Hemiptères deux ouvrages
très confidérables qui peuvent en quelque
forte, par la beauté & la fidélité de l'exécution tenir lieu d'une collection dès individus dans ce genre ; mais il faudroit ajouter aux planches de M. Stoll, ce qui ne
manque pas à celles de M. Cramer, une
fynonymie. *Une fuite de planches* auffi bien
exécutées pour les différentes claffes d'infectes formeroit une forte de collection qui
comprendroit un très-grand nombre d'efpèces, & à la faveur de laquelle on pourroit
établir une méthode plus fuivie, plus exacte
que celle qui nous ont été données jufqu'à
prefent : car ce n'eft qu'en poffédant les efpèces, en les comparant, ou en en ayant
des figures fi exactes qu'elles puiffent en tenir lieu, qu'on peut parvenir à établir une
méthode qui approche davantage de la perfection, c'eft-à-dire, de rendre l'étude plus
facile, la connoiffance des objets plus aifée
& plus certaine.

SWAMMERDAM.

Swammerdam, Docteur en Médecine, de
l'Univerfité de Leyde, obfervoit & écrivoit
vers le milieu du fiècle dernier. Ses ouvrages
réunis compofent deux volumes in-fol. écrits
à deux colonnes, l'une en hollandois, l'autre
en latin, ils font intitulés : *Biblia naturæ*, &c.
imprimés à Amfterdam en 1737, & ornés de
planches en taille-douce.

A la tête du premier volume eft placée la vie
de l'auteur, écrite par le célèbre Boerhaave ; il
nous apprend, en finiffant l'hiftoire de Swammerdam, qu'il a raffemblé fes ouvrages, que
Gaubius, dont le nom eft fameux par fes connoiffances en anatomie & en chimie, en a fait
la traduction en latin ; qu'il a, lui Boerhaave,

dépofé à l'académie de Leyde tous les ma-
nufcrits de ce grand homme, tous les deffins, les planches qu'il avoit exécutées lui-
même, qu'il a été poffible de réunir, & qui
ont fervi pour l'édition de fes œuvres &
l'hiftoire de fa vie. Ainfi le favant le plus célèbre du fiècle dernier raffembloit les œuvres
de Swammerdam, & en a été l'éditeur ; un
favant dont la célébrité approche de celle du
premier les traduifoit en latin, pour que les
hommes inftruits de toutes les nations puiffent
en profiter. Ces feuls faits hiftoriques, garans
du fentiment de Boerhaave & de celui de
Gaubius fur les œuvres de Swammerdam, fuffifent pour annoncer au lecteur quelle en eft la
valeur. La manière de penfer de ces deux grands
hommes à l'égard de Swammerdam, n'a été
depuis contredite par perfonne, & fa célébrité
eft auffi générale qu'elle eft à l'abri des ré-
volutions du tems, parce qu'elle eft fondée
fur des faits & fur l'obfervation.

Swammerdam a traité de plufieurs infectes
& de quelques autres animaux ; il s'eft particulièrement attaché à faire connoître leur organifation ; il l'a décrite avec une clarté, dans
un détail de la nature des objets dont il
s'occupoit paroiffoit rendre impoffibles. Mais fa
patience, fa dextérité, fon ardeur infatigable
pour le travail, fa fagacité à trouver des moyens
& des inftrumens, ont furmonté toutes les difficultés. On croiroit avoir droit de révoquer
en doute ce qu'il dit avoir vu ; mais il rapporte comment il eft parvenu à le voir ; il
décrit les moyens, les inftrumens dont il s'eft
fervi, il dirige le lecteur, il découvre avec
lui les parties les unes après les autres, il le
convainc en lui montrant en quelque forte
les objets ; il lui ôte le droit de contefter,
s'il n'a répété les obfervations avec la même
patience, la même dextérité, en employant
les mêmes moyens & les mêmes inftrumens.

Swammerdam, en faifant l'anatomie de
différens infectes appartenans à des genres
très-éloignés, a donné le droit de conclure
pour les claffes intermédiaires, & il a fait
on noître l'organifation des infectes en géné-

ral. A ce premier fervice rendu à la fcience, il en a joint un autre qui n'eft pas moins important & qui n'a pas moins contribué à fa célébrité ; c'eft d'avoir fait connoître en quoi confiftent les changemens ou *métamorphofes* des infectes, ce qu'elles font, comment elles s'opèrent, de les avoir réduites à leur jufte valeur, & d'avoir fubftitué la connoiffance du fait au merveilleux qu'il préfente en apparence, & que l'imagination avoit encore augmentée. Swammerdam a fait voir que les métamorphofes ne dépendent que d'un développement fucceffif, que l'infecte parfait, le Papillon, par exemple, eft renfermé & contenu dans la Chenille, qu'il y eft recouvert par l'enveloppe de la chryfalide, & que ce n'eft qu'après qu'il a dépouillé les tégumens de la Chenille & ceux de la chryfalide, qu'il paroît fous la forme de Papillon. Les enveloppes, felon qu'elles font extérieures, croiffent, fe développent, & tombent les premières. Ainfi, c'eft la Chenille qui prend la première fon accroiffement, & fous la peau qui la couvre fe développe enfuite la chryfalide : elle paroît à l'extérieur quand la peau de la Chenille fe delfèche, fe fend & tombe ; à l'intérieur de la chryfalide croît & fe développe le Papillon qu'elle contient, qui en fort lorfqu'elle s'ouvre, & qu'il en tire fes membres qu'elle enveloppoit. Mais dès l'origine le Papillon étoit formé dans la chryfalide ; celle-ci étoit contenue fous la peau de la Chenille ; il ne manquoit à l'un & à l'autre que de fe développer. Les organes de la Chenille ont fervi d'abord à fon entretien & à fon accroiffement, & enfuite à l'entretien & à l'accroiffement de la chryfalide, & celle-ci a fourni aux mêmes befoins à l'égard du Papillon.

Ainfi, pour rendre la chofe fenfible par un exemple qu'on a fréquemment fous les yeux, Swammerdam compare le développement fucceffif d'un Papillon à celui d'une fleur. Elle fort de terre couverte d'une enveloppe qui la cache & fous une forme qui n'a aucun rapport à ce qu'elle deviendra, l'enveloppe s'ouvre, tombe, & laiffe paroître le calice

fermé ou le bouton qui n'a encore aucun rapport de reffemblance avec la fleur ; elle s'amplifie, elle croît fous le calice, elle l'ouvre, l'écarte, & l'on découvre la fleur ou les pétales, comme le Papillon paroît en fe tirant de la chryfalide. Mais ce n'eût été rien d'avoir avancé ces faits, ce n'eût été qu'avoir fait une fuppofition ingénieufe de ce qu'il eft facile de remarquer dans le règne végétal, à ce qu'il eft bien plus difficile d'obferver dans les infectes. Cette marche n'eft pas celle de Swammerdam, il ne forme point de conjectures, mais il obferve, il rend compte des faits & de la manière dont il eft parvenu à les reconnoître. Il avoit remarqué que la partie graiffeufe des infectes eft le plus grand obftacle qu'on a à combattre pour diftinguer leurs vifcères qu'elle couvre, & reconnoître leur organifation ; mais que cette matière fe diffout parfaitement dans l'huile de thérébenthine ; que fi les infectes y demeurent plongés quelque tems, qu'on les retire enfuite, la thérébenthine, venant à s'évaporer, laiffe la matière graiffeufe qu'elle avoit diffonte en forme d'un fédiment femblable à de la chaux ; qu'on enlève totalement ce fédiment par des lotions d'eau répétées, & qu'alors les vifcères paroiffent à nud. Ainfi, par ce premier procédé, il mettoit les vifcères des infectes en état d'être obfervés, & il écartoit le plus grand obftacle à reconnoître l'organifation qu'il cherchoit à pénétrer ; par le fuivant, il découvroit l'infecte parfait dans la larve, ou le Papillon dans la Chenille, & il les fit fouvent voir à un grand nombre de témoins. Il faififfoit la Chenille au moment où elle file, il la plongeoit fufpendue à fon fil, dans de l'eau très-chaude, la retiroit & la replongeoit fucceffivement ; il la dépouilloit enfuite aifément de l'épiderme, & il la plongeoit après dans une liqueur compofée de parties égales de vinaigre diftillé & d'efprit de vin. Par ce procédé la larve ou la Chenille acquéroient une confiftance à la faveur de laquelle Swammerdam enlevoit fucceffivement, fous les yeux de ceux devant qui il travailloit, les tégumens extérieurs, les féparoit des parties internes fans toucher à celles-ci, & parvenoit de cette façon à montrer la chryfalide, après avoir enlevé les tégumens de Chenille ; le Papillon, après avoir de même enlevé l'enveloppe de chryfalide, & démontroit par conféquent à l'œil que le Papillon eft contenu dans la Chenille. *V. vita auctor.* avant-dernière page.

Ce qu'on vient de lire fuffit pour donner une idée de la manière dont Swammerdam procédoit, du degré de croyance que l'on doit aux faits qu'il rapporte ; fa découverte fur la manière dont s'opèrent les métamorphofes, fur ce qu'elles font, la defcription anatomique qu'il a faite de divers infectes & de plufieurs autres animaux dont l'organifation n'étoit pas mieux connue, font les deux parties de fon ouvrage qui lui ont acquis une réputation immortelle. Aucun autre auteur n'a rendu de plus importans fervices à la fcience, & Swammerdam, indépendamment des connoiffances dont il l'a enrichie, a tracé la route à ceux qui, comme lui, prétendent à des découvertes vraiment inftructives, qui avancent la fcience & qui méritent la reconnoiffance des vrais favans.

Cependant il n'a pas négligé la partie hiftorique dans certains cas. S'il m'eft permis d'apprécier ce grand homme, je dirai que la patience, l'exactitude, l'amour du vrai, formoient fon caractère ; qu'il joignoit à ces excellentes qualités une dextérité & une fagacité rares dans l'exécution & dans la recherche des moyens : mais Swammerdam, né pour obferver & découvrir, manquoit de génie pour conclure d'après fes propres obfervations, pour les généralifer & en tirer de grands réfultats ; ainfi il voit tout en particulier, mais il compare peu ; il met les autres en état de tirer des conféquences, & il s'arrête au point le plus fatisfaifant pour un efprit qui réfléchit. En décrivant l'organe de la vue des infectes diurnes & des infectes nocturnes, la manière dont refpirent les infectes terreftres & les infectes aquatiques, il ne compare pas les premiers aux oifeaux de nuit & aux oifeaux diurnes, les feconds aux Poiffons & aux animaux ter-

reftres, & il ne découvre pas dans l'organifation le principe des habitudes, &c.; il voit tout ce que les yeux peuvent appercevoir, & très peu de ce que la réflexion peut découvrir en comparant les faits & en en tirant les réfultats qu'ils préfentent. Enfin, pour ne rien diffimuler, on eft fâché, en lifant l'excellent ouvrage de Swammerdam, que des digreffions longues & trop fréquentes, dictées par un efprit de piété, détournent l'attention de l'objet principal.

Quoiqu'on ait donné, dans la collection académique, un précis des ouvrages de Swammerdam, je crois devoir faire connoître, au moins en abrégé, les objets fur lefquels il a augmenté nos connoiffances en particulier, après avoir rendu compte des fervices qu'il a rendus à la fcience en général. Mais la notice qu'on a déjà donnée de fes obfervations, tant dans l'ouvrage que je viens de citer, que dans beaucoup d'autres, & la néceffité fur-tout de méditer fes obfervations pour qui veut être réellement inftruit, me difpenfent d'entrer dans de longs détails.

Swammerdam commence par définir ce qu'il entend par *changement* ou *métamorphofe*. Ce n'eft que le développement lent des parties ; il expofe enfuite pourquoi ce changement a paru fi étonnant & fi merveilleux ; il établit quatre fortes de *changemens* ou de *métamorphofes*, qui toutes quatre ne confiftent que dans le développement fucceffif qui eft la bafe de toute métamorphofe ; il prouve les affertions précédentes par des exemples pris de différens infectes. Tel eft le plan de fon ouvrage expofé par lui-même à la fin du chapitre premier. Il differte fort au long, dans le fecond, fur l'affertion que le développement eft le principe de toute métamorphofe ; il examine enfuite comment la larve fe change en chryfalide. Dans le chapitre troifième, il expofe pourquoi les *métamorphofes* ont été fi mal connues, fi mal expliquées ; il rapporte & réfute les opinions des philofophes fur cet objet, & en particulier le fentiment d'Harvé, qui comparoit la *chryfalide* à un œuf, & qui penfoit qu'elle en rempliffoit les fonctions. Il diftingue ou établit, dans le chapitre quatrième, quatre fortes ou ordres de métamorphofes.

Le premier ordre comprend les infectes qui fortent de l'œuf avec tous leurs membres, qui ne fubiffent d'autre changement que l'accroiffement de leurs parties, mais qui, pendant que cet accroiffement a lieu, changent de peau un plus ou moins grand nombre de fois.

Le fecond ordre eft celui dans lequel l'infecte naît ou fort de l'œuf pourvu de fix pieds, mais privé d'aîles qui fe développent par la fuite; & cet infecte, pendant que ce développement s'opère, eft en *nymphe*.

Dans le troifième ordre font compris les infectes qui fortent de l'œuf fous la forme d'un Ver ou d'une Chenille à fix pattes, ou à un plus grand nombre, ou fans pattes, & dont les membres croiffent fous leur première enveloppe, ou fous la peau de Ver ou de Chenille, jufqu'à ce qu'ayant dépouillé cette peau, ils paroiffent fous la forme de chryfalide.

Les infectes du quatrième ordre ne diffèrent de ceux du troifième, qu'en ce qu'ils deviennent *chryfalides* fous leur première peau qui s'endurcit, & qu'ils ne quittent pas pour paffer à l'état de chryfalide.

Après avoir déterminé les quatre fortes de changemens qui arrivent aux infectes, Swammerdam reprend chaque ordre, fait l'énumération des infectes qui doivent y être rapportés, & cite pour exemples de chaque forte de changemens différentes efpèces d'infectes à l'égard defquels il entre dans les détails les plus circonftanciés. Il ne m'eft pas poffible de les fuivre, j'indiquerai donc feulement les matières dont il eft traité, & les faits les plus remarquables qu'elles préfentent.

Les infectes du premier ordre font, l'*Araignée*, la *Tique*, le *Pou*, le *Monocle*, *Pulex*

arborefcens, le *Cloporte*, la *Scolopendre* Swammerdam ajoute à la même lifte la *Limace* & la *Sang-fue*. Mais ces animaux ne doivent pas être compris parmi les infectes; d'un autre côté, les genres indiqués par Swammerdam ne comprennent pas tous les infectes du premier ordre; mais il fuffit de favoir que c'eft dans cet ordre qu'on doit placer tous les infectes qui ne fubiffent pas de changement de forme. Au refte, Swammerdam ne fe borne pas à l'énumération sèche que je viens de préfenter; il traite d'abord de l'accroiffement des parties dans les infectes du premier & des trois ordres fubféquens; il compare cet accroiffement à celui des végétaux; il regarde l'œuf dont l'infecte fort fous fa forme parfaite comme une *nymphe*, & le nomme *nymphe ovoïde*; il fait enfuite l'énumération des infectes du premier ordre, & il rapporte des obfervations fur chacun de ces infectes, en particulier fur l'Araignée; il les appelle en général *nymphe animale*.

Il prend après le Pou pour exemple d'un développement ou accroiffement de parties du premier ordre. Il examine d'abord les parties externes, & il entre enfuite dans un détail très-circonftancié des parties internes. En fendant la peau fur le dos, on voit auffi-tôt paroître des gouttes de fang. En les examinant au microfcope on reconnoît qu'elles font compofées de globules tranfparens. Sous la peau font placées des fibres mufculaires de trois efpèces qui fervent aux mouvemens des anneaux dont le ventre eft compofé. Defcription de ces fibres. On ne trouve pas deffous le cœur comme dans les autres infectes, ce qui vient peut-être du mouvement continuel de l'eftomac & de l'extrême petiteffe du cœur, deux conditions qui en rendent la vue très-difficile.

Les trachées forment feules une grande partie de la fubftance du Pou; elles fe répandent en grand nombre dans tous fes membres, elles pénètrent dans le corps graiffeux formé par de très-petits globules; les

trachées font compofées d'anneaux cartilagineux, qui forment des fpirales, & d'anneaux
membraneux ; ces anneaux deviennent de plus
en plus petits dans les dernières ramifications
& finiffent en un filet membraneux. Swammerdam n'a pas examiné, il en avertit, fi
les trachées fe dépouillent d'un épiderme
interne quand le Pou mue, comme il arrive
aux infeƌes des autres ordres ; les trachées
aboutiffent à l'extérieur à quatorze orifices
ou *points refpiratoires*, fuivant l'expreffion
de l'auteur (ce font les ftigmates) leur fitua.
tion ; les anaftomofes des trachées & leur trajet dans toutes les parties fans exception. Ici
Swammerdam interrompt l'examen des parties fuivant qu'elles fe préfentent, pour les
fuivre felon qu'elles fervent à la digeftion,
à la génération, au mouvement vital ou
volontaire, comme le cerveau, la moëlle épinière, les nerfs.

Le Pou a pour bouche un *aiguillon creux*,
fa fituation, fa defcription, fa gaîne, &c.

L'eftomac eft en partie fitué dans le *corcelet*, & en plus grande partie dans l'*abdomen*.
Il eft compofé de deux tuniques ; l'intérieure
eft parfemée d'un nombre inexprimable de
ramifications des trachées ; l'une & l'autre,
& fur-tout l'extérieure, font remplies de
globules granuleux ‚ 1 . Font ils partie des
tuniques, ou ne font-ce que des points graiffeux ? Swammerdam n'ofe le décider.

Sous l'eftomac, dans l'abdomen, eft placé
un corps compofé d'un amas de globules,
d'une texture plus compaƌe que toutes les
autres parties, d'une figure irrégulière, fortement adhérent'à l'eftomac.

Swammerdam penfe qu'on doit regarder
ce corps comme le *pancreas*, quoique Hooke
l'ait confidéré comme le *foie*.

A l'extrémité de l'eftomac eft le pylore
qui s'ouvre dans un inteftin grêle de la même
texture que l'eftomac, qui fe refferre & fe
dilate dans fon trajet, qui a la forme de
la lettre ∽ couchée ; il aboutit à quatre vaiffeaux ou appendices qui font quatre inteftins
cœcum, qui fe trouvent également dans tous
les infeƌes ; après ces quatre vaiffeaux eft
fitué le *colon* qui fe dilate à fon extrémité
en une cavité ou *cloaque*, où les excrémens
fe moulent ; au-deffous eft le *reƌum* qui
aboutit en-deffus du ventre à fa jonƌion avec
la queue.

Swammerdam revient à l'eftomac, il dit
qu'il eft dans un mouvement continuel, &
pour en donner une idée, il l'a repréfenté
dans trois états, deux de contraƌion & un
de dilatation ; il examine enfuite comment
le Pou fuce le fang dont il fe nourrit, comment le fang paffe de l'aiguillon dans l'eftomac.

La moëlle épinière prend fon origine à la
poitrine & s'étend jufqu'à la dernière paire
des pattes ; elle eft compofée de trois *ganglions* ou renflemens qui fourniffent de chaque côté trois nerfs qui fe diftribuent aux
pattes ; au-deffous elle donne naiffance à fix
nerfs qui fe portent aux vifcères ; la membrane qui la revêt eft couverte d'un grand
nombre de trachées. A fa naiffance la moëlle
épinière eft très-déliée & infiniment tenue ;
elle s'unit en cet endroit au cerveau qǔi a
la forme d'une poire, qui eft divifé en deux
lobes, & couvert par la dure-mère. Il eft
très-difficile à reconnoître & à féparer des
parties qui le couvrent.

Les nerfs optiques font fort courts, &
au deffus font les yeux fi petits que Swammerdam n'a pu en faire la diffeƌion comme
il l'eût défiré ; il croit cependant y avoir

---

(1) Ces globules ne font-ils pas des corps glanduleux qui fourniffent le fuc gaftrique ; & n'eft-ce pas
la même organifation pour l'eftomac de tous les animaux ?

reconnu *l'uvée* & la *cornée*, qui lui a paru à facettes hexagones.

Je ne peux, dit Swammerdam, déterminer fi le Pou doit être divifé en mâle & femelle; s'il a deux fexes diftincts, ou s'il eft *hermaphrodite;* il s'accouple, il eft vrai, mais la Limace s'accouple auffi, &, dans quarante Poux que j'ai difféqués, j'ai trouvé un ovaire, en forte que l'*ovaire* & le *pénil* peuvent fe rencontrer dans le même individu. Mais Swammerdam n'a pu découvrir le dernier. *Penem nullum animadverti, quantumvis ovarium diftinctiffimè viderim.*

L'ovaire s'étend dans toute la capacité du ventre, & remonte par fes appendices jufqu'au thorax. Les œufs font fi apparens fur l'ovaire, que Swammerdam y en a compté dix grands & quarante-quatre petits. Il eft double, & chacune de fes deux portions eft divifée en cinq canaux, ou conduits ovaires, *óviductus,* qui fe réuniffent tous dix en un canal, après lequel on trouve la matrice; à l'extrémité du canal eft fitué un fac qui s'ouvre dans la matrice, & qui y verfe un gluten dont les œufs s'imprègnent à leur paffage, par-delà le fac eft le col de la matrice, puis un étranglement qui aboutit à la vulve.

Du Pou Swammerdam paffe au *Monocle, Pulex arborefcens;* il n'entre pas dans d'auffi grands détails; les parties qui lui paroiffent les plus dignes de remarque dans cet infecte, font les *bras* qu'il porte près de la tête, & qui fervent à fes mouvemens. Ils naiffent chacun d'un tronc qui a quelque rapport avec l'os du bras articulé avec l'omoplate; ce tronc fe divife en deux rameaux, chacun de ceux-ci en trois, &c. Mais ce qui eft fur-tout remarquable, c'eft que, fuivant les mouvemens que l'infecte leur communique, il fe dirige en avant par une ligne droite, il plonge au fond de l'eau, ou il remonte à fa furface, ou il fait tourner toutes les parties de fon corps enfemble comme autour d'un axe, & il trace un cercle fur lui-même. Swammerdam décrit les différens mouvemens des bras qui fervent aux trois différens mouvemens de l'infecte, & il fait voir que le Monocle fe meut dans l'eau par des mouvemens de fes bras analogues aux mouvemens des aîles des oifeaux, par le moyen defquels ceux-ci exercent les mêmes mouvemens dans l'air. Il décrit enfuite fuccinctement les parties internes du Monocle; il dit qu'étant en France, il vit une fi grande quantité de ces infectes fur l'eau d'un abreuvoir au bois de Vincennes, que l'eau en paroiffoit de couleur de fang; & à l'occafion de ces mêmes Monocles, il prévient que, pour découvrir les infectes qui fe trouvent dans l'eau, aucun inftrument ne lui a paru auffi commode qu'une urinale de verre. L'eau fe précipite dans ce vafe qu'on y enfonce, entraîne les infectes; en regardant enfuite le ventre du vafe oppofé à la lumière, fr quelqu'infecte fe meut dans l'eau, on le découvre & on le retire aifément pour l'obferver.

Le troifième & dernier infecte que Swammerdam cite pour exemple des changemens dn premier ordre, eft le Scorpion. Il diffère des infectes du même ordre en ce qu'il eft vivipare, & qu'il dépofe fes œufs dans fon intérieur, où le petit fe développe, & où il fort de l'œuf. On doit divifer le Scorpion en *tête, poitrine,* ou *corcelet & ventre.* La tête eft comme réunie avec le corcelet; au milieu fitués deux yeux, & deux autres en-devant, plus vers la partie antérieure; au-deffous font placés deux bras ou *pinces* qui fervent de mâchoires. L'infecte retire à volonté ces pinces, ou les fait fortir de fa bouche.

Au-deffous du corcelet font placées huit pattes divifées en fix articles, dont le dernier finit en un crochet bifurqué. En devant de la tête eft fitué de chaque côté une forte pince femblable à celle des Crabes. Le ventre feft compofé de fept anneaux, dont le dernier donne naiffance à une queue auffi compofée de fept articles, dont le dernier fe termine en aiguillon, à l'égard duquel Swammerdam n'a pu reconnoître, s'il aboutit à un fac où s'amaffe le venin, ce que cependant il foupçonne. Il remarque qu'il y a des différences entre certaines efpèces de Scorpions dans les parties dont il vient de parler. Par exemple, il a compté deux grands yeux & douze petits fur un Scorpion, &c. Il dit qu'on trouve en Hollande de très-petits Scorpions qui ne font pas plus grands qu'une Punaife, & d'après la defcription qu'il en fait, on reconnoît le *Scorpion-Araignée*, ou l'infecte auquel ce nom a été donné depuis. Il fe borne à confidérer les parties externes, & il n'examine pas les parties internes. Il traite enfuite de l'Anatomie très-détaillée de diverfes coquilles, ou plutôt des Vers qui les habitent. Mais cet objet m'eft étranger. Je paffe donc au fecond ordre de changement.

Dans ce fecond ordre les infectes ne ceffent pas de fe mouvoir, de prendre de la nourriture. Mais les uns acquièrent leur dernière forme fous la peau de larve, qui conferve, fans interruption, la propriété de fe mouvoir & de fe nourrir, & n'atteignent à l'état parfait qu'en dépouillant la peau de larve, fans avoir ceffé de fe mouvoir & de prendre des alimens; les autres ne ceffent pas non plus de fe mouvoir & de fe nourrir, mais déjà femblables à ce qu'ils deviendront, il ne leur manque que des aîles qui pouffent, & fe développent à peu près comme le bouton d'une plante. Difons donc que les infectes du fecond ordre ne ceffent point de fe mouvoir & de fe nourrir, & que c'eft ce qui les diftingue des infectes du troifième & quatrième ordre; mais que parmi ceux du fecond, les uns font couverts d'une enveloppe qui cache leur forme vraie fous laquelle ils ne paroiffent qu'en quittant cette enveloppe; que les autres n'étant pas recouverts par une enveloppe qui déguife leur forme, mais déjà femblables à ce qu'ils deviendront, n'en diffère que par le manque d'aîles; que le changement des premiers

confifte à acquérir des aîles fous l'enveloppe qui les cache, & à dépouiller cette enveloppe; celui des feconds, à acquérir fimplement des aîles, & à les acquérir à nud. Ce que je viens de dire m'a paru le fens le plus clair & le plus précis d'obfervations affez longues, & peut-être peu lumineufes ou difficiles à entendre, qui commencent l'hiftoire des infectes du fecond ordre. D'ailleurs l'énumération de ces infectes confirme le fens fous lequel je préfente ces obfervations.

Les infectes que Swammerdam met au rang du fecond ordre de changemens font, *la Demoifelle*, *Mordella* five *Orfodæna*, Hadr. Junii. *Libella*, Mouf. *Perla*, Aldrov; *la Sauterelle*, *le Grylion*, *la Cigale*, *le Taupe-Gryllon*, *la Blatte*, enfuite *les Punaifes de terre qui volent*, Cimices volantes terreftres, *les Punaifes d'eau volantes*, deux efpèces d'infectes que Swammerdam défigne fans donner de nom au premier, dont il appelle le fecond Tipules aquatiques, & qu'il n'eft pas facile de reconnoître; ce dont je ne m'occupe pas dans ce moment. Suivent *le Scorpion aquatique*, Nepa, le *Noctonecta* ou Punaife à avirons & *l'Ephémère*.

Premiere exemple du fecond ordre de changement, fig. 1, n°. 1.

Le Ver de la Demoifelle renfermé dans l'œuf, & appellé par Swammerdam dans cet état, comme les autres infectes du même ordre avant leur fortie de l'œuf, *Nympha-Vermiculus*.

Point de defcription de la figure qui préfente un œuf oblong, au centre duquel & fuivant fon grand axe, eft placé un Ver oblong & cylindrique. Les œufs font attachés le long des ovaires qui ont la plus parfaite reffemblance avec ceux des Poiffons & qui font de même compofés d'œufs accumulés près les uns des autres. N°. 2. L'œuf de groffeur naturelle. N°. 3. Le Ver au fortir de l'œuf, mais groffi. Il eft hexapode, oblong, & on y reconnoît déjà la forme de la Demoifelle, mais moins alongée, on ne lui voit encore aucun trait qui rappelle l'idée des aîles. N°. 4. Le même Ver qui a grandi, & fur le corcelet duquel on reconnoît les fourreaux des aîles. N°. 5. Le Ver parvenu au terme de fon accroiſſement, & fes aîles auſſi formées, mais pliées fur elles-mêmes, & renfermées fous les étuis qui couvrent le dos. N°. 6. Le Ver parvenu à fon dernier terme, & ayant quitté l'enveloppe qui le couvroit, ou la nymphe.

Fig. 2. Le Ver, ou plutôt la nymphe, dans l'action de fe tirer de fon enveloppe, de déployer fes aîles. Swammerdam aſſigne pour nourriture aux Vers & aux nymphes, le limon & la vafe des eaux dans lefquelles ils vivent ; il eſt vrai qu'on les trouve dans la vafe ; mais elle n'eſt pas leur aliment ; ils dévorent d'autres infectes aquatiques.

Deſcription des œufs dépofés par les Demoifelles dans les eaux où ils doivent éclorre. Lorſque les Vers ou nymphes ont acquis leur grandeur ils quittent les eaux, fe fixent fur les tiges de quelque plante, s'y cramponnent à l'aide des crochets de leurs fix pattes, s'y dégagent de leur enveloppe qui fe fend fur le dos, en tirent leurs différentes parties ; les aîles fe déploient, s'affermiſſent & la Demoifelle prend l'eſſor. Elle eſt deſtinée à donner la chaſſe à d'autres infectes qui lui ſervent de proie.

Elle a deux yeux à réfeau très-gros, qui forment la plus grande partie du volume de la tête, & qui jettent un brillant ou éclat fort vif ; quatre aîles membraneufes, très-fortes, à l'aide defquelles, elle fe meut avec rapidité & en tout fens dans l'air à la manière de l'hirondelle, frappant comme elle l'air, & le coupant avec fes aîles, comme avec des rames.

Au-dedans de la bouche font deux fortes dents couvertes par une lèvre avec laquelle la Demoifelle qu'on faifit pince vivement. Swammerdam pouvoit ajouter qu'elle fe fert auſſi de fes dents pour fe défendre, & que fa lèvre lui fert à retenir, manier, retourner fa proie.

Les pieds font très-courts en comparaifon des aîles, auſſi les Demoifelles marchent-elles peu fur le terrain uni, & elles fe fixent fur l'extrémité des branches ; elles ne peuvent, comme les Papillons, élever perpendiculairement leurs aîles, ce qui fait que pofées à terre elles s'envolent difficilement ; elles ne peuvent fupporter un long jeûne & ne vivent pas, ſi on ne leur fournit tous les jours quelques infectes ; elles cherchent le foleil dont la chaleur les anime ; elles font au contraire fédentaires dans les jours fombres. J'ai rapporté ces faits hiſtoriques pour prouver, comme je l'ai avancé, que Swammerdam n'a pas négligé cette partie de l'hiſtoire des infectes.

Le corcelet à l'infertion des aîles eſt chargé de fibres muſculaires, qui fervent aux mouvemens des pieds & des aîles ; ces fibres font traverfées par le cœur, l'œfophage & la moëlle épinière, dont la plus grande portion, s'étend aux reins & le long du ventre. L'eſtomac eſt pyriforme, & chargé de beaucoup de trachées. On voit des fibres muſculaires fur les anneaux du ventre & fur la queue.

La partie du mâle eſt fituée à peu près à l'orifice antérieur du ventre & l'orifice externe des parties génitales dans la femelle eſt au contraire placé à l'extrémité de la queue. Le mâle en volant préfente à la femelle l'extrémité de fa queue que celle ci faifit, place entre fes deux yeux, qu'elle embraſſe & retient avec fes deux premières pattes ; elle recourbe en même tems fon ventre en deſſous & préfente l'orifice de fa queue, où eſt l'entrée des parties génitales, à la partie antérieure & inférieure du ventre du mâle, où font fituées les parties de fon fexe ; l'un & l'autre ainſi unis achèvent l'accouplement, après lequel la femelle, s'approchant des eaux qui n'ont pas ou peu de mouvement, plonge dedans l'extré-

mité

mité de fa queue, & y dépofe fes œufs. Ils font d'abord mols, & ils s'endurciffent enfuite ; Swammerdam penfe, fans l'affurer, que le Ver y acquiert fa forme en deux jours ; il décrit enfuite les Vers ou Larves de fix efpèces de Demoifelles. Mais ces objets ne préfentant que des différences de forme, de grandeur, de coloris, je les paffe fous filence.

Le Scorpion aquatique (Nepa) eft le fecond exemple que propofe Swammerdam. Il décrit fes parties externes & fes parties internes. La tête eft noire, petite, d'une fubftance fort folide ; on y remarque les yeux qui font hexagones, à réfeau, la bouche qui eft courbée, qui renferme un aiguillon creux ; le corcelet eft de même fubftance & de même couleur que la tête ; endeffus font articulées quatre aîles & en deffous quatre pattes, la moitié fupérieure des aîles de deffus eft d'une fubftance beaucoup plus compacte que le refte de ces aîles ; elles fe joignent fi exactement qu'on n'apperçoit pas leur commiffure, & que les aîles inférieures qu'elles couvrent ne font jamais mouillées, quoique l'infecte vive dans l'eau. Les aîles inférieures font membraneufes & chargées de beaucoup de trachées ; la portion fupérieure du ventre qu'elles couvrent eft d'un beau rouge. Chaque patte formée de plufieurs articles, eft terminée par deux onglets. Outre les quatre pattes il y a deux bras comme dans le Scorpion, mais qui manquent de la pièce extérieure & qui ne forment pas une pince. Le ventre finit en une queue bifurquée. Cet infecte eft fouvent chargé de beaucoup de *lendes*, à l'égard defquelles Swammerdam doute fi ce font des *lendes* en effet ou des mittes qui fucent le fang du Nepa. Il décrit ces lendes, & il dit que les ayant ouvertes il a trouvé à leur intérieur un animal dont il fait la defcription. Il paffe à celle des parties internes du Scorpion aquatique en avertiffant qu'il n'en a examiné aucune avec autant d'attention que les parties de la génération qui le méritent. Il vit fur l'eftomac & les inteftins quelques glandes, il remarqua des appendices borgnes dans le ventre ; les trachées étoient en comparaifon moins nombreufes

que dans les autres infectes ; elles aboutiffent à deux ftigmates, un de chaque côté, fous les aîles. La moëlle épinière offre peu de ganglions.

Les parties de la génération du mâle exigent la plus grande attention & leur anatomie préfente les plus grandes difficultés. Le penil qui aboutit à l'anus tire fon origine d'une racine fituée dans l'abdomen, cette racine ou tronc du penil eft nerveufe, de couleur blanche, elle forme quelques plis, après lefquels ce tronc fe divife en quatre portions, dont deux font les vaiffeaux déférens, & les deux autres les véficules féminales ; celles ci s'ouvrent, comme les canaux déférens dans le penil, & y portent la femence qu'elles ont reçue en dépôt, qui a été élaborée dans fon féjour ; car les véficules féminales font parfemées de glandes qui filtrent une humeur particulière qui fe mêle à la femence. Les vaiffeaux déférens en approchant des tefticules deviennent plus étroits & fe divifent chacun en deux canaux qui reçoivent la femence des tefticules. Ceux ci font formés de cinq corps blancs, oblongs, glanduleux & de cinq vaiffeaux unis avec les cinq corps glanduleux & formant un grand nombre de contours. Les véficules féminales ont un peu moins de longueur & plus d'ampleur que les vaiffeaux déférens ; dans ceux-ci, dans les vaiffeaux des tefticules & dans les corps glanduleux joints à ces vaiffeaux la femence eft d'un clair brillant, *lucido candore nitens*, & dans les véficules féminales elle eft femblable à de l'eau, *continens matériam feminalem aqueam*.

Swammerdam obferve que la defcription qu'il vient de faire, rapproche les parties qu'il a décrites des mêmes parties obfervées dans le *Scarabé naficorne*, & même des parties de la génération de l'homme.

Les parties de la femelle confiftent en un ovaire divifé en cinq conduits, *oviductus*. Les œufs que ces conduits renferment y font placés avec tant d'art & ils font d'une *fabrique* si merveilleuse que Swammerdam dit n'avoir jamais rien vu de plus ingénieusement pensé & de plus élégamment exécuté.

L'œuf oblong, jaunâtre, arrondi à son extrémité, est chargé à sa partie antérieure de sept fibrilles soyeuses placées en rond, rouges à leur bout & blanches dans leur milieu. Ces soies ou poils sont dirigées & couchées d'un œuf à l'autre, & celles de l'œuf le plus voisin de l'extrémité embrassent le bout de celui-ci, celles du troisième le bout du second, ainsi de suite.

Les Scorpions aquatiques sont forcés de rester dans les eaux, où ils sont nés tant que leurs aîles n'ont pas acquit leur volume ; mais quand elles y sont parvenues les Scorpions aiment à changer de séjour & se portent en volant de côtés & d'autres. C'est sur-tout de grand matin & la nuit qu'ils prennent leur essor.

L'éphémère fournit le troisième exemple. L'histoire & l'anatomie de cet insecte sont présentées dans le plus grand détail. Cependant Boerhaave avertit dans un paragraphe, qui précède cette savante dissertation, qu'il en a retranché les réflexions de l'auteur qui étoient étrangères à l'objet physique & qui en détournoient l'attention. Car Swammerdam avoit donné à l'histoire de l'éphémère, qui, comme son nom l'annonce, vit, ou passe pour vivre un jour, un soin particulier dans l'intention d'en faire la comparaison à la vie humaine. Quelques soient les retranchemens faits par Boerhaave, je ne peux que citer les objets qui sont traités & m'arrêter sur les plus importans. L'histoire de l'éphémère est divisée par chapitres dont chacun est précédé d'un titre qui annonce le sujet qui y est traité.

CHAPITRE PREMIER.

L'Ephémère naît d'un œuf.

L'Ephémère dont Swammerdam fait particulièrement l'histoire, est l'espèce qui paroît en si grand quantité tous les ans pendant trois jours, vers le quinze ou vingt d'Août, sur les rivières d'Europe, un peu plutôt ou plutard, selon la position de chaque lieu & la température de l'année, qui est connu des pêcheurs sous le nom de *Manne*. Cependant les principaux faits de la vie de cette espèce, & son anatomie sur-tout, conviennent aux autres espèces du même genre.

Description de l'Ephémère; il vit environ cinq heures sous la forme d'insecte parfait; il la revêt le soir & périt le matin; quoiqu'on voie l'espèce pendant trois jours; ce sont chaque jour de nouveaux individus.

La femelle, après avoir quitté la dépouille de nymphe, voltige à la surface de l'eau, & y répand ses œufs, que le mâle, après avoir également quitté sa dépouille, féconde en les arrosant de sa laite, ou liqueur spermatique. (Tel est le sentiment de Swammerdam.)

Les œufs sont de forme applatie; ils demeurent peu à la surface de l'eau, mais ils s'enfoncent, se séparent les uns des autres, & sont reçus sur la vase. Swammerdam n'a pas observé combien de jours ils y restent avant que le Ver qui s'y forme en sorte.

CHAPITRE II.

Ils sort de l'œuf de l'Ephémère un Ver à six pattes, connu sous le nom de *Manne riverine*, ou de *rivage, Esca riparia.*

On trouve ce Ver en trois états sur la vase. Très-petit, & sans aucun rudiment d'aîle, plus grand & avec des aîles qui commencent à pousser, ayant acquis sa grandeur, & avec le fourreau des aîles ayant pris tout son accroissement. Au reste, le Ver ressemble à l'animal parfait, à la grandeur près & au manque des aîles. Son accroissement est très-lent.

CHAPITRE III.

Du Ver forti de l'œuf, & de fa nourriture.

Le Ver fait très-bien nager, & il nage en fe pliant à la manière des ferpens; cependant on trouve fort peu de Vers au fond des rivières & dans leur milieu, mais ils fe fixent fur le rivage & où l'eau eft la plus tranquille; ils habitent des trous dirigés horizontalement, & qu'ils creufent dans l'argile, très-rarement dans d'autres couches. Ils agrandiffent & prolongent ces trous, toujours fort longs, fuivant leurs befoins; ils font très-agiles dans ces mêmes trous; mais quand on les en expulfe, ils marchent mal fur la vafe, quoiqu'ils nagent bien, ils fe fatiguent promptement, ils fe renverfent fur le dos & perdent leur agilité avec leurs forces. Swammerdam remarque que tous les Vers à tuyau font agiles dans leur tuyau, mais qu'ils fouffrent & perdent leur mobilité quand on les en fait fortir.

Les Vers auffi-tôt qu'ils font nés, commencent à creufer leurs tuyaux, & ils exécutent ce travail à l'aide de leurs deux premières pattes, conformées à peu près comme celles du Taupe-Grillon, & de deux dents en forme de pince, dont leur bouche eft armée. Quoique la plupart ne creufent que des tuyaux droits & horizontaux; quelques-uns en creufent d'obliques & d'inclinés.

Les pêcheurs ont obfervé que, fuivant que les eaux hauffent ou baiffent, les Ephémères habitent des trous plus élevés ou plus enfoncés. La multitude de trachées obfervée dans ces infectes, & dont il fera parlé par la fuite, confirme cette obfervation.

L'argile eft la feule nourriture des Ephémères, & Swammerdam croit pouvoir affurer ce fait, parce qu'il n'a jamais trouvé d'autre matière dans l'eftomac & les inteftins des Ephémères qu'il a diffequés.

CHAPITRE IV.

Combien de tems le Ver de l'Ephémère eft en nymphe; pourquoi on lui donne le nom de Manne.

Le Ver de l'Ephémère conferve fa première forme pendant trois ans, & ne paffe à la dernière qu'au bout de ce tems.

On l'appelle *Manne*, parce que, quand il quitte fon tuyau & qu'il nage, que quand après avoir pris fa dernière forme, il vient périr à la furface de l'eau, il eft avidement dévoré par les poiffons; il eft un excellent apât pour amorcer les lignes.

CHAPITRE V.

Defcription des parties externes.

CHAPITRE VI.

Anatomie des parties internes.

Les parties internes font les mêmes dans l'Ephémère, foit lorfqu'il eft en larve, foit après qu'il en a dépouillé l'enveloppe. Swammerdam, avant de les décrire, rapele l'énumération des parties externes du Ver ou larve. Ce font la tête, le crâne, les antennes *Cornicula*, les yeux, les dents, la bouche, la langue & fes papilles, les pieds, les ongles, les aîles, le ventre & fes dépendances, deux rameaux fupérieurs & dix inférieurs, placés fur les côtés, fervant pour nager, la queue qui eft fourchue & fes appendices, enfin l'ouverture des vaiffeaux pulmonaires en-deffous du ventre. Ces parties appartiennent aux deux fexes.

Les parties internes font les tuniques, le fang, les mufcles, la graiffe, l'eftomac, les inteftins, les trachées, le cœur, la moëlle épinière, les vaiffeaux fpermatiques.

Ces parties ne diffèrent point dans les deux fexes, excepté qu'à la place des laites ou vaiſſeaux ſpermatiques, qui appartiennent au mâle, on trouve l'ovaire dans la femelle.

Swammerdam avertit qu'il n'a pu examiner aſſez bien les parties internes de la tête & les yeux. Qu'à l'égard de la cavité du corcelet, comme elle eſt en grande partie occupée par les muſcles qui ſervent aux mouvemens des pattes & des aîles, il en dira peu de choſe. Il continue de la manière ſuivante.

Si, ayant fixé par le moyen d'aiguilles les plus fines un Ver d'Ephémère, renverſé ſur le dos au-deſſus d'un fond noir, on ouvre la peau, il en ſort une liqueur limpide qui eſt le ſang. Au-deſſous de la peau, écartée par le moyen de la pointe d'une aiguille très fine, on voit une pellicule qui couvre les muſcles abdominaux, dont les uns ſont droits, les autres tranſverſes, tous accompagnés des expanſions de la pellicule placée ſous la peau.

Au-deſſous des muſcles eſt une membrane tenue, qui paroît être le péritoine; elle eſt chargée de la graiſſe; celle-ci eſt de la conſiſtance d'une huile, & contenue dans des vaiſſeaux très fins. En pouſſant plus avant, on découvre l'eſtomac & les inteſtins. A la partie antérieure on remarque l'œſophage qui deſcend, comme un fil fin, de la bouche, en traverſant le corcelet; il ſe retrecit encore en ſe joignant à l'eſtomac.

Ce viſcère, quoique formé de différentes parties, paroît compoſé d'une membrane tenue, chargée en-dedans de plis ou de *velouté*. En-dehors l'eſtomac eſt liſſe, & il eſt renflé ou flaſque ſelon qu'il eſt plein ou vide; on y découvre un grand nombre de vaiſſeaux aëriens.

Les inteſtins ſont de trois ſortes. L'inteſtin grêle, qui eſt courbé, le gros inteſtin ou *colon*, & le rectum.

A l'intérieur de l'inteſtin grêle, à ſa partie inférieure, ſont des plis qui ont du rapport aux *valvules annulaires* des inteſtins grêles dans l'homme. A l'endroit où le gros inteſtin ſuccède à l'inteſtin grêle, ſont des fibres oblongues qui paroiſſent des expanſions muſculaires, & qui ſe propagent dans la cavité de l'inteſtin; le ſurplus du canal eſt le rectum pliſſé tant qu'il eſt interne, & qui s'ouvre à l'anus par une ouverture aſſez large. L'eſtomac occupe avec l'inteſtin grêle, depuis le quatrième juſqu'au onzième anneau, & les trois ſuivans renferment le colon & le rectum.

Lorſque l'eſtomac & les inteſtins ſont remplis d'argile, l'inſecte qui eſt tranſparent, paroît de différentes couleurs ſuivant celles de l'argile. Mais quand il eſt prêt de paſſer à ſon dernier état, comme il ne prend plus alors de nourriture, il eſt entiérement tranſparent (1).

La trachée-artère eſt double, chacun de ſes troncs ſe diſtribue aux deux côtés du corps en ſuivant un trajet tortueux, & ſe propage dans toutes les parties. Ses diviſions forment une ſuite d'anneaux fortement unis, qui tranſmettent l'air à toutes les parties.

Swammerdam croit, ſans l'aſſurer, que, quand le Ver quitte ſa peau à l'extérieur, la trachée & les vaiſſeaux aëriens ſe dépouillent auſſi de leur épiderme. Ce fait eſt ſûr, dit il, par rapport au Ver à ſoie; mais il ne l'affirme pas pour le Ver de l'Ephémère.

L'orifice des vaiſſeaux aëriens, ou des

---

(1) La larve de l'Ephémère ne ſe nourrit que d'argile; cet inſecte, foible en apparence, a donc la faculté de convertir une ſubſtance minérale en la ſienne, ſans que cette ſubſtance ait été atténuée en paſſant par les canaux des ſubſtances végétales.

ftigmates, eſt très-difficile à découvrir ; leur ouverture eſt fort petite, & d'autant plus qu'on approche davantage de la tête, ce qui eſt l'oppoſé des autres inſectes. Cependant Swammerdam ſe regarde comme ſûr d'avoir découvert cet orifice en-deſſous du corcelet ſur les côtés, de même à peu près que dans les Sauterelles.

Le cœur eſt un long vaiſſeau à pluſieurs étranglemens, ſitué à la partie ſupérieure du dos, comme dans le Ver à ſoie, le Ver de l'Abeille, &c.

La moëlle épinière eſt formée de onze ganglions oblongs, ovales. Le premier ganglion ſert de cerveau, & il eſt aiſé de reconnoître qu'il donne naiſſance aux nerfs optiques, les dix autres ganglions donnent naiſſance aux différens nerfs qui ſont moins nombreux à meſure qu'on s'approche plus de l'extrémité du corps. On doit encore remarquer que la moëlle épinière eſt fortement retenue par des expanſions tendineuſes ou ligamenteuſes, ſur-tout vers les points qui répondent aux filets qui ſervent de nageoires.

Les organes de la génération ſont auſſi viſibles dans le Ver mâle prêt à quitter ſon enveloppe, que dans l'inſecte parfait. Ils ſont ſitués de chaque côté de l'eſtomac & des inteſtins ; ils ſont doubles & ſemblables à la laite des poiſſons, excepté qu'ils forment quelques anfractuoſités ; ils ſont compoſés de vaiſſeaux d'un tiſſu membraneux très fin, & remplis d'un fluide blanc comme du lait, qui eſt la ſemence : depuis les deux derniers anneaux juſqu'à l'anus ſont placés deux corps oblongs, que Swammerdam penſe appartenir aux laites ou vaiſſeaux ſpermatiques, mais dont il ne détermine pas l'uſage. (Me ſeroit-il permis de ſoupçonner que ces corps fuſſent le membre viril dont Swammerdam ne parle pas, qu'il paroît n'avoir pas cherché, préoccupé de l'opinion qu'il n'y a pas même de contact entre les deux ſexes dans l'Ephémère.)

L'ovaire de la femelle eſt double, comme dans les poiſſons ; il eſt ſitué ſous la peau aux deux côtés du ventre, & rempli d'une prodigieuſe quantité de vaiſſeaux aëriens qui ſe diſtribuent aux œufs ; ſi, ayant enlevé l'ovaire, & rompu avec la pointe d'une aiguille ſa membrane, on le place dans de l'eau, alors les œufs ſe détachent, & il ne reſte qu'un faiſceau de vaiſſeaux les plus tenus.

Les œufs ſont trop petits pour être vus autrement qu'au microſcope ; ils ſont blancs, arrondis & un peu applatis.

CHAPITRE VII.

Des ſignes qui annoncent que le Ver va bientôt devenir inſecte parfait ; de ce qui lui nuit, à quel ordre de changement le ſien doit être rapporté.

Les ſignes principaux du changement prochain ſont la forme plus arrondie du fourreau des aîles, ſa couleur tirant ſur le gris, &c.

Les circonſtances ſuivantes nuiſent à l'accroiſſement des Vers, en font même périr.

Un hiver long & rigoureux, une trop grande ſèchereſſe.

Ce qui a été dit précédemment prouve que le changement de l'éphémère eſt du ſecond ordre.

CHAPITRE VIII.

Comment le Ver paſſe à l'état d'éphémère.

Lorſque le Ver a acquis toute ſa grandeur & ſes aîles leur conſiſtance & leur volume, il ſort de ſon tuyau, ſe met à la nage & gagne la ſurface de l'eau. C'eſt ce qui a lieu ordinairement le ſoir, de ſix heures à ſix heures & demie, & ce travail eſt le même pour tous les Vers qui ſont dans la même circonftance. Cependant, tandis qu'ils s'élèvent à la furface, leur changement s'opere, & il eft fi fubit, que l'Ephémère prend fon vol en arrivant à la furface de l'eau; à l'inftant où il y eft parvenu l'enveloppe du Ver s'eft fendue fur le dos, les aîles ont inftantanément pris leur étendue, leur confiftance; l'Ephémère a dégagé toutes fes parties & pris fon effor; il a laiffé fon enveloppe, & avec elle les filets qui fervoient de nageoires, fes mâchoires, &c.

Après avoir pris fon effor, l'Ephémère fe fixe fur le premier corps qu'il rencontre, n'importe lequel. Auffi-tôt qu'il y eft fixé il eft pris d'un tremblement convulfif, au milieu duquel la peau fe fend fur le dos, l'Ephémère dégage par cette ouverture fon dos, fa tête, fon corps & tous fes membres, dont il laiffe l'empreinte ou plutôt le moule extérieur adhérent au corps fur lequel il s'étoit fixé; ce changement a même lieu pour les aîles, qui, dans l'opération, font retournées comme nous retournons un gant, en forte que la furface fupérieure devient l'inférieure. Pendant ce fecond changement de peau tout le corps, mais les pattes fur-tout & la queue, prennent beaucoup plus de longueur; les poils dont différentes parties étoient recouvertes & le font encore, laiffent une dépouille tenant à la dépouille commune; car ils étoient auffi enfermés dans une gaîne ou enveloppe d'où l'Ephémère les retire, ils font alors moins rapprochés, moins adhérens les uns aux autres.

L'Ephémère, après l'opération qui vient d'être décrite, retourne en volant à la furface de l'eau; il y voltige tantôt avec vîteffe, tantôt avec lenteur, il monte, il defcend, il remonte, & enfin s'appuyant fur l'extrémité de fa queue pofée fur l'eau, il fe foutient verticalement en battant des aîles. La femelle répand dans cette pofition fes œufs qui font difperfés fur la furface de l'eau, & le mâle les féconde en les arrofant de fa laite.

Swammerdam eft convaincu que les Ephé-

mères ne s'accouplent ni dans l'eau, ni dans l'air. Dans l'eau, parce qu'ils n'y peuvent refter qu'en nageant, qu'ils la quittent avant d'avoir fubi leur dernier changement. Dans l'air, parce qu'ils n'y font en repos que pour fubir leur dernier changement, que l'appareil de l'accouplement en volant lui paroît trop difficile, & que la longueur exceffive des pattes du mâle après fon dernier changement lui femble ajouter à cette difficulté. Mais M. de Réaumur a obfervé que les Ephémères, en voltigeant à la furface de l'eau, s'approchent & fe touchent en paffant comme plufieurs Poiffons fe jouent également dans l'eau en pareille circonftance, & il a fuppofé que ce contact des deux fexes eft un accouplement; la fuppofition paroît au moins fondée, & l'accouplement de beaucoup d'oifeaux ne confifte non plus que dans un contact momentané: cependant, partagé entre l'opinion de Swammerdam & le fentiment probable de M. de Réaumur, je crois qu'on doit attendre de nouvelles obfervations pour décider le fait.

Il faut remarquer qu'il y a dans le dernier état des différences notables entre le mâle & la femelle. 1°. Celui-ci change deux fois de peau, ou une fois après avoir quitté l'enveloppe de Ver, & la femelle ne quitte que cette enveloppe; elle ne mue plus après. 2°. Le mâle eft plus alongé, fes pattes fur-tout & fa queue font beaucoup plus longues après le fecond changement de peau. 3°. Le mâle a les yeux beaucoup plus gros. 4°. La couleur des mâles eft plus foncée & tire plus au rouge.

CHAPITRE IX.

Combien de tems l'Ephémère vit dans fon dernier état, & de ce qui hâte fa mort.

L'Ephémère qui s'eft rendu à la furface de l'eau, & qui s'y joue en volant, vit de quatre à cinq heures, & c'eft depuis fix heures environ du foir à dix ou onze heures. Aucun ne périt de mort naturelle hors de l'eau, mais tous finiſſent leur vie à ſa ſurface quand rien n'en traverſe le cours, car une infinité de circonſtances les expoſent à perdre la vie depuis l'inſtant où ils quittent les eaux juſqu'à celui où ils terminent leur exiſtence à leur ſurface; en nageant pour ſortir de l'eau ils ſont expoſés à la voracité des Poiſ-ſons qui en ſont avides; ils y ſont de même expoſés en retournant à ſa ſurface pour y multiplier, & tandis qu'ils ſubiſſent leurs changemens ſur la terre, ils ſont la proie de beaucoup d'oiſeaux, ainſi que pendant qu'ils ſe jouent en voltigeant dans l'air.

L'Ephémère, de l'inſtant où il ſort de l'œuf, vit donc trois ans, dont il paſſe quatre à cinq heures dans l'état d'inſecte parfait : il eſt trois ans à parvenir à cet état, qu'il n'atteint que pour ſe reproduire & ceſſer d'exiſter. Ainſi, ſon être, ſon accroiſſement, ſes changemens ne tendent qu'au but où il trouve le terme de ſa vie.

CHAPITRE X.

L'Ephémère continue quelquefois de voltiger trois & quatre jours; énumération des diverſes eſpèces d'Ephémères.

Swammerdam obſerve qu'il eſt connu de tous ceux qui habitent le bord des rivières ou qui les fréquentent, que la volée des Ephémères eſt de trois jours; il aſſure cependant qu'il en a vu le quatrième jour, mais en bien moins grand nombre, & il penſe que ce ſont des Ephémères dont le changement a été retardé par quelques circonſtances particulières. (Il ne faut pas imaginer que cette obſervation change rien à la courte durée de la vie des Ephémères, car ceux qu'on voit chaque jour ne ſont pas les mêmes que ceux qu'on a vu la veille.) Notre auteur fait enſuite l'énumération & la deſcription des différeutes eſpèces d'Ephémères qu'il a obſervées.

Troiſième ordre de changement.

Pour faire mieux comprendre ce qui a lieu dans ce troiſième ordre de changement, Swammerdam rappelle ce qui arrive dans les deux autres. Dans le premier, l'inſecte naît parfait, & le ſeul changement qui lui arrive conſiſte dans l'accroiſſement de ſes parties; dans le ſecond ordre, l'inſecte naît imparfait en ce qu'il lui manque des aîles; ſon changement conſiſte & dans l'accroiſſement de ſes parties & dans la *germination* des aîles qui lui pouſſent, ou il les acquiert à nud & ſans être couvert par une enveloppe ſous laquelle elles pouſſent & qu'il quitte, comme la *Punaiſe*, le *Népa*, ou les aîles croiſſent ſous une pareille enveloppe, comme celles de la *Demoiſelle*, de l'*Ephémère*; mais ſoit que l'inſecte de cet ordre appartienne à l'une ou à l'autre ſection, il ne ceſſe pas de ſe mouvoir, de marcher, de prendre de la nourriture.

Dans le troiſième ordre, l'inſecte naît plus imparfait que dans les deux précédens, c'eſt-à-dire, qu'il n'a ni, comme dans le premier, la forme parfaite qu'il aura dans la ſuite, ni, comme dans le ſecond, cette même forme, au manque près des aîles; mais il n'a ni la forme qu'il prendra, ni on ne découvre à ſon extérieur pluſieurs des parties qu'il offrira à la vue; tels ſont ſes pieds, ſes aîles, ſes antennes, ſes antennules, ſa trompe, &c. Dans ce troiſième ordre le changement conſiſte, comme dans le premier, dans l'accroiſſement des parties, & comme dans le ſecond, & dans l'accroiſſement des parties & dans la germination de parties nouvelles. Mais dans le premier ordre cet accroiſſement ſe fait à nud, & dans le ſecond, de la même manière ou ſous une enveloppe qui ne change pas totalement la forme future, & la laiſſe au contraire appercevoir. Dans le troiſième ordre, & l'accroiſſement des parties & la *germination* de parties nouvelles ont lieu ſous une peau qui couvre les parties, qui en cache la forme, qui n'en laiſſe rien appercevoir, & qui donne à l'inſecte une figure tout-à-fait différente de celle qu'il aura après avoir quitté cette peau. Enfin, dans les deux premiers ordres l'inſecte ne ceſſe ni de ſe mouvoir, ni de prendre des alimens ; & dans le troisième, après l'accroissement de ses parties en général, après la *germination* de parties qui ont crues sous une peau qui les cache, l'insecte perd pour quelque tems le mouvement & celle de prendre des alimens.

Enumération des insectes du troisième ordre divisé en deux sections.

Les insectes de la première section du troisième ordre sont les *Abeilles*, les *Guépes* (les Bembex de Fabricius, espèces d'Abeilles) nommées *Pseudopheca* dans le *Biblia naturæ*, les *Frélons*, les *Bourdons*, le *Cousin*. Deux Mouches qui ne sont pas figurées, & que je n'ai pu reconnoître par le peu qui en est dit ; la *Mouche bleue de la viande*, & plusieurs autres Mouches. La *Fourmi*, la *Tipule*, le *Scarabé*, dont Swammerdam compte neuf grandes espèces, vingt-une moyennes, trente-sept petites, & plus de cent très-petites. Il s'ensuit qu'il comprend sous le nom de *Scarabé* des Coléoptères qu'on a depuis divisés en différens genres. Le *Capricorne*, dont il compte vingt-une espèces à grandes antennes, dix-sept à moyennes, neuf à antennes courtes. La *Cicindelle*, la *Cantharide*, l'*Hydrocantharus*. Swammerdam cite des exemples de cette première division du troisième ordre, avant de passer à l'énumération des insectes de la seconde division du même ordre.

Premier Exemple.

La Fourmi.

La planche XVI du premier volume, entièrement destinée à l'histoire de la Fourmi, la représente dans ses différens états, tant de grosseur naturelle, que vue au microscope. On la voit depuis l'œuf qui est représenté & le Ver qui en sort, jusqu'à l'état de nymphe & de Fourmi. Il résulte de ces différentes figures, que dans le Ver même vu au microscope, on distingue déjà sous sa peau les parties de la Fourmi ; mais confusément ; qu'elles sont bien plus sensibles dans la nymphe, que

par conséquent la Fourmi étoit contenue dans le Ver, que ses changemens ont consisté dans l'accroissement de ses parties, la germination de celles qui lui manquoient sous la peau de Ver & sous celle de nymphe, état dans lequel la Fourmi n'a ni eu de mouvemens, ni pris de nourriture, & où elle étoit couverte d'une peau qui laissoit appercevoir ses membres, par conséquent qu'elle appartient à la première division du troisième ordre. Outre cet état progressif de la Fourmi, Swammerdam a représenté séparément dans l'état de perfection, une *ouvrière*, un *mâle* & une *femelle*. Quant à la partie historique, elle est peu étendue & n'offre rien de particulier. On peut seulement remarquer que Swammerdam appelle du préjugé que les Fourmis amassent & construisent des magasins, que les fourmilières ne lui ont paru que des amas confus de matériaux légers, mobiles & perméables qui permettent une circulation du centre à la superficie pour transporter, suivant les cas, les œufs & les chrysalides qui ont besoin d'être d'être approchés de la superficie quand le ciel est serein & que l'air est doux, d'être retirés à l'intérieur lorsque l'air est froid ou qu'il tombe beaucoup de pluie, le soir & le matin, &c.

Swammerdam parle ensuite de quelques espèces différentes de Fourmis. La première est du Cap de Bonne-Espérance ; il en donne seulement la figure & la description. La seconde, qui est aussi figurée, se trouve en Hollande, & est remarquable en ce que la nymphe est enfermée sous une coque de soie filée par le Ver. La troisième se trouve aussi en Europe & est plus petite que la Fourmi commune, son Ver ne file pas. La quatrième espèce est roussâtre & fort petite, à corps ramassé. La cinquième a le corps plus effilé. La sixième est remarquable par sa petitesse, par sa couleur d'acier bruni, par le peu de tems où on la voit, car elle se trouve comme les précédentes, en Hollande. Elle ne paroît qu'au mois de juin, elle alors très-nombreuse ; mais dès la fin d mois d'octobre on ne la voit plus. Passe elle tout l'automne, l'hiver & le printems engourdie & fans prendre de nourriture, ou les individus qui fe retirent en octobre dans leur fourmilière y périffent-ils, & l'efpèce qui reparoît l'été fuivant n'eft-elle que le produit des œufs dépofés par les premières à l'automne? Telle eft la queftion que propofe Swammerdam; il femble n'avoir pas fait ré-flexion que parmi les Fourmis, les jeunes ou les Vers ont befoin des ouvrières dont ils ne peuvent fe paffer, & qu'ils en attendent des fecours indifpenfables. Un autre fait re-marquable, c'eft que les mâles de cette efpèce ne prennent pas d'ailes, au moins Swammer-dam n'en a-t-il pas vu d'ailés, quoiqu'il ait obfervé cette efpèce pendant plufieurs années.

2ᵉ. EXEMPLE.

Hiftoire du Scarabé naficorne. (Le Moine de Geoffroy, tom. I, pag. 68.)

Swammerdam a fait l'hiftoire & l'anato-mie de cet infecte avec un foin particulier. Il en avertit lui-même, & il a divifé fon fu-jet en chapitre.

CHAPITRE PREMIER.

Des endroits où l'on trouve ce Scarabé; de fa génération; de fes œufs, de fon Ver, de l'aliment dont il fe nourrit, du tems qu'il en ufe; quelques autres faits interpofés parmi ceux-ci.

On trouve le Scarabé naficorne parmi les débris du bois pourri & tombé en pouffière; il eft d'autant plus abondant, que ces débris le font auffi davantage, c'eft pourquoi on le trouve dans la terre des endroits où l'on fcie & débite beaucoup de bois, comme les chan-tiers de marine, dans les tanneries, & dans les troncs des arbres creux & tombant de vétufté.

Le mâle feul a une corne fur la tête, la femelle eft un peu plus petite & n'a point de corne. Leur accouplement a lieu dans les mois de juin & de juillet. Le pénil du mâle eft terminé par une portion d'une fubftance mixte entre celle de la corne & des os, l'o-rifice des parties de la femelle eft de la même fubftance; le mâle faifit la femelle avec les deux crochets qui accompagnent le pénil qu'il introduit dans la vulve de la femelle. Il eft fi exceffivement ardent, qu'on voit des mâles faillir des femelles qui ne vivent plus.

Après l'accouplement la femelle s'enfonce profondément, ou en terre, ou dans le tan ou le bois pourri, & dépofe fes œufs, non en tas, mais féparés & difperfés.

Les œufs font oblongs, blancs, couverts d'une peau mince, tendre, membraneufe, molle, flexible, qui fe ride aifément par le contact de l'air qui la deffèche.

Les jeunes Vers fortent des œufs vers la fin du mois d'août. Cependant, fi on ouvre un œuf avec une pointe très-fine, il en fort un fluide vifqueux & blanchâtre. Le premier changement obfervé dans un œuf va fans l'ouvrir eft opéré par la chaleur de l'air, il confifte dans le dé-veloppement de deux points rouges accompagnés de quelques autres points femblables de cha-que côté; les deux premiers font les rudi-mens des dents, & les autres ceux des tra-chées. C'eft une chofe digne de remarque que l'exceffive dureté des dents, même dans le Ver encore contenu dans l'œuf, & deftiné, en en fortant, à percer & ronger le bois. Du refte, ce Ver eft replié fur lui-même de façon que le bout de fa queue eft en contact de fa tête, & que fes pattes font contour-nées autour de lui. On les voit croître, fe foncer en couleur à travers la coque ou pel-licule de l'œuf. (Remarquons que cette dif-pofition eft la même que celle des autres embrions, dans les œufs parmi les ovipares, & dans la matrice parmi les vivipares.) Enfin le Ver rompt lui-même & ouvre la pel-licule de l'œuf, comme le Poulet rompt la coquille & ouvre l'œuf. (Swammerdam fa-voit donc, contre le fentiment reçu de fon tems, que c'eft le Pouffin & non la Poule qui ouvre l'œuf, ce qui n'a été bien reconnu que depuis quelques années.)

Le Ver du Scarabé, en fortant de l'œuf s'enfonce ou en terre ou dans le bois à fa portée; il eft hexapode, couvert d'une peau ridée, qui eft alors très blanche, & chargée de chaque côté de quelques poils; fa tête eft plus groffe que le refte du corps. Swammerdam remarque que cette groffeur de la tête à proportion des autres parties a également lieu dans les nouveaux nés parmi les animaux différens, & même par rapport à l'homme.

La tête prend peu à peu une couleur roufsâtre, qui paffe par nuances au rougeâtre; elle eft armée de deux dents qui ont une échancrure, & qu'on pourroit, à caufe de leur volume, appeller deux mâchoires. Mais fi, avant que le Ver foit forti de l'œuf, on veut examiner celui-ci avec plus de détails que ceux qui viennent d'en être donnés, le premier objet qu'on remarquera ce fera fur le dos du Ver le cœur qu'on reconnoîtra à fes battemens, & à l'intérieur de l'œuf, fous fa pellicule externe, d'autres pellicules & des expanfions de fibres nerveufes, fur-tout vers la partie qui répond aux pattes du Ver.

Swammerdam fait ici une digreffion dans laquelle on peut remarquer ce qu'il dit des œufs du Ver de terre. Ce Ver a le fang coloré en rouge, ce qui fait qu'on en voit aifément la circulation dans le cœur, même à travers la coque; l'autre objet de la digreffion eft fur la manière de conferver les œufs du Scarabé, & ceux qui font, comme les fiens, couverts d'une pellicule. Il faut les percer de part en part avec une aiguille très-fine, en exprimer toute l'humidité, renfler les membranes en foufflant avec un tube délié, & laiffer les pellicules renflées fécher à l'ombre, les vernir enfuite avec un peu de réfine diffoute dans de l'huile d'afpic. Swammerdam dit avoir confervé de cette façon des œufs qu'il avoit détachés des ovaires de différentes femmes; qu'il en conjectura qu'il pouvoit également en détacher des ovaires des

animaux, & que l'expérience confirma fa conjecture. Il revient à fon fujet.

Le Ver du Scarabé forti de l'œuf trouve la nourriture qui lui convient dans le bois pourri ou fes débris, dans lefquels l'œuf avoit été dépofé. Swammerdam ne décide pas combien de tems il prend des alimens & il refte fous fa première forme; il conjecture qu'une année ne lui fuffit pas pour prendre fon accroiffement, mais il ignore combien il en vit avant de paffer à l'état de nymphe.

CHAPITRE II.

Nom que l'on donne au Ver; fes habitudes....
Mélange de quelques faits analogues.

Le Ver a été appellé, par Mouffet & fes contemporains, Coffus, nom que les anciens, au rapport de Pline, donnoient à un Ver qu'ils mettoient au rang des comeftibles, & qu'ils regardoient comme un mets très-délicat, mais depuis cette opinion n'a pas été fuivie. M. Linné a cru reconnoître le *Coffus* des anciens dans une Chenille qui vit à l'intérieur du tronc des faules; M. Geoffroy penfe que le *Coffus* des anciens eft *le Ver palmifte* qu'on regarde encore aujourd'hui comme un mets délicat aux Indes & dans les Ifles de l'Amérique, déférant cependant au fentiment de Linné. Il a nommé *Coffus* la Phalène qui naît de la Chenille qui ronge le bois de faule.

Le Ver du Scarabé naficorne, parvenu à fa grandeur, eft long de quatre pouces, épais d'un pouce, couvert d'une peau ridée, blanche & luifante. Son corps eft divifé en quatorze fections annulaires; fur chaque côté il y a neuf ftigmates rougeâtres, un peu applaties & oblongues. La tête eft de couleur d'acier bruni; on y remarque des rides, les yeux, des antennules, des dents, une lèvre bifurquée, des foies, fituées en-deffous, qui ont quelque reffemblance à des antennes, & qui fervent, quand le ver mange, à faifir fes alimens. Il y a de chaque côté, près de la tête, trois pattes rougeâtres armées d'ongles ou de crochets, & divisées en cinq articles. La partie postérieure du corps est d'un violet brillant d'acier poli, & vers l'anus il y a quelques poils.

Les mouvemens de ce Ver sont lents. Sa force réside dans sa tête & ses pieds ; lorsqu'on le retire du bois où il étoit enfoncé, il recourbe son dos, il se replie presqu'en un anneau, & si on le laisse libre, il se retire promptement sous le bois dans lequel il s'enfonce précipitamment par la force de ses mâchoires, de sa tête & de ses pieds.

Il arrive souvent que le tan ou le bois vermoulu fermente & s'échauffe comme il arrive au foin humide. Les Vers, loin d'en souffrir, n'en sont que plus vigoureux ; ils changent de peau plusieurs fois pendant le tems qu'ils prennent leur accroissement ; & à chaque changement, dont Swammerdam ne fixe pas le nombre, ils se vident de leurs excrémens & ils se creusent une cavité à l'intérieure de laquelle ils se dépouillent de leur peau. Mais ce n'est pas seulement de l'épiderme qui les couvre à l'extérieur, mais en même-tems de celui qui revêt l'intérieur de la bouche, de la partie supérieure de l'estomac, du rectum & des ramifications des trachées ; les dépouilles de celles-ci se réunissent en dix-huit cordons, qui se présentent à l'orifice de chaque stigmate, qui est en même tems dilaté, & qui sortent lentement par ces dix-huit ouvertures. Cependant si on les sépare adroitement on y retrouve toutes les divisions des trachées, & on distingue les anneaux dont elles sont composées. Le crâne se fend en trois parties, on voit au milieu les dents qui se renouvellent, la lèvre qui vient de se détacher, & des deux côtés les antennules, & derrière la lèvre le crâne. Il tombe une pellicule des soies qui ressemblent à des antennes, & des yeux même ; enfin il se fait un dépouillement de la pellicule de toutes les parties externes & d'un grand nombre des parties internes.

CHAPITRE III.

Anatomie du Cossus ; manière de le faire mourir ; son sang, ses trachées, sa graisse, son cœur, sa moëlle épinière, le nerf récurent ; jusqu'à quel point ce Ver est un mets ; manière de le préparer ; plusieurs observations remarquables.

Pour disséquer le Cossus il faut le faire mourir ou dans l'esprit de vin ou dans de l'eau un peu plus que tiède, & le retirer au bout de quelques heures.

La peau étant fendue sur le dos, on découvre les fibres musculaires qui servent aux mouvemens des anneaux du corps. Leur description seroit très difficile ; elles vont d'un anneau à un autre en tous sens & sous toutes sortes d'angles.

On voit au milieu le cœur qui, à son extérieur, n'est qu'un tube membraneux, étendu de la tête au troisième anneau. Ce tube est très étroit vers la tête ; il se resserre, comme par l'effet d'un nœud, vers le milieu de la longueur du corps, il se dilate ensuite, & il devient absolument fermé à l'endroit qui répond au treizième anneau. Ce même tube où le cœur, est entouré dans sa longueur de fibres musculaires qui, comme autant de cordons, servent à le dilater & à le contracter. Il y a sur les côtés quelques globules ou corps noirâtres qui, par l'opposition de couleur, font plus aisément découvrir le cœur qui est transparent.

En dilatant l'ouverture on découvre la graisse ou tissu adipeux composé d'une infinité de globules ou de petits grains soutenus par des membranes tenues, qui se distribuent sur toutes les parties, & font obstacle à les découvrir. Si ayant enlevé une portion de ce corps graisseux on l'expose au feu il s'y fond, il y brûle à la manière des graisses ; si on pique une des membranes qui le contiennent, il en coule une goutte qui, reçue sur de l'eau, surnage, s'étend à la manière des huiles, d'où

Swammerdam conclut que c'est vraiement de la graisse.

Les trachées au nombre de dix-huit, neuf de chaque côté, propagent leurs ramifications sur toutes les parties & nuisent, ainsi que la graisse, à les découvrir.

Parmi les autres parties on distingue d'abord le ventricule, qu'on ne voit dans son entier qu'après avoir fendu & rejetté la peau sur les côtés dans toute sa longueur. Il y faut remarquer, 1°. qu'il occuppe la plus grande partie de la longueur du corps : 2°. qu'il est formé de membranes & de fibres musculaires : qu'à l'endroit où il communique à la bouche il est très-étroit : 3°. qu'ensuite il devient plus ample, & qu'à l'endroit où il a toute sa largeur commence *l'estomac* proprement dit : 4°. qu'il est chargé d'appendices ; 5°. qu'on en compte soixante-dix environ dans son contour à sa partie antérieure, lesquelles ont la forme d'une dent. Ces appendices s'ouvrent dans l'estomac, & les uns sont dirigés en devant, les autres en arrière. 6°. Un peu plus en arrière on remarque vingt-deux autres appendices qui regardent par leur pointe vers les parties postérieures ; 7°. enfin vers le pylore ou à l'extrémité de l'estomac on compte encore trente appendices.

Swammerdam a reconnu une organisation à peu près pareille dans des *Poissons* & en particulier dans le *Saumon*. 8°. Outre ces appendices on voit sur les côtés quelques vaisseaux que Malpighi avoit remarqué dans le Ver à soie : l'estomac se resserre à son extrémité, & aboutit en un intestin court & étroit qui se dilate & forme un autre intestin aussi fort court, mais fort ample auquel Swammerdam donne le nom de *colon* & qui est rempli de beaucoup d'excrémens.

La moëlle épinière est très-différente dans le Cossus de ce qu'elle est dans d'autres insectes, par exemple, dans le Ver à soie en qui elle consiste en une suite de ganglions joints

par des étranglemens, & étendue de la tête à l'extrémité du corps ; dans le Cossus elle ne s'étend pas au-delà du troisième au quatrième anneau, & de ce point elle envoie des nerfs qui se distribuent à toutes les parties situées plus bas.

Le cerveau est composé de deux hémisphères qui donnent naissance à quatre nerfs.

Swammerdam décrit avec beaucoup de soin & un grand détail, le nerf qu'il appelle *récurent*, qui de la base du crâne d'où il sort par une double origine qui se réunit, se recourbe, passe par-dessus le crâne, forme plusieurs ganglions & vient se distribuer à l'estomac.

En cet endroit Swammerdam dit qu'il a trouvé un moyen de conserver le cerveau, la moëlle épinière & les nerfs dans leur étendue & avec leur couleur. Mais il n'indique pas ce moyen. Il finit ce chapitre en remarquant que les volailles sont très-avides du Cossus, ce qui lui fait présumer que les anciens, comme Pline le rapporte, on put le mettre au rang de leurs mets, &c. (Mais les volailles dévorent avidement tous les vers.)

CHAPITRE IV.

Manière dont s'opère le changement du Cossus ; son passage à l'état de nymphe ; comment les trachées ou points respiratoires sont transposés.

Le tems où le Cossus doit passer à l'état de nymphe étant prochain, ce qui a lieu vers la fin du mois d'août, il s'enfonce plus profondément en terre ou dans le tan en comprimant & battant l'un ou l'autre avec l'extrémité de son corps, il se prépare une loge creuse, ovale, lisse & polie ; il y demeure immobile & paroît plus couvert de rides qu'il ne l'a encore été, ce qui vient & de ce qu'il s'est vidé de ses excrémens & de ce qu'il perd de fa fubftance par la tranfpiration. Cependant on n'apperçoit point fes différentes parties à travers fa peau, comme on les diftingue en pareille circonftance à travers celle des Vers des Abeilles, quoique fes membres foient déjà formés, & qu'on les diftingue en écartant la peau.

Mais avant de fuivre cet objet, il eft bon de remarquer que fi on fait alors l'anatomie du Coffus, on ne trouve aucun changement à fa bouche; l'eftomac eft beaucoup plus refferré, & les appendices le font au point d'être à peine fenfibles; les vaiffeaux qui accompagnent l'eftomac y font moins adhéreus, quoiqu'ils n'en foient pas encore féparés : on voit l'infertion de ces vaiffeaux autour du pylore & on peut les regarder comme de véritables *cæcum*. Le colon conferve fon étendue & fes cellules ou plis font plus fenfibles. On peut alors auffi diftinguer & féparer les trois membranes dont l'eftomac eft formé, ainfi que les fibres qui fervent à fon mouvement.

Le Ver ou Coffus ayant acquis fon accroiffement, les parties qu'il confervera, & celles qu'il acquerra ayant pris leur développement, il en réfulte que le corps eft raccourci, que le fang, plus refferré dans fes tuyaux, eft porté plus abondamment vers le crâne, dont l'enveloppe s'ouvre en trois parties; la peau, qui ne peut plus prêter, fe fend auffi fur le dos; & par le mouvement ondulatoire des anneaux du corps, elle eft détachée de la nymphe qu'elle couvroit. Il tranfude en même tems une férofité qui favorife fa chûte.

La première partie qui s'offre à la vue dans la nymphe au moment du dépouillement de la peau de Ver eft la corne qu'on verra dans le Scarabé, &c. Swammerdam décrit fucceffivement les parties à mefure que le dépouillement de la peau les découvre, & il renvoie à des figures. Privé de ce fecours, je ferois difficilement entendu, je paffe donc cet article fous filence; je remarque cependant que des dix-huit ftigmates les cinq premiers de chaque côté confervent leur forme & leur

ampleur, mais des quatre autres les trois premiers deviennent beaucoup plus étroits & le cinquième fe ferme & s'oblitère entièrement.

Swammerdam, pour donner une idée plus précife des changemens que l'infecte fubit en paffant de l'état de Ver à celui de nymphe; de l'état de nymphe à celui de Scarabé, repréfente la nymphe & le Scarabé & remarque la différence entre chaque partie du Ver & de la nymphe, de la nymphe & du Scarabé.

Il faut néceffairement avoir les figures fous les yeux pour fuivre le texte. Je me bornerai donc à remarquer que lorfque la peau du Ver s'eft féparée de la nymphe, celle-ci n'a plus de reffemblance avec le Ver, mais qu'on la voit fous la forme qui lui eft propre; que cette forme a du rapport à celle du Scarabé : que la nymphe eft toute blanche; fi ce n'eft du cinquième au dixième anneau où elle paroît en-deffus nuée de reflets couleur d'acier poli : j'ajouterai que fous l'enveloppe de la nymphe on découvre plufieurs parties du Scarabé; qu'il eft entièrement formé fous cette enveloppe, mais que fes membres font pulpeux, mols & flexibles; au point que fi on leur fait prendre quelque faux pli, quelque conformation vicieufe, qu'on occafionne en touchant la nymphe, les parties comprimées confervent ces défauts qu'on retrouve enfuite fur le Scarabé. Swammerdam le compare dans les premiers tems du changement de Ver en nymphe à un Embrion nouvellement formé dans la matrice, dont les membres délicats ne peuvent réfifter encore aux plus légères impreffions.

CHAPITRE V.

La nymphe eft furchargée d'humeurs qui fe diffipent par évaporation. Son anatomie. Comment elle fe dépouille & paffe à l'état de Scarabé.

Swammerdam compare la nymphe à un

hydropique; la férofité qui abreuve toutes fes parties, les amollit & les prive du mouvement auquel elles deviendront aptes par la fuite. Peu à peu & de jours en jours la férofité fuperflue s'évapore, les différentes parties prennent plus de confiftance, leur forme eft plus exprimée & leur couleur fe fonce. Notre auteur fuit prefque jour par jour les changemens qui ont lieu; il nous fuffit de les connoître en général; le plus confidérable s'opère à l'égard de la fubftance graiffeufe qui, non-feulement fe diffipe entièrement, mais dont les membranes qui la renfermoient s'atténuent au point qu'on ne les retrouve plus; vers les derniers tems les membres de la nymphe ont beaucoup plus de confiftance, & leurs mouvemens à travers la peau commencent à être fenfibles. Swammerdam n'a pas obfervé combien il fe paffe de tems du moment où le Ver devient nymphe à celui où le Scarabé en quitte l'enveloppe. Ce changement au refte s'opère comme celui du Ver en nymphe, c'eft-à-dire, par l'ouverture & la chûte de l'enveloppe extérieure; celle de la nymphe fe fend, fe détache des parties du Scarabé qui paroît fous fa dernière forme.

CHAPITRE VI.

Différence entre le Scarabé mâle & le Scarabé femelle. Leur anatomie.

Le mâle eft plus petit, fes antennes font plus longues; il a une corne recourbée fur la tête. Cette corne qu'on apperçoit fous la peau de nymphe peut d'avance faire reconnoître le fexe. Quant à l'intérieur, le mâle & la femelle ne diffèrent, que par les parties de la génération, & fe reffemblent par les autres; Swammerdam commence par les parties qui font communes aux deux fexes.

Les points refpiratoires, ou les trachées, font au nombre de huit à chaque côté; ces points font fitués, fur chacun des anneaux où ils fe trouvent placés, un peu obliquement, & fupérieurement; les uns à l'égard des autres,

c'eft-à-dire qu'ils font fitués plus en-deffus fur les premiers anneaux & plus en-deffous fur les anneaux fuivans; ils ont une forme plus décidément ovale, ils font plus creux & plus ouverts que dans le Ver, & les rameaux dans lefquels ils s'ouvrent dans l'intérieur font plus amples.

Les cinq premiers font cachés par les aîles & les élytres &, on ne les apperçoit que quand ces parties font étendues; les trois fuivans font fort étroits.

Les yeux font différens dans le Scarabé, de ce qu'ils étoient dans le Ver, en nombre & en grandeur. Il y en a deux, un de chaque côté de la tête; ils font à réfeau où facettes, c'eft-à-dire que la membrane extérieure dont ils font formés eft divifée par des interfections hexagones. Cette membrane eft de confiftance cornée, les portions féparées par les lignes font faillantes; ces lignes occupent toute l'épaiffeur de la cornée, & paroiffent être des expanfions des trachées. Cette difpofition eft la même dans tous les infectes dont les yeux font à réfeau. Cependant les facettes, dans le Scarabé nazicorne, fe rapprochent de la figure fphérique, font moins faillantes, & plus déprimées ou plus applaties que dans plufieurs autres infectes, comme les Mouches, les Abeilles, & la Cornée n'eft pas, comme dans ces infectes, parfemée de poils.

Au-deffous de la Cornée, à fa face interne, on trouve une membrane analogue à l'uvée; elle eft noirâtre. Dans l'homme & les quadrupèdes, l'uvée s'étend jufqu'au fond de l'œil, & elle eft percée antérieurement; mais dans le Scarabé, elle n'eft point percée, & elle ne tapiffe que la partie antérieure de l'œil. Il n'y a donc pas de paffage ouvert aux rayons de lumière qui font reçus feulement fur l'uvée. Au-deffous de cette membrane eft une fubftance gélatineufe, tenue qui fe divife en filets très-déliés qu'on peut regarder comme des fibres de forme py-

ramidale, mais comme des pyramides renverſées. Toutes ces fibres, en ſe réuniſſant,
forment une tunique fibreuſe, épaiſſe, d'un
blanc éclatant, mais qui s'obſcurcit au point
où cette tunique ſe réunit avec le nerf optique. Pour rendre ces objets plus ſenſibles, il
eſt néceſſaire de décrire le cerveau. On le découvre en enlevant le crâne, après avoir ſcié
la corne, ſi l'on obſerve ſur un mâle; il eſt
compoſé de deux globules réunis à leur baſe;
il donne naiſſance aux nerfs optiques qui
ſont bien plus conſidérables que dans le Ver;
ils ſont très-grêles à leur origine, puis ils
s'enforciſſent, ſe rétréciſſent encore, & ſe
renflent enſuite, en approchant de l'intérieur de l'œil, dont les membranes les environnent à leur extrémité, & les touchent par
la pointe des fibres pyramidales dont il a été
parlé plus haut. Swammerdam remarque que
le Scarabé nazicorne voit la nuit, que l'A-
beille voit bien au contraire le jour. Que
dans cette dernière, le nerf optique n'eſt pas
en un contact auſſi immédiat avec les membranes de l'œil, & qu'il n'eſt pas auſſi conſidérable: il laiſſe à tirer de cette obſervation, telle conſéquence que le lecteur jugera
à propos, & il n'exprime pas cette conſéquence, parce que ſans doute il l'a trouvée
comme indiquée par l'obſervation même.
En effet, dans l'inſecte nocturne le nerf eſt
plus gros, il eſt en contact plus immédiat
avec les membranes frappées par une lumière plus foible, & dans l'inſecte diurne,
le nerf eſt moins volumineux, il reçoit une
impreſſion moins vive, par un contact moins
intime avec les parties ébranlées par des
rayons de lumière plus vifs.

Dans le Ver on pourroit comparer les trachées à des rameaux dépouillés de feuilles,
& elles reſſemblent dans le Scarabé, à des
troncs qui étendent leur branches ornées de
leur feuillage. Leur extrémité ſe termine en
des véſicules, d'où naiſſent encore d'autres
rameaux plus fins qui, ſe ſubdiviſent enfin
en des canaux ſi tenus, qu'ils ceſſent de pouvoir être apperçus.

Le cœur eſt beaucoup plus court dans le
Scarabé que dans le Ver, & on y remarque
un plus grand nombre d'étranglemens.

Parties propres au mâle.

La première partie propre au mâle eſt la
corne qu'il porte ſur la tête, & qu'on doit
regarder comme une excroiſſance du crâne;
elle eſt creuſe à ſon intérieur, & ſa cavité
eſt remplie par des trachées ou vaiſſeaux aériens; elle eſt d'une ſubſtance auſſi dure que
celle des os, en ſorte qu'on peut entamer du
bois en s'en ſervant; cependant elle n'étoit
que pulpeuſe dans la nymphe, & dans le
Scarabé naiſſant elle eſt encore flexible, mais
elle acquiert ſa dureté en deux ou trois jours.

Le membre du mâle eſt cylindrique; il
faut y diſtinguer deux ſubſtances, une nerveuſe & une cornée; la première eſt proprement le membre, la ſeconde ſon enveloppe
ou le *prépuce*; c'eſt par l'action de ce dernier
que le membre ſe porte en dehors ou qu'il
eſt retiré à l'intérieur; à l'extrémité du prépuce, il y a deux onglets qui laiſſent entr'eux une fente ou une ouverture; à cette
fente aboutiſſent des fibres muſculaires qui
deſcendent du membre; elles écartent ou rapprochent les deux onglets, & les portent en
dehors ou les retirent; par de-là le prépuce eſt
le membre ou pénil formé d'une ſubſtance
nerveuſe, molle, pulpeuſe & fort dilatée;
plus loin eſt la racine du même membre qui
n'eſt qu'un canal étroit; à cet endroit aboutiſſent de chaque côté les vaiſſeaux déférens,
& les véſicules ſéminales; dans ce même
endroit eſt un nerf très-remarquable, comme
il y en a un pareil dans *l'hydrocantarus* &
dans *l'Abeille*.

Les vaiſſeaux déférens contiennent une
humeur très-blanche, qui eſt la ſemence;
ils ſont renflés dans leur milieu, & plus
étroits à leurs extrémités, tant à celle par laquelle ils s'abouchent avec la racine du

nil , qu'à celle par laquelle ils se joignent aux testicules.

Les testicules sont formées par un vaisseau roulé sur lui-même , dont les contours sont fortement fixés & retenus par des expansions des trachées. Ce vaisseau déroulé est long de près de vingt-six pouces.

Les vésicules séminales sont situées entre les vaisseaux déférens : mais sans avoir, avec ces vaisseaux , aucune communication. Il y en a une de chaque côté ; elles contiennent une humeur moins blanche que les vaisseaux déférens & tirant sur le gris. Swammerdam ne doutoit pas que la sécrétion de l'humeur qu'elles contiennent ne soit l'effet de leur organisation, & il avoit la même opinion à l'égard des vésicules séminales de l'homme, & des quadrupèdes. Chaque vésicule se termine à l'extrémité opposée au pénil, en un filet qui s'épanouit en six autres filets où rayons chargés de glandes qui , suivant l'opinion de Swammerdam, servent à la sécrétion de l'humeur contenue dans les vésicules séminales. Les parties qui viennent d'être décrites sont situées à l'extrémité du ventre, elles sont toutes d'un très-beau blanc, excepté les vésicules séminales, & leur connexion est si intime, qu'on a beaucoup de peine à les reconnoître, & à les séparer.

Parties propres à la femelle.

L'ovaire est situé dans la partie inférieure du ventre ; il est composé de douze conduits, dont six sont placés de chaque côté ; chacun des six conduits aboutit à un seul, les deux conduits, de chaque côté, se confondent bientôt, & n'en forment qu'un, auquel on peut donner le nom de matrice ou de vagin ; ce dernier organe s'étend jusqu'à l'extrémité du dernier anneau du ventre, par l'ouverture duquel les œufs sont déposés. Cependant l'orifice de cet anneau peut être regardé comme la vulve ; on y remarque quelques parties que Swammerdam décrit,

sans en déterminer l'usage , & dont la principale est une sorte de sac rempli d'une humeur jaunâtre.

2e. Exemple.

Histoire du Cousin.

Le Cousin provient d'un œuf dont il sort un Ver qui devient nymphe ; celle-ci cache l'insecte parfait, qui paroît sous sa dernière forme, en dépouillant la peau de nymphe ; on apperçoit sous cette peau, les membres de l'insecte parfait ; le Cousin appartient donc , comme le *Scarabé nazicorne*, *l'Abeille, la Fourmi* , au troisième ordre de changemens ; cependant il y a une différence ; elle consiste en ce que les nymphes des insectes qui viennent d'être nommés , sont privées de mouvement, & que celle du Cousin ne le perd pas ; cet insecte paroît , par cette raison , appartenir au second ordre. Mais en examinant la chose de plus près, dit Swammerdam, on reconnoît qu'il n'y a que la queue de la nymphe du Cousin qui conserve du mouvement ; que c'est à l'aide de ce mouvement qu'elle se transporte par un effort commun & unique d'une place à une autre dans l'eau où elle vit, sans qu'elle remue jamais en particulier, sa tête, ses pattes, les aîles, &c. Et notre auteur pense, par cette raison , que cette nymphe doit être placée dans le troisième ordre. De plus, ajoute-t-il , les nymphes ne perdent jamais toute faculté de mouvoir leur queue, & au moyen du mouvement qu'elles en font, elles changent au moins de situation ; il n'est donc pas étonnant que ce mouvement suffise à un changement de place beaucoup plus considérable dans une nymphe qui vit dans l'eau, & sa mobilité ne change rien au fond à la parité entre son état & celui des nymphes qui vivant dans un milieu où les mouvemens sont plus difficiles , en exécutent de beaucoup moins complets.

La femelle du Cousin dépose ses œufs à
la

la superficie des eaux stagnantes. Peu de jours après il sort des œufs des Vers oblongs, qui se tiennent ordinairement perpendiculairement dans l'eau, la tête en bas, la queue en haut, & son extrémité à la surface de l'eau.

Il faut, pour se former une juste idée du Ver, & de ses parties, le diviser en tête, corcelet & queue.

On remarque sur la tête, les yeux, les antennes, la partie inférieure de la bouche. Les yeux sont noirs, lisses, un peu en forme de croissant. Les antennes sont oblongues, applaties, un peu contournées & chargées de quelques poils à leur extrémité. L'ouverture de la bouche est triangulaire & noirâtre; elle est environnée de faisceaux de poils que Swammerdam décrit, & par rapport auxquels il nous suffit de remarquer qu'ils servent à diriger les alimens vers l'ouverture de la bouche.

Le thorax est renflé & partagé comme en diverses sections ou éminences; elles sont produites par les aîles & les pattes qui se forment en cet endroit, au-dessous de la peau du Ver, & de celle de la nymphe; il y a d'ailleurs des pinceaux de poils sur les côtés du corcelet.

Le ventre est composé de huit anneaux; mais si on y ajoute la queue qui le termine, qui est hérissée de poils, & la partie de cette queue aussi chargée de poils, que l'insecte tient au-dessus de l'eau, il faudra alors compter dix anneaux pour le ventre.

Il faut remarquer que quoique le Ver enfonce quelquefois sa queue sous l'eau en nageant, elle ne se mouille jamais; qu'elle fournit des bulles d'air retenues par les poils qui en écartent l'eau; que c'est la légéreté de cette partie qui la dirige toujours à la surface; que le ver a la facilité de se suspendre verticalement; que les bulles d'air sont four-

nies par deux expansions des trachées, & que c'est par la queue que le Ver respire.

Lorsque le Ver a acquis toute sa grandeur, il se change en nymphe. La première chose à remarquer, c'est que les membres de celle ci, pulpeux & abreuvés de sérosité, comme les membres de toutes les nymphes, n'acquièrent leur consistance que par l'évaporation du fluide superflu, & que cette évaporation a lieu pour la nymphe du Cousin, quoiqu'elle s'opère au milieu de l'eau: la seconde remarque, c'est que le Ver portoit sa tête pendante vers le fond de l'eau, & soutenoit sa queue à la surface; la position de la nymphe est directement contraire; elle laisse pendre verticalement sa queue vers le fond, & sa tête est soutenue à la surface par le moyen de deux tuyaux qui, par leur forme, ressemblent à deux antennes. Enfin c'est par ces tuyaux que la nymphe respire, tandis que le Ver respiroit par la queue. Cette dernière partie a conservé seule la faculté de se mouvoir, tandis que toutes les autres l'ont perdue.

Swammerdam fait ici la description des parties externes de la nymphe, à travers la peau de laquelle on découvre l'empreinte des membres du Cousin. Il faut remarquer dans cette description une nageoire longitudinale sur la queue, laquelle en facilite les mouvemens.

Lorsqu'au bout de quelques jours les membres de la nymphe ont acquis leur consistance, sa peau se fend entre les deux cornes ou tuyaux qui la soutiennent à la surface de l'eau; le Cousin sort de l'enveloppe de nymphe, & ses aîles ayant acquis leur développement, il s'envole. Ses yeux, qui étoient lisses dans le Ver, sont à facettes ou à réseau; ses antennes sont composées de douze articles, & hérissées de poils. Son aiguillon est composé de cinq pointes ou dards de la plus grande finesse, contenus dans une gaine où canule, à travers laquelle ils peuvent être portés en dehors & retirés en dedans; outre cette canule, il y a sur les côtés deux demituyaux qui s'adaptent contre la canule, & l'enveloppent ; lorsque le Cousin fait une piquure, les demi-canaux qui sont flexibles s'écartent, les dards poussés hors de la canule ouvrent les vaisseaux, fraient le passage à la canule qui pénètre dans l'endroit piqué ; le Cousin retire les dards à l'intérieur, & le sang monte dans l'intérieur de la canule. Tel est le précis de la description que Swammerdam fait de l'aiguillon, & son sentiment sur la manière dont il agit ; il pense même que lorsque le Cousin n'a pas occasion de sucer le sang des animaux, il pompe par le même mécanisme, le suc des fleurs qu'il pique. Il compare l'aiguillon à l'instrument employé en chirurgie pour la ponction, qu'on nomme troquart, qui consiste en un dard contenu dans une canule.

Swammerdam décrit ensuite les pattes, les aîles, les balanciers ; il s'arrête sur-tout à la description des aîles qui, vues au microscope, offrent une structure de la plus grande élégance ; elles sont formées d'une double membrane transparente, entre les lames de laquelle les trachées forment des réseaux, & une sorte d'herborisation. Notre auteur ne traite point des parties internes.

TROISIÈME EXEMPLE.

Histoire de l'Abeille, sa naissance, ses changemens, sa manière de se reproduire, ses habitudes, ses travaux, l'utilité que nous en retirons.

L'histoire dont j'entreprends de donner un extrait est écrite dans le plus grand détail ; malheureusement elle n'est point divisée par chapitres, par ordre de matières, ce qui prive de ces momens de repos si nécessaires pour soutenir l'attention & de ces distributions méthodiques qui répandent tant de clarté sur l'objet dont on traite. Je serai donc obligé de suivre la marche de notre auteur, & de présenter les faits comme il les a lui-même observés & énoncés.

Tout le monde sait qu'une ruche contient trois sortes d'Abeilles ; que les noms vulgaires par lesquels on les distingue, sont ceux de *Reine*, *Rois*, ou *Bourdons* & *ouvriers* ou simplement *Abeilles*. Swammerdam rejette les trois premières dénominations ; il avertit que la prétendue *Reine* est l'Abeille femelle ; que les *Rois* ou *Bourdons* sont les mâles ; il conserve le nom d'*ouvriers* aux Abeilles proprement dites qui n'ont point de sexe. C'est sous ces noms qu'il parle des trois sortes d'Abeilles dans toute la suite du traité.

Une ruche est composée de cellules ; l'assemblage des cellules posées au-dessus les unes des autres, forme des rayons ; il y a des cellules de trois sortes pour les trois sortes d'Abeilles. Les œufs sont déposés un à un dans chaque cellule ; le Ver y éclot, y devient Nymphe & Abeille. Si on ouvre une ruche, si on examine les cellules, on en trouve d'occupées, soit par un œuf, soit par un ver, soit par une nymphe ; d'autres sont remplies de miel, car les Abeilles ne laissent jamais les cellules vides & à mesure que les jeunes qui y sont nés & qui y ont été élevés, en sortent, elles s'en servent à un nouvel usage. Une ruche renferme donc une famille composée de femelles, de mâles, d'ouvriers, & elle contient des cellules qui servent & pour élever la famille, & de magasin pour contenir sa nourriture. Les Abeilles consomment pendant l'hiver celle qui a été amassée dans la partie la plus basse de la ruche, & elles dépensent successivement les alimens placés dans les alvéoles plus élevés. A mesure qu'il s'en trouve de vides, la femelle y dépose des œufs, un dans chaque alvéole, en sorte qu'au printems, vers la fin de Mars il y a une peuplade nouvelle prête à prendre l'essort.

Les alvéoles sont formés de cire, & ils contiennent le miel qui y est déposé, tant pour la nourriture des vers, que pour la provision générale. Mais dans les derniers on trouve le miel disposé par couche, en le goûtant on distingue quelque chose d'étranger à son goût & il forme des

grumeaux fur la langue. On appelle communément ce miel *pain des Abeilles*. Swammerdam n'adopte pas ce nom, il penfe que
ce pain des Abeilles eft un mélange de miel
& de cire, qui a befoin d'être élaboré, il
croit que les Abeilles ne pompent pas le
miel tout formé des fleurs, mais qu'il fubit
à leur intérieur une préparation; qu'elles
n'emportent pas non plus la matière de la
cire toute préparée, mais brute, & que ce
qu'on appelle leur *pain* eft un amas de miel
pour leur nourriture, de matière propre à
couvrir en cire & à en faire des cellules
dans les tems de difette. On appelle aufli
le *pain* du nom de *propolis*. Elle paffe
pour quelque chofe de différent de la cire
& elle fert à enduire les parois de la ruche,
à en boucher une partie de l'entrée, à prévenir par ce moyen le froid, à en garantir;
mais ce n'eft, felon Swammerdam qu'une
cire brute, qui élaborée, eft employée aux
mêmes ufages que la cire proprement dite.
Les limites dans lefquelles je fuis forcé de
me renfermer ne me permettent pas de rapporter les raifonnemens & les expériences
fur lefquels Swammerdam établit fon fentiment.

Defcription des cellules.

Celles qui font préparées pour les ouvriers
font héxagones; cinq de ces cellules occupent
un efpace d'un pouce, & cinquante-cinq
un efpace d'un pied d'Hollande.

Les cellules deftinées pour les mâles font
d'un peu plus d'un tiers plus grandes que
celles des ouvriers & conftruites d'ailleurs
fur le même modèle: elles font communément placées à l'extrémité inférieure des
rayons, & elles ne font conftruites qu'après
toutes les autres cellules. On trouve de
ces cellules depuis trois cens jufqu'à quatre
cens dans une ruche.

Les cellules des femelles font beaucoup
plus grandes que celles des ouvriers & des
mâles; elles ont une forme alongée, renflée

vers le bas, qui approche de celle d'une
poire, leur furface extérieure eft inégale,
mais l'intérieure eft très-liffe, comme l'eft
aufli celle des autres cellules; elles font bien
rarement placées au centre des rayons,
mais fur les bords & aux angles de tout l'ouvrage. On trouve quelquefois trente de ces
cellules dans une ruche, mais il n'y en a
qu'un petit nombre ordinairement d'achevées,
les autres ne font qu'ébauchées.

Vers la fin du mois d'Août les ouvriers
tuent les mâles, quoiqu'au printems ils prennent les plus grands foins de ceux qui doivent
naître & remplacer ceux qui ont été détruits
l'année précédente.

Après ces faits généraux fur l'hiftoire des
Abeilles, Swammerdam décrit les trois fortes;
il examine leurs parties, tant externes qu'internes, il traite d'abord de celles qui leur font
communes.

On diftingue dans chaque Abeille douze
anneaux; cinq occupent depuis la tête jufqu'à
l'étranglement qui joint le corcelet au ventre,
fept anneaux entrent dans la formation de
celui-ci.

La femelle & les ouvriers ont la tête
oblongue, arrondie en-deffus, pointue en-
deffous, celle des mâles eft arrondie.

Les yeux ont la forme d'un croiffant, ils
font du double plus grands dans les mâles,
& feulement un peu plus grands dans les
femelles que dans les ouvriers; ils font dans
les trois fortes couverts de poils trois fois
plus longs que le diamètre des yeux. Les
ouvriers & les femelles ont en outre trois
yeux liffes placés derriere les yeux à réfeau
& chargés de beaucoup de poils; ces mêmes
yeux font fitués dans les mâles près des
antennes.

Chaque forte d'Abeilles a deux antennes;
celles des ouvriers & des femelles font
compofées de quinze articles, celles des

mâles de onze. Le premier article du côté de la tête eſt plus court dans les mâles que dans les ouvriers & les femelles. Au-deſſus des antennes des ouvriers & de celles des femelles, il y a un poil qui a très-peu de barbes, & il y en a un dans les mâles qui a beaucoup de filets ou barbes.

Au-deſſus des mâchoires dans les ouvriers & dans la femelle, eſt une ſorte de lèvre de ſubſtance cornée, beaucoup moins remarquable dans les mâles.

Les trois ſortes ont deux dents ou mâchoires courtes & petites dans les mâles, un peu plus grandes dans les femelles, & beaucoup plus grandes dans les ouvriers.

La trompe des mâles eſt de moitié plus courte que celle des ouvriers; Swammerdam a négligé d'obſerver celle des femelles.

Le corcelet eſt dans les trois ſortes arondi avec un bourlet ou rebord en-deſſus & en arriere; il eſt couvert dans les ouvriers de poils peu ſerrés, plus nombreux dans les mâles, rares dans les femelles, à peu près d'égale longueur dans les trois ſortes, mais d'un gris plus foncé dans les mâles.

Toutes les Abeilles ont quatre aîles, plus longues & plus larges dans les mâles, & qui, quoique plus grandes auſſi dans les femelles que dans les ouvriers, paroiſſent petites à cauſe du volume du ventre. Elles produiſent un ſon par leur mouvement quand les Abeilles volent. Ce ſon eſt un effet de l'air qui ſort des trachées; qui s'échappe par des véficules aëriennes qui entrent dans la compoſition des ailes. Il eſt auſſi produit par le mouvement de ces parties à leur jonction avec le corps.

Les Abeilles ont ſix pieds compoſés de neuf articles: trois forment la cuiſſe, deux la jambe, quatre le pied proprement dit ou le tarſe. Les cuiſſes poſtérieures des ouvriers ſont beaucoup plus larges que leurs cuiſſes

antérieures. C'eſt ſur le cinquième anneau ou le premier de la jambe, que les ouvriers chargent & tranſportent la cire; ils la placent ſur le côté extérieur de cet anneau, moins velu que le côté interne, & de plus il y a à l'extrémité de la jambe quelques poils roides dans les ouvriers, que n'ont pas les mâles, & qui ſont peu ſenſibles dans les femelles. Le quatrième article du pied eſt plus ample que les trois autres & il ſert d'attache aux muſcles deſtinés au mouvement de ce membre. Enfin chaque pied eſt terminé par deux grands & deux petits ovales qui ſont comme articulés enſemble. Ils ſont garnis d'un duvet très-doux, entre lequel l'Abeille peut retirer ſes ongles ou les faire ſortir, comme le chat alonge ou retire ſes griffes.

Les ſept anneaux du ventre ſont à leur extrémité d'un noir jaunâtre dans les ouvriers; ils ſont d'un jaune plus décidé dans les mâles & dans les femelles.

Les ouvriers & les femelles ont un aiguillon; il eſt droit dans les premiers, courbe dans les ſeconds, & les mâles n'en ont pas.

Le mâle eſt du double plus grand que l'ouvrier; il eſt plus gros, mais beaucoup moins alongé que la femelle. Les ouvriers ſont d'un jaune obſcur, les mâles tirent ſur le gris, & le ventre de la femelle eſt d'un jaune décidé.

Les ouvriers n'ont pas de ſexe, les mâles ont des organes très-exprimés, & l'ovaire eſt la partie des femelles.

Des parties internes, & d'abord de celles qui ſont communes aux trois ſortes.

Swammerdam fait ici l'énumération de ces parties, puis celle des parties propres ou aux mâles, ou aux femelles, ou aux ouvriers. Ces deux dernières ſortes ont de commun d'avoir un aiguillon qui manque aux mâles; de cette conformité & d'autres traits de reſſemblance recueillis, en comparant les femelles & les ouvriers, Swammerdam conclut que les ouvriers approchent beaucoup plus de la nature des femelles que de celle des mâles, & qu'ils ne diffèrent des premières qu'en ce qu'ils n'ont pas d'ovaires. Cependant, comme après cette énumération générale on trouve un examen particulier de chaque partie, je paſſe à cet examen. Mais avant d'y venir, notre auteur expoſe des généralités qui ne doivent pas être omiſes.

Les ouvriers ſont deſtinés à ramaſſer la cire & le miel, à conſtruire les alvéoles, à les garnir d'alimens. L'unique objet des mâles & des femelles eſt la génération; toutes les Abeilles d'une ruche ſont ſouvent, à la fin de l'été, le produit d'une ſeule femelle qui exiſtoit au printems, & de quelques mâles, & les ouvrages qui ont lieu, le travail de quelques milliers d'ouvriers.

Lorſqu'une femelle a paſſé ou qu'elle a été tranſportée dans un lieu propre à établir une ruche, qu'elle s'y eſt fixée, les ouvriers commencent à conſtruire des cellules, & au bout de ſix jours la femelle ſe met à pondre, elle dépoſe un œuf dans chaque cellule, elle le fait avec beaucoup de promptitude, paſſant d'une cellule à une autre, ſoit qu'elle ſoit achevée ou non, mais pourvu que ſon fond ſoit établi; elle eſt ſuivie dans cette opération par une grande quantité d'ouvriers qui travaillent avec ardeur à achever les cellules à meſure que la femelle y a dépoſé un œuf, tandis que d'autres ouvriers conſtruiſent de nouvelles cellules. Cependant ſi l'on enlève la femelle, les ouvriers ne continuent pas moins leurs ſoins pour les œufs & les vers qui en naiſſent, contre l'opinion qu'on a ordinairement à ce ſujet.

Les œufs ſont oblongs, plus gros à un des deux bouts, un peu courbes & tranſparens; ils tiennent à la cire par le bout pointu, & ils demeurent poſés verticalement. Mais quelquefois leur poſition eſt plus ou moins inclinée, & ils ſont dépoſés plus ou moins avant ſur le fond ou même ſur le côté des cellules.

Les œufs n'écloſent que par la chaleur de la ruche en général. C'eſt une fable que les mâles ſoient chargés de les couver. Au reſte, la chaleur d'une ruche eſt ſi grande, que le miel ne s'endurcit pas même pendant l'hiver. Auſſi les Abeilles continuent-elles d'être en action à l'intérieur, la femelle de pondre, les ouvriers de vaquer aux ſoins néceſſaires pour les petits. Cette chaleur, que les Abeilles produiſent par leur cohabitation eſt peut-être une faculté qui leur eſt particulière, car les autres inſectes, même les Bourdons, les Guêpes, s'engourdiſſent & perdent le mouvement en hiver.

Le Ver ſorti de l'œuf ne trouve point autour de lui de nourriture qui ait été dépoſée pour ſes beſoins, comme cela arrive à beaucoup d'inſectes. Mais l'aliment qui lui eſt néceſſaire lui eſt fourni journellement par les ouvriers. Cet aliment eſt une pulpe blanche, ſi douce qu'elle ne fait aucune impreſſion ſur la langue, de la conſiſtance du blanc d'œuf qui commence à s'épaiſſir par la cuiſſon. Swammerdam penſe que cet aliment eſt du miel élaboré par l'action ou de l'eſtomac, ou peut-être ſimplement de la trompe des ouvriers, qui dégorgent cette ſubſtance & la dépoſent dans chaque cellule où il y a un Ver qui la pompe pour s'en nourrir.

Ce ſoin des ouvriers dure en été à peu près vingt-quatre jours pour chaque ver, tems après lequel le Ver ceſſe de prendre des alimens. Il occupe alors toute la capacité de la cellule, & il s'y replie ſur lui-même en rond. Avant de pouſſer plus loin l'hiſtoire du Ver, Swammerdam en fait ici la deſcription & l'anatomie.

Il eſt compoſé de quatorze anneaux; on remarque ſur ſa tête, les yeux, les lèvres, deux points qui deviennent par la ſuite les antennes, & deux autres points qui ſeront remplacés par les dents; plus bas un petit corps qui repréfente la trompe & qui en eft le principe.

Les yeux font d'un blanc tranfparent.

Dix trachées de chaque côté font diftribuées fur différens anneaux du corps.

Ce Ver n'a qu'un mouvement fort lent.

En ouvrant le Ver fur le dos, on donne iffue à une férofité qui eft fon fang; on voit enfuite fous fa peau les fibres mufculaires qui fervent à fes mouvemens. Au-deffous le corps graiffeux & au milieu, le cœur qui fait faillie, qui s'étend tout du long de la partie fupérieure du corps & de qui naiffent des vaiffeaux qui fe diftribuent à toutes les parties internes; ce vaiffeau eft formé par une membrane tenue, tranfparente, garnie d'une infinité de trachées; à l'endroit où il finit, font placés quatre autres vaiffeaux fermés à leur extrémité, qui paroiffent quatre cæcums & qui contiennent une humeur d'un blanc jaunâtre. Notre auteur n'a pu pouffer plus loin l'anatomie du Ver des Abeilles à caufe de la ténuité des parties. Il revient à l'hiftorique du Ver. Quelque tems après avoir ceffé de prendre de la nourriture, il quitte la pofition en rond où il s'étoit mis, il se redreffe, & il occupe perpendiculairement toute la capacité de fa loge ou cellule; il la tapiffe intérieurement de filets plus lâches vers l'ouverture que dans le refte de fon contour. Cet ouvrage achevé, les ouvriers ferment exactement la cellule en la bouchant avec une couche de cire.

Le Ver enfermé dans fa cellule & y reftant fans mouvement, s'enfle vers la partie qui répond au corcelet, fucceffivement vers les parties inférieures; ce gonflement eft produit par le développement des parties intérieures dont la forme commence à être exprimée, en forte qu'on reconnoît les parties de l'Abeille qui doit naître. Le Ver eft alors dans l'état de nymphe. Cependant avant de paffer à cet état il fe décharge de tous fes excrémens & il dépouille fa peau. Ces ma-

rières demeurent dans la cellule, ce qui eft caufe que quand plufieurs Vers y ont été élevés, les cellules deviennent trop petites, que le miel qui y eft dépofé y eft moins pur, & que par ces raifons les Abeilles font obligées, au bout d'un certain tems, de quitter les ruches anciennes pour en conftruire de nouvelles.

Le Ver changé en nymphe eft l'affemblage des parties qui ont crû fous la peau de Ver, qui dans la nymphe ont leur forme décidée, & qu'on peut déjà diftinguer, mais qui, abreuvées de férofité, ne peuvent encore fe mouvoir, & n'en auront la faculté que quand cette férofité fera diffipée; ou c'eft l'Abeille formée fous la peau de Ver, ayant pris fa forme, mais foible encore & fans action. Ici, Swammerdam revient au Ver, & fait voir la nymphe enfermée fous la peau du Ver: mais comme ce n'eft qu'à l'aide des figures que cette démonftration peut-être bien fuivie, je renverrai, pour cet objet, à l'ouvrage même.

Lorfque les membres de la nymphe ont acquis par l'évaporation de l'humidité fuperflue la confiftance qu'ils doivent avoir, elle dépouille fa peau, & l'Abeille paroît dans fon troifième état. Elle perce avec fes dents, elle déchire le tiffu qui ferme la cellule, elle brife en fragmens oblongs la cire qui la bouche & en rejette les fragmens dans le fond de la cellule. Les ouvriers & les mâles ont les aîles pliées & chiffonnées en fortant de l'état de nymphe; elles s'étendent & fe développent peu après par l'impulfion du fang & l'action de l'air à travers les trachées; mais les femelles ont les aîles développées en fe tirant de la dépouille de nymphe, ou plutôt elles fe développent dans leur cellule qui a affez d'ampleur pour permettre ce développement, & elles n'en fortent que les aîles dépliées.

Swammerdam penfe que les Abeilles favent diftinguer le moment où une femelle eft prête de fortir de fa cellule, quoiqu'elle foit encore fermée. Il fonde ce fentiment fur ce que le devant de cette cellule eſt alors occupé par un grand nombre d'Abeilles qui font entendre un bourdonnement continu. Ce bourdonnement lui paroît une expreſſion de joie ; il croit que les mâles ſont dans cette circonſtance les plus empreſſés ; cependant il penſe qu'il n'y a pas d'accouplement, mais que les mâles fécondent les œufs en les arroſant ſeulement de leur ſemence. Il avertit qu'il examinera de nouveau cet objet plus bas. Il obſerve que la femelle nouvellement ſortie de ſa cellule, eſt ſuivie par un grand nombre d'ouvriers, que ce ne peut être l'influence du ſexe qui les attire, mais le deſir de travailler pour la famille à laquelle la femelle doit donner naiſſance. Si on s'empare de celle ci qu'on la lie à un bâton, & qu'on la tranſporte de cette façon, les Abeilles qui la ſuivoient volent ſur le bâton, s'y attachent en grouppe & ſe laiſſent tranſporter par-tout où l'on veut ; ſi l'on détache la femelle, qu'on la cache ſous un vaſe auquel on laiſſe une ouverture ; les Abeilles quittent le bâton pour paſſer dans le vaſe, quoiqu'on l'ait poſé aſſez loin. Swammerdam penſe qu'elles ſont attirées par une odeur propre à la femelle ; ſi on la laiſſe libre dans le vaſe & ſans l'avoir bleſſée, bientôt les ouvriers ſe mettent à conſtruire des cellules ; mais ſi on la mutile ſans la faire périr, ſi on la rend inepte à multiplier, les ouvriers ne l'abandonnent pas, mais ils reſtent dans l'inaction. C'eſt donc le preſſentiment qu'ils ont ſur les beſoins de la famille qui doit naître qui détermine tous leurs mouvemens.

Il n'y a qu'une femelle pour chaque ruche ou pour chaque famille ; s'il s'en trouve par hazard deux qui dépoſent leurs œufs les unes après les autres dans les cellules, il en provient un grand déſordre ; par ce que les cellules ſont trop peu ſpacieuſes pour pouvoir contenir deux Vers.

Il n'y a donc qu'une femelle par famille ; mais cette femelle donne chaque année naiſſance à trois ou quatre femelles ; à quelques

centaines de mâles, & à pluſieurs milliers d'ouvriers. Ces jeunes femelles quittent la demeure où elles ſont nées, & ſuivies de mâles & d'ouvriers nés en même tems ou à peu près, elles vont fonder une nouvelle colonie. A la ſuite de ces détails & de quelques autres que je ſupprime ; Swammerdam paſſe à l'examen anatomique de l'Abeille.

Il s'occupe d'abord de la trompe. Elle eſt plus grande dans les ouvriers que dans les autres Abeilles.

Sept parties entrent dans ſa compoſition ; celle qui eſt au milieu eſt à proprement parler la trompe ; c'eſt un canal creux ; des ſix autres trois placées de chaque côté, ſervent en même tems à la couvrir & à la défendre, à ſes mouvemens & à introduire le miel que les Abeilles ſucent ; la ſubſtance de la trompe eſt en partie membraneuſe, en partie cornée ; elle eſt chargée de poils en plus ou moins grand nombre dans ſon étendue. Je voudrois pouvoir ſuivre la deſcription de ces différentes parties ; mais c'eſt une entrepriſe qui ſeroit inutile ſans le ſecours des figures ; il faut donc pour cet objet recourir à l'ouvrage même.

En ouvrant l'Abeille en deſſous du ventre on découvre auſſi-tôt la moëlle épinière : elle tire ſon origine de deux nerfs & de deux ganglions qui ſortent du cerveau ; elle eſt elle-même compoſée de nœuds ou de ganglions & de nerfs qui ſortent de ces derniers, elle s'étend juſqu'à l'extrémité du corps.

Les autres parties qu'on découvre ſont l'eſtomac, les inteſtins & des dépendances de la trompe.

L'eſtomac eſt formé d'une membrane très-tenue ; on y diſtingue cependant des fibres muſculaires, ſon entrée eſt très-étroite ; à ſon extrémité oppoſée eſt le colon formé d'une membrane beaucoup plus forte ; le canal ſe rétrécit enſuite ; & on apperçoit en cet endroit une infinité de filets qui y font fortement adhérens; au-delà de ce détroit l'inteftin s'élargit, il continue d'être membraneux, il eft tranfparent & il laiffe appercevoir à fon intérieur fix corps glanduleux.

Le canal fe rétrécit de nouveau à l'extrémité du colon, il s'élargit enfuite & il fe termine en une portion qu'on appelle le rectum.

Celui-ci aboutit au-deffous de l'aiguillon.

Si on enlève l'eftomac & le canal inteftinal, qu'on les pofe fur un verre mince au-deffus de la flamme d'une lampe, & qu'on les deffèche par ce moyen, on y reconnoît non-feulement les fibres circulaires, mais des valvules conniventes.

Tels font les vifcères qu'on découvre dans l'Abeille, fans que dans l'Abeille ouvrière on apperçoive aucun indice d'organe de l'un ou de l'autre fexe.

L'aiguillon eft placé à l'extrémité du corps; fa pointe eft pofée au deffus de l'orifice du rectum; lorfque l'Abeille en fait ufage, il en dégoutte une liqueur limpide, qui produit tous les effets de la piqure de l'Abeille; le réfervoir de cette liqueur eft une véficule oblongue, d'un tiffu très-folide, placée à l'intérieur & à l'extrémité du ventre; un mufcle circulaire l'environne, & par fa contraction fait couler la liqueur contenue dans la véficule. Elle paffe dans un canal très-fin qui naît de l'extrémité de la véficule, & qui, traverfant le centre de l'aiguillon, aboutit à fon extrémité. Cependant des appendices dont il feroit bien difficile de donner l'idée par la feule defcription & fans le fecours des figures, font les organes ou qui fervent à la fécrétion de la liqueur de l'aiguillon, ou qui la verfent dans la véficule qui en eft le réfervoir.

Il feroit beaucoup trop long pour mon plan de fuivre la defcription détaillée de l'aiguillon.

Je me bornerai donc à dire que c'eft un organe compofé, qu'il eft formé de deux lames intérieures & d'une gaîne; que les lames intérieures font hériffées de crochets d'où vient la force avec laquelle l'aiguillon tient une fois qu'il eft entré, & l'effort néceffaire pour le retirer; ajoutons que de puiffans & nombreux mufcles fervent à fes mouvemens.

Il arrive fouvent qu'une Abeille qui a fortement piqué, laiffe fon aiguillon engagé dans la plaie; elle en périt parce qu'avec fon aiguillon elle laiffe une plus ou moins grande portion de fon canal inteftinal. Quant à la perfonne qui a été piquée, pour la foulager & prévenir les fuites, il faut retirer l'aiguillon; cependant pour y parvenir, c'eft une mauvaife pratique de faifir ce qui refte de l'aiguillon hors de la plaie & de le retirer de cette façon; on comprime cet excédant abreuvé de la liqueur vénéneufe, & on la fait couler dans la plaie; il faut donc retrancher cet excédant avec des cifeaux, dilater enfuite les bords de la piqure avec une pointe tranchante, mettre à découvert la partie de l'aiguillon engagée & la retirer.

Swammerdam penfe que la liqueur de l'aiguillon a deux ufages; qu'elle fert à élaborer *le pain des Abeilles* dont il a été parlé, à le convertir en cire, & qu'elle eft utile pour leur défenfe. (Comme la piqure fimple fuffit pour ce dernier objet, fans que les fuites rendent les Abeilles plus redoutables à leurs ennemis qui ne connoiffent pas ces fuites, il paroît probable que la liqueur a plutôt le premier ufage que Swammerdam lui affigne, ou quelqu'autre ufage inconnu, & qu'elle ne coule qu'accidentellement dans la plaie par le mécanifme de la p'qu...)

Anatomie de l'organe propre à la femelle.

L'organe particulier à la femelle eft l'ovaire. Il s'étend depuis le haut du ventre

jufques

jufques près de fon extrémité, & il eft fitué au-deffus des autres vifcères contenus dans cette cavité; il eft divifé en deux portions, mais rapprochées & contiguës, au lieu que dans beaucoup d'autres infectes les deux portions de l'ovaire font féparées; la membrane dont il eft formé eft fi mince qu'on apperçoit à travers les œufs qu'elle contient; chaque portion de l'ovaire eft divifée en des canaux qu'on peut appeler *conduits des œufs* ou *oviductus*. A l'endroit où l'ovaire approche de l'extrémité du ventre, on diftingue deux canaux auxquels aboutiffent toutes les divifions de l'ovaire, & dans lefquels ils dépofent les œufs; ces canaux fe réuniffent en un feul qui donne iffue aux œufs; ces deux premiers canaux & celui dans lequel ils fe réuniffent ont une confiftance plus ferme que le refte de l'ovaire; ils contiennent des fibres mufculaires; c'eft par le moyen de ce mécanifme que l'Abeille dépofe des œufs dans une fituation perpendiculaire, & non pas horizontale, comme la plupart des autres ovipares.

A l'extrémité du canal par où fortent les œufs font deux appendices & une véficule. Les appendices féparent une humeur vifqueufe qu'ils verfent dans la véficule, & celle-ci s'ouvrant dans le conduit ovaire à fon extrémité, les œufs y font à leur paffage imprégnés du *gluten* qui les attache à la cire fur laquelle ils font reçus.

Ajoutons que les œufs font formés fucceffivement dans leur paffage dès ovaires à travers ces différens canaux ou conduits. Ils defcendent imparfaits de l'ovaire dans les conduits où ils acquièrent ce qui leur manquoit. Cet accroiffement des œufs dans leur trajet fe fait de même que dans les oifeaux, dont l'ovaire ne contient que 🥚 jaune de l'œuf, & dans lefquels le blanc s'unit au jaune, la coquille fe forme pendant le paffage des œufs à travers l'*oviductus*.

Organes du mâle.

Swammerdam avant de décrire les organes du mâle, fait l'énumération des parties qui lui font communes avec fes autres Abeilles; mais il entre à l'égard des yeux dans une defcription détaillée qu'il n'avoit pas donnée en parlant antérieurement des parties ou des organes qui appartiennent aux trois fortes d'Abeilles; au lieu que pour les autres parties communes à toutes les Abeilles il fe contente de les rappeller & de les nommer pour le mâle, comme il le fait auffi pour la femelle.

Les yeux font de deux fortes; favoir des yeux à réfeau & des yeux liffes: les premiers font au nombre de deux, un de chaque côté; les feconds font au nombre de trois; ils font fitués fur le deffus de la tête & difpofés de façon que des lignes tracées des uns aux autres repréfenteroient la lettre Y.

Les deux yeux à réfeau ont la forme d'un croiffant; ils font couverts de poils qui tiennent lieu de fourcils & de paupières; ils font implantés dans la cornée.

La cornée eft la première membrane de l'œil ou la plus externe; elle eft dans l'Abeille, comme dans les autres infectes, fillonnée par une infinité de réfeaux; en forte qu'un œil à réfeau eft l'affemblage d'une infinité d'yeux liffes; les fillons font exprimés à l'intérieur comme à l'extérieur, & les poils font implantés fur les fillons extérieurs; ils pénètrent dans toute l'épaiffeur de la cornée; ils font très-nombreux, quoiqu'il n'y en ait pas autant que de fillons. Sous la cornée eft placée l'uvée; elle n'occuppe donc pas le fond, mais la furface de l'œil, & elle n'eft pas perforée.

En féparant la cornée de l'uvée, & en enlevant la première de ces membranes on enlève en même-tems une fubftance adhérente à fa furface interne, qui rend la cornée opaque, qui eft de couleur pourprée dans les Abeilles, & diverfement colorée dans les divers infectes.

Au-deſſous de l'uvée on apperçoit autant de fibres qu'il y a de diviſions ſur la cornée ; elles ſont larges & hexagones à leur ſommet , plus étroites dans leur milieu & pointues à leur baſe ; leur longueur eſt à peu près la même , excepté les fibres plus près des bords & des angles de la cornée, qui ſont un peu plus courtes & un peu inclinées ; elles ſe terminent toutes à leur baſe en une membrane à laquelle elles adhèrent foiblement ; l'auteur n'a pu déterminer qu'elle eſt leur nature. La membrane à laquelle elles aboutiſſent, quoique très-tenue, l'eſt moins encore que la ſeconde membrane ſituée ſous la première. Sous ces membranes on apperçoit une ſeconde couche de fibres. Swammerdam penſe s'être aſſuré que celles-ci communiquent avec le cerveau. On découvre en effet ce viſcère au-deſſous de ces fibres ; il eſt compoſé de quatre ſegmens , du milieu deſquels naît la moëlle épinière.

Les yeux liſſes ont la même organiſation que les yeux à réſeau & les fibres qu'on y obſerve aboutiſſent de même au cerveau.

Après la deſcription des yeux Swammerdam fait celle de quelques parties qui appartiennent encore à la tête, de celles que renferme le corcelet, &c. Mais comme c'eſt en plus grande partie la répétition de ce qui a été dit au ſujet des Abeilles ouvrières, je paſſe ces objets ſous ſilence pour ne m'occuper que des parties propres au mâle. Ce ſont deux teſticules, deux vaiſſeaux déférens, deux véſicules ſéminales, le pénil, ſur celui-ci une membrane de couleur d'acier poli diviſée en cinq portions, & deux appendices de couleur jaune.

Toutes ces parties ſont d'une grandeur exceſſive à proportion de l'animal, & elles occupent la plus grande partie de la capacité du ventre.

Les teſticules ſont ſitués profondément dans le ventre & à la partie qui répond aux lombes, comme dans les oiſeaux ; ils ont la forme d'une olive , ils ſont couverts d'une infinité de vaiſſeaux aériens dont le nombre nuit à l'examen de leur ſubſtance qui paroît vaſculaire ; ils ſont d'une couleur citrine tirant ſur le pourpre.

Les vaiſſeaux déférens ſont tenus, tranſparens, tortueux, entourés d'un grand nombre de vaiſſeaux aériens. Le ſperme qu'ils contiennent les fait paroître blancs. Ils communiquent d'une part avec les teſticules, & de l'autre avec les véſicules ſéminales ; ils ſont d'un diamètre inégal dans leur trajet, & leur ſubſtance eſt glanduleuſe.

Près des vaiſſeaux déférens ſont ſituées les véſicules ſéminales, elles ſont très-amples, d'une ſubſtance glanduleuſe. On y remarque des fibres muſculaires.

Les vaiſſeaux déférens & les véſicules ſéminales aboutiſſent à l'origine ou à la racine du pénil ; celui-ci eſt un canal long , courbé, d'autant plus ample qu'il s'avance plus au-dehors juſqu'à ce qu'il s'élargiſſe ſenſiblement, après quoi il ſe rétrécit & il s'élargit de nouveau en un tubercule oval.

La baſe ou racine du pénil eſt d'une ſubſtance toute nerveuſe & ſemblable à un cartilage qui n'a pas encore acquis toute ſa dureté ; on y remarque une portion de ſubſtance cornée du côté interne, & du côté externe deux portions de même ſubſtance, mais d'une moindre longueur. Au-deſſous eſt une membrane couleur d'acier, diviſée en cinq portions, & un peu plus bas, de l'autre côté, une membrane pareille, mais ſans diviſions, ſuit le pénil proprement dit, qui eſt un canal recourbé à ſon extrémité ; il s'y renfle & eſt couvert d'une ſubſtance cornée terminée par une frange de poils.

Au moment d'accomplir l'accouplement le pénil ſe gonfle , entre en érection & ſe porte hors du ventre ; on conçoit ce mécanifme qui fe rapproche de celui des autres animaux; mais il eft difficile de comprendre ce qu'entend Swammerdam quand il dit, que dans l'érection, les parties de la génération du mâle font retournées, & qu'il fe fert de l'exemple de la peau qu'on enlève à un animal. Y a-t-il en effet un pareil renverfement, ou les parties qu'il a examinées & décrites, contenues dans la capacité du ventre, ne changent-elles pas fimplement de pofition, & ne fe montrent-elles pas à découvert en paroiffant au dehors, & ce renverfement n'eft-il pas fimplement un effet analogue à la rétraction du prépuce? Au refte,, Swammerdam entre dans un détail très-circonftancié de la manière fucceffive dont chaque partie, à commencer par les franges de poils, paroiffent au dehors, fe tuméfient & entrent en érection. Mais fans l'appareil des planches il eft comme impoffible d'être compris, ainfi le lecteur doit recourir à l'ouvrage même. On fera fans doute furpris, après avoir pris l'idée des organes de la génération, tant dans l'Abeille mâle que dans l'Abeille femelle, de trouver que Swammerdam conclut qu'il n'y a pas d'accouplement & que la femelle n'eft fécondée que par l'odeur que les mâles répandent dans la ruche; il fe fonde fur ce qu'on n'a pas vu l'accouplement, fur ce qu'il ne peut avoir lieu, tant la femelle eft continuellement environnée d'ouvriers; mais il avoue que fon opinion répugne à l'appareil des organes, & il la propofe jufqu'à ce que la manière dont l'Abeille femelle eft fécondée ait été déterminée par l'obfervation.

A la fuite de l'hiftoire & de la defcription anatomique des Abeilles dont je viens de donner un précis, Swammerdam reprend plufieurs faits relatifs à leur hiftoire, & il ajoute des obfervations fur le nombre des différentes Abeilles trouvées, dans différens tems, dans diverfes ruches. Mais ces objets devant fe trouver dans l'hiftoire particulière de ces infectes au mot ABEILLE, ils formeroient ici un double emploi.

Enumération des infectes qui appartiennent au fecond mode du troifième ordre de changement, & auxquels on donne le nom de chryfalide.

Les infectes qui appartiennent à ce troifième mode ne diffèrent de ceux du premier qu'en ce que la peau qui les recouvre ne laiffe pas appercevoir la forme de leurs membres auffi diftinctement que dans les premiers. Ce font les Papillons, tant diurnes que nocturnes.

A la fuite de cette introduction, Swammerdam donne des planches accompagnées d'explications, dans lefquelles il repréfente le Papillon depuis l'œuf jufqu'à fon dernier état, & fait voir comment le Papillon étoit originairement contenu fous fes différentes enveloppes, comment fes membres fe font formés.

ANATOMIE DU PAPILLON.

CHAPITRE PREMIER.

Defcription des parties externes & internes de la Chenille.

La Chenille qui eft le fujet de cette defcription eft la Chenille épineufe qui vit fur l'ortie, & fe change en ce Papillon diurne qu'on connoît fous le nom de *petite Tortue.* Geoff. tom. 2, pag. 39, n°. 4. Linn. Faun. n° 774. Je ne fuivrai pas la defcription des parties externes de cette Chenille, qui eft très-commune & bien connue.

Lorfqu'on ouvre la Chenille fur le dos, il fort de la plaie une liqueur verdâtre. C'eft le fang. On découvre enfuite des fibres mufculaires qui fervent au mouvement des anneaux du corps; plus profondément le cœur dont on trouvera plus bas la defcription; à l'extrémité du corps deux globules qui approchent de la forme du rein de l'homme & des quadrupèdes. Mais ces globules ne prennent leur entier développement que dans le Papillon, c'est pourquoi l'examen en est renvoyé à l'anatomie de cet insecte.

Après avoir enlevé les parties qui viennent d'être nommées, on découvre l'estomac qui remplit la plus grande partie de la capacité du corps de la Chenille; sa partie antérieure est un canal étroit qui va en s'élargissant, il passe en remontant dans une rainure ou sillon imprimée sur la moëlle épinière, & remontant par dessus le cerveau, il aboutit à la bouche. Ce canal, que Swammerdam nomme *gula*, paroît répondre à l'œsophage.

L'estomac est formé de trois membranes, la première est excessivement mince & couverte de vaisseaux aériens, la seconde est musculaire, & la troisième, qui contient immédiatement les alimens, est très-mince. A la partie antérieure de l'estomac on découvre en dessus des expansions tendineuses qui s'étendent sur tout le viscère, qui l'entourent & qui naissent des fibres musculaires de la seconde membrane.

Au-dessus & au-dessous de l'estomac sont six appendices qui se propagent vers le gros intestin, & finissent en intestins borgnes ou qui sont six *cæcum*; plus bas un gros intestin dans lequel les excrémens se moulent & qui aboutit au rectum.

Des deux côtés de l'estomac sont deux canaux grêles qui remontent jusqu'au cerveau. La première pensée de Swammerdam sur l'usage de ces canaux fut qu'ils sont les réservoirs de la soie; mais il crut que cette Chenille filant fort peu, ces canaux peuvent avoir un autre usage, & il ne le détermine pas.

Lorsqu'on a enlevé toutes les parties dont il vient d'être fait mention, on découvre le corps graisseux étendu sur tout le corps à son intérieur; il ne sert dans la Chenille qu'à soutenir les expansions des trachées; elles naissent de deux troncs principaux, un de

chaque côté; ces troncs communiquent entr'eux par des ramifications qui répondent à chaque stigmate.

Pour bien voir le cœur, il faut étendre la Chenille sur le dos, & l'ouvrir sous le ventre, alors on reconnoît que le cœur s'étend, suivant la longueur du corps, d'une extrémité à l'autre. Il consiste en un canal à plusieurs étranglemens, couvert de fibres musculaires longitudinales & circulaires; il se contracte par l'action de ces fibres, & sa dilatation est opérée par celle d'un grand nombre de fibres musculaires, qui ont d'une part leur insertion sur ce viscère, & de l'autre sur différentes parties.

Pour découvrir le cerveau & la moëlle épinière, il faut ouvrir sur le dos & choisir des Chenilles qui aient été malades, parce qu'elles ont moins de graisse. Le cerveau, placé sur l'origine de l'œsophage, est formé de deux globules; au-dessous est l'origine de la moëlle épinière, elle commence par deux nerfs qui se réunissent en un, & elle forme, dans son trajet jusqu'à l'extrémité du corps, des ganglions qui donnent naissance aux différens nerfs.

Chapitre II.

Manière dont la Chenille devient chrysalide; ce que c'est que la chrysalide; observations anatomiques.

Le changement de la Chenille en chrysalide consiste dans le développement des parties de la dernière, & la chrysalide n'est autre chose qu'elle-même, que ce qu'elle étoit, mais ces parties ont acquis un développement & une consistance qu'elles n'avoient pas sous la peau de Chenille; car elles étoient dès l'origine contenues sous cette peau; cependant elles étoient infiniment petites, molles & de liquescentes; au lieu que quand le changement a lieu, les parties de la chrysalide on acquis & le volume & la consistance qui leu sont propres.

Lorſque la Chenille a ceſſé de manger, elle ſe ſuſpend par des fils de ſoie; elle quitte ſa peau, & alors la chryſalide paroît à nud. Swammerdam en décrit les différentes parties tant externes qu'internes dans un grand détail. Il ne m'eſt pas poſſible de le ſuivre dans cet expoſé, dont il réſulte que la chryſalide eſt l'aſſemblage des parties du Papillon, mais molles, reſſerrées, pliées ſur elles-mêmes, couvertes par l'enveloppe de chryſalide qui n'en laiſſe appercevoir qu'une ébauche groſſière & imparfaite; la chryſalide étoit de même cachée ſous la peau de Chenille qui ne permettoit pas de diſtinguer aucun de ſes traits, & comme elle-même eſt l'aſſemblage des parties du Papillon, il s'enſuit que celui-ci étoit déjà exiſtant ſous la peau de Chenille; enfin, que dans l'état de Chenille, dans celui de chryſalide, c'eſt le même animal, ou le Papillon, mais caché ſous deux enveloppes, dont la première ne laiſſe rien appercevoir de ſa forme, dont la ſeconde permet d'en découvrir une ébauche groſſière, & que dans l'état de Chenille les membres du Papillon étoient infiniment petits, que dans celui de chryſalide ils ont leur étendue à peu près, mais ils ſont repliés, & ils ſont mous & manquent de la conſiſtance qu'ils doivent acquérir.

Après les détails dont je viens de tâcher de donner au moins le réſultat, Swammerdam examine l'état de la chryſalide à différens jours, depuis le premier où elles a quitté la peau de Chenille.

Etat au ſecond jour.

Les yeux ſi déliqueſcens qu'ils ſe fondoient en les touchant, les pattes & les antennes ne paroiſſent encore que comme une membrane qui commence à prendre quelque conſiſtance; les aîles ſemblables à une matière gélatineuſe.

A l'intérieur un changement plus notable. L'eſtomac ſenſiblement diminué de longueur, l'œſophage au contraire du double plus long,

paſſant à travers le corcelet & pénétrant dans le ventre; la partie poſtérieure de l'eſtomac reſſerrée & ſe changeant en un inteſtin grêle, mais ſi peu ſolide, qu'on ne pouvoit le toucher ſans le lacérer; cet inteſtin, rempli d'une ſéroſité rouge, mêlée d'un ſédiment rougeâtre. Chûte ou ſéparation d'avec le ventricule des ſix inteſtins cœcum.

Le cœur & la moëlle épinière devenus beaucoup plus courts, les canaux qui reſſemblent aux réſervoirs de la ſoie, rétrécis; les muſcles du thorax, des pattes, &c. ſans force & ſans conſiſtance; la graiſſe un peu plus jaune, plus compacte, friable. Les expanſions des trachées plus étroites, un nœud ou une éminence preſqu'arrondie & de couleur purpurine aux derniers anneaux du ventre. Il n'a plus été poſſible de découvrir les deux corps *réniformes*.

Etat de la chryſalide au ſixième ou huitième jour.

L'enveloppe extérieure moins humide & plus compacte, encore blanchâtre, mais d'un blanc tirant ſur le gris; l'eſtomac retiré & ne formant preſque plus qu'un point ou ſac, le fluide qu'il contenoit d'un pourpre plus foncé, les muſcles du corcelet plus exprimés & ayant plus de conſiſtance. Commencement du développement des parties de la génération.

Etat de la chryſalide au douzième jour.

La trompe ayant déjà une conſiſtance marquée; les antennes couvertes de leurs poils; les pattes auſſi couvertes des leurs; les poils & les écailles des aîles très-reconnoiſſables, mais remplis d'humidité, & réunis comme les poils d'une peau qui a trempée pluſieurs jours dans l'eau; les aîles extenſibles en en étendant la membrane.

Etat de la chryſalide au ſeizième ou dix-ſeptième jour, tems où le Papillon eſt prêt d'en rompre l'enveloppe.

Les yeux bien formés; la trompe de même,

ainsi que les appendices entre lesquels elle est placée à son origine ; les antennes dans leur état parfait ; les pieds aussi, & capables d'exercer leurs fonctions si on les dégage de l'enveloppe qui les recouvre ; les muscles du corcelet ayant toute la force qui leur est propre ; les canaux pris pour les réservoirs de la foie dans la Chenille, réunis en un seul fixé près de l'œsophage à son extrémité antérieure ; une vésicule à surface inégale, placée sur l'estomac, & communiquant avec ce viscère par un canal délié ; l'estomac réduit en un sac rempli de rugosités ; au-dessous de ce viscère les cœcum qui s'en étoient séparés ; à l'extrémité de l'estomac, qui finit par un canal étroit, les gros intestins plus longs, mais plus étroits que dans la Chenille.

Le cœur & la moëlle épinière retrécis & racourcis ; la graisse en très-grande partie dissipée. Les particules réniformes ne se trouvant plus, & peut être changées dans les organes de la génération, alors complets & dans leur perfection.

* _Manière dont la chrysalide passe à l'état de Papillon._

Les changemens dont on vient de lire l'exposé, ont lieu en dix-huit jours dans les mois de juin & de juillet ; mais en automne ils retardent de dix jours & davantage, suivant l'état de la saison.

Swammerdam reprend en partie dans cet article ce qui a été exposé dans les précédens, & il tâche de faire voir que c'est par le mouvement du sang, par la circulation de l'air admis en plus grande quantité, que se fait le développement des parties ; que c'est par l'évaporation du fluide surabondant qu'elles acquièrent leur consistance. C'est sur-tout parce que le Papillon, prêt à naître, absorbe une plus grande quantité d'air, & qu'il s'en gonfle pour ainsi dire, que la peau de chrysalide se fend & lui permet d'en sortir. Le changement le plus notable est alors celui des aîles, qu'on voit à vue d'œil s'étendre, se développer, & qui prennent en même tems plus de consistance. Ces effets sont encore la suite de la circulation & du mouvement de l'air admis en plus grande abondance.

Enfin, Swammerdam finit par comparer le Papillon contenu sous la peau de Chenille à un embrion nouvellement formé ; sous celle de chrysalide à un fœtus encore contenu sous les membranes qui l'enveloppent, mais prêt à les rompre ; lorsqu'il a brisé & dépouillé toutes les peaux qui l'ont couvert en différens tems, quand il sort de la chrysalide, à un nouveau né, mais qui se trouve en naissant dans l'état de perfection, & capable de toutes les fonctions propres à son espèce.

CHAPITRE III.

Parties internes du Papillon, tant mâle que femelle.

Le Papillon étant ouvert sur le dos, on découvre sur le corcelet des vaisseaux plissés, qui se réunissent en deux canaux très-déliés qui aboutissent du fond de la bouche, ou de l'œsophage, à l'estomac. Leur usage n'est pas connu ; peut-être servent-ils à fournir une humeur salivaire ? Entre ces vaisseaux l'œsophage qui se partage à la base de la trompe en deux canaux qui reçoivent & transmettent les sucs pompés par celle-ci. Près de l'estomac, à l'extrémité de l'œsophage, est une vésicule dans laquelle l'air qui se dégage des alimens est reçu à leur passage ; cette vésicule a un mouvement péristaltique continuel.

L'estomac est très-renflé & semblable à l'intestin colon soufflé ; mais à sa partie postérieure il finit en un canal très-étroit. Ensuite, au-dessous du pylore, sont placés six intestins cœcum ; mais bien plus petits que ceux de la Chenille ; par-delà sont les intestins grêles qui, en se terminant, s'élargissent en une cavité qui forme un _cloaque_, après lequel le canal se rétrécit, s'élargit ensuite & devient le rectum qui passe a travers le dernier anneau du corps, & dont l'extrémité forme l'*anus.*

La trompe est composée de deux demi-canaux, appliqués l'un à l'autre; elle s'étend & se roule à la volonté du Papillon par l'action de fibres musculaires infiniment tenues.

Peut-être sera-t-on surpris que Swammerdam, auquel on pourroit quelquefois reprocher de la prolixité, ne se soit pas plus étendu sur l'Anatomie du Papillon; mais en faisant celle de la crysalide, il a fait celle du Papillon, qui n'en diffère guère que par la mollesse de ses membres.

Parties génitales du mâle.

Le pénil situé à l'extrémité du corps, est chargé de plusieurs pièces de substance cornée qui entourent son extrémité, & qui servent à le fixer avec des crochets de même nature, placés à l'orifice des parties génitales dans la femelle. La description de ces différentes pièces ne peut être bien saisie qu'à l'aide de figures. Le pénil est composé de deux portions, une de substance cornée à travers laquelle s'avance une autre portion plus molle, qui entre en érection, & qui s'allonge dans l'accouplement; si l'on ouvre la racine ou base du pénil, il en sort un sperme blanc & une liqueur brillante, & formant des globules comme le vif argent. Quelle est la nature de cette seconde liqueur?

Plus intérieurement la portion nerveuse du pénil se divise en deux parties, qui se subdivisent elles-mêmes en quatre autres. L'usage des quatre dernières n'a pu être reconnu par Swammerdam, qui, voyant les premières remplies d'une humeur blanche, a jugé qu'elles sont les vésicules séminales; il croit qu'on pourroit regarder les autres comme les vaisseaux déférens, & un nœud auquel elles aboutissent comme un testicule; en sorte que le Papillon n'auroit qu'un testicule, car il n'y a qu'un nœud; mais ce sont, ajoute-t-il, de simples conjectures; ce nœud ou testicule est couvert de deux membranes; il est d'une couleur grisâtre pâle.

De l'ovaire de la femelle.

Il est divisé en six ramifications, qui se réunissent en un seul canal dans lequel sont reçus & à travers lequel passent les œufs formés dans les six ramifications; cinq appendices borgnes s'ouvrent dans ce canal, & y versent un gluten qui imprègne les œufs & sert à les attacher au moment de la ponte; de l'autre côté de ces cinq canaux en est un plus étroit, terminé par une espèce de sac, & descendant de l'ovaire; sa partie supérieure contient une humeur analogue à la graisse, & la partie inférieure une humeur limpide.

Du côté extérieur, le conduit qui résulte de l'union des six branches de l'ovaire, se termine en une entrée ou vagin, à l'intérieur duquel on voit les crochets qui retiennent l'extrémité du membre du mâle dans l'accouplement.

Swammerdam reprend ensuite ce qui vient d'être exposé en plus grande partie, & à l'aide d'un grand nombre de figures il fait voir comment le Papillon est contenu dans la Chenille, &c. Il le suit depuis l'œuf jusqu'à son dernier état. Les planches présentent une suite curieuse & instructive : mais c'est un secours que nous ne pouvons avoir, sans lequel les descriptions seroient insuffisantes; & d'ailleurs, si je ne me trompe, on conçoit assez par tout ce qui a été dit, comment le Papillon, & tous les insectes en général, sont contenus dans la larve dès l'origine, comment leur développement s'opère dans la nymphe ou la chrysalide, & comment ils en sortent enfin dans état de perfection.

Quatrième ordre de changement.

Dans ce quatrième ordre, le Ver ou la

larve paſſe à l'état de nymphe ſans dépouiller ſa peau , ſans perdre complètement ſa forme première ; la peau de Ver ſe raccourcit , ſe durcit , elle ſert d'enveloppe à la nymphe dont elle ne permet pas de découvrir les différentes parties , ni rien de ſa forme. D'ailleurs la nymphe n'a point de mouvement ; elle étoit originairement contenue ſous la peau du ver , elle s'eſt développée , & elle a pris ſon accroiſſement ſous cette peau ; elle eſt l'inſecte qui ne diffère de ſon état de perfection , que par la molleſſe , la foibleſſe , l'immobilité de ſes parties , & quand elles ont acquis leur force , leur conſiſtance , la faculté de ſe mouvoir , l'inſecte rompt alors la peau de Ver qui a couvert la nymphe , & paroît au dehors dans ſon dernier état , ou dans celui de perfection. Le changement du quatrième ordre ne diffère donc de celui du troiſième qu'en ce qu'il s'exécute ſous la peau de Ver raccourcie & endurcie.

Swammerdam , en faiſant l'énumération des inſectes qui appartiennent à ce quatrième ordre , en cite qu'il ſeroit long de rappeller à leur eſpèce. Il ſuffit de ſavoir que ce ſont des Mouches à deux aîles , ou des *Diptères*. Il rapporte encore à ce genre , les œufs même de certains inſectes , les nymphes d'autres eſpèces, objets dans leſquels il règne une certaine confuſion , & très-difficiles à ſuivre , qui jettent plutôt de l'obſcurité que du jour ſur l'hiſtoire des inſectes , raiſon pour laquelle je ne fais pas l'extrait de cet énoncé. Il parle enſuite de deux Mouches dont les Vers vivent dans le fumier ou les latrines , & dont le changement appartient au quatrième ordre. Il les repréſente dans leurs différens états , à commencer depuis l'œuf, par une longue ſuite de figures , mais il n'en réſulte que le développement ſucceſſif de ces inſectes; objet ſur lequel je crois que ſuffit le précis en tête de cet article, c'eſt-à-dire, en quoi conſiſte le changement qui conſtitue le quatrième ordre.

Hiſtoire d'une Mouche-Taon , ou plutôt d'une Mouche-Aſile.

Je n'entrerai pas dans la diſcuſſion de ſavoir ſi la Mouche dont il s'agit a été appellée *Taon* ou *Aſile* par les anciens ; elle n'eſt plus de l'un ni de l'autre de ces genres pour nous. C'eſt le *Stratyomis* de M. Geoffroy , ou ſa *Mouche armée à ventre plat , chargé de ſix lunules* , t. 2. pag. 479 , n°. 1. , *oeſtrus aquæ* , Linn. , Faun. , Suec. , n°. 1029

Le Ver de la Mouche dont il s'agit, vit dans l'eau , il reſpire par le bout de ſa queue ; ſes pieds ſont placés dans une ſorte de bec près de ſa bouche ; il paſſe à l'état de nymphe ſans dépouiller ſa peau ; l'inſecte devenu parfait quitte l'eau dans laquelle il ne ſauroit plus vivre. Ces premiers traits ſuffiſent pour inſpirer de la curioſité à l'égard de cet inſecte

CHAPITRE I.

Deſcription du Ver , de la manière dont ſes pieds ſont placés , de celle dont il reſpire.

Le Ver de la Mouche armée ; car je nommerai ainſi la Mouche, ſujet de cette obſervation, eſt alongé, ſon corps eſt diviſé en douze anneaux, il n'eſt pas régulièrement rond, mais applati en deſſus & en deſſous; il eſt renflé vers la partie ſupérieure, terminé en pointe à ſes deux extrémités, mais l'extrémité ſupérieure eſt moins longue, moins effilée, & la poſtérieure ou le côté de la queue eſt plus alongé & plus grêle.

Les deux parties de ce Ver, les plus remarquables , ſont la queue, & l'extrémité antérieure terminée en une ſorte de bec.

La queue eſt entourée d'une couronne de poils, au moyen deſquels le Ver ſoutient cette partie à la ſurface de l'eau , tandis que ſon corps pend verticalement vers le fond.

Le

Le bec eſt armé de trois pointes, dont celle du milieu n'a point de mouvement, mais dont les deux latérales en ont un fort vif, ſemblable au mouvement de la langue des Serpens & des Lézards. C'eſt dans ces deux crochets que réſide la plus grande force du Ver; il s'en ſert hors de l'eau pour ſe cramponner, attirer le reſte de ſon corps, & cheminer.

Lorſque le Ver veut deſcendre dans l'eau, il replie les uns contre les autres les poils qui entourent ſa queue, & ſon poids l'entraîne; mais il remonte lorſqu'il épanouit ces mêmes poils; il ſe forme alors à leur centre un entonnoir dans le milieu duquel on apperçoit une bulle d'air. Swammerdam repréſente enſuite le Ver groſſi au microſcope, & il entre dans une deſcription détaillée à ſon égard. Je vais tâcher d'indiquer les objets qui méritent une attention particulière.

La peau eſt coriacée & couverte d'une infinité de petits grains qui la font paroître comme chagrinée.

Sur chaque côté du corps il y a neuf ſtigmates dont la couleur eſt noire.

La tête eſt comme partagée en trois portions : ou voit ſur la première, les yeux qui ſont un peu ſaillans, & deux antennes fort courtes; au-deſſous eſt le bec qui eſt très-pointu, & à l'intérieur duquel ſont ſitués les pieds. Leur place répond à la mâchoire inférieure; ainſi Swammerdam remarque que ce Ver ne ſe traîne pas ſeulement à la faveur de ſes crochets, mais qu'il a de véritables pieds. Ils lui ſervent également à marcher ſur un terrain ſec, ſur le fond des eaux, & quand il ſe tient ſuſpendu, la queue épanouie, à nager ou à paſſer d'une place à une autre.

Au milieu du bout de la queue, eſt une ouverture par laquelle l'inſecte inſpire & expire. (Cependant Swammerdam nous dit

qu'il y a ſur les côtés du corps, neuf points reſpiratoires, que j'ai nommés ſtigmates, quel eſt donc leur uſage? Il me paroît démontré que le Ver reſpire par la queue, mais de quoi lui ſervent les ſtigmates?

CHAPITRE II.

Hiſtoire du Ver, manière de le faire mourir pour le diſſéquer.

Le Ver de la Mouche armée vit dans les eaux douces ou ſalées; on l'y trouve au commencement du mois de juin, un peu plutôt ou plutard, ſuivant que la ſaiſon a été plus ou moins chaude; il n'habite que les eaux ſtagnantes, & il eſt plus abondant dans celles ou il croît des herbes ſur leſquelles il aime à ramper; ſouvent il n'eſt à l'eau que par l'extrémité de ſon corps, & il en laiſſe pendre la partie antérieure dans quelque fente qui eſt à ſec; il ſe nourrit du limon des eaux. Des Vers de cette eſpèce plongés dans l'eſprit-de-vin ou le vinaigre, pendant la moitié d'une nuit dans la première de ces liqueurs, & pendant deux jours & demi dans la ſeconde, à deſſein de les y faire mourir, retirés au bout de ce tems, & remis dans l'eau, n'en n'étoient pas moins vigoureux; mais jettés dans l'eſprit de térébenthine, ils y périſſent en une heure. C'eſt donc le moyen de les tuer pour en faire l'anatomie.

CHAPITRE III.

Anatomie du Ver.

Swammerdam commence par décrire les dents; elles ſont de ſubſtance moyenne entre celle de la corne & des os; elles ſont placées au fond de la bouche; plus loin eſt l'œſophage qui conſiſte en un canal très-étroit, étendu de la bouche à l'eſtomac le long d'un ſillon creuſé ſur la moëlle épinière. Le cerveau eſt placé au-deſſus de la portion antérieure de l'eſtomac. Ce dernier viſcère eſt membraneux, & il a, avec les inteſtins grêles compris, cinq pouces de Hollande de long,

A l'extrémité des inteftins grêles, font quatre *cæcum* qui forment plufieurs circonvolutions ; f .ivent enfuite les gros inteftins dans lefquels on remarque des renflemens de diftance en diftance.

Swammerdam appelle *canaux falivaires*, deux vaiffeaux borgnes qui fe voient dans la partie qui répond à la poitrine. Ces vaiffeaux fe réuniffent, en remontant, en un feul canal qui aboutit à la bouche ; cependant il n'a trouvé dans ces vaiffeaux qu'une matière blanche & concrète, & jamais une fubftance fluide, auffi avertit-il que ce n'eft que par conjecture qu'il les regarde comme des vaiffeaux falivaires.

Les vaiffeaux aériens font en très-grand nombre ; ils tirent leur origine de deux troncs principaux étendus un de chaque côté dans la longueur du corps ; ils fe terminent près de la queue en deux canaux qui aboutiffent à une fente ou ouverture ; c'eft par ces canaux que fe font l'infpiration & l'expiration. (Je ne peux m'empêcher de rappeller que je trouve de l'obfcurité dans le mécanifme de la refpiration de ce Ver tel que Swammerdam le préfente : on fe fouviendra de ce que j'ai dit plus haut.)

Ce Ver eft rempli d'une graiffe blanche qui fond & s'enflamme au contact d'une bougie allumée.

Le cœur s'étend dans la longueur du corps ; c'eft un vaiffeau, inégal dans fa capacité, refferré ou élargi en différens points ; fi on examine le Ver prêt à changer, on peut diftinguer à travers la peau les battemens du cœur, fur-tout, en l'obfervant, au troifième anneau en comptant du bout de la queue.

Le cerveau eft compofé de deux portions fituées au-deffous de l'œfophage ; plus en devant font les membranes des yeux, & le principe des nerfs optiques ; parties qui fe développeront dans la nymphe, & dont la Mouche fera fournie.

La moëlle épinière eft compofée de onze nœuds ou ganglions, elle eft tortueufe & forme plufieurs plis ; fi on coupe les nerfs qui en naiffent, elle devient encore plus tortueufe ; Swammerdam fait l'énumération des nerfs qui en tirent leur origine, & des parties auxquelles ils fe diftribuent.

CHAPITRE IV.

Changement du Ver en nymphe.

Ce changement s'opère fous la peau du Ver qu'il ne dépouille point, mais qui fe fépare des différentes parties qu'elle couvroit ; quelques-unes de ces parties, comme le crâne, le prolongement en forme de bec, &c. Les derniers anneaux du corps fe détachent des autres parties, & reftent joints à la peau féparée du refte du corps ; il flotte en dedans de la peau, & il eft réduit dans fes différentes dimenfions. Mais pour avoir une jufte idée de ce qui s'eft paffé dans le tems du changement, il faut enlever la peau, & obferver la nymphe mife à nud. A fa partie antérieure, on voit les antennes & les yeux qui fe font formés ; au-deffous la trompe & fes appendices ; puis les pieds artiftement repliés, & les aîles pliffées ; enfin les anneaux dont le corps eft compofé, & les points refpiratoires.

CHAPITRE V.

Anatomie de la nymphe.

La nymphe à laquelle on a récemment enlevé fa peau, eft d'un vert à travers lequel perce la couleur de la graiffe, ce qui la rend tachetée de points blancs. La tête, les pieds, les aîles font abreuvés d'une férofité qui les rend fi mous, qu'ils en font comme fluides : les vaiffeaux pulmonaires paroiffent fenfiblement diminués dans toutes leurs proportions, & la nymphe n'a, en général, que le tiers de la grandeur qu'avoit le Ver ; depuis la queue jusqu'aux aîles, on compte sur les côtés neuf ouvertures de vaisseaux respiratoires.

Si on pose la nymphe sur le ventre, on voit sur le dos, sans l'ouvrir, les battemens du cœur ; mais ils cessent en ouvrant la peau, parce que le sang s'écoule. On découvre sous la peau les muscles, la graisse abondante dans les premiers jours, en petite quantité dans les derniers, & alors ramassée en grains qu'on prendroit pour des œufs.

L'estomac & les intestins offrent des changemens d'autant plus considérables que l'âge de la nymphe est plus avancé, que la sérosité surabondante a été plus évaporée, & ces changemens consistent principalement dans le raccourcissement & le rétrécissement de ces viscères ; Swammerdam entre dans un très-long détail, auquel je suis forcé de renvoyer le lecteur.

Dans la nymphe qui n'a que quelques jours, l'ovaire étoit sans couleur, ou tirant foiblement sur le blanc, & les œufs qu'il contenoit pouvoient à peine être apperçus ; il est jaune dans la nymphe plus âgée, vert dans celle qui est prête à changer.

Les parties du mâle, d'abord aqueuses, & presque fluides, prennent aussi peu-à-peu de la consistance.

La moëlle épinière, qui étoit tortueuse dans le Ver, suit une ligne droite dans la nymphe ; elle est composée de onze ganglions distincts.

CHAPITRE VI.

Comment la nymphe se tire de sa peau, & paroît sous la forme de Mouche.

La durée d'état de nymphe est d'environ onze jours ; alors tous les membres de la Mouche ayant acquis leur volume & leur

consistance, & ne tenant plus ni à la peau de ver, ni à la cuticule qui revêtissoit immédiatement la nymphe, cette double enveloppe se fend en quatre à peu près au haut du corps ; effet qui est produit par le raccourcissement & le gonflement des parties ; la Mouche se fait jour par l'ouverture qui a lieu, & elle sort de son fourreau. Ses aîles s'étendent, se dessèchent, elle jette alors trois ou quatre gouttes d'une liqueur trouble, & elle s'envole ; opérations qui ne durent que trois minutes.

Parties externes & internes tant du mâle que de la femelle.

Swammerdam entre dans une description très-détaillée des parties externes, & il finit par remarquer qu'il n'y a de différence à cet égard entre le mâle & la femelle, que dans la grandeur. Le mâle est d'un tiers plus petit, & cette différence avoit également lieu dans le Ver & dans la nymphe. Ce seroit un double emploi de décrire ici l'extérieur du *Stratyomis* ou Mouche armée dont la description se trouvera nécessairement au mot *Mouche armée. Voyez* ce mot. Je passe donc à la description des parties internes, mais je crois devoir ne remarquer que ce qui peut être particulier à la Mouche armée, le surplus ne seroit qu'une répétition de ce qu'on connoît déjà par les descriptions antérieures.

Le membre du mâle est situé au-dessous du dernier anneau par l'ouverture duquel s'en fait l'érection ; il est divisé à son orifice antérieur en trois portions de substance cornée ; celle du milieu constitue proprement le membre, elle se joint à une portion molle & nerveuse qui remonte vers l'intérieur ; celle-ci est contournée, tortueuse & finit en un renflement dans lequel les testicules & les vésicules séminales versent la liqueur prolifique par quatre ouvertures.

Les testicules sont composés d'une infinité de vaisseaux courts, mous, qui n'ont qu'une ouverture, & qui versent la semence dans un canal déférent d'où elle passe dans le pénil.

Les véficules féminales font petites, elles forment plufieurs finuofités.

L'ovaire eft double, fitué à l'extrémité des derniers anneaux; il fe termine à l'orifice du dernier par où la fortie des œufs a lieu; il ne fe réunit pas en un feul conduit, mais deux canaux aboutiffent au dernier anneau & donnent iffue aux œufs. Près de ces canaux Swammerdam a obfervé trois ganglions ou nœuds réunis par une membrane commune, dont il ignore l'ufage & dont il n'a pas même ofé le foupçonner.

Hiftoire d'un Ver qui fe nourrit dans le fromage & de la Mouche qui en provient.

Defcription du Ver.

Il eft compofé de douze anneaux dont on peut regarder le premier comme la tête. La peau qui la recouvre a la folidité du parchemin. La tête eft comme partagée en deux tubercules qui donnent chacun naiffance à une antenne très-courte; entre les deux tubercules, eft un prolongement de fubftance cornée qui renferme la bouche; deux angles crochus s'articulent avec ce tubercule & font l'office de pieds. Sur le fecond anneau font les points refpiratoires ou les ftigmates : Swammerdam n'a pu en découvrir fur d'autres anneaux. A travers le troifième anneau on voit de chaque côté un tronc principal de vaiffeaux refpiratoires dont l'auteur fuit les divifions en defcendant vers les anneaux fuivans. Sur le feptième & le huitième on apperçoit des traces d'inteftins cœcum.

Ce Ver eft très-fort & très-vivace; il a la faculté de s'élancer par fauts, ce qu'il exécute en fe raccourciffant & s'étendant fubitement avec tant de force qu'il produit un bruit qu'on entend, & qu'il exécute des fauts de fix pouces.

Pour difféquer le Ver dont il s'agit, Swammerdam en fit mourir plufieurs dans de l'eau de pluie; ils n'y moururent qu'au bout de fix ou fept jours, mais au bout de trois ils étoient affez affoiblis & affez macérés pour être propres à être difféqués.

Swammerdam n'a point trouvé d'yeux au Ver qu'il décrit; il regarde comme lui fervant de dents, de pieds, d'ongles, des crochets fitués à la tête, dont il a été déjà parlé; ils fervent en effet à brifer les alimens, à fe cramponner & à marcher. L'œfophage s'élargit fenfiblement à la partie qui répond au corcelet, il forme une poche au deffous de laquelle font quatre appendices borgnes; plus loin on trouve l'eftomac qui eft très-long, comme dans toutes les larves. Il eft formé d'une membrane; à la fuite on ne trouve que deux inteftins grêles, fur lefquels on remarque quelques fibres circulaires & mufculaires. Swammerdam a reconnu enfin le colon & le rectum.

Le cerveau eft fitué vers la partie ou protubérance cornée de la tête; mais comme cette partie rentre & fort à la volonté du Ver, il porte fon cerveau plus en dehors ou plus à l'intérieur fuivant fes mouvemens. Ce vifcère eft compofé de deux portions & donne naiffance à la moëlle épinière partagée en douze ganglions. Swammerdam décrit les nerfs qui en tirent leur origine, travail dans lequel je n'ai pu le fuivre, ainfi que dans d'autres détails, n'ayant eu en vue que les objets principaux, & qui prouvent la parité dans l'effentiel du mécanifme entre les différens infectes.

Les Vers dont on vient de lire la defcription naiffent d'œufs que les Mouches, dans lefquelles fe transforment ces Vers dépofent fur le fromage; elles le faliffent en même tems de leurs excrémens, & y répandent une férofité qui hâte fa putréfaction.

Changement du Ver en nymphe & de la nymphe en Mouche.

Les Vers prêts à devenir nymphes quittent le fromage, & s'en écartent en faisant des sauts qui durent deux ou trois jours, après lesquels ils perdent leurs mouvemens, deviennent roides, se raccourcissent & subissent leur métamorphose sous leur peau qui s'endurcit & se desseche. Dans les premiers jours les membres de la nymphe sont presque fluides & d'une couleur lactée, mais au bout d'environ douze jours ils ont acquis leur consistance & changé de couleur; alors la nymphe ouvre en deux, du côté de la tête, la peau qui la recouvre, dépouille en même tems une pellicule dont elle étoit immédiatement recouverte, & paroît sous la forme d'une Mouche sans aîle. Cette Mouche en naissant, court avec célérité, frotte avec ses pieds de devant une tubérosité qui est remarquable à la partie antérieure de sa tête, frotte aussi, mais légèrement, ses aîles qui ne paroissent pas encore parce qu'elles sont repliées, mais qui bientôt se développent & s'étendent.

Parties de la génération du mâle & de la femelle. Manière dont se fait l'accouplement.

Le mâle a un pénil, deux testicules, des vésicules séminales & des prostates. Les parties de la femelle sont un ovaire, un *uterus* & ses dépendances.

Le pénil en partie membranneux, en partie de substance cornée est très long & forme beaucoup de contours, il est situé hors du ventre sur le côté, contourné & replié à son extrémité; un de ses côtés est de substance cornée, & l'autre est membranneux, ce qui fait que dans l'érection, il jouit d'une forte consistance dans toute sa longueur; il est obtus à son extrémité, rentrant sur lui-même & formant une ouverture dans laquelle est reçu l'orifice du vagin de la femelle dans le moment de l'accouplement; ce qui est opposé à ce qui a lieu dans tous les autres animaux, mais ce

dont Swammerdam dit s'être assuré. Là base ou racine du pénil est de substance cornée & contenue, ainsi que les autres parties de la génération dans la cavité du ventre. Les testicules, placés à la racine du pénil, sont d'un jaune obscur mêlé de rouge; ils sont formés d'une membranne grénue, qui contient une semence blanche, sous la forme de petits globules; par delà sont les vaisseaux déférens & les vésicules séminales, enfin des parties globuleuses auxquelles Swammerdam donne le nom de prostates.

La vulve & la matrice sont cachées dans la femelle sous les deux derniers anneaux du ventre. On peut distinguer trois articles dans la vulve; le premier est oblong & velu, il renferme des ossets ou cornes qui servent à faciliter son prolongement en dehors; le second contenu sous le premier, qui lui sert d'une sorte de prépuce, n'est pas velu, & il est terminé par une substance moyenne entre celle des os & celle de la corne; le troisième article, qui sert de vulve & d'anus, est noir, chargé de quelques poils & de substance mixte entre celle des os & de la corne.

Ces parties conduisent en remontant à un ovaire bifurqué, dont chaque branche est formée de trente-deux canaux ou *oviductus* dont chacun contenoit quatre œufs, en sorte que le nombre total des œufs étoit de deux cents cinquante six.

La Mouche dont on vient de lire la description anatomique, s'accouple fort peu de tems après avoir paru sous sa dernière forme; son accouplement est long; tant qu'il a lieu le mâle est porté par la femelle qui tient ses aîles étendues; le mâle la presse de tems en tems; en commençant l'accouplement la femelle fait sortir sa vulve, & en introduit l'extrémité dans la cavité placée à l'orifice de la partie du mâle. La femelle dépose ses œufs dans les gersures du fromage qui a vieilli, & elle y réussit aisément à la faveur de la facilité qu'elle a d'alonger sa vulve, de l'étendre hors du corps.

Le reste de l'ouvrage de Swammerdam contient l'histoire de différens insectes. Je ne ferai qu'indiquer les titres, parce que ces objets sont traités moins en détail que les précédens; que l'auteur s'y est beaucoup moins appliqué à l'anatomie des insectes, ce qui est la partie la plus intéressante de ses ouvrages, celle qui lui est la plus particulière ; & que ce qui a été dit précédemment suffit pour donner une idée assez complète des services que Swammerdam a rendu à l'histoire naturelle relativement aux insectes, de ce qu'il a ajouté aux connoissances qu'on avoit sur cet objet. On remarquera donc qu'il a principalement développé & fait connoître en quoi consistent les changemens que les insectes subissent ; comment ces changemens s'opèrent, de quelle manière leur développement successif a lieu sous leurs différentes formes : ce sont autant de matières sur lesquelles Swammerdam a procuré des lumières qui manquoient avant lui. Il a encore beaucoup contribué à faire connoître l'organisation des insectes, & à faire concevoir les phénomènes que présente leur histoire ; faits qui cessent d'étonner & qui ne sont plus des phénomènes, depuis qu'ils sont faciles à expliquer d'après l'organisation des animaux qui les présentent. Ainsi la ténacité de vie des insectes, si je peux m'exprimer ainsi, se conçoit aisément d'après la manière dont les organes qui servent à entretenir l'existence sont répandus dans toutes les parties du corps.

Les changemens ne paroissent plus des *métamorphoses* ; mais un simple développement, &c.

Peu d'auteurs ont procuré des connoissances aussi générales, aussi satisfaisantes, & Swammerdam partage avec ceux qui n'ont pas rendu des services aussi importans, l'exactitude, la clarté, la précision même à décrire les insectes dont il parle, à saisir les traits qui les distinguent, & à faire connoître leurs pratiques ou habitudes. Je finis par l'inumération des objets dont il est traité dans le reste de ses ouvrages dont je n'ai pas encore parlé.

Histoire des Vers qui habitent les tubercules des feuilles de saule.

Il est question dans cette histoire de plusieurs Vers différens.

Histoire des insectes qui vivent dans les fruits, dans les tubercules, entre le parenchyme des feuilles de différens végétaux.

Comparaison de l'accroissement & du développement d'un œillet, depuis la semence jusqu'à l'épanouissement de la fleur, avec l'accroissement & le développement des insectes qui passent par l'état de nymphe, depuis l'œuf jusqu'à l'état d'insecte parfait. Cette comparaison est sur-tout traitée & rendue sensible à la faveur des planches. Il est d'ailleurs aisé de s'en former une idée d'après ce qui a été dit.

Conclusion de l'ouvrage.

En annonçant que le titre des objets que je viens de rapporter, complète les ouvrages de Swammerdam, je n'ai entendu parler, pour cette partie, comme je l'ai fait pour les autres, que de ce qui est relatif aux insectes.

VALLISNER.

Les œuvres de Vallisner forment trois volumes in-folio ; ils sont écrits en italien & ornés de planches gravées : on y trouve des observations fort intéressantes sur les insectes ; Vallisner a particulièrement contribué à faire connoître leur organisation & les habitudes ou la manière de vivre d'un assez grand nombre d'espèces. Les naturalistes qui ont suivi depuis la même carrière lui ont rendu justice, ils ont profité de ses observations, & il les ont citées ; comme il ont extrait de ses ouvrages ce qu'il y a de plus important, & que le précis que j'en donnerois ne seroit qu'une répétition, je me bornerai à indiquer les insectes que Vallisner a fait représenter, & à citer les objets les plus intéressans dont il est traité dans le texte. Vallifner obfervoit au commencement de ce fiècle. On lui a l'obligation d'avoir combattu des opinions erronnées qui étoient encore en vogue, mais on peut lui reprocher une érudition qu'on eftimoit encore alors, dont on ne fait guère de cas aujourd'hui & qui eft même blâmée en général. Il ne faut pourtant pas oublier que cette érudition étoit néceffaire dans le tems où Vallifner écrivoit pour combattre & détruire d'anciennes opinions encore accréditées, tandis que de nos jours elle ne ferviroit qu'à rappeller des erreurs oubliées ou confignées dans des écrits qu'on ne lit plus

VOLUME Ier.

Planche première. Changement de la Chenille en chryfalide; développement du Papillon en fortant de la chryfalide.

Pl. II. Le *Fourmilion*, fa coque, fa chryfalide, l'infecte qui en fort, fon développement.

Pl. III. *Guêpe-Ichneumon*, fon ver, fon guêpier.

Pl. IV. Développement du guêpier de l'Abeille-ménuifière.

Pl. V. Nids de petites Abeilles, conftruits dans des rofeaux fecs.

Pl. VI. Fig. 2, 3, un Pilullaire.

Dans le texte, page 6 & fuiv. defcription & hiftoire du ver qui vit dans les inteftins du cheval, fa chryfalide, la Mouche dans laquelle il fe transforme.

Pag. 13 & fuiv. Defcription & hiftoire du Ver des Sinus du Mouton, du Daim, &c.

Planche VII. Le *Criocère* de l'afperge, fon Ver, &c.

Pag. 196 du texte. Idée d'une divifion méthodique des infectes. Je cite ce paragraphe, parce qu'on n'avoit pas encore alors la penfée des méthodes.

Planche XII. *Mouche à fcie* qui vit fur le rofier. Sa larve, fa chryfalide, &c.

Pl. XIII. Sa tarrière.

Pl. XIV. Plufieurs de fes parties vues au microfcope.

Pl. XXV. La Puce, fes œufs, fon Ver, &c. Dans le texte une lettre fur fon origine & fon hiftoire.

Pl. XXVII. Le Ver, la Mouche, &c. des finus du mouton.

Pl. XXVIII. Le Taon des tumeurs du bœuf, fon Ver, &c.

Pl. XXXII. Le *Criocère du lys*, fon Ver, &c.

Pl. XXXIII. Partie génitale du mâle; le ver, la chryfalide.

Pl. XLV, XLVI, XLVII, XLVIII & XLIX relatives à l'hiftoire de l'infecte appellé *Kermès*.

La LI. Le *Charanfon*.

VOLUME II.

Pag. 1 & fuiv. hiftoire d'une conftitution vermineufe, & d'une épizootie qui en fut la fuite dans le territoire de Venife.

Planche I. Le Ver obfervé dans cette conftitution, la Mouche dans laquelle il fe transforme. C'eft le Ver des inteftins du cheval.

Pag. 60. De la piquure du Scorpion d'Afrique.

Pag. *62.* d'une espèce de Sauterelle rare.

VOLUME III.

Pag. *367* & suiv. Table alphabétique pour l'Histoire Naturelle & la Médecine. Cette Table contient la définition des objets qui y sont compris, & un précis historique de ces mêmes objets. On y trouve les noms de plusieurs insectes. C'est une sorte de récapitulation de tout l'ouvrage.

Il n'y a rien de relatif aux insectes dans le vol. IV.

Ouvrages dont l'histoire des insectes ne fait qu'une partie.

J'ai tâché de donner une notice, la plus étendue qu'il m'a été possible, des ouvrages sur les insectes, dont les auteurs ne se sont proposé que ces seuls animaux pour but ; mais il est d'autres ouvrages dont les insectes ne font qu'une partie, dans lesquels on trouve des mémoires ou des observations sur ces animaux, la description de plusieurs qui n'avoient pas été décrits, ou qui ne l'avoient été qu'incomplètement. Ces ouvrages qui sont très-volumineux, & dont il me reste à donner une idée au lecteur, sont de trois genres.

Les dictionnaires.

Les mémoires des différentes académies, dont les sciences naturelles sont l'objet.

Plusieurs journaux ou papiers périodiques.

Enfin, la collection académique qui ne peut être rapportée à aucun de ces trois genres, & dont l'histoire des insectes est cependant une partie assez considérable.

Les dictionnaires dont les auteurs ce font occupés des insectes, sont l'Encyclopédie, le dictionnaire des animaux, de M. Desbois, celui d'histoire naturelle de M. Valmont de Bomare.

ENCYCLOPÉDIE.

On trouve dans l'Encyclopédie, au mot INSECTE, l'exposé du système de Linné tel que ce savant l'avoit alors publié, un extrait des observations & des découvertes de Swammerdam sur les métamorphoses des insectes ; on y fait l'énumération de leurs parties externes, & l'on parle de leurs habitudes en général. Quant aux articles particuliers, on n'en traite qu'un petit nombre, il s'en faut beaucoup qu'on entre dans le détail des espèces, on ne décrit guère que la forme qui appartient à tous les insectes d'un même genre ; on parle de ceux qui sont connus le plus universellement, tels que les *Abeilles*, *Araignées*, *Papillons*, &c. On expose les généralités relatives à ces insectes d'après les auteurs qui en avoient traité lors de la rédaction de l'Encyclopédie. On ne doit donc espérer de trouver dans ce grand ouvrage, que des généralités sur les insectes, non le moyen d'en distinguer les espèces différentes, de connoître ces animaux & leur histoire, dans le détail que comporte ce double objet. La multitude d'observations, de découvertes, de descriptions d'espèces nouvelles qui ont été publiées depuis la rédaction de l'Encyclopédie, les systèmes ou méthodes proposées sur la manière de classer les insectes pour les distinguer & les connoître plus aisément, étoient des causes inévitables qu'il restât beaucoup à ajouter aujourd'hui à cet ouvrage, qui étoit au niveau des connoissances qu'on avoit dans le tems où il a été composé.

DICTIONNAIRE

DE M. DES BOIS,

Dictionnaire raisonné & universel des animaux. Paris 4 vol. in 4°, 1759, avec les lettres initiales du nom de l'auteur.

M.

M. Des Bois n'adopte point de méthode ;
il décrit l'enfemble des infectes fans remarquer fpécialement les parties d'après lefquelles on peut les claffer ; il indique cependant
à quelle claffe d'infectes ceux dont il parle
appartiennent fuivant les auteurs méthodiftes qui l'ont précédé ; ainfi au mot *Araignée*,
par exemple, il divife le genre de ces animaux felon les méthodes propofées à leur
égard, par Linné, Homberg, Bon, &c. Il
ne faut guère efpérer de trouver que des généralités dans ce dictionnaire, & on y cher-
cheroit en vain les détails qui diftinguent
les efpèces. La partie hiftorique n'y eft pa-
toujours affez épurée des fables débitées fur
certains infectes ; M. des Bois paroît ne les
avoir connu que d'après les livres, & non
les avoir obfervé lui même ; j'en citerai
l'exemple fuivant. t. 1. pag 496. M. des Bois,
en parlant du *Charanfon*, le compare, pour
la forme, à une *Punaife*. Le Charanfon,
dit-il, eft un petit infecte fait comme une
Punaife. C'eft, affurément, donner une
très-fauffe idée de fa forme. La plus grande
utilité qu'il nous paroiffe qu'on puiffe retirer du dictionnaire de M. des Bois, eft l'indication de plufieurs des ouvrages dont les
infectes font l'objet.

VALMONT DE BOMARE.

M. Valmont de Bomare publia, en 1764,
fix volumes in-12, fous le titre de *dictionnaire raifonné & univerfel d'hiftoire naturelle.*
Cet ouvrage, alors unique en fon genre, eut
un grand fuccès ; il en a été fait depuis plufieurs éditions avec des corrections & des additions. M. de Bomare n'entre point dans le
détail des méthodes ; il ne divife guères les
infectes que dans ces genres nombreux en
efpèces, diftinguées par des noms adop-
tés par l'ufage, comme *Abeilles*, *Araignées*,
Guêpes, *Papillons*, &c. Il décrit peu d'efpèces en particulier ; mais les faits généraux
fur l'hiftoire des infectes confidérés par maffes, y font puifés dans les meilleures fources,
extraits avec exactitude, & préfentés avec
clarté. Ce dictionnaire réunit donc, à peu

Hiftoire Naturelle, Infectes, Tome IV.

de chofes près, par rapport aux infectes, ce
qu'on peut efpérer d'un ouvrage dont ils ne
font qu'une partie, & dont ces animaux
n'ont pas été le but principal de l'auteur.

COLLECTION ACADÉMIQUE.

Cet ouvrage eft divifé en partie étrangère
& partie Françoife. Il y a treize volumes de
la première, & la feconde n'eft pas encore
complette.

PARTIE ÉTRANGERE.

Tom. 1., pag. 288 & fuiv. Trois obfervations fur les yeux des infectes, extraites du
journal des favans, année 1780 & 81. Ces
obfervations font courtes, peu inftructives &
fort au deffous de ce qu'on fait aujourd'hui.
Elles peuvent fervir à l'hiftoire de la fcience.

Tom. 2, pag. 381, n°. 94. Extrait des
Tranfactions philofophiques, an. 1673. N° 1,
très-courtes obfervations microfcopiques fur
l'aiguillon de l'Abeille, n°. 2, fur fa ratif-
foire, n° 3, fes bras, n°. 4. fur fes yeux. On
fuppofe dans cette dernière obfervation, que
la difpofition de l'œil de l'Abeille eft telle
qu'il le peint fur la rétine des cellules, femblables à celles des rayons qu'elle conftruit, &
que c'eft ce modèle qui lui eft offert qui détermine le genre dans lequel elle travaille. Il
auroit fuffi de faire la réflexion qu'une pareille apparence ne pouvoit manquer de trou-
bler la vifion, & d'en rendre l'effet principal
à-peu-près inutile.

Pag. 158, n°. 40. Extrait d'une lettre
écrite des Bermudes ; il y a dans ce pays,
fuivant l'auteur de la lettre, des Araignées
qui tendent leur toile entre des arbres éloignés de fept ou huit braffes ; elles jettent
leur fil en l'air, & le vent les porte d'une
arbre à un autre ; la toile achevée eft affez
forte pour arrêter un oifeau gros comme une
Grive.

Pag. 197 & fuiv., n°. 50. Extrait des Tranfactions philofophiques, année 1669. Sur les fils d'Araignées qu'on voit étendus dans les campagnes, & voltiger en l'air en automne. Ces fils font lancés par les Araignées fecondées par le vent. Cet article mérite d'être lu.

Pag. 328 & fuiv. Queftions fur les Araignées ; énumération de celles qui fe trouvent en Angleterre ; on y en compte deux efpèces de celles qui filent pour attraper leur proie ; huit de celles qui filent pour fauter, & fe couvrir pendant le froid feulement ; quatre de celles qui ne filent pas. Extrait d'une lettre écrite d'York. Tranfactions philofophiques, année 1671, n°. 72, fur une Punaife qu'on trouve fur la jufquiame. Extrait du même ouvrage.

Pag 138, n°. Les cirons ou chiques caufent de vives douleurs ; manière dont ils pullulent dans les chairs ; néceffité d'en tirer le fac où ils étoient contenus. Extrait des Tranfactions philofoph., année 1668, n°. 41.

Pag. 344. Sur quelques infectes qui percent les feuilles des plantes, n°. 30, 40 & 50. Tranfact. philofoph., année 1671, n°. 75.

Pag. 81, n°. 1 & fuiv. Sur les Fourmis, leurs œufs, leurs productions, leurs progrès, & fur l'ufage qu'on en peut faire. Tranfact. phil., année 1667, n°. 23.

Pag. 348. Tranf. phil., année 1671, n°. 76. Extrait d'une lettre de M. Willhougby fur les Ichneumons, & fur leurs différentes manières de fe perpétuer.

On ne diftinguoit pas alors les Ichneumons proprement dits, d'autres Mouches à quatre aîles. M. Willhougby parle dans fa lettre de quelques Guêpes, auffi bien que des véritables Ichneumons.

Pag. 354. Tranf. phil., année 1671, n°. 16. Extrait d'une lettre de M. Lifter. Les Ichneumons font ainfi nommés, parce qu'ils recherchent les œufs des Araignées pour s'en nourrir, comme les Ichneumons quadrupèdes le font à l'égard des œufs des Crocodiles ; autres obfervations fur ces infectes ; elles font en général peu inftructives.

Pag. 21, art 6. Tranf. phil., année 1666. Relation faite par un colon de la Nouvelle-Angleterre, qu'il fortit de terre dans ce pays, en une certaine année, une prodigieufe quantité de Vers armés d'une queue, qu'ils percerent les arbres qui en périrent dans l'efpace de deux milles.

Pag. 289, art. 8. Tranf. phil., année 1670., fur des infectes qui fe logent dans de vieux faules. C'eft une efpèce d'abeille. Il nait d'autres infectes, des Scarabés, des Mouches, des dépouilles que laiffent les premiers, c'eft-à-dire que d'autres infectes font leur ponte parmi les dépouilles des premiers.

Pag. 339, 350, 353. De quatre infectes à odeur de mufc. Un Scarabé, une Abeille, un Ver qui vit fur le caillelait, une très-petite efpèce de Fourmi noire.

Pag. 73, art 7. Tranf. phil., année 1666, n°. 20, de la nature du kermès, du lieu où on le trouve, du tems de le ramaffer., de fon ufage pour la teinture.

Pag. 325. Tranf. phil, année 1671, n°. 71, fur les coques d'infectes du genre du kermès qui fe trouvent fur des pruniers, fur la vigne, les cerifiers & les lauriers cerifes. Ces coques teignent en un beau pourpre le papier fur lequel on les écrafe.

Pag. 358, n°. 73. Defcription d'une autre infecte qui fe trouve en Angleterre, & qu'on place auffi dans le genre du Kermès. Tems où il faut cueillir la coque de cet infecte.

Suite d'obfervations fur le Kermès , pag. 363, 376.

Pag. 170. Tranf. phil. , année 1668, n°. 41. Très-courte notice fur les Mouches luifantes.

Pag. 328 , art. 3. Très-courte defcription d'une Mouche vivipare envoyée d'Yorck.

Pag. 148 , n°. 37. Les Poux quittent à une certaine latitude, les voyageurs , le texte porte les *Efpagnols* , qui vont aux Indes , & les reprennent à la même latitude au retour. Perfonne, quelque foit la malpropreté, n'a de Poux aux Indes qu'à la tête. De pareils faits méritent plus d'une obfervation.

Pag. 382 , n°. 94 , pag. 394 , n°. 102. Extrait des obfervations microfcopiques fur le Poux , par Lewenhoeck , avec figures.

Pag. 389 , art 4. Un mot fur des Tiques du Brefil , appellés , par l'auteur qui en parle, *Poux de Pharaon.* Tranf. phil. , année 1678, n°. 139.

Pag. 332 & fuiv. , n° 72. Sur des Punaifes qui vivent fur la jufquiame ; leurs œufs écrafés fur du papier , le teignent d'une belle couleur de vermillon.

Pag. 22 , n°. 8. Les Sauterelles font quelquefois en fi grand nombre dans l'ukraine , qu'elles y détruifent toutes les moiffons ; chaque Sauterelle pond deux à trois cents œufs ; les Porcs en font avides , & ils en détruifent beaucoup.

Pag. 542 & fuiv , n°. La femence des Scarabés , des Sauterelles & de plufieurs autres infectes , fourmille d'animalcules comme celle des autres animaux.

Pag. 353 , n°. 76. Queftion fur la nature de la Tarentule.

Pag. 6 & 7 , art. 5. Quelques obfervations fur manière d'élever les Vers à foie en Virginie.

Pag. 333 , n°. 72 , & 356 , n°. 76. Quelques notes fur les vers luifans.

Pag. 323 & 324. Sur des Vers & des Chenilles rejettés par le vomiffement. On ne peut être trop en garde contre ces faits qui font prefque toujours ou faux à deffein , ou fuppofés par quelque méprife.

TOME III.

Les obfervations de ce volume font extraites des Ephémérides des curieux de la nature.

Pag. 20. Ephem. dec. 1., année 1. 1670., obferv. 120. Les Araignées privées d'air dépériffent , en leur redonnant de l'air , fans qu'il puiffe s'introduire de proie pour elles , elles reprennent l'embonpoint qu'elles avoient perdu. L'air paroît donc les alimenter. (fauffe conféquence).

Pag. 50, dec. 2. , année 2. 1671. Exemple de deux Perfonnes qui ont , toute leur vie , mangé des Araignées , fans en être incommodées. Cependant leur piquure ne doit pas être négligée. Exemple pag. 660 , Ephém. année 4 1685. D'un homme qui , piqué au cou par une Araignée , néglige d'abord cette piquure , a enfuite des fymptômes inflammatoires , tombe en fyncope , & meurt le fixième jour.

Pag. 24 , Ephém. des curieux de la nat. , déc. 1. année 1670. , obf. 133 Les habitans de la haute Hongrie prennent jufqu'à dix Cantharides pulvérifées dans une potion , tant pour une maladie qui a du rapport à l'hydrophobie, que pour prevenir la morfure des animaux qu'ils croient enragés. Ils n'en éprouvent aucun accident , ce qu'on attribue à la force de leur tempérament. Mais il eft bien permis de douter de ce fait , même de le nier, s'il est vrai que ce soit l'espèce de Cantharides employées en médecine, & l'on doit prévenir qu'on ne suivroit pas un pareil exemple, même de très-loin, sans en éprouver la mort.

Pag. 597 & suiv. Ephém. déc. 2 an. 3, 1684. Observ. 42, observations sur les Demoiselles, sur leurs yeux, les Vers & les nymphes dont elles proviennent. L'auteur croit qu'il y a quelques espèces de Demoiselles dont les nymphes vivent dans les terres humides.

Pag. 477. Ephem. déc. 2., année 1. 1682. Obs. 56. Anatomie du Frelon. C'est plutôt une énumération de ses parties externes, & très-peu de détail sur ses parties internes.

Pag 209. Sur un Grillon entré dans l'oreille d'un homme pendant son sommeil, rendu par la bouche en morceaux, à la suite d'un abcès. Les auteurs de la table prouvent avec fondement que ce fait n'a pu avoir lieu.

Pag. 479. Ephém. déc. 2. année 1. 1682, obs. 48. Examen anatomique du Grillon, & système sur la manière dont il se nourrit, & produit un son.

Cet examen est très superficiel, & l'opinion proposée est erronnée; elle est détruite, quant à la manière dont ces animaux se nourrissent, pag. 581. où l'on rend un compte vrai du genre de nourriture dont ils vivent, & quant au bruit qu'ils produisent, pag. 654, où l'on trouve une opinion beaucoup plus fondée & vraisemblable sur le même sujet.

Pag. 441 & 442. Ephém. déc. 1., année 9 & 10, 1678 & 1679. Sur un insecte inconnu, qui parut dans l'été de 1779, dans la petite ville de Czierck en Pologne, y causa la mort à 35 hommes & à beaucoup d'animaux. Cet insecte armé d'un aiguillon, se jettoit sur les hommes & les animaux. Sa piquure étoit suivie d'une tumeur qui, en trois

heures, devenoit mortelle, si on ne se hâtoit de la scarifier. Description de cet insecte, d'après laquelle il est impossible de le rapporter à aucun genre. Aveu de l'auteur de cette observation, que cet insecte n'est décrit par aucun auteur antérieur à l'an 1779. Conséquence qu'il est un être nouveau, & conjecture sur sa production, qu'il a été engendré de la chair corrompue de quelqu'animal. En voilà plus qu'il n'en faut pour que cette observation n'eût pas dû passer à la postérité, & pour qu'on la place au rang des fables. Ajoutons qu'elle est d'un anonyme.

Pag. 462 & suiv. Ephém. déc. 11. an. 1. 1682, observ. 30. Sur différentes sortes de Mouches. Description très-incomplette de ces Mouches. Lorsque ces insectes, même les Mouches ordinaires, sont très-communes, c'est un signe de maladie épidémique. La peste de Léipsic fut annoncée par une si grande quantité de Mouches, qu'on en trouvoit des monceaux en plein champ, sur les chemins, &c. Nous observerons, sur ce fait, que de tout tems on a été porté à attribuer les maladies pestilentielles à la multitude des insectes, plus grande qu'elle ne l'est ordinairement; mais, n'est-ce pas parce que les mêmes dispositions de l'atmosphère qui favorisent la multiplication des insectes, l'humidité & la chaleur, disposent aux maladies épidémiques, & en sont suivies, que ces maladies ont lieu les mêmes années où les insectes ont été plus nombreux qu'à l'ordinaire, & non pas parce que les insectes y ont donné lieu.

Pag. 490. Ephém. déc 11, année 1. 1682, observ. 64. Anatomie de la Mouche commune par Jean de Muralto. Cette anatomie, comme toutes les descriptions du même genre, par le même, est une énumération très-sommaire de différentes parties, sans presque de détails sur la forme, la structure, la position, la connexion de ces parties. C'est un homme qui nomme, pour les insectes, les principales parties reconnues dans les autres animaux, les place où l'on peut fuppofer qu'elles font, ne dit point comment il les a découvertes, & paroît ou s'être le plus fouvent trompé, ou avoir au moins beaucoup donné au hafard. Par exemple, par rapport à la Mouche commune, il dit qu'on voit dans l'intérieur de la poitrine différentes côtes bien diftinguées, que le cœur eft de figure conique, qu'il n'a qu'un ventricule, &c. Quelles énormes différences avec l'organifation des infectes en général; quel fond faire fur un homme qui a cru des chofes fi extraordinaires, fans dire comment il les a vues, & que fert de perpétuer l'amas de pareilles obfervations?

Pag. 543. & 44. Ephém. déc. 2, an. 2 1683. Obfer. 58, fur les Vers qu'on voit dans le vinaigre & la bierre aigrie, & les mouches qui proviennent de ces Vers.

Pag. 634. Ephém. déc. 2, an. 3, 1684. Obferv. 188, fur un Moucheron qui dépofe fes œufs fur le nénuphar, le potamogeton, &c. L'auteur femble parler des Pucerons en général, quoiqu'il ne parle que d'une efpèce.

Pag. 475 & 76. Ephém. déc. 2 an. 1, 1682. Obferv. 53 & 54. Anatomie du Pou & celle de la Puce. Par Jean de Muralto. Ce titre annonce beaucoup, & la defcription, comme toutes celles du même auteur, n'eft prefque rien.

Obferv. 55, du même auteur, fur un infecte qu'il appelle *la Puce des fleurs de fcabieufe*. Il n'eft pas aifé de reconnoître cet infecte d'après la courte defcription qui en eft donnée, ni de reconnoître fon organifation d'après l'examen anatomique qui en eft préfenté. Mieux vaudroit rien, que de femblables obfervations.

Obferv. 57, par le même. Pareils defcription & examen anatomique de deux Punaifes qu'il nomme *Punaife des murs & Punaife du bois*.

Pag. 484. Obferv. 60. Même travail du même auteur fur *le Scarabæus majalis foliaceus* (c'eft le méloë). Il y a, dit l'auteur, » dans la poitrine des chairs poreufes, pref- » que rondes, de couleur rouge, je doute fi » ce font les poumons».

Que connoiffoit donc de l'Anatomie des infectes un homme qui doute s'ils ont des poumons, & fi ces poumons font placés dans la poitrine? Qu'attendre d'un tel obfervateur, & pourquoi recueillir fes obfervations?

Pag. 487, 88 & 89. Même travail du même fur le Taupe-Grillon, & le Scarabé du lys.

Pag. 495 & 96. Du même, fur le Scorpion & fur le Ver-luifant.

Tome IV de la partie étrangère, & le premier de l'hiftoire naturelle féparée.

Pag. 9, Tranfaction phil. an. 1665 à 1683, n°. 68. Effaim d'Abeilles forti en Angleterre dès le 14 Mars. Cette fortie prématurée avoit pour caufe probable la difette d'alimens.

Pag. 19. Notice fur des Abeilles folitaires qui conftruifent leurs nids dans de vieux faules.

Pag. 39 & 40. Defcription d'une ruche très-utile, dont on fait ufage en Ecoffe pour empêcher les effaims de fortir. Tranf. phil. an. 1665 à 1683, art. 1, n°. 96.

Pag. 423 & 424. Sur la véritable origine des Abeilles. Extrait de l'ouvrage de Redi fur la génération des infectes.

Pag. 172. Combat d'une Araignée & d'un Scorpion, d'une Araignée & d'un Crapaud. Ephém. déc. 2 an. 6, 1687, obferv. 224. Un Scorpion enfermé avec une Araignée dans un bocal, la rue & en fuce le corps (cela n'a rien d'extraordinaire). Une Araignée tue un Crapaud en le piquant. (Ce fait a befoin de confirmation.)

Pag. 435. Sur le nid des Araignées, les longs jeûnes que ces infectes fupportent. Extrait de l'ouvrage de Redi fur la génération des infectes ; fur leur mue, l'origine de leurs fils, la manière dont les Araignées les appliquent, fur l'erreur où l'on eft à l'égard de leur génération.

Pag. 436, 437, 438. Extrait du même ouvrage.

Pag. 167. Ephém. déc. 2, an. 6, 1687, obf. 215. Sur des coques de Ver de Cantharides trouvées dans des fourmilières.

Pag. 80, Tranf. phil. an 1665 à 1683, n°. 127. Courte & incomplette defcription du Scarabé, *Cerf-volant* de Virginie. D'après la figure pl. 1, fig. 3, il diffère peu ou point du nôtre.

Pag. 147, Ephém. déc. 2, an. 6, 1687. Defcription d'une Chenille du ferpolet. Elle avoit été piquée & donna naiffance à des Ichneumons.

Pag. 173. Prétendue Chenille trouvée dans le cœur d'une Poule. Ephém. an. 6, 1687, apend. obf. 13.

Pag. 159 & 160, Ephém. déc. 2, an. 6, 1687, obferv. 121. Defcription d'une très-belle & grande Chenille trouvée fur la roquette, & defcription du Papillon qu'il eft fort difficile de reconnoître,

Pag. 451. Sur la génération des Chenilles. 452 & fuiv. Sur la Chenille de lyeufe, du folanum ; fur les Chenilles du chêne, du prunier, des feuilles de rue, du chou, des excroiffances de l'agnus catus ; de la Chenille ou Ver qui fe loge dans l'épaiffeur des feuilles du faule, & la Chenille ou Ver de la noifette sèche, d'après Redi.

Pag. 140, Ephém. déc. 2, an. 6, 1687, obf. 49. Defcription de quatre Cigales des Indes.

Pag. 574 & fuiv. Lettres de Redi & autres favans, fur les Cirons des puftules de la galle. (Cet article eft bien détaillé & fort intéreffant.)

Pag. 104, Ephém. an. 1670 à 1686, déc. 1, an. 3, obferv. 104. Sur les Kermès de Pologne.

Pag. 143, Ephém. Les Coufins volent en fi grand nombre en Pologne, que l'obfervateur les prit pour la fumée d'une forêt embrafée.

Pag. 167 & 168, Ephém. Ce qu'on appelle *pierres de Fourmis* n'eft autre chofe que des chryfalides de Cantharides dont les Vers pénètrent dans les fourmilières & s'y métamorphofent.

Pag. 461. Des infectes ou Poux qui s'attachent aux Fourmis, d'après Redi.

Pag. 447. Sur l'origine des Galles des végétaux, d'après Redi.

Pag. 322, Actes de Copenhague, an. 1676, obferv. 2. Defcription & anatomie du Taupe-Grillon ou Courtilière. (Cet article eft intéreffant.)

Pag. 425 & 426. Sur l'origine ou génération des Guêpes, d'après Redi.

Pag. 141, Ephém. déc. 2, an. 6, 1687, obferv. 50. Sur une Mitte qui ronge les livres. Cet infecte eft repréfenté planche V, figure VI. On reconnoît à la figure, toute groffière qu'elle eft, une Phalène ; l'auteur dit qu'il ne connoît ni la nymphe, ni le

Ver qui produit cet infecte. Ce n'est donc pas une Mitte; & il est fort difficile, d'après la description, de dire ce que c'est. L'auteur fait ensuite la description de quatre infectes de nuit, qu'il n'est pas plus aisé de reconnoître d'après ce qu'il en dit.

Pag. 142, Ephém. Observation très-incomplette fur des Mouches formiciformes & d'autres infectes qui volent par troupes.

Pag. 121, Ephém. Description d'un infecte qui produit une forte de manne dans l'isle de Ceylan.

Pag. 123. Sur des Vers lumineux très-rares, observés fur la côte de Coromandel. Ephem. pag. 177.

D'un infecte invisible à l'œil nud, observés au microscope. Journal littéraire de l'abbé Nazari, an. 1668.

Pag. 205 & 206, Actes de Copenhague, an. 1671 & 72, observ. 54. Description de deux infectes trouvés dans le sucre.

Pag. 415 & suiv. Sur la génération des infectes, d'après Redi.

Pag. 488. Sur l'odorat des infectes, d'après le même.

Pag. 92. Sur quel arbre croît le kermès. Pag. 104. Sur ses usages. Pag. 351. Ce que devient la graine de kermès.

Pag. 460 & 461. Sur les lentes, d'après Redi.

Pag. 179 & 180. Sur les yeux des Mouches & des infectes en général. Extrait du Journal de l'abbé Nazari, an. 1669.

De la page 418 à la page 49, extr. des observ. très-curieuses de Redi, fur différentes Mouches, ou plutôt fur différens infectes à quatre & à deux aîles nues.

Pag. 607. Explic. de la pl. XXXIV, qui représente le Ver du nez des moutons, la Mouche qui le produit, sa chrysalide, &c.

Pag. 422 à 487, fur la génération des Papillons, & descript. de différens Papillons, d'après Redi.

Pag. 174. Ephém. déc. 2, an. 6, 1687. Observ. 53, descript. d'un infecte ailé, semblable d'ailleurs au Pou, & s'attachant aux hommes & aux animaux comme ce dernier.

Pag. 460 & suiv. Sur les Poux, d'après Rédi.

P. 331. Actes de Copenhague. An. 1676. Observ. 52, Puce nourrie par une femme, qui vécût six ans; cette femme usa des frictions mercurielles pendant deux mois, & la Puce qui se nourrissoit de son sang n'en souffrit pas.

Pag. 598. Corps spermatiques du Scarabé, d'après Willis.

Pag. 123. Ephém. Si l'on comprime les Scorpions de l'île de Ceylan, & qu'ils rendent quelque chose de liquide, ce fluide est lumineux. Leur piquure cause une vive sensation de brûlure.

Pag. 367 & 68. Actes de Copenhague, an. 1677, 78 & 79. Descript. & Anat. du Scorpion.

De la pag. 427 à 455. Différentes observ. fur les Scorpions, d'après Rédi.

Pag. 463. Tiques de différens animaux, d'après Rédi.

Pag. 540 & suiv. Extr. des observ. de Rédi, fur les Vers trouvés dans différentes substances.

Tome V. De la partie étrangère, & le second de l'histoire naturelle séparée, contenant les observations de Swammerdam sur les insectes.

Ce volume ne contenant qu'un extrait du *biblia naturæ* de Swammerdam, & ayant donné un précis de cet ouvrage dans le compte que nous avons rendu des écrits de cet auteur, nous ne ferions que répéter ici ce que nous avons dit ailleurs. C'est pourquoi nous nous contentons d'indiquer l'objet de ce volume.

Tome VI. De la partie étrangère, & le premier de la physique expérimentale séparée.

Ce volume contient l'extrait des transactions philosophiques, du journal des savans, des éphémérides d'Allemagne, des actes de Copenhague, de ceux de Léipsick; des œuvres de Rédi, depuis 1665 jusqu'en 1701.

Pag. 428 & 29. Les cantharides vues au microscope sont hérissées de pointes ; ce sont ces pointes qui causent des vésicules, & peut-être en passant dans la circulation, les effets sur la vessie. Ce sentiment est d'Olaus Borrichius. Actes de Copenhague, an. 1676, observ. 80.

Pag. 63, Transf. phil. an. 1671, n°. 70, art. 5. On tire de la Chenille commune de l'aubépine, par le moyen d'une lessive, une couleur de pourpre ou incarnat fixe.

Par le même moyen on extrait la même couleur des têtes des Scarabés & des Fourmis, & la Scolopendre, couleur d'ambre, donne une couleur agréable & fixe d'azur ou d'améthiste.

(Il y a tant de différence entre ces deux dernieres couleurs qu'on ne conçoit pas qu'on les obtienne de la même substance par le même procédé.)

Pag. 57 & 58, transf. phil. an. 1670, n°.

63, art. 1. Les Fourmis & les Mites du fromage perdent le mouvement sous le récipient de la machine pneumatique; ces insectes paroissent privés de vie, mais l'air qu'on leur rend les ranime : des nymphes de Cousins au contraire, renfermées sous un récipient vidé d'air, ont continué pendant plusieurs jours de se mouvoir librement dans l'eau, & leur changement en Cousins s'est opéré ensuite , pag. 45 & 46, mais ils n'ont point volé sous le récipient & ils ont vécu peu de tems.

Pag. 54 & suiv. tranf. phil. an. 1670, n°. 63, art. 1. Expériences faites sur diverses espèces d'insectes placés dans le vide. Tous y perdent le mouvement promptement, plusieurs reviennent à la vie si on leur rend l'air peu après les en avoir privés, mais tous meurent si on diffère de plusieurs heures. Les uns résistent plus long-tems que les autres.

Tome VII. De la partie étrangère, & le premier de la médecine séparée.

Ce volume est composé des extraits du Journal des savans, depuis 1687 jusques & compris 1699, des Transact. philosoph. depuis 1679, n°. 42 , jusques & compris 1694, n°. 207.

Du Journal littéraire de l'abbé Nazari depuis 1668 à 1670.

Des cinq volumes des actes de Copenhague depuis 1671 à 1679.

Des actes de Léipsick de 1682 à 1693.

Des nouvelles de la république des lettres de Bayle de 1684 à 1687.

Des éphémèr. an. 1687 & 1688.

Des vingt premières années du mercure de France.

Pag. 391. Sur les *Crinons*, espèce de Vers qui se logent sous la peau des enfans. Actes de de Leipſic, janvier 1682. pl. 11, figures de ces Vers.

Pag. 292. Actes de Copenhague, an. 1674, obſer. 91. Un enfant auquel on avoit fait avaler ſept ou huit poux vivans pour la jauniſſe, remède de charlatan, eſt guéri de la jauniſſe, mais il tombe dans l'atrophie; il meurt, on l'ouvre, & l'on trouve dans ſon eſtomac une prodigieuſe quantité de poux qui s'y étoient produits. Ainſi ces animaux pourroient vivre & ſe multiplier dans l'eſtomac. Mais ce fait auroit beſoin d'être prouvé plus ſûrement. Nous n'avons trouvé dans ce volume de relatif à l'hiſtoire des inſectes, que les deux faits que nous venons de citer.

Tome VIII.

Ce volume eſt extrait des mémoires de l'académie royale de Pruſſe; il contient en outre un ſupplément & un appendix. Voici les objets relatifs aux inſectes que nous avons trouvés dans le volume & dans les deux parties qui ſe trouvent ajoutées à la fin.

Pag. 398 & ſuiv. Sur des Sauterelles d'Orient, qui voyagent en troupes, & qui ont fait de grands ravages dans la Marche de Brandebourg, en 1750.

Le mémoire commence par une énumération des inſectes qui ſe multiplient prodigieuſement certaines années, & qui ſont ou nuiſibles ou incommodes, ou l'un & l'autre en même-tems. Mais continue l'auteur entre les inſectes étrangers dont la Marche de Brandebourg a eu à ſe plaindre, il n'y en a point de comparables aux Sauterelles orientales qui voyagent par troupes. Il parle enſuite des différentes époques où il parut de ces Sauterelles dans le Brandebourg, & des lieux d'où elles venoient; il paſſe à l'époque de 1750. Il dit que quoique ces Sauterelles ayent été décrites, elles ne l'ont pas été avec aſſez de ſoin, & pour qu'on les diſtingue plus ſûrement il rapporte une table des différen-

Hiſtoire Naturelle, Inſectes. Tome IV.

tes Sauterelles; celle dont il eſt queſtion eſt l'avant dernière de la table & y eſt nommée *locuſta orientalis, peregrinans, gregaria, ſive aſiatica.* (Malgré la table & les phraſes caractériſtiques, il nous ſemble que l'auteur a manqué ſon but, & qu'il n'eût pas dû omettre une deſcription bien faite de la Sauterelle, objet de ſon travail.) Il paſſe à l'expoſition de l'abondance énorme dans laquelle ces Sauterelles paroiſſent quelquefois; il parle de leurs dégâts, de leur accouplement, de leur ponte, du nombre prodigieux d'œufs qu'elles dépoſent, des moyens de s'oppoſer à leur multiplication.

Pag. 210. Sur un eſſaim prodigieux de Fourmis qui reſſembloit à une aurore boréale.

Cette obſervation faite dans la contrée du Havel, le 4 ſeptembre 1749, eſt de M. Gleditſch. Sur les cinq heures du ſoir l'obſervateur apperçut, le ciel étant ſerein, un tourbillon qui lui parut une aurore boréale. Il décrit les apparences de ce phénomène, les colonnes qui ſe balançoient dans l'air, l'effet qu'elles y produiſoient, &c.

Enfin une des colonnes s'abaiſſa, l'environna, & lui laiſſa reconnoître qu'elle étoit compoſée de petites Fourmis noires, toutes aîlées & ſemblables entr'elles. Cette eſpèce conſtruit ſa fourmilière dans les prairies qu'elle gâte conſidérablement.

L'auteur remarque que toutes les Fourmis de ces colonnes ſont des mâles; en ſont-ce qui ſont chaſſés des Fourmilières & qui périſſent? S'il y avoit des femelles on pourroit croire que ce ſont des eſſaims. M. Gleditſch propoſe pluſieurs conjectures & ne réſout pas la queſtion. Il parle enſuite des lieux d'où s'élèvent de pareilles volées de Fourmis.

Tome IX.

Ce tome eſt, comme le précédent, extrait des mémoires de l'académie royale de Pruſſe.

Il ne contient point d'article relatif aux infectes.

Tome X.

Ce tome eſt extrait des mémoires de l'académie des Sciences de l'inſtitut de Bologne.

De la pag. 191 à la pag. 194. Sur les grandes Cigales; leur deſcription, leur propagation, &c.

Pag. 194 à 196. Sur les yeux de la Demoiſelle. c'eſt à peu près ce qu'en a dit Leuwenhoeck.

Pag. 561. Sur un nouveau genre d'inſecte. C'eſt une galle-inſecte de la vigne; ſa deſcription; ſon hiſtoire.

Pag. 603 & 604. Sur les trous latéraux de l'aiguillon du Scorpion par où ſon venin ſort. Cette obſervation demande à être confirmée.

TOME XI.

Extrait des mémoires de l'Académie des Sciences de Stockholm.

L'hiſtoire des infectes occupe de la page 61 à la page 90.

Pag. 61. Deſcription d'un Scarabé, auquel on donne le nom d'Eſcarbot-tireur, dénomination due à ce que toutes les fois qu'on touche cet inſecte, il rend par l'anus un jet d'une vapeur blanche accompagné d'un décrépitement.

Même page. Deſcription d'une Cigale qui ſe trouve dans les Colonies angloiſes de l'Amérique.

Pag. 61. Sur la manière dont les Arabes apprêtent les Sauterelles qui leur ſervent d'aliment dans les cas de famine, & dont ils uſent par goût en d'autres tems.

Pag. 63. Deſcription de la Cigale, Porte-lanterne de la Chine.

Pag. 64. Deſcription d'une Pro-Cigale d'Europe, & ſon hiſtoire.

Pag. 65 & 66. Deſcription d'une Punaiſe du bouleau & de la cochenille de l'arbouſier.

Pag. 67. Deſcription du palais cornu. Cette dénomination eſt le nom générique des Phriganes, ſuivant l'auteur de cet article, & l'eſpèce, dont il parle, fut obſervée en Moldavie.

Même pag. 67. Deſcription d'un Papillon de la Chine, que l'auteur nomme *Papillon violet*, & d'une Phalène de Danemarck, qu'il appelle *Papillon argenté*, à cauſe de quelques taches couleur d'argent.

Pag. 68. Sur les aîles des Papillons, ſur leurs antennes dans la chryſalide.

Pag. 69. Sur leurs ſtigmates.

Pag. 70 & 71. Deſcription d'un Papillon du peuplier, d'une petite phalène brune des prairies.

Pag. 72. D'une Phalène de la bardane.

Pag. 63. D'une Phalène du bouleau, & d'une Phalène de l'Amérique ſeptentrionale.

Pag. 74. d'une Phalène de Suede.

Pag. 75. *De la Phalène des offices;* c'eſt une Teigne qui dans ce premier état s'accommode de divers comeſtibles, comme beurre, fromage, viande, & auſſi des étoffes.

Pag. 76. Deſcription d'une Phalène, dont la Chenille ronge la tige du ſeigle au bas de l'épi prêt à ſortir de ſon fourreau; elle fait de grands ravages.

Pag. 76 & 77. Phalène du poirier sauvage & de l'épine, & celle du hêtre.

Pag. 78. Des fausses Chenilles & Mouches à scie.

Pag. 79. Sur un Ichneumon qui pique les Chenilles mineuses des feuilles du sapin.

Pag. 80. Remarques sur les Fourmis.

Pag. 81. Description d'un très-petit insecte à quatre aîles, appellé dans les mémoires *Fisapus* ou *Piébule*. Il paroît que c'est un *Ptérophore* de M. Geoffroy.

Même page & suiv. Métamorphose du Taon. (Ce titre est bien vague, puisqu'il y a différentes espèces de Taons.)

Pag. 84. Description d'une Abeille désignée sous le nom d'*Abeille à crible*.

Même page & suiv. Description *de la Mouche* ou *Taon du Renne*. Les tumeurs que cet insecte occasionne épuisent, dit-on, les Rennes, en font périr un tiers, & déprécient leur peau.

Pag. 85. Mouche de l'orge; c'est une Mouche ou un insecte à quatre aîles nues, dont la larve se nourrit au centre des grains d'orge encore verds.

Pag. 86. Pou-Sauteur. Il paroît, d'après la description, que c'est un *Podura*.

Pag. 88. Description du Pou de bois de l'Amérique septentrionale. Une seule femelle pond plus de mille œufs; ces insectes sont multipliés à un point extrême; les hommes, ni les bestiaux ne peuvent aller dans les bois sans en être couverts, sans qu'ils s'introduisent dans les chairs, ce qui devient une incommodité très-grande & souvent funeste. C'est une tique ou chique.

Pag. 90 Ciron des oiseaux.

TOME XII.

C'est le troisième extrait des mémoires de l'Académie royale des Sciences de Prusse. Il commence à l'année 1761.

Pag. 107. Observations sur un insecte qu'on trouve sur les feuilles de la guède, lorsqu'après avoir été froissées, elles viennent à se pourrir; qui s'en nourrit, en tire les parties de couleur bleue que cette plante renferme, & prend la même couleur.

Description d'un Ver trouvé sur les feuilles de la guède en putréfaction; ce Ver s'en nourrit pendant un mois, devient chrysalide, & une Mouche à deux aîles de la grosseur de la Mouche commune.

TOME· XIII.

Extrait des mémoires de la Société royale de Turin.

Ce volume contient deux articles relatifs à l'histoire des insectes. Le premier est un catalogue des insectes du territoire de Turin, par M. Charles Allioni. Ce savant médecin avertit que ce catalogue a été dressé par M. Muller, à son passage à Turin; que la collection d'après laquelle il a été dressé, n'a été commencée qu'au mois de Juillet: il suit de cette circonstance que ce catalogue, quoiqu'étendu, ne peut être que fort incomplet, puisqu'au mois de Juillet il y a déjà beaucoup d'insectes qui ont paru, & qu'on ne trouve plus. M. Allioni apprend encore qu'on s'est contenté pour les insectes qui étoient connus & bien décrits, de les indiquer par les noms triviaux de Linné, d'après son *systema*, édit. 10, son *Fauna-Suecica*, & le *Fauna-Fridrichs-Dalina*; que quant à ceux qui sont nouveaux ou peu connus, on les rapporte à leurs genres respectifs, & qu'on y joint une courte description : il avertit encore qu'on trouve dans ce catalogue, des insectes de Laponie, d'Egypte & d'Amérique. Nous croyons, d'après cette dernière confidération fur-tout, faire une chofe agréable à nos lecteurs, de copier ce catalogue; ils en apprendront qu'on trouve les mêmes efpèces en des pays bien différens & les plus éloignés. Ce feroit un travail fort curieux que celui de dreffer un catalogue des efpèces qu'on trouve fous différens climats, & de noter les différens pays où on les a trouvées.

Le travail de M. Allioni eft un commencement de ce catalogue, & d'ailleurs il met les perfonnes qui font des collections à portée de demander, à Turin, des infectes qu'il ne feroit pas auffi aifé de fe procurer de Laponie, de l'Egypte, &c.

Coléoptères.

Scarabæus. *Auratus.*
    Variabils.
    Cervus.
    virens, muticus, capite thoraceque glabris æneis : elytris rugofo-teftaceis : pedibus nigris.

Dermeftes. *Mollis.*
    Stercoreus.

Sylpha. *Arata.*

Caffida. *Viridis.*

Coccinella   2
     5
     7 } *punctata.*
     13
     22

    Puftulata.

Cryfomela. *Graminis.*
    Alni.
    Nymphea.
    Staphilea.
    Populi.
    Merdigera.
    Quatuor punctata.

    Taurinenfis, cylindrica, atra : elytris luteis, punctis fex nigris. *

    Luteola, oblonga, lutea : thorace bipunctato : elytris fafciâ longitudinali nigrâ. *

Curculio. *Scrophulariæ.*
    Craffus, brevirofiris, niger : elytris convexis firiatis. *
    Centaureæ, brevirofiris, oblongus, grifæus, elytrorum fafciis duabus obliquis fufcis. *
    Corylli.
    Apyarius.

Cerambix. *Cerdo.*
    Textor.
    Mofchatus.
    Linearis.
    Sartor, niger, thorace mutico fubglobofo, elytris fufcis, lineolis punctoque albis. *

Leptura. *Attenuata.*
    Melanura.
    Necydalea. *

Cantharis. *Melanura.*
    Sanguinea.
    Viridiffima.
    Tomentofa, nigra, thorace teretiufculo ; elytris tomentofis fufcis. *

Elater. *Aterrimus.*
    Ferrugineus.
    Badius.

Cicindela. Ver luifant, *Campeftris.*

Bupreftis. *Nitidula.*
    Octo-maculata, nigra : elytris maculis octo-aureis. *

Mordella. *Aculeata.*
    Paradoxa, antennis pectinatis. capite, thorace, elytrifque luteis. *

Staphilinus. Niger.

Forficula. Auricularia.

Blatta. Lapponica.

Grillus. Viridissimus.
   Vermivorus.
   Rufus.
   Viridulus.
   Bifasciatus , thorace subcarinato ,
    rugosus ; elytris grisæis , fasciis
    duabus fuscis. *

HÉMIPTERES.

Cimex. Anulator.
   Marginatus.
   Hæmorrhoïdalis.
   Pabulinus.
   Lævigatus.
   Hyofciami.
   Equeftris.
   Grifæus.
   Baccarum.
   Italicus , sanguineus , scutello lon-
    gitudine abdominis : subtus ma-
    culis , suprà fasciis longitudina-
    libus nigris. *
   Quatuor Punctatus , oblongus , la-
    mina thoracis elytrisque luteo-
    testaceis , maculis quatuor nigris. *
   Segusinus , antennis apice capillari-
    bus : corpore oblongo , nigro :
    elytrorum apicibus coccineis. *

LÉPIDOPTERES.

Papilio. Io.
   Ajax.
   Machaon.
   Atalanta.
   Antiopa.
   Mæra.
   Galathea.
   Cardui.
   Rhamni.

Braffica.
Jurtina.
Janira.
Calbum.
Hyale.
Ægeria.
Prorfa.
Urticæ.
Lucina.
Cinxia.
Lathonia.
Arion.
Argiolus.
Idas.
Comma.
Malvæ.
Tages.
Linea , alis integerrimis, divarica-
   tis fulvis immaculatis : primo-
   ribus linea nigra. *
Populi.
Stellatarum.
Porcellus.
Filipendulæ.
Virginea , alis superioribus cya-
   neis ; maculis quinque , punctif-
   que totidem rubris albo margi-
   natis. *
Ligata , alis omnibus nigro ma-
   culatis , abdominis fascia lata
   aurea. *
Variegata , abdomine barbato :
   alis hyalinis , margine ferrugi-
   neis. *

Phalæna. Caja.
   Salicis.
   Plantaginis.
   Ypfilon.
   Pacta.
   Graffulariata.
   Glaucinalis.
   Verticalis.
   Purpuralis.
   Atomaria.
   Viridana.
   Trigonellæ.

Swammerdamella.
Penta dactyla.

NEUROPTERES.

Libellula. quadrifasciata.
    Fridixhaldensis.
    Sanguinea.
    Frumenti.
    Triedra. E. alis omnibus basi lu-
    tescentibus : puncto marginali
    albido , abdomine triangulari.
    Pedemontanea , alis hyalinis ma-
    cula fusca : puncto marginali ,
    corpore sanguineo.
    B. Alis hyalinis macula fusca :
    puncto marginali luteo ; abdo-
    mine flavo.
    Virgo.
    Puella.

Ephemera. Bioculata.

Hemerobius. Crysops.

Panorpa. Communis.
    Italica , lutea alis æqualibus ,
    puncto marginali : abdomine
    falcato.

HYMENOPTERES.

Tentredo. pratensis.

Viridis Saltuum.

Padi septentrionalis.

Ustulata quadrimaculata, antennis clavatis ,
    nigra , pilosa : fronte , scutello ,
    abdominisque maculis quatuor
    *flavis. ***
    Bifasciata, antennis septem nodiis
    nigra : abdominis fasciis duo-
    *bus , tibiisque posticis albis.***

Ichneumon. Extensorius.
    Compunctor.

Manifestator.
Glaucopterus.
Appendigaster.
Desertor.
Luteus.
Comitator.
Punctator, niger , abdomine sub-
tus albido bifariam punctato :
*pedibus subflavis.***

Sphex. fabulosa.
    Ægyptia.

Vespa. Cataracluta.

    Quinque fasciata, nigra , thorace ,
    lineis , punctisque , abdomine fas-
    ciis quinque , punctisque quatuor
    *luteis.***

    Horticola nigra , thorace lineola punc-
    tisque duobus : abdomine fasciis
    quinque interruptis , pedibusque
    *luteis.***

    Sexmaculata , nigra , thorace imma-
    culato : abdomine maculis albis ,
    *alis basi fulvis. ***

Apis. Manicata.
    Succincta.
    Tremorum.
    Hortorum.
    Pratorum.
    Terrestris.
    Lapidaria.
    Acervorum.
    Muscorum.
    Insubrica, nigra , nitida : alis ceru-
    *leis nitentibus.***
    Fulva , hirsuta nigra : thorace abdo-
    *mineque fulvis. ***
    Paludosa , hirsuta nigra : thorace
    anticè ac posticè, abdomine anticè,
    *flavis ; ano albido.***

Formica.

    Hortulana fusca.

Dipteres.

Tipula.
Crocata.

Musca.

Arbustorum.
Menthastri.
Noctiluca.
Carnaria.
Domestica.
Cadaverina.
Scolopacea.
Mellina.

Valentina, antennis plumatis glabra, thorace ferrugineo; abdomine flavo cingulis duobus nigris. *

Cincta, antennis setariis pilosa; thorace cærulescente: abdomine ferrugineo: linea dorsali nigra. *

Culex.

Pipicus.

Asilus.

Forcipatus.
Tipuloïdes.

Apteres.

Termes.

Fatidicum.

Acarus.

Gymnopterorum.

Nous avons eu soin d'indiquer par une étoile les insectes, ou nouveaux, ou qui n'étoient pas assez bien décrits. Outre la phrase que nous avons rapportée, l'article de ces insectes en contient dans l'ouvrage une courte description en françois, que nous n'avons pas copiée pour ne pas donner à ce catalogue une trop grande étendue.

Pag. 412 à 439, sur la trompe du Cousin & sur celle du Taon, par D. Maurice de Roffredi, abbé de Casa-Nova.

Ce mémoire contient une description très-détaillée, & plus circonstanciée qu'on ne l'avoit donnée, de la trompe du Cousin & de celle du Taon. On y fait connoître quelques parties nouvelles de ces organes, & l'on ajoute des remarques sur leur usage, principalement pour la succion. Mais l'étendue de ce mémoire, la nécessité des planches qui l'accompagnent pour son intelligence, nous empêchent d'en donner l'extrait.

On voit, par le compte que nous venons de rendre de la partie étrangère de la collection académique, quels sont les objets relatifs aux insectes qu'on trouve dans les mémoires des différentes Académies, & dans plusieurs journaux. Il nous eût été difficile de nous procurer ces ouvrages, & l'extrait que nous en avons trouvé dans la collection académique nous a fourni le moyen de remplir également notre but; celui d'indiquer les articles qui concernent les insectes dans les mémoires des différentes Académies, & dans les papiers périodiques. Il en est un de ces derniers, publié depuis la rédaction de la collection académique, le journal de Physique & d'Histoire Naturelle, qui traite assez souvent des insectes, sur tout dans les journaux des premières années. Nous nous bornerons à cette indication, parce qu'il deviendroit trop long d'extraire le journal, & que la table que l'on en publie chaque année, facilite le moyen de trouver très-aisément les objets qu'il contient, sur lesquels on veut le consulter.

La partie de la collection académique, dont il nous reste a rendre compte, est extraite des mémoires de l'académie royale de sciences; elle contient

TOME Ier.

Page 253, mémoire de l'académie, tom.

X, pag. 10, année 1692. Mémoire de MM. de Lahire & Sedileau, fur un infecte qui s'attache à quelques plantes étrangères, & principalement aux orangers.

C'eſt la Gale infecte de l'oranger. Ce que nous en avons dit en rendant compte des ouvrages de M. de Réaumur, qui a lui-même extrait les principaux articles de ce mémoire, nous difpenfe de nous en occuper plus longtems.

Page 285 & fuiv., obfervation fur un Papillon d'une grandeur extraordinaire & fur quelques autres infectes, mémoire de l'académie, tom. X, pag. 158, année 1692, par M. Sedileau. Ce Papillon eſt le grand Paon de nuit dont l'auteur décrit la Chenille & en fait l'hiſtoire. Les autres infectes paroiffent être une Phrigane & quelques Mouches.

Pag. 351, defcription d'une Mitte ou Pou de la Mouche, par M. de Lahire. Mémoire de l'académie, tom. X, pag. 427, année 1693.

Pag. 397, mémoire de l'académie, tom. X. Pag. 610, nouvelle découverte des yeux de la Mouche & des autres infectes volans, par M. de Lahire. Ce n'eſt qu'une note fur la découverte des yeux liffes que l'auteur a cru accompagnés de paupières.

Pag. 473, mémoire de l'académie, année 1699. Pag. 145, obfervations anatomiques fur les infectes appellés Demoifelles, par M. Homberg. C'eſt une defcription détaillée des parties tant externes qu'internes.

TOME II.

Pag. 125, mémoire de l'académie, ann. 1704. Pag. 45, nouvelles obfervations fur les infectes des orangers, par M. de Lahire. Ces obfervations ont pour objet la fécondation des Galles-infectes de l'oranger ; il faut les lire avec précaution ; l'auteur fuppofe que ces infectes s'accouplent peu après leur naiffance, avant de fe fixer & que cet accouplement, antérieur de huit mois à la ponte, les féconde. On fait aujourd'hui que cette obfervation de M. de Lahire eſt fans fondement, & que cet habile homme avoit mal vu cet objet.

Pag. 146 & fuiv., mémoire de l'académie, année 1704. Pag. 235, hiſtoire du Formica-leo, par M. Poupart.

Cette hiſtoire très détaillée eſt fort curieufe pour fon tems, mais il y manque des faits reconnus depuis, il y en a d'autres qui ne font pas exacts, & qui ont été rectifiés par des obfervateurs plus modernes.

Pag. 532, mémoire de l'académie, pag. 329, année 1707.

Obfervations fur les Araignées, par M. Homberg. Ce mémoire fort détaillé commence par la divifion de toutes les Araignées en fix efpèces ; 1°. l'Araignée domeſtique, ou qui fait fa toile dans les appartemens ; 2°. l'Araignée des jardins, ou celle qui fait à l'air une toile à peu près ronde ; 3°. l'Araignée noire des caves ou des trous de murs ; 4°. l'Araignée vagabonde ou qui ne demeure pas au même endroit ; 5°. l'Araignée des champs à longues jambes, ou Faucheur ; 6°. l'Araignée enragée ou la Tarentule.

L'auteur fait enfuite la defcription des Araignées en général, & traite des principaux faits de leur hiſtoire, puis il décrit en particulier chacune des fix efpèces qu'il a admifes.

TOME III.

Pag. 305, mémoire de l'académie, année 1710.

Examen de la foie des Araignées, par M. de Réaumur. L'auteur commence par avertir que

que M. le préfident Bou-ayant préfenté à l'académie, des bas & des gants faits de toile d'Araignées, il fut chargé de fuivre cette découverte & d'obferver quels avantages il en pourroit réfulter. La première tentative étoit de nourrir un grand nombre d'Araignées; divers effais à cet égard; le moyen qui réuffit le mieux fut de leur fournir des plumes de jeunes Oifeaux qui font encore en tuyau. Mais les Araignées qui, lorfqu'elles quittent leur coque ou enveloppe, travaillent de concert à une même toile, ne tardent pas à s'entredévorer les unes les autres; fi l'on vouloit donc élever des Araignées il faudroit les ifoler, & dès lors l'entreprife devient impraticable. De plus, la foie des toiles eft fi fine qu'on ne peut l'employer; il n'y a que celle dont la coque eft formée pour contenir les œufs, dont on puiffe faire ufage, & toutes les efpèces ne filent pas des coques dont on puiffe fe fervir. Cependant pour ne rien négliger, M. de Réaumur examine quelles font les différentes efpèces d'Araignées; il les divife d'abord en deux genres, celui des vagabondes qui faififfent leur proie & ne l'arrêtent pas par une toile; celui des Araignées qui tendent des toiles; les premières ne filent que pour enfermer leurs œufs. Le fecond genre contient quatre efpèces qui filent des foies qu'on pourroit employer; celles de quelques-unes cependant font bien foibles, & parmi les efpèces dont on pourroit employer le produit, il n'y a que les coques ou enveloppes pour les œufs qui aient affez de force pour être mifes en œuvre. Il réfulte donc de la difficulté d'élever les Araignées, du peu de foie qu'elles fourniroient, que la découverte d'employer leur toile n'eft que curieufe, & qu'on ne peut s'en promettre d'utilité.

Pag. 316, fur l'infecte des Limaçons, par M. de Réaumur. Mémoires de l'académie, année 1710. C'eft un très-petit Acarus dont l'auteur décrit la forme, & dont il donne la figure. Tantôt il fe tient à l'extérieur du Limaçon, fur cette partie qu'on nomme le *collier*, tantôt il fe retire dans fes inteftins.

Hiftoire Naturelle, Infectes. Tome IV.

Lorfque le Limaçon rend fes excrémens, leur maffe qui remplit tout le canal pouffe les Acarus au-dehors, ils fe répandent fur le collier, fe tiennent autour de l'anus pendant l'expulfion des matières qui eft longue, & rentrent par l'anus auffi-tôt qu'elles font forties. C'eft fur-tout après une féchereffe que ces infectes font plus multipliés; ils font fi petits qu'il faut un fort microfcope pour en diftinguer les diverfes parties.

Pag. 426, mémoires de l'académie, ann. 1712. Extrait des obfervations de M. Maraldi, fur les Abeilles.

Ces obfervations font très-bonnes pour leur tems, mais comme on en a fait d'autres depuis, & qu'elles font contenues dans ce qu'on fait aujourd'hui de plus, nous ne croyons pas néceffaire de les rapporter.

TOME IV.

Pag. 203, mémoires de l'académie, ann. 1714, fur le Kermès, par M. Niffole, de la fociété royale de Montpellier. Ce favant étranger fait l'hiftoire du Kermès, de l'infecte qui occafionne cette excroiffance; il parle de l'ufage qu'on en fait en médecine & pour les teintures; il ajoute quelques faits à ceux qu'on avoit obfervés.

Pag. 279, mémoires de l'académie, ann. 1778. Hiftoire des Guêpes, par M. de Réaumur. Nous avons donné l'extrait de ce mémoire en faifant celui des ouvrages de l'académicien qui en eft l'auteur; ainfi nous ne répéterons pas ici ce que nous en avons dit, & nous en ferons de même pour les mémoires de M. de Réaumur, dont nous avons donné l'extrait en faifant celui de fes œuvres.

TOME V.

Pag. 194, mémoires de l'académie, ann. 1724. Obfervation fur les veffies qui viennent aux ormes, & fur une forte d'excroif-

fance à peu près pareille, qui nous eſt apportée de la Chine, par M. Geoffroy le
cadet.

L'excroiſſance dont il s'agit eſt celle que
la piquure des Pucerons fait naître ſur les
jeunes pouces des ormes ; l'hiſtoire de cette
galle de l'orme & des inſectes qui l'habitent
a été donnée beaucoup plus circonſtanciée
depuis par M. de Réaumur. Voyez l'extrait
de ſes ouvrages. Quant aux coques apportées
de la Chine, elles ſervent à la teinture,
mais il ne paroît pas que celles de l'orme,
malgré leur reſſemblance, y ſoient propres.

TOME VI.

Pag. 283 & ſuiv., mémoires de l'académie, année 1728. Hiſtoire des Teignes
ou inſectes qui rongent les laines & les pelleteries : ſuite du même mémoire, page
297 & ſuiv., avec figures, par M. de
Réaumur.

TOME VII.

Pag. 255, année 1734. Extrait des mémoires de M. de Réaumur ſur les Chenilles
& les Papillons.

Pag. 268, mémoires de l'académie, ann.
1731, ſur les Scorpions, par M. de Maupertuis.

Ce ſavant obſerva deux eſpèces de Scorpion à Montpelier, l'une qui vit dans les
maiſons, l'autre qui habite les campagnes
& qui eſt la plus grande. Elle a, étant étendue,
deux pouces de long.

Un Chien piqué trois à quatre fois, à la
partie du ventre dégarnie de poils, par un
Scorpion des champs qu'on avoit irrité, mourut cinq heures après ; ayant, pendant ce
tems, éprouvé des alternatives d'enflure &
de vomiſſement & des mouvemens convulſifs.
La partie piquée n'enfla point.

Un autre Chien, piqué au même endroit
cinq à ſix fois, n'en éprouva aucun accident.

M. de Maupertuis ſe procura de nouveaux
Scorpions ; ſept différens Chiens & trois Pou-
lets en furent vivement piqués, ſans qu'il en
réſultât aucun accident pour ces animaux.

M. de Maupertuis parle enſuite de trous
ou pores qui ſont au-deſſous de la pointe de
l'aiguillon. Il dit que Redi ne les a pu découvrir, que Leeuwenhoek en a reconnu
deux, & qu'il les a auſſi obſervés ; il ajoute
qu'en preſſant la baſe de l'aiguillon, on voit
ſuinter deux gouttes de liqueur par les pores
qui ſont au-deſſous de la pointe.

Il paroît, d'après les expériences de M.
de Maupertuis, que le Scorpion verſe réellement une liqueur par ſon aiguillon, mais
que cette liqueur n'eſt pas vénimeuſe dans
nos contrées, que le premier Chien mourut,
parce que probablement quelque membrane
des viſcères du canal inteſtinal ou de l'eſtomac avoient été bleſſés, de-là le vomiſſement,
les convulſions, &c. Nous avons donc eu
raiſon de dire précédemment que les Scorpions ne ſont pas vénimeux dans nos contrées, & que leur piquure n'eſt dangereuſe
que par la nature des parties qu'elle affecte.

Ce ſavant académicien enferma, dans une
enceinte formée avec des charbons ardens,
pluſieurs Scorpions qui paſſèrent à travers les
charbons, ſe brulèrent à demi & ne ſe pi-
quèrent point comme on le débite.

Les Scorpions enfermés enſemble s'entredé-
vorent, & les mères, dans ce cas, mangent
même leurs petits naiſſans. Ils font la guerre
aux Araignées qu'ils tuent à coups d'aiguillons
& qu'ils dévorent.

TOME VIII.

Ce tome ne contient aucun article ſur les
inſectes.

TOME IX,

Pag. 74, mémoires de l'académie, année 1741, sur la manière dont les Pucerons se propagent, par M. de Réaumur.

Pag. 82, année 1742. Extrait du sixième volume des mémoires, pour servir à l'histoire des insectes, par M. de Réaumur. *Voyez* l'extrait que nous avons donné des œuvres de cet académicien.

TOME X.

Pag. 250. Description de deux nids singuliers faits par des Chenilles, par M. Guettard, année 1749.

Les nids dont il s'agit furent apportés de Madagascar ; l'un est l'ouvrage d'une seule Chenille, l'autre celui d'une espèce qui vit en société. Les uns & les autres tiennent à des branches auxquelles les Chenilles les suspendent.

L'auteur entre ensuite dans une description très-longue & très-détaillée de la forme & de la construction de chaque nid ; il y a été déterminé par les précautions que les Chenilles savent prendre pour empêcher le balottement d'un nid qui est suspendu, & par la nécessité de faire connoître la disposition, l'arrangement d'un nid qu'une famille nombreuse habite, & à l'intérieur duquel toutes les coques, au moment de la metamorphose, sont placées à côté les unes des autres. Il faut lire dans le mémoire même cette description qui n'offre rien dont on ne voie des exemples dans des nids de nos Chenilles.

Pag. 264, année 1750, sur le *Lucciola* ou *Ver-luisant* qui se trouve en Italie, & sur l'insecte qui jette des traînées de feu & des étincelles dans la mer Adriatique.

M. l'abbé Nollet compare le premier, pour la grosseur, à une Abeille. Nous avons sou-vent vu cet insecte ; il est assurément beaucoup moins gros qu'une Abeille. M. l'abbé Nollet dit qu'il répand sa lumière comme par élancement, & qu'écrasé, il répand une traînée de lumière phosphorique. Nous avons été témoins de ces deux faits. On sait aujourd'hui que cet insecte est un *Lampyris*. Son histoire se trouvera à l'article de ce genre. J'ajouterai seulement ici que vingt de ces insectes enfermés dans un cornet de papier répandent assez de lumière pour qu'en suivant les lignes d'un livre imprimé fin avec ce cornet qu'on en tient près, on lise aisément ; l'insecte perd sa propriété lumineuse en mourant ; il ne la conserve pas, jetté vivant dans une huile essentielle ; mais si après qu'il est mort on l'écrase, entre deux feuilles de papier, & qu'on les frotte, il se renouvelle une foible lumière : un autre fait, c'est que ces insectes qui remplissent l'air en quelque sorte au coucher du soleil & pendant la nuit, se retirent de jour en des retraites où il est comme impossible de les trouver. J'en ai en vain cherché de jour dans des jardins qui en étoient éclatans la nuit, en vain j'ai fait arracher des plantes, cherché en terre & dans tous les réduits, je n'ai pu découvrir aucun Lucciola de jour. Tous ceux que j'ai pris la nuit, & j'en ai pris beaucoup de centaines, étoient des mâles ; je n'ai jamais trouvé de femelles. Au reste, je crois que ce Lampyris est le même que le nôtre, qu'il n'en diffère que par une taille plus forte & une lumière plus vive. Notre Lampyris, même le mâle, est aussi lumineux, lui seul a des aîles ; sa femelle connue sous le nom de *Ver-luisant* n'a point d'aîles : voilà pourquoi je n'ai ramassé que des *Lucioles* mâles, parce que je n'en ai pris que d'aîlés.

L'insecte qui rend la mer Adriatique étincellante, & dont M. l'abbé Nollet, qui n'avoit pas fait son étude particulière des insectes, ne donne qu'une idée incomplette, est une Scolopendre d'une ligne de long au plus ; elle vit par milliers sur les plantes qui croissent dans la mer ; elle jette de tems en tems des étincelles quand on ne la touche pas, mais quand on vient à l'écraser elle répand une traînée lumineuse. C'est par cette raison que le soir les canaux sont brillans de lumière à Venise, lorsqu'il y a un concours de Gondoles, parce que chaque coup de rame écrase des centaines de Scolopendres qui répandent autant de traînées de lumière. M. Griselmini, noble vénitien, est le premier qui ait fait connoître cet insecte. Il l'a décrit & fait représenter dans un opuscule in 12, imprimé à Venise. M. Fougeroux & moi nous avons très-bien vu cet insecte dans cette partie de l'Italie, & nous y avons été témoins des faits que je viens de rapporter.

TOME XI.

Année 1753, sur le Ver-Lion ou *Formica-Leo*, d'après les mémoires de M. de Réaumur.

TOME XII & XIII.

Point d'article sur les insectes.

TOME XIV.

Histoire d'une Mouche-maçonne de la Guadeloupe, par M. Barboteau, correspondant de l'académie, année 1776.

Suivant les rédacteurs, l'insecte dont il s'agit est un *Ichneumon maçon*, genre observé à la Dominique. La Mouche de la Guadeloupe n'a point de trompe; elle a, sur les deux pieds postérieurs, deux palettes qui lui servent à détremper le mortier qu'elle emploie & qu'elle prépare au bord de l'eau, qu'elle emporte chargé sur ces palettes, & qu'elle applique sur le tronc des arbres. Elle se sert, pour cette opération, de ses mâchoires, & elle construit une sorte de tuyau, y pond un œuf, & y enferme des Araignées destinés à nourrir la larve; elle ferme ensuite le tuyau. Elle prépare autant de tuyaux qu'elle pond d'œufs, & elle meurt bientôt après.

TOME XV.

Pag. 170, année 1771, sur un insecte de l'Amérique, par M. Fougeroux de Bondarois.

L'insecte dont il s'agit est un Coléoptère; sa larve vit à l'intérieur d'un coco qui sert à faire des grains de chapelet. C'est dans de pareils cocos que M. Fougeroux a vu la larve, la chrysalide, l'insecte parfait; il le décrit dans ces trois différens états, & il pense que, suivant la méthode de M. Geoffroy, il doit former un genre particulier qui seroit le troisième du troisième ordre; on désigneroit ainsi ce genre: *Antennæ filiformes subserratæ, caput sub clypeo thoracis inflexum, thorax antice attenuatus subtriangularis, tarsorum articuli tres.*

Pag. 173, année 1772, par M. Fougeroux, sur un Ver ou insecte qui vit sur la Chevrette. Ce Ver a la forme d'un cœur applati; il s'attache, quand il est jeune, aux pattes des Chevrettes & à leur casque; quand il a toute sa grandeur, il se reproduit; c'est donc un Ver parasite, & ce n'est pas, comme on l'avoit imaginé, le produit du frai des soles, qui chargeoient, disoit-on, les Chevrettes de couver leur frai. Nous remarquerons seulement, par rapport à cette observation, que le mot d'*insecte* qu'on y emploie n'est pas exact, & que c'est plutôt un Ver; mais cet animal n'a pas été assez décrit pour qu'on puisse déterminer son genre.

TOME XVI.

Pag. 166, année 1776, sur un insecte lumineux de Cayenne, appellé Maréchal, par M. Fougeroux.

L'insecte dont il s'agit est fort grand, du genre du *Taupin* ou *Elater*. Il a, sur le corcelet, deux plaques ovales, transparentes, remplies d'un fluide phosphorique qui répand beaucoup de lumière; on l'envoie souvent mort & desséché de Cayenne. Il n'est plus lumineux alors. On en trouva un vivant au fauxbourg Saint Antoine, & on le remit à M. Fougeroux. Il y a toute apparence que cet insecte avoit été apporté en larve ou en chrysalide dans quelque pièce de bois de marqueterie, & qu'il avoit subi sa métamorphose à Paris.

Pag. 169, année 1769, sur des insectes sur lesquels on trouve des plantes, par M. Fougeroux.

Il s'agit dans ce mémoire de la prétendue, *Mouche · végétante*, & des excroissances trouvées sur le corps de plusieurs insectes. L'auteur démontre que ces excroissances sont la plupart des fungus qui croissent sur le corps des insectes morts, restés exposés à l'humidité, & que c'est le cas de la Mouche appellée si mal-à-propos *Mouche-végétante*.

Depuis la rédaction de la notice qu'on vient de lire, il a paru plusieurs ouvrages sur les insectes; M. Olivier, à qui ils sont nécessaires pour la partie dont il est chargé, les a rassemblés autant qu'il a pu, ainsi que quelques ouvrages que je n'avois pu me procurer, quoiqu'anciens; en empruntant ces différentes productions de M. Olivier qui s'en sert journellement, j'aurois retardé son travail; nous avons mieux aimé lui & moi qu'il se chargeât de la notice de ces différens ouvrages, & il ne la donnera qu'à la fin de son travail, pour y comprendre les ouvrages qui pourront encore paroître, avant qu'il ait terminé le sien, & que la notice soit aussi complette qu'il nous aura été possible.

INTRODUCTION.

PAR M. OLIVIER.

LA partie de l'Histoire Naturelle, qui a pour objet la connoissance des insectes, a été nommée *Entomologie*, de deux mots grecs, dont l'un ἔντομον, qui signifie insecte, & l'autre λόγος, discours. Le nom d'*insecte* vient des mots latins *sectus*, *intersectus*, qui signifient coupé, divisé, parce que le corps de presque tous ces petits animaux, est composé de plusieurs anneaux, qui semblent former autant de sections. Les caractères que nous regardons les plus propres à distinguer les insectes de tous les autres animaux, sont:

1°. Une liqueur froide, blanchâtre, au lieu de sang.

Ce caractère n'appartient qu'aux insectes & aux vers.

2°. Point d'os, mais une peau dure, écailleuse, pour l'attache des muscles.

Tous les insectes & quelques vers.

3°. Des yeux.

Ce caractère commun aux animaux des six premières classes, exclut presque tous les vers.

4°. Des antennes, espèces de cornes plus ou moins longues, articulées, mobiles, placées au-devant de la tête.

Ceci n'appartient qu'aux insectes. Nous établissons cependant une division dans la classe des aptères, qui en manque; mais ces parties sont remplacées par des antennules, qui en tiennent lieu, & que presque tous les Naturalistes avoient regardé comme des antennes.

5°. De petites ouvertures latérales, nommées *stigmates*, qui sont les organes extérieurs de la respiration.

Les insectes seuls.

6°. Six pattes articulées ou un plus grand nombre.

Ce caractère exclut tous les autres animaux.

7°. Le corps, composé d'anneaux ou de segmens.

Les insectes & quelques vers.

8°. La métamorphose ou le changement de forme.

Tous les insectes ailés.

9°. La mue, ou changement de peau.

Tous les insectes & quelques reptiles.

10°. Enfin, les mandibules & les mâchoires, placées transversalement dans les espèces qui en sont pourvues.

On distingue dans l'insecte quatre parties principales, qui sont, la tête, le tronc, l'abdomen & les membres.

1°. La tête presque toujours distincte, quelquefois attachée au tronc par un filet mince, rarement confondue avec lui, comprend la bouche, les yeux, les antennes, le front & le vertex.

On compte dix parties principales dans la bouche des differens insectes. La lèvre supérieure, *labium superius*; la lèvre inférieure, *labium inferius*; les mandibules, *mandibulæ*; les mâchoires, *maxillæ*; les galetes, *galeæ*; les antennules, *palpi*; la langue, *lingua*; le bec, *rostrum*; le suçoir, *haustellum*; & la trompe, *proboscis*. 1°. *La lèvre supérieure* est une pièce membraneuse ou coriace, mince & mobile, placée à la partie la plus antérieure de la tête, au-dessus de la bouche. 2°. *La lèvre inférieure* termine la bouche en dessous, & donne naissance aux antennules postérieures. 3°. *Les mandibules*, désignées dans presque tous les Auteurs sous le nom de *mâchoires*, sont deux grandes pièces coriaces & très-dures, qui se meuvent latéralement, qu'on distingue bien dans la plupart des insectes, & qui servent à tous à saisir & à déchirer leurs alimens. 4°. *Les mâchoires* sont placées au-dessous des mandibules qui les cachent en tout ou en partie; elles sont souvent membraneuses, quelquefois coriaces, mais toujours d'une consistance beaucoup moins solide que les mandibules: elles sont presque toujours ciliées intérieurement, & terminées en pointe aiguë. 5°. *Les galetes* sont deux pièces larges, plates, membraneuses, placées à la partie externe des mâchoires des ortopthères, & qui cachent presqu'entièrement la bouche de

Histoire Naturelle, Insectes. Tome I.

A

ces infectes. 6°. Les *antennules* ou barbillons, au nombre de deux, de quatre ou de fix, ressemblent à de petites antennes : elles font composées de plusieurs articles, & font attachées, les unes à la base externe des mâchoires, & les autres à la lèvre inférieure. 7°. La *langue*, Fabricius a donné le nom de langue spirale, *lingua spiralis*, à la trompe des lépidoptères. Elle est composée de deux pièces, qui, par leur réunion, forment une espèce de cylindre creux, pour l'introduction du suc mielleux dont se nourrit le papillon. 8°. Le *bec* forme la bouche des infectes hémiptères : il ressemble à une gaîne dans laquelle font renfermées deux ou trois foies, *setæ*, que l'infecte introduit dans le corps des animaux ou dans le tiffu des plantes qui lui fervent de nourriture. 9°. Le *fuçoir* est composé d'un ou de plusieurs filets minces, déliés, libres ou renfermés dans la trompe des diptères. 1°. La *trompe* est la pièce qui forme la bouche des diptères ; elle est rétractible, d'une feule pièce, & terminée fouvent par une division qui représente deux lèvres. Il faut observer que toutes ces parties ne fe trouvent jamais réunies dans la bouche du même *infecte*. *Voy.* BOUCHE.

Les yeux : prefque tous les infectes n'ont que deux yeux placés à la partie antérieure & latérale de la tête ; mais quelques-uns en ont jufqu'à huit (les araignées) : d'autres paroiffent n'en avoir qu'un feul (les monocles). Ces yeux font liffes dans les araignées ; ils font taillés à facettes, & ils forment un très-joli réfeau dans prefque tous les autres infectes. Ils font nuds, convexes, immobiles, & recouverts d'une fubftance dure, cornée, luifante & tranfparente. Ils font portés fur une efpèce de pédicule dans prefque tous les cruftacés. L'infecte peut, par ce moyen, les mouvoir à volonté, les porter à droite, à gauche, en avant, en arrière, en un mot, dans tous les fens. Outre les yeux dont nous venons de parler, on diftingue très-bien, avec une fimple loupe, dans la plupart des infectes, tels que les hémiptères, les diptères, &c., deux ou trois points luifans & convexes, placés à la partie fupérieure de la tête, qui repréfentent des efpèces de petits yeux, nommés, par la plupart des Naturaliftes, *petits yeux liffes*. Il paroît cependant encore douteux que ces points brillans foient de véritables yeux.

Les antennes, au nombre de deux, & rarement de quatre, font des efpèces de cornes mobiles, articulées, plus ou moins longues, diverfement figurées, qui partent de la partie antérieure de la tête. Ces pièces manquent entièrement dans tous les infectes de la famille des araignées ; mais elles font remplacées par les deux grandes antennules dont ils font pourvus. Nous ignorons encore le véritable ufage des antennes : il paroît probable qu'elles leur fervent à tâter les corps qui pourroient fe trouver au devant d'eux & leur nuire.

Le front eft la partie la plus antérieure de la tête, & celle qui occupe l'efpace qui fe trouve entre les yeux & la bouche. Cette partie a reçu, dans les fcarabées, le nom de *clypeus*, chaperon, feulement à caufe de fa forme ; on fçait que dans ces infectes cette pièce s'avance fur la bouche, déborde fouvent de tous les côtés, & forme une efpèce de chapeau ou de cafque. Dans les autres infectes, Fabricius défigne par ce mot, la partie qui termine le front & qui fe trouve au deffus de la bouche. Il ne faut cependant pas confondre le *clypeus* ou chaperon, avec la lèvre fupérieure, puifque l'un eft fixe & fait partie de la tête de l'infecte, tandis que la lèvre fupérieure eft une pièce mobile & plus avancée.

Fabricius a donné le nom de *gula* à la partie qui fe trouve fous la bouche des infectes, entre celle ci & le col, & qui eft oppofée au front. Il a nommé *ftemma* ou *vertex*, la partie la plus fupérieure de la tête, l'endroit où fe trouvent ordinairement placés les petits yeux liffes.

2°. Le tronc comprend le corcelet, la poitrine, le fternum & l'écuffon.

On a donné plus particulièrement le nom de *corcelet* à la partie fupérieure du tronc, celle qui fe trouve entre la tête & la bafe des ailes. Cette pièce, qu'il ne faut pas confondre en-deffous avec la poitrine, dont elle eft très-diftincte, donne naiffance aux deux premières pattes, dans prefque tous les infectes.

La partie du tronc, qui donne naiffance aux quatre pattes poftérieures, & qui fe trouve placée entre la partie inférieure du corcelet & le ventre, a pris le nom de *poitrine* ; elle a un peu plus de confiftance que le ventre, & elle eft munie latéralement de petites ouvertures en forme de boutonnières, nommées *ftigmates*, qui font les organes extérieurs de la refpiration des infectes.

On défigne, fous le nom de *fternum*, la partie du milieu de la poitrine, celle qui fe trouve entre les quatre pattes poftérieures. Cette pièce eft quelquefois terminée en arrière en une pointe plus ou moins longue & aiguë, (les ditiques), & en devant en une pointe mouffe affez avancée (la plûpart des cetoines, des bupreftes).

La figure & la pofition de l'*écuffon* varient beaucoup. Il eft placé à la partie poftérieure du corcelet, à la bafe interne des élytres ou des aîles. On le diftingue facilement dans prefque tous les coléoptères : c'eft cette petite pièce triangulaire qui fe trouve derrière le corcelet, entre les deux élytres. L'écuffon eft quelquefois fi grand dans les punaifes, qu'il cache entièrement les aîles & qu'il recouvre tout leur ventre. On a donné auffi le nom d'écuffon à la partie poftérieure du corcelet des hyménoptères, des diptères, &c.

3°. L'abdomen, qui vient immédiatement après la poitrine, & qui fe trouve fouvent caché fous les aîles des infectes, eft compofé d'anneaux ou de fegmens dont le nombre varie. On voit, de chaque côté de ces fegmens, une petite ouverture nommée ftigmate, & que nous avons déjà dit fe trouver aux parties latérales de la poitrine. On défigne quelquefois la partie inférieure de l'abdomen fous le nom de *ventre*, & la partie fupérieure fous celui de *dos*. On y rémarque l'*anus*, qui eft cette ouverture placée ordinairement à fa partie poftérieure, qui donne iffue aux excrémens, & qui renferme, dans prefque tous, les parties de la génération. L'abdomen eft fouvent terminé par des filets, en forme de queue, compofée de plufieurs pièces égales, filiformes, (les ichneumons), d'une pièce longue, articulée & terminée par un aiguillon très-fort (les fcorpions), d'une ou plufieurs appendices (la raphidie, le myrméléon), d'un aiguillon rétractible & caché dans l'abdomen (les guêpes). Cette queue ou appendice n'eft prefque jamais commune aux deux fexes. Il paroît qu'elle fert tantôt à la femelle de tarière pour percer le bois, le corps des animaux, & y dépofer fes œufs ; tantôt au mâle de pince, pour acrocher fa femelle, & faciliter leur accouplement, tantôt

à l'un & à l'autre d'arme, pour attaquer & fe défendre.

4°. On divife les *membres* en pattes & en aîles.

Tous les infectes parfaits ont des pattes compofées de plufieurs pièces articulées. Prefque tous en ont fix ; quelques uns cependant en ont un plus grand nombre ; mais ceuxci font privés d'aîles, ils ne fubiffent point de transformation, ils femblent s'éloigner des vrais infectes, & former un paffage entre cette claffe & celle des vers. Les principales pièces que l'on remarque aux pattes des infectes, font la *hanche*, la *cuiffe*, la *jambe* & le *tarfe*. La *hanche* eft la pièce qui unit la patte au corps, elle eft ordinairement très courte, mais toujours affez diftincte. La *cuiffe* forme la feconde & principale pièce. Elle eft renflée dans quelques efpèces, & renferme des mufcles affez forts pour faire exécuter un faut très confidérable à la plûpart de ces petits animaux. La pièce qui fuit eft nommée *jambe* : fa forme eft ordinairement cylindrique : elle eft fouvent armée de poils roides, de piquans ou de dentelures fortes & aiguës. Dans les araignées, la jambe & la cuiffe font jointes l'une à l'autre par une petite pièce intermédiaire à laquelle on a donné le nom de *genou*. Les pièces qui fe trouvent après la jambe portent le nom de *tarfe*. On y voit un, deux, trois, quatre, cinq divifions ou articles, & jamais un nombre plus confidérable. Ce nombre d'articles ne variant jamais & fe trouvant conftamment le même dans tous les coléoptères de la même famille, fournit un très-bon caractère pour la divifion de cette claffe, la plus nombreufe de toutes, en ordres ou fections. Le dernier article des tarfes eft armé de deux ou de quatre crochets recourbés, minces & très-forts. Indépendamment de ces crochets, on apperçoit encore fous les tarfes de la plûpart, des efpèces de poils courts & très-ferrés, que M. Geoffroi a comparés à de petites broffes ou pelottes fpongieufes, qui foutiennent l'infecte, & le font cramponer fur les corps les plus liffes & les plus polis. Dans prefque tous les infectes qui n'ont que fix pattes, les deux antérieures ont leur attache à la partie inférieure du corcelet, & les quatre poftérieures à la poitrine.

Les *aîles* font attachées à la partie poftérieure & latérale du corcelet, & font au nombre de deux ou de quatre. Elles font membraneufes & parfemées de veines qui forment quelquefois un joli réfeau : les fupérieures font ou fimplemeut membraneufes, ou plus ou moins coriaces : on leur a donné le nom d'élytre, ελιτρόν, qui fignifie étui, lorf qu'elles ont de la confiftance, qu'elles ne fervent point à l'infecte à voler ; & qu'elles font l'office de véritables étuis. Les élytres font dures & coriaces, dans les coléoptères ; elles font prefque membraneufes dans les orthoptères ; à moitié coriaces & à moitié membraneufes dans les punaifes ; femblables aux véritables aîles, dans les pucerons & quelques cigales. Indépendament des aîles & des élytres, on remarque encore dans la claffe des diptères les *cueillerons* & les *balanciers*. Les cueillerons font deux pièces convexes d'un côté, concaves de l'autre, en forme de petites écailles ou de cuiller, qui fe trouvent un peu au deffous de l'origine des aîles, une de chaque côté. Ces pièces manquent dans quelques efpèces. Les balanciers *halteres* font de petits filets mobiles très-minces, plus ou moins alongés, & terminés par une efpèce de bouton arrondi ; ils font placés fous les cueillerons, dans les efpèces qui en font pourvues ; ou fe trouvent à nud, dans celles qui n'ont point de cueilleron.

On remarque à la partie poftérieure de la poitrine des fcorpions, deux pièces, une de chaque côté, que leur forme a fait nommer *peignes*, *pectines*, & qui ont effectivement une rangée de dents difpofées à-peu-près comme celle d'un peigne. Le nombre de ces dents étant différent dans les différentes efpèces, Linné, Fabricius, & plufieurs autres naturaliftes ont tiré de ces parties le caractère diftinctif de ces infectes.

L'accouplement ou le concours du mâle & de la femelle, eft auffi néceffaire aux infectes qu'aux autres animaux pour leur réproduction. On ne croit plus aux générations fpontanées depuis les expériences de Rhedi, de Valifnieri, de Leuvenhoek, de Swammerdam, de Réaumur, & de tant d'autres célèbres naturaliftes. On ne connoît parmi prefque tous les infectes, que des mâles & des femelles ; mais parmi quelques-uns qui vivent en fociété, tels que les abeilles, les fourmis, les mutilles, les thermès, &c. il y a non feulement des mâles & des femelles, mais encore des *mulets*, c'eft-

à-dire des individus qui ne jouiffent d'aucun fexe, qui ne peuvent pas fe reproduire & s'accoupler, & qui prennent cependant le plus grand foin des œufs & des petits. Il n'y a point d'hermaphrodites parmi les infectes ; les parties mâles & les parties femelles, propres à la génération, font toujours fur des individus différens.

La prodigieufe fécondité des infectes étonneroit fans doute, fi nous ne confiderions en même tems qu'ils fervent de nourriture à la plûpart des oifeaux, à plufieurs autres animaux, & qu'ils fe détruifent même les uns les autres. La nature attentive aux befoins de tous les êtres organifés, femble avoir répandu avec profufion fur le globe, les efpèces les plus foibles, celles qui doivent fervir à la nourriture d'un plus grand nombre d'animaux ; tandis qu'elle a été plus avare des grandes efpèces, & de celles furtout qui font les plus deftructives.

Les parties qui conftituent le fexe des infectes, font ordinairement fimples, placées au bout de l'abdomen, & cachées dans l'ouverture nommée *anus*, qui donne auffi iffue aux excrémens. Il eft aifé de s'affurer du fexe d'un infecte ; il faut pour cela lui preffer le ventre affez pour faire fortir ces parties ; on reconnoîtra facilement celles du mâle, aux crochets qui les accompagnent, & celles de la femelle à une efpèce de tarière qui les termine. Tous les infectes n'ont pas les parties de la génération placées à l'extrémité de leurs ventres. Les araignées mâles les ont doubles, & elles les portent à la dernière pièce des antennules : elles font fimples dans la femelle & placées vers l'origine de leur ventre. Les crabes, les écréviffes, &c. tant mâles que femelles, ont auffi ces parties doubles, les femelles les ont à la bafe de la troifième paire de pattes, & les mâles à la bafe des poftérieures. Elles font fimples dans les libellules, & placées à l'origine du ventre dans le mâle, & à l'extrémité dans la femelle. Les infectes ne vivent ordinairement que quelques mois dans leur dernier état, & fouvent ils n'exiftent que quelques jours, & même quelques heures. Immédiatement après l'accouplement, la plûpart des mâles périffent ; la femelle ne furvit que pour dépofer fes œufs, après quoi elle périt à fon tour. Mais comme la propagation des efpèces eft le but de la nature, les infectes qui, nés à la fin de l'été, n'ont pas eu le tems de s'accoupler, paffent l'hiver enfermés dans des trous, fous l'écorce des arbres, ou même dans la terre : ils n'en fortent qu'au printems fuivant pour fatisfaire au vœu de la nature & périr enfuite.

Tous les infectes font ovipares. Le cloporte & l'afelle paroiffent cependant ovipares, parce que les petits fortent vivans des œufs que la mere avoit pondus précédemment, & qui fe trouvoient renfermés dans une efpèce de poche ou fac qu'elle porte fous fon ventre, comme on peut s'en affurer en ouvrant le corps des femelles lorfqu'on apperçoit qu'il eft très-gros & très-renflé. Ainfi le cloporte & l'afelle font véritablement ovipares, & ils diffèrent peu à cet égard des autres cruftacès qui n'abandonnent pas leurs œufs, mais les emportent avec eux jufqu'à ce que les petits en foient fortis. Reaumur & Bonnet ont obfervé que les pucerons mettoient au monde des petits vivans dans une faifon de l'année, tandis qu'ils pondoient des œufs dans une autre. Leurs obfervations ont été plus loin ; ils ont vu que ces petits animaux pouvoient fe reproduire fans qu'ils euffent befoin de s'accoupler chaque fois : un feul accouplement pouvant fervir à plufieurs générations. Quoiqu'il ne foit pas permis de douter des obfervations de ces illuftres auteurs, avant d'avoir obfervé le contraire, ce fait eft fi extraordinaire & fi peu vraifemblable, qu'il femble qu'il auroit été néceffaire que d'autres naturaliftes euffent fait la même obfervation pour l'admettre. Rhedi a avancé que le fcorpion étoit vivipare ; un autre a cru que les dents des peignes que ces infectes portent au-deffous de leurs corps, étoient autant de mamelons deftinés à l'allaitement des petirs.

Dès que les femelles des infectes font fécondées, elles cherchent à dépofer leurs œufs dans un endroit convenable, où les petits en naiffant puiffent trouver la nourriture dont ils auront befoin. Les papillons, les phalènes, &c. placent leurs œufs fur la plante qui doit fervir d'aliment aux chenilles. Les libellules retournent aux eaux bourbeufes qu'elles avoient abandonnées depuis quelque tems. On connoît les foins que prennent les abeilles pour leurs petits. Les fphex & les ichneumons enfoncent leurs aiguillons dans le corps des chenilles & des larves de plufieurs coléoptères pour y dépofer leurs œufs. La plûpart des coléoptères percent le bois le plus dûr ; d'autres fouillent la terre pour les placer dans la racine des plantes. L'œftre fuit avec opiniâtreté le bœuf, le mouton, le renne, le cheval, pour dépofer les fiens dans le cuir, dans les nafeaux, dans les inteftins de ces animaux. Les araignées les enveloppent d'un tiffu foyeux, les placent à portée de leurs toiles, ou les emportent avec elles. Les œufs des cruftacés font attachés les uns aux autres en forme de grappe de raifin, entre les feuillets membraneux qui fe trouvent fous la queue de ces infectes.

Tous les infectes pourvus d'aîles fe montrent fous plufieurs formes différentes jufqu'à ce qu'ils parviennent enfin à leur dernier état, qui eft celui d'infecte parfait. (*Imago , Fab.*) On a donné le nom de *métamorphofe* à ces différentes tranf'ormations. Les différents états par lefquels paffent les infectes, font, 1°. celui d'œuf ; 2°. celui de larve ; 3° celui de nymphe ; 4°. enfin celui d'infecte parfait.

1°. L'œuf, *ovum.* Nous croyons tous les infectes ovipares. Quoique Reaumur femble avoir obfervé le contraire dans les pucerons qui font des œufs en printems & des petits vivans en automne. Si l'obfervation de ce célèbre naturalifte eft exacte, il peut arriver que l'œuf refte dans le corps de la mère jufqu'à ce que le puceron en forte vivant, ainfi qu'on l'apperçoit aux cloportes dont les petits fortent vivans des œufs renfermés dans e fac que ces infectes portent fous leur ventre. Les œufs des infectes, ainfi que ceux de tous es animaux dont le fang eft froid, n'ont pas befoin d'incubation pour éclorre : la chaleur feule de l'atmofphère en fait fortir les petits dans le tems qui leur eft le plus convenable. Ainfi, fi quelques-uns portent leurs œufs avec eux, c'eft moins pour faciliter leur développement que pour en prendre plus de foin, & afin qu'ils ne foient pas expofés à la voracité des autres animaux. La forme des œufs des infectes varie dans les différentes efpèces ; ils font globuleux, ovales, allongés, linéaires, liffes ou velus, hériffés de poils, &c. Ils font tous compofés de deux fubftances, l'une interne, liquide, à-peu-près femblable à celle des autres animaux, l'autre externe, fervant d'enveloppe, & formant une efpèce de tunique molle, membraneufe, élaftique, quelquefois dure & folide. Mais indépendamment de cette tunique, la plûpart de ces œufs font recouverts ou entourés d'autres parties qui les défendent, foit des injures du tems, foit des oifeaux ou des autres animaux qui les détruiroient. Les uns font cachés fous des efpèces de poils ferrés que l'infecte portoit au bout du ventre & qu'il a détachés dans le tems de la ponte. *La phalene zigzag*, Geoff. *bombix difpar*, Fab. *La phalene à cul fauve*, *bombix chryforrhœa*. *La phalene du faule* les p'ace fous une matiere blanchâtre. Les *abeilles bourdons* les cachent dans les alvéoles qu'elles ont fermé de toute part. Les *cinips* les dépofent dans une galle formée par l'extravafation des fucs de la plante que l'infecte a piquée. Quelques-uns font portés au bout de très-longs poils : d'autres font cachés dans des feuilles roulées : d'autres fous une matière gluante, &c.

2°. La larve, *larva*, c'eft le fecond état des infectes, celui par lequel ils paffent au fortir de l'œuf. La forme de ces larves varie beaucoup ; on leur a donné le nom de ver, *vermis*, de larve, *larva*, qui fignifie *mafque*, celui de chenille, *eruca*, confacré feulement à la larve des lépidoptères : on a donné enfin celui de fauffe chenille à la larve des tenrèdes ou mouches à-fcie. Parmi ces larves, les unes ont fix pattes ou un nombre plus confidérable ; mais il n'y a que les fix pattes qui répondent à celles que doit avoir l'infecte parfait, qui foient articulées, dures & écailleufes ; les autres font molles, & fans articulations ; la plûpart n'en ont point, & reffemblent parfaitement à des vers. Quelques unes ont des antennes : le plus grand nombre en manque. Les unes ont des machoires plus ou moins fortes fuivant la nourriture dont elles font ufage ; quelques autres n'ont que des efpèces de fuçoirs. Prefque toutes font fans yeux, quoiqu'on apperçoive la place qu'ils occuperont dans l'infecte parfait. Ces yeux exiftent, mais ils font cachés fous une double enveloppe, celle de larve, & celle de nymphe. C'eft fous la forme de larve que l'infecte prend tout fon accroiffement : auffi, celle-ci eft-elle ordinairement très vorace, & elle groffit d'autant plus promptement & paffe d'autant plutôt à l'état de nymphe, que fa nourriture eft plus abondante. Mais, avant d'y parvenir, avant de fubir fa première transformation, elle quitte & change plufieurs fois de peau. On a donné le nom de *mue* à cette opération qui eft fou-

vent fatale à l'infecte. La mue eft toujours une efpèce de maladie : la larve s'y prepare par une abftinence totale, & non feulement elle ne mange pas, mais elle refte prefqu'immobile, fes couleurs deviennent pâles & livides, elle paroît malade ; elle doit l'être en effet puifque fouvent elle y périt. Quelques jours après fa dernière mue, parvenue enfin à tout fon accroiffement, la larve fubit une transformation & paffe à l'état de nymphe.

3°. On a donné le nom de nymphe, chryfalide, fève, aurelie, *pupa*, *chryfalis*, *aurelia*, au troifième état par lequel paffent les infectes. Leur forme varie autant dans celui-ci que dans le fecond. Toutes les larves font douées d'un mouvement progreffif ; toutes prennent des alimens, tandis que prefque toutes les nymphes, cachées dans une coque de foie, ou dans quelqu'autre matière, ne prennent aucun aliment, reftent immobiles, & paroiffent dans un état de mort. On ne prendroit même plus la plûpart d'elles pour des êtres organifés. On a divifé ces nymphes en quatre efpèces différentes, relativement à la forme qu'elles prennent. La première efpèce de nymphe eft-celle des lépidoptères ' métamorphofis obtecta, *Fabricius*), elle reffemble peu à un animal vivant ; on ne diftingue prefque pas les parties que l'infecte parfait doit avoir ; leur peau eft dure, prefque coriace ; elles ne fe meuvent pas, mais fi on les touche fortement, elles s'agitent & font un léger mouvement que leur permettent les anneaux de leur ventre. Ces nymphes portent plus ordinairement le nom de *chryfalides*. Les anciens leur ont auffi donné celui d'*aurelie*, parce que la plûpart font comme dorées. Les chryfalides des papillons font nues & attachées à quelque mur ou au tronc de quelque arbre par un fil qui paffe autour de leur corps comme une efpèce de ceinture ; ou elles font fimplement fufpendues par le moyen de quelques fils qui fixent la partie poftérieure de leurs corps. La plûpart des phalènes filent une coque de foie d'un tiffu plus ou moins ferré, & s'y enferment. Quelques autres entrent dans la terre, y forment une efpèce de logement dont les parois font confolidés par le moyen de quelques fils. (Les *fphinx*.) Les larves de la première efpèce de nymphes, connues fous le nom de *chenille*, n'ont point d'antennes, leur bouche eft armée de fortes machoires qui diſparoiſſent dans la nymphe & dans l'inſecte parfait; elles n'y voient point, leurs yeux cachés ſous la double enveloppe de larve & de nymphe, ne ſauroient leur ſervir. Elles ont depuis dix juſqu'à ſeize pattes, dont les ſix premières ſeulement répondent à ce.les qu'aura l'inſecte parfait.

La ſeconde eſpèce de nymphe (métamorphoſis coarctata, *Fab.*) eſt celle des diptères. Elle reſſemble à un œuf ou à une eſpèce de coque; elle eſt entièrement privée de mouvement; on n'apperçoit aucune partie de ſon corps, mais ſi on enlève avec précaution la peau dure & ſolide qui la couvre, on trouve au-deſſous la véritable nymphe molle, blanchâ're, ayant les parties du corps que doit avoir l'inſecte parfait, légérement deſſinées. Mais la principale différence qui ſe trouve entre cette eſpèce de nymphe & les autres, c'eſt que la larve ne quitte point ſa peau lorſqu'elle paſſe à l'état de nymphe; c'eſt la peau même de la larve qui, en ſe durciſſant, forme la coque dans laquelle eſt renfermée la nymphe. Lorſque l'inſecte veut en ſortir, il ouvre à la partie ſupérieure de cette coque, une eſpèce de porte faite en forme de calotte, qui ſouvent ſe diviſe en deux parties. La larve de cette eſpèce de nymphe eſt ſans antennes, ſans yeux & ſans pattes, & reſſemble à un ver preſque toujours mou, blanchâtre, lent à ſe mouvoir, & qui vit dans les charognes, dans les fruits, & ſouvent dans les racines des plantes.

Dans la troiſième eſpèce de nymphe (métamorphoſis incompleta, *Fab.*) on diſtingue aſſez bien toutes les parties que doit avoir l'inſecte parfait : elles ne ſont pas recouvertes d'une peau dure & coriace, comme dans la première eſpèce, ni renfermée dans une.co que ſolide formée de la peau même de l'animal, comme dans la ſeconde; mais, entourée d'une pellicule très-mince qui enveloppe les parties ſéparément. Cette nymphe eſt molle & blanchâtre; elle ne prend aucune nourriture, elle ne fait aucun mouvement, e'le remue ſeulement l'abdomen lorſqu'on la touche avec force. La larve a ordinairement ſix pattes, ſouvent très-petites, & difficiles à appercevoir. La plûpart ont des machoires très-fortes avec leſquelles elles rongent le bois le plus dur. (Les *coléoptères*, les *hyménoptères* & *quelques diptères*).

Les nymphes des couſins & des tipules dont M. Géoffroi a fait une eſpèce particulière, rentrent naturellement dans notre troiſième eſpèce qui répond à la ſeconde de cet illuſtre auteur : elles n'en diffèrent que par le mouvement qu'e'les peuvent exécuter, & qui leur étoit néceſſaire pour ſortir de l'eau où vivoit la larve. Elles ne prennent d'ailleurs point de nourriture.

La quatrième eſpèce de nymphe (métamorphoſis ſemi completa, *Fab.*) diffère beaucoup des précédentes; elle eſt pourvue d'antennes, d'yeux, de pattes; elle marche, elle exécute les mêmes mouvèmens, les mêmes ſauts, elle prend la même nourriture que l'inſecte parfait dont elle ne peut être diſtinguée que par le défaut d'aîles. Quelques-unes même conſervent toujours la forme de nymphe, & dans cet état, elles s'accouplent & ſe multiplient, comme on le voit dans la plûpart des ſauterelles, des criquets, des punaiſes, &c. La principale différence que préſentent ces inſectes dans leurs trois états, c'eſt que l'inſecte parfait a des aîles, la nymphe n'en a preſque point; elle a ſeulement des moignons d'aîles plus ou moins grands, ſuivant qu'elle eſt plus ou moins avancée. La larve enfin n'en a point du tout.

Tous les inſectes aptères, excepté la puce, ne ſubiſſent point de transformation (métamorphoſis completa, *Fab.*) L'inſecte eſt au ſortir de l'œuf tel qu'il ſera toute ſa vie, il groſſit, mais ſans jamais changer de forme; cependant, à meſure que ſon corps prend de l'accroiſſement, & ſe développe, il mue, il change pluſieurs fois de peau, à-peu-près comme les chenilles & les autres larves. Nous regrettons qu'on n'aît pas des obſervations aſſez ſuivies ſur ces inſectes : il ſeroit très-intéreſſant de s'aſſurer s'ils ne quittent & changent de peau que dans les premiers tems de leur vie, s'ils ne travaillent à ſe reproduire que lorſqu'ils ont ſubi leur dernière mue, & enfin ſi ceux qui ſurvivent à leur accouplement changent enſuite de peau, ainſi que pluſieurs naturaliſtes l'ont avancé. Car ſi effectivement les inſectes aptères ne changeoient de peau que dans leur jeune âge, s'ils ne s'accouploient & ne pouvoient ſe reproduire qu'après leur dernière mue, & enfin s'il étoit bien conſtaté que ceux qui ſe ſont déjà accouplés ne changent plus de peau, quoiqu'ils vivent encore longtems après, on feroit fans doute fondé à regarder le tems où ces infectes muent comme leur état de larve, & celui où ils s'accouplent comme leur état parfait.

L'efpace de tems que les infectes reftent dans l'etat de nymphe, dépend beaucoup de la faifon dans laquelle ils font forts de l'œuf & ont fubi leur première métamorphofe. Dix, douze, quinze ou vingt jours, plus ou moins, fuivant les efpèces, fuffifent en été. Il faut tout l'hiver, lorfque la larve n'a paffé à l'état de nymphe qu'en automne. Quelques-unes cependant ne fe montrent infecte parfait qu'au bout d'un efpace de tems confidérable. Il y a des fphinx qui reftent plus d'un an dans l'état de nymphe. Toutes les nymphes font pourvues de ftigmates; & quoique la plûpart paroiffent être dans un état de mort, l'air doit leur être abfolument néceffaire, puifque fi on les en prive, foit par le moyen de la machine pneumatique, foit en mettant un peu d'huile à l'ouverture des ftigmates, elles périffent bientôt. La forme de ces ftigmates eft quelquefois très-finguliere, au lieu d'être à fleur de la peau, figurés comme des points enfoncés, ou formant des efpèces de boutonnières, tels qu'on les voit dans tous les infectes parfaits, ils font quelquefois placés, dans la nymphe, au bout de petites élévations, des efpèces de petites cornes, des cornets, ou autres formes, ainfi que nous les ferons mieux connoître aux mots *nymphes* & *ftigmates*.

4°. Le quatrième & dernier état fous lequel fe montrent les infectes, eft celui auquel on a donné le nom d'infecte parfait *imago*.

Nous venons de parcourir rapidement les parties du corps des infectes; nous avons dit un mot de leur génération & de leurs métamorphofes; il nous refte à parler de leur nourriture en général.

Il n'y a point de végétal qui ne ferve de nourriture à un ou à plufieurs infectes. Quelques-uns ne fe nourriffent que d'une feule plante & de celles qui lui font analogues; quelques autres s'accommodent fort bien d'un très-grand nombre d'efpèces, quoiqu'elles foient d'une nature très-différente. Parmi les infectes qui font le plus de tort aux végétaux, on diftingue les fauterelles, les criquets, les chenilles, la larve des hannetons, des capricornes, des chryfomeles, &c. les unes & les autres font très-voraces. On a vu fouvent

dans les provinces méridionales de la France, en Italie & dans le Levant, des nuées de fauterelles que le vent emportoit des pays plus chauds, fe répandre dans les champs, dévorer indiftinctement tous les végétaux, & détruire en peu de jours, l'efpoir du cultivateur. Les chenilles font fouvent multipliées à un point qu'elles dépouillent entièrement un arbre de fes feuilles: privé pour lors d'une partie abfolument néceffaire pour fa nourriture & l'élaboration de fes fucs, cet arbre laiffe tomber fes fruits, ou ne les donne que d'une mauvaife qualité. Mais les fruits euxmêmes ne font pas épargnés; plufieurs teignes & quelques autres larves y trouvent leur fubfiftance, elles les rongent, hâtent leur maturité, & leur communiquent un goût bien moins agréable que celui qu'ils auroient eu naturellement. L'orme & le faule font fouvent attaqués par une chenille nommée *coffus*, qui fe nourrit de la feconde écorce & du bois même. Lorfqu'il y a un grand nombre de ces chenilles fur un arbre, il eft bientôt filonné tout autour & couvert de plaies; il perd une quantité confidérable de fucs, il s'affoiblit, il devient languiffant, & il périt quelque tems après. Les larves des hannetons, du profcarabé, le taupe-grillon & plufieurs autres efpèces, fe nourriffent de la racine des végétaux. Les vrilletes, les fcolites, les ips, les larves des capricornes, &c. rongent nos meubles, endommagent nos arbres, percent le bois le plus dur, le réduifent en pouffière & s'en nourriffent. Les fleurs, les fruits, les graines, font rongés par les bruches, les milabres, les charenfons & la plûpart des larves des diptères. La fourmi eft peut-être l'infecte le plus nuifible & le plus deftructeur. Tout indifféremment lui fert de nourriture; tous les fruits, toutes les graines, prefque toutes les parties des végétaux, & furtout les fubftances mucilagineufes & fucrées: elle s'accomode de tout, elle enlève tout, & l'emporte dans fon habitation pour en faire fa provifion. On fait à quel point cet infecte eft multiplié dans les pays chauds, & combien il eft difficile de s'en garantir. Les thermès ou fourmis blanches font le fléau des deux Indes par les dégats qu'ils font; ils entrent dans les maifons, ravagent & détruifent tout; provifions, habits, uftenfiles, meubles, le bois même le plus dur, rien, en un mot, n'eft

épargné

épargné que les métaux & les pierres.

Il n'eſt peut-être point d'animal qui ne ſoit attaqué par quelques inſectes. Les poux, les puces, les mittes, les cirons s'introduiſent ſous les poils & les plumes des quadrupèdes & des oiſeaux, & en ſucent le ſang. L'eſpèce de puce connue en Amérique ſous le nom de *tique*, va ſe nicher ſous la peau des hommes ſales, mal-propres, ou qui marchent à pieds nuds dans les champs; elle y groſſit prodigieuſement, s'y multiplie à l'infini, y cauſe une légère démangeaiſon à laquelle on feroit peu d'attention ſi on ne ſavoit que la cachexie & la mort ſeroient les terribles ſuites de la négligence qu'on mettroit à ſe délivrer de ce dangereux ennemi. Nous ne dirons rien de la punaiſe des lits, cet inſecte ſi dégoûtant par ſon odeur, ſi incommode par ſon aiguillon, & qui ſait ſe multiplier malgré les ſoins que nous prenons pour le détruire. Les poiſſons & les cétacés ont auſſi leurs poux : les aſelles de mer, connues dans quelques villes maritimes ſous le nom de *pives*, s'attachent fortement aux corps des poiſſons, y font de larges plaies & le font ſouvent périr. Le poiſſon attaqué par les pives eſt maigre, & ſa chair eſt toujours d'un mauvais goût. Tout le monde connoît les ruſes merveilleuſes de l'araignée & de la larve du fourmilion.

On a cru pendant longtems que la chair des animaux en s'altérant produiſoit des vers, juſqu'à ce que les obſervations de Rhedi nous aient appris que ces vers étoient la larve d'une mouche qui y avoit dépoſé ſes œufs. Ce qui le prouve, c'eſt que ſi on enferme ſoigneuſement de la chair dès que l'animal à qui elle appartient a été tué, elle ſe putréfie ſans qu'il y ait jamais aucun ver. On ſurprend d'ailleurs ſouvent la mouche au moment qu'elle fait ſa ponte. On peut obſerver alors que ces œufs écloſent au bout de deux ou trois jours, & même de quelques heures lorſque la chaleur eſt un peu forte, que les larves qui en ſortent groſſiſſent aſſez promptement, qu'elles paſſent à l'état de nymphe de laſeconde eſpèce, & qu'elles deviennent enſuite des mouches ſemblables à celles qui avoient dépoſé leurs œufs ſur cette chair. Les vers ſauteurs du fromage deviennent auſſi de petites mouches au bout de quelques jours, Les larves des dermeſtes, des nicrophores,

des boucliers, des anthrenes, des ſtaphylins, de la plûpart des mouches, &c. vivent dans les cadavres, hâtent leur putridité & les conſomment dans peu de tems. Ces inſectes ſont attirés de toute part par l'odeur des viandes en putréfaction. On les voit de même accourir en foule ſur les fleurs d'une eſpèce d'*arum* qui répand une odeur cadavereuſe. Les pelleteries, les draperies, en un mot, toutes les dépouilles d'animaux ſont dévorées par les larves de ces inſectes, & par celles des teignes. Les naturaliſtes & les marchands d'objets d'hiſtoire naturelle ne ſavent que trop combien il eſt difficile de s'en garantir. Les bouſes des vaches & les fientes des animaux ſervent d'aliment à la plûpart des larves des coléoptères & des diptères. On y trouve ſur-tout des ſcarabés & des ſtaphylins. Une ſeule de ces bouſes, dit M. Géoffroy, devient une eſpèce de tréſor pour un naturaliſte curieux. Nous ne finirions pas ſi nous voulions faire mention de la nourriture des différens inſectes. On trouvera tous les détails que nous aurons cru néceſſaires à l'article de chacun d'eux.

Mais ſi pluſieurs inſectes nous font beaucoup de mal, s'ils dévorent nos plantes & nos fruits, s'ils ravagent nos meubles & nos habits; nous en ſommes bien dédommagés par les avantages que nous retirons de la plûpart d'entr'eux. C'eſt un inſecte qui nous fournit le miel, cette liqueur ſi douce & ſi agréable : c'eſt un inſecte qui travaille pour nous la ſoie, cette précieuſe matière ; un autre fournit la couleur la plus brillante ; un autre donne à la médecine un remède utile aux maladies les plus graves : quelques-uns nous ſervent d'alimens; & ſans parler de tant d'autres dont les uſages ne ſont pas moins connus, nous devons eſpérer que nous retirerons un jour de plus grands avantages des inſectes, lorſque nous les connoîtrons mieux, lorſque nous aurons un peu plus étudié leurs habitudes, & lorſque des expériences bien faites nous auront mieux fait connoître leurs vertus médicinales & leurs propriétés économiques.

La néceſſité d'une bonne méthode en hiſtoire naturelle, eſt trop généralement reconnue aujourd'hui pour nous arrêter à en diſcuter les avantages. Les inſectes, d'ailleurs, ſont ſi nombreux qu'il ſeroit impoſſible de es étudier & de les connoître, fi on ne les diftribuoit en grandes maffes, & fi on ne faifoit des divifions & des fubdivifions qui foulagent la mémoire & facilitent la recherche des efpèces. La meilleure méthode feroit fans doute celle qui nous les préfenteroit dans une férie telle que tous les genres & toutes les efpèces fe trouveroient, autant qu'il eft poffible, placés à la fuite les uns des autres, & dont l'enfemble formeroit une chaîne non interrompue : mais il faudroit pour cela connoître toutes les efpèces qui fe trouvent répandues fur le globe, connoiffance que nous fommes bien loin d'avoir, & à laquelle nous ne parviendrons jamais. Dans le tableau méthodique des infectes que je vais préfenter, j'ai tâché de me rapprocher, autant que je l'ai pû, de cette férie, que je crois néceffaire pour faciliter l'étude de ces petits animaux. La première claffe renferme les plus beaux infectes, les plus parfaits, ceux qui ont quatre aîles égales, qui réuniffent tous les caractères que nous affignons aux infectes. Nous paffons infenfiblement à ceux dont les aîles fupérieures ne peuvent plus fervir à voler, & qui font fimplement l'office d'étuis : ceux-ci nous conduifent aux infectes à deux aîles, & delà nous parvenons à ceux qui n'en ont point, mais qui ont fix pattes, ainfi que tous ceux qui les précèdent, & qui ont des antennes & des ftigmates. Ceux qui fuivent ont un nombre plus confidérable de pattes, ils n'ont point de ftigmates, ils n'ont point d'antennes, & ils ne fubiffent point de métamorphofes; en un mot, ils s'éloignent beaucoup des autres infectes. Notre tableau eft terminé par les cruftacés qui forment vifiblement le paffage des infectes aux coquillages & aux vers. A l'imitation de MM. Linné, Géoffroy, Degéer, Schaeffer, & de prefque tous les Auteurs méthodiftes qui ont écrit fur les infectes, nous avons tiré les caractères principaux de nos claffes du nombre, de la forme & de la confiftance des aîles & de leurs étuis : les parties de la bouche nous ont fourni un caractère fecondaire très bon & très facile à faifir. Nous avons tiré des aîles, de la bouche & des tarfes des caractères pour la fubdivifion des claffes un peu nombreufes. Peu jaloux de nous ouvrir une route nouvelle, nous avons préféré d'applanir celle que ces illuftres au-

teurs nous ont tracée. Nous avons cherché à profiter de leurs travaux en nous permettant cependant toutes les corrections que nous avons jugées néceffaires pour faciliter l'étude d'une des plus intéreffantes parties de l'hiftoire naturelle. On pourra confulter à l'article *aîle* le tableau des claffes de ces auteurs.

Nous aurions defiré fuivre dans cet ouvrage le fyftême entomologique de Fabricius fondé fur les parties de la bouche. Nous avons étudié ce fyftême autant qu'il nous a été poffible; nous avons difféqué la bouche de plus de deux mille infectes; nous avons vu avec plaifir que ce fyftême, en fe perfectionnant, peut devenir très-utile, principalement pour l'établiffement des genres; mais nous doutons qu'on puiffe jamais tirer, des parties de la bouche, le caractère des claffes, avec plus d'avantage que des aîles. Les reproches que nous croyons être fondés à faire à ce fyftême, c'eft que les parties de la bouche font fouvent très-difficiles à appercevoir: qu'il eft fouvent impoffible de les féparer affez pour les bien examiner; qu'elles font prefqu'entièrement femblables dans les infectes de différens genres: & qu'on trouve d'ailleurs des infectes très-différens entr'eux par toutes les parties du corps, & fpécialement par celles de la bouche, qui cependant font rangés, par l'illuftre auteur dont nous venons de parler, dans la même claffe; tandis que d'autres, qui ne préfentent prefque point de différences, font placés dans des claffes différentes. Ce fyftême auroit donc exigé un plus grand nombre de claffes, dont quelques-unes n'auroient eu que deux ou trois genres, tandis que d'autres en auroient eu un nombre très-confidérable. On ne voit pas, par exemple, le rapport qu'il y a entre la bouche d'une libellule & celle d'une araignée : d'un monocle & celle d'un ichneumon, d'un œftre, d'un bibion, d'une mouche, & celle d'un pou, d'une mitte; cependant ces infectes font placés dans les mêmes claffes. N'y a-t-il pas d'ailleurs beaucoup de reffemblance dans la bouche & dans toutes les parties du corps, entre un hémérobe, un fourmilion & une libellule, un monocle & un crabe, un iule & un cloporte, une araignée, un fcorpion & une mitte? & malgré cette reffemblance, ces infectes font placés dans des claffes différentes. *Voyez* BOUCHE.

TABLEAU

De la division méthodique des insectes.

1. Quatre aîles découvertes.

ORDRE I.	Quatre aîles membraneuses, recouvertes d'une poussière écailleuse. Bouche. Trompe roulée en spirale. *Papillon. phalène.*	Lépidoptères.

ORDRE II.	Quatre aîles nues, membraneuses, réticulées. Bouche munie de mandibules & de mâchoires. SECTION I. Trois articles aux tarses. *Libellule.* SECT. II. Quatre articles aux tarses *Rafidie.* SECT. III. Cinq articles aux tarses. *Frigane.*	Névroptères.

ORDRE III.	Quatre aîles nues, membraneuses, veinées, inégales. Bouche munie de mandibules & d'une trompe, souvent très courte, imperceptible. SECTION I. Bouche sans trompe apparente. *Fourmi.* SECT. II. Bouche avec une trompe. *Abeille.*	Hyménoptères.

2. Deux aîles cachées sous des étuis.

ORDRE IV.	Deux aîles croisées sous des étuis mous, à demi membraneux. Bouche. Trompe aiguë, recourbée sous la poitrine. SECTION I. Elytres d'égale consistance. *Cigale.* SECT. II. Elytres moitié coriaces, moitié membraneuses. *Punaises.*	Hémiptères.

ORDRE V. { Deux aîles pliées longitudinalement sous des étuis mous . presque membraneux.
Bouche munie de mandibules & de mâchoires.
Mante , sauterelle. } *Orthoptères.*

ORDRE VI. { Deux aîles pliées transversalement sous des étuis durs & coriaces.
Bouche munie de mandibules & de mâchoires.
SECTION. I. Cinq articles aux tarses.
Scarabé.
SECT. II. Cinq articles aux tarses des quatre pattes antérieures , & quatre aux deux postérieures.
Ténébrion.
SECT. III. Quatre articles aux tarses.
Capricorne.
SECT. IV. Trois articles aux tarses.
Coccinelle. } *Coléoptères.*

---

3. Deux aîles découvertes.

ORDRE VII. { Deux aîles nues, membraneuses , veinées.
Deux balanciers.
Bouche. Trompe droite ou coudée, rétractible.
Mouche , Asile. } *Diptères.*

---

4. Point d'aîles.

ORDRE VIII. { Point d'aîles dans les deux sexes.
Bouche variable.
SECTION I. Six pattes.
Pou.
SECT. II. Huit pattes.
Araignée.
SECT. III. Dix pattes, ou un nombre plus considérable.
Crabre , iule. } *Aptères.*

ORDRE PREMIER.

LÉPIDOPTÈRES.

Cette claffe renferme les infectes qui ont quatre aîles étendues, membraneufes, prefque égales, veinées, mais couvertes de petites écailles ovales, alongées, coniques, triangulaires, découpées à leurs bords, difpofées en recouvrement les unes à la fuite des autres, à peu-près comme les tuiles qui forment le toit d'une maifon. Ces écailles, implantées par une efpèce de pédicule, fe détachent facilement au moindre frottement, & alors l'aîle qui étoit opaque & diverfement colorée par le moyen de ces écailles, refte tranfparente & femblable aux aîles membraneufes des autres infectes. Si on examine à la loupe cette aîle privée de fes écailles, on voit qu'elle n'eft pas liffe, comme elle le paroît au premier afpect, mais que fes deux furfaces font parfemées de raies longitudinales un peu enfoncées, qui font les endroits auxquels les écailles étoient attachées.

La bouche de ces infectes eft une efpèce de trompe nommée auffi *langue*, *lingua fpiralis*, qui leur fert à pomper le fuc mielleux des fleurs dont ils font leur nourriture. Lorfque l'infecte n'en fait pas ufage, cette langue eft roulée en fpirale & placée entre deux antennules ou barbillons velus qui la cachent entièrement. La longueur de cette trompe varie beaucoup ; elle eft très-longue dans quelques efpèces & principalement dans les fphinx, dans d'autres elle eft très-courte ; elle eft fouvent imperceptible dans les efpèces qui ne prennent point de nourriture. La ftructure de cette trompe eft affez fingulière, elle eft compofée de deux pièces ou lames convexes d'un côté, & concaves de l'autre, qui, en fe réuniffant, forment un cylindre creux pour laiffer paffer le nectar des fleurs dont fe nourriffent les infectes de cet ordre. On fépare facilement ces deux lames par le moyen d'une pointe.

La tête des lépidoptères eft pourvue de deux antennes de longueur moyenne d'une figure filiforme, fétacée, prifmatique, pectinée, en maffe, &c. Les yeux font grands & taillés à facettes : on diftingue difficilement, à caufe des poils, les trois petits yeux liffes difpofés en triangle & placés au fommet de la tête. Le corcelet donne naiffance, à fa partie poftérieure & latérale, aux quatre aîles dont nous avons déjà parlé. La poitrine & la partie inférieure du corcelet donnent naiffance à fix pattes compofées de plufieurs pièces, favoir, la hanche, la cuiffe, la jambe & le tarfe : celui-ci eft toujours divifé en cinq pièces dont la dernière eft terminée par deux onglets très-petits. Il y a quelques papillons qui ne font ufage en marchant que des quatre pattes poftérieures, quoiqu'ils en aient réellement fix ; ils tiennent les deux antérieures collées contre leurs corps : ce qui les a fait nommer *papillons à quatre pattes*, *papiliones tetrapi*. La poitrine & le ventre des lépidoptères font pourvus latéralement de ftigmates en forme de petites boutonnières. Les parties de la génération font placées, dans les deux fexes, à la partie poftérieure du ventre.

Il faut obferver que quelques femelles de phalènes n'ont point d'aîles, que quelques autres ont la trompe fi courte, qu'elle eft très-difficile à appercevoir. Ces exceptions ne doivent pas empêcher de les placer dans cette claffe.

La larve des lépidoptères eft connue fous le nom de *chenille*. Sa bouche eft armée de fortes mâchoires, par le moyen defquelles elle ronge les feuilles, les fleurs & les fruits des plantes & des arbres, les pelleteries, &c. On apperçoit à fa partie inférieure, par le moyen du microfcope, un petit trou auquel on a donné le nom de *filière*, par lequel elle fait paffer le fil qui lui fert à conftruire fon logement lorfqu'elle veut fe changer en chryfalide. Le corps des chenilles eft alongé, mou, charnu, glabre ou hériffé de poils, compofé de douze ou treize anneaux. Le nombre de leurs pattes varie, mais il n'excède jamais celui de feize. On apperçoit très-diftinctement les ftigmates qui fe trouvent fur chaque anneau un de chaque côté. Les chenilles en groffiffant, muent trois ou quatre fois, & parvenues à leur entier accroiffement, elles fe changent en chryfalide ou nymphe de la première efpèce.

ORDRE II.

NÉVROPTÈRES.

Les infectes compris dans cette claffe ont des

caractères très diftinéts , & qui les font aifément reconnoître. Leurs aîles , au nombre
de quatre, font étendues , membraneules ,
jamais recouvertes par des écailles , mais
toujours c'aires & tranfparentes q oique co
lorées : elles font chargées de nervures qui
forment une efpèce de réfeau. Ces aîles font
d'une grandeur égale dans refque toutes les
e'pèces ; les genes feuls de l'éphémère & de
la panorpe offrent des excepions.

La bouche de ces inféctes préfente quelques différence : elle eft armée de deux fortes
man ibules & de deux mâchoires très-aiguës
dans les libelluies qui font la guerre aux autres inféctes ; tandis que ces parties font très-
perites & pre que imperceptibles dans les éphé
mères qui ne pennent aucune nourriture , qui
ne paffent à leur dernier état que pour s'ac
coupler , fe reproduire & périr. Les antennules des libell les font très-courtes, tandis
qu'elles font affez longues dans le myrma-
léon.

La tête des nevroptères eft pourvue de
deu antennes diverfement figurées ; elles font
très-courtes & fubulées dans les libellules ,
les ép émères ; affez longues & fétacées, dans
les tiganes ; longues, filiformes & terminées
en maffe, dans l'afcalaphe, &c. Outre les
deux grands yeux à facettes, on voit encore
fur e vertex, trois petits yeux liffes, difpofés
en triangle. La partie inférieure du co celet
& la poitrine donnent naiffance à fix pattes
compofées de la hanche, de la cuiffe, de la
jambe & du tarfe divifé en trois, quatre ou
cinq pièces : quoique cette claffe ne foit pas
très-nombreufe, cette différence du nombre
de pièces des tarfes nous a fervi, à l'imi ta-
tion de M. Géoffroy, à divifer ces inféctes
en trois fections. Le ventre des névroptères
eft très-alongé, compofé de plufieurs anneaux
diftinéts, & terminé par deux ou trois foies
en forme de queue dans l'éphémère, & par
des efpèces de crochets dans les mâles des
libellules & des myrméléons.

Les larves de ces inféctes font munies de
fix pattes. La plûpart vivent dans l'eau, &
n'en fortent que fous l'état d'infecte parfait;
les autres vivent dans les champs : parmi celles-
ci les unes habitent fur les arbres & font la
guerre aux pucerons, quelques autres, cachées
dans le fable, font occupées à tendre des
pièges aux fourmis. Toutes font carnacières,

& vivent uniquement d'autres inféctes. Leur
métamorphole n'eft pas la même dans toutes
les efpèces. Quelques nymphes fe rapprochent
de la première efpèce, & les autres de la troifième.

ORDRE III.

HYMÉNOPTÈRES.

Les inféctes de cet ordre ont quatre aîles
membraneufes, d'inégale grandeur ; les deux
inférieures font conftamment plus courtes &
plus petites que les deux fupérieures : les unes
& les autres font chargées de nervures longitudinales bien marquées, & de quelques unes
tranfverfales, peu elevées & moins fenfibles.
Lorfque l'infecte fait ufage de fes aîles, il
les étend fur le même plan, l'une à côté de
l'autre, & les unit fortement par le moyen
de plufieurs petits crochets qui ne font vifibles qu'au microfcove, c'eft-à-dire, que le
bord interne de l'aîle fupérieure eft joint au
bord externe de l'inférieure. Ces aîles ne fe
féparent jamais tant que le vol dure, & femblent n'en former qu'une feule. Lorfqu'elles
font en repos elles font placées parallèlement
au corps. Elles ont toutes les quatre leur attache à la partie poftérieure & latérale du corcelet.

La bouche de ces inféctes eft armée de
deux mandibules, & au lieu de mâchoires,
a plûpart ont une efpèce de trompe affez
longue, par le moyen de laquelle ils fucent
e fuc mielleux des fleurs ou des fruits. Cette
trompe eft courte & imperceptible dans les
autres, ce qui nous a fervi à divifer cet ordre
en deux fections, dont l'une renferme les
genres qui ne paroiffent point avoir de trompe, & l'autre ceux qui en ont une très-appa-
rente. Indépendamment des deux grands yeux
à réfeau, on voit encore à la partie fupérieure
de la tête, trois petits yeux liffes difpofés en
triangle. Ces inféctes ont fix pattes compofées de la hanche, de la cuiffe, de la jambe
& du tarfe, divifé, dans toutes les efpèces, en cinq pièces ou articles. Les deux pattes
de devant font attachées à la partie inférieure
du corcelet, & les quatre poftérieures à la
poitrine. Le corps de ces inféctes eft plus ou
moins alongé, & leur ventre eft terminé,
furtout dans les femelles, par des filets plus
ou moins longs, plus ou moins diftinéts;

qui leur fervent à placer leurs œufs dans le corps des autres infectes, ou dans la tige des plantes & des arbres. Quelques-uns ont un aiguillon très-fort & très pointu qu'elles tiennent caché dans le ventre & dont elles fe fervent au befoin.

Il y a parmi la plûpart de ces infectes, outre les mâles & les femelles, des individus qui ne jouiffent d'aucun fexe, & qui femblent feulement deftinés au travail & au foin des petits. Comme on le remarque dans les abeilles, les fourmis, &c.

Les larves des hyménoptères reffemblent à un ver mol, blanchâtre & fans pattes. Il faut cependant en excepter celles des tentrèdes ou mouches-à-fcie, que leur forme a fait nommer *fauffes chenilles*. Elles ne différent des vraies chenilles que par le nombre de leurs pattes qui eft ordinairement de 18 à 20, tandis que les pattes des chenilles n'excédent jamais celui de feize. Ces larves fe transforment en nymphes de la troifième efpèce. Elles s'enferment dans une efpèce de coque légère qu'elles filent elles mêmes.

Il faut obferver qu'on rencontre fouvent des infectes de cet ordre qui n'ont point d'aîles, & qui n'en obtiennent jamais, comme par exemple, les fourmis, les mutilles, &c. Mais cette exception ne porte que fur les individus qui n'ont point de fexe (les mulets). Les mâles & les femelles en font toujours pourvus.

ORDRE IV.

HÉMIPTÈRES.

Nous voici parvenus aux infectes dont les deux aîles fupérieures ne fervent plus pour le vol & ne font plus que des efpèces d'étuis nommés *élytres*, fous lefquels les véritables aîles de l'infecte fe trouvent cachées: cependant au premier afpect, on prendroit la cigale pour un infecte à quatre aîles, puifque les deux étuis en ont l'apparence: auffi ces infectes font-ils le paffage des infectes à quatre aîles nues, à ceux qui n'en ont que deux recouvertes par des étuis. Nous divifons cet ordre en deux fections, la première comprend les infectes dont les élytres & les aîles font toutes de la même confiftance, & forment une efpèce de toit à deux égoûts. Nous avons

placé dans la feconde ceux dont les élytres font moitié coriaces, moitié membraneufes, & pofées l'une fur l'autre fur un plan horifontal. On voit par ce que nous venons de dire que les élytres des hémiptères différent un peu les unes des autres. Dans les punaifes, par exemple, une partie de ces étuis eft dure & coriace, & reffemble aux étuis des coléoptères; l'autre partie eft membraneufe & femblable à l'aîle. Dans les grandes cigales, les puçerons, &c. ils font membraneux, fouvent clairs & tranfparents; ils ont un peu plus de confiftance dans les tettigones, les membracis, &c. Quoique ces élytres aient quelquefois une apparence d'aîles, l'infecte ne s'en fert cependant point pour voler; il les ouvre feulement & les porte étendues pour ne pas gêner le jeu des véritables aîles, & pour faciliter fon vol.

Un caractère plus facile à faifir & qui n'appartient qu'aux infectes de cet ordre, eft tiré de la forme de la bouche qui eft une efpèce de bec recourbé fous la poitrine, & qui fert de gaine à trois foies très minces, très déliées, par le moyen defquelles ces infectes fucent les alimens dont ils fe nourriffent, en les introduifant dans les corps des animaux vivans, ou dans le tiffu des plantes.

Le corps des hémiptères eft en général un peu plus renflé que celui des trois ordres précédents. La tête eft munie de deux antennes très-courtes & à peine apparentes dans la nèpe, la corife, la cigale. Elles font affez longues dans les punaifes. Outre les deux grands yeux à réfeau, on voit à la partie fupérieure de la tête, de quelques genres feulement, deux ou trois petits yeux liffes. Le corcelet de ces infectes eft très grand dans quelques efpèces, tandis qu'il eft très-petit dans d'autres; lorfque le corcelet eft court, l'écuffon eft grand & il occupe alors toute la partie fupérieure de la poitrine. Celui des membracis & des punaifes eft quelquefois fi grand & fi dilaté qu'il couvre prefque tout le corps, & qu'il cache les aîles & les élytres. Les pattes font au nombre de fix; les deux antérieures prennent naiffance à la partie inférieure du corcelet, & les quatre poftérieures à la poitrine: elles font compofées de la hanche, de la cuiffe, de la jambe & du tarfe, dont le nombre des articles eft depuis un jufqu'à trois.

La larve de ces infectes eft pourvue d'antennes, d'yeux, d'une bouche femblable à celle de l'infecte parfait, de fix pattes, &c. elles ne diffèrent de l'infecte parfait que par le défaut d'aîles. Elles fe changent en nymphes de la quatrième efpèce.

Il faut obferver que quelques efpèces, telles que la punaife des lits, la punaife *aptère*, &c. reftent toujours dans l'état de nymphe, n'obtenant jamais des aîles & cependant pouvant fe reproduire. Parmi les kermès & les cochenilles, les femelles n'obtiennent jamais des aîles, les mâles feuls en font pourvus.

ORDRE V.

ORTHOPTÈRES.

Le Chevalier Linné avoit placé les infectes qui forment cet ordre parmi les hémiptères. M. Géoffroy en a fait une divifion des coléoptères, il les diftingue feulement des autres par leurs étuis mous & prefque membraneux. Ces infectes femblent tenir le milieu entre ces deux claffes; mais il eft évident qu'ils n'appartiennent ni à l'une ni à l'autre, & qu'ils doivent en former une particulière. Voici les principales différences que préfentent les aîles & les élytres. Les aîles des hémiptères ne font point pliées, mais étendues dans toute leur largeur, quoique cachées fous les élytres. Celles des coléoptères font pliées tranfverfalement, c'eft-à-dire, repliées fur elles-mêmes, tandis que celles des orthoptères font pliées longitudinalement, à-peu-près comme un éventail. L'aîle eft fouvent entièrement cachée fous l'élytre; mais, lorfqu'elle la dépaffe, elle prend à fon bord extérieur, la confiftance de l'élytre. Ce bord en fait alors la fonction & tout le refte de l'élytre vient fe plier au-deffous; ce qui n'arrive jamais dans les deux autres claffes. Indépendamment du caractère tiré de l'aîle, les élytres préfentent encore des différences remarquables; celles des coléoptères font dures & coriaces, elles fe joignent l'une à l'autre par une future droite: les élytres des orthoptères font molles, prefque membraneufes, & forment à leur bord interne une ligne courbe qui les empêche de s'unir enfemble par leur future.

La bouche de ces infectes eft bien différente de celles des hémiptères. Elle eft munie de deux fortes mandibules, de deux mâchoires,

d'une lèvre fupérieure & de quatre antennules. Fabricius a établi une claffe particulière de ces infectes fous le nom de *ulonata*, d'après un caractère que lui a préfenté la bouche qui confifte dans une petite pièce membraneufe qu'il nomme *galea*, placée à la partie extérieure des mâchoires, entre celles-ci & les antennules antérieures.

Ces infectes ont deux antennes féracées, filiformes, enfiformes, &c. deux grands yeux à réfeau & trois petits yeux liffes. Le corcelet eft affez grand; il eft prolongé, & couvre une partie du corps dans quelques criquets. On ne voit point d'écuffon proprement dit. L'abdomen eft alongé, compofé de plufieurs anneaux, & pourvu, de chaque côté, de ftigmates. Il eft terminé, dans les femelles des fauterelles, par une efpèce de queue dont elles fe fervent pour dépofer leurs œufs dans la terre.

Les pattes font au nombre de fix. Les deux antérieures prennent naiffance à la partie inférieure du corcelet, & les quatre autres partent de la poitrine. Elles font compofées de la hanche, de la cuiffe, de la jambe & du tarfe, divifé en trois, quatre ou cinq pièces terminées par deux onglets. Les deux pattes antérieures des mantes ont une pièce de plus qui fe trouve immédiatement après la jambe. Cette pièce eft armée, à fa partie interne, de plufieurs dentelures, & eft terminée par un onglet long, très-fort & très-pointu, à côté duquel le tarfe prend naiffance. Les pattes poftérieures des criquets, des fauterelles, &c. font renflées & leur fervent à exécuter des fauts très-confidérables.

Les larves ne diffèrent de l'infecte parfait que par le défaut d'aîles. Elles fe changent en nymphe de la quatrième efpèce.

Il faut obferver que plufieurs infectes de cet ordre reftent toujours dans l'état de nymphe, & n'obtiennent jamais entièrement leurs aîles & leurs élytres, & cependant ces nymphes s'accouplent & fe reproduifent.

ORDRE VI.

COLÉOPTÈRES.

Les infectes qui compofent cet ordre ont deux aîles cachées fous des élytres dures & coriaces, convexes au-dehors, concaves audedans & unies l'une à l'autre par une ligne **droite**

droite nommée *future*. Au deſſous de ces élytres, il y a deux aîles membraneuſes, veinées & repliées ſur elles-mêmes. Lorſque l'inſecte veut prendre ſon vol, il écarte & étend les élytres, & il déploie en même tems les aîles, mais de manière que les unes ne gênent pas le jeu des autres. ſon vol fini, il replie les aîles & ferme les élytres. La plûpart des coléoptères s'élèvent & volent difficilement; d'autres, au contraire, volent avec la plus grande légéreté; leur vol, quoique court, eſt néanmoins très fréquent, ſur tout lorſque la chaleur eſt un peu forte.

La tête des coléoptères eſt pourvue de deux antennes diverſement figurées & compoſées de dix ou onze articles aſſez diſtincts. La bouche eſt armée de deux fortes mandibules qui ſervent à ces inſectes comme de pince pour ſaiſir & couper les alimens que les deux mâchoires, qui ſe trouvent au-deſſous, diviſent & broient pour completter la maſtication. La forme de cette bouche eſt à-peu-près la même que celle des orthoptères & des névroptères. On y voit auſſi quatre ou ſix antennules. Ces inſectes ont deux grands yeux à réſeau; mais ils manquent des petits yeux liſſes dont la plupart des autres inſectes ſont pourvus. La figure du corcelet varie beaucoup, il eſt liſſe ou raboteux, glabre, velu, épineux, convexe, globuleux, cylindrique, bordé, &c. Il donne naiſſance, à ſa partie inférieure, aux deux pattes de devant; & il eſt terminé, à ſa partie poſtérieure & ſupérieure, par une pièce triangulaire plus ou moins diſtincte, nommée *écuſſon*, placée entre la baſe interne des élytres. La poitrine donne naiſſance aux quatre pattes de derrière. Le ventre eſt ordinairement conique, aſſez dur en deſſous, très-mou en deſſus à la partie qui ſe trouve cachée ſous les élytres, compoſé de ſix ou ſept anneaux, à chaque côté deſquels il y a un ſtigmate. Les tarſes qui terminent les ſix pattes, ſont compoſés de trois, quatre ou cinq pièces qui nous ont ſervi à diviſer, à l'imitation de M. Géoffroy, cet ordre très-nombreux en pluſieurs ſections.

La larve des coléoptères eſt un ver mou, ordinairement muni de ſix pattes écailleuſes, d'une tête écailleuſe & de mâchoires ſouvent très fortes. La plûpart de ces larves manquent d'antennes, & aucune n'a des yeux; on voit ſeulement la place qu'ils occuperont dans l'inſecte

parfait. Leur corps eſt plus ou moins alongé & compoſé de douze ou treize anneaux. Elles ſe changent en nymphes de la troiſième eſpèce.

L'accouplement de ces inſectes eſt tel que le mâle eſt preſque toujours placé ſur le dos de ſa femelle.

Il faut obſerver que quelques eſpèces de coléoptères n'ont point d'aîles ſous leurs élytres: celles-ci ſe trouvent alors jointes & réunies par leur future, tellement que l'inſecte ne peut pas les ouvrir.

ORDRE VII.

DIPTÈRES.

Les inſectes de cet ordre différent de tous les précédents en ce qu'ils n'ont que deux aîles nues, étendues, membraneuſes, veinées, ordinairement poſées ſur un plan horiſontal, tout le long de la partie ſupérieure de l'abdomen, & jamais cachées ſous des étuis. Mais outre ces deux aîles, on remarque encore deux petites pièces mobiles qui repréſentent un petit filet terminé par un bouton arrondi, placé un peu au-deſſous de l'origine des aîles, & qui ſemblent tenir lieu de deux autres aîles. On a donné à ces pièces le nom de *balancier*, parce qu'on a cru qu'elles ſervoient à-peu-près aux mêmes uſages que les balanciers des danſeurs de corde. Indépendamment des aîles & des balanciers, la plûpart des eſpèces ſont encore pourvues de deux autres petites pièces minces, larges, membraneuſes, faites en forme de coquille ou de cueiller, placées au-deſſus des balanciers qu'elles cachent ſouvent en tout ou en partie. On leur a donné le nom de *cueilleron* à cauſe de leur forme.

La bouche de ces inſectes eſt une trompe, dont la figure varie dans les différens genres. Elle forme ſouvent une eſpèce de gaine, creuſée en goutière à ſa partie ſupérieure, pour recevoir pluſieurs filets très-déliés, nommés *ſuçoirs*, que l'inſecte plonge dans le cuir des animaux, ou dont il ſe ſert pour ſucer le miel des fleurs & les matières liquides & ſucrées. La tête de ces inſectes eſt munie de deux antennes ordinairement très-courtes & compoſées de quelques articles peu diſtincts. Les deux yeux à réſeau ſont très-grands, & ils occupent, dans la plupart, la majeure partie de la tête. Outre ces grands yeux, on voit encore deux ou trois petits yeux lisses placés au sommet de la tête.

Le corcelet est très-grand, & est terminé, dans presque tous, par une espèce d'écusson. La partie inférieure de ce corcelet, ou la poitrine, à proprement parler, donne naissance aux six pattes. Il faut remarquer que, dans les diptères, on n'apperçoit point en-dessous la séparation du corcelet d'avec la poitrine. La pièce qui répond au corcelet des autres insectes, manque entièrement dans ceux-ci.

L'abdomen est ordinairement conique, plus ou moins alongé, rarement renflé au bout dans les mâles, & formé de plusieurs anneaux très distincts. Les pattes sont composées de la hanche, de la cuisse, de la jambe & du tarse, divisé en cinq articles.

La larve de ces insectes est un ver mou, sans pattes, dont la tête n'est point écailleuse, mais aussi molle que le reste du corps. Leur bouche forme un suçoir, armé quelquefois d'une espèce de dard ou de tarière. Elles ont des stigmates & se changent en nymphes de la seconde espèce; excepté cependant celles de la tipule & du cousin, que nous rangeons dans la troisième.

ORDRE VIII.

Aptères.

Nous avons rangés dans cet ordre tous les insectes dont les deux sexes n'ont point d'aîles, qui n'en obtiennent jamais, & qui, si l'on excepte la puce seule, ne subissent point de métamorphose apparente. Nous les divisons en trois sections, qui pourroient former autant de classes, si ces insectes devenoient beaucoup plus nombreux. La première comprend ceux qui ont six pattes & deux antennes. La seconde ceux qui ont huit pattes & point d'antennes, mais deux antennules assez grandes, quelquefois terminées en forme de pinces. Dans la troisième sont placés ceux qui ont huit, dix ou douze pattes, ou un nombre plus considérable, & qui sont pourvus de deux ou de quatre antennes. Ces derniers sont désignés plus particulièrement sous le nom de *crustacés.*

Les insectes de la première section ont leur corps composé de plusieurs anneaux distincts, sur chacun desquels on apperçoit, de chaque

côté, un stigmate. Leur tête n'est point confondue avec le corcelet; elle est pourvue de deux antennes. La bouche varie dans les différens genres. Quelques uns ont des mâchoires assez foibles, les autres n'ont qu'une espèce de trompe. Leur accouplement n'a rien de remarquable. Les parties de la génération sont simples dans les deux sexes, & placées à la partie postérieure de leur corps. Ils ne subissent point de transformations; ils changent seulement plusieurs fois de peau avant d'avoir pris tout leur accroissement. La puce cependant subit une métamorphose complette. Sa larve est un petit ver alongé, cylindrique, sans pattes, dont la tête écailleuse est pourvue de deux antennes. Elle file une coque légère & se change en nymphe de la troisième espèce.

Les insectes de la seconde section n'ont point d'antennes; mais ces pièces sont remplacées par deux antennules longues, articulées & insérées à la partie latérale des mâchoires. Ces antennules sont figurées en forme de pinces dans le scorpion : elles sont simples, filiformes, & elles renferment les parties de la génération dans les mâles des araignées. Les yeux de ces insectes varient : ils sont lisses & au nombre de six ou de huit dans l'araignée, le scorpion. La mitte & le faucheur n'en ont que deux. Leur corps est diversement figuré; il est composé d'anneaux très-distincts dans le scorpion, la pince; on n'apperçoit aucun dans l'araignée & le faucheur. On n'y voit point non plus de stigmate. Il paroît probable que les organes extérieurs de la respiration de ces insectes se trouvent placés à l'anus entre les mamelons. Le nombre des pattes est constamment de huit, & elles sont composées de la hanche, de la cuisse, de la jambe & du tarse, divisé en plusieurs pièces; mais les araignées ont quelques pièces surnuméraires : on en apperçoit une très-petite entre la hanche & la cuisse; une autre plus grande, à qui on a donné le nom de genou, qui unit la cuisse à la jambe. Les insectes de cette section ne subissent point de transformations; ils muent seulement dans leur premier âge, & changent plusieurs fois de peau, jusqu'à ce que, parvenus à leur entier accroissement, ils s'accouplent & se reproduisent.

La troisième section comprend les crustacès, que quelques personnes regardent comme formant une classe particulière d'animaux. Cependant, quoiqu'ils s'éloignent beaucoup des autres infectes ; comme ces animaux font munis d'antennes, d'yeux, de mâchoires tranfverfales, de pattes articulées, & enfin, comme ils muent & changent de peau dans leur premier âge, nous les regardons comme de véritables infectes, très diftincts des coquillages & de toute la claffe des vers. Leur corps eft couvert d'une croute offeufe, plus ou moins dure. Leur tête eft pourvue de deux ou de quatre antennes. Leurs yeux, au nombre de deux, font mobiles & pédonculés dans prefque tous. Leur bouche eft armée de fortes mâchoires, & la tête & l'abdomen ne font point diftincts, mais confondus avec le corcelet. La pièce articulée qui termine le corps & qui forme fouvent la moitié de fa longueur, telle qu'on la voit dans les écreviffes, n'eft qu'une efpèce de queue, puifque cette partie ne renferme point les parties de la génération, & qu'elle n'eft traverfée en ligne droite que par le dernier inteftin ; les autres fe trouvant dans le corps de l'animal. Les parties de la génération des crabes, écreviffes, &c. font affez fingulières : elles font doubles dans les deux fexes, & placées, dans le mâle, à la bafe interne des pattes poftérieures, & dans la femelle, à la bafe de la troifième paire, à la pièce qui forme la hanche. Ces infectes n'abandonnent pas leurs œufs, mais les portent avec eux, tantôt attachés les uns aux autres, en forme de grappe, (les crabes), tantôt dans un fac membraneux, qui fe trouve fous l'abdomen (les afelles). Le nombre des pattes n'eft pas le même dans tous les genres. Les écreviffes en ont dix, les cloportes en ont quatorze, les fules & les fcolopendres en ont un nombre plus confidérable, mais qui varie dans les différentes efpèces. Elles font compofées, comme celles des araignées, de la hanche, de la cuiffe, de la jambe & du tarfe, ordinairement compofé d'une feule pièce, terminée par un ou deux onglets. Ces parties font jointes l'une à l'autre par d'autres pièces courtes, intermédiaires.

CARACTERE DES GENRES DES INSECTES.

ORDRE PREMIER.

LÉPIDOPTÈRES.

1. Papillon.
Papilio, Lin. Geoff. Fab.

Antennes filiformes, terminées par un bouton en forme de maffue.
Deux antennules courtes, égales, comprimées, velues & recourbées.
Trompe longue, divifée en deux, roulée en fpirale, & cachée entre les antennules.

2. Sphinx.
Sphinx, Lin. Geoff. Fab.

Antennes filiformes, prifmatiques, terminées en pointe mouffe.
Deux antennules égales, comprimées, obtufes, très-velues & recourbées.
Trompe très longue, divifée en deux, roulée & cachée entre les antennules.

3. Sefie.
Sefia, Fab. *Sphinx*, Lin. Geoff.

Antennes cylindriques, un peu renflées vers le bout, terminées en pointe mouffe.
Deux antennules égales, aiguës, comprimées & velues.
Trompe longue, filiforme, divifée en deux, roulée & cachée entre les antennules.

4. Zygene.
Zygæna, Fab. *Sphinx*, Lin. Geoff.

Antennes filiformes à leur bafe, renflées vers le bout, & terminées en pointe.
Deux antennules égales, comprimées & velues.
Trompe de longueur moyenne, fétacée, divifée en deux, & cachée entre les antennules.

5. Bombix.
Bombix, Fab. *Phalæna*, Lin. Geoff.

Antennes filiformes, pectinées : articles courts & grenus.
Deux antennules égales, comprimées & velues.
Trompe courte, membraneufe, filiforme, divifée en deux, & cachée entre les antennules.

6. Hepiale.
Hepialus, Fab. *Phalæna*. Lin. Geoff.

Antennes courtes, filiformes : articles diftincts, égaux & arrondis.
Deux antennules égales, membraneufes, comprimées & velues.
Trompe très courte, large, membraneufe, divifée en deux, & cachée entre les antennules.

7. Noctuelle.
Noctua, Fab. *Phalæna*, Lin. Geoff.

C 2

Antennes fétacées : articles égaux, cylindriques, à peine diftinɗs.

Deux antennules égales, comprimées, velues, cylindriques à leur extrémité.

Trompe fétacée, aiguë, divifée en deux, roulée en fpirale entre les antennules.

8. Phalène.

Phalæna, Lin. Geoff. Fab.

Antennes filiformes, fouvent peɗinées dans les mâles : articles très courts, égaux, à peine diftinɗs.

Deux antennules égales, comprimées, membraneufes, cylindriques, prefque nues.

Trompe membraneufe, divifée en deux, roulée en fpirale, & cachée entre les antennules.

9. Pyrale.

Pyralis, Fab. *Phalæna*, Lin. Geoff.

Antennes filiformes, fimples : articles courts & égaux.

Deux antennules égales, nues, cylindriques à leur bafe, dilatées à leur milieu, fétacées à leur pointe.

Trompe membraneufe, fétacée, divifée en deux, roulée en fpirale & cachée par les antennules,

10. Teigne.

Tinea, Geoff. Fab. *Phalæna*, Lin.

Antennes fétacées, fimples : articles égaux & très-courts.

Quatre antennules, inégales ; les deux antérieures plus longues, droites & avancées en avant.

Trompe membraneufe, divifée en deux, roulée & cachée entre les antennules inférieures.

11. Alucite.

Alucita, Fab. *tinea*, Geoff. *phalæna*, Lin.

Antennes fétacées, fimples : articles très-courts, très-nombreux, à peine diftinɗs.

Deux antennules alongées, nues, égales, membraneufes, pointues, bifides.

Trompe fétacée, membraneufe, divifée en deux, & cachée fous les antennules.

12. Ptérophore.

Pterophorus, Geoff. Fab. *Phalæna*, Lin.

Antennes fétacées, fimples : articles très-courts, égaux, très-peu diftinɗs.

Deux antennules amincies, cylindriques, filiformes, fubulées à leur extrémité, nues & membraneufes.

Trompe alongée, fétacée, membraneufe,

divifée en deux, roulée & cachée entre les antennules.

ORDRE II.

NÉVROPTÈRES.

SECTION I.

Trois articles aux tarfes.

13. Libellule. Demoifelle, Geoff.

Libellula, Lin. Geoff. Fab. *Agrion. Aeshna*, Fab.

Antennes très-courtes, fétacées : cinq articles dont le premier beaucoup plus gros que les autres.

Deux antennules inférées à la bafe externe des mâchoires : deux articles, dont le premier très conrt, le fecond beaucoup plus long, prefque cylindrique.

Abdomen terminé, dans les mâles, par deux petits crochets.

14. Perle.

Perla, Geoff. *Phryganea*, Lin. *Semblis*, Fab.

Antennes longues, fétacées : articles nombreux, très courts ; le premier un peu plus gros.

Quatre antennules filiformes, affez longues ; les antérieurs compofées de quatre articles, les poftérieures de trois.

Abdomen terminé, dans la plûpart des efpèces, par deux foies diftantes & fétacées.

SECTION II.

Quatre articles aux tarfes.

15. Rafidie.

Rafidia, Lin. Geoff. Fab.

Antennes filiformes, de longueur moyenne : articles égaux, peu diftinɗs ; le premier un peu plus gros que les autres.

Quatre antennules courtes, prefqu'égales, filiformes : les antérieures compofés de quatre articles, & les poftérieures de trois.

Abdomen terminé, dans la femelle, par une appendice fétacée, affez longue.

SECTION III.

Cinq articles aux tarfes.

16. Hémérobe.

Hemerobius. Lin. Geoff. Fab.

Anteunes fétacées, affez longues : articles très nombreux & peu diftinĉts.

Quatre antennules inégales, filiformes : les antérieures compofées de quatre articles, les poftérieures de trois.

Abdomen fimple.

17. Myrméléon.

Myrmeleon, Lin. Fab. Fourmilion, Geoff.

Antennes courtes, renflées vers l'extrémité : articles très courts.

Six antennules inégales, filiformes : les poftérieures très longues.

Abdomen terminé par deux crochets, dans les mâles.

18. Afcalaphe.

Afcalaphus, Fab. *Myrmeleon*, Lin.

Antennes longues, filiformes, terminées en mafle : articles courts, un peu grenus, les trois derniers renflés.

Six antennules inégales, filiformes.

Abdomen terminé par deux crochets, dans les mâles.

19. Panorpe.

Panorpa, Lin. Geoff. Fab. Mouche fcorpion, Geoff.

Antennes longues, filiformes : articles très courts & très-nombreux.

Quatre antennules égales, filiformes ; les antérieures compofées de quatre articles, les poftérieures de deux.

Abdomen terminé, dans le mâle, par une queue articulée, armée de pinces.

20. Frigane.

Phryganea, Lin. Geoff. Fab.

Antennes longues & fétacées : articles très-nombreux, très-courts, le premier un peu plus gros.

Quatre antennules inégales, filiformes ; les antérieures plus longues & compofées de cinq articles ; les poftérieures courtes & compofées de quatre.

Abdomen fimple.

21. Ephémère.

Ephemera, Lin. Geoff. Fab.

Antennes très-courtes & fubulées : articles nombreux, à peine diftinĉts.

Quatre antennules très-courtes, peu apparentes, égales, filiformes ; les antérieures compofées de quatre articles, les poftérieures de trois.

Abdomen terminé par deux ou trois filets longs & fétacés.

22. Thermès,

Thermes, Lin. Fab. *Pediculus*, Geoff.

Antennes moniliformes, de la longueur du corcelet : quatorze articles arrondis & diftinĉts.

Quatre antennules égales, filiformes ; les antérieures compofées de quatre articles, les poftérieures de trois.

Abdomen fimple.

Mulets fans aîles.

ORDRE III.

HYMÉNOPTÈRES.

SECTION I.

Louche fans trompe.

23. Fourmi.

Formica, Lin. Geoff. Fab.

Antennes filiformes, brifées : premier article très-long & cylindrique.

Quatre antennules courtes, filiformes ; les antérieures un peu plus longues, compofées de fix articles égaux, les poftérieures de quatre.

Ventre attaché au corcelet par un pédicule ; petite écaille faillante entre-deux.

Point d'aîles dans les mulets.

24. Mutille.

Mutilla, Lin. Fab.

Antennes courtes, filiformes : premier article long.

Quatre antennules inégales ; les antérieures un peu plus longues, compofées de fix articles, dont le troifième conique & affez gros, le dernier cylindrique & plus mince ; les poftérieures compofées de quatre articles moniliformes, dont le dernier plus petit.

Aiguillon fimple & très-fort caché dans l'abdomen.

Point d'aîles dans les mulets.

25. Frelon.

Crabro, Fab. *Vefpa*, Lin. Geoff. *Sphex*, Lin.

Antennes courtes, filiformes : premier article long & cylindrique, les autres très-courts.

Quatre antennules inégales ; les antérieures compofées de fix articles, dont le fecond, le troifième & le quatrième gros & coniques ; les poftérieures compofées de quatre articles dont le premier très-mince à fa bafe.

Aiguillon fimple, pointu, caché dans l'abdomen.

26. Guêpe.

Vespa, Lin. Geoff. Fab.

Antennes filiformes, brisées : premier article long & cylindrique ; le second long & presque conique.

Quatre antennules filiformes, inégales ; les antérieures, un peu plus longues, composées de six articles ; les postérieures de quatre, dont le dernier très court & très petit.

Aiguillon simple & très - pointu, caché dans l'abdomen.

27. Leucopsis.

Leucopsis, Fab.

Antennes courtes , droites , un peu plus grosses par le bout : articles courts , peu distincts.

Quatre antennules courtes ; les antérieures composées de quatre articles, & les postérieures de trois.

Ventre attaché au corcelet par un pédicule court.

Aiguillon triple , recourbé , relevé & appliqué sur le ventre , dans la femelle.

28. Chrysis.

Chrysis, Lin. Fab. *Vespa*, Geoff.

Antennes courtes , filiformes : premier article un peu plus long , les autres courts & égaux.

Quatre antennules filiformes, inégales ; les antérieures une fois plus longues, composées de cinq articles ; les postérieures de quatre, dont le premier à peine distinct.

Ventre attaché au corcelet par un pédicule court.

Aiguillon simple , pointu , caché dans l'abdomen.

29. Tiphie.

Tiphia, Fab.

Antennes courtes , filiformes , roulées en spirale : premier article un peu plus gros & plus long.

Quatre antennules inégales , filiformes : les antérieures un peu plus longues, composées de six articles égaux ; les postérieures de cinq.

Ventre attaché au corcelet par un pédicule court.

Aiguillon simple, caché dans l'abdomen.

30. Evanie.

Evania, Fab. *Sphex*, Lin.

Antennes filiformes, assez longues : premier article très-long, presque cylindrique ; les autres courts, égaux, peu distincts.

Quatre antennules inégales ; les antérieures

plus longues , filiformes, composées de six articles ; les postérieures de quatre , dont le dernier en masse.

Ventre comprimé , presque triangulaire , attaché au corcelet par un long pédicule.

Aiguillon très petit caché dans l'abdomen.

31. Ichneumon.

Ichneumon, Lin. Geoff. Fab.

Antennes sétacées, longues, vibratiles : articles nombreux , très-courts, peu distincts.

Quatre antennules inégales , filiformes ; les antérieures un peu plus longues, composées de six articles ; les postérieures de quatre.

Ventre attaché au corcelet par un pédicule long & mince.

Aiguillon flexible , long & divisé en trois pièces , dans la femelle.

32 Urocère.

Urocerus, Geoff. *Sirex*, Lin. Fab.

Antennes filiformes : articles courts, égaux, cylindriques & distincts.

Quatre antennules très courtes , inégales ; les antérieures composées de deux articles égaux ; les postérieures de quatre articles, dont les derniers plus gros.

Ventre joint au corcelet , & terminé par une pointe forte , un peu aiguë.

Aiguillon dentelé, caché sous une gaine creusée en gouttière, dans les femelles.

33. Clavellaire.

Clavellarius. Crabro , Geoff. *Tentredo*, Lin. Fab.

Antennes en masse , un peu plus courtes que le corcelet.

Quatre antennules filiformes ; les deux antérieures un peu plus longues, composées de cinq articles , les deux postérieures de quatre.

Ventre joint au corcelet.

Aiguillon dentelé , caché dans l'abdomen , dans les femelles.

34. Tentrède.

Tentredo , Lin. Fab. *Mouche à-scie* , Geoff.

Antennes filiformes, plus longues que le corcelet ; articles égaux , distincts, cylindriques.

Quatre antennules inégales , filiformes ; les antérieures plus longues, composées de six articles, les postérieures de quatre.

Ventre joint au corcelet.

Aiguillon dentelé , caché dans l'abdomen.

35. Diplolèpe.

Diplolepis, Geoff. *Cinips*, Lin. Fab.
Antennes filiformes, longues : quatorze articles cylindriques, égaux, très-diftinacts.

Quatre antennules courtes ; les antérieures filiformes, compofées de cinq articles égaux ; les poftérieures de trois, dont le dernier en maffe.

Ventre un peu comprimé.

Aiguillon caché entre deux lames du ventre.

36. Cinips.

Cynips, Lin. Geoff. Fab.
Antennes filiformes, brifées ; premier article très long & cylindrique ; le fecond petit ; les autres courts, égaux, peu diftinacts.

Quatre antennules courtes, inégales, prefque en maffe ; les antérieures un peu plus longues, compofées de fix articles ; les poftérieures de cinq.

Ventre un peu comprimé.

Aiguillon courbé & caché entre deux lames du ventre.

Section II.

Bouche avec une trompe.

37. Chalcis.

Chalcis, Fab. *Vefpa*, Lin. Geoff. *Sphex*, Lin.
Antennes courtes, filiformes : un peu plus groffes par le bout ; premier article plus long & cylindrique.

Quatre antennules filiformes : les antérieures un peu plus longues, compofées de fix articles prefque égaux ; les poftérieures de quatre.

Ventre prefque globuleux, attaché au corcelet par un long pédicule.

Aiguillon caché dans l'abdomen.

Cuiffes poftérieures renflées.

38. Sphex.

Sphex, Lin. Fab. *Ichneumon*, Geoff.
Antennes un peu plus longues que le corcelet, filiformes, en fpirale : onze articles égaux, cylindriques, diftinacts.

Quatre antennules filiformes, prefque égales ; les antérieures un peu plus longues, compofées de fix articles ; les poftérieures de quatre,

Ventre attaché au corcelet par un pédicule plus ou moins long.

Aiguillon pointu, fimple, caché dans l'abdomen.

39. Scolie.

Scolia, Fab.
Antennes épaiffes, filiformes, un peu renflées au milieu : premier article alongé ; les autres à peine diftinacts, courts, égaux & cylindriques.

Quatre antennules courtes, un peu plus épaiffes à leur bafe ; les antérieures compofées de fix articles, les poftérieures de quatre.

Ventre attaché au corcelet par un pédicule court.

Aiguillon fimple, très fort, très pointu, caché dans l'abdomen.

40. Thynne.

Thynnus, Fab.
Antennes courtes, cylindriques : premier article court, gros, prefque rond ; les autres égaux, peu diftinacts.

Quatre antennules égales, filiformes ; les antérieures compofées de quatre articles, les poftérieures de trois.

Ventre attaché au corcelet par un pédicule court.

Aiguillon petit, fimple, caché dans l'abdomen.

41. Bembex.

Bembex, Fab. *Vefpa*, Lin. *Apis*, Lin.
Antennes filiformes, courtes : premier article long & cylindrique, les autres courts, égaux.

Quatre antennules courtes, inégales, filiformes ; les antérieures compofées de fix articles dont le pénultième très court ; les poftérieures compofées de quatre dont les deux derniers plus courts que les autres.

Ventre attaché au corcelet par un pédicule court.

Aiguillon fimple & pointu, caché dans l'abdomen.

Tarfes antérieurs ciliés.

42. Andrene.

Andrena, Fab. *Apis*, Lin. Geoff. *Nomada*, Scopoli.
Antennes courtes, filiformes : premier article long, mince à fa bafe ; le fecond très-petit ; les autres égaux, cylindriques.

Trompe divifée en trois pièces. Suçoirs enfermés dans une gaine.

Quatre antennules filiformes, inégales ; les antérieures compofées de fix articles ; les poftérieures de deux.

Aiguillon fimple, caché dans l'abdomen.

43. Abeille.

Apis, Lin. Geoff. Fab.

Antennes filiformes, courtes, brisées : premier article très long; les autres courts, égaux.

Trompe divisée en cinq pièces. Suçoirs libres, enfermés, à leur base, dans une gaine.

Quatre antennules sétacées, très-courtes : les antérieures composées de six articles ; les postérieures de cinq.

Aiguillon simple , très-pointu, caché dans l'abdomen.

44. Encere.

Encera, Scop. *Apis*, Lin. Geoff. Fab. Abeille, Geoff.

Antennes longues, filiformes; articles égaux, presque cylindriques.

Trompe divisée en sept pièces. Suçoirs libres.

Quatre antennules courtes, filiformes, inégales : les antérieures un peu plus longues, composées de six articles ; les postérieures de deux.

Aiguillon simple & pointu, caché dans l'abdomen.

45. Nomade.

Nomada, Fab. *Apis*, Lin.

Antennes filiformes, courtes : premier article un peu plus long que les autres.

Trompe divisée en cinq pièces. Suçoirs libres.

Quatre antennules filiformes, très-courtes : les antérieures composées de six articles, & les postérieures de quatre.

Aiguillon simple, pointu, caché dans l'abdomen.

ORDRE IV.

HÉMIPTÈRES.

SECTION I.

Elytres d'égale consistance.

46. Fulgore.

Fulgora, Lin. Fab.

Antennes très-courtes, fubulées, posées sous les yeux : premier article très-gros, globuleux.

Trompe alongée, filiforme, obtuse, composée de cinq articles, renfermant trois soies.

Trois articles aux tarses.

47. Membracis.

Membracis, Fab. *Cicada*, Lin. Geoff.

Antennes très-courtes, fubulées, posées devant les yeux : premier article plus gros que les autres, presque arrondi.

Trompe recourbée, longue, obtuse, composée de trois articles, renfermant trois soies.

Trois articles aux tarses.

Corcelet dilaté.

48. Cigale.

Cicada, Lin. Geoff. *Tettigonia*, Fab.

Antennes courtes, sétacées, posées entre les yeux : cinq articles, dont le premier plus gros que les autres.

Trompe recourbée, longue, filiforme, composée de deux articles, renfermant trois soies.

Trois articles aux tarses, dont les deux premiers très-courts.

49. Tettigone.

Tettigonia, Geoff. *Cicada*, Lin. Fab. *Cercopis*, Fab.

Antennes très-courtes, minces, fubulées, posées devant les yeux : premier article globuleux ; les autres à peine distincts.

Trompe courte, recourbée, composée de trois articles, renfermant trois soies.

Trois articles aux tarses.

50. Psille.

Psilla, Geoff. *Chermès*, Lin. Fab.

Antennes cylindriques : onze articles égaux.

Trompe recourbée, naissant entre la première & la seconde paire de pattes.

Deux articles aux tarses.

Pattes propres à sauter.

51. Puceron.

Aphis, Lin. Geoff. Fab.

Antennes filiformes, plus longues que le corcelet, posées devant les yeux : premier article un peu plus gros que les autres.

Trompe alongée, recourbée, composée de cinq articles, renfermant une seule soie.

Un seul article aux tarses.

Abdomen terminé par deux filets droits & distants.

52. Trips.

Thrips, Lin. Geoff. Fab.

Antennes filiformes, de la longueur du corcelet : sept articles, dont le premier plus grand & le dernier plus petit.

Trompe cachée dans une fente longitudinale.

Deux articles aux tarses, dont le dernier forme une espèce de vésicule.

 f

53. Kermès.
Chermès, Lin. Geoff. Fab.
Antennes filiformes, terminées par un filet setacé.
Trompe alongée, recourbée, composée de trois articles, posée entre la première & la seconde paire de pattes.
Trois articles aux tarses.
Femelle aptère.
54. Cochenille.
Coccus, Lin. Geoff. Fab.
Antennes courtes, filiformes, presque cylindriques.
Trompe courte, recourbée, composée de trois articles, posée entre la première & la seconde paire de pattes.
Pattes très-courtes, souvent imperceptibles.
Femelle aptère.

SECTION II.

Elytres, moitié coriaces, moitié membraneuses.

55. Notonecte.
Notonecta, Lin. Geoff. Fab.
Antennes courtes, posées au-dessous des yeux : trois articles, dont le premier plus gros & le dernier plus petit.
Trompe courte, conique, recourbée, composée de trois articles, renfermant trois soies.
Deux articles aux tarses; les postérieurs larges, applatis & ciliés.
56. Corise.
Corixa, Geoff. *Notonecta*, Lin. *Sigara*, Fab.
Antennes très courtes, posées sous les yeux : trois articles presqu'égaux.
Trompe courte, recourbée, composée d'un seul article, renfermant trois soies.
Un seul article aux tarses; les postérieurs applatis, larges & ciliés.
57. Nèpe.
Nepa, Lin. Fab. *Hepa*, Geoff.
Antennes très-courtes, peu apparentes, posées sous les yeux, cachées dans une fossette, & composées de trois articles.
Trompe courte, recourbée, composée de trois articles, renfermant trois soies.
Un ou deux articles aux tarses.
Pattes antérieures portées en avant.
Abdomen terminé par deux filets sétacés, dans la femelle.
58. Naucore,
Histoire Naturelle, *Insectes*. Tome I.

Naucoris, Geoff. Fab. *Nepa*, Lin.
Antennes très courtes, posées au-dessous des yeux.
Trompe très courte, recourbée, composée de trois articles, renfermant trois soies.
Deux articles aux tarses; les postérieurs applatis, larges & ciliés.
Pattes antérieures courtes, armées d'un onglet très fort.
59. Punaise.
Cimex, Lin. Geoff. Fab. *Acanthia*, Fab.
Antennes filiformes, composées de quatre articles très-distincts.
Trompe recourbée sous la poitrine, creusée en goutière, & contenant trois soies.
Trois articles aux tarses.
Corps alongé, rarement ovale, souvent déprimé.
60. Pentatome.
Pentatoma Cimex, Lin. Geoff. Fab.
Antennes filiformes, composées de cinq articles cylindriques.
Trompe recourbée sous la poitrine, creusée en goutière, & contenant trois soies.
Trois articles aux tarses.
Corps souvent ovale.
61. Réduve.
Reduvius, Fab. *Cimex*, Lin. Geoff.
Antennes sétacées, plus longues que le corcelet, composées de quatre articles.
Trompe courte, courbée en arc sous la poitrine, creusée en goutière, & contenant trois soies.
Trois articles aux tarses.
Corps alongé.
Tête étroite & avancée.

ORDRE V.

ORTHOPTÈRES.

62. Blatte.
Blatta, Lin. Geoff. Fab.
Antennes longues, sétacées, posées sous les yeux : articles nombreux, très-courts & peu distincts.
Quatre antennules filiformes; les antérieures un peu plus longues, composées de cinq articles, dont les deux premiers très-courts; les postérieures de trois, presqu'égaux.
Cinq articles aux tarses des quatre pattes antérieures, & quatre à ceux des postérieures.

D

Pattes propres à la course.
Abdomen terminé par deux appendices très-courtes.

63. Grillon.

Gryllus, Lin. Geoff. *Acheta*, Fab.

Antennes longues, sétacées, posées entre les yeux : articles nombreux, très-courts, peu distincts.

Quatre antennules filiformes ; les antérieures une fois plus longues, composées de cinq articles, dont le dernier très-court; les postérieures de trois.

Trois articles aux tarses, dont le second très-court.

Abdomen terminé par deux appendices longues, sétacées & distantes.

64. Sauterelle.

Locusta, Geoff. Fab. *Gryllus*, Lin.

Antennes très-longues & sétacées : articles très-nombreux, courts & peu distincts.

Quatre antennules inégales ; les antérieures un peu plus longues, composées de cinq articles, presque cylindriques, dont les deux premiers très courts ; les postérieures de trois.

Quatre articles aux tarses.

Abdomen terminé par une espèce de queue tranchante & pointue, dans les femelles.

Pattes propres à sauter.

65. Mante.

Mantis, Lin. Geoff. Fab.

Antennes sétacées, de longueur moyenne, posées entre les yeux : articles courts, nombreux & peu distincts.

Quatre antennules filiformes, presqu'égales ; les antérieures composées de cinq articles, les postérieures de trois.

Cinq articles aux tarses.

Pattes antérieures, armées de piquants & d'un onglet, très-fort & très-aigu.

Abdomen simple.

66. Truxale.

Truxalis, Fab. *Gryllus*, Lin.

Antennes courtes, ensiformes : articles courts & distincts.

Quatre antennules inégales, filiformes ; les antérieures composées de cinq articles, dont les deux premiers très courts ; les autres longs, un peu renflés à leur pointe ; les postérieures composées de trois.

Trois articles aux tarses.

Pattes postérieures propres à sauter.

Abdomen simple.

67. Criquet.

Acrydium, Geoff. Fab. *Gryllus*, Lin. Fab.

Antennes filiformes, plus courtes que la moitié du corps : onze articles cylindriques, égaux, distincts.

Quatre antennules presqu'égales, filiformes ; les antérieures composées de cinq articles ; les postérieures de trois.

Trois articles aux tarses.

Pattes postérieures propres à sauter.

Abdomen simple.

68. Tridactile.

Tridactylus.

Antennes filiformes, plus longues que le corcelet : dix articles, dont le premier & le second un peu plus gros & plus courts ; les autres alongés, égaux, & presque cylindriques.

Six antennules filiformes ; deux antérieures composées de quatre articles, insérées à la partie externe des mâchoires, à côté des galères ; quatre postérieures, insérées à la partie latérale de la lèvre inférieure, composées, les unes, de trois articles, & les autres, de deux.

Trois articles aux quatre pattes antérieures ; trois doigts ou appendices simples, égales aux pattes postérieures.

Pattes postérieures propres au saut.

ORDRE VI.

COLÉOPTÈRES.

SECTION I.

Cinq articles à tous les tarses.

69. Lucane.

Lucanus, Lin. Fab. Degeer. *Platicerus*, Geoff.

Antennes en masse : dix articles, dont le premier très long, les autres courts & égaux ; les quatre derniers en masse feuilletée d'un seul côté.

Quatre antennules filiformes, inégales ; les antérieures composées de quatre articles, dont le second & le dernier beaucoup plus longs ; les postérieures de trois, dont le premier très-court, & le dernier long & renflé.

Mandibules alongées & dentées.

Jambes antérieures dentées.

70. Léthrus.

Lethrus, Fab. Scop. *Lucanus*, Pallas.

Antennes en masse : douze articles, dont le second, le troisième, le quatrième, le cinquième & le fixième, prefque cylindriques ; le premier, le feptième, le huitième & le neuvième, prefque globuleux ; les trois deiniers plus gros, obliquement tronqués, formant une maffe feuilletée.

Quatre antennules : les antérieures compofées de quatre articles, & les poftérieures de trois.

Jambes antérieures dentées.

71. Scarabé.

Scarabæus, Lin. Geoff. Fab. *Copris*, Boufier, Geoff.

Antennes courtes, en maffe : dix articles, dont le premier plus long & plus gros que les autres ; les trois derniers en maffe obtufe, feuilletée.

Quatre antennules filiformes, courtes ; les antérieures compofées de quatre articles, dont le premier très-court ; les poftérieures de trois, prefqu'égaux.

Jambes antérieures dentées.

72. Trox.

Trox, Fab. *Scarabæus*, Lin. Geoff. Scarabé, Geoff.

Antennes courtes, en maffe : dix articles, dont le premier eft gros & velu ; les trois derniers en maffe ovale, feuilletée.

Quatre antennules courtes, un peu en maffe ; les antérieures compofées de quatre articles ; les poftérieures de trois.

Jambes antérieures dentées.

Tête prefqu'entièrement cachée dans le corcelet.

73. Hanneton.

Melolontha, Fab. *Scarabæus*, Lin. Geoff. Scarabé, Geoff.

Antennes en maffe alongée, feuilletée : dix articles, dont le premier gros & prefque fphérique.

Quatre antennules inégales, filiformes ; les antérieures un peu plus longues, compofées de quatre articles, dont le premier très-court ; les poftérieures de trois.

Jambes antérieures avec deux petites dentelures.

74. Cetoine.

Cetonia, Fab. *Scarabæus*, Lin. Geoff. *Trichius*, Fab. Scarabé, Geoff.

Antennes courtes, en maffe : dix articles, dont le premier plus gros ; les trois derniers en maffe ovale, feuilletée.

Quatre antennules filiformes, prefqu'égales ; les antérieures compofées de trois articles,

dont le dernier alongé ; les poftérieures de trois, dont le premier très-court.

Mandibules prefque membraneufes, peu apparentes.

Jambes antérieures dentées.

Pièce triangulaire, plus ou moins diftincte, à la bafe extérieure des élytres.

75. Efcarbot.

Hifter, Lin. Fab. *Attelabus*, Geoff.

Antennes coudées, en maffe : onze articles, dont le premier très-long ; les autres courts & globuleux ; les trois derniers en maffe folide, ovale.

Quatre antennules prefque filiformes ; les antérieures compofées de quatre articles, dont le dernier obtus ; les poftérieures de trois.

Jambes antérieures dentées.

Tête petite, un peu cachée dans le corcelet.

76. Dermefte.

Dermeftes, Lin. Geoff. Fab.

Antennes courtes, en maffe : premier article plus gros, les autres égaux, prefque globuleux ; les trois derniers en maffe perfoliée.

Quatre antennules inégales, filiformes ; les antérieures compofées de quatre articles égaux ; les poftérieures de trois.

Jambes fimples, fans dentelures.

77. Nicrophore.

Nicrophorus, Fab. *Silpha*, Lin. *Dermeftes*, Geoff.

Antennes en maffe : premier article, gros & affez long ; les autres courts & prefque globuleux ; les quatre derniers très gros, applatis, en maffe perfoliée.

Quatre antennules égales, filiformes ; les antérieures compofées de quatre articles, dont le premier très court ; les poftérieures de quatre, dont le premier plus long que les autres.

Corcelet bordé, applati.

78. Bouclier.

Silpha, Lin. Fab. *Peltis*, Geoff.

Antennes en maffe : premier article affez long, les autres courts & égaux ; les quatre derniers un peu plus gros, en maffe perfoliée ; le dernier, ovale.

Quatre antennules inégales, filiformes ; les antérieures un peu plus longues, compofées de quatre articles, dont le premier très-court & très-petit, & le fecond gros & conique ; les poftérieures de trois, dont le premier plus long que les autres.

Corcelet & élytres bordés.

79. Nitidule.

Nitidula, Fab. *Silpha*, Lin. *Dermeftes*, Geoff.

Antennes en maffe : articles courts, prefque égaux ; les trois derniers très-gros, applatis, en mafſe perfoliée.

Quatre antennules égales, filiformes ; les antérieures compofées de quatre articles, preſque égaux, & les poftérieures de trois.

Corcelet & élytres un peu bordés.

80. Birrhe.

Byrrhus, Lin. Fab. *Ciftela*, Geoff.

Antennes courtes, en maffe : articles courts & grenus ; les fix derniers en maffe perfoliée, applatis, & groſſiſſant infenfiblement.

Quatre antennules égales, prefque en maffe, le dernier article ovale & plus gros ; les antérieures compofées de quatre articles, & les poftérieures de trois.

Jambes comprimées.

81. Anthrène.

Anthrenus, Geoff. Fab. *Byrrhus*, Lin.

Antennes courtes, en maſſe : articles prefque égaux ; les trois derniers en maffe folide, un peu comprimée.

Quatre antennules cylindriques, inégales ; les antérieures un peu plus longues, compofées de quatre articles, & les poftérieures de trois.

Corps ovale, prefque arrondi.

82. Sphéridie.

Spheridium, Fab. *Dermeftes*, Lin. Geoff.

Antennes courtes, en maffe : articles égaux, prefque arrondis ; les quatre derniers plus gros, en maffe perfoliée ; le dernier plus petit & ovale.

Quatre antennules inégales, filiformes ; les antérieures compofées de quatre articles ; les poftérieures très courtes, compofées de trois.

Jambes épineufes.

Corps ovale, prefque hémifphérique.

83. Vrillette.

Anobium, Fab. *Ptinus*, *Dermeftes*, Lin. *Byrrhus*, Geoff.

Antennes filiformes, légérement en maffe ; les trois derniers articles un peu plus gros & plus longs, prefque ovales, amincis à leur bafe.

Quatre antennules égales terminées en maffe : les antérieures compofées de quatre articles, & les poftérieures de trois.

Tête enfoncée dans le corcelet.

Corcelet convexe, un peu bordé.

84. Ptine.

Ptinus, Lin. Fab. *Bruchus*, Geoff.

Antennes longues, filiformes : articles preſque égaux, un peu coniques.

Quatre antennules égales, filiformes ; les antérieures compofées de quatre articles, & les poftérieures de trois.

Corcelet relevé en boffe.

85. Ips.

Ips, Fab. *Dermeftes*, Geoff. Lin.

Antennes droites, en maffe : articles prefque fphériques & égaux ; les trois de niers plus gros, applatis & perfoliés ; le dernier arrondi à fa pointe.

Quatre antennules très courtes, égales, filiformes, compofées de trois articles prefque égaux ; le dernier ovale, un peu renflé.

Corps alongé, prefque parallélipipède.

Premier article des tarfes très-court, & plus petit que les autres.

86. Mélyre.

Melyris, Fab.

Antennes perfoliées, prefque en fcie, dans toute leur longueur : articles courts & velus, le dernier ovale, obtus.

Quatre antennules inégales, filiformes ; les antérieures plus longues, compofées de quatre articles prefque égaux, & les poftérieures de trois, dont le dernier ovale.

87. Lagrie.

Lagria, Fab. *Cicindela*, Geoff.

Antennes filiformes : articles grenus, diftincts, prefque égaux ; le premier un peu plus gros & renflé, le fecond un peu plus petit & arrondi.

Quatre antennules inégales, filiformes ; les antérieures un peu plus longues, compofées de quatre articles, dont le premier plus petit & plus mince, & les autres égaux ; les poftérieures compofées de trois, dont le premier très-petit & à peine diftinct.

88. Panache.

Ptilinus, Geoff. *Hifpa*, Fab.

Antennes pectinées d'un feul côté dans toute leur longueur ; les deux premiers articles fimples & arrondis.

Quatre antennules courtes, filiformes ; les antérieures un peu plus longues, compofées de quatre articles égaux ; les poftérieures de trois, dont les deux premiers globuleux.

89. Omalyfe.

Omalyfis, Geoff. *Cucujus*, Fab.

Antennes filiformes : articles prefque cylindriques; le fecond & le troifième prefque globuleux.

Quatre antennules inégales, filiformes; les antérieures, un peu plus longues, compofées de trois articles prefque globuleux, le premier aminci à fa bafe; les poftérieures compofées de deux articles égaux.

Corcelet un peu applati, terminé poftérieurement en deux angles aigus.

90. Lymexylon.

Lymexylon, Fab. *Cantharis*, Lin.

Antennes filiformes: articles prefque globuleux, les trois premiers plus petits, le dernier terminé en pointe alongée, mouffe.

Quatre antennules inégales, prefque en maffe; les antérieures un peu plus longues, compofées de quatre articles, dont le dernier plus gros; les poftérieures courtes, obtufes, compofées de trois articles.

Tarfes filiformes.

Corps alongé.

91. Horia.

Horia, Fab.

Antennes moniliformes: articles...

Quatre antennules plus groffes à leur extrémité.

92. Téléphore.

Telephorus, Schæff. Degeer. *Cantharis*, Lin. Fab. *Cicindela*, Geoff.

Antennes filiformes: articles cylindriques, égaux, le fecond beaucoup plus court.

Quatre antennules inégales, fécuriformes; les antérieures un peu plus longues, compofées de quatre articles, & les poftérieures de trois; le dernier article dilaté, comprimé, triangulaire, en forme de hache.

Côtés du ventre pliffés & à papilles.

Corcelet plat, légérement bordé.

93. Malachie.

Malachius, Fab. *Cantharis*, Lin. *Cicindela*, Geoff.

Antennes filiformes, prefque en fcie: le premier article gros & arrondi.

Quatre antennules inégales, filiformes; les antérieures un peu plus longues, compofées de quatre articles égaux, prefque cylindriques; les poftérieures de trois.

Véficules cachées de chaque côté de la poitrine & du ventre.

94. Lampyre.

Lampyris, Lin. Geoff. Fab. Degeer. *Ver luifant*, Geoff.

Antennes filiformes: articles égaux, prefque cylindriques, le premier un peu plus gros.

Quatre antennules inégales, filiformes; les antérieures un peu plus longues, compofées de quatre articles, & les poftérieures de trois.

Corcelet grand, applati, cachant la tête par un large rebord.

95. Lycus.

Lycus, Fab. *Lampyris*, Lin. Geoff. Degeer. *Pyrochroa*, Fab.

Antennes filiformes, comprimées, fouvent en fcie: premier article plus petit & arrondi.

Quatre antennules inégales, un peu groffes à leur extrémité; le dernier article large, comprimé, prefque triangulaire; les antérieures compofées de quatre articles, & les poftérieures de trois.

Tête étroite, plus ou moins alongée.

Corcelet applati, un peu bordé.

96. Colliure.

Colliuris, Degeer.

Antennes filiformes..

Quatre antennules filiformes...

Tête conique, déliée par derrière.

Grands yeux faillans.

Corcelet très long, étroit & cylindrique.

97. Taupin.

Elater, Lin. Geoff. Fab.

Antennes filiformes, en fcie, fouvent pectinées: premier article plus gros, arrondi, le fecond très-petit.

Quatre antennules courtes, inégales, fécuriformes: les antérieures compofées de quatre articles, & les poftérieures de trois; le dernier article plus gros, dilaté, applati, prefque triangulaire.

Corcelet terminé en-deffous, par une pointe reçue dans une cavité de la poitrine.

98. Buprefte.

Bupreftis, Lin. Fab. Schæff. Deg. Richard. *Lucujus*, Geoff.

Antennes courtes, filiformes, en fcie; articles égaux, le premier gros & arrondi.

Quatre antennules inégales, filiformes; les antérieures compofées de quatre articles & les poftérieures de trois; le dernier article obtus, prefque tronqué.

Tête à moitié enfoncée dans le corcelet.

99. Cicindèle.

Cicindela, Lin. Fab. Schæff. Deg. *Bupreftis*, Geoff.

Antennes filiformes, prefque fétacées: articles cylindriques, égaux, le fecond très-court.

Six antennules filiformes ; les antérieures compofées de deux articles alongés, égaux; les moyennes plus longues, compofées de quatre, dont le premier très court & le fecond très-long ; les poftérieures compofées de quatre, dont les deux premiers très-courts.

Yeux faillans.
Tarfes filiformes.
Appendice à la bafe des cuiffes poftérieures.
100. Elaphre.
Elaphrus, Fab. *Cicindela,* Lin. *Bupreftis,* Geoff.

Antennes fétacées : articles courts & égaux, le premier plus gros.

Six antennules prefque égales, filiformes; les antérieures compofées de deux articles égaux; les moyennes compofées de quatre cylindriques & les poftérieures de trois dont le premier plus court.

Yeux faillans.
Appendice à la bafe des cuiffes poftérieures.
101. Carabe.
Carabus, Lin. Fab. Schæff. Degeer.
Buprefte.
Bupreftis, Geoff.

Antennes filiformes: articles alongés, égaux prefque cylindriques ; le premier plus gros & arrondi, le fecond très-petit.

Six antennules inégales, filiformes : le premier article un peu plus gros & tronqué ; les antérieures très-courtes, compofées de deux articles égaux ; les moyennes plus longues, de quatre, & les poftérieures de trois.

Corcelet avec un rebord.
Appendice à la bafe des cuiffes poftérieures.
102. Scarite.
Scarites, Fab. *Tenebrio,* Lin.

Antennes filiformes ; premier article long, gros & prefque cylindrique, les autres plus courts & égaux entr'eux.

Six antennules filiformes ; les antérieures courtes, compofées de deux articles alongés; les moyennes plus longues, compofées de quatre, dont le premier très-court & le fecond très long ; les poftérieures compofées de deux égaux.

Machoires grandes & dentées.
Appendice à la bafe des cuiffes poftérieures.
Pattes antérieures épineufes ; prefque palmées.
103. Manticore.
Manticora, Fab. *Carabus,* Deg. *Cicindela,* Thunberg.

Antennes filiformes, prefque fétacées, de la longueur du corcelet.

Six antennules filiformes : les antérieures plus courtes & plus minces, compofées de deux articles égaux ; les moyennes compofées de quatre, dont le premier très-court; les poftérieures compofées de trois, dont le premier très-court & le fecond très-long.

Mandibules grandes, fortes, dentées à leur bafe.

Appendice à la bafe des cuiffes poftérieures.
Pattes fimples.
104. Elophore.
Elophorus, Fab. *Dermeftes,* Geoff. *Silpha,* Lin.

Antennes courtes, en maffe : articles arrondis, les trois derniers beaucoup plus gros, en maffe ovale, perfoliée, prefque folide.

Quatre antennules inégales, prefque en maffe, le dernier article ovale & renflé; les antérieures un peu plus longues, compofées de quatre articles, dont le fecond long & cylindrique ; les poftérieures de trois, dont le premier très-court.

Tarfes filiformes ; premier article très-court & le fecond affez long.

105. Hydrophile.
Hydrophilus, Geoff. Fab. *Dytifcus,* Lin.

Antennes en maffe, plus courtes que les antennules : premier article gros & affez long, les autres courts & globuleux ; les quatre derniers très-gros, en maffe perfoliée.

Quatre antennules inégales, filiformes ; les antérieures longues & compofées de quatre articles cylindriques, dont le premier très-court ; les poftérieures compofées de trois.

Tarfes des quatre pattes poftérieures larges & ciliés des deux côtés.
106. Dytique.
Dytifcus, Lin. Geoff. Fab.

Antennes filiformes, prefque fétacées, de la longueur du corcelet ; articles prefque égaux, coniques, le premier affez long, le fecond très-court, les derniers amincis.

Six antennules inégales, filiformes ; les antérieures très-courtes, compofées de deux articles égaux ; les moyennes longues & compofées de quatre ; les poftérieures de trois.

Tarfes poftérieurs larges, applatis & ciliés.
107. Gyrin.
Gyrinus, Lin. Geoff. Fab. *Tourniquet,* Geoff.

Antennes très-courtes, pédonculées : premier article grand, en forme de cueiller, les autres très-courts, peu diftincts.

Quatre antennules égales, filiformes ; les antérieures compofées de quatre articles arrondis, prefque égaux ; les poftérieures compofées de trois.

Tarfes des quatre pattes poftérieures applatis, larges & ciliés.

108. Staphylin.

Staphylinus, Lin. Geoff. Fab.

Antennes filiformes ; premier article alongé, les autres globuleux ; les fix derniers plus courts, un peu comprimés, le dernier ovale, fouvent coupé obliquement.

Quatre antennules courtes, égales, filiformes ; les antérieures compofées de quatre articles, dont le premier court & petit, & le fecond plus long & conique ; les poftérieures compofées de trois égaux.

Elytres très courtes.

109. Oxypore.

Oxyporus, Fab. *Staphylinus*, Lin. Geoff.

Antennes courtes, moniliformes, prefque en maffe ; premiers articles minces, les autres renflés, lenticulaires, perfoliés, le dernier arrondi à fa pointe.

Quatre antennules courtes, égales ; les antérieures compofées de quatre articles égaux, filiformes ; les poftérieures compofées de quatre, dont le dernier en maffe, large, applati, triangulaire, prefque en croiffant.

Elytres courtes.

110. Pœdere.

Pœderus, Fab. *Staphylinus*, Lin. Geoff.

Antennes moniliformes : premiers articles un peu allongés, les autres égaux, prefque fphériques.

Quatre antennules inégales ; les antérieures beaucoup plus longues, compofées de quatre articles, dont le dernier ovale, un peu plus gros, prefque en maffe ; les poftérieures compofées de trois articles égaux, filiformes.

Elytres très-courtes.

SECTION II.

Cinq articles aux tarfes des quatre pattes de devant, & quatre feulement à ceux des pattes de derrière.

111. Meloë.

Meloe, Lin. Geoff. Fab.

Antennes moniliformes : premier article affez long ; le fecond court & petit ; le dernier fétacé.

Quatre antennules inégales ; les antérieures un peu plus longues, compofées de quatre articles, dont le premier très court & très-petit ; les poftérieures de trois, dont le dernier ovale & un peu plus gros.

Tarfes terminés par quatre crochets.
Elytres courtes, prefque ovales.

112. Cantharide.

Cantharis, Geoff. Deg. Schæff. *Meloe*, Lin. *Lytta*, Fab.

Antennes filiformes, plus longues que le corcelet : articles égaux, prefque cylindriques ; le premier affez gros & le fecond très-court.

Quatre antennules inégales, filiformes ; les antérieures compofées de quatre articles, dont le premier très-court ; les poftérieures compofées de trois.

Tarfes terminés par quatre crochets.
Elytres molles & flexibles.
Tête inclinée.

113. Mylabre.

Mylabris, Fab. *Meloe*, Lin.

Antennes moniliformes, groffiffant vers le bout, de la longueur du corcelet.

Quatre antennules filiformes ; les antérieures compofées de quatre articles, dont le premier très-court ; les poftérieures compofées de trois.

Tête inclinée.
Tarfes terminés par quatre crochets.

114. Cérocome.

Ceracoma, Geoff. Fab. *Meloe*, Lin.

Antennes moniliformes, en maffe : articles inégaux, irréguliers, applatis, dilatés, dans les mâles, arrondis dans les femelles ; le dernier gros, en maffe, comprimé par les côtés.

Quatre antennules égales, filiformes : les antérieures compofées de quatre articles, dont le premier très petit, & le dernier très-alongé, le fecond & le troifième très-renflés, prefque véficuleux dans les mâles ; les poftérieures compofées de trois articles égaux.

Tarfes terminés par quatre crochets.
Elytres molles & flexibles.

115. Œdemère.

Œdemera. Necydalis, Lin. Fab. *Cantharis*, Geoff.

Antennes filiformes, presque de la longueur du corps : articles égaux, cylindriques ; le premier à peine plus gros ; le second un peu plus court.

Quatre antennules inégales, filiformes ; les antérieures un peu plus longues, composées de quatre articles, dont le premier très court & très petit ; les postérieures composées de trois articles, dont le premier un peu plus petit.

Tarses terminés par deux crochets ; article pénultième, large, bifide, garni de houppes.

116. Notoxe.

Notoxus, Geoff. Fab. *Meloe*, Lin. *Cucule*, Geoff *Cantharide*, Geoff.

Antennes filiformes ; articles presque coniques, les derniers arrondis, moniliformes.

Quatre antennules moniliformes : les antérieures composées de trois articles arrondis, le dernier à peine plus gros & presque ovale : les postérieures composées de trois, dont le premier très petit.

Pénultième article des tarses, large, bifide, garni de houppes.

117. Apale.

Apalus, Fab.

Antennes filiformes plus longues que le corcelet ; articles égaux, presque coniques.

Quatre antennules égales, filiformes ; les antérieures composées de quatre articles presque égaux ; les postérieures composées de trois articles alongés, cylindriques.

Tarses terminés par quatre crochets.

Tête inclinée.

118. Pyrochre.

Pyrochroa, Geoff. Fab. *Lampyris*, Lin.

Antennes en scie ou pectinées : premier article gros & un peu alongé, le second petit & presque rond.

Quatre antennules inégales, filiformes ; les antérieures beaucoup plus longues, composées de quatre articles, dont le premier très court & très-petit, & le dernier ovale, alongé ; les postérieures composées de trois.

Pénultième article des tarses court, bifide & garni de houppes.

119. Cistèle.

Cistela, Fab. *Tenebrion*, Geoff. *Chrysomela*, Lin.

Antennes filiformes, un peu plus longues que le corcelet : articles presque coniques,

le second un peu plus petit que les autres, & arrondi.

Quatre antennules inégales, filiformes ; les antérieures un peu plus longues, composées de quatre articles, dont le premier très court & les autres presque égaux & coniques ; les postérieures composées de quatre articles très-courts, le dernier un peu plus long & conique.

Tarses filiformes.

120. Diapère.

Diaperis, Geoff. Schæff. *Chrysomela*, Lin. Fab. *Tenebrio*, Deg.

Antennes courtes, renflées : premier & second articles petits ; les autres courts, applatis, perfoliés.

Quatre antennules courtes, filiformes ; les antérieures composées de quatre articles, dont le premier très petit & le dernier ovale ; les postérieures très courtes, composées de trois, dont le premier à peine distinct.

Articles des tarses très courts, le dernier très long.

121. Opatre.

Opatrum, Fab. *Silpha*, Lin. *Tenebrio*, Geoff.

Antennes filiformes, un peu plus grosses par le bout, plus courtes que le corcelet : second article petit & arrondi.

Quatre antennules inégales, en masse ; les antérieures un peu plus longues, composées de quatre articles, dont le dernier gros, ovale, tronqué ; les postérieures composées de trois articles plus gros à leur extrémité.

Corcelet avec un rebord.

122. Ténébrion.

Tenebrio, Lin. Geoff. Fab.

Antennes moniliformes : articles presque égaux ; le troisième à peine plus long que les autres, les derniers globuleux, un peu renflés.

Quatre antennules inégales, filiformes ; les antérieures un peu plus longues, composées de quatre articles, dont le premier un peu plus petit, & le dernier un peu plus gros & tronqué.

Corps alongé.

123. Sépidion.

Sepidium, Fab.

Antennes filiformes : troisième article long, les autres courts & cylindriques ; le dernier ovale, aigu.

Quatre antennules inégales, filiformes ; les antérieures

antérieures un peu plus longues, composées de quatre articles cylindriques, dont le second plus long & le dernier obtus ; les postérieures composées de trois articles égaux.

Corcelet souvent inégal.

124. Pimélie.

Pimelia , Fab. *Tenebrio* , Lin. Geoff.

Antennes filiformes à leur base , moniliformes à leur extrémité : premier & second articles très courts, le troisième très long, presque cylindrique, les derniers globuleux.

Quatre antennules inégales ; filiformes ; les antérieures beaucoup plus longues , composées de quatre articles presque coniques, un peu renflés ; le dernier obtus , presque tronqué.

Corps souvent renflé.

125. Scaure.

Scaurus , Fab.

Antennes moniliformes : premiers articles très-longs, presque coniques ; les autres courts, égaux , moniliformes.

Quatre antennules inégales , filiformes ; les antérieures un peu plus longues, composées de quatre articles cylindriques, dont le second un peu plus long; les postérieures composées de trois articles, très-courts & cylindriques.

126. Blaps.

Blaps , Fab. *Tenebrio* , Lin. Geoff.

Antennes filiformes , moniliformes à leur extrémité premier article court & un peu plus gros ; le second très petit, le troisième très-long, les derniers courts & arrondis.

Quatre antennules inégales , en masse ; les antérieures composées de quatre articles , dont le premier très-petit , & le dernier gros ; conique, un peu comprimé & tronqué ; les postérieures composées de trois articles presqu'égaux ; le dernier tronqué.

127. Hélops.

Helops , Fab. *Tenebrio* , Lin. Geoff.

Antennes filiformes , souvent presque moniliformes : second article un peu plus court ; le troisième à peine plus long que les autres.

Quatre antennules inégales ; les antérieures composées de quatre articles , dont le premier très-mince à sa base ; les autres coniques ; le dernier en masse , large , comprimé , presque triangulaire , en forme de hache; les postérieures composées de trois articles, dont le dernier plus gros & obtus.

128. Erodie.

Erodius , Fab.

Histoire Naturelle , *Insectes. Tome. I.*

Antennes courtes , moniliformes : articles presque égaux ; le troisième long & cylindrique.

Quatre antennules égales, filiformes; les antérieures à peine plus longues , composées de quatre articles presque égaux ; les postérieures composées de trois, dont le dernier un peu plus gros & globuleux.

129. Mordelle.

Mordella , Lin. Geoff. Fab.

Antennes filiformes , souvent un peu en scie , quelquefois pectinées , de la longueur du corcelet.

Quatre antennules inégales; les antérieures un peu plus longues, composées de quatre articles , dont le dernier un peu plus gros & alongé ; les postérieures filiformes , composées de trois articles égaux.

Corcelet convexe.

Abdomen terminé en pointe dans les femelles.

SECTION III.

Quatre articles à tous les tarses.

130. Spondyle.

Spondylis , Fab. *Attelabus* , Lin. *Cerambix* , Degeer.

Antennes presque moniliformes , à peine de la longueur du corcelet , posées devant les yeux : premier article un peu plus long ; le second un peu plus petit ; les autres égaux entr'eux.

Quatre antennules presqu'égales , filiformes; les antérieures composées de quatre articles , presqu'égaux ; les postérieures de trois ; dont le le dernier un peu plus gros.

Pénultième article des tarses, large , bifide , garni de houppes.

Corcelet arrondi.

131. Prione.

Prionus , Geoff. Fab. *Cerambix* , Lin. Deg.

Antennes longues , sétacées , quelquefois en scie : premier article renflé ; le second très-court & arrondi , posées devant les yeux.

Quatre antennules presque égales , filiformes ; les antérieures composées de quatre articles , dont le second très long & le dernier renflé à sa pointe & comme tronqué; les postérieures composées de trois, dont le second très-long.

Pénultième article des tarses , large, bifide, garni de houppes.

Corcelet applati , tranchant fur les côtés, dentelé ou épineux.

132. Capricorne.

Cerambix , Lin. **Geoff. Fab.** *Lamia* **, Fab.**

Antennes fétacées , longues , pofées dans les yeux : premier article, gros & affez long; le fecond très-court & très-petit ; les fuivans un peu renflés à leur pointe; les derniers égaux, comprimés.

Quatre antennules prefque égales, filiformes ; les antérieures compofées de quatre articles, dont le premier très-court & très-petit ; les poftérieures compofées de trois, dont le premier court & petit.

Pénultième article des tarfes large, bifide , garni de houppes

Corcelet arrondi, tuberculé ou épineux fur les côtés.

Yeux en croiffant, entourant la bafe des antennes.

133. Saperde.

Saperda, **Fab.** *Cerambix*, Lin. *Leptura*, Geoff.

Antennes longues , fétacées, pofées dans les yeux : articles prefque cylindriques; le premier un peu plus gros, & le fecond très-court.

Quatre antennules égales , filiformes ; les antérieures compofées de quatre articles, dont le premier court & le fecond affez long ; les poftérieures compofées de trois articles, prefque égaux.

Pénultième article des tarfes, large , bifide, garni de houppes.

Corcelet cylindrique.

Yeux en croiffant , entourant la bafe des antennes.

134. Stencore.

Stenocorus, Geoff. **Fab.** *Cerambix*, Lin. *Rhagium* , **Fab.**

Antennes filiformes , pofées devant les yeux : premier article, un peu plus gros ; le fecond court & arrondi.

Quatre antennules inégales , prefque filiformes : le dernier article un peu plus gros, prefque ovale , à peine tronqué; les antérieures compofées de quatre articles; & les poftérieures de trois.

Pénultième article des tarfes bifide, garni de houppes.

Corcelet épineux ou tuberculé.

Yeux ovales.

135. Calope.

Calopus , *Fab. Cerambix* , Lin.

Antennes filiformes, fouvent en fcie , pofées dans une échancrure au-devant des yeux : articles comprimés ; le premier plus gros & en maffe.

Quatre antennules inégales ; les antérieures un peu plus longues , compofées de quatre articles , dont le fecond affez long & le dernier renflé , en maffe, tronqué à fa pointe ; les poftérieures compofées de trois articles , égaux , filiformes.

Pénultième article des tarfes, bifide. garni de houppes.

136. *Callidie.*

Callidium, **Fab.** *Cerambix* , Lin. *Leptura* , Lin. **Geoff.**

Antennes filiformes , à peu-près de la longueur du corps, pofées dans une échancrure au-devant des yeux.

Quatre antennules égales ; les antérieures compofées de quatre articles, dont le premier petit & le dernier prefque en maffe ; les poftérieures compofées de trois, dont le dernier affez gros.

Pénultième article des tarfes, bifide, & garni de houppes.

Corcelet globuleux, ou rond & légèrement applati.

137. Donacie.

Donacia, **Fab.** *Leptura,* Lin. *Stenocorus* Geoff.

Antennes filiformes , un peu plus courtes que le corps, pofées devant les yeux : premier article affez gros; le fecond à peine plus court que les autres.

Quatre antennules égales , filiformes ; les antérieures compofées de quatre articles égaux ; & les poftérieures de trois.

Pénultième article des tarfes, bifide, & garni de houppes.

Yeux ronds & faillans.

138. Lepture.

Leptura , **Fab.** Lin. *Stenocorus* , Geoff.

Antennes filiformes, à peine de la longueur du corps , pofées devant les yeux : fecond article très-petit.

Quatre antennules inégales, filiformes ; les antérieures compofées de quatre articles , prefque égaux ; & les poftérieures de trois.

Pénultième article des tarfes , bifide & garni de houppes.

Corcelet un peu plus étroit antérieurement.
139. Nécydale.

Necydalis, Lin. Deg. Schæff. Fab. *Leptura*, Fab. Geoff.

Antennes filiformes, un peu plus courtes que le corps, posées dans une échancrure au-devant des yeux : premier article renflé à son extrémité, le second très petit.

Quatre antennules presque égales, filiformes ; les antérieures composées de quatre articles, dont le premier petit & le dernier alongé ; les postérieures composées de trois articles, dont le dernier un peu plus long ; & à peine plus gros que les autres.

Pénultième article des tarses, bifide, garni de houppes.

Elytres souvent très-courtes ou retrécies à leur pointe.

140. Lupère.
Luperus, Geoff.

Antennes filiformes, de la longueur du corps : articles égaux, cylindriques, alongés.

Quatre antennules filiformes ; les antérieures composées de quatre articles, dont les trois premiers courts & presque égaux ; le dernier alongé & pointu ; les postérieures composées de trois, dont le dernier pointu.

Pénultième article des tarses, large, bifide, garni de houppes.

141. Clairon.
Clerus, Geoff. Fab. *Attelabus*, Lin. *Notoxus*, Fab.

Antennes presque moniliformes, plus grosses à leur extrémité : le premier article long, & en masse ; le second court, assez gros & globuleux.

Quatre antennules presque égales ; les antérieures à peine plus courtes, composées de quatre articles, dont le dernier un peu plus gros, comprimé & conique ; les postérieures composées de trois, dont le dernier, triangulaire, presque en forme de hache.

Pénultième article des tarses, bifide, garni de houppes.

Corcelet arrondi, un peu aminci à sa partie postérieure.

142. Bostriche.
Bostrichus, Geoff. Fab. *Dermestes*, Lin. *Apate*, Fab.

Antennes courtes, en masse : le premier article assez gros & un peu alongé ; le second

gros & globuleux ; les trois derniers très gros, en masse perfoliée.

Quatre antennules égales, filiformes ; les antérieures composées de quatre articles, presque cylindriques ; & les postérieures de trois, dont le dernier ovale, un peu plus gros.

Tarses simples.

Corcelet gros & globuleux.

143. Scolite.
Scolytus, Geoff. *Dermestes*, Lin. *Ips*, Deg. *Bostrichus*, Fab.

Antennes courtes, en masse : premier article assez gros ; le second globuleux ; les derniers gros, en masse solide.

Quatre antennules courtes, filiformes, presque égales ; les antérieures composées de quatre articles, dont le dernier terminé en pointe ; les postérieures composées de trois.

Pénultième article des tarses, large, bifide, garni de houppes.

Corcelet gros, presque cylindrique, un peu renflé.

Tête enfoncée dans le corcelet, arrondie & terminée en pointe.

144. Bruche.
Bruchus, Lin. Fab. Deg. *Mylabris*, Geoff.

Antennes filiformes, presque en scie : premier article assez gros ; les trois suivans simples, arrondis ; les sept derniers presque en scie.

Quatre antennules filiformes, inégales ; les antérieures plus longues, composées de cinq articles, presque égaux ; les postérieures de quatre, dont le dernier ovale.

Pénultième article des tarses, large, bifide ; garni de houppes.

Tête avancée & penchée.

145. Antribe.
Antribus, Geoff. Schæff. Deg.

Antennes courtes, en masse : premier article, gros & alongé ; les autres un peu renflés, les quatre derniers en masse perfoliée.

Quatre antennules inégales ; les antérieures un peu plus longues, composées de quatre articles, dont le dernier en masse, triangulaire ; les postérieures composées de trois articles.

Pénultième article des tarses, bifide, garni de houppes.

Corcelet large, un peu bordé.

146. Attelabe.
Attelabus, Lin. Fab. *Rhinomacer*, Geoff.

Antennes moniliformes, un peu plus courtes que le corcelet : premier & second articles, un peu plus gros ; les trois derniers en maſſe perfoliée.

Quatre antennules inégales , filiformes ; les antérieures un peu plus longues, compoſées de quatre articles égaux ; arrondis ; les poſtérieures compoſées de trois.

Bouche placée au bout d'une eſpèce de trompe dure & cornée.

Pénultième article des tarſes , large , bifide , garni de houppes,

147. Brachycère.

Brachycerus. Curculio, Lin. Fab.

Antennes très-courtes , groſſiſſant inſenſiblement : articles très-courts , le dernier plus gros & plus long , preſque en maſſe.

Quatre antennules très courtes , à peine apparentes ; les antérieures groſſes & très-courtes , compoſées de trois articles , dont le dernier un peu plus petit , terminé en pointe arrondie ; les poſtérieures compoſées de deux articles , dont le premier plus gros & le dernier terminé en pointe arrondie.

Bouche placée au bout d'une eſpèce de trompe dure & cornée.

Mandibules fortes, courtes & dentées.

Tarſes ſimples.

148. Charançon.

Curculio, Lin. Geoff. Fab.

Antennes briſées , preſque en maſſe : le premier article long & renflé à ſon extrémité ; les quatre derniers formant une maſſe ovale , preſque ſolide.

Quatre antennules courtes , filiformes , preſque égales ; les antérieures compoſées de quatre articles , dont le dernier terminé en pointe ; les poſtérieures compoſées de trois.

Bouche placée au bout d'une eſpèce de trompe dure & cornée.

Mandibules ſimples.

Pénultième article des tarſes , large , bifide , garni de houppes.

149. Brente.

Brentus , Fab.

Antennes moniliformes ; groſſiſſant inſenſiblement : premier article à peine plus long & plus gros que les autres.

Quatre antennules inégales , ſétacées ; les antérieures compoſées de trois articles , dont le premier long & cylindrique , & le dernier court & terminé en pointe ; les poſtérieures très courtes, à peine diſtinctes, compoſées de deux articles, dont le dernier terminé en pointe.

Bouche placée au bout d'une eſpèce de trompe , ſouvent très-longue , dure & cornée.

Mandibules ſimples.

Pénultième article des tarſes , bifide , garni de houppes.

150. Rhinomacer.

Rhinomacer, Fab.

Antennes filiformes , preſque ſétacées : premier & ſecond articles , à peine plus gros que les autres.

Quatre antennules preſque filiformes , inégales ; les antérieures un peu plus longues , compoſées de quatre articles, dont le dernier un peu plus gros, tronqué obliquement ; les poſtérieures compoſées de trois.

Bouche placée au bout d'une eſpèce de trompe dure & cornée.

Pénultième article des tarſes , bifide , garni de houppes.

151. Macrocéphale.

Macrocephalus. Curculio , Lin. Fab.

Antennes filiformes , en maſſe , preſque de la longueur du corps dans les mâles, beaucoup plus courtes dans les femelles ; premier article court & globuleux ; les trois derniers un peu plus gros , formant une maſſe alongée.

Quatre antennules égales , filiformes ; les antérieures compoſées de trois articles , dont le premier plus gros , & le dernier plus mince, terminé en pointe ; les poſtérieures compoſées de trois , preſque égaux & arrondis.

Bouche placée au bout d'une eſpèce de trompe dure & cornée.

Pénultième article des tarſes très court , à peine apparent , caché dans le ſecond, bifide & garni de houppes.

152. Zonite.

Zonitis , Fab.

Antennes longues , ſétacées : articles cylindriques , preſque égaux.

Quatre antennules inégales , filiformes ; les antérieures un peu plus longues , compoſées de quatre articles , dont le ſecond & le dernier obtus ; les poſtérieures compoſées de trois , dont le ſecond très long.

153. Zygie.

Zygia, Fab.

Antennes moniliformes , groſſiſſant inſenſiblement : articles preſque égaux ; le premier un peu plus gros ; les autres un peu ſaillans à leur extrémité.

Quatre antennules inégales , filiformes ; les

antérieures un peu plus longues, compofées de quatre articles, dont le dernier long & l'étacé; les poftérieures compofées de tro's, dont le premier très-court & les autres cylindriques.

154. Erotyle.

Erotylus, Fab. *Chryfomela*, Lin.

Antennes filiformes, à-peu-près de la longueur du corcelet : premier article renflé; le fecond court; les trois derniers plus gros & en maffe.

Quatre antennules inégales ; les antérieures un peu plus longues, compofées de quatre articles, dont le dernier plus gros, prefque en forme de hache, tronqué obliquement; les poftérieures compofées de trois, dont le dernier tronqué, prefque en maffe.

Mâchoires divifées en deux pièces.

Pénultième article des tarfes, bifide, garni de houppes.

155. Alurne.

Alurnus, Fab.

Antennes filiformes, plus longues que le corcelet : articles cylindriques, prefque égaux.

Quatre antennules inégales ; les antérieures un peu plus longues & filiformes, compofées de trois articles, prefque égaux; les poftérieures prefque filiformes, compofées de trois, dont le premier très-court.

Mâchoires divifées en deux pièces.

Pénultième article des tarfes, large, bifide, garni de houppes.

156. Chryfomèle.

Chryfomela, Lin. Geoff. Fab.

Antennes moniliformes, plus longues que le corcelet : articles prefque égaux ; le premier un peu plus gros.

Quatre antennules inégales ; les antérieures un peu plus longues ; compofées de quatre articles, dont le dernier plus gros & en maffe; les poftérieures compofées de trois, dont le premier très-petit, & le fecond conique.

Mâchoires divifées en deux pièces.

Pénultième article des tarfes, large, bifide, garni de houppes.

Corcelet large, un peu bordé.

157. Altife.

Altica, Geoff. Schæff. *Chryfomela*, Lin. Fab.

Antennes filiformes, prefque de la longueur du corps.

Quatre antennules filiformes, inégales; les antérieures un peu plus longues, compofées de quatre articles, dont le premier très-court; le troifième affez gros & arrondi; le quatrième terminé en pointe ; les poftérieures compofées de trois.

Mâchoires divifées en deux pièces.

Pénultième article des tarfes, large, bifide, garni de houppes.

Cuiffes poftérieures, renflées.

158. Galeruque.

Galeruca.

Antennes filiformes, prefque de la longueur du corps : premier article, gros & alongé.

Quatre antennules filiformes, inégales ; les antérieures compofées de quatre articles, prefque égaux, arrondis ; le dernier terminé en pointe ; les poftérieures très courtes, compofées de trois, dont le premier à peine diftinct, & les deux autres arrondis.

Mâchoires divifées en deux pièces.

Cuiffes fimples.

Corcelet inégal.

159. Criocère.

Crioceris, Geoff. Fab. *Chryfomela*, Lin.

Antennes prefque moniliformes, à peine de la longueur de la moitié du corps : le premier article un peu plus gros, & le fecond un peu plus petit.

Quatre antennules courtes, égales ; les antérieures compofées de quatre articles, dont le dernier un peu plus gros, terminé en pointe; les poftérieures compofées de trois articles, prefque égaux.

Pénultième article des tarfes, bifide, garni de houppes.

Corcelet arrondi, prefque cylindrique.

160. Hifpe.

Hifpa, Lin. Fab. *Crioceris*, Geoff.

Antennes filiformes, de la longueur du corcelet, très-rapprochées à leur bafe: articles égaux ; le premier feulement un peu plus gros.

Quatre antennules courtes, égales, filiformes; les antérieures compofées de quatre articles prefque égaux; & les poftérieures de trois.

Pénultième article des tarfes, bifide, garni de houppes.

Tête petite, avancée.

Corcelet arrondi.

161. Gribouri.

Cryptocephalus, Geoff. Fab. Schæff. *Chry-*

fomela , Lin. Deg. *Melolontha* , Geoff.

Antennes filiformes, quelquefois en scie : premier article assez gros ; les deux ou trois suivans plus petits & globuleux ; les derniers presque cylindriques ou en scie.

Quatre antennules filiformes , égales ; les antérieures composées de quatre articles, presque égaux ; le dernier terminé en pointe mousse ; les postérieures composées de trois articles égaux.

Mâchoire divisée en deux pièces.

Pénultième article des tarses , bifide , garni de houppes.

Tête à moitié enfoncée dans le corcelet.

Corcelet convexe , relevé en bosse.

162. Casside.

Cassida , Lin. Geoff. Fab.

Antennes courtes, presque filiformes, grossissant insensiblement vers la pointe, très-rapprochées à leur base.

Quatre antennules inégales, presque filiformes ; les antérieures composées de quatre articles , dont le dernier est ovale , alongé , terminé en pointe ; les postérieures composées de trois, dont le dernier un peu plus gros & ovale.

Pénultième article des tarses , bifide, garni de houppes.

Corcelet & élytres débordant considérablement le corps.

163. Anaspe.

Anaspis , Geoff.

Antennes presque moniliformes, grossissant insensiblement : premiers articles un peu plus petits & un peu plus alongés ; les autres égaux entr'eux & moniliformes.

Quatre antennules inégales ; les antérieures un peu plus longues, composées de quatre articles , dont le dernier plus gros, tronqué obliquement, presque en forme de hache ; les postérieures composées de trois.

Pénultième article des tarses des quatre pattes antérieures , court & garni de houppes ; tarses postérieurs presque sétacés : articles assez longs & très-distincts.

Corps alongé.

Tête penchée.

SECTION IV.

Trois articles à tous les tarses.

164. Coccinelle.

Coccinella , Lin. Geoff. Fab.

Antennes courtes, presque en masse : premier article un peu alongé ; les autres presque globuleux ; les trois derniers plus gros & en masse.

Quatre antennules inégales ; les antérieures un peu plus longues, composées de trois articles , dont le dernier plus gros , en forme de hache ; les postérieures composées de deux articles égaux.

Corps hémisphérique , plat en dessous.

Corcelet & élytres bordés.

165. Tritome.

Tritoma , Geoff. Fab.

Antennes très-courtes, en masse ; les trois derniers articles gros & perfoliés.

Quatre antennules inégales ; les antérieures un peu plus longues & composées de trois articles , dont le dernier dilaté , applati , aigu de chaque côté ; les postérieures composées de deux , dont le dernier presque en masse.

Corcelet & élytres très-peu bordés.

166. Forficule.

Forficula , Lin. Geoff. Fab. *Perce-oreille* , Geoff.

Antennes filiformes, presque sétacées ; premier article gros & alongé ; les autres égaux, cylindriques.

Quatre antennules inégales , filiformes ; les antérieures beaucoup plus longues , composées de cinq articles , dont les deux premiers assez courts ; les postérieures composées de trois, dont le premier très-court.

Elytres très courtes.

Abdomen terminé par des pinces longues , cornées , très-fortes.

ORDRE VII.

DIPTÈRES.

167. Oestre.

Oestrus , Lin. Geoff. Fab.

Antennes courtes, sétacées : premier article gros & globuleux.

Trompe très courte , rétractible , sétacée, cachée entre deux espèces de lèvres vésiculeuses.

Suçoir composé de trois soies membraneuses , flexibles, courtes, presque-égales, appliqués sur la trompe.

168. Taon.

Tabanus , Lin. Geoff. Fab.

Antennes courtes, rapprochées : sept articles, dont le troisième grand, dilaté, ayant une espèce de dent latérale ; les trois derniers courts, peu apparens, terminés en pointe.

Trompe courte, bilabiée, cannelée.

Suçoir divisé en sept pièces ; quatre supérieures, larges, applaties, contenant trois soies dans la cannelure de la trompe.

Deux antennules grandes, contournées & appuyées sur la trompe.

169. Némorèle.

Némotelus, Degeer. *Musca*, Lin. Geoff. *Bibio*, Fab.

Antennes courtes, rapprochées : trois articles grenus, moniliformes ; le dernier terminé en pointe aiguë, alongée.

Trompe courte, bilabiée, cannelée.

Suçoir divisé en quatre pièces ; une supérieure large, membraneuse, applatie, contenant trois soies courtes, dans la cannelure de la trompe.

Deux antennules filiformes, insérées à la base latérale du suçoir, & appuyées sur la trompe.

170. Stratiome.

Stratiomys, Geoff. Deg. Fab. *Musca*, Lin.

Antennes cylindriques, brisées, un peu plus longues que la tête : trois articles, le premier & le troisième très-longs ; le second très-court.

Trompe courte, cannelée, bilabiée.

Suçoir libre, formé d'une seule soie, reçue dans la cannelure de la trompe.

Deux antennules courtes, en masse, composées de trois articles dont le dernier gros & ovale, & insérées à la partie latérale de la trompe.

Ecusson souvent armé de piquants.

171. Syrphe.

Syrphus, Fab. *Musca*, Lin. Geoff.

Antennes courtes : deux articles, dont le premier ovale, comprimé, & le second formant une soie très-mince.

Trompe courte, rétractible, bilabiée, cannelée.

Suçoir divisé en quatre pièces ; la supérieure plus longue & plus large, contenant trois soies dans la cannelure de la trompe.

Deux antennules minces, articulées, de la longueur des soies, insérées à côté du suçoir & appliquées sur la trompe.

172. Mouche.

Musca, Lin. Geoff. Fab.

Antennes courtes : deux articles, dont le premier ovale, souvent alongé, comprimé ; & le second formant une soie très mince.

Trompe courte, rétractible, bilabiée, cannelée.

Suçoir libre, formé d'une seule soie, reçue dans la cannelure de la trompe.

Deux antennules filiformes, un peu plus grosses vers la pointe, insérées à la partie latérale un peu supérieure de la trompe.

173. Stomoxe.

Stomoxis, Geoff. Fab. *Conops*. Lin.

Antennes courtes, rapprochées, courbées : deux articles, le premier ovale, alongé, un peu comprimé ; & le second formant une soie très-mince & velue.

Trompe rétractible, alongée, filiforme, cylindrique, bifide, coudée à sa base.

Suçoir formé de deux soies, renfermées dans la trompe.

Deux antennules courtes, filiformes, insérées à la base supérieure de la trompe.

174. Rhingie.

Rhingia, Scop. Fab. *Conops*, Lin.

Antennes courtes, composées de trois pièces, dont la troisième plus grande, ovale, munie d'un poil latéral très fin.

Trompe rétractible, cannelée, bilabiée, cachée sous une espèce de bec avancé.

Suçoir composé de quatre soies, reçues dans la cannelure de la trompe.

Deux antennules minces, filiformes, insérées à la base des suçoirs, & appliquées sur la trompe.

175. Conops.

Conops, Lin. Fab. *Asilus*, Geoff.

Antennes plus longues que la tête, presque en masse, réunies à leur base : dernier article renflé, terminé en pointe.

Trompe rétractible, cannelée, bilabiée.

Suçoir composé de deux pièces ; la supérieure un peu plus large & applatie, contenant une soie dans la cannelure de la trompe.

Deux antennules courtes, filiformes, insérées à la base du suçoir, & appliquées sur la trompe.

176. Myope.

Myopa, Fab. *Conops*, Lin. *Asilus*, Geoff. *Sicus*, Scop.

Antennes courtes, courbées : trois articles, dont le second presque conique ; le dernier ovale, applati, muni d'un poil latéral, assez court.

Trompe rétractible, longue, filiforme, brifée & repliée au milieu.

Suçoir formé d'une feule foie, renfermée dans la trompe.

Deux antennules minces, très courtes, compofées de trois articles prefque égaux, inférées à la bafe latérale un peu fupérieure de la trompe.

Partie antérieure de la tête, prefque véfi-culeufe.

177. Rhagion.

Rhagion, Fab. *Nemotelus*, Degeer. *Afilus*, Geoff.

Antennes courtes : trois articles, grenus, moniliformes, terminés par un poil alongé.

Trompe très-courte, bilabiée, cannelée.

Suçoir compofé de trois foies, reçues dans la cannelure de la trompe.

Deux antennules avancées, de la longueur de la trompe, filiformes, affez groffes & velues.

178. Afile.

Afilus, Lin. Geoff. Fab. *Erax*, Scop.

Antennes de la longueur de la tête, rapprochées, prefque filiformes : le dernier article alongé, terminé en pointe.

Trompe filiforme, cannelée.

Suçoir compofé de quatre pièces ; la fupé-rieure très-courte & affez large, contenant trois foies dans la cannelure de la trompe.

Deux antennules courtes, très-velues, infé-rées à la bafe latérale de la trompe.

179. Empis.

Empis, Lin. Fab. *Afilus*, Geoff. Scop.

Antennes prefque de la longueur de la tête, rapprochées : premier & fecond articles, gre-nus, arrondis ; le troifième terminé en pointe très-alongée.

Trompe filiforme, longue, bifide, canne-lée.

Suçoir compofé de quatre pièces ; la fupé-rieure affez groffe, de la longueur de la trompe, contenant trois foies, reçues dans la cannelure de la trompe.

Deux antennules courtes, filiformes, un peu velues, infé-rées à la bafe latérale de la trompe.

180. Bombille.

Bombylius, Lin. Scop. Fab. *Afilus*, Geoff.

Antennes courtes, rapprochées, filiformes : trois articles, dont le premier long ; le fecond court ; le dernier alongé, terminé en pointe.

Trompe droite, alongée, fétacée, canne-lée, bifide.

Suçoir compofé de quatre pièces ; la fupé-rieure un peu plus large, contenant trois foies dans la cannelure de la trompe.

Deux antennules courtes, filiformes, infé-rées à la bafe de la trompe.

181. Coufin.

Culex, Lin. Geoff. Fab.

Antennes fétacées, velues, pectinées ou plumeufes, de la longueur du corcelet.

Trompe longue, fétacée, cannelée, bifide.

Suçoir compofé de cinq pièces égales, très-minces & très-déliées ; reçues dans la canne-lure de la trompe.

Deux antennules courtes, filiformes, velues, inférées à la bafe latérale de la trompe.

182. Tipule.

Tipula, Lin. Geoff. Fab.

Antennes fétacées, fimples ou velues, ou plumeufes, ou pectinées, beaucoup plus lon-gues que la tête.

Trompe courte, bilabiée, cannelée.

Suçoir libre, formé d'une feule foie, reçue dans la cannelure de la trompe.

Deux antennules filiformes, beaucoup plus longues que la trompe, compofées de plu-fieurs articles, dont les trois premiers plus gros & plus diftincts.

183. Bibion.

Bibio, Geoff. *Tipula*, Lin. Fab.

Antennes moniliformes, un peu plus courtes que la tête : articles courts, applatis, perfoliés.

Trompe courte, bilabiée, cannelée.

Suçoir libre, formé d'une feule foie, reçue dans la cannelure de la trompe.

Deux antennules filiformes, plus longues que la trompe, compofées de cinq articles diftincts.

Tête groffe & arrondie dans le mâle, petite & applatie dans la femelle.

184. Hippobofque.

Hippobofca, Lin. Geoff. Fab.

Antennes très-courtes, fétacées : deux arti-cles, dont le premier très-court, & le fecond plus long.

Trompe très-courte, divifée en deux.

Suçoir formé d'une feule foie, forte, pref-que cornée, contenue entre les deux pièces de la trompe.

Point d'antennules.

Corps un peu applati,

ORDRE

ORDRE VIII.

A P T È R E S.

SECTION I.

Six pattes.

Deux antennes.

185. Puce.
Pulex, Lin. Geoff. Fab.
Antennes courtes, filiformes, à peine plus groffes vers le bout : quatre articles prefque coniques.
Deux yeux.
Trompe alongée, aiguë, recourbée fous la poitrine, articulée, fans antennules.
Pattes poftérieures plus longues, propres à fauter.
Abdomen fimple.
186. Pou.
Pediculus, Lin. Geoff. Fab. Degeer.
Antennes filiformes, de la longueur du corcelet, articles prefque égaux, diftinɗts.
Deux yeux.
Trompe courte, droite, inarticulée, fans antennules.
Abdomen fimple, un peu aplati.
187. Ricin.
Ricinus, Degeer. *Pediculus*, Lin. Geoff. Fab.
Antennes filiformes, plus courts que le corcelet : articles prefque égaux, diftinɗts.
Deux yeux.
Bouche munie de mandibules & d'une trompe courte, droite, inarticulée, fans antennules.
Abdomen fimple, un peu aplati.
188. Forbicine.
Forbicina, Geoff. *Lepifina*, Lin. Fab.
Antennes fétacées, longues, compofées de beaucoup d'articles égaux, à peine diftinɗts.
Deux yeux.
Bouche munie de mâchoires & de quatre antennules inégales, filiformes ; les antérieures compofées de cinq articles ; & les poftérieures de trois.
Abdomen terminé par trois filets fétacés.
189. Podure.
Podura, Lin. Geoff. Fab.
Antennes filiformes, compofées de cinq

articles, dont le fecond très court, & le dernier fétacé.
Seize yeux à peine diftinɗts.
Bouche munie de mâchoires & de quatre antennules, prefque en maffe ; les antérieures compofées de cinq articles ; & les poftérieures de trois.
Queue fourchue, repliée fous le ventre, propre pour fauter.

SECTION II.

Huit pattes.

Point d'antennes.

190. Mitte.
Acarus, Lin. Geoff. Fab. *Tique*, Geoff.
Deux antennules droites, courtes, filiformes, compofées de trois articles diftinɗts, inférées à la partie laterale de la bouche.
Trompe courte, droite, dure, prefque cylindrique.
Deux yeux.
Abdomen confondu avec le corcelet.
191. Trombidion.
Trombidium, Fab. *Acarus*. Lin. Geoff.
Deux antennules filiformes, plus longues que la tête, courbées, compofées de quatre articles, dont le dernier terminé en pointe aiguë, inférées à la partie latérale de la trompe.
Bouche munie d'une trompe très-courte & de mâchoires latérales.
Deux yeux.
Abdomen confondu avec le corcelet.
192. Pycnogonon.
Pycnogonum, Fab. *Phalangium*, Lin.
Deux antennules courtes, filiformes, à peine de la longueur de la trompe, inférées la bafe latérale de la trompe.
Trompe avancée, alongée, droite, prefque conique, obtufe.
Deux yeux.
Abdomen confondu avec le corcelet.
193. Faucheur.
Phalangium, Lin. Geoff. Fab.
Deux antennules alongées, filiformes, courbées, compofées de quatre articles, dont le fecond & le quatrième plus longs que les autres, inférées à la bafe externe des mâchoires.
Bouche munie de mandibules & de mâchoires.

Mandibules avancées, dures, compo
fées de deux pièces, dont la feconde armée d'une dent mobile en forme de pinces.

Deux yeux.

*Abdomen confondu avec le corcelet, ou très peu
diftinct.*

194. Araignée.
Aranea, Lin. Geoff. Fab.

Deux antennules filiformes, alongées, compofées de cinq articles, dont le dernier en
maffe, contenant les parties de la génération, dans les mâles, inférées à la bafe
latérale des mâchoires.

Bouche munie de mandibules & de mâchoires.

Man´ibules épaiffes, fortes, dures, compofées de deux pièces, dont la dernière mince,
très-forte & très-aiguë.

Huit yeux.

*Abdomen féparé du corcelet par un étran-
glement.*

195. Scorpion.
Scorpio, Lin. Fab. Degeer.

Deux antennules longues, très-groffes, articulées, terminées en pinces, inférées à la bafe
latérale de la bouche.

Bouche munie de mandibules & de mâchoires.

Mandibules courtes, épaiffes, terminées en
pinces.

Six ou huit yeux.

*Abdomen joint au corcelet, & terminé par
une longue queue articulée & armée d'un aiguillon.*

*Deux lames dentelées, en forme de peigne,
au-deffous du corps.*

196. Pince.
Chelifer, Geoff. Degeer. *Phalangium*, Lin.
Scorpio, Fab.

Deux antennules très-longues, affez groffes,
articulées, terminées en pinces, inférées à la
bafe latérale de la bouche.

Bouche munie de mandibules & de mâchoires.

Mandibules courtes, prefque cylindriques,
fimples.

Deux yeux.

*Abdomen fimple, joint au corcelet;
Point de lames fous le corps.*

*Huit, dix, quatorze pattes, ou un nombre plus
confidérable.*

Deux ou quatre antennes.

197. Monocle.
Monoculus, Lin. Geoff. Fab. *Binoculus*,
Geoff.

Antennes fimples, fétacées ou branchues:
articles très nombreux, à peine diftincts.

Bouche munie de mandibules, de mâchoires & d'antennules.

Quatre antennules inégales; les antérieures
compoées de quatre articles, dont le premier petit & le dernier affez gros; les poftérieures de trois, dont le dernier creux, en forme
d'oreille.

Huit ou dix pattes.

*Corps terminé par une queue pointue, fimple
ou fourchue.*

198. Crabe.
Cancer, Lin. Geoff. Fab.

Quatre antennes très courtes, prefque égales; les deux antérieures fétacées; les deux
poftérieures filiformes.

Deux yeux pétiolés, mobiles.

Bouche munie de mandibules & de fix
antennules bifides.

Corps ovale, quarré, triangulaire, terminé
par une queue articulée, recourbée, foliacée,
appliquée fous le corps.

Dix pattes, dont les deux antérieures en
forme de pinces.

199. Pagure.
Pagurus, Fab. *Cancer*, Lin.

Quatre antennes; les deux antérieures longues, entières & fétacées; les deux poftérieures
courtes, filiformes; le dernier article bifide.

Deux yeux alongés, pétiolés, mobiles.

Bouche munie de mandibules & de fix antennules bifides.

Corps alongé; extrémité molle & cachée.

Dix pattes, dont les deux antérieures en
forme de pinces.

200. Scyllare.
Scyllarus, Fab. *Cancer*, Lin.

Deux antennes très courtes, filiformes, composées de quatre articles cylindriques, dont le dernier bifide.

Deux pièces larges, aplaties, biarticulées, en forme d'aviron, au-devant de la tête.

Deux yeux pétiolés, mobiles.

Bouche munie de mandibules & de six antennules bifides.

Corps alongé, terminé par une queue articulée, garnie de cinq feuillets.

Dix pattes, terminées par un onglet simple.

201. Hippe.

Hippa, Fab. *Cancer*, Lin.

Deux antennes de longueur médiocre, pédonculées, sétacées, couvertes de poils ou de cils très-serrés.

Deux yeux pédonculés, mobiles.

Bouche munie de mandibules & de six antennules bifides.

Corps alongé, terminé par une queue articulée, garni de cinq feuillets.

Dix pattes, dont les deux antérieures souvent en forme de pinces.

202. Ecrevisse.

Astacus, Fab. *Cancer*, Lin. Géoff.

Quatre antennes ; les deux supérieures très longues & sétacées ; les deux inférieures courtes, composées de quatre articles, dont le dernier double & sétacé.

Deux yeux arrondis, pédonculés, mobiles.

Bouche munie de mandibules & de six antennules bifides.

Corps alongé, terminé par une queue articulée, garnie de cinq feuillets.

Dix pattes, dont les deux antérieures souvent en forme de pinces.

203. Squille.

Squilla, Fab. Deg. *Cancer*, Lin.

Quatre antennes presqu'égales ; les antérieures filiformes, terminées par deux ou trois filets sétacés ; les postérieures simples & filiformes.

Deux yeux pédonculés, mobiles.

Bouche munie de mandibules & de six antennules bifides.

Corps alongé, terminé par une queue articulée, garnie de cinq feuillets.

Quatorze pattes, terminées par des onglets simples.

204. Crevette.

Gammarus, Fab. *Cancer*, Lin. Geoff.

Squilla, Deg.

Quatre antennes simples, pédonculées ; les antérieures courtes & subulées ; les postérieures plus longues & sétacées.

Deux yeux pédonculés, mobiles.

Bouche munie de mandibules & de six antennules bifides.

Corps alongé, souvent comprimé, terminé par une queue articulée, garnie de cinq feuillets,

Pattes, de dix à seize, terminées par des onglets simples.

205. Aselle.

Asellus, Geoff. *Squilla*, Degeer. *Oniscus*, Lin. Fab.

Quatre antennes sétacées : les deux antérieures plus rapprochées & plus longues que les postérieures : articles nombreux.

Bouche sans mandibules ou mâchoires apparentes.

Deux antennules courtes, filiformes : le dernier article court & étroit.

Corps composé de plusieurs anneaux, & terminé par une queue large, plus ou moins longue, munie de deux filets bifides.

Quatorze pattes, terminées par un onglet simple, fort & crochu,

206. Cloporte.

Oniscus, Lin. Geoff. Fab.

Deux antennes sétacées, brisées : cinq articles, dont le dernier sétacé, & composé d'un nombre plus ou moins grand d'articles très-peu distincts.

Bouche munie de mandibules, de mâchoires & de quatre antennules courtes, filiformes.

Corps composé de plusieurs anneaux, & terminé par deux appendices simples, sétacées, souvent très-courtes & à peine visibles.

Quatorze pattes terminées par un onglet simple.

207. Iule.

Iulus, Lin. Geoff. Fab.

Deux antennes courtes, filiformes, presque en masse : sept articles, dont le pénultième un peu plus gros que les autres ; & le dernier petit & arrondi à son extrémité.

Bouche munie de mandibules & de mâchoires très petites, & de deux antennules courtes, filiformes, insérées entre les mandibules & les mâchoires.

Corps composé de plusieurs anneaux, sans appendices,

Deux paires de pattes à chaque anneau; nombre de pattes indéterminé.

208. Scolopendre.

Scolopendra, Lin. Geoff. Fab.

Deux antennes sétacées: articles nombreux. Bouche munie de mandibules & de deux antennules affez longues.

Deux crochets longs, recourbés, très-aigus, inférés au-deffous de la bouche.

Corps compofé de plufieurs anneaux, fans appendices.

Une paire de pattes à chaque anneau, terminées par un onglet fimple.

A

ABDOMEN, mot latin qui signifie *ventre*, & que les entomologistes ont conservé en françois.

L'*abdomen* est la partie postérieure du corps d'un insecte, qui se trouve unie au corcelet par une espèce de filet plus ou moins long & étroit, ou qui est intimement joint avec lui : il est recouvert des aîles & des étuis dans les insectes qui en sont pourvus. Il est divisé en plusieurs segmens ou anneaux, sur les côtés desquels se trouve une petite ouverture souvent imperceptible, nommée *stigmate*, par où l'insecte respire. Il contient les intestins & les parties de la génération, excepté dans les crabes, les araignées mâles, &c. On divise l'*abdomen* en partie supérieure, qui prend le nom de *dos*, ou qui conserve plus particulièrement celui d'*abdomen* ; & en partie inférieure à qui on a donné le nom de *ventre*. Il offre souvent aux entomologistes de très-bons caractères spécifiques. On considère ses *anneaux* ou *segmens*, sa *forme*, sa *connexion*, sa *proportion*, sa *surface*, ses *bords* & son *extrémité*, où se trouve ordinairement l'*anus*.

Le nombre des anneaux varie. Il y en a six dans les scarabés & dans presque tous les coléoptères; six ou sept dans les ichneumons, les abeilles; huit ou neuf dans les libellules ; un nombre considérable dans les iules, les scolopendres ; il n'y en a point d'apparens dans les araignées & les mittes.

LA FORME de l'*abdomen* varie beaucoup.

Il est aplati, *depressum*, lorsque le diamètre transversal est plus grand que le vertical; les scolopendres.

Comprimé, *compressum*, lorsque le diamètre transversal est moindre que le vertical; les criquets, quelques ichneumons.

Cylindrique, *cylindricum*, lorsque le diamètre transversal est égal au vertical dans toute sa longueur ; quelques libellules.

Linéaire, *lineare*, lorsqu'il est mince & d'une épaisseur égale dans toute sa longueur; quelques ichneumons.

Ovale, *ovatum*, lorsqu'il prend la forme d'un œuf; c'est-à-dire, lorsque le diamètre transversal est moindre que le longitudinal, & qu'il se termine par deux pointes émoussées ; quelques araignées.

Orbiculé, *orbiculatum*, lorsque le diamètre transversal est égal au diamètre longitudinal; quelques araignées.

Sphérique, *sphæricum*, lorsqu'il est parfaitement rond ; quelques araignées.

Conique, *conicum*, lorsque le diamètre transversal est égal au vertical, & qu'il diminue d'épaisseur de la base à la pointe ; l'abeille conique.

Terminé en masse, *clavatum*, lorsque le bout est arrondi & qu'il est plus gros que le milieu & la base; l'évanie appendigastre.

En forme de faulx, *falcatum*, lorsqu'il est courbé & qu'il paroît comme tranchant ; quelques ichneumons.

Pétiolé, *petiolatum*, lorsqu'il est porté sur un filet aminci, comme une feuille est portée sur son pétiole ; plusieurs sphex.

Courbé en-dessous, *incurvum*, dans quelques ichneumons.

Recourbé en-dessus, *recurvum*.

SA CONNEXION. Il est sessile, *sessile*, lorsqu'il est attaché immédiatement au corcelet ; les tentrèdes.

Pétiolé, *petiolatum*, lorsqu'il est attaché au corcelet par un pédicule plus ou moins long & aminci ; les sphex.

Adossé, *adnatum*, lorsqu'il est joint, à sa partie inférieure, par un pédicule court; les araignées.

Surposé, *impositum*, lorsqu'il est joint par un filet qui part de sa partie supérieure ; l'évanie appendigastre.

SES PROPORTIONS. Il est long ou court, large ou étroit, en le comparant avec le corcelet.

SA SURFACE. Il est glabre, *glabrum*, lorsqu'il est lisse, sans poils, ni duvet.

Tomenteux, cotonneux, *tomentosum*, lorsqu'il est couvert d'un duvet serré.

Poileux, couvert de poils, *pilosum*, lorsqu'il y a des poils peu nombreux, très-apparens ; quelques mouches.

Velu, *villosum*, lorsque les poils sont longs & serrés ; les bombilles.

Hérissé, *hirtum*, lorsque les poils sont roides.

Epineux, *spinosum*, lorsqu'ils ressemblent à une épine ; quelques araignées.

Fasciculé, *fasciculatum*, lorsque les poils sont ramassés en houppes.

Cannelé, *canaliculatum*, lorsqu'il est creusé profondément.

En carène, *carinatum*, lorsqu'il est taillé de façon qu'il prend la forme du dessous d'un navire.

Pointillé, *punctatum*, lorsqu'il est parsemé de petits points enfoncés.

A deux cornes, *bicorne*, lorsqu'il y a deux appendices mobiles ou solides ; les pucerons.

Brachiatum : on a donné le nom d'appendices brachiales aux feuillets membraneux, larges, souvent divisés en plusieurs parties, tels qu'on les voit dans les écrevisses. (*Cancri brachiuri* LIN.)

Transparent, *pelluceus*, *pellucidum*, lorsque les anneaux sont comme de la corne transparente ; les vers luisans, la mouche transparente.

SES BORDS. Il est entier, *integrum*.

En forme de scie, *serratum*, lorsqu'il se termine, dans son contour, par de petits angles aigus, placés les uns à la suite des autres ; la naucore.

En lobes, *lobatum*, lorsqu'il est divisé en plusieurs parties ; quelques pous.

Plié, *plicatum*, lorsqu'il y a transversalement des plis bien marqués ; les pucerons.

Folié, *foliatum*, lorsqu'il déborde de chaque côté des aîles, & qu'il imite une feuille, *mantis gongylodes*.

Tentaculé, *tentaculatum*, lorsqu'il y a des parties qui sortent & rentrent dans le corps ; les cicindèles à cocardes, Geof. *Malachius*, Fab.

Marginé, *marginatum*, lorsque ses bords sont un peu relevés.

On considère encore dans l'*abdomen* l'anus & les parties qui l'avoisinent. *Voyez*. Anus.

Les crabes, écrevisses, &c. n'ont point d'*abdomen* apparent. L'estomac, les parties de la génération, & tous les autres viscères, se trouvent placés dans le corps même de ces animaux, dans la partie qui répond à la poitrine des autres insectes, & qui est d'une seule pièce ; celle qui vient après a reçu improprement le nom d'*abdomen*, puisque ce n'est qu'une espèce de queue articulée, plus étroite que le corps de l'animal, privée des parties de la génération, de l'estomac, des intestins & des stigmates : la seule partie qui s'y trouve, c'est l'anus, auquel un intestin aboutit en ligne droite pour y porter les excrémens.

ABEILLE, *Apis*. Genre d'insectes de la classe des hyménoptères.

L'*Abeille* est un insecte plus ou moins velu, muni de quatre aîles inégales, membraneuses, veinées, de deux antennes articulées, de deux mandibules, d'une trompe plus ou moins longue, coudée, & d'un aiguillon très-pointu, rétractile, caché dans la partie postérieure du ventre. Ce genre est très-nombreux, & les espèces sont souvent peu distinctes. D'après la forme de leur trompe, M. Fabricius en a séparé un grand nombre, dont il a établi deux autres genres, sous les noms d'*andrene*, *andrena*, & de *nomade*, *nomada*. A l'imitation de M. Scopoli, nous en avons établi un troisième, sous le nom d'*encere*, *encera*, qui diffère des véritables abeilles, non-seulement par le nombre des pièces de la bouche, mais encore par la forme des antennes, qui sont longues, filiformes, égales, entières ; tandis qu'elles sont courtes, brisées & inégales dans l'*abeille*. La principale différence qu'il y a de l'*abeille* à l'*andrenne*, c'est que la trompe de la première est divisée en cinq pièces, & celle de la seconde en trois. On distingue, au premier coup-d'œil, une guêpe d'une *abeille*, parce que la première a le corps lisse, tandis que celui de l'abeille est plus ou moins velu ; mais la forme de la bouche les éloigne encore plus l'une de l'autre ; la guêpe n'a presque point de trompe, du moins est-elle si courte, qu'on ne peut l'appercevoir qu'avec beaucoup de peine. Les *abeilles* ont encore un caractère

qui leur est propre ; il consiste dans le premier article des tarses, qui est aplati, très-large, aussi grand que les quatre autres pris ensemble, & garni intérieurement de poils courts, roides, très-serrés, destinés à transporter & retenir la cire, dont elles se servent pour la construction de leurs nids. Quelques espèces cependant portent la cire sous leur ventre ; mais le premier article des tarses n'en est pas moins plus gros & plus garni de poils que dans les guêpes & les autres genres qui en approchent le plus.

Les antennes des *abeilles* sont filiformes, à-peu-près de la longueur de la moitié du corcelet : le premier article est long & cylindrique ; le second est court & presque arrondi ; le troisième est conique ; les autres sont courts, égaux entr'eux & cylindriques. Elles sont ordinairement coudées à la jonction du premier article avec le second, & elles forment un angle droit, ou plus ou moins obtus.

La tête est velue, courte, un peu aplatie, & moins large que le corps : elle est munie, à sa partie latérale, de deux yeux, assez grands, ovales, oblongs, peu saillans, & de trois petits yeux lisses, arrondis, disposés en triangle, & placés sur le vertex. Elle tient au corcelet par un filet très-mince & très-court.

La bouche est composée d'une lèvre supérieure, de deux mandibules, d'une trompe coudée, plus ou moins longue, suivant les espèces, & de quatre antennes, courtes & filiformes. La lèvre supérieure est une pièce mobile, large, plate, assez dure, presque cornée, arrondie ou légèrement échancrée, ciliée & placée à la partie antérieure de la tête, au-dessus des mandibules. Celles-ci sont grandes, fortes, très-dures, convexes extérieurement, concaves intérieurement, & terminées par un rebord tranchant, quelquefois légèrement dentelé : elles sont mues latéralement par des muscles assez forts. La trompe est coudée, repliée sur elle-même, & cachée, lorsque l'insecte n'en fait pas usage, dans un enfoncement qui se trouve depuis les mandibules jusqu'au filet qui unit la tête au corcelet. Elle est composée de cinq pièces, savoir ; deux latérales, grandes, dures, cornées, concaves à leur partie interne, qui enveloppent ou servent de gaine aux trois autres, dans toute leur étendue. Ces pièces sont coudées vers leur milieu, & elles se terminent en pointe. Les trois pièces du milieu paroissent réunies depuis leur base jusqu'à leur courbure ; là, elles se divisent en trois pièces, dont deux extérieures, larges, aplaties, un peu concaves, presque membraneuses, servent d'enveloppe à la pièce du milieu, qui est filiforme, cylindrique, ou légèrement aplatie, garnie de poils très-fins, & terminée en pointe obtuse. Si on examine au microscope l'extrémité de cette pièce, on croit y appercevoir un petit trou, qu'on a regardé comme l'ouverture par le moyen de laquelle l'*abeille* suce le suc mielleux des fleurs. Les antennules sont courtes & filiformes ; les deux antérieures, composées de six articles presque égaux & coniques, ont leur insertion à la courbure des deux grandes pièces extérieures ; & les postérieures , composées de cinq articles , sont insérées à l'extrémité des pièces moyennes. Nous observerons que le nombre de ces articles n'est pas constant : nous n'en avons trouvé ordinairement que deux, tant aux antérieures qu'aux postérieures, à toutes les *abeilles* de la première famille.

Indépendamment de l'ouverture presque insensible que l'on croit appercevoir au bout de la trompe, les *abeilles* en ont une autre beaucoup plus grande, qui est leur véritable bouche. Elle est située à la base supérieure de la trompe , entre celle-ci & les mandibules. Elle est difficile à appercevoir, parce qu'elle est recouverte par une espèce de languette charnue, presque membraneuse, large à sa base & terminée en pointe , qui la cache entièrement ; mais si on tire la trompe en avant, autant qu'il est possible de la tirer sans rien déchirer, on appercevra la bouche dont nous parlons, que l'on aura ramenée hors de son opercule. On peut aussi facilement la soulever par le moyen d'une pointe fine.

Reaumur tâche d'expliquer comment l'*abeille* fait passer les sucs des plantes dans sa bouche. « Il n'est pas aisé, dit-il , de bien connoître la manière dont la trompe opère pour faire passer dans l'intérieur de la bouche la liqueur qu'elle enlève à une fleur. Ce qui semble plus vraisemblable, ce qu'on a pensé jusqu'ici généralement, ce qu'a cru Swammerdam, & ce que j'ai cru pendant long-tems avec lui, c'est que la trompe est une espèce de corps de pompe, que son bout est percé d'un trou, par lequel la liqueur peut être aspirée ; enfin, qu'il y a dans le corps de la trompe des pistons, ou des parties équivalentes propres à faire l'aspiration. On ne s'est pas même avisé de douter que ce ne fût pas là le vrai jeu de la trompe ; & je n'en eusse pas douté aussi, si je n'eusse pensé à avoir recours à un expédient très-simple, pour voir cette partie en action plus à l'aise & plus distinctement qu'on ne la peut voir lorsqu'elle tire d'une fleur le peu de liqueur mielée qu'elle y trouve. Tantôt j'ai simplement induit, d'une légère couche de miel, quelques endroits des parois d'un tube de verre, de quatre à cinq lignes de diamètre, & tantôt j'y ai mis par-ci par-là quelques gouttes de miel. Des *abeilles* ont été ensuite introduites & renfermées dans le tube. En pareil cas, elles laissent presque sur-le-champ qu'elles sont prisonnières. On ne tarde pas à voir, d'aussi près qu'il est possible, quelqu'une qui se met à sucer le miel ; c'est en observant de celles-ci, que j'ai commencé à douter que la trompe des *abeilles* dût être regardée comme une pompe ; car l'*abeille* ne semble pas devoir s'y prendre autrement pour tirer le miel de dessus une fleur que de dessus un tube ; & dans cette dernière circonstance, il ne m'a jamais paru que le miel fut pris par succion. La mouche ne m'a jamais paru chercher précisément à poser le bout de la trompe dans la petite couche de liqueur, comme cela devroit être, si la liqueur devoit être aspirée & introduite par le trou qu'on y suppose.

Dès que l'*abeille* se trouve auprès de l'endroit enduit de miel, elle alonge sa trompe , c'est-à-dire , qu'elle en porte le bout à une ligne ou plus par-delà les bouts des étuis, qui ne cessent pas de la couvrir dans le reste de son étendue. Si le miel ne fait qu'enduire la surface du verre , la portion de la partie antérieure de la trompe, qui est à découvert, se contourne & se courbe au point nécessaire, pour que sa surface supérieure s'applique contre le verre ; là , cette partie fait précisément tout ce que feroit au animal occupé à lécher quelque liqueur. Elle frotte le verre à diverses reprises, & se donne , avec une vitesse merveilleuse, cent & cent inflexions différentes.

Si la couche de liqueur qui a été offerte à l'*abeille* est épaisse, si elle rencontre une goutte de miel, alors elle fait entrer la partie antérieure de sa trompe dans la liqueur ; mais il semble encore que ce soit pour l'y faire agir, comme un chien qui lape du lait ou du bouillon, fait agir sa langue. Dans la goutte de miel même , l'*abeille* plie le bout de sa trompe, elle l'alonge & la raccourcit alternativement ; enfin, elle l'en retire d'instant en instant ; alors on lui voit, non-seulement alonger & raccourcir ce bout alternativement, on voit qu'elle lui fait faire des sinuosités, & sur-tout qu'elle rend de tems en tems sa surface supérieure concave, comme pour donner une pente vers la tête, à la liqueur dont elle s'est chargée. En un mot , la trompe paroît agir comme une langue , & non comme une pompe. Le bout de la trompe, l'endroit où l'on veut que soit l'ouverture, est souvent au-dessus de la surface de la liqueur, dans laquelle l'*abeille* puise ». (REAUM. Mém. tom. 5 , pag. 320).

Le corcelet est grand, convexe & couvert de poils fins &très-serrés : Il donne naissance , à sa partie inférieure, aux six pattes de l'insecte.

L'abdomen est séparé du corcelet par un étranglement : il est composé de six anneaux distincts , & terminé , dans les femelles & les mulets , par un aiguillon très-pointu, caché dans le ventre, que l'*abeille* fait sortir à volonté, par le moyen de quelques muscles, qui y sont attachés. La structure de cet aiguillon est très-remarquable ; il est accompagné de deux pièces oblongues, presque membraneuses, arrondies par le bout, creusées en gouttière à leur partie interne, qui l'enveloppent entièrement lorsqu'il est dans le corps de l'insecte. Si on presse fortement le ventre d'une *abeille* , on fait sortir l'aiguillon, & on voit ces deux pièces, qui lui servoient de gaine, se séparer & s'écarter un peu l'une de l'autre. Si on le tient quelque tems dans cet état, on voit se former à son extrémité une petite gouttelette d'une liqueur claire, transparente, caustique, brûlante, qui est le venin que l'insecte introduit dans les plaies qu'il fait. Un peu au-dessous de ces deux pièces, il y en a trois autres de chaque côté, plates, à-peu-près ovales, cartilagineuses, réunies ensemble par une membrane flexible, & auxquelles plusieurs muscles ont leur attache. La base de l'aiguillon est solide, épaisse & assez grosse, & le corps en est mince, dur, très-délié, & terminé en une pointe fine. Cependant cet aiguillon, tel qu'il se montre alors à nos yeux, n'est point simple, mais composé de trois pièces. Si on examine au microscope ce corps si délié, qu'on avoit d'abord pris pour un aiguillon, on verra que ce n'est que la gaine ou le tuyau de deux autres aiguillons ou dards, incomparablement plus fins, & parfaitement semblables entr'eux. On pourra remarquer que la circonférence de la gaine est arrondie & unie à sa partie supérieure & latérale, mais qu'en dessous, elle a une espèce de cannelure, qui va en ligne droite de sa base à sa pointe, & que cette pointe, qui paroissoit si fine, est obtuse & percée, pour donner passage aux deux aiguillons contenus dans la cannelure. On parvient même facilement à les détacher, par le moyen d'une pointe très-fine, qu'on peut introduire à l'endroit où ces filets déliés ne sont pas encore reçus dans la cannelure, c'est-à-dire, à leur base. Ces dards ont, vers leur extrémité, d'un côté seulement, des dentelures fines, dont la pointe est dirigée vers la base de l'aiguillon. Ce sont sans doute ces dentelures qui font que l'*abeille* laisse son aiguillon lorsqu'elle veut le retirer avec trop de précipitation. La forme de ces dentelures n'empêche pas l'aiguillon de pénétrer dans les corps où l'*abeille* veut l'introduire, mais elle doit l'empêcher de sortir avec la même facilité.

Les *abeilles* ne piquent jamais sans verser en même-tems, dans la plaie, une espèce de poison, qui coule tout le long de la cannelure de la gaine, & qui accompagne les deux dards. Ce poison est fourni par une vessie placée dans l'abdomen, à peu de distance de la base de l'aiguillon, formée d'une membrane mince, assez solide, transparente, oblongue, & terminée par deux vaisseaux, dont l'un va aboutir à la base de l'aiguillon, & l'autre se dirige dans l'intérieur du corps. Celui-ci est divisé en deux, suivant les observations de Swammerdam. Lorsqu'une *abeille* a enfoncé son aiguillon dans notre chair ou dans quelque corps un peu solide, & que, pressée de s'enfuir, elle veut le retirer avec trop de précipitation, elle l'y laisse ordinairement, & avec lui les plaques cartilagineuses qui se trouvent à sa base, les muscles qui y ont leur attache, & souvent encore la vésicule du venin. La blessure qu'elle se fait à elle-même, par la perte de ces parties, lui fait perdre aussi bientôt la vie : mais cet aiguillon, introduit dans notre chair, paroît agir & s'enfoncer plus profondément, quoique détaché du corps de l'*abeille*. Cette action n'est pas due à la forme des dards, comme quelques naturalistes l'ont cru, mais aux muscles, qui continuent leur jeu, & qui se contractent encore plus d'une minute après qu'ils sont séparés du corps de l'insecte.

Les pattes, au nombre de six, sont composées de la hanche, de la cuisse, de la jambe & du tarse. La hanche est la pièce qui unit la patte au corps de l'insecte ; elle est beaucoup plus courte que la cuisse,

& elle en a à-peu-près l'épaisseur. La cuisse est assez longue, peu renflée, presque cylindrique, quelquefois anguleuse. La jambe, qui vient après, est un peu plus courte que la cuisse : celle des pattes postérieures est assez longue, comprimée, un peu dilatée & presque triangulaire. Le tarse est divisé en cinq articles ; le premier est large, un peu comprimé, aussi long que les quatre qui suivent pris ensemble ; les trois qui viennent après sont petits & de figure conique. Le dernier est un peu alongé & terminé par deux crochets recourbés, entre lesquels on voit une espèce de houppe. Les pattes postérieures sont beaucoup plus longues que celles de la seconde paire, & celles-ci le sont un peu plus que les deux antérieures ; elles sont plus ou moins velues, suivant les espèces ; les postérieures le sont quelquefois considérablement. La première pièce des tarses de la plupart des espèces, est garnie intérieurement de plusieurs rangées de poils courts & très-serrés, par le moyen desquels la cire destinée à la construction des nids, est fixée & transportée.

Les aîles sont au nombre de quatre ; elles sont membraneuses & placées horisontalement deux à deux, les unes à côté des autres, tout le long du dos : elles ont leur insertion à la partie postérieure & latérale du corcelet ; les supérieures sont plus grandes & plus longues que les inférieures. On distingue, sur chaque, plusieurs nervures saillantes, qui sont les vaisseaux destinés à porter les sucs qui leur sont nécessaires. On sait que les *abeilles* font entendre en volant un bruit assez fort, auquel on a donné le nom de *bourdonnement :* ce bruit est occasionné par un trémoussement, une forte vibration de la partie interne des aîles supérieures. *Voyez* AÎLE.

Tout le corps des *abeilles* est plus ou moins couvert de poils longs, fins & serrés ; ce qui suffit pour distinguer, au premier coup-d'œil, ce genre de celui des guêpes. Mais toutes les *abeilles* ne sont pas également velues ; celles de la première famille le sont beaucoup plus que les autres. La tête, le corcelet, la poitrine & les pattes postérieures, en ont ordinairement une plus grande quantité. Chaque poil vu au microscope, ressemble à une petite plante qui n'a qu'une seule tige, de chaque côté de laquelle partent des feuilles oblongues, étroites & opposées, qui font avec la tige un angle un peu aigu. Les poils qui se trouvent à la partie interne des cuisses postérieures de la plupart des espèces sont simples, beaucoup plus gros & plus serrés que les autres. Les poils, dont le corps de ces insectes est couvert, paroissent destinés principalement à détacher les poussières des étamines. On voit souvent des *abeilles* se rouler dans les fleurs & en sortir toutes couvertes de cette poussière, qu'elles emploient à la construction de leurs nids.

On compte parmi la plupart des *abeilles* connues, des mâles, des femelles, & des individus qui ne jouissent d'aucun sexe, qui par conséquent, ne

peuvent

peuvent se reproduire , & qui sont spécialement destinés au travail, c'est-à-dire, à la construction des nids , à l'approvisionnement de tout ce qui est nécessaire , & enfin à élever les petits, comme on peut l'observer dans les *abeilles* à miel, & toutes celles qui vivent en grandes sociétés. Mais quelques *abeilles* solitaires paroissent n'avoir point de mulets, car on ne rencontre que des mâles & des femelles ; celles-ci sont chargées seules du soin du ménage. Chaque femelle fait son nid aux approches de la belle saison ; elle construit des alvéoles, dont la figure varie dans les différentes espèces ; elle pond un œuf dans chaque alvéole , y met la provision nécessaire à la nourriture de la larve qui doit en sortir , après quoi elle la ferme soigneusement. Quelques-unes enfin construisent des alvéoles isolés , qu'elles remplissent également de provision , & qu'elles ferment, après y avoir déposé un œuf. Réaumur a donné le nom de *pâtée* à cette provision : c'est une espèce de miel , un peu moins liquide que le miel ordinaire, que la mère recueille sur les fleurs , & qu'elle prépare dans son estomac, ainsi que le font les *abeilles* à miel.

Avant de passer à la description des différentes espèces d'*abeilles* , nous croyons devoir dire un mot de celles qu'il nous importe le plus de connoître.

Personne n'ignore que, parmi les *abeilles* à miel, il y a des mâles, des femelles & des mulets. On a donné le nom d'*ouvrières*, *operarii*, *spadones*, aux dernières, celles sur qui roule tout le soin du ménage, & qui sont privées de sexe : elles sont très-nombreuses dans chaque société. Les mâles sont désignés sous les noms de *bourdon*, *faux-bourdon*, *fuci* : ils sont beaucoup moins nombreux que les ouvrières. Enfin on a donné le nom de *reine* à la femelle ; celle-ci est ordinairement seule, & c'est d'elle que dépend l'existence, l'entretien & la multiplication de la société. Il est aisé de distinguer ces trois différentes *abeilles*. On reconnoît les mâles à la forme du corps , plus velu & plus gros que celui des ouvrières ; leur tête est plus grosse & plus arrondie ; leurs yeux sont plus grands ; leur trompe est plus courte ; ils n'ont point d'aiguillon ; les pattes postérieures n'ont pas les rangées de poils que l'on voit à celles des ouvrières ; enfin , ils sont pourvus des parties de la génération. Si on presse fortement leur ventre on fait sortir un corps charnu , assez gros, composé d'une espèce de crochet , placé au milieu, & de deux appendices latérales, terminées en pointe. Les ouvrières, privées de sexe, n'ont point les parties sexuelles que l'on apperçoit aux mâles ; ni celles que l'on trouve dans le corps des femelles : elles sont plus petites , moins velues ; leurs yeux sont moins gros ; leur trompe est plus longue ; leurs pattes sont garnies de plusieurs rangées de poils courts, serrés & assez roides ; enfin , elles ont un aiguillon presque droit. La femelle est remarquable par sa grandeur , qui est presque double de celle des mâles ; son corps est plus alongé ; sa trompe est plus courte que celle des ouvrières ;

les pattes postérieures n'ont pas les rangées de poils que l'on voit à celles-ci ; elle a un aiguillon très-fort, un peu courbé ; on remarque enfin , à sa partie postérieure une petite fente , qui désigne son sexe, & on trouve dans l'intérieur du corps, les ovaires presque toujours remplis d'une quantité d'œufs plus ou moins gros & plus ou moins nombreux, suivant la saison.

Le lieu où les *abeilles* habitent naturellement est un point de leur histoire , qui n'a point encore été éclairci par les naturalistes. Quelques-uns avancent qu'elles étoient toutes sauvages, fixées dans les vastes forêts de la Moscovie & du Nord, où elles trouvoient aisément à s'établir dans des creux d'arbres antiques ou de rochers escarpés. Mais nous avons beaucoup de répugnance à adopter cette opinion , à moins que par ces déserts de la Moscovie & du Nord, on ne veuille entendre les parties les plus chaudes de la Sibérie , & les frontières de la Perse, où d'habiles observateurs ont retrouvé le type de la plupart des animaux domestiques. Il est bien certain qu'en Italie , dans presque toute l'Asie , & même dans nos provinces méridionales , on trouve souvent des *abeilles* sauvages.

Sæpe etiam effossis (si vera est fama) latebris ,
Sub terrâ fodêre larem ; penitusque reperta
Pumicibusque cavis , exesæque arboris antro.
     VIRG. GEORG. Liv. IV.

Souvent même on les voit s'établir sous la terre,
Habiter de vieux troncs, se loger dans la pierre.
             DELILLE.

Mais il reste à décider si ce sont des essaims déserteurs devenus sauvages, ou la continuation de la race primordiale.

S'il faut en croire les voyageurs, nos *abeilles* à miel se retrouvent en Amérique. Don Ulloa (*Mém. Phil. disc. 7.*) rapporte que les essaims d'*abeilles* domestiques se sont beaucoup multipliés à l'isle de Cuba , dans le voisinage de la Havane, pendant un court espace de tems écoulé depuis 1764. Il n'y en avoit pas auparavant dans cette Isle, sinon de sauvages, & d'une espèce différente. Les familles qui jusqu'alors avoient demeuré à Saint-Augustin de Floride , s'étant rendues dans l'isle de Cuba, apportèrent avec elles quelques ruches, qu'elles placèrent à Guanavacoa & en d'autres lieux, par pure curiosité. Ces insectes se multiplièrent au point qu'il s'en répandit dans les montagnes. Leur fécondité étoit si grande , qu'une ruche donnoit un essaim, & quelquefois deux par mois , sans être soignée avec l'attention qu'on y apporte en Europe. Il n'est cependant pas encore sûr que ces *abeilles* soient de la même espèce que les nôtres. On sait qu'on a vainement tenté de transporter des essaims d'Europe en Amérique.

M. Geoffroy de Villeneuve , officier au bataillon d'Afrique , fils du célèbre auteur de l'histoire des insectes des environs de Paris , nous dit dans un extrait manufcrit d'un voyage qu'il vient de faire au Sénégal, « qu'en remontant du côté de Guifguis, l'on voit une multitude d'arbres garnis de paniers ou ruches en paille fort bien treffée, dont l'ouverture eft fort petite. Les nègres de ce pays n'y touchent que deux fois l'année pour en faire la récolte. La première fe fait vers le mois de mai, & c'eft la plus abondante : la feconde a lieu au commencement de décembre ; mais il faut peu compter fur celle-ci, foit à caufe des pluies, foit par la mauvaife méthode des nègres, qui emportent le tout après avoir enfumé la ruche. On fera peut-être furpris, qu'un pays ou l'on trouve des fleurs en auffi petite quantité pendant la plus grande partie de l'année, puiffe fournir à la nourriture de tant d'abeilles ; mais l'étonnement ceffera, lorfque l'on faura que ces infectes fe contentent de la gomme qui découle des arbres épineux, & qui en produifent tous en plus ou moins grande quantité ». Nous aurions defiré que M. Geoffroy eût obfervé, s'il eût été poffible, fi les abeilles fe trouvent fauvages dans ces contrées, ce que nous fommes très-portés à croire, & fi elles font d'une efpèce différente de celle d'Europe. Quelques voyageurs nous dit auffi qu'on trouve du miel à Madagafcar, d'une couleur verte, d'un goût très-agréable, beaucoup plus liquide que le miel ordinaire ; mais ils ignorent s'il eft fourni par la même efpèce d'abeille.

Nous avons décrit les diverfités de fexe que nous offrent les abeilles ; il nous refte une grande tâche à remplir ; il faut détailler l'induftrie merveilleufe de ces infectes dans l'édification de leurs cellules, la collection de la cire, le foin de tout ce qui a trait au bien général & à la confervation de leur république. Nous croyons ne pouvoir mieux faire qu'énoncer fimplement & fuccinctement les faits.

Les abeilles qui compofent une ruche font ordinairement très-nombreufes. On y compte une femelle, rarement deux, & prefque jamais trois ; des mâles depuis deux jufqu'à neuf cents & plus ; des abeilles fans fexe au nombre de quinze à feize mille ; mais celles-ci font quelquefois beaucoup plus nombreufes : un effaim peut être compofé de trente à quarante mille abeilles.

La feule occupation de la femelle eft de multiplier fon efpèce : elle ne fort prefque jamais de la ruche. On lui a donné le nom de reine, parce que tous les autres individus de la ruche font un peuple de fujets empreffés ou à lui faire la cour, ou à travailler à tout ce qu'exige le foin de fes enfans & l'édifice public. Les anciens ont donné le nom de roi à cette femelle. Ils ont débité à fon fujet beaucoup de contes, que nous nous garderons bien de répéter. L'Hiftoire des abeilles n'a pas befoin d'être embellie. On a douté pendant long-tems fi cette reine avoit un aiguillon ; Ariftote lui en a donné un, & Columelle a prétendu qu'Ariftote s'étoit trompé, qu'il avoit pris pour un aiguillon un gros poil qu'elle porte dans fon ventre. Cette queftion n'étoit pas

décidée du tems d'Aldrovande. Il étoit cependant bien facile de s'affurer de la vérité : on n'avoit qu'à preffer le ventre de la femelle, on auroit vu fortir de fon corps un aiguillon, qui ne diffère de celui des ouvrières, qu'en ce qu'il eft plus gros & un peu courbé, au-lieu que celui des autres eft prefque droit.

Les mâles ont reçu du peuple le nom de faux-bourdons. Comme la femelle, ils n'ont d'autre emploi que celui de propager l'efpèce. Ils fortent de la ruche vers les dix à onze heures du matin, y rentrent de bonne heure, & ne retournent jamais chargés de cire ou de miel. On ne les obferve pas toute l'année dans la ruche. Dès le mois de juin, ou au plus tard au commencement de juillet, la femelle ayant été fuffifamment fécondée, les abeilles fans fexe tuent à coups d'aiguillons tous les mâles, qui, dépourvus d'une pareille arme, ne peuvent fe défendre : elles arrachent même des cellules ceux qui font encore fous la forme de larve ; elles les déchirent avec leurs mâchoires, & n'épargnent pas davantage ceux qui font déjà en nymphes.

Les abeilles fans fexe font auffi appellées neutres, mulets & ouvrières. Quelques auteurs allemands ont effayé vainement d'élever des doutes fur le défaut d'organes fexuels de ces ouvrières. Etablies dans une ruche, dans un tronc d'arbre, ou dans un creux de rocher, leur première occupation eft de boucher tous les petits trous & toutes les fentes avec une matière gluante, tenace, molle d'abord, mais qui durcit bientôt. C'eft cette matière qu'on nomme propolis, mot grec qui fignifie fauxbourg. Effectivement, les cellules étant la ville, la propolis forme des retranchemens extérieurs, auxquels on a pu donner ce nom. On croyoit que les abeilles recueilloient la propolis fur les peupliers, les bouleaux, les fapins, les ifs, les faules. Reaumur ne les a jamais trouvé occupées à cette récolte, & il en a vu employer la propolis dans les pays ou il n'y avoit aucun de ces arbres. Nous fommes donc portés à croire que cette matière peut être fournie par différentes plantes, ou qu'elle eft le réfultat d'une fécrétion propre aux abeilles fans fexe. C'eft une fubftance réfineufe, diffoluble dans l'efprit de vin & l'huile de thérébentine, d'un brun rougeâtre en-dehors, & jaunâtre en-dedans, répandant une odeur aromatique quand elle eft échauffée ; mais elle eft fujette à varier par la confiftance, l'odeur & la couleur. On peut l'employer en médecine comme digeftive ; & Reaumur a fait des expériences qui apprennent qu'on en tireroit parti dans les arts, fi l'on négligeoit moins les matières fimples & communes.

Les ouvrages extérieurs, formés de propolis, étant finis ou prêts à l'être, les abeilles commencent à conftruire les rayons ou gâteaux de la ruche. Ce font des efpèces de plans de cire, fur lefquels, des deux côtés, font conftruites des cellules hexagones, pareillement de cire. Ces gâteaux font ordinairement pofés perpendiculairement, attachés au haut de la ruche, d'où ils paroiffent pendre, & foutenus d'ef-pace en efpace, par des traverfes auffi de cire. Pour épargner ce dernier travail aux *abeilles* domeftiques, on a foin de mettre dans l'intérieur de la ruche, plufieurs bâtons, pofés tranfverfalement, qui fou-tiennent les rayons & les empêchent de fe détacher. Ces gâteaux font placés les uns à côté des autres, de manière qu'il ne refte entre-deux qu'un paffage étroit, par où il ne peut paffer que deux *abeilles* à la fois.

La régularité & la forme hexagone des alvéoles ou cellules, ont toujours paru admirables. Ce n'eft pas qu'on ait voulu en diminuer le mérite, en di-fant que des cellules qui feroient travaillées pour être rondes, & qui en même-tems feroient appli-quées & preffées les unes auprès des autres, ne peuvent manquer de prendre, par leur compreffion mutuelle, une figure hexagone, fi d'ailleurs la ma-tière dont elles font compofées, eft affez molle pour céder à la preffion. Mais ce raifonnement n'attaque pas très-folidement l'induftrie de nos infectes. S'ils faifoient quelques gâteaux entièrement compofés de cellules rondes, la compreffion ne pourroit leur donner qu'une figure anguleufe, confufe & indé-terminée. D'ailleurs, on n'a peut-être pas encore affez examiné ce qui regarde la conftruction & la variété des cellules.

On fait cependant que la bafe de chaque cellule eft formée de trois pièces, qui font partie des bafes des trois cellules de l'autre côté du rayon, que l'épaiffeur de chacun des rayons eft d'un peu moins d'un pouce; qu'ainfi la profondeur de chaque cel-lule hexagone eft d'environ cinq lignes; que la lar-geur en eft conftamment de deux lignes deux cin-quièmes; qu'outre ces cellules, deftinées à recevoir les œufs & les larves des ouvrières, il s'en trouve quelques-unes de plus grandes confacrées aux mâles; qu'il en eft même un très-petit nombre-diftinguées par leur forme arrondie & oblongue, conftruites avec beaucoup de folidité, & qui ne font deftinées qu'aux femelles. Un feul de ces derniers alvéoles pèfe autant que cent ou cent cinquante autres; les dehors en font comme guillochés.

Les cellules ont deux ufages: elles fervent de lieu de dépôt pour le miel & la cire brute, & font les berceaux des œufs & des larves. La cire dont elles font formées eft blanche, lorfque le rayon eft récemment conftruit; elle jaunit par le tems & devient même fouvent d'un brun obfcur.

Les *abeilles* retirent la cire des étamines des fleurs. Quand les anthères font ouvertes & ont répandu leur pollen, les *abeilles* vont à la récolte de cette pouffière. Elles fe roulent dans les fleurs qui en contiennent beaucoup; le pollen s'attache à leur corps velu; elles s'en couvrent le plus qu'elles peuvent. Elles fe nettoient enfuite avec leurs pattes, raffemblent cette poudre, ordinairement jaune, mais quelquefois verte, blanche ou rougeâtre, fuivant les plantes qui la fourniffent; elles la pétriffent & en forment deux boules, fouvent de la groffeur

d'un grain de poivre, qu'elles portent attachées aux pattes de derrière. Ainfi chargées, les *abeilles* regagnent la ruche: là, elles dépofent ces boules dans les alvéoles vuides, ou les donnent à d'autres ouvrières, qui viennent les en débarraffer. Pour changer cette matière brute en véritable cire, les *abeilles* l'avalent: après l'avoir élaborée par quel-que digeftion particulière, elles la rendent par la trompe, fous une forme liquide. C'eft la cire, qui fe durcit bientôt; nos ouvriers fe fervent de fon état de fluidité pour l'employer aux travaux.

On fait que c'eft encore les fleurs qui fourniffent le miel aux *abeilles*. La plupart des fleurs ont des organes fecrétoires de diverfe forme, dans les diffé-rens genres de plantes, qui fourniffent une liqueur douce, fucrée, épaiffe, vifqueufe. Les *abeilles* la fucent & la reçoivent dans leur eftomac. Une partie fert à leur nourriture; elles rejettent par la trompe l'autre partie, qui, après avoir fubi quelque pré-paration dans le corps de l'infecte, fe trouve con-vertie en véritable miel. Si l'on tue une *abeille* qui vient de recueillir le nectar des fleurs, on trouve à la partie fupérieure de fon ventre une véficule transparente, jaune, pleine de liqueur. C'eft l'efto-mac de l'*abeille* déjà rempli du miel le plus doux.

Revenue à la ruche, l'*abeille* qui vient de récolter le miel, en donne aux ouvrières occupées aux tra-vaux, & qui n'ont pu aller chercher elles-mêmes des vivres. Elle emploie une autre partie de fon miel à donner à manger aux larves renfermées dans les cellules. Enfin, le furplus eft dépofé dans des alvéoles vuides pour les befoins à venir.

La plupart des cellules font deftinées à l'éducation des jeunes *abeilles*. La femelle commence à pondre dès les premières chaleurs du printems: elle va de cellule en cellule, enfonce dans chacune l'extrémité de fon ventre, & y dépofe un feul œuf. Dans un jour, elle en pond plufieurs-centaines. Ces œufs font oblongs, un peu recourbés, clairs, amincis au bout par lequel ils font attachés à la cellule. Quatre ou cinq jours après, il fort de l'œuf une petite larve blanche, fans pattes, à treize anneaux, & à tête un peu plus dure & plus brune que le refte du corps, munie de chaque côté de dix ftig-mates, par lefquels elle refpire.

Les larves font ordinairement recourbées & ra-maffées en rond dans le fond des alvéoles. Les *abeilles* fans fexe ont pour elles des foins vraiment furpre-nans. Elles vont fréquemment leur porter à man-ger, laiffent, quand elles les quittent, une quan-tité fuffifante de miel dans la cellule, & ne négligent rien de tout ce qui eft néceffaire à leur conferva-tion.

Soignées & nourries avec tant de zèle, les larves groffiffent promptement. Pendant leur accroiffement, elles changent plufieurs fois de peau, jufqu'à ce que, parvenues à toute leur grandeur, elles fe préparent à fubir leur métamorphofe, & paffer à l'état de nymphe. La larve, qui jufques-là n'avoit fait aucun ouvrage , commence à travailler ; elle file par le moyen d'une filiere qui eſt placée à ſa lèvre inférieure ; elle tapiſſe tout l'intérieur de ſon alvéole de fils de ſoie fins , un peu plus forts dans la partie ſupérieure. En même tems, les ouvrieres ferment le dehors de la cellule avec un couvercle de cire. Tout-à-fait renfermée , la larve ſe vuide de ſes excrémens , quitte ſa peau, qui ſe fend lon- gitudinalement ſur le dos , & ſe change en une nymphe de la troiſième eſpèce. Cette nymphe eſt molle, blanchâtre ; en peu de jours elle prend de la force & de la conſiſtance ; ſon enveloppe tombe, & il en ſort une abeille parfaite, qui déchire, avec ſes mâchoires, le couvercle de cire de l'alvéole. Dans ce premier moment, elle paroît toute humide. Les autres abeilles la léchent avec leur trompe, elle- même s'eſſuie, prend bientôt ſon eſſor, & va, ſur- le-champ, vaquer aux fonctions auxquelles la nature l'a deſtinée.

La ponte d'une ſeule femelle eſt ſi conſidérable, qu'au bout de quelque tems , les habitans de la ruche, devenus trop nombreux, ſont obligés d'é- migrer. Il s'en ſépare une colonie, nommée eſſaim , & vulgairement jetton, qui va chercher ailleurs un nouveau domicile. Chaque eſſaim a une femelle, ſur qui roule tout l'eſpoir de la république. Dès qu'une ruche eſt privée de femelles, les abeilles périſſent de découragement & de déſeſpoir, à moins qu'on ne leur rende une nouvelle mère, ou qu'elles ne trouvent promptement à ſe réunir à une autre ruche.

L'eſprit patriotique & républicain des abeilles eſt ſi étonnant , les vues qui les animent paroiſſent ſi réfléchies, elles ſont en même-tems ſi peu ſujettes à varier, que nous pouvons aſſurer que la philo- ſophie retireroit de grandes lumières de l'approfon- diſſement de ce ſujet. Ces ouvrieres, privées de ſexe, qui chériſſent tant celles qui ſeules propagent l'eſ- pèce, tuent elles-mêmes les femelles quand leur nombre augmente & pourroit cauſer quelque préju- dice à la ruche , ſoit en multipliant trop les émi- grations , ſoit en cauſant divers déſordres par la jalouſie.

L'on conçoit aiſément la fécondation des abeilles. Dès les premières chaleurs, la femelle s'accouple avec les mâles, & elle pond des œufs féconds, ſoit de femelles, ſoit de mâles, ſoit de neutres. Une marche ſi conforme aux loix ordinaires de la na- ture ne ſembloit pas pouvoir être révoquée en doute ; mais deux ou trois faits ſont venus embarraſſer les phyſiologiſtes des abeilles.

Un membre de la ſociété économique de Luſace, a d'abord avancé que les ouvrieres pouvoient faire éclore une femelle d'une larve ſans ſexe ; que de trois cellules elles en formoient une ſeule pour cette larve ; que le ſeul moyen qu'elles employoient pour faire changer cette larve de deſtination, étoit de la cou- vrir abondamment de la gelée préparée pour nourrir les ſeules larves femelles. D'habiles phyſiciens ont ſoupçonné l'obſervation mal faite. Nous ne pouvons nous empêcher de dire que nous croyons que l'ob-

ſervateur a été trompé par quelque fauſſe appa- rence. S'il dépendoit des ouvrières de changer le ſort des larves, on ne verroit jamais toute une ruche périr de déſeſpoir. Il s'y trouve toujours des larves de neutres, que les autres ne manqueroient pas de changer en femelles, en leur donnant la gelée deſtinée à ces dernières.

Un membre de la ſociété de Lautern dans le Pa- latinat, prétendit, à-peu-près dans le même-tems , avoir vu les abeilles ouvrières, qu'on croyoit ſans ſexe, pondre des œufs. Ce fait iſolé, & qu'on ne ſavoit comment apprécier, méritoit bien d'exciter la curioſité des phyſiciens.

M. Debraw ſe livra avec zèle à l'obſervation des abeilles ; il fit une nouvelle découverte. Outre les abeilles mâles dont nous avons parlé pluſieurs fois, il y a, dans chaque ruche, d'autres mâles plus petits, & très-faciles à confondre avec les abeilles ſans ſexe communes. Le premier ou le ſecond jour après que la femelle a pondu ſes œufs, un grand nombre de ces mâles de petite taille introduiſent la partie poſtérieure de leur corps dans les cellules, s'y enfoncent, & bientôt après ſe retirent. Par cette manœuvre, ils dépoſent, dans l'angle de la baſe de chaque alvéole renfermant un œuf, une petite quantité d'une liqueur blanchâtre , moins liquide & moins douce que le miel. Cette liqueur, à laquelle on ne peut refuſer le nom de ſéminale, eſt bientôt abſorbée, & le quatrième jour la larve ſort de l'œuf. M. Debraw s'eſt bien aſſuré du ſexe de ces abeilles. Il en ſaiſit deux au moment même qu'elles dépoſoient leur ſperme, les reconnut pour des mâles à leur défaut d'aiguillon ; & les diſſéquant au microſcope, il y découvrit les quatre corps cy- lindriques, renfermant la liqueur blanchâtre & glu- tineuſe, déjà obſervée avant lui dans les mâles de taille plus grande, dont nous avons parlé ci-deſſus.

M. Debraw a fait encore une autre expérience, que nous ne pouvons paſſer ſous ſilence. Ayant plongé un eſſaim dans l'eau froide & engourdi les abeilles, il en exclut tous les mâles de grande taille , prit toutes celles qui reſtoient l'une après l'autre, & les preſſa entre ſes doigts pour re- connoître leur ſexe. Par ce moyen, il vit ſortir un aiguillon du corps de la plûpart, fut aſſuré que c'étoient des ouvrières ; mais il s'en trouva cin- quante-ſept, de la groſſeur des neutres, qui, privées d'aiguillon, rendoient un peu de la liqueur blan- châtre. Il ſépara tous ces mâles du reſte de l'eſſaim, qui ſortit peu à peu de ſon engourdiſſement, & s'acquit ainſi une ruche abſolument ſans mâles. La reine n'en pondit pas moins ſous un rideau formé par les autres abeilles ; mais les œufs ne donnèrent aucun ſigne de fécondation. Au bout de cinq jours, les abeilles n'ayant aucun eſpoir de voir la multi- plication de leur race, abandonnèrent leur habita- tion. Elles allèrent attaquer une ruche voiſine, pour s'emparer ſans doute des mâles. Elles furent mal- heureuſement repouſſées, & perdirent même leur reine dans le combat. Le couvain reſté de cet eſſaim fervit à de nouvelles expériences. Une partie fut mife fous une cloche de verre, avec un rayon de miel, une nouvelle reine, & des ouvrières, fans aucun mâle. L'autre partie fut placée fous une cloche femblable, avec du miel, une reine, des ouvrières, & quelques mâles : dans la première, les œufs ne changèrent point, & l'effaim les abandonna : dans la feconde, les mâles imprégnèrent les œufs, les *abeilles* n'abandonnèrent point la ruche, & vingt jours après, il fortit des œufs une nouvelle colonie, où fe trouvoient deux reines.

D'après ces expériences, on ne peut guères douter qu'il n'y ait une imprégnation des œufs par les mâles, fur-tout ceux de petite taille, à la manière des poiffons, fans accouplement ; mais cette manière empêcheroit-elle que les mâles, fur-tout ceux de grande taille, s'acouplaffent avec la femelle ? C'eft ce que nous ne croyons pas encore fuffifamment démontré.

M. Debraw penfe auffi, comme M. Schirach, que les œufs deftinés à devenir des ouvrières, peuvent être transformées en femelles, lorfque le bien de la république le demande. Mais un fait fi contraire à tous les autres nous paroît exiger des preuves encore plus fortes qn'on ne nous en a donné jufqu'ici.

Les anciens ont penfé que les œufs des *abeilles* étoient fécondés comme le font ceux de la plupart des poiffons. Ils croyoient qu'après avoir été pondus par la reine & placés dans les alvéoles, les mâles venoient les arrofer de leur fperme. Swammerdam a été plus loin ; il a imaginé que la reine étoit fécondée par des efprits vivifians, qui s'exhaloient du corps des mâles. Les raifons fur lefquelles il fonde fon fentiment, font que la partie qui conftitue le fexe des mâles, n'eft point percée à fon extrémité, & que fon volume eft trop confidérable pour pouvoir être introduite dans le corps de la femelle. Reaumur paroît être perfuadé que la fécondation de la reine s'opère, comme dans les autres animaux, par le concours du mâle & de la femelle ; c'eft-à-dire, qu'elle eft la fuite de leur accouplement ; & cependant les expériences qu'il a faites à l'effet de s'en affurer, prouvent qu'il n'y a point d'intromiffion, mais que la femelle eft fécondée par un fimple contact. Il rapporte fort au long les agaceries qu'une femelle faifoit à un mâle qu'il avoit renfermé avec elle. Au bout d'un quart-d'heure feulement, ce mâle commença à y répondre un peu, Les agaceries redoublèrent alors de la part de la femelle, & elle monta plufieurs fois fur le corps du mâle. Cependant celui-ci devint plus actif ; il s'anima de plus en plus ; il fit fortir, de la partie poftérieure fon corps, les parties de fon fexe ; mais il n'y eut point d'accouplement. Enfin, après bien des alternatives de careffes & de repos, le mâle tomba dans un état de langueur & mourut. On donna auffi-tôt un autre mâle à cette femelle, qui recommença les mêmes agaceries. On ne vit point d'accouplement ; le mâle, au bout de quelques heures,

avoit hors du corps les parties qui caractérifent fon fexe. Cet illuftre obfervateur ne s'en tint pas là ; il mit dans deux poudriers différens, deux femelles, dont l'une étoit celle dont nous venons de parler. Il leur donna un mâle à chacune. Il vit auffi-tôt les mêmes careffes, les mêmes agaceries de la part des unes, & la même froideur, la même tranquillité de la part des autres. Cependant ces deux mâles s'animèrent peu-à-peu, jufqu'à ce qu'enfin, après bien des careffes préliminaires, celles-ci finirent par monter fur le corps des mâles, & recourbant l'extrémité de leur ventre, elles cherchèrent à l'appliquer contre l'endroit du derrière du mâle, où fe trouvent les parties de fon fexe. Il y eut même des momens où le derrière de la femelle s'appliqua exactement contre cet endroit ; mais il n'y refta qu'un feul inftant, & les parties du mâle ne furent point introduites dans celles de la femelle. « La jonction » du mâle avec la femelle fe réduiroit-elle à cela ? » Cet inftant fuffiroit-il, pour que ce qui eft nécef- » faire de liqueur féminale, pour féconder une partie » des œufs, fût introduit dans le corps de la fe- » melle ? Et feroit-ce au moyen de pareilles jonc- » tions, répétées un grand nombre de fois, que » tous les œufs recevroient fucceffivement des em- » bryons en état de fe développer ? C'eft fur quoi » je n'oferois prononcer. Au moins cet accouple- » ment, quoique de courte durée, reffembleroit-il » à d'autres, dont nous avons des exemples dans la » nature ». (REAUM. *Mém. tom.* 5, *pag.* 506).

L'hiftoire des *abeilles* eft fi intéreffante & fi étendue, qu'elle feule a fourni des mémoires volumineux à Reaumur, & cependant elle n'a pas encore acquis toute fa perfection. Comme nous fommes forcés d'être courts, nous n'en dirons pas davantage, & nous nous contenterons de renvoyer à MM. Reaumur, Geoffroy, Valmont de Bomare, & à l'article ABEILLE, du Dictionnaire d'Agriculture, donné par M. l'abbé Teffier.

Linné & M. Geoffroy ont divifé les *abeilles* en deux familles ; en *abeilles* très-velues, nommées auffi *abeilles* bourdons, & en *abeilles* proprement dites, ou *abeilles* moins velues. Nous avons fuivi leur exemple. On diftingue les bourdons au premier coup-d'œil ; ils font plus gros que les autres *abeilles* ; leur corps eft couvert de poils plus longs & plus ferrés ; ils volent avec plus de bruit, avec un bourdonnement qui leur a fait donner le nom qu'ils portent.

Les bourdons vivent en fociété peu nombreufe. Ils font ordinairement au nombre de trente à cinquante, jamais au-deffus de cent. On y trouve, parmi eux, les trois fexes, dont nous avons parlé plus haut. La femelle eft la plus grande, le mâle l'eft un peu moins, & enfin les mulets font beaucoup plus petits que ceux-ci. Les mâles feuls n'ont point d'aiguillon.

La plupart des bourdons font leur nid dans la terre, dans des tas de pierre, fous de la mouffe, &c. Reaumur nous a donné l'hiftoire de ceux qui emploient la mousse pour la construction extérieure de leurs nids. Ils choisissent ordinairement une prairie ou quelque lieu où la mousse soit abondante ; ils la coupent avec leurs dents, en font des tas ; & par le moyen des pattes de derrière, ils la poussent à reculon jusqu'à l'endroit qu'ils ont choisi pour s'y établir. On prendroit d'abord l'extérieur du nid pour une motte de terre, couverte de mousse ; mais quand on l'examine de près, il paroît mieux façonné que ne le seroit une motte de terre. Il y en a de plus ou de moins élevés : quelques-uns ont la convexité d'une demi-sphère ; & quelques autres sont des segmens bien plus petits que la demi-sphère. Dès qu'on tente de les découvrir, on reconnoît, que ce qu'on prenoit pour une mousse touffue, est un assemblage d'une infinité de petits brins détachés & entassés les uns sur les autres.

Dans les commencemens, la partie supérieure du nid n'est qu'un simple toît de mousse ; mais par la suite, les bourdons mettent un enduit d'une espèce de cire brute, noirâtre, & en tapissent tout l'intérieur du nid, Cette couche n'a pas une demi-ligne d'épaisseur ; mais outre qu'elle n'est pas pénétrable à l'eau, elle tient liés tous les brins de mousse, & leur donne beaucoup de solidité. Une porte a été ménagée au bas du nid ; c'est-à-dire, qu'il y a un trou qui permet aux plus gros bourdons d'entrer & de sortir. Souvent on découvre un chemin de plus d'un pied de long, par lequel chaque bourdon peut arriver à la porte sans être vu ; ce chemin est voûté de mousse. Quelque fois pourtant les bourdons entrent par le dessus du nid ; mais ce n'est guères que lorsqu'il n'est pas encore en bon état.

On peut aisément voir l'intérieur du nid & l'ordre qui y règne. Si on enlève la partie supérieure, le premier objet qui se présente, est une espèce de gâteau irrégulier, mal façonné, composé d'un assemblage de corps oblongs, comme des œufs, ajustés les uns contre les autres. Ce gâteau est plus ou moins grand ; il est seul & posé sur un second ; celui-ci l'est quelquefois sur un troisième : leur nombre varie un peu, suivant que le nid est plus ou moins ancien. Les gâteaux des bourdons ne sont pas composés de parties si régulièrement arrangées que ceux des abeilles à miel. Ce sont des coques de soie ovales, un peu oblongues, qui renferment les nymphes, & qui ont été filées par la larve, au moment qu'elle a voulu se métamorphoser. Leur couleur est d'un jaune pâle ou blanchâtre : il y en a de trois grandeurs différentes ; ceux des femelles sont les plus grands ; ils ont environ quatre lignes & demie de long ; ceux des mâles ont près de quatre lignes ; les plus petits, destinés aux mulets, n'ont guères que trois lignes. Il est aisé de juger des inégalités qui doivent se trouver dans l'épaisseur de ces gâteaux faits de ces trois sortes de corps posés les uns contre les autres, & d'ailleurs posés irrégulièrement. On trouve, dans chaque nid, des coques percées par un bout, & d'autres entières ;

celles-ci renferment encore la nymphe : des autres est déjà sorti l'insecte parfait.

Outre les coques dont nous venons de parler, on remarque, à chaque gâteau, des corps réguliers, presque sphériques, posés entre les coques, qui remplissent, non-seulement les vuides que celles-ci laissent entr'elles, mais qui s'élèvent assez pour en cacher quelques-unes en grande partie. Les plus considérables de ces corps sphériques se trouvent sur les bords du gâteau ; il y en a quelquefois d'aussi gros que de petites noix ; leur couleur est d'un brun noirâtre, & leur consistance celle d'une pâte molle. C'est-là le plus grand & le plus important ouvrage des bourdons ; il est le dépôt de leur postérité. Si on enlève les couches supérieures de ces boules jusqu'assez près du centre, on trouve un vuide rempli par des œufs oblongs, d'un beau blanc un peu bleuâtre, d'une ligne & demie de long, & d'une demi-ligne de diamètre. Il y en a quelques-unes dans lesquelles on trouve près de trente de ces œufs ; on en voit douze ou quinze dans d'autres ; & trois à quatre seulement dans le plus petit nombre. Ces boules, que Reaumur a aussi nommées pâtée, ne sont pas seulement destinées à contenir l'œuf, elles servent encore à nourrir la larve, qui en provient. Quand on ouvre certaines masses de pâtée, ce ne sont plus des œufs qu'on trouve dans leur intérieur, on y trouve des larves semblables à celles des abeilles à miel, en plus ou moins grand nombre, selon qu'elles sont plus ou moins grosses. Peu de tems après qu'elles sont nées, les larves s'écartent les unes des autres, en mangeant la pâtée qui les entoure : les bourdons connoissant sans doute les endroits où les couches de cette matière sont devenues trop minces, où elles seroient exposées à être bientôt à découvert, ont soin d'y apporter de nouvelle pâtée, qui sert à les nourrir & à les mettre à l'abri des impressions de l'air.

La matière de cette pâtée est un mélange de cire & de miel, que les bourdons vont recueillir sur les fleurs. On les voit souvent quitter une fleur avec un gros paquet de cire attaché aux jambes postérieures ; &, en ouvrant leur corps, on leur trouve presque toujours l'estomac rempli de miel aussi doux que celui de l'abeille domestique. Ils mêlent ensemble le miel & la cire, & leur font peut-être subir dans leur estomac une préparation particulière, pour en former la pâtée propre à nourrir ces larves.

Mais indépendamment de la pâtée destinée à la nourriture des petits, on trouve, dans chaque nid des bourdons, trois à quatre espèces de petits pots ou alvéoles, ouverts par leur partie supérieure, pleins d'un miel très-bon, très-doux, & entièrement semblable à celui des abeilles à miel. Ces alvéoles ont une figure presque cylindrique ; leur grandeur est à-peu-près égale à celle des coques destinées aux larves des femelles. Leur position varie ; ils sont placés tantôt vers le milieu & tantôt sur les bords du gâteau. Ils sont faits d'une espèce de cire, d'une couleur semblable à celle de leur pâtée, mais de la confiftance de la matière qui tapiffe l'intérieur du nid. C'eft toujours par cette efpèce de pot à miel que les bourdons commencent leurs nids ; ils fongent à faire une petite provifion, avant même d'amaffer la pâtée & de faire leur ponte. Reaumur a cru que ce miel eft deftiné à humecter de tems en tems la pâtée qui fe deffèche trop. Mais pourquoi ne feroit-il pas une provifion deftinée à nourrir la fociété en cas de befoin ? Quoiqu'il y ait des fleurs pendant tout le printems & tout l'été, feul tems où les bourdons en ont befoin, il peut furvenir deux ou trois jours de pluie, qui les empêchent de fe nourrir fuffifamment ; ils ont alors dans leur nid une petite provifion pour ces mauvais tems.

Lorfque la larve eft parvenue à fon entier accroiffement & qu'elle veut fe changer en nymphe, elle file une coque de foie, à l'endroit où elle fe trouve. La coque achevée, les bourdons enlèvent toute la pâtée qui l'entoure & qui feroit inutile. Par ce moyen, la coque refte prefque entièrement à nud ; elle ne tient que par un bout au gâteau, & quelquefois aux autres coques par les côtés. Comme toutes les larves doivent être dans une pofition femblable pendant qu'elles fe métamorphofent en nymphe & pendant qu'elles vivent fous cette dernière forme, elles donnent toutes une même pofition à leurs coques, & telle, que leur grand axe eft à-peu-près perpendiculaire à l'horifon. Chaque coque, d'où l'infecte parfait eft forti, eft ouverte par fon bout inférieur ; il fuit de-là que chaque nymphe eft placée la tête en bas, comme le font, parmi les abeilles à miel, les feules nymphes qui doivent devenir des femelles.

Nous avons déjà dit que dans chaque fociété de bourdons, il y avoit des mâles, des femelles & des mulets. Le nombre de ceux-ci eft plus grand que celui des mâles, les femelles font en plus petit nombre : mais différentes des abeilles à miel, elles vivent enfemble en bonne intelligence. Les mâles & tous les individus de la fociété concourent également au travail ; tous vont à la récolte de la cire & du miel, tous fourniffent de la pâtée aux larves qui en ont befoin, tous travaillent à agrandir ou à réparer leur nid, aucun n'eft oifif : mais chaque année voit fe former & fe diffoudre chaque fociété. Dans les climats froids & tempérés, les bourdons abandonnent leurs nids vers la fin de l'été, & périffent prefque tous à la fin de l'automne. On ne voit jamais, au commencement du printems, que quelques femelles, qui ont paffé l'hiver enfermées feules dans quelque trou, ou enfoncées très-profondément dans la terre ; elles ont été fécondées par les mâles avant leur mort. Le bourdon femelle eft donc chargé feul, au commencement du printems, de conftruire un nouveau nid, de faire la provifion d'un pot de miel, de ramaffer de la pâtée, & d'y pondre fes œufs ; mais, bientôt aidée par les petits qu'elle aura obtenus, le nid eft agrandi, la provifion de miel augmentée ; la ponte

devenue plus confidérable, & la pâtée ramaffée en plus grande quantité.

Il n'y a point d'émigrations parmi les bourdons ; il ne fe forme pas chez eux des effaims, comme on le voit parmi quelques efpèces d'abeilles ; tous les individus de la fociété reftent enfemble pendant tout l'été ; mais cette fociété fe renouvelle chaque année, puifque tous les mâles & tous les mulets meurent avant l'hiver ; les femelles feules paffent cette faifon dans une efpèce d'engourdiffement, la plupart même périffent : celles qui échappent commencent chacune une nouvelle fociété. Il eft probable que ces femelles périffent elles-mêmes dans le courant de la feconde année, & qu'elles ne paffent jamais deux hivers. On voit, d'après cela, quelle eft la durée de la vie des bourdons.

Reaumur a obfervé deux efpèces différentes de mulets ; quelques-uns font auffi grands que les mâles, tandis que les autres font beaucoup plus petits : il croit ceux-ci plus adroits & les premiers plus forts. Les uns & les autres font pourvus d'un aiguillon. Il a encore obfervé l'accouplement d'un mâle nouvellement né avec une femelle, qu'il avoit placés enfemble dans une boëte. Il n'y avoit pas une heure qu'ils y étoient, lorfqu'il vit monter le mâle fur le dos de la femelle, & recourber fon ventre, de manière qu'il en appliqua l'extrémité contre l'extrémité de celui de la femelle. Il fe tint conftamment cramponé fur elle, toujours dans la même attitude, pendant près d'une demi-heure.

Les parties qui conftituent le fexe des bourdons mâles ont été bien décrites & bien figurées par Reaumur. Voy. Mém. tom 6, pag. 21, pl. 3, fig. 4, 5, 6. « Si on preffe, dit cet illuftre obfervateur, » le ventre des mâles, on fait fortir deux pièces » femblables, écailleufes, brunes, folides, & pro- » pres à faifir le derrière de la femelle ; leur bafe eft » maffive ; en s'éloignant elles diminuent de diamètre ; » elles jettent l'une & l'autre, vers les deux tiers de » leur longueur, une branche chargée de poils, & » elles fe terminent par un bout mouffe & courbe, » qui forme une gouttière ; celle d'une pièce eft » tournée vers celle d'une autre. Entre ces deux pièces » écailleufes, il y en a deux autres ; la tige de celles- » ci eft déliée, à-peu-près ronde, & porte une » lame, dont la figure a une forte de reffemblance » avec celle d'un fer de pique. Enfin, la preffion » continuée fait fortir une cinquième partie d'entre » les quatre précédentes. Cette dernière eft membra- » neufe, mais tenue couverte de poils roux ; fa figure » approche de la cylindrique ; elle eft pourtant » un peu courbe, & n'eft pas auffi groffe à fon » bout que près de fon origine ; elle paroît plus » ou moins gonflée, plus ou moins longue, & plus » ou moins groffe, felon que la preffion qui l'a » obligée de fe montrer a été plus ou moins forte, » & d'une plus longue ou plus courte durée.

» La dernière des parties que nous venons de » faire connoître, eft celle qui eft deftinée à fécon- » der les œufs de la femelle ; & on n'eft pas auffi

» embarrassé sur la manière dont elle peut opérer
» leur fécondation, qu'on l'est par rapport à la partie
» des mâles des *abeilles*, qui lui est anologue. J'ai
» appliqué le doigt contre son bout ; lorsque je l'en
» ai retiré, il a été suivi d'un filet d'une liqueur
» visqueuse, que j'ai rendu très-long quand je l'ai
» voulu. Cette liqueur gluante est probablement la
» liqueur séminale ».

Nous ne dirons rien des ennemis des *abeilles* :
cet article a été déjà traité au mot ABEILLE du
Dictionnaire d'Agriculture ; nous donnerons seulement la liste des insectes qui leur font du tort, afin
qu'on puisse consulter chacun de ces articles.

Le clairon à bandes rouges.

La teigne sociele.

La teigne mellonelle.

La teigne céréelle.

L'araignée calicine.

Différentes guêpes.

Différentes fourmis.

La mitte des *abeilles*.

Les genres qui appartiennent à la famille des
abeilles sont :

L'ABEILLE. *Apis.*

Le BEMBEX. *Bembex.*

L'ANDRENE. *Andrena.*

L'ENCERE. *Encera.*

La NOMADE. *Nomada.*

Voyez chacun de ces articles.

ABEILLE.

APIS. LIN. GEOF. FAB.

CARACTÈRES GÉNÉRIQUES.

ANTENNES COURTES, filiformes, coudées : premier article alongé, cylindrique.

Bouche munie de mandibules , d'une trompe , divisée en cinq pièces, & de quatre antennules filiformes , d'inégale longueur.

Abdomen joint au corcelet par un pédicule très-court.

Aiguillon simple , pointu, caché dans le ventre.

Cinq articles aux tarses : le premier très-long, très-gros, comprimé.

Corps velu.

Trois petits yeux lisses.

ESPÈCES.

FAMILLE PREMIERE.

Abeilles très-velues. Bourdons.

1. ABEILLE large-patte.

Noire , velue; tarses antérieures jaunes , larges , aplatis , ciliés.

2. ABEILLE perce-bois.

Toute noire , velue ; aîles d'un noir violet.

3. ABEILLE capucine.

Noire , velue ; corcelet & extrémité du ventre roux.

4. ABEILLE nègre.

Noire , velue ; front & côtés de l'abdomen cendrés.

5. ABEILLE Mérian.

Noire , velue , abdomen avec les anneaux jaunes , & l'extrémité fauve.

6. ABEILLE frontale.

Noire , velue ; abdomen avec quatre bandes lisses , brunes.

7. ABEILLE brésilienne.

Velue , d'un jaune fauve; base des cuisses obscure.

8. ABEILLE rustique.

Noire , velue ; pattes postérieures , couvertes de poils longs , serrés , d'un jaune cendré.

9. ABEILLE mi-partie.

Velue ; tête, corcelet & pattes antérieures

ABEILLES. (Insectes).

ferrugineux ; abdomen noir ; aîles d'un noir violet.

10. ABEILLE caroline.

Noire, velue ; abdomen jaune en deſſus.

11. ABEILLE caffre.

Noire, velue ; baſe de l'abdomen & extrémité du corcelet jaunes.

12. ABEILLE terreſtre.

Noire, velue ; corcelet & abdomen avec une bande jaune ; extrémité du ventre blanche.

13. ABEILLE caverneuſe.

Noire, velue ; abdomen avec une bande jaune, & l'extrémité blanche.

14. ABEILLE jardinière.

Noire, velue ; corcelet & abdomen jaunes à leur baſe ; extrémité du ventre blanche.

15. ABEILLE ſibérienne.

Jaune, velue ; abdomen avec une bande & l'extrémité fauves.

16. ABEILLE ſcabreuſe.

Noire, velue ; corcelet fauve, avec une bande noire ; abdomen jaune à ſa baſe, blanc à ſon extrémité.

17. ABEILLE tranſverſale.

Noire, velue ; corcelet jaune, avec une bande noire ; bande jaune au milieu de l'abdomen.

18. ABEILLE lapidaire.

Noire, velue ; extrémité du ventre fauve.

19. ABEILLE des arbriſſeaux.

Noire, velue ; front & partie antérieure du corcelet jaunes ; extrémité du ventre fauve.

20. ABEILLE couronnée.

Noire, velue ; corcelet & abdomen jaunes à leur baſe ; extrémité du ventre fauve.

21. ABEILLE ſurinampiſe.

Noire, velue ; abdomen jaune, noir à ſa baſe.

22. ABEILLE virginienne.

Velue, d'un jaune pâle ; abdomen noir, d'un jaune pâle à ſa baſe.

23. ABEILLE eſpagnole.

Velue, jaunâtre ; extrémité du ventre noir ; pattes intermédiaires, avec des faiſceaux de poils.

24. ABEILLE d'Antigoa.

Noire, velue ; corcelet & abdomen jaunes à leur partie antérieure.

25. ABEILLE américaine,

Noire, velue ; corcelet jaune en-devant ; abdomen jaune, avec l'extrémité noire.

26. ABEILLE corcelet-jaune.

Noire, velue ; corcelet jaune.

27. ABEILLE des tropiques.

Noire, velue ; extrémité du ventre couverte de poils jaunes,

28. ABEILLE noire.

Toute noire, velue ; pattes poſtérieures rougeâtres.

ABEILLES. (Insectes).

29. ABEILLE africaine.

Noire, velue ; corcelet jaune ; abdomen verdâtre, avec le premier anneau jaune.

30. ABEILLE olivâtre.

Velue, verdâtre ; abdomen en-dessous, & extrémité des quatre pattes postérieures, noirs.

31. ABEILLE des bois.

Noire, velue ; corcelet avec une bande interrompue, jaune ; extrémité du ventre pâle.

32. ABEILLE sauvage.

Velue, toute noire ; extrémité du ventre blanc.

33. ABEILLE souterraine.

Noire, velue ; extrémité du ventre brun.

34. ABEILLE tricolor.

Noire, velue ; abdomen & partie postérieure du corcelet pâles ; extrémité du ventre fauve.

35. ABEILLE forestière.

Pâle, velue ; corcelet & abdomen avec une bande noirâtre ; extrémité du ventre fauve.

36. ABEILLE des mousses.

Fauve, velue ; abdomen jaune.

37. ABEILLE corcelet fauve.

Fauve, velue ; abdomen avec une bande noirâtre, & son extrémité blanche.

38. ABEILLE silvestre.

Jaune, velue ; extrémité du ventre blanchâtre.

39. ABEILLE champêtre.

Noire, très velue ; corcelet & extrémité du ventre ferrugineux.

40. ABEILLE jaune.

Jaune, velue ; abdomen verdâtre.

41. ABEILLE palmée.

Velue, d'un noir bleuâtre ; abdomen glabre, d'un vert brillant.

42. ABEILLE grise.

Velue, toute couverte de poils gris.

43. ABEILLE des prés.

Velue, jaune ; corcelet avec une bande noire ; pattes noires.

44. ABEILLE collier-jaune.

Velue, noire ; abdomen glabre ; partie postérieure du corcelet couverte de poils jaunes.

45. ABEILLE citron.

Velue, d'un jaune citron en-dessus, noire en-dessous ; aîles noirâtres, cuivreuses, luisantes.

46. ABEILLE tête bleue.

Velue, bleuâtre ; abdomen fauve, cuivreux, noir à sa base.

47. ABEILLE bicorne.

Velue ; tête noire, armée de deux petites cornes solides ; abdomen fauve.

48. ABEILLE fauve.

Velue ; front cendré ; corcelet noir ; abdomen fauve.

ABEILLES. (Insectes).

49. ABEILLE corcelet-gris.

Velue, noire ; corcelet & base de l'abdomen d'un gris jaunâtre ; ailes brunes, luisantes.

FAMILLE II.

Abeilles moins velues.

50. ABEILLE à miel.

Brune ; tête & corcelet couverts d'un duvet gris fauve ; jambes postérieures larges, comprimées, avec des rangées de poils fauves.

51. ABEILLE maçonne.

Brune ; tête, corcelet & abdomen couverts d'un duvet fauve.

52. ABEILLE lagopode.

Grisâtre ; tarses antérieurs jaunes, comprimés, dilatés, ciliés.

53. ABEILLE patte-velue.

Grise ; lèvre supérieure jaune ; tarses intermédiaires, avec une houppe de poils.

54. ABEILLE mineuse.

Corps noirâtre, pubescent ; corcelet ferrugineux ; pattes velues.

55. ABEILLE patte-plumeuse.

Corcelet fauve ; abdomen noir, fauve à son extrémité ; jambes postérieures dilatées, comprimées, noires & velues.

56. ABEILLE demi-nue.

Corcelet noir, velu, jaune antérieurement ; abdomen lisse, noir, avec une bande interrompue, noire.

57. ABEILLE divisée.

Noire, extrémité du corcelet & base de l'abdomen couverts de poils jaunes ; ailes obscures.

58. ABEILLE patte fauve.

Noire ; extrémité du corcelet & base de l'abdomen couverts de poils ferrugineux ; ailes briquetées, obscures à leur pointe.

59. ABEILLE corcelet-fauve.

Très noire ; corcelet fauve ; ailes obscures à leur pointe.

60. ABEILLE front-jaune.

Corcelet velu, blanchâtre, avec une bande noire ; abdomen bleuâtre, cendré à son extrémité.

61. ABEILLE cendrée.

Noire, corcelet couvert de poils gris, avec une bande noire ; abdomen d'un noir bleuâtre.

62. ABEILLE atre.

Très-noire ; corcelet couvert d'un duvet cendré, obscur ; abdomen glabre.

63. ABEILLE rétuse.

Très-noire, peu velue ; abdomen lisse ; jambes postérieures, couvertes de poils jaunes.

64. ABEILLE cul-noir.

Corcelet velu, cendré ; abdomen bleuâtre, avec l'extrémité noire.

65. ABEILLE cul-fauve.

Corcelet velu, ferrugineux ; abdomen noir, avec des taches glauques de chaque côté, & l'extrémité ferrugineuse.

ABEILLES. (Insectes).

66. ABEILLE cinq-crochets.

Abdomen avec des bandes lisses, interrompues, jaunes, & cinq dentelures à son extrémité.

67. ABEILLE sept-crochets.

Abdomen avec des taches jaunes, lisses, de chaque côté, & sept dentelures à son extrémité.

68. ABEILLE Iris.

Corcelet velu, ferrugineux ; abdomen noir, avec trois bandes interrompues, blanches ; tarses postérieurs anguleux, dilatés.

69. ABEILLE tachetée.

Corcelet noirâtre, sans taches ; abdomen noir, avec six taches fauves de chaque côté.

70. ABEILLE maculée.

Noirâtre, corcelet avec des taches jaunes ; abdomen avec six taches jaunes de chaque côté ; anus entier.

71. ABEILLE interrompue.

Noirâtre, pubescente ; abdomen avec cinq lignes transversales, jaunes, dont deux interrompues ; anus bidenté.

72. ABEILLE bariolée.

Noirâtre ; abdomen avec quatre taches jaunes sur chaque anneau.

73. ABEILLE arrondie.

Noire, couverte de poils cendrés ; abdomen presque globuleux, avec le bord des anneaux blanc.

74. ABEILLE variée.

Corps varié de noirâtre & de ferrugineux ; abdomen avec le bord des anneaux noir.

75. ABEILLE ferrugineuse.

Tête & corcelet noirs, avec des taches ferrugineuses ; abdomen & pattes ferrugineuses.

76. ABEILLE triple-épine.

Noire ; abdomen avec deux points jaunes de chaque côté ; écusson terminé par trois épines.

77. ABEILLE de Tunis.

Noire, corcelet velu, fauve ; abdomen avec le bord des anneaux cilié, fauve.

78. ABEILLE grosse-cuisse.

Noire, pubescente ; front jaune ; cuisses postérieures renflées ; premier article des tarses, avec une forte épine.

79. ABEILLE fasciée.

Jaune en-dessus ; bande noire à la base des aîles.

80. ABEILLE laineuse.

Corcelet ferrugineux ; abdomen noir, avec des bandes blanches ; ventre couvert de poils blancs.

81. ABEILLE bicolor.

Noire ; abdomen velu, fauve en-dessus, noir en-dessous.

82. ABEILLE velue.

Noire ; corcelet & abdomen velus, cendrés ; ventre couvert de poils serrés, noirs.

83. ABEILLE pubère.

Corps sans tache, tout couvert d'un duvet cendré.

84. ABEILLE rouillée.

Noire ; abdomen tout ferrugineux.

ABEILLES. (Insectes).

85. ABEILLE coupeuse.

Noirâtre ; ventre couvert de poils fauves, très-serrés.

86. ABEILLE ponctuée.

Noire, couverte de poils cendrés ; abdomen noir, presque lisse ; avec un point cendré de chaque côté des anneaux.

87. ABEILLE Bombille.

Bleue, luisante ; abdomen bronzé.

88. ABEILLE Mouche.

Bleuâtre ; extrémité de l'abdomen blanchâtre.

89. ABEILLE hémorrhoïdale.

Noire ; abdomen bronzé, avec l'extrémité rousse.

90. ABEILLE à ceinture.

Corcelet velu, cendré ; abdomen obscur, avec le bord des anneaux fauve.

91. ABEILLE dentée.

D'un beau vert luisant ; aîles noires ; cuisses postérieures dentées.

92. ABEILLE cordiforme.

D'un beau vert luisant ; aîles vitrées ; abdomen en cœur ; jambes postérieures dilatées.

93. ABEILLE versicolor.

Corcelet velu, cendré ; abdomen bleu, avec l'extrémité roussâtre.

94. ABEILLE quadridentée.

Noirâtre ; abdomen avec cinq bandes blanchâtres, & l'extrémité quadridentée.

95. ABEILLE cotoneuse.

Corcelet cendré ; abdomen roux ; pattes postérieures très-velues.

96. ABEILLE leucophtalme.

Noirâtre ; abdomen lisse, ferrugineux, avec des taches noires de chaque côté.

97. ABEILLE tridentée.

Ecusson avec trois dentelures ; abdomen conique, aigu, avec le bord des anneaux blanc.

98. ABEILLE conique.

Noirâtre ; abdomen conique, aigu, avec le bord des anneaux blanc ; écusson simple.

99. ABEILLE ventre-jaune.

Noire, presque lisse ; front pubescent, blanchâtre ; abdomen avec le bord des anneaux blanchâtres, & le dessous du ventre jaune & velu.

100. ABEILLE glauque.

Antennes ferrugineuses, de la longueur du corps ; corps velu, glauque.

101. ABEILLE bande-fauve.

Noire ; abdomen avec deux bandes jaunes vers la base ; aîles vitrées.

102. ABEILLE Amalthée.

Noire, sans taches ; derniers articles des tarses d'un brun foncé.

103. ABEILLE florale.

Velue, cendrée ; abdomen glabre ; rougeâtre, avec l'extrémité noire.

104. ABEILLE Emeraude.

Verte ; abdomen lisse, luisant, avec quatre taches noires.

105. ABEILLE six-bandes.

Cendrée ; abdomen cylindrique, courbé, noir, avec six bandes blanches ; pattes jaunes.

PREMIERE FAMILLE.

Abeilles très-velues. Bourdons.

1. ABEILLE large-patte.
APIS latipes. FAB.

Apis hirsuta, atra, tarsis anticis explanatis, flavis, intus· ciliatis. FAB. *Syst. ent. pag.* 378. *n°.*
1. —*Sp.ins.* 1. 475. 1.

DRURY. *Illust. tom.* 2. *pag.* 87. *pl.* 48. *fig.* 2.

Cette efpèce reffemble à l'*abeille* perce-bois. Sa tète est noire ; le premier anneau des antennes est alongé & terminé en maffe ; le corcelet est d'un noir bleuâtre & luifant ; l'abdomen est obfcur & velu fur les côtés & fur le bord des anneaux ; les pattes de devant ont les cuiffes glabres & noires, les jambes noires avec deux points fauves, les tarfes jaunes, larges, dilatés, aplatis, & garnis, à leur partie interne, de cils, que M. Drury croit fervir à l'infecte, pour la construction de fes nids. Les quatre pattes de derrière font noires & velues. Les aîles font d'un noir violet & brillant.

Elle fe trouve dans la Chine.

2. ABEILLE perce-bois.
APIS violacea. LIN.

Apis hirfuta, atra, alis violaceis. GEOF. *Ins. Par.* 2. 416. 19.

REAUM. *Mém. des infectes, tom.* 6. *pl.* 5. & *pl.* 6.

Apis hirfuta atra, alis cærulefcen·ibus. LIN. *Syst. nat. pag.* 959. *n°.* 38. — *Muf. Lud. Ulr. pag.* 415.

Apis gigas nigra, nitida, oculis fufcis, alis violaceo-viridibus, æneo-nitentibus. DEG. *tom.* 3. *pag.* 576. *pl.* 28. *fig.* 15.

Abeille gigantefque noire, luifante, à yeux bruns, à aîles violettes, verdâtres & bronzées. DEG.

SCOP. *Ent. carn. n°.* 812.

SCHAEF. *Icon. tom.* 2. *pl.* 102. *f.* 7. 8.

FAB. *Syst. ent. pag.* 379. *n°.* 2. —*Sp. ins tom.* 1. *pag.* 475. *n°.* 2.

SCHRANK. *Enum. ins. auft. n°.* 795.

Bombylius lufitanicus è nigro cærulefcens. PET. *Gazoph. pl.* 12. *fig.* 5.

Elle est velue, & tout fon corps est d'un noir très-foncé. Ses aîles font d'un noir violet & luifant, très-brillant dans les jeunes.

Cette *abeille* est pourvue de deux fortes mâchoires, avec lefquelles elle perce le bois, pour y dépofer fes œufs ; c'est ce qui lui a fait donner, par Reaumur, le nom d'*abeille perce-bois.* Elle choisit ordinairement une pièce de bois fec ; & fans autre instrument que fes mâchoires, elle le perce longitudinalement ; elle y pratique un ou plufieurs tuyaux, de fept à huit lignes de diamètre, & d'un pied ou environ de longueur : elle y construit enfuite plufieurs cellules les unes à la fuite des autres, féparées par une cloifon de demi-ligne d'épaiffeur, formée des brins de bois qu'elle a détachés &

qu'elle colle fortement enfemble. Avant de fermer la cellule, elle la remplit d'une efpèce de miel, qu'elle ramaffe fur les fleurs, & y dépofe un œuf. Le miel doit fervir à la nourriture de la larve qui en fortira. Elle fait la même chofe pour chaque cellule, jufqu'à ce qu'elle ait fini fa ponte. Le miel qu'elle a mis avec l'œuf est fuffifant pour la nourriture de la larve, & elle est parvenue à tout fon accroiffement, lorfqu'elle est à la fin de fa provifion. Elle fe change alors en chryfalide, & bientôt elle en fort fous la forme d'*abeille.* Il est à remarquer que les cellules construites les premières font celles qui contiennent les premiers œufs pondus, ceux qui doivent éclore les premiers, & d'où fortiront fucceffivement les infectes parfaits. L'*abeille* mère a pourvu à tout : le tuyau qui renferme les cellules est percé par les deux bouts ; elle difpofe fans doute les cellules, ou place les œufs de façon, que les *abeilles* qui doivent en provenir, prennent une route différente de celle qu'elle prend elle-même ; car elles fortent les unes après les autres par l'ouverture oppofée à celle où elle a fini fa ponte. Chaque *abeille,* par ce moyen, n'a qu'à percer une feule cloifon ; les autres font déjà vuides.

On trouve cette efpèce dans toute l'Europe, en Afrique, aux Indes orientales, en Amérique même. Les individus des pays chauds font feulement un peu plus grands & ont la tête plus groffe & plus large que ceux d'Europe. Ceux des Indes d'ailleurs reffemblent parfaitement à ceux de l'Amérique.

3. ABEILLE capucine.
APIS flavo-rufa. DEG.

Apis hirfuta, nigra, abdomine glabro, thorace abdominifque apice flavo-rufis, alis violaceo-viridibus æneo-nitentibus. DEG. *Mém. tom.* 7. *pag.* 605. 1. *pl.* 45. *fig.* 1.

Abeille velue, noire, à ventre liffe, à corcelet & le bout du corps roux, à aîles violettes verdâtres & bronzées. DEG. *ib.*

Cette *abeille* est velue & de la grandeur de la précédente. Elle est entièrement noire, à l'exception du corcelet, qui est tout couvert de poils très-ferrés, d'un roux ardent, prefque capucine, & l'extrémité de l'abdomen qui est garnie d'une groffe touffe de longs poils de la même couleur ; le reste de l'abdomen, tant en deffus qu'en deffous, est glabre, noir & luifant. La tête & les pattes font couvertes de beaucoup de poils noirs. Les aîles font d'une couleur violette foncée & verdâtre, un peu bronzée. Elle fe trouve au Cap de Bonne-Efpérance.

4. ABEILLE nègre.
APIS nigrita. FAB.

Apis hirfuta, atra, fronte abdominifque lateribus cinereis. FAB. *Syst. ent. pag.* 379. *n°.* 3. —*Sp. ins. tom.* 1. *pag.* 475. *n°.* 3.

Cette *abeille* est grande, & reffemble un peu à l'*abeille* perce-bois. Elle est noire : le devant de la tête, la poitrine & les côtés de l'abdomen font couverts d'un duvet gris-cendré. Le corcelet & l'abdomen font noirs. Les aîles font noirâtres.

Elle fe trouve à Sierra-Léon en Afrique.

5. ABEILLE Merian.
Apis Meriana. NOB.
Apis hirfuta, nigra, abdomine fegmentorum marginibus pallidè flavis ; ano rufo. NOB.
Merian. Surin: pl. 48.

Cette *abeille* eft une des plus grandes que nous connoiffions. Ses antennes & fa tête font noires. Les yeux font bruns, & la trompe eft plus longue que la moitié du corps. Le corcelet eft noir & velu. L'abdomen eft noir, avec le bord des quatre premiers anneaux d'un jaune pâle, & l'anus fauve. Les pattes font noires, & les jambes poftérieures font très-groffes. Les aîles fupérieures font noires, depuis la bafe jufque vers leur milieu ; le refte eft tranfparent. Les aîles inférieures font obfcures ; leur pointe feulement eft tranfparente.

Cette *abeille* fe trouve à Cayenne & à Surinam : elle m'a été communiquée par M. Renaud, docteur en Médecine.

6. ABEILLE frontale.
Apis frontalis. NOB.
Nigra, villofa ; abdomine fafciis quatuor bruneis, glabris. NOB.

Elle eft un peu plus grande que l'*abeille* percebois : elle eft noire & velue. On voit à la partie fupérieure du front, deux petites éminences tranfverfales, l'une à côté de l'autre, fur lefquelles les petits yeux liffes font placés. L'abdomen a, fur chacun des quatre premiers anneaux, une bande d'un rouge brun, qui en occupe la bafe. Les pattes poftérieures font couvertes de poils très-ferrés. Les aîles font noirâtres.

Elle fe trouve à Cayenne.

7. ABEILLE bréfilienne.
Apis brafilianorum. LIN.
Apis hirfuta, helvola, femoribus bafi nigris. LIN. *Syft. nat. pag.* 961. *n°.* 49.
FAB. Syft. Ent. pag. 382. *n°.* 23. *— Sp. ins. tom.* 1. *pag.* 479. *n°.* 28.

Cette *abeille* eft une des plus grandes : elle eft entièrement couverte de poils d'un jaune fauve. Les antennes font fauves dans celles que nous avons vu, & les yeux bruns. Les pattes font fauves, couvertes de poils de la même couleur, avec le haut des cuiffes feulement, noirâtre.

Elle fe trouve à Cayenne, à Surinam.

8. ABEILLE ruftique.
Apis ruftica. NOB.
Apis hirfuta, nigra ; pedibus pofticis cinereo-hirtis ; alis nigro-violaceis. NOB.

Cette efpèce eft prefque de la grandeur de l'*abeille* perce-bois ; elle eft velue & toute noire, ex-

cepté les pattes poftérieures, qui font couvertes, à leur partie extérieure, de longs poils, d'un jaune pâle cendré, très-ferrés, & le deffous de l'abdomen qui eft d'un brun clair. Le premier article des tarfes eft plus grand que la jambe. Les aîles font d'un noir violet. Elle fe trouve à Surinam, fur les fleurs. Elle m'a été communiquée par M. Renaud, D. M.

9. ABEILLE mi-partie.
Apis dimidiata. NOB.
Apis capite thoraceque ferrugineis ; abdomine atro ; alis nigro-violaceis ; NOB.

Elle eft de la grandeur de l'*abeille* perce-bois. Les antennes & les mandibules font noires ; la lèvre fupérieure eft grande, ferrugineufe, ciliée & terminée en pointe. La tête, le corcelet, la poitrine, & les pattes de devant font couverts de poils de couleur de rouille, plus ou moins foncée. L'abdomen eft très-noir. Les pattes de derrière font noires & couvertes de poils noirs, longs & très-ferrés ; le premier article des tarfes eft auffi long que la jambe. Les aîles font d'un noir violet très-foncé.

Elle fe trouve à Cayenne.

10. ABEILLE caroline.
Apis carolina. LIN.
Apis hirfuta, atra ; abdomine fupra flavefcente. LIN. *Syft. nat. pag.* 959. *n°.* 40.
FAB. Syft. ent. 379. 4. *— Sp. ins. t.* 1. 475. 4.

Elle reffemble à l'*abeille* lapidaire : elle eft noire & velue. L'abdomen eft couvert en-deffus de poils jaunâtres.

Elle fe trouve dans la Caroline.

11. ABEILLE caffre.
Apis cafra. LIN.
Apis hirfuta, atra, thorace poftice abdominique antice luteis. LIN. *Syft. nat. pag.* 959. *n°.* 39.
FAB. Mant. ins. 1. 300. 15.

Cette efpèce eft de la grandeur de l'*abeille* perce-bois : elle eft noire & velue ; la pointe du corcelet feulement & la bafe de l'abdomen, font couverts de poils jaunes. Ses aîles font d'un noir violet.

Elle fe trouve au Cap de Bonne-Efpérance.

12. ABEILLE terreftre.
Apis terreftris. LIN.
Apis hirfuta, nigra ; thorace abdominque cingulo flavo ; ano albo. NOB.
Apis hirfuta, nigra, thoracis cingulo flavo ; ano albo. LIN. *Syft. nat. pag.* 960. *n°.* 41. *— Faun. fuec. n°.* 1709.
FAB. Syft. ent. pag. 379. *n°.* 5. *— Sp. ins. tom.* 1. *pag.* 475. *n°.* 5.
SCOP. Ent. carn. n°. 815.
SCHRANK. Enum. ins. auft. n°. 796.
SCHAEF. Elem. pl. 20. *fig.* 6. *— Icon.* 251. *f.* 7.
REAUM. Mém. tom. 6. *pl.* 3. *f.* 1.
FRISCH, Ins. 9. *pl.* 13. *fig.* 1.
SULZ. Ins. pl. 19. *fig.* 124.

Abeille à couronne du corcelet, & haut du ventre citron, & l'extrémité du ventre blanche. GEOFF. *Ins. Par. tom.* 2. *pag.* 418. n°. 24.

Cette *abeille* varie beaucoup pour la grandeur : elle est noire & velue. On voit une bande jaune à la partie antérieure du corcelet. Le premier anneau de l'abdomen est noir ; le second est couvert de poils jaunes, qui forment une bande ; le milieu est noir, & l'extrémité est blanche.

Cette espèce vit en société : les mâles sont un peu plus petits que les femelles ; mais les mulets sont deux fois plus petits que celles-ci.

Elle est très-commune dans toute l'Europe : elle construit son nid dans la terre, avec de la mousse.

13. ABEILLE caverneuse.

Apis cryptarum. FAB.

Apis hirsuta, nigra, abdominis fascia flava, ano albo. FAB. *Syst. ent. pag.* 379. n°. 6. — *Sp. ins. tom.* 1. *pag.* 476. n°. 6.

Cette *abeille* ressemble beaucoup à l'*abeille* terrestre ; mais elle a la tête & tout le corcelet noirs ; on voit seulement une bande jaune sur le ventre. Les derniers anneaux sont blancs ; les pattes sont noires, & les tarses bruns.

Elle se trouve en Europe plus rarement que la précédente, dont elle n'est peut-être qu'une variété : elle fait son nid dans la terre.

14. ABEILLE jardinière.

Apis hortorum. LIN.

Apis hirsuta, nigra, thorace abdomineque antice flavo, ano albo. LIN. *Syst. nat. pag.* 960. n°. 42. — *Faun. suec.* n°. 1710.

FAB. *Syst. ent.* 380. 13. — *Sp. ins.* 477. 15.

Abeille à couronne du corcelet citron, & extrémité du ventre mi-partie de citron & de blanc. GEOFF. *Ins. tom.* 2. *pag.* 419. 26.

Apis nigra, thoracis basi flava, ano supra flavo, apice albo. GEOFF.

Apis hortorum. SCHRANK. *Enum. inf. auft,* n°. 797. SCOP. *Ent. carn.* n°. 817.

Cette *abeille* n'est peut-être qu'une variété de l'*abeille* terrestre : elle n'en diffère qu'en ce que la bande jaune de l'abdomen se trouve à sa base, sur le premier anneau, tandis que dans l'autre, elle est placée sur le second anneau. Du reste, elles se ressemblent parfaitement. On la trouve plus rarement que l'autre : elle fait son nid dans la terre.

15. ABEILLE sibérienne.

Apis sibirica. FAB.

Apis hirsuta, flava, thoracis fascia anoque fulvis. FAB. *Sp. ins. tom.* 1. *pag.* 478. n°. 22.

La tête est noire ; le corcelet est couvert de poils jaunes, avec une bande fauve, placée entre la base des aîles. L'abdomen est velu, jaune à sa base, & fauve à son extrémité.

Elle se trouve en Sibérie.

Histoire Naturelle, Insectes. Tome I.

16. ABEILLE scabreuse.

Apis ruderata. FAB.

Apis hirsuta, atra ; thorace flavo, fascia atra ; abdomine antice flavo, ano albo. FAB. *Syst. ent. pag.* 380. n°. 7. — *Sp. inf. tom.* 1. *pag.* 476. n°. 7.

Apis nigra, thoracis basi & apice, abdominisque basi flavis, ano albo. GEOFF.

L'*abeille* à couronne & extrémité du corcelet, & haut du ventre citron, & l'extrémité du ventre blanche. GEOFF. *Inf. Par. tom.* 2. *pag.* 418. n°. 25.

La grandeur de cette espèce varie beaucoup : elle est noire & velue. La partie antérieure & postérieure du corcelet est jaune, & le milieu noir. Le premier anneau de l'abdomen est couvert de poils jaunes ; les deux suivans sont noirs, & ceux de l'extrémité sont blancs.

Cette *abeille* est très-commune en France, pendant l'été, sur-tout dans les provinces méridionales : elle fait son nid dans la terre.

17. ABEILLE transversale.

Apis transversalis. NOB.

Apis hirsuta, nigra, thorace antice posticeque flavo ; abdomine nigro, fascia flava. NOB.

Cette espèce est de la grandeur de l'*abeille* terrestre. La tête, les pattes, & le dessous du corps, sont noirs. Le corcelet est jaune, avec une bande noire, qui part de la base des aîles. L'abdomen est noir, & coupé au milieu par une bande jaune. Les aîles sont d'un noir violet.

Elle se trouve à Cayenne, à Surinam : elle fait son nid dans la terre.

18. ABEILLE lapidaire.

Apis lapidaria. LIN.

Apis hirsuta, atra, ano fulvo. LIN. *Syst. nat. pag.* 960. n°. 44. — *Faun. suec.* n°. 1712.

FAB. *Syst. ent. pag.* 381. n°. 14. — *Sp. inf. tom.* 1. *pag.* 477. n°. 17.

SCOP. *Ent. carn.* n°. 813.

SCHRANK. *Enum inf. auft.* n°. 799.

SCHAEF. *Icon.* 1. *pl.* 69. *f.* 9.

REAUM. *Mém. des inf. tom.* 6. *pl.* 1. 2, 3, 4.

FRISCH. *inf.* 9. *pl.* 1. *fig.* 1-4.

L'*abeille* noire, avec les derniers anneaux du ventre fauves. GEOFF. *inf. Par. tom.* 2. *pag.* 417. n°. 21.

La grandeur de cette *abeille* varie beaucoup. Les mulets sont deux fois plus petits que les femelles. Elle est toute noire & velue ; les derniers anneaux seuls de l'abdomen sont couverts de poils fauves, souvent rougeâtres : on la trouve communément sur les fleurs.

Cette *abeille* vit en société : cette société est peu nombreuse à la vérité, mais chaque individu concourt au travail. Elle fait son nid dans des tas de pierres, dans des prairies, & même dans la terre. Elle construit une espèce de voûte avec de la terre & des morceaux de mousse ; les gâteaux se trouvent dans l'intérieur.

Elle se trouve dans toute l'Europe.

19. ABEILLE des arbriſſeaux.
Apis arbuſtorum. FAB.

*Apis (pratorum) hirſuta nigra , thorace antice
flavo , ano rubro.* LIN. *Syſt. nat. pag.* 960. *n°.* 43.
—*Faun. ſuec. n°.* 1711.

Apis collaris. SCOP. *Ent. carn. n°.* 818.

Apis arbuſtorum. FAB. *Gen. inſ. mant. pag.* 246.
—*Spec. inſ. tom.* 1. *pag.* 477. *n°.* 16.

SCHRANK. *Enum. inſ. auſt.* 798.

L'*abeille* noire à couronne du corcelet citron , &
extrémité du ventre fauve. GEOFF. *inſ. Par. tom.* 2.
pag. 417. *n°.* 22.

Cette eſpèce eſt plus petite que la précédente ;
elle eſt noire & velue : elle a des poils jaunes ſur
le front , & d'autres à la baſe du corcelet, qui
forment une bande jaune plus ou moins marquée ;
les derniers anneaux du ventre ſont fauves.

On la trouve ſur les fleurs , en Europe.

20. ABEILLE couronnée.
Apis coronata. FOURC. *Ent. par. tom.* 2. *pag.* 449.
n°. 23.

*Apis nigra , thoracis abdominiſque baſi flavis,
ano fulvo.* GEOFF. *Inſ. tom.* 2. *pag.* 417. *n°.* 23.

SCHAEF. *Icon. tom.* 3. *pl.* 250. *f.* 4.

L'*abeille* noire à couronne du corcelet & haut
du ventre citron , & l'extrémité du ventre fauve.
GEOFF. *ib.*

Sa tête eſt noire , le corcelet eſt noir , & la partie
antérieure eſt couverte de poils jaunes. Le ventre a
le premier anneau jaune , les autres noirs , & les
derniers fauves.

Apis flava , abdominis medio nigro ; ano fulvo.
GEOFF. *ib.*

SCHAEF. *Icon. tom.* 3. *pl.* 261. 5. 6.

On trouve une variété de cette *abeille* , dont
tout le corcelet eſt jaune.

21. ABEILLE ſurinamoiſe.
Apis ſurinamenſis. LIN.

*Apis hirſuta , nigra , abdomine , excepto primo
ſegmento , flavo.* LIN. *Syſt. nat. pag.* 961. *n°.* 52.
FAB. *Syſt. ent. pag.* 380. *n°.* 9. —*Sp. inſ. tom.* 1.
pag. 476. *n°.* 10.

*Apis abdomen flavum hirſuta , nigra , abdomine ,
excepto primo ſegmento , flavo , tibiis poſticis dilatatis.* DEGEER , *tom.* 3. *pag.* 574. *pl.* 28. *fig.*
9. 10.

Abeille à ventre jaune velue , noire , à ventre
jaune , excepté le premier anneau , & à jambes poſtérieures très-larges. DEG. *ib.*

DRURY. *Illuſt. tom.* 1. *pl.* 43. *fig.* 4.

Cette *abeille* eſt noire & velue ; ſa tête eſt noire ,
mais le devant paroît avoir une teinte de violet.
Le corcelet eſt noir. Le premier anneau de l'abdomen eſt noir , les autres ſont d'un jaune un peu
cuivreux. Les pattes & le deſſous du corps de l'inſecte ſont noirs. Les aîles ſont un peu obſcures. Sa
trompe dépaſſe la moitié de la longueur de ſon
corps.

Elle ſe trouve à Cayenne , à Surinam.

22. ABEILLE virginienne.
Apis virginica. LIN.

*Apis hirſuta , pallida ; abdomine , excepto primo
ſegmento , atro.* LIN. *Syſt. nat. mant.* 1540.
FAB. *Syſt. ent. pag.* 380. *n°.* 10. —*Sp. inſ. tom.* 1.
pag. 476. *n.* 11.

DRURY. *Illuſt. tom.* 1. *pl.* 43. *fig.* 1.

Les antennes & la tête de cette *abeille* ſont noires ;
mais on voit quelques poils jaunes ſur le front. Le
corcelet eſt d'un jaune pâle. L'abdomen eſt noir,
excepté cependant le premier anneau , qui eſt couvert de poils jaunes. Le deſſous du corps de l'inſecte & les pattes ſont noirs. Les aîles ſont tranſparentes.

Elle ſe trouve en Virginie.

23. ABEILLE eſpagnole.
Apis hiſpanica. FAB.

*Apis hirſuta flaveſcens , abdomine apice nigro ,
pedibus intermediis faſciculato-piloſis.* FAB. *mant.
inſ. tom.* 1. *pag.* 300. *n°.* 12.

Cette eſpèce eſt grande , & reſſemble à l'*abeille*
virginienne. Les antennes ſont noires. La lèvre ſupérieure eſt jaune. Le corcelet eſt velu , jaune , ſans
taches. L'abdomen eſt velu , jaune à ſa baſe & noir
à ſon extrémité. Les pattes ſont noires ; celles du
milieu ont des faiſceaux de poils.

Elle ſe trouve en Eſpagne.

24. ABEILLE d'Antigoa.
Apis antiguenſis. FAB.

*Apis hirſuta , atra , thorace abdomineque antice
flavis.* FAB. *Syſt. ent. pag.* 380. *n°.* 11. — *Sp.
inſ. tom.* 1. *pag.* 476. *n°.* 12.

Cette *abeille* a la forme de l'*abeille* percebois ;
ſa tête eſt noire. Le corcelet eſt noir & velu , avec
une bande jaune à la partie antérieure. L'abdomen
eſt noir , mais le premier anneau eſt jaune. Les
pattes ſont noires , & les aîles obſcures.

Elle ſe trouve aux iſles Antilles.

25. ABEILLE américaine.
Apis americanorum. FAB.

*Apis hirſuta , nigra ; thorace antice flavo , abdo-
mine flavo , ano nigro.* FAB. *Syſt. ent. pag.* 380.
n°. 12. —*Sp. inſ. tom.* 1. *pag.* 477. *n°.* 13.

*Apis penſilvanica hirſuta , nigra , thorace an-
tice poſticeque luteo abdomine ſupra luteo apice nigro , alis nigro fuſcis.* DEG. *Mém. tom.* 3. *pag.* 575.
n°. 8. *pl.* 28. *fig.* 12.

Abeille de Penſilvanie velue , noire , à corcelet
jaune aux deux extrémités , à ventre jaune en-deſſus ,
à derrière noir , & à aîles d'un brun noirâtre.
DEG. *ib.*

Cette *abeille* reſſemble beaucoup à l'*abeille* terreſtre. Sa tête eſt noire. Le corcelet eſt jaune à ſa partie antérieure , & noir à ſa partie poſtérieure. L'ab-

domen eſt jaune, avec l'extrémité noire. Les aîles & les pattes ſont noires.

Elle ſe trouve dans l'Amérique ſeptentrionale.

M. Fabricius n'a point cité Degeer, quoique l'inſecte, dont ce naturaliſte nous a donné la deſcription & la figure, ſoit le même que celui de M. Fabricius : il n'en diffère qu'en ce que la partie poſtérieure eſt jaune au-lieu d'être noire. Degeer a reçu cette *abeille* de Penſilvanie.

26. ABEILLE corcelet-jaune.
Apis æſtuans. LIN.

Apis hirſuta , nigra , thorace flavo. LIN. *Syſt. nat. pag.* 961. *n°.* 53. − *Muſ. Lud. Ulr. pag.* 416.

FAB. *Syſt. ent. pag.* 382. *n°.* 24. —*Sp. inſ. tom.* 1. *pag.* 479. *n°.* 29.

Apis leucothorax hirſuta , nigra ; thorace luteo ; alis nigro violaceis ; abdomine glabro. DEG. *tom.* 3. *pag.* 573. *pl.* 28. *f.* 8.

Abeille à corcelet jaune velue , noire , à aîles d'un noir violet & à ventre liſſe. DEG. *ib.*

REAUM. *Mem. tom.* 6. *pl.* 3. *fig.* 3.

La tête & les antennes ſont noires. Le corcelet eſt couvert d'un duvet jaune. L'abdomen eſt noir & peu velu ; les quatre pattes de devant ſont brunes; les deux de derrière ſont noires & velues. Les aîles ſont d'un noir violet.

On la trouve en Amérique, en Afrique, & dans la Nouvelle-Hollande.

27. ABEILLE des tropiques.
Apis tropica. LIN.

Apis hirſuta , nigra ; abdomine poſtice flavo. LIN. *Syſt. nat. pag.* 961. *n°.* 54. — *Muſ. Lud. Ulr. pag.* 416.

FAB. *Syſt. ent.* 382. 25.—*Sp. inſ.* 1. 479. 30.

La tête & le corcelet de cette *abeille* ſont noirs. L'abdomen eſt noir , & l'anus eſt couvert de poils jaunes. Les pattes & le deſſous du corps ſont noirs.

Elle ſe trouve dans les pays les plus chauds de l'ancien continent.

28. ABEILLE noire.
Apis acervorum. LIN.

Apis hirſuta , atra ; tibiis poſticis ferrugineis. FAB. *Syſt. ent. pag.* 382. *n°.* 21. — *Sp. ins tom.* 1. *pag.* 479. *n°.* 25.

Apis hirſuta , atra. LIN. *Syſt. nat. pag.* 961. *n°.* 50. — *Faun. ſuec. n°.* 1717.

SCHAEF. *Icon. tom.* 1. *pl.* 78. *fig.* 5.

SCHRANK. *Enum. inſ. auſt. n°.* 802.

Cette *abeille* eſt noire & un peu velue. Les pattes ſont noires ; mais les jambes des quatre pattes poſtérieures ſont couvertes de poils de couleur de rouille. Les aîles ſont tranſparentes.

Elle ſe trouve en Europe ; elle conſtruit ſon nid dans la terre.

29. ABEILLE africaine.
Apis africana. FAB.

Apis hirſuta , nigra ; thoracis dorſo flavo ; abdomine vireſcente , ſegmento primo flavo. FAB. *Sp. inſ. tom.* 1. *pag.* 477. *n°.* 14.

La tête de cette *abeille* eſt noire , avec quelques poils de couleur cendrée. Les antennes ſont noires , & leur extrémité eſt de couleur de rouille. Le corcelet eſt d'un très-beau jaune ; le bord antérieur ſeulement eſt noir. L'abdomen eſt verdâtre avec le premier anneau jaune. Les aîles ſont obſcures & les pattes noires.

Elle ſe trouve en Afrique.

30. ABEILLE olivâtre.
Apis olivacea. FAB.

Apis hirſuta , vireſcens , abdomine ſubtus pedibuſque quatuor poſticis apice nigris. FAB. *Mant. inſ. tom.* 1. *pag.* 300. *n°.* 17.

Cette *abeille* eſt de grandeur moyenne. La tête eſt velue , verdâtre , avec les antennes & la trompe noires. Le corcelet eſt velu , verdâtre , ſans taches. L'abdomen eſt couvert en-deſſus de poils verdâtres , & en-deſſous , de poils noirs. Les pattes ſont couvertes de poils verdâtres , excepté l'extrémité des quatre pattes poſtérieures , qui le ſont de poils noirs.

Cette *abeille* ſe trouve à Sierra-Léon en Afrique.

31. ABEILLE des bois.
Apis nemorum. FAB.

Apis hirſuta , atra ; thorace faſcia interrupta flava , ano pallido. FAB. *Syſt. ent. pag.* 380. *n°.* 8. — *Sp. inſ. tom.* 1. *pag.* 476. *n°.* 8.

Cette eſpèce reſſemble à l'*abeille* terreſtre. Sa tête eſt noire. Le corcelet eſt noir , avec une bande jaune à la partie antérieure , interrompue dans ſon milieu. L'abdomen eſt noir , & l'anus d'un blanc pâle.

Elle ſe trouve en Europe.

32. ABEILLE ſauvage.
Apis ſoroeenſis. FAB.

Apis hirſuta , atra ; ano albo. FAB. *Gen. inſ. mant.* 246. — *Sp. inſ. tom.* 1. *pag.* 476. *n°.* 9.

SCHAEF. *Icon. inſ. tab.* 251. *fig.* 6.

Cette *abeille* eſt toute noire & velue : elle n'a que les derniers anneaux du ventre qui ſoient couverts de poils blancs.

Elle ſe trouve en Europe, dans les bois.

33. ABEILLE ſouterraine.
Apis ſubterranea. LIN.

Apis hirſuta , atra ; ano fuſco LIN. *Syſt. nat. pag.* 961. *n°.* 51. — *Faun. ſuec. n°.* 1718.

FAB. *Syſt. ent. pag.* 382. *n°.* 22. — *Spec. inſ. tom.* 1. *pag.* 479. *n°.* 26.

L'*abeille* noire à ventre brun vers l'extrémité. GEOFF. *inſ. tom.* 2. *pag.* 416. *n°.* 20.

Elle eſt à-peu-près de la grandeur & de la figure de l'*abeille* percebois : tout ſon corps eſt noir ; l'extrémité de ſon ventre ſeulement eſt brune : elle a quelques poils jaunes , mais peu apparens , autour du col : ſes aîles ſont noirâtres.

Elle ſe trouve en Europe.

34. ABEILLE tricolor.

Apis mniorum. FAB.

Apis hirſuta, atra ; ſcutello abdomineque palleſ-
centibus ; ano rufo. FAB. *Gen. inſ. mant. pag.* 247.
— *Sp. inſ. tom.* 1. *pag.* 479. *n°.* 27.

La tête & le corcelet ſont velus, noirs, & ſans
taches. La partie la plus poſtérieure du corcelet &
l'abdomen ſont couverts de poils d'un jaune pâle.
L'anus eſt fauve & les pattes ſont noires.

Elle ſe trouve en Europe.

35. ABEILLE foreſtière.

Apis ſilvarum. LIN.

Apis hirſuta, pallida ; thoracis faſcia nigra,
ano rubro. LIN. *Syſt. nat pag.*960. *n°.* 45. — *Faun.*
ſuec. n°. 1713.

FAB. *Syſt. ent. pag.* 381. *n°.* 15. — *Sp. inſ.tom.* 1.
pag. 477. *n.* 18.

SCOP. *Ent. carn. n°.* 822.

SCHRANK. *Enum. inſ. auſt. n°.* 807.

Cette *abeille* varie pour la grandeur. La tête &
les antennes ſont noires, avec quelques poils d'un
jaune pâle ſur le front. Le corcelet eſt jaune, avec
une bande noire dans le milieu. Les deux premiers
anneaux de l'abdomen ſont couverts de quelques
poils jaunâtres. Le troiſième anneau eſt noir &
preſque glabre ; il n'a de poils que ſur ſes bords.
Les derniers anneaux ſont couverts de poils fauves.
Les pattes ſont noirâtres, & les tarſes bruns.

Elle ſe trouve en Europe.

36. ABEILLE des mouſſes.

Apis muſcorum. LIN.

Apis hirſuta, fulva ; abdomine flavo. LIN. *Syſt.*
nat. pag. 960. *n°.* 46. — *Faun. ſuec.* n°. 1714.
FAB. *Syſt. ent. pag.* 381. *n°.* 17. — *Sp. inſ. tom.*
1. *pag.* 478. *n°.* 20.

Apis paſcuorum. SCOP. *Ent. carn. n°.* 819.

SCHRANK. *Enum. inſ. auſt. n°.* 801.

SCHAEF. *Icon. tom.* 1. *pl.* 69. *fig.* 7.

L'abeille fauve, à ventre jaune & extrémité
fauve ; GEOFF. *Inſ. tom.* 2. *pag.* 419. *n°.* 28.

REAUM. *Mém. tom.* 6. *pl.* 2. *fig.* 1. 2. 3.

FRISCH. *Inſ.* 9. *pl.* 26. *fig.* 8.

Cette *abeille* varie pour la grandeur. Sa tête &
ſes antennes ſont noires. Le corcelet eſt couvert
de poils fauves. L'abdomen eſt couvert de poils jaunes ;
mais quelquefois ces poils ſont de la même couleur
que ceux du corcelet. Le deſſous de l'inſecte & les
pattes ſont noirs, avec quelques poils d'un gris obſcur.
Elle conſtruit avec de la paille, du foin ou des mouſſes,
un nid, en forme de voûte ; on trouve, au milieu
de cette voûte, les cellules qui renferment les œufs
& les larves.

Elle ſe trouve dans toute l'Europe

37. ABEILLE corcelet-fauve.

Apis hypnorum. LIN.

Apis hirſuta, fulva ; abdominis faſcia nigra ;
ano albo. LIN. *Syſt. nat. pag.* 960. *n°.* 47. — *Faun.*
ſuec. n°. 1715.

FAB. *Syſt. ent. pag.* 381. *n°.* 18. — *Sp. inſ. tom.* 1.
pag. 478. *n°.* 21.

SCOP. *Ent. carn. n°.* 307.

Cette eſpèce eſt velue & fauve. La baſe de l'abdomen eſt fauve, le milieu noirâtre, ſon extrémité blanche.

Elle ſe trouve dans toute l'Europe ; elle conſtruit
ſon nid dans les prairies avec de la mouſſe.

38. ABEILLE ſylveſtre.

Apis lucorum. LIN.

Apis hirſuta, flava ; ano albido. LIN. *Syſt. nat.*
961. 48. — *Faun. ſuec. n°.* 1716.

FAB. *Syſt. ent. pag.* 382. *n°.* 20. — *Sp. inſ. tom.*
1. *pag.* 478. *n°.* 24.

SCHRANK. *Enum. ins. auſt. n°.* 808.

Tout le corps de cette eſpèce eſt couvert de poils
jaunes. A travers ces poils, on remarque cependant
que l'abdomen eſt noir. L'anus ſeulement eſt couvert de poils blanchâtres.

Cette *abeille* ſe trouve en Europe, dans les bois.

39. ABEILLE champêtre.

Apis agrorum. FAB.

Apis hirſuta, atra ; thorace toto anoque ferru-
gineis. FAB. *Mant. ins. tom.* 1. *pag.* 301 *n°.* 23.

Cette *abeille* eſt grande & très-velue. Le corcelet eſt couvert de poils ſerrés, ferrugineux. L'abdomen eſt noir, avec l'extrémité ferrugineuſe.

Elle ſe trouve en Europe, ſur les fleurs.

40. ABEILLE jaune.

Apis bryorum. FAB.

Apis hirſuta, flava ; abdomine vireſcente. FAB.
Syſt. ent. pag. 381. *n°.* 16. — *Sp. inſ. tom.* 1.
pag. 478. *n°.* 19.

Cette eſpèce eſt grande, velue, & jaune. L'abdomen ſeul eſt verdâtre. Les pattes ſont jaunes, &
les cuiſſes noires.

Elle ſe trouve dans la Nouvelle-Hollande.

41. ABEILLE palmée.

Apis polmata. NOB.

Apis hirſuta, nigro-cæruleſcens ; abdomine ſupra
glabro, viridi, nitente ; alis violaceis. NOB.

Cette *abeille* eſt grande & velue. Ses antennes
ſont noires. La tête & le corcelet ſont couverts de
poils, qui paroiſſent noirs ou bleus, ou verds,
très-brillans, ſuivant les reflets de la lumière. L'abdomen eſt glabre & d'un beau verd brillant. Les
pattes ſont d'un bleu noirâtre très-foncé. Les jambes
du milieu ſont terminées par un crochet à cinq
dentelures aiguës, palmées. Les pattes poſtérieures
ſont très-longues : le premier & le dernier article
des tarſes ſont gros, alongés, & garnis de poils
longs & ſerrés. Les trois articles intermédiaires ſont
courts, égaux & petits. Les aîles brillent d'une

belle couleur violette foncée. Le deſſous de l'inſecte eſt d'un noir de velours.

Cette belle eſpèce ſe trouve à Cayenne : elle a été apportée par M. de Laborde, D. M.

42. ABEILLE griſe.
Apis ſenilis. FAB.
Apis hirſuta cinerea. FAB *Syſt. ent.* 382. 26. — *Sp, inſ. tom.* 1. *pag.* 479. n°. 31.

Cette *abeille* eſt beaucoup plus petite que les précédentes : elle eſt toute couverte de poils cendrés. Elle ſe trouve dans les bois du Danemarck.

43. ABEILLE des prés.
Apis pratorum. FAB.
Apis hirſuta flava ; thorace faſcia nigra. FAB. *Sp. inſ. tom.* 1. *pag.* 478. n°. 23. — *Apis nemorum. Syſt. ent. pag.* 381. n°. 19.
Apis fulva hirſuta, nigra, thorace abdomineque fulvis. SCHRANK. *Enum. inſ. auſt.* n°. 805 ?

Cette *abeille* eſt toute couvertes de poils jaunes, à l'exception d'une bande noire, qui ſe trouve au milieu du corcelet. Les pattes ſont noires.

Elle ſe trouve dans le Danemarck.

44. ABEILLE collier-jaune.
Apis ·ollaris. NOB.
Apis flavi-collis hirſuta, nigra, abdomine glabro, thorace poſtice citreo, alis fuſco-violáceis obſcuris. DEG. *Mém. tom.* 7. *pag.* 606. f. 45. fig. 2.
Abeille à collier-jaune velue, noire, à ventre liſſe, à corcelet jaune-citron par derrière ; & à aîles brunes violettes foncées. DEG. *ib.*

Cette eſpèce eſt de la grandeur de *l'abeille noire* ; elle a ſept ou huit lignes de long, & trois ou quatre de large. Elle eſt toute noire, mais la partie poſtérieure du corcelet eſt couverte de poils ſerrés, d'un jaune citron. L'abdomen eſt ovale, un peu aplati, liſſe & noir. Les aîles ſont d'un brun obſcur, nuancé de violet.

Elle ſe trouve au Cap de Bonne-Eſpérance.

45. ABEILLE citron.
Apis citronella. DEGEER.
Apis hirſuta, flavo-citrea, ſubtus nigra, alis fuſcis nitidis cupreo-œneis. DEG. *Mém. ` tom.* 7. *pag.* 606. n°. 3. pl. 45. fig. 3.
Abeille velue, jaune-citron en-deſſus, & noire en-deſſous, à aîles brunes, luiſantes, avec une teinte de cuivre. DEG. *ib.*

Cette jolie *abeille* eſt un peu plus petite que la précédente. La tête eſt noire ; mais couverte de poils jaunes. Les antennes ſont noires. Le corcelet eſt couvert de poils ſerrés, d'un beau jaune citron. L'abdomen eſt de même couvert de poils jaunes, moins ſerrés que ſur le corcelet, & qui laiſſent entrevoir le fond noir de la peau, ſur-tout à la ſéparation des anneaux, ce qui produit des bandes tranſverſales, noires. Le deſſous du corps & les pattes ſont noirs. Les aîles ſont d'un brun clair,

avec une forte nuance de couleur de cuivre luiſant. Elle ſe trouve au cap de Bonne-Eſpérance.

46. ABEILLE tête bleue.
Apis muſſitans. FAB.
Apis cyanea, nigro hirta, abdomine cupreo fulvo : primo ſegmento nigro. FAB. *Mant. inſ. tom.* 1. *pag.* 301. n°. 38.

Cette *abeille* eſt grande & velue. Les antennes ſont noires, & la tête eſt bleue. Le corcelet eſt bleu, mais couvert de poils courts, ſerrés, noirs. L'abdomen eſt fauve, avec un reflet de couleur cuivreuſe, brillante ; le premier anneau ſeulement eſt noir. Les aîles ſont un peu ferrugineuſes, avec leur extrémité blanchâtre.

Elle ſe trouve à Cayenne.

47. ABEILLE bicorne.
Apis bicornis. LIN.
Apis fronte bicorni, capite nigro, abdomine hirſuto rufo. FAB. *Syſt. ent. pag.* 384. n°. 38. — *Sp. ins. tom.* 1. *pag.* 482. n°. 52.
L'Abeille noire, à ventre fauve ; GEOFF. *ins. tom.* 2. *pag.* 419. n°. 27.
Apis nigra, abdomine fulvo. GEOFF.
LIN. *Syſt. nat. pag.* 954. n°. 10. — *Faun. ſuec.* n°. 1691.
Apis bicolor. SCHRANK. *Enum. ins. auſt.* n°. 806.

Cette eſpèce eſt velue, & de grandeur moyenne. Ses antennes, ſa tête, ſon corcelet & ſes pattes ſont noirs. L'abdomen eſt couvert de poils fauves, ou d'un gris jaunâtre. On voit ſouvent ſur le corcelet des poils de la couleur de ceux de l'abdomen, mais en moindre quantité. Ce qui la diſtingue le plus, ce ſont deux petites pointes ſaillantes, aiguës, en forme de cornes, qu'elle porte ſur le front au-deſſous des antennes. On la trouve très-fréquemment en printems, ſur les fleurs.

48. ABEILLE fauve.
Apis rufa.
Apis fuſca, abdomine rufeſcente, fronte alba. LIN. *Syſt. nat. pag.* 954. n°. 9. — *Faun. ſuec.* n°. 1690.
FAB. *Syſt. ent. pag.* 385. n°. 39. — *Sp. ins. tom.* 1. *pag.* 483. n°. 53.
SCOP. *Ent. carn.* n°. 816.
SCHRANK. *Enum. inſ. auſt.* n. 803.

Cette eſpèce reſſemble beaucoup à la précédente : elle eſt velue. Les antennes ſont noires, & de la longueur du corcelet. La tête eſt noire, & le front eſt couvert de poils blanchâtres. Le corcelet eſt noir : on y voit quelques poils griſâtres, entremêlés avec des noirs. L'abdomen eſt couvert de poils gris, jaunâtres ou fauves.

On la trouve ſur les fleurs, dans toute l'Europe.

49. ABEILLE corcelet-gris.
Apis griſeo-collis. DEG.
Apis hirſuta, nigra, thorace abdominiſque baſi

griſeo-flavis , alis fuſcis. Deg. *Mém. tom.* 3. *pag.* 576. *n°.* 9. *pl.* 28. *fig.* 13. 14.

Abeille à corcelet-gris velue , noire , dont le corcelet & le devant du ventre ſont gris jaunâtre , à aîles brunes. Deg. *ib.*

Cette eſpèce eſt un peu plus grande que les deux précédentes : elle eſt très-velue. Sa couleur eſt noire ; mais le corcelet , & une partie du devant de l'abdomen , ſont entièrement couverts de poils d'un gris jaunâtre , ou couleur d'olive claire. Les aîles ſont brunes & luiſantes , & les yeux ſont d'un brun obſcur. Le mâle eſt à-peu-près de la grandeur de l'*abeille* des arbriſſeaux : il a de grands yeux , qui occupent preſque toute la tête. La lèvre ſupérieure eſt jaune , & la couleur noire du ventre & des pattes eſt luiſante & tirant ſur le bleu foncé. Le mulet eſt beaucoup plus petit que le mâle ; la lèvre ſupérieure eſt noire comme le reſte de la tête , & la couleur noire du ventre & des pattes n'a point de nuance bleue.

Elle ſe trouve en Penſylvanie.

F A M I L L E I I.

Abeilles moins velues.

50. Abeille à miel.

Apis mellifica. Lin.

Apis pubeſcens , thorace ſubgriſeo , abdomine fuſco , tibiis poſticis ciliatis : intus tranſverſo-ſtriatis Lin. *Syſt. nat. pag.* 955. *n°.* 22. — *Faun. ſuec. n°.* 1697.

Fab. *Syſt. ent. pag.* 383. *n°.* 30. —*Sp. inſ. tom.* 1. *pag.* 480. *n°.* 37.

L'*abeille* domeſtique ou des ruches. Geoff. *inſ. tom.* 2. *pag.* 407. *n°.* 1.

Scop. *Ent. carn.* 811.

Schrank. *Enum. inſ. auſt.* 813.

Sulz. *Inſ.* 19. *fig.* 123.

Reaum. *Mém. tom.* 5. *pl.* 22. *fig.* 1. & *fig.* 3 , *l'abeille ouvrière. id. fig.* 2 , *l'abeille mâle. id. fig.* 4 , *l'abeille femelle.*

Swamm. *Bibl. nat. pl.* 17. *fig.* 1 , *l'ouvrière. fig.* 3 , *la femelle. fig.* 4 , *le mâle.*

Mouffet. *Theat. inſ. pl.* 1. & 2.

Aldrov. *inſ.* 20.

Jonston. *Inſ.* 1. *pl.* 2.

Apis domeſtica , ſive vulgaris. Rai. *inſ.* 240.

Les *abeilles* à miel ſont plus ordinairement connues ſous le nom de *mouches à miel* , qui leur a été donné dans un tems où l'on déſignoit preſque tous les inſectes aîlés ſous le nom générique de *mouche.* Mais elles diffèrent eſſentiellement des mouches proprement dites , par la forme de leur corps , par le nombre des aîles , par leur aiguillon , par leur bouche , par leurs habitudes , &c. Elles ont été nommées Mελιττα , par les grecs. *Deborah* , par les hébreux. *Albara nahalea zabar* , par les arabes. *Weziela* , par les eſclavons. *Apis* , par les latins. *Ape , api , ſicha , moſcatella* , par les

italiens. *Abeja* , par les eſpagnols. *Ein ymme bynte* , par les allemands. *Bee , bees , been* , par les anglois. *Bie* , par les flamands. *Honingbye* , par les hollandois. *Bi* , par les ſuédois. *Pzzota* , par les polonois. *Camlij* , par les Irlandois , &c.

La couleur de l'*abeille* à miel eſt brune , mais tout le corps eſt couvert d'un duvet griſâtre , plus ou moins foncé , tirant un peu ſur le roux , beaucoup plus ſerré ſur le corcelet & ſur la poitrine. Les antennes ſeules ſont noires. La femelle , connue ſous le nom de *reine* , eſt beaucoup plus grande & plus alongée que les mâles ; elle eſt armée d'un aiguillon très-fort. Ses antennes ſont compoſées de quinze pièces , & ſon ventre de ſept anneaux. On n'en trouve ordinairement qu'une ſeule dans chaque ſociété. Les mâles *fuci* , au nombre de quinze à ſeize cents , ſont plus petits que la femelle , & n'ont point d'aiguillon : leurs antennes ſont compoſées de onze pièces peu diſtinctes , dont la première eſt aſſez courte , & leurs yeux ſont beaucoup plus gros que ceux des mulets ; leur corcelet eſt un peu plus velu & leur ventre plus liſſe. Les ouvrières *operaria* , *ſpadones* , au nombre de vingt à trente mille , ſont les plus petites ; elles ſont armées d'un aiguillon ; leurs pattes poſtérieures ſont comprimées & couvertes de quelques poils ; mais la partie interne de la première pièce des tarſes eſt garnie de pluſieurs rangées de poils roux , très-courts & très-ſerrés : leurs antennes ont quinze articles peu diſtincts , dont le premier eſt beaucoup plus long que les autres.

Nous avons dit un mot , au commencement de cet article , des habitudes de l'*abeille* à miel. Tout le monde ſait que c'eſt cette eſpèce qu'on élève en domeſticité , à cauſe de la cire & du miel qu'elle nous fournit. Mais cet inſecte n'eſt pas le ſeul qui recueille ces précieuſes matières : les autres eſpèces d'*abeilles* qui ſe trouvent en Europe en recueillent auſſi , quoique en petite quantité ; & dans les contrées méridionales , il y en a dont le miel eſt pour le moins auſſi abondant & d'un goût auſſi agréable que le nôtre.

Tout le miel des *abeilles* n'eſt pas de même qualité : on y trouve beaucoup de différences pour le goût & la couleur , ſuivant les plantes qui l'ont fourni. Les plantes labiées , en général , ſont celles qui le fourniſſent de la meilleure qualité & de la plus belle couleur.

Le miel de Narbonne doit ſa qualité ſupérieure aux romarins , aux thims , aux ſerpolets , aux lavandes , &c. M. Bruguière , médecin-naturaliſte du roi , auteur du dictionnaire des vers , a obſervé dans ſon voyage à Madagaſcar , que le miel qu'on trouve dans ce pays eſt très-ſain dans quelques cantons , tandis qu'il eſt vénéneux dans d'autres où les *plumeria* ſont très-abondans. Il n'eſt pas douteux que , lorſque le ſuc mielleux contenu dans le nectaire des fleurs , ſe trouvera vénéneux , le miel que les *abeilles* auront recueilli ſur ces plantes teſles , ne le ſoit auſſi. Nous n'avons pas d'exemple , en Europe , que le miel ſoit vénéneux, parce que, fans doute, nos plantes véné-neufes ne fe font pas auſſi éminemment que celles des pays chauds, & qu'elles ne font pas d'ailleurs aſſez répandues pour que les *abeilles* ne faſſent leur récolte que fur ces plantes.

Un obſervateur rendroit le plus grand ſervice à ceux qui élevent des *abeilles*, s'il leur préſentoit deux tableaux ; l'un, des plantes européennes, propres à donner le plus de miel, & l'autre, de celles qui le fourniroient de la meilleure qualité. Parmi les dernières, toutes les plantes labiées, telles que le romarin, la lavande, le thim, le ſerpolet, la ſauge, le *lamium*, la menthe, l'hiſſope, la bétoine, les *teucrium*, le marrube, la meliſſe, &c. auroient le premier rang. Parmi les autres, on compteroit les cucurbitacées, le blé ſarraſin, le tilleul, l'épine vinette, les pruniers, les poiriers, les trèfles, le cytiſe, la fève des marais, & preſque toutes les plantes légumineuſes proprement dites, les *rhammus*, le jujubier, le paliure, l'alaterne, la plupart des plantes cruciferes, &c. Les plantes liliacées & toutes celles dont les étamines ſont groſſes & très-nom-breuſes, fourniſſent abondamment de la cire.

51. ABEILLE maçonne.

Apis muraria. Nob.

Apis nigra, thorace abdominiſque baſi ſupernè lana rufa. Geoff. Inſ. tom. 2. pag. 409. n°. 4.

L'abeille maçonne, à poils roux. *id.*

Reaum. Inſ. tom. 6. Mém. 3. pl. 7. fig. 4. 5.

Apis bryorum, nigra ; thorace abdominiſque baſi hirſuto-fulvis. Schrank. Enum. inſ. auſt. n°. 812.

Cette eſpèce eſt à-peu-près de la grandeur de l'*abeille* à miel. La tête eſt couverte de poils d'un gris jaunâtre. Le corcelet & la partie ſupérieure de l'abdomen ſont couverts de poils d'un gris rouſ-sâtre, plus ſerrés ſur le corcelet. Les pattes ont auſſi des poils de la même couleur. Le reſte du corps eſt noirâtre.

Elle ſe trouve en Europe.

Nous devons à Reaumur l'hiſtoire des *abeilles maçonnes.* « Pour conſtruire leur nid, elles choiſiſſent un mur expoſé au midi, & ordinairement quelque angle de ce mur formé par des pierres ou des cor-niches qui débordent. La, elles conſtruiſent plu-ſieurs loges avec de la terre délayée, à laquelle elles ajoutent une liqueur un peu gluante, & dans chacune des loges elles dépoſent un œuf, après l'avoir remplie de miel ; enſuite elles ferment chaque loge. Le groupe de ce nid peut contenir dix, douze, ou quinze de ces loges, ſemblables les unes aux autres ; & tout cet amas reſſemble à un peu de terre que l'on auroit jettée contre le mur dans le tems qu'elle étoit délayée. Lorſque la larve eſt ſortie de l'œuf, elle ſe nourrit du miel contenu dans ſa loge, après quoi elle la tapiſſe de ſes fils, elle paſſe par l'état de nymphe, & devient *abeille* par-faite. Pour lors, elle fait, avec ſes mâchoires, une ouverture à ſon premier logement, & elle en ſort, laiſſant le nid vuide & percé de différens côtés,

ſuivant le nombre d'inſectes qui en eſt ſorti. On trouve ſouvent ces nids ſur les murs des maiſons de campagne ». (Geoff. tom. 2. pag. 410).

52. ABEILLE lagopode.

Apis lagopoda. Lin.

Apis griſeſcens, pedibus anticis dilatato ciliatis ; tibiis poſticis clavatis, ano emarginato. Lin. Syſt. nat. pag. 957. n°. 27. — Faun. ſuec. n°. 1701.

Fab. Syſt. ent. pag. 383. n°. 27. — Sp. inſ. tom. 1. pag. 480. n°. 33.

Schrank. Enum. inſ. auſt. n°. 810.

Cette eſpèce eſt à-peu-prés de la grandeur de l'*abeille* à miel. Les antennes ſont noires. La tête eſt brune, & le devant eſt couvert de poils d'un gris cendré. Tout le corps eſt brun, & couvert de poils d'un gris fauve. Les pattes ſont noirâtres. Les jambes poſtérieures ſont un peu renflées. Les tarſes des pattes de devant ont une couleur jaunâtre, & pa-roiſſent comme aplatis & dilatés : ils ont, à leur partie poſtérieure, des cils très-ſerrés, dont l'ex-trémité eſt noire. L'anus eſt terminé par deux pe-tites pointes peu apparentes.

Cette *abeille* ſe trouve en Europe, ſur les fleurs.

53. ABEILLE patte-velue.

Apis pilipes. Fab.

Apis griſea, pedibus intermediis faſciculato-pi-loſis. Fab. Syſt. ent. pag. 383. n°. 28. — Sp. inſ. tom. 1. pag. 480. n°. 34.

Apis plumipes. Schrank. Enum. inſ. auſt. 804.

Schaeff. Icon. tom. 1. tab. 45. fig. 6.

L'*abeille* griſe, à lèvre jaune, & à houppe aux pat-tes du milieu. Geoff. inſ. tom. 2. pag. 411. n°. 9.

Apis nigra, hirſutie cinerea, fronte flava, in-ciſuris abdominalibus albis. Geoff. ib.

Cette eſpèce eſt un peu plus groſſe & moins alongée que la précédente. Les antennes ſont noires ; leur baſe & le devant de la tête ſont jaunes. Tout le corps eſt brun & couvert de poils gris, ou un peu fauves. Les pattes du milieu ont le premier & le dernier articles des tarſes noirs & couverts de poils, diſpoſés en faiſceaux, de la couleur des pattes. Les trois articles du milieu ſont égaux, courts, ſouvent jaunes, avec quelques poils longs. On voit ſur l'abdomen, des bandes tranſverſales, plus ou moins marquées, formées par des poils cendrés, qui couvrent le bord des anneaux. Cette *abeille* eſt aſſez commune dans toute l'Europe : elle fait, en volant, un bruit ſemblable à celui des *abeilles* bourdons.

On la trouve fréquemment ſur les fleurs.

54. ABEILLE mineuſe.

Apis cunicularia. Lin.

Apis pubeſcens, thorace ferrugineo, abdomine fuſco, pedibus undique villoſis. Lin. Syſt. nat. pag. 957. n°. 23. — Faun. ſuec. n°. 1698.

FAB. *Syst. ent. pag.* 383. *n°.* 29.—*Sp. inf. tom.*
1. *pag.* 480. *n°.* 36.

SCHRANK. *Enum. inf. auft. n°.* 811.

Cette efpèce reffemble beaucoup à l'*abeille* à
miel. Le corps eft brun. Le corcelet eft couvert d'un
duvet fauve, ou de couleur de rouille de fer. Les
pattes font un peu velues. Elle fait fon nid dans
des terreins fecs & fablonneux, coupés horifontale-
ment. On apperçoit extérieurement plufieurs petits
trous ronds, peu diftans les uns des autres.

Elle fe trouve dans toute l'Europe.

55. ABEILLE patte-plumeufe.

Apis plumipes. FAB.

*Apis thorace fulvo, abdomine nigro, apice fulvo,
tibiis pofticis compreffo-dilatatis, hirfutis atris.* FAB.
Sp, inf. tom. 1. *pag.* 480. *n°.* 35,

Cette efpèce eft un peu plus grande que l'*abeille*
à miel. Les antennes font noires. La tête eft couverte de poils fauves en-deffus, & blancs en-deffous.
La lèvre fupérieure eft jaune : le front eft noir,
avec une ligne jaune. Le corcelet eft couvert de
poils fauves. Le premier & fecond anneau du ventre
font noirs; les autres font fauves, avec un point
blanc de chaque côté. Les deux pattes de devant
font couvertes de poils blancs; les autres font noires
& très-velues.

Elle fe trouve aux Indes orientales,

56. ABEILLE demi-nue.

Apis femi-nuda. FAB.

*Apis thorace hirto atro antice flavo, abdomine
nudo atro, fafcia interrupta atra.* FAB. *Spec. inf.
tom.* 1. *pag.* 479. *n°.* 32.

Elle eft de grandeur moyenne. Sa tête eft
noire, peu velue. Le corcelet eft noir & très-velu :
on voit, à la partie antérieure, une bande jaune.
L'abdomen eft ovale, noir, luifant, avec une
bande interrompue, formée par des poils de la
même couleur. Les pattes font noires.

Elle fe trouve fur les fleurs, en Allemagne.

57. ABEILLE divifée.

Apis difjunda.

*Apis nigra, thorace poftice abdomineque antice
tomentofis, flavis, alis fufcis.* FAB. *Sp. inf. tom.*
1. *pag.* 481. *n°.* 38.

Cette efpèce eft de la grandeur de l'*abeille* à
miel. Sa tête eft noire. Le corcelet eft noir, prefque glabre, & couvert, à fa partie poftérieure,
d'un duvet jaune. L'abdomen eft bleuâtre, luifant; le
premier anneau feulement eft couvert d'un duvet
jaune. Les pattes font noires, peu velues, & les
aîles obfcures.

Elle fe trouve en Amérique; elle nous vient fréquemment de Cayenne.

58. ABEILLE patte-fauve.

Apis rufipes. FAB.

Apis nigra, thorace poftice abdomineque antice

tomentofo ferrugineis, alis teftaceis, apice fufcis,
FAB. *Sp. inf. tom.* 1. *pag.* 481. *n°.* 39.

Cette *abeille* eft grande. Sa tête eft noire, fans
taches. Le corcelet eft noir à fa partie antérieure;
il eft couvert d'un duvet ferrugineux à fa partie
poftérieure. L'abdomen eft noir. Le premier anneau
& le bord du fecond font couverts d'un duvet ferrugineux. Les aîles font de couleur de brique à
leur bafe, & brunes à leur extrémité. Les pattes
font ferrugineufes.

Elle fe trouve en Afrique.

59. ABEILLE corcelet-fauve.

Apis thoracica. LIN.

Apis atra, thorace rufo, alis apice fufcis. FAB. *Syft.
ent. pag.* 383. *n°.* 31.—*Sp. inf. tom.* 1. *pag.* 481.
n°. 40.

Elle eft à-peu-près de la grandeur de l'*abeille* à
miel. Tout fon corps eft d'un noir foncé; le corcelet feulement eft couvert de poils d'un roux foncé.
L'abdomen eft noir, un peu aplati, & prefque
glabre. Les aîles font obfcures.

Elle fe trouve en Europe, fur les fleurs.

60. ABEILLE front-jaune.

Apis flavi-fons. FAB.

*Apis thorace hirfuto albicante, fafcia nigra,
abdomine carulefcente, ano cinereo.* FAB. *Syft. ent.
p.* 383. *n°.* 32.—*Sp. inf. tom.* 1. *pag.* 481. *n°.* 41.

Les antennes font noires, & le premier article
eft jaune en-deffous. La tête eft noire, le front
jaune, & la trompe couleur de rouille. Le corcelet
eft très-velu, blanchâtre, avec une large bande
noire au milieu. L'abdomen eft bleuâtre. On voit,
fur le premier anneau feulement, une ligne longitudinale, couleur de rouille; le dernier anneau
eft tout gris. Les pattes font noires, mais les jambes
antérieures ont une ligne & les autres un point
jaune à leur bafe. Les aîles font obfcures.

Elle fe trouve au Bréfil.

61. ABEILLE cendrée.

Apis cineraria. LIN.

*Apis nigra, thorace hirfuto albicante; fafcia
nigra, abdomine carulefcente.* LIN. *Syft. nat. pag.*
953. *n°.* 5. — *Faun. fuec. n°.* 1688.

FAB. *Syft. ent. pag.* 384. *n°.* 33. — *Sp. inf.
tom.* 1. *pag.* 481. *n°.* 42.

SCHAEFF. *Icon. tab.* 22. *f.* 5. 6.

L'*abeille* bleuâtre, à aîles nébuleufes. GEOFF.
Inf. tom. 2. *pag.* 415. *n°.* 16.

*Apis nigro-carulefcens, alis nebulofis, fronte
femoribusque pofticis hifurtie flavis.* GEOFF. *ib.*

Cette *abeille* eft noire. La tête & le corcelet font
couverts de poils gris, moins ferrés fur le milieu
du corcelet, ce qui paroît former une bande noire.
L'abdomen eft d'un noir bleuâtre, un peu luifant
fur les côtés : on voit, lorfque l'infecte eft récemment forti de fa nymphe, quelques poils gris
très-courts, & peu apparens. Les pattes font noires,
& les aîles obfcures. Cette *abeille* perd quelquefois
prefq

presque tous ees poils, & elle paroît alors entièrement noire.

Elle se trouve dans toute l'Europe, sur les
fleurs.

62. Abeille âtre.

Apis atra. Scop. *Ent. carn.* n°. 797.

*Apis atra, thorace villoso cinerascente, abdo-
mine glabro.* Nob.

Apis nigra, hirsutie cinerea. Geoff. *inf. tom.* 2.
pag. 412. n°. 8.

L'abeille grise. Geoff. *ib.*

Apis tota nigra; abdomine nitenti, alis fuscis.
Schrank. *Enum. inf. auft.* n°. 814.

Cette espèce est d'un noir très-foncé, en quoi
elle diffère de la précédente. Le corcelet & les
pattes sont couverts de poils d'un gris obscur. L'abdomen est lisse, très-noir, luisant, un peu aplati.
Les aîles ont à leur extrémité, une légère teinte
obscure, ce qui la distingue encore de la précédente.

On la trouve aux environs de Paris, & dans les
provinces méridionales de la France, sur les fleurs.

63. Abeille rétuse.

Apis retusa. Lin.

*Apis nigra subhirta, abdominis basi retusa,
tibiis posticis extus lanatis.* Lin. *Syft. nat. pag.*
954. n°. 8. — *Faun. suec.* n°. 1689.

Cette *abeille* est un peu plus grande que la précédente : elle est toute d'un noir foncé, & peu
velue. L'abdomen est noir & luisant. Les jambes
postérieures ont, à leur partie extérieure, des poils
courts & serrés, de couleur fauve, destinés à transporter la cire dont cette *abeille* se sert pour la
construction de ses nids. Ses aîles sont d'un noir
violet.

Elle se trouve en Europe, sur les fleurs.

64. Abeille cul-noir.

Apis analis. Fab.

*Apis thorace villoso, cinereo, abdomine cæru-
lescente, ano nigro.* Fab. *Syft. ent. pag.* 384. n°. 34.
—*Sp. inf. pag.* 481. n°. 43.

Elle est une fois plus grande que l'*abeille* à miel.
Ses antennes sont noires. La tête est noire, & le
front jaune. Le corcelet est couvert d'un duvet gris,
assez serré. L'abdomen est bleu ; mais le premier
anneau est couvert de poils gris, & les derniers le
sont de poils noirs. Les pattes sont bleuâtres.

On la trouve en Amérique.

65. Abeille cul-fauve.

Apis hæmorrhoa. Fab.

*Apis thorace villoso ferrugineo, abdomine atro,
lateribus glauco maculatis, ano ferrugineo.* Fab.
Spec. inf. tom. 1. pag. 481. n°. 44.

Les antennes sont noires. La tête est noire, avec
un duvet grisâtre sur le front. Le corcelet est noir
& couvert d'un duvet ferrugineux. L'abdomen est
noir, luisant, avec des taches latérales, verdâtres,

Histoire Naturelle, Insectes. Tome I.

& son extrémité fauve. Les pattes sont noires, mais
les jambes postérieures sont couvertes de poils
fauves.

Cette espèce se trouve en Allemagne.

66. Abeille cinq-crochets.

Apis manicata. Lin.

*Apis abdomine fasciis flavis interruptis, apice
spinâ quintuplici recurva armato.* Geoff. *inf. tom.*
2. pag. 408. n°. 3.

*Apis cinerea abdomine nigro : maculis lateralibus
flavis ano quinque dentato.* Fab. *Syft. ent. pag.*
384. n°. 35. — *Sp. inf. tom.* 1. pag. 482. n°.
45.

*Apis nigra, pedibus anticis hirsutissimis, abdo-
mine maculis flavis lateralibus, ano tridentato.* Lin.
Syft. nat. pag. 958. n°. 28. — *Faun. suec.* n°.
1701.

Schaeff. *Icon. tab.* 32. f. 11. 12. 13. 14.

Sa couleur est d'un brun clair. Ses antennes sont
brunes. La tête est brune, & la lèvre supérieure
jaune. Il y a quelques poils de couleur cendrée sur
le derrière de la tête. Le corcelet est couvert de
poils de la même couleur. L'abdomen a sur chaque
anneau deux taches jaunes, une de chaque côté,
qui se rapprochent toujours davantage, en s'avançant vers la pointe, & qui viennent souvent se
confondre. Il est terminé par cinq petites pointes
courbées en crochets ; savoir, trois sur le dernier
anneau, & deux sur l'avant-dernier. Les mulets sont
beaucoup plus petits, & ils n'ont point ces crochets.
Leur ventre est garni en-dessous de poils fauves,
très-serrés, qui servent à transporter la poussière des
étamines. Les pattes sont noirâtres, avec quelques
lignes longitudinales, jaunes sur les jambes & sur
les tarses.

Cette *abeille* est très-commune en Europe ; on la
trouve pendant tout l'été sur les fleurs.

67. Abeille sept-crochets.

Apis florentina. Fab.

*Apis abdomine maculis flavis lateralibus, subtus
hirsutissimo ; segmentis tribus ultimis utrinque dentatis.* Fab. *Syft. ent. pag.* 384. n°. 36. — *Sp. inf.*
tom. 1. pag. 482. n°. 46.

Cette *abeille* ressemble beaucoup à la précédente.
Voici en quoi elle en diffère : elle est un peu
plus grande, les taches de l'abdomen sont plus
distinctes, & il est terminé par sept crochets, au-
lieu de cinq ; il est glabre en-dessus, & très-velu
en-dessous. On voit, à la base des cuisses postérieures,
une petite élévation en forme de dent.

Elle se trouve sur les fleurs, en Italie, en Provence.

68. Abeille Iris.

Apis Ireos. Fab.

*Apis thorace hirto ferrugineo, abdomine atro,
fasciis tribus interruptis albis, tarsis posticis an-
gulato-dilatatis.* Fab. *Sp. inf. tom.* 1. pag. 482. n°. 47.

K

Cette *abeille* est plus grande que la suivante. La bouche & la lèvre supérieure sont jaunes. Le corcelet est couvert de poils ferrugineux. L'abdomen est noir : le premier anneau est couvert de poils de la même couleur que ceux du corcelet : le second, le troisième & le quatrième, ont une bande blanche interrompue. Les pattes sont jaunes ; les tarses des pattes postérieures sont très-anguleux à leur base.

69. ABEILLE tachetée.

Apis stictica. FAB.

Apis thorace nigro immaculato, abdomine atro; maculis utrinque sex transversis rufis. FAB. *Mant. inf. tom.* 1. *pag.* 302. *n°.* 53.

Elle ressemble beaucoup à l'*abeille* maculée, mais elle est plus grande, & ses couleurs sont différentes. Les antennes sont ferrugineuses, avec leur extrémité noire. La tête est noire, & son bord postérieur est ferrugineux. Le corcelet est noir & sans taches. L'abdomen est très-noir ; mais on voit, sur chaque anneau, deux taches transversales, ferrugineuses. Le ventre en-dessous est couvert de poils serrés, d'un jaune doré. L'anus est simple. Les pattes sont ferrugineuses ; les cuisses seulement sont noires à leur base. Les aîles sont obscures.

Elle se trouve sur les fleurs, en Barbarie.

70. ABEILLE maculée.

Apis maculata. FAB.

Apis nigra, thorace maculato, abdomine maculis utrinque sex transversis flavis, ano integro. FAB. *Sp. inf. tom.* 1. *pag.* 482. *n°.* 47.

La tête de cette espèce est noire : la bouche est jaune : on voit aussi sur le front quelques points jaunes. Le corcelet est noir, couvert d'un léger duvet, avec quelques taches latérales jaunes. L'abdomen est noir, lisse, luisant, avec six taches jaunes de chaque côté. L'anus est simple ; les cuisses sont fauves ; les jambes sont jaunes en-dessus, & noires en-dessous.

Elle se trouve en Italie, sur les fleurs.

71. ABEILLE interrompue.

Apis interrupta. FAB.

Apis pubescens nigra, abdomine strigis quinque flavis, anticis duabus interruptis, ano bidentato. FAB. *Sp. inf.* 1. 482. 49.

Elle ressemble beaucoup à la précédente, mais le corcelet de celle-ci est velu & sans tache. La tête est noire, avec la lèvre supérieure & un point derrière les yeux, jaunes. L'abdomen est noir, lisse, avec cinq bandes jaunes, dont les premières sont interrompues : il est terminé par deux petits crochets.

Elle se trouve en Italie, sur les fleurs.

72. ABEILLE bariolée.

Apis variegata. FAB.

Apis nigra, abdominis segmentis maculis qua-

tuor flavis transversis. FAB. *Sp. inf. tom.* 1. *pag.* 483. *n°.* 50.

Elle ressemble à l'*abeille* maculée. Sa tête est noirâtre, avec un point jaune sur chaque côté de la lèvre supérieure, & un point de la même couleur derrière les yeux. Le corcelet est noirâtre, avec une ligne sur les bords, & deux points sur l'écusson, jaunes. L'abdomen est globuleux, noir, avec quatre points jaunes sur chaque anneau. Le dessous est couvert de poils fauves ; il n'est terminé par aucun crochet. Les pattes sont jaunes, & les cuisses noires en-dessus.

Elle se trouve en Italie, sur les fleurs.

73. ABEILLE arrondie.

Apis rotundata.

Apis nigra, cinereo hirta, abdomine sub-globoso; segmentorum marginibus albis. FAB. *Mant. inf. tom.* 1. *pag.* 303. *n°.* 57.

Elle ressemble aux précédentes, mais elle est plus petite. La tête est noire, & la lèvre supérieure est jaune & cotonneuse. Le corcelet est noir & velu. L'abdomen est arrondi, noir, avec le bord de chaque anneau blanc. Les pattes sont noires.

Elle se trouve en Danemarck.

74. ABEILLE variée.

Apis varia. NOB.

Apis rufipes fusco ferrugineoque varia, abdomine flavo : segmentorum marginibus atris. FAB. *Mant. inf. tom.* 1. *pag.* 305. *n°.* 58.

J'ai changé à cette *abeille* le nom de *rufipes*, que M. Fabricius lui a donné, parce qu'il l'a donné aussi à une autre. Il ne faut pas que deux espèces du même genre portent le même nom spécifique.

Cette espèce ressemble, pour la forme & la grandeur, à l'*abeille* bariolée. Les antennes sont noires. La tête est ferrugineuse & noire entre les antennes. La lèvre supérieure est jaune. Le corcelet est noir, avec une bordure ferrugineuse tout autour. L'abdomen est jaune, mais le bord des anneaux est noir. Le premier & le second anneaux sont coupés au milieu par une ligne longitudinale, noire. Les pattes sont ferrugineuses, avec la base des cuisses noire.

Elle se trouve en Espagne, sur les fleurs.

75. ABEILLE ferrugineuse.

Apis ferruginea. FAB.

Apis capite thoraceque nigris, ferrugineo maculatis, abdomine pedibusque ferrugineis. FAB. *Mant. inf. tom.* 1. *pag.* 303. *n°.* 59.

Elle ressemble aux précédentes, mais elle est une fois plus petite. La tête est noire, avec son bord postérieur, & toute la bouche, ferrugineux. Le corcelet est noir, avec deux points ferrugineux sur le bord antérieur, & deux autres sur le bord postérieur. L'abdomen & les pattes sont ferrugineux, sans taches. Les aîles sont obscures.

Elle se trouve en Espagne, sur les fleurs.

76. ABEILLE triple-épine.
Apis trispinosa. FAB.

Apis nigra , abdomine utrinque punctis duobus flavis , scutello trispinoso. FAB. *Mant. inf. tom.* 1. *pag.* 303. *n°.* 60.

Elle est petite, & elle ressemble aux précédentes. Tout son corps est noir & obscur. La bouche est couverte d'un léger duvet argenté. Le corcelet est sans taches. L'écusson est terminé par deux dentelures ; &, au-dessus de l'écusson, on voit une troisième dentelure avancée, courbée, aiguë, en forme d'épine. L'abdomen a, de chaque côté, deux points jaunes. Les pattes sont noires, ferrugineuses à leur extrémité, & armées d'onglets noirs & très-forts.

Elle se trouve en Saxe.

77. ABEILLE de Tunis.
Apis tunensis. FAB.

Apis nigra , thorace hirsuto rufo , abdominis segmentis margine rufo ciliato. FAB. *Mant. inf. tom.* 1. *pag.* 304. *n°.* 63.

Cette espèce ressemble pour la forme & la grandeur à l'*abeille* fauve. Ne l'ayant pas sous les yeux, je ne sais si elle appartient à la première ou à la seconde famille. Ses antennes sont noires. La tête est noirâtre & couverte d'un léger duvet cendré. Le corcelet est couvert de poils fauves très-serrés. L'abdomen est noir, mais le bord des anneaux est couvert de poils fauves, qui font paroître chaque bord comme cilié.

Elle se trouve sur la côte de Barbarie, à Tunis.

78. ABEILLE grosse-cuisse.
Apis femorata. NOB.

Apis nigra , pubescens ; fronte lutea ; femoribus posticis incrassatis , tarsorum articulo primo dentato NOB.

Elle ressemble pour la forme & la grandeur à l'*abeille* patte-velue. Ses antennes sont noires, avec un peu de jaune à leur base antérieurement. La tête est noire, & couverte de quelques poils gris, jaunâtres. Les mandibules sont jaunes à leur base, & noires à leur extrémité. La lèvre supérieure est jaune. Le front est un peu renflé, jaune, avec un point noir & grand au milieu. Le corcelet est couvert d'un duvet gris jaunâtre. L'abdomen est noir, presque lisse ; on voit, au bord des anneaux seulement, quelques poils courts, blanchâtres, qui forment de légères bandes. Les pattes sont noires; mais les quatre de devant sont couvertes de quelques poils gris : celles de derrière sont presque lisses : les cuisses de celles-ci sont très-renflées ; les jambes le sont un peu moins ; on voit sur le premier article des tarses, une dent ou épine, un peu courbée vers le bas, placée à sa partie antérieure : sa partie postérieure a quelques poils très-courts, fauves.

J'ai trouvé cette *abeille* sur des fleurs, en Provence.

79. ABEILLE fasciée.
Apis fasciata. LIN.

Apis supra lutea , fascia baseos alarum atra. LIN. *Syst. nat. pag.* 958. *n°.* 30.

FAB. *Syst. ent. pag.* 384. 37. —*Sp. inf. tom.* 1. *pag.* 483. *n°.* 51.

Elle a la forme de l'*abeille* cinq-crochets. Ses antennes sont noires. Son corps est couvert en-dessus d'un duvet jaune, un peu ferrugineux. Toute sa poitrine est couverte d'un duvet blanchâtre. Les deux premiers anneaux de l'abdomen sont noirs au milieu, & blancs de chaque côté : tout le dessous du ventre est noir. Les jambes sont très-velues, très-noires, mais pâles & moins velues à leur partie antérieure. On voit, vers la base des ai... , une bande noire.

Cette espèce se trouve au Cap de Bonne-Espérance.

80. ABEILLE laineuse.
Apis lanata. FAB.

Apis thorace ferrugineo , abdomine nigro , albo fasciato , ventre lana nivea. FAB. *Syst. ent.* 385. 40. —*Sp. inf. tom.* 1. *pag.* 483. *n°.* 51.

Cette espèce ressemble à l'*abeille* coupeuse ; mais elle est plus grande. La tête, le corcelet, & les deux premiers anneaux de l'abdomen sont couverts d'un duvet ferrugineux. Les autres anneaux sont lisses, très-noirs, avec leurs bords blancs. Le ventre en-dessous est garni d'un duvet serré, d'un blanc de coton.

Elle se trouve en Amérique.

81. ABEILLE bicolor.
Apis bicolor. FAB.

Apis nigra , abdomine hirto , supra fulvo , subtus niveo. FAB. *Spec. inf. tom.* 1. *pag.* 483. *n°.* 55.

Elle ressemble à l'*abeille* coupeuse, mais elle est plus grande. Les antennes sont noires, courtes & cylindriques. La tête est noire, & le front est couvert d'un duvet cendré. Le corcelet est noir ; on y voit un point formé de poils blancs, placé à sa partie supérieure, & un duvet fauve, placé au-dessous des aîles. L'abdomen est couvert en-dessus, d'un duvet fauve, & en-dessous, de poils blancs, très-serrés. Les pattes sont velues & cendrées : les tarses sont fauves. Les aîles supérieures sont obscures.

Cette espèce se trouve aux Indes orientales.

82. ABEILLE velue.
Apis villosa. FAB.

Apis atra , thorace abdomineque cinereo hirtis, ventre lana atra. FAB. *Syst. ent. append. pag.* 818. —*Sp. inf. tom.* 1, *pag.* 483. *n°.* 56.

Cette *abeille* ressemble aux précédentes. Ses antennes sont noires, courtes & cylindriques. La tête est noire. Le corcelet est noir, & couvert, à sa partie antérieure d'un duvet cendré. L'abdomen est noir, luisant ; il y a sur le premier anneau seulement, des poils cendrés. Les aîles sont obscures.

Elle se trouve aux Indes orientales.

K 2

83. ABEILLE pubère.
Apis pubescens. FAB.
Apis corpore cinereo pubescente immaculato. FAB.
Sp. inf. tom. 1. *pag.* 484. *n°.* 57.

Elle est petite : tout son corps est couvert d'un duvet cendré. Le bord des anneaux de l'abdomen est blanchâtre.

Elle se trouve en Italie.

84. ABEILLE rouillée.
Apis myftacea. FAB.
Apis nigra, abdomine toto ferrugineo. FAB. *Syft. ent. pag.* 385. *n°.* 41. —*Sp. inf. tom.* 1. *pag.* 484. *n.* 58.

La tête, le corcelet & les pattes sont velus, noirs & sans taches. L'abdomen est ferrugineux; le premier anneau seulement paroît noirâtre à sa base. Les aîles sont obscures.

Elle se trouve dans la Nouvelle-Hollande.

85. ABEILLE coupeuse.
Apis centuncularis. LIN.
Apis nigra ventre lana fulva. LIN. *Syft. nat. pag.* 953. *n.* 4. —*Faun. suec.* n°. 1687.
FAB. *Syft. ent. pag.* 385. *n°.* 42. —*Sp. inf. tom.* 1. *pag.* 484. *n°.* 59.
L'*abeille* charpentière à ventre velu & roux en-dessous. GEOFF. *inf. tom.* 2. *pag.* 410. *n°.* 5.
REAUM. *Mém. tom.* 6. *pl.* 10. *fig.* 2. 3. 4. 5. *Ab. coupeuses.*
SCOP. *Ent. carn.* n°. 799.
SCHRANK. *Enum. inf. auft.* n°. 815.
SCHAEFF. *Icon. tab.* 162. *f.* 6. 7.

Cette *abeille* est brune. Ses antennes sont noires. Sa tête & son corcelet sont couverts d'un duvet gris-fauve. L'abdomen est lisse, mais on voit sur le bord de chaque anneau quelques poils grisâtres. Le ventre est couvert de poils fauves très-serrés, qui servent à cette espèce pour transporter la poussière des étamines. Le mâle est beaucoup plus petit que la femelle.

On la trouve assez communément sur les fleurs, dans toute l'Europe.

Cette *abeille* vit solitaire; on ne trouve point parmi elles de mulets chargés de tout le travail, comme on en voit parmi plusieurs autres espèces; & le mâle n'est propre à rien autre qu'à féconder la femelle. Celle-ci est chargée seule de la construction de ses nids. Elle choisit pour cela un terrein un peu élevé, elle y pratique, par le moyen de ses mandibules, une petite cavité cylindrique; elle va ensuite couper des morceaux de feuilles d'arbres; mais plus ordinairement de rosiers ou de ronces. Elle les transporte entre ses pattes, après les avoir pliés dans leur milieu. La cavité qu'elle a pratiquée se trouvant cylindrique, ses parois servent à faire prendre, à chaque morceau de feuille, la courbure convenable, pour former une espèce de cylindre. Trois morceaux de feuilles suffisent ordinairement pour la construction d'une loge de trois lignes de diamètre, sur six lignes de long, de la forme d'un

dez à coudre, ouverte d'un côté, & fermée de l'autre, par le bout des feuilles, que l'*abeille* replie, & qui prennent une forme un peu convexe, comme celle d'un dez. Elle ferme l'autre bout par une pièce circulaire, qui s'enchasse exactement dans l'ouverture. Pour donner plus de solidité à cette cellule, l'*abeille* ne se contente pas de trois feuilles placées en recouvrement, elle en applique encore plusieurs les unes au-dessus des autres; elle en fait de même pour l'ouverture; elle y met trois ou quatre pièces. Pour consolider tout ce travail, elle ne se sert d'aucune matière qui puisse coller ces feuilles ensemble, elles sont simplement appliquées les unes contre les autres. Il faut observer qu'avant de fermer la cellule, l'*abeille* y dépose un œuf, & la remplit d'une espèce de miel, auquel Reaumur a donné le nom de pâtée, qu'elle ramasse sur différentes fleurs. Dès que cette opération est achevée, elle passe à la construction d'une nouvelle cellule, qu'elle place à la suite de la première. Elle a eu l'attention, en plaçant le couvercle qui ferme la première cellule, de l'avancer un peu, afin de se ménager un bord de près de demi-ligne, qui sert à engrainer le fond de la seconde : elle en construit de même sept à huit à la file. Lorsque tout l'ouvrage est achevé, & que sa ponte est finie, elle l'abandonne. Dans peu de tems, il sort de l'œuf une petite larve blanche, semblable à celle de l'*abeille* à miel: elle se nourrit de la pâtée qu'il y a dans sa loge, elle grossit insensiblement, & elle est parvenue à son entier accroissement, lorsqu'elle a achevé sa provision. Pour lors, cette larve file une coque, dans laquelle elle se change en nymphe, & d'où elle sort bientôt sous la forme d'*abeille*.

86. ABEILLE ponctuée.
Apis punctata. FAB.
Apis nigra, cinereo-villosa, abdomine atro, segmentis utrinque puncto albo. FAB. *Syft. ent. pag.* 385. *n°.* 43. —*Sp. inf. tom.* 1. *pag.* 484. *n°.* 60.

Cette *abeille* est toute noire & luisante. Ses antennes sont noires. Sa tête & son corcelet sont couverts de poils gris. L'écusson est terminé par deux petites dents cachées dans les poils. L'abdomen est terminé en pointe; il est lisse, d'un noir luisant: on y voit, sur chaque anneau, un point blanchâtre, de chaque côté, formé par une touffe de poils. Les pattes sont noires; mais il y a, à la partie supérieure & extérieure des jambes, un point blanc, formé par des poils de cette couleur. Les aîles sont légèrement obscures.

Cette espèce se trouve dans toute l'Europe, sur les fleurs.

Il faut observer que les points de l'abdomen disparoissent quelquefois.

87. ABEILLE Bombille.
Apis bombylans. FAB.
Apis cyanea nitida, abdomine atro. FAB. *Syft.*

ent. pag. 386. *n°.* 44.—*Sp. inf. tom.* 1. *pag.* 484. *n°.* 62.

Cette espèce ressemble à la suivante. Les antennes sont noires. La tête & le corcelet sont bleus, luisans, avec un léger duvet grisâtre. L'abdomen est couleur de cuivre, & l'anus est garni de quelques poils blancs. Les aîles & les pattes sont bleues.

Elle se trouve dans la Nouvelle-Hollande.

88. ABEILLE Mouche.

Apis muscaria. FAB.

Apis cærulescens, ano albido. FAB. *Syst. ent.* pag. 386. *n°.* 45. —*Sp. inf. tom.* 1. *pag.* 484. *n°.* 63.

Cette *abeille* a, au premier regard, la figure d'une mouche. Les antennes sont noires; leur extrémité est brune en-dessous. La tête est noire, & le front jaune. Le corcelet est bleuâtre, mais couvert d'un léger duvet gris. L'abdomen est bleu & lisse. L'anus est velu & blanchâtre. Les aîles sont transparentes.

Elle se trouve dans la Nouvelle-Hollande.

89. ABEILLE hémorrhoïdale.

Apis hæmorrhoidalis. FAB.

Apis atra, abdomine æneo, ano rufo. FAB. *Syst. ent.* pag. 386. n°. 46.—*Sp.inf. tom.* 1. pag. 484. n°. 64.

Les antennes sont noires; le premier article seulement est jaune en-dessous. La lèvre supérieure est jaune. Le front est noir & ponctué de jaune. Le corcelet est très-noir. L'abdomen a une couleur de cuivre obscure. L'anus est couleur de sang.

Elle se trouve dans les isles de l'Amérique méridionale.

90. ABEILLE à ceinture.

Apis cincta. FAB.

Apis thorace cinereo villoso, abdomine fusco, segmentorum marginibus fulvis. FAB. *Sp. inf. tom.* 1. *pag.* 484. n°. 61.

Cette *abeille* est grande. La tête & le corcelet sont bruns & couverts de poils gris. Le premier anneau de l'abdomen est pareillement couvert de poils gris, mais les autres sont bruns, & ils ont, sur leur bord, des poils fauves. Tout le ventre est couvert de poils fauves. Les pattes sont brunes; les tarses des quatre pattes de derrière sont velus, & fauves. Les aîles sont obscures.

Elle se trouve dans la Nouvelle-Hollande.

91. ABEILLE dentée.

Apis dentata. LIN.

Apis nitida viridis, alis nigris, femoribus posticis dentatis. LIN. *Syst. nat.* pag. 954. no. 14. FAB. *Syst. ent.* pag. 386. n°. 47.— *Sp. inf. tom.* 1. pag. 484. n°. 65.

Tout son corps est lisse & d'une belle couleur verte, luisante. Ses antennes sont noires; ses yeux sont bruns; sa trompe est brune & presque de la longueur du corps. Les cuisses postérieures sont un

peu renflées, avec quelques petites dentelures. La jambe & le premier article des tarses sont larges & un peu aplatis. Les aîles sont d'un noir violet.

Elle se trouve dans l'Amérique méridionale, à Cayenne, à Surinam.

92. ABEILLE cordiforme.

Apis cordata. LIN.

Apis viridis, nitida; alis hyalinis; abdomine cordato, tibiis posticis dilatatis. LIN. *Syst. nat. pag.* 955. n°. 15.

FAB. *Sp. inf. tom.* 1. pag. 485. n°. 66.

Abeille en cœur verte, lisse & luisante, à aîles vitrées, à ventre en cœur, & à jambes postérieures larges & plattes. DEG. *Mém. tom.* 3, *pag.* 572. n°. 3. *pl.* 28. fig. 5.

Cette *abeille* ressemble un peu à la précédente, mais elle est deux fois plus petite: elle est lisse & d'un beau verd luisant. Les antennes sont noires, & les yeux bruns. Les cuisses postérieures ne sont point renflées ni dentées comme dans la précédente; les jambes & le premier article des tarses sont très-larges & aplatis. Les aîles sont transparentes.

Elle se trouve à Cayenne, à Surinam.

93. ABEILLE versicolor.

Apis versicolor. FAB.

Apis thorace hirto, cinerascente, abdomine cyaneo, ano rufescente. FAB. *Syst. ent. pag.* 386 n°. 48. — *Sp. inf. tom.* 1. pag. 485. n° 67.

Elle est plus grande que la suivante. Ses antennes sont noires & courtes. La tête est noire, & la lèvre supérieure jaune. Le corcelet est couvert d'un duvet épais, d'un gris cendré. L'abdomen est lisse, bleu & luisant. L'anus est couleur de rouille de fer. Les jambes postérieures sont très-velues.

Elle se trouve en Amérique.

94. ABEILLE quadridentée.

Apis quadridentata. LIN.

Apis fusca, abdomine cingulis quinis albidis, ano quadridentato intermediis bifidis. LIN. *Syst. nat. pag.* 958. n°. 29. —*Faun. suec. n°.* 1703.

FAB. *Syst. ent. pag.* 386. n°. 49. —*Sp. inf. tom.* 1. pag. 485. n°. 68.

SWAMM. *Bibl. nat. tab.* 26. fig. 4.

Elle est toute brune. Ses antennes sont noires & courtes. Le front & le corcelet sont légèrement couverts d'un duvet cendré. L'abdomen est brun, & tous les bords des anneaux sont couverts de poils gris. L'anus est terminé par quatre petites pointes en forme de dents.

Elle se trouve en Europe, sur les fleurs.

95. ABEILLE cotonneuse.

Apis lanipes. FAB.

Apis thorace cinereo, abdomine rufo, pedibus posticis hirsutissimis. FAB. *Syst. ent. pag.* 386. n°. 50. —*Sp. inf. tom.* 1. pag. 485. n°. 69.

Elle est petite. Ses antennes sont courtes & noires.

La lèvre ſupérieure eſt jaune , avec une tache noire. Le corcelet eſt cendré. L'abdomen eſt fauve. Les jambes de derrière ſont couvertes de poils fins , longs & très-ſerrés.

Elle ſe trouve dans les iſles de l'Amérique méridionale.

96. ABEILLE leucophtalme.
Apis cœcutiens. FAB.

Apis fuſca abdomine glabro ferrugineo , utrinque nigro maculato. FAB. *Syſt. ent. pag.* 387. *n°.* 51.
— *Spec. inſ. tom.* 1. *pag.* 485. *n°.* 70.

Les antennes ſont courtes & noires. Les yeux ſont brillans , blancs , avec des points noirs ; mais cette couleur diſparoît lorſque l'inſecte périt. L'abdomen eſt arrondi , fauve , avec trois ou quatre points noirs de chaque côté.

Elle ſe trouve à Léipſic.

97. ABEILLE tridentée.
Apis tridentata. FAB.

Apis ſcutello tridentato , abdomine conico , acutiſſimo , ſegmentorum marginibus albis. FAB. *Syſt. ent. pag.* 387. *n°.* 52. — *Spec. inſ. tom.* 1. *pag.* 485. *n°.* 71.

Cette *abeille* reſſemble beaucoup à l'*abeille* conique ; mais elle en diffère en ce que l'écuſſon eſt armé de trois pétites pointes fortes & aiguës.

Elle ſe trouve dans l'Amérique méridionale.

98. ABEILLE conique.
Apis conica. LIN.

Apis fuſca , abdomine conico acutiſſimo , ſegmentorum marginibus albis. LIN. *Syſt. nat. pag.* 958. *n°.* 32. — *Faun. ſuec. n°.* 1705.

Apis fuſca ; abdomine conico acutiſſimo , ſegmentorum marginibus albis , ſcutello inermi. FAB. *Syſt. ent.* 387. 53. — *Sp. inſ.* 1. 485. 72.

SCHRANK. *Enum. inſ. auſt. n°.* 809.

REAUM. *Mém. tom.* 6. *planch.* 11. *fig.* 2. 3. 4.

Elle eſt un peu plus petite que l'*abeille* à miel. Les antennes ſont noires, preſque en maſſe. La tête & le corcelet ſont couverts de poils cendrés. L'abdomen a une forme conique , & il ſe termine en pointe aiguë. Le bord de chaque anneau eſt recouvert de poils blanchâtres , qui forment cinq bandes de cette couleur. Elle conſtruit ſon nid dans la terre.

On la trouve fréquemment ſur les fleurs , dans toute l'Europe,

99. ABEILLE ventre-jaune,
Apis truncorum. LIN.

Apis nigra glabra , fronte albida pubeſcente , abdomine ſegmentis margine albidis ſubtus flavicante. LIN. *Syſt. nat. pag.* 954. *n°.* 12. — *Faun. ſuec. n°.* 1692.

Cette eſpèce eſt petite , noire , & preſque glabre. Le front eſt couvert d'un duvet léger, blanchâtre. Les antennes ſont filiformes , à-peu-près de la longueur du corcelet. Le bord des anneaux du ventre

en-deſſus eſt blanc , mais plus marqué ſur les côtés : le deſſous eſt jaune & velu.

Elle ſe trouve en Europe , ſur les fleurs.

100. ABEILLE glauque.
Apis glauca. FAB.

Apis antennis ferrugineis , longitudine corporis hirſuti glaucique. FAB. *Syſt. ent. pag.* 388. *n°.* 59. — *Sp. inſ. tom.* 1. *pag.* 487. *n°.* 81.

Les antennes ſont cylindriques , d'une couleur de rouille obſcure , de la longueur du corps. La tête & le corcelet ſont couverts d'un duvet glauque. L'abdomen eſt glauque , mais le premier & le ſecond anneaux ont une bande noire.

Elle ſe trouve dans l'Orient.

Je n'ai point vu cette eſpèce ; mais je ſoupçonne , à la longueur des antennes , qu'elle appartient au genre de l'encère.

101. ABEILLE bande-fauve.
Apis fulvo cincta. DEG.

Apis nigra , abdomine antice faſciis binis tranſverſis flavo-fulvis , alis hyalinis. DEG. *Mém. tom.* 7. *pag.* 607. *n°.* 7. *pag.* 607. *n°.* 4. *pl.* 45. *fig.* 4.

Abeille noire , à deux bandes tranſverſes , jaunes , fauves ſur le devant du ventre , & à aîles vitrées. DEG. *ib.*

Cette eſpèce reſſemble à l'*abeille* à miel , mais elle eſt plus petite & toute noire , excepté deux bandes d'un jaune fauve , placées à la baſe de l'abdomen , & dont la poſtérieure eſt plus large que l'autre. Le deſſous de la tête & du corcelet & les pattes , ſont couverts de poils gris. Les aîles ſont blanches , tranſparentes , & garnies de nervures brunes , noirâtres.

Elle ſe trouve au Cap de Bonne-Eſpérance.

102. ABEILLE Amalthée.
Apis Amalthea. NOB.

Apis nigra , immaculata ; tarſis apice obſcure rufis. NOB.

Cette *abeille* eſt petite & toute noire. Son corps a à peine trois lignes de long & une ligne & demie de large : il eſt légèrement velu. Les antennes ſont d'un brun-noirâtre , & de la longueur de la moitié du corcelet. Les trois petits yeux liſſes ſont bruns , & placés , ſur une ligne courbe , à la partie ſupérieure de la tête. La partie antérieure de la tête eſt plate. Les mandibules ſont brunes à leur baſe , & noires à leur extrémité. L'abdomen eſt court & preſque anguleux ſur les côtés. Les pattes poſtérieures ſont très-longues ; les jambes ſont grandes , comprimées & ciliées : le premier article des tarſes eſt plus petit que la jambe : le dernier article de tous les tarſes eſt d'une couleur fauve un peu foncée. Les aîles ſont blanches , tranſparentes , mais légèrement lavées d'une couleur obſcure.

Elle ſe trouve à Cayenne , à Surinam. Je ne connois que les mulets , que j'ai reçus de Cayenne. M. Renaud , docteur en Médecine , m'en a auſſi communiqué qu'il a pris à Surinam, pendant le féjour qu'il a fait dans ce pays : il a bien voulu y joindre les obfervations fuivantes.

Ces *abeilles* vivent en fociété très-nombreufe. Elles conftruifent, vers le fommet des arbres un peu hauts, un nid, dont la figure approche de celle d'une cornemufe, mais dont la grandeur varie fuivant que la fociété eft plus ou moins nombreufe : ces nids ont ordinairement de dix-huit à vingt pouces de long, & huit à dix pouces de diamètre ; en les voyant, on les prendroit pour une motte de terre, appliquée contre l'arbre. Il eft très-difficile, ou prefque impoffible, de les avoir fans abattre l'arbre. Malgré leur folidité, ces nids s'écrafent en tombant de fi haut. Ceux que M. Renaud a vus contenoient des alvéoles très-grands, relativement à la petiteffe de l'infecte ; ils avoient environ un pouce de long & fix à fept lignes de large ; ils renfermoient un miel très doux, très-agréable, très-fluide, d'une couleur rouffâtre, un peu obfcure. Ce miel eft fi aqueux, qu'il fermente peu de tems après qu'on l'a retiré des alvéoles, & il fournit alors une liqueur fpiritueufe, que les Indiens aiment beaucoup, & qui eft affez agréable lorfqu'elle n'eft pas trop ancienne. Pour conferver ce miel, on eft obligé de le faire cuire, afin de diffiper la quantité d'eau furabondante qu'il contient ; on lui donne à-peu-près la confiftance de nos fyrops.

Ce miel eft très-abondant dans chaque nid, & il feroit fans doute d'une très-grande reffource pour les habitans de ce pays, s'ils pouvoient parvenir à élever en domefticité & à multiplier à volonté ces *abeilles* : car indépendamment du miel frais qui leur fourniroit un aliment auffi fain qu'agréable, ils feroient encore des boiffons excellentes avec celui qu'ils laifferoient fermenter : ils feroient cuire & épaiffir l'autre, foit feul, foit avec différens fruits, pour le conferver & en faire ufage au befoin.

Lorfqu'on a retiré le miel, on met tout le nid dans des terrines de terre, la cire fond, comme la cire ordinaire, à un feu modéré ; on la décante enfuite ; il refte au fond une matière épaiffe, noirâtre, que l'on abandonne. Cette cire eft d'une couleur brune obfcure ; on a tenté envain jufqu'à préfent de la blanchir. Elle pourroit fans doute être utilement employée, foit dans les arts, foit dans la Médecine. Les Indiens trempent dans la cire fondue, de longues mèches de coton, les laiffent refroidir, les roulent enfuite, & en font des bougies très-minces, qui fervent à les éclairer.

103. ABEILLE florale.
Apis florea. FAB,

Apis cinereo villofa, abdomine glabro rufo, apice nigro. FAB. *Mant. inf. tom.* 1. *pag.* 305. *no.* 87.

Les antennes de cette efpèce font noires. Sa tête & fon corcelet font noirs, mais couverts d'un léger duvet cendré. L'abdomen eft liffe ; il eft fauve à fa bafe &, noir à fon extrémité. Les pattes font

obfcures. Les jambes poftérieures font fortement comprimées.

Elle fe trouve aux Indes orientales.

104. ABEILLE Emeraude.
Apis fmaragdula. FAB.

Apis viridis, abdomine maculis quatuor atris. FAB. *Mant. inf. tom.* 1. *pag.* 305. *n°.* 91.

Cette efpèce eft petite. Tout fon corps eft vert, liffe, brillant. Les antennes font courtes & noires. La lèvre fupérieure eft briquetée. L'abdomen eft cylindrique, glabre, vert, avec deux taches noires fur le quatrième & le cinquième anneau.

Elle fe trouve à Tranquebar.

105. ABEILLE fix-bandes.
Apis fex-cincta. FAB.

Apis cinerea, abdomine cylindrico incurvo, nigro, fafciis fex albis, pedibus flavis. FAB. *Syft. ent. pag.* 387. *n°.* 54. — *Sp. inf. tom.* 1. *pag.* 485. *n°.* 73.

Elle eft de médiocre grandeur. La tête & le corcelet font cendrés. L'abdomen eft cylindrique, noir, avec le bord des anneaux blanc. Toutes les pattes font jaunes.

Elle fe trouve en Amérique.

Efpèces moins connues.

1. ABEILLE alpine.
Apis alpina. LIN.

Velue ; corcelet noir ; abdomen jaune.

Apis alpina hirfuta, thorace nigro, abdomine luteo. LIN. *Syft. nat.* 961. 55. —*Faun. fuec.* n°. 1719.

Cette efpèce eft une des plus grandes d'Europe. Elle eft noire & velue. L'abdomen feul eft d'un jaune fauve ou ferrugineux, excepté fa bafe, qui eft noire.

Linné, en nous donnant la defcription de cette efpèce, dit qu'il n'en a trouvé qu'un feul individu fur les alpes de la Laponie.

2. ABEILLE carieufe.
Apis cariofa. LIN.

Noirâtre, peu velue ; front & pattes jaunes.

Apis cariofa fufca fubvillofa, fronte pedibufque flavis. LIN. *Syft. nat.* 959. 37. —*Faun. fuec.* n°. 1708.

Apis calceata. SCOP. *Ent. carn.* n°. 805.?

Elle eft prefque de la grandeur de l'*abeille* à miel. Tout fon corps eft noirâtre. Les antennes font droites & de la longueur de la moitié du corps. Le front eft couvert de poils jaunes. Les pattes font jaunâtres, excepté les cuiffes qui font de la couleur du corps.

Elle fe trouve en Europe, fur le bois carié. LIN. Sur les chatons de faule & dans les forêts. SCOP.

3. ABEILLE mexicaine.
Apis mexicana. LIN.

Noire ; aîles d'un noir bleuâtre ; abdomen pédonculé ; pédoncule presque ovale.

Apis atra ; alis atro-cærulescentibus , abdominis petiolo obovato. LIN. *Syst. nat. pag. 953. n°. 6.*

Cette espèce est grande : elle a le port d'un sphex, mais elle est munie d'une trompe semblable à celle des *abeilles.*

Elle se trouve en Amérique.

4. ABEILLE charbonnière.
Apis carbonaria. LIN.

Très-noire ; aîles d'un bleu obscur.

Apis atra , alis cærulescenti-fuscis. LIN. *Syst. nat. pag. 954. n°. 7.*

Elle est de la grandeur de l'*abeille* à miel. Son corps est noir & couvert d'un léger duvet. Le corcelet paroît comme coupé, à sa partie postérieure. La trompe est courte, conique, cachée sous les mandibules , munie de quatre antennules ferrugineuses , dont deux antérieures, composées de cinq articles , & deux postérieures, composées de trois.

Elle se trouve en Afrique.

5. ABEILLE argilleuse.
Apis argillosa. LIN.

Ferrugineuse ; abdomen pédonculé ; pédoncule courbé, en masse.

Apis rostro inflexo conico , ferruginea, abdominis petiolo clavato curvato. LIN. *Syst. nat. pag. 957. n°. 26. édit. 12.*

Sphex ferruginea, abdominis petiolo uniarticulato curvato , antennis clavatis , maxillis porrectis, LIN. *Syst. nat. pag. 569. édit. 10.*

Les antennes de cet insecte ont de dix à douze articles. Les mandibules sont subulées, avancées, sans dentelures ; elles embrassent la trompe divisée en deux pièces. Son corps est ferrugineux. Le premier anneau de l'abdomen est noirâtre & campanulé.

Il se trouve à Surinam ; sa larve vit dans des espèces de boules d'argile.

6. ABEILLE barbaresque.
Apis barbara. LIN.

Noire , corcelet fauve tout autour.

Apis nigra , thoracis ambitu rufo. LIN. *Syst. nat. 958. 31.*

Elle est de la grandeur d'une grosse fourmi. Tout son corps est noir. Le corcelet seul est rougeâtre à sa base , sur les côtés & entre les aîles. L'abdomen est ovale , très-alongé , noir , avec un léger duvet pâle sur le bord des anneaux ; le premier anneau est plus petit, & le second plus grand que les autres. Les antennes sont filiformes.

Elle se trouve en Barbarie.

7. ABEILLE rougeâtre.
Apis ferruginata. LIN.

Noire , lisse ; antennes , bouche , abdomen & pattes ferrugineux.

Apis nigra glabra , abdomine antennis ore

peatibusque ferrugineis. LIN. *Syst. nat. pag. 958. n°. 35.*

Elle est petite , noire , avec les antennes, la bouche , l'abdomen & les pattes ferrugineux. Le corcelet est noir , avec un point jaune, élevé, de chaque côté. L'abdomen est ovale & glabre. La base des cuisses est noire. Elle paroît tenir le milieu entre les guêpes & les *abeilles.*

Elle se trouve en Suède.

Je crois que cette espèce appartient au genre de la nomade.

8. ABEILLE tachetée de blanc.
Apis albo maculata. DEG.

Abeille tachetée de blanc , noire, à taches blanches aux côtés du ventre , à jambes blanches, à aîles supérieures brunes , & les inférieures vitrées. DEG. *Mém. tom. 7. pag. 607. n°. 5. pl. 45. fig. 5.*

Apis albo maculata nigra , abdominis lateribus maculis tibiisque albis , alis superioribus fuscis , inferioribus hyalinis. DEG. *ib.*

Cette *abeille* est longue de cinq & large de deux lignes. Ses antennes sont noires , assez grosses, de la longueur de la tête & du corcelet pris ensemble. La couleur de tout le corps est noire, mais variée de plusieurs taches blanches, formées par des poils de cette couleur : on en voit une touffe sur le devant de la tête , & plusieurs assemblages de poils semblables sur le corcelet, qui y forment différentes taches. L'abdomen a six taches de chaque côté, dont deux sur chaque anneau. Toutes les pattes sont couvertes de poils courts, blancs. Le corcelet a cela de particulier, qu'il est terminé par une plaque écailleuse , refendue au bout, & garnie de poils blancs. Les deux aîles supérieures sont d'un brun obscur, avec de petites taches transparentes à quelque distance de leur extrémité, mais les inférieures sont toutes transparentes & comme vitrées.

Elle se trouve au Cap de Bonne-Espérance.

Cette espèce ressemble à l'*apis luctuosa* de MM. Schrank , Scopoli , & au *nomada scutellaris* de M. Fabricius.

9. ABEILLE sordide.
Apis sordida. SCOP.

Noire ; corcelet velu ; extrémité du ventre & jambes fauves.

Apis nigra ; thorace hirsuto ; ano tibiisque rufis. SCOP. *Ent. carn. n°. 795.*

Elle est plus petite que l'*abeille* à miel. Ses antennes sont plus courtes que le corcelet. Les aîles supérieures ont une ligne ferrugineuse à leur bord. L'abdomen est noir , luisant , avec l'extrémité rousse. Les jambes & les tarses sont roux.

Elle se trouve dans la Carniole, province d'Allemagne.

10. ABEILLE globuleuse.
Apis globosa. SCOP.

Noire, couverte d'un duvet roux ; abdomen presque

presque globuleux, avec le bord des anneaux cilié.

Apis nigra, rufo-pubescens; abdomine sub-ro-tundo; segmentorum margine antico longioribus pilis ciliato. Scop. *Ent. carn. n°. 798.*

Apis convexa nigra, rufo-pubescens; abdomine cavato punctato. Schrank. *Enum. inf. aust. n°. 817?*

Cette espèce est plus petite que la précédente. Ses antennes ont à-peu-près la même longueur que l'abdomen. La trompe est longue, & les ailes supérieures ont leur bord extérieur d'un brun ferrugineux.

Elle se trouve en Allemagne.

11. Abeille sabuleuse.
Apis sabulosa. Scop.

Pubescente; antennes de la longueur du corcelet; abdomen elliptique.

Apis pubescens; antennis longitudine thoracis; abdomine elliptico. Scop. *Ent. carn. n°. 801.*

Elle a un peu plus de quatre lignes de long. Le mâle a le front couvert de poils jaunes, le corcelet blanchâtre, avec un duvet roussâtre de chaque côté. La femelle est un peu plus grosse que le mâle; ses mandibules sont plus alongées. Le front est couvert de poils noirâtres, & le corcelet d'un duvet roux. Les pattes ont en-dessous des poils longs.

Elle se trouve en Allemagne.

Dans le mois d'avril, on voit ces *abeilles* venir en troupe dans les endroits sablonneux, s'y accoupler, & voltiger continuellement, avec un léger bourdonnement. Scop.

12. Abeille éperonnée.
Apis calcarata Scop.

Noire; tête grosse, pubescente; cuisses postérieures, avec une dentelure.

Apis nigra; capite crasso, pubescente; femoribus posticis dente instructis. Scop. *Ent. carn. n°. 803.*

Elle est une fois plus petite que la précédente. Ses antennes sont rousses vers leur extrémité, & elles ont la longueur du corcelet. La tête est velue & plus grosse que le corcelet. L'abdomen est ovale.

Elle se trouve en Allemagne.

13. Abeille précoce.
Apis præcox. Scop.

Tête, corcelet & base de l'abdomen couverts d'un duvet blanchâtre; antennes de la longueur de l'abdomen.

Caput thorax, abdomen basi, albis villis pubescentia; antenna longitudine abdominis elliptici. Scop. *Ent. carn. n°. 804.*

Cette espèce a environ trois lignes de long: elle est toute noire. Ses mandibules sont alongées, avec leur extrémité roussâtre. La tête est grosse. Les ailes sont vitrées, avec leur bord extérieur ferrugineux. Elle a quelquefois le front couvert de poils longs & serrés. La longueur des antennes est égale à celle de l'abdomen.

On la trouve en Allemagne, sur les fleurs, au commencement du printems.

14. Abeille montagnarde.
Apis montana. Scop.

Noire; antennes, abdomen & pattes fauves.

Apis nigra; antennis abdomine pedibusque fulvis, Scop. *Ent. carn. n°. 806.*

Elle a environ quatre lignes de long. Les antennes sont fauves & composées de dix articles, dont le septième, le huitième & le neuvième sont noirs. On voit un petit tubercule fauve, de chaque côté du corcelet, au-dessus des ailes; & au-dessous, ainsi qu'à sa partie postérieure, on y voit un duvet presque argenté. L'écusson est d'un fauve obscur. Les pattes sont fauves, avec la base des cuisses noire. L'abdomen est elliptique, luisant, fauve, avec trois taches jaunâtres de chaque côté. Cette espèce varie quelquefois; les tubercules du corcelet pour lors sont jaunes, il n'y a qu'un point jaune de chaque côté de l'abdomen, & la bouche, & toutes les antennes, sont fauves.

Elle se trouve en Allemagne, sur les fleurs.

15. Abeille dégénère.
Apis degener. Scop.

Antennes noires; corcelet couvert d'un duvet fauve; abdomen avec des bandes noires.

Antenna nigra, alarum anticarum longitudine; thorax rufo villo pubescens; abdomen nigro fasciatum. Scop. *Ann. IV. Hist. nat. apis n°. 10.*

Elle est de la grandeur de l'*abeille* à miel, mais elle est un peu plus grosse. La lèvre supérieure est jaune. La tête, le corcelet & l'abdomen sont couverts d'un duvet roussâtre. Les jambes sont armées de deux petites épines roussâtres, luisantes.

Elle se trouve en Allemagne.

16. Abeille guêpe.
Apis vespiformis. Scop.

Noire; antennes, écusson & pattes fauves; abdomen avec des bandes jaunes.

Apis nigra; antennis, scutello pedibusque fulvis; abdomine supra cingulis flavis. Scop. *Ent. carn. n°. 808.*

Apis ore, antennis, scutello, pedibus fulvis; abdomine supra cingulis flavis tribus, primo interrupto; subtus tribus nigris. Schrank. *Enum. inf. aust. n°. 825.*

Cette *abeille* a environ trois lignes & demie de long. Elle est noire; mais elle a les mandibules, le tour des yeux, un point au milieu du front, & le bord de la lèvre supérieure, fauves. On voit de chaque côté du corcelet, une ligne & un point fauves; & deux points contigus, de la même couleur, sur l'écusson. Les ailes sont vitrées, mais le bord est un peu obscur. L'abdomen est ovale, luisant, glabre & coupé par des bandes jaunes & noires; il est fauve en-dessous, avec trois bandes noires. Les pattes sont briquetées, mais les cuisses postérieures sont noires.

Elle se trouve en Allemagne, sur les fleurs.

L

17. ABEILLE agile..

Apis agili,fima. SCOP.

Noire ; front & corcelet couverts d'un duvet blanchâtre ; abdomen oblong, luifant.

Apis tota nigra ; frons & thorax albido villo pubefcentia ; abdomine oblongum lucidum. SCOP. *Annus. IV. Hifi. nat. n°. 12.*

Apis nigra, fronte thoraceque villofo pubefcentibus, abdomine oblongo lucido. SCHRANK. *Enum. inf. aufi. n°. 821.*

Cette efpèce a environ cinq lignes de long ; elle varie un peu : on en trouve qui ont le front glabre, le corcelet couvert d'un duvet roux, l'abdomen noir, avec quelques poi\: clair-femés, ferrugineux, plus longs fous le ventre, & les pattes velues, fauves. Les autres ont le front couvert d'un duvet blanchâtre, l'abdomen noir, avec des poils clair-femés, blanchâtres, plus longs fous le ventre, & les pattes velues & blanchâtres. On voit, fur le premier anneau de l'abdomen, une double tache en forme de deux 7 oppofés. SCHRANK.

Elle fe trouve en Allemagne.

18. ABEILLE fuligineufe.

Apis fuliginofa. SCOP. *Ann. IV. Hifi. nat. n°. 13.*

Noire ; abdomen noir, prefque rond, avec le bord des anneaux jaune; aîles noirâtres.

Elle eft plus petite que la précédente, & toute noire. L'abdomen eft prefque globuleux, & tout le bord des anneaux eft couvert de poils jaunes. Les aîles font d'un noir de fuie.

Elle fe trouve en Allemagne.

19. ABEILLE obfcure.

Apis fufca. SCOP.

Noirâtre, couverte de poils roux ; abdomen avec le bord des anneaux roux.

Apis fufca, rufis villis adfperfa, abdomine fegmentis margine rufis. SCOP. *Ent. carn. n°. 810.*

Elle a environ trois lignes de long. La longueur des antennes eft à-peu-près égale à celle de l'abdomen ; celui-ci eft elliptique & luifant. Les pattes font couvertes de poils roux.

Elle fe trouve fur les montagnes de l'Allemagne.

20. ABEILLE argillacée.

Apis argillacea. SCOP.

Noire, velue ; corcelet roux, avec une bande noire.

Apis nigra, thorace rufo ; fafcia nigra. SCOP. *Ent. carn. n°. 814.*

Cette efpèce appartient à la famille des bourdons : elle eft de la grandeur de l'*abeille* perce-bois. Les aîles font d'un brun rouffâtre. Tout le corps en-deffous eft noir.

21. ABEILLE agraire.

Apis agrorum. SCHRANK.

Noire, velue; corcelet blanchâtre, avec une bande

noire ; abdomen ferrugineux, blanchâtre à fa bafe.

Apis hirfuta nigra ; thorace cano ; cingulo nigro ; abdomine toto ferrugineo ; bafi cano. SCHRANK. *Enum. inf. aufi. n°. 800.*

Cette efpèce appartient à la famille des bourdons : elle a environ huit lignes de long ; elle eft noire & velue. Le corcelet eft couvert de poils blanchâtres ; mais le milieu l'eft de poils noirs, ce qui forme une bande de cette couleur. L'abdomen eft velu, fauve, avec le premier anneau blanchâtre, & le deffous glabre & noir.

Elle fe trouve dans les champs de l'Allemagne.

22. ABEILLE bordure-jaune.

Apis cetii. SCHRANK.

Noire; abdomen ferrugineux, avec le bord des anneaux jaune.

Apis nigra, abdomine ferrugineo, fegmentorum apicibus flavis. SCHRANK. *Enum. inf. aufi. n°. 808.*

Elle a environ quatre lignes & demie de long : elle eft noire ; mais le front eft couvert de poils jaunâtres, & la partie poftérieure & inférieure de la tête l'eft de poils cendrés. Le corcelet & la poitrine font noirs. On voit, fur le corcelet, un duvet d'un blanc fauve. Le premier anneau de l'abdomen eft noir & luifant ; les autres font ferrugineux, avec leur bord d'un jaune de foufre. Le ventre eft couvert de poils jaunes plus ferrés fur le bord des anneaux. Les pattes & le bord extérieur des aîles font noirs.

Elle fe trouve en Allemagne.

23. ABEILLE leucozone.

Apis leucozonia SCHRANK.

Noire ; abdomen avec la bafe des anneaux blanche.

Apis nigra ; abdominis fegmentis bafi albis. SCHRANK. *Enum. inf. aufi. n°. 819.*

Cette efpèce a environ quatre lignes de long ; elle eft noire & poileufe. L'abdomen eft luifant, compofé de cinq anneaux, dont trois intermédiaires, couverts de poils blancs à leur bafe. Les pattes font rouffâtres & pubefcentes.

Elle fe trouve dans les forêts, en Allemagne.

24. ABEILLE leucoftome.

Apis leucoftoma. SCHRANK.

Noire, cotonneufe ; abdomen avec le bord des anneaux blanc, cilié ; bouche & ventre blancs.

Apis nigra, tomentofa ; abdominis fegmentis albo-ciliatis ; ore ventreque albis. SCHRANK. *Enum. inf. aufi. n°. 810.*

Elle a près de cinq lignes de long ; fon corps eft noir & cotonneux ; mais le front, la bouche, la partie latérale poftérieure du corcelet, le bord des anneaux de l'abdomen & le ventre font couverts d'un duvet blanchâtre. Le duvet du ventre paroît d'un noir de fuie, à un certain jour, & coupé par une ligne interrompue, noire. Les pattes de devant font blanchâtres & pubefcentes.

Elle se trouve en Allemagne.

25. ABEILLE hérissée.

Apis hirta. SCHRANK.

Très-noire; ailes supérieures d'un noir violet; abdomen avec deux bandes jaunes.

Apis nigra; alis anticis violaceo-nigris; abdomine cingulo duplici flavo. SCHRANK. *Enum. ins. aust. n°. 821.*

Je ne doute pas, d'après la description que M. Schrank nous donne de cet insecte, qu'il n'appartienne au genre de la scolie; mais ne l'ayant pas vu, j'ai cru devoir le placer ici. Sa longueur est d'environ neuf lignes; & sa forme est si singulière, qu'on ne sauroit s'il faut le placer parmi les tenthredes, les guêpes ou les *abeilles*; si on ne faisoit attention qu'il a une trompe courte. Tout son corps est noir. Les antennes ne sont pas coudées, & elles vont un peu en grossissant. Les yeux sont réniformes, comme ceux des guêpes. L'abdomen est noir, un peu poileux, avec le bord des anneaux cilié; on y voit une large bande jaune, entière, sur le second anneau; & une autre, bifide ou échancrée à sa partie antérieure, sur le troisième. Tout le ventre en-dessous est noir. Les pattes sont poileuses; les tarses sont hérissés, presque épineux; le premier article est semblable aux autres : on voit, sur tout le corps de l'insecte, des points enfoncés. Les ailes supérieures sont d'un noir violet; les inférieures sont sans couleur ou très-légèrement obscures.

Il se trouve en Allemagne.

26. ABEILLE vespoide.

Apis vespoides. SCHRANK.

Noire; antennes, bouche, écusson & pattes fauves; abdomen noir, avec cinq bandes jaunes.

Apis antennis, ore, scutello pedibusque fulvis, abdomine supra cingulis flavis nigrisque alternis. SCHRANK. *Enum. ins. aust. n°. 823.*

Cette espèce a environ quatre lignes de long. La lèvre supérieure, les mandibules & les antennes sont fauves; le reste de la tête est noir. Le corcelet est noir, un peu pubescent, avec une ligne fauve à sa partie antérieure, un point à l'origine des ailes, & deux points contigus, de la même couleur, sur l'écusson. De chaque côté de la poitrine, il y a une ligne longitudinale, courbe, fauve. Les pattes sont fauves, & les cuisses sont noires à leur base. L'abdomen est ovale, glabre, luisant, noir, avec cinq bandes jaunes. Le ventre en-dessous est d'une couleur fauve, obscure, avec trois bandes jaunes.

Elle se trouve en Allemagne.

27. ABEILLE sphex.

Apis sphegoides. SCHRANK.

Noire; antennes & pattes fauves; abdomen d'un fauve briqueté, avec des bandes jaunes.

Apis ore flavo; antennis pedibusque fulvis; ab-

domine fulvo-testaceo : cingulis flavis. SCHRANK. *Enum. ins. aust. n°. 824.*

Elle a environ trois lignes & un tiers de long. La bouche & les mandibules sont jaunes. Les antennes sont fauves. La tête est noire. Le front, le dessous de la tête & le corcelet, sont couverts de poils blanchâtres. On voit un point fauve à l'origine des ailes supérieures; un autre jaune, de chaque côté, vers la poitrine, & deux points fauves, un peu distans, au milieu du corcelet, entre les ailes. La poitrine est noire, aplatie, avec un point jaune de chaque côté. Les pattes sont fauves, excepté la base des cuisses de la seconde paire, & toutes les cuisses de la troisième paire. L'abdomen est glabre, d'un fauve briqueté, avec la base du premier anneau noire, & la base des autres, jaune, d'où il résulte cinq bandes de cette couleur. Le premier anneau du ventre, en-dessous, a une ligne, les autres ont toute leur base jaune. Les ailes sont un peu obscures à leur extrémité.

Elle se trouve en Allemagne.

28. ABEILLE deux-bandes.

Apis bicincta. SCHRANK.

Noire; bouche, & deux bandes blanches sur l'abdomen.

Apis nigra, ore cingulisque duobus abdominis albis. SCHRANK. *Enum. ins. aust. n°. 826.*

Cette espèce a près de quatre lignes de long; elle est noire. Ses antennes ne sont pas coudées. La bouche est entourée d'un duvet cotonneux, blanc, argenté. Le corcelet & la poitrine sont couverts d'un duvet blanchâtre. L'abdomen est noir, luisant, avec le bord des anneaux d'un jour pâle. On voit, sur le second & le troisième anneau, une bande blanchâtre sur chaque, formée par des poils. Tous les tarses & la base des jambes postérieures sont blanchâtres.

Elle se trouve en Allemagne.

29. ABEILLE hémisphérique.

Apis hemispharica. SCHRANK.

Noire; abdomen hémisphérique, couvert de quelques poils fauves.

Apis nigra, rufo sub-hirsuta; abdomine hemispharico. SCHRANK. *Enum. ins. aust. n°. 827.*

Elle est presque de la grandeur de la précédente. Son corps est noir. Le front & la poitrine sont couverts de poils blanchâtres. Le corcelet l'est de poils blancs. L'abdomen est noirâtre, un peu bronzé, & couvert de quelques poils roux.

Elle se trouve en Allemagne.

30. ABEILLE pigmée.

Apis minuta. SCHRANK.

Noire, luisante; antennes fauves en-dessous.

Apis nigra; nitens; antennis subtus fulvescentibus. SCHRANK. *Enum. ins. aust. n°. 829.*

Cette espèce a environ deux lignes & demie de long. Elle est toute noire & luisante. Les antennes seules sont d'une couleur fauve en-dessous.

Elle fe trouve en Allemagne.

51. ABEILLE fanguinolente.

Apis fanguinolenta. SCHRANE.

Noire ; corcelet rouge.

Apis nigra , thorace rubro. SCHRANE. *Enum. inf. auf. n°.* 830.

Elle eft un peu plus petite que la précédente ; tout fon corps eft noir , & couvert de quelques poils , un peu plus abondans fur l'abdomen. Le corcelet eft rouge en-deffus , & à peine poileux.

Elle fe trouve en Allemagne.

ABEILLES TAPISSIÈRES. (REAUM.) *Voyez* AN-DRENNE TAPISSIÈRE.

ABEILLE BRUNE A VENTRE LISSE ET PATTES VELUES. (GEOFF.) *Voyez* ANDRENNE PUBÈRE.

ABEILLE FAUVE A VENTRE CUIVREUX. (GEOFF.) *Voy.* ANDRENNE CUIVREUSE.

ABEILLE MINEUSE A CORCELET ROUX ET VELU. (GEOFF.) *Voy.* ANDRENNE MINEUSE.

ABEILLE A LONGUES ANTENNES. (GEOFF.) *Voy.* ENCÈRE LONGUE-ANTENNE.

ABEILLE A LÈVRE JAUNE ET ANNEAUX DU VENTRE BLANCHATRES. (GEOFF.) *Voy.* ENCÈRE COURTE-ANTENNE.

ABEILLE A LÈVRES ET PATTES JAUNES, ET ANNEAUX DU VENTRE FAUVES. *Voy.* ANDRENNE LABIÉE.

ABEILLE A PATTES JAUNES ET ANNEAUX DU VENTRE BLANCS. (GEOFF.) *Voy.* AN-DRENNE ALONGÉE.

ABEILLE A PATTES JAUNES ET VENTRE UN PEU CUIVREUX. (GEOFF.) *Voy.* ANDRENNE PATTE-JAUNE.

ABEILLE VERDATRE ET CUIVREUSE. (GEOFF.) *Voy.* ANDRENNE VERDATRE.

ABEILLE NOIRE, A VENTRE BRUN ET LISSE. (GEOFF.) *Voy.* ANDRENNE FERRUGINEUSE.

ABEILLE NOIRE , A VENTRE BRUN ET ANNEAUX NOIRS. *Voy.* ANDRENNE ANNULAIRE.

ACANTHIA. Genre d'infectes de la claffe des Ryngotes de M. Fabricius. *Voy.* PUNAISE.

ACHETA. Genre d'infectes de la claffe des Ulonates de M. Fabricius. *Voy.* GRILLON.

AESHNA. Genre d'infectes de la claffe des Unogates de M. Fabricius. *Voy.* LIBELLULE.

AGONATES , *AGONATA.* Quatrième claffe du fyftême entomologique de M. Fabricius.

Cette claffe comprend tous les infectes cruftacés, excepté le monocle, l'afelle, le cloporte, l'iule, & la fcolopendre. Le chevalier Linné n'avoit fait qu'un feul genre de tous les infectes de cette claffe, fous le nom de *Cancer ;* mais M. Fabricius les a divifés en cinq genres, dans fon *Genera infecto-rum ;* il en a ajouté un fixième dans fon *Species inf.* & un feptième dans fon *Mantiffa inf.* Il avoit d'abord placé dans cette claffe le fcorpion ; il l'a enfuite féparé , & l'a fait entrer dans celle des Unogates.

CARACTÈRES DE LA CLASSE.

Bouche munie de mandibules & d'anten-nules fans mâchoires.

Six antennules inégales, filiformes, les quatre antérieures plus longues , bifides depuis leur bafe , recourbées à leur pointe , & couvrant la bouche. Les deux poftérieures placées au dos des mandibules.

Chaperon court, de la confiftance de la corne, arrondi, fe prolongeant à peine fur la bouche.

Deux mandibules tranfverfales, de la con-fiftance de la corne, épaiffes, portant des antennules au dos.

Point de mâchoires.

Lèvre triple , membraneufe , arrondie , divifée.

Quatre antennes placées fous les yeux.

CARACTÈRES DES GENRES.

1. CRABE.

CANCER.

Bouche ayant des mandibules, des an-tennules & point de mâchoires.

Six antennules inégales : les quatre anté-rieures comprimées, larges & couvrant toute la bouche.

Les *deux antérieures* font bifides , & les deux divifions font égales en longueur. La divifion in-térieure eft compofée de quatre articles, dont le premier eft le plus long, le fecond prefque arrondi, & le dernier aigu. L'extérieure n'a que deux articles égaux.

Celles du milieu font bifides , & les divifions font inégales. La divifion intérieure eft plus large & plus courte que l'autre ; elle a trois articles , dont

le fecond eft le plus long. L'extérieure eft plus longue, plus mince ; elle a deux articles égaux, dont
le dernier eft recourbé.

Les *deux poftérieures* font courtes, recourbées ;
elles ont trois articles égaux, & elles font placées
au dos de la mandibule.

Mandibule courte, épaiffe, de la confiftance
de la corne, arrondie au fommet, voûtée,
obtufe.

Lèvre triple.

L'extérieure eft divifée en huit parties ; les divifions intérieures font très-courtes & cylindriques :
les fecondes & les troifièmes font égales ; leur extrémité eft alongée & fubulée ; les quatrièmes font
larges & tronquées ; leur extrémité extérieure eft
terminée par une foie tres-longue, mince & très-
aiguë.

Celle du milieu eft divifée en quatre : les divifions
intermédiaires font larges, courtes, tronquées &
fendues. Les extérieures font amincies ; elles portent
une foie au dos ; elles font fubulées à leur pointe
& alongées.

L'intérieure eft petite & quadrifide ; les divifions
font égales ; les intérieures groffiffent infenfiblement ;
elles font voûtées & tronquées : les extérieures
font cylindriques.

Quatre antennes courtes & égales.

Les *extérieures* font larges, & portées fur un
pédicule fimple, muni d'une dent.

Les *deux autres*, en forme d'antennules, ont
quatre articles, dont le fecond eft plus long, &
le dernier eft aigu & bifide.

2. PAGURE.

P A G U R U S.

Bouche ayant des mandibules, des antennules & point de mâchoires.

Six antennules prefqu'égales ; les quatre
antérieures couvrant toute la bouche.

Les *deux antérieures* font droites, beaucoup plus
longues que celles du milieu, bifides : les divifions
font inégales ; l'extérieure eft plus courte, & elle
a quatre articles, dont le fecond eft comprimé,
plus long ; le dernier eft aigu & annulé ; l'intérieure
eft plus longue, & elle a fix articles prefque égaux
& velus ; le fecond a des dentelures en forme de
fcie : elles ont leur infertion fous la bouche.

Les *deux du milieu* font plus courtes que les antérieures ; elles font bifides, & leurs divifions
égales ; la divifion extérieure eft très-aiguë, & elle
a quatre articles, dont le fecond eft très-long.

L'intérieure a cinq articles, comprimés & ciliés.

Les *poftérieures* font petites ; elles ont trois articles, dont le dernier eft plus gros & comprimé.
Elles font placées au dos de la mandibule.

Mandibule épaiffe & forte, de la confiftance
de la corne, arrondie au fommet, obtufe,
voûtée.

Lèvre triple.

L'extérieure eft quadrifide : les divifions intérieures
font arrondies, voûtées, ciliées intérieurement : les
extérieures font droites, prefque coniques ; elles ont
à leur pointe & à leur bafe internes, une foie fubulée, aiguë, en forme d'antennule.

Celle du milieu eft quadrifide ; les divifions font
prefqu'égales, voûtées ; les divifions intérieures
font découpées & ciliées à la partie interne de leur
bafe ; les extérieures, fubulées à leur pointe, ont,
à la partie interne de leur bafe, une foie roide &
aiguë.

L'intérieure eft quadrifide ; les divifions intérieures font arrondies ; elles adhèrent fortement à
la mandibule ; les extérieures plus longues, groffiffent
infenfiblement ; elles font ciliées, & elles ont à
leur dos une foie forte.

Quatre antennes inégales, pédonculées.

Les *extérieures*, plus longues que les poftérieures,
font fubulées & compofées de beaucoup d'articles.
Le pédoncule eft plus gros, & il a trois articles,
dont le fecond eft épineux.

Les *intérieures*, plus courtes que les antérieures,
ont la forme d'antennules ; elles ont trois articles,
dont le fecond eft plus long, & le dernier bifide.
Le pédoncule n'a qu'un feul article, renflé &
épineux.

3. HIPPE.

H I P P A.

Bouche ayant des mandibules, des antennules & point de mâchoires.

Six antennules.

Les *extérieures* larges, couvrant la bouche,
font compofées de trois articles, dont le premier
comprimé, très-large, cilié à tous fes bords ; le
fecond, implanté fur le premier, eft cylindrique,
cilié intérieurement ; le troifième eft arqué, fubulé, aigu.

Les *moyennes* font bifides, & les divifions égales ;
la divifion intérieure eft comprimée, ciliée de chaque
côté, compofée de trois articles, dont les premiers
prefque égaux, & le dernier obtus, tronqué ; la
divifion extérieure eft fimple, un peu plus longue
que l'autre, fubulée & velue.

Les *intérieures* font courtes, filiformes.

Mandibules courtes, tronquées, dentées. Lèvre triple.

L'*extérieure* est bifide, & les divisions concaves, arrondies, ciliées de tous les côtés.

La *moyenne* est quadrifide, & les divisions inégales ; les divisions extérieures sont arquées, & les intérieures courtes & ciliées.

L'*intérieure* . . . . .

Deux antennes pédonculées, fétacées, très-ciliées.

4. S C Y L L A R E.

S c y l l a r u s.

Bouche ayant des mandibules, des antennules, & point de mâchoires.

Six antennules inégales : les quatre antérieures droites, avancées ; & couvrant la bouche.

Les *deux antérieures* font les plus longues ; elles ont quatre articles comprimés & d'inégale grandeur : le premier & le troisième font les plus courts ; elles font armées, à la partie interne de leur base, d'une écaille courte, de la confistance de la corne, courbée, inarticulée & aiguë.

Celles *du milieu* font bifides, & les divisions presqu'égales ; la division intérieure composée de trois articles comprimés, courts, dont le dernier recourbé ; l'extérieure droite, obtuse, composée de deux articles.

Les *deux postérieures* font courtes, fétacées, courbées, composées de trois articles, & placées au dos de la mandibule.

Mandibule droite, avancée, de la confistance de la corne, creufée à sa partie intérieure, presque cylindrique à sa base, un peu plus épaiffe à sa pointe, concave & presque échancrée.

Lèvre triple,

L'*extérieure* est quadrifide : les divisions font arrondies & presqu'égales,

Celle *du milieu* est bifide ; les divisions font fendues & égales,

L'*intérieure* est bifide ; les divisions font trifides, & elles grossissent vers l'extrémité,

Quatre antennes inégales.

Les *deux antérieures*, plus longues que les postérieures, font filiformes, & elles ont quatre articles égaux, dont le dernier est plus court & bifide.

Les *deux postérieures* font courtes & bifides ; la division intérieure a deux articles, dont le premier est arrondi & court ; & le dernier est grand, comprimé, arrondi & crénelé ; la division extérieure

est inarticulée, comprimée, en carène, aiguë, & épineuse à son bord.

5. E C R E V I S S E.

A s t a c u s.

Bouche munie de mandibules, d'antennules fans mâchoires.

Six antennules inégales ; les quatre antérieures droites, avancées & couvrant la bouche.

Les *deux antérieures*, plus longues que les autres, font bifides : les divisions font inégales ; l'intérieure, plus longue que l'extérieure, est composée de quatre articles, dont le second & le troisième font les plus longs ; l'extérieure est courte, aiguë, & composée de trois articles.

Celles *du milieu* font bifides, & les divisions égales ; l'intérieure est plus épaisse que l'autre ; elle a trois articles, dont le second est très-court ; le dernier plus épais & courbé ; la division extérieure est mince, inarticulée & subulée.

Les *postérieures* font courtes, fétacées, composées de trois articles, & placées au dos de la mandibule.

Mandibule courte, épaisse, de la confistance de la corne, bifide ; la division intérieure cylindrique, droite, ayant une dent à son extrémité ; l'extérieure en voûte, tronquée à sa pointe & dentée,

Lèvre triple,

L'*extérieure* est quadrifide ; les divisions font presqu'égales, les intérieures font en forme de scie en-dessous ; les extérieures font fendues ; elles ont à leur pointe une soie subulée, droite, avancée, & aiguë.

Celle *du milieu* est bifide ; les divisions font arrondies & trifides ; celle du milieu est courte & aiguë.

L'*intérieure* est bifide, & les divisions grossissent infensiblement vers la pointe ; elles ont cinq divisions, dont celle du milieu est la plus longue,

Quatre antennes inégales, pédonculées & composées de plusieurs articles.

Les *antérieures* font longues, fétacées, & elles ont un nombre confidérable d'articles. Le pédoncule est articulé, gros & épineux.

Les *postérieures* ont plusieurs articles ; elles font fendues jufque vers leur base ; le pédoncule est articulé & épineux.

6. S Q U I L L E.

S q u i l l a.

Bouche munie de mandibules, d'antennules fans mâchoires.

Six antennules inégales.

Les *antérieures*, placées latéralement, font alongées, comprimées, courbées, filiformes, composées de cinq articles, dont le fecond eft très-long, & le dernier très-court, arrondi & cilié.

Celles *du milieu* font courtes, larges & comprimées ; elles recouvrent la bouche, & elles font compofées de quatre articles prefqu'égaux, dont le dernier eft aigu & cilié.

Les *poftérieures* font courtes & filiformes, compofées de trois articles prefqu'égaux, comprimés, & adhérans au dos de la mandibule.

Mandibule épaiffe, de la confiftance de la corne, comprimée à fon extrémité, concave, dentée, avec un avancement latéral, alongé, fubulé, denté fur les côtés.

Lèvre double.

L'*extérieure* eft courte, de la confiftance de la corne & bifide ; les divifions font concaves, fendues, & les lames égales ; la divifion extérieure eft fubulée & très-aiguë ; l'intérieure eft large à fon extrémité, tronquée & ciliée.

L'*intérieure* eft courte, prefque de la confiftance de la corne, & bifide ; les divifions font diftantes, quarrées, anguleufes & obtufes.

Chaperon arrondi, concave, en voûte, & entier.

Quatre antennes prefqu'égales.

Les *antérieures* font pédonculées, fétacées, compofées d'un nombre confidérable d'articles très-courts ; le pédoncule a trois articles : elles font accompagnées extérieurement d'une lame ovale, ciliée, articulée à fa bafe.

Les *poftérieures* font pédonculées, fétacées, trifides, compofées de beaucoup d'articles ; le pédoncule eft compofé de quatre articles.

7. CREVETTE.

G A M M A R U S.

Bouche munie de mandibules, d'antennules, fans mâchoires.

Six antennules inégales, filiformes ; les quatre antérieures droites, avancées, couvrant la bouche.

Les *deux antérieures* font plus longues que les autres ; elles font comprimées & bifides ; la divifion intérieure eft compofée de quatre articles, dont le dernier eft recourbé. La divifion extérieure eft plus courte que l'autre, & à peine articulée.

Les *deux du milieu*, un peu plus courtes que les précédentes, font bifides, & les divifions égales ;

la divifion intérieure eft compofée de trois articles, & l'extérieure eft fubulée & aiguë.

Les *deux poftérieures* font courtes, filiformes, compofées de trois articles, & placées au dos de la mandibule.

Mandibule courte, de la confiftance de la corne, épaiffe, en voûte, à peine dentée, portant des antennules au dos.

Lèvre triple & membraneufe.

L'*extérieure* eft quadrifide, & les divifions font égales & linéaires.

Celle *du milieu* eft bifide, & les divifions font arrondies, divifées & égales.

L'*intérieure* eft bifide, & les divifions font égales, arrondies, plus épaiffes en avançant vers la pointe, & divifées.

Quatre antennes inégales, fimples & pédonculées.

Les *deux antérieures* font fubulées, & plus courtes que les poftérieures ; leur pédoncule eft compofé de deux articles.

Les *deux poftérieures* font fétacées, & plus longues que les autres ; leur pédoncule eft compofé de trois articles.

AGRION. Genre d'infectes de la claffe des Unogates de M. Fabricius. *Voy.* LIBELLULE.

AIGRETTE, *PAPPUS*. On défigne, en Entomologie, fous le nom d'*aigrette*, des parties du corps de l'infecte, qui forment une touffe de poils ou une efpèce de plumet, comme on le voit à l'extrémité du corps de quelques papillons. La larve de la tipule, n°. 14 de M. Geoffroy, porte à fa queue, quatre aigrettes, dont deux feffiles & deux pédiculées.

On peut divifer l'*aigrette* en fimple, *pappus fimplex*, lorfque les poils font fimples, & qu'ils partent tous d'un filet commun ; & en plumeufe, *pappus plumofus*, lorfque les poils qui la forment font eux-mêmes rameux ou pinnés.

AIGU, AIGUE, *ACUMINATUS*. On nomme *aiguë*, en Entomologie, une partie du corps des infectes qui fe termine en une pointe fine & un peu roide ; mais il faut que cette pointe foit l'effet d'une diminution infenfible, comme le fternum des hydrophiles, l'extrémité du corps des mordelles, les élytres de plufieurs Coléoptères, &c. On ne doit pas le confondre avec mucroné, *mucronatus*, qui eft pareillement une pointe aiguë & très-forte, mais qui n'eft point l'effet d'une diminution infenfible. *Voy.* MUCRONÉ.

AIGUILLON, *ACULEUS*. C'eft cette arme forte & très-pointue, que les guêpes, les abeilles, les fcolies, les mutilles, &c. tiennent cachée dans leur ventre, & que ces infectes font fortir à volonté, par le moyen de quelques mufcles, qui ont leur attache à la bafe de cet *aiguillon*. On a donné le même nom à l'appendice qui fe trouve placée à l'extrémité de l'abdomen des femelles des ichneumons, des urocères, des cinips, des tentrèdes, &c. quoiqu'elle ne ferve qu'à percer les corps dans lefquels elles veulent dépofer leurs œufs. Le fcorpion a le fien au bout d'une longue queue articulée, qu'il meut & porte dans tous les fens, fuivant le befoin qu'il a de s'en fervir.

Il y a très-peu d'infectes qui foient armés d'un *aiguillon*; ceux qui en ont un fe trouvent placés dans la claffe des Hyménoptères. Le fcorpion eft le feul qui foit dans une autre claffe. Ces infectes s'en fervent pour fe défendre ou pour percer les corps dans lefquels ils veulent dépofer leurs œufs.

La forme de l'*aiguillon* eft différente dans les différens genres; il eft très-court & prefque nul dans les fourmis; il eft très-fort & caché dans l'abdomen dans les guêpes, les abeilles, les fcolies, les mutilles; il eft court & cylindrique dans quelques ichneumons; il eft très-long, linéaire ou cylindrique, dans quelques autres; il eft prefque en fpirale, dans les cinips, les diplolèpes; il eft caché, *reconditus*, dans les abeilles, ou apparent, *exfertus*, dans les ichneumons; il eft liffe, dans les ichneumons, ou dentelé, en fcie, *ferratus*, dans les tentrèdes.

Reaumur nous a donné une defcription très-longue & très-détaillée de l'*aiguillon* de l'abeille, à laquelle il a joint la figure, groffie au microfcope. Malpighi, Leuwenhoek, Swammerdam, & Hook, avant lui en avoient déjà parlé. Il fuit, des obfervations de ces favans, que l'*aiguillon* de l'abeille, quelque mince & délié qu'il paroiffe, eft cependant compofé de plufieurs pièces, & que l'on n'apperçoit d'abord que la gaine. Le véritable *aiguillon* eft double, c'eft-à-dire, qu'il y a deux dards ou efpèces de filets très-déliés, très-aigus, parfaitement femblables entr'eux, qui s'enchâffent à peu de diftance de leur bafe, dans une rainure creufée tout le long de la partie inférieure de la gaine. On parvient facilement à faire fortir ces deux dards de leur fourreau, à l'aide d'une aiguille un peu fine, ou de tout autre inftrument très-pointu, que l'on introduit à la bafe de la gaine, où ces filets ne font point inférés dans la rainure.

Vers la pointe, & fur un des côtés feulement de ces dards, on apperçoit, toujours à l'aide du microfcope, quelques petites dentelures, dont la pointe eft dirigée vers le corps de l'infecte. Ces dentelures font fans doute caufe que lorfque l'abeille a introduit profondément fon *aiguillon* dans notre chair, & qu'elle veut l'en retirer trop promptement, elle l'y laiffe fouvent, & elle perd, en même-tems, la véficule du venin qui eft à fa bafe, & une partie des ligamens & des mufcles qui fervoient à le fixer & à le mouvoir.

L'*aiguillon* de la guêpe ne diffère pas de celui de l'abeille; il eft pour le moins auffi fort & auffi redoutable. On fait que cette arme agit encore pendant quelques inftans, & paroît s'enfoncer plus profondément, quoique détachée du corps de ces infectes. On a cru en appercevoir la caufe dans la ftructure des dards; on a imaginé que leur forme étoit fuffifante pour les obliger d'agir feuls; cependant, lorfqu'on fait attention à ce qui fe paffe au moment que nous avons été piqués, on obferve que la guêpe & l'abeille laiffent, dans la plaie qu'elles ont faites, non-feulement tout l'*aiguillon*, mais même les ligamens & les mufcles qui le faifoient agir; on voit, dis-je, que ces mufcles fe contractent pendant quelque tems, & que leur contraction eft plus que fuffifante pour obliger l'*aiguillon* à pénétrer plus profondément dans notre chair.

Les remèdes les plus propres à calmer la douleur occafionnée par la piquure d'une guêpe ou d'une abeille font l'eau froide, l'urine, l'alkali volatil, l'eau de luce, &c.

L'*aiguillon* du cinips femelle eft placé vers le milieu de la partie inférieure de leur ventre, & caché entre deux lames, qui fe joignent enfemble. Lorfque l'infecte veut en faire ufage, il fépare les lames, & il fait mouvoir l'*aiguillon* par le moyen des mufcles, qui ont leur attache à fa bafe. Il ne s'en fert que pour piquer les corps dans lefquels il veut dépofer fes œufs. Cet *aiguillon*, vu au microfcope, paroît fous la forme d'une tarière, garnie, vers fon extrémité, de pointes latérales: fa ftructure avoit fait donner à ces infectes le nom de *mouches à tarière*.

Parmi les ichneumons, il n'y a que les femelles qui aient un *aiguillon*: elles le portent au bout de l'abdomen, & elles s'en fervent feulement pour piquer & percer les corps dans lefquels elles veulent dépofer leurs œufs. Sa longueur varie beaucoup: quelques ichneumons l'ont à-peu-près de la longueur de leurs corps, tandis que d'autres l'ont très-court & peu apparent. Il femble, au premier afpect, que ces infectes aient trois *aiguillons*, femblables à trois poils placés au bout de leur ventre, ce qui leur a fait donner, par quelques naturaliftes; le nom de *mufca tripilis*, *mouche à trois poils*. Cependant, avec un peu d'attention, on voit bientôt qu'il n'y en a qu'un de véritable, que les deux des côtés ne font que des efpèces de fourreaux ou de demi-fourreaux, des lames creufes en-dedans & convexes en-dehors, qui, fe joignant enfemble, recouvrent le véritable *aiguillon*, & lui fervent d'enveloppe ou d'étui: celui-ci fe trouve placé au milieu; il eft cylindrique, creux en-dedans, pointu, & percé vers fon extrémité.

L'*aiguillon* des tentrèdes ne fe trouve pareillement qu'aux femelles; il eft dentelé à-peu-près comme une fcie; & c'eft encore cette ftructure qui a fait donner à ces infectes le nom de *mouches à-fcie*. On le voit fortir, par le moyen d'une légère preffion

preffion d'une petite fente qui fe trouve à l'extrémité inférieure de leur ventre.

On trouvera, à l'article de tous les genres de la claffe des Hyménoptères, la defcription de l'*aiguillon* de chacun d'eux.

Le fcorpion eft le feul genre d'infectes connus, de la claffe des Aptères, qui ait un *aiguillon* : il le porte au fommet d'une longue queue articulée, & placée au bout de l'abdomen. Maupertuis, dans les mémoires de l'Académie des Sciences de Paris, année 1731, pag. 227, compare le dernier article de la queue des fcorpions à une petite phiole, terminée par un col mince, courbé en arc, noir & très-pointu. Cette efpèce de phiole eft de figure ovale, plus ou moins renflée ; fa furface eft liffe & polie dans quelques efpèces, & dans d'autres, elle eft légèrement chagrinée. Leuwenhoek, & après lui Maupertuis ont découvert, à une petite diftance de fon extrémité, deux petits trous, un de chaque côté, par le moyen defquels, le fcorpion verfe dans la plaie, à l'inftant de la piqûre, une liqueur plus ou moins vénimeufe : une forte loupe fuffit pour appercevoir ces deux petites ouvertures. Quant à l'effet de ce venin, nous en parlerons aux articles SCORPION, VENIN. *Voyez* ces mots.

AILE, *Ala.* Les *ailes* des infectes font au nombre de deux ou de quatre : elles font attachées à la partie poftérieure & latérale du corcelet : elles font nues ou couvertes d'une pouffière écailleufe, pliées ou étendues, découvertes ou cachées fous des étuis nommés *élytres*. Elles font membraneufes, plus ou moins tranfparentes, & fouvent colorées. Linné a regardé les élytres comme de véritables *ailes*. Il eft vrai que les élytres des fauterelles, des cigales, &c. diffèrent peu des *ailes* membraneufes de la plupart des infectes : mais, fi on confidère celles des fcarabés & de tous les Coléoptères, on verra qu'on ne peut pas les prendre pour des *ailes*, puifqu'elles en diffèrent par la forme, par la confiftance, & fur-tout par leur ufage. Les élytres ne fervent point au vol ; elles le facilitent feulement. Lorfqu'un infecte vole, elles reftent ouvertes & étendues pour ne pas gèner le jeu des *ailes*.

L'*aile* eft compofée de deux membranes très-minces collées l'une à l'autre, entre lefquelles fe trouvent les nervures ou vaiffeaux contenant les fucs deftinés à la nourrir. Ces nervures font peu nombreufes, élevées, & la plupart longitudinales, dans les abeilles, les guêpes, les ichneumons : elles font très-nombreufes, moins élevées, croifées dans tous les fens, & en forme de réfeau, dans les libellules, les éphémères : elles font cachées par de petites écailles colorées, ovales, alongées, coniques, triangulaires, découpées à leurs bords, & difpofées en recouvrement à la fuite les unes des autres, dans les papillons, les phalènes. Les deux membranes qui forment l'*aile* font fi fines, & fi fortement unies l'une à l'autre, qu'il feroit impoffible de les

Hiftoire Naturelle, Infectes. Tome I.

féparer, fi on ne faifoit macérer les *ailes*, ou fi une maladie à laquelle elles font fujettes, ne nous fourniffoit l'occafion de voir ces deux membranes féparées. Lorfqu'un infecte fort de l'enveloppe qui le cachoit dans fon état de nymphe, toutes les parties, & fur-tout les *ailes*, font molles & comme abreuvées de liqueur : elles ont befoin de s'étendre peu-à-peu & de fe fécher ; les ailes repliées comme chiffonnées fous cette enveloppe, fe déploient, s'étendent & fe féchent par degrés. Il arrive alors quelquefois qu'il s'épanche, entre les deux membranes des *ailes*, de l'air ou de l'eau, fournis en trop grande quantité par les vaiffeaux aëriens & limphatiques, qui doivent porter la nourriture & la vie à ces parties. L'aîle devient alors très-épaiffe, très-groffe, véritablement emphyfématique ou hydropique, incapable de fervir à l'infecte pour voler. On parvient facilement à faire fortir cet air ou ce liquide extravafés, en perçant l'*aile* & la comprimant un peu. Les infectes ne font fujets à cette maladie qu'au moment qu'ils fortent de leur état de nymphe.

Aucun infecte ne naît avec des ailes. La plupart de ceux qui doivent en obtenir un jour, reffemblent, au fortir de l'œuf, à des efpèces de vers, dont ils ne diffèrent fouvent que par les ftigmates, dont ceux-ci font toujours privés, & par leur mue & leurs métamorphofes. Dans cet état de larve, ils n'ont jamais des *ailes* ; ils n'en ont pas encore dans celui de nymphe ; mais on diftingue alors ces parties, on les voit pliées & comme chiffonnées fous l'enveloppe qui couvre tout l'infecte. La quatrième efpèce de nymphe a des moignons d'*ailes* qui pouffent peu-à-peu ; elle ne diffère à cet égard de l'infecte parfait que parce que les *ailes* ne font point encore entièrement développées. Ce n'eft qu'après avoir fubi leurs différentes métamorphofes, ce n'eft qu'après être enfin parvenus à leur état de perfection, que les infectes obtiennent des *ailes*. Mais, parmi quelques genres, il y a des efpèces qui n'en obtiennent jamais ; les unes ont fimplement leurs étuis ; les autres n'ont ni *ailes* ni étuis. La plupart des Coléoptères n'ont point d'*ailes* fous leurs élytres : quelques Hémiptères n'ont que la partie coriacée des élytres ; d'autres n'ont ni *ailes* ni élytres ; on voit feulement le commencement de ces parties ; l'infecte paroît refter toujours dans un état de nymphe : quelques femelles des Lépidoptères font fans *ailes* : les fourmis ouvrieres, les mulets des mutilles, quelques ichneumons &c., font fans *ailes* : parmi les Diptères, je ne connois que l'hippobofque des moutons qui n'en aye point. Enfin un grand nombre d'infectes tant mâles que femelles n'obtiennent jamais des *ailes* ; ceux-ci ont été nommés Aptères, mot grec qui fignifie fans *ailes*.

Les abeilles les guêpes & la plupart des infectes à quatre *ailes* ; les mouches, les taons, les afiles, les bombilles & prefque tous les infectes à deux *ailes*, font entendre, en volant un bruit affez fort auquel on a donné le nom de *bourdonnement*.

M.

Ce bruit n'a lieu que lorsque l'insecte vole, ou qu'il agite fortement les *ailes*. Il est facile de s'assurer que ce bourdonnement n'est dû qu'à un trémoussement, une forte vibration des *ailes*. Voici ce que j'ai fait pour m'en convaincre : j'ai pris plusieurs abeilles de la famille des bourdons ; je les ai gardées très-longtems ; je les ai observées attentivement, & le son ne se faisoit jamais entendre si elles n'agitoient les *ailes*, mais devenoit toujours d'autant plus fort que l'*aile* étoit plus fortement agitée. J'ai coupé ces *ailes* en partie, le son devenoit alors moindre & d'autant plus aigu que j'en coupois davantage ; il se faisoit entendre encore, quoique très-foiblement, lors même qu'il n'y avoit presque plus d'*aile* : il falloit la couper entiérement ou même l'arracher pour que le son cessât tout-à-fait.

On peut encore mieux s'assurer des moyens que l'insecte emploie pour produire des sons ; il faut pour cela le prendre & serrer doucement les *ailes* entre les doigts ; on en sentira bien alors le trémoussement, si toutefois l'insecte les agite. Ce sont principalement les *ailes* supérieures, & c'est la partie interne qui est mise en jeu, qui vibre plus fortement, & qui contribue le plus à produire le bourdonnement ; mais si on enlève seulement la partie interne de l'*aile*, le son se fait néanmoins entendre quoique plus foiblement : la partie qui reste est toujours suffisante pour le produire.

On avoit cru que les taons, les mouches & tous les Diptères bourdonnoient par le moyen de leurs balanciers qui frappoient sur les aîlerons comme un baguette frappe sur un tambour : mais outre que la plupart de ces insectes n'ont point d'aîlerons, j'ai détruit, à un très-grand nombre de mouches, ces deux parties, les aîlerons, dis-je, & les balanciers ; je les ai laissé voler ensuite, & le son s'est constamment fait entendre ; j'ai coupé seulement une partie des *ailes*, & le son est devenu moindre & plus aigu ; je les ai entiérement enlevées sans toucher aux aîlerons & aux balanciers, & le son ne s'est jamais fait entendre.

Degeer explique un peu différemment la cause du bourdonnement des mouches. « Ce son est produit dit-il, uniquement par le frottement de la racine des *ailes* contre les parois de la cavité du corcelet où elles sont insérées. Pour s'en assurer, on n'a qu'à prendre à la fois chaque *aile* entre deux doigts de chaque main, & les tirer alors doucement des deux côtés opposés sans les rompre, ni nuire à la mouche, ce qui l'empêche de leur donner le moindre mouvement, & d'abord le son cesse de se faire entendre. C'est donc par le mouvement rapide & la vibration des *ailes* & en particulier de leur base ou de leur racine, que la mouche produit le son dont nous parlons. J'en ai encore eu d'autres preuves, que je vais détailler. Ayant coupé les deux *ailes* à une mouche tout près de leur base, sans qu'elle cessât pour cela de rendre le même son aigu, je crus que les aîlerons

» & les balanciers, que je remarquai être dans » une vibration continuelle, pouvoient peut-être » opérer ce même effet ; mais ayant également » coupé les uns & les autres, & observé la mou- » che ainsi mutilée avec le secours d'une forte » loupe, je vis que les tronçons d'*ailes*, que » je lui avois laissés, étoient en grand mouvement » & dans une vibration continuelle tout le tems » que dura le son qui se faisoit entendre. Mais » qu'aussitôt que le mouvement eut cessé & que » j'eus arraché ces mêmes tronçons, la mouche » ne rendit plus aucun son & se trouva pour ja- » mais hors d'état d'en rendre ; d'où je conclus in- » dubitablement, que ce sont les racines des *ailes*, » qui, par leur frottement contre les parois de la » cavité ou elles se trouvent placées, produisent » le bourdonnement & le son aigu ». (DEG. *Mém. tom. 6. pag.* 11).

Les expériences de Degeer, & celles que j'ai faites, prouvent que les aîlerons & les balanciers n'ont point de part au bourdonnement que les insectes à deux *ailes* font entendre ; & cela est d'autant plus vrai, que les asiles, les bombilles & plusieurs autres n'ont point d'aîlerons. Degeer croit que le son est produit par le frottement de la base interne de l'*aile* contre les parois de la cavité du corcelet qui se trouve sous les aîlerons ; mais les bourdons font entendre un pareil bruit ; la plupart des Coléoptères & une multitude d'insectes bourdonnent en volant, quoiqu'il n'y ait certainement point de frottement de l'*aile* contre le corcelet : d'ailleurs, si c'étoit un simple frottement qui occasionnât le bourdonnement, les *ailes* étant membraneuses & très-minces, le son ne seroit ni si vif ni si fort.

Les criquets, les sauterelles, &c. font entendre un son monotone, désagréable, assez long-tems soutenu. M. Geoffroy a cru que le cri des grillons domestiques étoit produit par le frottement de leur corcelet : mais si on observe ces insectes on verra que c'est par le froissement de leurs élytres dont la consistance est presque coriacée. La sauterelle aptère, *locusta ephippiger*, que l'on trouve si commune dans nos provinces méridionales, fait entendre, par le moyen du frottement de deux pièces courtes, convexes, raboteuses, coriacées, qui se trouvent sous la partie postérieure du corcelet & qui font deux moignons d'*ailes* ou d'élytres, un bruit trainant, aigre, désagréable, très-ennuyant.

Je ne parlerai pas ici des insectes qui font entendre quelque bruit occasionné par d'autres parties que par les *ailes*, tels que les capricornes, les leptures, &c. Je les indiquerai au mot insecte, afin qu'on puisse consulter les articles qui traiteront de chacun d'eux en particulier.

Les mouches, les abeilles & la plupart des insectes ont la faculté de voler dans tous les sens : on les voit souvent voler de côté ou à reculon avec la plus grande légèreté, ce qu'on n'observe jamais dans les oiseaux. La position des *ailes* & le jeu des muscles nous en offrent l'explication. Les *ailes* des insectes sont posées de façon qu'elles peuvent battre l'air en arrière, en avant & par les côtés; elles sont ordinairement dans une position horisontale, telle à-peu-près que celle des oiseaux; mais elles peuvent en prendre une verticale & telle que le bord antérieur soit placé supérieurement, ou dans un sens contraire, placé inférieurement: moyennant quoi, les muscles pouvant les mouvoir dans tous les sens, il doit arriver que, suivant que l'insecte frappe l'air en avant ou en arrière, il avance ou il recule; & suivant que l'*aile* est plus ou moins élevée, & qu'elle frappe l'air par les côtés, il vole de côté, & qu'il s'abaisse ou s'éleve à volonté. On pourroit presque comparer les *ailes* des insectes aux rames d'un bâteau: à la différence pourtant que l'*aile* a plus de jeu, & qu'elle exécute plus de mouvement & avec une légéreté infiniment au dessus de celle d'une rame. Reaumur a observé le vol dans tous les sens des abeilles & des mouches; mais il ne nous en a pas donné l'explication. (*Voy. Mém. tom. 6. pag. 72.*)

Les *ailes* des oiseaux sont contiguës & font partie du corps de l'animal; les *ailes* des insectes sont distinctes & paroissent comme implantées sur leur corps; elles n'y tiennent que par quelques ligamens & par les muscles qui ont leur attache à leur base, qui est large, & qui présente diverses élévations, à-peu-près comme les apophyses des os des animaux. La finesse de ces muscles ne permet pas de les suivre & de voir distinctement leur figure; mais on doit présumer qu'ils se correspondent, qu'ils sont réunis par un bout, qu'ils se bifurquent pour s'attacher, de chaque côté, aux *ailes*, puisqu'il arrive que, lorsque l'insecte est récemment mort, & qu'on remue une *aile*, celle de l'autre côté exécute les mêmes mouvemens.

Les *ailes* présentent, dans chaque espèce d'insectes, des différences plus ou moins remarquables; elles varient par leurs formes & par leurs couleurs; on doit donc les considérer sous tous les points de vue, pour les comparer dans chaque genre, les unes aux autres, afin de mieux connoître & de distinguer plus facilement & plus sûrement toutes les espèces qui le composent. On doit en conséquence faire attention à leur *nombre*, à leur *proportion*, à leur *figure* particulière, à leur *surface*, à leur *bord* & à leur *pointe*.

LEUR NOMBRE.

Il y en a quatre; dans les sphinx, les papillons, les libellules, les abeilles, &c.

Deux, dans quelques éphémères, tous les Diptères, les cochénilles.

Il n'y en a point dans quelques punaises, quelques bombix, une espèce d'hippobosque, tous les Aptères.

LEUR PROPORTION.

Elles sont égales, *æquales*, c'est-à-dire, toutes les quatre de la même grandeur; les libellules, les trigames.

Inégales, *inæquales*, lorsque les unes sont plus grandes que les autres; l'éphémère, les Hyménoptères.

Les antérieures sont plus longues, *anteriores longiores*; les guêpes, les abeilles.

LEUR FIGURE

Elles sont linéaires, *lineares*, lorsqu'elles sont minces & très-alongées; les *ailes* inférieures de la panorpe de Cos.

Lancéolées, *lanceolatæ*, lorsqu'elles sont amincies par les deux bouts; la noctuelle du verbascum.

Arrondies, *rotundatæ*, lorsqu'elles approchent de la figure d'un cercle; les papillons Danaïdes.

Oblongues, *oblongæ*, lorsqu'elles sont beaucoup plus longues que larges; les papillons Muses.

Deltoïdes, *deltoideæ*, lorsqu'elles sont très-obtuses & comme coupées postérieurement; quelques pyrales.

Rhomboïdales, *rhomboidales*, lorsqu'elles ont plus de longueur de l'angle postérieur à la pointe, que de cet angle à la base; quelques papillons.

Réverses, *reversæ*, lorsque le bord extérieur de l'*aile* inférieure est plus avancé, un peu courbé, & qu'il dépasse celui de l'*aile* supérieure; le bombix feuille-morte.

Découvertes, *exsertæ*, lorsqu'elles dépassent les élytres: le forficule.

Couvertes, *tectæ*, lorsqu'elles sont cachées sous des étuis; les Coléoptères.

Pliées, *plicatæ*, lorsqu'elles sont pliées longitudinalement comme un éventail; les criquets, les sauterelles, les guêpes.

Repliées, *replicatæ*, lorsqu'elles sont pliées longitudinalement, & ensuite repliées sur elles-mêmes; les Coléoptères.

Roulées, *convolutæ*, lorsqu'elles ceignent étroitement tout le corps; quelques teignes.

En recouvrement, *incumbentes*, lorsque les *ailes* ont leur bord interne les uns au-dessus des autres; quelques noctuelles.

Croisées, *cruciatæ*, lorsqu'elles sont sur un plan horisontal les unes sur les autres, presque en croix; les punaises.

Etendues, *patentes, patulæ*, lorsqu'elles sont toutes ouvertes & étendues; la phalène atlas, presque tous les papillons.

Droites, *erectæ*, lorsqu'elles viennent se joindre & se toucher par leur partie supérieure; plusieurs papillons.

Penchées, inclinées, *deflexæ*, lorsque le bord intérieur est beaucoup plus élevé que le bord extérieur, & que l'*aile* paroît comme pendante; quelques phalènes.

En forme de faulx, *falcatæ*, lorsque la pointe est aiguë & courbée comme une faucille; la phalène atlas.

M 2

Striées, *striata*, lorsqu'il y a des lignes élevées, très-diftinctes, tracées longitudinalement.

Réticulées, *reticulata*, lorsqu'il y a des veines longitudinales & tranfverfales, qui viennent fe joindre enfemble ; l'hémérobe, la frigane.

Veinées, *venofa*, lorsqu'il y a des nervures longitudinales bien marquées ; les Hyménoptéres, les Diptères.

En maffue, *clavata*, lorfqu'elles font linéaires, & un peu plus groffes à leur pointe ; la panorpe de Cos.

LEUR SURFACE.

Membraneufes, *membranacea*, lorfqu'elles ont l'apparence du talc ou verre de Mofcovie ; prefque tous les infectes.

Ecailleufes, couvertes de petites écailles, *fquamata*, lorfqu'elles font couvertes de petites lames colorées, faites en forme d'écailles ; les papillons.

Farineufes, *farinofa*, lorfqu'elles font couvertes de pouffière fine, écailleufe, qu'on enlève facilement ; les papillons, les phalènes.

Poileufes, *pilofa*, lorfqu'il y a des poils diftans les uns des autres, & un peu roides. Quelques mouches, quelques tipules.

Elles font nues, *nuda*, lorfqu'il n'y en a point.

Vitrées, *feneftrata*, lorfqu'il y a des taches nues & tranfparentes ; la phalène atlas.

De la même couleur, *conco ores*, lorfqu'elles ont toutes la même couleur en-deffus & en-deffous ; quelques papillons Danaïdes.

Oculées, *oculata*, lorfqu'il y a des taches circulaires de différentes couleurs ; les papillons Nymphes oculées.

A prunelle, *pupillata*, lorfque les taches oculées ont un point très-diftinct, au milieu, qui forme comme une prunelle ; la plupart des Nymphes oculées.

Aveugles, *caca*, lorfqu'il n'y a point d'yeux ; la plupart des papillons.

A bandes, couvertes de bandes, fafciées, *fafciata* ; lorfqu'il y a plufieurs lignes larges, très-diftinctes, colorées, placées tranfverfalement ; quelques phalènes, quelques papillons.

Avec des raies ou lignes tranfverfales, *ftrigata*, lorfqu'il y a des lignes étroites, colorées, placées tranfverfalement ; quelques phalènes.

LEURS BORDS.

Elles font crenélées, *crenata* ; lorfqu'il y a, à leur bord, de légères incifions ; quelques phalènes, quelques fphinx.

Dentelées, *dentata*, lorfque les incifions font plus grandes, plus profondes & plus diftantes ; quelques papillons.

Frangées, *laciniata*, lorfqu'elles font déchiquetées,

& que leur bord repréfente une efpèce de frange.

Fendues, *fiffa*, lorfqu'elles ont des divifions profondes.

Digitées, *digitata*, lorfqu'elles ont plufieurs divifions repréfentant les doigts d'une main ; les ptérophores.

En queue, *caudata*, lorfque le bord poftérieur fe termine en pointe alongée ; quelques papillons.

Echancrées, *emarginata*, lorfqu'il y a une légère incifion ; quelques pyrales.

Déchirées, *erofa*, lorfque les incifions ne gardent aucun ordre, qu'elles font différentes entr'elles, & que l'aîle paroît comme déchirée ; quelques noctuelles.

Ciliées, *ciliata*, lorfqu'elles font terminées par des poils très-ferrés, en forme de cils ; quelques mouches, quelques friganes.

Anguleufes, *angulata*, lorfqu'elles ont divers angles faillans, qui dépaffent leur bord ; quelques fphinx.

LEUR POINTE.

Elles font obtufes, *obtufa*, lorfqu'elles ne font point terminées en pointe fine.

Coupées, *truncata*, lorfqu'elles font terminées par une pointe qui paroît être coupée ; quelques phryganes.

Pointues, *acuta*, lorfqu'elles fe terminent en pointe.

Acuminata, lorfqu'elles fe terminent en une pointe fine, aiguë, un peu roide.

Les couleurs prefque toujours conftantes dans les *aîles* des infectes, ont encore fouvent fourni de très-bons caractères fpécifiques : il feroit feulement à defirer que chaque auteur nous eût donné les proportions exactes des couleurs dont il a parlé, comme M. Scopoli l'a fait pour les Lépidoptères. *Voyez* COULEUR.

Le nombre, la figure, la proportion & la confiftance des *aîles* & des élytres, ont fourni à Linné & aux entomologiftes qui ont écrit après lui, des caractères pour la divifion des infectes en plufieurs claffes ou ordres. Le tableau de la divifion méthodique des infectes que j'ai donné à l'introduction de ce dictionnaire, forme quatre grandes divifions ; 1°. infectes à quatre *aîles* ; 2°. à deux *aîles* & deux élytres ; 3°. à deux *aîles* ; 4°. fans *aîles* dans les deux fexes : nous les avons fous-divifés en huit claffes ou ordres ; mais nous avons tiré, de la forme de la bouche, un fecond caractère, qui vient à l'appui du premier : ces claffes diffèrent peu, comme on verra, de celles de Linné, de MM. Geoffroy, Schaeffer & Degeer, dont nous allons donner les tableaux. Je donnerai, à l'article BOUCHE, celui de M. Fabricius.

TABLEAU

DES CLASSES

DES INSECTES

DU CHEVALIER LINNÉ, EN 1748. 1768.

Coriaces, & la furface droite.

1. COLÉOPTÈRES.

à demi coriaces & croifées.

2. HÉMIPTÈRES.

Les deux fupérieures

couvertes de petites écailles.

3. LÉPIDOPTÈRES.

membraneufes.

Toutes

Anus fans aiguillon.

4. NÉVROPTÈRES.

Anus armé d'un aiguillon.

5. HYMÉNOPTÈRES.

Quatre aîles

Deux aîles. Deux balanciers, au-lieu des aîles poftérieures.

6. DIPTÈRES.

Sans aîles & fans élytres.

7. APTÈRES.

La première claſſe, celle des Coléoptères, eſt diviſée en trois ordres, d'après la forme des antennes.

O R D R E I. Antennes en maſſe.

O R D R E I I. Antennes filiformes.

O R D R E I I I. Antennes ſétacées.

La ſeconde claſſe, celle des Hémiptères, eſt diviſée en deux ordres, d'après la poſition de la trompe ou bec.

O R D R E I. Trompe ou bec courbé, placé à la tête.

O R D R E I I. Trompe ou bec placé à la poitrine.

Les quatre claſſes qui ſuivent n'ont point de diviſions.
La ſeptième eſt diviſée en trois ordres, d'après le nombre de pattes & la poſition de la tête.

O R D R E I. Six pattes. Tête diſtincte du corcelet.

O R D R E I I. De huit à quatorze pattes. Tête unie au corcelet.

O R D R E I I I. Un grand nombre de pattes. Tête diſtincte du corcelet.

TABLEAU

DES CLASSES

DES INSECTES

DE M. GEOFFROY, EN 1762.

1°. LES COLÉOPTÈRES ou *infectes à étuis.*

> *Caractère.* Aîles couvertes d'étuis ou de fourreaux ; bouche armée de mâchoires dures.

2°. Les HÉMIPTÈRES ou *infectes à demi-étuis.*

> *Caractère.* Aîles fupérieures prefque femblables à des étuis ; bouche armée d'une trompe aiguë, repliée en-deffous le long du corps.

3°. Les TÉTRAPTÈRES à *aîles farineufes.*

> *Caractère.* Quatre aîles chargées de pouffière écailleufe.

4°. Les TÉTRAPTÈRES à *aîles nues,* ou *infectes à quatre aîles nues.*

> *Caractère.* Quatre aîles membraneufes, nues & fans pouffière.

5°. Les DIPTÈRES ou *infectes à deux aîles.*

> *Caractère.* Deux aîles.

> Un petit balancier fous l'origine de chaque aîle.

6°. Les APTÈRES ou *infectes fans aîles.*

> *Caractère.* Corps fans aîles.

La première claſſe de M. Geoffroy répond à c lle des Coléoptères de tous les auteurs ; mais elle renferme la famille des ſauterelles & le thrips, que le chevalier Linné a placé dans la ſeconde claſſe, celle des Hémiptères.

La ſeconde claſſe ne d.ffère de celle de Linné qu'en ce que M. Geoffroy a placé tous les inſectes de la famille des ſauterelles parmi les Coléoptères.

La tro.ſième claſſe, celle des Tétraptères *à ailes farineuſes*, répond à celle des Lépidoptères du chevalier Linné.

La quatrième claſſe, celle des Tétraptères *à ailes nues*, renferme deux claſſes de Linné : celle des Névroptères, dont l'anus n'eſt pas armé d'un aiguillon ; & celle des Hyménoptères, dont l'anus eſt armé d'un aiguillon.

La cinquième & la ſixième claſſe, celles des Diptères & des Aptères, répondent aux deux dernières claſſes du chevalier Linné.

M. Geoffroy a diviſé la première claſſe en trois articles, & les articles en quatre & cinq ordres.

A R T I C L E I. Etuis durs, qui couvrent tout le ventre.

O R D R E I. Cinq articles à tous les tarſes.

O R D R E I I. Quatre articles à tous les tarſes.

O R D R E I I I. Trois articles à tous les tarſes.

O R D R E I V. Cinq articles aux tarſes des deux premières paires de pattes, & quatre feulement à ceux de la dernière paire.

A R T I C L E I I. Etuis durs qui ne couvrent qu'une partie du ventre.

O R D R E I. Cinq articles à tous les tarſes.

O R D R E I I. Quatre articles à tous les tarſes.

O R D R E I I I. Trois articles à tous les tarſes.

O R D R E I V. Cinq articles aux tarſes des deux premières paires de pattes, & quatre feulement à ceux de la dernière.

A R T I C L E I I I. Etuis mous & comme membraneux.

O R D R E I. Cinq articles aux tarſes des deux premières paires de pattes, & quatre feulement à ceux de la dernière.

O R D R E I I. Deux articles à tous les tarſes.

O R D R E I I I. Trois articles à tous les tarſes.

O R D R E I V. Quatre articles à tous les tarſes.

O R D R E V. Cinq articles à tous les tarſes.

La ſeconde & la troiſième claſſe n'ont point de diviſions.
La quatrième eſt diviſée en trois ordres.

O R D R E I. Trois articles à tous les tarſes.

O R D R E I I. Quatre articles à tous les tarſes.

O R D R E I I I. Cinq articles à tous les tarſes.

La cinquième & la ſixième n'ont point de diviſions.

TABLEA

TABLEAU

DES CLASSES

DES INSECTES

D E M. S'CHAEFFER. EN 1766.

LES infectes font:

1. Aîlés.

   A. à quatre aîles.

      * Les fupérieures écailleufes dans toute leur étendue.   **COLÉOPTÈRES.**

        1. Elytres plus longues que la moitié de l'abdomen.   1. COLÉOPTERO-MACROPTÈRES.

        2. Elytres plus courtes que la moitié de l'abdomen.   2. COLÉOPTÉRO-MICROPTÈRES.

      ** Les fupérieures membraneufes à leur extrémité feulement.   3. COLÉOPTÉRO-HYMÉNOPTÈRES ou HÉMIPTÈRES.

      Toutes membraneufes.   **HYMÉNOPTÈRES.**

        1. Couvertes d'une pouffière écailleufe.   4. HYMÉNO-LÉPIDOPTÈRES.

        2. Nues.   5. HYMÉNO-GYMNOPTÈRES.

   B. à deux aîles.   6. DIPTÈRES.

2. Sans aîles.   7. APTÈRES.

M. Schaeffer a divisé les Coléoptères en deux classes : la première comprend tous les insectes, dont les élytres recouvrent l'abdomen entièrement ou en grande partie : & la seconde, ceux dont les élytres ne couvrent qu'une partie de l'abdomen. Les genres qui composent celle-ci sont : le staphylin, le meloë, la nécydale & le forficule : l'une & l'autre sont subdivisées en quatre ordres.

O R D R E I. Cinq articles aux tarses.

O R D R E I I. Cinq articles aux tarses des quatre pattes antérieures, & quatre à ceux des postérieures.

O R D R E I I I. Quatre articles à tous les tarses.

O R D R E I V. Trois articles à tous les tarses.

La troisième classe ne renferme que cinq genres, qui répondent à notre seconde section de l'ordre des Hémiptères. Elle est divisée en trois ordres.

O R D R E I. Trois articles à tous les tarses.

O R D R E I I. Deux articles à tous les tarses.

O R D R E I I I. Un seul article à tous les tarses.

La quatrième classe est la même que celle des Lépidoptères des autres auteurs, & des Glossattes de M. Fabricius.

La cinquième comprend les Orthoptères, les Hyménoptères & les insectes de la première section de nos Hémiptères. Elle est divisée en six ordres, dont quelques-uns sont très-nombreux, & quelques autres ne renferment qu'un seul genre.

O R D R E I. Cinq articles à tous les tarses.

O R D R E I I. Cinq articles aux tarses des quatre pattes antérieures, & quatre à ceux des postérieures.

O R D R E I I I. Quatre articles à tous les tarses.

O R D R E I V. Trois articles à tous les tarses.

O R D R E V. Deux articles à tous les tarses.

O R D R E V I. Un seul article à tous les tarses.

La sixième renferme tous les insectes à deux *ailes* : elle n'est point divisée.

La septième comprend tous les insectes qui n'ont point d'*ailes* dans les deux sexes : elle n'est pas divisée.

TABLEAU DES CLASSES DES INSECTES

DE DEGEER, EN 1778.

PREMIERE CLASSE GÉNÉRALE. Les infectes qui ont des ailes.	**ORDRE I.** Quatre ailes découvertes, ou fans enveloppe ni couverture.	CLASSE I.	AILES farineufes, ou couvertes de très petites écailles. Trompe roulée en fpirale.
		CLASSE II.	Ailes membraneufes, nues ou fans écailles. Bouche fans dents ni trompe.
		CLASSE III.	Ailes membraneufes, de grandeur égale, à nervures croifées ou à réfeau. Bouche à dents.
		CLASSE IV.	Ailes membraneufes, dont les inférieures font plus courtes, à nervures, la plupart longitudinales. Bouche armée de denrs. Aiguillon ou tarière dans la femelle.
		CLASSE V.	Ailes membraneufes. Trompe recourbée fous la poitrine.
	ORDRE II. Deux ailes couvertes par deux étuis coriaces ou écailleux.	CLASSE VI.	Etuis moitié coriaces & moitié membraneux, qui fe croifent. Deux ailes membraneufes. Trompe recourbée fous la poitrine.
		CLASSE VII.	Etuis coriaces ou demi écailleux, aliformes. Deux ailes membraneufes. Bouche à dents.
		CLASSE VIII.	Etuis durs & écailleux. Deux ailes membraneufes. Bouche à dents.
	ORDRE III. Deux ailes découvertes.	CLASSE IX.	Deux ailes membraneufes. Deux balanciers ou maillets fous les ailes. Bouche à trompe, fans dents.
		CLASSE X.	Deux ailes membraneufes, & point de balanciers, de trompe, ni de dents, dans le mâle. Point d'ailes, mais une trompe à la poitrine, dans la femelle.
DEUXIEME CLASSE GÉNÉRALE. Les infectes qui n'ont point d'ailes.	**ORDRE IV.** Qui paffent par des transformations.	CLASSE XI.	Point d'ailes. Six pattes. Bouche à trompe. Ils paffent par l'état de nymphe.
	ORDRE V. Qui ne fe transforment point.	CLASSE XII.	Point d'ailes. Six pattes. La tête féparée du corcelet par un étranglement.
		CLASSE XIII.	Point d'ailes. Huit ou dix pattes. La tête confondue avec le corcelet, ou faifant enfemble une même maffe fans étranglement entre-deux.
		CLASSE XIV.	Point d'ailes. Quatorze pattes & davantage. La tête féparée du corps par une incifion ou un étranglement.

La première claſſe des inſectes de Degeer répond à celle des Lépidoptères des autres auteurs.

La ſeconde ne comprend que deux genres : ceux de la frigane & de l'éphémère.

La troiſième répond à celle des Névroptères de Linné.

La quatrième répond à celle des Hyménoptères de Linné.

La cinquième comprend quatre genres : le trips, le puceron, le faux puceron & la cigale. Elle répond à notre première ſection de l'ordre des Hémiptères.

La ſixième comprend deux genres : la punaiſe & la punaiſe d'eau : elle répond à notre ſeconde ſection de l'ordre des Hémiptères.

La ſeptième répond à notre ordre des Orthoptères, excepté le perce-oreille ou forficule, que nous avons rangé dans l'ordre des Coléoptères, & que Degeer place dans cette claſſe avec les ſauterelles.

La huitième répond à celle des Coléoptères de tous les auteurs. Elle eſt diviſée en quatre ſections.

SECTION I. Cinq articles à tous les tarſes.

SECTION II. Cinq articles aux deux premières paires de tarſes, & quatre ſeulement à la dernière.

SECTION III. Quatre articles à tous les tarſes.

SECTION IV. Trois articles à tous les tarſes.

La neuvième claſſe répond à celle des Diptères des autres auteurs.

La dixième claſſe ne renferme qu'un ſeul genre, celui du gallinſecte.

La onzième claſſe ne renferme qu'un ſeul genre, celui de la puce.

La douzième répond à notre première ſection de l'ordre des Aptères : mais on y voit le termès ; & cependant Degeer a figuré cet inſecte avec des *ailes*, comme la plupart des individus en ont effectivement.

La treizième comprend les genres de notre ſeconde ſection de l'ordre des Aptères : mais on voit de plus, dans la claſſe de Degeer, l'écreviſſe, le crabe & le monocle.

La quatorzieme comprend la ſquille, le cloporte, la ſcolopendre & le ïule.

AILERON. On a donné le nom d'*aileron* ou de cueilleron à une membane très-mince & tranfparente, qui fe trouve de chaque côté du corcelet des infectes de l'ordre des Diptères, à la bafe de leurs aîles. L'*aileron* des mouches, des fyrphes, &c. eft compofé de deux pièces convexes d'un côté, concaves de l'autre, attachées enfemble par l'un de leurs bords, comme le font les deux battans d'une coquille bivalve : l'une de ces deux pièces eft unie, par l'autre bord, à la bafe interne de l'aîle ; de forte que quand la mouche étend & agite fes aîles, l'*aileron* s'étend auffi, les deux valves s'ouvrent & fe trouvent alors fur un même plan : quand l'aîle repofe & qu'elle eft appliquée fur le corps de l'infecte, les deux pièces fe ferment & fe trouvent placées l'une fur l'autre. Il eft quelquefois fimple, comme on peut le voir dans les taons, c'eft-à-dire, compofé d'une feule membrane très-mince, arrondie, tranfparente, terminée par un bord un peu plus épais.

On a cru que les *ailerons* contribuoient au bourdonnement que la plupart des infectes font entendre. J'ai dit à l'article aîle que plufieurs infectes, privés de ces parties, faifoient entendre le même bruit. J'ai rapporté quelques expériences que j'ai faites fur les mouches, à qui j'avois coupé les *ailerons*, & qui, malgré cela, bourdonnoient comme auparavant. Je fuis porté à croire que les *ailerons* facilitent le vol des infectes, & qu'ils contribuent auffi à leur faire exécuter divers mouvemens avec plus de facilité.

Il ne faut pas confondre les *ailerons* avec les balanciers, *halteres*, qui fe trouvent toujours audeffous ; ceux-ci font amincis, femblables à un petit filet, terminé par un bouton ovale, arrondi ou légèrement aplati. Il n'y a que les infectes à deux aîles nues qui aient des *ailerons* ; mais tous n'en font cependant pas pourvus ; les afiles, les bombilles, les ripules, les coufins & plufieurs autres n'en ont point ; mais ces infectes ont leurs balanciers plus grands & plus alongés, comme s'ils devoient alors fuppléer aux *ailerons* qui manquent.

ALTISE, *Altica*. Genre d'infectes de la troifième fection de l'ordre des Coléoptères.

Les *altifes* font de petits infectes ovales, ou un peu alongés, rarement arrondis, pourvus de deux aîles membraneufes, veinées, cachées fous des étuis durs ; de deux antennes filiformes, prefque de la longueur du corps, compofées de onze pièces diftinctes ; d'une bouche munie de deux mandibules, de deux mâchoires, de quatre antennules & de deux lèvres ; de cuiffes groffes, très-renflées, par le moyen defquelles ils exécutent un faut très-vif & affez confidérable, femblable à celui de la puce ; & enfin de fix pattes, terminées par des tarfes compofés de quatre pièces.

Les *altifes* appartiennent à la famille des chryfomèles. Linné, dans les premières éditions de fes ouvrages, avoit placé ces infectes avec les mordelles : il les

en a féparés dans les dernières, pour les ranger parmi les chryfomèles, avec lefquelles elles ont effectivement beaucoup de rapports ; il en a feulement fait une famille fous le nom de *chryfomela faltatoria*, chryfomèles fauteufes. M. Fabricius avoit confervé dans fon ouvrage intitulé, *Syftema entomologia*, le genre d'*altife*, tel que nous l'a donné M. Geoffroy, en lui affignant pour caractère, quatre antennules filiformes, tandis qu'il en donne fix qui groffiffent vers l'extrémité, aux chryfomèles. Il a réuni enfuite ces infectes aux chryfomèles, à l'imitation de Linné. MM. Degeer, Schrank, ont auffi fuivi l'exemple de Linné. M. Scopoli a donné à ces infectes le nom de *chryfomela faltatoria*, & il a placé les véritables chryfomèles parmi les coccinelles. Nous avons cru devoir, à l'imitation de MM. Geoffroy & Schaeffer, conferver le genre d'*altife*, & le diftinguer de celui de chryfomèle, parce qu'il offre des caractères fuffifans pour le reconnoître facilement, & que ces infectes font d'ailleurs affez nombreux pour mériter de faire un genre particulier.

Les antennes des chryfomèles font compofées d'articles globuleux, qui vont un peu en groffiffant de la bafe à la pointe ; celles des *altifes*, à-peu-près d'égale épaiffeur dans toute leur longueur, ont leurs articles prefque cylindriques ; elles font d'ailleurs un peu plus longues que celles des chryfomèles. La bouche préfente encore quelques différences remarquables ; les antennules antérieures des *altifes* ont le troifième article un peu plus gros que le quatrième, & celui-ci eft terminé en pointe ; celles des chryfomèles ont le dernier article plus gros que les autres, & prefque en maffe ; mais le caractère le plus facile à faifir eft celui des pattes ; les cuiffes poftérieures des *altifes* font très-groffes & très-renflées, & ces infectes fautent avec la plus grande légèreté, lorfqu'on approche pour les prendre ; c'eft ce qui leur a fait donner en latin le nom d'*altica*, qui veut dire fauteur. Le corcelet uni & convexe éloigne ces infectes des chryfomèles & des galeruques. La tête enfoncée dans le corcelet, diftingue, au premier coup-d'œil, les gribouris. Le corcelet cylindrique, auffi étroit que la tête, fait aifément reconnoître les criocères ; enfin, le nombre des pièces des tarfes & les antennes en maffe, empêche de confondre les *altifes* avec les coccinelles.

Les antennes des *altifes* font filiformes, un peu plus longues que la moitié du corps de l'infecte, compofées de onze pièces ou articles diftincts, prefque cylindriques, dont le premier eft gros, affez long & un peu renflé, & le fecond court, petit, prefque globuleux ; elles ont leur infertion à la partie antérieure de la tête, entre les deux yeux.

Les yeux font ronds, peu faillans, placés à la partie latérale de la tête : ils touchent au corcelet par leur partie poftérieure.

La tête eft petite & plus étroite que le corcelet :

elle est un peu inclinée & très-peu avancée.

La bouche, comme nous l'avons dit plus haut, est composée d'une lèvre supérieure, d'une lèvre inférieure, de deux mandibules, de deux mâchoires, & de quatre antennules.

La lèvre supérieure est large, membraneuse, plate ou légèrement convexe, entière & ciliée à son bord antérieur, placée à la partie antérieure de la tête, au-dessus de la bouche.

La lèvre inférieure se trouve au-dessous de la bouche : elle est plus étroite que la supérieure, membraneuse, entière. Elle donne naissance aux deux antennules postérieures.

Les mandibules sont dures, cornées, tranchantes, placées à la partie latérale & supérieure de la bouche, au-dessous de la lèvre supérieure.

Les mâchoires qui se trouvent au-dessous des mandibules, sont bifides : la pièce extérieure est courte, cornée, presque cylindrique, terminée en pointe mousse, & couverte, à sa partie interne, de poils courts & roides, en forme de cils. La pièce intérieure est courte, presque membraneuse, comprimée par les côtés, ciliée à son bord interne. M. Fabricius avoit d'abord regardé la pièce extérieure comme faisant partie des mâchoires ; il l'a ensuite regardée comme une antennule, quoiqu'elle soit d'une seule pièce, qu'elle ait la consistance de la corne, & qu'elle ait une figure différente de celle des antennules.

Les antennules sont au nombre de quatre : les deux antérieures sont courtes, presque filiformes, composées de quatre articles, dont le premier est très-court, le second un peu long, le troisième plus gros & presque arrondi, le quatrième mince & terminé en pointe. Les deux postérieures sont un peu plus courtes, & composées de trois articles filiformes, presque égaux entr'eux.

Le corcelet est convexe, uni, plus large que la tête, plus étroit que les élytres : il est très-peu bordé, & souvent ce rebord est si petit, qu'il n'est pas apparent.

Les élytres sont dures, convexes, striées ou pointillées : elles cachent deux aîles repliées, membraneuses, veinées, & souvent colorées.

Le corps est ordinairement ovale, plus ou moins alongé, convexe en-dessus, un peu aplati en-dessous : quelques espèces cependant sont arrondies, & ressemblent à une demi-sphère.

Les pattes, au nombre de six, sont composées de la hanche, de la cuisse, de la jambe & du tarse, divisé en quatre pièces. La hanche est très-courte & très-petite. La cuisse est de longueur moyenne ; elle est peu renflée aux quatre pattes antérieures, mais elle est très-grosse & très-renflée

aux postérieures ; celles-ci paroissent quelquefois presque sphériques, ce qui fait que ces insectes marchent assez lourdement, mais qu'en revanche, ils sautent avec la plus grande légèreté. Les jambes sont presque cylindriques, ou peu comprimées. Les tarses sont composés de quatre articles ; le premier est alongé, étroit, conique & un peu aplati ; le second est plus large, plus court & plus aplati ; le troisième est le plus large ; il est terminé par deux lobes arrondis, & il est garni en-dessous de poils courts & serrés, en forme de brosse ; le quatrième est alongé, presque linéaire, un peu plus gros à son extrémité, légèrement arqué, & terminé par deux crochets arqués, aigus & assez forts.

Les *altises* sont en général très-petites : les plus grandes d'Europe n'ont guères plus de deux lignes de long, & celles des pays les plus chauds n'en ont guères plus de trois. On les trouve plus communément en printems, dans les endroits frais, humides, un peu gras, répandues souvent en très-grande quantité sur les plantes potagères, dont elles criblent les feuilles, & auxquelles elles font souvent beaucoup de tort. La plupart brillent des plus belles couleurs ; toutes sont luisantes & entièrement glabres, c'est-à-dire, lisses, & sans poils ni duvet.

Ces insectes déposent leurs œufs sur les plantes, dont ils se nourrissent. Les larves qui en sortent se nourrissent des mêmes plantes ; elles sont hexapodes, c'est-à-dire, qu'elles ont six pattes articulées & assez longues : elles ressemblent beaucoup aux larves des chrysomèles & des coccinelles. Leur corps est alongé, divisé en douze ou treize anneaux, sur chaque côté desquels il y a un stigmate. Le dernier anneau est garni en-dessous d'une espèce de mamelon charnu, qui sert de quatrième paire de pattes. La tête est dure, presque coriacée, & munie de mâchoires fortes, dures, cornées, tranchantes, & d'espèces d'antennules : on trouve presque toujours un très-grand nombre de ces larves sur la même plante.

Lorsqu'elles veulent se transformer en nymphe, la plupart de ces larves se fixent sur les feuilles des plantes qui les ont nourries, par le moyen du mamelon de derrière : ainsi fixées, elles se dépouillent de la peau de larve, qui se fend longitudinalement sur le dos, & que l'insecte fait glisser en arrière, où elle est bientôt réduite en peloton. Au bout de quinze ou vingt jours, les nymphes sortent de cet état, & se montrent sous celui d'insecte parfait. L'enveloppe de nymphe s'ouvre longitudinalement à la partie supérieure ; l'insecte en sort & laisse sa dépouille presqu'entière ; on n'y voit que la fente qu'il a fait en sortant.

ALTISE.

ALTICA. G E O F F. S C H A E F F.

'*CHRYSOMELA.* L I N. F A B.

CARACTÈRES GÉNÉRIQUES.

ANTENNES filiformes, presque de la longueur du corps : articles presque cylindriques ; le premier plus gros que les autres.

Bouche munie de mandibules, de mâchoires bifides, & de quatre antennules inégales, filiformes.

Corps ovale, ou presque arrondi.

Cuisses postérieures grosses, renflées, propres pour sauter.

Quatre articles à tous les tarses ; le pénultième large, bifide, garni en-dessous de poils courts & serrés.

ESPÈCES.

1. ALTISE ponctuée.

Oblongue, jaune ; corcelet avec six points noirs ; élytres violettes.

2. ALTISE caroline.

Jaunâtre ; corcelet avec deux points noirs ; élytres avec cinq lignes longitudinales, noires.

3. ALTISE à bandelette.

Oblongue ; corcelet pâle, avec trois points noirs ; élytres noires, avec deux lignes longitudinales, blanches.

4. ALTISE huit-taches.

Ferrugineuse ; corcelet-blanc ; élytres avec quatre points blancs sur chaque.

5. ALTISE quatre-taches.

Ferrugineuse ; corcelet blanc ; élytres avec deux grandes taches blanches sur chaque.

6. ALTISE noble.

Ferrugineuse ; élytres avec le bord & une bande blancs.

7. ALTISE quadrifasciée.

Ferrugineuse ; élytres avec quatre lignes transversales, blanches.

8. ALTISE corcelet-blanc.

Noire ; corcelet blanc ; élytres violettes, obscures, avec quatre points blancs, dont l'un interne, linéaire.

ALTISES. (Insectes).

9. ALTISE bifasciée.

Pâle ; élytres d'un noir violet, avec deux bandes pâles.

10. ALTISE sinuée.

Pâle ; tête noire ; élytres avec une large ligne longitudinale, sinuée, d'un noir bleuâtre.

11. ALTISE équestre.

Corcelet & élytres blancs ; élytres avec le bord & une bande ferrugineux.

12. ALTISE bordée.

Noire ; élytres d'un vert bronzé, avec le bord & deux points blancs.

13. ALTISE famelique.

Jaunâtre ; élytres vertes, avec le bord pâle.

14. ALTISE bicolor.

Rougeâtre ; élytres & cuisses postérieures d'un bleu très luisant.

15. ALTISE équinoxiale.

Corcelet rougeâtre ; élytres violettes, avec quatre taches blanches sur chaque.

16. ALTISE surinamoise.

Jaunâtre ; corcelet rougeâtre, taché ; élytres avec le bord & une bande couleur de sang.

17. ALTISE S blanc.

Pâle ; élytres noires, avec une ligne longitudinale blanche, courbée, en forme de S.

18. ALTISE potagère.

Ovale, d'un bleu verdâtre ; antennes noires.

19. ALTISE dorée.

Corcelet pâle ; élytres bronzées, avec deux taches & une bande dorées.

20. ALTISE corcelet-fauve.

Corcelet fauve ; élytres pâles, avec la suture & deux taches noires.

21. ALTISE de la jusquiame.

D'un verd bleuâtre ; pattes fauves ; cuisses postérieures violettes ; élytres striées.

22. ALTISE bleue.

Bleue ; jambes fauves ; élytres pointillées.

23. ALTISE noire-ovale.

Ovale, d'un noir bronzé ; pattes noires ; élytres pointillées.

24. ALTISE noire-alongée.

Alongée, d'un noir bronzé ; pattes noires ; élytres pointillées.

25. ALTISE Rubis.

Elytres vertes ou bleuâtres ; tête & corcelet cuivreux, brillans ; pattes ferrugineuses.

26. ALTISE Plutus.

D'un verd doré ; antennes & pattes fauves.

27. ALTISE trifasciée.

Blanchâtre en-dessus, avec trois bandes obscures, dont une sur la tête, & deux sur les élytres.

28. ALTISE bronzée.

Bronzée, luisante ; extrémité des élytres,

ALTISES. (Infectes).

pattes antérieures, & jambes postérieures, jaunes.

29. ALTISE tête-rouffe.

D'un noir bleuâtre, luisant ; tête & articulations des pattes, ferrugineuses.

30. ALTISE paillette.

Noire ; corcelet, élytres & pattes d'un jaune pâle.

31. ALTISE bordure-jaune.

Noire ; corcelet & élytres noirs, bordés de jaune pâle.

32. ALTISE angloife.

Très-noire ; élytres & pattes d'un jaune pâle.

33. ALTISE quadrille.

Noire ; élytres avec quatre points rougeâtres.

34. ALTISE patte-fauve.

Noire ; corcelet & pattes rougeâtres ; élytres bleues, pointillées.

35. ALTISE Bedaud.

Noire ; tête, corcelet & pattes rougeâtres ; élytres d'un bleu violet, striées.

36. ALTISE striée.

Oblongue, toute ferrugineuse; élytres striées.

37. ALTISE fauve.

Ovale, toute fauve ; élytres finement pointillées.

38. ALTISE biponctuée.

Noire, luisante ; élytres avec un point rougeâtre vers leur extrémité.

39. ALTISE jaune.

D'un jaune pâle ; yeux noirs.

40. ALTISE des bois.

Ovale, noire, luisante ; élytres avec une ligne longitudinale jaune.

41. ALTISE bordure noire.

Ovale, noire, corcelet & élytres jaunâtres, avec le bord noir.

42. ALTISE braficaire.

Très-noire ; élytres d'une couleur de briques pâle, avec le bord & une bande noirs.

43. ALTISE noire.

Ovale, noire, luisante ; base des antennes & jambes fauves.

44. ALTISE hémifphérique.

Hémifphérique, noire ; jambes brunes.

45. ALTISE tête-jaune.

Alongée, d'un noir bleuâtre ; tête & pattes antérieures jaunes.

1. ALTISE ponctuée.
ALTICA thoracica. FAB.
Altica oblonga, flava ; thorace nigro punctato ; elytris violaceis. FAB. *Syst. ent. appexd. pag.* 811.
Chrysomela thoracica. FAB. *Sp. inf. tom.* 1. *pag.* 131. *n°.* 87.

Cette *altise* a environ trois lignes de long. Sa tête est jaune, & les yeux sont noirs. Le corcelet est jaune, avec six points noirs. Les élytres sont lisses, violettes, bordées de jaune, principalement vers leur base. Les pattes sont jaunes, & les cuisses postérieures renflées &. obscures.
Elle se trouve dans l'Amérique méridionale.

2. ALTISE caroline.
ALTICA caroliniana. NOB.
Chrysomela caroliniana saltatoria flavescens, thorace punctis duobus, coleoptris vittis quinque nigris. FAB. *Mant. inf. tom.* 1. *pag.* 75. *n°.* 2.
Crioceris caroliniana. FAB. *Syst. ent. pag.* 122. *n°.* 21.—*Sp. inf. tom.* 1. *pag.* 156. *n°.* 38.

Elle est de la grandeur du criocère porte-croix. Sa tête est jaune ; les antennes & les yeux sont noirs. Le corcelet est très-peu bordé ; il est jaune, avec deux points noirs. Les élytres sont jaunes, avec une ligne longitudinale, noire, au bord extérieur, une autre au milieu, & une troisième commune, à la suture. Les cuisses postérieures sont ferrugineuses & renflées.
Cette espèce se trouve dans la Caroline.

3. ALTISE à bandelettes.
ALTICA vittata. NOB.
Altica tomentosa oblonga, thorace pallido, punctis tribus nigris, elytris nigris, vittis duabus albis. FAB. *Syst. ent. pag.* 122. *n°.* 22.
Chrysomela tomentosa oblonga, elytris subtomentosis nigris : linea longitudinali margineque pallidis. LIN. *Syst. nat. pag.* 601. *n°.* 107.
Crioceris glabrata. FAB. *Sp. inf. tom.* 1. *pag.* 156. *n°.* 39.
Chrysomela glabrata. FAB. *Mant. inf. tom.* 1. *pag.* 76. *n°.* 115.

Cet insecte ressemble au précédent. Sa tête est noire, & le front blanc. Le corcelet est pâle, avec trois points noirs. Les élytres sont glabres dans l'espèce que décrit M. Fabricius ; elles sont légèrement cotonneuses dans celle de Linné : on y voit deux lignes longitudinales pâles, qui se réunissent vers l'extrémité de l'élytre : le bord de celle-ci est noir. L'abdomen est brun, avec les côtés blancs. Les cuisses sont renflées, noirâtres, avec le bord intérieur pâle.
Elle se trouve en Amérique.

4. ALTISE huit-taches.
ALTICA quatuor guttata. NOB.
Chrysomela 4 *guttata saltatoria, ferruginea, thorace elytrorumque punctis quatuor albis.* FAB. *Sp. inf. tom.* 1. *pag.* 132. *n°.* 89.
Histoire Naturelle, Insectes. Tome I.

Ses antennes, ses pattes, & le dessous du corps sont de couleur de marron. Ses yeux sont noirs. Le front & le corcelet sont blanchâtres. Les élytres sont de la même couleur que le dessous du corps ; elles ont huit taches blanches ; savoir, six placées longitudinalement sur deux lignes, trois de chaque côté de la suture, & deux autres vers le bord extérieur, entre la première & la seconde.
Elle se trouve à Cayenne.

5. ALTISE quatre-taches.
ALTICA biguttata. FAB.
Altica ferruginea thorace elytrorumque maculis duabus albis. FAB. *Syst. ent. app. pag.* 811.
Chrysomela biguttata saltatoria ferruginea, thorace elytrorumque maculis duabus albis. FAB. *Sp. inf. tom.* 1. *pag.* 132. *n°.* 88.

Cette espèce ressemble un peu à la précédente par la forme & la grandeur. Ses antennes sont noires, & presque de la longueur du corps. La tête est noire, avec un point blanc au front. Le corcelet est blanc & sans tache. Les étuis sont luisans, noirâtres, avec quatre taches blanches, deux sur chaque, qui souvent se confondent & paroissent former deux bandes. Le dessous du corps est de couleur de marron.
Elle se trouve à Cayenne.

6. ALTISE noble.
ALTICA nobilitata. NOB.
Chrysomela nobilitata saltatoria ferruginea, elytrorum margine fasciaque albis. FAB. *Mant. inf. tom.* 1. *pag.* 76. *n°.* 120.

Elle est grande : sa tête est ferrugineuse, & les yeux sont noirs. Le corcelet est ferrugineux, avec tous les bords blancs. Les élytres sont glabres, luisantes, ferrugineuses, avec les bords & une large bande blanche, au milieu.
Elle se trouve à Cayenne.

7. ALTISE quadrifasciée.
ALTICA quadrifasciata. NOB.
Chrysomela quadrifasciata saltatoria ferruginea, elytris strigis quatuor albis. FAB. *Mant. inf. tom.* 1. *pag.* 76. *n°.* 121.

Elle est grande. Sa tête est ferrugineuse, avec un point sur le vertex & les antennes, noirs. Le corcelet est ferrugineux & varié de blanc peu marqué. Les élytres sont glabres, luisantes, ferrugineuses, avec quatre lignes transversales blanches, dont la première est posée sur la base, & la quatrième est ondée. Le corps est d'une couleur ferrugineuse obscure.
Elle se trouve à Cayenne.

8. ALTISE corcelet-blanc.
ALTICA albicollis. NOB.
Chrysomela albicollis saltatoria nigra, thorace albo, elytris obscure violaceis ; punctis quatuor albis ; interiori lineari. FAB. *Mant. inf. tom.* 1. *pag.* 76. *n°.* 122.

Cette efpèce eft plus petite que les précédentes : fa tête eft noire, avec une grande tache blanche fur le front. Le corcelet eft glabre, luifant, blanc & fans taches. Les élytres font luifantes, d'une couleur violette foncée, avec quatre points blancs, dont l'un vers la futicre, linéaire & oblique.

Elle fe trouve à Cayenne.

9. ALTISE bifafciée.
ALTICA bifafciata. NOB.
Altica pallida, elytris nigro-violaceis, fafciis duabus pallidis. NOB.

Cette efpèce eft une des plus grandes que nous connoiffions : elle a plus de trois lignes de long, & deux de large. Ses antennes font obfcures. Tout fon corps eft d'un jaune pâle ; on voit feulement un peu de noir à la partie poftérieure de la tête, & quelques points irréguliers de cette couleur fur le corcelet. Les élytres font coupées par cinq bandes, dont trois d'un noir bleuâtre, & deux d'un jaune pâle. Les jambes & les tarfes font un peu obfcurs.

Cette altife fe trouve à Cayenne.

10. ALTISE finuée.
ALTICA finuata. NOB.
Altica pallida, capite nigro, elytris vitta finuata nigro-violacea. NOB.

Cette efpèce eft plus alongée que la précédente : elle a trois lignes de long, & une ligne & demie de large. Tout fon corps eft d'un jaune pâle. Les antennes font d'un jaune obfcur. La tête eft noirâtre. Le corcelet eft pâle & fans taches. Les élytres font pâles, avec une large raie longitudinale, finuée, un peu plus large vers le bout.

Elle fe trouve à Cayenne.

11. ALTISE équeftre.
ALTICA equeftris. NOB.
Chryfomela equeftris faltatoria, thorace elytrifque albis : margine bafeos fafciaque media ferrugineis. FAB. Mant. inf. tom. 1. pag. 76. n°. 118.

Cette efpèce eft grande. Sa tête & fes antennes font noires, avec un point blanc à la bafe des antennes. Le corcelet eft luifant, blanc & fans taches. Les élytres font luifantes, blanches, avec le bord de la bafe, & une large bande, au milieu, ferrugineux, avec un reflet cuivreux, luifant. Le corps eft noirâtre. Les cuiffes poftérieures font renflées.

Elle fe trouve en Amérique.

12. ALTISE bordée.
ALTICA cincta. FAB.
Chryfomela faltatoria nigra, elytris viridi aneis margine punctifque duobus albis. FAB. Sp. inf. tom. 1. pag. 132. n°. 90.

Cette altife eft une des plus grandes. Sa tête eft noire. Le corcelet eft d'une couleur de bronze, un peu obfcure, avec le bord antérieur & poftérieur blanc. Les étuis font d'un verd cuivreux ; ils

ont deux points & leurs bords blancs. Le corps eft très-noir. Les cuiffes poftérieures font très-renflées. Elle fe trouve en Portugal.

13. ALTISE famélique.
ALTICA famelica. NOB.
Altica marginata flavefcens, elytris viridibus, margine pallido. FAB. Syft. ent. append. 811.
Chryfomela marginata. FAB, Sp. inf. tom. 1. pag. 132. n°. 91.
Chryfomela famelica. FAB. Mant. inf. tom. 1. pag. 76. n°. 123.

Cette efpèce eft une des plus grandes. Les antennes font noires. La tête & le corcelet font jaunâtres : on y apperçoit quelquefois des taches obfcures, mais plus fouvent il n'y en a point. Les étuis font verdâtres, luifans, avec leur bord extérieur pâle. Le corps eft jaunâtre. Les jambes font noires, & les cuiffes poftérieures très-renflées.

Elle fe trouve en Amérique.

14. ALTISE bicolor.
ALTICA bicolor. FAB.
Chryfomela (bicolor) faltatoria, ovata rufa, elytris femoribufque pofticis caruleis. LIN. Syft. nat. pag. 593. n°. 52.
Altica. FAB. Syft. ent. pag. 112. n°. 1.
Chryfomela. FAB. Sp. inf. tom. 1. pag. 132. n°. 92.
Chryfomèle fauteufe rouge à étui d'un bleu très-luifant. DEG. Mém. tom. 5. pag. 357. pl. 16. f. 20.

Elle eft un peu plus petite que les précédentes : elle reffemble par la grandeur & les couleurs à l'altife patte-fauve. Les yeux & les antennes font noirâtres. Sa tête, fon corcelet & fon corps font fauves. Ses étuis font d'une belle couleur bleue, très-luifante. Les cuiffes poftérieures font bleues & très-renflées.

Elle fe trouve en Amérique.

15. ALTISE équinoxiale.
ALTICA aquinoctialis. FAB.
Chryfomela faltatoria, thorace rubro, elytris violaceis : maculis quatuor albis alternis. LIN. Syft. nat. pag. 596. n°. 71.
Altica aquinoctialis. FAB. Syft. ent. pag. 112. n°. 2. — Chryfomela aquinoctialis. Sp. inf. tom. 1. pag. 132. n°. 93.
Chryfomèle fauteufe à corcelet couleur de chair, à étuis violets luifans, avec quatre taches blanches fur chacun. DEG. Mém. tom. 5. pag. 356. n°. 11. pl. 16. fig. 19.

Cette efpèce eft affez grande. Les antennes font noires, & de la longueur du corps. La tête eft noire, avec une tache jaune fur le front. Le corcelet eft petit, un peu convexe, & d'un rouge pâle, prefque couleur de chair. Les élytres font d'un beau violet luifant, tirant quelquefois fur le bleu ; on voit, fur chaque, quatre taches blanches, arron-

dies. Le ventre eſt couleur de chair pâle : la poitrine eſt bleuâtre, & les pattes noires.
Elle ſe trouve à Surinam.

16. ALTISE ſurinamoiſe.
ALTICA ſurinamenſis. FAB.
Chryſomela ſurinamenſis ſaltatoria flaveſcens, elytris margine faſciaque ſanguineis. LIN. *Syſt. nat.* 595. 69.
Altica. FAB. *Syſt. ent. pag.* 116. nᵒ. 23.
Chryſomela. FAB. *Sp. inſ. tom.* 1. *pag.* 137. nᵒ. 117.
Chryſomèle ſauteuſe à corcelet d'un rouge clair, à étuis roux, avec une bande tranſverſe rouge, à antennes & pattes griſes. DEG. *Mém. tom.* 5. *pag.* 355. 10. *pl.* 16. *fig.* 17.

Cette *altiſe* eſt une des plus grandes ; elle a trois lignes de long, ſur une & demie de large : ſes antennes, ſes pattes & le deſſous du corps ſont d'un jaune pâle. Le corcelet eſt d'un rouge clair, avec quelques petites taches obſcures. Les élytres ſont jaunâtres, coupées dans leur milieu par une bande rouge ; elles ſont bordées d'une raie de la même couleur, qui s'élargit vers leur extrémité, & forme une tache.
Elle ſe trouve à Surinam.

17. ALTISE S blanc.
ALTICA S littera. FAB.
Altica pallida, elytris nigris, linea longitudinali flexuoſa alba. FAB. *Syſt. ent. pag.* 116. nᵒ. 24.
Chryſomela S littera. LIN. *Syſt. nat. pag.* 595. nᵒ. 70.
Chryſomela S littera. FAB. *Sp. inſ. tom.* 1. *pag.* 137. nᵒ. 118.
Chryſomèle ſauteuſe d'un jaune griſâtre, à étuis bruns, avec une raie longitudinale, ondée, blanchâtre. DEG. *Mém. tom.* 5. *pag.* 357. nᵒ. 13.
Elle eſt plus petite que les précédentes : elle a une figure un peu alongée. Ses antennes ſont noires, & moins longues que dans les autres eſpèces. Ses yeux ſont noirs. Son corps eſt d'un jaune pâle. Les élytres ſont d'un brun foncé très-luiſant, avec une ligne longitudinale un peu ondée, blanche, & qui repréſente aſſez mal la lettre S.
Elle ſe trouve à Surinam.

18. ALTISE potagère.
ALTICA oleracea. FAB.
Chryſomela oleracea ſaltatoria vireſcenti-cærulea. LIN. *Syſt. nat.* 593. 51, —*Faun. ſuec. n.* 534.
Altica oleracea. FAB. *Syſt. ent.* 112. 5.
Chryſomela. FAB. *Sp. inſ.* 1. 133. 94.
Chryſomela oleracea. SCOP. *Ent. carn.* nᵒ. 212.
Chryſomela oleracea. SCHRANK. *Enum. inſ. auſt.* nᵒ. 159.
Chryſomèle ſauteuſe ovale, entièrement d'un bleu verdâtre, à antennes noires. DEG. *Mém. tom.* 5. *pag.* 344. 49.

L'*altiſe* bleue. GEOFF. *inſ.* 1. *pag.* 245. 1.
Cette *altiſe* eſt une des plus grandes de celles d'Europe : elle a près de deux lignes de long, ſur une de large : elle eſt entièrement bleue, excepté les antennes, qui ſont noires, & preſque de la longueur du corps. Le corcelet eſt liſſe, avec un enfoncement tranſverſal à ſa partie poſtérieure. Les élytres ſont liſſes, ſans ſtries, parſemées de petits points irréguliers, qui ne paroiſſent qu'avec la loupe. Les cuiſſes poſtérieures ſont très-groſſes, & l'inſecte s'en ſert pour ſauter vivement.
On la trouve en Europe, ſur les plantes potagères, auxquelles elle fait ſouvent beaucoup de tort.

19. ALTISE dorée.
ALTICA aurata. NOB.
Altica thorace pallido, elytris æneis : maculis duabus faſciaque aureis. FAB. *Syſt. ent. pag.* 112. nᵒ. 4.
Chryſomela albicollis. FAB. *Sp. inſ. tom.* 1. *pag.* 133. nᵒ. 95.
Elle a la forme & la grandeur de l'*altiſe* potagère. La tête eſt noire. Les antennes ſont filiformes, noires, & pâles à leur baſe. Le corcelet eſt pâle & arrondi. Les élytres ſont glabres, brillantes, cuivreuſes, avec deux points à leur baſe, & une bande au milieu, de couleur d'or. Le ventre eſt noir ; les pattes ſont pâles ; les cuiſſes poſtérieures ſont noires & très-renflées.
Elle ſe trouve dans la Nouvelle-Hollande.

20. ALTISE corcelet-fauve.
ALTICA fulvi-collis. NOB.
Chryſomela fulvi-collis ſaltatoria, thorace rufeſcente, elytris pallidis, ſutura maculiſque duabus nigris. FAB. *Sp. inſ. tom.* 1. *pag.* 133. nᵒ. 96.
Elle eſt de grandeur moyenne. Sa tête eſt noire & luiſante. Le corcelet eſt fauve, ſans tache, avec les bords pâles. Les élytres ſont liſſes, luiſantes, pâles, avec deux grandes taches noires, l'une à la baſe, & l'autre vers le milieu : la ſuture eſt noire. Tout le deſſous du corps eſt pâle. Les pattes ſont fauves, avec les genoux noirs.
Elle ſe trouve....

21. ALTISE de la Juſquiame.
ALTICA Hyoſciami. FAB.
Chryſomela vireſcenti-cærulea, pedibus teſtaceis, femoribus poſticis violaceis. LIN. *Syſt. nat. pag.* 594. nᵒ. 54. —*Faun. ſuec.* nᵒ. 536.
Altica Hyaſciami. FAB. *Syſt. ent. pag.* 113. nᵒ. 5.
Chryſomela. FAB. *Sp. inſ. tom.* 1. *pag.* 133. nᵒ. 97.
Chryſomèle ſauteuſe ovale d'un vert bronzé bleuâtre, à étuis pointillés, à pattes rouſſes & à cuiſſes poſtérieures vertes, bronzées. DEG. *Mém. tom.* 5. *pag.* 345. 51.
L'*altiſe* du choux. GEOFF. *Inſ.* 1. 248. 11.

Chryſomela hyoſciami. SCHRANK. *Enum. inſ. auſt.*
n°. 161.

Les antennes ſont noirâtres, & leur baſe eſt ferrugineuſe. La tête, le corcelet & les élytres, ſont
d'un beau bleu brillant. On voit, ſur les élytres,
des ſtries, formées par de petits points. Les pattes
ſont ferrugineuſes, à l'exception des cuiſſes poſtérieures, qui ſont noires.

On trouve cet inſecte en Europe, en grande quantité, ſur les choux, qu'il ronge & dévore.

22. ALTISE bleue.
ALTICA carulea. FOURC. *Ent. Par. pag.* 100.
Altica carulea, elytris punctis ſparſis, tibiis fer
rugineis. GEOFF. *Inſ. tom.* 1. *pag.* 249. *n°.* 12.
L'*altiſe* bleue ſans ſtries. GEOFF. *ib.*

Cette eſpèce reſſemble beaucoup à l'*altiſe* de la
Juſquiame : elle eſt comme elle d'un beau bleu ;
mais ſes élytres ſont chargées de petits points enfoncés, placés irrégulièrement, qui ne forment
point de ſtries, comme on le voit dans la précédente.
La baſe des antennes & les pattes ſont fauves,
excepté la partie inférieure des cuiſſes poſtérieures,
qui eſt noirâtre.

Elle ſe trouve aux environs de Paris, ſur différentes plantes.

23. ALTISE noire-ovale.
ALTICA nigripes. FAB.
Altica nigro anea, ovata pedibus nigris. GEOFF.
Inſ. tom. 1. *pag.* 246. *n°.* 5.
Altica viridi-anea, pedibus nigris. FAB. *Syſt. ent.*
pag. 113. *n°.* 6.
Chryſomela. FAB. *Sp. inſ. tom.* 1. *pag.* 133.
n°. 98.

Cette eſpèce reſſemble un peu à la précédente :
elle eſt partout d'un noir verdâtre, un peu bronzé.
Les élytres ſont chargées de points irréguliers. Les
antennes & les pattes ſont noires.

Elle ſe trouve en Europe, ſur différentes
plantes.

24. ALTISE noire-alongée.
ALTICA hortenſis. NOB.
Altica nigro-anea, oblonga, pedibus nigris.
GEOFF. *Inſ. tom.* 1. *pag.* 246. *n°.* 6.
L'*altiſe* noire alongée des crucifères. GEOFF. *ib.*

Cette eſpèce eſt toute d'un noir verdâtre, un
peu bronzé : elle eſt plus petite & plus alongée
que la précédente. Les élytres ſont parſemées de
petits points enfoncés, irréguliers. Les antennes &
les pattes ſont noires.

On la trouve en Europe, ſur les plantes, & ſurtout ſur les choux. Elle eſt très-commune aux environs de Paris.

25. ALTISE Rubis.
ALTICA nitidula. FAB.
Chryſomela nitidula ſaltatoria, elytris caruleis

capite thoraceque aureis pedibus ferrugineis. LIN.
Syſt. nat. pag. 594. *n°.* 60. — *Faun. ſuec. n°.*
542.
Altica nitidula. FAB. *Syſt. ent. pag.* 113. *n°.* 7.
Chryſomela. FAB. *Sp. inſ. tom.* 1. *pag.* 134.
n°. 99.
SCHAEFF. *Icon. inſ. tab.* 87. *f.* 5.
Bupreſtis chryſocollis. SCOP. *Ent. carn. n°.*
198.

Chryſomèle ſauteuſe ovale, à étuis bleus ou
verds, à corcelet doré, à antennes & pattes rouſſes,
& à cuiſſes poſtérieures noires. DEG. *Mém. tom.* 5.
pag. 346. *n°.* 54.
Altica nigro-aurata, thorace aureo femoribus, fer
rugineis. GEOFF. *Inſ. tom.* 1. *pag.* 249. *n°.* 13.
L'*altiſe* Rubis. GEOFF. *ib.*
Chryſomela nitidula. SCHRANK. *Enum. inſ. auſt.*
n°. 163.

Cet inſecte eſt très-brillant. Sa tête eſt d'un vert
doré, ou d'un très-beau bleu. Le corcelet eſt d'un
rouge doré, vif & éclatant. Les élytres ſont d'un
beau bleu luiſant, & quelquefois d'un vert doré,
avec des ſtries formées par de petits points enfoncés.
Les pattes & la baſe des antennes ſont de couleur
fauve.

On trouve communément cette *altiſe* ſur le
ſaule.

26. ALTISE Plutus.
ALTICA Helxines. FAB.
Altica aurea pedibus flavis. GEOFF. *Inſ. tom.* 1.
pag. 249. *n°.* 14.
Chryſomela Helxines ſaltatoria viridi-anea, an
tennis pedibuſque omnibus teſtaceis. LIN. *Syſt. nat.*
pag. 594. *n°.* 58. — *Faun. ſuec. n°.* 540.
Altica Helxines. FAB. *Syſt. ent.* 113. 8.
Chryſomela. FAB. *Sp. inſ. tom.* 1. *pag.* 134.
n°. 100.
Chryſomela Helxines. SULZ. *Hiſt. inſ. pl.* 3.
fig. 12.
Chryſomela Helxines. SCHRANK. *Enum. inſ. n°.*
158.

Chryſomèle ſauteuſe ovale d'un vert doré très-
luiſant, à pattes & antennes rouſſes, & à étuis
pointillés. DEG. *Mém. tom.* 5. *pag.* 345. 52.

Tout le deſſus de cet inſecte eſt d'une belle
couleur verte dorée. Les antennes & les pattes ſont
d'un jaune un peu fauve. Les cuiſſes poſtérieures
ſont noires, mais ſouvent marquées d'une grande
tache fauve. Les élytres ſont ſtriées.

On la trouve en Europe dans les jardins, ſur
différentes plantes.

27. ALTISE trifaſciée.
ALTICA trifaſciata. FAB.
Chryſomela ſaltatoria ſupra albida, faſciis tribus
fuſcis. LIN. *Syſt. nat. pag.* 594. *n°.* 61.
Altica trifaſciata. FAB. *Syſt. ent. pag.* 113.
n°. 9.
Chryſomela. Sp. inſ. tom. 1. *pag.* 134. *n°.* 101.

Elle eft de grandeur moyenne. Sa tête eft blan-châtre, avec une bande obfcure. Les élytres font blanchâtres, avec deux bandes obfcures, qui ne vont pas jufqu'au bord extérieur. Les cuiffes font de couleur de rouille.

Elle fe trouve en Europe, fur différentes plantes.

. 28. Altise bronzée.
ALTICA Modeeri. NOB.
Chryfomela faltatoria ænea-nitida, elytris apice flavis, pedibus anterioribus, tibiisque pofticis lu-teis. LIN. Syft. nat. pag. 594. n°. 57. — Faun. fuec. n°. 539.
Chryfomela Modeeri. FAB. Sp. inf. tom. 1. pag. 134. n°. 102.

. Elle eft à-peu-près de la grandeur d'une groffe puce ; tout fon corps eft d'une belle couleur bron-zée, luifante. Les élytres font ftriées, de la cou-leur du corps, avec leur extrémité jaune. Les an-tennes font noires, & jaunes à leur bafe.

Elle fe trouve en Europe, fur différentes plantes.

29. Altise tête-rouffe.
ALTICA erithrocephala. FAB.
Chryfomela faltatoria atro-cærulea; capite geni-culifque pedum rufis. LIN. Syft. nat. pag. 594. n°. 56.
Altica nigro-ænea, elytris ftriatis, pedibus fer-rugineis. GEOFF. Inf. tom. 1. pag. 246. n°. 4.
L'altife noire dorée. GEOFF. ib.
Altica erithrocephala. FAB. Syft. ent. pag. 114. n°. 10.
Chryfomela. Sp. inf. tom. 1. pag. 134. n°. 103.
Chyfomèle fauteufe ovale, à corcelet pointillé, bleu-verdâtre, à étuis violets, à points alignés & à pattes rouffes. DEG. Mém. tom. 5. pag. 344. n°. 50.
Chryfomela violaceo-punctata faltatoria, ovata, thorace punctato, virefcenti-cæruleo, elytris violaceis punctato-ftriatis, pedibus rufis. DEG. ib.

Elle eft d'un noir bleuâtre & brillant. Ses antennes font noires, & leur bafe eft fauve. Le deffous du corps eft d'une couleur plus foncée. Ses pattes font rougeâtres ; elles font fouvent noires, avec leurs articulations feulement rougeâtres. Les cuiffes poftérieures font toujours noires.

Cette efpèce fe trouve en Europe, dans les jardins.

30. Altise paillette.
ALTICA atricilla. FAB.
Altica elytris pallido-flavis, capite nigro. GEOFF. Inf. tom. 1. pag. 251. n°. 19.
La paillette. GEOFF. ib.
Chryfomela faltatoria nigra, capite, elytris ti-biifque teftaceis. LIN. Syft. nat. pag. 594. n°. 55. —Faun. fuec. n°. 537.
Altica atricilla. FAB. Syft. ent. 114. 11.

Chryfomela. FAB. Sp. inf. tom. 1. pag. 135. n°. 104.
Chryfomela atricilla. SCOP. Ent. carn. n°. 217.
Chryfomela atricilla. SCHRANK. Enum. inf. auft. n°. 156.
Chryfomèle fauteufe, d'un jaune pâle, dont la tête, le ventre, & les cuiffes poftérieures font noires. DEG. Mém. tom. 5. pag. 348. n. 57.
Les antennes, la tête, & le deffous du corps de cette efpèce, font noirs. Le corcelet, les élytres, les pattes, & la bafe des antennes, font d'une couleur jaune, pâle. Les élytres font chargées de points irréguliers.

On la trouve en Europe, dans les jardins.

31. Altise bordure-jaune.
ALTICA dorfalis. NOB.
Chryfomela dorfalis faltatoria nigra, thorace ely-trorumque margine pallidis. FAB. Sp. inf. tom. 1. pag. 135. n°. 105.
M. Fabricius, en décrivant cette efpèce, dit qu'il la foupçonne n'être qu'une variété de la pré-cédente. Elle en diffère feulement en ce que les élytres font noires, avec leurs bords extérieurs d'un jaune pâle.

Elle fe trouve en Angleterre, fur différentes plantes.

32. Altise angloife.
ALTICA anglica. FAB.
Altica atra, elytris tibiifque pallidis. FAB. Syft. ent. pag. 114. n°. 12.
Chryfomela anglica. FAB. Sp. inf. tom. 1 pag. 135. n°. 106.
Cette altife reffemble beaucoup aux précédentes : la principale différence qu'il y a, confifte dans le corcelet, qui eft noir dans celle-ci. Les élytres & les pattes font d'un jaune pâle.

Elle fe trouve en Angleterre.

33. Altise quadrille.
ALTICA quatuor puftulata. FAB.
Altica nigra, coleoptris punctis quatuor rubris. GEOFF. Inf. tom. 1. pag. 250. n°. 15.
L'altife à points rouges. GEOFF. ib.
Altica nigra, coleoptris punctis quatuor rufis. FAB. Syft. ent. 114. 13. — Chryfomela. Sp. inf. 1. 135. 107.
Les antennes de cette altife font noires, & leur bafe eft rougeâtre. La tête & le corcelet font noirs & luifans. Les élytres font noires, avec quatre points rouges, un à la bafe, vers la partie extérieure de chaque élytre, & l'autre vers la pointe : elles font finement & irrégulièrement pointillées. Les pattes font rougeâtres, & les cuiffes poftérieures noires.

Cette altife fe trouve en Europe, fur différentes plantes : elle eft rare aux environs de Paris.

34. Altise patte-fauve.
ALTICA rufipes. FAB.

Altica nigra, elytris cæruleis, thorace pedibufque rubris. GEOFF. *Inf. tom.* I. 245. *n°.* 2.

L'*altife* de la mauve. GEOFF. *ib.*

Chryfomela faltatoria cærulea obovata, capite, thorace, pedibus antennifque rufis. LIN. *Syft. nat.* pag. 595. *n°.* 65. — *Faun. fuec. n°.* 545.

Chryfomela rufipes. SCOP. *Ent. carn. n°.* 214.

Chryfomèle fauteufe ovale bleue, à tête, corcelet & pattes roufles, à antennes moitié roufles & brunes, & à étuis lifles. DEG. *Mém. inf. tom.* 5. *pag.* 343. *n°.* 47. *pl.* 10. *fig.* 11.

Altica rufipes. FAB. *Syft. ent. pag.* 114. *n°.* 14.

Chryfomela. Sp. inf. tom. I. *pag.* 135. *n°.* 108.

Ses antennes font rouges à leur bafe, & obfcures à leur pointe. Ses yeux font noirs. Sa tête, fon corcelet & fes pattes, font rougeâtres. Ses élytres font bleues, luifantes & lifles.

On trouve cette efpèce en Europe, fur différentes plantes, mais principalement fur la mauve.

35. ALTISE Bédaud.

ALTICA fufcipes, FAB.

Altica nigra, elytris nigro-æneis ftriatis, thorace rubro, pedibus nigris. GEOFF. I. 245. 3.

Altica violacea, capite thoraceque rufis, pedibus nigris. FAB. *Syft. ent, pag,* 114. *n°,* 15.

Chryfomela fufcipes. FAB. *Sp. inf. tom.* I. *pag.* 135. *n°,* 109.

Chryfomèle fauteufe ovale bleue, à tête, corcelet, antennes & pattes roufles, à étuis cannelés, DEG. *Mém. tom.* 5. *pag.* 343. *n°.* 48.

Chryfomela cæruleo-ftriata. DEG. *ib.*

Cette *altife* refemble beaucoup à la précédente par la forme & les couleurs; mais fes pattes font noires : les élytres font d'un bleu très-foncé, & on y voit des ftries longitudinales, formées par de petits points enfoncés.

Elle fe trouve en Europe, fur différentes plantes.

36. ALTISE ftriée.

ALTICA exoleta. FAB.

Altica oblonga ferruginea, elytris ftriatis. GEOFF. *Inf. tom.* I. *pag.* 250. *n°.* 16.

L'*altife* fauve à ftries. GEOFF. *ib.*

Chryfomela faltatoria livida, pedibus teftaceis, abdomine capiteque fufcis. LIN. *Syft. nat.* 594. 59. — *Faun. fuec.* 541.

Altica exoleta. FAB. *Syft. ent. pag.* 115. *n°.* 17.

Chryfomela exoleta. FAB. *Sp. inf. tom.* I. *pag.* 136. *n°,* 111.

Chryfomèle cylindrique d'un jaune fauve, à ventre noir & à étuis pointillés. DEG. *Mém. tom.* 5. *pag.* 338. *n°.* 42.

Chryfomela cylindrica, flavo-teftacea, abdomine nigro, elytris punctatis. DEG. *ib*

Chryfomela ferruginea. SCOP. *Ent. carn. n°.* 216.

Chryfomela ferruginea. SCHRANK. *Enum. inf. auft. n°.* 153.

Son corps eft ovale, alongé, & d'une couleur fauve. Les yeux feuls font noirs. Les élytres font

ftriées, & les ftries formées par de petits points. Elle fe trouve en Europe, fur différentes plantes.

Nota. Degeer a placé cette *altife* parmi les chryfomèles qui ne fautent point.

37. ALTISE fauve.

ALTICA teftacea. FAB.

Altica ovata ferruginea, elytris punctis fparfis. GEOFF. *Inf. tom.* I. *pag.* 250. *n°* 16.

L'*altife* fauve fans ftries. GEOFF. *ib.*

Altica teftacea gibba, elytris lævifimis. FAB. *Syft. ent. pag.* 114. *n°.* 16.

Chryfomela. FAB. *Sp. inf. tom.* I. *pag.* 136. *n°.* 110.

Les couleurs de cette *altife* font exactement les mêmes que celles de l'efpèce précédente; mais celle-ci a le corps ovale, prefque arrondi, & les élytres fans aucune ftrie; elles ont feulement quelques petits points peu enfoncés, placés irrégulièrement.

Elle fe trouve en Europe, fur différentes plantes.

38. ALTISE bi-ponctuée.

ALTICA holfatica. FAB.

Chryfomela faltatoria nigra nitida, elytris apice puncto rubro. LIN. *Syft. nat. pag.* 595. *n°.* 67. — *Faun. fuec. n°.* 544.

Altica holfatica. FAB. *Syft. ent. pag.* 115. *n°.* 18.

Chryfomela. FAB. *Sp. inf. tom.* I. *pag.* 136. *n°.* 111.

Cette efpèce eft noire, brillante, un peu plus petite que la précédente. On apperçoit, vers l'extrémité de chaque élytre, un point rougeâtre.

Elle fe trouve en Europe, fur différentes plantes.

39. ALTISE jaune.

ALTICA tabida. FAB.

Altica pallida, oculis nigris. FAB. *Syft. ent. pag.* 115. *n°.* 19.

Chryfomela. FAB. *Sp. inf. tom.* I. *pag.* 136. *n°.* 113.

Altica flava. GEOFF. *Inf. tom.* I. *pag.* 250. *n°.* 18.

L'*altife* jaune. GEOFF. *ib.*

Tout fon corps eft d'un jaune pâle. Les yeux feuls font noirs. Les pattes & le deffous du corps font moins pâles que le corcelet & les élytres.

Cet infecte fe trouve en Europe, fur différentes plantes.

40. ALTISE des bois.

ALTICA nemorum. FAB.

Chryfomela faltatoria, elytris linea flava, pedibus pallidis. LIN. *Syft. nat.* 595. 62. — *Faun. fuec.* 543.

Altica nemorum. FAB. *Syft. ent.* 115. 20.

Chryfomela. Sp. inf. tom. I. *pag.* 136. *n°.* 114.

Chryfomèle fauteufe ovale, noire, luifante, à bande jaune, longitudinale fur les étuis. DEG. *Mém. tom.* 5. *pag.* 347. *n°.* 55.

L'*altife* à bandes jaunes. GEOFF. *Inf. tom.* 1.
pag. 247. *n°.* 9.

*Altica atra ; elytris longitudinaliter in medio
flavefcentibus.* GEOFF. *ib.*

Chryfomela nemorum. SCOP. *Ent. carn.* n° 215.

Chryfomela nemorum. SCHRANK. *Enum. inf. auſt.*
n°. 154.

La grofſeur de cet inſecte varie : les plus grands
n'ont guères qu'une ligne de long. Les antennes
ſont noires, & un peu fauves à leur baſe. La tête
& le corcelet ſont d'un beau noir luiſant. Les élytres
le ſont auſſi ; mais elles ont chacune une ligne longitudinale jaune, placée dans leur milieu. Les pattes
ſont d'un jaune obſcur.

Il ſe trouve en Europe, ſur différentes plantes.

41. ALTISE bordure-noire.

ALTICA marginata. FOURC.

*Altica nigra, thorace elytrifque flavis, oris ni-
gris.* GEOFF. *Inf. tom.* 1. *pag.* 248. *n°.* 10.

L'altife à bordure noire. GEOFF. *ib.*

Altica marginata. FOURCROY. *Ent. Par. tom.* 1.
pag. 99. *n°.* 10.

Cette *altife* eſt plus grande que la précédente.
Les antennes, la tête, les pattes, & le deſſous
du corps, ſont noirâtres. Le corcelet & les élytres
ſont d'un jaune pâle, mais celles-ci ont un peu
de noir à leur bord extérieur, principalement vers
la pointe : au reſte, le noir eſt plus ou moins
marqué, & ſouvent il ne s'en trouve point.

J'ai trouvé cet inſecte en quantité aux environs
de Paris, ſur des titimales, dans le bois de Boulogne.

42. ALTISE braſſicaire.

ALTICA Braſſicæ. NOB.

*Chryfomela Braſſicæ ſaltatoria atra, elytris
pallidè teſtaceis : margine omni fafciaque media
atris.* FAB. *Mant. inf. tom.* 1. *pag.* 78. *n°.* 146.

Cette eſpèce eſt petite & noire ; la baſe des antennes eſt pâle ; les élytres ſont briquetées, avec
une bordure noire tout autour, & une large bande
au milieu, de la même couleur. Les pattes ſont très-
noires.

Elle ſe trouve en Europe, ſur les choux & autres
plantes potagères.

43. ALTISE noire.

ALTICA atra. FAB.

*Altica nigra, nitida, antennarum baſi plan-
tifque piceis.* FAB Syſt. *ent. pag.* 115. *n°.* 21.

Chryfomela. FAB. *Sp. inf. tom.* 1. *pag.* 137.
n°. 115.

L'altife noire à jambes jaunes, GEOFF. *Inf.* 1.
247. 8.

Altica nigra, ſub-rotunda, tibiis ferrugineis.
GEOFF. *ib.*

Chryfomela pulex. SCHRANK. *Enum. inf. auſt.*
no. 160.

Cette *altife* n'eſt pas plus groſſe qu'une puce.
Tout ſon corps eſt liſſe, & d'un noir un peu lui-

ſant. Ses antennes ſont obſcures, & fauves à leur
baſe. Les jambes & les tarſes ſont fauves. On ne
voit point de ſtries ſur les élytres.

Elle ſe trouve ſur différentes plantes en Europe.

44. ALTISE hémiſphérique.

ALTICA hémiſphærica. FAB.

*Chryfomela ſaltatoria nigra hæmiſphærica, tibiis
piceis.* LIN. *Syſt. nat. pag.* 595. *n°.* 68.

Altica hæmiſphærica ſuborbiculata, depreſſa nigra.
FAB. *Syſt. ent. pag.* 115. *n°.* 22.

Chryfomela. FAB. *Sp. inf. tom.* 1. *pag.* 137.
n°. 116.

Chryfomèle ſauteuſe arrondie, d'un brun foncé
& luiſant. DEG. *Mém. tom.* 5. *pag.* 348. *n°.* 56.

Cette *altife* a le corps preſque de forme circulaire, noirâtre & brillant. Les pattes ſeules ſont
brunes : elle eſt plus grande que la précédente.

Elle ſe trouve en Europe ; elle eſt rare aux environs de Paris.

45. ALTISE tête-jaune.

ALTICA chryfocephala. NOB.

*Chryfomela chryfocephala ſaltatoria atro-cærulea,
capite pedibufque quatuor anterioribus luteis.* LIN.
Syſt. nat. pag. 594. *n°.* 53.

SCOP. *Ent. carn. n°.* 213.

Chryfomèle cylindrique, d'un noir bleuâtre,
dont le devant de la tête & les quatre premières
pattes ſont jaunes, rouſsâtres. DEG. *Mém. tom.* 5.
pag. 337. *n°.* 41.

Les antennes ſont de la longueur de la moitié du
corps ; elles ſont fauves à leur baſe, & tout le
reſte eſt obſcur. La tête & les quatre pattes de
devant ſont d'un jaune fauve. Les yeux ſont noirs.
Le corcelet eſt liſſe, luiſant, d'une couleur noirâtre. Les étuis ſont d'un noir bleuâtre ; ils ont des
ſtries formées par de petits points. Les pattes poſtérieures ſont de la couleur du corcelet. Sa groſſeur
eſt à-peu-près celle d'une groſſe puce.

Elle ſe trouve en Europe, ſur différentes plantes.

Nota. Degeer a placé cette *altife* parmi les
chryfomèles qui ne ſautent point.

Eſpèces moins connues.

1. ALTISE liſſe.

ALTICA lævis. FOURC. *Ent. Par. tom.* 1. *pag.* 98.
n°. 7,

Noire, ovale ; pattes fauves ; élytres pointillées.

*Altica nigra, ovata, pedibus ruſis, elytris non
ſtriatis.* GEOFF. *inf. tom.* 1. *pag.* 246. *n°.* 7.

L'altife noire à pattes fauves.

Elle eſt ovale, toute noire, finement chagrinée,
ſans aucunes ſtries, avec les pattes un peu fauves.
Si on regarde ſes étuis à la loupe, on voit qu'ils
ſont parſemés de petits points, d'où partent de
très-petits poils. A la vue ſimple, ces étuis paroiſſent
liſſes. GEOFF.

Elle ſe trouve aux environs de Paris.

2. ALTISE ruſtique.

ALTICA ruſtica. NOB.

Noire ; antennes , pattes & extremité des élytres briquetés.

Chryſomela ruſtica *ſaltatoria atra , antennis pedibus elytrorumque apicibus teſtaceis,* LIN. *Syſt. nat. pag. 595. n°. 63.*

Elle eſt noire , excepté les antennes , les pattes & l'extrémité des élytres , qui ſont d'un rouge briqueté. Le corcelet eſt liſſe. Les élytres ſont finement pointillées ; on voit, à leur extrémité , une tache ovale d'un rouge pâle.

Elle ſe trouve en Europe.

3. ALTISE Puce.

ALTICA pulicaria. NOB.

Noire ; élytres avec une tache ferrugineuſe à leur extrémité.

Chryſomela pulicaria *ſaltatoria nigra , elytris macula ferruginea poſtica.* LIN. *Syſt. nat. pag. 595. n°. 64.*

Elle eſt à-peu-près de la grandeur d'une puce. Son corps eſt ovale , tout noir , avec deux taches en forme de cœur , à leur extrémité.

Elle ſe trouve en Europe.

4. ALTISE fuſcicorne.

ALTICA fuſcicornis. NOB.

Bleue , ovale ; tête , corcelet & pattes rougeâtres ; antennes noirâtres.

Chryſomela fuſcicornis *ſaltatoria cærulea obovata , capite, thorace pedibuſque rufis , antennis fuſcis.* LIN. *Syſt. nat. pag. 595. n°. 66.*

Chryſomela fuſcicornis. SCHRANK. *Enum. inſ. auſt. n°. 162.*

Cette eſpèce n'eſt peut-être qu'une variété de l'*altiſe* patte-fauve. Elle n'en diffère qu'en ce que les antennes ſont toutes noires.

Elle ſe trouve en Allemagne.

5. ALTISE tronquée.

ALTICA truncata. NOB.

Noire ; élytres tronquées , avec l'extrémité ferrugineuſe ; antennes & pattes fauves.

Chryſomela truncata *nigra ; elytris truncatis : apice ferrugineis, pedibus antenniſque rufis.* SCOP. *Ent. carn. n°. 218.*

Elle eſt petite , ovale , noire , luiſante ; les élytres ne ſont ni pointillées , ni ſtriées.

Elle ſe trouve en Allemagne , ſur les écorces des arbres.

6. ALTISE luride.

ALTICA lurida. NOB.

D'un roux obſcur ; abdomen & yeux noirs.

Chryſomela lurida *fuſco-rufa ; abdomine oculiſque nigris.* SCOP. *Ent. carn. n°. 219.*

Elle eſt de la grandeur de l'*altiſe* des bois ; elle reſſemble beaucoup à l'*altiſe* paillette , dont elle n'eſt peut-être qu'une variété : elle en diffère en

ce que la tête , les pattes, le corcelet & les élytres ſont d'une couleur fauve obſcure. L'abdomen & les yeux ſeulement ſont noirs. Les élytres ſont pointillées & un peu luiſantes.

Elle ſe trouve en Allemagne.

7. ALTISE des titimales.

ALTICA Euphorbiæ. NOB.

Oblongue , noire ; antennes & jambes fauves.

Chryſomela Euphorbiæ *ſaltatoria, oblonga , atra ; antennis tibiiſque omnibus rufis.* SCHRANK. *Enum. inſ. auſt. n°. 155.*

Cette eſpèce n'a pas une ligne de long. Elle eſt très-noire & luiſante. Les antennes & toutes les jambes ſont fauves : on ne voit ni point, ni ſtries ſur les élytres.

Elle ſe trouve en Allemagne , ſur les titimales. (*Euphorbia cypariſſias.* LIN.)

8. ALTISE tachetée.

ALTICA maculata. NOB.

Noire , luiſante ; élytres avec une tache fauve ; pattes fauves.

Chryſomela Altica *ſaltatoria , nigra , nitens , ſingulo elytro macula, pedibuſque rufis.* SCHRANK. *Enum. inſ. auſt. n°. 157.*

Cette eſpèce a un peu plus d'une ligne de long : elle eſt noire & luiſante. Le front & les pattes ſont fauves ; les yeux ſont noirs. Le corcelet eſt noir , avec une tache fauve de chaque côté , vers la baſe. Les élytres ſont noires , luiſantes , finement pointillées , couvertes d'un très-léger duvet , avec un point rouge ſur chaque , placé vers la baſe.

Elle ſe trouve en Allemagne.

ALUCITE, *ALUCITA.* Genre d'inſectes de l'ordre des Lépidoptères.

Les *alucites* ſont de petits inſectes à quatre aîles membraneuſes , couvertes d'une pouſſière écailleuſe , qui s'enlève au moindre frottement ; elles volent plus ordinairement pendant la nuit : on les trouve cependant quelquefois pendant le jour dans les bois, dans les prairies ; &c. Elles viennent d'une petite chenille raſe , à ſeize pattes , qui ſe nourrit de ſubſtance végétale , & qu'on trouve plus ordinairement ſur les feuilles d'arbres & de plantes , qu'elles plient ou rapprochent les unes des autres , pour ſe mettre à couvert. Quelques eſpèces attaquent le bled & le ſeigle , après avoir joints enſemble pluſieurs grains , & s'y être faites un fourreau avec de la ſoie , ou après avoir pénétré dans leur ſubſtance. Elles diffèrent peu à cet égard des chenilles mineuſes , qui ſe métamorphoſent en teigne.

Les *alucites* appartiennent à la famille des teignes. Linné n'a fait qu'un ſeul genre des phalènes , des noctues , des pyrales , des teignes des *alucites* & des ptérophores , qu'il a diviſés en pluſieurs familles. Le genre d'*alucite* répond à une partie de la diviſion des phalènes-teignes , *phalæna-tinea.* Ces inſectes ont été confondus avec les teignes ,

par

par M. Geoffroy ; il eſt vrai qu'ils reſſemblent ſi fort aux teignes par leur manière de vivre, & par leur forme, qu'on ne peut guère les diſtinguer au premier coup-d'œil ; mais, ſi on fait attention à leurs antennules, on y trouvera des différences remarquables. Les teignes ont quatre antennules, dont deux ſupérieures, très-courtes, & deux inférieures, longues, avancées, droites ou un peu recourbées. Les *alucites* n'en ont que deux, dont le ſecond article eſt garni de poils ſouvent en paquets, & aſſez longs, pour préſenter l'antennule bifide ou diviſée en deux à ſon extrémité. Cependant, malgré cette différence, il eſt quelquefois très-difficile de diſtinguer une teigne d'une *alucite*, parce que le ſecond article de celle-ci eſt ſouvent ſimple, & qu'on s'aſſure difficilement, à cauſe de leur petiteſſe, s'il y a deux ou quatre antennules.

Les pyrales ont deux antennules courtes, preſque cylindriques à leur baſe, un peu renflées au milieu, & garnies tout autour de poils courts, tandis que celles des *alucites* ont des poils plus ou moins longs, principalement en-deſſous. Le dernier article des antennules des pyrales eſt court, droit, terminé en pointe émouſſée ; celui des *alucites* eſt long, recourbé, ſétacé, terminé en pointe aſſez fine.

Les antennes des *alucites* ſont ſétacées, compoſées d'une quantité très-conſidérable d'articles courts, peu diſtincts, un peu grenus ; elles ſont ordinairement plus courtes que le corps de l'inſecte, mais la plupart des eſpèces ont des antennes ſétacées, très-longues : celles-ci diffèrent un peu des autres par leur forme & par leurs antennules, qui ſont courtes, filiformes, & très-velues.

La trompe eſt courte ; elle ne dépaſſe pas pour l'ordinaire la tête, elle ne rarement la longueur de la moitié du corps ; elle eſt roulée en ſpirale, & cachée entre les deux antennules · elle eſt compoſée de deux lames convexes d'un côté, concaves de l'autre, réunies, & formant, par leur réunion, une eſpèce de cylindre creux, propre à laiſſer paſſer le ſuc niellé des fleurs, dont ſe nourriſſent ces inſectes.

La plupart portent leurs aîles en toît arrondi, réunies par leur bord interne ; quelques autres ont leurs aîles penchées de chaque côté, réunies par leur bord interne, recourbées par leur partie poſtérieure, imitant un peu la queue d'un coq, ce qui leur a fait donner, par Reaumur, le nom d'*aîles en queue de coq*. La partie interne, tant des ſupérieures que des inférieures, eſt terminée par des poils longs & très-fins, qui imitent une frange.

Les pattes ſont minces & aſſez longues : les jambes ſont garnies d'eſpèces d'épines peu ſolides : les tarſes ſont compoſés de cinq articles filiformes, terminés par deux petits crochets.

Reaumur a donné le nom de *fauſſe teigne* aux chenilles des *alucites* : elles ont ſeize pattes, dont ſix aſſez ſolides, un peu plus longues que les autres, nommées *pattes écailleuſes*, placées ſur les

trois premiers anneaux du corps, trois de chaque côté ; huit plus groſſes que celles-ci, plus molles, plus courtes, garnies, à leur extrémité, de poils très-courts, crochus, ſerrés, propres à faire cramponer ces chenilles ſur les feuilles, placées, une de chaque côté du ſixième, du ſeptième, du huitième & du neuvième anneaux ; & enfin de deux autres, placées au-deſſous du dernier anneau. Leur corps eſt ordinairement liſſe ou ſans poils ; mais elles ſavent le mettre à couvert : ſemblables aux chenilles des teignes, elles ſe font un logement, en rapprochant pluſieurs feuilles les unes des autres, ou en pliant une ſeule feuille, par le moyen des fils qu'elles filent à cet effet : elles reſtent dans leur loge tant qu'elles y trouvent de quoi manger, & elles ſont rarement obligées d'en conſtruire une ſeconde : elles ne rongent qu'une partie de l'épaiſſeur de la feuille. Celles qui plient les feuilles en-deſſous épargnent la membrane, qui en fait le deſſus ; & celles qui les plient en-deſſus épargnent la membrane de deſſous. Elles n'attaquent auſſi jamais les principales nervures & les fibres un peu groſſes : elles ſe contentent ordinairement du parenchyme renfermé dans le réſeau fait par l'entrelacement des fibres.

La chenille de l'*alucite julianelle*, dont Degeer nous a donné la deſcription, l'hiſtoire & la figure, vit ſur la Julienne ; (*Heſperis matronalis*. LIN.) Elle préfère de ronger les jeunes feuilles, beaucoup plus tendres, du cœur de la plante, qu'elle réunit ſans peine avec de la ſoie qu'elle file. Quelquefois elle ſe contente d'attacher deux feuilles, l'une contre l'autre, ou elle en plie une ſeule, pour en occuper l'intérieur. On trouve ſouvent, dans un même paquet de feuilles rapprochées, quatre, cinq ou ſix chenilles, qui y vivent en ſociété ; quelquefois on n'y en trouve qu'une ſeule.

La longueur de cette chenille eſt d'environ cinq lignes. Sa couleur eſt d'un vert plus ou moins foncé ; mais elle devient ordinairement toujours plus claire à meſure qu'elle groſſit & qu'elle eſt prête à ſe métamorphoſer. Vû à la loupe, tout le corps paroît parſemé de petits points noirs, élevés en forme de tubercules, entourés chacun, d'un cercle d'un vert clair, & garnis d'un petit poil : c'eſt ſur-tout le premier anneau qui eſt très-chargé de ces points. Ces poils, n'étant viſibles qu'à une forte loupe, ne doivent pas empêcher de regarder cette chenille comme raſe. La tête & les ſix pattes écailleuſes ſont d'un brun clair, un peu verdâtre, marquées de points d'un brun obſcur.

C'eſt ordinairement au commencement du printems qu'on trouve cette chenille ſur la Julienne : dans le courant du mois d'avril, parvenue alors à toute ſa croiſſance, elle s'enferme dans une coque ovale, tranſparente, faite d'une couche de ſoie peu ſerrée, à grandes mailles, à travers de laquelle on voit diſtinctement la chryſalide. Ces chenilles ne ſubiſſent leur métamorphoſe que le cinquième ou le ſixième jour qu'elles ſont renfermées dans leurs coques, & l'infecte parfait en fort enfuite au bout d'une quinzaine de jours après la première métamorphofe. Les chryfalides font d'abord d'un vert clair, mêlé de brun, & leur peau eft alors très-molle : mais elle devient enfuite plus dure, & fa couleur s'obfcurcit : on y voit, tout le long du dos, deux rangées de taches brunes.

La manière dont ces chenilles fe mettent à couvert eft tout-à-fait fingulière : on conçoit difficilement comment un fi petit infecte eft parvenu, fans aucun autre inftrument que fa bouche, & le fil qu'il en fait fortir, à rapprocher plufieurs feuilles les unes des autres, ou à en plier une ; mais fi on l'examine avec attention, lorfqu'il travaille, on voit bientôt que le poids de fon corps fuffit feul pour cela. Ces chenilles filent plufieurs liens, compofés de fils d'une très-grande fineffe, qui paroiffent parallèles lorfqu'on y fait peu d'attention ; mais, au moyen de la loupe, on apperçoit, à chaque lien, deux plans de fils qui fe croifent à angles très-aigus. Ceux de deffous, filés les premiers, ont fervi à unir les deux feuilles l'une à l'autre, & à les rapprocher enfuite par le moyen de la courbure, que le poids du corps de l'infecte fait prendre aux fils qui étoient tendus, tandis qu'il eft occupé à filer le plan fupérieur. Par ce moyen, ce font toujours les derniers fils qui contiennent les feuilles & qui fervent enfuite à les rapprocher. La chenille file ainfi de nouveaux liens, jufqu'à ce que les feuilles foient entièrement réunies. *Voy.* CHENILLE.

Les chenilles de la Julienne font d'une très-grande vivacité : dès qu'on les touche, ou qu'on défunit les feuilles entre lefquelles elles fe trouvent, elles fe donnent des mouvemens très-prompts, ordinairement à reculon ; elle fe laiffent tomber, & fe trouvent fufpendues par le fils qu'elles filent & qu'elles tiennent toujours près, à-peu-près comme la plupart des araignées. Lorfque leur crainte eft paffée, elles remontent à l'aide des mêmes fils, & elles réparent le dommage qu'on a fait à leur habitation, ou elles l'abandonnent pour travailler à une nouvelle.

La chenille de l'*alucite* granelle eft une de celles qu'il nous importe le plus de connoître, à caufe du tort qu'elle nous fait : elle ronge & détruit nos grains, & elle s'attache plus particulièrement au froment & au feigle. Chaque chenille ne détruit, à la vérité, guère plus d'un grain, mais, par leur nombre, le tort que ces infectes nous font eft fouvent très-confidérable. Il n'eft pas rare de voir dans un grenier, un vingtième & même un dixième des grains plus ou moins rongés. Cette chenille a feize pattes, ainfi que celle de la Julienne. Son corps eft rafe & blanchâtre, ou d'un gris un peu livide : elle lie enfemble plufieurs grains avec des fils de foie, laiffant entr'eux un petit efpace, dans lequel elle conftruit un tuyau de foie blanchâtre, qui contribue à affujettir les grains, & qui lui fert de logement. Ainfi logée, elle fort en partie de ce tuyau pour ronger les grains qui fe trouvent à portée.

La précaution qu'elle a eu d'en lier plufieurs enfemble, fait qu'elle n'a point à craindre de manquer de nourriture ; s'il fe fait quelques mouvemens dans le tas de bled, fi beaucoup de grains roulent, elle roule avec ceux dont elle a befoin, elle s'en trouve toujours également à portée.

C'eft dans ce même tourreau que la chenille fe change en chryfalide ; celle-ci n'a rien de remarquable ; la partie poftérieure eft plus brune que le refte, & on voit, de chaque côté du ventre, deux petits crochets perpendiculaires au corps. L'infecte parfait fe montre ordinairement au bout de quinze ou vingt jours.

Il y a ordinairement plufieurs générations de ces infectes pendant l'année ; cependant, l'*alucite* granelle fe montre plus ordinairement dans le courant du printems ; la larve paffe l'hiver dans cet état & ne fe transforme en chryfalide qu'au commencement de la belle faifon.

Reaumur nous a donné l'hiftoire d'une autre chenille qui attaque les grains, qui donne une petite *alucite*, que nous avons nommée *céréalelle*, & qu'il ne faut pas confondre avec celle dont nous venons de parler. La chenille de l'*alucite* céréalelle s'introduit dans la fubftance même du grain, d'où elle ne fort que dans l'état d'infecte parfait, pour fe répandre dans les champs, s'y accoupler, & établir une nouvelle poftérité fur les épis, avant même qu'ils foient mûrs.

On lit, dans les Mémoires de l'Académie royale des fciences de Paris, année 1761, des obfervations faites dans l'Angoumois, par MM. du Hamel & Tiller, fur ces chenilles, qui firent, en 1760, un tort très-confidérable aux bleds de cette province. Il paroît, par les obfervations de ces favans académiciens, que l'infecte dépofe fouvent fes œufs fur les épis de bled ou d'orge avant leur parfaite maturité ; que ces œufs font d'un beau rouge orangé, que la larve s'introduit dans le grain par un petit efpace, qui fe trouve entre la barbe & les appendices de l'enveloppe : que cette larve groffit infenfiblement fans quitter le grain qui lui fert en même-tems de nourriture & de logement ; qu'elle s'y change en chryfalide, & qu'elle n'en fort que fous l'état d'infecte parfait.

Mais ces chenilles attaquent, non-feulement les grains dans l'épi, mais encore dans les greniers, ainfi que MM. de Reaumur, du Hamel & Tillet l'ont obfervé. Lorfqu'une chenille, qui vient de naître, veut percer un grain de bled pour s'y loger, elle commence par s'établir à l'extrémité inférieure de la rainure, à l'endroit où l'écorce eft moins dure, & par conféquent plus facile à percer : elle file une petite toile, qui la met à couvert ; elle entame le grain, & elle pénètre peu à peu dans l'intérieur. Reaumur a obfervé, qu'elles attaquent plus particulièrement les grains de froment, d'avoine & d'orge, mais qu'elles préfèrent ce dernier, qu'elles s'y établiffent plus volontiers, lorfqu'elles en ont le choix. Les grains dans lefquels ces chenilles font renfermées paroiffent tels que les autres, parce que l'écorce n'a point été rongée, & que l'ouverture par laquelle la chenille s'y eft introduite eft imperceptible ; mais fi on preffe différens grains, on diftinguera aifément ceux qui font habités depuis quelques tems, de ceux qui ne le font pas. On reconnoîtra même, jufqu'à un certain point, l'âge de la chenille qui eft dans le grain. Si le grain cède de toute part fous le doigt qui le preffe, il renferme une chenille qui a pris tout fon accroiffement, ou la chryfalide de cette chenille. S'il y a feulement quelque endroit du grain qui fe laiffe applatir, la chenille n'a pas encore mangé toute la fubftance intérieure du grain, elle a encore à croître. Un autre moyen plus fûr, plus court, & plus facile de reconnoître les grains attaqués par ces infectes ou par les charenfons, c'eft de laver le bled ou l'orge : tous les grains rongés furnageront.

Lorfque cette chenille vient de naître, elle eft fi petite, qu'il faut une bonne loupe pour la bien diftinguer : elle n'a guère plus de trois lignes, lorfqu'elle eft prête à fe métamorphofer ; elle eft rafe & toute blanche, fa tète feule eft un peu brune ; elle a feize pattes, dont les huit intermédiaires font fi petites, qu'on les apperçoit très-difficilement : l'extrémité paroît bordée de crochets bruns, difpofés en couronne.

Un grain de bled ou d'orge contient la jufte provifion d'alimens néceffaires pour faire vivre & croître cette chenille jufqu'à fa transformation. Si l'on en ouvre un qui renferme une de ces chenilles prête à fe métamorphofer, on voit qu'il n'a plus précifément que l'écorce ; toute la fubftance farineufe a été mangée. Mais avant de fe changer en chryfalide, cette chenille a une opération importante à faire : elle a befoin de fe ménager une iffue, qu'elle ne fauroit fe pratiquer lorfqu'elle fera infecte parfait.

L'*alucite*, privée de dents, ne pourroit jamais percer l'écorce du grain pour en fortir. La chenille coupe circulairement une pièce de l'écorce, qu'elle ne laiffe tenir au grain que par une portion de fa circonférence, dont l'étendue eft à-peu-près égale à celle du diamètre d'un cheveu : elle ne dérange pas cependant cette pièce, de forte qu'elle ne paroît pas tant que la chryfalide eft enfermée dans le grain ; on ne la voit bien que lorfque l'infecte en eft forti. Après cette opération, la chenille file, dans l'intérieur du grain, une coque de foie, d'un tiffu très-mince, & elle fe change en chryfalide. Il faut obferver que cette coque n'occupe pas tout le vuide du grain, la chenille ménage un petit efpace, dans lequel elle pouffe tous les excrémens qu'elle n'a pu jufqu'alors féparer.

MM. du Hamel & Tillet ont obfervé que ces *alucites* fe montrent communément en deux faifons, au printems, dès que le bled commence à paroître en épi, & ce font celles dont les chenilles ont paffé l'hiver dans le grain ; les autres paroiffent en été, aux environs de la moiffon ; celles-ci proviennent des œufs des premiers, dont nous venons de parler, & donnent la naiffance aux chenilles, qui doivent produire les papillons de l'année fuivante : ce n'eft pas qu'il n'en naiffe pendant tout l'été ; mais le plus grand nombre fuit exactement cette marche, qui fe trouve cependant quelquefois accélérée ou retardée par les différentes températures de l'air. Une chofe digne de remarque, eft que les papillons qui fortent au mois de mai des grains renfermés dans les greniers, fe hâtent de fortir par les fenêtres, & de gagner la campagne ; au lieu que ceux qui fortent immédiatement après la moiffon, ne font aucune tentative pour s'échapper ; il femble que leur inftinct les avertiffe qu'ils ne trouveroient plus alors dans la campagne de quoi pourvoir au bien-être de leur poftérité.

ALUCITE.

ALUCITA. F A B.

P H A L Æ N A. L i n. T I N E A. G e o f f.

CARACTÈRES GÉNÉRIQUES.

Antennes fétacées, fimples. Articles très-courts, très-nombreux, un peu grenus, à peine diftincts.

Bouche munie d'une trompe, ou langue fétacée, membraneufe, courte, divifée en deux pièces.

Deux antennules alongées, prefque bifides; la divifion fupérieure pointue, recourbée; l'inférieure garnie de poils, plus courte que la fupérieure.

Larve rafe, à feize pattes, cachée ordinairement dans une feuille pliée, ou entre plufieurs feuilles rapprochées.

ESPÈCES.

1. ALUCITE xyloftelle.

Aîles fupérieures d'un gris foncé, avec une raie blanche, finuée, commune, au bord interne.

2. ALUCITE julianelle.

Grife; aîles fupérieures grifes, avec une raie obfcure, finuée, au milieu, & le bord poftérieur noirâtre.

3. ALUCITE éphippelle.

Aîles fupérieures pâles, dorées, avec une raie blanche, commune, au bord interne, coupée par une bande dorée.

4. ALUCITE dentéelle.

Aîles fupérieures obfcures, terminées

en pointe recourbée, avec une raie blanche, commune, dentée.

5. ALUCITE fylvelle.

Aîles fupérieures d'un jaune doré, avec deux bandes brunes, obliques.

6. ALUCITE lucelle.

Aîles fupérieures jaunes; tête & corcelet d'un blanc de neige.

7. ALUCITE alpelle.

Aîles fupérieures jaunes, avec des taches olivâtres; tête & corcelet jaunes.

8. ALUCITE flavelle.

Aîles fupérieures obfcures, avec une raie

ALUCITES. (Insectes).

courte, commune aux deux aîles, & des taches jaunes.

9. ALUCITE Grandevelle.

D'un gris foncé; tête jaune; aîles supérieures d'un brun roussâtre, avec une raie & une tache jaunes.

10. ALUCITE vitelle.

Aîles supérieures cendrées, nébuleuses, avec une raie commune, au bord interne, & le bord postérieur noir.

11. ALUCITE nyctémérelle.

Aîles supérieures blanches, avec une raie noire, dentée, au bord interne, & des taches noires, au bord externe.

12. ALUCITE marginelle.

Aîles supérieures d'un gris très foncé, luisant, avec les bords d'un blanc de neige.

13. ALUCITE biponctuelle.

Aîles supérieures noirâtres, avec une raie commune, dentée, blanche; corcelet blanc, avec deux points noirs.

14. ALUCITE granelle.

Aîles mélangées de blanc & de noirâtre; tête d'un blanc jaunâtre.

15. ALUCITE céréalelle.

Cendrée; aîles supérieures planes, en recouvrement, d'une couleur briquetée, pâle.

16. ALUCITE bétulinelle.

Aîles supérieures blanchâtres à leur base; & mélangées de blanc & de brun à leur extrémité.

17. ALUCITE nivéelle.

Aîles supérieures blanches, avec deux taches marginales & une bande au milieu, noires; tête blanche.

18. ALUCITE lappelle.

Aîles supérieures pâles, avec un point noir, relevées à leur extrémité.

19. ALUCITE persicelle.

Aîles supérieures échancrées, jaunes, avec des raies courtes, obscures.

20. ALUCITE asperelle.

Aîles supérieures échancrées, blanchâtres, avec deux taches noirâtres, communes.

21. ALUCITE costelle.

Blanche; aîles supérieures roussâtres, dorées, avec une tache blanche, vers la base, ponctuée de noirâtre.

22 ALUCITE scabrelle.

Aîles supérieures d'un gris très-foncé, avec des points élevés raboteux.

23. ALUCITE aristelle.

Blanchâtre; linéaire; antennules longues; aîles supérieures, avec une ligne d'un blanc argenté.

24. ALUCITE caudelle.

Aîles supérieures recourbées, presque en queue, briquetées, avec une raie brune, noirâtre.

25. ALUCITE Enzenbergelle.

Aîles supérieures échancrées, noirâtres,

ALUCITES. (Insectes).

avec une raie au milieu, d'un blanc argenté.

26. ALUCITE Swammerdamelle.

Ailes d'un jaune pâle, sans taches ; antennes très-longues.

27. ALUCITE pilelle.

Ailes supérieures un peu noirâtres, sans taches ; antennes très-longues.

28. ALUCITE Robertelle.

Ailes supérieures noirâtres, blanches à leur angle interne ; antennes blanches, très-longues.

29. ALUCITE Frifchelle.

Antennes médiocres, noires, avec leur extrémité blanche ; ailes supérieures bronzées.

30. ALUCITE Reaumurelle.

Noire ; ailes supérieures d'un noir verdâtre, bronzé ; antennes très-longues.

31. ALUCITE Erxlebelle.

Antennes médiocres, pâles ; ailes supérieures d'un noir doré ; ailes inférieures noires ; tête fauve.

32. ALUCITE calthelle.

Noire ; ailes supérieures dorées ; tête ferrugineuse.

33. ALUCITE promulelle.

Antennes médiocres ; ailes supérieures noirâtres, dorées ; ailes inférieures jaunes, bordées de noir.

34. ALUCITE Degeerelle.

Ailes supérieures noires, dorées, avec une bande jaune ; antennes très-longues.

35. ALUCITE Sulzelle.

Ailes supérieures d'un noir doré, avec une bande dorée ; antennes très-longues.

36. ALUCITE viridelle.

Noire ; ailes supérieures d'un vert doré ; antennes longues, blanches.

37. ALUCITE cuprelle.

Ailes supérieures cuivreuses, dorées, luisantes ; antennes très-longues.

38. ALUCITE fafcielle.

Ailes supérieures dorées, avec une bande noirâtre ; antennes blanches à leur extrémité.

39. ALUCITE Podaelle.

Ailes supérieures noires, avec une bande blanche ; antennes médiocres.

40. ALUCITE. striatelle

Ailes supérieures, avec des raies jaunes, & une bande jaune, bordée de couleur de cuivre.

41. ALUCITE sulphurelle.

Ailes supérieures noirâtres, dorées, avec deux taches jaunes, opposées, sur chaque ; ailes inférieures jaunes.

42. ALUCITE formofelle.

Ailes supérieures d'un jaune ferrugineux ; avec deux raies courtes, obliques, blanches, dont l'une postérieure plus grande.

43. ALUCITE festinelle.

Ailes supérieures blanches, avec deux taches noirâtres, & l'extrémité blanche.

44. ALUCITE oppositelle.

Ailes supérieures noirâtres, avec deux taches jaunes, opposées, sur chaque ; ailes inférieures noirâtres.

1. ALUCITE xyloftelle.
ALUCITA Xyloftella. FAB.
Alucita alis cinereo fufcis, vitta dorfali communi finuata alba. FAB. *Syft. ent. pag.* 667. *n°.* 1. —*Sp. inf. tom.* 2. *pag.* 306. *n°.* 1.
Phalæna Tinea Xyloftella alis cinereo-fufcis: vitta dorfali communi albo-flavefcente abbreviata. LIN. *Syft. nat. pag.* 890. *n°.* 389. — *Faun. fuec. n°.* 1390.
ROESEL. *Inf. tom.* 1. *phal.* 4. *pl.* 10.
Tinea cinerea, dorfo vitta longitudinali alba. GEOFF. *inf. tom.* 2. *pag.* 195. *n°,* 35.
La teigne à bandelette blanche. GEOFF. *ib.*
Tinea fifymbrella, Wien verz. pag. 140. *n°.* 46.
Cette *alucite* a près de trois lignes & demie de long. Elle porte fes aîles réunies par leur bord interne, penchées de chaque côté, en forme de toît, mais un peu relevées en arrière, en queue de coq. Les fupérieures font d'une couleur cendrée, plus ou moins obfcure, avec une ligne blanche, à leur bord intérieur, qui fe refferre & s'élargit alternativement : à côté de cette ligne, la couleur de l'aîle eft plus foncée. Le bord poftérieur eft frangé. Les aîles inférieures font d'une feule couleur cendrée, un peu ardoifée : tout leur bord eft frangé ; mais la frange interne eft beaucoup plus grande. La partie fupérieure de la tête & du corcelet eft blanche. Les antennes font un peu plus courtes que le corps : elles font d'un gris blanchâtre, entrecoupées d'anneaux cendrés, obfcurs.
Elle fe trouve en Europe. La chenille vit fur une efpèce de Chèvre-feuille. (Lonicera Xilofteum, LIN.)

2. ALUCITE julianelle.
ALUCITA Julianella. NOB.
Alucita grifea ; alis anticis grifeis, vitta finuata fufca, margine poftico nigro. NOB.
Petite phalène à antennes en filets, à aîles en queue de coq, d'un gris blanchâtre, à bande longitudinale brune ; d'une chenille plieufe de la juliane. DEG. *Mém. tom.* 1. *pag.* 700. *pl.* 26. *fig.* 15, 16.
Petite chenille à feize jambes, verte, à points noirs, qui mange les feuilles d'une efpèce de juliane, qu'elle raffemble en paquet. DEG. *Mém. tom.* 1. *pag.* 394. *pl.* 26. *fig.* 1. 2. 3.
Cette efpèce reffemble à la précédente pour la forme & la grandeur. Les antennes font blanchâtres, un peu plus courtes que le corps, compofées de beaucoup d'articles courts, un peu grenus, prefque coniques. La partie fupérieure de la tête & du corcelet font d'un gris blanchâtre ; les côtés font bruns. Les aîles fupérieures font grifes ; on y voit, au milieu, une ligne longitudinale, large, finuée, qui s'unit, d'un côté, au brun de la tête & du corcelet, & qui, de l'autre, va fe terminer à une bande tranfverfale, qui occupe le bord inférieur de l'aîle. Les aîles inférieures font d'une feule couleur grife, un peu ardoifée. Tout le refte du corps eft d'un gris cendré, plus ou moins obfcur.

Elle fe trouve en Europe ; la chenille vit fur la Julienne, & fur quelques autres plantes de la famille des Crucifères. *Voyez* ce que nous en avons dit au commencement de cet article.

3. ALUCITE éphippelle.
ALUCITA ephippella. FAB.
Alucita alis pallide auratis, vitta dorfali nivea ; fafcia aurea. FAB. *Gen. inf. mant. pag.* 297. —*Sp. inf. tom.* 2. *pag.* 306. *n°.* 2.
Tinea pruniella. Wien verz. pag. 141. *n°.* 75.
Elle eft petite : elle n'a guère plus de deux lignes & demie de long : tout le corps eft d'une couleur grife argentée. Les antennes font grifes, mais, vues à la loupe, le bout de chaque anneau paroît un peu obfcur. La partie fupérieure de la tête & du corcelet eft d'un blanc de neige. Les aîles fupérieures font d'une couleur pâle, un peu dorée : on y voit, à leur bord interne, une large ligne longitudinale, commune aux deux aîles, d'un blanc de neige, contiguë à la couleur blanche du corcelet & de la tête, coupée par une large bande dorée. Les aîles inférieures font d'une couleur cendrée, obfcure.
Elle fe trouve en Europe, dans les jardins & dans les champs.

4. ALUCITE dentéelle.
ALUCITA dentella. FAB.
Alucita alis fufcis, apice adfcendentibus, vitta dorfali communi unidentata alba. FAB. *Syft. ent.* 667. *n°.* 2. — *Sp. inf. tom.* 2. *pag.* 3.
Tinea harpella Wien. verz. pag. 136. *n°.* 50.
Cette *alucite* a plus de cinq lignes de long. La partie fupérieure de la tête & du corcelet font d'un blanc de neige, quelquefois un peu jaunes ; les côtés font ferrugineux. Les aîles font brunes, un peu ferrugineufes, en queue de coq, terminées en pointe plus recourbée que dans les autres efpèces ; on voit, à leur réunion, une large ligne longitudinale, commune, blanche, ou d'un jaune blanc, avec une petite dentelure de chaque côté. Les aîles inférieures font brunes, fans taches. Tout le corps eft d'un gris blanc.
Elle fe trouve en Europe, dans les bois. La larve vit fur le Chèvre-feuille. Elle eft rare aux environs de Paris.

5. ALUCITE fylvelle.
ALUCITA fylvella. FAB.
Alucita alis flavo-auratis, fafciis duabus fufcis obliquis. FAB. *Syft. ent. pag.* 667. *n°.* 3. — *Sp. inf. tom.* 2. *pag.* 306. *no.* 4.
Phalæna Tinea fylvella alis lutefcentibus : fafciis duabus ferrugineis obliquis. LIN. *Syft. nat. pag.* 893. *n°.* 413.
Tinea aurata, alis fuperioribus cruce decuffata fufco-ruora. GEOFF. *inf. tom.* 2. *pag.* 186. *n°.* 10?
La teigne à croix de St. André. GEOFF. *ib.*
Elle a à peine trois lignes de long : elle eft alongée,

étroite, & elle porte ses ailes réunies, penchées, relevées en arrière, en queue de coq. Elle est toute d'un jaune doré. Les antennes sont presque de la longueur du corps de l'insecte, & composées d'anneaux obscurs & jaunâtres. Les ailes supérieures sont d'un jaune doré; on y remarque, sur chaque, deux bandes obliques, d'un rouge obscur, qui, par leur réunion au bord interne, semblent former une espèce de croix de St. André.

Elle se trouve en Europe, dans les bois.

6. ALUCITE lucelle.

ALUCITA lucella. FAB.

Alucita alis flavis immaculatis, capite thoraceque niveis. FAB. *Syst. ent. pag. 667. n°. 4. —Sp. ins. tom. 2. pag. 307. n°. 5.*

Tinea antennella. WIEN. *verz. pag. 135. n°. 19.*

Elle a environ quatre lignes de long. Elle porte ses ailes réunies par leur bord interne, penchées & relevées en arrière en queue de coq. Les antennes, les antennules, le corps & les pattes sont d'un gris jaunâtre. Les antennes sont un peu plus courtes que le corps; vues à la loupe, le bout de chaque anneau paroît noirâtre. La tête & le corcelet sont d'un blanc de neige : les yeux seuls sont noirs. Les ailes supérieures sont d'un jaune un peu roussâtre, sans aucune tache : les inférieures sont d'un gris ardoisé, sans tache.

Elle se trouve en Europe, dans les bois. Elle n'est pas commune aux environs de Paris.

7. ALUCITE alpelle.

ALUCITA alpella. FAB.

Alucita alis flavis maculis olivaceis. FAB. *Mant. ins. tom. 2. pag. 254. n°. 6.*

Elle ressemble parfaitement à l'*alucite* lucelle. La tête & le corcelet sont jaunes, sans taches. Les ailes supérieures sont jaunes, avec quelques taches olivâtres. Les inférieures sont cendrées.

Elle se trouve sur les montagnes de l'Autriche.

8. ALUCITE flavelle.

ALUCITA flavella. FAB.

Alucita alis fuscis, vitta communi dorsali abbreviata maculaque flavis. FAB. *Syst. ent. pag. 667. n°. 5. —Sp. ins. tom. 2. pag. 302. n°. 6.*

Tinea majorella. WIEN. *verz. paf. 141. n°. 1.*

Elle a la forme des espèces précédentes. Les ailes supérieures sont d'un brun obscur ; on y voit, au bord interne, une ligne longitudinale, jaune, qui ne va guère qu'au milieu, & une grande tache de la même couleur vers le bord externe.

Elle se trouve au nord de l'Europe, dans les bois.

9. ALUCITE Grandevelle.

ALUCITA. Grandevella. PAYK.

Alucita fusco cinerea ; alis superioribus fusco rufis, vitta maculaque flavis. NOB.

Alucita alis superioribus fusco flavescentibus ;

linea curva, macula ovata sulphurea versus apicem : inferioribus cinereis. GUSTAL PAYKULL. Acta Holm. Juillet. 1486.

Phalæna proboscidella. SULZER. *Ins. tab. 23. fig. 14.*

Elle a environ cinq lignes de long. Tout le corps en-dessous & les ailes inférieures sont d'un gris cendré, un peu foncé. Les yeux sont noirs. La tête & les côtés du corcelet sont jaunes. Les ailes supérieures sont d'un brun roussâtre, luisant, avec une raie vers le bord interne, jaune, un peu courbée, plus large à la base qu'à l'extrémité, & une tache ovale, oblongue vers le bord extérieur, un peu au-dessous du milieu de l'aîle.

Elle se trouve en Suède, aux environs de Paris, dans les bois. La chenille a seize pattes ; elle est légèrement velue, grise, avec la tête ferrugineuse ; le premier & le dernier anneaux bruns.

10. ALUCITE vitelle.

ALUCITA vitella. FAB.

Alucita alis cinereis, vitta dorsali margineque postico nigris. FAB. *Syst. ent. pag. 568. n°. 6. —Sp. ins. tom. 2. pag. 307. n°. 7.*

Phalæna Tinea vitella alis cinereis : vitta dorsali communi nigra, margine postico atro-punctato. LIN. *Syst. nat. pag. 890. n°. 381.. —Faun. suec. 1366.*

CLERC. *Icon. ins. rar. tab. 3. fig. 10. Vitella.*

Tinea vitella. WIEN. *verz. pag. 136. n°. 42.*

Cette espèce varie beaucoup; elle est d'une couleur cendrée, plus ou moins obscure, avec une ligne longitudinale, noire, plus ou moins marquée. Sa longueur est à-peu-près de cinq lignes. Tout le corps est gris-cendré. Les ailes sont penchées, mais réunies par leur bord interne : on voit, à cette réunion, une large ligne longitudinale, noire, formée par deux ou trois taches en lozange, les unes à la suite des autres ; toute l'aîle est parsemée de points irréguliers noirs, plus marqués vers le bord postérieur. Les inférieures sont d'une couleur cendrée très-foncée, sans aucune tache.

11. ALUCITE nyctémérelle.

ALUCITA nyctemerella. FAB.

Alucita alis anticis niveis : vitta communi dorsali dentata maculisque costalibus atris. FAB. *Mant. ins. tom. 2. pag. 254. n°. 9.*

Tinea nyctemerella. WIEN. *verz. pag. 136. n°. 38.*

La tête & le corcelet de cette espèce sont blancs. Les ailes supérieures sont d'un blanc de neige ; avec une ligne longitudinale, dentée, noire, tout le long du bord interne; quelques taches noires, au bord externe; une petite raie de la même couleur, vers la base; une grande tache noire avec un point blanc, vers le milieu; ensuite une tache presque double, transversale; & enfin une petite ligne vers l'extrémité. Les ailes inférieures sont brunes, obscures, sans taches.

Elle se trouve en Autriche.

{2.

12. ALUCITE marginelle.
ALUCITA marginella. FAB.
Alucita alis fusco nitidis, marginibus niveis. FAB.
Sp. inf. tom. 2. *pag.* 307. *n°.* 8.
Elle eſt de grandeur moyenne. Les antennules ſont épaiſſes, bifides, d'un blanc de neige intérieurement, noirâtres extérieurement. La tête eſt blanche, & les antennes ſont noirâtres. Les aîles ſupérieures ſont d'une couleur cendrée, noirâtre, luiſante, avec le bord intérieur & le bord poſtérieur d'un blanc de neige. Les aîles inférieures ſont blanchâtres, ſans taches.
Elle ſe trouve en Angleterre, dans les endroits où il y a beaucoup de genevriers.

13. ALUCITE biponctuelle.
ALUCITA bipunctella. FAB.
Alucita alis fuſcis, vitta communi dentata alba, thorace niveo, punctis duobus atris. FAB. *Syſt. ent. pag.* 668. *n°.* 7. — *Sp. inf. tom.* 2. *pag.* 307. *n°.* 9.
Tinea bipunctella. Wien. verz. *pag.* 140. *n°.* 54.
Elle eſt beaucoup plus grande que l'*alucite* vittelle. La tête & le corcelet ſont d'un blanc de neige : on voit ſur celui-ci deux points noirs, un de chaque côté. L'abdomen eſt jaune. Les aîles ſupérieures ſont d'une couleur plombée, avec une ligne longitudinale, commune, dentée, blanche, tout le long du bord interne : vers l'extrémité de l'aîle, il y a une ligne tranſverſale, formée de points noirs. Les aîles inférieures ſont blanches.
Elle ſe trouve en Saxe. La larve vit du lichen qui ſe trouve ſur le prunier ſauvage.

14. ALUCITE granelle.
ALUCITA granella. FAB.
Alucita alis albo nigroque variis, capite niveo.
FAB. *Syſt. ent. pag.* 668. *n°.* 8. — *Sp. inf. tom.* 2. *pag.* 307. *n°.* 10.
Phalæna Tinea granella alis albo nigroque maculatis, capite albo. LIN. *Syſt. nat. pag.* 889. *n°.* 377. — *Faun. ſuec. n°.* 1413.
Tinea tota fuſco-nebuloſa, capite albido. GEOFF. *Inſ. tom.* 2. *pag.* 186. *n°.* 11.
LEUWEN. *Epiſt.* 1692. *mart.* 7.
La teigne brune à tête blanchâtre. GEOFF. *ib.*
REAUM. *Mém. tom.* 3. *pl.* 20. *fig.* 14, 16.
ROESEL. *inſ. phal.* 4. *tab.* 12.
Tinea granella. Wien. verz. *pag.* 141. *n°.* 77.
Cette eſpèce varie pour les couleurs, & ſur-tout pour la grandeur. J'en ai qui ont près de ſix lignes de long, tandis que le plus grand nombre a un peu moins de quatre lignes. Tout le corps eſt d'une couleur cendrée, plus ou moins obſcure. La tête eſt couverte de poils fins, longs, d'un blanc jaunâtre. Le corcelet eſt cendré, ſans taches. Les aîles ſont griſes, ou cendrées, ou obſcures, avec pluſieurs taches & pluſieurs points bruns, irréguliers, qui les rendent nébuleuſes. Les aîles inférieures ſont noirâtres, ſans taches.
Hiſtoire Naturelle, Inſectes. Tome I.

Elle ſe trouve fréquemment dans les maiſons en Europe. La chenille ſe nourrit de bled. *Voyez* ce que nous en avons dit au commencement de cet article.

15. ALUCITE céréalelle.
ALUCITA cerealella. NOB.
Alucita cinerea, aîis planis, incumbentibus, pallide teſtaceis. NOB.
REAUM. *Mém. tom.* 2. *pl.* 39. *fig.* 18, 19.
Mém. de l'Acad. des Scien. Paris. ann. 1761.
Elle eſt un peu plus petite que la précédente : elle porte ſes aîles preſque parallèles au plan de poſition, un peu en recouvrement. Tout le corps eſt d'une couleur griſe cendrée. Les aîles ſupérieures ſeulement ſont d'une couleur pâle, briquetée, plus ou moins claire & luiſante : elles ſont quelquefois d'une couleur pâle cendrée. Les inférieures ſont cendrées, frangées à leur bord interne.
Elle ſe trouve au midi de l'Europe. La chenille ſe nourrit du bled, de l'orge, de l'avoine, du mays, &c. *Voyez* ce que nous en avons dit au commencement de cet article.

16. ALUCITE bétulinelle.
ALUCITA Betulinella. FAB.
Alucita alis albidis apice fuſco variis. FAB. *Mant. inſ. tom.* 2. *pag.* 255. *n°.* 13.
Elle reſſemble beaucoup à la précédente ; mais elle eſt un peu plus grande. La tête & le corcelet ſont blanchâtres. Les aîles poſtérieures ſont en queue de coq, blanchâtres à leur baſe, & variées de blanc & de brun à leur extrémité.
Elle ſe trouve en Suède. La larve vit ſur les agarics du bouleau.

17. ALUCITE nivéelle.
ALUCITA nivella. FAB.
Alucita alis niveis : maculis duabus marginalibus faſciaque media nigris, capite albo. FAB. *Genera inſ. mant. pag.* 297. — *Sp. inſ. tom.* 2. *pag.* 308. *n°.* 11.
Elle eſt de la grandeur de l'*alucite* granelle. Tout le corps eſt d'un gris cendré. La tête eſt blanche. Les aîles ſupérieures ſont d'un blanc de neige, avec une tache oblongue vers la baſe du bord poſtérieur ; on voit encore, vers le milieu, une bande oblique, qui a une dentelure, & vers l'extrémité, une petite tache marginale, noire. Les aîles inférieures ſont d'un gris cendré.
Elle ſe trouve en Angleterre.

18. ALUCITE lappelle.
ALUCITA Lappella. FAB.
Alucita alis pallidis, puncto nigro apice adſcendentibus. FAB. *Syſt. ent. pag.* 668. *n°.* 9. — *Sp. inf. tom.* 2. *pag.* 308. *n°.* 12.
Phalæna Tinea Lappella, alis pallidis puncto nigro : apice adſcendentibus. LIN. *Syſt. nat. pag.* 889. *n°.* 378. — *Faun. ſuec. n°.* 1425.
CLERK. *Icon. inſ. rar. pl.* 11. *fig.* 15 ?
Tinea lappella. wien. verz. *pag.* 141. *n°.* 6.
Elle eſt un peu plus grande que la précédente.

Q

Les aîles font oblongues, un peu plus larges à leur partie poftérieure, en queue de coq, de couleur de briques, pâle ou jaunâtre, avec un ou deux petits points noirs. Les antennes font courtes, & les antennules recourbées.

Elle fe trouve en Europe. La chenille vit dans les fleurs de la bardanne. (*Arctium Lappa* Lin.)

19. Alucite perficelle.
Alucita Perficella. Fab.
Alucita alis anticis emarginatis fulphureis ftrigis abbreviatis obfcurioribus. Fab. *Mant. inf. tom.* 2. *pag.* 255. *n°.* 16.
Tinea perficella. Wien. verz. pag. 319. *n°.* 67.
Elle eft de grandeur moyenne. La tête & le corcelet font jaunes. L'abdomen eft cendré. Les aîles fupérieures font d'un jaune de foufre, avec deux lignes tranfverfales, courtes, plus obfcures que le bord interne : leur extrémité eft échancrée. Les poftérieures font cendrées & ciliées de blanc.

Elle fe trouve en Autriche. La chenille fe nourrit des feuilles du pêcher.

20. Alucite afperelle.
Alucita afperella Fab.
Alucita alis anticis albidis : maculis duabus communibus nigricantibus apice emarginatis. Fab. *Mant. inf. tom.* 2. *pag.* 255. *n°.* 17.
Phalæna Tinea afperella *alis albidis : macula communi fufca : apicibus nigro punctatis retufis.* Lin. *Syft. nat. pag.* 891. *n°.* 397.—*Faun. fuec. n°.* 1447.
Tinea afperella. Wien. verz. pag. 136 *n°.* 46.
Elle eft de la grandeur de la précédente. Les aîles fupérieures font blanchâtres; leur extrémité eft échancrée, & toute l'échancrure eft noirâtre : on voit auffi, fur le bord interne, deux taches noirâtres, communes aux deux aîles. Les inférieures font cendrées.

Elle fe trouve en Europe.

21. Alucite coftelle.
Alucita coftella. Fab.
Alucita nivea alis rufo auratis, macula coftali bafeos alba fufco punctata. Fab. *Syft. ent. pag.* 668 *n°.* 10. — *Sp. inf. tom.* 2. *pag.* 308. *n°.* 13.
La tête & le corcelet de cette efpèce font d'un blanc de neige. Les aîles fupérieures font luifantes, d'une belle couleur rouffâtre un peu dorée, avec une grande tache oblongue, noirâtre, fur laquelle on remarque quelques points blancs, placée vers le bord extérieur de la bafe, & une petite raie blanche vers l'angle poftérieur interne. Les aîles inférieures font cendrées, fans taches.

Elle fe trouve en Angleterre, dans les bois.

22. Alucite fcabrelle.
Alucita fcabrella. Fab.
Alucita alis fufco cinereis : punctis nigris elevatis fcabris. Fab. *Mant. inf. pag.* 297. — *Sp. inf. tom.* 2. *pag.* 308. *n°.* 14.

Phalæna Tinea fcabrella *alis albis : dorfo nigro ftriatis exafperatis, palpis fpinofis.* Lin. *Syft. nat. pag.* 891. *n°.* 396. — *Faun. fuec. n°.* 1446.
Tinea bififfella. Wien. verz. pag. 319. *n°.* 68.
Elle reffemble beaucoup à l'*alucite afperelle :* fes antennes font blanches, de longueur médiocre. Les antennules font avancées, bifides ; elles paroiffent avoir une efpèce d'épine à leur partie fupérieure. Les aîles fupérieures font oblongues, blanches, ftriées ; les ftries font noires vers le bord interne, de forte que tout ce bord eft prefque noir ; mais on y remarque des ftries formées par de petites écailles relevées, qui font paroître cette partie très-raboteufe. Les aîles inférieures font prefque noirâtres.

Elle fe trouve au nord de l'Europe.

23. Alucite ariftelle.
Alucita ariftella. Fab.
Alucita albida, alis linea argentea. Fab. *Syft. ent. pag.* 669. *n°.* 11. — *Sp. inf. tom.* 2. *pag.* 308. *n°.* 15.
Phalæna Tinea ariftella *albida, alis linea argentea, palpis porrectis capite longioribus ariftatis.* Lin. *Syft. nat. pag.* 894. *n°.* 416.
Cette efpèce diffère un peu des autres : elle eft mince, prefque linéaire, toute blanchâtre : elle porte fes aîles roulées ; on voit au milieu des fupérieures une ligne longitudinale d'un blanc argenté. Les antennules font plus longues que la tête & le corcelet pris enfemble ; elles font groffes, velues, avancées, bifides à leur pointe.

Elle fe trouve en Europe.

24. Alucite caudelle.
Alucita caudella. Fab.
Alucita alis fub cauaatis teftaceis, linea poftica fufca. Fab. *Syft. ent. pag.* 669. *n°.* 12. — *Spec. inf. tom.* 2. *pag.* 308. *n°.* 16.
Phalæna Tinea caudella *alis teftaceis caudali linea fufca, palpis porrectis.* Lin. *Syft. nat. pag.* 894. *n°.* 417.
Elle eft de grandeur moyenne. Son corps eft aminci. Les aîles fupérieures font briquetées ; elles ont une ligne longitudinale noirâtre, & fe terminent poftérieurement en pointe alongée, formant prefque une efpèce de queue.

Elle fe trouve en Europe.

25. Alucite Enzenbergelle.
Alucita Enzenbergella. Fab.
Alucita alis emarginatis fufcis : vitta media argentea. Fab. *Mant. inf. tom.* 2. *pag.* 256. *n°.* 22.
Elle eft de grandeur moyenne. Les antennules font avancées. Les aîles font étroites, noirâtres, avec une large raie longitudinale, argentée, placée au milieu, qui ne va pas jufqu'au bord poftérieur; fur cette raie on apperçoit quelques petites lignes noirâtres : le bord poftérieur de chaque aîle eft échancré. Les aîles inférieures font cendrées, fans taches.

Elle fe trouve en Autriche.

26. Alucite Swammerdamelle.

Alucita Swammerdamella. Fab.

Alucita alis pallidis immaculatis, antennis longiſſimis. Fab. Syſt. ent. pag. 669. n°. 13. — *Spec. inſ. tom.* 2. *pag.* 308. n°. 17.

Phalæna Tinea Swammerdamella *antennis longiſſimis, alis flaveſcentibus pallidis immaculatis.* Lin. Syſt. nat. pag. 895. n°. 424.—*Faun. ſuec. no.* 1391.

Clerk. *Icon. inſ. rar. tab.* 12. *fig.* 1. Swammerdamella.

Ti ea Swammerdamella. Wien. verʒ. pag. 141. n°. 2.

Cette eſpèce a environ cinq lignes de long : elle eſt toute d'un gris jaunâtre luiſant. Les antennes font preſque deux fois plus longues que le corps. Les aîles ſupérieures font luiſantes, d'un jaune pâle, cendré, ſans aucune tache. Les inférieures font griſâtres, très-frangées.

Elle ſe trouve en Europe. Elle n'eſt pas rare aux environs de Paris, dans les bois, en avril & mai.

27. Alucite pilelle.

Alucita pilella. Fab.

Alucita alis fuſceſcentibus immaculatis, antennis longiſſimis. Fab. Mant. inſ. tom. 2. pag. 256. n°. 14.

Tinea pilella. Wien. verʒ. pag. 141. n°. 6.

Elle reſſemble à la précédente pour la forme & la grandeur ; ſes antennes font très-longues, blanchâtres, jaunâtres à leur baſe. Les aîles font noirâtres ſans taches.

Elle ſe trouve en Autriche.

28. Alucite Robertelle.

Alucita Robertella. Fab.

Alucita antennis longiſſimis albis, alis fuſcis, angulo ani albo. Fab. Syſt. ent. pag. 669. n°. 14. — *Sp. inſ. tom.* 2. *pag.* 308. n°. 18.

Phalæna Tinea Robertella *antennis longiſſimis albis, alis fuſcis.* Lin. Syſt. nat. pag. 896. n°. 419. —*Faun. ſuec.* n°. 1394.

Cette eſpèce reſſemble beaucoup aux deux précédentes : elle eſt ſeulement un peu plus petite ; ſes aîles font noirâtres, avec une légère teinte cendrée, un peu dorée, & une tache blanche à l'angle poſtérieur interne de chaque aîle.

Elle ſe trouve en Suède, ſur les arbres fruitiers.

29. Alucite Friſchelle.

Alucita Friſchella. Fab.

Alucita antennis mediocribus, apice albis, alis fuſco auratis. Fab. Sp. inſ. tom. 2. pag. 309. n°. 19.

Phalæna Tinea Friſchella *antennis mediocribus apice albis, alis fuſco auratis.* Lin. Syſt. nat. pag. 896. n°. 433. — *Faun. ſuec.* n°. 1396.

Tinea Friſchella. Fab. Syſt. ent. pag. 663. n°. 48.

Tinea æneella. Wien. verʒ. pag. 319. n°. 40, 82.

Je crois que cet inſecte n'eſt point une eſpèce différente de l'alucite *Reaumurelle,* puiſqu'il n'y a

point d'autre différence que celle des antennes, & que d'ailleurs on les trouve conſtamment enſemble. Celle-ci a les antennes à peine plus longues que le corps, noires à leur baſe, blanchâtres à leur extrémité. Tout le corps eſt d'un noir bronzé, luiſant. Les aîles ſupérieures font bronzées, très-luiſantes, quelquefois un peu verdâtres, & plus ſouvent noirâtres. Les inférieures font d'un noir violet.

Elle ſe trouve dans toute l'Europe.

Cet inſecte eſt très-commun, en printems, aux environs de Paris, on le voit ſouvent voltiger en très-grand nombre, vers le ſoir, avec l'alucite *Reaumurelle.*

30. Alucite Reaumurelle.

Alucita Reaumurella. Fab.

Alucita alis nigris extorſum deauratis antennis longiſſimis. Fab. Syſt. ent. pag. 670. n°. 17. — *Sp. inſ. tom.* 2. *pag.* 309. n°. 21.

Phalæna Tinea Reaumurella *antennis longiſſimis, alis nigris extrorſum deauratis.* Lin. Syſt. nat. pag. 895. n°. 425. — *Faun. ſuec.* no. 1392.

Clerk. *Icon. inſ. rar. tab.* 12. *fig.* 2. Reaumurella.

Tinea nigra, alis exterioribus deauratis, antennis corpore duplo longioribus. Geoff. Inſ. tom. 2. pag. 193. n°. 28.

La teigne noire bronzée. Geoff. *ib.*

Tinea Reaumurella. Wien. verʒ. pag. 143. n°. 26.

Cette eſpèce reſſemble parfaitement à la précédente ; elle a environ trois lignes & demie de long. Tout le corps eſt noir & velu. Les antennes font ſétacées, deux ou trois fois plus longues que le corps, & blanchâtres. M. Geoffroy obſerve qu'elles ſont le double de la longueur du corps dans les mâles, & qu'elles ſont encore plus longues dans les femelles : il paroît, d'après cela, que cet illuſtre auteur regarde cette eſpèce-ci & la précédente comme la même. Les antennules ſont courtes, noires & très-velues. La trompe eſt à peine de la longueur du corcelet ; elle eſt garnie, juſques vers ſon milieu, de poils fins, longs & noirs. Les aîles ſupérieures font noirâtres, avec un reflet bronzé, ſouvent verdâtre. Les inférieures font d'un noir violet, avec une grande frange bronzée.

Elle ſe trouve dans toute l'Europe. Elle eſt très-commune aux environs de Paris. On la voit voltiger en troupe autour des arbres en mai. La chenille vit ſur le ſaule, le bouleau.

31. Alucite Erxlebelle.

Alucita Erxlebella. Fab.

Alucita antennis mediocribus unicoloribus, alis anticis fuſco aureis, poſticis nigris, capite fulvo. Fab. Mant. inſ. tom. 2. pag. 256. n°. 27.

Les antennes de cette eſpèce font de longueur moyenne & d'une couleur un peu pâle. La tête eſt fauve. Le corcelet & les aîles ſupérieures ſont d'une couleur noirâtre, bronzée ou dorée, avec le bord poftérieur plus obfcur. Les pattes poftérieures font longues & fauves.

Elle fe trouve en Allemagne.

32. ALUCITE calthelle.
Alucita Calthella. FAB.

Alucita atra, alis anticis totis aureis capite ferrugineo. FAB. *Mant. inf. tom. 1. pag. 256. n°. 28.*

Phalana Tinea Calthella atra, alis fuperioribus totis aureis, capite ferrugineo. LIN. *Syft. nat. pag. 895. n°. 422.* — *Faun. fuec. n°. 1431.*

Tinea rufimitrella. Wien. verz. pag. 141. n°. 15.

Phalana rufimitrella. SCOP. *Ent. carn. n°. 649.*

Elle reffemble parfaitement à la précédente. Elle eft noire ; fa tête feule eft ferrugineufe. Les aîles fupérieures font entièrement dorées, ce qui la diftingue le plus de la précédente.

Elle fe trouve en Allemagne.

33. ALUCITE promulelle.
ALUCITA promulella. FAB.

Alucita antennis mediocribus, alis anticis fufco aureis, pofticis flavis ; margine nigro. FAB. *Mant. inf. tom. 1. pag. 256. n°. 29.*

Tinea pronubella. Wien. verz. pag. 141. n°. 16.

Elle reffemble beaucoup, pour la forme & la grandeur, à l'*alucite* calthelle ; elle n'en eft diftincte qu'en ce que les aîles inférieures de celle-ci font jaunes, bordées de noir.

Elle fe trouve en Autriche.

34. ALUCITE Degéerelle.
ALUCITA Degeere.la. FAB.

Alucita alis atro aureis : fafcia flava, antennis longis. FAB. *Syft. ent. pag. 669. 15.* — *Sp. inf. tom. 1. pag. 309. n°. 20.*

Phalana Tinea Degeerella antennis longiffimis, alis atris : fafcia argentea. LIN. *Syft. nat. pag. 895. n°. 416.* — *Faun. fuec. n°. 1393.*

CLERK. *Icon. inf. rar. tab. 12. fig. 3. Degeerella.*

Phalana Degeerella. SCOP. *Ent. carn. n°. 647.*

Petit papillon à antennes extrêmement longues & à trompe, dont les aîles font noirâtres, variées d'un jaune doré & garnies d'une bande tranfverfale du même jaune. DEG. *Mém. tom. 1. pag. 541. pl. 32. fig. 13.*

Petite phalène à antennes en filets, extrêmement longues ; à aîles dorées & traverfées d'une large bande d'un jaune luifant. DEG. *Mém. tom. 1. pag. 701. pl. 32. fig. 13.*

Tinea nigra, alis fuperioribus lineis longitudinalibus, fafcia lata tranfverfa, inferneque radiis plurimis aureis, antennis corpore triplo longioribus. GEOFF. *Inf. tom. 1. pag. 193. n°. 29.*

La coquille d'or. GEOFF. *ib.*

Tinea Degeerella. Wien. verz. pag. 143. n°. 25.

Cette belle efpèce a environ cinq lignes de long. Elle eft remarquable par la longueur des antennes qui eft ordinairement de quinze à vingt lignes : fes antennes font noires à leur bafe, & blanches

dans tout le refte de leur étendue. La tête & le corcelet font d'un noir bronzé, verdâtre. Les aîles fupérieures font d'un jaune brun, doré, brillant, avec quelques petites lignes longitudinales noires, & une large bande d'un beau jaune, bordée de chaque côté d'une ligne brune, violette, argentée, dont la couleur change fuivant les reflets de la lumière. Les aîles intérieures font violettes noirâtres. Le corps eft noirâtre, bronzé. Les pattes font jaunâtres.

On trouve communément cet infecte dans les bois, dans toute l'Europe.

35. ALUCITE Sulzelle.
ALUCITA Sulzella. FAB.

Alucita antennis longioribus ; alis nigro aureis : fafcia aurea. FAB. *Mant. inf. tom. 1. pag. 257. n°. 31.*

Phalana Tinea Sulzella antennis mediocribus, alis nigris : fuperioribus fafcia aurea. LIN. *Syft. nat. pag. 896. n°. 427.*

Tinea Sulzella. Wien. verz. pag. 143. n°. 24.

Elle reffemble beaucoup à l'*alucite* Degéerelle, dont elle n'eft peut-être qu'une variété : mais les antennes font un peu plus courtes ; celles du mâle, plus courtes que celles de la femelle, font épaiffes : la couleur des aîles fupérieures eft d'un noir un peu purpurin, avec une bande dorée.

Elle fe trouve en Europe.

36. ALUCITE viridelle.
ALUCITA viridella FAB.

Alucita alis viridi-aureis, corpore atro, antennis longis albis. FAB. *Mant. inf. tom. 2. pag. 257. n°. 33.*

Phalana viridella. SCOP. *Ent. carn. n°. 645.*

Tinea viridella. Wien. verz. pag. 142. n°. 4.

M. Fabricius remarque que cette efpèce eft peu diftincte de l'*alucite* Reaumurelle. Quant à nous, nous n'y voyons pas de différences. Celle-ci a le corps noir, les aîles fupérieures d'un verd doré, & les antennes longues & blanches.

Elle fe trouve en Autriche.

37. ALUCITE cuprelle.
ALUCITA cuprella. FAB.

Alucita alis cupreo-aureis nitidis, antennis longiffimis. FAB. *Mant. inf. tom. 2. pag. 257. n°. 35.*

Tinea cuprella. Wien. verz. pag. 320. n°. 44.

Voici encore une *alucite* qui n'eft peut-être qu'une variété de la Reaumurelle, dont elle ne diffère que par la couleur des aîles, qui eft, dans cette efpèce-ci, d'une belle couleur rouge cuivreufe.

Elle fe trouve en Autriche.

38. ALUCITE fafcielle.
ALUCITA fafciella. FAB.

Alucita alis auratis, fafcia fufca, antennis apice albis. FAB. *Syft. ent. pag. 670. n°. 18.* — *Sp. inf. tom. 2. pag. 310. n°. 23.*

Tinea Schiffermillerella. Wien. verz. pag. 14. *n°.* 20.

Elle ressemble à l'*Alucite* Reaumurelle pour la forme & la grandeur. M. Fabricius observe qu'elle varie : tantôt elle a les antennes très-longues, avec la tête & le corcelet noirs ; tantôt les antennes mediocres avec la tête ferrugineuse & le corcelet doré. Dans les unes & dans les autres, les ailes supérieures font dorées, luisantes, avec une large bande noirâtre au milieu. Les inférieures font d'un brun doré.

Elle se trouve en Angleterre.

39. ALUCITE Podaelle.
ALUCITA Podaella. FAB.

Alucita antennis mediocribus, alis nigris : fascia alba. FAB. *Syst. ent. pag.* 670. *n°.* 16. — *Spec. inf. tom.* 1. *pag.* 309. *n°.* 21.

Phalæna Tinea Podaella antennis mediocribus, lis nigris fascia albida. LIN. *Syst. nat. pag.* 496. *n°.* 428.

Tinea nigra, fascia transversa alba. GEOFF. *Inf. tom.* 1. *pag.* 194. *n°.* 32.

La teigne cordelière. GEOFF. *ib.*

Elle a environ deux lignes & demie de long. Elle est toute d'un noir bronzé, luisant. Les ailes supérieures font coupées d'une bande blanche : on y remarque encore quelquefois un point blanc vers le bord extérieur.

Elle se trouve en Europe dans les bois.

40. ALUCITE striatelle.
ALUCITA striatella. FAB.

Alucita alis auratis flavo striatis : fascia media flava cupro marginata. FAB. *Sp. inf. tom.* 2. *pag.* 310. *n°.* 14.

Elle varie beaucoup : elle a la tête noire ou fauve, les antennes très-longues, blanchâtres, ou seulement un peu plus longues que le corps, velues & noires à leur base, & blanches à leur extrémité. Les ailes supérieures font dorées, avec des stries jaunes, sur-tout vers leur extrémité ; le milieu brille d'une belle couleur cuivreuse, dans laquelle il y a une bande jaune. Les ailes inférieures font d'un brun doré, luisant.

Elle se trouve dans les jardins, en Angleterre.

41. ALUCITE sulphurelle.
ALUCITA sulphurella. FAB.

Alucita alis anticis auratis : maculis duabus sulphureis oppositis, posticis flavis. FAB. *Syst. ent. pag.* 670. *n°.* 19. — *Spec. inf. tom.* 1. *pag.* 310. *n°.* 25.

Tinea alis superioribus nigris, fascia longitudinali, maculisque duabus aureis, antennis medio albis. GEOFF. *Inf. tom.* 1. *pag.* 198. *n°.* 42.

La teigne à bande dorée, & anneau blanc aux antennes. GEOFF. *ib.*

Elle a un peu plus de trois lignes de long. Les antennes font noires avec un peu de blanc vers leur extrémité : elles font un peu plus courtes que le

corps, & assez épaisses à leur base. Les antennules font toutes. Tout le corps est noirâtre, bronzé. Les ailes supérieures font noirâtres, dorées, avec deux taches jaunes opposées, un peu au-dessous du milieu de chaque aile, l'une plus grande, triangulaire, au bord interne, l'autre plus petite, au bord externe. On voit de plus, comme le remarque M. Geoffroy, une ligne longitudinale dorée, près du bord intérieur, qui va depuis le haut jusqu'à la moitié de l'aile ; mais elle ne paroît bien que dans l'insecte nouvellement sorti de sa chrysalide. Les ailes inférieures font jaunes, bordés extérieurement de brun noirâtre.

On la trouve dans toute l'Europe. Elle est assez commune dans les bois, aux environs de Paris.

42. ALUCITE formoselle.
ALUCITA formoselia. FAB.

Alucita alis anticis ferrugineo flavis : strigis duabus abbreviatis obliquis albis ; posteriore majore. FAB. *Mant. inf. tom.* 2. *pag.* 257. *n°.* 39.

Tinea formoselia. Wien. verz. pag. 140. *n°.* 47.

Elle est de grandeur moyenne. Les antennes ont des anneaux blancs. Les ailes supérieures font variées de jaune & de ferrugineux ; on y voit deux raies blanches, courtes, obliques, placées vers le bord extérieur, dont l'une, postérieure, est plus grande que l'autre. Les ailes inférieures font noirâtres.

Elle se trouve en Autriche.

43. ALUCITE festinelle.
ALUCITA festinella. FAB.

Alucita alis anticis albis : maculis duabus fuscis apice flavis. FAB. *Mant. inf. tom.* 2. *pag.* 258. *n°.* 40.

Tinea festinella. Wien. verz. pag. 319. *n°.* 80.

Elle est petite. Les antennules font blanches & noirâtres à leur base. La tête est d'un blanc de neige. Les ailes supérieures, presque linéaires, font blanches à leur base, & jaunes à leur extrémité : elles ont au milieu, deux taches noirâtres, entourées d'un cercle blanc, placées l'une derrière l'autre. Les ailes inférieures font noirâtres.

Elle se trouve en Autriche.

44. ALUCITE oppositelle.
ALUCITA oppositella. FAB.

Alucita alis fuscis : maculis duabus oppositis flavis, posticis fuscis. FAB. *Syst. ent. pag.* 670. *n°.* 20. — *Sp. inf. tom.* 2. *pag.* 318. *no.* 26.

Elle ressemble à l'*alucite* sulphurelle : elle est toute noirâtre, point du tout luisante. Les antennes font à peine de la longueur de la moitié du corps. Les ailes supérieures ont chacune deux taches jaunes ; l'une, plus grande, presque triangulaire, au bord interne ; l'autre, plus petite au bord externe. Les inférieures font noirâtres.

On la trouve en Europe. Elle n'est pas rare dans les bois, aux environs de Paris.

ALVÉOLE, *FAVI CELLA.* On a donné le nom d'*alvéole*, & plus ordinairement celui de *cellule,*

aux petites loges dans lesquelles les abeilles domestiques élèvent leurs larves où déposent leur miel. Ces
alvéoles sont des tubes hexagones, dont le fond
est piramidal & formé de trois losanges ou de trois
rhombes, dont chacun est une partie des trois *alvéoles*
qui se trouvent à l'autre côté du rayon. Lorsque l'a-
beille veut construire un *alvéole*, elle commence d'a-
bord, par en jetter, pour ainsi dire, les fondemens;
elle façonne grossièrement un rhombe; elle élève
ensuite, sur deux des côtés extérieurs, deux des
plans de l'*alvéole*; elle façonne un second rhombe &
l'unit au premier, en lui donnant l'inclinaison qu'il
doit avoir, &, sur les deux côtés extérieurs, elle
élève deux autres plans de l'hexagone; enfin, elle
construit le troisième rhombe auquel elle donne la
même inclinaison qu'aux deux autres, & elle élève
les deux derniers plans: l'*alvéole* se trouve alors
entièrement ébauché; il n'a plus besoin que d'être
poli, façonné & aminci. Il y a, dans chaque ruche
d'abeilles, beaucoup d'ouvrières occupées à ce travail, qui passent ainsi successivement à la construction d'un grand nombre de cellules; & tandis que
les unes sont occupées à en former une nouvelle,
les autres façonnent & perfectionnent les autres.

On a donné le nom de *cellule* aux loges dans
lesquelles les guêpes élèvent leurs larves: il semble
que le mot *alvéole* ait été plus particulièrement
affecté aux loges des abeilles, quoique celles-ci
soient plus ordinairement nommées *cellules*. *Voyez*
GATEAU, CELLULE.

Les abeilles construisent des *alvéoles* de trois
grandeurs différentes. Les plus grands, nommés

cellules royales, destinés seulement à loger les
larves qui donnent des femelles, n'ont point une
figure hexagone; elles ressemblent un peu à une
poire; elles sont très-massives; la matière semble
y être employée avec profusion. Reaumur a calculé,
que la cire qui entre dans la composition d'une
seule de ces cellules, suffiroit à la construction
de cent cinquante cellules ordinaires. Elles diffèrent
encore des autres en ce qu'elles sont perpendiculaires, au lieu que celles des mâles & celles des
mulets sont horizontales. Les *alvéoles*, destinés aux
mâles, sont hexagones, & ne diffèrent, de ceux
destinés aux mulets, que parce qu'ils sont un peu
plus grands.

ALURNE, *ALURNUS*. Genre d'insectes de la
troisième section de l'ordre des Coléoptères.

Les *Alurnes* appartiennent à la famille des Chrysomèles, avec lesquelles ils ont beaucoup de rapports, mais ils en diffèrent par la forme des antennes, qui sont filiformes, d'égale épaisseur dans
toute leur longueur, & composées d'articles cylindriques, au lieu que celles des Chrysomèles vont
un peu en grossissant, & sont composées d'articles
grenus, presque arrondis. Les *Alurnes* ressemblent
aussi aux Erotyles, mais les antennes de ceux-ci
sont terminées par trois articles plus gros que les
autres, & presque en masse. Le nombre & la figure
des pièces des tarses les distingue suffisamment de
la famille des Ténébrions.

Ces insectes sont exotiques, & très-rares dans
les collections de Paris.

ALURNE.

ALURNUS. F A B.

T E N E B R I O. S U L Z.

CARACTÈRES GÉNÉRIQUES.

ANTENNES filiformes , plus longues que le corcelet : articles cylindriques, presque égaux , très-distincts.

Bouche avec deux mandibules, deux mâchoires , & quatre antennules.

Mâchoires bifides.

Antennules inégales; les deux antérieures un peu plus longues , filiformes , composées de trois articles presque égaux ; les postérieures presque filiformes , composées de trois articles, dont le premier plus court, plus petit que les autres.

Tarses divisés en quatre articles; pénultième article large , bifide , garni de houppes, en-dessous.

E S P È C E S.

1. ALURNE tricolor.

Noir ; corcelet rouge , inégal ; élytres jaunes.

2. ALURNE grosse-cuisse.

Vert bronzé ; cuisses postérieures grosses & dentées.

3. ALURNE denté.

Tout noir ; cuisses postérieures grosses & dentées.

4. ALURNE violet.

Violet foncé; corcelet presque cylindrique ; cuisses postérieures grosses , avec une légère dentelure.

1. ALURNE tricolor.

ALURNUS groſſus. FAB.

Alurnus ater, thorace coccineo, elytris flavis.
FAB. *Syſt. ent. pag.* 94. *n°.* 1. —*Sp. inſ. tom.* 1.
pag. 115. *n°.* 1.

Le corps de cet inſecte eſt noir. Les antennes
ſont noires, filiformes, de la longueur de la moitié
du corps. Le corcelet eſt raboteux, un peu aplati,
terminé en pointe aiguë de chaque côté de ſa baſe ;
il eſt rouge, avec le bord poſtérieur noir. L'écuſſon
eſt noir & preſque rond. Les élytres, plus grandes
& plus longues que le corps, ſont jaunes, légèrement ponctuées, & un peu relevées en boſſe, à
leur baſe. Les pattes ſont noires : les tarſes ſont
larges, & très-garnis, en-deſſous, de houppes.

On trouve cette eſpèce aux Indes orientales.

2. ALURNE groſſe-cuiſſe.

ALURNUS femoratus. FAB.

*Alurnus viridi-aneus, femoribus tibiiſque poſ-
ticis dentatis.* FAB. *Spec. inſ. tom.* 1. *pag.* 115. *n°.* 2.

DRURY. *Illuſt. tom.* 2. *pl.* 34. *fig.* 5.

Tenebrio viridis. SULZ. *Inſ. tab.* 7. *fig.* 8.

Cet inſecte a environ un pouce de long, & quatre
lignes de large. Tout ſon corps eſt d'une couleur
verte bronzée. Les antennes, compoſées de onze
articles égaux & preſque cylindriques, ſont noires
à leur extrémité, & de la longueur de la moitié du
corps. Le corcelet eſt plus étroit que les élytres,
& un peu plus large à ſa partie antérieure qu'à ſa
partie poſtérieure. L'écuſſon eſt petit. Les cuiſſes
poſtérieures ſont longues & renflées ; elles ont, à
la partie inférieure, vers leur articulation avec la
jambe, une dent groſſe & très-forte. La jambe eſt
alongée, & terminée par trois dents, dont deux
petites, & une beaucoup plus groſſe.

Il ſe trouve aux Indes orientales.

3. ALURNE denté.

ALURNUS denticeps. FAB.

Alurnus niger femoribus tibiisque poſticis dentatis.
FAB. *Mant. inſ. tom.* 1. *pag.* 66. *n°.* 3.

Cette eſpèce reſſemble beaucoup à la précédente ;
mais elle eſt toute noire. Les cuiſſes poſtérieures ſont
groſſes, & munies, à leur partie inférieure, de deux
fortes dents. Les jambes ſont longues, un peu arquées, & terminées par trois dents.

On trouve cet inſecte au cap de Bonne - Eſ-
pérance.

4. ALURNE violet.

ALURNUS violaceus. NOB.

*Alurnus nigro violaceus ; thorace lævi ſubcy-
lindrico ; femoribus dentatis, tibiis ſimplici-
bus.* NOB.

Il reſſemble beaucoup aux précédens ; il a environ dix lignes de long & quatre de large. Tout
ſon corps eſt d'une couleur violette foncée. Les
antennes ſont d'un noir violet, & de la longueur
de la moitié du corps. Le corcelet eſt d'une épaiſ-

ſeur égale dans toute ſa longueur. On y voit une
ligne longitudinale peu enfoncée. L'écuſſon eſt très-
petit. Les élytres ſont liſſes & finement pointillées.
Les cuiſſes ſont longues, renflées, & munies en-
deſſous d'une petite dent. Les jambes ſont longues,
légèrement courbées & ſimples.

M. Mauduit m'a dit avoir reçu cet inſecte de
Cayenne.

AMYMONE, *AMYMONE.* M. Othon Frédéric
Muller a établi une claſſe d'inſectes microſcopiques
ſous le nom de *Entomoſtraca, ſeu inſecta teſtacea,
inſectes teſtacés*, compoſée de pluſieurs genres, dont
celui de l'*Amymone* fait partie. *Voyez* ENTOMOS
TRACA.

CARACTÈRES DU GENRE.

Deux antennes.

Quatre pattes.

Un ſeul œil.

Teſt univalve.

Par la figure que M. Muller donne de ces
inſectes, il paroît qu'ils ont ſix pattes & point d'antennes : je dis ſix pattes, parce que les deux antérieures ſont ſemblables aux quatre autres. Si ces
animaux microſcopiques méritent d'être placés parmi
les inſectes, pourquoi auroient-ils plutôt quatre
pattes & deux antennes que ſix pattes & point
d'antennes ? Quant à l'œil, ces inſectes ſont ſi
petits, que le microſcope peut bien n'avoir montré
qu'un ſeul œil, & y en avoir réellement deux très-
rapprochés. On ſait à préſent que les Monocles,
qu'on avoit regardés comme n'ayant qu'un œil,
en ont réellement deux.

ESPÈCES.

1. AMYMONE. Satyre.

AMYMONE Satyra. MULL.

Teſt ovale ; antennes obtuſes, étendues verticalement.

*Amymone teſta ovata antennis obtuſis verticaliter
extenſis.* MULL. *Entom. pag.* 42. *tab.* 2. *fig.* 1-4.
—*Zoolog. dan. prodr.* 2379.

BAKER. *Microſcop. pag.* 408. *tab.* 12. *fig.* 23, 25.
Satyr.

EICHH. *Microſcop. pag.* 41. *tab.* 3. *fig.* P.

NATURF. 10. *Stiik. ſ.* 104. *tab.* 2. *fig.* 10, 11.

Il a environ une demi-ligne de long.

Antennes roides, cylindriques, compoſées de
deux articles, débordant un peu le teſt perpendiculairement, & terminées par trois poils très-
courts.

Œil placé en-deſſous, entre les antennes, comme
un point noir, tranſparent au milieu.

Pattes antérieures groſſes, bifides ; la jambe
ſupérieure

fupérieure, plus grande que l'autre, eft terminée par trois foies ou poils auffi longs que toute la patte, dont deux droits, étendus, & le troifième plus long que les deux autres, articulé & fléchi vers le corps, felon la volonté de l'infecte. La jambe inférieure, plus petite que l'autre, eft terminée par deux poils très-courts : l'une & l'autre ont leur cuiffe affez groffe.

Pattes poftérieures plus courtes que les antérieures, fimples, mais bifides dans quelques individus, & paroiffant former une troifième paire de pattes, plus petites que les autres : elles débordent à peine le teft, & font terminées par deux poils. Les cuiffes font un peu velues.

Queue aiguë, tronquée, fendue jufqu'au milieu, terminée par un aiguillon & un paquet de poils.

Teft. ovale, plat, membraneux & tranfparent, de forte que tout l'animal paroît tranfparent.

Le corps, au-deffous des antennes, a un fegment de cercle, enfuite un triangle à angle très-aigu, qui s'avance & qui paroît partager le corps en deux lobes ovales, noirâtres : le tout fe meut enfemble d'un mouvement périftaltique.

M. Muller donne auffi la figure d'une variété, qu'il foupçonne être l'autre fexe, dont le teft n'eft point aigu poftérieurement, mais eft comme échancré, & terminé par deux poils.

Il fe trouve fréquemment dans les eaux douces & pures du Danemarck & de la Norwège.

2. AMYMONE Silène.
AMYMONE Silena. MULL.
Teft ovale, un peu large, antennes étendues obliquement.

Amymone tefta ovali latiufcula antennis oblique extenfis. MULLER. *Entom. pag. 44. tab. 2 fig. 12—15. — Zoolog. dan. prodr. 2380.*

Il eft plus petit que le précédent.

Antennes compofées de deux articles, portées obliquement de chaque côté, & terminées par deux poils.

Œil placé entre les antennes, paroiffant dans quelques efpèces comme un point carré, diftinct. Vers le bord antérieur du teft, on voit deux petits points diftans, très-noirs, qui font peut-être les véritables yeux ou d'autres petits yeux : dans quelques efpèces, c'eft le grand, dans d'autres, ce font les petits qui ne font point apparens.

Pattes fimples, compofées de deux articles, & terminées par deux ou trois poils : au-deffous des antérieures, on voit une appendice ovale, fans poils.

Teft large, prefque opaque, quelquefois jaunâtre, échancré poftérieurement, & terminé, à chaque angle de l'échancrure, par un poil inégal.

On voit fur le derrière, vers la queue, un point orbiculaire, tranfparent, muni, au centre, d'une efpèce de prunelle mobile ; & la queue eft terminée, à l'endroit de l'échancrure, par deux verrues garnies de poils.

Il fe trouve moins fréquemment que le précé-
Hiftoire Naturelle, *Infectes. Tome I.*

dent, dans les eaux douces du Danemarck & de la Norwège. M. Hermann l'a trouvé auffi à Strasbourg.

3. AMYMONE Ménade.
AMYMONE Manas. MULL.
Teft ovale ; antennes étendues horizontalement ; corps tronqué à fa bafe.

Amymone tefta ovali, antennis horizontaliter extenfis, corpore bafi truncato. MULL. *Entom. pag. 45. tab. 2. fig. 18, 19.*

Il eft plus petit que les précédens.

Antennes vibrant horizontalement, inférées fous le bord antérieur du teft, ayant un feul article oblong, aminci vers l'extrémité, & terminé par deux poils.

Œil placé au milieu, au-deffus des antennes, comme un point très-petit.

Pattes fimples, un peu plus courtes que les antennes inférées à la poitrine, & terminées par un poil qui dépaffe un peu le bord du teft.

Teft fauve ovale, convexe fupérieurement ; corps débordant le teft poftérieurement, tronqué, muni d'un poil à chaque angle de la troncature. Tout le corps de ce petit animal paroît comme refferré.

On voit une tache fphérique au milieu du ventre, vers fa partie poftérieure, qui eft peut-être fa vulve.

Ce petit animal fe plaît à nager le dos. On le trouve rarement dans la mer, en Danemarck & en Norwège.

4. AMYMONE Faune.
AMYMONE Fauna. MULL.
Teft oblong ; antennes étendues, relevées.
Amymone tefta oblonga, antennis furfum extenfis. MULL. *Entom. pag. 46. tab. 2. fig. 5-8. — Zoolog. dan. prodr. 2381.*

Il eft figuré de la grandeur de l'*Amymone Silène*.

Antennes mobiles, compofées de deux articles, & terminées par trois poils.

Pattes égales, fimples, terminées par quatre poils longs.

Teft ovale, oblong, tranfparent, terminé poftérieurement par une queue prefque earrée, un peu échancrée, à angles faillans avec quatre poils courts à chaque angle. Le deffous eft aplati : le deffus eft convexe & prefque boffu.

On le trouve dans les eaux douces du Danemarck & de la Norwège, parmi la lentille d'eau. *Lemna.*

5. AMYMONE Bacchante.
AMYMONE Baccha. MULL.
Teft orbiculaire ; antennes étendues horizontalement ; queue dentelée de chaque côté.
Amymone tefta orbiculari, antennis horizontaliter extenfis, cauda utrinque denticulata. MULL. *Entom. pag. 46, tab. 2. fig. 9-11.*

Il eft figuré de la grandeur du précédent.

Antennes articulées, portées horizontalement, & garnies de poils à leur articulation & à leur extrémité.

Pattes antérieures dépaffant le teft, terminées par quatre poils, dont le fupérieur très-court, mu-

R

nies, en deſſous, d'une appendice terminée par un onglet.

Pattes poſtérieures, terminées par trois poils paralléles à la queue, dont celui du milieu eſt tréslong. On aperçoit, dans la dépouille du petit animal, que ces poils partent d'une baſe ovale.

Teſt preſque orbiculaire, muni antérieurement d'un point en forme d'œil : poſtérieurement, un peu au-delà du milieu, il eſt convexe & paroît comme coupé, formant, de chaque côté, un angle ou une dent. Le reſte du corps ou la queue, débordant le teſt, paroît être formé de trois ſegmens, dont les deux antérieurs ſont armés, de chaque côté, d'une dent terminée par un poil ; le ſegment poſtérieur eſt fendu, & chaque diviſion eſt terminée par un poil long.

Il ſe trouve rarement dans les eaux de rivières, en Danemarck & en Norwège.

6. AMYMONE Thyas.

AMYMONE Thyas. MULL.

Teſt dilaté; antennes horizontales, en recouvrement. *Amymone teſta dilatata, antennis incumbentibus.* MULL. *pag.* 47. *tab.* 2. *fig.* 16. 17.

Il reſſemble à l'*Amymone Silène ;* mais il eſt beaucoup plus large, & il vit dans l'eau de mer.

Antennes horizontales ou appuyées ſur le bord antérieur du teſt, terminées par deux poils.

Œil diſtinct, placé au milieu, vers le bord antérieur.

Pattes antérieures dichotomes : *pattes* poſtérieures ſimples.

Teſt large, comme tronqué antérieurement, reſſerré & obtus poſtérieurement.

Il a été trouvé, en Danemarck, dans l'eau de mer corrompue, conſervée dans un vaſe pendant quelques mois.

ANASPE, *ANASPIS.* J'ai établi, à l'imitation de M. Geoffroy, dans l'Introduction à ce Dictionnaire, un genre d'inſectes ſous le nom d'*Anaſpe ;* mais après un examen plus attentif, j'ai reconnu qu'il appartenoit à celui de la Mordelle, dont il ne diffère qu'en ce que les troiſième & quatrième articles des tarſes des quatre pattes antérieures, ſont très-courts, très-peu diſtincts, & paroiſſent n'en former qu'un : mais ſi on examine ces petits inſectes avec un bon microſcope, on voit que ce qu'on prend d'abord pour un ſeul article, en forme réellement deux ; on doit donc les ranger dans la ſeconde Section de l'Ordre des Coléoptères, & non pas dans la troiſième. D'ailleurs les Mordelles ont, en général, le troiſième & le quatrième articles des tarſes aſſez courts; & il y a des eſpèces parmi elles qui les ont plus courts les unes que les autres. Ainſi nous ne croyons pas, d'après cette ſeule différence, devoir établir deux genres de ces inſectes, qui ſe reſſemblent ſi fort par toutes les autres parties. *Voy.* MORDELLE.

ANASPE NOIRE. (GEOFF.) *Voyez* MORDELLE NOIRE.

ANASPE A TACHES JAUNES. (GEOFF.) *Voy.* MORDELLE HUMÉRALE.

ANASPE A CORCELET JAUNE. (GEOFF.) *Voy.* MORDELLE CORCELET-JAUNE.

ANASPE FAUVE. (GEOFF.) *Voy.* MORDELLE JAUNE.

ANDRENE, *ANDRENA.* Genre d'inſectes de la ſeconde Section de l'Ordre des Hyménoptères.

Les *Andrènes* ſont des inſectes à quatre aîles nues, membraneuſes, veinées, inégales, dont l'anus eſt armé d'un aiguillon rétractible, caché dans le ventre, & qui reſſemblent beaucoup aux Abeilles, avec leſquelles on les avoit confondus juſqu'à ce que MM. Scopoli & Fabricius les en aient ſéparés pour en faire un genre ; l'un, ſous le nom de Nomade, *Nomada*, & l'autre, ſous celui d'*Andrène , Andrena.* Les caractères que M. Scopoli aſſigne au genre de Nomade, qui répond à celui de l'*Andrène*, ſont, une trompe faite d'une eſpèce de ſiphon ou de tuyau (*ſiphunculus*), & deux valves portant des antennules. *Voy. Annus IV. hiſtor. natur. Leipſc.* 1770. Les caractères que M. Fabricius aſſigne à ce genre ſont une langue ou trompe (*lingua*) trifide & pliée. (*Voyez Syſt. ent. pag.* 376. — *gen. Inſ. pag.* 115.) Reaumur ayant remarqué que la trompe de ces inſectes différoit de celle des Abeilles, leur avoit donné le nom de Proabeille. *Voy. tom.* 6. *Mém.* 4 & 5.

Les *Andrènes* ont beaucoup de rapports avec les Abeilles & les Nomades : elles diffèrent des unes & des autres par la forme & le nombre des pièces de leur trompe. La trompe de l'*Andrène* eſt diviſée en trois pièces, & celle de l'Abeille & de la Nomade eſt diviſée en cinq. Une différence encore très-remarquable qu'on trouve, c'eſt que le premier article des tarſes des *Andrènes* n'eſt point auſſi grand, ni auſſi gros que celui des Abeilles ; auſſi ne ſert-il point à ces inſectes pour le tranſport de leur cire. La plupart ſe ſervent de cette matière pour la conſtruction de de leurs nids ou la nourriture de leurs larves ; mais elles l'emportent au-deſſous de leur ventre, ou parmi les poils dont leur corps eſt couvert. Les *Andrènes* ſont en général plus alongées que les Abeilles, & leur manière de vivre eſt différente. Elles font leur nid dans la terre ou dans de vieux murs : elles vivent ſolitaires; la femelle ſeule conſtruit ſon nid, fait ſa ponte, amaſſe la proviſion néceſſaire à la larve, & l'abandonne enſuite.

Les antennes des *Andrènes* diffèrent peu de celles des Abeilles ; elles ſont compoſées de douze à treize articles, dont le premier eſt un peu plus long que les autres, & preſque cylindrique ; le ſecond eſt court & preſque arrondi; le troiſième eſt conique, & les autres ſont égaux entr'eux & cylindriques. Elles ont leur inſertion à la partie antérieure de la tête, & elles ſont aſſez rapprochées l'une de l'autre à leur baſe.

La tête eſt preſque de la largeur du corcelet : elle eſt aplatie en avant, & elle porte, à ſa partie ſupérieure, trois petits yeux liſſes, ordinairement difposés en ligne courbe. Les grands yeux à réfeau font ovales, alongés, peu faillans. Il ne paroît pas qu'il y ait autant de différences entre ceux du mâle & ceux de la femelle, qu'il y en a entre ceux des Abeilles.

La bouche eft compofée d'une lèvre fupérieure, de deux mandibules, d'une trompe divifée en trois pièces, & de quatre antennules. La lèvre fupérieure eft dure, prefque coriacée, aplatie, étroite, alongée, arrondie antérieurement, & ciliée tout autour. Les mandibules font très-dures, de la confiftance de la corne, un peu alongées, & terminées par quelques dentelures. La trompe eft divifée en trois pièces ; celle du milieu paroît former une efpèce de cylindre un peu applati, portant, au bout, deux antennules filiformes, compofées de quatre articles, & une langue courte, très-velue, pointue, placée entre les deux antennules. Les deux pièces latérales font minces, plates, ou convexes d'un côté, & concaves de l'autre, appliquées contre la pièce du milieu qu'elles femblent défendre : elles font courbées vers leur extrémité, & elles portent, chacune, à l'endroit de la courbure, une antennule compofée de fix articles. La langue qu'on remarque entre les deux antennules poftérieures, peut s'avancer plus ou moins en avant, ou fe retirer dans l'efpèce de cylindre qui lui fert de gaîne. Il faut remarquer que la flexion de la trompe des *Andrènes* eft différente de celle des Abeilles & des Nomades : celles-ci ont l'extrémité de leur trompe dirigée en arrière, lorfqu'elle eft en repos ; celle des *Andrènes* eft dirigée en avant ; fon extrémité eft cachée fous la lèvre fupérieure, entre les deux mandibules.

Le corps de ces infectes diffère peu de celui des Abeilles : il eft, en général, un peu plus alongé ; il eft légèrement velu, & la plupart des efpèces ont leur abdomen garni en-deffous de poils ferrés, un peu roides, qui leur fervent à emporter la pouffière des étamines pour la conftruction de leurs nids, ou la nourriture de leurs larves. L'abdomen tient au corcelet par un pédiculé très-court ; il eft compofé de fix anneaux, & terminé par l'anus, d'où fortent les excrémens, l'aiguillon, les parties de la génération du mâle, & les œufs de la femelle.

Les pattes font compofées de la hanche, de la cuiffe, de la jambe, & du tarfe ; celui-ci eft divifé en cinq pièces, dont la première eft beaucoup plus longue que les autres ; le dernier article eft terminé par deux onglets recourbés, au milieu defquels on voit une efpèce de pelotte.

Nous ne dirons rien de l'aiguillon ; il eft parfaitement femblable à celui de l'Abeille, dont nous avons déjà parlé. *Voyez* ABEILLE, AIGUILLON. Il paroît que le mâle eft privé de cette arme, puifqu'on rencontre fouvent la plupart de ces infectes fans aiguillon.

Les larves des *Andrènes* font des vers mols, blanchâtres, fans pattes, dont le corps eft compofé de treize anneaux, & dont la tête, plus dure que le refte du corps, eft pourvue de deux mâchoires affez

fortes. Elles ont dix ftigmates de chaque côté, par le moyen defquels elles refpirent.

On ne trouve point, parmi les *Andrènes*, des mulets ou des ouvrières, comme on en remarque parmi les Abeilles & les Guêpes : tout le travail eft fait par la femelle ; c'eft elle feule qui creufe la terre, qui conftruit plufieurs cellules, qui ramaffe la provifion néceffaire à la larve, & qui ferme chaque cellule. Le nid eft enfuite abandonné par la mère ; mais avant de l'abandonner, elle a pourvu à tout ; elle a foigné les œufs ; elle a mis à côté la pâtée qui doit fuffire à la larve, & elle a fermé exactement le nid pour le garantir des Fourmis, & des autres infectes qui font très-friands de la larve & de la pâtée.

Il y a ordinairement deux générations de ces infectes par an ; la première a lieu au printems, & l'autre à la fin de l'été. Les larves de la feconde génération paffent l'hiver dans cet état de larve ou de nymphe ; elles confument peu-à-peu leur provifion ; leur croiffance fe fait lentement, & elles ne fe montrent fous la forme d'infecte parfait qu'au commencement du printems fuivant. A peine nées, ces *Andrènes* s'accouplent, travaillent à la conftruction des nids, & font leur ponte. En juin ou en juillet, il doit en fortir les infectes parfaits qui donneront tout de fuite la feconde génération, deftinée à paffer l'hiver fous l'état de larve & de nymphe. Il eft probable que les infectes parfaits meurent quelque tems après leur accouplement ou leur ponte. D'après cela, la durée de la vie des *Andrènes* ne feroit jamais d'un an.

Nous avons déjà dit que les *Andrènes* vivoient folitaires, & que les femelles étoient chargées feules de la conftruction du nid. Plufieurs efpèces fe contentent de creufer dans la terre de petits trous : elles choififfent plus volontiers des murs élevés en pierres & en terre, ou un terrein coupé verticalement. Quelques autres choififfent un terrein fablonneux, & fouvent du fable pur ; elles y creufent, dans une direction horizontale ou verticale, des trous cylindriques, droits ou rarement coudés ; ces trous n'ont guère que le diamètre qu'il faut pour laiffer paffer l'infecte ; leur profondeur varie ; elle eft ordinairement depuis quatre jufqu'à huit pouces. C'eft au fond de ce nid que les *Andrènes* conftruifent leurs cellules avec une matière qu'elles vont recueillir fur les fleurs, qu'elles pétriffent, & qui reffemble à de la cire noirâtre ; elles emploient auffi différentes matières, comme, par exemple, des feuilles d'arbres, ou même les pétales de certaines fleurs. Chaque cellule eft exactement fermée, & contient un œuf & la nourriture néceffaire à la larve qui en fortira. Cette nourriture eft un mélange de miel & de cire, que l'*Andrène* recueille auffi fur les fleurs, & auquel elle fait vraifemblablement fubir quelque préparation dans fon eftomac ; elle eft plus ou moins liquide, fuivant les efpèces ; elle a plus ordinairement la confiftance d'une pâte molle.

ANDRÈNE.

ANDRENA. F A B.

N O M A D A. S c o p. APIS. L i n. G e o f f.

CARACTÈRES GÉNÉRIQUES.

ANTENNES courtes, filiformes, composées de douze articles; le premier long & cylindrique ; le second presque globuleux, & le troisième conique.

Bouche munie de deux mandibules, d'une trompe divisée en trois pièces, & de quatre antennules filiformes.

Abdomen joint au corcelet par un pédicule très-court.

Aiguillon simple, pointu, caché dans l'abdomen.

Cinq articles aux tarses ; le premier long & presque cylindrique.

Corps velu.

Trois petits yeux lisses.

ESPÈCES.

1. ANDRÈNE bleuâtre.

Noirâtre ; légèrement velue ; abdomen bleuâtre, avec le bord des anneaux blanchâtre.

2. ANDRÈNE laineuse.

Noire, couverte d'un duvet gris ; abdomen avec le bord des anneaux blanchâtre, & le ventre fauve, très-velu.

3. ANDRÈNE spirale.

Noire, couverte d'un léger duvet gris ; abdomen courbé; extrémité des antennes en spirale.

4. ANDRÈNE cornue.

Noire ; abdomen avec le bord des anneaux blanc en dessus, très velu en dessous; corne courte, droite, obtuse, au devant de la tête.

5. ANDRÈNE labiée.

Noire, peu velue ; second & troisième anneaux de l'abdomen roux.

6. ANDRÈNE verdâtre.

Verte, bronzée, couverte d'un duvet grisâtre.

7. ANDRÈNE cuivreuse.

Noire ; corcelet velu, roussâtre ; abdomen lisse, cuivreux.

ANDRÈNE. (Insectes).

8. ANDRÈNE bordée.

Noire ; corcelet pubescent ; abdomen ferrugineux , avec le premier anneau noir , & le bord des autres cendré.

9. ANDRÈNE rouillée.

Noirâtre ; corcelet velu , ferrugineux ; abdomen cendré.

10. ANDRÈNE mineuse.

Noirâtre ; corcelet velu, roussâtre ; abdomen avec quatre bandes blanchâtres.

11. ANDRÈNE bicolor.

Noirâtre ; corcelet velu, ferrugineux ; abdomen noir & sans taches.

12. ANDRÈNE pubère.

Brune , noirâtre ; corcelet velu, roussâtre ; abdomen luisant, presque lisse.

13. ANDRÈNE tricolor.

Corcelet noir , velu & ferrugineux postérieurement ; abdomen noir , avec le bord des anneaux blanc.

14. ANDRÈNE nègre.

Très-noire ; abdomen avec le bord des anneaux blanc.

15. ANDRÈNE rayée.

Noirâtre ; tête & corcelet couverts d'un duvet verdâtre ; abdomen noir ; avec le bord des anneaux bleu.

16. ANDRÈNE fasciée.

Pubescente , cendrée ; abdomen noir, avec quatre bandes blanches.

17. ANDRÈNE à zones.

Noirâtre , pubescente ; abdomen avec quatre bandes bleues.

18. ANDRÈNE patte-velue.

Noire , lisse ; pattes postérieures couvertes de poils blancs ; ailes obscures.

19. ANDRÈNE velue.

Velue , ferrugineuse ; pattes postérieures alongées , très-velues à leur extrémité.

20. ANDRÈNE hémorrhoïdale.

Noire ; anus ferrugineux ; jambes postérieures rousses.

21. ANDRÈNE longue-trompe.

Noire ; abdomen jaune , noir à sa base ; trompe très-longue.

22. ANDRÈNE bident.

Noire ; abdomen noirâtre , avec cinq bandes blanchâtres ; anus bidenté.

23. ANDRÈNE verte.

Tête & corcelet verts , bronzés ; abdomen noir.

24. ANDRÈNE à bandes.

Corcelet roux ; abdomen noir , avec quatre bandes bleuâtres.

25. ANDRÈNE alongée.

Noirâtre, alongée ; abdomen avec six bandes blanchâtres ; pattes jaunes.

26. ANDRÈNE maxilleuse.

Noire ; mandibules avancées ; abdomen presque cylindrique , velu & jaune en-dessous.

ANDRÈNE. (Insectes).

27. ANDRÈNE somniflore.

Un peu velue ; abdomen presque cylindrique, courbé ; anus bidenté.

28. ANDRÈNE porte-anneau.

Noire , glabre ; front & anneaux aux jambes d'un blanc jaune.

29. ANDRÈNE patte-jaune.

Noire , luisante , un peu bronzée ; pattes jaunes.

30. ANDRÈNE annulaire.

Noirâtre; lèvre & jambes d'un blanc jaunâtre.

31. ANDRÈNE variée.

Noirâtre , bronzée ; lèvre jaune , avec deux points noirs ; abdomen avec des bandes jaunes.

32. ANDRÈNE ferrugineuse.

Noire ; abdomen d'un brun ferrugineux , avec l'extrémité noire.

33. ANDRÈNE rougeâtre

Noire ; tête & corcelet couverts d'un duvet roussâtre ; abdomen rougeâtre à sa base.

1. ANDRÈNE bleuâtre.

ANDRENA carulescens. FAB.

Andrena fusca subvillosa; abdomine carulescente, incisurarum marginibus albicantibus. FAB. *Syst. ent. pag.* 376. n°. 1. —*Spec. inf. tom.* 1. *pag.* 472. n°. 1.

Apis carulescens. LIN. *Syst. nat. pag.* 955. n°. 21. —*Faun. suec.* n°. 1696.

Cette *Andrène* varie pour la grandeur : elle a depuis trois jusqu'à cinq lignes de long. Tout son corps est d'un noir foncé, bleuâtre, légèrement couvert d'un duvet blanchâtre. L'abdomen est luisant, pointillé, avec quelques poils blanchâtres sur le bord de chaque anneau. Les aîles sont légèrement lavées de brun.

Elle se trouve dans toute l'Europe, sur les fleurs : elle fait son nid dans la terre.

2. ANDRÈNE laineuse.

ANDRENA lanata. NOB.

Andrena nigra, griseo pubescens : abdominis segmentorum marginibus albicantibus, ventre lana rufa. NOB.

Elle ressemble beaucoup à la précédente : elle est toute noire, & légèrement couverte d'un duvet gris blanchâtre. L'abdomen est d'un noir bleuâtre, luisant, avec le bord des anneaux blanchâtre : le dessous est couvert de poils fauves, qui servent à cet insecte à transporter la poussière des étamines.

Je l'ai trouvée assez commune sur les fleurs, aux environs de Paris & en Provence.

3. ANDRÈNE spirale.

ANDRENA spiralis. NOB.

Nigra, griseo pubescens; abdomine incurvo, antennis apice convolutis. NOB.

Cette espèce a environ cinq lignes de long. Tout son corps est noir & légèrement couvert d'un duvet cendré, tirant sur le fauve, sur l'abdomen. La tête est plus petite que celle des autres espèces. Le premier article des antennes est plus gros & plus long que les autres ; les trois derniers sont roulés & forment un triangle. L'abdomen est très-courbé, & armé, en-dessous, de deux ou trois épines, de chaque côté. Les aîles sont transparentes & sans couleur.

Elle se trouve sur les fleurs, en Provence : elle m'a été communiquée par M. Danthoine, médecin à Manosque.

4. ANDRÈNE cornue.

ANDRENA cornuta. FAB.

Andrena nigra ; abdomine segmentorum marginibus albidis subtus pilosis, clypeo elevato, gibbo obtuso. FAB. *Mant. inf. tom.* 1. *pag.* 298. n°. 2.

La tête de cette espèce est noire, & couverte d'un duvet épais cendré : on apperçoit un peu au-dessous de la base des antennes une corne courte, droite, aplatie, obtuse & presque échancrée. Le corcelet est noir, & couvert, en dessous, de poils

cendrés. L'abdomen est noir, avec le bord des anneaux ciliés de blanc en-dessus, & très-velus en-dessous. Les pattes sont ciliées de noir.

Elle se trouve sur les fleurs, en Barbarie.

5. ANDRÈNE labiée.

ANDRENA labiata. FAB.

Andrena villosa nigra ; abdominis segmento secundo tertioque rufis. FAB. *Sp. inf. tom.* 1. *pag.* 472. n°. 2.

Apis hirsutie cinerea, pedibus labioque superiore flavescentibus ; abdomine glabro nigro incisuris rufis. GEOFF. *Inf. tom.* 2. *pag.* 414. n°. 12 ?

L'Abeille à lèvres & pattes jaunes, & anneaux du ventre fauves. GEOFF. *ib.* ?

Je crois que l'espèce que décrit M. Geoffroy est la même que celle de M. Fabricius. Voici la description de celle de M. Fabricius. Tout le corps est noir & velu ; la lèvre est jaune, & l'abdomen à deux anneaux ferrugineux ; elle varie rarement : alors l'extrémité de l'abdomen est d'un brun ferrugineux au lieu d'être noir. La description de M. Geoffroy diffère peu de celle-ci. « Elle est noire. » Sa tête & son corcelet sont couverts de poils » un peu gris. Sa lèvre supérieure & ses pattes, » à l'exception cependant des cuisses, sont d'un jaune » un peu citron. Les cuisses sont noires. Le ventre » est lisse, d'un brun foncé & noirâtre, & le bord » de chaque anneau est d'un brun clair, tirant sur le » fauve. Ses antennes sont noires, & s'étendent pres- » que jusqu'au bas du corcelet ».

Elle se trouve en Europe, sur les fleurs.

6. ANDRÈNE verdâtre.

ANDRENA ænea. FAB.

Andrena ænea griscescente pubescens. FAB. *Syst. ent. pag.* 376. n°. 2. — *Sp. inf. tom.* 1. *pag.* 473. n°. 3.

Apis ænea. LIN. *Syst. nat. pag.* 955. n°. 20. —*Faun. suec.* n°. 1695.

Apis tota viridi cuprea. GEOFF. *Inf. tom.* 2. *pag.* 415. n°. 15.

L'Abeille verdâtre & cuivreuse. GEOFF. *ib.*

Apis ænea. SCOP. *Ent. carn.* n°. 809.

Elle a environ trois lignes de long. Tout son corps est d'une couleur verdâtre bronzée, luisante, & très-légèrement couvert de poils cendrés, un peu roussâtres. On voit quelques poils grisâtres sur le bord des anneaux de l'abdomen. Les pattes sont peu velues, & les poils noir roussâtres.

Elle se trouve assez communément sur les fleurs, dans toute l'Europe. Elle fait son nid dans la terre.

7. ANDRÈNE cuivreuse.

ANDRENA cuprea. NOB.

Andrena nigra, thorace rufo villoso ; abdomine supra glabro nitente cupreo. NOB.

Apis nigra, hirsutie flava ; abdomine supra glabro nitente cupreo. GEOFF. *Apis.* n°. 6.

L'Abeille fauve a ventre cuivreux. GEOFF. *inf.*
tom. 2. *pag.* 411. *n°.* 6.

Elle est un peu plus grande que la précédente.
Les antennes sont noires, un peu plus longues que
la tête, & assez fines. La tête, le corcelet, les
pattes & le dessous du ventre sont couverts de poils
roux assez serrés. L'abdomen est lisse, un peu brillant & cuivreux.

Elle se trouve aux environs de Paris, sur les
fleurs.

8. ANDRÈNE bordée.

ANDRENA marginata. FAB.

*Andrena thorace pubescente ; abdomine ferrugineo,
segmentorum marginibus cinereis, primo segmento
atro.* FAB. *Gen. inf. mant. pag.* 246. — *Sp. inf.
tom.* 1. *pag.* 473. *n°.* 4.

Elle est petite, & elle ressemble un peu à la suivante. La tête & le corcelet sont noirs & couverts
d'un duvet cendré. Le premier anneau de l'abdomen est noir : les autres sont ferrugineux avec leur
bord cendré.

Elle se trouve en Allemagne.

9. ANDRÈNE rouillée.

ANDRENA helvola. FAB.

*Andrena thorace ferrugineo ; abdomine cineras-
cente.* FAB. *Syst. ent. pag.* 376. *n°.* 3. — *Sp. inf.
tom.* 2. *pag.* 473. *n°.* 5.

Apis helvola *rufa, villosa, oblonga, subtus albida.*
LIN. *Syst. nat. pag.* 955. *n°.* 16. — *Faun. suec.*
n°. 1693.

La tête est noire. Le corcelet est velu, ferrugineux. L'abdomen est noirâtre & moins velu que
le corcelet. Les pattes postérieures sont couvertes
d'un duvet ferrugineux.

Elle se trouve en Suède, sur les fleurs.

10. ANDRÈNE mineuse.

ANDRENA succincta. FAB.

*Andrena thorace hirsuto, fulvo ; abdomine ni-
gro, cingulis quatuor albis.* FAB. *Syst. entom. pag.*
378. *n°.* 14. — *Sp. inf. tom.* 1. *pag.* 474. *n°.* 18.

Apis succincta *thorace flavescente, subvilloso ; abdomine nigro : cingulis quatuor albis.* LIN. *Syst.
nat. pag.* 955. *n°.* 18. — *Faun. suec. n°.* 1694.

REAUM. *Mém. tom.* 6. *pl.* 12. *fig.* 9.

Apis nigra, *thorace hirsuto fulvo ; abdomine glabro incisuris albis.* GEOFF. *Inf. tom.* 2. *pag.* 411.
n°. 7.

L'Abeille mineuse à corcelet roux & velu. GEOFF. *ib.*

SCHAEFF. *Icon. inf. tab.* 32. *fig.* 5.

Elle est de grandeur moyenne. Tout son corps
est noirâtre, mais la tête & le corcelet sont couverts d'un duvet gris fauve. L'abdomen a quatre
bandes d'un blanc jaunâtre, formées par des poils
courts & serrés qui se trouvent sur le bord des
anneaux. Les pattes ont des poils fauves.

Cette *Andrène* se trouve dans toute l'Europe,
sur les fleurs. Elle fait son nid dans la terre.

11. ANDRÈNE bicolor.

ANDRENA bicolor. FAB.

*Andrena thorace villoso ferrugineo ; abdomine atro
immaculato.* FAB. *Syst. ent. pag.* 376. *n°.* 4. — *Spec.
inf. tom.* 1. *pag.* 473. *n°.* 6.

Cette espèce ressemble beaucoup à la précédente :
elle en diffère en ce que l'abdomen est noir & sans
bandes ni taches.

Elle se trouve en Danemarck.

12. ANDRÈNE pubère.

ANDRENA pubescens. NOB.

*Andrena fusca, capite thoraceque villosis rufis ;
abdomine nitido.* NOB.

*Apis subhirsuta fusca ; abdomine nitido, pedibus
villosis.* GEOFF. *Inf. tom.* 2. *pag.* 407. *n°.* 2.

L'Abeille brune à ventre lisse & pattes velues.
GEOFF. *ib.*

Elle a environ cinq lignes de long. Elle ressemble
beaucoup, pour les couleurs, à l'Abeille à miel :
elle est plus alongée, tout son corps est d'une couleur brune, mais la tête & le corcelet sont couverts
d'un duvet roussâtre. L'abdomen est luisant & très-
peu velu. Les pattes sont couvertes de poils roussâtres.

Elle se trouve en Europe, sur les fleurs. Elle
fait son nid dans la terre.

13. ANDRÈNE tricolor.

ANDRENA tricolor. FAB.

*Andrena thorace nigro postice villoso ferrugineo ;
abdomine atro, segmentorum marginibus niveis.*
FAB. *Syst. entom. pag.* 377. *n°.* 5. — *Spec. inf.
tom.* 1. *pag.* 473. *n°.* 7.

Elle est de grandeur moyenne. Les antennes sont
cylindriques, noires, avec le premier anneau jaune
en-dessous. La bouche est jaune ; le corcelet est
glabre & noir à la partie antérieure ; il est velu &
ferrugineux à la partie postérieure. L'abdomen est
noir, avec le bord de chaque anneau d'un blanc
de neige.

Elle se trouve en Amérique.

14. ANDRÈNE nègre.

ANDRENA nigrita. FAB.

Andrena atra, segmentorum marginibus niveis.
FAB. *Syst. ent. pag.* 377. *n°.* 6. — *Spec. inf. tom.*
1. *pag.* 473. *n°.* 9.

Elle ressemble beaucoup à la précédente ; mais
celle-ci est toute noire, avec le bord des anneaux
de l'abdomen blanc.

Elle se trouve en Amérique.

15. ANDRÈNE rayée.

ANDRENA cincta. FAB.

*Andrena capite thoraceque viridi pubescentibus ;
abdomine atro, segmentorum marginibus cyaneis.*
FAB. *Spec. inf. tom.* 1. *pag.* 473. *n°.* 8.

Elle est grande. Les antennes sont noires. La tête
est noirâtre & couverte d'un duvet verdâtre ; la
bouche

bonche eft pâle ; le corcelet eft couvert d'un duvet verdâtre. L'abdomen eft noir, avec une bande
bleue fur le bord de chaque anneau. Les pattes
font noires, & les jambes ont des poils ferrugineux
à leur partie extérieure.

Elle fe trouve fur la côte de Malabar.

16. ANDRÈNE fafciée.
ANDRENA fafciata. FAB.
*Andrena cinereo pubefcens ; abdomine atro, fafciis
quatuor albis.* FAB. Syft. ent. pag. 377. n°. 7. — Spec.
inf. tom. 1. pag. 473. n°. 10.

Le corcelet de cette efpèce eft couvert d'un duvet
cendré. L'abdomen eft glabre, noir, avec le bord
des anneaux blanc. Les pattes font noires, & les
jambes poftérieures font couvertes de poils cendrés.

Elle fe trouve en Amérique.

17. ANDRÈNE à zônes.
ANDRENA zonata. FAB.
*Andrena fubpubefcens fufca ; abdomine fafciis
quatuor cæruleis.* FAB. Syft. ent. pag. 377. n°. 8.
— Spec. inf. tom. 1. pag. 473. n°. 11.
*Apis zonata fubpubefcens fufca ; abdomine cin-
gulis quatuor cæruleis.* LIN. Syft. nat. pag. 955. n°.
19. — Muf. Lud. Ulr. pag. 415.

Elle eft de grandeur moyenne : les antennes font
noires. La tête eft noirâtre, peu velue ; les yeux
font pâles, la trompe eft ferrugineufe & de la longueur du corcelet ; celui-ci eft velu, noir, avec quelques poils pâles. L'abdomen eft ovale, glabre,
très-noir, avec quatre bandes bleues, placées au
bord des anneaux. Les pattes poftérieures font très-
velues & cendrées.

Elle fe trouve aux Indes orientales.

18. ANDRÈNE patte-velue.
ANDRENA pilipes. FAB.
*Andrena atra glabra, pedibus pofticis albo ciliatis,
alis fufcis.* FAB. Spec. inf. tom. 1. pag. 474. n°. 12.

Elle reffemble à la fuivante pour la forme & la
grandeur. Elle eft noire & glabre ; le corcelet eft d'un
noir obfcur, & l'abdomen d'un noir luifant. Les
aîles font noirâtres. Les pattes font noires, & les
poftérieures font couvertes de poils blancs.

Elle fe trouve en Italie.

19. ANDRÈNE velue.
ANDRENA hirfuta. FAB.
*Andrena ferrugineo hirta, pedibus pofticis elonga-
tis apice hirfutiffimis.* FAB. Mant. inf. tom. 1. pag.
299. n°. 14.

Elle a la forme des précédentes. Les antennes font
d'un noir de poix, avec leur bafe noire. La tête,
le corcelet, & l'abdomen font couverts de poils ferrés, d'une couleur cendrée, ferrugineufe : le deffous de l'abdomen eft glabre & très-noir. Les pattes
font velues ; les poftérieures font alongées ; les
cuiffes font arquées, noires & velues ; les jambes
& les tarfes font roux & très-velus.

Elle fe trouve en Efpagne, fur les fleurs.

Hiftoire Naturelle, Infectes, Tome I.

20. ANDRÈNE hémorrhoïdale.
ANDRENA hæmorroïdalis. FAB.
Andrena nigra, ano ferrugineo. FAB. Syft. entom.
pag. 377. n°. 9. — Spec. inf. tom. 1. pag. 474.
n°. 13.

Elle eft de grandeur moyenne. Tout fon corps
eft noir. La lèvre fupérieure eft couverte d'un duvet
cendré. L'extrémité de l'abdomen eft ferrugineux, &
les jambes poftérieures font rouffes.

Elle fe trouve dans les bois, en Suède.

21. ANDRÈNE longue-trompe.
ANDRENA gulofa. FAB.
*Andrena nigra ; abdomine flavo, bafi nigro, lin-
gua longiffima.* FAB. Syft. ent. pag. 377. n°. 10.
— Sp. inf. pag. 434. n°. 14.

Elle eft noire. La tête & le corcelet font couverts
de poils courts, noirs. La trompe eft de la longueur
du corps. Les pattes font noires ; les jambes poftérieures font comprimées, & leur partie extérieure eft
très-aiguë.

Elle fe trouve au Cap de Bonne-Efpérance.

22. ANDRÈNE bident.
ANDRENA bidentata. FAB.
*Andrena abdomine fufco, cingulis quinque albidis,
ano bidentato.* FAB. Syft. entom. pag. 377. n°. 11.
— Spec. inf. tom. 1. pag. 474. n°. 15.

Les antennes font noires & de la longueur du
corcelet. La lèvre fupérieure eft jaune, velue, &
échancrée. Le corcelet eft noir & couvert d'un duvet
cendré. Les aîles font tranfparentes. L'abdomen eft
noir, avec cinq bandes blanches, & terminé par deux
dents. Les pattes font noirâtres ; les antérieures font
alongées, jaunes, avec les tarfes ciliés.

Elle fe trouve en Amérique, dans la Nouvelle-
Hollande. Elle conftruit fon nid contre les murs,
avec des feuilles d'arbres roulées.

23. ANDRÈNE verte.
ANDRENA virefcens. FAB.
*Andrena capite thoraceque viridi æneis ; abdomine
nigro.* FAB. Syft. ent. pag. 378. n°. 12. — Spec.
inf. tom. 1. pag. 474. n°. 16.

Elle reffemble à la précédente : la trompe eft
courte, courbée, noirâtre. Les antennes font noirâtres. La tête & le corcelet font d'un verd bronzé, luifant. L'abdomen eft ovale, noir, luifant,
très-légèrement velu & noirâtre en-deffous. Les
aîles font obfcures & les pattes noirâtres.

Elle fe trouve en Amérique.

24. ANDRÈNE à bandes.
ANDRENA cingulata. FAB.
*Andrena thorace rufo ; abdomine atro, fafciis
quatuor cærulefcentibus.* FAB. Syft. entom. pag. 378.
n°. 13. — Spec. inf. tom. 1. pag. 474. n°. 17.

Elle reffemble à l'*Andrène bident* ; elle en diffère
en ce que le corcelet & les jambes font rouffâtres :
la tête eft noire, avec la lèvre & une ligne fur le

S

A N D

front jaunes : l'abdomen eft noir, avec le bord de chaque anneau bleu.

Elle fe trouve dans la Nouvelle-Hollande.

25. ANDRÈNE alongée.

Andrena quadricincta. NOB.

Andrena nigra ; abdomine cylindrico , fafciis fex albis , pedibus flavis. NOB.

Apis quadricincta nigra ; abdomine cylindrico, fafciis quatuor albis , pedibus flavis. FAB. *Gen. inf. mant. pag.* 247. — *Spec. inf. tom.* 1. *pag.* 486. *n°.* 74.

Apis hirfuta , pedibus croceis ; abdomine nigro , incifuris albis. GEOFF. *Inf. tom.* 2. *pag.* 414. *n°.* 13.

L'Abeille à pattes jaunes & anneaux du ventre blancs. GEOFF. *ib.*

Elle a de fix à fept lignes de long. Son corps eft noir & alongé. Les antennes font noires, ou noires en-deffus & jaunes en-deffous, & quelquefois prefque toutes d'un jaune obfcur ; elles font filiformes & prefque de la longueur de la moitié du corps. La lèvre fupérieure eft jaune. La tête & le corcelet font couverts d'un duvet cendré, rouffâtre. L'abdomen eft alongé, noir, prefque liffe, avec le bord de chaque anneau couvert de poils courts, ferrés, blanchâtres, qui forment autant de bandes. Les pattes font d'un jaune un peu fauve ; la bafe des cuiffes feulement eft noire.

On la trouve en Europe, fur les fleurs : elle fait fon nid dans la terre.

26. ANDRÈNE. maxilleufe.

Andrena maxillofa. NOB.

Andrena nigra , maxillis prominentibus ; abdomine fubcylindrico fubtus luteo hirfuto. NOB.

Apis maxillofa nigra , maxillis prominentibus , antennis thorace brevioribus ; abdomine cylindrico fubtus luteo hirfuto. LIN. *Syft. nat. pag.* 954. *n°.* 11

Apis maxillofa. FAB. *Sp. inf. tom.* 1. *pag.* 486. *n°.* 75.

Nomada nafuta. SCOP. *Ann. IV. Hift. nat. n°.* 8.

Elle eft un plus petite que la précédente ; elle eft toute noire & prefque glabre. La tête eft auffi groffe que le corcelet. Les mandibules font grandes, avancées & terminées par deux dentelures. La lèvre eft grande, avancée, obtufe, ordinairement placée entre les mandibules. L'abdomen eft glabre en-deffus, d'un noir luifant, avec quelques poils blancs, très-courts, fur le bord des anneaux, qui difparoiffent fouvent ; le deffous eft couvert de poils jaunâtres, affez longs. Les pattes font couvertes d'un léger duvet gris fauve.

Elle fe trouve en Europe, fur les fleurs. Elle fait fon nid dans la terre.

27. ANDRÈNE fomniflore.

Andrena florifomnis. NOB.

Andrena hirfuta ; abdomine fubcylindrico incurvo , ano bidentato. NOB.

Apis florifomnis nigra ; abdomine fubcylindrico incurvo , ano bidentato , tibiis pofticis apice fpinofis. LIN. *Syft. nat. pag.* 954. *n°.* 13. —*Faun. fuec. n°.* 1704.

Apis florifomnis. FAB. *Syft. ent. pag.* 387. *n°.* 55. — *Spec. inf. tom.* 1. *pag.* 486. *n°.* 76.

Apis florifomnis. SCOP. *Entom. carn. n°.* 796.

Elle eft noire, étroite, alongée, & de la grandeur de la précédente. Le front eft couvert d'un duvet cendré, & le corcelet, d'un duvet pâle. L'abdomen eft courbé, prefque cylindrique, prefque glabre, & terminé par deux efpèces de dentelures courbes.

Elle fe trouve en Europe, fur les fleurs, où elle paffe la nuit.

28. ANDRÈNE porte-anneau.

Andrena annulata. NOB.

Andrena nigra glabra , fronte annulifque pedum albo luteis. NOB.

Apis annulata nigra , fronte annulifque pedum albis. LIN. *Syft. nat. pag.* 958. *n°.* 33. — *Faun. fuec. n°.* 1706.

Apis annulata. FAB. *Syft. ent. pag.* 387. *n°.* 56. — *Spec. inf. tom.* 1. *pag.* 486. *n°.* 77.

Vefpa nigra , fronte , thoracifque bafi flavis. GEOFF. *Infect. tom.* 2. *pag.* 379. *n°.* 14.

La Guêpe noire, à lèvre fupérieure & bafe du corcelet jaunes. GEOFF. *ib.*

Elle a environ trois lignes de long ; elle eft noire, prefque glabre, & elle reffemble un peu à une Guêpe ; mais elle a la trompe des *Andrènes*, & les aîles inférieures ne font point pliées. Les antennes font noires ; elles ont rarement un peu de blanc à leur bafe inférieure. Le front eft d'un blanc jaunâtre ou noir, avec deux lignes d'un blanc jaunâtre. Le corcelet eft noir avec un point jaunâtre, élevé, à la bafe des aîles, & quelquefois une ligne de la même couleur à la partie antérieure du corcelet. Les quatre pattes poftérieures ont un cercle d'un blanc jaune, à la bafe des jambes & du premier article des tarfes. J'ai une variété de cette efpèce, qui m'a été envoyée de Provence par M. Danthoine, D. M., dont la bafe de l'abdomen eft d'un brun ferrugineux.

Elle fe trouve en Europe, fur les fleurs. Elle fait fon nid dans la terre.

29. ANDRÈNE patte-jaune.

Andrena flavipes. NOB.

Andrena nigra æneo nitida , pedibus flavis. NOB.

Apis flavipes nigra æneo nitida , pedibus flavis. FAB. *Mant. inf. tom.* 1. *pag.* 305. *n°.* 89.

Apis nigra , pedibus croceis ; abdomine leviter cupreo. GEOFF. *Inf. tom.* 2. *p.* 414. *n°.* 14.

L'Abeille à pattes jaunes & ventre un peu cuivreux. GEOFF. *ib.*

Elle a de trois à quatre lignes de long. Sa tête

est noire, avec la lèvre seulement jaune. Le corcelet est noir & sans taches. L'abdomen est presque cylindrique, & d'un noir un peu bronzé. Les pattes sont jaunes.

Elle se trouve en Europe, sur les fleurs.

30. ANDRÈNE annulaire.
ANDRENA albipes. NOB.
Andrena fusca, labio tibiisque albo luteis, abdomine medio rufo. NOB.
Apis albipes fusca; abdomine medio rufo, tibiis albis. FAB. Spec. inf. tom. 1. pag. 486. n°. 78.
Apis nigra; abdomine rufo nitido, incisuris nigris. GEOFF. Inf. tom. 2. pag. 416. n°. 18.
L'Abeille noire, à ventre brun & anneaux noirs. GEOFF. ib.

Cette espèce varie beaucoup par la grandeur & par les couleurs : elle a depuis deux lignes & demie jusqu'à quatre lignes de long ; elle est noire & très-peu velue. La lèvre supérieure a un point d'un jaune blanc. L'abdomen est noirâtre, luisant, un peu bronzé, avec le bord des anneaux plus ou moins brun, & quelquefois rougeâtre, mais le plus souvent entièrement noirâtre, bronzé. Les jambes sont d'un jaune blanchâtre.

Elle se trouve en Europe, sur les fleurs.

31. ANDRÈNE variée.
ANDRENA variegata. NOB.
Andrena nigro ænea, labio flavo nigro punctato; abdomine fasciis flavis. NOB.

Cette jolie Andrène n'a guère plus de deux lignes de long : elle est d'une couleur noirâtre, bronzée, luisante. Ses antennes sont d'un fauve obscur. La lèvre supérieure est jaune, avec deux points noirs. Les mandibules sont jaunes à leur extrémité, & noires à leur base. On voit à la partie antérieure du corcelet une raie jaune peu marquée. L'abdomen a un point jaune, de chaque côté du premier anneau, peu marqué, une bande de la même couleur à la base des trois anneaux qui suivent ; & enfin les derniers anneaux ont leur bord d'un jaune fauve. Les pattes sont fauves, avec une tache noire sur chaque cuisse, & une tache de la même couleur aux jambes postérieures seulement. Les aîles sont blanches & transparentes.

Elle se trouve dans les provinces méridionales de la France. Elle m'a été envoyée de Provence par M. Danthoine, docteur en médecine, à Manosque.

32. ANDRÈNE ferrugineuse.
ANDRENA ferruginea. NOB.
Andrena nigra; abdomine ferrugineo apice nigro. NOB.
Nomada gibba nigra; abdomine rufo apice nigro. FAB. Syst. entom. pag. 389. n°. 5 ? — Spec. inf. tom. 1. pag. 488. n°. 6 ?
Apis nigra; abdomine rufo nitido, apice nigro. GEOFF. Inf. tom. 2. pag. 415. n°. 17.
L'Abeille noire à ventre brun & lisse. GEOFF. ib.

Apis fulviventris. SCOP. Entom. carn. n°. 807.
Apis fulviventris. SCHRANK. Enum. inf. aust. n°. 818.

Elle varie beaucoup pour la grandeur. Les plus grandes ont cinq lignes & demie de long. Les antennes sont noires. La tête & le corcelet sont noirs, pointillés, & presque glabres, ou très-légèrement couverts d'un duvet cendré. L'abdomen est luisant, presque glabre, d'une couleur brune ferrugineuse, avec l'extrémité noire, ou entièrement d'un brun ferrugineux. Les pattes sont noires, les aîles sont un peu lavées de brun.

Elle se trouve en Europe, sur les fleurs.
La trompe de cette espèce ne diffère pas de celle des précédentes.

33. ANDRÈNE rougeâtre.
ANDRENA rubida. NOB.
Andrena nigra, capite thoraceque villosis; abdomine nigro basi rufo. NOB.
Nomada succincta. SCOP. Annus. IV. Hist. nat. pag. 45. n°. 2.
SCHAEFF. Icon. inf. tom. 2. pl. 111. fig. 5.

Cette espèce est presque de la grandeur de l'Abeille ouvrière. Elle est noire. La tête & le corcelet sont couverts d'un duvet roussâtre. L'abdomen a les deux premiers anneaux lisses & fauves, & les autres noirs, avec leur bord légèrement couvert de poils roussâtres. Les pattes sont noires, avec des poils courts, roussâtres. Les aîles sont claires, transparentes.

Je crois que c'est cette espèce que M. Scopoli a décrite dans l'An. IV. hist. nat. où il dit que l'abdomen est éliptique, noir, & fauve à sa base, avec le bord des trois derniers anneaux d'un roux pâle.

Elle se trouve dans les provinces méridionales de la France & de l'Allemagne.

Espèces moins connues.

1. ANDRÈNE riveraine.
ANDRENA riparia.
Très-noire ; tête & corcelet pubescens ; abdomen luisant, elliptique.
Apis riparia nigerrima tota; capite thoraceque pubescentibus; abdomine lucido elliptico. SCOP. Ent. carn. n°. 801.
Nomada riparia. SCOP. Ann. IV. Hist. nat. n°. 1.

Elle est toute noire ; l'abdomen est luisant ; les aîles sont d'une couleur brune, ferrugineuse ; un peu obscure au milieu. Les mandibules sont terminées par deux dentelures.

Elle se trouve en Allemagne.

2. ANDRÈNE dentelée.
ANDRENA squalida.
Noire ; cuisses postérieures dentelées ; aîles avec un point noir au bord extérieur.
Nomada squalida nigra, punctum nigrum in

S 2

medio marginis alarum anticarum. Scop. *Ann. IV. Hift. nat. n°.* 3.

Elle eft plus grande que la précédente. L'abdomen eft également luifant, mais plus velu. Les antennes font plus longues. Les cuiffes poftérieures ont leur bord extérieur dentelé.

Elle fe trouve en Allemagne.

3. ANDRÈNE rouffâtre.

ANDRENA rufefcens.

Noirâtre ; corcelet couvert de poils rouffâtres ; abdomen noir, avec le bord des anneaux blanc.

Nomada rufefcens *abdominis elliptici nigri fegmenta margine alba.* Scop. *Ann. IV. Hift. nat. n.* 4.

Elle reffemble à l'*Andrène* riveraine ; mais elle en diffère en ce que le dos eft recouvert de poils roux. Le bord extérieur des ailes fupérieures eft rouffâtre ; & la majeure partie des pattes eft rouffe.

Elle fe trouve fur les montagnes de la partie moyenne de la Carniole.

4. ANDRÈNE rouffe-antenne.

ANDRENA ruficornis.

Noire ; antennes, bouche, abdomen & extrémité des pattes roux.

Nomada ruficornis. Scop. *Ann. IV. Hift. nat. n°.* 5.

Elle eft plus petite que les précédentes : elle eft noire, mais les antennes, la bouche, l'abdomen, le milieu & l'extrémité des pattes font roux. On voit auffi un point roux de chaque côté du corcelet. La trompe de cette efpèce eft plus mince vers l'extrémité, au lieu qu'elle eft plus groffe dans les autres efpèces.

Elle fe trouve dans la partie la plus chaude de la Carniole.

5. ANDRÈNE des Renoncules.

ANDRENA Ranunculi.

Noire ; abdomen avec le bord des anneaux roux de chaque côté.

Nomada Ranunculi nigra ; fegmenta abdominis margine utrinque rufa. Scop. *Ann. IV. Hift. nat. n°.* 6.

Elle reffemble à la précédente, mais les antennes de celle-ci font noires. Tout le corps eft noir. Le front eft velu, & le bord des ailes eft roux.

M. Scopoli dit avoir trouvé une feule fois cette efpèce fur les fleurs d'une Renoncule, (*Ranunculus acris*) en Carniole.

ANDRÈNE TAPISSIÈRE. Reaumur, tom. 6. *Mém* 5.

Parmi le grand nombre des infectes dont Reaumur nous a donné l'hiftoire, il en eft plufieurs que nous ne pouvons reconnoître, parce qu'il a négligé de les décrire, & parce que les figures qui accompagnent leur hiftoire font fouvent infuffifantes, & quelquefois peu exactes : de ce nombre font les

Abeilles tapiffières, qui appartiennent fans doute au genre de l'*Andrène* ; mais que nous n'avons pu rapporter à aucune efpèce connue. Nous avons été plufieurs fois dans les champs à la recherche de ces infectes, fans avoir jamais eu l'occafion d'en trouver : une pareille rencontre étant plus fouvent l'effet du hafard que d'une exacte recherche. Il eft fans doute à regretter que la plupart des obfervations de ce favant naturalifte foient perdues, ou qu'on ne puiffe pas en faire une application convenable. Ne feroit-il pas bien plus avantageux pour les naturaliftes & les curieux, fi, toutes les fois qu'ils rencontrent un infecte, ils pouvoient, en confultant les ouvrages de ce célèbre auteur, connoître l'hiftoire de cet infecte, fans avoir befoin de le fuivre foi-même dans fes travaux ? Combien d'excellentes obfervations, éparfes dans différens ouvrages, font-elles perdues, faute d'une bonne & exacte defcription !

L'*Andrène tapiffière* conftruit fon nid dans la terre : elle creufe un trou de quelques pouces de profondeur, dont elle tapiffe les parois avec des morceaux de fleurs de Coquelicot. Reaumur dit que le corps de cet infecte ne lui a rien offert qui méritât d'être décrit. Il eft plus velu que celui des Abeilles à miel ouvrières ; il eft proportionnellement plus court, mais fa couleur approche fort de la leur.

La faifon où les *Andrènes tapiffières* commencent leurs travaux ne précède pas celle où les premières fleurs de Coquelicot s'épanouiffent. Le fort de l'ouvrage pour elles, eft le tems où ces plantes font en pleine fleur. Elles choififfent ordinairement, dans un terrein fablonneux, les bords des chemins & des fentiers qui paffent entre des champs de bled. Elles creufent, dans cet endroit, un trou cylindrique, droit, perpendiculaire, de trois pouces de profondeur, évafé, & prefque hémifphérique au fond : après quoi, elles vont fur les fleurs de Coquelicot couper, avec leurs dents, des morceaux de pétales, à-peu-près de la figure d'un demi-ovale, avec une adreffe femblable à celle des Abeilles coupeufes.

La tapiffière entre dans fon trou en tenant, entre fes pattes, la pièce qu'elle vient de couper, pliée en deux ; malgré cela, cette pièce ne peut manquer de fe chiffonner, en frottant contre les parois d'une cavité étroite ; mais l'*Andrène* ne l'a pas plutôt conduite jufqu'à la profondeur où elle veut la placer, qu'elle la déplie, l'étend & l'applique uniment fur les parois. Les premières pièces qu'elle emploie font mifes fur le fond du trou ; au-deffus de celles-ci elle en place d'autres, & cela fucceffivement jufqu'à ce qu'elle foit parvenue à couvrir entièrement la furface intérieure du trou, & même une étendue de quelques lignes, qui déborde tout autour de fon ouverture. Chaque pièce ne peut guère occuper que le tiers de la circonférence du trou, & , dans la hauteur, il y en a cinq à fix les unes au-deffus des autres. La grandeur de ces pièces n'eft pas toujours la même : il y en a beaucoup plus grandes les unes que les autres. Chaque morceau de fleur ne donne pas aux parois du cylindre une couverture affez épaisse au gré de l'insecte, on y en découvre plusieurs placées en recouvrement les unes sur les autres ; le fond du nid où doivent être placées la larve & la pâtée, a ordinairement quatre ou cinq pièces les unes sur les autres ; le reste du tuyau en a deux ou trois. Les morceaux qui débordent le trou font partie d'une grande pièce appliquée sur les parois intérieures, & ajustée d'abord de façon, qu'elle s'élevoit de quelques lignes au-dessus de l'entrée du trou ; mais la portion excédente a été ensuite repliée sur le bord, & étendue sur le terrein, de sorte qu'il y a tout autour du trou, une bordure d'un très-beau rouge, qui le feroit facilement découvrir, si l'insecte le laissoit quelque tems dans cet état.

La tapisserie qui recouvre les parois intérieures du nid des *tapissières*, n'est donc, à proprement parler, qu'un étui de fleur de Coquelicot, qui a une solidité qui suffiroit pour lui conserver sa forme, indépendamment de l'appui extérieur. Sa surface intérieure est très-lisse & très-polie : il n'en est pas de même de l'extérieure, elle a des inégalités, produites, pour la plupart, par la surface graveleuse des parois du trou.

Ce n'est que lorsque l'intérieur du nid a été revêtu d'un nombre suffisant de couches de fleurs, que l'*Andrène* porte dans le fond & y accumule de la pâtée, jusqu'à ce qu'elle s'élève à sept à huit lignes ; quantité suffisante à la larve qui sortira du seul œuf déposé dans le nid. On voit que cette pâtée est tenue plus proprement, & est moins exposée à être mêlée avec des grains de terre, que ne l'est celle de la plupart des *Andrènes*, dont l'intérieur du nid n'est pas tapissé. On voit aussi que les *tapissières*, creusant leurs nids plus volontiers dans des terres sablonneuses, où les éboulemens doivent être fréquens, la pâtée n'auroit pu être conservée long-tems propre, & la larve même eût été exposée, si les parois du nid n'avoient été consolidés.

Dès que l'*Andrène* a porté dans le nid la quantité de provision nécessaire, & qu'elle a pondu un œuf, elle détend toute la tapisserie qui se trouve depuis le bord du trou jusqu'à la pâtée ; &, à mesure qu'elle la détend, elle la pousse vers le fond du trou, & l'y plie, de manière que la partie supérieure de la masse de la pâtée, qui seule n'étoit pas enveloppée de fleurs de Coquelicot, en devient bien mieux recouverte que tout le reste. Le tuyau, qui avoit auparavant trois pouces de haut, est réduit seulement à un pouce ; & l'œuf & la pâtée se trouvent alors renfermés dans une espèce de sac fermé de toute part. Ce qui reste à faire à l'insecte, & à quoi il s'occupe bientôt, c'est de remplir de terre l'espace qui se trouve entre le sac & l'ouverture du trou : il le remplit si bien, que quand l'ouvrage est achevé, on ne sauroit plus reconnoître l'endroit où la terre avoit été percée.

Quoique tout cela soit un très-grand ouvrage pour un petit insecte qui n'a pas d'autre instrument pour l'exécuter que sa bouche, le tems qu'il y emploie n'est pas cependant bien considérable. Deux ou trois jours lui suffisent pour creuser un trou dans la terre, en tapisser les parois, ramasser la pâtée, & le boucher exactement. Aussi n'en a-t-elle pas un seul à faire ; chaque œuf qu'elle a à pondre exige le même travail. On ne sait pas précisément le nombre des œufs que chaque femelle doit pondre, mais si on en juge par analogie, il doit être à-peu-près de vingt-cinq à trente.

ANNEAU, SEGMENTUM. On a donné le nom d'*anneau* ou de *segment* aux pièces qui forment, par leur réunion, la partie extérieure de l'abdomen ou ventre des insectes. Ces *anneaux* sont joints l'un à l'autre par une membrane solide, mais assez flexible pour leur permettre de glisser les uns sur les autres, ou de s'étendre en s'écartant. Ils sont disposés en recouvrement, de façon que le second est enchâssé sous le premier, le troisième sous le second, & ainsi des autres. Par le moyen des muscles qui ont leur attache au-dessous des *anneaux*, l'insecte peut les mouvoir à volonté ; il peut alonger ou raccourcir son ventre, en porter l'extrémité à droite ou à gauche, la relever ou l'abaisser. On voit de chaque côté de ces *anneaux*, dans presque tous les insectes, un petit point enfoncé, en forme de boutonnière, par où s'introduit l'air nécessaire à la respiration de l'animal.

Quelques insectes, tels que les Cloportes, les Iules, les Scolopendres, &c. ont tout leur corps composé d'*anneaux*, tandis que presque tous les autres n'en ont qu'à leur ventre. Les Crabes, les Ecrevisses, &c. n'ont des *anneaux* qu'à leur espèce de queue. Les Araignées & les Mittes n'en ont point d'apparens.

ANNEAU, ANNULUS. On nomme *anneau*, en Entomologie, les taches circulaires, imitant en quelque sorte un *anneau*, qui se trouvent aux antennes, aux pattes, au corcelet, & aux différentes parties du corps d'un insecte. Ces taches peuvent être de toutes sortes de couleurs. Il ne faut pas les confondre avec celles qui se trouvent sur les aîles des Papillons, qu'on a nommées plus particulièrement *yeux* ou *taches oculées*.

ANTENNE, ANTENNA. Les antennes sont des espèces de petites cornes mobiles, articulées, ordinairement au nombre de deux, & très-rarement de quatre, qui se trouvent placées à la partie antérieure ou latérale de la tête des insectes.

De tous les animaux, les Insectes sont les seuls qui soient pourvus d'*antennes*. Les autres n'ont rien qu'on puisse comparer à ces parties ; il est vrai que, dans la classe des Vers, on pourroit prendre pour des *antennes* les cornes ou tentacules des Limaçons, & de la plupart des Coquillages, si on ne faisoit attention que les *antennes* des Insectes font articulées & compofées d'un nombre plus ou moins grand d'articles diftinéts, tandis que les cornes des Limaçons font toujours d'une feule pièce. Quelques infectes font cependant privés de ces parties ; mais elles font alors remplacées par les antennules qui font ordinairement plus longues que dans les autres infectes, & qui paroiffent fervir aux mêmes ufages.

La plupart des naturaliftes ayant regardé les *antennes* comme le caractère effentiel de la claffe des Infectes, ont pris les antennules des Scorpions, des Araignées, des Mittes, &c. & les pattes antérieures & chéliformes des Nèpes, comme de véritables *antennes*, fans faire attention que les pièces qu'ils regardoient comme des *antennes* dans les Scorpions, les Araignées, & dans tous les infectes de la feconde fection de l'ordre des Aptères, font partie de la bouche de ces infectes, qu'elles ont leur infertion fur les mâchoires, & qu'elles font par conféquent plutôt des antennules que des *antennes* : & d'ailleurs tous les infectes ayant pour le moins fix pattes, la Nepe n'en auroit que quatre fi les deux antérieures étoient des *antennes*. Mais la Nèpe a réellement deux *antennes* : on peut facilement s'affurer de leur exiftence quoiqu'elles aient échappé par leur petiteffe à MM. Linné, Geoffroy, Schaeffer, & à plufieurs autres entomologiftes ; elles font très-courtes & cachées dans une efpèce de foffête qui fe trouve entre les yeux & les pattes antérieures.

Tous les infectes parfaits qui ont fix pattes font auffi pourvus de deux *antennes* : ceux qui n'ont point d'*antennes*, tels que les Araignées, les Scorpions, &c. ou qui en ont plus de deux, tels que les Crabes, les Écreviffes, &c. ont auffi conftamment plus de fix pattes. Ceux-ci manquent de ftigmates, du moins ne font-ils pas apparens ; tandis que tous les autres, qui n'ont que fix pattes en font toujours pourvus.

Nous avons dit plus haut que quelques naturaliftes avoient regardé les *antennes* comme le caractère effentiel de la claffe des Infectes. Nous voyons cependant que quelques-uns en manquent entièrement, & qu'on avoit pris pour des *antennes* des pièces qui n'en font point, puifqu'elles font partie de la bouche, tandis que les *antennes* partent toujours de la partie antérieure ou latérale de la tête. Mais les *antennes* font-elles abfolument néceffaires pour conftituer la claffe des Infectes ? Doit-on en exclure tous ceux qui n'en ont point ? Mais tous les Cruftacés en ont, & ils font peut-être moins infectes, s'il eft permis de parler ainfi, que les Araignées & les Mittes qui n'en ont point. Les *antennes* ne font donc pas un caractère propre à tous les infectes, puifque quelques-uns en manquent. Si nous voulions chercher un caractère qui fût propre à tous les infectes, & qui ne pût convenir qu'à eux feuls, nous le trouverions dans le nombre de pattes articulées qui eft au moins de fix. Les efpèces de pattes des animaux, rangés dans la claffe des Vers, font toujours fans articulation ; & l'on fait qu'aucun Quadrupède, aucun Oifeau, aucun Amphibie, aucun Reptile, &c. n'a fix pieds.

La plupart des larves n'ont point d'*antennes*, & celles qui en font pourvues, les ont bien différentes de ce qu'elles feront dans l'infecte parfait. Il faut en excepter cependant les Orthoptères & la plupart des Hémiptères auxquels ces parties ne préfentent aucune différence dans les deux états. *Voyez* LARVE.

On ne connoît point encore le véritable ufage des *antennes*. Serviroient-elles à fonder le terrein, à palper ou odorer les alimens ? feroient-elles propres à un fens qui ne fe trouve pas en nous, & dont nous ne pouvons pas par conféquent avoir l'idée ? ou enfin ne feroient-elles qu'un fimple ornement ? M. Bonnet foupçonne qu'elles font le fiège de l'odorat. » Divers infectes ont l'odorat très-exquis ; » mais on en ignore le fiège. Seroit-il dans ces deux » petites cornes mobiles qui portent le nom d'*antennes*, dont on ne connoît point encore l'ufage ; » & dont les formes font fi multipliées » ? (*Œuvr.* compl. éd. in-8°. tom. 7. pag. 124.) Il eft très-difficile de fe convaincre du véritable ufage des *antennes*, puifqu'on ne voit rien de conftant dans ces parties. La plupart des infectes les portent en avant lorfqu'ils marchent ou qu'ils prennent des alimens ; d'autres au contraire les portent fouvent en arrière, ou appliquées tout le long de la partie fupérieure de leur corps (les Capricornes), ou cachées dans une rainure qui fe trouve à la partie inférieure & latérale du corcelet (les Taupins). Les Sphex & les Ichneumons les portent en avant, & les agitent continuellement lorfqu'ils fe repofent ou qu'ils faiffent leur proie. Les uns ont leurs *antennes* très-longues, les autres les ont très-courtes & à peine fenfibles, quelques-uns n'en ont point.

Il femble que fi les *antennes* étoient deftinées à fonder & tâter le terrein, tou les infectes les porteroient en avant, lorfqu'ils marchent. Si elles fervoient à reconnoître, palper ou odorer les alimens qu'ils prennent, ils les y porteroient toujours deffus, ils ne les tiendroient jamais en arrière. Enfin, l'organe du tact ou de l'odorat, feroit-il fuppléé par les antennules dans ceux à qui les *antennes* manquent ? Mais les antennules doivent auffi avoir leurs ufages ; celles-ci font partie de la bouche, elles font toujours portées fur les alimens, elles les tâtent, elles les palpent avant que l'infecte les dévore ; elles paroiffent donc plus fpécialement deftinées à palper. Les *antennes* alors feroient-elles l'organe de l'odorat, comme M. Bonnet l'a foupçonné, & les antennules celui du tact ? *Voy.* ANTENNULE.

Il ne paroît pas probable que les *antennes* des infectes ne foient qu'un fimple ornement dont la nature ait voulu les parer. Il eft vrai qu'elles ont fouvent des formes fingulières & bizarres : quelques-unes font figurées en peignes ou aigrettes, en plumets ou en panache. Cependant, quelqu'en foit l'ufage, ces parties ne font pas abfolument néceffaires à la vie de l'infecte, puifque fi on les lui coupe, ou s'il les perd par une caufe quelconque, il vit néanmoins, & ne paroît pas fouffrir de leur privation.

Les *antennes* des mâles different fouvent beaucoup de celles de la fenelle : c'eft principalement dans ceux-là qu'elles font figurées en peigne, en aigrette, en plumet, ou en panache, tandis que celles de la femelle ont feulement la forme d'un filet mince & délié. Les lames des *antennes* du Foulon font très-grandes dans le mâle, & très-courtes dans la femelle : celles de la Céocome ont une figure irrégulière, très-bizarre dans le mâle ; elles font fimples & en filet dans la femelle. Nous ferons mention de la différence des *antennes* à l'article de chaque genre.

MM. Linné, Geoffroy, Degeer, Scopoli, Schaeffer, & prefque tous les entomologiftes après eux, fe font attachés plus ou moins à tirer des *antennes* un des principaux caractères pour la formation des genres. Mais Linné les a quelquefois négligés ; dans les Diptères, par exemple, il les a tirés feulement de la forme de la bouche, &, dans les Aptères, il les a tirés du nombre des pattes & des yeux, de la forme du corps, &c. Les *antennes* étant la partie des infectes la moins fujette à varier, celle qui préfente des différences les plus remarquables, & celle qui eft la plus facile à appercevoir, je m'y fuis principalement attaché, & je m'en fuis fervi conjointement avec les antennules & les autres parties les plus apparentes de la bouche pour établir les principaux caractères des genres, ayant regardé comme fecondaires ceux que j'ai tirés des autres parties du corps.

Les *antennes* doivent être confidérées fous tous les points de vue. On doit faire attention à leur nombre, à leur fituation, à leur proportion, à leur figure, à leurs articles, à leur direction, à leur pointe & à leur connexion.

Leur nombre.

Les Araignées & tous les infectes de la feconde fection des Aptères, n'ont point d'*antennes*.

Prefque tous les infectes en ont deux.

La plupart des Cruftacés en ont quatre.

Leur situation.

Elles font placées fur le front, *in fronte pofita* ; le Stratiome, le Conops, & prefque tous les Diptères.

Au-devant des yeux, *ante oculos* ; la Tettigone, la Punaife & la plupart des Coléoptères.

Derrière les yeux, *pone oculos* ; la Blatte.

Sous les yeux, *infra oculos* ; la Fulgore.

Entre les yeux, *inter oculos* ; la Cigale.

Au-deffus des yeux, *fupra oculos*.

Sur les yeux, dans les yeux, *in oculis* ; lorfque l'œil entoure une partie de leur bafe ; les Capricornes.

Leur proportion.

Elles font plus ou moins longues entr'elles.

Les fupérieures font beaucoup plus longues que les inférieures ; l'Ecreviffe.

Elles font plus courtes ; la Crevette.

Elles font de la longueur corps, *longitudine corporis* ; la Saperde.

Plus longues que le corps, *corpore longiores* ; quelques Capricornes.

Plus courtes que le corps, *corpore breviores* ; la Cantharide, la Chryfomèle.

Elles font plus longues ou plus courtes que la tête ou le corcelet, les antennules, &c.

En les comparant avec le corps, elles font courtes, *breves*, lorfqu'elles font plus courtes que le corps ; quelques Capricornes.

Médiocres, *mediocres*, lorfqu'elles font de la longueur du corps ; quelques Capricornes.

Longues, *longa*, lorfqu'elles font plus longues que le corps ; quelques Capricornes.

Très-longues, *longiffima*, lorfqu'elles ont deux ou trois fois la longueur du corps ; quelques Capricornes.

Leur figure.

Elles font filiformes, *filiformes*, c'eft-à-dire, d'une épaiffeur égale dans toute leur longueur ; le Criquet, la Cantharide.

Sétacées, *fetacea*, lorfqu'elles vont en diminuant d'épaiffeur de la bafe à la pointe ; le Capricorne, la Sauterelle.

Moniliformes, *moniliformes*, lorfque chaque article eft arrondi, & qu'elles imitent la figure d'un collier de perle ; le Ténébrion, la Chryfomèle.

Cylindriques, *cylindrica*, lorfqu'elles font égales dans toute leur longueur, & que les articles font peu diftincts ; le Criquet.

Prifmatiques, *prifmatica*, lorfqu'elles paroiffent anguleufes, & qu'elles ont un peu la figure d'un prifme ; le Sphinx.

Enfiformes, *enfiformes*, lorfqu'elles font anguleufes, larges à leur bafe, terminées en pointe, & imitant la lame d'une épée ; le Truxale.

Subulées, *fubulata*, lorfqu'elles font courtes, un peu roides & pointues ; la Libellule, la Cigale.

Elles vont en groffiffant, *extrorfum craffiores* ; le Bouclier, l'Opatre, la Mylabre.

Elles font plus groffes dans le milieu, *attenuata*, *in medio craffiores* ; la Zygène.

Elles font en maffe, *clavata*, lorfqu'elles font terminées par un bouton ou maffe plus ou moins groffe ; le Papillon, le Scarabé.

En fcie, *ferrata*, lorfque chaque article a une figure triangulaire, & qu'il fe termine latéralement par une pointe ; le Taupin, le Bupreste.

Elles font pectinées, *pectinata*, lorfque chaque article fe termine latéralement en pointe alongée ; le Bombix, plufieurs Phalènes.

Rameufes, branchues, *ramofa*, lorfqu'il part du corps de l'*antenne* plufieurs branches ou rameaux pinnés ; l'Eulophe. GEOFF.

Perfoliées, *perfoliata*, lorfque les articles paroiffent enfilés dans leur milieu ; la Lagrie, le Mélyre.

Imbriquées, *imbricata*, lorfque les articles font

convexes d'un côté & concaves de l'autre, & qu'ils paroissent enfilés l'un à la suite de l'autre, la Diapère.

Irrégulières, *irregulares*, lorsque les articles sont inégaux en grandeur & sans aucun espèce d'ordre; la Cérocome.

LEURS ARTICLES.

Les articles sont cylindriques, *cylindrici*, lorsqu'ils sont d'une épaisseur égale dans toute leur longueur; la Cicindèle.

Coniques, *conici*, lorsqu'ils diminuent depuis la pointe jusqu'à leur base; le Dytique.

Grenus, moniliformes, *granulati*, *moniliformes*, lorsqu'ils sont renflés, presque arrondis; l'Alucite, la Chrysomèle.

Sphériques, globuleux, *spherici*, *globulosi*, lorsqu'ils sont en forme de boule; le Ténébrion.

Velus, *villosi*; poileux, *pilosi*; hispides, *hispidi*; cotonneux, *tomentosi*, lorsqu'ils sont couverts de poils fins, serrés, ou de poils distans un peu forts, ou de poils très-roides, ou d'un duvet cotonneux, doux au toucher.

Ils sont en scie, *serrati*; épineux, *spinosi*; armés d'aiguillons, *aculeati*, &c. lorsqu'ils sont figurés en dent de scie, qu'ils sont armés d'épines droites, ou d'épines crochues.

Elles ont un nombre plus ou moins considérable d'articles, *multi articulatæ*, lorsqu'elles ont beaucoup d'articles; *pauci articulatæ*, lorsqu'elles en ont peu.

Les articles sont apparens, *articuli conspicui*, lorsqu'on les distingue facilement; ils ne le sont point, *inconspicui*, lorsqu'on les distingue avec peine.

LEUR DIRECTION.

Elles sont droites, *rectæ*; le Criquet.

Roides, *rigidæ*.

Penchées, *nutantes*.

Spiriformes, en spirale, *spiriformes*; le Sphex.

Elles sont reçues dans une rainure au-dessous de la tête; le Taupin.

Elles sont dirigées en avant, en arrière, ou par les côtés.

LEUR POINTE.

Elles sont lamellées, feuilletées, *lamellatæ*, *fissiles*, lorsque les derniers articles sont divisés en plusieurs feuillets; le Scarabé, la Mélolonthe.

Perfoliées, lorsque les derniers articles paroissent enfilés; le Dermeste.

Solides, *solidæ*, lorsqu'elles sont terminées en masse, qui paroît entière ou sans articles; l'Escarbot, l'Anthrène.

Sécuriformes, en forme de hâche, *securiformes*, lorsque le dernier article a la forme d'un triangle, qu'il est comprimé, large à son extrémité, & pointu à sa base; le Syrphe.

Crochues, en forme de crochet, *uncinatæ*, lors-

qu'elles sont recourbées à leur extrémité, & terminées en pointe; le Papillon Protée.

Bifides, *fissæ*, lorsque le dernier article est divisé en deux; l'Ecrevisse.

Aiguës, *acuminatæ*, *aculeatæ*, lorsqu'elles sont terminées par une pointe fine un peu roide; le Taon.

Pointues, *acutæ*, lorsque la pointe est fine sans être roide.

Dentées, *dentatæ*, lorsque le dernier article a une espèce de dent latérale; le Taon.

Obtuses, *obtusæ*, lorsqu'elles sont terminées en pointe émoussée; la Cantharide.

Tronquées, *truncatæ*, lorsque la pointe paroît comme coupée; quelques Staphylins.

Garnies d'un poil, *aristatæ*, lorsque le dernier article est garni latéralement d'un seul poil assez gros; la Mouche, le Syrphe.

Garnies d'un poil simple, *setariæ*; quelques Mouches. Plumeuses, garnies d'un poil plumeux, *plumosæ*, *plumatæ*, lorsque le poil est en forme de plume, garni de chaque côté d'autres poils très-fins; quelques Mouches.

LEUR CONNEXION.

Elles sont jointes, réunies à leur base, *basi connatæ*, *coadunatæ*, *cohærentes*; le Conops.

Rapprochées, *approximatæ*; le Statiome.

Elles sont distantes, *distantes*, *remotæ*; la plupart des Coléoptères.

ANTENNULE. On a donné le nom d'*antennules*, *palpi*, *tentacula*, à de petits filets mobiles, articulés, ressemblant en quelque sorte à de petites antennes qui se trouvent sur les côtés de la bouche de la plus grande partie des insectes. Elles sont au nombre de deux, de quatre, ou de six, & la plupart, tels que les Hémiptères & quelques Aptères, n'en ont point.

Les *antennules* font partie de la bouche des insectes: elles ont leur insertion à la partie externe des mâchoires inférieures, & à côté de la lèvre inférieure; elles accompagnent aussi la trompe de la plupart des Diptères, où elles sont inférées à leur base. On a donné pareillement le nom d'*antennules*, & plus particulièrement celui de barbillons aux deux pièces assez grosses & velues qui se trouvent à côté de la trompe des Papillons, & qui la cachent entièrement lorsqu'elle est roulée en spirale. Ces parties ne sont point absolument nécessaires à la vie de l'insecte, puisque s'il perd ses antennules par quelque cause que ce soit, il vit néanmoins & ne paroît pas souffrir beaucoup de leur privation.

L'usage des *antennules*, ainsi que celui des antennes, n'est pas encore assez bien connu. Elles semblent destinées à palper & à reconnoître les alimens, comme les mots latins de *palpi* & de *tentacula* le désignent; car lorsque l'insecte mange, il paroît faire usage de ces parties; il les agite, il les porte dessus ses alimens, il les palpe, il semble vouloir les reconnoître. Mais

Mais fi les infectes font doués à-peu-près des mêmes fens que les autres animaux, s'ils jouiffent du fens de l'odorat, pourquoi les *antennules* n'en feroient-elles pas le fiége, puifque nous ne pouvons découvrir à ces petits animaux aucun autre organe où ce fens puiffe réfider?

Les infectes doivent avoir le fens de d'odorat affez exquis. Ils font attirés de très-loin par l'odeur des chairs en putréfaction, par les fientes des animaux, &c. Quelques-uns accourent en foule fur une efpéce d'arum, dont l'odeur approche beaucoup de celle des chairs putréfiées. On fait auffi que l'odeur que répand le miel expofé au feu attire les Abeilles de toute part.

Degeer regarde auffi les infectes comme doués d'un odorat très-fin. « Pour ce qui eft de l'odorat, » dit ce célébre obfervateur, les infectes l'ont des » plus exquis; on en a des preuves fans nombre : » un cadavre eft d'abord fenti par les Mouches, » elles s'y rendent en foule de tous les côtés. Dès » qu'un animal, un Cheval, par exemple, vient » de fe décharger d'un tas d'excrémens, d'abord » une quantité de Mouches ou de Scarabés viennent » s'y pofer, ils y font dans le moment attirés par » l'odeur qui s'en exhale «. (*Mém. tom. 2. pag. 15.*)

Et qui fait fi les femelles des infectes n'exhaleroient pas une odeur auffi propre à attirer les mâles que celle des animaux en rut? On n'a qu'à mettre & fixer une Phalène, un Papillon, ou tout autre infecte femelle avant qu'il ait pu s'accoupler, on verra bientôt accourir quelque mâle; c'eft un moyen que j'ai quelquefois employé avec fuccès à la campagne, pour prendre des Papillons de nuit, des Bombix fur-tout, & des Noctuelles. Il y a des femelles à la vérité qui ont d'autres moyens pour attirer leurs mâles, comme nous le verrons à l'article LAMPYRE; mais ces moyens particuliers font indépendans des autres, puifque très-peu de femelles peuvent les employer.

Si donc les infectes ont l'odorat très-exquis, & fi nous ne voyons aucun autre organe dans lequel ce fens puiffe réfider, ne fommes-nous pas fondés à foupçonner les *antennules* ou les antennes comme le fiége de ce fens?

Tous les infectes font pourvus ou d'anrennes fans *antennules*, ou d'*antennules* fans antennes, ou enfin, & ceux-ci font en plus grand nombre, d'antennes & d'*antennules* en même-tems : aucun ne manque à la fois de ces deux parties. Ceux qui ont des antennes & point d'*antennules* font les Hémiptéres, l'Hippobofque, parmi les Diptéres; la Puce, le Pou, le Ricin, parmi les Aptéres : tous font pourvus d'une trompe, & tous vivent ou du fang des animaux, ou du fuc même des plantes. Ceux qui ont des *antennules* & point d'antennes, font l'Araignée, le Faucheur, le Scorpion, la Mitte, &c. Ceux-ci fe nourriffent d'infectes ou d'autres animaux, dont ils fucent le fang ou même qu'ils dévorent; un très-petit nombre de Mittes retirent le fuc de différentes fubftances, foit

Hiftoire Naturelle, Infectes. Tome I.

animales, foit végétales. Parmi les infectes qui font pourvus & d'antennes & d'*antennules*, on trouve ceux qui vivent de plufieurs fubftances différentes, qui fréquentent prefque toutes les fleurs, qui rongent les feuilles, les fleurs, les fruits, l'écorce, le bois de différens végétaux, qui retirent indifféremment les fucs mielleux contenus dans toutes les fleurs, &c. mais quelques-uns, occupés feulement à s'accoupler & à fe reproduire, ne prennent aucune nourriture dans leur dernier état.

On remarque beaucoup de différence dans la manière de vivre, entre les infectes qui font pourvus d'antennes & d'*antennules* en même tems, & ceux qui manquent de l'une de ces deux parties, tandis qu'il y a beaucoup de rapports, & qu'on voit la plus grande analogie parmi les derniers. Ceux-ci vivent plus long-tems, dans leur dernier état, que les autres; ils furvivent quelque tems à leur accouplement, tous prennent de nourriture, prefque tous font carnaciers, dévorant ou fuçant d'autres animaux. Le plus petit nombre fe contente du fuc des plantes. Les uns & les autres font prefque toujours fixés aux mêmes lieux; ils n'abandonnent pas les plantes & les animaux fur lefquels ils font nés, & qui leur fervent de nourriture; ils ne paroiffent pas attirés par les mets qu'ils aiment le plus; ils font en peine de les retrouver lorfqu'ils en font éloignés par quelque caufe; rien n'indique en eux le fens de l'odorat dont les autres infectes paroiffent doués. L'Araignée, par exemple, attend patiemment que fa proie vienne fe prendre à fes filets, ou fi elle court après elle, c'eft qu'ayant la vue très-bonne & très-perçante, elle eft avertie de fort loin de fa préfence. Les Pucerons ne craignent, ni n'évitent, ni ne s'apperçoivent jamais de l'approche de leurs ennemis : ils paroiffent vivre tranquillement & fans inquiétude, quoiqu'il y ait parmi eux les larves d'Hémérobe, de Coccinelle, &c. qui les dévorent à leur aife. Cependant la Punaife des lits quitte bientôt fa retraite, & vient fe repaître du fang de la perfonne qui eft couchée à fa portée; cet infecte ne voit pourtant pas la perfonne couchée; comment donc eft-il averti de l'approche de fa proie? Nous croyons que la chaleur que nous répandons autour de nous fuffit pour faire fortir un infecte, le faire répandre fur le lit, & le porter à venir à nous.

Il y a très-peu de larves qui aient des antennes & des *antennules*, auffi n'ont-elles befoin ni de palper, ni de fentir leurs alimens. La chenille, par exemple, attachée à la plante qui la vue naître, ne l'abandonne pas tant qu'elle lui fournit de quoi manger, ou fi elle l'abandonne, elle cherche quelquefois, pendant très-long-tems, pour retrouver la nourriture qui lui convient : il n'y a que quelques chenilles qui s'accommodent indifféremment de plufieurs plantes différentes, qui aiment à courir. Il en eft de même des larves des Coléoptéres; elles font fixées à la plante, aux racines, aux bois, aux pelleteries, dont elles fe nourriffent. Celle des Hyménoptéres, ou vivent à-peu-près comme les

T

chenilles (les Tenirèdes) ; ou font nourries par les inſectes parfaits (les Abeilles) ; ou trouvent dans leur nid la proviſion que la mère y a faite (les Andrènes) ; ou enfin vivent au dépend d'une autre larve (les Ichneumons). Les larves des Mouches, des Syrphes & de la plupart des Diptères ne quittent pas les fruits ou les cadavres où elles ſont nées. Celles des Oeſtres reſtent toujours dans le cuir ou dans le fondement des Bœufs & des Chevaux. Celle du Fourmilion, en un mot, attend, au fond de ſa foſſe, qu'une Fourmi s'y précipite. Toutes ces larves, dis-je, n'avoient pas beſoin d'odorer ni de palper leurs alimens, & toutes ſont privées d'antennes & d'antennules. Mais celles des Hydrophiles, des Ditiques, des Libellules & de quelques autres, obligées de courir çà & là pour attraper leur proie, obligées de faire la guerre aux autres inſectes, obligées de ſe nourrir d'une proie qui fuit, évite, & fait échapper à l'ennemi, ſont auſſi pourvues d'antennes, d'antennules, ou de toute autre partie qui en tient lieu, comme on peut s'en aſſurer par l'examen de ces inſectes. Je ne parlerai point de celles des Orthoptères, qui ſe nourriſſent & de plantes & d'autres inſectes, & qui, ſemblables à l'inſecte parfait, ſont munies des mêmes parties.

Les inſectes, donc qui manquent d'antennules paroiſſent privés du ſens de l'odorat. Et nous voyons que ceux qui n'ont point d'antennes n'ont auſſi que deux antennules, qui font l'office d'antennes, comme on peut le voir dans l'Araignée, le Scorpion, &c. chez leſquels ces parties ſemblent plus ſpécialement deſtinées au tact. D'après cela, ne pourrions-nous pas ſoupçonner avec quelque fondement, que les antennes des inſectes ſont le ſiège du tact, & les antennules celui de l'odorat. Voy. ANTENNE.

Les antennules ſont compoſées de pluſieurs articles, & le nombre de ces articles varie dans les différentes eſpèces : il eſt le plus ſouvent de deux, de trois, de quatre ou de cinq, rarement de ſix, & jamais d'un nombre au-deſſus. M. Fabricius a tiré de ces parties un des principaux caractères pour l'établiſſement de ſes genres. Nous l'avons auſſi employé conjointement avec les antennes, avec leſquelles les antennules ont la plus grande analogie & la plus grande reſſemblance. On les diviſe en antérieures, moyennes ou intermédiaires, & en poſtérieures, lorſqu'elles ſont au nombre de ſix, & ſeulement en antérieures & en poſtérieures, lorſqu'il n'y en a que quatre. Les premières ſont inſérées à la partie extérieure des mâchoires dans ceux qui en ont, ou aux pièces extérieures de la trompe dans ceux qui n'ont point de mâchoires. Les poſtérieures prennent naiſſance à la lèvre inférieure ou aux pièces moyennes de la trompe. Il faut conſidérer les antennules relativement à leur nombre, à leur ſituation, à leur figure, à leurs articles, à leur pointe & à leur proportion.

LEUR NOMBRE.

Il n'y en a point dans les Hémiptères.

Il y en a deux dans l'Araignée, le Scorpion, le Papillon.

Quatre dans les Hyménoptères & preſque tous les Coléoptères.

Six dans la Cicindèle, le Carabe.

Huit dans le Crabe, l'Ecreviſſe.

LEUR SITUATION.

Elles ont leur inſertion au dos de la mâchoire ; inſerti maxillæ dorſo ; le Scarabé.

Au dos des mandibules ; le Crabe, l'Ecreviſſe.

A l'inflexion des pièces extérieures de la trompe ; l'Abeille.

A l'extrémité de la lèvre inférieure ; l'Eſcarbot.

Au milieu de la lèvre inférieure ; la Cétoine.

A la baſe de la lèvre inférieure ; le Nicrophore.

A l'extrémité des pièces moyennes de la trompe ; l'Abeille, la Nomade.

Elles ſont inſérées entre la bouche & deux grands crochets ; la Scolopendre.

A la baſe latérale de la trompe ou langue ; le Papillon, le Sphinx.

A côté des ſuçoirs : le Syrphe.

A la baſe latérale inférieure de la trompe ; le Taon.

LEUR FIGURE.

Elles ſont filiformes, filiformes, lorſqu'elles ont une épaiſſeur égale dans toute leur longueur ; le Capricorne, l'Abeille.

Moniliformes, moniliformes, lorſque chaque article eſt arrondi & globuleux : le Notoxe.

Sétacées, ſetaceæ, lorſqu'elles diminuent d'épaiſſeur de la baſe à la pointe ; le Brente.

Cylindriques, cylindrici, lorſque tous les articles ſont égaux & cylindriques ; l'Ichneumon.

En maſſe, clavati, lorſque le dernier article eſt beaucoup plus gros & plus renflé que les autres ; le Trox, la Vrillette.

Sécuriformes, en hache, ſecuriformes, lorſque le dernier article eſt comprimé, large à ſon extrémité, pointu à ſa baſe, qu'il eſt triangulaire, & repréſente en quelque ſorte le fer d'une hache ; le Taupin, le Téléphore.

Elles ſont courbées, incurvi, lorſqu'elles ont la figure d'une courbe, & que la pointe eſt dirigée en bas ; la Tipule, le Bibion.

Recourbées, recurvi, lorſque l'extrémité eſt dirigée en haut ; l'Alucite.

Chéliformes, en forme de pince, cheliformes, cheliferi, lorſque le dernier article eſt diviſé en deux pièces, dont l'une ſe meut ſur l'autre ; le Scorpion, la Pince.

Bifides, bifidi, lorſque le dernier article eſt diviſé en deux ; l'Ecreviſſe.

Véſiculeuſes, veſiculoſi, lorſque les articles ſont mols & renflés ; quelques Grillons, quelques Criquets.

Etoupenſes, ſtupoſi, lorſqu'elles ſont couvertes de poils fins, ſerrés, mols au toucher ; les Papillons.

Elles ſont longues, courtes, ou médiocres, comparées avec celles des autres inſectes.

Elles font velues, poileufes, cotonneufes ou fimples.

Elles font glabres ou liffes, *glabri*, lorfqu'elles n'ont ni poils, ni duvet.

LES ARTICLES.

Les articles font égaux entr'eux, *æquales*, lorf-qu'ils ont tous la même longueur, la même grof-feur & la même figure; la Donacie.

Inégaux, *inæquales*, lorfqu'il y a des articles plus grands les uns que les autres; le Ténébrion, le Scorpion.

Rhomboïdaux, *rhomboïdes*, *rhomboïdales*, lorf-qu'ils font aplatis & qu'ils ont quatre angles plus ou moins aigus & obtus; le Crabe.

Triangulaires, *triangulares*, lorfqu'elles font aplaties, & qu'elles ont trois angles aigus; l'E-creviffe.

Cuneiformes, *cuneiformes*, lorfqu'ils font compri-més & plus gros à la pointe qu'à la bafe; le Carabe.

Coniques, *conici*, lorfqu'ils font arrondis, & plus gros à la pointe qu'à la bafe; qu'ils ont la figure d'un cône renverfé; le Lucane.

Ils font velus, hériffés, poileux, cotonneux ou fimples.

LEUR POINTE.

Elles font pointues, *acuti*, lorfqu'elles font ter-minées en pointe plus ou moins fine, mais flexible.

Subulées, *fubulati*, lorfque cette pointe eft longue.

Aiguës, acerées, *acuminata*, lorfque la pointe eft un peu roide.

Onglées, armées d'un ongle, d'un onglet, *un-guiculati*, lorfqu'elles font terminées en pointe forte, aiguë & recourbée; le Trombidion.

Elles font tronquées, *truncati*, lorfque la pointe paroît comme coupée.

Obtufes, *obtufi*, lorfque la pointe paroît fimple-ment émouffée.

Elles font enflées, renflées, *turgidi*, lorfque le dernier article eft très-gros & renflé; l'Araignée mâle.

LEUR PROPORTION.

Elles font plus ou moins longues, ou égales, comparées entr'elles.

Les antérieures font plus longues que les pofté-rieures; le Lucane, le Ténébrion.

Les antérieures font beaucoup plus courtes que les autres, dans le Carabe, le Manticore.

Les moyennes font les plus longues, dans la Cicindèle.

Elles font toutes d'égale longueur dans le Ni-crophore.

Les poftérieures font un peu plus longues, dans le Clairon.

ANTHRAX. M. Scopoli a établi dans un ou-vrage intitulé, *Entomologia carniolica*, &c. un genre d'infectes fous le nom d'*Anthrax*, auquel il affigne pour caractère une trompe formée de deux foies,

& une gaîne univalve, retractible, charnue à fa bafe, dilatée à fa pointe, & fans lèvres, portant des antennules au dos. *Voy.* NÉMOTÈLE MORIO.

ANTHRÈNE, *ANTHRENUS*. Genre d'infectes de la première Section de l'Ordre des Coléoptères.

Les *Anthrènes* font de petits infectes à deux aîles membraneufes, cachées fous des étuis durs; dont le corps eft ovale, prefque globuleux; dont les antennes font terminées par une efpèce de maffe ovale, folide; dont la bouche eft armée de man-dibules & de mâchoires; & enfin dont les tarfes ont cinq articles prefque coniques, terminés par deux pe-tits crochets. Ils viennent d'une larve hexapode, lé-gèrement velue, qui a une tête écailleufe, une bouche munie de deux mâchoires affez fortes, & le corps compofé de douze ou treize anneaux peu diftincts.

Ces infectes appartiennent à la famille des Der-meftes. Ils ont beaucoup de rapports avec les genres du Dermefte, du Byrrhe & du Sphéridie : ils dif-fèrent du premier par la forme des antennes qui fe terminent, dans le Dermefte, en maffe compofée de trois articles diftincts, perfoliée, tandis que, dans les *Anthrènes*, la maffe paroît folide, quoiqu'elle foit réellement de plufieurs pièces : il diffère du fe-cond, en ce que la maffe des antennes des Byrrhes eft compofée de fix articles enfilés par leur milieu, un peu comprimés, & qui vont en groffiffant; & enfin il diffère du dernier, en ce que la maffe des antennes du Sphéridie eft perfoliée & compofée de quatre articles; d'ailleurs les jambes des infectes font épineufes & très-comprimées; elles font fimples & prefque cylindriques dans les *Anthrènes*. Les an-tennules préfentent encore quelques différences, mais difficiles à appercevoir, à caufe de la petitefle de ces infectes.

Les *Anthrènes* avoient été confondus avec les Coccinelles par le chevalier Linné, quoique la forme du corps, celle des antennes & des antennules, &-fur-tout le nombre des pièces des tarfes les diftin-guent beaucoup. M. Geoffroy eft le premier qui en ait fait un genre particulier, fous le nom d'*An-thrène*. Linné, dans les dernières éditions de fes ouvrages, a imité M. Geoffroy; mais il en a changé le nom, & leur a donné celui de *Byrrhus*, nom que M. Geoffroy avoit affecté à un autre genre. M. Fa-bricius a confervé à ces infectes le nom d'*Anthrène*, & il a donné celui de *Byrrhus* à quelques efpèces que Linné avoit placées dans le même genre.

Les antennes de ces infectes ne font guère plus longues que la tête; elles font compofées de dix articles, dont le premier eft beaucoup plus gros que les autres; les fuivans font courts, prefque arrondis, les trois derniers forment une maffe ovale, qui paroît prefque folide, parce que les articles ne font pas diftincts.

Elles font ordinairement logées dans une cavité qui fe trouve à la partie latérale un peu inférieure du corcelet : cette cavité a la même forme & la même grandeur que l'antenne, de forte que celle-ci s'y trouve comme enchaffée.

La bouche eft compofée d'une lèvre fupérieure, de deux mandibules, de deux mâchoires, d'une lèvre inférieure & de quatre antennules. La lèvre fupérieure eft petite, arrondie & ciliée antérieurement, aplatie & prefque coriacée. Les mandibules font petites, courtes, un peu arquées, tranchantes & pointues à leur extrémité. Les mâchoires font petites & à peine fenfibles ; elles paroiffent avoir des cils & quelques dentelures à leur partie interne. La lèvre inférieure eft petite, aplatie, arrondie antérieurement. Les antennules antérieures, un peu plus longues que les poftérieures, font filiformes & compofées de quatre articles dont le premier eft un peu plus petit que les autres. Elles ont leur infertion à la partie extérieure des mâchoires. Les antennules poftérieures font très-petites, très-courtes, & compofées de trois articles qui paroiffent égaux & prefque cylindriques. Elles ont leur infertion à la partie latérale de la lèvre inférieure.

Le corps eft ovale, convexe en-deffus & endeffous ce qui diftingue, au premier coup d'œil, les Anthrènes de prefque tous les autres Coléoptères, dont le corps n'eft point convexe en-deffous. La tête eft petite & enfoncée dans le corcelet. Celuici eft plus large que long ; il n'a point de rebord, & paroît coupé à fa partie antérieure & poftérieure. Les élytres font convexes ; elles couvrent tout le corps, & elles cachent deux aîles membraneufes.

Les pattes font courtes & l'infecte les tient retirées & appliquées contre le corps, lorfqu'on le prend : elles conservent cette pofition lorfqu'il eft mort. Les tarfes fons compofés de cinq articles plus minces à leur bafe qu'à leur extrémité : le dernier article eft un peu plus long que les autres, & il eft terminé par deux ongles ou crochets arqués & pointus.

On trouve les Anthrènes fouvent en grande quantité fur les fleurs, occupés à fucer la liqueur mielleufe qui y eft contenue : on les rencontre auffi quelquefois dans les maifons. La larve habite les cadavres dépouillés de leurs chairs, les pelleteries & toutes les matières animales deffléchées. Elles attaquent les infectes morts, les oifeaux, & les autres animaux préparés ; elles détruifent tôt ou tard les collections qui ne font pas exactement fermées : elles fe nourriffent du corps même de l'animal, ou elles rongent les plumes & les poils, & les réduifent en pouffière : elles mangent & confument prefque entièrement les infectes, ne laiffant que les aîles, les élytres & les pattes.

Ces larves font très-petites ; les plus grandes n'ont guère plus de deux lignes lorfqu'elles ont pris toute leur croiffance. Leur corps eft court, affez gros, & tout couvert de poils, fur-tout vers les côtés & au derrière : il eft divifé en douze ou treize anneaux, dont les trois premiers donnent naiffance à fix pattes écailleufes. Il eft mol & couvert d'une peau membraneufe prefque coriacée, peu folide.

La tête eft arrondie, dure, écailleufe ; elle eft garnie de deux efpèces d'antennes coniques, très-courtes, compofées feulement de deux ou trois articles ; & elle a deux mâchoires de la confiftance de la corne, tranchantes, affez fortes, qui fervent à couper, divifer & hacher, pour ainfi dire, les matières dont la larve fe nourrit. Les pattes font dures, écailleufes, affez longues, garnies de petits poils courts, & terminées par un crochet courbé.

Tout le corps de ces larves eft plus ou moins couvert de poils, difpofés en faifceaux, en paquets, ou en aigrettes, principalement fur les côtés. Il eft terminé, de chaque côté, par deux ou plufieurs efpèces de houppes couchées fur le corps, alongées, formées par des poils ferrés, lefquelles vont fe réunir à leur extrémité & former une efpèce de V : mais quand on touche la larve un peu rudement, elle redreffe, foulève & écarte ces houppes les unes des autres, & elle en hériffe les poils : elle les applique de nouveau fur le corps dès qu'on ceffe de l'inquiéter.

Degeer a donné la figure de la larve de l'Anthrène deftructeur, & il a repréfenté les poils groffis au microfcope. (Voy. tom. 4. pl. 8. fig. 1-10.) ; il fuit de l'obfervation de ce célèbre naturalifte, que tous les poils du corps & de la tête ne font pas fimples, mais comme hériffés, dans toute leur étendue, de petites pointes courtes, en forme d'épines, à-peu-près comme les poils de quelques chenilles velues. Ceux qui forment les aigrettes ou houppes ne reffemblent point à ceux qui couvrent les autres parties du corps. chaque poil eft compofé d'une fuite de petites parties coniques ou triangulaires ; mifes bout à bout, dont la bafe de chaque pièce eft extrêmement déliée. Le poil eft terminé par un gros bouton, par une efpèce de maffe ovale, alongée, prefque conique, portée fur un filet très-mince.

« Il eft difficile, ajoute ce favant, de favoir
» l'ufage de ces jolies aigrettes, & pour quelle rai-
» fon les larves les redreffent & les étalent quand
» on les touche. Eft-ce que leur but feroit d'effrayer
» leurs ennemis, ou de leur caufer quelque mal à nous
» inconnu ? Elles femblent élever les poils, à-peu-
» près comme les Porcs-épics redreffent leurs pi-
» quans, quand on les fâche ou qu'on les ap-
» proche ».

Les larves des Anthrènes reffemblent un peu à celles des Dermeftes, mais elles en font fuffifamment diftinctes par les houppes qu'elles ont à la partie poftérieure de leur corps, & qu'on n'apperçoit point à celles des Dermeftes.

Ces larves paffent près d'un an dans cet état, rongeant & détruifant infenfiblement les ligamens qui attachent enfemble les os des animaux, les peaux, les poils, les plumes, en un mot, toutes les matières animales qui ne font point en fermentation, & qui font un peu deffléchées. Elles fe montrent indifféremment dans toutes les faifons de l'année ; mais le tems où elles font en plus grand nombre, & où elles font le plus de dégâts, c'est vers la fin de l'été, lorfqu'elles ont acquis presque toute leur groffeur. Elles paffent l'hiver ou dans l'état de larve, ou dans celui de nymphe; & l'infecte parfait ne fe montre ordinairement qu'en printems : on en voit cependant dans toutes les faifons, mais en moindre quantité. La larve, en groffiffant, change plufieurs fois de peau; mais ce qui eft fort fingulier, elle ne quitte pas fa peau de larve lorfqu'elle paffe à l'état de nymphe : la peau fe fend feulement tout le long du dos, les bords de la fente s'éloignent l'un de l'autre, & laiffent une ouverture qui doit faciliter la fortie de l'infecte parfait. Il faut néanmoins obferver que cette peau de larve n'eft plus adhérente à celle de nymphe : celle-ci eft dégagée de toute part de fa peau de larve; & lorfqu'elle fubit fa dernière métamorphofe, & qu'elle fe montre infecte parfait, la peau de nymphe s'ouvre tout le long du dos, à l'endroit où eft déjà ouverte la peau de larve : l'infecte fort par cette ouverture, laiffant l'une dans l'autre les deux peaux qu'il quitte, celle de nymphe & celle de larve.

On obferve dans la nymphe toutes les parties de l'infecte aîlé : on voit comme moulées fous la peau toutes les parties qu'il doit avoir. On diftingue affez bien les antennes, les élytres, les pattes, &c. cette

nymphe appartient à la troifième efpèce. *Voyez* NYMPHE.

Degeer a obfervé que les larves des *Anthrènes* étoient quelquefois attaquées par une petite efpèce d'Ichneumon, qui les pique & y dépofe un œuf, d'où fort bientôt une petite larve qui fe nourrit au dépend de l'autre. La larve de l'*Anthrène* continue à vivre; elle paffe même à l'état de nymphe; mais elle périt toujours fous cet état, & au lieu de voir fortir un Coléoptère, on voit paroître un Ichneumon aîlé qui a fubi toutes fes transformations, fans quitter le lieu qui l'a vu naître & qui l'a nourri.

Nous obferverons, avant de paffer à la defcription des *Anthrènes*, que leur couleur eft due à une efpèce de pouffière colorée, très-facile à détacher. cette pouffière n'eft autre chofe que de petites écailles triangulaires, à-peu-près femblables à celles qui couvrent les aîles des Papillons, implantées fur tout le corps de ces infectes par le fommet ou la pointe du triangle : le haut eft arrondi ou légèrement dentelé. Le moindre frottement fuffit pour les faire difparoître; auffi arrive-t-il fouvent que lorfqu'on prend l'infecte, on emporte ces petites écailles, on le décolore, & il paroît alors très-liffe & entièrement noir.

ANTHRÈNE.

ANTHRENUS. Geoff. Fab.

BYRRHUS. Lin. DERMESTES. Deg.

CARACTÈRES GÉNÉRIQUES.

ANTENNES courtes, droites, en masse : articles très-courts, presque égaux ; les trois derniers formant une masse ovale, solide, un peu comprimée.

Bouche munie de deux mandibules, de deux mâchoires, & de quatre antennules inégales, filiformes.

Tête un peu cachée dans le corcelet.

Corps ovale.

Tarses composés de cinq articles filiformes.

ESPÈCES.

1. ANTHRÈNE brodé.

Noir ; élytres avec une bande & deux points blancs, & l'extrémité ferrugineuse.

2. ANTHRÈNE fascié.

Noirâtre ; élytres avec trois bandes on-dées, d'un gris cendré.

3. ANTHRÈNE destructeur.

Noirâtre ; élytres obscures, nébuleuses,

avec trois bandes cendrées, peu marquées.

4. ANTHRÈNE ondé.

Très-noir ; élytres avec des taches ondées, blanchâtres, & la suture ferrugineuse.

5. ANTHRÈNE obscur.

Noir ; antennes & pattes brunes ; corcelet & élytres avec des taches irrégulières, ferru-gineuses, obscures.

1. ANTHRÈNE brodé.

Anthrenus Pimpinellæ. FAB.

Anthrenus niger, elytris fascia alba, apice fer-rugineis, littura alba. FAB. *Syst. ent. pag.* 61. *n°.* 1. — *Sp. inf. tom.* 1. *pag.* 70. *n°.* 1.

Anthrenus squamosus niger, fascia punctisque Coleoptrorum albis, suturis fuscis. GEOFF. *Inf. tom.* 1. *pag.* 114. *n°.* 1.

L'Anthrène à brodere, GEOFF. *ib.*

Anthrenus scrophulariæ. FOURC. *Ent. par. pag.* 27. *n°.* 1.

Ce petit insecte n'a guère plus d'une ligne de longueur, & il a une figure ovale, presque ronde. Les antennes sont noires, courtes & en masse. La tête est petite, noire & enfoncée dans le corcelet : celui-ci est noir, avec un mélange de blanc & quelquefois de roussâtre. Les élytres sont noires, avec une large bande, un peu ondée, placée vers leur base : on distingue, vers la pointe, deux points blancs, un de chaque côté de la suture : la pointe est ferrugineuse ; mais cette dernière couleur est peu sensible, & elle ne s'apperçoit souvent point. Le dessous du corps est blanchâtre. Il faut remarquer que la couleur blanche ou ferrugineuse de cet insecte & des suivans, est due à des petites écailles ou poils qui s'enlèvent facilement : il n'est pas rare de le trouver presque tout noir, il arrive aussi très-souvent qu'on lui enlève ses couleurs en le prenant.

On le trouve, en Europe, sur différentes fleurs, mais principalement sur celles de la Pimprenelle : sa larve vit dans les cadavres desséchés, ou les plantes à demi-pourries.

Nota. Toutes les synonymies de M. Geoffroy ne se rapportent point à l'insecte qu'il décrit, mais à l'*Anthrène* de la Scrophulaire.

2. ANTHRÈNE fascié.

Anthrenus Verbasci. FAB.

Anthrenus niger, elytris fasciis tribus undatis albis. FAB. *Syst. ent. pag.* 61. *n°.* 4. — *Sp. inf. tom.* 1. *pag.* 70. *n°.* 4.

Byrrhus Verbasci fuscus, elytris fasciis tribus undulatis pallidis. LIN. *Syst. nat. pag.* 568. *n°.* 3.

Cette espèce est un peu plus grande & un peu plus alongée que la précédente. La tête & les antennes sont noires. Le corcelet est noir, avec un peu de blanc sur le derrière & sur les côtés. Les élytres ont trois bandes blanches, ondées, séparées par des bandes noires, de la même forme & de la même épaisseur ; elles sont disposées de façon que la base & la pointe sont noires. Le dessous de cet insecte est noirâtre : le ventre seulement est un peu blanchâtre.

On le trouve en Europe, sur les fleurs. Sa larve vit, comme celle de l'espèce précédente, dans les plantes à demi-pourries, & dans les charognes.

Nota. MM. Linné & Fabricius ont cité, mal à propos, M. Geoffroy.

3. ANTHRÈNE destructeur.

Anthrenus musœorum. FAB.

Anthrenus nebulosus, elytris subnebulosis. FAB. *Syst. ent. pag.* 61. *n°.* 3.—*Spec. inf. tom.* 1. *pag.* 70. *n°.* 3.

Byrrhus musœorum nebulosus, elytris subnebulosis puncto albo. LIN. *Syst. nat. pag.* 568. *n°.* 2. — *Faun. suec. n°.* 430.

Anthrenus squamosus niger, elytris fuscis fascia triplici undulata alba. GEOFF. *inf. tom.* 1. *pag.* 115. *n°.* 2.

L'Amourette. GEOFF. *ib.*

Anthrenus florilegus. FOURC. *Entom. par. tom.* 1. *pag.* 27. *n°.* 2.

Dermeste des cabinets, ovale, d'un brun obscur, à mouchetures grises formées par des écailles. DEG. *Mém. tom.* 4. *pag.* 203. *n°.* 7. *pl.* 8. *fig.* 11 & 12.

Dermestes ovatus fuscus obscurus, maculis squamosis griseis. DEG. *ib.*

Cette espèce ressemble à la précédente : elle est un peu plus petite & un peu moins alongée. Les antennes & la tête sont noires. Le corcelet est noir avec un peu de gris sur les côtés. Les élytres ont trois bandes ondées, grises, moins distinctes que dans l'espèce précédente, & coupées par autant de bandes noirâtres. On voit, parmi ces bandes, un peu de couleur ferrugineuse, claire, plus ou moins marquée. La base est noirâtre : mais il y a un peu de blanc de chaque côté de l'écusson. Le dessous du ventre est d'un gris cendré.

On trouve communément cet insecte, en Europe, sur les fleurs, & dans les collections d'animaux.

La larve de cet insecte est un peu velue ; elle a six petites pattes, & l'extrémité du corps est garnie, de chaque côté, d'une espèce de houppe alongée, formée par de petits poils. C'est l'ennemi le plus redoutable qu'aient à craindre les naturalistes qui veulent conserver des insectes, des oiseaux, ou d'autres animaux. Ces larves détruisent tôt ou tard les collections qui ne sont pas exactement fermées. Leur petitesse leur permet de s'insinuer par les plus petites ouvertures. Elles se nourrissent du corps même de l'animal, ou elles attaquent les plumes & les poils, & les réduisent en poussière. Les fumigations de tabac, la vapeur de soufre, le camphre, & les préparations arsenicales les éloignent, mais les font rarement périr, sur-tout lorsqu'elles sont dans le corps de l'animal où ces vapeurs pénètrent difficilement & en petite quantité. Une chaleur assez considérable, telle que celle de cinquante degrés suffit pour les faire périr, mais le plus sûr c'est de fermer, avec le plus grand soin, les collections que l'on est bien aise de conserver.

4. ANTHRÈNE ondé.

Anthrenus Scrophulariæ. FAB.

Anthrenus niger, elytris albo maculatis, sutura sanguinea. FAB. *Syst. ent. pag.* 61. *n°.* 2. — *Sp. inf. tom.* 1. *pag.* 72. *n°.* 2.

Byrrhus Scrophulariæ niger, elytris albo macula-

tis futura fanguinea. Lin. *Syſt. nat. pag. 568 n°. 1. — Fauna. fuec. n°. 419.*

Scarabæus parvus corpore fubrotundo, collo oblongo, alarum elytris nigris, binis punctis albicantibus notatis. Rai. Inf. 85. 37.

Dermeſtes ovatus niger, maculis fquamofis albis, futura elytrorum rubra. Deg. *Mém. tom.* 4. *pag.* 200. *n°.* 6. *pl.* 7. *fig.* 20.

Dermeſte de la Scrophulaire ovale noir, à mouchetures blanches formées par des écailles, & dont la future des étuis eſt rouge. Deg. *ib.*

Sulz. *Hiſt. inſ. tab.* 2. *fig.* 11. *h.*

Bergstraess. *Nomenc.* 1. *tab.* 11. *fig.* 9, 10.

Schaeff. *Elem. inſ. tab.* 17. — *Icon. inſ. tab.* 176. *fig.* 4.

Ce petit infecte a une figure ovale, preſque arrondie: il reſſemble au précédent, mais il eſt preſque une fois plus grand. La partie ſupérieure du corps eſt d'un noir foncé, avec les côtés, & un peu de la partie poſtérieure du corcelet d'un gris blanchâtre ou rouſſâtre, ce qui fait paroître le corcelet gris ou roux, avec une grande tache noire au milieu. Les élytres ont leur future rouſſâtre ou ferrugineuſe, & quelquefois d'un beau rouge, d'où partent trois bandes ondées, griſes, mieux marquées & un peu plus larges vers les bords extérieurs. La pointe de l'élytre eſt de la couleur de la future. Le deſſous du corps eſt d'un gris cendré, un peu ferrugineux.

Cet infecte ſe trouve, en Europe, ſur les fleurs; il eſt rare aux environs de Paris. Sa larve eſt d'un brun preſque noir & très-velue. Elle vit à peu près comme celle de l'*Anthrène* deſtructeur.

ANTHRÈNE obſcur.

ANTHRENUS fuſcus. Nob.

Anthrenus niger, antennis tibiiſque fuſco rufis; thorace elytriſque maculis obſoletis ferrugineis. Nob.

Il eſt plus petit que les précédens, n'ayant guère qu'une ligne de long, & trois quarts de ligne de large. Les antennes ſont d'une couleur brune fauve. La tête eſt noire. Le corcelet eſt noir, avec un mélange de gris & de ferrugineux foncés. Les élytres ſont noires & parſemées de taches irrégulières, plus ou moins marquées, d'une couleur ferrugineuſe foncée. Tout le deſſous du corps eſt d'un gris cendré, très-foncé. Les cuiſſes ſont noires & les jambes ſont de la couleur des antennes.

J'ai trouvé cet infecte en quantité aux environs de Paris, ſur les plantes liliacées.

ANTIPE, Antipus. Dans le ſeptième volume des Mémoires pour ſervir à l'hiſtoire des inſectes par M. Degeer, on trouve un genre d'inſectes ſous le nom d'*Antipe*, que cet illuſtre auteur croit ſuffiſamment diſtinct de tous les autres. « Il paroît, » dit-il, avoir d'abord quelque conformité avec les » Carabes par la figure de la tête & des dents, qui » ſont grandes & très-avancées ; mais les tarſes

» ſont compoſés de quatre articles, garnis de pelottes » en-deſſous, en quoi il eſt conforme aux Chry- » ſomèles, en y ajoutant la figure de ſon corps » & des antennes, qui, dans pluſieurs véritables » Chryſomèles (quelques Gribouris), ont leurs ar- » ticles découpés en dents de ſcie, comme dans cet » infecte. Il n'eſt pas non plus une Cardinale » (Pyrochre), parceque tous les tarſes n'ont que » quatre articles, & que les yeux ſont ronds & » nullement échancrés ».

D'après la deſcription & la figure que Degeer donne de l'*Antipe*, nous croyons ou qu'il doit former un nouveau genre, ainſi que le penſe cet auteur, ou qu'il appartient au genre du Gribouri, car c'eſt celui avec qui il nous paroît avoir le plus de rapports. Au reſte, n'ayant pas vu cet infecte, nous ne pouvons rien dire de certain. Nous allons ſeulement donner les caractères du genre & la deſcription de l'eſpèce, tels que nous les trouvons dans l'ouvrage de Degeer.

CARACTÈRES GÉNÉRIQUES.

Antennes dentelées, en ſcie.

Grande tête aplatie, avec des dents très-avancées.

Corcelet large & peu convexe, avec un petit rebord relevé.

Corps alongé, preſque cylindrique.

Pattes antérieures plus longues que les autres.

Quatre articles à pelottes à tous les tarſes.

ESPÈCES.

1. ANTIPE roux.

ANTIPUS rufus. Deg.

Antipus oblongus, capite thoraceque marginato-rufis, elytris griſeo-flavis : antice puncto nigro, dentibus prominentibus, antennis ſerratis. Deg. *Mém. tom.* 7. *pag.* 659. *pl.* 49. *fig.* 10, 11.

Antipe alongé, à tête & corcelet bordé roux, à étuis jaunes, griſâtres, avec un point noir en-devant, à dents très-avancées, & à antennes dentelées. Deg. *ib.*

Cet infecte eſt long de quatre & large d'une ligne & demie, enſorte qu'il a le corps alongé. La tête, le corcelet & les cuiſſes ſont d'une couleur rouſſe & luiſante, mais ces dernières parties ſont noires à leur extrémité. Les jambes & les tarſes ſont également de couleur noire, & c'eſt auſſi celle des antennes, excepté des trois premiers articles, qui ſont roux, & qui n'ont point de dentelures comme les huit autres. Les deux yeux ſont ronds, noirs & très-ſaillans, placés immédiatement derrière les antennes. Les étuis ſont d'un iaune griſâtre, ou couleur d'ocre pâle, ayant chacun à ſon origine un point ou une petite tache ronde, noire, placée

comme

comme fur les épaules, & qui a un peu de relief. La poitrine & le ventre font en-deſſous d'un noir un peu cendré ; & les ailes, qui, quand elles ſont déployées, ſont plus longues que les étuis, ſont noirâtres. Le corcelet eſt garni tout autour d'un petit rebord. Les dents ou mâchoires ſont grandes & très-avancées ; leurs pointes ſont brunes & très-courbées, & elles ſont placées entre deux grandes lèvres, dont l'inférieure eſt garnie de quatre barbillons rouſſâtres, aſſez longs. Cet inſecte a encore cela de particulier, que les deux pattes antérieures ſont beaucoup plus longues que les quatre autres, au lieu que dans les autres inſectes à étui, les deux premières ſont ordinairement plus courtes que celles de la ſeconde, & ſur-tout de la troiſième paire. Le premier article des antennes, à compter de la tête, eſt cylindrique, les deux ſuivans ſont ronds, en forme de grains, & les huit reſtans ſont de figure triangulaire, en ſorte qu'ils repréſentent comme des dents de ſcie. Enfin, les quatre articles des tarſes ſont faits comme dans les Chryſomèles ; c'eſt-à-dire, que les trois premiers ſont garnis de pelottes en-deſſous, & que le dernier de ces trois eſt diviſé en deux lobes. (DEG. Mém. tom. 7. pag. 660).

Il a été trouvé au cap de Bonne-Eſpérance.

ANTLIATES, *ANTLIATA.* Huitième Claſſe du Syſtème entomologique de M. Fabricius.

Cette claſſe comprend tous les inſectes à deux ailes nues, membraneuſes, veinées, que nous avons placés dans l'Ordre des Diptères : mais on y trouve encore trois genres de l'Ordre des Aptères, celui du Pou, *Pediculus*, celui de la Mitte, *Acarus*, & celui du Pycnogonon, *Pycnogonum.*

CARACTÈRES DE LA CLASSE.

Bouche munie d'un ſuçoir, ſans mâchoires ni mandibules.

Suçoir ſouvent avancé, renfermé dans une gaîne cylindrique, inſérée dans une fente longitudinale de la bouche.

Gaîne aiguë, inarticulée, tantôt univalve, tantôt bivalve, & renfermant des ſoies.

Soies ſouvent au nombre de trois, ſétacées, aiguës, inégales ; celle du milieu étant un peu plus longue que les autres.

Trompe courte dans pluſieurs, membraneuſe, inſérée ſous le ſuçoir ; tige cylindrique, rétractible ; dos cannelé ; tête terminée par deux lèvres.

Antennules quelquefois au nombre de deux, inſérées à la baſe de la trompe.

Antennes courtes, ſouvent cylindriques, plus ſouvent munies d'une ſoie.

Hiſtoire Naturelle, Inſectes. Tome I.

CARACTÈRES DES GENRES.

1. OESTRE.

OESTRUS.

Bouche munie d'un ſuçoir, ſans trompe ni antennules.

Suçoir caché entre deux lèvres véſiculeuſes, renflées, jointes enſemble, percées d'un petit trou arrondi, à l'endroit d'où ſort le ſuçoir.

Gaîne membraneuſe, cylindrique, obtuſe, inſérée au palais, renfermant des ſoies.

Trois *ſoies* membraneuſes, flexibles, courtes, preſque égales, inſérées à l'extrémité de la lèvre.

Point d'*antennules.*

Antennes courtes, filiformes : premier article globuleux & plus gros, inſérées au front.

2. TIPULE.

TIPULA.

Bouche munie d'une trompe, d'un ſuçoir & d'antennules.

Trompe très-courte, à peine découverte, membraneuſe.

Tige cylindrique, rétractible, cannelée en-deſſus pour recevoir une ſoie ; tête à deux lèvres égales.

Suçoir court, nud, ſans gaîne.

Une ſeule *ſoie* mince, de la longueur de la trompe, roide, ſétacée, aiguë, pouvant ſe cacher dans le canal de la trompe.

Deux *antennules* avancées, égales, courbées, filiformes, compoſées de pluſieurs articles, dont les trois antérieurs plus gros, preſque coniques ; les autres plus courts, cylindriques, inſérées, de chaque côté, à la baſe de la trompe.

Antennes filiformes, compoſées de pluſieurs articles, dont le premier eſt plus grand & plus gros que les autres.

3. BIBION.

BIBIO.

Bouche munie d'une trompe, d'un ſuçoir & d'antennules.

Trompe membraneuſe, découverte.

V

Tige cylindrique , recourbée , cannelée en-deſſus pour recevoir les ſoies; *tête* à deux lèvres égales.

Suçoir ....

Gaîne univalve , de la conſiſtance de la corne , recourbée , tronquée à ſa pointe , obtuſe , couvrant ſupérieurement les ſoies.

Trois *ſoies* ſétacées , preſqu'égales ; celle du milieu plus roide , celles des côtés diſtantes , plus courtes que les antennules.

Deux *antennules* alongées , filiformes , compoſées de quatre articles , dont le ſecond très long , le quatrième preſque rond , inſérées , de chaque côté , à la baſe de la trompe.

Antennes courtes, cylindriques, rapprochées.

4. STRATIOME.

STRATIOMYS.

Bouche munie d'une trompe , d'un ſuçoir & d'antennules.

Trompe courte , découverte.

Tige preſque de la conſiſtance de la corne , cylindrique , recourbée , cannelée en-deſſus pour recevoir les ſoies ; *tête* membraneuſe , épaiſſe , à deux lèvres égales.

Suçoir ſans gaîne.

Une ſeule *ſoie* forte , avancée , de la longueur de la trompe , cylindrique , creuſe , obtuſe , inſérée au milieu du dos de la trompe , & cachée dans la cannelure.

· Deux *antennules* courtes , terminées preſque en tête , compoſées de trois articles cylindriques , dont le dernier plus gros , inſérées latéralement au milieu de la trompe.

Antennes avancées , rapprochées , cylindriques, pointues : le premier article plus gros , les autres égaux entr'eux.

5. RHAGION.

RHAGIO.

Bouche munie d'une trompe , d'un ſuçoir , & d'antennules.

Trompe membraneuſe, découverte.

Tige très-courte , cylindrique , cannelée en-deſſus pour recevoir les ſoies; *tête* dilatée , élevée , terminée par deux lèvres égales , ciliées.

Suçoir court , ſans gaîne.

Trois *ſoies* filiformes , cylindriques , pointues , un peu plus courtes que la trompe , inégales ; celle du milieu un peu plus longue & plus forte que les autres , inſérées à l'origine du dos de la trompe.

Deux *antennules* avancées , de la longueur de la trompe , filiformes , velues , compoſées de cinq articles , dont le ſecond eſt très-long , les autres courts & aſſez minces ; inſérées latéralement à la baſe de la trompe.

Antennes courtes, rapprochées, cylindriques, aiguës à leur ſommet & portant une ſoie.

6. SYRPHE.

SYRPHUS.

Bouche munie d'une trompe , d'un ſuçoir & d'antennules.

Trompe avancée , découverte , membraneuſe.

Tige longue , cylindrique , cannelée en-deſſus pour recevoir les ſoies ; *tête* à deux lèvres égales , aiguës.

Suçoir avancé , ſans gaîne.

Quatre *ſoies* inégales ; les latérales ſont un peu plus courtes & ſubulées; les deux du milieu ſont inégales , l'intérieure étant plus petite , plus pointue & ſubulée , & l'extérieure plus groſſe , obtuſe , & arquée ; elles ſont inſérées au dos de la trompe.

Deux *antennules* filiformes , un peu plus courtes que les ſoies ; articles égaux , inſérées à la baſe des ſoies extérieures.

Antennes courtes ; le dernier article comprimé & muni d'une ſoie.

7. MOUCHE.

MUSCA.

Bouche munie d'une trompe , d'un ſuçoir & d'antennules.

Trompe découverte , briſée à ſa baſe.

Tige de la conſiſtance de la corne , avancée , cylindrique , cannelée en-deſſus pour recevoir les ſoies ; *tête* ovale , véſiculeuſe , à deux lèvres égales , pointues.

Suçoir court , ſans gaîne.

Une ſeule *ſoie* beaucoup plus courte que la trompe , cylindrique , aiguë à ſon ſommet , & inſérée à la courbure de la trompe.

Deux *antennules* comprimées, avancées, plus groffes vers le bout ; articles égaux, peu diftinéts, inférées latéralement à la bafe de la trompe.

Antennes courtes, courbées ; le dernier article comprimé, portant une foie.

8. TAON.

T A B A N U S.

Bouche munie d'une trompe, d'un fuçoir & d'antennules.
Trompe droite, découverte, membraneufe.

Tige courte, épaiffe, cylindrique, cannelée en-deffus pour recevoir le fuçoir ; *tête* ovale, à deux lèvres égales.

Suçoir avancé, découvert, de la longueur de la trompe.

Gaîne trivalve, concave, aiguë, de la longueur des foies, & fermant au-deffus & par les côtés la cannelure de la trompe.
Trois foies égales, comprimées, pointues, inférées à la bafe du dos de la trompe.

Deux *antennules* égales, compofées de trois articles, dont le dernier eft plus gros, courbé, étoupeux & obtus ; les autres plus courts & velus, inférées fur la trompe, à côté des foies.
Antennes courtes, rapprochées, cylindriques pointues, compofées de fept articles, dont le troifième eft fouvent plus grand que les autres, & muni d'une dent latérale.

9. RHINGIE.

R H I N G I A.

Bouche munie d'une trompe, d'un fuçoir & d'antennules.
Trompe droite, avancée, membraneufe.
Tige cylindrique, rétraétible, cannelée en-deffus pour recevoir les foies ; *tête* ovale, à deux lèvres égales.

Suçoir droit & avancé.

Gaîne univalve ; valvule de la confiftance de la corne, voûtée, tranchante, roulée, aiguë au fommet, renfermant les foies, la trompe, & couvrant toute la bouche.
Quatre foies fubulées, pointues, de la confiftance de la corne, prefqu'égales ; les deux latérales font un peu plus courtes & plus pointues que celles

du milieu, & la moyenne intérieure eft plus longue, plus forte, & fert de fourreau à l'extérieure, qui eft très-pointue.

Deux *antennules* courtes, filiformes, compofées de trois articles égaux, inférées fous l'extrémité des foies latérales.
Antennes courtes, rapprochées, comprimées, plus groffes vers le bout, & portant une foie.

10. ASILE.

A S I L U S.

Bouche munie d'un fuçoir, d'antennules, fans trompe.
Suçoir droit & avancé.

Gaîne bivalve : valvules inégales ; l'inférieure eft plus longue que la fupérieure, de la confiftance de la corne, cylindrique, boffue à la bafe, obtufe à la pointe, fendue, & contient les foies ; & la fupérieure, beaucoup plus courte que l'autre, eft concave, très-aiguë, & couvre le bafe des foics.
Trois foies avancées, filiformes, pointues, inégales ; celle du milieu eft plus longue, plus forte & plus pointue que les deux autres.

Deux *antennules* courtes, filiformes, velues, compofées de trois articles égaux, cylindriques, inférées latéralement à la bafe du fuçoir.
Antennes courtes, rapprochées, filiformes ; les articles antérieurs plus longs que les autres ; le dernier, un peu plus gros, terminé en filet pointu.

11. CONOPS.

C O N O P S.

Bouche munie d'une trompe, d'un fuçoir & d'antennules.
Trompe droite, avancée.

Tige de la confiftance de la corne, cylindrique, nouée un peu au-deffus de la bafe, cannelée en-deffus pour recevoir une foie ; *tête* ovale, à deux lèvres égales & arrondies.

Suçoir univalve : valvule courte, concave, aiguë, fermant la cannelure de la trompe.

Une *feule* foie cylindrique, roide, pointue, de la longueur de la trompe, au nœud de laquelle elle eft inférée.

Deux *antennules* très courtes, filiformes, composées de trois articles égaux, adhérens aux côtés du nœud de la trompe.

Antennes rapprochées, terminées en masse aiguë, composées de quatre articles, dont le second est le plus long.

11. STOMOXE.

STOMOXYS.

Bouche munie d'un suçoir, d'antennules, sans trompe.

Suçoir avancé, alongé, noué un peu au-dessus de la base.

Gaîne univalve; valvule de la consistance de la corne, roulée, comprimée à sa base, cylindrique à sa pointe, obtuse, fendue, & contenant les soies.

Deux *soies* égales, filiformes, très-aiguës, dont la supérieure, plus épaisse, engaîne l'inférieure beaucoup plus mince.

Deux *antennules* courtes, filiformes, composées de trois articles égaux, cylindriques, insérées à la base du suçoir.

Antennes courtes, rapprochées, courbées, plus grosses à leur sommet, obtuses, portant une soie.

13. MYOPE.

MYOPA.

Bouche munie d'un suçoir, d'antennules, sans trompe.

Suçoir avancé, alongé, noué à la base & au milieu.

Gaîne bivalve; valvules inégales; l'inférieure longue, cylindrique, nouée, obtuse & fendue au sommet; la supérieure plus courte, concave & aiguë.

Une seule *soie* roide, subulée, mince, aiguë, de la longueur de la valvule inférieure, & insérée au nœud de la gaîne.

Deux *antennules* courtes, velues, plus grosses par le bout, composées de trois articles presqu'égaux, & insérées à la base du suçoir.

Antennes courbées, en masse, & portant une soie.

14. COUSIN.

CULEX.

Bouche munie d'un suçoir, d'antennules, sans trompe.

Suçoir droit & avancé.

Gaîne univalve; valvule alongée, cylindrique, flexible, roulée, aiguë à sa pointe, percée, & renfermant les soies.

Cinq *soies* presqu'égales, de la longueur de la gaîne, presque en masse, mucronées & pointues à leur sommet.

Deux *antennules* égales, filiformes, velues, composées de trois articles cylindriques, dont le premier est le plus long, & insérées sur les côtés du suçoir.

Antennes filiformes, composées de plusieurs articles globuleux, courts, & souvent pectinés.

15. EMPIS.

EMPIS.

Bouche munie d'une trompe, d'un suçoir & d'antennules.

Trompe alongée, découverte, courbée, en forme de suçoir.

Tige cylindrique, mince, cannelée en-dessus pour recevoir le suçoir: *tête* alongée, oblongue, à deux lèvres égales, ciliées, pointues.

Suçoir plus court que la trompe, & courbé.

Gaîne univalve; valvule de la consistance de la corne, cylindrique, aiguë à sa pointe, fendue, renfermant les soies.

Trois *soies* roides, filiformes, aiguës à leur pointe, inégales, les deux latérales étant plus courtes, plus minces, & moins fortes que celle du milieu.

Deux *antennules* courtes, velues, recourbées, filiformes, composées de trois articles presque égaux, & insérées à la base de la trompe.

Antennes rapprochées, courtes, filiformes, composées de trois articles, dont le premier est gros & velu, & le dernier terminé en pointe.

16. BOMBILLE.

BOMBYLIUS.

Bouche munie d'un suçoir, d'antennules, sans trompe.

Suçoir alongé, droit & sétacé.

Gaîne bivalve; valvules inégales; l'inférieure, renfermant les soies, est sétacée, roulée, plus longue que l'autre, fendue & terminée en une pointe aiguë;

la fupérieure eft avancée, filiforme & très-pointue.

Trois *foies* fubulces, inégales, celle du milieu eft de la longueur de la gaîne; les latérales font aiguës, roides & plus courtes que l'autre.

Deux *antennules* courtes, velues, compofées de trois articles égaux, cylindriques, & inférées latéralement à la bafe du fuçoir.

Antennes courtes, rapprochées, filiformes, terminées en pointe aiguë.

17. HIPPOBOSQUE.

HIPPOBOSCA.

Bouche munie d'un fuçoir, fans trompe ni antennules.

Suçoir court, droit, porté en avant, cylindrique & roide.

Gaîne bivalve; valvules égales, à demi cylindriques, ciliées, obtufes, échancrées, & renfermant une foie.

Une feule *foie* fubulée, roide, & de la longueur de la gaîne.

Antennes rapprochées, très-courtes, filiformes, compofées de deux articles, dont le premier eft très court, & le fecond très mince.

18. PYCNOGONON.

PYCNOGONUM.

Bouche munie d'un fuçoir, d'antennules, fans trompe.

Suçoir avancé, droit, tubuleux, prefque conique, percé à fon extrémité d'un trou arrondi, entier.

Point de *foies*.

Deux *antennules* filiformes, prefque de la longueur du fuçoir, inférées à la bafe du fuçoir.

Antennes . . . .

19. POU.

PEDICULUS.

Bouche munie d'un fuçoir, fans trompe ni antennules.

Suçoir court, cylindrique, rétractible, droit & roide.

Gaîne cylindrique, bivalve; valvules égales, à demi-cylindriques, annulées, coupées, obtufes, & renfermant une foie.

Une feule *foie* recourbée, fubulée, roide, très-aiguë, & de la longueur de la gaîne.

Antennes courtes, fouvent moniliformes, articles égaux.

20. MITTE.

ACARUS.

Bouche munie d'un fuçoir, d'antennules, fans trompe.

Suçoir court, avancé, droit, cylindrique & roide.

Gaîne bivalve; valvules égales, à demi cylindriques, obtufes, horizontales; la fupérieure eft fendue jufqu'à la bafe, & les divifions font égales & cylindriques; l'inférieure eft plate & unie.

Soies . . . .

Deux *antennules* comprimées, égales, avancées, de la longueur du fuçoir, obtufes, roides, compofées de trois articles égaux, & inférées latéralement à la bafe du fuçoir.

Antennes filiformes, comprimées, femblables aux pattes, articles prefque égaux entr'eux.

ANTRIBE, *ANTHRIBUS.* Genre d'infectes de la troifième Section de l'Ordre des Coléoptères.

Les *Antribes* font de petits infectes ovales, ou prefque arrondis, convexes en-deffus, aplatis en-deffous, qui ont deux aîles cachées fous des étuis durs, deux antennes courtes, en maffe, les tarfes compofés de quatre articles, garnis en-deffous de pelottes; enfin dont la bouche eft pourvue de mandibules, de mâchoires, de lèvres & d'antennules. On les trouve fur la plupart des plantes, vivant de leur fubftance ou du fuc mielié contenu dans les fleurs.

Les *Antribes* paroiffent appartenir à la famille des Chryfomèles: ils ont quelques rapports, par le nombre des articles des tarfes & par leur manière de vivre, avec les Altifes, les Galeruques, les Chryfomèles, les Erotyles, &c. mais les antennes en maffe fuffifent pour le diftinguer au premier coup-d'œil des trois premières, & la forme des antennules empêche de les confondre avec les Erotyles, qui les ont terminées en forme de hache. On ne peut pas les confondre non plus avec les Sphéridies & les Nitidules, fi on fait attention au nombre des pièces des tarfes, qui font au nombre de cinq & prefque filiformes dans ces infectes, tandis que les *Antribes* n'ont que quatre articles plats & garnis de pelottes en-deffous. Une différence encore affez remarquable, c'eft que les jambes des

Sphéridies font plus ou moins épineufes, & celles des *Antribes* font toujours fimples ; cependant, malgré ces différences & celles que préfente la bouche, ainfi qu'on peut le remarquer d'après la defcription que nous en donnerons bientôt, la plupart des efpèces de ce genre font rangées, par M. Fabricius, parmi les Sphéridies & les Nitidules.

Linné a décrit & placé quelques efpèces de ce genre parmi les Dermeftes & les Bouchers, trompé fans doute par quelque reffemblance qui fe trouve dans les antennes & la forme du corps. M. Geoffroy eft le premier qui a établi ce genre, & qui lui a donné le nom d'*Antribe*, de deux mots grecs, qui fignifient *rongeur de fleurs*, en lui affignant les caractères fuivans : *Antennes en maffe compofée de trois articles, pofées fur la tête. Point de trompe. Corcelet large & bordé. Tarfes garnis de pelottes.* Nous obferverons que d'après la defcription & la figure que cet illuftre auteur donne de ces infectes, nous foupçonnons que l'efpèce n°. 3. diffère effentiellement des autres, & qu'elle doit former peut-être un autre genre ; mais n'ayant pas vu cet infecte, qui eft très-rare & qui n'exifte plus dans les collections de Paris, nous ne pouvons rien en dire de certain. M. Schaeffer a auffi établi un genre d'infectes fons le nom d'*Anthribus*, qui paroît différer de celui de M. Geoffroy, & qui diffère certainement beaucoup du nôtre. La figure qu'il en donne femble repréfenter une femelle de quelque efpèce voifine du *Curculio albinus. LIN. Macrocéphale albinus.* Voici quels font les caractères que M. Schaeffer affigne à ce genre : *Tarfes compofés de quatre articles fpongieux (fpongiofi). Antennes entières, en maffe compofée de trois articles. Bouche pourvue de mâchoires & d'antennules.* Enfin Degeer a également établi un genre d'infectes fous le même nom, auquel il affigne pour caractères : *Des antennes en maffe ou groffes à leur extrémité, un corcelet large & bordé.* L'infecte que cet auteur a décri & figuré fous ce nom appartient au genre de l'Erotyle : il a été décrit par Linné & M. Fabricius fous le nom de *Silpha ruffica.*

Les antennes des *Antribes* font en maffe, & ont à peine la longueur du corcelet. Elles font compofées de onze articles, dont le premier eft très-gros, le fecond eft beaucoup plus petit que le premier, mais un peu plus gros que les fuivans ; ceux-ci font petits, grenus, égaux entr'eux. Les trois derniers font en maffe perfoliée ; le dernier un peu plus long que les autres, eft légèrement aplati à fa bafe, & terminé en pointe obtufe à fon fommet.

La tête eft très-petite, peu avancée & un peu inclinée. Les yeux font petits, ronds & un peu faillans. La bouche eft compofée d'une lèvre fupérieure, d'une lèvre inférieure, de deux mandibules, de deux mâchoires & de quatre antennules.

La lèvre fupérieure eft petite, plate, prefque coriacée, arrondie, & un peu ciliée antérieurement. Les mandibules font petites, dures, de la confiftance de la corne, arquées, fimples, pointues & tranchantes à leur extrémité. Les mâchoires font fimples, très-petites, prefque membraneufes, couvertes intérieurement de poils ou cils très-courts. La lèvre inférieure eft très-petite, coriacée, arrondie. Les antennules antérieures font plus longues que les poftérieures. Elles font petites, & compofées de quatre articles peu apparens, dont le premier eft très-petit & prefque globuleux ; le fecond alongé & conique ; le troifième un peu ovale, prefque conique ; le dernier alongé, un peu renflé, & pointu à fes deux extrémités. Les antennules poftérieures font compofées de trois articles, dont le premier eft très-petit & à peine fenfible ; le fecond eft prefque conique, & le dernier eft ovale, un peu renflé. Il faut obferver que ces parties font très-difficiles à appercevoir, à caufe de la petiteffe de toutes les efpèces de ce genre.

Le corps eft convexe en-deffus, & plat en-deffous. Le corcelet eft large, convexe, & terminé de chaque côté par un léger rebord. Les élytres font convexes, & ont un rebord femblable à celui du corcelet.

Les pattes font de longueur moyenne. Les cuiffes font affez groffes. Les jambes ne font point épineufes comme celles des Sphéridies, mais fimples & feulement un peu comprimées. Les tarfes font compofés de quatre articles affez diftincts, relativement à la petiteffe de l'infecte ; les trois premiers font triangulaires, un peu aplatis, & garnis en-deffous de pelottes ; le dernier eft alongé, un peu arqué, mince à fa bafe, affez gros à fon extrémité, & terminé par deux petits crochets.

Les *Antribes* fréquentent les plantes, & fur-tout les fleurs. On les trouve fouvent en très-grande quantité fur les fleurs compofées & fur plufieurs autres : ce qui diftingue encore ce genre de celui du Sphéridie & de la Nitidule, dont les efpèces ne fe trouvent que dans les boufes, les fientes des animaux, les cadavres, les agarics décompofés, & fous l'écorce des bois pourris.

Nous ne connoiffons pas les larves des *Antribes* : ces infectes font fi petits, que leurs larves auront facilement échappé à la recherche des entomologiftes.

ANTRIBE.

ANTHRIBUS. Geoff.

DERMESTES, SYLPHA. Lin. *SPHERIDIUM, NITIDULA. Fab.*

CARACTÈRES GÉNÉRIQUES.

Antennes courtes, en masse : premier article très-gros, alongé ; les autres grenus, arrondis ; les trois derniers en masse perfoliée.

Bouche munie de mandibules, de mâchoires & de quatre antennules, inégales, filiformes.

Corps ovale, ou presque arrondi.

Corcelet & élytres avec un léger rebord.

Quatre articles à tous les tarses : les trois premiers courts, presque triangulaires, garnis en-dessous de poils serrés ; le troisième presque bifide ; le quatrième alongé, un peu arqué.

ESPÈCES.

1. Antribe unicolor.

Ovale, briqueté, pubescent ; élytres légèrement pointillées.

2. Antribe testacé.

Ovale, oblong, briqueté, presque pubescent ; yeux noirs, un peu saillans.

3. Antribe bronzé.

Ovale, oblong, d'un vert bronzé ; antennes & pattes noires.

4. Antribe Puce.

Noir, oblong ; élytres courtes.

5. Antribe bimaculé.

Noir, ovale ; élytres avec une tache d'un rouge brun vers leur extrémité.

6. Antribe pédiculaire.

Ovale, noir, sans taches ; élytres lisses & luisantes.

7. Antribe strié.

Ovale, d'un gris briqueté, luisant ; élytres légèrement striées.

8. Antribe marbré.

Ovale, noir ; élytres striées & variées de rougeâtre & de noir.

9. Antribe minime.

Ovale, pubescent, brun ; élytres variées de noirâtre & de cendré.

10. Antribe tacheté.

Ovale, fauve ; élytres avec cinq taches noires.

11. Antribe livide.

Ovale, testacé, obscur ; corcelet & élytres avec des taches irrégulières, noirâtres.

1. ANTRIBE unicolor.

ANTHRIBUS unicolor. NOB.

Anthribus ovatus, teftaceus, pubefcens ; elytris leviter punctatis. NOB.

Cet infecte a un peu la figure d'une Coccinelle : il a environ une ligne & deux tiers de long, & une ligne & un tiers de large; il eft très-convexe en-deſſus, plat en deſſous, & tout ſon corps eſt d'une couleur briquetée ; les yeux ſeuls ſont noirs. Le corcelet & les élytres ſont pointillés & converts de poils fins : l'un & l'autre ſont terminés par un léger rebord. Les cuiſſes ſont aſſez groſſes. Les jambes ſont un peu comprimées, larges à leur extrémité, & aſſez minces à leur baſe, avec quelques cils à leur partie antérieure & poſtérieure. Le dernier article des tarſes eſt aſſez alongé.

Il ſe trouve ſur différentes plantes, aux environs de Paris.

2. ANTRIBE teſtacé.

ANTHRIBUS teſtaceus. NOB.

Anthribus oblongo-ovatus, teftaceus, fubpubeſcens ; oculis nigris. NOB.

Silpha æftiva teftacea fubtomentofa, thorace emarginato ; oculis nigris. LIN. *Syſt. nat. pag.* 574. *n°.* 32. —*Faun. ſuec. n°.* 465.

Nitidula aſtiva. FAB. *Syſt. ent. pag.* 77. *n°.* 2. —*Spec. inſ. tom.* 1. *pag.* 91. *n°.* 5.

Nitidula aſtiva. FUESLY. *tab.* 20. *fig.* 24.

Cette eſpèce reſſemble à la précédente par les couleurs, mais elle eſt plus petite, plus alongée, moins convexe en-deſſus. Le corcelet & les élytres ont un rebord un peu plus grand, & ont un peu moins de poils. Tout le corps eſt d'une couleur fauve briquetée. Les yeux ſeuls ſont noirs.

On trouve cet infecte en grande quantité ſur les fleurs, aux environs de Paris.

3. ANTRIBE bronzé.

ANTHRIBUS æneus. NOB.

Anthribus oblongo-ovatus, viridi-æneus ; antennis pedibufque nigris. NOB.

Nitidula ænea thorace marginato, viridi-ænea ; antennis pedibufque nigris. FAB. *Syſt. ent. pag.* 78. *n°.* 7. —*Spec. inſ. tom.* 1. *pag.* 93. *n°.* 13.

Scarabæus nigro-caruleſcens. GEOFF. *Inſ. tom.* 1. *pag.* 86. *n°.* 30.

Le petit Scarabé des fleurs. GEOFF. *ib.*

Il eſt très-petit, & n'a pas une ligne de long. Il eſt ovale, alongé, convexe en-deſſus, d'une couleur verdâtre bronzée, ou quelquefois d'un noir bleuâtre. Le corcelet & les élytres ſont finement pointillés, & terminés par un rebord bien marqué. L'écuſſon eſt un peu plus grand que dans les deux eſpèces précédentes. Le deſſous du corps eſt d'une couleur noirâtre, un peu luiſante. Les antennes & les pattes ſont noires.

On trouve cet infecte en très-grande quantité ſur les fleurs, dans toute l'Europe.

4. ANTRIBE Pucc.

Anthribus pulicarius. FOURC.

Anthribus niger, oblongus ; elytris abbreviatis ; abdomine acuto. NOB.

Dermeſtes pulicarius oblongus niger ; elytris abbreviatis ; abdomine acuto. LIN. *Syſt. nat. pag.* 564. *n°.* 24. —*Faun. ſuec. n°.* 435.

Silpha pulicaria nigra oblonga ; elytris abbreviatis ; abdomine acuto. LIN. *Syſt. nat. pag.*574. *n°.* 33.

Sphæridium pulicarium. FAB. *Syſt. ent. pag.* 68. *n°.* 9. —*Spec. inſ. tom.* 1. *pag.* 79. *n°.* 12.

Scarabæus antennis clavatis, clavis in annulos diviſis. RAI. *Inſ. pag.* 108. *n°.* 29.

Anthribus niger ; elytris abdomine brevioribus. GEOFF. *Inſ. tom.* 1. *pag.* 308. *n°.* 4.

L'*Antribe* des fleurs. GEOFF. *ib.*

Anthribus pulicarius. FOURC. *Ent. par. pag.* 137. *n°.* 4.

Il a environ une ligne de long. Son corps eſt ovale, un peu alongé & entièrement noir. Ce qui le rend très-aiſé à reconnoître, c'eſt que les élytres ſont plus courtes que l'abdomen, & n'en recouvrent que les deux tiers. L'écuſſon eſt un peu plus large que celui de l'*Antribe* bronzé. Les jambes ſont ſimples & ſans épines ; le dernier article des tarſes eſt aſſez long.

On trouve cet infecte en très-grande quantité ſur les fleurs, & ſur-tout ſur les fleurs en ombelles, dans toute l'Europe.

5. ANTRIBE bimaculé.

Anthribus bimaculatus. FOURC.

Anthribus niger ovatus ; elytris apice punctis duobus rubris. GEOFF. *Inſ. tom.* 1. *pag.* 308. *n°.* 5.

L'*Antribe* à deux points rouges au bout des étuis. GEOFF. *ib.*

Anthribus bimaculatus. FOURC. *Ent. par. pag.* 137. *n°.* 5.

Dermeſtes Calthæ. SCOP. *Ent. carn. n°.* 49.

Dermeſtes Calthæ. SCHRANK. *Enum. inſ. auſt. n°.* 50.

Il a environ une ligne de long : il eſt ovale, convexe en-deſſus, plat en-deſſous, noir, très-luiſant, avec une tache d'un rouge brun vers l'extrémité de chaque élytre. Les antennes & les pattes ſont fauves, & quelquefois d'un fauve brun. Le corcelet & les élytres ont un léger rebord, un peu mieux marqué ſur les élytres.

Cet infecte ſe trouve en Europe, ſur les fleurs, & ſur-tout ſur les fleurs des plantes chicoracées, en grande quantité.

Nota. Nous croyons que le *Sphæridium hæmorrhoïdale* de M. Fabricius eſt une eſpèce différente de celle-ci.

6. ANTRIBE pédiculaire.

Anthribus pedicularius. NOB.

Anthribus ovatus, niger, immaculatus ; elytris lævibus. NOB.

Anthribus

Anthribus niger, ovatus ; elytris abdomen tegen-
tibus. GEOFF. *In. tom.* 1. *pag.* 308. *n°.* 6.

L'*Antribe* noir. lisse. GEOFF. *ib.*

Dermestes psyllus *ovatus , niger ; abdomine ob-*
tuso , thorace elytrisque marginatis. LIN. *Syst. nat.*
pag. 564. *n°.* 25. — *Faun. suec. n°.* 436.

Silpha pedicularia *nigra ; elytris lævibus , thorace*
marginato. LIN. *Syst. nat. pag.* 574. *n°.* 34. — *Faun.*
suec. n°. 466.

Nitidula pedicularia *nigra, elytris lævibus , tho-*
race marginato. FAB. *Syst. ent. pag.* 78. *n°.* 6.
— *Spec. ins. tom.* 1. *pag.* 92. *n°.* 12.

Dermestes psyllus. SCHRANK. *Enum. inf. auft.*
n°. 51.

Anthribus lævis. FOURC. *Ent. par. pag.* 137.
n°. 6.

Cette espèce diffère peu de la précédente : elle
est à-peu-près de la même grandeur ; elle est ovale,
convexe en-dessus, lisse, luisante, & entièrement
noire.

Elle se trouve dans toute l'Europe, sur les fleurs.

7. ANTRIBE strié.

ANTHRIBUS striatus. NOB.

Anthribus ovatus, griseo-testaceus ; elytris leviter
striatis. NOB.

Cet insecte ressemble aux deux précédens par la
forme du corps ; mais il en diffère par les couleurs
& par les élytres, qui, dans cette espèce, sont
légèrement striées. Il est ovale, convexe en-dessus,
d'une couleur briquetée, plus ou moins obscure
& grisâtre. Le dessous du corps est d'une couleur
briquetée, fauve, un peu foncée.

On le trouve en Europe, sur les fleurs.

8. ANTRIBE marbré.

ANTHRIBUS marmoratus. FOURC.

Anthribus ovatus , niger ; elytris striatis, rubro
nigroque marmoratis. GEOFF. *Inf. tom.* 1. *pag.* 306.
n°. 1. *pl.* 5. *fig.* 3.

L'*Antribe* marbré. GEOFF. *ib.*

Anthribus marmoratus. FOURC. *Ent. par. pag.*
136. *n°.* 1.

Il a environ une ligne & demie de long, & un
peu plus d'une ligne de large. La tête & le corcelet
sont noirs, avec quelques petits poils gris, sans
points ni stries, du moins bien marqués. Les élytres
ont des stries longitudinales, formées par des points.
Leur fond est d'un rouge brun, sur lequel on voit
des points & des marques noires, les unes plus
grandes, les autres plus petites, rangées en long,
suivant la direction des stries. Le long de ces bandes
sont quelques taches grisâtres entre les points noirs.
Au milieu de chaque élytre, le noir domine & forme
une tache carrée plus grande. La suture des élytres
est aussi de couleur noire. Les pattes sont noires,
variées d'un peu de gris, & le dessous du ventre
est aussi noir, avec un peu de rouge brun, semblable à celui des élytres. Le corcelet de cet animal est assez large, renflé & bordé ; & ses an-

Histoire Naturelle, Insectes. Tome A.

tennes, comme celles de tous ceux de ce genre,
sont bien formées en massue, ayant les trois derniers articles beaucoup plus gros que les autres.
GEOFF.

On trouve cet insecte sur la Jacée, aux environs
de Paris.

9. ANTRIBE minime.

ANTHRIBUS variegatus. FOURC.

Anthribus ovatus subvillosus, è fusco cinereoque
variegatus. GEOFF. *Inf. tom.* 1. *pag.* 307. *n°.* 2.

L'*Antribe* minime. GEOFF. *ib.*

Anthribus variegatus. FOURC. *Ent. par. pag.*
136. *n°.* 2.

Il a une ligne & un tiers de long, & deux tiers
de ligne de large. Il est brun, mais couvert par
endroits de petits poils gris, qui le rendent bigarré, principalement sur les élytres, où l'on voit
presque alternativement des taches brunes & grises.
Ces élytres sont striées. GEOFF.

On trouve cet insecte aux environs de Paris,
sur les fleurs.

10. ANTRIBE tacheté.

ANTHRIBUS bipunctatus. NOB.

Anthribus testaceus, coleoptris maculis quinque
nigris. NOB,

Nitidula bipunctata *testacea , coleoptris maculis*
quinque nigris. FAB. *Mant. inf. tom.* 1. *pag.* 51.
n°. 16.

Chrysomela scutellata. HERB. *Arch.* 58. 32. *tab.*
23. *fig.* 10.

Ce joli insecte ressemble un peu à l'*Antribe testacé.*
Il a, comme lui, une ligne & un tiers de long,
& environ une ligne de large. Il est d'une couleur
fauve testacée. Les antennes sont fauves, avec les
trois derniers articles noirâtres. Les yeux sont noirs.
Le corcelet est sans taches. Les élytres ont trois ou
cinq taches noires, une grande, presque triangulaire,
autour de l'écusson, deux circulaires, un peu au-
dessous du milieu, une de chaque côté de la suture,
& enfin deux autres de forme irrégulière, vers le
bord extérieur, une de chaque côté ; celles-ci manquent quelquefois. L'écusson est noir & petit. La
poitrine est noire, & l'abdomen testacé. Les pattes
sont de la couleur du corps.

On le trouve en Europe, sur différentes plantes.
Je l'ai trouvé assez fréquemment aux environs de
Paris, sur différentes plantes aquatiques des étangs
de Meudon.

11. ANTRIBE livide.

ANTHRIBUS lividus. NOB.

Anthribus fusco testaceus ; thorace elytrisque fusco
maculatis. NOB.

Il ressemble au précédent pour la forme & la
grandeur. Sa couleur est brune, briquetée, livide.
Les yeux sont noirs. Le corcelet a une tache irrégulière, noirâtre, placée sur le milieu. Les élytres
sont pointillées, avec une grande tache irrégulière

X

au milieu de chaque , plus ou moins marquée, noirâtre. L'écuſſon eſt petit & briqueté. Le deſſous du corps eſt obſcur. Les pattes ſont briquetées.

On le trouve aux environs de Paris , ſur différentes plantes.

Eſpèces douteuſes ou moins connues.

1. ANTRIBE noir.
ANTHRIBUS ater. FOURC.

Noir ; élytres ſtriées, noires, avec leur extrémité cendrée.

Anthribus ater ; elytris apice cineraſcentibus. GEOFF. *Inſ. tom.* 1. *pag.* 307. *n°.* 3. *pl.* 5. *fig.* 2.

L'*Antribe* noir ſtrié. GEOFF. *ib.*

Anthribus ater. FOURC. *Ent. par. tom.* 1. *pag.* 137. *n°.* 3.

Il a de ſix à ſept lignes de long , & deux lignes & un tiers de large. Il n'y a aucune des parties de cet inſecte qui ne ſoit noire, à l'exception de l'extrémité de ſes étuis. Sa tête eſt longue & plate, depuis les yeux juſqu'à ſon extrémité , où elle eſt armée de deux fortes mâchoires. Les yeux ſont fort ſaillans , & placés ſur les côtés. Le corcelet eſt plus large dans le milieu qu'à ſes extrémités. Deux éminences ſur ſes côtés , avec quelques inégalités en forme de rides ſur le dos , lui donnent la figure du corcelet d'un Capricorne. Sa partie antérieure eſt relevée d'un petit bourrelet. Les étuis ont chacun des ſtries , formées par des points creux, ſéparés les uns des autres. Entre la ſeconde & la troiſième ſtrie, eſt une côte relevée , principalement dans une petite inflexion, qu'elle fait proche le corcelet. Les étuis , à leur extrémité poſtérieure, ſont un peu cendrés , & ſe recourbent pour couvrir le ventre. Dans les dix ſtries des étuis, je n'en ai point compris une, qui eſt proche la ſuture , & qui n'eſt compoſée que de huit ou dix points. (GEOFF. *pag.* 307).

2. ANTRIBE fauve.
ANTHRIBUS fulvus. FOURC.

Oblong , alongé , d'un brun fauve; corcelet & élytres pointillés.

Anthribus oblongus totus rufus. GEOFF. *Iuſ. tom.* 1. *pag.* 309. *n°.* 7.

L'*Antribe* fauve. GEOFF. *ib.*

Anthribus fulvus. FOURC. *Ent. par. tom.* 1. *pag.* 138. *n°.* 7.

Il a environ une ligne de long. Sa couleur eſt par-tout d'un brun fauve. La forme de ſon corps eſt aſſez étroite & alongée. Ses antennes ſont auſſi longues que ſa tête & ſon corcelet pris enſemble ; & leurs trois derniers articles ſont plus gros , très-diſtincts , & forment la maſſe. Le corcelet & les étuis ſont pointillés irrégulièrement. (GEOFF).

On trouve cette eſpèce ſur le vieux bois , aux environs de Paris.

3. ANTRIBE panaché.

ANTHRIBUS connexus. FOURC.

Oblong , noir, preſque velu ; élytres avec des taches contiguës, jaunes.

Anthribus oblongus , niger, ſubvilloſus ; elytris maculis connexis luteis. FOURC. *Ent. par. tom.* 1. *pag.* 138. *n°.* 8.

Il ſe trouve aux environs de Paris , ſur les fleurs. Il a une ligne de long , & un tiers de ligne de large.

4. ANTRIBE perlé.
ANTHRIBUS nitidus. FOURC.

Ovale , noirâtre.

Anthribus ovatus , totus fuſcus. FOURC. *Ent. par. tom.* 1. *pag.* 138. *n°.* 9.

Il a une ligne de long , & deux tiers de ligne de large. Il ſe trouve aux environs de Paris , ſur les fleurs.

5. ANTRIBE à bandes.
ANTHRIBUS vittatus. FOURC.

Ovale , noirâtre ; élytres avec la ſuture noire.

Anthribus ovatus , fuſcus , ſuturâ longitudinali nigra. FOURC. *Ent. par. tom.* 1. *pag.* 138. *n°.* 10.

Il a deux tiers de ligne de long , & une demi-ligne de large.

On le trouve aux environs de Paris , ſur les fleurs.

6. ANTRIBE paillet.
ANTHRIBUS pallidus. FOURC.

Ovale , pâle en-deſſous, noirâtre & preſque velu en-deſſus.

Anthribus ovatus , ſubtus pallidus , ſupra fuſcus ſubvilloſus. FOURC. *Ent. par. tom.* 1. *pag.* 139. *n°.* 11.

Il a une ligne de long , & un tiers de ligne de large.

On le trouve aux environs de Paris , ſur les fleurs.

7. ANTRIBE bigarré.
ANTHRIBUS interſectus. FOURC.

Oblong , très-noir ; élytres avec des traits, pattes avec des anneaux , blancs.

Anthribus oblongus , ater ; elytris ſignaturis albis , pedibuſque annulis albis interſectis FOURC. *Ent. par. tom.* 1. *pag.* 139. *n°.* 12.

Il a deux lignes de long & une ligne de large. On le trouve aux environs de Paris , ſur les fleurs.

ANUS. *Anus.* C'eſt le nom qu'on a donné , en Entomologie , à l'ouverture placée à la partie poſtérieure du corps des inſectes , & deſtinée à la ſortie des excrémens , des parties de la génération, des œufs, de l'aiguillon , &c.

Dans preſque tous les inſectes, il n'y a qu'une ſeule ouverture pour les excrémens & les parties de la génération. Lorſque le mâle s'accouple avec ſa femelle , il introduit dans l'*anus* de celle-ci , ſa partie qui conftitue fon fexe: mais à peu de diftance de l'ouverture, il y a intérieurement deux efpèces de canaux, dont l'un aboutit aux inteftins, & l'autre aux ovaires. Quelques infectes cependant, tels que les Crabes, les Araignées & les Libellules, ont leurs parties génitales à d'autres endroits du corps. *Voyez* CRABE, ARAIGNÉE, LIBELLULE.

Il y a des Araignées dont l'*anus*, placé à fa partie inférieure du ventre, forme une faillie de plus d'une ligne, figurée en cône tronqué.

On entend quelquefois par le nom d'*anus* les parties qui lui font voifines, comme, par exemple, tout ce qui eft à l'extrémité du ventre. Il a reçu alors divers noms dans les defcriptions que les entomologiftes ont faites des infectes.

L'*anus* ou l'extrémité du corps des infectes eft pointu, aigu, *acutus, acuminatus*, lorfqu'il eft terminé en pointe affez forte, & qui diminue infenfiblement; la Mordelle.

Mucroné, *mucronatus*, lorfque cette pointe eft très-forte, de la confiftance de la corne, & qu'elle n'eft point l'effet d'une diminution infenfible; l'Urocère, le Scarabé à tarière, GEOFF. *Trichius hemipterus*, FAB.

Il eft terminé en queue, *caudatus*; la Sauterelle.

Il eft appendiculé, terminé par quelque appendice, *appendiculatus*; la Perle, le Grillon.

En filet, fétacé, filiforme, *fetofus, fetaceus, filiformis*; la Rafidie, le Puceron.

En filet fimple, double, triple, *unifetus, bifetus, trifetus*; la Rafidie, l'Ephémère, l'Ichneumon.

Lamellé, *lamellatus*, lorfque l'appendice eft comme lamellée, compofée de deux ou de plufieurs feuillets ou lames réunies; la Sauterelle.

Foliacé, *foliaceus*, lorfque les lames font grandes, déprimées, aplaties; l'Ecreviffe.

Mameloné, *papillofus*, lorfqu'il y a des corps faillans, arrondis, en forme de mamelons; l'Araignée.

Barbu, *barbatus*, lorfqu'il eft entouré de poils longs & ferrés; quelques Sefies, quelques Sphinx.

Laineux, cotonneux, velu, &c. *lanatus, tomentofus, villofus*, lorfqu'il y a des poils crepus, doux au toucher, ou des poils droits, ferrés.

Il eft terminé en aigrette, *pappofus*, lorfqu'il y a une ou plufieurs touffes de poils fins qui partent tous du même endroit; quelques Papillons, la larve de quelques Tipules.

Il eft échancré, *emarginatus*, lorfqu'il y a une efpèce d'incifion ou d'entaille peu profonde; quelques Punaifes.

Il eft denté, *dentatus*, lorfqu'il fe termine par plufieurs efpèces de dents; l'Abeille cinq-crochets.

En fcie, dentelé, *ferratus, denticulatus*, lorfque ce font des dentelures qui imitent une fcie; quelques Bupreftes.

Il eft fimple, *muticus*, lorfqu'il n'y a ni queue, ni aiguillon, ni dentelures.

APALE, *APALUS*. Genre d'infectes de la feconde Section de l'Ordre des Coléoptères.

Les *Apales* font des infectes un peu alongés, qui ont la tête inclinée, les antennes filiformes, plus courtes que le corps, les aîles cachées fous des étuis coriaces, mais flexibles; enfin les tarfes des pattes antérieures, compofés de cinq articles, & ceux des poftérieures de quatre, tous filiformes & terminés par quatre crochets.

Les *Apales* appartiennent à la famille des Cantharides; ils ont même beaucoup de rapports avec ce genre, foit par la forme de leur corps, foit par leurs habitudes: ils ont feulement les antennes un peu plus minces par le bout & les antennules plus longues & plus minces; ils portent d'ailleurs la tête inclinée comme les Cantharides; ils ont les élytres flexibles, & ils vivent, comme elles, fur les plantes & les arbres. Linné ayant fait un feul genre de toute la famille des Cantharides, fous le nom de *Meloe*, y avoit placé l'*Apale bimaculé*, feule efpèce de ce genre connue jufqu'à préfent. Degeer en a fait une Cardinale (*Pyrochre*), quoique les antennes, les antennules, les tarfes & toutes les parties du corps en foient différentes. Enfin, M. Fabricius a fait de cet infecte un genre fous le nom que nous lui confervons. La forme des antennes fuffit, au premier coup-d'œil, pour diftinguer ce genre de ceux du Meloé, de la Mylabre & de la Cérocome. Les tarfes, dont le pénultième article eft large, bifide, & garni de houppes en-deffous, fait aifément reconnoître l'Œdemère & le Notoxe.

Les antennes des *Apales* font à peine plus longues que la moitié du corps; elles font filiformes, prefque fétacées, c'eft-à-dire, qu'elles diminuent un peu d'épaiffeur à leur extrémité. Elles font compofées de onze articles, dont le premier, à peine plus gros que les autres, & à-peu-près auffi long, eft mince à fa bafe & renflé à fon extrémité; le fecond eft un peu plus court & un peu plus petit que le premier; les autres font prefque égaux entr'eux, mais les premiers approchent de la figure conique & les derniers de la cyfindrique; ceux-ci font un peu plus longs que les autres.

La tête eft inclinée, un peu aplatie, prefque triangulaire, ou plus large à fa partie poftérieure qu'à fa partie antérieure, & à-peu-près de la largeur du corcelet. Les yeux font ovales, peu faillans, prefque figurés en croiffant; on y voit, à leur partie antérieure, à côté de l'infertion de l'antenne, une petite entaille pour faciliter les divers mouvemens de l'antenne.

La bouche eft compofée d'une lèvre fupérieure, d'une lèvre inférieure, de deux mandibules, de deux mâchoires & de quatre antennules. La lèvre fupérieure eft affez longue; elle eft plate, prefque membraneufe, coupée ou prefque arrondie & ciliée antérieurement. Les mandibules font dures, de la confiftance de la corne, arquées, un peu alongées, affez minces, fimples & très-pointues. Les mâchoires

X 2

font arrondies à leur fommet , & garnies , tout autour, de cils ou poils longs : on voit , à leur bafe
interne, une autre pétite pièce prefque membraneufe,
comprimée , garnie intérieurement de cils tres-courts,
& réunie à l'autre. La lèvre inférieure eft petite ,
prefque bifide , ou profondément échancrée dans les
efpèces que j'ai vues. Les antennules font filiformes,
& à-peu-près de la même longueur : les antérieures ,
un peu plus groffes que les poftérieures , font compofées de quatre articles, dont le premier eft très-
court & à peine diftinct; le fecond eft long &
prefque conique ; le troifième eft un peu plus court
& plus conique que le fecond; le dernier eft alongé ,
prefque ovale , terminé , par les deux bouts , en
pointe arrondie : elles ont leur infertion à la partie
extérieure des mâchoires. Les poftérieures font compofées de trois articles , dont le premier eft très-
court & affez gros ; le fecond eft alongé & conique ;
le dern'er eft alongé , prefque ovale , terminé , par
les deux bouts , en pointe arrondie : elles ont leur
infertion au milieu de la partie latérale , un peu
antérieure de la lèvre inférieure.

Le corcelet n'a prefque point de rebord ; il eft
légèrement convexe ou prefque aplati, plus étroit que
les élytres, & il fuit un peu l'inclinaifon de la tête.

Les élytres font légérement convexes ; elles font
flexibles comme celles des Cantharides. L'écuffon
eft petit & triangulaire.

Le corps eft alongé , & la poitrine eft un peu
figurée en carène.

Les pattes font affez longues : elles font compofées de la hanche, de la cuiffe, de la jambe &
du tarfe. La hanche eft très -courte. La cuiffe
eft fimple , peu renflée : la jambe eft fimple ,
prefque cylindrique , ou un peu comprimée ,
a peine plus groffe par le bout , & terminée par
quelques dentelures peu marquées. Les tarfes font
filiformes ; ceux des quatre pattes antérieures ont
cinq articles prefque cylindriques , & ceux des poftérieures n'en ont que quatre : les uns & les autres
font terminés par quatre crochets , dont deux font
aplatis , & cachés fous les deux autres.

Les *Apales* vivent de fubftance végétale ; ils
fréquentent les plantes & les arbres dont ils rongent
les feuilles & les fleurs. On les voit àuffi fur les
fleurs compofées occupés à retirer les fucs qui y
font contenus.

Nous ne connoiffons pas les larves de ces infectes ;
mais il eft probable qu'elles vivent dans la terre , à-
peu-près comme celles du Meloé & de la Cantharide.

APALE.

APALUS. Fab.

MELOE Lin. PYROCHROA. Deg.

CARACTÈRES GÉNÉRIQUES.

ANTENNES filiformes, plus courtes que le corps, plus longues que le corcelet : onze articles presque égaux, les premiers un peu coniques, & les derniers presque cylindriques.

Bouche munie de mandibules, de mâchoires & de quatre antennules.

Antennules affez longues, égales, filiformes; les antérieures compofées de quatre articles, dont le premier court & petit, & les postérieures de trois, dont le premier très-court.

Tête affez grande, avancée, inclinée.

Tarfes filiformes, terminés par quatre crochets; les quatre antérieurs compofés de cinq articles, & les postérieurs de quatre.

ESPÈCES.

1. APALE bimaculé.

Noir ; élytres jaunes, avec une tache noire vers leur extrémité.

2. APALE tacheté.

Noir, tête & corcelet fauves, avec des taches noires ; élytres briquetées, avec deux taches & l'extrémité noires.

3. APALE briqueté.

Noir ; tête & corcelet fauves, fans taches ; élytres briquetées, avec l'extrémité noire.

4. APALE immaculé.

Noir ; corcelet & élytres jaunes ou briquetés, fans taches.

1. APALE bimaculé.

Apalus bimaculatus. FAB.

Apalus niger, elytris luteis macula postica nigra.
NOB.

Meloe bimaculatus alatus, niger; elytris luteis macula nigra postica. LIN. Syst. nat. pag. 680. n°. 9.
— *Faun. suec.* n°. 828.

Pyrochroa bimaculata nigra, thorace orbiculato depresso; elytris fulvis puncto nigro; antennis simplicibus. DEG. Mém. tom. 5. pag. 23. n°. 2. pl. 1. fig. 18.

Cardinale noire, à corcelet arrondi & aplati, à étuis fauves avec un point noir, & à antennes unies. DEG. ib.

Apalus bimaculatus. FAB. Syst. ent. pag. 127. n°. 1.—*Spec. inf. tom. 1. pag. 161. n°. 1.*

Cet insecte a un peu plus de cinq lignes de long. Tout son corps est noir; le ventre seulement est quelquefois fauve. La tête & le corcelet sont finement pointillés; celui-ci est un peu aplati & presque arrondi. L'écusson est noir & triangulaire. Les élytres sont d'un jaune fauve; on y voit, vers leur extrémité, une tache noirâtre, presque ronde, de chaque côté de la suture : elles sont flexibles, & vues à la loupe, elles paroissent un peu raboteuses.

On le trouve rarement au nord de l'Europe, au commencement du printems.

2. APALE tacheté.

Apalus sexmaculatus. NOB.

Apalus niger, capite thoraceque fulvis nigro maculatis; elytris testaceis maculis sex flavis. NOB.

PALLAS. Ins. Sib. russ. tab. E. fig. 16.

Il est un peu plus grand que le précédent. Son corps est noir, excepté l'extrémité du ventre, qui est fauve. Les antennes & la bouche sont noires. La tête est fauve, avec les yeux & une tache au vertex noirs. Le corcelet est fauve, avec une tache noire au milieu, plus ou moins marquée, & quelquefois avec deux points noirs seulement. L'écusson est noir ou jaune. Les élytres sont d'un jaune briqueté, avec quatre taches noires, plus ou moins grandes, & l'extrémité noire ; elles sont flexibles & finement pointillées. Les pattes sont fauves, avec l'extrémité des jambes & les tarses noirs.

J'ai trouvé cet insecte en Provence, sur différentes fleurs, dans les endroits secs & stériles, en Juin & Juillet.

3. APALE briqueté.

Apalus testaceus. NOB.

Apalus niger, capite thoraceque fulvis, immaculatis ; elytris testaceis apice nigris. NOB.

Il ressemble au précédent, mais il est plus petit, ayant à peine cinq lignes de long. Les antennes, les yeux & la bouche sont noirs. La tête & le corcelet sont d'un fauve obscur. L'écusson est fauve. Les élytres sont d'un fauve briqueté, avec leur extrémité noire : elles sont flexibles, très-finement

pointillées & légérement pubescentes, vues à la loupe. Le dessous du corps est noir, mais l'extrémité de l'abdomen est d'un fauve foncé. Les pattes sont d'un fauve obscur, avec la base des cuisses, l'extrémité des jambes & les tarses noirs.

J'ai trouvé cet insecte en Provence, sur les fleurs de Scabieuse, dans le mois de Juin.

4. APALE immaculé.

Apalus immaculatus. NOB.

Apalus niger, thorace elytrisque flavis immaculatis. NOB.

Il a environ cinq lignes de long. Ses antennes, sa tête, son corps & ses pattes sont d'un noir luisant très-foncé. L'écusson est jaunâtre. Le corcelet & les élytres sont jaunes, sans taches. Les aîles sont obscures.

J'ai trouvé cet insecte en Provence, sur différentes fleurs, dans les mois de Juin & de Juillet.

J'ai une variété de cet insecte qui est un peu plus grande, & qui a le corcelet & les élytres d'un jaune briqueté.

APATE. Genre d'insectes de la classe des Eléuterates de M. Fabricius. *Voyez* BOSTRICHE.

APHIDIVORE, *APHIDIVORUS,* ou *mangeur de Pucerons.* C'est le nom qu'on a donné à quelques insectes qui se nourrissent de Pucerons, tels que les larves des Coccinelles, des Hémérobes. *Voyez* PUCERON.

APODE, ou *sans pattes.* Tous les insectes parfaits ont six pattes ou un plus grand nombre; mais la plupart des larves n'en ont point; c'est à celles-ci qu'on a donné le nom d'*apode.* Presque toutes les larves des Diptères, la plupart de celles des Coléoptères & des Hyménoptères n'ont point de pattes, & ressemblent à des Vers, avec lesquels on les confondroit, si on ne faisoit attention à la bouche & aux stigmates. *Voyez* LARVE.

APPENDICE, *APPENDIX.* On a donné, en Entomologie, ce nom à des pièces qui paroissent comme surnuméraires, qui semblent jointes ou implantées sur le corps des insectes. Il y a une *appendice* à la base des cuisses postérieures des Carabes, des Cicindèles ; il y en a deux à l'extrémité du ventre du Grillon, de la Perle, du Cloporte. *Voy,* QUEUE.

APTÈRE, *APTERUS.* Mot tiré du grec qui signifie *sans aîles.* On a donné en général le nom d'*aptère* à tous les insectes qui n'ont point d'aîles, soit que ce défaut d'aîles ne soit qu'accidentel, soit qu'il soit particulier à quelques espèces d'un genre qui en est pourvu, comme par exemple, les Carabes, les Charensons, les Mantes, les Punaises, dont quelques espèces sont privées d'aîles ; soit enfin qu'il soit constant dans les individus d'un seul & même sexe, comme les Fourmis, les Abeilles oumières, les mulets des Mutiles, des Termès, la femelle du Lampyre ou Ver luisant, &c.

Le nom d'*aptère* ne convient point aux larves proprement dites ; il a été cependant donné à quelques insectes, qui, quoique parfaits, paroissent rester dans l'état de larve, ou mieux encore, dans celui de nymphe, tels que la Punaise des lits, la plupart des Sauterelles, &c. mais ces insectes sont considérés alors comme parfaits, puisqu'ils ne changent plus de forme & qu'ils peuvent se reproduire. Ce n'est donc qu'en comparant les insectes parfaits les uns aux autres qu'on a donné le nom d'*aptère* à quelques-uns, à ceux qui n'ont point d'aîles. Toutes les larves étant constamment privées d'aîles, il n'étoit pas nécessaire de les désigner par ce mot ; mais il y a des insectes dont les deux sexes n'ont point d'aîles, & dont tous les individus qui ont ensemble des rapports n'ont aussi point d'aîles ; ceux-ci forment une grande famille, une classe générale, & tous les insectes qui la composent sont désignés sous le nom d'*Aptères*. *Voyez* ce mot.

APTÈRES, *Aptera*. Huitième Ordre de la Classe des Insectes.

Nous devons à l'immortel Linné, la première bonne division méthodique des insectes. Raï & Lister avant lui, comprenant sous le nom générique d'*Insectes*, non-seulement les Insectes proprement dites, mais les Coquillages & presque tous les Vers, avoient fait des méthodes très-imparfaites : ils avoient divisé ces petits animaux d'après leurs métamorphoses, la forme de leurs œufs, le nombre de leurs pattes, le lieu de leur habitation, &c. Linné, après avoir séparé de la classe des Insectes tous les petits animaux qui appartenoient évidemment à celle des Vers, divisa tous les insectes en sept Ordres ou Classes, d'après le nombre, la forme & la consistance des aîles ; il nomma *Aptères*, *Aptera*, tous ceux qui n'avoient point d'aîles dans les deux sexes, & qui n'en obtenoient jamais. MM. Geoffroy, Scopoli, Schaeffer, & presque tous les entomologistes, suivirent la méthode de Linné, en y faisant quelquefois de très-légers changemens. *Voy.* AILE, INSECTE.

Les aîles sont les parties du corps des insectes qui offrent les caractères les plus constans & les plus faciles à saisir pour la division méthodique de ces petits animaux : ces caractères sont d'ailleurs assez naturels pour que tous ceux qui ont entr'eux des rapports se trouvent constamment placés dans le même Ordre, la même Section, la même famille : mais nous avons établi sept Classes ou Ordres des insectes aîlés, & une seule de tous ceux qui n'ont point d'aîles ; celle-ci renferme cependant des insectes très-différens entr'eux, soit par la forme du corps, soit par les habitudes. D'après ces considérations, nous l'avons divisée en trois Sections, qui peuvent former trois Ordres ou Classes très-distinctes. La première comprendroit tous les insectes qui n'ont que six pattes & deux antennes,

qui ne diffèrent des insectes aîlés que par le défaut d'aîles, qui ont des stigmates, mais qui ne subissent pas des métamorphoses comme les autres. Dans la seconde seroient placés tous les insectes qui ont huit pattes, qui n'ont point de stigmates apparens, qui n'ont point d'antennes, mais deux grandes antennules qui en tiennent lieu, & semblent destinées aux mêmes usages. Cette Classe seroit très-nombreuse en individus. Enfin on verroit dans la troisième tous les Crustacés, qui ont deux ou quatre antennes, un nombre de pattes au-dessus de huit, & dont le corps est couvert d'un test osseux, plus ou moins solide. Ainsi, quoique nous nous soyons contentés de diviser les *Aptères* en trois Sections, nous pensons néanmoins, ainsi que nous venons de le dire, qu'ils peuvent être divisés en trois Ordres ou Classes ; & alors, au lieu de huit Ordres que j'ai établis dans l'Introduction, on en auroit dix aussi naturels qu'il est possible de les avoir dans un arrangement méthodique.

Le chevalier Linné a divisé les *Aptères* en trois Sections : la première comprend ceux qui ont six pattes, & dont la tête est distincte du corcelet ; la seconde renferme ceux qui ont de huit à quatorze pattes, & la tête unie au corcelet ; enfin la troisième comprend ceux qui ont un grand nombre de pattes, & dont la tête est distincte du corcelet. Mais par cette division, la Mitte, le Faucheur, & l'Araignée, se trouvent placés avec le Crabe, l'Ecrevisse & le Monocle, tandis que dans la division que j'ai proposée, ces insectes sont séparés ; tous les Crustacés se trouvent placés ensemble ; tous les insectes qui n'ont point d'antennes, tels que le Scorpion, la Pince, la Mitte, le Faucheur, l'Araignée, &c. qui ont ensemble les plus grands rapports, qui se ressemblent par les formes extérieures, par les parties de la bouche, par leur manière de vivre, & qui présentent enfin des passages insensibles des uns aux autres ; tous ces insectes, dis-je, sont placés dans la même Section. Les insectes à six pattes, tels que la Puce, le Pou, le Ricin, la Podure, la Forbicine, qui s'éloignent moins que les autres des insectes aîlés, qui ont des antennes & des stigmates, forment la première Section de l'Ordre des *Aptères*, & viennent immédiatement après l'Hippobosque. La seconde Section comprend les Mittes, les Araignées, les Scorpions, &c. qui s'éloignent déjà beaucoup des véritables insectes ; enfin, la dernière renferme tous les Crustacés, qui s'éloignent encore plus des insectes aîlés. Nous regardons, comme on voit, les Aselles, les Cloportes, les Iules & les Scolopendres, comme de véritables Crustacés, fondés sur les rapports qui se trouvent entre ces insectes & les Crabes, les Ecrevisses, les Crevettes, les Squilles, &c. & sur le passage insensible qu'il y a des uns aux autres : car tous ont le corps recouvert d'une peau osseuse plus ou moins dure ; & si on les considère attentivement, on voit la plus grande analogie entre les

Afelles, les Squilles & les Crevettes, qui font, comme on fait, de vrais Cruftacés ; ces genres même ont été confondus enfemble par Degeer. Les Afelles & les Cloportes ne forment qu'un feul genre dans les ouvrages de MM. Linné, Fabricius, Scopoli, &c. & ces deux derniers auteurs ont placé, parmi les Cloportes, quelques Iules, trompés fans doute par la parfaite reffemblance qu'ils leur ont trouvée. (*Voy.* Onifcus puftulatus. FAB. & Onifcus Armadillo. SCOP. Les Iules ne diffèrent des Cloportes qu'en ce que les uns ont quatre pattes à chaque anneau, & les antennes courtes, prefque en maffe, & les autres feulement quatorze pattes, les antennes filiformes, & le corps terminé par deux petites appendices. La plupart des Cloportes & prefque tous les Iules, fe roulent & forment une efpèce de boule ; tous vivent à-peu-près de la même façon ; leur bouche eft figurée de même ; ils ont donc entr'eux la plus grande conformité. De l'Iule à la Scolopendre il n'y a, comme on fait, qu'un pas, la différence eft très-peu de chofe.

Degeer a divifé les *Aptères* en quatre Claffes ; mais la première ne renferme qu'un feul genre, celui de la Puce, que cet auteur a jugé à propos de féparer des autres, parce que cet infecte fubit des transformations, & que les autres n'en fubiffent point. Dans les deux dernières claffes, Degeer a confondu enfemble la plupart des Cruftacés avec la Mitte & l'Araignée, tandis qu'il fait une claffe de la Squille, du Cloporte, de la Scolopendre & de l'Iule, parce que la tête eft un peu diftincte, & qu'elle l'eft très-peu dans les autres.

Nous allons maintenant examiner les parties du corps des *Aptères*, leurs métamorphofes, leurs mues, leur génération, leurs habitudes, leur manière de vivre, & le lieu où ils fe trouvent ordinairement.

Des parties du corps des Aptères.

On peut divifer le corps des *Aptères* en corps proprement dit, & en membres ou pattes.

Le *corps* eft compofé de la tête, du corcelet & de l'abdomen.

La *tête* eft diftincte ou confondue avec le corcelet. Elle eft diftincte dans tous les infectes de la première Section & dans quelques-uns de la troifième. Elle eft confondue avec le corcelet, & n'eft point du tout diftincte dans tous les *Aptères* de la feconde Section, & dans quelques-uns de la troifième. Elle comprend les antennes, la bouche & les yeux.

Les *antennes :* tous les infectes de la première Section de l'Ordre des *Aptères* ont deux antennes fimples, courtes ou affez longues, filiformes, fétacées, moniliformes, &c. Ceux de la feconde Section n'en ont point ; mais ils ont deux antennules longues, fouvent en forme de pinces, qui paroiffent tenir lieu d'antennes, & que la plupart des naturaliftes avoient regardées comme de véritables

antennes, n'ayant pas fait attention qu'elles faifoient partie de la bouche de ces infectes. Ceux de la troifième Section ont deux ou quatre antennes fimples, ou divifées en deux, quelquefois branchues ou rameufes. Il faut remarquer qu'on ne trouve dans aucun autre Ordre, des infectes qui aient plus de deux antennes ; il y en a, à la vérité, qui les ont bifides, rameufes, panachées, figurées en plumes, en aigrettes, &c. mais les divifions aboutiffent à une tige commune, implantée fur la tête ; dans les Crabes, au contraire, les Ecreviffes, les Afelles, &c. il y a réellement quatre antennes implantées fur la tête, & dont deux même font quelquefois divifées prefque jufqu'à leur bafe, tellement que ces infectes paroiffent, au premier regard, avoir fix antennes. La plupart les ont beaucoup plus longues que leur corps, d'autres les ont très-courtes.

La *bouche* des *Aptères* offre des différences remarquables. Ces infectes fe nourriffent, comme tous les autres, de fubftance végétale ou animale ; ils prennent des alimens folides ou liquides ; ils ne font que fucer, ou ils dévorent leur proie. On peut, jufqu'à un certain point, à l'infpection feule de la bouche, deviner qu'elle eft la manière de vivre de chacun d'eux. Ceux qui ont une trompe accompagnée d'un fuçoir ou d'une efpèce de dard affez fort & très-aigu, font en état de percer la peau des animaux ou l'écorce des plantes, afin d'en retirer les fucs propres à les nourrir ; tels font les Poux, les Puces, les Mittes. Ceux qui ont des pinces & des griffes très-fortes & très-aiguës peuvent faifir & tuer d'autres infectes, & les dévorer ou les fucer fuivant qu'ils ont des mâchoires ou des fuçoirs ; tels font l'Araignée, le Scorpion, la Pince, la Scolopendre. Ceux qui ont des mâchoires très-dures & offeufes, tels que les Ecreviffes, les Crabes, &c. fe nourriffent d'alimens plus folides que les autres ; ils font la guerre, faififfent & dévorent des infectes & des Vers marins. Le Pou eft fimplement pourvu d'une trompe, qui contient un fuçoir très-fort, très-aigu ; au lieu que le Ricin qui lui reffemble fi fort a des mandibules affez folides, & propres à percer la peau des animaux auxquels il s'attache ; il a une trompe, mais fon fuçoir n'eft pas affez fort pour percer la peau, il n'eft propre qu'à retirer les fucs ; il faut que les mandibules ouvrent un paffage à celui-ci. La Mitte, le Trombidion & le Pycnogonon, qui fe nourriffent fimplement du fuc des animaux ou des végétaux, & ne prennent aucun aliment folide, n'avoient befoin que de fuçoirs affez forts pour pénétrer dans la chair des animaux ou dans le tiffu des plantes. Il falloit au Faucheur, à l'Araignée, au Scorpion, à la Pince, qui fe nourriffent d'autres infectes, des inftrumens propres à les faifir ; auffi leur bouche eft-elle munie de pinces, de griffes, de tenailles longues, fortes & aiguës. Les Araignées vagabondes, qui courent après leur proie, ont leurs mandibules bien plus grandes, bien plus fortes & bien plus aiguës que celles q

filen

filent pour l'attraper ; & celles-ci, qui la fucent, ont une efpèce de fuçoir, qui manque ou qui eft bien moins apparent aux autres qui dévorent leur proie fans la fucer. Quelques Afelles s'attachent fi fortement avec leurs pattes fur les Poiffons & les Cétacés, qu'il eft prefque impoffible de leur faire lâcher prife fans les déchirer ou leur arracher les pattes ; leur bouche eft compofée de parties prefque membraneufes & très-peu folides , qu'elles appliquent fur la peau des Poiffons, & avec lefquelles elles font peu-a-peu une large plaie , qui leur fournit abondamment de quoi fe nourrir, en fuçant les fucs qui viennent s'y répandre. Le Cloporte & le Iule, vivant de fubftance végétale , ont les mâchoires peu folides, & leur bouche n'a ni fuçoir, ni griffes, ni pinces, tandis que la Scolopendre qui vit d'autres infectes, a deux grands crochers au-deffous de fa bouche.

Les *yeux*. Les infectes aîlés n'ont que deux yeux, placés à la partie latérale de la tête ; la plupart, à la vérité, ont deux ou trois autres petits points faillans, arrondis, liffes, placés au fommet de la tête, qu'on a foupçonné être d'autres petits yeux, mais dont on a point encore de certitude : la plupart des *Aptères* en ont un nombre affez confidérable & très-diftincts, mais aucun d'eux n'a ces petits yeux liffes qu'on remarque aux autres. Les yeux des infectes aîlés font taillés à facettes, c'eft-à-dire, qu'ils ne font pas liffes, mais qu'ils paroiffent, au microfcope, compofés d'une prodigieufe quantité de petites facettes plates, de figure hexagone , placées à côté les unes des autres. Parmi les *Aptères*, il n'y a que les Cruftacés qui aient leurs yeux à facettes ; ceux des autres font liffes, ainfi qu'on peut le voir dans les Poux, les Puces, les Podures, les Araignées, les Scorpions, &c. Le nombre des yeux eft de deux dans le Pou, la Puce, le Ricin, la Forbicine ; il eft de feize dans la Podure. La Mitte, le Faucheur & la Pince n'en ont que deux. Le Scorpion en a fix, & l'Araignée huit : quelques Monocles ont deux yeux très-diftans ; quelques autres en ont deux fi rapprochés & fi confondus enfemble, que ces infectes paroiffent n'en avoir qu'un feul. Les yeux des infectes font fixes & immobiles ; mais ceux du Crabe, du Pagure, du Scyllare, de l'Hippe, de l'Ecreviffe, de la Squille & de la Crevette font avancés, & portés fur une efpèce de pédicule mobile. Ces infectes peuvent, par ce moyen, porter leurs yeux dans tous les fens, fuivant le befoin qu'ils ont de s'en fervir.

Le *corcelet* n'offre rien de remarquable. Il eft diftinct de la tête, mais confondu avec l'abdomen dans tous les infectes de la première Section : il eft diftinct de l'abdomen, mais confondu avec la tête dans l'Araignée : il eft confondu avec la tête & l'abdomen dans la Mitte, le Trombidion, le Pycnogonon, le Faucheur, le Scorpion, la Pince. Le Monocle, le Crabe, l'Ecreviffe, &c. ont la tête, le corcelet & l'abdomen confondus enfemble, & recouverts d'une peau très-dure, offeufe, convexe.

Hiftoire Naturelle , Infectes. Tome I.

Le Cloporte, l'Afelle, l'Iule & la Scolopendre, ont la tête diftincte ; mais le corcelet & l'abdomen font confondus. Le corps de ces derniers eft compofé d'anneaux ou de fegmens , en recouvrement, les uns à la fuite des autres. On n'y voit ni divifions ni étranglement, qui marquent la féparation du corcelet & de l'abdomen.

L'*abdomen* eft très-diftinct dans l'Araignée ; il eft féparé du corcelet par un étranglement, & il n'y tient que par un filet mince & très-court ; on voit, feulement dans les autres la place qu'il doit occuper ; mais il eft joint au corcelet & n'en eft nullement diftinct. Le Monocle, le Crabe, l'Ecreviffe, n'ont point d'abdomen apparent : tous les vifcères fe trouvent enfermés fous une boëte offeufe, folide, qui répond à la tête & au corcelet des autres infectes. On ne peut pas prendre pour abdomen la pièce qui y eft jointe, & qui eft compofée d'anneaux liés les uns aux autres par une membrane mince , flexible : nous la regardons comme une efpèce de queue, puifqu'elle eft privée de tous les vifcères, des inteftins, & des parties de la génération. L'abdomen eft divifé en plufieurs anneaux dans le Scorpion, la Pince, & tous les infectes de la première Section ; il paroît d'une feule pièce dans la Mitte, l'Araignée, le Faucheur. Tout le corps eft divifé en anneaux femblables les uns aux autres dans l'Afelle, le Cloporte, l'Iule, la Scolopendre.

Un caractère effentiel aux infectes, c'eft d'avoir des ftigmates, organes extérieurs de la refpiration : tous les infectes aîlés en font pourvus ; mais parmi les *Aptères*, il n'y a que ceux de la première Section qui en aient. On ne peut pas en appercevoir ni à ceux de la feconde, ni à ceux de la troifième ; du moins ne font-ils pas placés comme dans les autres infectes. On ne fait pas encore par où s'introduit l'air néceffaire à la refpiration de ces derniers : nous foupçonnons, avec Degeer, que par l'anus que s'introduit celui qui eft néceffaire à l'Araignée ; mais nous n'avons pas à ce fujet des preuves fuffifantes. Je foupçonne auffi que de petites ouvertures que j'ai remarquées à la partie latérale de la tête des Crabes & des Ecreviffes font des efpèces d'ouïes pour l'introduction de l'air, à-peu-près femblables à celles des Poiffons ; mais je n'ai encore, à cet égard, que des conjectures.

Le corps de la plupart des *Aptères* eft terminé par une efpèce de queue, par une ou plufieurs appendices. La Forbicine a plufieurs filets fimples, fétacés. La Podure a une queue fourchue, mobile, élaftique, appliquée fous fon corps, au moyen de laquelle elle peut exécuter un faut très-confidérable. Le Scorpion a une longue queue articulée, terminée par un aiguillon recourbé, très-fort & très aigu, à la bafe duquel il y a une petite véficule de venin, que l'infecte introduit dans la plaie lorfqu'il pique, par deux petits trous imperceptibles, placés un de chaque côté de l'aiguillon. Les Crabes, les Ecreviffes, &c. ont une queue groffe, articulée, terminée par cinq feuillets grands, larges, membraneux,

Y

affez folides. Les Cloportes & les Afelles ont deux appendices plus ou moins longues & bifides.

Les *pattes* des infectes de la première Section des *Aptères* ne diffèrent pas de celles des infectes aîlés : elles font compofées de la hanche, de la cuiffe, de la jambe & du tarfe, divifé en plufieurs articles, & terminé par deux onglets. Ces pattes n'ont rien de remarquable ; leur bafe eft couverte d'une lame ou écaille affez grande dans la Forbicine ; les poftérieures font longues, & propres pour le faut, dans la Puce. Les infectes de la feconde Section ont leurs pattes un peu différentes : elles font, à la vérité, compofées des mêmes pièces, c'eft-à-dire, qu'on y voit la hanche, la cuiffe, la jambe & le tarfe ; mais il y a, entre ces parties, d'autres pièces furnuméraires ; on y voit cinq à fix pièces principales, fans compter le tarfe, qui eft divifé en deux articles dans l'Araignée, & en un nombre très-confidérable dans le Faucheur. Les pattes des Crabes, des Ecreviffes, font auffi compofées de plufieurs pièces : les deux antérieures, nommées *pinces* & *ferres*, font quelquefois très-grandes, très-groffes, & en forme de pinces ; les autres font terminées par un onglet fimple, affez gros ; dans quelques efpèces elles font prefque toutes en forme de pinces, mais beaucoup plus petites que les antérieures. Celles des Afelles font terminées par des ongles ou croc hets arqués, fimples, longs, très-forts & très-aigus. La plupart des Scolopendres ont leurs pattes longues & terminées par un nombre prodigieux d'articles. Les Iules au contraire, ont leurs pattes très-courtes, & fi rapprochées à leur bafe, que, malgré le nombre confidérable qu'ils en ont, ils peuvent à peine marcher.

Les Crabes, les Ecreviffes ont prefque toujours leurs ferres de grandeur & même de forme différente ; il eft rare qu'elles foient parfaitement égales : la droite eft ordinairement plus groffe que la gauche, tandis que les autres paires de pattes font égales entr'elles. Quelques naturaliftes ont regardé cette conformarion comme un jeu de la nature ; d'autres ont cru qu'elle venoit de la fingulière faculté qu'ont ces infectes de recouvrer les pattes qu'ils ont perdues par quelque accident. Quoiqu'il en foit, Reaumur a donné un Mémoire qui prouve, par des obfervations & des expériences faites avec la plus grande exactitude, que fi on retranche à ces animaux une ou plufieurs pattes, une ou plufieurs antennes, ou feulement une partie des pattes & des antennes, toutes ces parties reviennent ; il en repouffe d'autres qui fe développent peu-à-peu, & que reproduit le moignon attaché au corps. Cette nouvelle patte eft d'abord plus petite que les autres, mais elle acquiert infenfiblement toute fa groffeur. *Voy.* CRABE.

Des métamorphofes & mues des Aptères.

Tous les infectes pourvus d'aîles, avant de parvenir a leur état de perfection, paffent par ceux de larve & de nymphe ; ils ont, au fortir de l'œuf, une forme bien différente de celle qu'ils prendront un jour. La plupart reffemblent a des vers fans pattes, fans antennes, fans yeux ; quelques-uns font privés de mouvement, & aucun n'a des aîles. Il n'en eft pas de même des *Aptères* ; fi nous en exceptons la Puce feule, qui paffe, comme les infectes aîlés, par les deux états de larve & de nymphe, avant de devenir infecte parfait, tous les autres confervent, toute leur vie, la forme qu'ils ont au fortir de l'œuf. Le Pou, l'Araignée, le Cloporte, le Crabe, &c. ne font fujets à aucune métamorphofe : ils ont, en naiffant, la forme qu'ils auront toute leur vie ; tous leurs membres font développés ; le feul changement qui s'opère en eux confifte dans l'accroiffement fucceffif de toutes les parties de leur corps. Cependant, quoique les *Aptères* s'éloignent beaucoup à cet-égard des autres infectes, nous croyons pouvoir les regarder comme foumis aux mêmes loix. Ces petits animaux paroiffent, à la vérité, au fortir de l'œuf, fous la forme qu'ils auront toute leur vie ; ils ne fubiffent point de transformations complettes, comme les Lépidoptères, les Coléoptères, les Diptères ; mais ils changent plufieurs fois de peau, ils muent trois ou quatre fois, & ils n'ont acquis toute leur croiffance, ils ne font infectes parfaits, & en état de fe reproduire, qu'après leur dernière mue.

Ne fommes-nous pas fondés à regarder les mues & le changement de peau du Pou, de la Mitte, de l'Araignée, comme analogue aux métamorphofes des autres infectes ? On fait d'ailleurs que les Sauterelles, les Blattes, les Punaifes, &c. ne changent pas de forme en paffant de l'état de larve à celui de nymphe, & de celui de nymphe à celui d'infecte parfait ; on fait que la feule différence qui fe trouve entre les différens états de ces infectes, c'eft que la larve n'a point d'aîles, & que la nymphe en a feulement des moignons. Mais-quoi qu'il en foit des mues des *Aptères*, cette opération les rapproche des autres infectes, & les diftingue fuffifamment des Coquillages & de tous les Vers, puifqu'on ne voit rien dans ceux-ci qu'on puiffe comparer à ces mues.

Mais quelques naturaliftes ont remarqué des efpèces de métamorphofes dans quelques *Aptères*. Degeer a vu fortir de leurs œufs des Iules qui n'avoient que fix pattes, & le corps compofé feulement de fept anneaux, fur les trois premiers defquels il y avoit une patte de chaque côté, & cependant l'infecte parfait a conftamment deux paires de pattes à tous les anneaux. Ce célèbre obfervateur a vu les anneaux & les pattes augmenter en nombre, à mefure que le petit Iule avançoit en âge ; mais il n'a pu remarquer fi cette augmentation de partie s'opéroit par une mue, ou fi c'étoit par un accroiffement fucceffif. Si nous en croyons le même auteur, quelques Mittes, telles que celles du vieux fromage, du vieux lard, & celles qui s'attachent au corps des Coufins, des Tipules, des Libellules & de quelques autres infectes, ne naiffent qu'avec trois paires de pattes ; elles reftent quelque tems dans cet état,

& la quatrième paire ne leur vient que dans la suite, & lorsqu'elles ont acquis presque toute leur croissance. Suivant le même auteur, une espèce de Monocle, *Monoculus quadricornis*, Lin. a, au sortir de l'œuf, une figure très-différente de celle de la mère, & par conséquent de celle qu'il aura un jour; cette figure ressemble beaucoup à celle des Amymones de M. Muller. *Voyez* MONOCLE. Leuwenhoeck a aussi remarqué la différence qu'il y a de la figure de quelques petits Monocles à celle de leur mère.

On voit, d'après ce que nous venons de dire, que les *Aptères* muent & changent plusieurs fois de peau dans leur jeune âge, ainsi qu'on le remarque dans les insectes ailés; que la plupart changent de forme, & que la Puce subit des métamorphoses complettes. Si nous considérons les Crustacés en particulier, nous verrons que ceux-ci s'éloignent encore plus des autres insectes; nous verrons, dis-je, qu'ils forment visiblement les derniers chaînons de la chaîne qui lie les Insectes aux Vers. Les insectes des deux premières Sections de l'Ordre des Aptères ne muent & ne croissent que pendant un certain tems de leur vie; parvenus à leur état de perfection, ils ne croissent, ne muent, & ne changent plus de peau; ils se reproduisent & restent dans le même état tout le reste de leur vie. Les Crabes, les Ecrevisses, au contraire, croissent & muent pendant toute la durée de leur vie; ils s'accouplent & se reproduisent tous les ans; &, semblables aux Poissons, aux Coquillages & à la plupart des Vers, ils sont en état de se reproduire avant d'avoir acquis la moitié de leur grosseur.

De la génération des Aptères.

Tous les *Aptères* sont ou mâles ou femelles; on ne voit point parmi eux des individus privés de sexe, ainsi qu'on le remarque parmi quelques insectes ailés. Tous s'accouplent, & la femelle après avoir été fécondée par le mâle, pond, quelques tems après, un nombre plus ou moins considérable d'œufs, qui éclosent dans un espace de tems plus ou moins grand, par la seule chaleur de l'atmosphère. Presque tous ne s'accouplent & ne pondent qu'une seule fois, comme les Poux, les Puces, les Araignées : d'autres s'accouplent & se reproduisent une fois l'an, pendant toute la durée de leur vie, si nous en croyons les naturalistes qui ont écrit sur les Crabes & les Ecrevisses.

Swammerdam n'ayant pu découvrir aucun mâle parmi plusieurs Poux qu'il a examinés, & ayant au contraire trouvé un ovaire dans le corps de tous, a soupçonné que ces insectes étoient hermaphrodites, c'est-à-dire, que les deux sexes étoient réunis dans le même individu. Mais Leuwenhoeck a clairement démontré le contraire, il a trouvé parmi ceux qu'il a examinés, des mâles & des femelles, dont les parties de la génération étoient distinctes & très-différentes; il a découvert dans le mâle toutes les parties propres à son sexe, dont il a donné les figures grossies au microscope.

L'accouplement de la plupart des *Aptères* n'a rien de remarquable, & ne diffère en rien de celui des insectes ailés. Le Pou, la Puce, la Podure, la Forbicine & plusieurs autres, ont leurs parties génitales simples & placées au bout de l'abdomen; mais la forme & la position de celles des Araignées, des Crabes & des Ecrevisses est tout-à-fait singuliere, & leur accouplement s'exécute d'une maniere différente de celle des autres insectes. Les parties qui caractérisent le sexe des Araignées sont simples dans la femelle; c'est une espèce de fente, placée à la partie inférieure du ventre, vers son origine, & à quelque distance de l'anus. Celles du mâle sont doubles, & placées à la dernière pièce des antennules. Lorsque ces insectes s'accouplent, le mâle porte alternativement & à plusieurs reprises l'extrémité de chaque antennule sur les parties de la femelle, il sort alors de la partie latérale du dernier article, un corps charnu, roide, que le mâle introduit dans la fente de la femelle.

Les parties sexuelles des Crabes, Ecrevisses, Pagures, Scyllares, &c. en un mot, de toute la famille des Crabes, sont doubles dans les deux sexes, au lieu qu'elles ne le sont que dans le mâle de l'Araignée. Le mâle de ces insectes les porte à la base des deux pattes postérieures, & la femelle les a à la base des deux pattes du milieu. On voit au mâle une cavité arrondie, remplie d'une masse charnue, en forme de mamelon, percée d'une très-petite ouverture. Roesel a observé dans le corps de l'animal deux vaisseaux spermatiques, tortueux, qui aboutissent & portent aux deux ouvertures la liqueur spermatique. Swammerdam a observé la même chose dans le Pagure *Bernard l'Hermite*. On voit, à à l'origine de la troisième paire de pattes de la femelle, une ouverture ovale, assez grande, mais bouchée en partie par des corps charnus, destinée à recevoir la semence du mâle, & donner ensuite issue aux œufs; il y a dans le corps deux grands ovaires, remplis d'une prodigieuse quantité d'œufs, qui aboutissent l'un de chaque côté aux ouvertures dont nous venons de parler. Roesel a même vu les œufs sortir par ces ouvertures, & aller s'attacher en grappe sous la queue de l'insecte. On n'a point encore observé l'accouplement de ces insectes aquatiques, mais il y a lieu de croire, par la position des parties, que les ventres sont collés l'un contre l'autre lors de l'accouplement, & que le mâle introduit en même-tems les deux parties qui constituent son sexe dans celles de la femelle.

Tous les *Aptères* sont ovipares, c'est-à-dire, que la femelle après avoir été fécondée par le mâle, pond, au bout de quelque tems, des œufs, d'où sortent ensuite les petits. Les Cloportes, les Aselles & les Scorpions paroissent cependant vivipares, parce que les petits sortent tous vivans du corps de la mère. M. Geoffroy regarde les Cloportes & les Aselles comme de véritables vivipares. « On peut même

» faciliter & pour ainſi dire accélérer l'eſpèce d'ac-
» couchement de ces inſectes. Si on prend une
» femelle de Cloporte, dont le ventre eſt gros &
» rempli de petits, & que l'on étende un peu fortement
» cet animal, de façon que la peau de ſon ventre
» s'entr'ouvre, on voit ſortir du corps de cette
» mère une foule de petits Cloportes vivans, qui
» courent légérement, qui, dans leur eſpèce, ſont
» de petits animaux parfaits, & ne diffèrent des gros
» Cloportes que par leur petiteſſe. (GEOFF. *tom.* 1.
» *pag.* 382. ») Cependant ces inſectes ſont de
véritables ovipares, ainſi qu'on peut s'en convaincre.
Quelques tems après leur accouplement, les Aſelles
& les Cloportes pondent des œufs qui n'écloſent
qu'au bout de quelque tems ; mais au lieu de les
porter à découvert, attachés ſous la queue comme
ſont la plupart des autres Cruſtacés, les Aſelles &
les Cloportes les ont dans un ſac membraneux,
placé tout le long de la partie inférieure de leur
corps. Les œufs reſtent dans ce ſac tout le tems
néceſſaire à leur eſpèce d'incubation, après quoi les
petits ſortent de l'œuf & percent le ſac qui les enveloppoit tous. Les œufs de l'Araignée ſont de même
enfermés ſous une enveloppe commune, & au lieu
que l'enveloppe ou ſac de l'Aſelle eſt une peau qui
a fait partie du corps de la mère ; l'Araignée a filé
une coque, dans laquelle elle a enfermé les ſiens.
Ceux des Crabes ſont nuds & attachés au corps de
la mère, qui ne les abandonne jamais, & d'où
ſortent les petits vivans ; il ne manque donc à ceux
des Crabes, pour reſſembler à ceux des Aſelles,
que l'enveloppe commune. Et puiſque les petits ne
ſortent vivans que du ſac dans lequel les œufs
avoient été pondus & dépoſés, nous croyons être
fondés à regarder les Aſelles & les Cloportes comme
de véritables ovipares.

Les femelles des Scorpions ne peuvent guère ſe
diſtinguer des mâles que par leur groſſeur. Ni Redi,
ni Maupertuis, qui ont beaucoup obſervé ces inſectes, ni Swammerdam, ni aucun naturaliſte n'a
parlé des parties ſexuelles des Scorpions : ils ſe ſont
contentés de nous dire qu'ils ſont vivipares, qu'en
ouvrant leur corps ils y ont trouvés des petits vivans,
dont le nombre étoit de vingt-ſix à quarante. Redi
a vu que chaque petit étoit enfermé dans une
membrane particulière, & qu'ils étoient tous comme
enfilés ou ſuſpendus à un long fil. Degeer a examiné pluſieurs Scorpions conſervés dans l'eau-de-
vie, ſans avoir pu découvrir aucune différence de
ſexe, ni avoir rien vu qui eût de la reſſemblance
avec les parties de la génération. Mais il trouva dans
le ventre de l'un d'eux un grand nombre d'œufs de
figure un peu oblongue, & de couleur jaunâtre,
placés en trois rangs à la file les uns des autres :
« d'où il paroît, ajoute-t-il, que la propagation
» de ces inſectes ſe fait d'abord par des œufs, mais
» qui enſuite écloſent dans le ventre même de la
» mère, qui les met tout vivans au monde. (*Mém.*
tom. 7. *pag.* 337.)

*Des habitudes & du lieu où ſe trouvent ordinairement
les Aptères.*

La nourriture des *Aptères* varie dans les différens genres, ſuivant les inſtrumens, la configuration de leur bouche, & les lieux qu'ils habitent.
Nous avons dit plus haut que les uns avoient des
mandibules, des mâchoires, des pinces, des tenailles, des griffes, & que les autres n'en avoient
point ; que les uns avoient un ſuçoir, fort, très-
aigu, & que le ſuçoir des autres étoit foible, incapable de percer la peau des animaux, mais accompagné de mandibules propres à lui frayer une route.
Parmi ces inſectes, les uns ſe nourriſſent du ſang
de l'homme & de différens animaux, tels ſont le
Pou, la Puce, le Ricin, & quelques Mittes ; les
autres ſe contentent de différentes ſubſtances végétales, tels ſont la Podure, le Cloporte, l'Iule &
quelques eſpèces de Mittes. L'Araignée, le Faucheur, la Pince, la Scolopendre, dévorent d'autres
inſectes. Enfin les Crabes, les Ecreviſſes vivent de
poiſſons, de vers, d'inſectes marins, de plantes
marines, &c.

On peut diviſer les *Aptères* en aquatiques & en
terreſtres. Les Pycnogonons, la plupart des Trom-
bidions, les Monocles, les Crabes, les Pagures,
les Scyllares, les Hippes, les Ecreviſſes, les Squilles,
les Crevettes, les Aſelles & quelques Cloportes vivent
dans la mer & les eaux ſalées ; très-peu ſe trouvent
dans les eaux douces. Les *Aptères* de la première
Section, les Mittes, les Faucheurs, les Araignées,
les Scorpions, les Pinces, preſque tous les Cloportes,
les Iules & les Scolopendres ſont terreſtres ; le plus
grand nombre eſt attaché au corps des autres animaux ; quelques-uns ſeulement ſont cachés dans la
terre.

On ne doit pas regarder comme des inſectes aquatiques quelques Araignées Loups, qui courent ſur la
ſurface des eaux ſans jamais y entrer. Mais il y a
une eſpèce d'Araignée qui ſe fait une habitation au
milieu des eaux douces, peu profondes. Elle conſtruit
& remplit d'air une petite loge dans laquelle elle
ſe tient, & d'où elle ne ſort que pour aller à la
chaſſe, lorſqu'elle a beſoin de manger, après quoi
elle revient à ſon logement.

La plupart des Crabes ſortent de l'eau & ſe
répandent ſur le rivage de la mer ; mais ces inſectes
ſont obligés d'y retourner bientôt : ils ne pourroient
vivre long-tems hors de l'eau ſans périr ; c'eſt ce
qu'on voit arriver lorſqu'on veut les tranſporter vivans
d'un pays à un autre. Il y a cependant des eſpèces
qui vivent aſſez long-tems dans le ſable, au bord
de la mer : & ſi nous en croyons les voyageurs,
il y a en Amérique des Crabes vraiment terreſtres,
qui habitent les montagnes & qui deſcendent une
fois l'an en grandes troupes pour ſe rendre à la
mer, afin d'y pondre leurs œufs, après quoi ils
retournent encore aux montagnes. Quelques eſpèces
ſe tiennent aux pieds des arbres, vers les bords
de la mer, & font en terre des trous ſemblables

à ceux des Lapins, & affez profonds pour que le fond foit rempli d'eau de mer qui fe filtre dans le trou à travers les fables. Le Crabe fe tient pendant le jour à moitié enfoncé dans l'eau, il en fort la nuit pour fe répandre dans les champs. (*Voy.* Rochefort, *Hift. Nat. des Antilles.*).

Catesbi & plufieurs autres voyageurs ont auffi parlé d'une efpèce de Crabe terreftre, *Cancer ruricola*, Lin. qui fait des trous profonds dans un terrein fabloneux des ifles montagneufes de l'Amérique, & qui defcend tous les ans en ligne droite & en franchiffant tous les obftacles qui s'oppofent à fon paffage pour venir dépofer fes œufs à la mer. Cette efpèce eft vraifemblablement la même dont parle Rochefort.

On connoît une petite efpèce de Crabe qui vit dans la coquille des huitres & de la plupart des bivalves, & qui a donné lieu à plufieurs fables auffi fingulières les unes que les autres, dont nous ferons mention à l'article CRABE.

Les Pagures font remarquables par leur manière de vivre. On les trouve toujours logés dans d'autres coquillages, c'eft ce qui leur a fait donner vulgairement le nom de *Bernard l'Hermite*. La partie poftérieure de leur corps, cachée dans la dépouille d'un Limaçon, n'eft recouverte que d'une peau membraneufe; mais la partie qui refte à découvert à une peau offeufe, très-dure, femblable à celle des autres Ecreviffes. A mefure que le Pagure groffit, la coquille dont il s'eft emparé fe trouve trop petite, il la quitte alors pour en reprendre une autre, & cela autant de fois qu'il en a befoin.

La plupart des *Aptères* font parafites, c'eft-à-dire, qu'ils fe nourriffent des fucs ou de la fubftance des autres animaux vivans, étant continuellement attachés à leur corps. Aucun animal peut-être n'eft exempt de Poux, de Puces, de Mittes. L'homme, les quadrupèdes & les oifeaux en font fouvent infeftés. Les infectes eux-mêmes font attaqués par des Mittes. Les cétacés & les poiffons ont auffi leurs efpèces de Poux: les Afelles leur font de larges plaies, & les font fouvent périr. Il eft peu de médecins & de naturaliftes fur-tout, qui ne foient convaincus aujourd'hui que la gale eft occafionnée par une efpèce de Mitte, qui s'introduit fous l'épiderme, y caufe un léger prurit, & attire en cet endroit une liqueur qui forme un petit bouton. Cette Mitte que j'ai vu moi-même s'apperçoit à peine à l'œil nud, mais on la diftingue bien avec une fimple loupe. Et qui fait fi la plupart de nos maladies cutanées ne font pas de même caufées par des infectes d'une petiteffe prefque infinie, & que l'œil ne peut appercevoir?

Homberg a obfervé, dans le royaume de Naples, fur les Araignées domeftiques, une maladie très-fingulière, occafionnée fans doute par des Mittes. « Il leur vient, dit cet obfervateur, une maladie qui les fait paroître horribles; l'Araignée paroît comme hériffée de petites écailles, parmi lefquelles il fe trouve une grande quantité de petits infectes,

approchans de la figure des Poux des Mouches, mais beaucoup plus petits. L'Araignée malade ne refte pas long-rems dans la même place, & lorfqu'elle court un peu vîte, elle jette à bas une partie de ces écailles & de ces petits infectes: fi on l'enferme dans cet état, elle meurt promptement ». (*Mém. de l'académie des fciences, année* 1707).

Reaumur a vu un autre efpèce de Mitte, qui s'introduit par l'anus dans les inteftins des Limaçons, & chaque fois que le coquillage rend fes excrémens, la Mitte eft entraînée au-dehors avec eux; elle fe place alors fur le collet de l'animal, & elle épie le moment favorable pour entrer de nouveau dans fon corps. (*Mém. de l'acad. des fcienc. ann.* 1710).

Les animaux terreftres ne font pas les feuls attaqués par de petits infectes *aptères*. Les Afelles s'attachent aux cétacés & à tous les poiffons; elles fe collent fortement fur leur corps par le moyen de leurs griffes, longues, arquées & très-aiguës: elles leur font peu-à-peu une large plaie, dans laquelle elles fe nourriffent ou des fucs de l'animal, ou de fes chairs devenues plus tendres à cet endroit. Elles enlèvent auffi peu-à-peu la chair des poiffons morts. Il n'eft pas rare de trouver dans la mer, en pêchant, des fquelettes de poiffons recouverts de leur peau, & affez bien confervés pour qu'ils foient très-reconnoiffables: j'en poffède qui ont confervé non-feulement la même forme qu'avoit le poiffon, mais dont les couleurs auffi n'ont pas été altérées.

ARAIGNÉE, *Aranea.* Genre d'infectes de la feconde Section de l'Ordre des Aptères.

Les *Araignées* font des infectes fans aîles & fans antennes, qui ont huit yeux, huit pattes compofées de fix pièces très-diftinctes, deux efpèces de bras ou antennules au lieu d'antennes, la bouche armée de deux fortes tenailles ou pinces, & enfin le ventre féparé du corcelet par un étranglement.

Ces infectes, très-communs & très-répandus, auffi remarquables par leur figure que par leurs travaux & leurs manœuvres, ont dû de tous les tems attirer l'attention du philofophe & du naturalifte. On trouve auffi beaucoup d'obfervations fur les *Araignées* dans Ariftote & Pline, chez les anciens. Dans Mouffet, Aldovandre, Jonfton, Leuwenhoeck, Lifter, Swammerdam, Reaumur, Geoffroy, Clerck, Degeer & plufieurs autres parmi les modernes. Leur hiftoire générale ne laiffe prefque plus rien à defirer.

Le Faucheur eft le feul genre d'infectes avec qui l'*Araignée* peut être confondue: les anciens naturaliftes le regardoient comme une efpèce d'*Araignée* qu'ils défignoient fous le nom de *Araneus longipes. Araneus binoculus*, Araignée à longues pattes, ou Araignée à deux yeux. Cependant le Faucheur fe diftingue très-facilement de l'*Araignée*; il n'a que deux yeux, le ventre eft intimement uni au corcelet & femble ne faire avec lui qu'une feule pièce; les pattes font terminées par un nombre confidérable d'articles très-peu diftincts; enfin les mandibules

ont en forme de pinces, tandis qu'elles font terminées par un onglet fimple dans l'*Araignée*.

La peau qui recouvre le corps des *Araignées* eft
dure & épaiffe fur la tête, le corcelet & les pattes;
elle eft molle & mince fur le ventre : elle n'eft prefque jamais glabre; car on voit fur les unes un léger
duvet très-doux & très-fin, quelquefois cotonneux
& ferré; fur quelques autres ce font des poils fins,
longs & affez ferrés; d'autres enfin ont des poils plus
ou moins roides qui reffemblent à des piquans.

La durée de la vie des *Araignées* paroît encore
incertaine. Clerck affure que les *Araignées* de
Suède ne vivent pas au-delà d'une année. Il paroît
cependant, d'après les obfervations de tous les naturaliftes, qu'elles vivent au-delà de ce terme; s'il
en eft plufieurs qui périffent aux approches de l'hyver, il eft en eft auffi qui, pour fe garantir des
impreffions du froid, toujours très-dangereux pour
elles, favent fe cacher fous des écorces d'arbres,
dans des trous qu'elles ferment exactement par le
moyen d'une toile forte & ferrée qu'elles filent. La
Tarentule paffe l'hyver dans le trou qu'elle a habité
pendant l'été, après l'avoir exactement fermé. Mais,
malgré les précautions que ces infectes prennent, il
n'eft pas douteux qu'il n'en périffe un nombre très-
confidérable pendant cette faifon, puifqu'on ne
voit que très-peu de groffes *Araignées* au printems.
Nous ne favons rien de certain touchant celles qui
habitent les pays les plus chauds.

On fait que les *Araignées* quittent & changent
plufieurs fois de peau avant de parvenir à leur entier
accroiffement; mais, bien différentes de prefque
tous les autres infectes, elles ne changent pas de
forme. La petite *Araignée*, au fortir de l'œuf, eft
pourvue de toutes fes parties; elle reffemble exactement à la vieille *Araignée*; & fon corps, en fe développant, refte toujours le même. Il feroit peut-
être très-curieux de s'affurer fi elle ne change plus
de peau lorfqu'elle eft parvenue à fon entier accroiffement, & fi elle ne peut fe reproduire qu'après fa
dernière mue; car s'il n'y avoit que les jeunes *Araignées* qui fuffent fujettes à ce changement de peau,
comme nous fommes portés à le croire, malgré
l'affertion de quelques naturaliftes qui veulent que
ces infectes changent de peau toutes les années; ne
feroit-on pas fondé à regarder ce premier temps,
leur enfance en un mot, comme un état de larve &
de chryfalide? & leur dernier feulement comme
celui d'infecte parfait? Tous les infectes foumis alors
à la même loi, ne pourroient travailler à leur repro-
duction que lorfqu'ils feroient enfin parvenus à ce
dernier état.

Degeer a obfervé la manière dont s'y prend
l'*Araignée* pour changer de peau : « J'ai eu un jour
» occafion, dit-il, de voir une petite *Araignée* oc-
» cupée à fe défaire de fa vieille peau, étant fuf-
» pendue par le derrière à un fil de foie, comme
» elles le font alors toujours : j'obfervai d'abord,
» que la vieille peau s'étoit fendue tout le long du
» milieu du corcelet, & que le corps fut d'abord

» tiré hors de l'ou   de cette fente, après quoi
» l'*Araignée* tenoi   autres élevées en haut &
» étendues en lign   re, les unes tout près des
» autres en paquet   t le dos dirigé en deffous
» ou tourné en bas   fuite elle tira peu-a-peu &
» lentement toutes   pattes à la fois de leurs en-
» veloppes, contin   toujours de les tenir dirigées
» en haut & en ligne droite, & parallèles les unes
» auprès des autres, parce qu'alors elles étoient
» encore trop foibles pour être mifes en mouvement.
» Quelques inftans après, elle les plioit & les appli-
» quoit contre le corps, reftant cependant longtems
» dans cette dernière pofture, & toujours fufpen-
» due au fil qui paroît de fon derrière; mais enfin
» elle commençoit à fe donner du mouvement & à
» marcher. D'abord après la mue toutes les parties
» de l'*Araignée* font fi molles & fi foibles, qu'elle
» ne fauroit prefque les remuer; mais peu-à-peu la
» nouvelle peau qui les couvre prend de la confif-
» tance par l'action & l'impreffion de l'air extérieur,
» qui la durcit par degrés. La vieille peau du cor-
» celet & de toutes les parties qui y font attachées,
» conferve à l'extérieur la même figure qu'elle avoit
» fur l'*Araignée*; mais celle du ventre, comme plus
» molle & plus mince, fe chiffonne & fe réduit en
» un petit paquet informe ». (*Mem. tom. 7, page
183.*)

Les mâles, qu'on rencontre beaucoup plus rarement que les femelles, font très-aifés à diftinguer :
leur ventre eft beaucoup plus petit que celui de la
femelle, & fouvent même plus petit que leur corcelet. Mais ce qui les fait encore mieux reconnoître,
c'eft que le dernier article de leurs antennules eft
figuré en maffe ou en forme de bouton plus ou moins
arrondi.

Des parties du corps des Araignées.

Les *Araignées* n'ont point d'antennes; elles diffèrent
en cela de prefque tous les autres infectes; mais les
antennes font remplacées par deux autres pièces
nommées bras par quelques naturaliftes, & antennules par d'autres, qui partent de la partie poftérieure & latérale de la tête, & qui font compofées de
cinq articles, dont le dernier, dans les mâles feulement, un peu plus renflé que les autres, renferme
les parties de la génération. Ces bras, plus longs
dans les femelles, & d'égale épaiffeur par-tout, ont
leur infertion a la bafe latérale externe des mâchoires, à côté des pattes de l'animal dont ils ne paroiffent pas différer beaucoup au premier coup-d'œil;
mais, fi on y fait attention, on voit qu'ils font beaucoup plus courts que les pattes, qu'ils n'ont que cinq
pièces tandis que les pattes en ont fix, & qu'enfin
ils ne font terminés que par un onglet imperceptible dans la femelle feulement. L'infecte d'ailleurs,
les porte toujours en avant, il les remue & les agite
prefque continuellement lorfqu'il marche, comme
s'il vouloit tâter le terrein ou les objets qui fe trouvent devant lui. C'eft ce qui leur a fait donner le

nom de *tentacula* par les naturalistes qui ont écrit en latin. M. Geoffroy a regardé ces parties comme de vraies antennes, fondé fans doute fur leur ufage à-peu-près femblable a celui de antennes de tous les infectes qui en font pourvus, & d'après le caractère que cet auteur affigne à la claffe générale des infectes qui eft d'avoir des antennes.

La tête eft confondue avec le corcelet ; on apperçoit feulement deux impreffions obliques plus ou moins marquées en forme de V, qui paroiffent les féparer l'un de l'autre. Ces impreffions partent de la partie latérale antérieure du corps de l'infecte, & vont fe joindre vers le milieu de fa partie fupérieure.

Les yeux font au nombre de huit : ils font liffes, brillans, durs, immobiles & toujours placés fur la tête, c'eft-à-dire, en avant des deux lignes obliques qui fe trouvent entre la tête & le corcelet. La pofition & la grandeur de ces yeux varient fouvent dans les différentes efpèces ; mais elles font toujours à-peu-près les mêmes dans les *Araignées* qui travaillent & qui vivent de la même façon. On eft porté à croire que l'arrangement des yeux de ces infectes eft inféparable de leur manière de vivre ; car il eft fi conftant qu'en examinant de près une *Araignée*, on peut, à l'infpection feule de fes yeux, favoir à quelle famille elle appartient. Nous en parlerons bientôt avec plus de détail. Quelques efpèces, parmi celles des caves, paroiffent n'avoir que fix yeux, parce que les deux latéraux font fi rapprochés l'un de l'autre, qu'ils femblent fe confondre, & de deux n'en former qu'un.

La bouche des *Araignées* a une figure bien différente de celle des autres infectes : elle eft compofée de deux mandibules, de deux mâchoires, d'une lèvre inférieure & de deux antennules, qui font ces deux pièces qui fe trouvent à la partie latérale un peu poftérieure de la bouche, & que nous avons auffi nommées bras, à l'imitation de Clerck & Degeer.

Les mandibules, nommées *tenailles*, *griffes*, *ferres*, par MM. Geoffroy & Degeer ; *tela* par Lifter, & *retinacula* par Clerck, font placées à la partie la plus antérieure de la bouche, perpendiculairement à la tête, elles font compofées de deux pièces, dont la première eft très-groffe, dure, plus ou moins velue, prefque cylindrique, mais coupée obliquement à fon extrémité, du côté de fa partie interne, & armée, à cet endroit, d'un double rang de dents. L'autre pièce, en forme de crochet, eft très-mince, très-dure, entièrement glabre, courbée & terminée en une pointe très-fine. Ce crochet eft ordinairement appliqué, lorfque l'*Araignée* n'en fait pas ufage, entre les dents de la première pièce ; il n'a qu'un mouvement de flexion & d'extenfion tandis que la première pièce fe meut dans tous les fens. L'*Araignée* avance fes mandibules en avant, les ouvre de côté & leur fait exécuter divers mouvemens ; & cependant celles des autres infectes n'ont qu'un mouvement latéral. C'eft avec les mandibules

que les *Araignées* faififfent leurs proies & qu'elles piquent.

Les mâchoires placées au-deffous des mandibules, entre les deux bras ou antennules, font courtes, dures, larges & ciliées intérieurement. Il paroît que c'eft avec le moyen de ces deux pièces que l'*Araignée* mange ou fuce fa proie.

La lèvre eft une pièce qui termine la bouche poftérieurement. Elle eft un peu plus courte que les mâchoires, affez mince, prefque membraneufe, ciliée, arrondie ou un peu échancrée à fon extrémité.

Le corcelet eft convexe ou un peu aplati, ovale ou en cœur, & plus ou moins gros dans les différentes efpèces. Les *Araignées* Loups & les Phalanges l'ont toujours beaucoup plus gros que les Fileufes & les Crabes. Il eft couvert d'une peau comme cruftacée, moins velue que celle du ventre. Sa partie inférieure ou la poitrine eft plate & donne naiffance aux huit pattes.

L'abdomen ne tient au corcelet que par un filet mince, ce qui fuffit pour diftinguer au premier coup d'œil ce genre d'infectes de tous ceux avec qui il paroît avoir quelques rapports. Il eft toujours beaucoup plus petit dans les mâles que dans les femelles. Sa figure varie ; il eft ovale, globuleux, triangulaire, &c. Il eft fouvent armé d'épines très-longues & très-fortes. Il eft couvert d'une peau fine, molle, plus ou moins cotonneufe & quelquefois velue. On y voit à fa partie antérieure & inférieure, dans les femelles feulement, une fente qui caractérife leur fexe. Nous en parlerons en traitant de la génération des *Araignées*. Les pattes font au nombre de huit ; elles partent toutes de la poitrine & elles font compofées de fix pièces. La première, qui tient au corps, eft nommée *la hanche* ; la feconde, la *cuiffe* (celleci tient à la hanche par une très-petite pièce) ; on a donné le nom de *genou* à la troifième, celui de *jambe* à la quatrième ; enfin, les deux autres forment le *tarfe*, dont le dernier article eft terminé par deux crochets petits & courbés. Ces pattes font couvertes d'une peau dure & comme cruftacée & garnies de poils plus rares, mais plus longs que fur le corps : on y voit auffi très-fouvent des piquans minces & affez longs. La longueur refpective des pattes & leur épaiffeur varient : les *Araignées* tendeufes & les *Araignées* Crabes les ont ordinairement plus longues que les *Araignées* Loups & les *Araignées* Phalanges ; mais celles-ci les ont plus fortes & plus épaiffes. Cette différence dans les pattes fournit un des caractères que nous employons pour la divifion des *Araignées* en familles.

Avant de paffer à l'examen du travail des *Araignées*, de leur manière de vivre, de leur génération & de leur venin, nous croyons devoir préfenter les Tableaux de leur divifion méthodique que Lifter, Clerck & Degeer nous en ont donnés. Ces divifions font fondées fur la forme du corps & la manière de vivre de ces infectes.

TABLEAU

DE LA DIVISION

DES ARAIGNÉES,

D'APRÈS LISTER, EN 1678.

ARAIGNÉES

A HUIT YEUX
Octonoculi.

TENDEUSES,
Aucupes.

Qui tendent, pour attraper des mouches,

Des réseaux orbiculés.
Reticula orbiculata.

Des réseaux irréguliers.
Reticula conglobata.

Des toiles ferrées.
Telas linteoformes

Qui ne filent pas pour attraper des mouches, mais qui conftruifent feulement un logement pour paffer l'hiver.

CHASSEUSES,
Venatorii.

Araignées Loups proprement dites.
Lupi.

Araignées Crabes.
Cancriformes.

Araignées Phalanges, ou qui fautent fur leur proie.
Phalangia.

A DEUX YEUX.
Binoculi.

Araignées à longues pattes, nommées *Faucheurs,* armées de pinces comme les Crabes marins. *Voy.* FAUCHEUR.

TABLEAU

TABLEAU
DE LA DIVISION
DES ARAIGNÉES,
D'APRÈS CLERCK, EN 1757.

Dont la toile est

à réseau vertical.

Aranei verticales.
Retibus orbiculatis. LIST.

à réseau irrégulier.

Aranei irregulares.
Retibus conglobatis. LIST.

à réseau serré.

Aranei textores.
Telis linteoformibus. LIST.

FILEUSES
Aucupes. LIST.

AÉRIENNES
Octonoculi. LIST.

Qui ne filent pas & qui
attrapent leur proie à la course.

Loups.

Aranei Lupi. id. LIST.

Phalanges.

Aranei Phalangii.
Phalangia. LIST.

SAUTEUSES,
Venatorii. LIST.

Crabes.

Aran. Cancriformes. id. LIST.

ARAIGNÉES

Qui vivent dans l'eau.

Aquatiques.

Aranei aquatici.

AQUATIQUES

DIVISION
DES ARAIGNÉES,
D'APRÈS DEGEER, EN 1777.

ARAIGNÉES FILEUSES.

PREMIERE FAMILLE.

ARAIGNÉES TENDEUSES.

ARANEÆ RETIARIÆ.

Araignées qui filent des toiles circulaires & régulières en réseau, qu'elles tendent verticalement.
Aran. ret. orbiculatis. LIST. *Aran. verticales.* CLERCK.

DEUXIEME FAMILLE.

ARAIGNÉES FILANDIÈRES.

ARANEÆ TEXTORIÆ.

Araignées qui filent des toiles irrégulières & sans figure déterminée.
Aran. ret. conglobatis. LIST. *Aran. irregulares.* CLERCK.

TROISIEME FAMILLE.

ARAIGNÉES TAPISSIÈRES.

ARANEÆ VESTIARIÆ.

Araignées qui filent des toiles serrées, horizontales, régulières.
Aran. telis linteoformibus. LIST. *Aran. textores.* CLERCK.

ARAIGNÉES CHASSEUSES.

QUATRIEME FAMILLE.

ARAIGNÉES LOUPS.

ARANEÆ LUPI.

Araignées vagabondes, qui ne filent point de toiles, mais qui courent sur leur proie.
Aran. Lupi. LIST. CLERCK.

CINQUIEME FAMILLE.

ARAIGNÉES PHALANGES.

ARANEÆ PHALANGIA.

Araignées fauteufes qui ne filent point de toile, mais fautent fur leur proie.
Aran. Phalangia. LIST. CLERCK.

SIXIEME FAMILLE.

ARAIGNÉES CRABES.

ARANEÆ CANCROIDES.

Araignées qui ne filent point de toile, qui marchent de côté, & qui reffemblent un peu à des Crabes.
Aran. Cancroides. LIST. CLERCK.

ARAIGNÉES AQUATIQUES.

SEPTIEME FAMILLE.

ARAIGNÉES AQUATIQUES.

ARANEÆ AQUATICÆ.

Araignées qui vivent dans l'eau.
Aran. aquaticæ. CLERCK.

De la nourriture & du travail des Araignées.

Les *Araignées* font très - carnacières ; elles ne vivent que de rapine & elles font une guerre continuelle à prefque tous les autres infectes, Mouches, Coufins, Tipules, Friganes, Ephémères, Chenilles, Papillons, Coléoptères même, tout eft bon, tout ce qu'elles peuvent attraper leur fert indifféremment de nourriture. Les unes fucent fimplement les infectes qui fe trouvent pris à leurs filets ; les autres les dévorent prefque entiérement, ne laiffant que les parties les plus dures, les pattes, les aîles & les élytres. Leur cruauté va bien plus loin, elles fe dévorent les unes les autres lorfqu'elles en ont l'occafion, ce qui arrive cependant très-rarement ; car elles n'habitent enfemble que les premiers jours de leur vie ; une fois féparées, chacune vit ifolée dans fa toile, & ne la quitte pas à moins que ce ne foit pour aller s'établir ailleurs. Les *Araignées* vagabondes, qui courent çà & là pour chercher leur proie, fe rencontrent plus fouvent, mais la plus foible des deux prend la fuite, & l'autre ne la pourfuit prefque jamais ; lorfqu'il arrive qu'elles s'attaquent, le combat ne finit que par la mort de l'une qui eft dévorée par la fucée auffi-tôt par l'autre. J'ai mis dans le mois d'Août, fous une cloche de verre, l'*Araignée faficée* & la *Tarentule*, que je gardois féparément depuis un mois, fans leur avoir donné à manger ; c'étoient deux femelles, toutes les deux parvenues à leur entier accroiffement : dès qu'elles furent enfemble, je les vis s'éloigner l'une de l'autre à reculons en paroiffant fe regarder fixément. Comme elles ne firent enfuite aucun mouvement pendant plus d'une heure que je voulus les obferver, croyant que ma préfence les incommodoit, je les laiffai pour ne les revoir qu'au bout de deux heures : la *Tarentule* étoit alors occupée à manger *la faficée*. Le lendemain il n'en reftoit plus que de foibles débris ; excepté le bout des pattes, tout avoit été dévoré. Mais je fus furpris de trouver à côté de ces débris la Tarentule morte fans avoir reçu cependant aucune bleffure apparente. Je ne fais fi fa mort fut caufée par quelque piqûre que l'autre lui eût faite avant de fuccomber, ou fi cet aliment lui avoit été contraire après le long jeûne qu'elle avoit fait. La même chofe arrive lorfqu'on jette une *Araignée* dans la toile d'une autre : la propriétaire l'attaque à l'inftant, s'en empare, la tue & la mange lorfqu'elle eft beaucoup plus forte, où elle prend la fuite lorfqu'elle eft beaucoup plus petite. Elles fe livrent quelquefois un combat cruel & opiniâtre qui ne finit que par la mort de l'une, & fouvent de toutes les deux, lorfqu'elles fe font bleffées mutuellement.

M. Geoffroy a obfervé qu'il arrive fouvent que les vieilles *Araignées* vont s'emparer de force de la toile de quelque jeune. Avec l'âge, le réfervoir de la liqueur qui leur fournit des fils s'épuife, elles ne peuvent plus faire de toile, qui cependant leur eft néceffaire pour attraper leur proie : il faut donc s'emparer de l'ouvrage de quelqu'autre plus foible. Sou-

vent cette dernière n'attend pas qu'elle foit attaquée, elle s'enfuit, elle abandonne fa toile & va en conftruire une autre ailleurs. Cependant M. Degeer dit dans fes Mémoires fur les Infectes, qu'il ne lui eft jamais arrivé de voir les *Araignées* fe chaffer naturellement de leurs toiles pour s'en emparer, elles ne femblent pas aimer les ouvrages de leurs femblables pour s'y établir, ils font fans doute pour elles des pays étrangers où elles n'aiment pas à demeurer.

Quoique la plupart des *Araignées* ne tendent pas de toile pour attraper leur proie, toutes cependant filent plus ou moins & font pourvues d'organes propres à cet ufage. La ftructure extérieure de ces organes auxquels on a donné les noms de mamelons, & de filières, eft très-curieufe & très-fingulière. Les mamelons, ainfi nommés à caufe de leur forme, font au nombre de quatre, & placés à l'anus de l'infecte ; ils fe montrent plus ou moins au-dehors dans les différentes efpèces, & ont un mouvement fort libre en tout fens ; ils font beaucoup plus gros & plus faillans dans les *Araignées* fileufes que dans les chaffeufes : leur extrémité eft arrondie &, vue au microfcope, elle paroît criblée de petits trous telle à-peu-près que la tête d'un arrofoir. Leuwenhoek & Degeer difent qu'elle eft hériffée dans les *Araignées* de la première famille, d'une infinité de petites parties alongées, de figure conique, percées chacune à leur extrémité, d'un très-petit trou. Ce font là les filières d'où fort cette prodigieufe quantité de fils très-fins & très – déliés, dont l'enfemble, qui va quelquefois au-delà de mille, ne forme cependant qu'un fil encore très-mince & très-fin. Ces favans ajoutent que ces parties alongées & coniques ne font pas toujours vifibles, que fouvent la tête ou extrémité du mamelon ne paroît avoir que des très-petits points ; mais qu'en preffant un peu le corps du mamelon, on oblige les parties coniques qui s'y étoient retirées à fe montrer au-dehors. Ces filières ont une figure qui leur eft particulière & qui empêche de les confondre avec les poils dont le mamelon eft quelquefois hériffé : car ceux-ci font plus éfilés & plus alongés, tandis que les filières ont toujours une figure conique. Réaumur a découvert encore deux autres petits mamelons placés au milieu des quatre grands ; mais comme leur figure eft différente, Degeer doute que ce foient de véritables mamelons ; il les foupçonne d'être plutôt les organes extérieurs de la refpiration de ces infectes. « Que les *Araignées* aient befoin de refpirer l'air, dit-il, c'eft ce que nous démontrent fur-tout celles qui vivent dans l'eau, & qui de temps en temps s'élèvent à la furface & font fortir le derrière où fe trouvent les mamelons qu'elles remuent alors en tout fens. Cette manœuvre ne femble deftinée que pour la refpiration de l'air, comme le font les Ditiques, les larves des Coufins & d'autres infectes aquatiques. Peut-être donc que les deux petits mamelons coniques font les organes de la refpiration dans l'*Araignée* ». (*Mém. tom.* 7 , *p*. 211).

Les réfervoirs de la matière à foie qui fe trouvent dans l'intérieur du corps font au nombre de fix grands & deux petits. Pour les examiner facilement, il eft néceffaire de faire bouillir auparavant l'infecte, ou de le laiffer quelques heures dans l'efprit de vin. Après cette opération, les parties les plus effentielles ont acquis affez de folidité pour être très-fenfibles, dans les groffes efpèces, même fans le fecours du microfcope. Si on ouvre alors le ventre d'une *Araignée*, on voit diftinctement fix grands réfervoirs en forme d'inteftins placés les uns à côté des autres & recoudés fix ou fept fois, qui partent d'un peu au-deffous de l'origine du ventre, & viennent aboutir en ferpentant aux mamelons. Ils font prefque de groffeur égale dans toute leur étendue, mais ils fe terminent vers les mamelons en un filet très-mince. A la bafe de ces fix réfervoirs, il y en a deux autres un peu plus petits & de la figure d'une larme de verre, placés un de chaque côté, fur une ligne oblique. Ces deux petits réfervoirs communiquent aux fix grands par des branches qui fe recoudent un grand nombre de fois, & forment enfuite divers lacis. Il paroît que c'eft dans les deux réfervoirs en forme de larmes que fe ramaffe & fe prépare d'abord la matière vifqueufe qui doit fournir la foie; les fix autres ne font peut-être deftinés qu'à la contenir ou à lui faire fubir un dernier degré de perfection. Voici ce que Reaumur dit à ce fujet: « Les larmes font les premiers réfervoirs où on trouve affemblée la matière vifqueufe qui doit former les fils de foie, & ceux où cette matière a le moins de confiftance; elle en a beaucoup davantage dans les fix grands réfervoirs où les canaux des précédens la portent; elle en acquiert en chemin faifant; une partie de l'humidité ou de la liqueur aqueufe qui y étoit mêlée, s'en diffipe pendant la route, ou en eft féparée par des parties deftinées à cet ufage. Enfin cette liqueur, en allant aux mamelons par des tuyaux particuliers, fe fèche encore davantage, elle devient fil. Au fortir de la fillière, ces fils font cependant encore gluans; ceux qui font fortis de différens trous fe collent enfemble à quelque diftance de là. Cette matière n'eft parfaitement fèche que lorfque le refte de l'humidité s'eft évaporée. Tout cela fe prouve parfaitement fi l'on fait fècher près du feu, ou fi l'on fait bouillir dans l'eau une groffe *Araignée*. Lorfqu'on ne l'a pas fait cuire pendant long-temps, ou qu'on ne l'a pas beaucoup fait fècher, on trouve que les larmes ont plus de confiftance, elles fe tirent en fils, & la matière des grands réfervoirs ne peut plus s'y tirer. Le même degré de chaleur qui a fuffi pour fècher la première matière ne fuffit pas pour fècher la feconde. Enfin fi on fait cuire l'*Araignée* jufques à un certain point, la matière des larmes ne peut plus fe retirer en fils, elle paroît une efpèce de colle dure; d'où il eft clair que c'eft précifément en féchant, ou parce que l'humidité inutile s'évapore, que la matière de la foie devient foie ». (REAUM. *Mém. de l'Acad. an.* 1713,*p.* 218).

Les toiles des *Araignées* n'ont pas toutes la même figure ni la même folidité, quoiqu'elles foient également propres à arrêter les infectes qui s'y laiffent prendre. Les unes font une efpèce de filet très-lâche, d'une figure fpirale régulière; quelques autres ne font compofées que de fils tendus dans tous les fens & fans aucun ordre apparent; d'autres enfin reffemblent à une efpèce de tapis d'un tiffu ferré, étendu fur un plan vertical. Nous allons examiner la manière dont les différentes efpèces d'*Araignées* s'y prennent pour conftruire leurs toiles. Nous commencerons par celles de la première famille dont les toiles forment un réfeau en fpirale. Ces *Araignées* tendent leurs toiles verticalement entre les rameaux des arbres & quelquefois au-deffus d'un foffé ou d'un ruiffeau. Pour expliquer comment elles parvenoient à attacher leurs fils de l'un à l'autre bord, Lifter a prétendu qu'elles éjaculoient & lançoient leurs fils de la même façon, dit-il, que les Porcs-épics lancent leurs piquans; avec cette différence cependant que les piquans du Porc-épic fe détachent entièrement du corps, tandis que les fils des *Araignées*, quoique pouffés au loin, reftent attachés au corps de l'infecte. Cette étrange opinion de Lifter n'a pas befoin d'être réfutée : on fent bien qu'un fil compofé d'une quantité très-confidérable d'autres fils d'une fineffe prodigieufe, ne peut être lancé au loin fans que la réfiftance de l'air ne le forçât de fe replier. Il faudroit d'ailleurs des mufcles bien plus forts & bien plus vigoureux que ceux des mamelons pour les lancer même à une très-petite diftance. La plus grande difficulté que doit éprouver l'*Araignée* pour conftruire fa toile au-deffus d'un foffé, c'eft de tendre des fils qui communiquent d'un bord à l'autre; car lorfqu'elle eft parvenue à avoir un pont de communication, fon ouvrage devient très-facile; elle peut paffer alors librement de l'un à l'autre bord & tendre tous les fils dont elle a befoin pour fon ouvrage. Lorfqu'elle veut placer fa toile entre des branches ou des rameaux d'arbres, fouvent un feul fil de communication lui fuffit; mais il lui en faut néceffairement un fecond beaucoup plus bas & à-peu-près parallèle au premier, lorfque c'eft fur un ruiffeau ou un foffé qu'elle veut s'établir. L'*Araignée* choifit pour cela un temps calme; elle fe tient fur les fix pattes de devant, & par le moyen des deux pattes de derrière elle tire de fes mamelons un fil plus ou moins long fuivant la diftance qu'il y a d'une branche à l'autre, ou fuivant la largeur du foffé; elle laiffe flotter au gré du vent ce fil qui ne tarde pas à fe coller contre quelque branche par fon gluten naturel. L'*Araignée* le tire à elle de temps en temps pour reconnoître s'il eft attaché à quelque part : elle bande alors ce fil & elle le fixe à l'endroit où elle fe trouve; elle répète la même opération lorfqu'elle a befoin d'en tendre un autre un peu plus bas; après quoi elle paffe à l'autre bord par le moyen de ces fils qu'elle attache alors aux endroits qui lui paroiffent les plus convenables & qu'elle double & triple pour leur donner plus de folidité. Lorfque ces deux fils font tendus parallèlement, l'*Araignée* en file plusieurs autres dans tous les sens à l'un & à l'autre bord, qui partent des branches & viennent aboutir à chacun de ces fils ; quelques-uns font destinés à donner de la solidité au fil supérieur qui doit soutenir presque tout l'ouvrage. Les fils font tendus de façon qu'ils laissent à leur centre un espace à-peu-près circulaire pour les rayons & la ligne spirale. Lorsque le plan extérieur de la toile est tracé, l'*Araignée* construit les rayons : pour cela elle tend un fil qui coupe diamétralement l'espace circulaire dont nous venons de parler ; après quoi elle vient se placer au milieu de ce premier fil, & y en attacher un autre qu'elle va fixer à la circonférence, à une petite distance de l'endroit où elle a fixé la ligne diamétrale ; elle revient ensuite attacher un nouveau fil au centre qu'elle va fixer de la même manière à la circonférence, en donnant à celui-ci le même espace qu'elle a donné au premier. Elle répète cette manœuvre jusqu'à ce qu'elle ait achevé tous les rayons. Il faut observer que l'*Araignée* ne manque jamais de remonter & de descendre par le dernier fil qu'elle vient d'attacher.

Lorsque tous les rayons font finis, il reste encore à l'*Araignée* un grand travail ; elle tend sur ces rayons un fil qui part en ligne spirale, de la circonférence, & va aboutir au centre : ce fil sert de trame, il consolide & termine la toile. Dès que les rayons font achevés, l'insecte se place ordinairement au haut de la toile, & il passe successivement d'un rayon à l'autre, en dévidant son fil, & le fixant, par le moyen des pattes postérieures, à chaque rayon, parallèlement au fil supérieur. Mais l'espace qui se trouve entre chaque rayon étant trop grand, vers la circonférence, l'*Araignée* se sert du fil supérieur pour passer de l'un à l'autre.

La toile achevée, l'*Araignée* construit à l'une des extrémités supérieures, entre plusieurs feuilles rapprochées, ou tout autre endroit convenable, une petite loge, qui lui sert d'abri contre la pluie, le soleil ou le mauvais tems. Elle s'y tient ordinairement toute la journée, & ne descend guère au centre de la toile que le matin & le soir. Elle choisit le haut de la toile afin de s'y réfugier plus promptement en cas de besoin, car ces insectes montent bien plus facilement qu'ils ne descendent.

Nous ne dirons rien des *Araignées* de la seconde famille nommées *filandières*, dont les unes attachent seulement sur les arbres, dans les buissons, dans les coins des murs, dans les caves ou dans les greniers, quelques fils qui se croisent dans tous les sens & qui n'ont aucune figure déterminée ; mais qui ne font pas moins très-propres à arrêter les insectes qui viennent s'y engager. Tous ces fils communiquent à une espèce de nid à-peu-près cylindrique dans lequel l'*Araignée* se place en attendant sa proie. Les autres construisent dans quelque trou d'un mur ou la fente d'une porte & d'une fenêtre un nid cylindrique, d'un tissu très-serré, d'où partent des fils plus ou moins longs, comme autant de rayons attachés & fixés au-

tour de ce nid & destinés à avertir l'*Araignée* lorsque quelque insecte vient y marcher dessus. Ces dernières ont été placées par Lister parmi les *Araignées* tapissières.

Les *Araignées* de la troisième famille, nommées *tapissières*, placent ordinairement leurs toiles dans les coins des murs, derrière des portes ou des fenêtres ; quelques espèces les construisent sur des arbres ou des arbrisseaux. Homberg a décrit la manière dont s'y prend l'*Araignée* domestique pour tendre sa toile. « Lorsqu'une *Araignée*, dit cet illustre observateur, veut placer sa toile dans quelque coin d'une chambre & qu'elle peut aller aisément dans tous les endroits où elle veut attacher ses fils, elle écarte les quatre mamelons qu'elle a à son derrière, & en même-temps il paroît à l'ouverture de la filière une très-petite goutte de cette liqueur gluante qui est la matière de ses fils. Elle presse avec effort cette petite goutte contre le mur, qui s'y attache par son gluten naturel, & l'*Araignée*, en s'éloignant de cet endroit, laisse échapper par le trou de sa filière le premier fil de la toile qu'elle veut faire. Etant arrivée à l'endroit du mur où elle veut terminer la grandeur de sa toile, elle y presse avec son anus l'autre bout de ce fil, qui s'y colle de même comme elle avoit attaché le premier bout, puis elle s'éloigne environ l'espace d'une demie ligne de ce premier fil tiré : elle y attache un second fil qu'elle tire parallèlement au premier. Etant arrivée à l'autre bout du premier fil, elle achève d'attacher le second contre le mur, & elle continue de même pendant toute la largeur qu'elle veut donner à sa toile. (L'on pourroit appeler tous ces fils parallèles, la chaîne de cette toile). Après quoi elle traverse en croix ces rangs de fils parallèles, attachant de même l'un des deux bouts contre le mur, & l'autre bout perpendiculairement sur le premier fil qu'elle avoit tiré, laissant ainsi tout-à-fait ouvert l'un des côtés de sa toile, pour donner une entrée libre aux Mouches qu'elle veut y attraper. (L'on pourroit appeler la trame de la toile, ces fils qui traversent en croix les premiers fils parallèles, que nous avons appellés la chaîne.) ...... Afin que les fils qui se croisent se collent ensemble avec plus de fermeté, l'*Araignée* manie avec les quatre mamelons de son anus, & elle comprime en différens sens tous les endroits où les fils se croisent à mesure qu'elle les couche les uns sur les autres : elle triple ou quadruple les fils qui bordent sa toile pour les fortifier & pour les empêcher de se déchirer aisément ». (*Mém. de l'Acad. des Sciences*, ann. 1707, *pag.* 343.)

Les *Araignées* des autres familles ne construisent point de toiles. *Voyez* ce que nous en disons au commencement de chaque division.

Dans les beaux jours de l'automne, on voit souvent voltiger dans l'air une quantité assez considérable de fils de soie, que le vent emporte quelquefois à une très-grande hauteur. Ces fils font l'ou-vrage des jeunes *Araignées* de la première famille : il est aisé de s'en convaincre en examinant de près ces fils ; on ne manquera pas de trouver à l'un ou à l'autre bout les petites *Araignées* occupées à pro-duire de nouveaux fils ou à alonger ceux qui ont déjà été filés, jusqu'à ce qu'ils soient fixés au loin à quelque endroit solide où elles puissent se transpor-ter. Degeer a observé plus particulièrement l'ef-pèce nommée *patte-étendue*. Vers la fin de Septem-bre, un jour qu'il faisoit très-beau & que l'air n'étoit agité que par un vent très-doux, ce célèbre observateur vit voltiger dans l'air une grande quan-tité de fils très-fins, au bout desquels il y avoit de petites *Araignées*, qui se laissoient emporter au gré du vent. Le fil de soie qui se trouvoit attaché à leur derrière s'alongeoit peu à peu, & étoit tiré de leurs mamelons, tandis qu'elles se tenoient suf-pendues au fil sans se donner presque aucun mou-vement, ne se soutenant que par la seule agitation de l'air. Pour expliquer comment ce fil se devidoit, cet auteur pense que l'air par son mouvement est le seul agent qui alonge le fil, l'*Araignée* n'ayant besoin que de tenir les filières ouvertes pour donner une libre sortie au fil, qui semble alors comme dé-couler du derrière. Cette opération se fait d'autant plus facilemenr, que l'autre bout du fil se trouvant attaché à quelque objet solide, le fil est nécessaire-ment alongé & tiré des filières de l'*Araignée*, à mesure que l'agitation du vent, quoique des plus foibles, l'emporte & la pousse en avant.

De la génération des Araignées.

Les *Araignées* sont ovipares : la femelle peu de tems après avoir été fécondée par le mâle pond une quantité plus ou moins considérable d'œufs, d'où sortent ensuite les petites *Araignées*. L'acouplement de ces insectes est absolument nécessaire pour la fé-condation des œufs ; pour s'en convaincre, on n'a qu'à enfermer dans une boëte une femelle avant sa dernière mue. Si on la nourrit bien, elle grossira promptement, & lorsque le tems de la ponte sera venu, elle filera une coque, dans laquelle elle en-fermera ses œufs ; mais ces œufs n'ayant pas été fécondés par le mâle, se dessécheront peu à peu, sans qu'il en éclose un seul, comme j'ai souvent eu occasion de l'observer dans les espèces que j'ai long-tems gardées.

Les parties qui servent à la génération de ces insectes sont doubles dans le mâle, & simples dans la femelle ; elles sont placées, dans les mâles, au dernier article des antennules, & vers la base in-férieure du ventre, dans la femelle. Les deux an-tennules du mâle sont terminées par une espèce de bouton, d'où l'on voit sortir, au moment de l'accouplement, un petit corps charnu, blanchâtre, roide. On ne distingue dans la femelle qu'une simple fente transversale, dont les bords se séparent un peu pour faciliter l'introduction du petit corps charnu

du mâle. L'introduction de ce membre est si prompte & si courte, qu'elle ne paroît être qu'un simple attouchement.

Nous avons dit plus haut que les *Araignées* vi-voient solitaires, qu'elles étoient carnacières & fé-roces, au point de se dévorer lorsqu'elles en avoient l'occasion. L'accouplement parmi des insectes si cruels doit nécessairement se faire avec une sorte de méfiance. Le mâle, obligé de faire les avances, court le risque de perdre la vie lorsqu'il approche de la femelle, & si celle-ci se prêtoit à ses desirs, si elle n'étoit pas soumise elle-même à une loi impé-rieuse, si les agaceries du mâle ne l'excitoient à l'amour, celui-ci seroit infailliblement dévoré. Les pinces de la femelle sont plus grandes, plus fortes, elles sont mues par des muscles plus vigoureux que celles des mâles ; son corps est une ou deux fois plus gros que le corps du mâle. Celui-ci donc ne sauroit être trop circonspect, une démarche hasar-dée lui coûteroit certainement la vie.

L'accouplement des *Araignées* fileuses est celui que les naturalistes ont eu le plus souvent occasion d'observer. Vers la fin de l'été, les mâles rôdent quelque tems autour de la toile des femelles ; ils s'en approchent ensuite un peu plus, mais avec la plus grande circonspection ; ils montent sur la toile, & s'avancent insensiblement de la femelle, qui reste tranquille au milieu de sa toile, la tête en bas, sans faire aucun mouvement. Enfin le mâle devenu plus hardi se risque de venir tâtonner la femelle avec une des pattes antérieures, après quoi il recule avec précipitation, se laisse tomber, & demeure suf-pendu par un fil qu'il avoit attaché à la toile : ce-pendant la femelle reste toujours tranquille. Quel-ques momens après, le mâle remonte par le moyen du fil, & vient tâtonner de nouveau la femelle, qui fait alors quelques légers mouvemens, & paroît répondre aux caresses du mâle. Dès-lors toute crainte cesse, le mâle devient de plus en plus hardi, & bientôt il porte une des antennules sous le ventre de la femelle : le dernier article s'ouvre comme par une espèce de ressort : il en sort un petit corps blanc, charnu & roide, que le mâle introduit dans la fente de la femelle. Cette opération finie, le mâle s'éloigne de nouveau, & se laisse suspendre à son fil, mais il revient au bout d'un instant avec plus de courage & de hardiesse ; il fait sortir le corps charnu de l'autre antennule, le porte sous le ventre de la femelle, & l'introduit dans la fente. Le mâle s'éloigne encore après cette seconde opération, mais il revient bientôt, & il introduit ensuite alternativement plusieurs fois les deux parties qui constituent son sexe.

Les mâles des *Araignées* Crabes & des vagabondes prennent à-peu-près les mêmes précautions que ceux des fileuses. Obligés de même à faire les avances, ils n'approchent qu'avec méfiance & précaution de leurs femelles, qui sont encore plus méchantes & plus cruelles que les autres. J'ai quelquefois vu rôder, dans les mois de Juin & Juillet, autour du trou d'une Tarentule femelle, un mâle qui n'ofoit approcher de quelque tems ; celle-ci venoit fe placer à l'ouverture de fon trou, & y reftoit immobile ; cependant le mâle s'approchoit de plus en plus, jufqu'à ce qu'enfin il falloit un effort & fe rifquoit de toucher la femelle, qui continuoit à refter tranquille, après quoi il reculoit avec précipitation : devenu enfuite plus hardi, il s'approchoit de plus près, & la tâtonnoit plufieurs fois avec moins de méfiance. La femelle paroiffoit alors fe prêter à fes defirs, elle s'éloignoit un peu de fon trou & l'accouplement s'enfuivoit. Mais comme les *Araignées* Loups ont la vue plus perçante que les autres efpèces, j'étois obligé, pour ne pas les effrayer, de me tenir à une diftance affez grande ; auffi n'ai-je jamais pu voir diftinctement l'introduction des parties fexuelles du mâle dans celles de la femelle.

L'accouplement des *Araignées* a lieu, en Europe, depuis la fin de Juin jufque vers la fin de Septembre, les *Araignées* Loups s'accouplent plutôt que les Crabes, & celles-ci plutôt que les Fileufes. Quelques femaines après leur accouplement, les femelles pondent une quantité d'œufs affez confidérable. La plupart en pondent des milliers, & quelques-unes en pondent à peine une centaine. La figure de ces œufs, eft en général, parfaitement ronde, & leur groffeur eft à-peu-près égale à celle des graines de Pavot blanc ; on fent cependant que leur groffeur doit un peu varier fuivant les efpèces, que ceux des groffes *Araignées* doivent être, en général, plus gros que ceux des petites. Toutes les dépofent dans une coque de foie, d'un tiffu ferré, que la mère file à ce fujet. Cette coque a deux enveloppes, une mince, folide & ferrée, & une autre, plus lâche, moins folide, & beaucoup plus épaiffe. Ces enveloppes garantiffent les œufs de la pluie, & les défendent non-feulement des impreffions de l'air, mais des animaux qui les dévoreroient. L'œuf eft formé de deux fubftances, une interne, liquide, femblable à celle des œufs de tous les infectes ; l'autre externe, membraneufe, flexible, mais affez folide. Cette coque eft dépofée par les Fileufes contre un mur, le tronc d'un arbre, ou autre endroit à portée de leur toile ; elle eft placée par les Crabes, entre plufieurs feuilles roulées ou rapprochées les unes après les autres, & fixées à l'arbre par le moyen de quelques fils : enfin les *Araignées* Loups les attachent à leur anus, & les emportent avec elles fans jamais les abandonner.

La manière dont la petite *Araignée* quitte l'œuf eft bien digne de remarque ; elle en fort à-peu-près comme la plupart des larves changent de peau ou fortent de leur nymphe. Quand le tems approche où la petite *Araignée* doit paroître au jour, on voit l'œuf s'alonger, changer de forme, & prendre peu-à-peu celle de l'infecte. La membrane de l'œuf molle, flexible & capable d'extenfion, fe moule fur les parties du corps de la petite *Araignée*, en forte qu'on commence à appercevoir toutes les parties de fon corps à-peu-près comme on apperçoit à travers la

peau de nymphe les parties que doivent avoir la plupart des infectes parfaits. On diftingue très-bien les pattes, on voit l'étranglement qui fépare le corcelet de l'abdomen : cependant de jour en jour toutes les parties fe trouvent mieux marquées & plus relevées, on finit même par diftinguer les poils & les piquans, a travers la membrane mince & tranfparente qui les recouvre ; & l'*Araignée* groffiffant tous les jours davantage, oblige enfin cette membrane à fe fendre tout le long du dos : elle en fort peu à peu ; & retire infenfiblement toutes les pattes les unes après les autres.

Les œufs des *Araignées* éclofent ordinairement vers la fin de l'été, deux ou trois femaines après qu'ils ont été pondus : quelques-unes cependant paffent l'hiver & n'éclofent que le printems fuivant. Dès que les petits des *Araignées* fileufes font éclos, ils fe mettent à filer, & bientôt ils conftruifent une petite toile ; ils groffiffent affez promptement, quoique fouvent ils ne mangent point, ne pouvant encore attraper des mouches. Ils vivent en fociété les premiers jours de leur vie, mais au bout de fept à huit jours, ils changent de peau, & après cette première mue, ils fe féparent, & chaque *Araignée* vit dès-lors ifolée, jufqu'à ce que le befoin de s'accoupler force les mâles à rechercher les femelles. Dans tous les autres tems, ces infectes fe fuient & s'évitent avec le plus grand foin.

Lorfque les œufs des *Araignées* Loups font éclos, la mère déchire la coque qui les enfermoit & en fait fortir les petits ; ceux-ci montent fur fon dos, & elle les emporte avec elle, les premiers jours de leur vie. C'eft un fpectacle fingulier que de voir courir dans les champs une pareille *Araignée*, le dos chargé d'un millier de petits, qui la font paroître d'une groffeur demefurée & comme hériffée. Lorfqu'elle faifit quelque infecte, elle le dépèce pour ainfi dire, & le partage à fes petits. Ceux-ci reftent avec leur mère jufqu'à ce qu'ils aient fait leur première mue, & qu'ils foient affez forts pour pourvoir eux-mêmes à leur fubfiftance. Ils vivent entr'eux en bonne intelligence tout le tems qu'ils reftent avec la mère ; mais dès que la fociété eft diffoute, dès que la mère les a abandonnés, ils deviennent des ennemis irréconciliables, ils ne fe connoiffent plus, du moins ils fe dévorent les uns les autres, lorfqu'ils en ont l'occafion. C'eft ordinairement vers la fin qu'on rencontre les *Araignées* Loups le dos chargé de petits : il eft très-rare qu'on en voie au printems.

Les *Araignées*, ainfi que tous les autres infectes, ne s'accouplent & ne fe reproduifent qu'une feule fois. La mère, après avoir donné tous fes foins à fes petits, périt lorfque ceux-ci n'ont plus befoin d'elle. Le mâle périt le premier, peu de tems après fon accouplement ; la femelle ne lui furvit que le tems néceffaire à la ponte & au foin des petits. On trouve cependant en hiver des *Araignées* affez groffes, cachées dans des trous, fous l'écorce des arbres, ou fous des pierres, c'eft peut-être ce qui

a fait

a fait croire que ces insectes vivoient long-tems. Mais il est probable que les grosses *Araignées* qu'on voit au commencement du printems sont celles qui n'étoient point encore en état de s'accoupler en automne, & qui, n'ayant point encore satisfait au vœu de la nature, survivent & passent l'hiver engourdies, en attendant le printems, qui les ranime & les excite à se reproduire.

Les *Araignées* prennent le plus grand soin de leurs œufs & de leurs petits : elles ne craignent même pas de s'exposer à tous les dangers lorsqu'il s'agit de les défendre. Ces insectes sont très-craintifs, & ils fuient avec précipitation, dans tous les tems, lorsqu'on les approche. Cependant, lorsqu'une *Araignée* Loup porte ses petits sur son dos, si on les lui fait tomber, elle aime mieux périr que de les abandonner : elle attend avec fermeté que le danger soit passé, après quoi les petits remontent sur son dos, & elle continue de les porter. Si on lui arrache le sac de ses œufs, elle fait d'abord quelques pas, mais elle revient aussi-tôt le chercher, elle s'en saisit, l'attache de nouveau à ses mamelons, & s'enfuit. Si on répète la même opération plusieurs fois, on ne verra jamais fuir cet insecte & abandonner entièrement ses œufs. Mais ce qu'il y a de plus singulier, c'est son inquiétude & les mouvemens rapides qu'elle fait pour les chercher, si on les lui enlève ; elle fait cent tours & retours, elle marche de tous les côtés, sans cependant s'éloigner beaucoup du lieu où ils devroient être ; enfin si on les lui rend, elle s'en empare avec précipitation, & elle fuit à toutes jambes. Cet amour des *Araignées* pour leurs petits est d'autant plus remarquable, que ces insectes paroissent s'éviter & se haïr, & qu'ils se dévorent même lorsqu'ils en ont l'occasion. Les Fileuses, les Crabes, &c. prennent le même soin de leurs œufs ; elles ne les emportent pas avec elles, parce qu'elles ne menent pas une vie errante & vagabonde, comme les *Araignées* Loups, mais elles fixent la coque qui les contient à portée de leurs toiles, elles s'y tiennent auprès, & souvent même elles s'y placent dessus. Quelques *Araignées* Crabes s'enferment avec leurs œufs entre plusieurs feuilles rapprochées ou roulées, & elles y restent jusqu'à ce que les petits soient éclos.

Du venin des Araignées.

Les *Araignées* sont en général des insectes si hideux, qu'elles inspirent la plus grande frayeur aux femmes, aux enfans, & à la plupart des hommes ; bien des personnes ne sauroient vaincre la répugnance qu'elles en ont. Mais cette répugnance ou cette frayeur vient-elle de la laideur de cet insecte ou de l'idée que nous avons qu'il est dangereux ? On prend tous les jours des insectes plus hideux que l'*Araignée*, sans crainte ni méfiance, on touche le Ver à soie & toutes les chenilles, on prend un Crabe, une Ecrevisse, personne ne redoute un Scarabé, un Hanneton ; en un mot, on ne se fait aucune peine

Histoire Naturelle, Insectes. Tome I.

de saisir des insectes que l'on sait n'être pas venimeux. Notre frayeur n'est donc point occasionnée par la laideur de ce petit animal, mais par l'idée que nous avons qu'il est venimeux, & que sa morsure est dangéreuse. Examinons si cette frayeur est fondée, & si les *Araignées* sont réellement des insectes dangéreux.

La plupart des voyageurs font mention de quelques espèces d'*Araignées* venimeuses. L'*Araignée* aviculaire, cette grande espèce de Cayenne & de Surinam, est, selon eux, très-dangéreuse pour l'homme. Sa morsure est toujours suivie d'accidens fâcheux ; mais elle l'est bien davantage pour les Colibris & les Oiseaux-Mouches ; la moindre blessure qu'elle leur fait, en les saisissant, les fait périr en un instant. Bagliyi, célèbre médecin italien, a écrit fort au long sur la Tarentule, espèce d'*Araignée* Loup, qui se trouve au midi de l'Europe. La Tarentule occasionne, selon cet auteur, une maladie plus ou moins grave, plus ou moins aiguë, & dont les symptômes diffèrent souvent dans les différentes personnes. Cette *Araignée* n'est dangéreuse qu'en été, & sur-tout pendant le tems de la copulation, elle pique alors non-seulement l'homme, mais les différens animaux qu'elle rencontre, & cette piqûre, semblable à celle d'une Abeille ou d'une Guêpe, est aussi-tôt suivie, à l'endroit piqué, d'un cercle livide, ou jaunâtre, ou noirâtre, accompagné d'une douleur violente, & de différens symptômes, suivant l'espèce de Tarentule, suivant sa grosseur, la qualité de son venin, le tempérament du malade, la saison, &c. Cet auteur distingue trois sortes de Tarentules ; 1°. une blanchâtre (*subalbida*), moins dangéreuse que les autres, dont la morsure occasionne seulement une légère douleur à l'endroit piqué, accompagnée d'une douleur de ventre aiguë & d'une diarrhée. 2°. La Tarentule étoilée (*stellata*) cause une douleur plus aiguë, la stupeur, une douleur de tête, un frisson partout le corps, &c. 3°. Enfin la Tarentule uvée (*uvea*), outre les symptômes énoncés ci-dessus, cause encore une douleur très-considérable à la partie mordue, spasme & sueur froide universelle, vomissement, tension de la verge, gonflement du ventre & de la poitrine, &c. Les symptômes qui surviennent après la morsure de cet insecte prennent souvent le caractère d'une fièvre maligne, au point que le plus habile médecin peut s'y méprendre. Enfin le malade meurt, ou si les symptômes se calment, il tombe dans une mélancolie d'un genre particulier. La plupart recherchent les tombeaux & les lieux solitaires, quelques-uns se placent dans des cercueils comme s'ils étoient morts, d'autres désespérés se précipitent dans des puits, se traînent dans la boue, &c. les uns desirent qu'on leur donne des coups de fouets à différentes parties du corps ; quelques autres trouvent du plaisir à courir, ils sont agréablement ou désagréablement affectés de différentes couleurs, &c. & cette maladie, selon l'auteur, ne peut être guérie que par la musique. *Voy.* TARENTISME.

A a

Le tarentifme étoit, du tems de Baglivi, une maladie très-commune en Italie; mais il a difparu depuis qu'on n'y croit plus, & perfonne à préfent n'eft mordu de la Tarentule. On fait depuis long-tems que le tarentifme étoit ou une maladie fimulée; ou une maladie ordinaire très-grave, qu'on prenoit pour le tarentifme, mais qui n'étoit jamais occafionnée par la morfure d'un infecte. Il eft très-rare qu'un homme foit mordu par une Araignée; cet infecte eft très-craintif, & il fuit avec précipitation dès qu'on approche de lui, il ne mord jamais; à moins qu'il ne veuille fe défendre ou faifir fa proie.

L'auteur de l'hiftoire naturelle de la France équinoxiale, fait mention de quelques Araignées monftrueufes, qui fe trouvent dans l'ifle de Ceylan, & dont la piqûre eft mortelle fi on n'y remédie auffi-tôt.

Quelques voyageurs parlent auffi d'une petite Araignée qui fe trouve à St.-Domingue, nommée vulgairement Araignée à cul rouge, dont la piqûre caufe une douleur infupportable, qui dure affez long-tems, mais qui ne caufe pas la mort.

On trouve auffi fuivant les voyageurs, en Guinée, à Madagafcar, au cap de Bonne-Efpérance, & dans toute l'Afrique, aux Antilles, &c. &c. des Araignées, dont la morfure eft très-dangéreufe. (Voy. Voyage de l'Amérique par le Pere Labat, hiftoire nat. des Antilles par le P. du Tertre, Seba mufeum, &c.

Clerck, célèbre naturalifte fuédois, qui a fouvent eu occafion d'obferver les Araignées de Suéde, dit qu'il a été fouvent mordu fans qu'il en foit réfulté rien de fâcheux. « Meos fæpe digitos intentius & » prehenderunt & pupugerunt, nullo tamen malo » infequente ». CLERCK. Aran. fuec. pag. 6.

Degeer penfe auffi que les Araignées de l'Europe, & en particulier celles de Suéde, ne font pas venimeufes, & qu'elles ne font redoutables qu'aux Mouches & aux autres infectes qui ont le malheur de tomber dans leurs filets, & il ajoute : « cependant, j'ai eu des preuves que la morfure ou la » piqûre de certaines Araignées eft venimeufe, » ou au moins mortelle, dans l'inftant, aux Mou- » ches : une grande Mouche qu'une Araignée avoit » fimplement faifie par une de fes pattes qu'elle » avoit percée de fes tenailles, mourut en fort » peu de tems fans avoir aucune autre blef- » fure, & cependant les Mouches vivent long-tems » après qu'on ait bleffé ou coupé plus d'une de » leurs pattes. Il paroît donc certain que l'Araignée » verfe dans la plaie une efpèce de poifon, qui » caufe la prompte mort de la Mouche; mais la » piqûre de toutes les efpèces d'Araignées n'a pas » cette mauvaife qualité ». (Mém. tom. 7. pag. 177).

La plupart des naturaliftes & des médecins ne croient plus au venin de la Tarentule & d'aucune autre Araignée : mais avant de fe décider, il faudroit, je crois, avoir fait un grand nombre d'ex-

périences fur ces ni , il faudroit avoir fait mordre plufieurs fois d at imaux dans des tems & des pays différens, par un grand nombre d'efpèces : car fi les Araignées des pays froids ne font pas du tout venimeufes, il ne s'enfuit pas qu'aucune efpèce ne puiffe l'être; il peut y en avoir dans les pays chauds de plus ou moins dangéreufes, & fur-tout parmi celles rangées dans la famille des Loups. La Tarentule elle-mène peut être venimeufe jufqu'à un certain point, fans cependant occafionner tous les fymptômes raportés par Baglivi.

Voici deux obfervations qui prouvent que la morfure des Araignées eft quelquefois fuivie d'acciden plus ou moins fâcheux.

Dans la partie méridionale de la Provence, à trois lieues de Fréjus, une jeune payfanne, affife par terre au mois de Juin, & vêtue feulement de fa chemife & d'un jupon, fe fentit piquée à la cuiffe droite lorfqu'elle voulut fe relever : elle porta auffi-tôt la main à l'endroit où elle avoit reffenti la douleur; elle fecoua enfuite fa chemife, & vit tomber une groffe Araignée, que la forte preffion de fa main avoit tuée, elle l'écrafa à l'inftant fur la bleffure, d'après le préjugé établi chez le peuple, que l'Araignée & le Scorpion font le feul fpécifique de leur venin. Cette femme n'a reffenti qu'une petite enflure autour de l'endroit piqué, femblable à celle qui furvient après la piqûre d'une groffe Guêpe, & de légères crampes, dans la cuiffe & dans la jambe, que le tems & une boiffon fudorifique ont diffipé.

M. Brouffonet, de l'Académie des Sciences, M. Sibthorp, profeffeur de Botanique à Oxford & moi, arrivâmes en Avril 1785 à l'une des ifles d'Hyères, nommée ifle du Levant ou de Titan. Les fermiers de l'ifle chez qui nous logeâmes nous dirent que leur père, âgé de plus de foixante ans, fut mordu au bras, au commencement du mois de Juillet de l'année précédente, par une groffe Araignée, en ramaffant des gerbes de bled. Cette morfure n'occafionna d'abord qu'une légère inflammation, à laquelle cet homme fit peu d'attention; mais bientôt l'inflammation augmenta à un point très-confidérable, & elle fe termina quelque tems après par la gangrène & la mort, fans que l'onguent de la mère & les cataplafmes émolliens, qui furent les feuls remèdes employés, puffent empêcher les progrès du mal.

Nous ne favons pas quelle eft l'efpèce d'Araignée qui a mordu les deux perfonnes dont je viens de parler; mais il eft probable que c'eft la Tarentule, très-commune aux ifles d'Hyères & dans toute la partie méridionale de la Provence.

J'ai cherché plufieurs fois avec la plus grande attention, foit dans les Araignées mortes depuis quelque tems, & confervées dans les collections; foit dans celles que je venois de tuer, fi je ne trouverois pas quelque véficule pleine de venin, & fi je ne découvrirois pas en même-tems, aux mandibules ou crochets, quelque petite ouverture, par où ce venin, si toutefois il existoit, pût sortir & être introduit dans la plaie lorsque l'insecte mord. Les mandibules, ainsi que nous l'avons dit plus haut, sont composées de deux pièces, dont la première est grosse, assez dure, crustacée, & vuide en-dedans; la dernière est mince, dure, de la consistance de la corne, arquée, très-pointue & creusée en gouttière tout le long de sa partie inférieure. Je n'ai pu appercevoir ni à l'une ni à l'autre de ces pièces aucune ouverture par où le venin pût sortir. La première pièce est creuse en-dedans, & contient les muscles qui font mouvoir la seconde; ces muscles sont assez distincts; ils sont charnus, renflés & terminés par des tendons, qui ont leur attache à la base interne de la seconde pièce. Ils sont mous, humides, dans l'animal vivant ou récemment mort, comme le doivent être des parties charnues; mais il n'y a rien parmi eux qui ressemble à une vésicule. J'ai cherché au-dessous des mandibules & je n'ai rien trouvé: je n'ai même pu découvrir aucun canal, aucun petit tuyau qui y communique. Si j'ai bien vu, s'il n'existe effectivement aucune vésicule dans les mandibules ou aux environs, aucun canal qui communique à ces mandibules, comment l'Araignée introduiroit-elle son venin dans la plaie, au moment de la piqûre? Y auroit-il quelque ouverture qui m'eût échappé; & la pointe du crochet seroit-elle elle-même percée d'un trou imperceptible? Mais d'où viendroit alors ce venin? l'Araignée le rendroit-elle par la bouche lorsqu'elle mord? Et ce venin, en se répandant sur l'endroit blessé & non dans la plaie même, suffiroit-il pour occasionner promptement la mort d'un insecte mordu, ou les symptômes qu'on a cru résulter de la morsure des Araignées?

Swammerdam a examiné aussi les crochets qui terminent les mandibules de ces insectes, sans avoir pu y découvrir aucune ouverture. « Diligente autem horum spiculorum instituto examine, haud potui in iis vel minimas detegere operturas, quibus venenatus quidam humor excerni posset ». Ce célèbre observateur n'a jamais vu non plus sortir de ces crochets aucune liqueur virulente « Præterea numquam vidi Araneos, a me irritatos, quidquam ideo liquoris virulenti excrevisse, ut ut quam attentissimus in rem fuerim. Biblia nat. pag. 49 ».

Quoi qu'il en soit du venin des Araignées, nous croyons avec Clerck & Degeer que dans les pays froids aucun de ces insectes n'est dangereux pour l'homme; mais il seroit très-possible que la Tarentule & la plupart des Araignées des pays chauds le fussent plus ou moins. Nous regrettons de n'être pas à portée, dans ce moment, de faire des expériences à ce sujet, & nous invitons les personnes qui peuvent se procurer la Tarentule ou quelqu'autre grosse Araignée vivante des pays chauds, sur-tout parmi celles que nous avons rangées dans la famille des Loups, à tenter quelques expériences pour s'assurer d'un fait qu'il seroit très-important de vérifier.

Il paroît qu'on peut avaler des Araignées sans qu'il en résulte aucun inconvénient. On sait que les Poules & la plupart des oiseaux les recherchent & les dévorent avec avidité. Il n'est pas rare qu'on en avale de petites dans certaine liqueur ou avec des fruits. On rapporte même qu'il y a des personnes qu'un goût dépravé a portées à avaler de grosses Araignées vivantes, & cependant il n'est jamais résulté rien de fâcheux.

Des ennemis des Araignées.

La multiplication de la plupart des Araignées seroit innombrable si elles n'étoient détruites par différentes causes. Sans rien dire de l'hiver, qui dans nos climats en fait périr un très-grand nombre, ces insectes sont encore dévorés par la plupart des oiseaux, par les Sphex & les Ichneumons, & elles se détruisent même quelquefois les unes les autres.

La plupart des oiseaux sont très-friands des Araignées, ils en mangent une quantité considérable lorsqu'elles sont encore petites, & dans le tems surtout qu'ils nourrissent leurs petits: ce sont principalement les espèces qui vivent sur les arbres & sur les fleurs, telles que les Araignées Crabes & les Fileuses, qui sont le plus exposées à être dévorées par les oiseaux.

Les Sphex fondent sur les Araignées, les saisissent au milieu de leurs toiles, les piquent avec leur aiguillon, & les emportent pour servir de pâture à leurs larves. L'Araignée a beau se débattre, saisie fortement par la partie supérieure de son corps, elle ne peut mordre l'insecte, tandis que celui-ci lui enfonce son aiguillon dans le corps & la tue. Quelques Ichneumons saisissent de même ces insectes & en nourrissent leurs petits.

« Il vient aux Araignées domestiques, suivant » l'observation de Homberg, une maladie qui les » fait paroître horribles; c'est qu'elles deviennent » toutes pleines d'écailles, qui ne sont pas couchées » à plat les unes sur les autres, mais elles en sont » hérissées, & parmi ces écailles il se trouve une » grande quantité de petits insectes, approchans » de la figure des Poux des Mouches, mais beau- » coup plus petits. Lorsque cette Araignée malade » court un peu vîte, elle secoue & elle jette à bas » une partie de ces écailles & de ces petits insectes. » Cette maladie est rare dans nos pays froids; je ne » l'ai observée que dans le royaume de Naples. » L'Araignée en cet état ne demeure pas long-tems » en la même place, & étant enfermée elle meurt » promptement ». (Mém. de l'Acad. des Scienc. ann. 1707, pag. 348).

ARAIGNÉE.

ARANEA. LIN. GEOFF. FAB.

ARANEUS. LIST. CLERCK.

CARACTÈRES GÉNÉRIQUES.

Point d'antennes.

Bouche pourvue de deux mandibules, de deux mâchoires, d'une lèvre inférieure, & de deux antennules.

Mandibules grandes, terminées par un crochet simple, arqué, pointu, mobile.

Antennules longues, filiformes, composées de cinq articles, dont le dernier en masse, dans les mâles.

Huit yeux lisses, convexes.

Abdomen joint au corcelet par un petit filet.

Tarses composés de deux pieces.

ESPÈCES.

PREMIÈRE FAMILLE.

ARAIGNÉES TENDEUSES.

1. ARAIGNÉE fasciée.

Corcelet argenté ; abdomen avec des bandes jaunes & noires ; pattes avec des anneaux noirâtres.

2. ARAIGNÉE soyeuse.

Argentée ; abdomen rond, mameloné tout autour ; pattes mélangées de fauve livide & de noir.

3. ARAIGNÉE porte-croix.

Abdomen presque globuleux, d'un brun fauve, avec une triple croix formée par des points argentés.

4. ARAIGNÉE marbrée.

Brune ; abdomen ovale, mélangé de blanc & de brun clair.

5. ARAIGNÉE angulaire.

Noirâtre ; abdomen ovale, avec un tubercule conique de chaque côté de sa base.

6. ARAIGNÉE pâle.

D'un fauve pâle ; abdomen presque triangulaire, avec quatre points enfoncés, & une croix argentée à sa base.

ARAIGNÉES. (Insectes).

7. ARAIGNÉE orangée.

D'un gris cendré ; abdomen globuleux, jaune, avec des veines noirâtres, & deux larges raies longitudinales, orangées.

8. ARAIGNÉE quadrille.

D'un gris cendré ; abdomen ovale, d'un jaune plus ou moins fauve ou verdâtre, avec des points & quatre taches blanches.

9. ARAIGNÉE à cicatrices.

Obscure ; abdomen ovale, pointillé de gris, avec des taches noires, concaves.

10. ARAIGNÉE ombrée.

Livide, cendrée, obscure ; abdomen ovale, avec une grande tache en forme de feuille découpée, & quelques points jaunâtres.

11. ARAIGNÉE porte-feuille.

Pâle; abdomen avec une grande tache noirâtre en forme de feuille.

12. ARAIGNÉE découpée.

Cendrée, livide ; abdomen jaunâtre, obscur, avec une grande tache en forme de feuille découpée.

13. ARAIGNÉE à brosses.

Abdomen alongé, avec des taches blanches ; pattes longues, renflées & velues vers leur extrémité.

14. ARAIGNÉE mamelonée.

Soyeuse, argentée ; abdomen moitié argente, moitié fauve, avec trois tubercules arrondis de chaque côté.

15. ARAIGNÉE fastueuse.

Argentée ; abdomen ovale, oblong, argenté, avec six bandes jaunes, & des lignes rouges, transversales.

16. ARAIGNÉE variable.

Roussâtre; abdomen globuleux, jaunâtre ou brun, avec des bandes obscures, arquées, interrompues par une grande tache oblongue, blanche.

17. ARAIGNÉE tuberculée.

Abdomen obscur, mélangé de noir & de blanc, avec deux tubercules mamelonés.

18. ARAIGNÉE conique.

Corcelet noirâtre; abdomen cendré, avec deux taches brunes, & terminé en pointe conique.

19. ARAIGNÉE cucurbitine.

D'un vert pâle ; abdomen ovale, avec quelques points noirs.

20. ARAIGNÉE brune.

Brune, noirâtre, tachetée de noir ; abdomen ovale ; pattes velues, noirâtres, avec des anneaux d'un brun clair.

21. ARAIGNÉE patte-étendue.

Abdomen alongé, d'un gris verdâtre, argenté ; pattes antérieures longues & étendues.

22. ARAIGNÉE militaire.

Brune ; abdomen fauve, avec quatre épines dont deux verticales & deux horizontales.

23. ARAIGNÉE épineuse.

Brune, luisante ; abdomen triangulaire, armé de huit épines, dont deux antérieures horizontales, avancées, deux postérieures longues & divergentes.

24. ARAIGNÉE fourchue.

Brune, luisante ; abdomen aplati, bordé, ponctué, armé de quatre épines, dont deux latérales très-courtes, deux postérieures très longues, arquées.

ARAIGNÉES. (Insectes).

25. ARAIGNÉE Cancre.

Brune, fauve, luisante; abdomen large, presque hémisphérique, armé de six épines horizontales.

26. ARAIGNÉE armée.

Brune, glabre, luisante; abdomen alongé, presque triangulaire, armé de six, huit ou dix épines, dont deux postérieures longues, horizontales, divergentes.

27. ARAIGNÉB tétracanthe.

Ferrugineuse; abdomen presque en croissant, armé de quatre épines latérales.

28. ARAIGNÉE voûtée.

Noire; abdomen briqueté, voûté & armé de chaque côté de deux épines, dont la postérieure est beaucoup plus longue.

29. ARAIGNÉE pyramidale.

Abdomen ovale, obscur, avec une grande tache pyramidale, entourée d'une large raie jaune.

30. ARAIGNÉE alphabétique.

Abdomen ovale, presque globuleux, obscur, avec une tache blanchâtre, en forme de X.

31. ARAIGNÉE purpurine.

Cendrée, obscure; abdomen ovale, presque pourpré, avec deux larges raies jaunes.

32. ARAIGNÉE ondée.

Cendrée, obscure; abdomen ovale, noir, avec deux raies & des traits blancs; pattes mélangées de noirâtre & de blanc.

SECONDE FAMILLE.

ARAIGNÉES FILANDIÈRES.

33. ARAIGNÉE couronnée.

Abdomen ovale, d'un jaune clair, avec un cercle rouge.

34. ARAIGNÉE triangulaire.

Abdomen ovale, blanchâtre sur les côtés, avec une suite de taches triangulaires, sur le milieu, d'un brun rougeâtre.

35. ARAIGNÉE montagnarde.

Abdomen ovale, blanchâtre, avec des taches cendrées; pattes tachetées de noir.

36. ARAIGNÉE atroce.

Noirâtre; abdomen ovale, avec une tache noire, bordée de jaune paille.

37. ARAIGNÉE biponctuée.

Abdomen noir, sphérique, avec deux points enfoncés.

38. ARAIGNÉE tachetée.

Noirâtre; abdomen sphérique, noirâtre, avec huit taches blanches.

39. ARAIGNÉE à six yeux.

Abdomen ovale, alongé, d'un gris jaunâtre, sur les côtés, avec une raie longitudinale, découpée, au milieu.

40. ARAIGNÉE phalangiste.

Brune, livide; abdomen ovale, oblong; pattes très-longues & très minces.

ARAIGNÉES. (Insectes).

41. ARAIGNÉE à nervures.

Noirâtre ; abdomen presque globuleux, avec une tache obscure en forme de feuille, & des nervures blanches.

42. ARAIGNÉE lunulée.

Roussâtre ; abdomen renflé à sa base, terminé en cône, avec quelques taches jaunes, en lunules.

43. ARAIGNÉE marron.

Abdomen ovale, châtain, avec trois rangées longitudinales de points, & deux bandes blanches.

44. ARAIGNÉE crochue.

Abdomen presque globuleux, avec une ligne longitudinale, blanche, & quatre latérales, crochues.

45. ARAIGNÉE formose.

Abdomen ovale, rétréci vers la pointe, & mélangé de noir, de rouge, de blanc & de jaune.

46. ARAIGNÉE ovale.

Roussâtre ; abdomen ovale, oblong, jaunâtre, avec une grande tache rouge, ovale.

47. ARAIGNÉE rayée.

Abdomen ovale, oblong, d'un blanc jaune, avec une petite ligne & deux rangées de points noirs.

48. ARAIGNÉE cellerière.

Abdomen ovale, jaune, couvert de quelques poils noirs, avec des taches jaunes, claires & luisantes.

49. ARAIGNÉE boursouflée.

Brune, roussâtre ; abdomen presque globuleux, grisâtre, avec une raie & des points irréguliers, noirâtres.

TROISIEME FAMILLE.

ARAIGNÉES TAPISSIERES.

50. ARAIGNÉE domestique.

Abdomen ovale, noirâtre, avec une suite de taches noires, dont la grandeur va en diminuant.

51. ARAIGNÉE satinée.

Abdomen ovale, oblong, d'un gris nébuleux, avec deux points jaunâtres en-dessous.

52. ARAIGNÉE labyrinthe.

Abdomen ovale, noirâtre, avec une raie longitudinale, blanchâtre, pinnée.

53. ARAIGNÉE aviculaire.

Noirâtre, très velue ; extrémité des pattes large & veloutée en-dessous.

54. ARAIGNÉE rousse.

Rousse ; abdomen ovale, d'un gris jaunâtre, avec des nuances cendrées.

55. ARAIGNÉE renversée.

Brune, noirâtre ; abdomen presque orbiculé, avec quelques lignes & les côtés blanchâtres.

56. ARAIGNÉE dentelée.

Couleur de suie ; abdomen alongé, avec une grande tache blanchâtre, dentelée.

57. ARAIGNÉE geniculée

D'un gris cendré ; abdomen ovale ; pattes étendues, grises, avec leurs articulations noires.

ARAIGNÉES. (Insectes).

QUATRIEME FAMILLE.

ARAIGNÉES LOUPS.

58. ARAIGNÉE Tarentule.

D'un gris cendré, très-noire en-dessous ; abdomen avec des taches triangulaires, obscures.

59. ARAIGNÉE agraire.

Abdomen alongé, de couleur cendrée, avec une raie longitudinale, ondée, roussâtre.

60. ARAIGNÉE frangée.

Noire ; corcelet & abdomen avec une raie latérale, blanchâtre.

61. ARAIGNÉE littérale.

Corcelet obscur, avec trois raies longitudinales, cendrées ; abdomen ovale, noirâtre.

62. ARAIGNÉE bordée.

Brune, alongée ; corcelet & abdomen avec une raie blanchâtre ; pattes d'un vert cendré.

63. ARAIGNÉE campagnarde.

Cendrée, obscure ; abdomen ovale, avec une grande tache cuneiforme, bordée d'un gris fauve.

64. ARAIGNÉE porte-sac.

Abdomen ovale, d'une couleur ferrugineuse, obscure.

65. ARAIGNÉE enfumée.

Abdomen ovale, noirâtre, avec deux points blancs vers la base.

66. ARAIGNÉE vagabonde.

Abdomen ovale ; corps noirâtre, sans taches.

67. ARAIGNÉE alongée.

Jaunâtre ; abdomen ovale, alongé à son extrémité.

68. ARAIGNÉE ouvrière.

Abdomen ovale, oblong, obscur, avec une tache longitudinale, noire, anguleuse.

69. ARAIGNÉE locataire.

Abdomen ovale, d'un brun rougeâtre, avec plusieurs lignes transversales, noires, ondées.

70. ARAIGNÉE forestière.

D'un gris obscur ; corcelet & abdomen avec une raie longitudinale, rousse, obscure.

71. ARAIGNÈE carenée.

Noire ; corcelet étroit, relevé en carêne antérieurement, large & aplati postérieurement.

72. ARAIGNÉE lugubre.

Noire ; abdomen ovale, avec une raie longitudinale, roussâtre, obscure dans le mâle.

73. ARAIGNÉE obscure.

Noirâtre, poileuse ; abdomen ovale, corcelet avec une raie & les bords bruns.

74. ARAIGNÉE à taches blanches.

Obscure ; corcelet & abdomen avec une grande tache oblongue, blanche & deux points noirs.

ARAIGNÉES. (Insectes).

75. ARAIGNÉE corsaire.

Abdomen ovale, noirâtre, avec six points & une ligne longitudinale de chaque côté, blanchâtres.

76. ARAIGNÉE pêcheur.

Noir ; corcelet presque rond, très-aplati ; abdomen ovale, velu.

77. ARAIGNÉE minime.

Noirâtre ; sans taches ; corcelet presque ovale ; abdomen presque rond, soyeux.

78. ARAIGNÈE pointillée.

Abdomen oblong, verdâtre, avec vingt quatre points blanchâtres.

79. ARAIGNÉE cendrée.

Cendrée ; abdomen noirâtre en dessus, avec huit points cendrés.

CINQUIEME FAMILLE.

ARAIGNÉES PHALANGES.

80. ARAIGNÉE du Pin.

D'un gris noirâtre ; abdomen ovale, alongé, avec deux taches cendrées.

81. ARAIGNÉE chevronnée.

Noirâtre ; abdomen ovale, alongé, avec trois bandes demi-circulaires, blanches.

82. ARAIGNÉE demi-circulaire.

Noire ; abdomen avec trois bandes demi-circulaires, fauves.

83. ARAIGNÉE grosse-patte.

Noire, avec des lignes transversales, blanches, au devant de la tête ; jambes antérieures grosses & renflées.

84. ARAIGNÉE sanguinolente.

Corcelet élevé, très noir ; abdomen ovale, rouge, avec des taches noires.

85. ARAIGNÉE rouge.

Noire ; pattes postérieures rouges ; abdomen rouge en-dessus, avec quatre points noirs.

86. ARAIGNÉE luride.

Corcelet brun, bordé de gris ; abdomen alongé, avec une grande tache oblongue, découpée.

87. ARAIGNÉE Fourmi.

Alongée, noirâtre ; abdomen oblong, avec une tache blanche de chaque côté ; pattes brunes.

88. ARAIGNÉE des troncs.

Noirâtre ; abdomen ovale, avec quelques points blancs peu marqués.

89. ARAIGNÉE des rochers.

Abdomen avec une tache noire, dont les bords sont rouges & le centre blanc.

90. ARAIGNÉE mousse.

Glauque ; abdomen ovale, alongé, avec deux raies longitudinales, noirâtres, peu marquées.

91. ARAIGNÉE striée.

Abdomen ovale, obscur, avec une tache

ARAIGNÉES. (Inſectes).

*cuneiforme, d'où partent des rayons blan-
châtres.*

92. ARAIGNÉE à tarière.

*Noirâtre ; abdomen ovale, avec une raie
longitudinale, droite, & ſix tranſverſales,
crochues.*

93. ARAIGNÉE marquée.

*Corcelet noirâtre, avec une tache blan-
châtre ; en forme de V ; abdomen ovale.*

94. ARAIGNÉE ponctuée.

*Corcelet rouſſâtre, avec cinq points blancs ;
abdomen ovale, brun, avec deux rangées de
points blancs.*

95. ARAIGNÉE cordiforme.

*Abdomen en cœur, noir, avec des raies
obliques, noirâtres, luiſantes, formées par des
poils.*

96. ARAIGNÉE faucille.

*Corcelet rhomboïdal, aplati, avec deux
points & deux taches en faucille, noirâtres.*

97. ARAIGNÉE frontale.

*Noire ; abdomen ovale, avec deux points
enfoncés ; front blanchâtre.*

SIXIEME FAMILLE.

ARAIGNÉES CRABES.

98. ARAIGNÉE verdâtre.

*D'un vert clair ; abdomen ovale, alongé,
d'un vert jaunâtre, avec une ligne latérale,
blanchâtre.*

96. ARAIGNÉE citron.

*D'un jaune citron ; abdomen circulaire,
aplati, avec une raie rouge de chaque côté.*

100. ARAIGNÉE rurale.

*Grisâtre ou brune ; abdomen d'un jaune
obſcur, aplati, preſque triangulaire, un peu
plus large à ſa partie poſtérieure.*

101. ARAIGNÉE tigrée.

*Abdomen mince à ſa baſe, large à ſon
extrémité, aplati, cendré, avec des taches
irrégulières, noirâtres.*

102. ARAIGNÉE calicine.

*Fauve pâle ; abdomen preſque rond, avec
quelques impreſſions au milieu, & quelques
rides ſur les côtés.*

103. ARAIGNÉE hideuſe.

*Noirâtre ; corcelet argenté, bordé de blanc ;
abdomen preſque triangulaire.*

104. ARAIGNÉE Scorpion.

*Noire ; abdomen ovale, blanchâtre, avec
deux lignes longitudinales, noires, courtes &
ſinuées.*

105. ARAIGNÉE jardinière.

*Brune ; abdomen preſque globuleux, avec
trois bandes blanches.*

106. ARAIGNÉE arlequine.

*Noire ; abdomen d'un fauve jaunâtre, avec
trois bandes noires ; pattes avec des taches
annulaires, ferrugineuſes & noirâtres.*

107. ARAIGNÉE dorée.

*Abdomen large, aplati, d'un roux doré,
avec ſon extrémité noirâtre.*

ARAIGNÉES. (Insectes).

108. ARAIGNÉE flamboyante.

Abdomen ovale, soyeux, avec une tache noire, & deux raies d'un jaune doré.

109. ARAIGNÈE fourmillière.

Jaunâtre ; abdomen ovale, avec une grande tache alongée, noire, bordée de blanc.

110. ARAIGNÉE hupée.

Abdomen presque rhomboïdal, rétréci à sa base, obscur, raboteux, avec une tache luisante, en forme de crête.

111. ARAIGNÉE rose.

Abdomen ovale, jaune, avec trois raies longitudinales, rouges.

SEPTIEME FAMILLE.

ARAIGNÉES AQUATIQUES.

112. ARAIGNÈE aquatique.

Brune, livide ; abdomen ovale, noirâtre, avec deux lignes transversales & deux points enfoncés.

HUITIEME FAMILLE.

ARAIGNÉES MINEUSES.

113. ARAIGNÉE récluse.

Très-noire, luisante ; abdomen ovale, velu, noir ; pattes courtes, presque égales.

Espèces dont la manière de vivre est inconnue.

114. ARAIGNÉE sulfureuse.

Rose-pâle ; abdomen ovale, d'un jaune sul-

fureux ; pattes longues, pâles, avec leur extrémité noire.

115. ARAIGNÉE bicolor.

Corcelet rouge, couvert de poils grisâtres ; abdomen ovale, roux, avec quatre points noirs, enfoncés.

116. ARAIGNÉE chasseuse.

Légérement velue, noirâtre ; corcelet convexe, orbiculé ; abdomen ovale, pubescent ; pattes longues, poileuses.

117. ARAIGNÉE réticulée.

Blanchâtre ; abdomen sphérique, réticulé, d'une couleur purpurine sur les côtés.

118. ARAIGNÉE mouchetée.

Abdomen presque globuleux, jaune, avec quatre points noirs de chaque côté, & l'anus ferrugineux.

119. ARAIGNÉE des roseaux.

Abdomen presque globuleux, blanc, avec des taches noirâtres.

120. ARAIGNÉE à trois lignes.

Abdomen ovale, blanchâtre, avec trois rangées longitudinales de points noirs.

121. ARAIGNÉE à raies purpurines.

Abdomen presque globuleux, jaune, avec deux lignes longitudinales, & quatre points purpurins.

122. ARAIGNÉE patte-fauve

Corcelet noir ; abdomen obscur ; pattes fauves.

ARAIGNÉES. (Insectes).

123. ARAIGNÉE Hibou.

Noire ; abdomen avec deux points blancs & une tache blanche en forme de croissant.

124. ARAIGNÉE à points enfoncés.

Cendrée ; abdomen oblong, couvert de poils glauques, avec six points enfoncés..

125. ARAIGNÉE jaune.

Corcelet fauve ; abdomen oblong, lisse, d'un beau jaune.

126. ARAIGNÉE bimaculée.

Abdomen ovale, presque globuleux, châtain, avec deux petites taches blanches.

127. ARAIGNÉE oculée.

Pâle ; abdomen avec une tache annulaire noire ; cuisses avec trois taches doubles, blanches, oculées.

128. ARAIGNÉE épine-mobile.

Abdomen presque arrondi, d'un brun jaunâtre ; cuisses ferrugineuses, avec des épines mobiles.

129. ARAIGNÉE longimane.

Abdomen cylindrique, alongé, noirâtre ; pattes antérieures très-longues.

130. ARAIGNÉE lobée.

Abdomen presque ovale, un peu aplati, lobé, blanc, avec deux paires de lignes transversales vers l'extrémité.

131. ARAIGNÉE cachée.

Noire ; abdomen cendré, avec une ligne longitudinale, noire, interrompue.

132. ARAIGNÉE notée.

Verdâtre ; corcelet & abdomen avec deux lignes longitudinales, noires.

133. ARAIGNÉE ensanglantée.

Abdomen ovale, noir, avec une raie longitudinale, rouge.

134. ARAIGNÉE nègre.

Noire ; abdomen avec deux points briquetés à sa partie supérieure.

135. ARAIGNÉE globuleuse.

Noire ; abdomen globuleux, rouge de chaque côté.

136. ARAIGNÉE larronesse.

Corcelet velu, cendré ; abdomen ovale, noir, avec des taches ferrugineuses.

137. ARAIGNÉE dorsale.

Verte ; abdomen ovale, pâle en-dessus, noirâtre en-dessous.

138. ARAIGNÉE trident.

Verdâtre ; abdomen ovale, blanc ; anus roussâtre.

139. ARAIGNÉE argentée.

Abdomen blanc, noirâtre postérieurement, armé de trois épines de chaque côté.

140. ARAIGNÉE trimouchetée.

Jaunâtre ; abdomen noir, avec trois taches blanches.

141. ARAIGNÉE bourreau.

Ferrugineuse ; abdomen presque globuleux,

ARAIGNÉES. (Insectes).

cendré, avec une ligne longitudinale, noirâtre.

142. ARAIGNÉE comprimée.

Noire; corcelet comprimé, avec une ligne longitudinale, blanche; pattes livides.

143. ARAIGNÉE pubère.

Noirâtre, pubescente; abdomen ovale, obscur, avec quatre taches cendrées, dont les deux postérieures sont les plus grandes.

144. ARAIGNÉE myope.

Verdâtre; abdomen d'un rouge de sang en-dessus, avec quelques points noirs.

145. ARAIGNÉE longue-patte.

Noire; abdomen cylindrique, noirâtre, avec six points enfoncés; pattes très-longues.

146. ARAIGNÉE pinnée.

Abdomen noirâtre, avec une ligne longitudinale blanche, pinnée.

147. ARAIGNÉE rameuse.

Pâle; abdomen oblong, argenté, avec des lignes rameuses, noires.

148. ARAIGNÉE sanglante.

Noire; abdomen ovale, avec une bande jaune à sa base; poitrine d'un rouge de sang.

149. ARAIGNÉE patte-velue.

Noire; antennules & pattes testacées, très-velues.

150. ARAIGNÉE Hérisson.

Tête avec trois dents à sa partie antérieure; abdomen hérissé, couvert d'épines.

PREMIÈRE FAMILLE.

ARAIGNÉES TENDEUSES.

ARANEÆ RETIARIÆ.

C A R A C T E R E.

Toiles circulaires & régulières, en réfeau vertical.

Longueur refpective des pattes : les premières, les fecondes, les quatrièmes & les troifièmes.

Yeux, ⠂⠂⠂⠂ quatre au milieu en quarré, deux de chaque côté fur une ligne oblique.

Ces *Araignées* font auffi nommées , par quelques auteurs , *Araignées des jardins* , parce qu'on rencontre fouvent dans les jardins la plupart des efpèces de cette famille. Elles ont huit yeux , dont quatre au milieu de la partie antérieure de la tête , formant un quarré ; & deux de chaque côté , placés fur une ligne oblique , féparés l'un de l'autre , ou rarement joints enfemble. La longueur refpective des pattes eft conftamment la même dans toutes les efpèces de cette famille. Les deux antérieures font les plus longues : les fecondes le font un peu mo ns : les quatrièmes font un peu plus courtes que celles-ci ; enfin , les troifièmes font les plus courtes de toutes. Ces *Araignées* conftruifent des filets circulaires , réguliers , à maille , qu'elles tendent verticalement entre des branches & des rameaux d'arbres , d'arbriffeaux ou de plantes, fur des ruiffeaux , dans des endroits humides , fréquentés par des infectes. On en voit auffi quelquefois contre les murs des maifons. L'*Araignée* fe place ordinairement au milieu de la toile , la tête en bas. Elle fe tient auffi entre deux ou trois feuilles qui fe trouvent le plus à portée de fa toile , & qu'elle a rapprochées & unies l'une à l'autre par le moyen de quelques fils. Les *Araignées* de cette famille s'accouplent , en Europe , vers la fin de l'été : elles placent leurs œufs dans une coque de foie , qu'elles attachent contre un rameau , contre un mur , ou à quelque endroit à portée de leur toile. Les petites *Araignées* ne doivent éclore qu'au printems fuivant. La mère meurt fouvent avant l'hiver , mais quelques-unes paffent cette faifon enfermées dans des trous , fous l'écorce des arbres ou autres endroits femblables.

E S P E C E S.

1. ARAIGNÉE fafciée.

ARANEA fafciata. FAB.

Aranea thorace argenteo ; abdomine nigro flavoque fafciato , pedibus fufco annulatis. NOB.

Aranea argentea ; abdomine fafciis flavefcentibus , pedibus fufco annulatis. FAB. Syft. ent. pag.

433. *n°. 11. —Sp. inf. tom.* 1. pag. 539. *n°.* 19. Journal de Phyfique. Août 1787. pag. 114. pl. 1. *fig.* 3.

Cette *Araignée* eft une des plus grandes & des plus belles de l'Europe. Ses yeux font petits , égaux , noirs , & figurés comme tous ceux de cette famille , c'eft-à-dire , que les quatre du milieu forment un quarré , & que les deux latéraux font placés fur une ligne oblique. Le corcelet eft aplati , un peu bordé , & couvert d'un duvet cotonneux d'un blanc argenté. La tête , bien marquée dans cette efpèce par les deux lignes obliques qui forment un V , eft plus étroite que le corcelet. L'abdomen eft ovale : on y voit en-deffus un mélange de bandes d'un très-beau jaune , & de bandes d'un noir de velours ; celles-ci font plus étroites & fouvent marquées d'une ligne jaune qui les coupe tranfverfalement. Vers la bafe , la bande jaune eft plus claire & plus large que les autres , & fouvent d'une couleur argentée. Les pattes font très-longues ; leur longueur refpective eft telle que nous l'avons indiquée en donnant le caractère des *Araignées* de cette famille. Leur couleur eft d'un jaune fauve , avec des bandes ou anneaux d'un noir moins foncé que celui de l'abdomen. L'extrémité des pattes eft mince & noire.

Je douterois que cette efpèce fût l'*Aranea fafciata* de M. Fabricius , parce qu'il ne fait pas mention des bandes noires qui fe trouvent fur l'abdomen , fi d'ailleurs la defcription & la place qu'elle occupe dans les ouvrages de ce favant ne convenoient à l'efpèce que je viens de décrire.

Elle conftruit de grandes toiles verticales à réfeau , dans les endroits humides , fur le bord des ruiffeaux ou fur les ruiffeaux mêmes , lorfque fes bords font couverts d'arbriffeaux. Elle fait fa ponte à la fin de l'été , & je crois qu'elle périt après , parce que je n'en ai jamais trouvé en hiver , ni jamais vu de groffes au commencement du printems.

Elle fe trouve à Madère , en Afrique , en Italie ; elle eft très-commune en Provence.

2. ARAIGNÉE foyeufe.

ARANEA fericea. NOB.

Aranea corpore argenteo ; abdomine mammato , pedibus rufo nigroque annulatis. NOB.

Cette efpèce eft pour le moins auffi grande que la précédente. Ses yeux font égaux & noirâtres. Le corcelet eft petit , proportionnellement à la grandeur de l'abdomen , un peu aplati , & couvert d'un duvet cotonneux , blanchâtre , argenté. L'abdomen eft grand & couvert du même duvet ; fon contour eft prefque circulaire , mais feftonné ; on y voit huit tubercules ou élévations mamelonnées , arrondies ; dont quatre de chaque côté ; le deffous eft obfcur , avec un mélange de noir & de jaune au milieu. Les pattes reffemblent à celles de l'efpèce précédente ; elles font très-longues , & annulées de roux livide & de noir ; le noir cependant domine.

Cette efpèce conftruit , dans les bois , de grandes

toiles verticales à réfeau , un peu plus fortes que celles de l'*Araignée* fafciée.

Je l'ai trouvée fréquemment en Provence. Elle a été auffi rapportée du Sénégal par M. Geoffroy de Villeneuve.

3. ARAIGNÉE porte-croix.
Aranea diadema. LIN.
Aranea abdomīne fubglobofo rubro-fufco : cruce albo -punctata. LIN. *Syft. nat. pag.* 1030. *n°.* 1. —*Faun. fuec. n°.* 1993.
Aranea diadema. FAB. *Syft. ent. pag.* 434. *n°.* 13. — *Sp. inf. tom.* 1. *pag.* 540. *n°.* 21.
L'*Araignée* à croix papale. GEOFF. *Inf.* 2. *pag.* 647. 10.
Aranea livido-rufa ; abdomine cruce triplici lutea. GEOFF. *ib.*
Araignée à croix tendeuse , à ventre arrondi , d'un brun obfcur ou roux , à deux tubercules , avec des taches blanches fur le dos , placées en triple croix. DEG. *Mém. tom.* 7. *pag.* 218. 1. *pl.* 11. *fig.* 3.
MOUFF. *Theat. inf. pag.* 233. *fig.* 1.
LIST. *Aran. angl. pag.* 28. *tit.* 2. *fig.* 2.
Aranea Linnei. SCOP. *Ent. carn. n°.* 1077.
Aranea diadema. SCHRANK. *Enum. inf. auft. n°.* 1091.
ROESEL. *Inf. tom.* 4. *pl.* 35 , 36.
Araneus diadematus. CLERCK. *Aran. fuec. pag.* 25. *pl.* 1. *tab.* 4.
SCHAEFF. *Elem. inf. tab.* 21. *fig.* 2. —*Icon. inf. tab.* 19. *fig.* 9.
Cette *Araignée* varie beaucoup pour les couleurs & pour la grandeur : quelques femelles , à la fin de l'été , ont l'abdomen prefque auffi gros qu'une noifette. Les pattes font beaucoup plus courtes que celles des efpèces précédentes. Ses yeux font petits , noirâtres , & tous d'égale groffeur. Le corcelet eft petit , un peu aplati , & d'une couleur brune , rouf-fâtre ou cendrée. L'abdomen eft prefque globuleux ; mais on voit de chaque côté , vers la bafe de fa partie fupérieure , une efpèce de tubercule ou élé-vation arrondie. Sa couleur eft d'un brun plus ou moins obfcur , quelquefois rouffâtre & rarement d'un jaune fauve. Il y a fur la partie fupérieure une grande tache brune , en forme de feuille , dont les bords découpés font beaucoup plus obfcurs que le milieu. Cette tache s'étend depuis la bafe jufqu'à la pointe ; & on y voit , au milieu , une ligne longitudinale , formée par des points d'un très-beau blanc , & coupée par trois lignes tranfver-fales de femblables points. Les pattes font velues & chargées de beaucoup de piquans. Leur couleur eft brune , cendrée , avec des bandes circulaires noires.

Cette efpèce conftruit fa toile fur des arbres ou des arbriffeaux , dans les champs , dans les jardins , & quelquefois contre le mur des maifons. La fe-melle pond fes œufs à la fin de l'été , & les en-ferme dans une coque de foie , d'un tiffu très-ferré , d'une belle couleur jaune , & de la groffeur d'un

pois , qu'elle attache contre un mur ou l'écorce d'un arbre. Elle la recouvre enfuite d'une feconde enveloppe d'un tiffu beaucoup plus lâche que la première , telle à - peu - près que celle qu'on voit autour du cocon du Ver à foie. Cette feconde en-veloppe paroît deftinée à défendre la première du froid & fur-tout de l'humidité. Cette coque ren-ferme un nombre très-confidérable d'œufs fphé-riques , de la groffeur des graines de Pavot blanc , d'une belle couleur jaune , qui n'éclofent qu'au printems fuivant. La petite *Araignée* au fortir de la coque diffère beaucoup par les couleurs des vieilles *Araignées* ; elle eft jaune , avec une grande tache noire fur le ventre ; & on n'apperçoit la triple croix blanche que lorfqu'elle eft parvenue à fon entier accroiffement.

Elle fe trouve dans toute l'Europe.

4. ARAIGNÉE marbrée.
Aranea marmorea. FAB.
Aranea fufca ; abdomine ovato fufco alboque va-riegato. FAB. *Syft. ent. pag.* 434. *n°.* 14. —*Sp. inf. tom.* 1. *pag.* 540. *n°.* 22.
Araneus marmoreus. CLERCK. *Aran. fuec. pag.* 29. *pl* 1. *tab.* 2.
Cette efpèce reffemble beaucoup à la précédente pour la forme & la grandeur. Les yeux font noirs. Le corcelet eft petit , un peu aplati , & couvert d'un léger duvet gris blanchâtre. L'abdomen eft grand , dans les femelles , ovale , obfcur , mais parfemé de points blanchâtres & de points d'un brun plus clairs que le fond , ce qui le fait paroître comme marbré. Les pattes font d'un brun obfcur , avec les articu-lations noirâtres.

Cette *Araignée* conftruit une toile verticale à réfeau dans les champs , & plus fouvent fur les arbres fruitiers des jardins.

Elle fe trouve en Europe.

5. ARAIGNÉE angulaire.
Aranea angulata. LIN.
Aranea angulata *abdomine ovato , antice late-ribus anguiato acuto , thoracis centro excavato.* FAB. *Syft. ent. pag.* 434. *n°.* 12. —*Sp. inf. tom.* 1. *pag.* 539. *n°.* 20.
Aranea anguiata. LIN. *Syft. nat. pag.* 1031. *n°.* 8. —*Faun. fuec. n°.* 1999.
Araneus angulatus. CLERCK. *Aran. fuec. pag.* 22. *pl.* 1. *tab.* 1. *fig.* 1. & 2.
Aranea angulata. SCHRANK. *Enum. inf. auft. n°.* 1094.
Araignée angulaire tendeufe , à ventre ovale , noir , avec deux gros tubercules coniques en-deffus. DEG. *Mém. tom.* 7. *pag.* 221. *pl.* 12. *fig.* 1.
Cette *Araignée* eft à-peu-près de la grandeur des précédentes ; elle varie beaucoup pour les couleurs. Le mâle eft plus petit & d'une couleur plus obfcure que la femelle. Les yeux de cet infecte font noirs , de grandeur égale , & placés comme dans toutes les efpèces de cette famille. Le corcelet eft petit ,

aplati, d'une couleur plus ou moins obfcure, avec une ligne longitudinale, dans le milieu, fauve ou rougeâtre, mais fouvent très-peu marquée. Le ventre eft noirâtre & de figure ovale, avec un tubercule élevé, conique, à fa partie latèrale, antérieure & fupérieure, ce qui le fait paroître comme triangulaire. On y apperçoit, au-deffus, la figure d'une feuille découpée, d'une couleur plus obfcure que le refte, beaucoup mieux marquée vers la pointe que vers la bafe. Les bords de cette feuille font féparés par une ligne d'un gris blanchâtre, qui règne tout autour. Il y a encore quelques taches blanchâtres & quelques autres brunes placées fi irrégulièrement.

Cette efpèce conftruit fa toile fur les arbres & dans les buiffons : fon accouplement a lieu à la fin de l'été, & le nid où elle renferme fes œufs reffemble à celui de l'*Araignée* porte-croix.

Elle fe trouve en Europe.

6. ARAIGNÉE pâle.

ARANEA pallida. NOB.

Aranea pallide fulva ; abdomine fubtriangulari, punctis quatuor impreffis, bafi cruce argentea. NOB.

Cette *Araignée* eft grande, velue, toute de couleur fauve claire, un peu pâle. Ses yeux font obfcurs & de grandeur égale. Les mandibules ou pinces font fauves avec leur crochet noir. Le corcelet eft petit & un peu aplati. L'abdomen eft joint au corcelet par un étranglement très-court ; il eft grand, très-relevé de chaque côté vers fa bafe, ce qui lui donne une figure à-peu-près triangulaire. On y apperçoit dans le milieu quatre points enfoncés formant enfemble un quarré, & à la bafe une croix formée par des points argentés très-brillans. Les pattes font affez courtes, d'une couleur plus pâle que le corps, avec des anneaux d'un fauve obfcur. Elle file une toile verticale régulière fur les arbres fruitiers, les arbriffeaux & les buiffons. Elle conftruit à côté de fa toile, entre deux ou trois feuilles qu'elle rapproche & qu'elle joint enfemble par le moyen de fils affez forts, un logement où elle fe tient ordinairement cachée. On la voit rarement au milieu de fa toile.

Elle fe trouve en Provence, dans les jardins & dans les champs.

ARAIGNÉE orangée.

ARANEA aurantia. NOB.

Aranea cinerea ; abdomine globofo flavo venis fufcis vittifque duabus aurantiis. NOB.

Araignée tachetée d'orange tendeufe, à ventre arrondi, jaune, à veines brunes, & à grandes taches découpées, d'un rouge orangé. DEG. *Mém. tom.* 7. *pag.* 222. *pl.* 12. *fig.* 16.

Aranea aurantio-maculata *retiaria ; abdomine globofo flavo : venis fufcis maculifque aurantiis magnis foliaceis.* DEG. *ib.*

CLERCK. *Aran. fuec. pag.* 30. *pl.* 1. *tab.* 6.

Cette efpèce eft prefque auffi groffe que l'*Araignée* porte-croix. Ses yeux font noirâtres & de

grandeur égale. La tête, le corcelet, les pattes & les bras ou antennules font d'un blanc fale grifâtre, avec des anneaux obfcurs. L'abdomen eft gros, d'un jaune clair, avec quelques petites lignes brunes, irrégulières, en forme de veines, & deux raies très-larges, longitudinales, d'une belle couleur d'orange, qui partent de la bafe de l'abdomen, & defcendent, une de chaque côté, jufques vers la pointe. La poitrine eft noirâtre.

Clerck regarde cette efpèce comme une variété de l'*Araignée* marbrée, quoique la figure & la defcription qu'il donne de ces deux infectes foient très-différentes.

Elle file une toile régulière verticale fur les arbres, en Europe.

8. ARAIGNÉE quadrille.

ARANEA quadrimaculata. DEG.

Aranea cinerea ; abdomine globofo rufo-virefcente, maculis quatuor punctifque plurimis albis. NOB.

Aranea retiaria ; abdomine globofo virefcente feu rufo, dorfo maculis quatuor magnis plurimifque minoribus niveis. DEG. *Mém. tom.* 7. *pag.* 224. *n°.* 4, *pl.* 12, *fig.* 18.

Araignée à quatre taches blanches tendeufe, à ventre arrondi, verdâtre ou roux, avec quatre grandes & une fuite de petites taches blanches le long du dos. DEG. *ib.*

Araneus flavus, quatuor infignibus maculis albis, aliifque multis exiguis ejufdem coloris in pictura clunium foliacea notatus. LIST. *Aran. angl. pag.* 42. *tit.* 8. *fig.* 8.

Araneus quadratus. CLERCK. *Aran. fuec. pag.* 27. *pl.* 1. *tab.* 3.

Cette efpèce eft de la grandeur des précédentes. Les yeux font noirs, égaux & placés comme dans toutes les efpèces de cette famille ; les deux latéraux cependant font un peu plus rapprochés de l'autre. La tête, le corcelet & les pattes font de couleur cendrée ; celles-ci ont des anneaux noirâtres. La couleur de l'abdomen varie, il eft d'un gris cendré, jaunâtre ou fauve, quelquetois d'un jaune verdâtre, mais on y remarque toujours plufieurs points blancs irréguliérement placés, & quatre taches blanches, difpofées en quarré, dont les deux qui font vers la bafe font les plus petites.

On la trouve en Europe, dans les champs, fur les arbres, les arbriffeaux, & plus ordinairement fur les jeunes Pins.

9. ARAIGNÉE à cicatrices.

ARANEA cicatricofa. DEG.

Aranea fufca ; abdomine globofo, fufco punctato ; dorfo maculis excavatis nigris. NOB.

Araignée à cicatrices tendeufe, à ventre arrondi, d'un brun obfcur, pointillé de gris, avec des taches noires, concaves fur le dos. DEG. *Mém. tom.* 7. *pag.* 225. *5. pl.* 12. *fig.* 19.

Aranea cicatricofa retiaria ; abdomine globofo nigro fufco, punctis grifeis, dorfo maculis excavatis nigris. DEG.

Elle

Elle eſt grande. Ses yeux ſont noirâtres & égaux, les deux latéraux, placés ſur une ligne oblique, ſont rapprochés l'un de l'autre. Le corcelet eſt obſcur; l'abdomen eſt ovale, très-gros dans les femelles, noirâtre, avec de petites taches cendrées, irrégulières. On apperçoit, vers la baſe, une bande blanchâtre peu marquée, & deux rangées longitudinales de taches noires, un peu enfoncées, à côté deſquelles il y a une ligne ondée, peu marquée, qui repréſente une feuille, dont les bords ſont découpés.

Cette eſpèce conſtruit contre les murailles une toile régulière verticale, ſemblable à celle des précédentes : elle ſe tient cachée pendant le jour dans un nid de ſoie blanche, qu'elle ſe ménage ſous quelque partie ſaillante du mur.

Elle ſe trouve en Europe.

10. ARAIGNÉE ombrée.
ARANEA umbratica. NOB.

Aranea livido-rufa ; abdominis pictura foliacea nigra, luteo interſecta, pedum annulis albis. GEOFF. *Inſ. tom. 1. pag.* 647. *n°. 9. pl. 21. fig. 2.*

L'*Araignée* à feuille coupée. GEOFF. *ib.*

Aranea dumetorum. FOURC. *Entom. par. pag. 534. n°. 9.*

Araneus ſubflavus, alvo præcipuè in ſummâ ſuî parte & circa latera albicante, plena ; oculis nigris pellucidis in capite albicante. LIST. *Aran. angl. pag. 24. tit. 1. fig. 1.*

Araneus umbraticus. CLERCK. *Aran. ſuec. pag. 31. pl. 1. tab. 7.*

Cette eſpèce eſt preſque auſſi groſſe que l'*Araignée* porte-croix. Les yeux ſont petits, égaux & noirâtres ; les deux latéraux ſont très-rapprochés l'un de l'autre. Le corcelet eſt aplati, obſcur, avec un léger duvet cendré. L'abdomen eſt ovale, d'une couleur rouſſe, pâle ou livide en-deſſus, avec une très-grande tache obſcure ſur le milieu, repréſentant une feuille, dont les bords ſont découpés. Au haut de cette feuille, on voit quelques points jaunâtres, irrégulièrement placés. Le deſſous du ventre eſt noir, avec deux taches jaunes en lunules, qui ſe rapprochent vers le bas. Les pattes ſont d'une couleur cendrée, pâle, livide, quelquefois obſcure, avec des anneaux noirâtres & couvertes de piquans.

On trouve cette eſpèce dans les bois, où elle conſtruit des toiles verticales à réſeau régulier. Je l'ai trouvée aux environs de Paris, dans le mois d'Avril, ſous l'écorce pourrie d'un Saule, où elle avoit ſans doute paſſé l'hiver.

11. ARAIGNÉE porte-feuille.
ARANEA foliata. FOURC.

Aranea pallida ; abdomine macula magna fuſca foliacea. NOB.

Aranea pallida ; abdomine folium longitudinaliter extenſum pallide nigrum referente. GEOFF. *Inſ. tom. 2. pag.* 646. *n°. 8.*

L'*Araignée* porte-feuille. GEOFF. *ib.*

Hiſtoire Naturelle, Inſectes. Tome I.

Aranea foliata. FOURC. *Ent.. par.* 533. 8.

Araneus cinereus, capite leviter rotundo, pictura cluniûm foliacea, ad margines undata. LIST. *Aran. angl. pag.* 47. *tit.* 10. *fig.* 1C.

Cette *Araignée* n'eſt peut-être qu'une variété de la précédente. Voici la deſcription qu'en donne M. Geoffroy. «Sa couleur eſt pâle & claire, & ſon corps » eſt un peu velu. Son corcelet eſt plus pâle & plus » liſſe que le reſte. Le ventre eſt plus brun, & chargé » en-deſſus d'une bande longitudinale, noirâtre, on- » dée ſur ſes bords, repréſentant une eſpèce de » feuille. Les yeux & le deſſous du corcelet ſont » noirs, & le ventre a en-deſſous une raie noire, » longitudinale, avec une ligne jaune de chaque » côté. Les quatre pattes de devant ſont les plus » longues, & celles de la troiſième paire ſont les » plus courtes de toutes ». (*pag.* 646).

On trouve cette *Araignée* dans les prés, aux environs de Paris.

12. ARAIGNÉE découpée.
ARANEA lacera. NOB.

Aranea livido-rufa ; abdominis pictura foliacea ſæpius interrupta, pedibus nigro-maculatis. GEOFF. *Inſ. tom. 2. pag.* 649. *n°. 13.*

L'*Araignée* à feuille découpée & déchiquetée. GEOFF. *ib.*

Aranea marmorata. FOURC. *Entom. par. tom. 2. pag.* 535. *n°. 14.*

Araneus cinereus alvo admodum plena, ejuſque picturâ in plures partes quaſi divulſâ. LIST. *Aran. angl. pag.* 36. *tit.* 6. *fig.* 6.

Cette eſpèce reſſemble un peu aux précédentes, pour la forme & la grandeur, mais ſes yeux en diffèrent un peu ; les deux latéraux, au lieu d'être placés ſur une ligne oblique, forment preſque une ligne droite, avec les deux antérieurs du quarré. Le corcelet eſt d'une couleur cendrée, jaunâtre, un peu livide. L'abdomen, dans les femelles, eſt grand, ovale, d'un jaune obſcur ſur les côtés, avec une très-grande tache noirâtre à la partie ſupérieure, repréſentant une feuille, très-peu apparente vers la baſe, & qui paroît comme coupée ou déchirée de chaque côté vers la pointe. L'abdomen du mâle eſt beaucoup plus petit que celui de la femelle, la tache eſt mieux marquée, & elle eſt ſéparée par une bordure jaune. Les pattes ſont livides, avec des anneaux noirâtres dans les deux ſexes.

Elle ſe trouve en Europe, dans les champs, ſur différentes plantes, où elle conſtruit des toiles à réſeau.

13. ARAIGNÉE à broſſes.
ARANEA clavipes. LIN.

Aranea abdomine oblongo, tibiis excepto tertio pari clavatis villoſis. LIN. *Syſt. nat. pag.* 1034. *n°.* 27.

Aranea clavipes. FAB. *Syſt. ent. pag.* 437. *n°.* 27. —*Spec. inſ. tom.* 1. *pag.* 543. *n°.* 37.

Aranea fasciculata retiaria ; abdomine oblongo antice gibbo , thoracis medio spinis auabus erectis nigris , tibiis extremitate villosis. DEG. *Mém. tom.* 7. *pag.* 316. *pl.* 39. *fig.* 1.

Araignée à brosses tendeuse , à ventre alongé , & bossu en-devant , à deux épines noires , élevées sur le corcelet , & à jambes velues à l'extrémité. DEG. *ib.*

Tarantula oblonga luteo variegata , pedibus longissimis , articulis inferioribus tumidis hirsutis. BROWN. *Jam. pag.* 4 9. *tab.* 44. *fig.* 4.

Aranea cornuta. PALLAS. *Spicil. zool. fasc.* 9. *pag.* 44. *tab.* 3. *fig.* 13.

Cette *Araignée* , plus grande que celles d'Europe, a une forme très-alongée. Ses yeux sont placés comme dans toutes les espèces de cette famille ; c'est-à-dire , quatre au milieu en quarré , & deux de chaque côté sur une ligne oblique. Sa tête est bien marquée , très-distincte & un peu avancée ; derrière cette tête on voit deux petites pointes élevées , coniques , écailleuses, noires & luisantes , un peu inclinées en avant. Le corcelet est assez grand , aplati , de couleur grise cendrée. L'abdomen est gros, alongé , élevé à sa partie antérieure , vers la base , d'un jaune obscur, avec des points blancs irrégulièrement placés. Ses pattes sont très-longues, sur-tout les quatre antérieures & les deux postérieures, dont l'extrémité des jambes seulement est un peu renflée & très-velue. Celles de la troisième paire sont beaucoup plus courtes que les autres , & leurs jambes n'ont point le même renflement ni les mêmes poils.

Elle se trouve à Cayenne , à Surinam, à la Jamaïque , où elle construit, selon Degeer , des toiles verticales, régulières.

14. ARAIGNÉE mamelonée.

ARANEA mammata. DEG.

Aranea retiaria rufo-fusca ; abdomine supra griseo , tuberculis lateralibus mollibus , subtus fusca : fascia transversa albida. DEG. *Mém. tom.* 7. *pag.* 318. *nº.* 3. *pl.* 39. *fig.* 5.

Araignée à mamelons tendeuse, d'un brun roussâtre , à ventre gris en-dessus, avec des mamelons latéraux, charnus , & bruns en-dessous, à bande transverse , blanchâtre. DEG. *ib.*

Araneus cancriformis major , reticulum spirale texens , è flavo & nigro varius abdomine spiniculis obsito. SEOANE. *Hist. of Jam. tom.* 2. *pag.* 196. *nº.* 44. *tab.* 235. *fig.* 3.

Cette espèce ressemble , pour la forme & la grandeur , à l'*Araignée* soyeuse. Ses yeux sont noirs, excepté les deux antérieurs du quarré , qui sont d'un jaune très-brillant ; les deux latéraux sont rapprochés l'un de l'autre. La tête & le corcelet sont d'un brun fauve , & couverts d'un duvet blanchâtre, argenté. L'abdomen est couvert d'un duvet argenté à sa partie antérieure, & il est d'un beau jaune à sa partie postérieure. Il est grand , ovale , garni de rugosités & d'élévations irrégulières , & de trois mamelons charnus , arrondis , de chaque côté. Les pattes

font longues : les quatre antérieures & les deux postérieures le font beaucoup plus que celles de la troisième paire. Elles sont d'une couleur fauve obscure, avec un large anneau d'un gris blanchâtre à la partie supérieure des jambes. Les bras ou antennules sont d'un jaune clair , un peu grisâtre.

Elle se trouve à la Jamaïque , à la Guadeloupe , en Pensylvanie.

Elle construit des toiles verticales à réseau.

15. ARAIGNÉE fastueuse.

ARANEA fastuosa. NOB.

Aranea argentea ; abdomine ovato oblongo , fasciis flavis strigisque plurimis rubris. NOB.

Elle ressemble un peu à l'*Araignée* fasciée pour la forme & la grandeur. Le corcelet est couvert d'un duvet argenté, luisant. L'abdomen est ovale, oblong , avec dix anneaux ou segmens assez marqués ; les quatre premiers sont d'un blanc argenté, semblable à celui du corcelet ; le cinquième est jaune, avec trois petites taches argentées : le sixième est argenté , & les autres sont jaunes. Il faut remarquer que les bandes jaunes sont terminées par des lignes transversales , d'un rouge d'ocre , qui les séparent les unes des autres , & que la troisième est interrompue par une tache argentée. Les pattes sont pâles , avec des anneaux bruns , & les antennules sont d'un jaune très-clair. Le dessous du ventre a une tache noire , placée au milieu , & une raie jaune de chaque côté, marquée de quelques points argentés.

Elle se trouve à la Guadeloupe , où elle construit des toiles à réseau circulaire. Elle a été observée par M. de Badier , naturaliste très-instruit, qui a bien voulu me la communiquer.

16. ARAIGNÉE variable.

ARANEA varia. NOB.

Aranea rufa ; abdomine globoso obscuro , fasciis arcuatis fuscis, macula magna oblonga sinuata alba. NOB.

Elle ressemble , pour la forme & la grandeur , à l'*Araignée* porte-croix. Le corcelet est roussâtre, petit. L'abdomen est globuleux , brun , ou d'un jaune obscur , avec six bandes arquées, noirâtres , ou brunes , interrompues par une grande tache oblongue, blanche , avec quelques légers traits noirâtres , & dont les bords sont sinués ; on y distingue quelquefois quatre petits points noirs enfoncés. Les pattes sont obscures.

Elle a été trouvée à la Guadeloupe, par M. de Badier , entre plusieurs feuilles d'arbres. Je la crois de la première famille.

17. ARAIGNÉE tuberculée.

ARANEA tuberculata. DEG.

Aranea retiaria ; abdomine fusco : nigro alboque variegato , tuberculis binis dorsalibus convexis. DEG.

Araignée à tubercules tendeuse , à ventre d'un brun obscur, mêlé de noir & de blanc , & à deux

tubercules en mamelons fur le dos. Deg. *Mém. tom.*
7. pag. 226. n°. 6. pl. 13. fig. 1 & 2.

Nous devons à Degeer la defcription, l'hiftoire,
& la figure de cette petite *Araignée.* Voici la defcription qu'il en donne. La tête & le corcelet de
cette *Araignée* font d'un brun clair & luifant, avec
quelques raies obfcures. Le ventre eft en-deffous
d'un brun clair, mais en deffus d'un brun obfcur,
mêlé d'un peu de rougeâtre, & varié de quelques
raies noires & de quelques points blancs. Les huit
pattes, dont les deux antérieures font fort longues,
font, de même que les bras, d'un blanc fale, à
taches brunes, & garnies de beaucoup de poils. Les
huit yeux, qui font d'un brun obfcur, luifant, prefque
noir, font arrangés comme dans les autres *Araignées*
de cette famille, c'eft-à-dire, qu'il y en a quatre au
milieu placés en quarré, & deux de chaque côté,
qui fe trouvent fi près l'un de l'autre, qu'ils fe
touchent ; mais c'eft le ventre qui eft fur-tout remarquable. Regardé de côté, il femble avoir une
figure triangulaire ; il eft garni en-deffus de deux
gros tubercules, en forme de mamelons charnus,
& à côté d'eux encore de deux autres petites éminences en pointes mouffes. Entre les tubercules &
le derrière, le deffus du corps eft marqué de plufieurs rides tranfverfales.

Degeer trouva, pendant l'hiver, de petits nids
de foie remplis d'œufs, attachés ou fufpendus à la
charpente d'un grenier à foin, & dans d'autres endroits femblables. Ces nids, dit-il, compofés de
foie d'un blanc fale, font en forme de petits facs
ovales, fufpendus à la pièce de charpente par un long
fil délié, mais néanmoins très-fort, parce qu'il eft
compofé & doublé de plufieurs fils de foie collés
enfemble. Aux endroits où le cordon de foie tient
par un bout à la charpente, & par l'autre à la coque
ou le nid, les fils de foie font écartés les uns des
autres, formant là comme un entonnoir ou un cône,
& le nid même eft couvert à l'extérieur d'une couche
de foie lâche en forme de bourre. Ces nids font
ou de figure ronde, ou de la forme des œufs de
Poule, & leurs parois font très-minces, en forte
qu'on voit les œufs diftinctement au travers, quand
on les regarde vis-à-vis du grand jour. Chaque nid
renferme neuf, dix ou onze œufs très-petits, de
figure parfaitement fphérique, & de couleur d'a-
gathe, ou gris-brune très-luifante. Au commencement de Mai, de petites *Araignées* fortirent de
ces œufs & percèrent la coque du nid. Deux ou
trois jours de fuite, elles reftoient fort tranquilles,
fans prefque fe remuer ; mais enfuite elles com-
mençoient à marcher avec beaucoup de vivacité,
& filoient plufieurs fils de foie qu'elles tendoient
irrégulièrement & fans ordre, & fur lefquels elles
fe promenoient continuellement. (Deg. *Mém. tom. 7.*
pag. 226).

18. Araignée conique.
Aranea conica. Deg.

*Aranea retiaria grifea, thorace nigro ; abdomine
poftice conico : maculis binis laciniatis fufcis.* Deg.
Mém. tom. 7. pag. 231. n°. 7. pl. 13. fig. 16.

Araignée à ventre conique tendeufe, grife, à
corcelet noir, dont le ventre eft prolongé en pointe
conique mouffe, & orné de deux taches découpées
brunes. Deg. *ib.*

*Araneus cinereus fylvaticus, alvo in mucronem
faftigiata, feu triquetra.* List. *Aran. angl. pag. 32.*
tit. 4. fig. 4.

Aranea conica. Pallas. *Spic. zool. fafc. 9. pag. 48.*
tab. 1. fig. 16.

Cette *Araignée* eft petite. Ses yeux font noirs,
luifans, & de grandeur égale. Les quatre du milieu
forment un quarré, mais les latéraux, placés fur
une ligne oblique, font un peu diftans l'un de l'autre. Le corcelet eft d'un noir luifant. L'abdomen
eft d'un gris cendré en-deffus, & vers les côtés,
mêlé de taches & d'ondes brunes, dont deux affez
grandes, bien marquées, alongées & découpées
comme des feuilles, au-devant defquelles on voit
une autre tache d'un brun clair ; & vers les côtés
il y a un peu de roux. Le deffous du ventre eft
noir, orné de bandes & de taches grisâtres. La
forme de l'abdomen eft fingulière, il fe prolonge
par derrière en une efpèce de longue pointe conique, horifontale, mais arrondie au bout, qui
lui donne prefque une figure triangulaire. Le devant
s'avance en boffe affez élevée vers le corcelet. L'a-
nus eft placé au-deffous du ventre, à quelque diftance du bout de la pointe conique. Les pattes
font affez courtes, grifes, avec des taches brunes.

Elle conftruit de grandes toiles verticales à réfeau, entre les branches & les rameaux des arbres.
L'*Araignée* fe place, fuivant l'obfervation de Lifter,
au centre, & s'y tient à l'affût des infectes, qui viennent fe prendre à fes filets. Mais ce qu'il y a de fort
fingulier, c'eft qu'elle attache & fufpend chaque infecte qu'elle prend, à une maille de fa toile, toujours en ligne droite au-deffus & en-deffous du
centre où elle eft placée.

On la trouve en Europe, dans les bois.

19. Araignée cucurbitine.
Aranea cucurbitina. Lin.

*Aranea abdomine fubglobofo flavo, punctis qui-
bufdam nigris.* Lin. *Syft. nat. pag. 1030. n°. 3.*
—*Faun. fuec. n°. 1995.*

*Aranea viridis punctata retiaria ; abdomine fub-
globofo viridi ; punctis aliquot nigris, poftice macula rufa.* Deg. *Mém. tom. 7. pag. 233. n°. 8.*
pl. 14. fig. 1 & 2.

Araignée verte à points noirs tendeufe, à ventre
arrondi, vert, à quelques points noirs, & une
tache rouffe au derrière. Deg. *ib.*

*Aranea pallido-rufa ; abdomine flavefcente punctis
nigris.* Geoff. *inf. tom. 2. pag. 648. n°. 11.*

L'*Araignée* rougeâtre à ventre jaune, ponctuée de
noir. Geoff. *ib.*

Arneus viridis , cauda nigris punctis utrinque ; ad marginem superne notata, ipso ano croceo. LIST. *Aran. angl. pag. 34. tit. 5. fig. 5.*

Aranea cucurbitina. SCHRANK. *Enum. inf. auft. n°. 1092.*

Araneus cucurbitinus. CLERCK. *Aran. fuec. pag. 44. pl. 2. tab. 4.*

SCHAEFF. *Icon. inf. tab. 124. fig. 6. & tab. 196. fig. 6.*

Elle eft de grandeur moyenne. Ses yeux font noirs, de grandeur égale, & placés tels que nous l'avons indiqué en donnant le caractère des *Araignées* de cette famille. Le corcelet eft affez petit, légérement aplati, d'une couleur fauve pâle , quelquefois d'un jaune-verdâtre , & rarement brun. L'abdomen eft ovale, d'un jaune citron ou d'un jaune verdâtre , avec plufieurs points noirs un peu enfoncés , placés irrégulièrement, qui font le caractère diftinctif de cette efpèce. On y voit auffi deux raies longitudinales , jaunes , plus ou moins marquées, une de chaque côté. Les pattes font longues , de la couleur de l'abdomen & chargées d'épines. Degeer dit que les pattes des mâles font grifes , tachetées de noir, avec des poils noirs, mais que les cuiffes font d'un rouge affez vif.

Cette *Araignée* conftruit fur les arbres une toile régulière à réfeau, très-petite à proportion de fon corps ; car fouvent la cavité d'une feule feuille de grandeur moyenne, telle que celle du Noifetier, lui fuffit. Cette manière d'étendre fa toile eft particulière à cette efpèce. La femelle, fuivant l'obfervation de Degeer, pond fes œufs au mois de Juillet ; elle les renferme dans une coque de foie jaune & ferrée , à laquelle elle met une enveloppe beaucoup plus lâche. Elle place cette coque dans une feuille de l'arbre , à portée de fa toile , après en avoir rapproché les bords par le moyen de quelques fils de foie.

Elle fe trouve en Europe , dans les champs & dans les bois.

20. ARAIGNÉE brune.

ARANEA fufca. DEG.

Aranea retiaria , fufca , maculis nebulofo nigris ; abdomine ovato , pedibus longiffimis maculatis. DEG. *Mém. tom. 7. pag. 235. n°. 9. pl. 11. fig. 9.*

Araignée tendeufe brune, tachetée & nuancée de noir, à ventre ovale & à longues pattes tachetées. DEG. *ib.*

Cette *Araignée* eft de grandeur moyenne. Ses yeux font noirs & égaux , les deux latéraux font rapprochés l'un de l'autre. Le corcelet eft de couleur brune obfcure, avec une ligne & des bandes longitudinales , noirâtres , peu marquées. L'abdomen eft ovale, d'une couleur brune plus foncée que celle du corcelet, avec quelques taches peu marquées , fauves & noires. Les pattes font noirâtres , velues , avec des anneaux d'une couleur brune claire.

On trouve cette efpèce en Europe , dans les maifons , où elle conftruit des toiles à réfeau , à grandes mailles , dans les angles des murs. Lorfqu'on la touche rudement , elle applique fes pattes contre fon corps & contrefait la morte. Son accouplement a lieu à la fin du printems.

21. ARAIGNÉE patte-étendue.

ARANEA extenfa. LIN.

Aranea abdomine longo argenteo-virefcente , pedibus longitudinaliter extenfis. LIN. *Syft. nat. pag. 1033. n°. 22.* —*Faun. fuec. n°. 2011.*

Aranea extenfa. FAB. *Syft. ent. pag. 431. n°. 1.* —*Sp. inf. tom. 1. pag. 536. n°. 1.*

L'*Araignée* à ventre cylindrique , & pattes de devant étendues. GEOFF. *Inf. tom. 2. pag. 642. 3.*

Araignée patte-étendue tendeufe, à ventre très-alongé , d'un brun grifâtre , & à pattes étendues en avant en ligne droite. DBG. *Mém. tom. 7. pag. 236. 10. pl. 19. fig. 1.*

Aranea retiaria ; abdomine elongato grifeo fufco , pedibus longitudinaliter extenfis. DEG. *ib.*

RAI. *inf. 19. n°. 3.*

Araneus ex viridi inauratus , alvo longiufcula , pratenui. LIST. *Aran. angl. pag. 30. tit. 3. fig. 3.*

Aranea extenfa. SCHRANK. *Enum. inf. auft. n°. 1097.*

Les yeux de cette fingulière *Araignée* font noirs , de grandeur égale, & placés un peu différemment de ceux des efpèces précédentes. Les quatre du milieu forment un quarré ; mais les latéraux, un peu diftans l'un de l'autre , font parallèles , & un peu plus bas que ceux du milieu ; ce qui les rapproche des yeux en lunules. La tête & le corcelet font d'un gris cendré. L'abdomen eft alongé , prefque cylindrique , d'une couleur grife argentée, quelquefois un peu verdâtre , avec des mouchetures blanchâtres. On voit en-deffous une large raie longitudinale , obfcure , qui fépare de chaque côté une autre raie d'un jaune verdâtre. Les pattes font longues, un peu velues , grifâtres , avec une petite tache obfcure aux articulations. L'attitude de cette *Araignée* , lorfqu'elle eft en repos, eft très-fingulière : foit qu'elle foit placée au centre de fa toile , foit qu'elle foit collée contre la tige de quelque plante , elle a fes quatre pattes antérieures très-rapprochées l'une de l'autre , & étendues en avant , en ligne droite. Les deux poftérieures font de même très-rapprochées & portées en arrière. Il n'y a que les deux pattes de la troifième paire qui foient dirigées & étendues de côté.

Elle conftruit de grandes toiles verticales à réfeau , dans les champs , fur les plantes & les arbriffeaux , principalement dans les endroits un peu humides.

Elle fe trouve dans toute l'Europe.

22. ARAIGNÉE militaire.

ARANEA militaris. FAB.

Aranea fpinis dorfalibus quatuor , pofticis longioribus patentibus. FAB. *Syft. ent. p. 434. n°. 16.* —*Sp. inf. tom. 1. pag. 540. n°. 24.*

Cette *Araignée* a une forme singulière. Elle ressemble à la suivante, dont elle ne diffère peut-être que par le sexe. Les quatre yeux du milieu forment un quarré; les deux latéraux sont un peu distans de ceux-ci, & très-rapprochés l'un de l'autre. Le corcelet est de couleur brune foncée, luisante; il est petit, convexe, avec un léger rebord. L'abdomen est glabre & triangulaire; il paroît d'un jaune fauve, quelquefois obscur : on y voit quatre épines très-fortes, très-dures, d'une couleur brune, luisante, beaucoup plus foncée à leur extrémité; savoir, deux verticales, rapprochées l'une de l'autre, placées à la partie antérieure & supérieure, & deux horizontales, plus longues, divergentes, placées à la partie postérieure & latérale. L'anus se trouve vers le milieu de la partie inférieure de l'abdomen; il est alongé, & terminé en cône tronqué. Les pattes sont obscures, & de longueur moyenne.

Elle se trouve dans toute l'Amérique méridionale à Cayenne, à Surinam.

23. ARAIGNÉE épineuse.
ARANEA spinosa. LIN.

Aranea spinis dorsalibus octonis : posticis duabus patentibus; abdomine subtus conico : LIN. *Syst. nat. pag.* 1037. *n°.* 47.

Aranea spinosa. FAB. *Syst. ent. pag.* 435. *n°.* 17. —*Sp. ins. tom.* 1. *pag.* 541. *n°.* 25.

Aranea triangulari spinosa *retiaria; abdomine triangulari : spinis octonis, binis anticis horizontalibus, posticis duabus magnis divergentibus.* DEG. *Mém. tom.* 7. *pag.* 321. *n°.* 6. *pl.* 39. *fig.* 9 *&* 10.

Araignée épineuse triangulaire tendeuse, à ventre triangulaire, à huit épines, dont les deux antérieures sont horizontales, & les deux postérieures grandes & divergentes. DEG. *ib.*

Cette espèce est petite. Ses yeux sont arrangés comme dans les *Araignées* de cette famille : les quatre du milieu forment un quarré, & les deux latéraux sont rapprochés l'un de l'autre. Le corcelet est petit, légèrement convexe, d'un brun obscur & luisant. L'abdomen est glabre, triangulaire, brun, avec quelques points enfoncés, & armé de huit épines, dont deux antérieures, longues, horizontales, & avancées en partie sur le corcelet; deux latérales, petites, courtes & perpendiculaires; deux postérieures très-fortes, longues, horizontales & divergentes; enfin deux petites au-dessous de celles-ci, qui ne paroissent que lorsqu'on retourne l'*Araignée*. L'anus est placé & figuré comme dans l'espèce précédente. Les pattes sont d'un brun plus obscur que le corps. Elle varie, selon Degeer, pour le nombre des épines.

Elle se trouve à Cayenne, à Surinam.

24. ARAIGNÉE fourchue.
ARANEA armata. NOB.

Aranea abdomine plano punctato marginato; spinis quatuor, posticis longissimis arcuatis. NOB.

Cette *Araignée* est de grandeur médiocre : elle a les yeux disposés comme les espèces précédentes. Le corcelet est petit, d'un brun foncé, luisant. L'abdomen est brun, aplati, bordé, & armé de quatre épines, dont deux horizontales, courbées en-dedans, deux fois plus longues que le corps, & placées à la partie latérale postérieure de l'abdomen; Les deux autres très-courtes, très-petites, à peine apparentes, sont placées une de chaque côté. On voit, tout autour du rebord, une ligne circulaire de points enfoncés, d'une couleur violette obscure, & quatre autres de la même couleur formant un quarré au milieu de la partie supérieure.

Elle est au cabinet de M. Gigot d'Orcy.

Elle se trouve......

25. ARAIGNÉE Cancre.
ARANEA cancriformis. LIN.

ARANEA abdomine semi orbiculato : ambitu sex dentato. LIN. *Syst. nat. pag.* 1037. *n°.* 46.

Aranea cancriformis; abdomine globoso gibbo, ambitu sex dentato. FAB. *Syst. ent. p.* 431. *n°.* 2. —*Sp. ins. tom.* 1. *p.* 537. *n°.* 4.

Aranea hexacantha abdomine transverso, ambitu sex dentato. FAB. *Sp. ins. tom.* 1. *p.* 541. *n°.* 28.

Araneus cancriformis minor campestris, reticulum spirale texens; abdomine supina parte albo, & sex spinulis ad latera obsito, quasi encausto abducto, maculis nigris notato. SLOANE. *Jam. tom.* 2. *p.* 197. *tab.* 235. *fig.* 4.

Aranea nigra cancriformis, scuta dorsi majore ambitu aculeata. BROWN. *Jam. p.* 419. *tab.* 44. *fig.* 5.

Les yeux de cette *Araignée* sont placés comme ceux des espèces précédentes. Le corcelet est petit & d'un fauve brun. L'abdomen est plus large que long, presque aplati, d'un jaune fauve, & armé de six épines, dont deux placées de chaque côté & deux postérieurement. Ces épines sont deux à deux, horizontales, de longueur moyenne, jaunes à leur base, brunes & luisantes à leur pointe. On voit au milieu de la partie supérieure de l'abdomen quatre petits points enfoncés, noirâtres, disposés en quarré. Les pattes sont brunes & assez courtes.

Elle se trouve à la Jamaïque, à St.-Domingue & aux Antilles.

26. ARAIGNÉE armée.
ARANEA aculeata. FAB.

Aranea spinis dorsalibus sex, posticis patentibus FAB. *Syst. ent. pag.* 435. *n°.* 18. —*Spec. ins. tom.* 1. *pag.* 541. *n°.* 26.

Aranea elongato - spinosa retiaria; abdomine oblongo supra rugoso : spinis octonis magnis, anticis sex erectis, posticis binis patentibus divergentibus. DEG. *Mém. tom.* 7. *p.* 322. *n°.* 7. *fig.* 11 *&* 12.

Araignée épineuse alongée tendeuse, à ventre alongé, raboteux en-deſſus, & à huit grandes épines, dont les ſix antérieures ſont perpendiculaires, & les deux poſtérieures horizontales & divergentes. DEG. *ib.*

Cette *Araignée* a une forme plus alongée que les précédentes. Tout ſon corps eſt d'un brun glabre & luiſant. Le corcelet eſt petit, un peu convexe, avec un rebord aſſez bien marqué. L'abdomen eſt alongé, de figure triangulaire, d'un brun fauve ou pâle, & armé de ſix, de huit, ou de dix épines. On voit, à la baſe, deux épines courtes, horizontales, qui s'avancent un peu ſur le corcelet, & qui manquent quelquefois; deux autres, un peu plus bas, perpendiculaires & aſſez longues; deux en arrière, un peu plus courtes; enfin deux très-longues, très-fortes, horizontales & divergentes, à la partie poſtérieure & latérale: au-deſſous de celles-ci, on en voit deux autres beaucoup plus petites, qui ne paroiſſent que lorſqu'on retourne l'inſecte. Les côtés de l'abdomen paroiſſent ridés. L'anus eſt placé au milieu de la partie inférieure; il eſt alongé & figuré en cône tronqué.

Cette ſingulière *Araignée* ſe trouve à Cayenne & à Surinam.

27. ARAIGNÉE tétracanthe.
ARANEA tetracantha. LIN.
Aranea abdomine lunato : ambitu quadridentato. LIN. *Syſt. nat. pag.* 1037. *n°.* 45.

Aranea tetracantha ; abdomine globoſo : ambitu quadridentato. FAB. *Syſt. ent. pag.* 435. *n°.* 19. — *Sp. inſ. tom.* 1. *p.* 541. *n°.* 27.

Aranea tetracantha. PALLAS. *Spicil. Zool. faſc.* 9. *pag.* 49. *tab.* 3. *fig.* 16. 17.

Cette eſpèce reſſemble à l'*Araignée* Cancre Elle eſt ferrugineuſe. La tête eſt rouſſe. On voit quatre yeux au milieu de la tête & un ſeul de chaque côté. Les pattes ſont d'un rouge de ſang. L'abdomen eſt preſque figuré en croiſſant; il eſt ferrugineux, plat en-deſſus, avec pluſieurs points noirs enfoncés. Le bord eſt terminé par quatre épines, dont deux grandes, placées une de chaque côté, & deux petites, placées à la partie poſtérieure.

Elle ſe trouve à l'iſle St-Thomas.

28. ARAIGNÉE voûtée.
ARANEA fornicata. FAB.
Aranea fornicata, abdomine utrinque fornicato, biſpinoſo : poſterioribus longioribus. FAB. *Syſt. ent.* 435. 20. — *Sp. inſ.* 1. 541. 29.

Cette eſpèce eſt de grandeur moyenne. La tête & le corcelet ſont noirs & ſans taches. La poitrine eſt jaunâtre. Les côtés de l'abdomen ſont dilatés, figurés en voûte & armés de deux épines, dont l'une placée vers la baſe, courte & aiguë, & l'autre poſtérieure, plus longue, très-forte, avancée & aiguë. Le bord poſtérieur eſt armé de même de deux épines.

égales, ſubulées, ferrugineuſes. L'abdomen eſt briqueté, mais la baſe & la pointe ſont d'une couleur plus obſcure, avec des taches annulaires, élevées noirâtres. Les pattes ſont d'un brun noirâtre.

Elle ſe trouve dans la Nouvelle-Hollande.

29. ARAIGNÉE pyramidale.
ARANEA pyramidata. CLERCK.
Aranea griſea ; abdomine ovato obſcuro, macula fuſca pyramidali lineaque flava. NOB.
Araneus pyramidatus. CLERCK. *Aran. ſuec. pag.* 34. *pl.* 1. *fig.* 8.

Cette *Araignée* eſt aſſez grande. Le corcelet eſt petit, ovale, aplati, & recouvert d'un duvet blanchâtre, plus ſerré vers les yeux. L'abdomen eſt ovale, obſcur ſur les côtés, avec une grande tache alongée, en forme de pyramide renverſée, dont les côtés & la baſe ſont entourés d'une raie jaunâtre.

Elle ſe trouve en Suède.

Nota. Cette eſpèce & les trois qui ſuivent ſont décrites & figurées dans l'ouvrage de Clerck.

30. ARAIGNÉE alphabétique.
ARANEA litterata. NOB.
Aranea abdomine ovato ſubgloboſo fuſco, littera X alba notato. NOB.
Araneus littera X notatus. CLERCK. *Aran. ſuec. pag.* 46. *pl.* 2. *tab.* 5.

Les yeux de cette *Araignée* ſont noirs. Le corcelet eſt ovale, preſque rond, d'une couleur cendrée, noirâtre, avec une tache blanchâtre, en forme de V. L'abdomen eſt preſque globuleux, noirâtre & ſoyeux. On voit, à ſa baſe, une petite tache blanchâtre, en forme de X.

Elle file des réſeaux réguliers, & lorſqu'on touche rudement ſa toile, elle retire ſes pattes & contrefait la morte. CLERCK.

Elle ſe trouve en Suède.

31. ARAIGNÉE purpurine.
ARANEA ſegmentata. CLERCK.
Aranea cinerea ; abdomine ovato purpuraſcente, vittis duabus luteis. NOB.
Araneus ſegmentatus. CLERCK. *Aran. ſuec. p.* 45. *pl.* 2. *tab.* 6. *fig.* 1 & 2.

Cette *Araignée* eſt de grandeur moyenne. Sa couleur eſt cendrée, obſcure. L'abdomen eſt ovale, plus étroit, plus alongé dans le mâle que dans la femelle, & d'une couleur rouge bleuâtre. On voit ſur celui de la femelle deux larges raies longitudinales, jaunes, & quatre petits points noirâtres vers la baſe.

Elle ſe trouve en Suède.

32. ARAIGNÉE ondée.
ARANEA undata. NOB.
Aranea fuſca ; abdomine ovato nigro, vittis duabus undatis albis : pedibus albo fuſcoque variegatis. NOB.

Araneus fclopetarius. CLERCK. *Aran. fuec. pag.*
43. *pl.* 1. *tab.* 3

Cette efpèce eft à-peu-près de la grandeur de la
précédente. Les yeux latéraux font prefque joints
enfemble. Le corcelet eft aplati, cendré, obfcur,
avec une bordure blanche tout autour, formée par
un duvet cotonneux, pus épais & plus ferré à l'endroit où font placés les yeux. L'abdomen eft ovale,
cotonneux, noirâtre; on y voit de chaque côté,
une raie longitudinale, blanche, ondée, & quelques
traits blancs à la partie fupérieure. Les pattes font
de longueur moyenne, d'une couleur cendrée, obfcure, avec des taches & des anneaux blanchâtres.
Elle fe trouve en Suède.

SECONDE FAMILLE.

ARAIGNÉES FILANDIÈRES.

ARANEÆ RETIARIÆ.

CARACTERE.

Toiles irrégulières & fans figure déterminée.

Longueur refpective des pattes. Les premières, les quatrièmes, les fecondes & les
troifièmes.

Yeux, ⸪ ⸪ quatre au milieu en quarré;
deux de chaque côté fur une ligne oblique,
très-rapprochés l'un de l'autre.

Ces *Araignées* diffèrent peu de celles de la première famille. Elles ont huit yeux, dont quatre
au milieu de la partie antérieure de la tête, formant
un quarré, & deux de chaque côté fur une ligne
oblique, rapprochés l'un de l'autre, & quelquefois joints enfemble. La longueur refpective des
pattes les rapproche auffi beaucoup des précédentes.
Les deux antérieures font les plus longues; les
quatrièmes le font un peu moins; les fecondes ont,
à peu de chofe près, la longueur des quatrièmes;
enfin, les troifièmes font les plus courtes de toutes.
Parmi ces *Araignées*, les unes conftruifent une toile
très-lâche, très-irrégulière, quelquefois horizontale,
d'autres fois oblique, compofée de fils tendus irrégulièrement & fans ordre apparent, fur les arbres,
les plantes, & fouvent dans les angles des murs,
derrière les fenêtres ou dans les greniers. La forme
de cette toile dépend beaucoup de l'endroit où elle
a été placée. Quelques autres, nommées par Homberg *Araignées des caves*, conftruifent une toile
ferrée en forme de cylindre, dans le trou de quelque mur, ou la fente d'une porte ou d'une fenêtre; elles tendent au-dehors des fils de tous les
côtés, qui vont aboutir à leur toile, & qui les
avertiffent lorfque quelque mouche vient s'y arrêter. Ces *Araignées* fe rencontrent plus ordinairement
dans les maifons & dans les greniers, dans les
caves & autres endroits fombres & humides. Leur
accouplement a lieu, en Europe, dans le courant
de l'été: les femelles enveloppent leurs œufs dans
une coque de foie d'un tiffu affez ferré, qu'elles
fixent à quelque endroit à portée de leur nid. Les
petites *Araignées* éclofent quelquefois la même
année, mais plus fouvent au printems fuivant. Il
paroît que les *Araignées* de cette famille ne meurent
pas auffi-tôt après leur ponte; mais qu'elles vivent
plus d'une année, puifqu'on en rencontre fréquemment en hiver, & qu'on en voit de groffes au commencement du printems.

ESPÈCES.

33. ARAIGNÉE couronnée.
ARANEA redimita. LIN.
*Aranea abdomine oblongo ovato flavo : annulo
ovali dorfali rubro.* LIN. *Syft. nat. pag.* 1031. n°.
14. — *Faun. fuec.* n°. 2004.
*Aranea coronata textoria; abdomine oblongo-
ovato albo; annulo dorfali rubro.* DEG. *Mém. tom.*
7. *pag.* 242. n°. 11. *pl.* 14. *fig.* 4.
Araignée à couronne rouge filandière, à ventre
ovale, blanc, avec un cercle couleur de rofe.
DEG. *ib.*
Araneus albicans, corona coccinea in alvo ovali.
LIST. *Aran. angl. pag.* 51. *tit.* 12. *fig.* 12.
Araneus redimitus. CLERCK. *Aran. fuec. pag.*
59. *pl.* 3. *tab.* 9.

Cette jolie *Araignée* a les yeux bruns & luifans;
on en voit quatre placés en quarré au milieu de
la tête, & deux de chaque côté fi rapprochés l'un
l'autre, qu'ils fe confondent & paroiffent n'en former
qu'un gros; mais fi on les regarde avec une
loupe, on les diftingue bien. Le corcelet eft petit
& pâle. L'abdomen eft ovale, prefque de la groffeur d'un petit pois dans les femelles, d'un jaune
clair, avec deux raies longitudinales rouges, un peu
ondées, qui fe joignent à la bafe & à la pointe de
l'abdomen, & figurent un anneau ovale. Le milieu
de cet anneau eft jaune, mais on y voit une ligne
longitudinale, obfcure. Le deffous du ventre a fes
bords jaunes, & le milieu obfcur, & coupé par
une ligne longitudinale, noire. Les pattes font
pâles.

Cette efpèce conftruit une toile irrégulière entre
plufieurs feuilles d'arbres, qu'elle rapproche par le
moyen de quelques fils. Lorfque les feuilles de l'arbre
font un peu grandes, une feule lui fuffit; & alors
elle en rapproche un peu les bords pour lui donner
plus de concavité; elle en tapiffe toujours l'intérieur d'une légère couche de foie. Elle pond fes
œufs pendant l'été, & les enferme dans une coque
de foie d'un blanc azuré, qu'elle n'abandonne jamais. Lorfque les petits font éclos, la mère déchire la toile pour les en faire fortir, car ils font
incapables de la percer eux-mêmes.

Elle fe trouve en Europe , fur les arbres, dans les jardins & dans les champs.

34. ARAIGNÉE triangulaire.
Aranea triangularis. CLERCK.
Aranea abdomine ovato fupra albicante , dorfo maculis trigonis bruneis. NOB.

Araignée renverfée fauvage filandière, à ventre ovale, avec des taches & des bandes découpées, brunes & blanches , à pattes fans taches. DEG. *Mém. tom.* 7. -*p.* 244. 12. *pl.* 14. *fig.* 13.

Aranea refupina fylveftris *textoria ; abdomine ovato : maculis fafciifque angulatis fufcis albifque pedibus immaculatis.* DEG. *ib.*

Araneus triangularis. CLERCK. *Aran. fuec. p.* 71. *pl.* 3. *tab.* 2.

Cette *Araignée* eft de grandeur moyenne. L'arrangement de fes yeux eft tel que les quatre du milieu forment un quarré inégal ; les deux poftérieurs font plus grands , plus diftans l'un de l'autre que les deux antérieurs , & placés chacun fur une tache noire. Les deux antérieurs font plus petits, plus rapprochés que les autres , & placés fur une même tache noire. Les latéraux font petits, très-rapprochés l'un de l'autre , & placés auffi fur une même tache noire. Le corcelet eft d'une couleur brune, claire, un peu roufsâtre, avec une ligne longitudinale, noire , placée au milieu, & divifée en deux branches antérieurement. L'abdomen eft ovale , affez gros dans les femelles , & orné de plufieurs taches triangulaires, brunes , réunies & difpofées à la fuite l'une de l'autre ; elles repréfentent affez mal une feuille qui auroit des incifions profondes. Les côtés font d'un blanc cendré ou jaunâtre , avec des taches irrégulières, brunes.

Cette efpèce conftruit fur les buiffons , les Pins , les Geneyriers , &c. une grande toile horizontale , foutenue par des fils verticaux & obliques, arrangés confufément & fans ordre. Son accouplement a lieu à la fin de l'été. Degeer ayant enfermé dans une boëte deux femelles & un mâle , vit celui-ci approcher les femelles fans méfiance , & s'accoupler alternativement avec elles plufieurs fois , dans l'efpace de trois heures qu'il les obferva. Il les croit moins cruelles que les autres efpèces.

Elle fe trouve en Europe, dans les bois.

35. ARAIGNÉE montagnarde.
Aranea montana. LIN.
Aranea abdomine ovato albo maculis cinereis. LIN. *Syft. nat.* 1032. 17. —*Faun. fuec.* 1006.

Araignée renverfée domeftique filandière, à ventre ovale , avec des mouchetures d'un blanc jaunâtre aux côtés , à pattes tachetées de noir. DEG. *Mém. tom.* 7. *p.* 251. 13.

Aranea refupina domeftica *textoria ; abdomine ovato ; maculis lateralibus flavo-albidis , pedibus nigro maculatis.* DEG. *ib.*

Araneus montanus. CLERCK. *Aran. fuec. p.* 64. *pl.* 3. *tab.* 1.

Cette *Araignée* ne diffère pas beaucoup de la précédente. Les quatre yeux du milieu forment un quarré irrégulier , les deux antérieurs font beaucoup plus petits , & plus rapprochés que les deux poftérieurs. Les latéraux font très-rapprochés l'un de l'autre , & celui de devant eft le double plus grand que l'autre. Le corcelet eft obfcur , étroit & relevé en carène à fa partie antérieure , un peu plus large & aplati à fa partie poftérieure. L'abdomen eft ovale , plus ou moins obfcur , blanchâtre fur les côtés , & pointillé de brun , avec une raie ondée , noirâtre , au milieu. Le ventre en-deffous & la poitrine font noirâtres. Les pattes font affez longues ; elles font d'un brun pâle , avec quelques anneaux plus obfcurs.

Elle habite les angles des murs, des fenêtres , ou autres lieux femblables. Degeer a obfervé qu'elle conftruit une toile horizontale , fufpendue & entourée d'un grand nombre de fils perpendiculaires & obliques, arrangés fans ordre , au-deffous de laquelle elle court avec vîteffe dans une pofition renverfée , ainfi que l'efpèce précédente ; & lorfqu'une Mouche fe trouve prife , l'*Araignée* l'attaque toujours au travers de la toile. Elle marche très-rarement fur le plan fupérieur.

Elle fe trouve en Europe.

36. ARAIGNÉE atroce.
Aranea atrox. DEG.
Aranea textoria ; abdomine ovato fufco fupra macula nigra oblonga flavedine cincta. DEG. *Mém. tom.* 7. *p.* 253. *n°.* 15. *pl.* 14. *fig.* 24.

Araignée filandière à ventre ovale , brun , avec une tache ovale , noire en-deffus , bordée de paille. DEG. *ib.*

Araneus nigricans prægrandi maculâ nigrâ in fumnis clunibus , uterum iifdem imis oblique virgatis. LIST. *Aran. angl. p.* 68. *tit* 21. *fig.* 21.

Elle eft de grandeur moyenne. L'arrangement des yeux eft tel , que les quatre du milieu forment un quarré , & les deux latéraux font placés fur une ligne oblique ; ils font noirs , & à-peu-près d'égale grandeur ; cependant , les deux poftérieures du quarré paroiffent un peu plus gros & plus diftans l'un de l'autre que les deux antérieurs. Le corcelet eft brun. L'abdomen eft d'une couleur noirâtre , avec une grande tache noire , de la figure d'un quarré long , qui part de fa bafe , & defcend jufques vers fon milieu. Cette tache eft entourée d'une couleur jaunâtre. Les pattes font de longueur moyenne , de couleur brune , avec des anneaux noirs.

Cette efpèce conftruit , dans les trous des vieux murs & dans les fentes des portes & des fenêtres , un nid cylindrique , dans lequel elle fe tient cachée ; elle tapiffe les environs de ce nid de plufieurs fils qui fervent à arrêter les Mouches qui viennent y toucher & à l'avertir ; elle accourt auffi-tôt & s'en faifit.

On la trouve en Europe.

37. ARAIGNÉE biponctuée.

ARANEA bipunctata. LIN.

Aranea abdomine globoso atro, punctis duobus excavatis. LIN. *Syst. nat. pag.* 1031. *n°.* 6. —*Faun. suec. n°.* 1997.

Aranea punctata textoria, nigro fusca nitida; abdomine globoso; punctis excavatis, anterius fascia grisea. DEG. *Mém. tom.* 7. *pag.* 255. *n°.* 16. *pl.* 15. *fig.* 1.

Araignée à points concaves filandière, à ventre sphérique, d'un brun noirâtre, luisant, à points concaves & bordé en devant de gris. DEG. *ib.*

Araneus pullus glaber domesticus LIST. *Aran. angl. pag.* 49. *tit.* 11. *fig.* 11.

Aranea bipunctata. SCHRANK. *Enum. inf. aust. n°.* 1093.

Cette espèce est de la grandeur de la précédente. Ses yeux sont noirs & d'égale grandeur; les deux postérieurs du quarré seulement sont clairs & brillans. Le corcelet est petit & noirâtre. L'abdomen est sphérique, assez gros, noirâtre, avec deux points enfoncés, très-distincts, placés vers le milieu de la partie supérieure, & deux autres plus petits, peu apparens, vers la base. On voit depuis la tête jusqu'à l'anus une ligne d'un noir plus foncé que celui du corps. Les pattes sont assez courtes & d'une couleur brune claire.

Elle se trouve en Europe, dans les maisons, dans les greniers & les lieux inhabités ou mal propres. Elle construit une toile lâche très-irrégulière, composée de fils qui se croisent en tout sens & sans aucun ordre.

38. ARAIGNÉE tachetée.

ARANEA maculata. NOB.

Aranea fusca; abdomine globoso fusco; lateribus maculisque octo albidis. NOB.

Araignée tachetée de blanc filandière, à ventre sphérique, brun-noirâtre, à bande découpée, & huit taches blanches. DEG. *Mém. tom.* 7. *pag.* 257. 17. *pl.* 15. *fig.* 2.

Aranea albo maculata textoria, nigro fusca; abdomine globoso: fascia angulata maculisque octo albis. DEG. *ib.*

Elle ressemble à la précédente, mais elle est plus petite. Sa couleur est d'un brun noir. L'abdomen est sphérique, noirâtre en-dessus, avec huit taches blanches, & les côtés bordés d'une large raie blanchâtre, ondée.

Degeer dit avoir trouvé cette espèce en Suède, sous une pierre, sur le rivage de la mer Baltique. Il la renferma & la garda dans une boîte; elle y pondit bientôt une vingtaine d'œufs parfaitement sphériques, d'une couleur de chair jaunâtre, qu'elle enferma dans une coque ronde de soie très-blanche & très-serrée, au travers de laquelle on pouvoit cependant voir les œufs; elle fila autour de cette coque une seconde enveloppe de soie plus lâche ou moins serrée que la première.

39. ARAIGNÉE à six yeux.

ARANEA sinoculata. LIN.

Histoire Naturelle, Insectes. Tome I.

Aranea sinoculata oculis tantum senis. LIN. *Syst. nat.* 1034. 30. —*Faun. suec.* 2016.

Aranea sinoculata abdomine virescente lateribus flavis. FAB. *Syst. ent.* 439. 36. —*Sp. inf.* 1. 546. 49.

Araignée à six yeux filandière, à ventre oblong, gris, avec une bande longitudinale, découpée, brune, & à corcelet brun. DEG. *Mém. tom.* 7. *p.* 258. *n°.* 18. *pl.* 15. *fig.* 5.

Aranea sinoculata textoria; abdomine ovato-oblongo griseo: fascia longitudinali laciniosa fusca, thorace fusco. DEG. *ib.*

Araneus subflavus, alvo quasi cylindracea maculis quadratis insignita; item cui ad alvi latera singula obliqua virgula flavescentes. LIST. *Ar. angl. p.* 74. *tit.* 24. *fig.* 24.

RAJ. *Inf.* 32. 24.

Cette *Araignée* diffère des autres espèces en ce qu'elle n'a réellement que six yeux, à-peu-près de grandeur égale. On en voit quatre placés antérieurement sur une même ligne, & deux postérieurement derrière ceux des extrémités. Elle est de grandeur moyenne. La tête, le corcelet & les tenailles sont d'un brun obscur, presque noir & luisant. L'abdomen est ovale, alongé, d'un gris cendré, quelquefois jaunâtre, sur les côtés, avec quelques petits points bruns noirâtres : il y a au milieu une raie longitudinale, large, composée de taches presque quarrées, ou en losanges, placées les unes à la suite des autres. Les pattes sont d'une longueur moyenne dans les femelles, mais un peu plus longues dans les mâles : elles sont velues, brunes, avec quelques taches plus obscures. Les tenailles sont grosses, longues & très-fortes; l'*Araignée* s'en sert pour attaquer & saisir les plus grosses Mouches & même les Guêpes.

Elle fait sa demeure dans les cavités des vieux murs, les fentes des portes & des fenêtres. Elle construit un tuyau cylindrique, d'une texture assez serrée, & ouvert par les deux bouts; elle tend ensuite extérieurement, à l'une des ouvertures, des fils qui se croisent en tout sens & sans ordre.

Elle se trouve dans toute l'Europe.

40. ARAIGNÉE phalangiste.

ARANEA phalangioides. FOURC.

Aranea fusca livida; abdomine ovato-oblongo, pedibus hirsutis longissimis. NOB.

L'*Araignée* domestique à longues pattes. GEOFF. *Inf. tom.* 2. *p.* 651. 17.

Aranea longipes, thorace pedibusque pallidis; abdomine plumbeo fusco. GEOFF. *ib.*

Aranea phalangiodes. FOURC. *Ent. par. tom.* 2. *p.* 535. *n°.* 13.

Aranea Pluchii. SCOP. *Ent. carn. n°.* 1110.

Aranea Opilionoides pedibus longissimis exilibus gregaria. SCHRANK. *Enum. inf. auft. n°.* 1103.

Cette *Araignée* a le corcelet de couleur pâle & livide. Ses pattes sont de la même couleur; elles sont fort longues & très-fines, presque comme celles

D d

du Faucheur; la troisième paire est la plus courte.
Son ventre est ovale, un peu oblong, & de couleur plombée.

On trouve cette *Araignée* dans les endroits inhabités des maisons, où elle fait des toiles lâches
& irrégulières. (GEOFF.)

L'arrangement des yeux de cette *Araignée* diffère
de celui des espèces précédentes; on en voit deux
au-devant de la tête, sur une ligne transversale,
& trois de chaque côté, formant un triangle.
M. Geoffroy les nomme *yeux-en bouquets*.

Elle se trouve dans presque toute l'Europe.

41. ARAIGNÉE à nervures.

ARANEA nervosa. NOB.

*Aranea fusca abdomine subglobosc cinerascente,
macula foliacea fusca albo lineata.* NOB.

*Araneus fere subfuscus, interdum varie coloratus,
alvo foliacea pictura insignita, globata.* LIST. *Aran.
angl. pag.* 51. *tit.* 13. *fig.* 13.

Araneus sisyphius. CLERCK. *Aran. suec. p.* 54.
pl. 3. *tab.* 5.

Les yeux de cette petite *Araignée* sont si petits,
qu'on ne peut les bien appercevoir qu'à l'aide d'une
forte loupe. Les quatre du milieu forment un quarré;
les deux latéraux sont presque joints ensemble. Tout
son corps est d'une couleur obscure, noirâtre, avec
un reflet brillant, & plus clair lorsqu'elle est au
soleil. L'abdomen est presque globuleux : on y voit
au-dessus comme une tache en forme de feuille,
dont les nervures seroient blanches. Les pattes sont
minces, de longueur moyenne, avec quelques taches
plus obscures.

Elle se trouve en Suède, en Angleterre; elle
file, sur les Genets, les Genévriers & autres arbrisseaux, une toile lâche, assez grande & très-irrégulière.

42. ARAIGNÉE lunulée.

ARANEA lunata. CLERCK.

*Aranea rufa ; abdomine basi globoso, apice conico,
dorso maculis lunatis luteis.* NOB.

*Araneus rufus, clunium globatorum fastigio, in
modum stellæ radiato, sylvicola.* LIST. *Aran. angl.
p.* 53. *tit.* 14. *fig.* 14.

Araneus lunatus. CLERCK. *Aran. suec. p.* 51. *pl.* 3.
tab. 7.

La couleur de cette petite *Araignée* est roussâtre.
Son ventre est très-gros à proportion des autres
parties; il est très-renflé & presque globuleux à
sa partie supérieure; il est aplati en-dessous, & terminé en pointe à l'anus. On voit au-dessus un léger
duvet blanchâtre en différens endroits, & quelques
lignes courbes, jaunâtres, en forme de croissant.
Les pattes sont minces, de longueur moyenne, roussâtres & sans taches.

Elle se trouve en Angleterre, en Suède, sur les
arbres fruitiers.

43. ARAIGNÉE marron.

ARANEA castanea. CLERCK.

*Aranea abdomine ovato, castaneo, lineis tribus
punctorum fasciisque duabus albis.* NOB.

Araneus castaneus. CLERCK. *Aran. suec. p.* 45. *pl.*
3. *tab.* 3.

Nota. Clerck a donné la description & la figure
de cette *Araignée* & des six qui suivent.

Elle est de grandeur moyenne. Le corcelet est
petit, ovale, aplati, roussâtre, luisant, avec un
léger duvet noirâtre vers les yeux. L'abdomen est
ovale, châtain, soyeux, luisant, avec trois rangées
longitudinales de points blancs, terminées vers l'anus
par deux lignes transversales, parallèles, blanches.
Elle se trouve en Suède.

44. ARAIGNÉE crochue.

ARANEA hamata. CLERCK.

*Aranea fusca ; abdomine globoso cinereo-cærules-
cente, vitta strigisque quatuor hamatis albis.* NOB.

Araneus hamatus. CLERCK. *Aran. suec. pag.* 51.
pl. 3. *tab.* 4.

Les yeux de cette *Araignée* sont très-petits & difficiles à appercevoir. Le corcelet est ovale, un peu
relevé, noir & légèrement cotonneux. L'abdomen
est ovale, presque globuleux, bleuâtre, luisant,
soyeux, avec une ligne longitudinale, blanche,
& quatre latérales, courbées, en forme de crochet.
Elle se trouve en Suède, sur les Génévriers.

45. ARAIGNÉE formose.

ARANEA formosa. CLERCK.

*Aranea abdomine subovato, basi nigro, apice
luteo, dorso albo luteoque vario.* NOB.

Araneus formosus. CLERCK. *Aran. suec. p.* 56.
pl. 3. *tab.* 6.

Les yeux de cette jolie petite *Araignée* sont noirs;
les deux latéraux sont peu apparens. Le corcelet est
ovale, aplati, un peu enfoncé au milieu, & légèrement velu. L'abdomen seroit globuleux, s'il ne
se retrécissoit vers l'anus : sa couleur est noire à
la base, sur les côtés & en-dessous, & jaunâtre
vers l'anus : on voit ensuite, vers le milieu, des
taches en lunules & des points blancs, & deux petites taches rouges.

Elle se trouve en Suède:

46. ARAIGNÉE ovale.

ARANEA ovata. CLERCK.

*Aranea rufa ; abdomine oblongo-ovato luteo,
dorso macula magna rubra.* NOB.

Araneus ovatus. CLERCK. *Aran. suec. p.* 58. *pl.* 3.
tab. 8.

Les yeux de cette espèce sont noirs & très-petits;
les deux latéraux sont très-rapprochés. Le corcelet
est ovale, aplati, d'une couleur roussâtre, foncée,
luisante, avec une ligne longitudinale, glauque,
au milieu. L'abdomen est ovale, oblong, velu,
jaunâtre, avec une grande tache rouge, ovale,
terminée en pointe.

Elle se trouve en Suède, sur les arbres.

47. ARAIGNÉE rayée.

ARANEA lineata. CLERCK.

Aranea rufa ; abdomine oblongo ovato luteo, dorso linea punctifque sex albis. NOB.

Araneus lineatus. CLERCK. *Aran.fuec. p. 60. pl. 3. t. 10.*

Les yeux de cette jolie *Araignée* font noirs & affez apparens. Le corcelet est ovale, roufsâtre, luisant, avec une ligne longitudinale, obscure. L'abdomen est alongé, d'un blanc jaune, avec une très-petite ligne longitudinale, noire, & six petits points de la même couleur, de chaque côté : on voit auffi quatre taches noires, qui entourent l'anus

Elle fe trouve en Suède, fur l'Aubépine.

48. ARAIGNÉE cellerière.

ARANEA cellulana. CLERCK.

Aranea abdomine ovato luteo, pilofo ; pilis nigris ; dorfo maculis quatuor luteis nitiais. NOB.

Araneus cellulanus. CLERCK. *Aran. fuec. p. 62. pl. 4. tab. 12.*

Les yeux de cette *Araignée* font noirs & difficiles à diftinguer. Le corcelet est ovale, roufsâtre, obfcur fur les côtés, & noirâtre au milieu. L'abdomen est ovale, jaune, & couvert de quelques poils noirs : on y voit une tache ovale, d'un jaune clair & luifant, de chaque côté, & deux autres vers l'anus. Les pattes font longues, minces, d'un roux cendré, obfcur, & couvertes de poils longs & noirs.

Elle fe trouve en Suède, dans les angles des murs, derrière des uftenciles.

49. ARAIGNÉE bourfoufflée.

ARANEA bucculenta. CLERCK.

Aranea fufco-rufa ; abdomine fubglobofo cinereo, dorfo linea punctifque nigris. NOB.

Araneus bucculentus. CLERCK. *Aran. fuec. p. 63. pl. 4. tab. 1.*

Les yeux latéraux de cette *Araignée* font prefque joints enfemble. Le corcelet est ovale, aplati, velu, & d'un roux cendré, obfcur. L'abdomen est prefque arrondi, luifant, & couvert de tubercules obtus ; on y voit, au milieu, une ligne longitudinale, noirâtre, large à la bafe, prefque imperceptible vers l'extrémité, & des raies & des points irréguliers de la même couleur, fur les côtés.

Elle fe trouve en Suède, fur les arbres.

TROISIEME FAMILLE.

ARAIGNÉES TAPISSIÈRES.

ARANEÆ VESTIARIÆ.

CARACTERE.

Toiles horizontales, régulières, d'un tiffu ferré.

· Longueur refpective des pattes : les quatrièmes, les premières, les fecondes & les troifièmes.

Anus avec deux mamelons plus grands & plus longs que les autres.

Yeux, quatre au milieu en quarré inégal ; deux de chaque côté fur une ligne oblique, féparés & un peu en arrière.

Les *Araignées* tapiffières, nommées auffi *Araignées* domeftiques, ne diffèrent pas beaucoup de celles des deux familles précédentes. Elles ont huit yeux, dont quatre placés au milieu de la partie antérieure de la tête, forment un quarré inégal, les deux de devant étant toujours un peu plus rapprochés l'un de l'autre que les deux de derrière : les latéraux font fur une ligne oblique, féparés, & même affez diftans l'un de l'autre, & placés un peu plus en arrière que ceux des *Araignées* tendeufes & des *Araignées* tapiffières. La longueur refpective des pattes eft auffi un peu différente ; les deux poftérieures font toujours les plus longues ; les premières le font un peu moins ; les fecondes font à peu près de la longueur des premières ; enfin les troifièmes font les plus courtes de toutes. Ces *Araignées* conftruifent des toiles régulières, d'un tiffu ferré, qu'elles placent horizontalement, comme des tapis étendus, dans les angles des murs, derrière des portes & des fenêtres, & même dans les champs. Leur figure dépend de l'endroit où elles ont été placées : elle eft triangulaire, lorfqu'elles font au coin du mur ; irregulière ou à plufieurs angles, derrière une porte ou une fenêtre ; enfin elle eft prefque ronde lorfqu'elles font placées au milieu d'un champ. L'*Araignée* pratique à l'angle du mur ou à l'une des extrémités, une loge cylindrique avec deux ouvertures, l'une affez grande au-devant de fa toile, & une autre plus petite en-deffous contre l'angle du mur ; elle s'y tient cachée ; la tête toujours tournée vers la toile, & lorfque quelque mouche ou quelqu'autre petit infecte fe trouve pris, l'*Araignée* fort à l'inftant de fa retraite, court fur fa proie avec beaucoup de viteffe, s'en faifit avec fes tenailles & l'emporte dans fa loge pour la fucer à fon aife. Mais lorfqu'on touche trop rudement à fa toile, ou lorfqu'elle eft effrayée par la préfence de quelque redoutable Ichneumon ou de quelque gros infecte, elle fe fauve alors à reculon par l'ouverture inférieure, & ne revient dans fa loge qu'au bout de quelque tems. L'accouplement de ces efpèces a lieu dans le courant de l'été. La femelle pond enfuite plufieurs œufs qu'elle enveloppe dans une coque, & qu'elle place à côté de fa loge.

ESPÈCES

50. ARAIGNÉE domeftique.

ARANEA domeftica. LIN.

Aranea abdomine ovato fufco ; maculis nigris quinque fubcontinuis ; anterioribus majoribus. Lin. *Syft. nat. pag.* 1031. *n°.* 9.—*Faun. fuec. n°.* 2000.

Aranea domeftica. Fab. *Syft. ent. pag.* 433. *n°.* 8. — *Spec. inf. tom.* 1. *pag.* 538. *n°.* 13.

Aranea domeftica veftiaria grifco-fufca ; abdomine ovato, tomentofo : maculis nigris marmorato. Deg. *Mém. tom.* 7. *pag.* 264. *n°.* 19. *pl.* 15. *fig.* 11.

Araignée domeftique tapiffière, d'un brun grisâtre, à ventre ovale, velu, moucheté de noir. Degeer *ib.*

L'*Araignée* brune domeftique. Geoff. *Inf.* 2. *pag.* 644. 6.

Araneus fubflavus, hirfutus, prælongis pedibus, domefticus. List. *Aran. angl. pag.* 59. *tit.* 17. *fig.* 17.

Araneus domefticus, Clerck. *Aran. fuec. p.* 76. *pl.* 2. *tab.* 9.

Aranea domeftica. Schrank. *Enum. inf. auft. n°.* 1095.

Aranea Derhamii. Scop. *Ent. carn. n°.* 1104.

Les yeux de cette efpèce font noirs & de grandeur égale. Les quatre du milieu forment un quarré plus large en arrière. Les latéraux font un peu diftans l'un de l'autre. Le corcelet eft d'un gris nébuleux & obfcur. L'abdomen eft ovale, alongé ; on y voit à fa partie fupérieure, depuis la bafe jufqu'à la pointe, cinq à fix taches contiguës, à la fuite l'une de l'autre, dont la grandeur diminue en avançant vers la pointe. Les pattes font velues, affez longues, obfcures, avec des anneaux noirâtres.

Cette *Araignée* eft de moyenne grandeur. Elle fe trouve en Europe, dans les maifons & les greniers où elle conftruit dans les angles des murs, derrière les volets des fenêtres ou autres endroits femblables, une toile horizontale, régulière, d'un tiffu ferré, étendue, mais un peu concave à fa partie fupérieure par fon propre poids.

51. Araignée fatinée.
Aranea holofericea. Lin.

Aranea abdomine ovato-oblongo holofericeo ; bafi fubtus punctis duobus flavis. Lin. *Syft. nat. p.* 1034. *n°.* 29. — *Faun. fuec. n°.* 2015.

Aranea holofericea grifeo murina; abdomine ovato-oblongo, villofo, bafi fubtus maculis binis flaveffentibus. Deg. *Mém. tom.* 7. *pag.* 266. *n°.* 20. *pl.* 15. *fig.* 13.

Araignée fatinée tapiffière, d'un gris de fouris, à ventre velu, ovale & alongé, avec deux taches jaunâtres en-deffous à fa bafe. Degeer. *ib.*

Araneus plerumque lividus, non raro tamen fubflavus, fine ulla pictura. List. *Aran angl. pag.* 71. *tit.* 23. *fig.* 23.

Araneus pallidulus, Clerck. *Aran. fuec. p.* 81. *pl.* 2. *fig.* 7.

Aranea holofericea. Schrank *Enum. inf. auft. n°.* 1101.

Cette efpèce eft de grandeur moyenne. Ses yeux

ne diffèrent pas de ceux de l'*Araignée* domeftique. Les tenailles font groffes & fortes. La tête, le corcelet & l'abdomen font d'un gris nébuleux : celui-ci eft terminé par des mamelons grands & alongés qui forment deux efpèces d'appendices. Tout le corps eft couvert d'un duvet fin qui le rend comme fatiné. Les pattes font d'une longueur moyenne & de la couleur du corps : les deux de derrière font les plus longues, & celles de la troifième paire les plus courtes de toutes.

On la trouve en Europe fur les plantes & les arbres, où elle conftruit une toile horizontale d'un tiffu ferré. Elle enferme fes œufs dans une coque de foie blanchâtre très-forte & très-ferrée, qu'elle place à portée de fa toile, entre deux feuilles d'un arbre, qu'elle rapproche & qu'elle joint l'une à l'autre par le moyen de fes fils, en y ménageant cependant une cavité capable de contenir fa coque ; elle plie quelquefois une feuille en deux, après en avoir rapproché & fortement lié les bords.

52. Araignée labyrinthe.
Aranea labyrinthica. Lin.

Aranea abdomine ovato fufco : linea exalbida pinnata, ano bifurco. Lin. *Syft. nat p.* 1031. *n°.* 12. — *Faun. fuec. n°.* 2003.

Aranea labyrinthica. Fab. *Syft. ent. p.* 435. *n°.* 21. — *Sp. inf. tom.* 1. *p.* 541. *n°.* 30.

Araneus cinereus maximus, ani appendicibus infigniter prominentibus. List. *Aran. angl. p.* 60. *tit.* 18. *fig.* 18.

Araneus labyrinthicus. Clerck. *Aran. fuec. p.* 79. *pl.* 2. *tab.* 8.

Schaef. *Icon. tab.* 19. *fig.* 8.

Elle eft un peu plus grande que les deux précédentes. L'arrangement de fes yeux eft à peu-près le même. La tête & le corcelet font d'une couleur cendrée, obfcure, prefque noirâtre. L'abdomen eft ovale, noirâtre, avec une raie blanchâtre, pinnée, placée tout le long de fa partie fupérieure. On voit fortir de l'anus deux mamelons très-alongés en forme d'appendices. Les pattes font longues, cendrées, avec quelques taches obfcures, & couvertes de quelques piquants.

On trouve cette efpèce dans prefque toute l'Europe.

Elle conftruit une grande toile horizontale, ferrée, fur les chardons, les ronces, les Genets & différens arbriffeaux. Lifter a obfervé qu'elle paffe l'hiver dans une fente de quelque mur ou fous l'écorce d'un arbre, après s'être bien enfermée fous une toile épaiffe.

53 Araignée aviculaire.
Aranea avicularia. Lin.

Aranea thorace orbiculato convexo ; centro tranfverfe excavato. Lin. *Syft. nat. p.* 1034. — *Muf. Lud. Ulric.* 428.

Aranea avicularia Fab. *Syft. ent. p.* 438. *n°.* 35. — *Spec. Inf. tom.* 1. *p.* 545. *n°.* 46.

Aranea veftiaria hrfutiffima nigro-fufca feu ru-fefcens , plantis amplis tomentofis. Deg. *Mém.* *tom.* 7. *p.* 313. *n°.* 1. *pl.* 38. *fig.* 8.

Araignée des oifeaux tapiffière , extrèmement velue , d'un brun noirâtre ou rouffâtre, à pieds larges & veloutés. Digeer. *ib.*

Merian. *Surin. pl.* 18.

Seba. *Thef. tom.* 1. *tab.* 69. *fig.* 2. 3.

Roesel. *Inf. tom.* 5. *pl.* 11.

Olear. *Muf. tab.* 17. *fig.* 3.

Worm. *Muf. tab.* 144.

Cette *Araignée* eft la plus grande des efpèces connues. Ses yeux different un peu de ceux des efpèces précédentes. On en voit deux au milieu de la partie fupérieure & antérieure de la tête , fur une ligne tranfverfale, grands , ronds & faillans ; deux autres , un de chaque côté de la partie latérale antérieure , un peu plus petits , ovales & moins faillans ; enfin il y en a deux de chaque côté de la partie latérale poftérieure encore plus petits , oblongs & très-rapprochés l'un de l'autre. Le corcelet eft grand , brun , prefque liffe, avec quelques enfoncemens qui fe dirigent du centre à la circonférence. L'abdomen eft grand, ovale, très-velu, noirâtre , & terminé par deux appendices ou mamelons alongés & velus. Les pattes font longues , groffes , très-velues , noires , avec leur extrémité fauve; les tarfes font larges , très-velus en-deffus , veloutés en-deffous & armés de deux crochets aigus , courbés & très-forts.

Elle fe trouve à Cayenne & à Surinam.

Nous ne connoiffons pas encore affez bien la manière de vivre de cette *Araignée*, quoiqu'elle ait été obfervée par beaucoup de voyageurs. Nous ignorons fi elle conftruit une toile horizontale ferrée , quoique nous foyons très-portés à le croire. Quelques auteurs difent feulement que ces groffes *Araignées* habitent le Gayave & autres arbres, où elles conftruifent un grand nid en forme de coque ovale dans lequel elles fe tiennent à l'affût des infectes. Elles fe nourriffent, non-feulement de Fourmis , de Mouches & d'autres infectes ; mais elles attaquent même les Oifeaux Mouches & les Colibris. Mademoifelle Mérian rapporte qu'elles enlèvent fouvent de leurs nids, les petits de ces oifeaux , les tuent & les emportent par le moyen de leurs groffes & fortes tenailles, pour les fucer à leur aife. Elle ajoute auffi qu'elles font toujours en guerre avec une groffe efpèce de Fourmi (la Fourmi *groffe tête*) dont elles fe nourriffent , & qu'elles attrapent même fouvent fur les arbres où elles habitent ; mais il arrive auffi quelquefois qu'elles en font elles-mêmes dévorées à leur tour, car ces Fourmis fe jettent fur elles en fi grand nombre , que les plus groffes *Araignées* ne peuvent s'en défendre.

54. Araignèe rouffe.

Aranea rufa. Deg.

Aranea veftiaria ferruginea ; abdomine ovato ,

flavo-grifeo , cinereo nebulofo , pedibus maculatis. Deg. *Mém. tom.* 7. *pag.* 319. *n°.* 4. *pl.* 39. *fig.* 6.

Araignée rouffe tapiffière , rouffe , à ventre ovale, gris , jaunâtre , à nuances cendrées & à pattes tachetées. Deg. *ib.*

Aranea domefticus reticulum tenue texens , medius fufcus. Sloane. *Hift. of Jam. tom.* 2. *p.* 198. *n°.* 18 *tab.* 235. *fig.* 7.

Cette efpèce eft affez grande. Ses yeux font grands , d'un noir luifant , & arrangés de façon qu'il y en a quatre au milieu en quarré , & deux de chaque côté très-diftans l'un de l'autre. Les tenailles font grandes & noires ; la tête , le corcelet & les pattes font rouffes, celles-ci feulement ont quelques taches brunes. L'abdomen eft ovale , d'un gris jaunâtre , avec quelques nuances nébuleufes , cendrées , & terminé par deux petites appendices. Les pattes font longues & couvertes de poils courts.

Elle fe trouve dans l'Amérique feptentrionale & à la Jamaïque.

55. Araignée renverfée.

Aranea refupinata. Nob.

Aranea fufca , abdomine fubglobofo ; dorfo lineis lateribufque albicantibus. Nob.

Araneus niger aut caftaneus , giaber , clunibus fummo candore interftinctis. List. *Aran. angl. p.* 64. *tit.* 19. *fig.* 19.

Cette *Araignée* eft de grandeur moyenne. Ses yeux font petits & difficiles à appercevoir. L'abdomen eft prefque orbiculé , mais un peu retréci & terminé en pointe à l'anus. Sa couleur eft d'un brun noirâtre plus foncé en-deffous. On voit quelques lignes blanchâtres à la partie fupérieure. Les côtés font de même blanchâtres. Les mamelons qui fortent du derrière font très-apparens.

Elle fe trouve en Angleterre dans les prés & dans les champs , & quelquefois fur les arbres.

Lifter a obfervé que cette *Araignée* conftruit une toile lâche , étendue en forme de tapis , à l'extrémité de laquelle on ne voit point de nid cylindrique. L'*Araignée* fe place , dans une fituation renverfée, au-deffous de la toile , & la perce pour faifir les infectes qui s'y laiffent attraper.

56. Araignée dentelée.

Aranea denticulata. Nob.

Aranea fuliginofa , abdomine ovato-oblongo , dorfo macula magna denticulata. Nob.

Araneus fuligineus , & humerorum faftigio , & clunium pictura candida , ad margines denticulata. List. *Aran. angl. p.* 67. *tit.* 20. *fig.* 20.

Cette efpèce eft de grandeur moyenne. Sa couleur eft d'un noir de fuie. Le corcelet eft élevé & blanchâtre à fa partie fupérieure. L'abdomen eft ovale, alongé ; on y voit une grande tache blanchâtre , dont les bords de chaque côté font dentelés.

Elle fe trouve en Angleterre , & aux environs de Paris.

57. ARAIGNÉE geniculée.

ARANEA geniculata. NOB.

Aranea cinerea ; abdomine ovato, pedibus exten-fis grifeis, articulis nigris.

Elle eſt de la grandeur de l'*Araignée* patte-éten-due, & elle porte comme elle ſes pattes réunies & étendues, quatre en avant & deux en arrière. Tout ſon corps eſt gris, ſoyeux ; mais les articu-lations des pattes ſont noires. L'abdomen eſt ovale & un peu relevé à ſa partie ſupérieure, vers la baſe.

Elle ſe trouve dans les maiſons, à la Guadeloupe.

M. de Badier a obſervé qu'elle file une toile hori-zontale, & qu'elle ſe tient au-deſſous dans une poſition renverſée. Elle place ſes œufs dans une coque angulaire, ſoutenue, à chacun des angles, par un fil très-fort.

QUATRIÈME FAMILLE.

ARAIGNÉES LOUPS.

ARANEÆ LUPI

CARACTERE.

Vagabondes, ne filant point, mais attra pant leur proie à la courſe.

Pattes groſſes. Longueur reſpective, les quatrièmes, les premières, les ſecondes & les troiſièmes.

Yeux, ⁙ quatre gros en quarré à la par-tie ſupérieure de la tête ; quatre en ligne tranſverſale à la partie antérieure.

La manière de vivre des *Araignées* de cette famille leur a fait donner, par les anciens naturaliſtes, le nom de *Loups.* Elles ſont très-aiſées à reconnoître non-ſeulement parce qu'elles ne filent point, mais en-core par la forme de leur corps, différente de celle des autres familles. Leurs yeux ſont conſtamment au nombre de huit ; il y en a quatre aſſez gros, formant un quarré plus ou moins régulier, à la partie ſupérieure de la tête, & quatre beaucoup plus petits ſur une ligne tranſverſ., au-devant de la tête, un peu au-deſſus des tenailles. Les pattes ſont groſſes & d'une longueur moyenne : les qua-trièmes ſont les plus longues ; les premières le ſont un peu moins ; les ſecondes ſont un peu plus courtes que les premières ; enfin les troiſièmes ſont les plus courtes de toutes. Ces *Araignées* ſont er-rantes & vagabondes : elles ne filent point de toiles pour attraper leur proie ; mais elles vont la cher-cher dans les champs : elles attrapent à la courſe différens inſectes qu'elles ne ſucent pas, mais qu'elles dévorent preſqu'entièrement. Leur accou-plement a lieu dans le courant de l'été. La femelle

pond vers la fin de l'été, une quantité conſidé-rable d'œufs qu'elle renferme dans une coque, d'un tiſſu très-ſerré, qu'elle file à cet effet. Elle attache cette coque à ſon derrière, & la traîne tou-jours après elle ſans jamais l'abandonner. Lorſque les œufs ſont éclos, la mère déchire la coque, les petites *Araignées* ſortent & ſe placent ſur le corps de la mère qui les porte ſur elle & les nourrit pendant quelque tems, juſqu'à ce qu'elles ſoient en état de pourvoir elles-mêmes à leur nourriture.

ESPÈCES.

58. ARAIGNÉE Tarentule.

ARANEA Tarentula. LIN.

Aranea ſubtus atra, pedibus ſubtus atro faſciatis. LIN. *Syſt. nat.* 1035. 35.

Aranea Tarantula *dorſo maculis trigonis nigris, pedibus nigro maculatis.* FAB. *Syſt. ent.* 438. 34.

——— *Sp. inſ.* 1. 545. 45.

ALBIN. *Aran.* 64. *tab.* 38.

BAGLIVI. *Diſſ. de Tarentula.* pl. 1. fig. 2 & 3.

BOCCON. *Muſ.* 1. p. 101. *tab.* 2.

OLEAR. *Muſ.* 21. *tab.* 12. fig. 4.

Cette *Araignée* eſt une des plus groſſes d'Europe : on lui a donné le nom de *Tarentule*, du mot Ta-rente, ville d'Italie dans la Pouille où elle eſt plus commune, & où on la croyoit plus venimeuſe qu'ailleurs. Ses yeux ſont au nombre de huit, dont quatre petits placés antérieurement, ſur une ligne tranſverſale, & quatre beaucoup plus gros formant un quarré parfait, au-deſſus de la tête, vers le corcelet. Lorſque l'inſecte eſt vivant, ces derniers brillent & paroiſſent rougeâtres. Les tenailles ſont fauves, très-groſſes & terminées par une pointe longue, un peu crochue, noire & très-forte. Le corcelet eſt grand, convexe, d'une couleur obſcure, avec les bords & une ligne longitudinale au milieu d'un gris cendré. L'abdomen eſt ovale, de gran-deur moyenne, griſâtre, avec quelques taches obſcures, triangulaires & contiguë, qui partent de la baſe, & deſcendent tout le long du dos juſques vers la pointe. La poitrine, le ventre en-deſſous & la première pièce des pattes ſont d'un très-beau noir. Le noir du ventre ſeulement eſt bordé de fauve. Les pattes ſont groſſes, de lon-gueur moyenne, d'un gris nébuleux à leur partie ſupérieure, avec quelques poils roides, d'un gris plus clair en-deſſous, avec des bandes noires.

On trouve cette *Araignée* dans preſque toute l'Italie, dans le royaume de Naples, en Sicile, en Sardaigne, en Corſe & dans la partie méridionale de la Provence.

La Tarentule ne file point de toile ; elle creuſe, dans un terrein ſec & inculte, un trou perpendi-culaire, cylindrique, de quatre, ſix, huit & dix lignes de diamètre, de trois, quatre, cinq & ſix pouces de profondeur ; elle en conſolide les parois avec quelques fils gluans qu'elle tire de ſon der-rière, & qui ſervent à empêcher l'éboulement de

la terre; c'est-là le nid ou l'habitation de la Tarentule. La grandeur de ce trou est toujours proportionnée à la grosseur de l'insecte; il est étroit &
peu profond, lorsque l'*Araignée* est encore petite;
elle l'agrandit ensuite à mesure qu'elle grossit. Elle
se place ordinairement à l'ouverture de son nid,
& lorsqu'elle apperçoit un insecte à portée, elle
court ou s'élance dessus avec une vîtesse prodigieuse, elle le saisit avec ses tenailles, l'emporte
dans son habitation & le dévore presqu'entièrement,
ne laissant que les parties les plus dures, comme
les pattes & les ailes. Elle va souvent courir dans
les champs & y chercher sa proie; mais elle revient toujours à son nid. Son accouplement a lieu
dans le tems des plus fortes chaleurs de l'été, c'est-
à-dire, depuis la fin de juin jusqu'à la mi-juillet.
Vers la fin du mois d'août la femelle pond une quantité très-considérable d'œufs, parfaitement semblables
aux graines de Pavot blanc : elle les enferme dans
une coque de soie blanche, d'un tissu très-serré
qu'elle tient fortement attachée à son anus, &
qu'elle emporte toujours avec elle. Lorsque les petites *Araignées* sont écloses, la mère déchire l'enveloppe pour les faire sortir; elle les porte ensuite sur son dos, & les nourrit jusqu'à ce qu'elles
aient changé de peau pour la première fois, &
qu'elles soient assez fortes pour se creuser un nid,
& pourvoir elles-mêmes à leur nourriture. La Tarentule meurt à la fin de l'été, ou elle passe l'hiver,
dans un état d'engourdissement, enfermée dans son
nid, après l'avoir exactement bouché pour se garantir du froid & de l'eau : elle n'en sort que
lorsque les chaleurs du printems ont été assez fortes
pour la ranimer.

On a cru, pendant long-tems, que toutes les
Araignées étoient plus ou moins venimeuses; mais
la Tarentule entr'autres est devenue fameuse par
les effets que l'on a attribués à son venin, qui cau-
soit, à ce qu'on prétendoit, une maladie aussi singulière dans ses symptômes, qu'extraordinaire dans
les moyens de curation que l'on employoit. Je veux
parler du tarentisme guéri par la musique. (*Voy.*
Tarentisme.) Il est reconnu aujourd'hui que la Tarentule n'est que peu ou point venimeuse, & qu'il
est très-facile, par les moyens qu'emploie la Médecine, de prévenir les effets de son venin. (*Voy.*
Venin.)

59. Araignée agraire.
Aranea agraria. NOB.

Aranea-lupus rufo fasciata *abdomine elongato
griseo fusco, fascia longitudinali undata rufa; pedibus longissimis.* DEGEER. *Mém. tom. 7. p. 269.
21. pl. 16. fig. 1.*

Araignée-Loup à bande rousse, à ventre alongé,
d'un brun grisâtre, avec une bande longitudinale,
ondée, rousse & des pattes très-longues. DEG. *ib.*

Aranea mirabilis. CLERCK. *Aran. suec. p. 108.
pl. 5. tab. 10.*

SCHAEFF. *Icon. ins. tab. 172. fig. 6.*

Cette espèce est de grandeur moyenne. Ses yeux
sont noirs & luisans. Il y en a quatre petits placés
sur une ligne transversale au-devant de la tête, &
quatre autres au-dessus, formant un quarré inégal;
les deux postérieurs sont plus grands & plus distans que les deux antérieurs. Le corcelet est grand,
un peu relevé, d'une couleur cendrée, avec une
raie longitudinale au milieu, d'un jaune fauve obscur, bordée de noir. L'abdomen est alongé &
terminé en cône : on y voit une raie ou tache
longitudinale, ondée, d'un jaune fauve obscur,
bordée de brun. En-dessous, & de chaque côté,
il est d'une couleur cendrée, mêlé de petits traits
noirâtres. Les pattes sont longues, brunes & velues. On y distingue quelques piquans noirs &
assez longs.

Elle se trouve en Europe, dans les champs. Elle
ne file point de toile pour attraper sa proie, mais
elle va à la chasse, & elle s'élance sur les insectes
qu'elle rencontre. Elle file une coque ronde d'un
tissu très-serré, dans laquelle elle renferme ses œufs,
& elle l'emporte toujours avec elle.

60. Araignée frangée.
Aranea fimbriata. LIN.

*Aranea abdomine oblongo nigro; linea utrinque
laterali alba, pedibus fuscis.* LIN. *Syst. nat.
p. 1034. n°. 23.* —— *Faun. suec. n°. 1012.*

Aranea fimbriata. FAB. *Syst. ent. p. 437. n°. 30.*
— *Sp. ins. tom. 1. p. 543. n°. 40.*

L'*Araignée* cendrée à trois lignes blanches sur le
corcelet. GEOFF. *Ins. tom. 2. p. 650. n°. 15.*

*Aranea tota cinereo-villosa, thoracis linea
triplici albida.* GEOFF. *ib.*

Araignée-Loup des marais, à corps alongé, brun,
dont le corcelet & le ventre sont bordés d'une bande
blanche, à pattes brunes. DEGEER. *Mém. tom. 7,
p. 278. 23. pl. 16. fig. 9 & 10.*

Araneus fimbriatus. CLERCK. *Aran. suec. p. 106.
pl. 5. tab. 9.*

Aranea fimbriata. SCHRANK. *Enum. ins. aust.
n°. 1099.*

Cette *Araignée* est assez grande. Ses yeux sont
placés comme ceux de l'espèce précédente. Le corcelet est grand, convexe, plus ou moins obscur.
L'abdomen est ovale, alongé, plus obscur que le
corcelet; on voit, sur les côtés du corcelet & de
l'abdomen, une raie longitudinale blanchâtre. Les
pattes sont grosses, d'une longueur moyenne,
brunes, avec quelques piquans noirs. Le mâle est
plus petit & d'une couleur moins obscure que la
femelle.

Cette espèce se trouve dans toute l'Europe, sur les bords des ruisseaux & des marais,
parmi les plantes aquatiques. Elle court avec beaucoup de vîtesse sur la surface de l'eau sans se
mouiller & sans jamais entrer dans l'eau. Elle vit
d'insectes aquatiques & de ceux qui fréquentent les
plantes qui se trouvent sur le bord de l'eau. La femelle enferme ses œufs dans une coque de soie

d'un tiffu très-ferré , & après l'avoir entourée de quelques fils très-lâches , elle l'attache à quelque plante ou à quelque arbriffeau qui fe trouve a portée. Elle fe tient auprès de fes œufs, & ne les abandonne jamais.

61. Araignée littorale.
Aranea littoralis. Deg.

Aranea fufca , abdomine ovato ; thorace lineis tribus cinereis. Nob.

Aranea-Lupus , abdomine ovato , nigro , pedibufquegrifco maculatis. Deg. *Mém. tom.* 7. *p.* 274. *n°.* 22. *pl.* 15. *fig.* 17 & 18.

Araignée-Loup des rivages., à ventre ovale noir , à nuances grifes , & à pattes tachetées de gris. Degeer. *ib.*

Araneus niger. List. *Aran. angl. tit.* 25. *fig.* 25.

Araneus paludicola. Clerck. *Aran. fuec. p.* 94. *pl.* 4. *tab.* 7.

Elle eft de grandeur moyenne. Ses yeux font noirs & luifans ; il en a quatre petits , fur une ligne tranfverfale, au-devant de la tête , & quatre plus gros en arrière, formant un quarré parfait. Le corcelet eft convexe , obfcur, avec trois raies longitudinales cendrées , dont l'une au milieu , & une de chaque côté. L'abdomen eft ovale , noirâtre , avec quelques taches moins obfcures , mais peu marquées.

On trouve cette efpèce en Suède & en Angleterre , dans les lieux humides & marécageux. Elle ne conftruit point de toile. Elle enferme fes œufs dans une coque de foie qu'elle porte attachée à fon derrière.

62. Araignée bordée.
Aranea marginata. Deg.

Aranea-Lupus corpore oblongo fufco , pedibus viridibus , thorace abdomineque fafcia utrinque laterali alba. Deg. *Mem. tom.* 7. *p.* 281. *n°.* 24. *pl.* 16. *fig.* 13 & 14.

Araignée-Loup bordée , à corps alongé , brun & à pattes vertes , dont le corcelet & le ventre font bordés d'une bande blanche. Degeer. *ib.*

Araneus undatus. Clerck. *Aran. fuec. p.* 100. *pl.* 5. *tab.* 1.

Cette efpèce reffemble beaucoup à l'*Araignée* frangée , mais elle eft une fois plus petite. Ses yeux font placés de la même façon. Tout fon corps en-deffus eft d'une couleur brune & comme velouté ; il eft d'un gris cendré en-deffous. Le corcelet eft affez grand , un peu convexe , avec une raie blanchâtre de chaque côté. L'abdomen eft ovale-alongé , avec une raie un peu ondée fur les côtés, de la couleur de celle du corcelet. On voit auffi à fa partie fupérieure deux rangées de points blancs très-peu marqués. Les pattes font groffes , de longueur moyenne & d'un verd un peu cendré-obfcur , avec des piquans noirs.

On la trouve en Suède dans les champs & fur les plantes.

63. Araignée campagnarde.
Aranea ruricola. Deg.

Aranea-Lupus corpore ovato grifeo, ffufco obfcuro, thorace abdomineque antice fafcia longitudinali rufefcente. Deg. *Mém. tom.* 7. *p.* 282. *n°.* 25. *pl.* 17. *fig.* 1.

Araignée-Loup de terre à corps ovalle , d'un brun obfcur grisâtre , à bande longitudiinale feuille-morte fur le corcelet & la moitié du ventre. Degeer. *ibid.*

Araneus cuneatus. Clerck. *Aran. fuec. p.* 99. *pl.* 4. *tab.* 11.

Cette efpèce eft un peu plus grande que la précédente. Ses yeux font placés comme ceux de l'*Araignée* agraire. La couleur de tout le corps eft fombre & obfcure. Le corcelet eft grand , un peu relevé , avec fes bords & une large raie longitudinale au milieu , rouffâtres. L'abdomen eft ovale ; il a à fa partie fupérieure une grande tache noire terminée en pointe , & entourée d'une ligne blanchâtre. Les pattes font brunes , obfcures , avec quelques anneaux d'un brun clair , d'une longueur moyenne & couvertes de quelques piquans.

Elle fe trouve en Suède, dans les champs.

64. Araignée porte-fac.
Aranea faccata. Lin.

Aranea abdomine ovato ferrugineo fufco. Lin. *Syft. nat.* 1036. 40. — *Faun. fuec.* 2021.

Aranea faccata. Fab. *Syft. ent.* 437. 28. — *Sp. inf.* 1. 543. 38.

Araneus fublividus , alvo undatim picta , productiori , acuminata. List. *Aran. angl. p.* 82. *tit.* 28. *fig.* 28.

Araneus monticola. Clerck. *Aran. fuec. p.* 91. *pl.* 4. *tab.* 5.

Aranea faccata. Schrank. *Enum. inf. auft. n°.* 1107.

Aranea Lyonetti. Scop. *Ent. carn. n°.* 1116.

Cette efpèce eft de grandeur moyenne. Ses yeux font figurés comme ceux de l'*Araignée* Tarentule. Le corcelet eft noirâtre , avec une ligne longitudinale , grifâtre , & les bords un peu cendrés. L'abdomen eft ovale alongé , d'une couleur brune ferrugineufe , obfcure en-deffus, un peu plus claire en-deffous. Les pattes font affez longues , livides , avec des taches & des piquans noirs.

Elle fe trouve en Europe dans les jardins & dans les champs. La femelle traîne toujours après elle la coque qui renferme fes œufs, ainfi que toutes celles de cette famille.

65. Araignée enfumée.
Aranea fumigata. Lin.

Aranea abdomine ovato fufco ; bafi puctlis duobus albis. Lin. *Syft. nat. p.* 1032. *n°.* 16. — *Faun. fuec. n°.* 2006.

Aranea

Aranea fumigata.   Syſ. ent. p. 437. n*. 29.
—— Sp. inſ. tom. 2.   543 n°. 39.
Araneus fumigatus.   ERCL. Aran. ſuec. p. 104.
pl. 5. tab. 6.
Aranea fumigata.   RANK. Enum. inſ. auſt.
n°. 1098.

Cette Araignée eſt plus courte, plus ramaſſée & un peu plus groſſe que l'eſpèce précédente. Ses yeux ſont placés de la même façon. Le corcelet eſt noirâtre avec quelques nuances blanchâtres. L'abdomen eſt ovale, d'un noir plus foncé vers la baſe. On y voit à ſa partie ſupérieure deux points blancs, un de chaque côté. Les pattes ſont d'une couleur moins foncée que celle du corps ; elles ſont aſſez groſſes & couvertes de piquans noirs.

Elle ſe trouve en Europe, dans les champs. Elle établit ſa demeure à portée du nid des chenilles qui vivent en ſociété, & lorſqu'elles ſortent elle les ſaiſit les unes après les autres, les tue & s'en nourrit, juſqu'à ce qu'il n'en reſte plus aucune.

66. ARAIGNÉE vagabonde.
ARANEA erratica. NOB.
Aranea tota fuſco-fuligineꞌ abdomine ovato immaculato. NOB.
L'Araignée-Loup. GEOFF. Inſ. tom. 2. p. 649. n°. 14.
Aranea tota fuſca fuligineꞌ. GEOFF. ib.
Araneus fuſcus a vel oblique virgata. LIST. Aran. angl. p. 78. tit. 16. fig 26.
Aranea Lupus. FOURC. Ent. par. p. 526. n°. 15.
Araneus Aculeatus. CLERCK. Aran. ſuec. p. 87. pl. 4. fig. 3 ?

Cette Araignée eſt de grandeur moyenne. Ses yeux ſont figurés comme ceux de la Tarentule. La couleur de tout ſon corps eſt d'un brun de ſuie. Le corcelet eſt aſſez grand & un peu relevé. L'abdomen eſt ovale. Ses pattes ſont aſſez groſſes, de longueur moyenne, d'une couleur moins foncée que celle du corps, & couvertes de piquans noirs.

Elle court dans les champs pour y chercher ſa proie.

On la trouve dans toute l'Europe.

67. ARAIGNÉE alongée.
Aranea elongata. NOB.
Aranea flaveſcens immaculata ; abdomine ovato apice conico. NOB.
Araneus flavus unicolor, alvo productiori acuminata. LIST. aran. angl. p. 80. tit. 27. fig. 27.
Cette Araignée dont Liſter nous donne la deſcription & la figure, eſt la plus grande, dit cet auteur, des Araignées-loups d'Angleterre. La couleur de tout ſon corps eſt jaunâtre. Les yeux, au nombre de huit, ſont placés, ſavoir ; quatre petits ſur une ligne traſverſale à la partie antérieure de la tête, & quatre beaucoup plus grands

Hiſtoire Naturelle, Inſectes. Tome I.

formant un quarré inégal à la partie ſupérieure. Les deux du quarré qui ſe trouvent placés vers le corcelet ſont un peu plus petits & un peu plus diſtans que les deux autres. Le corcelet eſt grand, relevé, avec une ligne longitudinale peu marquée, formée par un duvet blanchâtre. L'abdomen eſt long, un peu renflé vers ſa baſe, retréci & alongé à ſon extrémité. Les pattes ſont longues & groſſes. Tout ſon corps eſt couvert de poils très-courts, très-ſerrés & très-fins.

On la trouve à la partie méridionale de l'Angleterre. La femelle emporte toujours avec elle ſes œufs enfermés dans une coque.

68. ARAIGNÉE ouvrière.
Aranea fabrilis. CLERCK.
Aranea abdomine ovato-oblongo fuſco, dorſo macula nigra anguloſa. NOB.
Araneus fabrilis. CLERCK. Aran. ſuec. p. 86. pl. 4. fig. 2.

Nous avons trouvé cette Araignée & les dix ſuivantes, décrites & figurées dans l'ouvrage de M. Clerck.

Ses yeux ſont noirs & placés comme ceux des eſpèces précédentes. Le corcelet eſt alongé, un peu plus étroit vers la tête qu'à ſa partie poſtérieure, d'une couleur obſcure, avec le milieu & les bords blanchâtres. L'abdomen eſt ovale, alongé, ſoyeux, noir en-deſſous, obſcur en-deſſus ; on y voit une tache alongée, dont les côtés ont quelques angles, & qui eſt entourée d'une ligne blanchâtre. Il y a vers la baſe une tache triangulaire, blanchâtre, entourée de noir, ce qui forme une eſpèce de V. Les pattes ſont glauques, longues, groſſes, & couvertes de poils de différente longueur, parmi leſquels on voit quelques piquans noirs.

Elle ſe trouve en Suède.

69. ARAIGNÉE locataire.
ARANEA inquilina. CLERCK.
Aranea abdomine ovato bruneo, dorſo ſtrigis plurimis undatis nigris. NOB.
Araneus inquilinus. CLERCK. Aran. ſuec. p. 8. pl. 5. tab. 1.

M. Clerck dit avoir trouvé cette Araignée ſous le bord d'une toile conſtruite par l'Araignée labyrinthe. Il la garda long-tems ſans qu'elle ait jamais filé : elle ſautoit ſur les Mouches qu'elle ſaiſiſſoit au vol, ainſi que ſont toutes les Araignées de cette famille, à qui elle reſſemble d'ailleurs parfaitement. Ses yeux ſont placés comme ceux des eſpèces précédentes. Le corcelet eſt velu, obſcur, un peu rougeâtre, avec deux lignes courbes, noirâtres. L'abdomen eſt ovale, ſoyeux, d'un rouge brun, obſcur, avec pluſieurs lignes tranſverſales, noirâtres, ondées, & une tache noire en forme de V, vers la baſe.

Elle ſe trouve en Suède.

70. ARAIGNÉE foreſtière.
ARANEA lignaria. CLERCK.

E e

Araneus lignarius. Cl. *Aran. fuec* p. 90. *pl.* 4. *fig. tab.* 4.

M. Clerck ne dit point qu'elle eft la couleur de cette *Araignée*, nous la croyons d'un gris cendré, obfcur, d'après la figure enluminée que nous avons fous les yeux. Nous croyons cependant devoir avertir que ces figures ne font pas toujours conformes à la defcription.

Ses yeux font noirs. La poitrine eft ovale, légérement aplatie, avec une efpèce de raie longitudinale, (*facula*) d'un roux obfcur, qui s'étend fur l'abdomen ; celui-ci eft d'une figure ovale, alongée. Les pattes font couvertes de poils & de piquans noirs.

Elle fe trouve en Suède, dans les forêts, parmi les bois abattus.

71. Araignée carenée.
Aranea carinata. Nob.
Aranea nigra, thorace antice elevato carinato, poftice lato depreffo. Nob.
Araneus pulverulentus. Clerck. *Aran.fuec.* p. 93. *pl.* 4. *tab.* 6.

Cette *Araignée* eft noire. Le corcelet eft ovale, retréci, & relevé en carène à fa partie antérieure, large & aplati à fa partie poftérieure. L'abdomen eft ovale & foyeux.

Elle fe trouve en Suède.

72. Araignée lugubre.
Aranea amentata. Clerck.
Aranea nigra ; abdomine ovato, dorfo linea brunea. Nob.
Araneus amentatus. Clerck. *Aran.fuec.* 96.*pl.* 4. *tab.* 8.*fig.* 1. 2.

Cette efpèce eft entièrement d'une couleur noirâtre. Le mâle diffère de la femelle en ce qu'il a fur le corcelet & fur l'abdomen une raie longitudinale, d'un roux obfcur. On voit vers la bafe de l'abdomen de la femelle quelques poils blanchâtres.

Elle fe trouve en Suède, dans les champs.

73. Araignée obfcure.
Aranea obfcura. Nob.
Aranea nigra pilofa : abdomine ovato, thorace linea marginibufque bruneis. Nob.
Araneus trabalis. Clerck. *Aran. fuec.* p. 97. *pl.* 4. *tab.* 9.

La couleur de cette *Araignée* eft noirâtre. Tout fon corps eft parfemé de poils affez longs. Le corcelet a une raie longitudinale, au milieu, & les bords de chaque côté de couleur rouffâtre, obfcure, un peu cendrée. L'abdomen eft ovale, avec une efpèce de V noirâtre vers la bafe, entouré d'une couleur plus claire.

Elle fe trouve en Suède, dans les champs.

74. Araignée à taches blanches.
Aranea nivalis. Clerck.

Aranea fufca, thorace abdomineque maculis oblongis niveis nigro bipunctatis. Nob.
Araneus nivalis. Clerck. *Aran. fuec.* p. 100. *pl.* 5. *tab.* 3.

La couleur de cette *Araignée* eft obfcure. Le corcelet eft élevé, & approche un peu de la figure rhomboïdale. Il a au milieu une large raie longitudinale, blanche, fur laquelle on voit antérieurement deux petits points noirs. Les bords font blanchâtres. L'abdomen eft ovale ; on y voit une grande tache oblongue, blanche, fur laquelle on diftingue auffi deux petits points noirs.

Elle fe trouve en Suède.

Nota. Clerck remarque qu'il n'a vu que le mâle de cette efpèce.

75. Araignée corfaire.
Aranea piratica. Clerck.
Aranea abdomine ovato nigro ; dorfo punctis fex lineifque duabus lateralibus albicantibus. Nob.
Araneus piraticus. Clerck. *Aran. fuec.* p. 102. *pl.* 5. *tab.* 4.

La couleur de cette *Araignée* eft noirâtre. Le corcelet approche de la figure rhomboïdale ; fes bords font blanchâtres. L'abdomen eft ovale : on y voit deux rangées de points blanchâtres, & une raie longitudinale de chaque côté, de la couleur des points.

Elle fe trouve en Suède, parmi les joncs ; elle court fur l'eau.

76. Araignée pêcheur.
Aranea pifcatoria. Clerck.
Aranea nigra, thorace fubrotundato depreffo ; abdomine ovato villofo. Nob.
Araneus pifcatorius. Clerck. *Aran. fuec.* 103. *pl.* 5. *tab.* 5.

Cette efpèce eft noire. Son corcelet eft aplati, & prefque rond dans fon contour, avec les bords blanchâtres. L'abdomen eft ovale & très-velu.

Elle fe trouve en Suède, fur les eaux des marais.

77. Araignée minime.
Aranea pullata. Clerck.
Aranea fufca, immaculata, thorace fubovato, abdomine fubrotundato fericeo. Nob.
Araneus pullatus. Clerck. *Aran. fuec.* p. 104. *pl.* 5. *tab.* 7.

Cette *Araignée* eft noirâtre. Le corcelet eft prefque ovale, & couvert de poils courts, ferrés & luifans. L'abdomen eft ovale, prefque rond, couvert de poils courts & luifans, & d'autres plus longs.

Elle fe trouve en Suède, dans les champs.

78. Araignée pointillée.
Aranea plantaria. Clerck.

Aranea abdomine oblongo virescente, dorso punctis viginti quatuor albis. NOB.

Araneus plantarius. CLERCK. *Aran. suec. p.* 105.
pl. 5. *tab.* 8.

Le corcelet de cette *Araignée* est très-velu, presque rhomboïdal, noirâtre au milieu, & verdâtre sur les côtés. L'abdomen est verdâtre, oblong, avec vingt-quatre petits points blanchâtres, disposés sur quatre rangées. Les pattes sont verdâtres, avec des taches noires.

Elle se trouve en Suède.

79. ARAIGNÉE cendrée.
ARANEA cinerea. FAB.

Aranea cinerea ; abdominis dorso fusco : punctis octo cinereis. FAB. *Gen. inf. pag.* 249. —*Sp. inf. tom.* 1. *p.* 544. *n°.* 44.

Cette *Araignée* est de grandeur moyenne. Les mandibules sont cendrées, avec les crochets noirs. Les quatre yeux, placés à la partie antérieure de la tête, sont très-petits ; les quatre autres, placés à la partie supérieure, sont beaucoup plus grands. Le corcelet est cendré & sans taches. L'abdomen est ovale ; la partie supérieure est obscure, avec quatre paires de petits points cendrés. Les pattes sont cendrées, avec des anneaux noirâtres. Les cuisses sont cendrées, sans taches.

Elle se trouve vers les bords du golfe de Kiell.

CINQUIEME FAMILLE.

ARAIGNÉES PHALANGES.

ARANEÆ PHALANGIA.

CARACTERE.

Vagabondes, ne filant point de toiles, mais sautant sur leur proie, toujours attachées par un fil.

Pattes assez grosses, de longueur presqu'égale entr'elles.

Yeux en ligne parabolique.

Les *Araignées* de cette famille, nommées *Phalanges* par les anciens, *sauteuses* & vagabondes par quelques modernes, diffèrent beaucoup des précédentes par la forme de leurs corps & par leur manière de vivre. Leurs yeux, au nombre de huit, sont placés sur une ligne parabolique, ou sur deux lignes longitudinales, presque parallèles : La grandeur de ces yeux varie, mais ceux de devant sont ordinairement les plus grands. Le corcelet est en général relevé & un peu aplati ; il a le plus souvent la figure d'un quarré long, tandis que celui des *Araignées* Loups est ovale & convexe. Les pattes sont assez courtes, & presque d'égale longueur entr'elles.

Les *Araignées* de cette famille fréquentent les murs, les troncs d'arbres, les plantes & autres endroits. Elles ne sont pas si vagabondes que les *Araignées* Loups, mais elles sont fixées à un petit espace ; elles font la guerre aux Mouches, aux Tipules & autres petits insectes à deux aîles. Elles les apperçoivent d'assez loin, s'en approchent à petits pas, & lorsqu'elles sont à portée elles leur sautent dessus avec beaucoup d'agilité, les saisissent avec leurs pinces, les tuent & les sucent ensuite ; elles manquent rarement leur coup. En cas d'accident, elles sont toujours attachées par un fil assez fort, qui sort de leurs mamelons, & qu'elles devident en marchant : ce fil les soutient & les empêche de tomber. Leur accouplement a lieu dans le courant de l'été. La femelle pond, quelques tems après, un nombre peu considérable d'œufs, qu'elle enferme dans une coque de soie, qu'elle attache contre un mur ou le tronc d'un arbre.

ESPÈCES.

80. ARAIGNÉE du Pin.
ARANEA Pini. DEG.

Aranea fusco-cinerea ; abdomine punctis duobus albis, pedibus fuscis nigro maculatis. NOB.

Aranea-Phalangium grisco-nigra ; abdomine punctis duobus albis, pedibus fuscis nigro maculatis. DEG. *Mém. tom.* 7. *p.* 285. *n°.* 26. *pl.* 17. *fig* 3 & 6.

Araignée-Phalange du Pin, d'un noir grisâtre, avec deux points blancs sur le ventre, à pattes brunes tachetées de noir. DEG. *ib.*

Araneus ex rufo subfuscus, super clunes præter maculas duas albas, foliacea quadam pictura, obscure licet delineata, insignitus. LIST. *Aran. angl. p.* 89. *tit.* 32. *fig.* 32.

Araneus hastatus. CLERCK. *Aran. suec. p.* 115. *pl.* 5. *tab.* 11.

Les yeux de cette jolie *Araignée* sont très-noirs, & placés en ligne parabolique. Les quatre antérieurs sont les plus grands ; les deux suivans sont petits, les deux qui viennent après, un peu plus grands que ceux-ci, le sont cependant moins que les quatre antérieurs. La tête & le corcelet sont d'un gris noirâtre, & ont la figure d'un quarré long. L'abdomen est ovale, alongé, noirâtre, avec deux petites taches cendrées, placées une de chaque côté, vers la pointe. Les pattes sont courtes, d'un brun obscur, avec des taches noirâtres : les deux postérieures, qui sont les plus longues, n'excèdent guères la longueur du corps de cet insecte.

Elle se trouve en Suède.

Degeer a trouvé en Suède, le 26 Juillet, sur une branche de Pin, une grande coque ovale, faite de soie blanche, placée autour de la branche, & entrelacée avec les feuilles ; on y voyoit une ouverture cylindrique, qui étoit comme une porte, qui donnoit entrée & sortie à l'*Araignée*, & où elle se tenoit souvent à l'affût des insectes ; mais ordinairement elle demeuroit avec ses petits au fond ou au milieu du nid , tout près de la branche qui le traversoit. Il y avoit à l'entrée de cette porte des débris d'insectes, dévorés par l'*Araignée*. Les petits qui l'accompagnoient & qui vivoient entr'eux en bonne intelligence, étoient alors longs d'une ligne ; leur corps étoit noir, & leurs pattes brunes ; ils étoient d'ailleurs de même figure que leur mère. Ces petits furent nourris en commun par l'*Araignée* mère , jusqu'à ce qu'ils fussent en état de pourvoir eux-mêmes à leur nourriture.

81. ARAIGNÉE chevronnée.

ARANEA scenica. LIN:

Aranea saliens nigra : lineis semicircularibus tribus albis transverfis. LIN. *Syst. nat. pag.* 1035. n°. 39. —*Faun. suec.* n°. 2017.

Aranea scenica. FAB. *Syst. ent. p.* 438. n°. 32. — *Sp. ins. tom.* 1. *p.* 544. n°. 42.

Araignée sauteuse à trois chevrons blancs. GEOFF. *Inf. tom.* 2 *p.* 650. n°. 16.

Araignée-Phalange à bandes blanches noire, à ventre ovale , avec trois bandes transverfales, demi-circulaires, blanches. DEG. *Mém. tom.* 7. *p.* 287, n°. 27. *pl.* 17. *fig.* 8 & 9.

Araneus cinereus , alvo circiter senis fasciis transversis , in angulos acutos in medio erectis , argenteis & nigris alternatim dispositis insignita. LIST. *Aran. angl. p.* 87. *tit.* 31. *fig.* 31.

ALB. *Aran. angl. pl.* 1. n°. 2.

Araneus scenicus. CLERCK. *p.* 117. *pl.* 5. *tab.* 13.

SCHAEFF. *Icon. ins. tab.* 44. *fig.* 11.

Aranea scenica. SCHRANK. *Enum. ins. aust.* n°. 1104.

Cette espèce est petite. Ses yeux sont noirs , & placés comme dans l'espèce précédente ; les deux antérieurs sont très-grands ; les deux suivans le sont la moitié moins ; ceux de la troisième paire sont très-petits ; les deux derniers enfin sont de la grandeur des deux seconds. Le corcelet est grand , relevé, un peu aplati, quarré, noirâtre , avec un reflet gris , luisant. L'abdomen est ovale , noir , avec trois bandes argentées , qui forment, dans leur milieu , un angle , dont le sommet est tourné vers la base. Ces bandes ressemblent à trois chevrons blancs , sur un fond noir. La couleur des pattes varie ; elles sont noirâtres , avec des taches cendrées , ou grisâtres, avec des taches obscures. Tout le dessous du corps est d'un gris cendré.

Cette *Araignée* ne file point de toile. On la trouve fréquemment dans toute l'Europe , dès le premier printems , sur les murs exposés au soleil , sur le tronc des arbres , &c. Elle marche dans tous les sens , & lorsqu'elle apperçoit quelque Moucheron , elle s'en approche doucement , fait quelques pas & s'arrête de tems en tems, jusqu'à ce que parvenue à portée de l'insecte , elle s'élance sur lui avec une agilité étonnante , le saisit avec ses tenailles & le suce bientôt. Elle attache au mur ou au tronc d'arbre sur lequel elle se trouve , un

fil qu'elle fait sortir de ses mamelons , qu'elle dévide toujours en marchant, & qui doit la soutenir & l'empêcher de tomber lorsqu'elle saute sur sa proie. Elle file , aux approches de l'hiver, une petite toile très-forte & très-serrée , dans laquelle elle se renferme , & d'où elle sort dès la fin de Février , lorsque la chaleur du soleil commence à se faire sentir.

82. ARAIGNÉE demi-circulaire.

Aranea fulvata. FAB.

Aranea nigra , thoracis ambitu postico abdominisque fasciis tribus fulvis. FAB. *Mant. ins. tom.* 1. *P.* 345. n°. 44.

Cette *Araignée* ressemble beaucoup à la précédente pour la forme & la grandeur. Les yeux antérieurs sont très-grands & brillans. La tête & le corcelet sont noirs, mais le corcelet est bordé de fauve à sa partie postérieure seulement. L'abdomen est noir , avec trois bandes demi-circulaires, fauves. Les pattes sont briquetées , & les cuisses cendrées.

Elle se trouve à Cayenne.

83. ARAIGNÉE grosse-patte.

ARANEA grossipes. DEG.

Aranea-Phalangium nigra , capite antice lineis transverfis albidis pilosis , pedibus antitis crassioribus. DEG. *Mém. tom.* 7. *p.* 190. n°. 28. *pl.* 17. *fig.* 11.

Araignée-Phalange à grosses-pattes noire, à lignes transverfales , blanchâtres , velues au-devant de la tête , & à pattes antérieures grosses. DEG. *ib.*

Araneus subflavus , oculis smaragdinis , item cui secundum clunes très virgula crocea. LIST. *Aran. angl. p.* 90. *tit.* 33.

Araneus arcuatus. CLERCK. *Aran. suec. p.* 125. *pl.* 6. *tab.* 1.

Elle est un peu plus grande que l'*Araignée* chevronnée, & ses yeux sont placés & figurés de la même façon : leur couleur, dans cette espèce, est verte & luisante. Le devant de la tête est garni de poils très-courts, d'un gris blanchâtre , & , au-dessous des quatre yeux antérieurs , on voit des lignes transverfales , formées par des poils blanchâtres. Le corcelet est gros , élevé , presque ovale, & un peu aplati. L'abdomen est ovale , alongé , d'un brun obscur ; les côtés seulement sont d'un brun roussâtre. La longueur des pattes est dans la proportion suivante : la première paire , la quatrième , la troisième & la seconde ; leur couleur est brune , obscure ; les deux antérieures ont leurs jambes courtes, grosses & renflées à leur extrémité.

On la trouve en Suède & en Angleterre.

84. ARAIGNÉE sanguinolente.

ARANEA sanguinolenta. LIN.

Aranea abdomine ovato coccineo ; linea longitudinali atra. LIN. *Syst. nat. p.* 1032. n°. 18.

Cette jolie *Araignée* est à-peu-près de la grandeur de la précédente. Elle a , de la tête à l'anus , environ trois lignes & demie de long. Ses yeux font bruns, & placés en ligne parabolique ; les deux antérieurs font les plus grnds ; les deux troifièmes font fi petits, qu'ils ne peuvent être apperçus qu'à l'aide d'une forte loupe. On voit, entre les quatre antérieurs, un duvet blanchâtre, qui s'étend quelquefois fur les côtés du cercelet. Celui-ci eft grand, très-relevé, d'un très-beau noir & prefque liffe. L'abdomen eft ovale, d'un rouge de cinabre, tant en-deffus qu'en deffous, avec quatre taches d'un noir de velours, une grande, alongée, de chaque côté de la partie fupérieure, & une autre à l'anus. Les antennules font couvertes de poils gris. Les pattes font noirâtres, mais plus ou moins couvertes de poils fins & très-courts, fauves & cendrés. On y voit auffi quelques longs poils noirs.

Cette *Araignée* fe trouve en Efpagne, en Provence. On la voit courir & fauter pendant tout l'été fur les murs des jardins ou le tronc des arbres.

85. ARAIGNÉE rouge.
ARANEA cinnaberina. NOB.
Aranea nigra, pedibus pofticis rubris ; abdomine fupra rubro punctis quatuor nigris. NOB.

Cette efpèce eft de la grandeur de la précédente. Ses yeux font placés de façon que les quatre de devant forment prefque un quarré ; les deux fupérieurs font beaucoup plus grands que les inférieurs. La tête, le corcelet, la poitrine & le deffous du ventre font d'un très-beau noir. Les pattes antérieures font noires, avec quelques anneaux blancs, plus ou moins marqués. Les poftérieures font couvertes de poils rouges. L'abdomen eft d'un beau rouge de cinabre, en-deffus, avec quatre points noirs, difpofés en quarré.

Elle fe trouve en Italie ; elle a été prife à Florence, fur les murs des jardins, par M. Towfon, qui a bien voulu me la communiquer.

86. ARAIGNÉE luride.
ARANEA lurida. NOB.
Aranea-Phalangium undata nigro fufca, thorace margine grifeo ; abdomine oblongo : fafcia lata longitudinali undata cinerea, pedibus anticis craffioribus. DEG. *Mém. tom.* 7. *p.* 320. *n°.* 5.
Araignée-Phalange à bande découpée d'un brun noirâtre, à corcelet bordé de gris, à ventre alongé, avec une large bande découpée, cendrée, & à groffes pattes antérieures. DEG. *ib.*

Cette efpèce eft alongée & de grandeur moyenne. Ses yeux font noirs, luifans, & placés en ligne parabolique : les deux de devant font beaucoup plus grands que les autres. Le corcelet eft d'un brun noirâtre, avec un bord gris tout autour. L'abdomen eft ovale, alongé, brun, avec une grande tache oblongue, à bords découpés & d'un gris cendré. Les antennules font couvertes de poils blanchâtres. Les pattes font brunes, roufsâtres & courtes ;

les quatre antérieures font plus groffes que les autres. Elle fe trouve en Penfylvanie.

87. ARAIGNÉE Fourmi.
ARANEA formicaria. DEG.
Aranea corpore elongato fufco ; abdomine oblongo, lateribus macula alba. NOB.
Aranea-Phalangium rufa, capite magno nigro ; abdomine oblongo rufo : fafciis nigris maculifque binis albis. DEG. *Mém. tom.* 7. *p.* 293. *n°.* 19. *pl.* 18. *fig.* 1 & 2.
Araignée-Phalange Fourmi rouffe, à groffe tête noire, à ventre oblong roux, avec des bandes noires & deux taches blanches. DEG. *ib.*
Araneus fubrufus, ericetis five in rupibus degens. LIST. *Aran. angl. p.* 91. *tit.* 34.

Cette *Araignée* eft petite, alongée, & reffemble au premier coup d'œil à une Fourmi. Ses yeux font en ligne parabolique ; les deux antérieurs font très-gros ; les deux fuivans le font beaucoup moins ; les deux troifièmes font hors de la ligne, ils rentrent un peu en-dedans & font très-petits ; enfin les deux quatrièmes font très-reculés & de la grandeur des feconds. La tête eft groffe, brune ou noirâtre & bien marquée : le corcelet eft un peu moins large, un peu plus abaiffé que la tête, & fe rétrécit poftérieurement. L'abdomen tient au corcelet par un filet plus long que dans les autres efpèces : il eft ovale, très-alongé, pointu par les deux bouts, prefque en fufeau, d'un brun plus ou moins foncé, avec quelques bandes noirâtres & deux taches blanches, une de chaque côté, formant enfemble comme une bande interrompue. Les pattes font roufsâtres avec leurs cuiffes brunes.

Elle fe trouve en Angleterre, en Suède & aux environs de Paris. Elle eft affez commune à l'ifle Louvier. On la voit courir & fauter au printems fur le bois.

88. ARAIGNÉE des troncs.
ARANEA truncorum. LIN.
Aranea faliens nigra ; dorfo punctis albis. LIN. *Syft. nat. p.* 1036. *n°.* 37. — *Faun. fuec. n°.* 2018.
Araneus faliens niger, punctis albis notatus. act. Upf. 1736. *p.* 38. *n°.* 13.
Aranea Olearii. SCOP. *Ent. carn. n°.* 1115.
Aranea truncorum. SCHRANK. *Enum. inf. auft. n°.* 1105.

Elle eft petite. Ses yeux font en ligne parabolique ; les quatre antérieurs font grands, & les deux qui fuivent font très-petits. Tout fon corps eft d'une couleur cendrée noirâtre. L'abdomen eft ovale, & on y remarque quelques points blancs, peu marqués. Les pattes font de la couleur du corps, celles de devant font un peu plus groffes que les autres.

Elle fe trouve en Europe.

89. ARAIGNÉE des rochers.
ARANEA rupeftris. LIN.

Aranea faliens ; abdominis macula nigra margine rubra : medio alba. LIN. *Syft. nat. p.* 1036. *n°.* 38. — *Faun. Juec.* 2019.

Aranea rupeſtris. SCHRANK. *Enum. inf. auſt.* n°. 1106.

Elle eſt petite. Tout ſon corps eſt d'une couleur cendrée obſcure. L'abdomen a une tache ovale, noire, bordée de rouge, avec un peu de blanc au centre.

Elle ſe trouve au nord de l'Europe.

90. ARAIGNÉE mouſſue.

ARANEA muſcoſa. CLERCK.

Aranea glauca, abdomine ovato-oblonga, dorſo lineis duabus fuſcis obſoletis. NOB.

Araneus muſcoſus. CLERCK. *Aran. ſuec. p.* 116. *pl.* 5. *tab.* 11.

Cette eſpèce, & les ſix qui ſuivent, ſont décrites & figurées dans l'ouvrage de Clerck. Ses yeux brillent comme de l'acier poli. Ils forment une ligne parabolique : les deux antérieurs ſont beaucoup plus grands que les autres. Le corcelet a une figure rhomboïdale ; il eſt glauque & couvert de poils ſerrés, d'inégale longueur. L'abdomen eſt ovale, alongé, velu & glauque, comme le corcelet, avec deux raies longitudinales, fuligineuſes. Les pattes ſont courtes, aſſez groſſes & couvertes de quelques piquans.

Elle ſe trouve en Suède.

91. ARAIGNÉE ſtriée.

ARANEA ſtriata. CLERCK.

Aranea abdomine ovato obſcuro, dorſo macula cuneiformi griſea radiata. NOB.

Araneus ſtriatus. CLERCK. *Aran. ſuec. p.* 119. *pl.* 5. *tab.* 14.

Cette *Araignée* a ſes yeux figurés comme ceux de la précédente. Le corcelet eſt rhomboïdal, velu, d'une couleur obſcure, avec une petite croix noire peu apparente, à ſa partie antérieure, auprès de laquelle on voit une tache blanchâtre, & enſuite une tache en croiſſant, noire. L'abdomen eſt ovale, velu, obſcur, noirâtre à ſa baſe, avec une tache longitudinale, d'où partent des lignes obliques, blanchâtres. Les pattes ſont obſcures, avec des taches noirâtres : elles ſont couvertes de poils d'inégale longueur, parmi leſquels il y a quelques piquans noirs.

Elle ſe trouve en Suède.

92. ARAIGNÉE à tarière.

ARANEA terebrata. CLERCK.

Aranea nigra abdomine ovato, dorſo linea ſtrigiſque ſex arcuatis. NOB.

Araneus terebratus. CLERCK. *Aran. ſuec. p.* 120. *pl.* 5. *tab.* 15.

Ses yeux ſont figurés comme ceux des eſpèces précédentes. Le corcelet eſt rhomboïdal, ſoyeux, noir, avec des taches qui repréſentent une eſpèce de tarière, en-deſſous, & un eſpèce de croix,

en-deſſus, dont les extrémités ſont blanchâtres. L'abdomen eſt ovale, noir, avec une ligne longitudinale, mince, d'où partent latéralement deux lignes blanches qui remontent en haut vers la baſe, & quatre autres de la même couleur qui deſcendent en bas, vers la pointe.

Elle ſe trouve en Suède.

93. ARAIGNÉE marquée.

ARANEA inſignita. NOB.

Aranea thorace fuſco littera W *alba inſignito.* NOB.

Araneus littera W *inſignitus.* CLERCK. *Aran. ſuec. p.* 121 *pl.* 5. *tab.* 16.

Le corcelet de cette *Araignée* eſt noir, velu, avec une tache blanchâtre en forme de double W, placée entre les yeux. Les bords du corcelet ſont auſſi de la même couleur. L'abdomen eſt ovale, velu, noir, avec une ligne longitudinale, jaunâtre & rougeâtre ; le deſſous eſt entièrement blanchâtre.

Elle ſe trouve en Suède,

94. ARAIGNÉE ponctuée.

ARANEA punctata. CLERCK.

Aranea thorace rufo punctis quinque albis, abdomine ovato fuliginoſo, dorſo punctis altis ſeriatis. NOB.

Araneus littera V *notatus.* CLERCK. *Aran. ſuec. p.* 123 *pl.* 5. *tab.* 17.

Cette eſpèce a les yeux noirs & luiſans. Le corcelet eſt ovale, plat, velu, rouſſâtre, avec cinq points blancs & une tache blanchâtre entre les yeux, en forme de V. L'abdomen eſt ovale, fuligineux ou brun, ſoyeux, avec dix points blancs en deux rangées longitudinales, dont les premiers, vers la baſe, ſont plus grands que les autres.

Elle ſe trouve en Suède.

95. ARAIGNÉE cordiforme.

ARANEA flammata. CLERCK.

Aranea abdomine cordiformi nigro, dorſo lineis obliquis ſericeis fuſcis. NOB.

Araneus flammatus. CLERCK. *Aran. ſuec. p.* 124. *pl.* 5. *tab.* 18.

Le corcelet de cette *Araignée* eſt rhomboïdal, plat, noirâtre & ſoyeux. L'abdomen eſt figuré en cœur, légèrement aplati, noir & ſoyeux. On y voit des eſpèces de raies obliques, noirâtres, formées par des poils ; ſon contour eſt blanchâtre à ſa baſe ; & d'un gris cendré ou obſcur à la pointe.

Cette eſpèce ſe trouve en Suède.

96. ARAIGNÉE faucille.

ARANEA falcata. CLERCK.

Aranea abdomine rhombeo depreſſo, punctis duobus maculiſque falcatis fuſcis. NOB.

Araneus falcatus. CLERCK. *Aran. ſuec. p.* 125. *pl.* 5. *tab.* 19.

Ses yeux ſont noirâtres & très-brillans. Le cor-

celet eſt rhomboïdal, aplai, velu , avec deux
points noirâtres à la partie antérieure , & deux
taches de la même couleur , courbées en forme
de faucilles, à la partie poſtérieure. L'abdomen
eſt ovale, velu, obſcur, avec des bords blanchâtres, & une couleur noire à ſa baſe.

Elle ſe trouve en Suède.

97. ARAIGNÉE frontale.
ARANEA frontalis. Nob.

Aranea Goezenii *ſaltatoria nigra , abdomine
ovato , fronte alba.* SCHRANK. *Enum. inſ. auſt.*
n°. 1111.

Elle eſt noire , mais la partie antérieure de la
tête eſt blanche. L'abdomen eſt ovale , & on y
remarque deux points enfoncés. Les pattes antérieures ſont un peu plus groſſes & plus longues
que les autres. Celles-ci vont en diminuant ſucceſſivement de groſſeur & de longueur.

Elle ſe trouve en Allemagne ſur les arbuſtes.

S I X I E M E   F A M I L L E.

A R A I G N É E S   C R A B E S.

A R A N E Æ   C A N C R O I D E S.

C A R A C T E R E.

Ne filant point de toiles, mais attendant
leur proie, cachées ſous des fleurs ou des
feuilles.

Les quatre pattes antérieures beaucoup
plus longues que les autres.

Yeux ⸰⸰⸰⸰ ⸰⸰⸰⸰ en lunules, ou ſur deux
lignes tranſverſales, dont l'antérieure eſt plus
ou moins courbe.

Corps ſouvent aplati.

On a donné le nom de *Crabe* aux *Araignées*
de cette famille, parce qu'elles ont dans leur figure & dans leur démarche quelque reſſemblance
avec les inſectes marins, connus ſous le nom de
Crabes. Leurs yeux nommés par M. Geoffroy, *yeux
en lunules,* ſont preſque figurés en croiſſant : il y
en a quatre au-devant de la tête , formant une
ligne tranſverſale un peu courbe, & quatre derrière ceux-ci en ligne droite. Ces yeux ſont quelquefois ſur deux lignes parallèles preſque droites.
La longueur des pattes diſtingue encore ces
Araignées de toutes les autres ; les quatre antérieures ſont les plus longues , & l'inſecte les tient
preſque toujours étendues de côté dans une poſition horizontale. Leur corps eſt plus ou moins
aplati , & la plupart des eſpèces ont leur abdomen plat & triangulaire. La démarche de ces
Araignées eſt fort ſingulière ; elles ne marchent

pas droit en avant, mais preſque toujours de côté,
à la manière des Crabes. Lorſqu'elles avancent ou
qu'elles reculent, c'eſt toujours ſur une ligne plus
ou moins oblique. Elles ne conſtruiſent point de
toile pour attraper leur proie, &, incapables de
la ſaiſir à la courſe, comme font les *Araignées-
Loups*, ou de s'élancer deſſus comme les *Araignées-
Phalanges*, elles ſont obligées d'employer la ruſe
pour ſe la procurer. Elles fréquentent les arbres
& les plantes; & elles ſe tiennent ordinairement
cachées ſous les fleurs ; lorſqu'un petit inſecte vient
s'y repoſer pour y prendre ſa nourriture, il y
trouve ſouvent la mort : l'*Araignée* ſort avec
célérité de ſon embuſcade, ſaiſit ſa proie & la
ſuce à l'inſtant. Ces *Araignées* filent toujours quelques fils deſtinés à les ſoutenir, lorſqu'alarmées
par la préſence de quelque oiſeau ou de quelque
redoutable Ichneumon, elles ſe laiſſent tomber
avec précipitation pour éviter le danger dont elles
ſont menacées. Elles renferment leurs œufs dans
une coque de ſoie qu'elles placent dans une feuille
d'arbre ou de plante qu'elles roulent enſuite & contiennent par le moyen de quelques fils aſſez forts.
L'*Araignée* reſte toujours à portée de ſes œufs &
ne les abandonne jamais.

E S P È C E S.

98. ARAIGNÉE verdâtre.
ARANEA virefcens. LIN.

*Aranea abdomine oblongo flavo-viridi , lineis la-
teralibus albis.* LIN. *Syſt. nat. p.* 1036. *n°.* 41.
— *Faun. ſuec. n°.* 1022.

Aranea flavo-viridis , lateribus linea alba cinctis.
Act. Upſ. 1736. *p.* 38. *n°.* 8.

JONSTON. *Inſ. tab.* 18. *fig.* 41.

Araignée filandière toute verte d'un beau verd
de gramen, à ventre alongé, jaunâtre. DEGEER.
Mém. tom. 7. *p.* 252. *n°.* 14. *pl.* 18. *fig.* 6.

Aranea viridiſſima textoria viridis, abdomine
oblongo flaveſcente. DEG. *ib.*

Araneus viridefcens. CLERCK. *Aran. ſuec. p.* 138.
pl. 6. *tab.* 4.

Aranea virefcens. SCHRANK. *Enum. inſ. auſt.*
n°. 1108.

Cette *Araignée* eſt un peu au-deſſus de la grandeur moyenne. Ses yeux ſont placés ſur deux lignes
tranſverſales , parallèles , mais dont l'antérieure
eſt un peu courbe. Le corcelet eſt verd, un peu
aplati & bordé d'un jaune plus ou moins obſcur.
L'abdomen eſt ovale, d'un jaune verdâtre, avec
une raie longitudinale jaune ſur les côtés, qui eſt
une continuation de celle du corcelet. On voit au
milieu de la partie ſupérieure & antérieure de l'abdomen, une tache obſcure triangulaire formée par
des poils. Les pattes ſont vertes avec leur extrémité brune ; elles ont quelques poils roides &
noirs.

Degeer place cette *Araignée* parmi les filandières ;
il doute cependant qu'elle appartienne à cette fa-

n'ayant pas eu occasion de voir si elle file une toile.

Elle se trouve en Europe sur les arbres & les plantes : elle renferme ses œufs dans une coque de soie qu'elle place entre plusieurs feuilles qu'elle a rapprochées & jointes par le moyen de quelques fils assez forts.

99. Araignée citron.
Aranea citrea. Deg.

Aranea citrino lutea , pedibus quatuor posticis brevissimis , abdomine utrinque fascia ferruginea. Geoff. *Inf. tom. 2. pag. 642. n°. 2. pl. 21. fig. 1.*

L'*Araignée* citron. Geoff. *ib.*

Araignée-Crabe jaune citron jaune , à ventre aplati & circulaire , avec une raie rouge de chaque côté , & à quatre pattes postérieures plus courtes. Deg. *Mém. tom. 7. p. 298. 30. pl. 18. fig. 17.*

Araneus vatius. Clerck. *Aran. suec. p. 128. pl. 6. tab. 5.*

Schaeff. *Icon. inf. tab. 19. fig. 13.*

Cette *Araignée* est de grandeur moyenne. Ses yeux, placés comme dans l'espèce précédente, sont petits, & paroissent d'un rouge de feu dans l'insecte vivant. Le corcelet est d'un jaune verdâtre, bordé d'un jaune fauve. L'abdomen est grand, large, aplati, presque circulaire, d'un beau jaune citron, avec une raie longitudinale, rougeâtre, de chaque côté. On voit au milieu de la partie supérieure, quelques petits points enfoncés.

Le mâle, selon Degeer, diffère beaucoup de la femelle que nous venons de décrire. Voici la description que ce célèbre naturaliste en donne. « Le ventre, qui est ovale, & un peu aplati en-dessus, est d'un vert clair jaunâtre, marqué en-dessus de deux bandes longitudinales découpées d'un brun obscur, & ses deux côtés sont bordés tout autour d'une bande de la même couleur brune noirâtre. Le corcelet est encore du même brun, ayant en-dessus une tache d'un vert clair ; l'endroit de la tête où se trouvent les yeux, est couleur de briques : les bras, qui sont terminés par un gros bouton ovale & conique au bout, sont encore du même brun que le corcelet, & c'est aussi la couleur des pattes des deux premières paires, qui cependant ont des taches d'un brun clair ; mais celles des deux dernières paires sont d'un vert livide , & elles sont très-courtes, au lieu que les quatre premières pattes sont fort longues , grosses & massives , ce qui donne un air singulier à cet insecte. Quand il est effrayé , il retire & replie ses pattes vers le corps & se met comme en peloton ; mais d'ailleurs , quand il repose , il tient ses pattes antérieures très-étendues vers les côtés ». (Deg.)

Cette espèce se trouve sur les arbres & les plantes , dans toute l'Europe.

100. Araignée rurale.
Aranea viatica. Lin.

Aranea abdomine subrotundo plano obtuso, pedibus quatuor posticis brevissimis. Lin. *Syst. nat. 1056. 43. —Faun. suec. 2027.*

Aranea viatica. Fab. *Spec. inf. 1. 538. 11.*

Araignée à pattes de devant longues & arlequines. Geoff. *Inf. tom. 2. p. 641. 1.*

Araignée-Crabe brune bordée , grise ou brune , à ventre ovale & aplati , bordé d'une bande brune obscure , & d'une ligne blanche. Deg. *Mém. tom. 7. p. 301. 31. pl. 18. fig. 23.*

Aranea subfuscus , minutissimis oculis è viola purpurascentibus , taraïpes & gressu & figura cancro marino non adeo dissimilis. List. *Aran. angl. p. 83. tit. 29. fig. 29.*

Frisch. *Inf. 7. p. 10. tab. 5.*

Schaeff. *Icon. inf. tab. 189. fig. 7.*

Aranea viatica. Schrank. *Enum. inf. auft. n°. 1109.*

Cette *Araignée* est à-peu-près de la grandeur de la précédente. Ses yeux, placés sur deux lignes transversales, dont l'antérieure est un peu courbe, sont noirs, petits, & de grandeur égale. Le corcelet est d'un gris obscur, rond & un peu aplati. L'abdomen est presque ovale , un peu plus large à la partie postérieure que vers la base, les côtés postérieurement formant deux angles obtus. Sa couleur est d'un jaune brun, obscur, avec quelques taches transversales plus obscures. Il y a , de chaque côté , une ligne blanchâtre, au-dessous de laquelle on en voit une noirâtre , un peu plus large. Les pattes sont noirâtres, avec des taches ou anneaux jaunâtres, obscurs ; celles de la seconde paire sont longues, celles de la première & de la troisième le sont un peu moins ; celles de la quatrième sont assez courtes.

On trouve cette espèce dans toute l'Europe, sur les arbres & les plantes. On la voit marcher avec assez de vîtesse sur les côtés, ou en avant, & en arrière, sur une ligne oblique.

101. Araignée tigrée.
Aranea lævipes. Lin.

Aranea abdomine rhombeo depresso : pedibus transversalibus extensis variegatis. Lin. *Syst. nat. 1031. 44. —Faun. suec. 2025.*

Aranea lævipes. Fab. *Sp. inf. 1. 539. 16.*

Araignée-Crabe tigrée à ventre court & aplati , d'un blanc sale , à taches noires , à quatre pattes postérieures courtes. Deg. *Mém. tom. 7. p. 302. n°. 32. pl. 18. fig. 25.*

Araneus margaritatus. Clerck. *Aran. suec. p. 130. fig. 6. tab. 3.*

Cette espèce ressemble à la précédente pour la forme & la grandeur. Ses yeux sont noirs. Le corcelet est presque rond, un peu aplati, de couleur verdâtre obscure, avec deux taches latérales, circulaires, noirâtres. L'abdomen est aminci à sa base , & assez large vers la pointe ; il est aplati, & de couleur cendrée , avec des points & des taches irrégulières , noirâtres, qui le font paroître comme tigré. Les pattes sont d'une couleur cendrée , verdâtre , avec des taches noirâtres. Leur longueur est

dans

dans les mêmes proportions de celles de l'espèce précédente.

Elle se trouve en Europe.

102. ARAIGNÉE calicine.

Aranea calicina. LIN.

Aranea abdomine globoso, pallido-flavescente. LIN. Syst. nat. 1030. 4. —Faun. suec. 1996.

Aranea Kleinii. SCOP. Ent. carn. 1099.

Elle est de grandeur moyenne. Tout son corps est d'une couleur fauve pâle. L'abdomen est presque aussi large que long ; arrondi à son extrémité, un peu plus étroit à sa base, & d'une couleur plus obscure que le corps.

Elle se trouve en Europe, cachée sous différentes fleurs, d'où elle saisit les Mouches, quelques espèces d'Abeilles & autres petits insectes qui viennent y chercher leur nourriture.

103. ARAIGNÉE hideuse.

Aranea horrida. FAB.

Aranea abdomine subtriangulari, apice truncato retuso ; pedibus quatuor anticis longioribus. FAB. Syst. ent. pag. 432. n°. 7.—Sp. ins. tom. 1. p. 538. n°. 10.

Cette *Araignée* est plus grande que les précédentes. Ses yeux sont figurés en lunule. Son corps est noirâtre. Le corcelet est argenté, & terminé tout autour par une ligne blanche. L'abdomen est triangulaire, étroit à sa base, large vers son extrémité, & à la pointe comme coupée. L'anus, placé sous l'abdomen, est élevé & blanc. Les côtés de l'abdomen sont un peu raboteux. Les quatre pattes antérieures sont une fois plus longues que les autres, d'une couleur noirâtre, avec des anneaux blancs sur les jambes. Les quatre pattes postérieures sont verdâtres.

Elle se trouve dans les jardins de Léipsic.

104. ARAIGNÉE Scorpion.

Aranea scorpiformis. FAB.

Aranea nigra, abdomine albicante : lineis duabus nigris : pedibus quatuor anticis longissimis. FAB. Syst. ent. p. 436. n°. 24. —Sp. ins. tom. 1. p. 542. n°. 34.

Elle est petite. La partie antérieure de la tête est un peu rousssâtre. L'abdomen est ovale, glabre, blanchâtre, avec deux lignes longitudinales, noires, courtes & sinuées. Les quatre pattes antérieures sont une fois plus longues que les autres, noires, avec des anneaux blancs. Les quatre pattes postérieures sont très-courtes & vertes. Cette *Araignée* marche de côté.

Elle se trouve dans les jardins de Léipsic.

105. ARAIGNÉE jardinière.

Aranea horticola. NOB.

Aranea fusca ; thorace lineis quatuor obliquis fuscis ; abdomine tribus transversis albis. GEOFF. Ins. tom. 2. p. 643. n°. 4.

L'*Araignée* brune à trois raies transverses blanches sur le ventre. GEOFF. ib.

Histoire Naturelle, Insectes. Tome IV.

Aranea fasciata. FOURC. Ent. par. pag. 532. n°. 4.

« Les quatre pattes de devant de cet insecte sont du double plus longues que les postérieures. Son corps est brun & un peu velu. Son corcelet a quatre lignes, qui naissent de sa pointe : les deux du milieu montent sur le milieu du corcelet, & s'éloignent l'une de l'autre proche la tête, & les deux latérales vont obliquement chacune vers le bord du corcelet. Le ventre est brun, & depuis son milieu jusqu'à sa pointe, il est orné de trois lignes blanches transverses & ondées. En-dessous, l'insecte est tout brun ; son ventre est presque sphérique, & ses quatre pattes postérieures sont moins brunes que celles de devant ». (GEOFF.)

On trouve cette *Araignée* dans les jardins, aux environs de Paris.

106. ARAIGNÉE arlequine.

Aranea variegata. NOB.

Aranea nigra ; abdomine ferrugineo flavo, lineis transversis contiguis nigris ; pedibus fusco ferrugineoque intersectis. GEOFF. Ins. tom. 2. p. 644. 5.

L'*Araignée* à ventre roux rayé de noir & pattes arlequinées. GEOFF. ib.

Aranea intersecta. FOURC. Ent. par. pag. 532. n°. 5.

« Son corcelet est noir ; la couleur de son ventre est d'un roux mêlé de jaune, & en-dessous il est couvert de bandes noires transverses, fort proches l'une de l'autre, & qui se touchent au milieu. Ses pattes, dont la troisième paire est la plus courte, sont entrecoupées d'anneaux bruns & rougeâtres, comme un habit d'arlequin ». GEOFF.

On trouve cette *Araignée* dans les champs, aux environs de Paris.

107. ARAIGNÉE dorée.

Aranea inaurata. NOB.

Aranea rufo-aurata ; abdomine depresso, latiusculo, apice fusco. NOB.

Araneus parvus, subrufus velut inauratus, ipsa alvi apice infuscata, lævipes. LIST. Aran. angl. p. 85. tit 30. fig. 30.

Cette espèce est petite ; elle est d'une couleur roux foncé, avec un reflet doré, luisant. Ses yeux sont placés en ligne parabolique. L'abdomen est large, aplati, plus étroit à la base que vers la pointe. Il est terminé vers l'anus par une couleur noirâtre. Les pattes sont velues, pâles, avec quelques taches obscures ; elles sont de longueur moyenne ; les secondes sont les plus longues ; les premières le sont un peu moins ; les troisièmes sont un peu plus courtes que les premières ; & enfin les quatrièmes sont les plus courtes.

On trouve cette *Araignée*, pendant l'été, cachée sous des feuilles, dans les buissons, & sur les plantes.

108. ARAIGNÉE flamboyante.
Aranea aureola. CLERCK.
Aranea abdomine ovato fericeo, dorfo macula lineifque duabus rufo-auratis. NOB.
Araneus aureolus. CLERCK. *Aran. fuec. p.* 133. *pl.* 4. *tab.* 9.

Clerck a donné la figure & la defcription de cette efpèce d'*Araignée* & des trois fuivantes. Ses yeux font placés fur deux lignes, dont l'antérieure eft courbe. Les quatre yeux de la ligne courbe font un peu plus petits que les autres. Le corcelet eft ovale, légérement convexe, foyeux, d'un jaune de feu au milieu, & un peu blanchâtre vers les bords. L'abdomen eft ovale, foyeux, avec une tache noirâtre, cuneiforme, terminée tout autour par une frange brillante, qui s'obfcurcit un peu vers l'anus. On voit enfuite deux raies d'un beau jaune, dont les bords extérieurs prennent un rouge écarlatte. L'abdomen en-deflous eft blanchâtre, avec une ligne longitudinale, cendrée.

Elle fe trouve en Suède, au fommet des arbres, cachée fous des feuilles, dans une efpèce de nid, fait avec quelques fils lâches.

109. ARAIGNÉE fourmillière.
Aranea formicina. CLERCK.
Aranea flavefcens ; abdomine ovato, dorfo macula nigra albo cincta. NOB.
Araneus formicinus. CLERCK. *Aran. fuec. p.* 134. *pl.* 6. *fig.* 2.

Les yeux de cette efpèce font placés comme ceux de la précédente ; mais les deux de l'extrémité de la ligne antérieure font très-grands. Le corcelet eft ovale, plat, d'un jaune de feu, avec quelques poils blanchâtres. L'abdomen eft ovale, foyeux, à-peuprès de la couleur du corcelet, avec une grande tache noire, alongée, terminée en pointe des deux côtés, & qui s'étend depuis la bafe jufqu'au milieu de l'abdomen. Cette tache eft entourée d'une raie blanche. Cette *Araignée* pond environ cent œufs, petits, ronds & jaunes, qu'elle enferme dans une coque.

Elle fe trouve en Suède.

110. ARAIGNÉE hupée.
Aranea criftata. CLERCK.
Aranea abdomine fubrhombeo rugofo fufco, dorfo macula nitida criftata. NOB.
Araneus criftatus. CLERCK. *Aran. fuec. p.* 136. *pl.* 6. *tab.* 6.

Cette *Araignée* a fes yeux à-peu-près comme l'efpèce précédente. Le corcelet a une figure rhomboidale ; il eft aplati, d'un rouge obfcur, avec deux raies blanchâtres, qui fe réuniffent à fa partie poftérieure. Il eft couvert d'un duvet ferré, parmi lequel on apperçoit quelques poils noirs. L'abdomen eft arrondi, retréci à fa bafe, obfcur, raboteux, & couvert d'un léger duvet. On y voit au milieu une grande tache d'une couleur jaunâtre, luifante, en forme de crête de coq ; les côtés font rougeâtres. Elle fe trouve en Suède.

111. ARAIGNÉE rofe.
Aranea rofea. CLERCK.
Aranea abdomine ovato luteo, dorfo lineis tribus rubris. NOB.
Araneus rofeus. CLERCK. *Aran. fuec. p.* 137. *pl.* 6. *tab.* 7.

Cette jolie *Araignée* a fes yeux placés fur deux lignes parallèles ; les deux de l'extrémité de la ligne antérieure font beaucoup plus grands que les fix autres. Le corcelet eft ovale, aplati, velu, d'un jaune verdâtre, avec les bords jaunes. L'abdomen eft ovale, velu, d'un jaune de foufre, avec trois lignes longitudinales, rofes, dont l'une au milieu, & une de chaque côté. Les antennules & les pattes font verdâtres & couvertes de quelques piquans noirs.

Elle fe trouve en Suède.

SEPTIEME FAMILLE.

ARAIGNÉES AQUATIQUES.

ARANEÆ AQUATICÆ.

CARACTERE.

Loge hémifphérique, arrêtée & fixée au milieu des eaux.

Yeux ••••• prefque fur deux lignes parallèles.

Longueur refpective des pattes. Les premières, les quatrièmes, les fecondes & les troifièmes.

Nous ne connoiffons qu'une feule *Araignée* de cette famille, que l'on trouve dans les marais & les eaux dormantes de l'Europe. Peut-être qu'un jour les pays étrangers nous en fourniront quelques autres efpèces. Cette *Araignée* diffère fingulièrement des autres par fa manière de vivre : bien différente de quelques efpèces d'*Araignées*-Loups qui courent fur la furface de l'eau fans jamais y entrer, celle-ci conftruit, au milieu des eaux, un logement rempli d'air, fait la chaffe aux infectes aquatiques, qu'elle faifit à la nage, & paffe l'hiver enfermée dans cette loge. Ses yeux font placés fur deux lignes prefque parallèles. La longueur refpective des pattes eft dans l'ordre fuivant : les premières, les quatrièmes, les fecondes & les troifièmes.

ESPÈCES.

112. ARAIGNÉE aquatique.
Aranea aquatica. LIN.
Aranea livida ; abdomine ovato : linea tranf-

versa punctisque duobus excavatis. Lin. *Syst. nat.*
1036. 39. —*Faun. suec.* 1020.

*Aranea aquatica fusca; abdomine ovato, cinereo:
dorso fusco, punctis duobus impressis.* Fab. *Syst. ent.*
436. 21. —*Sp. inf.* 1. 541. 31.

Aranea aquatica tota fusca. Geoff. *Inf. tom.* 2. *p.*
644. n°. 7.

L'*Araignée* brune domestique. Geoff. *ib.*

Araignée aquatique noire, ou d'un brun obscur.
Deg. *Mém. tom.* 7. pag. 303. n°. 33. *pl.* 19.
fig. 5.

Aranea aquatica nigra seu nigro fusca. Deg. *ib.*
Clerck. *aran. suec.* p. 143. *pl.* 6. *tab.* 8.

Cette *Araignée* est assez grande. Ses yeux, au
nombre de huit, sont noirâtres, & placés sur deux
lignes transversales. On en voit quatre au milieu
de la partie antérieure de la tête, formant un quarré
inégal, les deux postérieurs étant une fois plus gros
& un peu plus distans l'un de l'autre que les deux
antérieurs; il y en a deux autres de chaque côté
sur une ligne un peu oblique, dont l'antérieur
est une fois plus petit que le postérieur. Le corcelet est brun, un peu élevé, & presque semblable
à celui des *Araignées* Loups. L'abdomen est noirâtre,
ovale, avec quelques rides assez profondes, longitudinales, transversales & courbées. On voit à l'a-
nus quatre mamelons, saillans & alongés, comme
dans les *Araignées* tapissières. Les tenailles sont grandes & très-fortes. Les pattes sont assez longues.

La forme de cette *Araignée* ne présente rien de
singulier; parfaitement semblable à la plupart des
autres espèces, elle n'est remarquable que par sa
manière de vivre; c'est la seule *Araignée* parmi celles
que nous connoissons qui soit aquatique, c'est-à-
dire qui vive dans l'eau, & non point à la surface,
comme font quelques espèces d'*Araignées* Loups.
Cependant, quoiqu'elle habite au milieu des eaux,
quoique l'eau paroisse d'abord être son véritable
élément, elle ne peut se passer d'air, & elle périroit même bientôt, si elle en étoit entièrement
privée.

Les *Araignées* aquatiques construisent dans les
marais & dans les eaux dormantes, à une plus ou
moins grande profondeur, une toile presque hémisphérique, de la grosseur & de la forme de la moitié
d'un œuf de Pigeon, d'un tissu assez serré, par le moyen
des fils de soie qu'elles font sortir de leur derrière.
Cette toile est suspendue, mais cependant, fixée
de tous les côtés par des fils longs & très-forts,
que l'*Araignée* attache aux plantes aquatiques qui
se trouvent à portée. Elle laisse une ouverture en-
dessous, par où elle peut entrer & sortir facilement.
C'est là le logement que ces *Araignées* habitent,
& d'où elles sortent de tems en tems pour aller à
la chasse des insectes aquatiques, dont elles font
leur unique nourriture, & pour venir quelquefois
à la surface de l'eau faire une nouvelle provision
d'air. Lorsque l'*Araignée* a construit sa loge, il
lui reste encore quelque chose à faire, c'est de la
remplir d'air, qui lui est sans doute absolument

nécessaire pour respirer. Voici comment elle exécute ce travail. Lorsqu'elle est plongée dans l'eau,
elle est toujours entourée d'une légère couche d'air
qui se trouve arrêté par le duvet cotonneux qui
couvre son corps, & qu'on apperçoit également sur
toutes les autres espèces d'*Araignées* si on les plonge
dans l'eau. Lorsque sa loge est achevée, elle détache, par le moyen de ses pattes, une partie de
cet air, & elle parvient à en former une petite
bulle, qui gagne aussi-tôt la voûte de sa loge;
elle vient ensuite à la surface de l'eau faire une
nouvelle provision d'air, qu'elle porte dans sa loge,
& dont elle se débarrasse encore par le moyen de
ses pattes; elle répète la même opération jusqu'à
ce qu'il y ait suffisamment d'air pour déplacer entièrement l'eau qui occupoit l'intérieur de cette
loge. L'*Araignée* s'y place la tête en bas, plongée
dans l'eau & le ventre hors de l'eau; lorsqu'elle
sort, soit qu'elle vienne faire provision d'air, soit
qu'elle aille à la chasse des insectes, elle nage toujours dans une position renversée; son corps, dont
la couleur est d'un brun noirâtre, paroît alors d'une
belle couleur argentée, comme s'il étoit enduit
de vif argent. Cette couleur n'est due qu'à la couche
d'air que nous avons dit entourer son corps.

Il n'est pas douteux que l'air dont l'*Araignée*
aquatique remplit sa loge ne serve à sa respiration;
mais nous ignorons quels sont les organes extérieurs
par où cet air s'introduit dans son corps. On sait
que presque tous les autres insectes ont de petites
ouvertures latérales, nommées *stigmates*, qui sont
les organes extérieurs de la respiration de ces petits animaux, ainsi que le prouvent les expériences
de Swammerdam, de Reaumur, &c. mais les *Araignées* en sont entièrement privées; on ne voit point
de stigmates à ces insectes: on ne sait donc pas
précisément par où ils respirent. Clerck & Degeer
ont soupçonné que la respiration des *Araignées* se faisoit par l'anus « J'ai souvent vu, dit
Degeer, que ces *Araignées* se placent à la superficie de l'eau, qu'elles y restent comme suspendues, & qu'alors elles tiennent une partie du
derrière hors de l'eau. Il y a apparence qu'elles
font cela pour respirer l'air extérieur; il se peut
qu'il y ait des stigmates ou des ouvertures de respiration au derrière, mais difficiles à découvrir.
M. Clerck a fait la même remarque, il les a vues
avancer le derrière de tems en tems hors de l'eau pour
respirer l'air; il croit même que les mamelons ou
filières sont également les organes de la respiration;
mais comme il n'en donne aucune preuve décisive,
on ne peut regarder son opinion que comme une
simple conjecture, fondée sur les apparences. Je
ne doute pas que l'*Araignée* ne respire l'air
quand elle tient ainsi le derrière au-dessus de la
superficie de l'eau, mais j'ai peine à croire que
l'air seroit introduit dans les mamelons, qui semblent
uniquement destinés à faire passer les fils de soie
que l'*Araignée* file; je ne saurois concevoir que

ce feroient en même-tems des filières & des organes de la refpiration ». (tom. 7. pag. 309.)

Mais les organes extérieurs de la refpiration des *Araignées* ne peuvent-ils pas être placés à côté ou entre les filières ? Nous favons qu'il n'eft aucun infecte qui refpire par la bouche. L'*Araignée* n'a point de ftigmates. L'efpèce aquatique tient conftamment la tête plongée dans l'eau , tandis que l'abdomen feul eft placé dans la bulle d'air : n'eft-on pas fondé à croire que l'*Araignée* introduit dans fon corps l'air qui lui eft néceffaire par la feule ouverture qui fe trouve à l'abdomen ?

Nous avons déja dit que les *Araignées* terreftres s'attaquent , fe tuent , & fe dévorent lorfqu'elles fe rencontrent. On connoît auffi les précautions que prend le mâle lorfqu'il veut approcher fa femelle. L'auteur anonyme du *Mémoire pour fervir à l'hiftoire des Araignées aquatiques* , dit que les *Araignées* aquatiques font auffi cruelles que les autres, qu'il les a vues s'entretuer étant enfermées enfemble dans la même boîte. Cependant, Clerck & Degeer nous affurent le contraire. « Je renfermai , dit le premier , dans un vafe rempli d'eau, dix femelles, avec un mâle , le feul que je pus me procurer : je m'attendois à le voir accoupler avec quelque femelle , ou à être témoin du combat que ces petits animaux fe livreroient entr'eux. Cependant, ils vécurent en paix , fans fe faire aucun mal , pendant huit jours que je les laiffai enfemble fans leur donner aucune nourriture ». (*Aran. fuec.* 148.)

Degeer a obfervé la même chofe. « Jamais , dit-il , je ne les ai vues fe tuer les unes les autres , quoique j'en euffe raffemblé plufieurs , tant mâles que femelles , dans un même poudrier rempli d'eau; j'ai feulement remarqué que quand elles fe rencontroient dans l'eau, elles fe tâtèrent mutuellement de leurs pattes , s'embraffant en quelque forte , & cela de mâle à mâle , ou de femelle à femelle ; elles ouvrirent bien en même tems leurs redoutables ferres , de forte qu'à tout moment je m'attendois à les voir fe donner des coups meurtriers , mais elles n'en firent rien : car après s'être long-tems tâtées, elles fe féparèrent & nagèrent chacune de fon côté ; au contraire , dès que j'eus placé auprès d'elles quelqu'autre infecte aquatique, elles s'en faifirent dans l'inftant & le fucèrent. Elles paroiffent donc moins cruelles que les *Araignées* terreftres ». (*Mém. tom.* 7. *p.* 308.)

HUITIÈME FAMILLE.

ARAIGNÉES MINEUSES.

CARACTERE.

Nid cylindrique, creufé dans la terre, tapiffé d'une légère toile, & fermé par un opercule qui s'ouvre par un des côtés.

Pattes courtes, prefqu'égales : longueur refpective ; les quatrièmes, les premières, les fecondes & les troifièmes.

Yeux ...

M. l'abbé Sauvages a trouvé en Languedoc une *Araignée* dont la manière de vivre eft tout-à-fait fingulière : elle ne file point de toile pour attraper fa proie ; mais elle fe fait une efpèce de terrier , ainfi que les *Araignées-Loups* , avec cette différence que le nid des *Araignées-Loups* eft ouvert , & que celui de l'efpèce qu'a découverte M. l'abbé Sauvages, eft fermée par une efpèce d'opercule. Brown, célèbre naturalifte anglois, avoit fait la même découverte en Amérique. Il a décrit & figuré une efpèce d'*Araignée* qui conftruit pareillement fon nid dans la terre , en tapiffe & confolide les parois avec une toile, & en bouche l'ouverture par le moyen d'une porte qui fe ferme d'elle-même comme par une efpèce de reffort. J'ai eu deux fois occafion de voir dans la partie méridionale de la Provence, aux ifles d'Hières & à Saint-Tropès , un pareil nid dont la porte, faite en terre, reffembloit à un cercle auquel on auroit retranché une petite portion , elle étoit attachée à l'un des côtés de l'ouverture du nid , & elle s'ouvroit & fe fermoit comme une véritable porte. Elle étoit ouverte lorfque je la vis , & je n'y trouvai point l'*Araignée* ; elle étoit fans doute fortie pour aller à la chaffe. Cette efpèce ne ferme vraifemblablement la porte que lorfqu'elle eft dans fon terrier , & la laiffe ouverte lorfqu'elle en fort ; au lieu que celle que M. l'abbé Sauvages a eu occafion d'obferver avoit toujours fa porte fermée. L'*Araignée* du Languedoc diffère encore de celle de la Provence , en ce que l'une conftruit fon nid dans un terrain en pente ou coupé verticalement, & l'autre dans un terrain horizontal. Celle que Brown a trouvée en Amérique paroit auffi différer de celles d'Europe : voilà donc trois efpèces différentes d'*Araignées*-Mineufes. Mais , n'ayant vu que le nid de l'une, & M. Sauvages s'étant plus attaché à faire connoître les manœuvres de celle qu'il a obfervée qu'à la décrire , nous ne pouvons donner la defcription que de celle que Brown a fait connoître. Cependant avant de paffer à la defcription de celle de l'Amérique , nous croyons devoir rapporter les obfervations de M. l'abbé Sauvages, touchant celle du Languedoc.

Selon la defcription que M. l'abbé Sauvages a donnée à l'Académie Royale des Sciences , de l'*Araignée* qu'il a obfervée, il paroît qu'elle reffemble beaucoup à celles des caves, elle en a la forme, la couleur & le velouté; fa tête eft de même armée de deux fortes pinces qui paroiffent être, les feuls inftrumens dont elle puiffe fe fervir, pour creufer fon terrier ou fon habitation , & pour en fabriquer la porte. Elle choifit ordinairement pour établir cette habitation , un endroit où il ne fe rencontre aucune herbe , un terrein en pente ou à pic , pour que l'eau de la pluie ne puisse pas s'y arrêter , & une terre forte, exempte de rochers & de petites pierres. C'est-là qu'elle se creuse un terrier ou boyau , d'un ou de deux pieds de profondeur , du même diamètre par-tout , & assez large pour qu'elle puisse s'y mouvoir en liberté : elle le tapisse d'une toile adhérente à la terre , soit pour éviter les éboulemens , ou pour avoir des prises pour grimper plus facilement , soit peut-être encore pour sentir du fond de son trou , comme on le verra dans la suite , ce qui se passe à l'entrée.

Mais où l'industrie de cette *Araignée* brille particulièrement , c'est dans la fermeture qu'elle construit à l'entrée de son terrier , & auquel elle sert tout-à-la-fois de porte & de couverture ; cette porte ou trappe est peut-être unique chez les insectes ; elle est formée de différentes couches de terre détrempées & liées entr'elles par des fils , pour empêcher vraisemblablement qu'elle ne se gerce , & que ses parties ne se séparent ; son contour est parfaitement rond ; le dessus , qui est à fleur de terre , est plat & raboteux , le dessous convexe & uni ; de plus , il est recouvert d'une toile dont les fils sont très-forts & le tissu serré ; ce sont ces fils qui prolongés d'un côté du trou , y attachent fortement la porte , & forment une espèce de penture , au moyen de laquelle elle s'ouvre & se ferme. Ce qu'il y a d'admirable , c'est que cette penture ou charnière est toujours fixée au bord le plus élevé de l'entrée , afin que la porte retombe & se ferme par sa propre pesanteur , effet qui est encore facilité par l'inclinaison du terrein qu'elle choisit. Telle est encore l'adresse avec laquelle tout ceci est fabriqué , que l'entrée forme par son évasement une espèce de feuillure , contre laquelle la porte vient battre , n'ayant que le jeu nécessaire pour y entrer & s'y appliquer exactement ; enfin le contour de la feuillure & la partie intérieure de la porte sont si bien formés , qu'on diroit qu'ils ont été arrondis au compas.

Tant de précaution pour fermer l'entrée de son habitation , paroît indiquer que cette *Araignée* craint la surprise de quelque ennemi ; il semble encore qu'elle ait voulu cacher sa demeure , car sa porte n'a rien qui puisse la faire distinguer des environs ; elle est couverte d'un enduit de terre d'une couleur semblable , & que l'insecte a laissé raboteux , à dessein sans doute , car il auroit pu l'unir comme l'intérieur ; le contour de la porte ne déborde dans aucun endroit, & les joints en sont si serrés , qu'ils ne donnent point de prise pour la saisir & pour la soulever. A tant de soins & de travaux pour cacher son habitation & pour en fermer l'entrée , cette *Araignée* joint encore une adresse & une force singulières , pour empêcher qu'on en ouvre la porte.

Au premier instant où M. l'abbé Sauvages la découvrit , il n'eut rien de plus pressé que d'en-

foncer une épingle sous la porte de son habitation pour la soulever, mais il y trouva une résistance qui l'étonna , c'étoit l'*Araignée* qui retenoit cette porte avec une force qui le surprit extrêmement dans un si petit animal ; il ne fit qu'entr'ouvrir la porte , il la vit le corps renversé , accroché par les jambes , d'un côté aux parois de l'entrée du trou , de l'autre à la toile qui recouvre le derrière de la porte ; dans cette attitude qui augmentoit sa force , l'*Araignée* tiroit la porte à elle le plus qu'elle pouvoit , pendant que M. l'abbé Sauvages tiroit aussi de son côté , de façon que dans cette espèce de combat , la porte s'ouvroit & se refermoit alternativement : l'*Araignée* bien déterminée à ne pas céder , ne lâcha prise qu'à la dernière extrémité , & lorsque M. Sauvages eut entièrement soulevé la trappe ; alors elle se précipita au fond de son trou. Il a souvent répété ce jeu , & il a toujours observé que l'*Araignée* accouroit sur le champ pour tenir tout fermé.

Cette promptitude à arriver à cette porte , ne montre-t-elle pas , comme nous l'avons dit , que par le moyen de la toile qui tapisse son habitation, elle tient ou connoît du fond de sa demeure, tout ce qui se passe vers l'entrée, comme l'*Araignée-Fileuse* qui , par le moyen de sa toile , prolonge , si cela se peut dire , son sentiment à une grande distance d'elle ? Quoi qu'il en soit, elle ne cesse de faire la garde à cette porte, dès qu'elle y entend ou sent la moindre chose , & ce qui est vraiment singulier , c'est que , pourvu qu'elle fut fermée , M. l'abbé Sauvages pouvoit travailler aux environs , cerner la terre pour enlever une partie du trou , sans que l'*Araignée* , frappée de cet ébranlement ou du fracas qu'elle entendoit , & qui la menaçoit d'une ruine prochaine , songeât à abandonner son poste ; elle se tenoit toujours collée sur le derrière de la porte , & M. Sauvages l'enlevoit avec , sans prendre aucune précaution pour l'empêcher de fuir.

Mais si cette *Araignée* montre tant de force & d'adresse pour défendre ses foyers , il n'en est pas de même quand on l'en a tirée , elle ne paroît plus que languissante , engourdie ; & si elle fait quelques pas , ce n'est qu'en chancelant. Cette circonstance , & quelques autres , ont fait penser à M. l'abbé Sauvages qu'elle pourroit bien être un insecte nocturne que la clarté du jour blesse , au moins ne l'a-t-il jamais vu sortir de son trou d'elle-même ; & lorsqu'on l'expose au jour , elle paroît être dans un élément étranger.

La manière singulière dont cet insecte , si différent des autres *Araignées* , se loge , inspire naturellement la curiosité d'en savoir davantage sur ses autres actions , comment il vit , comment il vient à bout de se fabriquer cette demeure , &c. mais il faut attendre de nouvelles observations : jusqu'ici quelques efforts qu'ait fait M. l'abbé Sauvages pour conserver ces *Araignées* vivantes , il n'a pu y réussir , elles sont toutes mortes malgré ses soins , ce qui l'a empêché de pousser plus loin ses découvertes sur leur manière de vivre ; il faudroit peut-être pour parvenir à les mieux connoître, enlever une portion considérable de la terre qu'elles habitent, qu'on placeroit dans un jardin ; alors, comme on les auroit sous les yeux, on pourroit plutôt découvrir leurs différentes manœuvres : au reste, on trouve cette *Araignée* sur les bords des chemins aux environs de Montpellier, & c'est-là où M. l'abbé Sauvages l'a vue pour la première fois ; on la trouve aussi sur les berges de la petite rivière du Lez qui passe auprès de la même ville ; mais nous n'avons jusqu'à présent aucune connoissance qu'on l'ait découverte ailleurs, peut-être cet insecte n'habite-t-il que les pays chauds, en ce cas il faudroit le chercher en Italie, en Espagne, &c. M. l'abbé Sauvages l'a appellée *Araignée Maçonne*, & ce nom lui convient assez, mâçonnant en quelque façon sa porte ; on pourroit encore l'appeller *Araignée-Mineuse*, à cause du terrier ou boyau qu'elle fait se creuser. *Hist. de l'Acad. pag. 26.*

ESPÈCES.

113. ARAIGNÉE recluse.
Aranea nidulans. FAB.
Aranea atra nitida, abdomine hirto nigro. FAB. *Mant. insf. tom.* 1. *pag.* 343. n°. 5.
Tarantula major subhirsuta, sub terra nidulans. BROWN. *Hist. nat. of jam. tab.* 44. *fig.* 3.

Cette espèce est assez grande, elle est très-noire & luisante. Les yeux sont placés sur deux lignes parallèles, mais les deux du milieu de la rangée inférieure sont un peu plus distans que dans les autres espèces. Le corcelet est assez grand; on y remarque au milieu une impression en forme de croissant. L'abdomen est ovale, renflé, velu, d'un noir moins luisant que le corcelet. La longueur des huit pattes est presque égale.

Elle se trouve à la Jamaïque, aux Antilles & dans les isles de l'Amérique méridionale.

Cette *Araignée* creuse dans les endroits pierreux, suivant les observations de Brown, un trou cylindrique qu'elle tapisse intérieurement de fils, & dont elle bouche l'ouverture par une espèce d'opercule ou de porte qui tient si fortement à ces fils que toutes les fois qu'elle est forcée de s'ouvrir, elle est aussitôt remise dans sa position ordinaire par les liens qui la fixent. La piquure de cet insecte cause une douleur très-vive pendant plusieurs heures, accompagnée même quelquefois de la fièvre & du délire; mais on est bientôt soulagé, soit par les sudorifiques ordinaires, soit par les liqueurs spiritueuses, telles que le tafia, le rum, ainsi que le pratiquent les nègres qui en sont souvent mordus. Ils s'endorment, suent un peu & se trouvent entièrement remis à leur réveil.

M. de Badier, habitant de la Guadeloupe, naturaliste très-instruit, a eu souvent occasion de voir dans ce pays l'*Araignée* que nous venons de décrire; mais ses observations ne sont point conformes à celles de Brown. Il l'a trouvée dans les terreins argilleux, en pente très-douce. L'opercule étoit fixée à la partie la plus élevée du trou, par une espèce de charnière en scie, & elle se fermoit par son propre poids. L'*Araignée* retirée de son nid ne faisoit aucun mouvement, & semblable à celle du Languedoc, elle paroissoit languissante & comme engourdie. M. de Badier l'a tenue très-long-tems dans sa main sans jamais avoir été mordu.

Espèces dont nous ignorons la manière de vivre.

114. ARAIGNÉE sulfureuse.
Aranea sulphurea. NOB.
Aranea pallide rosea ; abdomine ovato sulphureo : pedibus elongatis, apice fuscis. NOB.

Cette espèce est assez grande. Ses yeux sont placés presque sur deux lignes. On en voit quatre au milieu, formant un quarré inégal, & deux latéraux sur une ligne oblique. Le corcelet est d'une couleur rose très-pâle ; il est un peu aplati & figuré en cœur. L'abdomen est ovale, d'un jaune clair & soyeux. Les pattes sont longues, de la couleur du corcelet, avec leur extrémité obscure.

Elle a été trouvée à la Guadeloupe par M. de Badier.

115. ARAIGNÉE bicolor.
Aranea bicolor. NOB.
Aranea thorace rubro sericeo ; abdomine ovato rufo, dorso punctis quatuor nigris impressis. NOB.

Elle est de grandeur moyenne. Ses yeux, au nombre de huit, sont placés comme ceux des deux premières familles ; il y en a quatre au milieu en quarré, & deux latéraux sur une ligne oblique. Le corcelet est rouge, mais couvert d'un léger duvet blanchâtre, soyeux. L'abdomen est ovale, roussâtre, avec quatre points noirs au milieu de sa partie supérieure, disposés en quarré. Les antennules sont verdâtres. Les pattes sont assez longues, d'un jaune pâle, avec la base des cuisses & les tarses noirâtres.

Elle a été trouvée à la Guadeloupe, par M. de Badier, entre plusieurs feuilles rapprochées. Je la crois de la première ou de la seconde famille.

Espèces décrites par le chevalier Linné, dont nous ignorons la manière de vivre.

116. ARAIGNÉE chasseuse.
Aranea venatoria. LIN.
Aranea subhirsuta, thorace orbiculato convexo ; abdomine ovato-magnitudine thoracis. LIN. *Syst. nat. p.* 1035. n°. 33.
Aranea venatoria thorace orbiculato glabro, atro ; abdomine ovato pubescente fusco. FAB. *Syst. ent. p.* 439. n°. 39. —*Spec. insf. tom.* 1. *pag.* 546. n°. 53.

GRONOV. *Zooph.* 2. *p.* 117. *n°.* 938.
MERIAN. *Surin. tab.* 11. *fig.* 1. 2.
Tarantula rufefcens major ventre minori, articulis penultimis ungulatis. BROWN. *Hift. of jam. tab.* 44. *fig.* 2.

Les yeux font grands; le corcelet eft prefque rond, convexe, grand, liffe, finué longitudinalement, prefque tronqué à fa partie antérieure, & un peu plus large à fa partie poftérieure. L'abdomen eft ovale, légérement velu, de la grandeur du corcelet. Les antennules font affez groffes, & de la longueur du corcelet. Les pattes font minces, prefque trois fois plus longues que le corps, prefque égales, couvertes de quelques poils, & terminées par deux ongles. La couleur de tout le corps eft noirâtre.

Elle fe trouve dans l'Amérique méridionale. Nous la croyons de la première famille.

117. ARAIGNÉE réticulée.
ARANEA reticulata. LIN.
Aranea exalbida; abdomine globofo reticulato fupra purpurafcente fufco nebulofo. LIN. *Faun. fuec. ed.* 1. *p.* 352. *n°.* 1221. *ed.* 2. *n°.* 1995. —*Syft. nat. p.* 1030. *n°.* 2.

Le corps de cette *Araignée* eft blanchâtre. Le corcelet eft livide, avec une tache oblongue noirâtre, à la partie poftérieure, & un point de la même couleur de chaque côté. L'abdomen eft globuleux, légérement réticulé, blanchâtre, avec des veines noirâtres. Les côtés font d'une couleur purpurine, obfcure. Les pattes ont des taches noires.

Elle fe trouve dans les jardins de Suède.

118. ARAIGNÉE mouchetée.
ARANEA octo punctata. LIN.
Aranea abdomine fubrotundo flavo; ftigmatibus utrinque quatuor nigris, ano rufo. LIN. *Syft. nat. p.* 1030. *n°.* 5.
Aranea octo punctata. SCHRANK. *Enum. inf. auft. n°.* 1102.

Le corps de cette *Araignée* eft pâle. L'abdomen eft prefque rond, de couleur jaune, avec quatre points noirs de chaque côté, comme quatre ftigmates. L'anus eft roux. Linné dit que cette efpèce conftruit une toile horizontale; & celle que M. Schrank a obfervée conftruit une toile perpendiculaire contre les fenêtres.

Elle fe trouve en Suède, en Allemagne.

119. ARAIGNÉE des rofeaux.
ARANEA arundinacea. LIN.
Aranea abdomine fubglobofo albo; maculis dilute fufcis. LIN. *Faun. fuec. ed.* 1. 1243. *ed.* 2. 1998. *Syft. nat. p.* 1031. *n°.* 7.

Cette efpèce eft une des plus petites de fon genre. L'abdomen eft prefque globuleux, blanc, avec des taches noirâtres, très-diftinctes. Le corcelet eft livide ou grifâtre. La tête en-deffus eft blanchâtre.

Elle fe trouve en Suède, dans les pannicules des rofeaux.

120. ARAIGNÉE à trois lignes.
ARANEA trilineata. LIN.
Aranea abdomine ovato albido: lineis tribus longitudinalibus punctorum nigricantium. LIN. *Faun. fuec. ed.* 1. *n°.* 1220. *ed.* 2. *n°* 2001. *Syft. nat. p.* 1031. *n°.* 10.

Nous fupçonnons que cette efpèce eft la même que celle que nous avons déja rapportée dans la feconde famille, fous le nom d'*Araignée-raiée.* Le corcelet de cette efpèce eft livide avec une ligne longitudinale & les côtés noirs. L'abdomen eft ovale, blanchâtre, avec trois rangées longitudinales de points noirs.

Elle fe trouve en Suède, dans les bois humides.

121. ARAIGNÉE à raies purpurines.
ARANEA quadrilineata. LIN.
Aranea abdomine fub rotundo flavo: punctis quatuor lineaque utrinque purpurafcentibus. LIN. *Syft. nat. pag.* 1031. *n°.* 13.

Elle eft de grandeur moyenne. Son corps eft livide, tranfparent. La partie antérieure de la tête eft jaune. L'abdomen eft d'un jaune pâle; on y voit au milieu de la partie fupérieure quatre points purpurins, formant un quarré, & une raie ferrugineufe purpurine de chaque côté qui ne va pas d'un bout à l'autre de l'abdomen.

Elle fe trouve en Suède.

122. ARAIGNÉE patte-fauve.
ARANEA rufipes. LIN.
Aranea thorace nigro, abdomine fufco, pedibus rufis. LIN. *Faun. fuec. ed.* 1. *n°.* 1230. *ed.* 2. *n°.* 2009. *Syft. nat. p.* 1034. *n°.* 20.

Elle eft de grandeur moyenne. Le corcelet eft noir; l'abdomen eft noirâtre, & les pattes font fauves.

Elle fe trouve en Europe, fur l'Ortie.

123. ARAIGNÉE Hibou.
ARANEA nocturna. LIN.
Aranea nigra: abdomine punctis duobus albis: bafi lunula alba. LIN. *Faun. fuec. ed.* 1. 1235. *ed.* 2. 2010. *Syft. nat. p.* 1034. 21.
SCHRANK. *Enum. inf. auft. n°.* 1096.

Cette efpèce eft de grandeur moyenne. Tout fon corps eft noir, on voit à la partie fupérieure de l'abdomen, un point blanchâtre de chaque côté, peu apparent, & une tache en croiffant à la partie antérieure. L'anus eft faillant & comprimé.

Linné a obfervé que cette efpèce eft agile pendant la nuit, tandis qu'elle refte tranquille pendant le jour.

Elle fe trouve en Europe.

124. ARAIGNÉE à points enfoncés.
ARANEA fex punctata. LIN.
Aranea abdomine oblongo: punctorum excava-

torum paribus tribus. LIN. *Syſt. nat.* 1034. *n°.* 24.

— *Faun. ſuec. ed.* 1. *n°.* 1233. *ed.* 2. *n°.* 1013.

Aranea ſex punctata. FAB. *Syſt. ent. p.* 436. *n°.* 25. — *Sp. inſ. tom.* 1. *p.* 542, *n°.* 35.

Aranea ſex punctata. SCHRANCK. *Enum. inſ. auſt. n°.* 1100.

Cette *Araignée* eſt aſſez grande. Son corcelet eſt cendré. L'abdomen eſt ovale-oblong, aminci, couvert de poils glauques, & de quelques autres noirs. On apperçoit à ſa partie ſupérieure trois paires de points enfoncés.

Elle ſe trouve en Europe, dans les bois, entre l'écorce des pins.

125. ARAIGNÉE jaune.

ARANEA flaviſſima. LIN.

Aranea abdomine oblongo flaviſſimo lævi. LIN. *Syſt. nat. p.* 1034. *n°.* 25. — *Muſ. Lud. Ulr.* 428. 2.

Les yeux de cette jolie *Araignée* ſont très-rapprochés. Le corcelet eſt glabre & fauve. L'abdomen eſt jaune, alongé & liſſe. Les pattes ſont longues, glabres & jaunes.

Elle ſe trouve en Egypte.

126. ARAIGNÉE bimaculée.

ARANEA bimaculata. LIN.

Aranea abdomine ſubrotundo caſtaneo : punctis duobus albis. LIN. *Syſt. nat. p.* 1034. *n°.* 26.

Elle eſt très-petite. Tout ſon corps eſt d'une couleur brune ou briquetée-obſcure. L'abdomen eſt ovale, un peu aplati, inégal, avec deux taches blanches, dont l'antérieure un peu plus grande que l'autre, eſt formée de deux points joints enſemble; la ſeconde, un peu plus petite, eſt également formée par la réunion de deux points blancs.

Elle ſe trouve en Europe.

127. ARAIGNÉE oculée.

ARANEA ocellata. LIN.

Aranea femoribus ocellis tribus geminatis. LIN. *Syſt. nat.* 1035. 34.

Cette *Araignée* eſt à peu-près de la grandeur de la *Tarentule.* Tout ſon corps eſt pâle. Le milieu de la partie ſupérieure du corcelet eſt marqué d'une double tache noire aſſez grande. On voit une tache de la même couleur à l'endroit où ſont placés les yeux. L'abdomen eſt pâle, nébuleux, avec une tache annulaire noire. On voit ſur chaque cuiſſe trois taches doubles, blanches, oculées, & quelques-unes ſur les jambes.

Elle ſe trouve à la Chine.

128. ARAIGNÉE épine-mobile.

ARANEA ſpinimobilis. LIN.

Aranea crurum ſpinis mobilibus nigris. LIN. *Syſt. nat. p.* 1034. *n°.* 32.

ALBIN. *Aran. fig.* 169.

Elle eſt de la grandeur de l'*Araignée Aviculaire.* Le corcelet eſt ferrugineux, preſque ovale, un peu plus large à ſa partie poſtérieure; il eſt convexe & nud à la partie ſupérieure. L'abdomen eſt preſque arrondi, d'un jaune brun, avec quatre rangées de points noirs en-deſſous. Les jambes & les tarſes ſont ſimples, mais les cuiſſes ſont couvertes de quelques piquans droits, noirs, luiſans, mobiles. La couleur des cuiſſes eſt ferrugineuſe.

Elle ſe trouve à Surinam.

Eſpèces décrites par M. Fabricius, dont nous ignorans la manière de vivre.

Yeux ::::

129. ARAIGNÉE longimane.

ARANEA longimana. FAB.

Aranea abdomine longo cylindrico fuſco, pedibus anticis longiſſimis. FAB. *Spec. inſ. tom.* 1. *p.* 536. *n°.* 3.

Elle eſt d'une couleur ferrugineuſe, noirâtre. L'abdomen eſt cylindrique, alongé, légérement velu, noirâtre. Les mandibules ſont alongées, cylindriques, armées d'un fort crochet. Les pattes antérieures ſont très-longues, & celles de la troiſième paire ſont très-courtes.

Elle ſe trouve à Cayenne.

Nota. Je crois que cette eſpèce appartient à la première ou à la ſeconde famille.

130. ARAIGNÉE lobée.

ARANEA lobata. PALLAS.

Aranea abdomine ovato lobato albo, apice lineis geminatis fuſcis. FAB. *Spec. inſ. tom.* 1. *p.* 536. *n°.* 2.

PALLAS. *Spicil. Zoolog. faſc.* 9. *p.* 46. *tab.* 3. *fig.* 14. & 15.

Araneoides capenſis. PETIV. *Gazoph. tab.* 11. *fig.* 11 ?

Elle eſt à peu-près de la grandeur de l'*Araignée Porte-croix.* Les yeux ſont noirs & placés comme ceux des deux premières familles; c'eſt-à-dire, qu'il y en a quatre au milieu formant un quarré & deux latéraux ſur une ligne un peu oblique. La première pièce des mandibules eſt preſque ovale, griſâtre, coupée obliquement à ſon extrémité, & munie de deux rangées de dents noires; la ſeconde pièce eſt noire, & vient s'enchâſſer entre les deux rangées de dents. Le corcelet eſt aplati, ovale, velu poſtérieurement; il eſt noirâtre, mais les côtés & la partie voiſine des yeux ſont gris. L'abdomen a la figure d'un ſphéroïde aplati; il paroît ſeſſile, ſa baſe étant relevée & s'avançant ſur le corcelet; les côtés ont trois élévations aſſez groſſes & arrondies : on voit à ſa partie ſupérieure trois impreſſions tranſverſales ou ſillons larges, qui répondent à chaque lobe, & qui ſont marqués chacun de trois points enfoncés. Sa couleur eſt blanche entre les ſillons, mais il y a l'extrémité deux paires de lignes noirâtres : le deſſous eſt tacheté de blanc au-milieu. Les pattes ſont noirâtres avec des anneaux griſâtres.

Elle

Elle se trouve . . . . Elle a été décrite par M. Pallas, d'après un individu conservé au Muséum de l'Académie de Saint-Pétersbourg. Je crois qu'elle est de la première famille.

131. ARAIGNÉE cachée.
Aranea latens. FAB.
Aranea atra abdomine cinerascente : linea dorsali atra, interrupta. FAB. *Syst. ent. p.* 432. *n°.* 3. —*Sp. inf. tom.* 1. *p.* 537. *n°.* 5.

Cette *Araignée* est petite. La tête & le corcelet sont noirs & légèrement velus. L'abdomen est ovale, relevé en bosse vers la base, couvert d'un duvet cotoneux cendré, avec une ligne longitudinale noire, interrompue, un peu plus large en arrière qu'en devant. Les pattes sont noires.

On la trouve en Angleterre. Elle se tient cachée sous un petit réseau tendu à la partie supérieure d'une feuille.

Nous croyons que cette espèce appartient à la première ou à la seconde famille.

132. ARAIGNÉE notée.
Aranea signata. FAB.
Aranea virescens, thoracis lateribus abdominisque lineis duabus nigris. FAB. *Gen. inf. p.* 249. *Sp. inf. tom.* 1. *p.*537. *n°.* 6.

Cette espèce est petite; sa tête est verdâtre & parsemée de points imperceptibles, noirs. Le corcelet est verdâtre, & bordé d'une large raie noire. L'abdomen est globuleux, verdâtre, avec une raie noire de chaque côté, qui ne parvient ni à la base, ni à l'extrémité de l'abdomen. Les mamelons sont saillans. Les pattes sont verdâtres, avec quelques points noirs.

Elle se trouve dans les bois, à Kiell.

Nota. Cette *Araignée* appartient peut-être à la troisième famille.

133. ARAIGNÉE ensanglantée.
Aranea mactans. FAB.
Aranea abdomine ovato, atro ; linea dorsali coccinea. FAB. *Syst. ent. p.* 432. *n°.* 4.—*Sp. inf. tom.* 1. *p.* 537. *n°.* 7.

Cette *Araignée* est petite. La tête, le corcelet & les pattes sont noirâtres. L'abdomen est très-noir, presque globuleux, avec une ligne longitudinale, d'un rouge d'écarlate, au milieu de sa partie supérieure. M. Fabricius dit en avoir vu une autre parfaitement semblable, un peu plus grande, & dont l'abdomen avoit deux paires de points & l'anus rouges, au lieu de la ligne longitudinale.

Elle se trouve en Amérique.

M. de Badier m'en a communiqué une, trouvée à la Guadeloupe, dont tout le corps étoit d'un beau noir. L'abdomen étoit globuleux, avec quatre taches d'un beau rouge ; savoir, une petite au milieu, une oblongue vers l'extrémité, & deux autres vers l'anus.

Histoire Naturelle, Insectes. Tome IV.

134. ARAIGNÉE nègre.
Aranea nigrita. FAB.
Aranea atra ; abdomine subtus punctis duobus testaceis. FAB. *Syst. ent. p.* 432. *n°.* 5. — *Sp. inf. tom.* 1. *p.* 537. *n°.* 8.

Elle est de grandeur moyenne. Son corps est noir, glabre & luisant; on voit, à la partie inférieure de l'abdomen, vers la base, deux points d'un rouge briqueté. L'extrémité des pattes est pâle.

Elle se trouve à Dresde.

Yeux .::.

135. ARAIGNÉE globuleuse.
Aranea globulosa. FAB.
Aranea nigra ; abdominis lateribus sanguineis. FAB. *Syst. ent. p.* 432. *n°.* 6.—*Sp. inf. tom.* 1. *p.* 537. *n°.* 9.

Tout le corps de cette petite *Araignée* est noir. L'abdomen est globuleux ; les côtés sont d'un rouge sanguin ; le milieu est noir & coupé par une bande interrompue, blanche.

Elle se trouve dans les prairies de Léipsic.

Yeux .::.

136. ARAIGNÉE larronnesse.
Aranea latro. FAB.
Aranea thorace villoso cinereo ; abdomine ovato atro ferrugineo maculato. FAB. *Sp. inf. tom. p.* 1. 538. *n°.* 11.

Cette *Araignée* est grande. Sa bouche est pâle. Le corcelet est pâle, ovale, légèrement velu & cendré. L'abdomen est ovale, noir, avec des taches ferrugineuses. Les pattes sont noires & les cuisses pâles.

Elle se trouve en Amérique.

137. ARAIGNÉE dorsale.
Aranea dorsata. FAB.
Aranea abdomine dorso fusco. FAB. *Gen. inf. mant. p.* 249.—*Sp. inf. tom.* 1. *p.* 539. *n°.* 14.

Elle est petite. La tête, le corcelet & les pattes sont verts & sans taches. L'abdomen est ovale, pâle en-dessous, noirâtre en-dessus.

Elle se trouve à Kiell, dans les bois.

138. ARAIGNÉE trident.
Aranea tricuspidata. FAB.
Aranea virescens ; abdomine albo : ano rufescente. FAB. *Syst. ent. p.* 433. *n°.* 9.—*Sp. inf. tom.* 1. *p.* 539. *n°.* 17.

La tête, le corcelet & les pattes de cette *Araignée* sont verdâtres. Les yeux, & sur-tout les latéraux sont saillans. L'abdomen est ovale, blanc, avec l'anus raboteux & roussâtre : on voit, à la partie supérieure de l'abdomen, une ligne longitudinale, courte, & deux latérales, obliques, rousses, qui se réunissent presque au milieu de l'abdomen.

Elle se trouve à Léipsic.

Yeux ⋮⋮

139. ARAIGNÉE argentée.
Aranea argentata. FAB.

Aranea abdomine albo, poftice fufco ; ambitu fex dentato. FAB. Syft. ent. p. 433. n°. 10. —Sp. inf. tom. 1. p. 539. n°. 18.

Cette efpèce eft grande. Le corcelet eft légérement cotoneux & d'un blanc argenté. L'abdomen eft prefque ovale, blanc à fa partie antérieure, noirâtre, avec deux points blancs à fa partie poftérieure. Le bord eft armé de chaque côté de trois fortes dents. Les pattes font pâles, avec des anneaux noirâtres.

Elle fe trouve aux Indes orientales.

Yeux ⁚⋰⋰

140. ARAIGNÉE trimouchetée.
Aranea triguttata. FAB.

Aranea flavefcens ; abdomine nigro : maculis tribus albis. FAB. Syft. ent. pag. 436. n°. 23. —Sp. inf. tom. 1. p. 542. n°. 33.

Cette *Araignée* eft petite. La tête & le corcelet font jaunâtres & fans taches. L'abdomen eft ovale, un peu retréci à fa pointe, prefque foyeux, noirâtre, avec trois points blancs vers le milieu de fa partie fupérieure, qui forment comme une bande. Les pattes font jaunes ; celles de la troifième paire font les plus courtes.

Elle a été prife, en Alface, pendant l'automne, fur les feuilles du Laurier-Tin. (*Viburnum-Tinnus*).

141. ARAIGNÉE bourreau.
Aranea carnifex. FAB.

Aranea ferruginea ; abdomine cinereo : linea dorfali fufca. FAB. Syft. ent. p. 436. n°. 26. —Sp. inf. tom. 1. p. 543. n°. 36.

Cette efpèce eft de grandeur moyenne. La tête eft ferrugineufe, avec les mandibules noires. Le corcelet eft glabre, liffe, ferrugineux, avec les bords jaunâtres. L'abdomen eft prefque globuleux, cendré, avec une raie longitudinale, noirâtre, à fa partie fupérieure : on voit en-deffous, vers la bafe, une tache jaune de chaque côté. Les pattes font pâles.

Elle fe trouve en Angleterre.

Yeux ⋮ ⋮

142. ARAIGNÉE comprimée.
Aranea dorfalis. FAB.

Aranea atra, thorace linea dorfali alba. FAB. Syft. ent. p. 437. n°. 31. —Sp. inf. tom. 1. pag. 544. n°. 41.

Elle eft petite & noire. Le corcelet eft comprimé, & on y voit une ligne longitudinale, blanche. L'ab-

domen eft ovale, noir, un peu blanchâtre à fa bafe. Les pattes font livides.

Elle fe trouve en Angleterre.

143. ARAIGNÉE pubère.
Aranea pubefcens. FAB.

Aranea abdomine ovato, fufco : maculis quatuor cinereis, pofticis majoribus. FAB. Syft. ent. p. 438. n°. 33. —Sp. inf. tom. 1. p. 544. n°. 43.

Elle eft de grandeur moyenne. Son corps eft noirâtre, couvert d'un léger duvet, & mélangé de couleur cendrée. L'abdomen eft ovale, noirâtre en-deffus, avec quatre taches cendrées, diftinctes, dont les deux poftérieures font les plus grandes. Les antennules font velues. Les yeux de la feconde paire font très-petits.

Elle fe trouve à Léipfic.

Nota. Je foupçonne que cette efpèce & la précédente appartiennent à la cinquième famille, & que la dernière ne diffère pas peut-être de l'*Araignée des troncs.*

Yeux ⁚⋮⁚

144. ARAIGNÉE myope.
Aranea myopa. FAB.

Aranea virefcens : abdominis dorfo late fanguineo. FAB. Gen. inf. mant. p. 250. —Sp. inf. tom. 1. p. 545. n°. 47.

M. Fabricius place cette *Araignée* dans la famille de celles qui n'ont que fix yeux ; ce qui joint aux mamelons, qui font très-apparens, nous porte à croire qu'elle appartient à la troifième famille. La tête & le corcelet font d'un vert pâle. Le bout des mandibules eft noir, & le corcelet a deux lignes longitudinales, obfcures. L'abdomen eft ovale, couvert d'un léger duvet, d'un rouge de fang, avec quelques points noirs en-deffus, & les côtés jaunâtres, fans points. Le bout des mamelons eft noir. Les pattes font longues, verdâtres. L'extrémité des jambes antérieures feulement eft noire.

Elle fe trouve à Kiell.

145. ARAIGNÉE longue-patte.
Aranea longipes. FAB.

Aranea atra abdomine cylindrico fufco, punctis fex impreffis, pedibus longiffimis. FAB. Sp. inf. tom. 1. p. 545. n°. 48.

Le corps de cette *Araignée* eft grand & noir. Les mandibules font dentées, & terminées par un onglet. Les antennules font ferrugineufes à leur bafe, & noires à leur pointe. L'abdomen eft cylindrique, noirâtre, avec trois paires de points enfoncés, à fa partie fupérieure. Les pattes, & furtout les antérieures, font alongées & noires.

Elle fe trouve aux terres auftrales.

146. ARAIGNÉE pinnée.
Aranea fcopulorum. FAB.

Aranea abdomine fufco , linea dorfali pinnata alba. FAB. *Iter. norw. d. 3. auguft.* —*Sp. inf.* 1. 546. 50.

Elle eft de grandeur moyenne. La tête eft noire, luifante, fans taches. Les mandibules font grandes & très-noires. Les yeux font feulement au nombre de fix, & très-rapprochés les uns des autres. L'abdomen eft terminé en pointe : on y voit tout le long de fa partie fupérieure une ligne blanche, pinnée. Les pattes font d'un rouge de briques, avec quelques bandes noirâtres.

Elle a été trouvée en Norwège.

147. ARAIGNÉE rameufe.
ARANEA lufca. FAB.

Aranea pallida ; abdomine argenteo , ineis ra-mofis nigris. FAB. *Syft. ent. p.* 439. *n°.* 37. —*Sp. inf. t.* 1. *p.* 546. *n°.* 51.

La tête & le corcelet de cette *Araignée* font d'une couleur briquetée, pâle. L'abdomen eft oblong, argenté, avec une ligne longitudinale, noire, branchue, à fa partie fupérieure, & une plus grande à trois crochets, & de la même couleur, de chaque côté. L'anus eft faillant, conique & noir. Les pattes font affez longues, & d'une couleur briquetée, pâle.

Elle fe trouve fur la côte de Coromandel.

Yeux...

148. ARAIGNÉE fanglante.
ARANEA cruentata. FAB.

Aranea atra ; abdomine fafcia bafeos flava , pec-tore fanguineo. FAB. *Syft. entom. pag.* 439. *n°.* 38. —*Spec. inf. tom.* L. *pag.* 546. *n°.* 51.

Elle eft grande & très-noire. Le corcelet eft fans taches. L'abdomen eft ovale ; on y voit une bande jaune en-deffus, à la bafe, & dix taches jaunâtres en-deffous. La poitrine eft d'un rouge de fang. Les pattes font noires.

Elle fe trouve au Bréfil.

149. ARAIGNÉE patte-velue.
ARANEA hirtipes. FAB.

Aranea nigra palpis pedibufque hirfutis pallide teftaceis. FAB. *Mant. inf. tom.* 1. *p.* 346. *n°.* 55.

Tout le corps de cette petite *Araignée* eft noir, excepté les antennules & les pattes, qui font d'une couleur briquetée, pâle, & très-velues.

Elle fe trouve à Cayenne.

150. ARAIGNÉE Hériffon.
ARANEA tribulus. FAB.

Aranea capite antice tridentato ; abdomine fpiṇo-fiffimo. FAB. *Syft. inf. tom.* 1. *p.* 547. *n°.* 54.

Le corps de cette fingulière *Araignée* eft de gran-deur moyenne, d'une couleur grife, avec des points élevés, qui le rendent raboteux. La tête eft armée, à fa partie antérieure, de trois efpèces de dents ;

ou épines ferrugineufes, dont celle du milieu eft mouffe. L'abdomen eft ovale, & couvert, de toute part, d'épines droites, longues, très-fortes, dont quelques-unes font bifides.

Elle fe trouve au cap de Bonne-Efpérance.

Efpèces moins connues.

1. ARAIGNÉE tronquée.
ARANEA truncata. PALLAS.

Corcelet prefque en cœur, noir, avec une ligne de chaque côté, blanche ; abdomen prefque trian-gulaire, & coupé poftérieurement.

Aranea thorace fubcordato nigro , linea laterali alba ; abdomine fubtriquetro, poftice retufo. NOB.

Elle reffemble un peu à l'*Araignée à bordure*. & elle un peu plus grande que l'*Araignée chevron-née*. Les yeux font noirs. Le premier article des mandibules eft gros, & le dernier petit. Les anten-nules font petites, noirâtres, légèrement velues. Le corcelet eft globuleux, prefque en cœur, tronqué antérieurement, court, noirâtre en-deffus, avec une ligne blanche de chaque côté. L'abdomen eft affez gros, prefque triangulaire, coupé poftérieure-ment & anguleux, de chaque côté. On voit, au milieu de la partie fupérieure, quatre points enfoncés. Les pattes font velues, pâles, avec les articulations obfcures ; les quatre antérieures font plus longues que les poftérieures.

Elle fe trouve en Allemagne. Elle appartient à la famille des Crabes. Ses yeux font fitués de cette manière. ∴

Yeux ⁖

2. ARAIGNÉE de Reaumur.
ARANEA Reaumurii. SCOP.

Abdomen prefque arrondi, très-renflé, blanchâtre, avec les côtés jaunes, & treize points enfoncés, en-deffus.

Abdomen fubrotundum , turgidum valde , albidum, lateraliter flavefcens : fupra tredecim paribus punc-torum nigrorum impreforum , fubtus unico. SCOP. *Ent. carn. n°.* 1078.

Elle eft très-groffe. Son ventre a huit lignes de long & fept de large. Il eft velu, blanchâtre ; avec les mamelons noirs. Le corcelet a trois raies noi-râtres. Les pattes font pâles, avec les articulations noires.

Elle a été trouvée en Carniole, dans une feuille roulée.

3. ARAIGNÉE de Swammerdam.
ARANEA Swammerdami. SCOP.

Noirâtre ; corcelet & abdomen bordés de poils blancs ; pattes longues ; jambes avec des anneaux briquetés.

Aranea fufcefcens, thorace abdomineque albis pilis marginatis, pedibus longis : tibiis teftaceo fafciatis. SCOP. *Ent. carn. n°.* 1079.

L'abdomen est ovale, velu, & terminé, ainsi que le corcelet, par une ligne blanchâtre : on y voit au milieu de sa partie supérieure deux enfoncemens ronds, luisans. Les cuisses antérieures sont longues & noirâtres, & les autres sont briquetées à leur base. La longueur des pattes antérieures est de treize lignes, & l'abdomen de cinq lignes.

Elle a été trouvée en Carniole, dans les champs.

4. ARAIGNÉE de Raj.

ARANEA Raji. SCOP.

Abdomen ovale, noirâtre, avec des taches didymes jaunes, à la partie supérieure, & cinq autres taches de la même couleur, de chaque côté.

Abdomen ovatum fuscum : maculis didymis dorsalibus, & quinis aliis in singulo latere flavis. SCOP. *Ent. carn. n°. 1080.*

Les articles des antennules sont égaux. Le corcelet est fauve. L'abdomen, long de quatre, & large de trois lignes, a à la base de sa partie inférieure une ligne arquée, jaunâtre, & deux taches jaunes en forme de massue. Les pattes sont mélangées de fauve & de noirâtre.

Elle construit, sur les arbres un réseau lâche, oblique, terminé par une feuille roulée, qui lui sert de nid.

Elle se trouve en Carniole.

5. ARAIGNÉE de Leuwenhoek.

ARANEA Leuwenhokii. SCOP.

D'un brun roussâtre ; abdomen ovale, avec une tache ovale, noirâtre vers la base supérieure, & deux points blancs à la base inférieure.

Aranea fusco-rufa ; abdomine ovato : supra ad basim macula ovata fusca, subtus ibidem pari uno punctorum albidorum. SCOP. *Ent. carn. n°. 1081.*

Les articles des antennules sont égaux. Le corcelet est brunâtre. Les pattes sont d'un brun roux. La longueur de tout le corps est de trois lignes & demie.

Elle se trouve sur les côteaux de la Carniole, parmi des arbrisseaux.

6. ARAIGNÉE d'Aldrovande.

ARANEA Alvrovandi. SCOP.

Fauve ; abdomen presque rond, avec dix points enfoncés, & quatre bandes noirâtres, dont une interrompue.

Aranea fulva ; abdomine subrotundo, fovearum paribus quinis, fasciis quatuor fuscis ; una interrupta. SCOP. *Ent. carn. n°. 1082.*

Les articles des antennules sont égaux. L'abdomen a deux lignes de long. Il est fauve, presque arrondi ; on y voit, vers la base, deux petites lignes arquées, obliques, opposées, blanches ; ensuite quatre bandes noirâtres, dont une interrompue, & cinq paires de points enfoncés, placés sur les bandes entières.

Elle construit un réseau à mailles entre des arbrisseaux, sur les collines de la Carniole.

7. ARAIGNÉE de Rédi.

ARANEA Redii. SCOP.

Rousse ; abdomen ovale, avec six bandes noirâtres, dont les deux premières très-distantes, ont entr'elles un point blanc.

Aranea rufa ; abdomine ovato : fasciis sex fuscis : primis duabus remotioribus punctoque albo in medio signatis. SCOP. *Ent. carn. n°. 1083.*

Les articles des antennules sont égaux. L'abdomen a une ligne & demie de long, & une ligne de large à sa base. On y voit en-dessous, vers l'anus, deux points blancs.

Elle construit une toile régulière à mailles, dans les forêts de la Carniole.

8. ARAIGNÉE de Mérian.

ARANEA Merianæ. SCOP.

Noirâtre ; abdomen ovale ; pattes pâles, avec des bandes & des points noirâtres.

Aranea fusca ; abdomine ovato, pedibus pallidioribus fusco fasciatis punctatisque. SCOP. *Ent. carn. n°. 1084.*

L'abdomen a une ligne & demie de long : il est noirâtre & couvert de très-petits poils. Le corcelet est de la couleur des pattes. Les antennules sont égales, pâles, avec des anneaux ou des points noirâtres. Les cuisses ont deux bandes noires vers leur articulation avec la jambe, & quelques points de la même couleur vers leur base. Les jambes ont quatre bandes noirâtres.

Elle a été trouvée en Carniole, parmi des mousses.

9. ARAIGNÉE De Geer.

ARANEA De Geerii. SCOP.

Abdomen blanchâtre, elliptique, avec des bandes jaunes, arquées, & trois lignes noires.

Abdomen albidum ellipticum : fasciis arcuatis flavis lineisque tribus nigris. SCOP. *Ent. carn. n°. 1085.*

Le corcelet est de couleur de corne, avec les bords latéraux noirâtres. Les antennules sont égales. L'abdomen a à peine deux lignes de long ; il a à sa partie supérieure, vers la base, trois petites lignes, & quatre autres obliques, vers les côtés ; le dessous est mélangé de noir & de jaune. Les pattes sont poileuses & de la couleur du corcelet.

Elle a été trouvée en Carniole, sur des plantes.

10. ARAIGNÉE de Frisch.

ARANEA Frischii. SCOP.

Jaunâtre ; abdomen ovale, d'un vert jaunâtre, avec dix points noirs.

Aranea flavicans : abdomine ovato, punctorum nigrorum paribus quinque submarginalibus. SCOP. *Ent. carn. n°. 1086.*

Le corcelet & les pattes sont d'un jaune sale. Les antennules sont en masse. L'abdomen est d'un vert jaune, avec deux points pâles, au milieu du dos, & dix points noirs de chaque côté ; le dessous a une tache rouge vers l'anus.

Cette efpèce varie quelquefois ; elle a alors les bords du corcelet noirâtres, & les pattes fauves, avec les articulations noires, & une bande noire fur les jambes.

Elle a été trouvée fur des arbriffeaux, dans la Carniole.

11. ARAIGNÉE de Roefel.

ARANEA Roefelii. SCOP.

Corcelet roufsâtre, avec une ligne au milieu, & les côtés blanchâtres ; abdomen alongé, noirâtre, avec huit points blanchâtres peu marqués.

Thorax rufefcens ; linea media dorfali & lateribus albidis. Abdomen oblongum : fupra nigricans : punctorum albefcentium obfoletorum paribus quatuor. SCOP. *Ent. carn.* n°. 1087.

Les antennules font égales. Les mamelons fupérieurs font plus longs que les inférieurs. Les pattes font obfcures.

Elle fe trouve en Carniole parmi les plantes graminées.

Elle conftruit une toile ferrée, horizontale, terminée par un trou cylindrique, long, qui va jufqu'à terre, & où elle place les infectes morts.

12. ARAIGNÉE de Goedart.

Aranea Goedartii. SCOP.

Noirâtre ; abdomen ovale, blanchâtre fur les côtés ; pattes rouffes avec des bandes brunes.

Aranea fufca, abdomine ovato ; lateribus albidis, pedibus rufis fufco-fafciatis. SCOP. *Ent. carn.* n°. 1088.

Il ne faut pas confondre cette efpèce avec l'*Araignée de Mérian,* car celle-ci file une toile horizontale. La longueur de l'abdomen eft de deux lignes & un tiers.

Elle fe trouve dans les prairies de la Carniole.

13. ARAIGNÉE d'Albin.

ARANEA Albini. SCOP.

Abdomen ovale, noir, avec une ligne blanche de chaque côté ; pattes rouffes.

Abdomen ovatum nigrum : linea alba laterali ; pedes rufi. SCOP. *Ent. carn.* n°. 1089.

On voit un point roux à la bafe de l'abdomen, entre l'extrémité des deux lignes blanches, latérales.

Elle conftruit parmi les bruières de la Carniole, une toile horizontale qui n'eft point terminée par un nid cylindrique. Elle fe tient au milieu de la partie inférieure de fa tóile.

14. ARAIGNÉE de Clerck.

ARANEA Clerckii. SCOP.

Ferrugineufe, abdomen prefque rond, avec deux paires de points enfoncés.

Aranea ferruginea, abdomine fubrotundo ; duobus paribus punctorum impreſſorum. SCOP. *Ent. carn.* n°. 1090.

Elle a deux lignes de long : l'abdomen eft un peu velu ; vu à la loupe, il paroît en-deffous prefque livide.

Elle fe trouve en Carniole, entre des feuilles de plantes.

15. ARAIGNÉE de Malpighi.

ARANEA Malpighii. SCOP.

Antennules en maffe, pétiolées ; pétiole de la longueur de l'abdomen. Mandibules longues, arquées, minces.

Palpi clavati, petiolati ; petiolo abdominis longitudine. Maxillæ longæ, faliatæ, tenues. SCOP. *Ent. carn.* n°. 1091.

Les deux yeux antérieurs font affez faillans. L'abdomen eft ovale, noirâtre, velu, avec quatre points blancs, peu marqués, formant une ligne longitudinale. Les pattes font velues, pâles, avec les articulations noirâtres.

Elle fe trouve en Carniole, dans les maifons.

Yeux : : : :

16. ARAIGNÉE de Schaeffer.

ARANEA Schaefferi. SCOP.

D'un brun roufsâtre ; corcelet & abdomen avec les côtés blanchâtres.

Aranea fufco-rufa thoracis abdominifque lateribus albidis. SCOP. *Ent. carn.* n°. 1092.

L'abdomen eft oblong, d'un brun ferrugineux en-deffous, un peu obfcur en-deffus, avec une ligne blanchâtre de chaque côté qui va de la bafe à l'extrémité. Sa longueur eft de trois lignes & demie. Les pattes font noirâtres, poileufes : les poftéricures ont de huit à neuf lignes de long. Les yeux de la rangée poftérieure font plus grands que les autres.

Elle fe trouve en Carniole, parmi les plantes graminées.

17. ARAIGNÉE de Lifter.

ARANEA Lifteri. SCOP.

D'un gris noirâtre ; abdomen oblong, avec les côtés, en-deffous, d'un fauve roufsâtre ; corcelet avec une ligne blanche, bifide.

Aranea fufco-grifea, abdomine oblongo : fubtus ad latera fulvo-rufo : thorace linea alba dorfali media ; poftice bifida. SCOP. *Ent. carn.* n°. 1093.

Elle appartient à la famille des *Loups ;* elle porte avec elle fes œufs enfermés dans une coque blanche, fphérique, de la grandeur d'un pois. Son corps a près d'un demi-pouce de long.

Elle fe trouve dans les prairies & fur les côteaux de la Carniole.

18. ARAIGNÉE de Rolander.

ARANEA Rolandri. SCOP.

De couleur briquetée ; abdomen elliptique, avec les côtés & les angles antérieurs du corcelet blanchâtres.

Aranea teſtacea ; abdomine elliptico lateribus an-
guliſque anticis thoracis albidis. Scop. *Entom. carn.*
nº. 1094.

Le corcelet eſt d'une couleur rouſſâtre , cendrée ,
avec une ligne blanche vers ſa partie poſtérieure.
L'abdomen a deux lignes de long ; on y voit deux
paires de points enfoncés.

Elle ſe trouve en Carniole , parmi les plantes
graminées.

19. ARAIGNÉE de Solander.

ARANEA Solandri. Scop.

Mandibules grandes ; abdomen jaunâtre en-deſſus , avec deux lignes longitudinales , ondées , rougeâtres.

Maxilla craſſæ magnæ. Abdomen ſupra flavicans :
lineis longitudinalibus undatis rubellis. Scop. *En-*
tom. carn. nº. 1095.

Le corcelet & les pattes ſont d'une couleur rouſſ-
obſcure. L'abdomen eſt oblong , noirâtre en-deſſous , avec deux lignes jaunes , & une tache noire
entr'elles.

Elle varie ; l'abdomen eſt quelquefois preſque
argenté , avec deux lignes dorées.

Elle ſe trouve ſur la Prêle , dans les endroits
marécageux de la Carniole.

20. ARAIGNÉE de Mouffet.

ARANEA Moufleti. Scop.

Abdomen cylindrique , preſque argenté , avec
une ligne noirâtre au milieu , & les côtés jaunes.

Abdomen cylindricum ſubargenteum ; linea me-
dia fuſca, lateribus luteis. Scop. *Ent. carn. nº.* 1096.

Le corcelet & les pattes ſont briquetés. Les antennules ſont en maſſe. Les mandibules ſont longues
& épaiſſes. L'abdomen eſt d'une couleur argentée ,
pâle , avec deux lignes de chaque côté , d'un jaune
très-délayé. On voit auſſi au milieu une ligne longitudinale , enfoncée , coupée antérieurement par
une tranſverſale , en forme de croix. Il y a à leur
extrémité un point enfoncé.

Elle ſe trouve ſur les arbriſſeaux de la Carniole.

21. ARAIGNÉE de Forskal.

ARANEA Forſkalii. Scop.

D'une couleur griſe cendrée ; abdomen ovale ,
avec une tache lancéolée , noire ; corcelet avec
trois rides à ſa partie antérieure.

Aranea cineraſcens ; abdomine ovato : macula
dorſali lanceolata nigra , thorace antice rugis tribus.
Scop. *Entom. carn. nº.* 1097.

Les deux yeux du milieu de la ligne poſtérieure
ſont placés ſur des eſpèces de plis. L'abdomen a deux
lignes de long.

Elle ſe trouve ſur les montagnes de la Carniole
ſupérieure.

22. ARAIGNÉE de Petiver.

ARANEA Petiverii. Scop.

Noire ; abdomen ovale.

Aranea nigra : abdomine ovato. Scop. *Entom.*
carn. nº. 1098.

Elle a trois lignes de long. L'abdomen eſt un
peu plat à ſa baſe , & marqué d'une petite foſſette.

Elle ſe trouve dans les champs couverts d'herbes ,
en Carniole.

Yeux : . : :

23. ARAIGNÉE de Osbek.

ARANEA Osbekii. Scop.

Jaune ; abdomen avec deux ou trois paires de
points enfoncés , & un plus grand à la baſe.

Aranea albida aut lutea ; abdomine punctorum
impreſſorum paribus duobus , & tribus cum impare
majore ad baſim. Scop. *Entom. carn. nº.* 1100.

Aranea lutea ; abdomine punctis impreſſis , pa-
ribus duobus tribuſve impari : pedibus anticis lon-
gioribus. Schrank. *Enum. inſ. auſt. nº.* 1110.

Cette *Araignée* paroît appartenir à la famille des
Crabes.

L'abdomen a trois lignes de long. On y remarque
en-deſſous , depuis l'anus juſqu'à ſa baſe , ſix paires
de petits points enfoncés , & deux ou trois paires
en-deſſus , avec un point impair placé à ſa baſe.

Elle ſe trouve en Carniole , en Autriche , ſur les
fleurs.

24. ARAIGNÉE de Kalmi.

ARANEA Kalmii. Scop.

Noirâtre ; abdomen ovale , avec les côtés & deux
bandes interrompues , blanches.

Aranea fuſceſcens ; abdomine ovato : lateribus
faſciiſque abruptis albis. Scop. *Entom. carn. nº.*
1101.

Les antennules ſont en maſſe. Le corps a deux
lignes & demie de long. On voit ſur le dos deux
lignes blanchâtres , qui ſe réuniſſent à la partie poſtérieure.

Elle ſe trouve dans les forêts de la Carniole.

25. ARAIGNÉE de Haſſequilſt.

ARANEA Haſſelquiſtii. Scop.

Verdâtre ; abdomen d'un blanc jaune , avec les
côtés obſcurs.

Aranea virens ; abdomine albo luteo : lateribus
fuſceſcentibus. Scop. *Entom. carn. nº.* 1102.

Le corps a une ligne & demie de long. Les yeux
ſont noirs. L'abdomen eſt ovale. Les pattes ont des
points noirs , garnis chacun d'un poil.

Elle ſe trouve en Carniole , ſur les troncs
d'arbres.

26. ARAIGNÉE de Uddmann.

ARANEA Udmanni. Scop.

Jaune ; abdomen fauve.

Aranea flava ; abdomine fulvo. Scop. *Entom.*
carn. nº. 1103.

L'abdomen eſt ovale , & long d'une ligne.

Elle se trouve sur des arbrisseaux , en Carniole.

27. ARAIGNÉE de Jonston.
ARANEA Jonstoni. SCOP.
Corcelet & pattes briquetés ; mandibules longues , épaisses, noires ; abdomen oblong , un peu obscur.

Thorax pedesque testacei ; maxilla longa , crassa, nigra ; abdomen oblongum subfuscum. SCOP. *Entom. carn. n°.* 1105.

Les deux yeux du milieu de la ligne antérieure sont plus grands que les autres. L'abdomen est velu, obscur en-dessus , pâle en-dessous , & long de deux lignes & demie. On voit au-dessus deux points enfoncés.

Elle se trouve dans les lieux couverts d'herbes des montagnes de la Carniole.

28. ARAIGNÉE de Wilkes.
ARANEA Wilkii. SCOP.
Mélangée de noir & de cendré ; pattes cendrées , avec des anneaux noirs.

Aranea cinereo nigroque varia ; pedes cinerei, nigro annulati. SCOP. *Entom. carn. n°.* 1106.

Aranea nigro cinereoque variegata : pedibus cinereis, nigro annulatis : posticis brevioribus. SCHRANK, *Enum. ins. aust. n°.* 1111.

Le corcelet a à sa partie antérieure une tache noire de chaque côté. Les pattes sont égales, cendrées, avec des anneaux noirs. L'abdomen, long d'un peu plus d'une ligne , est ovale , & il a trois paires de points noirs & un sillon à sa partie antérieure.

Elle se trouve en Carniole & en Autriche.

29. ARAIGNÉE de Robert.
ARANEA Roberti. SCOP.
Briquetée ; abdomen oblong , velu, d'un rouge brun , avec deux points jaunâtres en-dessous, vers la base.

Abdomen oblongum , villosum , fusco-rubrum : basi subtus punctis binis flavescentibus ; corpus alibi testaceum. SCOP. *Entom. carn. n°.* 1107.

L'abdomen a une ligne & demie de long.
Elle se trouve dans les prés de la Carniole.

Yeux ⁙

30. ARAIGNÉE de Sloane.
ARANEA Sloani. SCOP.
Noire ; abdomen rouge , presque globuleux.

Aranea nigra ; abdomine subrotundo rubro : macula media lanceolata nigra. SCOP. *Entom. carn. n°.* 1108.

Aranea Chrysops. POD. *Mus. græc. pag.* 123.

Les antennules sont en masse ; l'abdomen est joint au corcelet par un filet court, luisant. Les jambes sont un peu teintes en-dessus d'un rouge brun ; elles sont noires en-dessous.

Je soupçonne que cette *Araignée* ne diffère pas de la *sanguinolente.*

Elle se trouve dans les jardins & dans les champs de la Carniole.

31. ARAIGNÉE de Catesby.
ARANEA Catesbai. SCOP.
Toute couverte d'un duvet cendré ; corcelet noirâtre ; abdomen ovale , noirâtre, avec deux lignes longitudinales , blanches.

Aranea tota cinereis pilis pubescens ; thoracis dorso fusco ; abdomine ovato fusco : lineis dorsalibus binis longitudinalibus albis.

Elle ressemble à la précédente. L'abdomen est en-dessous d'un jaune sale. Les environs de l'anus sont noirs.

Elle se trouve sur les murs ou sur les pierres, en Carniole.

32. ARAIGNÉE de Rumph.
ARANEA Rumpfii. SCOP.
Mélangée de gris & de noirâtre ; abdomen elliptique , avec une ligne blanchâtre, dont les bords de chaque côté sont dentés.

Aranea griseo fuscoque varia ; abdomen ellipticum, linea albida dorsali : margine utrinque dentata. SCOP. *Entom. carn. n°.* 1110.

La partie antérieure de la tête , entre les yeux , est fauve. Le corps est long de quatre lignes. L'abdomen en-dessous est noirâtre de chaque côté. La tête est couverte en-dessous de poils longs, fauves.

Elle se trouve sur les troncs d'arbres , en Carniole.

33. ARAIGNÉE de Margraf.
ARANEA Margravii. SCOP.
Corps noirâtre ; antennules & pattes noires ; deux lignes transversales , blanches, entre les antennules & les yeux.

Fuscum corpus ; palpi pedesque nigri ; linea dua transversa alba palpos inter & oculos. SCOP. *Ent. carn. n°.* 1111.

Elle est plus petite que les précédentes. Les antennules sont en masse. Les yeux sont comme teints de vert. L'abdomen est ovale , sans taches & sans impressions.

Elle se trouve sur les plantes , en Carniole.

34. ARAIGNÉE de Blancard.
ARANEA Blancardii. SCOP.
Corcelet & abdomen d'un roux pâle , avec leurs bords blancs ; pattes mélangées de blanc & de noir.

Pallide rufescunt thorax & abdomen , utriusque margo albus ; pedes albo nigroque varii. SCOP. *Ent. carn. n°.* 1112.

Le corcelet est blanc à sa partie antérieure & sur les côtés. L'abdomen a une ligne de long ; il est ovale ; le dessous & les côtés sont noirs.

Elle se trouve dans les forêts de la Carniole.

35. ARAIGNÉE de Joblot.
ARANEA Joblotii. SCOP.

Noire ; abdomen avec une bande & les cuisses rousses.

Aranea nigra ; abdomine fascia femoribusque rufis. Scop. *Entom. carn. n°.* 1113.

Elle ressemble à une Fourmi. Les antennules sont en masse, & la masse est oblongue & poileuse. L'abdomen est oblong, luisant, avec une bande pâle & velue, en-dessous. Les cuisses de devant sont noires à leur base.

On la trouve pendant tout l'hiver cachée dans des feuilles roulées, en Carniole.

36. Araignée de Ritter.
Aranea Ritteri. Scop.

D'une couleur noirâtre bronzée ; abdomen elliptique, avec une paire de points enfoncés.

Aranea æneo-fusca ; abdomine elliptico : punctorum impressorum unico pari. Scop. *Entom. carn. n°.* 1114.

Les antennules sont en masse ; l'abdomen a une ligne de long ; les pattes sont d'un roux pâle.

Elle se trouve sur les plantes en Carniole.

Yeux **⠿**

37. Araignée de Poda.
Aranea Podæ. Scop.

D'un roux obscur ; mandibules épaisses, luisantes, noirâtres ; abdomen ovale, tacheté de blanc dans un sexe seulement.

Aranea fusco-rufa ; maxilla crassa, nitida, nigricantes ; abdomine ovatum, in uno sexu superne maculatum. Scop. *Etom. carn. n°.* 1117.

Elle ressemble à l'*Araignée* porte-sac. Le corps est velu ; l'abdomen en-dessous est pâle.

On la trouve fréquemment courant dans les champs, en Carniole.

38. Araignée de Knorri.
Aranea Knorrii. Scop.

Noirâtre ; abdomen elliptique, velu, pâle en-dessous & aux côtés.

Aranea fusca ; abdomine elliptico villoso, lateribus subtusque pallidiore. Scop. *Entom. carn. n°.* 1118.

Elle ne diffère pas peut-être de l'*Araignée* frangée. Les antennules sont en masse, les cuisses sont roussâtres avec des bandes ou anneaux noirâtres.

Elle court sur les eaux. Elle se trouve dans la Carniole.

Yeux **⠆**

39. Araignée de Hoimberg.
Aranea Hombergii. Scop.

Corcelet noir, luisant, pointillé ; abdomen elliptique, brun, avec une paire de points enfoncés ; pattes fauves luisantes.

Thorax niger, nitens, punctatus ; abdomen ellipticum, fusco-ferrugineum, foveolarum pari uno ; pedes nitidi fulvi. Scop. *Entom. carn. n°.* 1119.

Elle ressemble à l'*Araignée*-porte-sac, & peut-être ne diffère-t-elle pas de l'*Araignée* à six yeux.

Elle a été trouvée, en Carniole ; sous des pierres & de vieux bois, enfermée dans une toile oblongue.

ARGULE, *Argulus.* M. Othon-Frédéric Muller a établi un ordre d'insectes microscopiques, sous le nom de *Entomostraca, seu insecta testacea,* insectes testacés, composée de plusieurs genres, dont celui de l'*Argule* fait partie. *Voyez* ENTOMOSTRACA.

CARACTÈRES DU GENRE.

Deux antennes.

Quatre, six ou huit pattes.

Deux yeux placés en-dessous.

Test univalve.

ESPÈCES

1. Argule Caron.
Argulus Charon. Mull.

Argule à quatre pattes.

Argulus pedibus quatuor. Mull. *Entom. p.* 112. *tab.* 20. *fig.* 1 & 2.

Cet insecte est remarquable par sa figure & ses grands yeux noirs.

Les *antennes* sont formées de quatre filets capillaires placés près des yeux, deux de chaque côté ; elles sont composées d'un article cylindrique alongé & de trois ou quatre soies très-minces que l'insecte peut réunir ou séparer à volonté. Ces antennes ne peuvent pas être assez portées en avant pour former un angle droit.

Les *deux yeux* sont distincts, sphériques, noirs, placés sur une ligne transversale, & assez distans l'un de l'autre. Il y a entr'eux une suture à peine visible, qui part de la partie antérieure de la tête & descend à la poitrine.

On voit au-dessus des yeux deux pièces courtes cylindriques, terminées par une soie très-petite ; ces pièces pouvant se porter en avant, le nom d'antennes leur conviendroit bien mieux qu'aux filets sétacés dont nous avons parlé plus haut. Leur extrémité dépasse à peine le test.

La *poitrine* est assez large. On y voit par intervalles, au milieu, un point noirâtre qui est peut-être la bouche de l'insecte.

Les *pattes* sont au nombre de deux de chaque côté. Les cuisses sont larges, les tarses sont sétacés, & ceux des pattes postérieures seulement sont doubles. Les unes & les autres ont leur insertion à l'abdomen & non pas à la poitrine, car en apperçoit entr'elles l'inteltin.

La *queue* eſt terminée en pointe aiguë ; elle eſt compoſée de quatre articles qui dépaſſent le teſt. Ce petit animal a ſouvent, dans le repos, cette queue tellement collée contre la poitrine, que les angles ſaillans de l'échancrure du teſt ne peuvent être apperçus.

Le *teſt* eſt univalve, tranſparent, large & arrondi antérieurement, & échancré poſtérieurement ; il eſt formé d'une eſpèce de membrane pliable. La partie antérieure eſt ſouvent courbée ſur les antennules.

Telle eſt la deſcription de l'animal renverſé, que M. Muller n'a jamais pû obſerver dans une autre poſition. Il nage ſur le dos, & ſe retourne quelquefois ; mais il ſe remet avec tant de célérité dans ſa poſition ordinaire, qu'on ne peut diſtinguer la partie ſupérieure de ſon corps.

Les filets alongés que M. Muller a nommés antennes, ſont de véritables rames qui lui ſervent à nager, & qui le font partir comme un trait. Lorſqu'il eſt en repos, il remue ſeulement un peu les pattes & les antennes, & il avance un peu à l'aide des premières.

On ne trouve rarement dans les foſſés de la Norvège & du Danemarck. Il eſt à peine viſible. (*Puncti magnitudine.*)

2. Argule Dauphin.
Argulus Delphinus. Mull.
Argule à huit pattes.
Argulus pedibus octo. Mull. *Entom.* pag. 123.
Inſectum aquaticum. Ledermull. *Microſc.* I.
pag. 76. tab. 37.
Pediculus Cyprini. Baker. *Microſc.* pag. 405.
tab. 14. fig. k. l.
Pediculus Perca. Baker. *Microſc.* pag. 489. tab.
14. fig. 15.
Frisch. *Inſ.* 6. pag. 27. t. 12.

Cet inſecte a été décrit & figuré par M. Ledermuller, qui le trouva dans le ventre d'une Carpe. Sa couleur, dit-il, tiroit ſur la nacre de perle ; il avoit, aux deux côtés, quatre paires de nageoires ou huit rames, pour ainſi dire, qui étoient garnies de petites nageoires ou de poils. L'inſecte remuoit ces ſeize rames ou nageoires avec tant de promptitude, qu'il lui étoit auſſi facile de nager en cercle, qu'en long & en large.

Tout le corps étoit tranſparent comme du verre. On en voyoit l'épine du dos, & dans celle-ci quelques taches rondes d'un brun rougeâtre, qui pourroient bien être les inteſtins. Le derrière du corps étoit fourchu, muni de deux queues, ſur chacune deſquelles j'apperçus une tache brune tirant ſur le verd, laquelle avoit un mouvement périſtaltique. A la tête il avoit deux narines, par leſquelles il faiſoit des ampoules ſur la ſurface de l'eau, tant qu'il y fut en vie. Ses yeux étoient compoſés de très-petits globules brun-noirs, & ſur ſon large muſeau il

avoit deux antennes ou cornes, à tâter les objets.

Je l'ai conſervé vingt-quatre heures en vie dans l'eau ; puis je l'ai enfermé entre deux verres, pour le deſſiner à l'aide du microſcope, & il s'y conſerve fort bien juſqu'ici. Il eſt de la claſſe des inſectes microſcopiques qui ſe trouvent dans les eaux dormantes des foſſés, des étangs, des marais & des réſervoirs. (*Voyez Amuſem. microſcop.*, par M. Ledermull. pag. 100 pl. 37) .

3. Argule chevalier.
Argulus armiger. Mull.
Argule à pattes.....
Argulus pedibus ...... Mull. *Entom.* pag. 124.
Slaber. *Microſc.* tab. 6. fig. 1.

ARTICLE, *Articulus.* On a donné, en Entomologie, le nom d'*article* aux pièces qui compoſent les antennes, les antennules, & les tarſes des inſectes. Ces pièces ſont unies les unes aux autres par des ligamens aſſez forts, & elles reçoivent l'attache de quelques muſcles, par le moyen deſquels l'inſecte meut ces parties à volonté. Les antennes ſont compoſées d'*articles*, dont le nombre & la forme varient dans les différens genres. Voy. Antenne. Les antennules ſont de même compoſées d'*articles*, dont le nombre & la forme varient. Voy. Antennule. Le tarſe eſt compoſé de deux, de trois, de quatre, ou de cinq *articles.* Voyez Tarse.

ARTICULATION, *Articulatio.* C'eſt l'union des articles des tarſes, des antennes & des antennules.

ARTICULÉ, *Articulatus.* Antenne articulée, c'eſt-à-dire, compoſée de pluſieurs articles ou de pluſieurs pièces ; antennules articulées, &c.

ASCALAPHE, *Ascalaphus.* Genre d'inſectes de la troiſième Section de l'Ordre des Névroptères.

Les *Aſcalaphes* ſont des inſectes à quatre aîles nues, égales, réticulées ; à antennes longues, filiformes, terminées par un bouton ; à bouche munie de mandibules, de mâchoires & d'antennules ; à corps un peu alongé, & terminé dans le mâle par deux crochets ſimples.

Les *Aſcalaphes* appartiennent à la famille des Fourmilions. M. Scopoli, trompé ſans doute par quelque reſſemblance qu'il y a dans la forme du corps entre ces inſectes & les Papillons, a placé, parmi les derniers, la ſeule eſpèce d'*Aſcalaphe* qu'il ait connue : mais la bouche, munie de mandibules, & les aîles nues, les diſtinguent ſuffiſamment. Les antennes longues & en maſſe empêchent de confondre ces inſectes avec les Libellules ; les antennes longues & ſétacées font aiſément reconnoître les Hémérobes ; enfin les Myrméléons, qui ont les plus grands rapports avec les *Aſcalaphes*, en diffèrent en ce qu'ils ont les antennes courtes, courbées, & groſſiſſant inſenſiblement de la baſe

H h

à la pointe, tandis que celles des *Afcalaphes* font longues, d'épaisseur égale, dans toute leur longueur, & terminées seulement par une espèce de bouton un peu comprimé.

Les antennes des *Afcalaphes* font à-peu-près de la longueur du corps ; elles font compofées d'une grande quantité d'articles cylindriques, un peu renflés à leur extrémité pour recevoir l'article suivant. Les trois ou quatre derniers font plus courts & plus larges que les autres, & forment un bouton comprimé par les côtés.

La tête est auffi large que le corcelet ; elle est distincte & portée fur un filet large & très-court. Les yeux font grands, faillans, arrondis, presque ovales & à réfeau. Ils font traversés l'un & l'autre dans leur milieu par un fillon, qui paroît les divifer en deux.

La bouche est composée d'une lèvre fupérieure, de deux mandibules, de deux mâchoires, d'une lèvre inférieure & de fix antennules.

La lèvre fupérieure est petite, peu avancée, échancrée, & ciliée antérieurement. Les mandibules font très-dures, un peu arquées, terminées en pointe aiguë, & munies d'une dent interne, vers la bafe, & d'une autre latérale, vers la pointe. Les mâchoires font petites, affez dures, un peu arquées, larges, comprimées, munies intérieurement de cils courts & roides. La lèvre inférieure est de la largeur de de la fupérieure, mais elle est un peu plus longue ; elle est arrondie & presque échancrée à fa partie antérieure. Les antennules antérieures, un peu plus longues que les mâchoires, & un peu plus courtes que les antennules moyennes, font filiformes, & compofées de deux pièces, dont la première est très-courte, & la feconde très-longue. Elles ont leur infertion au dos des mâchoires. Les moyennes font filiformes, & compofées de cinq pièces, dont les deux premières font les plus courtes ; la troifième est la plus longue & de figure conique ; les deux qui fuivent font d'égale longueur, mais de figure différente ; la dernière est terminée en pointe émouffée. Les poftérieures font de la longueur des moyennes, & compofées de trois pièces, dont la première est courte & cylindrique ; la feconde est longue & mince à fa bafe ; la troifième est terminée en pointe.

M. Fabricius compte trois articles à l'antennule antérieure, & quatre aux moyennes & aux poftérieures. J'en ai cependant conftamment trouvé deux aux unes, cinq aux autres, & trois aux dernières.

Le corcelet est affez gros, & donne naiffance à quatre ailes presque égales, coloriées ou fans couleur : mais entre la tête & le corcelet, il y a une partie intimement jointe à celui-ci, courte & à peine fenfible, qui est fans doute le véritable corcelet de l'infecte, puifqu'il donne naiffance en-deffous aux deux pattes antérieures. La partie qui donne naiffance aux ailes répond à celles qui donne auffi naiffance aux ailes des Coléoptères ; la partie inférieure de celle-ci, ou la poitrine, donne naiffance, comme dans presque tous les infectes, aux quatre pattes poftérieures.

L'abdomen est alongé, presque cylindrique, compofé de plufieurs anneaux, & terminé, dans les mâles, par deux crochets arqués, filiformes. Ces crochets fervent aux mâles à faifir leurs femelles & à faciliter leur accouplement.

Les pattes font de longueur moyenne : elles font compofées de la hanche, de la cuiffe, de la jambe & du tarfe. La hanche est très-courte & à peine fenfible. La cuiffe est presque cylindrique, ou très-peu renflée. La jambe est cylindrique, & le tarfe est compofé de cinq pièces, dont les quatre premières font très-courtes, & la dernière est affez longue ; celle-ci est terminée par deux crochets fimples, arqués, très-pointus.

Tout le corps de ces infectes est ordinairement couvert de poils longs, ferrés, très-fins, ce qui les fait au premier afpect reffembler aux Papillons, mais les ailes en diffèrent beaucoup ; outre qu'elles font chargées de nervures réticulées, elles font nues & femblables à celles des Libellules.

Les *Afcalaphes* volent avec plus de facilité que les Myrméléons & les Hémérobes. Leur vol est vif & léger, & femblable à celui de la plupart des Libellules. Ils portent ordinairement leurs ailes dans une pofition horizontale. Ceux que j'ai eu occafion d'obferver fréquentoient les lieux fecs & arides : ils fe plaifoient principalement dans les endroits fablonneux & abrités.

Je ne connois pas leurs larves, mais je crois qu'elles ne doivent pas différer de celles des Myrméléons.

ASCALAPHE.

ASCALAPHUS. FAB.

MYRMELEON, LIN.

CARACTÈRES GÉNÉRIQUES.

ANTENNES longues, filiformes, terminées par un bouton tronqué, comprimé.

Bouche munie de mandibules, de mâchoires, de deux lèvres & de six antennules filiformes, inégales.

Antennules antérieures composées de deux articles; moyennes, de cinq, & postérieures, de trois.

Abdomen presque cylindrique, terminé dans le mâle par deux crochets simples, filiformes.

Tarses filiformes, composés de cinq articles, dont les quatre premiers très-courts.

ESPÈCES.

1. ASCALAPHE barbare.

Noir, velu; aîles supérieures obscures, avec deux taches jaunes à leur base.

2. ASCALAPHE italien.

Noir, velu; corcelet avec des taches jaunes; aîles inférieures jaunes, noires à leur base, avec une tache noire en croissant, vers l'extrémité.

3. ASCALAPHE hottentot.

Noir, velu; aîles transparentes, avec

les nervures noires, & des taches noires, au bord extérieur.

4. ASCALAPHE austral.

Corps velu, mélangé de noirâtre & de jaune; aîles transparentes, avec une tache noire au bord extérieur.

5. ASCALAPHE cayennois.

Corcelet cendré; aîles transparentes, avec une tache d'un blanc de neige au bord extérieur.

Hh 2

ASCALAPHES. (Insectes).

6. Ascalaphe maculé.

Noir, couvert de poils fins, cendrés ; ailes supérieures avec un point, ailes inférieures avec plusieurs taches brunes.

7. Ascalaphe immaculé.

Tête & corcelet d'un roux obscur ; poitrine cendrée ; ailes transparentes, avec un point obscur, placé sur le bord extérieur.

1. ASCALAPHE barbare.

Ascalaphus barbarus FAB.

Afcalaphus alis reticulais flavefcente hyalinis, maculis duabus fufcis. FAB *Syſt. ent. p.* 313. *n°.* 1.
—*Spec. inf. tom.* 1. *p.* 39. *n°.* 1.

Myrmeleon barbarum alis hyalinis : antennis longitudine corporis : clava fuborbiculata. LIN. *Syſt. nat. p.* 914. *n°.* 5.

Libelluloides feu libelluia fpuria. SCHAEFF. *Monogr.* 1763.

Libelluloides. SCHAEFF. *Elem. inf. tab.* 77.—*Icon. inf. tab.* 50. *fig.* 1, 2, 3.

Papilio macaronius. SCOP. *Entom. carn. n°.* 446.

SEBA. *Muſeum.* 3. *tab.* 86. *fig.* 2.

SULZ. *Hiſt. inf. tab.* 2. *fig.* 4.

PETAG. *Spec. inf. Calab. pag.* 30. *fig.* 22.

Tout le corps de ce bel infecte eſt noir & velu ; on voit feulement quelques petites taches jaunes, plus ou moins diſtinctes fur le corcelet, & au-deſſous de l'origine des aîles fupérieures. Le vertex eſt couvert de poils noirs, longs & ferrés, & le front a des poils fauves, moins longs & moins ferrés. Les yeux font noirs avec une tache jaune à leur bord interne. Les pattes font noires, & les jambes jaunes. Les aîles font étroites & alongées : les fupérieures font tranfparentes, ou légèrement lavées de jaune, avec les nervures noirâtres, & deux taches d'un beau jaune à leur bafe, l'une au bord externe, & l'autre au bord interne. Les inférieures font jaunes, avec une grande tache noire, irrégulière, à leur bafe, & une autre obfcure, à leur extrémité ; celle-ci eſt quelquefois marquée de jaune. L'abdomen eſt un peu renflé dans les femelles ; il eſt prefque cylindrique, & terminé par deux crochets fimples dans le mâle.

Il fe trouve fur les côtes de Barbarie, en Italie, & dans les provinces méridionales de la France.

2. ASCALAPHE italien.

Ascalaphus italicus. FAB.

Afcalaphus alis flavis hyalinis, anticis maculis duabus fufcis, flavo reticulatis ; poſticis maculis duabus nigris. NOB.

Myrmeleon longicorne alis flavis : maculis duabus nigris difformibus ; antennis longitudine corporis. LIN. *Syſt. nat. p.* 914. *n°.* 2.

Hemerobius longicornis. LIN. *Muf. Lud. Ulr. p.* 402.

Afcalaphus alis anticis hyalinis, macula duplici bafeos flava, poſticis flavis baſi atris. FAB. *Spec. inf. tom.* 1. *p.* 400. *n°.* 2.

Cet infecte reſſemble beaucoup au précédent ; il eſt un peu plus petit, & la couleur des aîles eſt différente. Tout le corps eſt noir & velu ; on voit feulement quelques taches jaunes fur le corcelet, un peu au-deſſous de l'origine des aîles. Tout le devant de la tête eſt couvert de poils fauves, aſſez longs & ferrés. Les yeux font noirs, avec une tache jaune à leur bord interne. Les pattes font jaunes, mais les tarfes & la bafe des cuiſſes font noirs. Les aîles font tranfparentes, lavées de jaune,

avec les nervures d'un jaune un peu fauve ; les fupérieures ont deux taches noires, l'une grande, irrégulière, à la bafe, & l'autre longue & étroite, vers le bord extérieur : ces deux taches ont leurs nervures jaunes. Les poſtérieures ont auſſi deux taches, l'une grande, très-noire, à la bafe, & l'autre en croiſſant, vers l'extrémité : les nervures de celles-ci font noires, ce qui les fait paroître d'un noir plus foncé que les deux autres. L'abdomen des femelles eſt un peu renflé, & celui des mâles eſt cylindrique, & terminé par deux crochets fimples, filiformes.

Les femelles diffèrent des mâles en ce que les taches des aîles font d'un noir moins foncé que celles des mâles.

On le trouve en Italie, & dans les provinces méridionales de la France.

3. ASCALAPHE hottentot.

Ascalaphus capenſis. FAB.

Afcalaphus alis albis nigro reticulatis, cauda forcipata. FAB. *Spec. inf. tom.* 1. *p.* 400. *n°.* 3.

Il reſſemble au précédent pour la forme & la grandeur. Les antennes font longues, obfcures, & terminées par un bouton noir, ovale, comprimé. La tête eſt noire & velue. Le corps eſt noir & fans taches. L'abdomen des mâles eſt terminé par deux crochets forts & ciliés. Toutes les aîles font tranfparentes, avec leurs nervures obfcures, & des taches noires fur les bords extérieurs. Les pattes font noires.

Il fe trouve au cap de Bonne-Efpérance.

4. ASCALAPHE auſtral.

Ascalaphus auſtralis. FAB.

Afcalaphus alis albis : macula marginali nigra, corpore variegato. FAB. *Mant. inf. tom.* 1. *pag.* 250. *n°.* 4.

Il a la forme des précédens. Les antennes font noires & de la longueur du corps ; le bouton qui les termine eſt un peu oblong. La tête eſt jaune, avec le front & les yeux noirâtres. Le corcelet & l'abdomen font mélangés de jaune & de noirâtre. Les quatre aîles font tranfparentes, réticulées, avec une tache noirâtre au bord extérieur. Les pattes font jaunes, avec leur extrémité noirâtre.

Il fe trouve au midi de l'Europe.

5. ASCALAPHE cayennois.

Ascalaphus cayennenſis. FAB.

Afcalaphus alis albis ; macula marginali nivea. FAB. *Mant. inf. tom.* 1. *pag.* 250. *n°.* 5.

Il a tout-à-fait la forme des précédens. Les antennes font de la longueur du corps ; le bouton qui les termine eſt oblong & tronqué ; la tête eſt noirâtre & le front eſt couvert de poils cendrés. Le corcelet eſt cendré ; les quatre aîles font tranfparentes & marquées d'une tache d'un blanc de neige fur le bord extérieur.

Il fe trouve à Cayenne.

6. Ascalaphe maculé.

Ascalaphus maculatus. Nob.

Ascalaphus niger, cinereo villosus, alis albis, anticis puncto marginali, posticis maculis plurimis fuscis. Nob.

Cet infecte est un peu plus petit que l'*Ascalaphe italien*. Tout le corps est noir & couvert de poils fins, longs & cendrés, principalement au-devant de la tête, à la poitrine & sous le ventre; mais on voit à celui-ci, de chaque côté, quelques touffes de poils noirs parmi les gris. Les antennes sont presque de la longueur du corps : elles sont d'un jaune rouffâtre & terminées par un bouton large, comprimé, ovale, comme tronqué, moitié noirâtre & moitié jaunâtre. Les yeux sont grands, faillans & noirâtres, & divifés par un fillon enfoncé, qui les traverfe. Les aîles fupérieures sont tranfparentes, réticulées, fans couleur, avec un point noirâtre fur le bord extérieur, vers leur extrémité, & une petite tache d'un brun rouffâtre, à la bafe. Les inférieures font blanches, avec une petite tache brune a leur bafe, & plufieurs autres irrégulières, placées depuis la bafe jufqu'à leur extrémité. Les pattes font noires & les jambes font d'un roux brun.

Cette efpèce fe trouve dans les provinces méridionales de la France. Il a été pris aux environs d'Avignon, & envoyé à M. Gigot d'Orcy.

7. Ascalaphe immaculé.

Ascalaphus immaculatus. Nob.

Ascalaphus obfcure rufus, pubefcens, pectore cinereo; alis albis reticulatis, puncto marginali fufco. Nob.

Les aîles de cet infecte lui donnent un peu l'air d'une libellule : elles font un peu plus longues que dans les autres efpèces; elles font réticulées, tranfparentes & fans couleur; on voit feulement, fur le bord extérieur, vers leur extrémité, un point obfcur, formé par les nervures plus rapprochées. Les antennes font prefque de la longueur du corps, elles font d'un brun rouffâtre, & terminées par un bouton ovale, comprimé, noirâtre. Les yeux font grands, faillans, arrondis, bruns & entiers. La tête & le corcelet font couverts d'un duvet ferré d'un roux foncé. La poitrine eft couverte d'un duvet cendré, un peu rouffâtre. Les pattes font brunes.

Cet infecte fe trouve dans la collection de M. Gigot d'Orcy, qui l'a reçu de l'Amérique méridionale.

ASELLE, *Asellus.* Genre d'infectes de la troifième Section de l'Ordre des Aptères.

Les *Afelles* font des infectes aquatiques, dont le corps eft ovale ou un peu alongé, compofé d'anneaux diftincts, terminé par une queue large, foliacée, & deux appendices bifides, muni de quatorze pattes, armées d'un crochet fimple, fort & arqué, enfin dont la tête, diftincte du corcelet, eft munie de quatre antennes fétracées.

Les *Afelles* ont été confondus avec les Cloportes par la plupart des naturaliftes. Il eft vrai que ces infectes fe reffemblent un peu par la forme du corps;

mais les *Afelles* ont quatre antennes, & les Cloportes n'en ont que deux : d'ailleurs la queue de ces infectes eft différente, celle de l'*Afelle* eft large & terminée par deux appendices plus ou moins longues & bifides, tandis que ces appendices font ordinairement fimples & courtes dans le Cloporte.

M. Geoffroy eft le premier auteur entomologique qui ait diftingué ce genre de celui du Cloporte. Degeer, quelque tems après, les a féparés, mais il a réuni les *Afelles* à la plupart des Squilles & des Crevettes qui en diffèrent effentiellement, non-feulement par la forme des antennes, mais par le nombre & la pofition des pattes, par la forme du corps, & plus particulièrement de la bouche.

Les antennes font au nombre de quatre & placées fur une même ligne, ce qui les diftingue de tous les genres de la famille des Crabes, dont les antennes font au-deffus les unes des autres, elles font fétacées & compofées d'articles plus ou moins nombreux.

La tête eft diftincte quoiqu'unie au corcelet. Les yeux font arrondis, peu faillans & à réfeau; la bouche eft petite & compofée de plufieurs pièces qu'on diftingue difficilement. Un peu au-deffous des antennes on apperçoit de chaque côté deux efpèces d'antennules courtes, prefque égales, compofées de plufieurs pièces peu diftinctes; les antérieures ont leur dernier article plus petit que les autres, & terminé en pointe affez fine. Entre ces antennules on voit quelques petites pièces membraneufes, & la bouche eft terminée en-deffous par deux ou plufieurs grandes pièces arrondies, plattes & membraneufes; Je n'ai pu voir diftinctement ni mandibules, ni mâchoires, ni lèvres fupérieures, dans les efpèces qui s'attachent au corps des poiffons; mais dans l'*Afelle* d'eau douce & dans les efpèces qui vivent parmi les plantes marines, on diftingue un peu mieux les mandibules; elles font prefque coriacées & terminées par trois dentelures un peu plus fortes que le corps de la mandibule. Les mâchoires qui fe trouvent à la bafe interne des mandibules font très-petites, à peine diftinctes & membraneufes. La lèvre inférieure eft formée de plufieurs feuillets membraneux.

Le corps eft ordinairement ovale, plus ou moins alongé, rarement linéaire; il eft compofé de fept anneaux, fans compter la tête & la queue, qui donnent naiffance à fept paires de pattes. Il eft terminé par une queue large, plus ou moins longue, compofée de plufieurs anneaux, & munie, en-deffous, de deux appendices latérales, bifides.

Les pattes font au nombre de quatorze; elles font compofées de plufieurs pièces. La hanche eft courte, imperceptible & cachée fous un évafement qui fe trouve de chaque côté des anneaux; la cuiffe eft groffe & courte; la jambe eft courte & prefque cylindrique; le tarfe eft compofé de trois pièces, dont la dernière, plus longue que les autres, eft terminée par un crochet fimple, arqué, très-fort.

Les *Afelles* font des infectes aquatiques; ils vivent ou dans les eaux douces, ou dans la mer. Nous ne connoissons en Europe qu'une seule espèce d'*Aselle* qui vive dans les eaux douces; mais la mer en fournit un nombre assez considérable : la plupart attaquent les poissons, s'introduisent dans leurs nageoires, les sucent & les font souvent périr lorsqu'ils y sont en grand nombre. Les pêcheurs retirent quelquefois du fond de l'eau des squelettes de poissons recouverts de leur peau & très-bien conservés; leur chair a été dévorée par ces insectes. On trouve souvent plusieurs de ces *Aselles* sur le corps des poissons vivans, auxquels ils ont fait une plaie plus ou moins grande, suivant le nombre de ces insectes & le tems qu'ils y sont. Le poisson est maigre & sa chair n'est pas savoureuse.

Il vient sur le corps des Baleines une espèce d'*A-selle* assez grosse, qui s'y nourrit, comme les Pous & les Mittes se nourrissent sur différens animaux. Elle s'y crampone si fortement, par le moyen des griffes fortes & crochues qu'elle a au bout de ses pattes, que, lorsqu'on veut l'enlever, on ne peut y parvenir sans emporter en même-tems la portion de la peau de la Baleine à laquelle elle est attachée.

Mais tous les *Aselles* ne sont pas des insectes parasites; on en trouve aussi parmi les plantes marines qui se nourrissent de petits insectes marins ou de Polipes : ceux-ci ont leurs mandibules d'une consistance un peu plus solide que les autres.

On ne connoît jusqu'à présent qu'une seule espèce d'*Aselle* qui vive dans les eaux douces. On la trouve souvent en grand nombre dans les rivières, dans les ruisseaux, & plus particulièrement dans les mares. Ces *Aselles* se cachent en hiver dans la vase ; ils en sortent au commencement du printems pour se répandre sur les plantes aquatiques & sur les pierres qui se trouvent dans l'eau. Ils ne nagent point, on les voit seulement courir d'un côté & d'autre sans jamais sortir de l'eau.

Les *Aselles* ne subissent point de transformations; ils ont, au sortir de l'œuf, la forme qu'ils conserveront toute leur vie; mais ils muent, & leur corps, en se développant, change plusieurs fois de peau.

Ces insectes n'ont point de stigmates; ils diffèrent en cela de tous les insectes aîlés & de ceux que nous avons placés dans la première section de l'ordre des Aptères : on ne voit pas d'abord par où peut s'introduire l'air nécessaire à leur respiration. Degeer a soupçonné que les organes extérieurs de la respiration de ces insectes étoient placés à l'extrémité de leur corps, sous les feuillets membraneux de leur queue.

La queue est, comme nous l'avons dit plus haut, garnie en-dessous de deux feuillets minces & membraneux, convexes en-dehors, concaves en-dedans, attachés à l'extrémité du corps par leur base, mais libre dans le reste de leur étendue. L'*Aselle* remue presque continuellement ces deux feuillets, en les haussant & les baissant alternativement. On peut remarquer qu'ils sont formés de deux membranes, collées l'une à l'autre, dont l'extérieure est

plus solide que l'intérieure. Il y a entr'elles une cavité presque toujours remplie d'air, & plusieurs autres petites parties qui ont l'air d'être des ouies ou les organes de la respiration. Pour mieux découvrir leur véritable structure, ce célèbre observateur laissa tremper dans de l'esprit de vin quelques-uns de ces insectes pendant deux ou trois jours, après quoi il vit que les deux feuillets s'étoient un peu écartés du corps, en sorte qu'alors les différentes parties qu'elles couvroient se montrèrent beaucoup mieux; ces parties étoient blanches, & quelques-unes étoient renflées comme de petites vessies. Quand l'insecte est vivant, ces parties, ainsi que les feuillets, sont dans un mouvement presque continuel. Si on enlève les feuillets, on met à découvert deux paquets de parties minces, très-transparentes, composées de deux membranes qui laissent entr'elles une cavité, souvent remplie d'air ; c'est alors que chaque partie a la figure d'une vessie ou d'une bourse aplatie ; Degeer les a nommées *vessies à air*. Chaque paquet de vessies, placé entre chaque feuillet & le corps, est composé de cinq de ces parties, de figure à peu près ovale, & arrangées les unes sur les autres : la vessie inférieure & la supérieure sont l'une & l'autre de même figure, & les trois autres, placées entre celles-là, se ressemblent aussi entr'elles. La supérieure, vue au microscope, paroît transparente & toute parsemée de points & de taches opaques, brunes ; elle est unie au corps par une espèce de pédicule, & on voit, à l'un de ses côtés, quelques poils placés sur une nervure qui la borde cet endroit : enfin elle a au milieu un espace triangulaire, garni de plus de taches obscures & de taches plus grandes que le reste de sa surface. La vessie inférieure est toute pareille à la supérieure; mais les trois autres, placées entre ces dernières, sont d'une figure un peu différente. Chacune de ces trois vessies intermédiaires est de figure ovale, un peu irrégulière, attachée au corps par un petit pédicule, ayant tout le long de ses bords de petites découpures & une petite tache dans chaque découpure ; elle est transparente & garnie, sur toute sa surface, de points & de petites taches opaques comme les deux vessies précédentes.

Quand toutes ces vessies ne sont point remplies d'air, elles sont en forme de lames très-minces & très-flexibles comme des pellicules transparentes, c'est ce qui a fait croire à Degeer qu'elles servent à la respiration, ou qu'elles sont les véritables ouies de ces insectes aquatiques. Il a de plus observé que ceux qu'il gardoit dans un vase rempli d'eau, tâchoient de tems en tems de sortir de l'eau, en grimpant sur les bords du vase, comme s'ils vouloient respirer l'air ; mais ils rentroient tout de suite, parce qu'ils ne pourroient vivre long-tems hors de l'eau.

Les *Aselles*, ainsi que tous les crustacés, s'accouplent & se reproduisent avant d'être parvenus à leur entier accroissement, & bien différens de tous les autres insectes, ils ont la faculté de s'accoupler & de se reproduire plusieurs fois pendant la durée de leur vie. Leur accouplement dure plusieurs jours, & pendant ce tems, le mâle porte sa femelle dans une position telle, que le dos de celle-ci est appliqué contre le ventre de l'autre. Degeer a observé que le mâle de l'*Aselle d'eau douce* étoit une fois plus grand que la femelle. J'ai cependant trouvé plusieurs fois parmi des plantes marines des *Aselles* d'une autre espèce accouplés ensemble; l'un trois fois plus gros que l'autre, tenoit le petit le dos collé contre son ventre. à l'instant que je les pris ils se séparèrent, & e ne pus voir comment ils étoient accouplés, mais celui de dessus me parut être la femelle.

Degeer rapporte, dans ses mémoires pour servir à l'histoire des insectes, l'accouplement de l'*Aselle* d'eau douce; ce que nous allons en dire ne sera qu'un extrait de ce que ce naturaliste a écrit là-dessus.

Le septième anneau du corps du mâle est garni en-dessous de deux paires de pièces mobiles, en forme de lames minces, transparentes & crustacées, un peu concaves en-dessous ou du côté du corps, auquel elles sont articulées par leur base; chaque pièce est divisée en deux parties par un étranglement profond, dont la première est moins large que la seconde, & le bord postérieur de cette dernière, qui a une petite incision au côté extérieur, est circulaire & garni d'une frange de très-longs poils. En-dessous de ces pièces, ou entre elles & le corps il y en a deux autres, également plates ou en forme de lames minces, mais d'une figure très-irrégulière, & couchées en partie sur les ouïes du huitième anneau; elles sont également mobiles & de contour presque circulaire, ayant au bout deux parties irrégulières, qui y sont articulées, & dont l'extérieure a des découpures, & est garnie de poils, mais l'autre partie ou l'intérieure, qui est large au milieu & terminée en pointe, un peu courbée, est garnie à sa base, du côté intérieur, d'une espece de stilet ou de crochet, dont la pointe est dirigée vers le corps de l'insecte. Pour voir en entier ces deux dernières lames, il faut soulever les deux précédentes, qui les couvrent, quoiqu'imparfaitement, parce qu'elles sont moins larges que les deux intérieures.

Comme ces quatre pièces très-composées ne se trouvent uniquement que sur le mâle, il y a apparence qu'elles sont les parties du sexe. La femelle a dans le même endroit du corps, c'est-à-dire en-dessous du septième anneau, deux petites parties ovales, en forme de lames plates, bordées en partie de longs poils, attachées au corps par un court pédicule, & posées sur les ouïes ou les vessies à air du huitième anneau. Tout ce que cet observateur a pu découvrir sous ces deux lames se réduit à une petite ouverture que le corps a dans cet endroit, & dans laquelle il introduisoit facilement une épingle qui passoit jusques dans l'ovaire, sans qu'il sentît la moindre résistance. Cette ouverture étant l'issue d'un canal qui communique avec l'ovaire; il y a apparence que la liqueur fécondante du mâle est introduite par elle dans le corps de la femelle,

d'où elle est ensuite portée par le canal de communication jusques dans l'ovaire, pour y féconder les œufs.

Dès que les glaces des marais sont fondues, on voit les *Aselles d'eau douce*, occupés à l'œuvre de la génération, & ils continuent de s'accoupler pendant tout le printems, & même tout l'été. Le mâle, toujours plus grand que la femelle, se saisit d'elle & la porte sous son corps, la retenant avec les deux pattes de la quatrième paire, dont il lui embrasse le corps dans l'endroit où se trouve la troisième ou la quatrième paire de pattes de celle-ci. C'est ainsi qu'il la tient ferme & qu'il la porte partout où il marche, sans que cette femelle soit capable de lui échapper, étant même obligée de suivre & de se laisser emporter par son mâle, jusqu'à ce que celui-ci trouve à propos de l'abandonner, ce qu'il ne fait ordinairement qu'au bout de six ou de huit jours que dure l'accouplement.

Mais est-ce en cela que consiste l'accouplement, ou se fait-il d'une autre manière? Nous avons déja parlé de certaines parties mobiles & très-composées qui se trouvent en dessous du septième anneau du corps du mâle, & qui paroissent celles qui constituent son sexe; nous avons encore vu au ventre de la femelle une petite ouverture, qui communique par un canal à l'ovaire, & par où s'introduit sans doute la liqueur fécondante du mâle. Tout cela supposé, il est clair que dans l'attitude où le mâle porte sa femelle, il est impossible que les parties du mâle puissent atteindre à l'ouverture du ventre de la femelle. Il y a donc apparence, que pour se joindre intimement, la femelle doit se retourner, soit de gré, soit de force, afin que leurs ventres puissent s'approcher l'un de l'autre, & que c'est dans cet instant que le véritable accouplement s'achève. Peut-être le mâle est-il obligé de porter sa femelle, & de ne l'abandonner qu'après qu'elle s'est prêtée à ses desirs, qu'il doit, par sa persévérance, la forcer, pour ainsi-dire, à l'accouplement, comme on l'observe à l'égard des Libellules.

Quand le mâle quitte sa femelle, celle-ci se trouve chargée en-dessous du ventre d'une poche ou sac membraneux, qui s'étend depuis la tête jusqu'au milieu du corps, dont elle égale la largeur. Ce sac est rempli d'œufs ronds, un peu luisans, d'un jaune pâle & plus ou moins grands dans les différentes espèces; ceux des plus grands *Aselles* ne sont guère plus gros que les graines de pavot blanc.

Degeer a observé, au mois d'Avril, dans le poudrier où il gardoit des *Aselles d'eau douce*, un grand nombre de petits nouvellement nés qui couroient dans l'eau avec beaucoup de vitesse; il examina les femelles qui les avoient produits, & ayant ouvert leur sac membraneux, il le trouva entièrement vuide dans les unes, parce que les petits en étoient sortis; il trouva dans d'autres encore des œufs jaunes, au lieu que dans quelques autres les œufs avoient changé de couleur & de figure; ils
étoient

étoient devenus d'un gris-brun, & d'une forme angulaire & irrégulière, au lieu qu'ils étoient jaunes & globuleux auparavant. On voyoit dans ces œufs un corps opaque au travers de leur coque : c'étoit le petit infecte qui commençoit à s'y former & à se développer. Quelques *Afelles* portoient alors dans leurs ovaires de petits corps irréguliers & immobiles, qui étoient des œufs développés ou des embrions qui avoient commencé de pouffer quelques pattes ; enfin l'ovaire d'autres *Afelles* renfermoit des petits bien formés pleins de vie & de vivacité.

Pour voir la manière dont les jeunes *Afelles* naiffent & quittent l'ovaire de leur mère ; il faut renverfer celle-ci, parvenue à terme, & la mettre à fec fur le dos fur quelque plan uni, & l'on verra alors que le fac membraneux qui contient les œufs, s'ouvre dans fa longueur, ayant naturellement dans cet endroit une fente longitudinale ;

enfuite chaque moitié fe divife tranfverfalement en trois portions, en forte qu'alors la membrane de l'ovaire fe trouve fendue en fix parties, ou en fix efpèces de lames minces qui laiffent entr'elles une ouverture très-fpacieufe, par laquelle les petits *Afelles* fortent dans l'inftant, abandonnant leur mère & fe difperfant de tous côtés, après quoi celle-ci renferme fon ovaire & le remet dans fon premier état.

Les *Afelles* perdent quelquefois leurs antennes, & plus fouvent encore les appendices qui fe trouvent au-deffous de la queue ; mais femblables aux Crabes & aux Ecreviffes, ils ont la fingulière faculté de les recouvrer. Ces parties fe reproduifent, il en vient d'autres à leur place, parfaitement femblables aux premières, qui croiffent peu-à-peu & fortent du moignon qui étoit refté attaché au corps.

ASELLE.

ASELLUS. Geoff.

ONISCUS. Lin. Fab. *SQUILLA.* Deg.

CARACTERES GÉNÉRIQUES.

Quatre antennes inégales, fétacées, pofées fur une ligne tranfverfale, au-devant de la tête : articles nombreux, les derniers à peine diftinéts.

Bouche munie de mandibules & de mâchoires peu apparentes, petites, fouvent prefque membraneufes, & terminée en-deffous par plufieurs feuillets membraneux.

Quatre antennules courtes, fétacées ; le dernier article terminé en pointe.

Corps compofé d'anneaux, & terminé par une queue large, plus ou moins longue, & par deux appendices bifides.

Pattes munies d'un ongle fimple, arqué, très-fort.

ESPÈCES.

---

1. Aselle d'eau douce.

Ovale oblong ; queue arrondie , terminée par deux filets longs, bifides & fétacés.

2. Aselle paradoxe.

Corps large, aplati ; anneaux armés de chaque côté d'une épine aiguë, recourbée

3. Aselle recourbé.

Anneaux du corps armés de chaque côté de deux épines aiguës , recourbées ; queue ovale, obtufe.

4. Aselle imbriqué.

Pâle , oblong ; cuiffes poftérieures en caréne ; queue large , obtufe , prefque échancrée.

5. Aselle Afile.

Antennes très-courtes ; corps ovale-oblong ; queue formant un demi-ovale.

6. Aselle Oeftre.

Oblong ; abdomen couvert de fix feuillets; queue prefque coupée.

ASELLES. (Insectes).

7. Aselle Entomon.

Ovale-oblong ; abdomen nud ; queue longue, conique.

8. Aselle marin.

A demi-cylindrique; queue ovale, oblongue, terminée en pointe.

9. Aselle linéaire.

Corps alongé, à demi-cylindrique ; queue terminée par quatre dentelures.

10. Aselle armé.

Oblong; queue tridentée; pattes presque en forme de pinces.

11. Aselle Physode.

Oblong ; abdomen nud en dessous ; queue ovale.

12. Aselle quadricorne.

Oblong ; queue terminée par six filets ; antennes extérieures presque de la longueur du corps.

13. Aselle étique.

Linéaire, aplati ; antennes extérieures presque de la longueur du corps.

14. Aselle de la Baleine.

Ovale ; corps composé de six anneaux distincts ; troisième & quatrième paires de pattes filiformes, sans ongles.

15. Aselle globuleux.

Ovale, queue courte, arrondie ; appendices bifides, avec les divisions ovales-lancéolées.

16. Aselle trifascié.

Oblong, d'un noir bleuâtre, avec trois bandes blanches ; queue tridentée.

1. ASELLE d'eau douce.

ASELLUS aquaticus. FOURC.

Afellus oblongo-ovatus, cauda rotundata, ftylis longis bifurcis. NOB.

Onifcus aquaticus lanceolatus, cauda rotundata, ftylis bifurcis. LIN. *Syft. nat. p.* 1061. *n°.* 11. — *Faun. fuec. n°.* 1061.

Afellus cauda bifida, ftylis bifurcis, articulis feptem. GEOFF. *Inf. tom.* 2. *p.* 672. *n°.* 1.

L'Afelle d'eau douce. GEOFF. *ib.*

Onifcus aquaticus cauda rotundata, ftylis bifurcis, antennis quaternis. FAB. *Syft. ent. p.* 297. *n°.* 6. — *Spec. inf. tom.* 1. *p.* 376. *n°.* 6.

Squille d'eau douce, à queue arrondie avec deux tiges fourchues. DEG. *Mém. tom.* 7. *pag.* 496. *n°.* 1.

Squilla Afellus *aquatica, cauda rotundata : ftylis binis bifurcis.* DEG. *ib.*

Afellus aquaticus. FOURC. *Entom. par. p.* 541. *n°.* 1.

Afellus aquaticus Gefneri. RAI. *inf. p.* 43. 1.

FRISCH. *inf.* 10. *tab.* 5.

SCHAEFF. *Elem. inf. tab.* 22. *Afellus Onifcus aquaticus.* SCHRANK. *Enum. inf. auft. n°.* 1120.

Cet infecte varie pour la grandeur ; les plus grands ont de fix à fept lignes de long, & environ deux & demie de large. Les antennes extérieures font longues & fétacées : elles font compofées de quatre articles, dont le dernier plus long que les autres, eft lui-même compofé d'un nombre confidérable d'articles qu'on ne peut bien appercevoir qu'à l'aide du microfcope. Elles ont à peu-près les deux tiers de la longueur du corps de l'infecte. Les deux autres font courtes & fétacées ; elles ont leur infertion au côté interne des extérieures. La tête eft aplatie en-deffus & convexe en-deffous. Le corps eft compofé de huit anneaux, dont le dernier beaucoup plus grand que les autres & arrondi, fert de queue, & porte en-deffous deux appendices, de la longueur de la moitié du corps, qui fe divifent chacune en deux filets fétacés. Les pattes font au nombre de fept de chaque côté ; elles vont en croiffant pour la longueur, les dernières étant conftamment un peu plus longues que les premières. Les deux pattes antérieures, les plus courtes de toutes, ont cinq pièces, dont la dernière eft armée d'un crochet arqué, très-fort. Toutes les autres ont fix pièces également terminées par un crochet ; mais moins gros & moins fort que celui des pattes antérieures. La couleur du corps eft livide, cendrée, plus ou moins nébuleufe.

Il fe trouve en Europe dans les eaux des rivières, des ruiffeaux & des mares. L'hiver il fe tient caché au fond de l'eau dans la vafe ou fous des pierres.

2. ASELLE paradoxe.

ASELLUS paradoxus. NOB.

Afellus corpore lato depreffo, fegmentorum lateribus falcato fpinofis. NOB.

Onifcus paradoxus antennis quaternis, fegmentorum lateribus falcato fpinofis. FAB. *Syft. ent. p.* 296. *n°.* 1. *Spec. inf. tom.* 1. *p.* 375. *n°.* 1.

Cet *Afelle* eft grand, & il a la figure large & aplatie des Monocles. Ses antennes font au nombre de quatre. Le premier & le fecond articles font longs & comprimés ; les autres font courts & fétacés. Les deux yeux font diftincts & placés de chaque côté de la tête. Les fix premiers anneaux du corps font très-larges & armés, fur les côtés, d'épines aigues, courbées en arrière en forme de faux : le feptième, le huitième & le neuvième font plus courts que les autres ; ils font étroits fur les côtés, & point du tout prolongés. La queue eft grande & ovale ; on y voit, au-deffus, trois lignes longitudinales, élevées ; l'extrémité eft terminée, de chaque côté, par une appendice courte & obtufe. Les quatorze pattes font armées chacune d'un crochet arqué.

Cette efpèce a beaucoup de rapport avec les Monocles.

Il fe trouve à la Terre de Feu.

3. ASELLE recourbé.

ASELLUS falcatus. NOB.

Afellus fegmentorum lateribus falcato bifpinofis, cauda ovata obtufa. NOB.

Onifcus falcatus antennis quaternis fegmentorum lateribus falcato bifpinofis. FAB. *Mant. inf. tom.* 1. *p.* 240. *n°.* 2.

Il eft de grandeur moyenne. Les antennes font courtes & comprimées. La tête eft liffe, glabre, luifante, blanche, arrondie antérieurement, & trilobée poftérieurement. Le corps eft compofé de fept anneaux jaunes, luifans, terminés de chaque côté par une foliole armée de deux épines, dont l'antérieure eft la plus grande ; le premier anneau n'a qu'une feule épine. L'abdomen a cinq anneaux pareillement armés d'une épine crochue, dentée. La queue eft ovale & obtufe.

Il fe trouve dans la mer de la Chine.

4. ASELLE imbriqué.

ASELLUS imbricatus. NOB.

Afellus oblongus, pallidus, femoribus pofticis carinatis, cauda lata obtufa fubemarginata.

Onifcus imbricatus *antennis quaternis, compreffis ; pedibus unguiculatis ; femoribus pofticis carinatis.* FAB. *Syft. ent. pag.* 296. *n°.* 2. —*Spec. inf. tom.* 1. *pag.* 375. *n°.* 2.

Son corps eft grand, oblong & de couleur pâle. Les antennes font courtes & comprimées. Les fept premiers anneaux du corps font prefque égaux entr'eux ; le huitième eft court & étroit ; le neuvième, le dixième, le onzième & le douzième font courts & imbriqués. La queue eft large, obtufe, quelquefois échancrée ; elle a, de chaque côté, deux appendices courtes & fubulées. Les quatorze pattes font terminées par un ongle crochu, aigu & très-fort. Les huit cuiſſes poſtérieures ſont relevées en forme de carène.

Cette eſpèce ſe trouve dans la Nouvelle-Zélande.

5. ASELLE Aſile.

Asellus Aſilus. NOB.

Aſellus antennis breviſſimis, corpore ovato oblongo, cauda ſemi ovali. NOB.

Oniſcus Aſilus *abdomine foliis duobus obtecto, cauda ſemiovali.* LIN. Syſt. nat. pag. 1059. nº. 1. — *Muſ. Adolph. Frid.* pag. 88. — *Faun. ſuec.* nº. 2052.

Oniſcus Aſilus. FAB. Syſt. ent. p. 296. nº. 3. —Spec. inſ. tom. 1. p. 373. nº. 3.

Aſilus ſeu Oeſtrum. BELLON. Aquat. 443.

Pediculus marinus. RONDEL. Piſc. 576.

GRONOV. Zooph. 997.

PETIV. Gazoph. tab. 155. fig. 1.

PLANC. de Conch. minus notis. tab. 5. fig. A. B. *Oniſcus Aſilus.* PALLAS. Spicil. Zoolog. faſc. 9. pag. 71. tab. 4. fig. 12. A. B. a. b.

Cet *Aſelle* eſt connu dans les provinces méridionales de la France ſous le nom de *Pive*, dérivé vraiſemblablement du mot *Pou.*

Il varie beaucoup pour la grandeur. J'en ai vu d'accouplés qui avoient depuis cinq juſqu'à quinze lignes de long. La couleur de tout ſe corps eſt cendrée, obſcure, un peu livide, dans l'animal vivant; elle devient quelquefois d'un jaune paille ou fauve, dans l'inſecte conſervé dans les collections. Il eſt ovale, alongé, convexe en-deſſus; on y compte ſept anneaux, ſans y comprendre la tête & ceux de la queue. Les antennes ſont à peine de la longueur de la tête. Les antérieures, un peu plus courtes que les poſtérieures, ſont un peu épaiſſes à leur baſe; l'inſecte les porte collées contre les parties latérales de la tête. La queue eſt large, mais plus étroite que le corps; elle eſt compoſée de cinq anneaux, étroits, & d'un ſixième aſſez grand, arrondi à ſon extrémité. On voit au-deſ-ſous de la queue pluſieurs feuillets membraneux, larges, & deux appendices latérales, bifurquées, à-peu-près de la longueur de la queue. Les pattes ſont aſſez groſſes; les antérieures ſont plus petites que les poſtérieures; les unes & les autres ſont terminées par un ongle arqué, grand & très-fort; leur couleur eſt d'un jaune paille blanchâtre, un peu livide.

Cet inſecte ſe trouve dans l'Océan & dans la Méditerranée; il s'attache aux poiſſons & les fait ſouvent périr.

6. ASELLE Oeſtre.

Asellus Oeſtrum. NOB.

Aſellus oblongus; abdomine foliis ſex obtecto, cauda retuſa. NOB.

Oniſcus Oeſtrum *abdomine foliis ſex obtecto, cauda retuſa.* LIN. Syſt. nat. p. 1059. nº. 2. —Faun. ſuec. nº. 2053. —Muſ. Adolph. Frid. 89.

Oniſcus Oeſtrum. FAB. Syſt. ent. p. 297. nº. 4. —Spec. inſ. tom. 1. p. 375. nº. 4.

Animalculum cruſtaceum. MARGR. Braſ. 155. fig. 3, 4.

STROEM. Sundm. 165. 2. tab. 1. fig. 2, 3.

SEBA. Muſeum. 1. tab. 90.

Oniſcus Oeſtrum. PALLAS. Spicil. Zoolog. faſc. 9. pag. 74. tab. 4 fig. 13. A. B.

Cet *Aſelle* eſt un peu plus grand que le précédent. Son corps eſt alongé, plus large, plus épais & plus mol vers la queue que vers la tête. Les antennes ſont courtes, de la longueur de la tête; les antérieures ſont compoſées de ſept articles & les poſtérieures de huit; l'inſecte les porte recourbées en arrière, de chaque côté de la tête, comme le précédent. Les cinq premiers anneaux du corps ſont aſſez longs, les deux derniers ſont beaucoup plus courts. Les premiers anneaux de la queue ſont courts & étroits, le dernier, beaucoup plus long & plus large que les autres, paroît comme tronqué ou preſque échancré. Les deux appendices latérales qui ſe trouvent au-deſſous, ſont courtes & bifurquées. Les pattes ſont courtes, aſſez groſſes & terminées par un onglet arqué, fort & aigu. La couleur de tout l'inſecte eſt pâle; on voit ſeulement deux petites raies longitudinales, obſcures, ſur la queue.

Il ſe trouve dans l'Océan Atlantique & dans la mer des deux Indes. Il attaque, comme le précédent, les poiſſons, & leur fait ſouvent une large plaie qui les fait périr.

7. ASELLE Entomon.

Asellus Entomon. NOB.

Aſellus oblongo-ovatus; abdomine ſubtus nudo, cauda longa ſubulata. NOB.

Oniſcus Entomon *abdomine ſubtus nudo, cauda ſubulata.* LIN. Syſt. nat. pag. 1060. nº. 5. —Faun. ſuec. nº. 2055.

Oniſcus Entomon *antennis quaternis, cauda oblonga acuta.* FAB. Syſt. ent. p. 297. nº. 5. —Spec. inſ. tom. 1. p. 375. nº. 5.

Oniſcus corpore ovato, cauda ſubulata utrinque appendiculata, pedibus natatoriis. GRONOV. Zooph. nº. 992.

Squille *Entomon* marine, à longue queue conique & écailleuſe. DEG. Mém. tom. 7. p. 514. nº. 2.

Squilla marina, cauda longa ſubulata teſtacea. DEG. ib.

Aſellus marinus cornubienſis, alius; RAI, Inſ. 43.

Entomon pyramidate. KLEIN. Dub. tab. 38. fig. 1 & 2.

PETIV. Gazoph. tab. 1. fig. 4.

BAST. Subſ. 2. 143. tab. 13. fig. 2.

Oniſcus Entomon. PALLAS. Spicil. zool. faſc. 9. pag. 64. tab. 5. fig. 1 & 2.

Cet *Aſelle* eſt très-grand; il a quelquefois deux ou trois pouces de longueur, & plus d'un pouce de largeur. Son corps a une figure ovale, un peu alongée, & une couleur d'un blanc fale, un peu jaunâtre. Les antennes antérieures font courtes & compofées de quatre articles diftinéts. Les poftérieures, deux fois plus longues que les autres, font fétacées & compofées de cinq anneaux très-diftinéts, cylindriques, à-peu-près d'égale longueur entr'eux: le dernier eft long, fétacé & compofé d'un nombre très-confidérable d'articles, qu'on ne peut bien voir qu'au microfcope. La tête, beaucoup moins large que le corps, eft arrondie poftérieurement à fa jonćtion avec le premier anneau du corps: on y voit, de chaque côté, deux petits yeux noirs, chagrinés, peu faillans. Le corps eft convexe en-deffus, aplati en-deffous, divifé en dix anneaux, dont les fept premiers beaucoup plus larges que les trois autres, font terminés de chaque côté par une appendice plate, triangulaire & pointue, qui déborde le corps: les trois derniers anneaux font partie de la queue; ils ont auffi une appendice, mais très-petite & à peine diftinéte. Le dernier anneau de la queue eft alongé, de figure conique, & terminé en pointe émouffée: elle eft compofée de plufieurs lames placées au-deffous les unes des autres, qui fervent à l'infeéte, felon l'obfervation de Degeer, comme d'efpèces d'avirons, lorfqu'il veut nager. Les pattes font compofées de fix pièces, dont la dernière eft armée d'un ongle crochu, grand & affez fort; les huit poftérieures font de longueur moyenne; mais les fix antérieures font beaucoup plus courtes que celles-ci, & entiérement cachées fous le corps.

Il fe trouve dans l'Océan. Il nage avec affez de vîteffe, en battant l'eau par le moyen des lames qui compofent fa queue. Il fe nourrit d'infeétes & de Polypes marins; il attaque même les Crabes & la plupart des poiffons.

8. ASELLE marin.
ASELLUS marinus. NOB.
Afellus femicylindricus, cauda ovato - oblonga acuminata. NOB.
Onifcus marinus femicylindricus, cauda ovato-oblonga, integra. LIN. *Syft. nat.* p. 1060. n°. 7. —*Faun. fuec.* 2057. —*Iter Weftrogoth.* 190.
Onifcus marinus femicylindricus, cauda ovato-oblonga acuminata. FAB. *Syft. ent.* pag. 297. n°. 7. —*Spec. inf. tom.* 1. p. 376. n°. 7.
Squilla marina corpore elongato femicylindrico, cauda oblonga æquali; apice truncata. DEG. *Mém. tom.* 7. p. 522. n°. 3. pl. 32. fig. 11.
Squille *marine* à corps alongé, demi-cylindrique, à queue oblongue, égale & tronquée au bout. DEG. *ib.*
Onifcus corpore angufto tereti, cauda truncata æquali, pedibus natatoriis; antennis longioribus. GRONOV. *Zooph.* pag. 233. n°. 996. tab. 17. fig. 3.
Onifcus balticus. PALLAS. *Spicil. zool. fafc.* 9. p. 66. tab. 4. fig. 6. A. B. C. D.
Cet *Afelle* eft affez grand. Il a environ un pouce

de long. Les antennes antérieures font longues & fétacées; les deux poftérieures, beaucoup plus courtes que les autres, ont leur premier article plus large que les antérieures. La tête eft prefque auffi large que le corps; elle eft aplatie en-deffus, & les deux yeux y paroiffent a demi-enfoncés. Le corps eft alongé, convexe en-deffus, aplati en-deffous, & de largeur prefque égale de la tête à la queue. Il eft divifé en dix anneaux, dont fept grands donnent naiffance aux pattes, & trois petits, qui font partie de la queue. Les pattes font courtes & placées en-deffous, une de chaque côté des fept grands anneaux: elles font compofées de fix pièces, dont la dernière eft armée d'un petit ongle crochu; les deux poftérieures feulement font un peu plus longues que les autres. Le queue eft prefque auffi longue que la moitié du corps; elle eft terminée en pointe, & quelquefois elle paroît coupée au bout, & former une échancrure. On voit, au-deffous, plufieurs lames ou feuillets membraneux.

Il fe trouve dans l'Océan, dans la mer Baltique.

9. ASELLE linéaire.
ASELLUS linearis. NOB.
Afellus corpore elongato, femicylindrico, cauda apice quadridentata. NOB.
Onifcus linearis cauda quadridentata. LIN. *Syft. nat.* p. 1060. n°. 9. —*Aman. acad. tom.* 6. pag. 415. n°. 100.
Onifcus linearis. FAB. *Gener. inf.* p. 243. —*Spec. inf. tom.* 1. p. 376. n°. 8.
Onifcus angulatus. PALLAS. *Spicil. zool. fafc.* 9. p. 61. tab. 4. fig. 11. A. B.
Il a depuis un pouce jufqu'à un pouce & demi de long. Son corps eft d'épaiffeur prefque égale dans toute fa longueur. La tête eft un peu plus étroite, & la bouche eft pointue & un peu avancée. Les yeux font noirs. Les antennes antérieures font courtes, fétacées; les extérieures font beaucoup plus longues que les autres, & fétacées. Le corps eft compofé de fept anneaux, dont les trois premiers font plus grands que les quatre autres. La queue eft prefque de la longueur de la moitié du corps; elle eft comme coupée à fon extrémité, & armée à cet endroit de quatre dentelures. Les pattes font prefque égales; les poftérieures font à peine plus grandes que les antérieures: elles font terminées par un onglet fimple, crochu. La couleur de tout l'infeéte eft cendrée, obfcure.

Il fe trouve dans la mer des deux Indes.

10. ASELLE armé.
ASELLUS chelipes. NOB.
Afellus oblongus, cauda tridentata, pedibus fub-cheliformibus. NOB.
Onifcus chelipes oblongus, cauda tridentata, pedibus fubcheliformibus. FAB. *Syft. ent.* p. 297. n°. 8. —*Spec. inf. tom.* 1. p. 376. n°. 9.
Onifcus depreffus oblongus pedibus omnibus fubche-

liformibus. PALLAS. *Mifcell.* 194. *tab.* 14. *fig.* 16, 17.
Onifcus linearis. PALLAS. *Spicil. zool. fafc.* 9.
p. 68. *tab.* 4. *fig.* 17 & 18. *

Il n'a guères plus d'un demi pouce de long. Son corps eſt preſque d'épaiſſeur égale dans toute ſa longueur ; il eſt un peu aplati & compoſé de ſept anneaux, dont le premier & le dernier ſont un peu plus courts que les autres. La tête eſt un peu plus étroite que le corps. Les antennes extérieures ſont de la longueur de la moitié du corps ; elles ſont compoſées de quatre articles, ſans compter le dernier, qui eſt ſétacé, & compoſé lui-même d'un grand nombre d'articles très-peu diſtinâs ; les deux antérieures ſont très-courtes. La queue eſt peu a'ongée & arrondie à ſon extrémité. Les pattes vont inſenſiblement en groſſiſſant, de ſorte que les poſtérieures ſont un peu plus grandes que les antérieures. Le dernier article qui les termine eſt preſque en forme de pinces. La couleur de tout le corps eſt obſcure, & plus ou moins lavée de couleur cendrée. On voit ſouvent tout le long du dos une raie pâle.

Il ſe trouve parmi les plantes marines de l'Océan Atlantique.

11. ASELLE Phyſode.
ASELLUS Phyſodes. NOB.
Aſellus oblongus, abdomine ſubtus nudo, cauda ovata. NOB.
Onifcus Phyſodes *abdomine ſubtus nudo, cauda ovata.* LIN. *Syſt. nat. p.* 1060. *n°.* 4.
Onifcus Phyſodes *abdomine ſubtus nudo, cauda ovata, antennis quaternis.* FAB. *Syſt. ent. p.* 298. *n°.* 12. —*Spec. inf. tom.* 1. *p.* 377. *n°.* 13.
SULZ. *Hiſt. inf. tab.* 30. *fig.* 11.

Le corps de cet *Aſelle* eſt compoſé de douze anneaux, dont les cinq derniers ſont partie de la queue. Les antennes, au nombre de quatre, dont deux recourbées de chaque côté, ſont courtes & ſétacées ; la dernière pièce de la queue eſt ovale ; elle a en-deſſous, de chaque côté, deux appendices bifides, dont les diviſions ſont lancéolées, obtuſes, plus courtes que la queue : les premiers articles de la queue donnent naiſſance à un grand nombre de petites véſicules auſſi longues qu'elle.

Il ſe trouve dans l'Océan.

12. ASELLE quadricorne.
ASELLUS quadricornis. NOB.
Aſellus oblongus, ſtylis caudalibus ſenis, antennis longitudine corporis. NOB.
Onifcus quadricornis oblongus, ſtylis caudalibus ſenis, antennis quaternis. FAB. *Syſt. ent. p.* 299. *n°.* 15. —*Spec. inf. tom.* 1. *p.* 378. *n°.* 16.

Cet *Aſelle* eſt remarquable par la longueur de ſes antennes ; elles ſont ſétacées & de la longueur du corps. Son corps eſt petit, convexe, & compoſé de douze anneaux, dont le dernier eſt uni, ovale & entier. La queue eſt terminée par ſix filets pointus & entiers. Le ventre eſt feuilleté, & les quatorze pattes ſont à-peu-près égales entr'elles.

On le trouve dans l'Océan Atlantique.

13. ASELLE étique.
ASELLUS heâicus. NOB.
Aſellus corpore lineari depreſſo, antennis poſticis longitudine corporis. NOB.
Onifcus heâicus. PALLAS. *Spicil. zool. fafc.* 9. *p.* 61. *fig.* 10. *A. B. C. D.*

Cet inſecte a environ un pouce & demi de long. Son corps eſt preſque d'épaiſſeur égale dans toute ſa longueur ; il eſt linéaire, aplati, avec une légère arête tout le long du dos. La tête eſt aſſez grande. Les antennes extérieures ſont ſétacées & de la longueur du corps ; elles ſont compoſées de cinq articles, dont le premier eſt gros & court, & les trois ſuivans cylindriques ; le cinquième eſt long, ſétacé, & diviſé lui-même en vingt-quatre petits articles. Les antennes antérieures ſont courtes, ſétacées & compoſées de quatre articles, dont le premier eſt court & aſſez gros, & le dernier ſétacé. Le corps eſt compoſé de ſept anneaux preſque quarrés & aſſez grands, & de trois, plus étroits, qui ſont partie de la queue ; celle-ci eſt de la largeur du corps ; elle eſt aſſez longue & coupée en croiſſant à ſon extrémité. Les feuillets qui ſe trouvent au-deſſous ſont un peu plus courts & un peu plus étroits. Les appendices latérales ſont bifides, & à peine de la longueur de la queue. Les pattes ſont minces, preſque égales, compoſées de ſix pièces, & terminées par un ongle ſimple, crochu, aſſez fort. La couleur de tout le corps eſt preſque cendrée.

Il ſe trouve dans l'Océan.

14. ASELLE de la Baleine.
ASELLUS Ceti. NOB.
Aſellus ovalis ; ſegmentis diſtinâis, pedibus tertii quartique paris linearibus muticis. NOB.
Onifcus ovalis ; ſegmentis diſtinâis, pedibus tertii quartique paris linearibus muticis. LIN. *Syſt. nat. pag.* 1060. *n°.* 6. —*Faun. ſuec. n°.* 2056. —*Muſ. Adolph. Frid.* 1. *p.* 89.
Onifcus Ceti. FAB. *Syſt. entom. p.* 299. *n°.* 16, —*Spec. inf. tom.* 1. *p.* 378. *n°.* 17.
Squille *de la Baleine* à corps ovale, aplati, avec des inciſions diſtinctes, à pattes en tenailles ; mais celles de la troiſième & quatrième paire filiformes, non armées. DEG. *Mém. tom.* 7. *p.* 540. *n°.* 6. *pl.* 42. *fig.* 6 & 7.
Squilla Balæni corpore ovali depreſſo : ſegmentis diſtinâis pedibus cheliferis : tertii quartique paris linearibus muticis. DEG. *ib.*
Pediculus Ceti. MARTENS. *Spitzb. tab.* 8. *fig.* D.
SEBA. *Muſ. tom.* 1. *tab.* 90. *fig.* 5.
Onifcus Ceti. PALLAS. *zoolog. fafc.* 9. *pag.* 76. *tab.* 14. *fig.* 14. *A. B. C.*

Ce ſingulier inſecte a environ ſix ou huit lignes de long, & trois ou quatre de large ; il eſt ovale, & ſon corps n'eſt compoſé que de ſix anneaux très-diſtinâs. Ses antennes diffèrent beaucoup de celles des eſpèces précédentes ; elles ſont au nombre de quatre : il y en a deux plus longues que les autres, filiformes, presque de la longueur de la moitié du corps, compofées de quatre articles, dont les trois premiers font coniques & égaux entr'eux, & dont le dernier eft très-court. Les deux autres antennes font courtes, petites, cachées fous les grandes, & compofées de trois articles. La tête eft diftincte, un peu avancée, & beaucoup plus étroite que le corps. Le dernier anneau de celui-ci eft moins large que les autres, & n'eft point terminé par une queue comme dans toutes les autres efpèces. Les pattes font au nombre de quatorze, felon Degeer, quoique l'infecte paroiffe n'en avoir que douze. Il y en a deux très-petites, cachées fous la tête, à la bafe de laquelle elles ont leur infertion. Celles de la troifième & quatrième paire font filiformes, & ne font point terminées par des crochets; l'infecte les porte, felon l'obfervation de Martens, collées fur fon dos, tandis qu'il fuce la peau de la Baleine, de forte que celles d'un côté viennent rencontrer & croifer celles de l'autre. Degeer dit en avoir dans fa collection qui ont confervé cette pofition. Les autres pattes, beaucoup plus groffes que celles-ci, font terminées par un ongle fimple, arqué, fort & aigu.

Cet *Afelle* s'attache au corps des Baleines, & s'y tient fi fortement cramponné, au moyen de fes pattes, que pour le prendre il faut ou lui arracher les pattes, ou couper une portion de la peau de l'animal. Lorfque ces infectes fe trouvent en grande quantité, ils rongent la peau de la Baleine & y font de larges plaies.

Il fe trouve dans l'Océan.

15. ASELLE globuleux.

Asellus globator. NOB.

Afellus ovatus, cauda brevi rotundata, ftylis bifidis, laciniis ovato-lanceolatis. NOB.

Onifcus affimilis ovalis, cauda obtufa mutica. LIN. Syft. nat. p. 1061. n°. 13.

Onifcus affimilis, ovalis, cauda obtufa mutica, corpore cinereo. FAB. Gener. inf. mant. p. 243.—Spec. inf. tom. 1. p. 378. n°. 19.

Onifcus globator. PALLAS. Spicil. zool. fafc. 9. pag. 70. 4. fig. 18-18.

BAST. Subfec. 2. 144. tab. 13. fig. 3.

Il a environ cinq lignes de long & trois de large; fon corps eft ovale, convexe en-deffus, & un peu concave en-deffous. La tête eft arrondie antérieurement. Les antennes font courtes & fétacées: les fupérieures font à peine de la longueur de la tête; elles font compofées de trois articles, dont le dernier, plus long que les autres, eft lui-même compofé de plufieurs petits articles; les poftérieures, une fois plus longues que celles-ci, font compofées de quatre articles, dont le dernier long & fétacé, eft divifé en plufieurs autres courts, à peine diftincts. Les deux yeux font ronds, peu faillans & noirâtres. Le corps eft compofé de fept anneaux. La queue eft à-peu-près de la largeur du corps; elle eft courte, convexe en-deffus, & arrondie à fon extrémité.

Les deux appendices latérales, qui fe trouvent au-deffous, font de la longueur de la queue; elles font bifides, & chaque divifion a une figure ovale-lancéolée.

Cet *Afelle* fe trouve dans l'Océan & dans la Méditerranée, parmi les plantes marines.

16. ASELLE trifafcié.

Asellus trifafciatus. NOB.

Afellus oblongus, nigro-cærulefcens, fafciis tribus albis; cauda apice tridentata. NOB.

Cet *Afelle* eft alongé: celui que j'ai fous les yeux a près de huit lignes de long, de la tête à l'extrémité de la queue, & environ deux lignes de large, au milieu du corps. Il eft plat en-deffous, & un peu convexe en-deffus. Le corps eft divifé en fept bandes, dont trois blanches & quatre d'un noir un peu bleuâtre, en y comprenant la tête & l'extrémité de la queue, qui font noires. Les antennes font noirâtres: les extérieures ont prefque la longueur du tiers du corps: elles font compofées de cinq articles, dont le dernier eft lui-même compofé de plufieurs autres petits, peu diftincts. Les antennes antérieures font petites & très-courtes. La queue a une ligne élevée, tout le long du milieu de fa partie fupérieure: elle eft terminée par trois petites dentelures, dont celle du milieu eft la plus faillante. Le deffous du corps eft femblable au-deffus pour les couleurs.

Il eft confervé au cabinet de M. Gigot d'Orcy, qui l'a reçu du cap de Bonne-Efpérance.

ASILE, ASILUS. Genre d'infectes de l'Ordre des Diptères.

Les *Afiles* font des infectes qui ont deux ailes nues, veinées, placées horizontalement, & en recouvrement fur l'abdomen; deux balanciers longs, minces, terminés par un bouton arrondi, tronqué obliquement; le corps alongé; la tête munie de deux antennes courtes, filiformes, fouvent terminées par un petit filet fétacé; la trompe courte, portée en avant; enfin les pattes longues, affez fortes, fouvent épineufes, terminées par deux crochets forts, & deux pelottes plus grandes que dans les autres Diptères.

L'*Afile* a des rapports avec le Conops, Le Myope, le Bombille, & fur-tout avec l'Empis; mais, indépendamment de la forme de la trompe, les antennes prefque en maffe & réunies à leur bafe, fuffifent pour diftinguer, au premier coup-d'œil, le Conops. La trompe mince, longue, coudée, ne renfermant qu'une feule foie, & les antennes courtes, terminées par un article ovale, comprimé, & muni d'un petit poil latéral, font aifément reconnoître le Myope. La trompe longue, fétacée, compofée de cinq pièces, dont l'inférieure eft bifide, caractérifent le Bombille; enfin, la trompe longue, inclinée, compofée de cinq pièces, dont quatre prefque égales en longueur, diftingue fuffifamment l'Empis de l'*Afile*.

Les

Les antennes des *Asiles* ne diffèrent pas beaucoup, au premier aspect, de celles des Bombilles ; cependant, si on y fait bien attention, on les trouve différentes. Elles sont composées de trois pièces, dont la première paroît cylindrique, plus longue & un peu plus épaisse que la seconde. La troisième est la plus longue ; elle est presque cylindrique, ou très-peu renflée, & elle est terminée, dans quelques espèces, par un filet mince, fin & alongé.

Les yeux sont ovales, grands, assez saillans, à réseau, & placés à la partie latérale, un peu antérieure de la tête. Au-dessus de la tête, il y a trois petits yeux lisses, qu'on apperçoit difficilement à cause des poils qui se trouvent tout autour.

La trompe est à-peu-près de la longueur de la tête ; elle est roide, écailleuse, de grosseur presque égale dans toute son étendue, & dirigée en avant : Elle est composée de cinq pièces, dont l'une grande, tronquée ou arrondie à son extrémité, un peu renflée vers sa base, creusée en gouttière à sa partie supérieure, reçoit trois soies ou filets minces, sétacés, contenus supérieurement par une cinquième pièce, qui fait l'office de lèvre. Lorsque l'insecte ne fait pas usage de sa trompe, on n'apperçoit que le fourreau, qui paroît alors d'une seule pièce ; mais il est très-facile de mettre toutes les parties en évidence, avec la pointe d'une aiguille ou d'une épingle. La pièce supérieure, la plus courte de toutes, a à peine la longueur de la moitié des autres ; elle est large, plate, écailleuse, terminée en pointe déliée : elle sert à contenir les soies ou le suçoir dans la cannelure de la trompe. Au-dessous de cette pièce, on en voit trois autres de longueur presque égale, mais de figure & de consistance différentes : les deux extérieures sont minces, déliées, plates, de substance écailleuse, mais moins solide que celle du milieu : ce sont deux espèces de demi-fourreaux, qui embrassent des deux côtés la pièce du milieu. Celle-ci, un peu plus grosse & un peu plus longue que les latérales, est arrondie, terminée en pointe aiguë, en forme de stilet, garnie en-dessus, dans la moitié de son étendue, d'une suite de poils recourbés, dirigés vers sa base. C'est-là le véritable aiguillon, par le moyen duquel l'Asile pique & tue les insectes qu'il saisit & dont il se nourrit. Les trois pièces que nous venons d'examiner restent, lorsque l'insecte n'en fait pas usage, dans la cannelure creusée tout le long de la partie supérieure de la cinquième pièce ; elles y sont contenues par la languette placée au-dessus. A la base latérale de la trompe, on apperçoit, de chaque côté, deux petites antennules courtes, filiformes, composées de plusieurs articles grenus & un peu velus.

Le corcelet est convexe, relevé en bosse. La poitrine qui se trouve au-dessous donne naissance aux six pattes de l'insecte.

L'abdomen est composé de six ou sept anneaux ; il est alongé, presque conique, & terminé en pointe dans les femelles. Il est cylindrique & terminé en masse dans

les mâles ; ceux-ci portent à leur derrière une grosse partie écailleuse, noire, fendue en trois lames, entre lesquelles on voit deux grands crochets mobiles, écailleux, dont ils se servent pour s'accrocher au derrière de la femelle dans l'accouplement. On peut en voir la figure dans les Mémoires pour l'Hist. Nat. des Insectes, par M. DEGEER, tom. 6. pl. 13. fig. 14.

Cette grosse partie écailleuse est proprement faite d'une seule pièce, qui a en-dedans une cavité spacieuse, de façon qu'elle forme comme une espèce d'étui ou de boîte ; mais elle est refendue dans sa longueur & jusques près de sa base, en trois pièces ou lames distinctes, un peu séparées les unes des autres. La pièce inférieure est très-convexe en-dehors, & concave en-dedans ; mais les deux autres pièces latérales qui forment les côtés & le dessus de l'étui, & qui sont également concaves, s'élargissent vers l'extrémité en forme de feuille applatie, & laissent entr'elles un vide alongé : en-dessous elles sont garnies chacune d'un gros crochet écailleux, de couleur brune & fait en demi-cercle, qui a dans sa longueur une espèce de rainure, & qui est terminé par quatre pointes de longueur inégale, entre lesquelles on voit une cavité. Dans l'inaction, ces deux crochets qui sont mobiles, sont cachés en partie dessous les deux pièces auxquelles ils tiennent, & c'est proprement par eux que l'insecte s'accroche au ventre de la femelle. DEGEER. *Mém.* tom. 6. p. 234.

Les pattes des *Asiles* sont longues & assez grosses : elles sont garnies, dans la plupart des espèces, de poils longs, peu serrés, & de quelques piquans. Elles sont composées de la hanche, de la cuisse, de la jambe & du tarse. La hanche est assez grosse. La cuisse est longue, assez grosse & très-peu renflée. La jambe est longue & cylindrique. Le tarse est composé de cinq articles, dont le premier est le plus long, presque cylindrique, rarement renflé ; les trois qui suivent sont égaux entr'eux : le dernier est alongé, presque en masse, terminé par deux crochets arqués, assez forts, & par deux pelottes garnies, à leur surface inférieure, de très-petits poils courts & serrés.

Les ailes sont veinées, étroites, à peu-près de la longueur du corps. L'insecte les porte, lorsqu'il est en repos, en recouvrement & sur un plan horizontal, tout le long de la partie supérieure de l'abdomen. Lorsqu'il vole il fait entendre un bourdonnement assez considérable, par le moyen de la partie interne de chaque aile *Voy.* AILE.

Les balanciers sont très-apparens ; ils forment un petit bouton arrondi, tronqué obliquement, & porté sur un filet mince & alongé. On ne voit point d'ailerons entre ceux-ci & la base des ailes.

Tout le corps des *Asiles* est plus ou moins couvert de poils fins & assez longs : quelques espèces sont très-velues, tandis que d'autres le sont très-peu. Le devant de la tête est en général garni de poils longs & plus roides que ceux du corps.

Les *Afiles* ne vivent que de rapine; ils font une guerre continuelle aux autres infectes, & les attrapent en volant : ils attaquent non-feulement les Mouches, les Tipules & tous les Diptères, mais même les Abeilles, les Ichneumons, & quelquefois les Coléoptères. Ils les faififfent avec leurs longues pattes, les tuent avec leur trompe & les fucent enfuite. La plupart des efpèces fréquentent les bois & les endroits les plus fecs, on les voit voler fur-tout lorfqu'il fait chaud & que le foleil eft ardent; mais quelques autres habitent les prés bas & humides, & incommodent les troupeaux qui y paiffent.

Les larves des *Afiles* vivent dans la terre ; ce font des efpèces de vers blanchâtres, fans pattes, dont le corps eft mou, rafe, cylindrique, un peu alongé, terminé en pointe aux deux extrémités, & compofé de douze anneaux peu diftincts. La tête eft quelquefois garnie de poils clair-femés ; elle eft armée de deux crochets mobiles, courbés en-deffous, qui tiennent intérieurement à une efpèce de tige unie au premier anneau, & divifée en deux branches : ces crochets font d'une couleur obfcure qu'on apperçoit à travers la peau tranfparente qui les recouvre. Quand la larve les remue, la double tige fe meut en

même-tems, ce qui démontre que ces parties tiennent enfemble. Ces crochets lui fervent à fe frayer une route dans la terre, & à faciliter fa marche en les cramponnant au plan de pofition.

Ces larves fe transforment en nymphes dans la terre, &, femblables à celles des tipules, elles changent entièrement de peau. La nymphe eft alongée, & fon ventre eft figuré en cône. La tête eft groffe, arrondie, garnie en-devant de deux pointes écailleufes, courbées en-deffous en forme d'épines, & de chaque côté de trois autres épines prefque femblables ; celles-ci font un peu plus courtes que les deux autres, & elles partent toutes les trois d'une bafe commune. Le deffus du corcelet eft arrondi, mais on y voit de chaque côté quelques pointes très-courtes. La poitrine, fur laquelle on voit les ailes & les pattes appliquées, eft convexe, & munie de chaque côté de fa partie antérieure d'une petite éminence fur laquelle il paroît y avoir un ftigmate. L'abdomen eft divifé en neuf anneaux, garnis chacun, tant en-deffus qu'en deffous, d'une rangée d'épines écailleufes, courbées en arrière, & de plufieurs petits poils : enfin l'extrémité eft terminée par quatre épines affez longues.

A S I L E.

A S I L U S. Lin. Geoff. Fab.

E R A X. Scop.

CARACTERES GÉNÉRIQUES.

ANTENNES de la longueur de la tête, rapprochées à leur bafe, prefque filiformes, compofées de quatre articles, dont le troifième eft le plus long, & le dernier eft fétacé.

Trompe droite en avant, filiforme, de la longueur de la tête, cannelée, compofée de cinq pièces.

Suçoir compofé de quatre pièces; la fupérieure très-courte & affez large, contenant trois foies dans la cannelure de la gaîne.

Deux antennules courtes, velues, filiformes, inférées à la bafe latérale du fuçoir.

E S P È C E S.

1. ASILE bifafcié.

Velu, noir; abdomen noir, avec deux bandes cendrées & l'extrémité fauve.

2. ASILE géant.

Velu, noir; corcelet & bafe de l'abdomen cendrés.

3. ASILE maure.

Ferrugineux ; côtés de la poitrine avec des points noirs; corcelet avec trois raies noires.

4. ASILE à bandelettes.

Corcelet ferrugineux, avec des raies noires; abdomen jaune, noir à fa bafe.

5. ASILE ferrugineux.

Très-noir ; tête couverte de poils fauves; aîles ferrugineufes.

6. ASILE algérien.

Tout ferrugineux, & couvert de quelques poils d'un jaune pâle.

ASILES. (Insectes)

7. Asile barbare.

Front, corcelet & pattes ferrugineux; aîles roussâtres, avec le bord interne & l'extrémité noirâtres.

8. Asile Frelon.

Ferrugineux, peu velu; abdomen noir à la base, & jaune à l'extrémité.

9. Asile velu.

Velu, noir; base du corcelet couverte de poils d'un jaune cendré.

10. Asile Bourdon.

Velu, noir; front & abdomen couverts de poils d'un gris blanchâtre.

11. Asile barbu.

Velu, noir; front, extrémité de l'abdomen & jambes couverts de poils blancs.

12. Asile fascié.

Velu, noir; abdomen avec deux bandes d'un blanc de neige à sa base.

13. Asile cul-blanc.

Cendré; abdomen avec les trois derniers anneaux blancs.

14. Asile noir.

Velu, tout noir; front avec de longs poils blanchâtres.

15. Asile diadème.

Noir; front couvert d'un duvet blanchâtre; aîles noires.

16. Asile roussâtre.

Velu, roussâtre; corcelet noirâtre; abdomen noir, avec le bord des anneaux blanc.

17. Asile jaune.

Velu, noir; corcelet couvert de poils d'un jaune gris; abdomen couvert de poils d'un jaune roux.

18. Asile violet.

Velu, très-noir; abdomen violet.

19. Asile roux.

Noir, peu velu; abdomen d'un rouge brun en-dessus.

20. Asile ponctué.

Velu, noir; corcelet avec un très-léger duvet cendré; abdomen très-noir, avec trois bandes blanchâtres, de châque côté, & deux taches d'un rouge brun.

21. Asile bordé.

Peu velu, noirâtre; balanciers & bord des anneaux jaunes; cuisses noires.

22. Asile plombé.

Entièrement d'une couleur cendrée, sans taches; trompe courte & noire.

23. Asile cendré.

Peu velu, cendré; extrémité de l'abdomen & pattes noires.

24. Asile germanique.

Peu velu, noirâtre; jambes d'un rouge

ASILES. (Insectes).

brun ; *aîles obscures , blanchâtres à leur base interne.*

25. ASILE bicolor.

Noirâtre ; abdomen , pattes & base des antennes d'un rouge de briques.

26. ASILE rufipède.

Noirâtre ; abdomen cendré , avec des bandes & l'extrémité noires ; jambes fauves.

27. ASILE tacheté.

Cendré , tache quarrée , noire , sur chaque anneau de l'abdomen ; pattes brunes , avec leur extrémité noire.

28. ASILE marginé.

Cendré-noirâtre ; pattes rousses , avec leur extrémité noire ; bord des aîles très-noir.

29. ASILE porte-anneau.

Cendré ; extrémité de l'abdomen noire ; cuisses d'un rouge de briques , avec un anneau noir.

30. ASILE armé.

Peu velu , cendré ; corcelet & abdomen avec des taches noirâtres ; jambes rousses ; anus terminé par un long stilet noir.

31. ASILE nigripède.

Velu , noir ; corcelet avec quatre raies ; abdomen avec trois bandes blanches ; pattes très noires.

32. ASILE sanglé.

Cendré , sans taches ; jambes rousses , avec des anneaux noirs.

33. ASILE teuton.

Noir ; corcelet avec un reflet de taches d'un roux doré ; abdomen avec cinq taches de chaque côté , blanches.

34. ASILE Tipule.

Lisse , cendré ; corcelet avec trois raies noires ; pattes longues & fauves.

35. ASILE cayennois.

Noir ; corcelet avec une large ligne blanche , rayée de noir ; tête & écusson blancs.

36. ASILE rayé.

D'un rouge briqueté ; corcelet & abdomen avec des lignes noires ; aîles obscures , avec une tache briquetée , au milieu.

37. ASILE à ceinture.

Cendré ; abdomen très-noir , avec le bord des anneaux blanc.

38. ASILE bleuet.

Noirâtre ; abdomen & aîles d'un beau bleu très luisant.

39. ASILE cylindrique.

Lisse , très-noir ; pattes & balanciers d'un jaune fauve ; aîles obscures.

40 ASILE des prés.

Lisse , très-noir ; front cendré ; pattes antérieures roussâtres ; aîles transparentes.

41. ASILE Conops.

Corcelet noir , avec des taches jaunes ; abdomen très-noir , avec des bandes rousses.

ASILES. (Insectes).

42. ASILE linéaire.

Noir ; corcelet cendré, avec des raies noires ; abdomen linéaire, avec le bord des anneaux jaune.

43. ASILE filiforme.

D'une couleur cendrée-roussâtre ; front & poitrine argentés ; abdomen filiforme ; pattes postérieures très-longues.

44. ASILE culiciforme.

Noir, lisse ; balanciers jaunes ; cuisses postérieures de la longueur de l'abdomen.

45. ASILE estival.

Noir, couvert d'un duvet cendré ; corcelet avec trois raies très-noires ; jambes d'un rouge briqueté.

46. ASILE morio.

Velu, noir ; ailes mélangées de blanc & de noir.

47. ASILE portugais.

Noirâtre ; abdomen jaune, avec trois rangées de taches noires ; ailes tachetées de blanc.

1. ASILE bifafcié.

Asilus bifafciatus. Nob.

Afilus hirfutus niger ; abdomine nigro , fafciis duabus cinereis , apice fulvo. Nob.

Cet *Afile* a environ quinze pouces de long. Il eft noir & velu. L'abdomen eft noir à fa bafe, on y apperçoit enfuite deux bandes grisâtres, féparées l'une de l'autre par une bande noire. Les derniers anneaux font d'une belle couleur fauve, ferrugineufe. Les pattes font noires & couvertes de poils. Les tarfes font larges ; les deux houppes qui les terminent font de couleur fauve-brune. Il y a au haut des jambes poftérieures une tache grisâtre formée par des poils. La bafe & l'extrémité des ailes font obfcures, le milieu eft blanchâtre & tranfparent.

Il eft au cabinet de M. Gigot d'Orcy.

On le trouve aux Indes orientales.

2. ASILE géant.

Asilus groffus. Fab.

Afilus hirfutus niger , thorace abdominifque bafi cinereis. Fab. Syft. entom. p. 791. n°. 1. — Spec. inf. tom. 2. p. 460. n°. 1.

Il eft très-grand. Sa tête eft noire, & couverte fur les côtés & fur le front, de poils fins, longs, d'un gris cendré. La trompe eft épaiffe, noire & comprimée. Le corcelet eft noir, couvert en-deffus d'un duvet ferré, d'un gris cendré. Les ailes font cendrées avec des veines noirâtres. On apperçoit deux points jaunes fous l'écuffon. L'abdomen eft court, ovale ; le premier anneau eft noir & liffe ; le fecond & le troifième font d'un gris cendré & velus ; les autres font noirs. Les pattes font noires & fans piquans.

On le trouve en Amérique.

3. ASILE maure.

Asilus maurus. Lin.

Afilus fubferrugineus , pectoris lateribus punctis thoracifque dorfo lineis tribus nigris. Lin. Syft. nat. p. 1006. n°. 1.

Afilus maurus. Fab. Syft. entom. p. 792. n°. 2. — Spec. inf. tom. 2. p. 460. n°. 2.

Il eft à peu-près de la grandeur de l'*Afile-Frelon*. Les antennes font ferrugineufes. Le corcelet eft ferrugineux, avec des points noirs fur les côtés, & trois lignes longitudinales noires. L'abdomen eft ferrugineux, avec le bord des anneaux obfcur.

On le trouve en Afrique, fur les côtes de Barbarie.

4. ASILE à bandelettes.

Asilus vittatus. Nob.

Afilus thorace ferrugineo nigro lineato ; abdomine flavo , bafi nigro. Nob.

Il reffemble pour la forme & la grandeur à l'*Afile-Frelon*. Les antennes font noires. Le front eft couvert de poils fins, longs, d'un jaune pâle. Le corcelet eft ferrugineux, avec quatre lignes longitudinales, noires, dont les deux latérales font quelquefois interrompues. L'abdomen eft jaune, noir à fa bafe, & terminé en pointe dans les femelles. Les pattes font jaunâtres, & les tarfes obfcurs.

Il eft au cabinet de M. Gigot d'Orcy.

On le trouve à St. Domingue.

5. ASILE ferrugineux.

Asilus ferrugineus. Nob.

Afilus ater , capite villofo , villis fulvis ; alis ferrugineis. Nob.

Il eft un peu plus grand que l'*Afile-Frelon*. Il eft tout noir, fa tête feule eft couverte de poils de couleur fauve obfcure. Les ailes font ferrugineufes, principalement à leur bord extérieur.

Il eft confervé au cabinet de M. Gigot d'Orcy.

On le trouve . . . . . .

6. ASILE algérien.

Asilus algirus. Lin.

Afilus corpore toto ferrugineo. Lin. Syft. nat. p. 1006. n°. 2.

Afilus algirus. Fab. Syft. entom. p. 792. n°. 3. — Spec. inf. tom. 2. p. 460. n°. 3.

Il eft de la grandeur de l'*Afile-Frelon*. Tout fon corps eft ferrugineux & couvert de quelques poils pâles. Les ailes font tranfparentes & veinées. L'abdomen eft prefque cylindrique, mais aminci vers l'extrémité : le bord de fes anneaux eft d'une couleur ferrugineufe, plus foncée & plus luifante que le refte.

On le trouve en Afrique, fur la côte de Barbarie.

7. ASILE barbare.

Asilus barbarus. Lin.

Afilus fronte, thorace pedibufque ferrugineis , alis flavis ; apice margineque tenuiore nigris. Lin. Syft. nat. p. 1007. n°. 3.

Afilus barbarus. Fab. Syft. entom. p. 792. n°. 4. — Spec. inf. tom. 2. p. 461. n°. 4.

Il eft un peu plus grand que l'*Afile-Frelon*. Sa longueur eft à peu-près de treize à quatorze lignes. Les antennes, le front, le corcelet, les jambes & les tarfes font fauves. La trompe, les yeux, la poitrine, l'abdomen & les cuiffes font noirs. Le front eft couvert de poils longs, d'une belle couleur fauve. Les ailes font de la longueur de l'abdomen ; leur couleur eft fauve, mais l'extrémité & le bord interne font noirâtres. Les balanciers font noirs. Les pattes font couvertes de quelques piquans.

On trouve cet *Afile* fur la côte de Barbarie, en Provence, en Languedoc.

8. ASILE Frelon.

Asilus crabroniformis. Lin.

Afilus abdomine tomentofo antice fegmentis tribus nigris, poftice flavo inflexo. Lin. Syft. nat. p. 1007. n°. 4. — Faun. Suec. n°. 1908.

Asilus crabroniformis. FAB. *Syst. ent. p.* 792.
n°. 5. — *Spec. inf. tom.* 2. *p.* 461. *n°.* 5.

*Asilus ferrugineus ; abdominis articulis tribus ,
prioribus atris, posterioribus quatuor flavis.* GEOFF.
Inf. tom. 2. *p.* 468. *n°.* 3. *pl.* 17. *fig.* 3.

L'*Asile* brun à ventre à deux couleurs. GEOFF.
ibid.

Asile demi-velu, à antennes à poil, dont le ventre
est noir par devant & jaune fauve par derrière. DEG.
Mém. tom. 6. *p.* 244. *n°.* 7. *pl.* 14. *fig.* 3.

*Asilus subhirsutus , antennis setigeris ; abdomine
antice nigro, postice flavo-fulvo.* DEG. *ib.*

Musca maxima crabroniformis. RAI. *Inf. p.* 267.
FRISCH. *Inf. tom.* 3. *pl.* 3. *tab.* 8.
REAUM. *Mém. tom.* 4. *pl.* 8. *fig.* 3.
MOUFF. *Theat. inf. p.* 46. *fig. exter.*
Musca boaria Aldov, JONSTON. *tab.* 9. *fig.* 2.
Erax crabroniformis. SCOP. *Ent. carn. n°.* 974.
Asilus crabroniformis. SCHRANK. *Enum. inf.
aust. n°.* 992.
Asilus crabroniformis. FOURC. *Entom. par. p.* 459.
n°. 3.
SCHAEFF. *Elem. entom. tab.* 13. — *Icon. inf. tab.*
8. *fig.* 15.

Cet *Asile* est un des plus grands de ceux d'Europe. Il a environ un pouce de long. Les deux premiers articles des antennes sont fauves ; le troisième est noir & terminé par un filet sétacé. La
trompe & les yeux sont noirs. La tête est couverte
de poils fauves. Le corcelet & les pattes sont fauves.
La poitrine & les cuisses sont un peu obscures. L'abdomen est alongé & terminé en pointe : il est composé de huit anneaux, dont les trois premiers sont
noirs , les quatre suivans d'un jaune fauve & le
dernier brun. Les ailes sont un peu fauves, avec
quelques taches obscures au bord interne.

Il se trouve en Europe dans les champs & dans
les bois, on le voit voler principalement lorsqu'il
fait chaud & que le soleil est ardent, sur presque
tous les insectes qu'il apperçoit.

9. ASILE velu.
Asilus epiphium. FAB.
Asilus hirsutus ater, thorace basi albo. FAB. *Gen.
inf. mant. p.* 308. — *Spec. inf. tom.* 2. *pag.* 461.
n°. 6.

*Asilus dorsalis hirsutus niger, antennis muticis,
thorace postice villis viridi-flavis.* DEG. *Mem. t.* 6.
p. 239, *n°.* 2. *pl.* 13. *fig.* 9.

Asile à dossier verdâtre, velu, noir, à antennes
simples, dont le derrière du corcelet est couvert
de poils d'un jaune verdâtre. DEG. *ib.*

Il est plus petit que le précédent. Les antennes
sont noires, très-rapprochées l'une de l'autre, &
ne sont pas terminées par un filet. La tête & tout
le corps sont noirs. On voit à la partie postérieure du corcelet des poils fins, serrés, d'un gris
jaune ou verdâtre & des poils noirs à la partie
antérieure. L'abdomen est noir & luisant. Les pattes
sont noires & les ailes un peu obscures. Les balan-

ciers sont noirs. L'abdomen de la femelle est large,
presque ovale, un peu aplati & concave en-dessous ;
celui du mâle est presque cylindrique & peu concave
en-dessous.

On le trouve en Europe dans les bois.

10. ASILE Bourdon.
Asilus gibbosus. LIN.
Asilus hirsutus niger, abdomine postice albo. LIN.
Syst. nat. pag. 1007. *n°.* 6. — *Faun. suec.
n°.* 1909.

Asilus gibbosus. FAB. *Syst. entom. p.* 793. *n°.* 6.
— *Spec. inf. tom.* 2. *p.* 461. *n°.* 7.

*Asilus Bombilius hirsutus niger, antennis mu-
ticis, abdomine postice albido griseo, capite villis
griseis.* DEG. *Mem. tom.* 6. *p.* 238. *n°.* 1.

Asile Bourdon, velu, noir, à antennes simples,
à ventre d'un gris blanchâtre par derrière & à tête
couverte de poils du même gris. DEG. *ib.*

SCHAEFF. *Icon. inf. tab.* 8. *fig.* 11.

Il est presque aussi grand que l'*Asile-Frelon*,
mais son ventre est un peu plus gros. Il est noir
& très-velu, & il ressemble au premier regard à
une Abeille Bourdon. Les antennes ne sont point
terminées par un petit filet. Les trois derniers anneaux de l'abdomen sont couverts d'un duvet serré,
d'un gris blanchâtre.

On le trouve en Europe, dans les champs.

11. ASILE barbu.
Asilus barbatus. FAB.
*Asilus hirsutus niger, barba, abdomine postice ti-
biisque posticis albis.* FAB. *Mant. inf. tom.* 2. *p.* 358.
n°. 8.

Il ressemble au précédent pour la forme & la
grandeur. La tête est noire, avec de longs poils
serrés, blancs, autour de la trompe. Le corcelet
est noir, sans tache. L'écusson est noir & très-
velu. L'abdomen est court, velu, avec les deux
premiers anneaux noirs & les autres blancs. Les
pattes sont noires, couvertes de poils ; les jambes
postérieures seulement sont blanches.

Il se trouve à Cayenne.

12. ASILE fascié.
Asilus fasciatus. FAB.
*Asilus hirtus, niger, abdomine basi fasciis dua-
bus niveis.* FAB. *Syst. ent. p.* 793. *n°.* 7. — *Spec.
inf. tom.* 2. *p.* 461. *n°.* 8.

Il est de la grandeur de l'*Asile-Frelon*. La tête
est noire & couverte de poils ferrugineux. Le corcelet est noir, avec les côtés & l'écusson un peu
ferrugineux. L'abdomen est noir ; on voit à sa
base deux bandes formées par des poils d'un blanc
de neige. Les ailes sont obscures. Les pattes sont
noires, & elles ont des poils ferrugineux.

Il se trouve à Sierra-Léon, en Afrique.

13. ASILE cul-blanc.
Asilus æstuans. LIN.

Asilus

Afilus cinereus, *ultimis tribus fegmentis albis*, Lin. *Syft. nat.* p. 1007. *n°. 8.* --- *Amœnit. acad.* p. 413. *n°. 96.*

Afilus æfluans. Fab. *Syft. ent.* p. 793. *n°. 8.* ---- *Spec. inf.* tom. 2. p. 462. *n°. 9.*

Deg. *Mém. tom. 6. pl. 14. fig.* 10 & 11.

Il reffemble beaucoup à l'*Afile* cendré. La tête eft noirâtre. Le corcelet & l'abdomen font d'un gris cendré, avec quelques taches & raies noirâtres peu marquées : mais ce qui diftingue cette efpèce, c'eft que les trois derniers anneaux de l'abdomen font blancs & luifans. Celui de la femelle eft terminé en pointe : on voit à celui du mâle la pièce écailleufe, comprimée, garnie de crochets, qu'on remarque dans les autres *Afiles*.

Il fe trouve en Penfylvanie, à Surinam.

14. ASILE noir.
ASILUS ater. Lin.

Afilus hirfutus totus niger, barba albida. Lin. *Syft. nat.* p. 1007. *n°. 7.* — *Faun. fuec. n°.* 1910.

Afilus ater hirfutus ater, barba albida. Fab. *Syft. ent.* p. 793. *n°. 9.* ---- *Spec. inf.* tom. 2. p. 462. *n°.* 10.

Afilus totus niger fubhirfutus, alis atris. Geoff. *Inf. tom.* 2. p. 469. *n°.* 5.

L'Afile tout noir. Geoff. *ib.*

Erax proftratus. Scop. *Entom. carn. n°.* 973.

Afilus ater. Schrank. *Enum. inf. auft. n°.* 993.

Afilus ater. Fourc. *Entom. par. n°.* 460. *n°.* 5.

Il reffemble un peu à l'*Afile Bourdon*, mais il eft plus petit. Il eft tout noir & velu ; on apperçoit feulement quelques poils blanchâtres fur le devant de la tête. Les antennes ne font point terminées par un filet. Les ailes font obfcures & les balanciers jaunes.

Lorfque cet *Afile* eft pofé à quelque part, il appuie fa poitrine fur le plan de pofition, en tenant fes pattes étendues.

On le trouve en Europe, dans les champs.

15. ASILE diadème.
ASILUS diadema. Fab.

Afilus ater, alis nigris, fronte alba. Fab. *Spec. inf.* tom. 2. p. 462. *n°.* 1.

Cet *Afile* n'eft peut-être qu'une variété du précédent. Il a de huit à dix lignes de long. Tout fon corps eft très-noir & prefque glabre. Le front eft gris, & la trompe eft entourée de poils longs, ferrés, noirs. Les ailes & les balanciers font noirs.

Il fe trouve en Italie, en Provence, en Languedoc.

16. ASILE roufsâtre.
ASILUS calidus. Fab.

Afilus hirtus gilvus, thorace fufco, abdomine nigro, fegmentotum marginibus albis. Fab. *Mant. inf.* tom. 2. p. 358. *n°.* 13.

Il reffemble aux précédens pour la forme & la grandeur. La tête eft couverte de poils ferrés, roufsâtres. Les antennes font noires. Le corcelet

Hiftoire Naturelle, Infeɛtes. Tome IV.

eft noirâtre & fans tache en-deffus, il eft couvert de poils roufsâtres en-deffous. L'abdomen eft court, très-noir, avec le bord des anneaux blanc. Les ailes font blanchâtres. Les cuiffes font noirâtres ; les jambes font velues & briquetées, & les tarfes font noirs.

Il fe trouve à Cayenne.

17. ASILE jaune.
ASILUS flavus. Lin.

Afilus flavus hirfutus niger, thorace poftice cinereo, abdomine fupra hirfuto fulvo. Fab. *Syft. ent.* p. 793. *n°.* 10. — *Spec. inf.* tom. 2. pag. 461. *n°.* 12.

Afilus niger hirfutus, thorace poftice flavo ; abdomine fupra fulvo, plantis ferrugineis. Lin. *Syft. nat.* p. 1007. *n°. 8.* — *Faun. fuec. n°.* 1911. — *Iter. Gottl.* 327.

Afilus hirfutus niger, antennis muticis, thorace villis albidis ; abdomine ovato villis flavorufis fplendentibus. Deg. *Mém. tom. 6. p.* 240. *n°.* 3. *pl.* 13. *fig.* 10.

Afile velu, noir, à antennes fimples, à poils blanchâtres fur le corcelet, à ventre ovale couvert de poils d'un roux jaunâtre ardent. Deg. *ibid.*

Afilus hirfutus ferrugineus, alis fulvis, femoribus nigris. Geoff. *Inf. tom.* 2. pag. 467. *n°.* 2.

L'*Afile velu*, de couleur fauve. Geoff. *ib.*

Erax conopfoïdes. Scop. *Entom. carn. n°.* 978.

Afilus fulvus. Fourc. *Entom. par. pag.* 459. *n°.* 2.

Cet *Afile* a environ dix lignes de long. Les antennes font noires, de la longueur de la tête, & ne font pas terminées par un filet. La trompe eft noire & un peu plus longue que la tête. Il eft tout velu, & le fond de la couleur de tout le corps eft noir ; mais la tête & le corcelet font couverts de poils d'un gris cendré, quelquefois jaunâtre. L'abdomen eft ovale, concave en-deffous, convexe en-deffus, & couvert de poils fins, ferrés, d'un roux jaunâtre. Les nervures des ailes font brunes, & les balanciers font jaunes. Les cuiffes font renflées & couvertes d'un duvet cendré, jaunâtre ; les jambes font couvertes d'un duvet roufsâtre. Les tarfes font noirâtres.

Il fe trouve en Europe.

18. ASILE violet.
ASILUS violaceus. Fab.

Afilus hirfutus ater abdomine violaceo. Fab. *Gen. inf. mant.* p. 308. ---- *Spec. inf.* tom. 2. p. 462. *n°.* 13.

Il eft noir & couvert de poils roides. L'abdomen eft ovale, violet & luifant. Les ailes font obfcures.

Il fe trouve en Allemagne.

ASI

19. ASILE roux.

Asilus gilvus. LIN.

Asilus niger ; abdomine supra fulvo. FAB. *Syst. entom. p. 793. n°. 11. -- - Spec. inf. tom. 1. p. 462. n°. 14.*

Asilus abdomine pubescente nigro , supra rufo. LIN. *Syst. nat. p. 1007. n°. 9. ---- Faun. suec. n°. 1911.*

Asilus niger , abdominis segmentis tribus à tergo rufis. GEOFF. *Inf. tom. 2. p. 468. n°. 4.*

L'*Asile* noir à tache fauve sur le ventre. GEOFF. *ibid.*

Asilus rufus hirsutus niger , antennis muticis ; alis nigricantibus ; abdomine supra villis rufis splendentibus. DEG. *Mém. tom. 6. p. 241. n°. 4. pl. 13. fig. 15.*

Erax ferox. SCOP. *Entom. carn. n°. 977.*

Asilus gilvus. SCHRANK. *Enum. inf. aust. n°. 99L.*

SCHAEFF. *Icon. inf. tab. 78. fig. 6.*

Asilus gilvus. FOURC. *Entom. par. pag. 460. n°. 4.*

Il a environ neuf ou dix lignes de long ; il est noir & peu velu. Les antennes sont noires , & ne sont pas terminées par un petit filet. Le front est couvert de poils d'un gris un peu fauve. Le corcelet est presque glabre au milieu. On y voit quelques poils fauves à sa partie postérieure & sur les côtés. L'abdomen est noir , avec une tache fauve rougeâtre qui s'étend sur plusieurs anneaux. Les pattes sont d'un fauve obscur. Les ailes sont un peu obscures , & les balanciers sont jaunes.

On le trouve en Europe, dans les bois.

20. ASILE ponctué.

Asilus punctatus. FAB.

Asilus hirtus , thorace cinereo pubescente ; abdomine atro , punctis tribus marginalibus albis matulisque duabus dorsalibus rufis. FAB. *Spec. inf. tom. 2. p. 463. n°. 15.*

Il ressemble au précédent pour la forme & la grandeur. Les antennes sont noires. Tout le corps est d'une couleur noire très-foncée, mais le front est cendré , avec des poils longs , de la même couleur , au-dessus de la trompe. Le corcelet est couvert d'un duvet grisâtre que l'insecte perd peu-à-peu. On voit sur le quatrième & le cinquième anneaux de l'abdomen une grande tache d'un rouge brun , & un point blanc formé par des poils très-courts , de chaque côté des quatre premiers anneaux. Les pattes sont très-noires , & les ailes sont un peu brunes , avec les nervures d'un brun plus foncé.

Il se trouve en Italie, en Provence , dans les bois & dans les champs.

21. ASILE bordé.

Asilus marginatus. LIN.

Asilus halteribus abdominisque incisuris flavis ,

femoribus nigris. LIN. *Syst. nat. p. 1008. n°. 10. --- Faun. suec. n°. 1913,*

Asilus marginatus. FAB. *Syst. ent. p. 793. n°. 11. ---- Spec. inf. tom. 2. p. 463. n°. 16.*

Asilus subhirsutus niger ; antennis muticis : alis fuscis , halteribus flavis ; abdominis incisuris villoso flavescentibus. DEG. *Mém. tom. 6. p. 242. n°. 5.*

Asile demi-velu noir , à antennes simples , à ailes brunes & balanciers jaunes, dont les incisions des anneaux du ventre sont bordées de poils jaunâtres. DEG. *ib.*

SCHAEFF. *Elem. inf. tab. 23. fig. 1.*

Il a environ six lignes de long ; il est un peu velu & moins alongé que les espèces précédentes. Les antennes sont noires , & ne sont pas terminées par un petit filet. La tête est noire, mais le front est couvert de poils d'un roux doré, luisant. Le corcelet est noir. L'abdomen est large , presque ovale , noir, avec le bord des anneaux couvert de poils courts & jaunâtres qui le font paroître comme bordé. Les ailes sont un peu plus longues que le corps ; elles sont luisantes, avec une forte teinte de brun. Les balanciers sont d'un jaune citron.

On le trouve en Europe, dans les champs.

22. ASILE plombé.

Asilus plumbeus. FAB.

Asilus corpore cinereo immaculato. FAB. *Syst. entom. p. 793. n°. 13. ---- Spec. inf. tom. 2. p. 463. n°. 17.*

Il est un peu plus petit que l'*Asile* cendré. Tout son corps est d'une couleur cendrée , sans taches. La trompe est courte & très-noire. L'extrémité des balanciers est jaune.

Il se trouve à la Nouvelle-Hollande.

23. ASILE cendré,

Asilus forcipatus. LIN.

Asilus hirtus subcinereus , lateribus flavis. LIN. *Syst. nat. p. 1008. n°. 13. --- Faun. suec. 1914.*

Asilus forcipatus cinereus ano pedibusque nigris. FAB. *Syst. entom. p. 794. n°. 14. --- Spec. inf. tom. 2. p. 463. n°. 18.*

Asilus cinereus hirsutus. GEOFF. *Inf. tom. 2. p. 473. n°. 16.*

L'*Asile* cendré. GEOFF. *ib.*

Asilus cinereus subhirsutus griseo-fusco-nigricans , antennis setigeris , thorace fascia longitudinali nigra , pedibus fuscis ; abdomine elongato cylindrico. DEG. *Mém. tom. 6. p. 246. n°. 8. pl. 14. fig. 9.*

Asile demi-velu , d'un gris-brun , noirâtre à antennes à poil , à bande longitudinale noire sur le corcelet , à pattes brunes & à ventre alongé cylindrique. DEG. *ib.*

FRISCH. *Inf. tom. 3. tab. 7.*

Erax forcipatus. SCOP. *Entom. carn. n°. 975.*

Afilus forcipatus, SCHRANK. *Enum. inf. auf.* n°. 997.

Afilus forcipatus. FOURC. *Entom. par. p.* 464. n°. 16.

Il a environ huit lignes de long. Tout le corps est d'une couleur cendrée plus ou moins foncée. Les antennes sont noires & terminées par un filet sétacé. La trompe est courte & noire. Les yeux sont bruns, & la tête est couverte de poils cendrés. Le corcelet est relevé, & on y voit dans le milieu, une raie longitudinale, noirâtre. L'abdomen est alongé, terminé en pointe aiguë dans les femelles, & en deux crochets dans les mâles : il est d'une couleur cendrée noirâtre, avec le bord des anneaux cendré, luisant, & l'extrémité noire. Les pattes sont couvertes de quelques poils roides.

On le trouve dans toute l'Europe, dans les champs, & dans les bois.

24. A S I L E germanique.
Asilus germanicus. LIN.

Afilus niger tibiis rufis, alis fufcis bafi albidis. LIN. *Syft. nat. p.* 1008. n°. 12.

Afilus germanicus. FAB. *Syft. entom. pag.* 794. n°. 15. —*Spec. inf. tom.* 2. *p.* 464. n°. 19.

Afilus niger subhirsutus niger, antennis setigeris, tibiis halteribusque rufis. DEG. *Mém. tom.* 6. *p.* 249. n°. 9. *pl.* 14. *fig.* 12.

Afile demi-velu, noir, à antennes à poil, à jambes & balanciers de couleur rousse. DEG. *ib.*

Afilus niger hirsutus, tibiis halteribusque ferrugineis, alis nigro undulatis. GEOF. *Inf. tom.* 2. *pag.* 469. n°. 6.

L'*Afile* noir velu, à pattes & balanciers fauves, & ailes noires ondées. GEOFF. *ib.*

SCHAEFF. *icon. inf. tab.* 48. *fig.* 9. 10.

Afilus undulatus. FOURC. *Entom. par. pag.* 460. n°. 6.

Cet *Afile* est un peu plus grand que le précédent, auquel il ressemble d'ailleurs un peu. Tout son corps est d'une couleur cendrée noirâtre. Les antennes sont noires & terminées par un filet sétacé. La tête est noirâtre & couverte de poils cendrés. Les yeux sont bruns. Le corcelet est un peu relevé ; il a deux raies longitudinales noirâtres. L'abdomen est alongé & terminé en pointe dans les femelles. Les pattes sont noires, mais les jambes & le premier article des tarses sont d'un rouge brun. Les ailes sont un peu obscures, mais leur base est blanchâtre, principalement à leur bord interne. Les balanciers sont jaunes.

On le trouve dans toute l'Europe, dans les bois.

25. A S I L E bicolor.
Asilus bicolor. NOB.

Afilus fufcus, abdomine, pedibus antennarumque bafi teftaceis. NOB.

Il ressemble pour la forme & la grandeur à l'*Afile* cendré. Les deux premiers anneaux des antennes

sont d'une couleur fauve brune ; le troisième est noir & terminé par un filet sétacé, très-court. La tête est couverte de poils gris. Les yeux & la trompe sont noirs. Le corcelet est noirâtre, avec une tache fauve de chaque côté de sa partie antérieure, & quelques poils roussâtres, principalement à sa partie postérieure. L'abdomen est testacé en dessus, avec le bord des derniers anneaux noirâtre ; il est obscur en dessous, & n'est point terminé en pointe fine, comme on le remarque dans l'*Afile* cendré. Les pattes sont testacées & couvertes de quelques poils roides, courts, de la couleur des pattes. Les nervures des ailes sont d'un rouge brun ; le reste est transparent. Les balanciers sont jaunes.

Cet insecte m'a été envoyé par M. Danthoine, des montagnes du Dauphiné.

26. A S I L E rufipède.
Asilus rufipes. FAB.

Afilus fufcus, abdomine cinereo : fafiis apiceque nigris. FAB. *Syft. entom. pag.* 794. n°. 16. --- *Spec. inf. tom.* 2. *pag.* 464. n°. 20.

Il ressemble à l'*Afile* cendré, mais il est une fois plus grand. La trompe est noire & avancée. Les antennes sont terminées par un filet sétacé. Le front est couvert d'un léger duvet cendré. Le corcelet est élevé, poileux, noirâtre. L'abdomen est conique, cendré, avec quatre bandes, & l'extrémité noire. Les pattes sont noires, mais les jambes sont rousses. Les ailes sont obscures.

On le trouve dans l'Amérique méridionale.

27. A S I L E tacheté.
Asilus maculatus. FAB.

Afilus cinereus, abdominis segmentis macula quadrata atra, pedibus piceis, plantis nigris. FAB. *fyft. Entom. pag.* 794. n°. 17. --- *Spec. inf. tom.* 2. *pag.* 464. n°. 21.

Il est une fois plus grand que l'*Afile* cendré. Tout son corps est d'une couleur cendrée. La trompe est noire à son extrémité. L'abdomen est alongé, cylindrique, avec une grande tache quarrée noire, au milieu de chaque anneau, excepté sur le dernier. Les pattes sont brunes avec leur extrémité noire.

On le trouve aux Indes orientales.

28. A S I L E marginé.
Asilus marginellus. FAB.

Afilus cinereo fufcus, pedibus rufis apice nigris, alis margine atro. FAB. *Spec. inf. tom.* 2. *pag.* 464. n°. 22.

Il a la forme des précédens. Tout le corps est d'une couleur cendrée obscure. Le front est couvert de poils blanchâtres. Les pattes sont rousses, avec leur extrémité noire. Les ailes sont transparentes, mais le bord extérieur est noir, principalement vers le milieu.

On le trouve en Amérique dans l'île de Sainte-Croix.

29. A S I L E porte-anneau.
ASILUS annulatus. FAB.

Afilus cinereus, abdomine apice nigro, femoribus teftaceis; annulo nigro. FAB. Syst. entom. pag. 794. n° 18. --- Spec. inf. tom. 2. pag. 464. n°. 23.

Il reffemble pour la forme & la grandeur à l'Afile cendré. La trompe eft noire. Le corcelet eft élevé, de couleur cendrée, avec une ligne longitudinale, obfcure. L'abdomen eft conique, & fon extrémité eft noire. Les ailes font tranfparentes, un peu obfcures feulement à leur extrémité. Les pattes font de couleur de briques, & les cuiffes ont un anneau noir.
Il fe trouve aux Indes orientales.

30. A S I L E armé.
ASILUS ftylatus. FAB.

Afilus hirtus cinereus, thorace abdomineque nigro maculatis, tibiis rufis, ano ftylato. FAB. Syst. entom. pag. 795. n°. 19. --- Spec. Inf. tom. 2. p. 464. n°. 24.

Il eft un peu plus grand que l'Afile cendré. Le corcelet eft de couleur cendrée, avec une ligne longitudinale, large au milieu, & deux taches noires de chaque côté. L'abdomen eft noir en-deffus : il eft terminé par une efpèce de ftilet noir, de la longueur de la moitié de l'abdomen. Les pattes font noires, les jambes roufsâtres, & les ailes tranfparentes.
Il fe trouve en Amérique.

31. A S I L E nigripède.
ASILUS nigripes. FAB.

Afilus hirtus niger, thorace lineis quatuor, abdomine cingulis tribus albis. FAB. Mant. inf. tom. 2. pag. 360. n°. 28.

Il reffemble beaucoup au précédent, mais il eft un peu plus petit. La tête eft couverte de poils blanchâtres. La trompe eft noire. Les antennes font noires, & terminées par un filet fétacé. Le corcelet eft noir, velu, avec quatre lignes longitudinales, blanches. L'abdomen eft très-pointu, noir, avec trois bandes blanches à fa bafe. Les pattes font très-noires, & les ailes font tranfparentes.
Il fe trouve à Cayenne.

32. A S I L E fanglé.
ASILUS cingulatus. FAB.

Afilus cinereus, tibiis rufis nigro annulatis. FAB. Spec. inf. tom. 2. pag. 464. n°. 25.

Il eft un peu plus petit que l'Afile cendré. Tout fon corps eft d'une couleur cendrée, fans taches. Les pattes font noires & les cuiffes fauves avec deux anneaux noirs.
On le trouve en Italie.

33. A S I L E teuton.
ASILUS teutonus. LIN.

Afilus niger, thorace fugaci-aureo maculato, abdomine utrinque maculis quinque albis. LIN. Syst. nat. pag. 1008. n°. 11.

Afilus teutonus. FAB. Syst. entom. pag. 795. n°. 21. --- Spec. inf. tom. 2. pag. 465. n°. 27.

Afilus niger glaber; antennis, femoribus, halteribus tibiisque fecundi & poftici paris rufis, alis fufco undulatis. GEOFF. Inf. tom. 2. pag. 469. n°. 7.

L'Afile noir liffe, à antennes, cuiffes & balanciers fauves, & ailes ondées de brun. GEOFF. ib.

Erax tenthredoïdes. SCOP. Entom. carn. n°. 979.

Afilus teutonus. SCHRANK. Enum. inf. auftr. n°. 994.

Afilus marmoratus FOURC. Ent. par. pag. 461. n°. 7.

SCHAEFF. Icon. inf. tab. 8. fig. 13.

Cet infecte varie beaucoup pour la grandeur. Je l'ai trouvé dans les provinces méridionales de la France prefqu'une fois plus grand qu'aux environs de Paris. Il a environ depuis fix jufqu'à neuf lignes de long. Les antennes font fauves. La tête eft noire, mais le front eft couvert d'un duvet roux, très-luifant. Le corcelet eft noir, mais vu à un certain jour, il paroît avoir une ligne longitudinale rouffe, dorée, de chaque côté, & une ou deux taches de la même couleur, un peu au-deffous des lignes. L'abdomen eft noir, prefque liffe, légèrement aplati, avec un point blanchâtre, luifant, formé par des poils courts, fur les côtés de chaque anneau. Les pattes font fauves; mais les jambes des pattes antérieures, & tous les tarfes font noirs.

Cet Afile eft auffi redoutable aux petits infectes que les plus groffes efpèces. Je lui ai vu prendre au vol de groffes Mouches & des Abeilles à miel, & les emporter vivantes entre fes pattes.

On le trouve dans toute l'Europe; il eft beaucoup plus commun dans les provinces méridionales de la France qu'aux environs de Paris.

34. A S I L E Tipule.
ASILUS tipuloïdes. LIN.

Afilus cinereus nudus, thoracis lineis dorfalibus tribus nigris. LIN. Syst. nat. pag. 1008. n°. 14. ---- FAUN. Suec. n°. 1915.

Afilus tipuloïdes, cinereus nudus, pedibus ferrugineis, plantis nigris. FAB. Syst. entom. p. 795. n°. 20. --- Spec. inf. tom. 2. pag 464 n°. 26.

Afilus lividus, thoracis lineis dorfalibus tribus nigris. GEOFF. Inf. tom. 2. pag. 474. n°. 17.

L'Afile à pattes fauves alongée. GEOFF. ib.

Afilus lineatus. SCOP. Entom. carn. n°. 990.

Afilus tipuloïdes. SCHRANK. Enum. inf. auft. n°. 999.

Afilus tipuloïdes. FOURC. Entom. par. p. 464. n°. 17.

Il a environ quatre lignes de long. Les antennes font noires & les yeux font bruns ou grisâtres. Le corcelet eft de couleur cendrée, obfcure, avec trois lignes noires, longitudinales en-deffus. L'abdomen eft alongé, fa couleur eft ferrugineufe, ou d'un jaune pâle, un peu livide. Les pattes font

fauves & tres-longues , ce qui lui donne, au premier regard , l'air d'une Tipule. Les ailes font tranfparentes.

On le trouve communément en Europe dans les
champs , dans les prés, & les jardins.

35. A s i l e cayennois.

Asilus cayennenſis. FAB.

*Aſilus ater., thoracis linea dorſali alba nigro bi-
lineata , capite ſcutelloque albis.* FAB. *Mant. inſ.
tom. 2 pag. 360.*

Il reſſemble à l'*Aſile teuton* pour la forme &
la grandeur. La tête eſt velue & blanche. La trompe
& les antennes font blanches. Le corcelet eſt noir,
avec un reflet cendré , brillant , une large raie longitudinale blanche , au milieu , dans laquelle on
apperçoit deux petites lignes noires, & enfin quelques
taches blanches ſous l'origine des ailes. L'écuſſon eſt
blanc & ſans taches. L'abdomen eſt cylindrique, trés-
noir , avec le bord du premier & du ſecond anneau
blanc. Les ailes font obſcures. Les pattes font trés-
noires & ſans taches. Le bouton qui termine les balanciers eſt blanc.

Il ſe trouve à Cayenne.

36. A s i l e rayé.

Asilus lineatus. FAB.

*Aſilus teſtaceus , thorace abdomineque nigro linea-
tis , alis fuſcis , macula media teſtacea.* FAB. *Spec.
inſ. tom. 2. pag. 465. n° 28.*

Il reſſemble pour la forme & la grandeur à l'*Aſile
cylindrique.* La tête eſt d'un rouge de briques. Les
yeux & l'extrémité de la trompe font noirs. Le
corcelet eſt briqueté ; il a trois raies longitudinales,
noires, dont les deux latérales ſont plus courtes que
celles du milieu. L'abdomen eſt cylindrique , recourbé , rougeâtre , avec trois taches noires à ſa partie
ſupérieure. Les pattes ſont briquetées ; elles ſont
obſcures, avec une grande tache au milieu, rougeâtre.

On trouve cette eſpèce à l'île Sainte - Croix en
Amérique.

37. A s i l e à ceinture.

Asilus cinctus. FAB.

*Aſilus cinereus , abdomine atro, ſegmentorum
marginibus albis.* FAB. *Spec. inſ. tom. 2. pag. 465.
n°. 29.*

Cet *Aſile* eſt petit. La tête & le corcelet ſont de
couleur cendrée obſcure. L'abdomen eſt noir , luiſant, avec le bord des anneaux blanc. Les pattes
ſont noires , & les balanciers ſont jaunes.

On le trouve en Allemagne.

38. A s i l e bleuer.

Asilus cyaneus. FAB.

Aſilus fuſcus , abdomine aliſque cyaneis. FAB.
Spec inſ. tom. 2. pag. 465. n°. 30.

Il eſt de la grandeur du ſuivant. La tête & le
corcelet ſont obſcurs , point du tout luiſans.

L'abdomen & les ailes ſont luiſans , d'un trés-
beau bleu , & ſans aucune tache.

On le trouve au cap de Bonne-Eſpérance.

39. A s i l e cylindrique.

Asilus œlandicus. LIN.

Aſilus ater nudus, pedibus halteribusque ferrugineis..
LIN. *Syſt nat. pag. 1008. n°. 15. — Faun. ſuec.
n°. 1916.*

Aſilus œlandicus. FAB. *Syſt. entom. pag. 795.
n°. 22. — Spec inſ. tom. 2. pag. 465. n°. 31.*

*Aſilus niger glaber , femoribus halteribusque
ferrugineis , alis nigris.* GEOFF. *Inſ. tom. 2. p. 470.
n°. 8.*

L'*Aſile* noir liſſe , à pattes & balanciers fauves,
& ailes toutes noires. GEOFF. *ib.*

*Aſilus cylindricus glaber niger, antennis ſetigeris,
abdomine elongato cylindrico apice clavato , pedibus
flavis , alis corpore brevioribus.* DEG. *Mém. tom. 6.
p. 249. n°. 10. pl. 14. fig 13.*

*Aſile cylindrique liſſe noir , à antennes à poil ,
à ventre long , cylindrique , & gros au bout, à
pattes jaunes & à ailes plus courtes que le ventre.*
DEG *ib.*

Aſilus œlandicus. SCHRANK. *Enum. inſ. auſt. n°.
995.*

Aſilus œlandicus. FOURC. *Entom. par. pag. 461.
n°. 8.*

Tout le corps de cet inſecte eſt noir , liſſe &
luiſant. Les antennes ſont un peu plus longues que
la tête , & ne ſont pas terminées par un filet ſétacé. On voit ſur le front un duvet cendré, luiſant. Le corcelet eſt un peu élevé. L'abdomen eſt
alongé , preſque linéaire, un peu plus étroit vers
ſa baſe qu'à ſon extrémité. Les pattes ſont fauves,
avec le bas des jambes poſtérieures , & les tarſes
noirs. Les ailes ſont noires , & les balanciers jaunes.

On le trouve en Europe dans les prés & les bois
humides.

40. A s i l e des prés.

Asilus pratenſis. NOB.

*Aſilus niger glaber , fronte cinereâ , pedibus anti-
cis fulvis, alis albis.* NOB.

*Aſilus niger glaber, femoribus halteribusque fer-
rugineis , alis albis , venis nigris.* GEOFF. *Inſ.
tom. 2. p. 470. n°. 9.*

L'*Aſile* noir liſſe , à pattes & balanciers fauves,
& ailes blanches veinées. GEOFF. *ib.*

*Aſilus rufipes niger glaber nitidus, antennis mu-
ticis , fronte alba , halteribus flavis, pedibus quatuor anticis fulvis.* DEG. *Mém. tom. 6. p. 243.
n°. 6. pl. 14. fig. 2.*

*Aſile à pattes rouſſes , noir liſſe & luiſant , à
antennes ſimples ; à front blanc & à balanciers
jaunes , dont les quatre pattes antérieures ſont
rouſſes.* DEG. *ib.*

Aſilus venoſus. FOURC. *Entom. par. pag. 462.
n°. 9.*

Cet *Afile* reffemble beaucoup au précédent pour la forme & la grandeur. Il eft noir, liffe & luifant, avec un très-léger reflet cendré à la poitrine & aux côtés du corcelet, qui difparoît avec l'âge. Les antennes font un peu plus longues que la tête, & ne font pas terminées par un filet fétacé. Le front eft cendré, luifant. Le corcelet eft un peu relevé. L'abdomen eft alongé, étroit, prefque cylindrique. Les quatre pattes antérieures font fauves, avec les tarfes quelquefois obfcurs. Les pattes de derrière font noirâtres avec un peu de fauve à la bafe des cuiffes & aux genoux. Les balanciers font jaunes & les ailes font tranfparentes, avec des nervures noirâtres.

Il eft très-commun aux environs de Paris, dans les prés & dans les bois humides. On le trouve auffi en Suède.

41. ASILE Conops.

ASILUS conopfoïdes. FAB.

Afilus thorace nigro, flavo maculato; abdomine atro; fafciis rufis. FAB. Syft. ent. p. 795. n°. 23. — Spec. inf. tom. 2. p. 466. n°. 32.

Cet infecte eft petit. Les antennes & la trompe font noires & la tête noir jaune. Le corcelet eft noir, avec quelques taches & le bord jaunes, vus à un certain jour. L'écuffon eft jaunâtre. L'abdomen eft cylindrique. Le fecond & le troifième anneaux font fauves, & noirs à leur bafe; le quatrième & le cinquième font noirs, avec leur bord fauve; le fixième eft entièrement fauve. Les pattes font fauves & les tarfes noirâtres.

Il fe trouve à la Nouvelle-Hollande.

42. ASILE linéaire.

ASILUS linearis. FAB.

Afilus ater, thoracis dorfo cinereo atro lineato, abdomine lineari; fegmentorum marginibus flavis. FAB. Mant. inf. tom. 2. p. 361. n°. 38.

Cet *Afile* eft petit. La tête eft noire, mais le front eft couvert d'un duvet argenté. Le corcelet eft noir, luifant, la partie fupérieure eft cendrée, avec quatre lignes noires, dont les latérales font les plus courtes. L'abdomen eft alongé, linéaire, noir, luifant, avec le bord des anneaux jaunes. Les ailes font tranfparentes, fans taches. Les balanciers & les pattes font jaunes.

Il fe trouve dans les ifles du Danemarck.

43. ASILE filiforme.

ASILUS filiformis. NOB.

Afilus cinereo rufefcens, fronte pectoreque argenteis; abdomine filiformi, pedibus pofticis longioribus. NOB.

Il varie beaucoup pour la grandeur. Ceux que j'ai trouvés en Provence ont environ fix lignes de long, & ceux des environs de Paris n'en ont que trois. Il eft remarquable par fa forme linéaire. La couleur de tout le corps eft d'un roux cendré, plus obfcur fur l'abdomen que fur le corcelet. Les

antennes font noires, excepté le fecond article qui eft roux; elles font terminées par un filet fétacé. Le front & la poitrine font couverts d'un duvet argenté. L'abdomen eft plus long que les ailes; il eft mince & linéaire. Les pattes antérieures font un peu fauves, avec l'extrémité des tarfes obfcure. Les poftérieures font obfcures & beaucoup plus longues que les autres. Les balanciers ont leur filet jaunâtre & leur bouton obfcur.

J'ai trouvé ce joli infecte en Provence & aux environs de Paris, dans les bois.

44. ASILE culiciforme.

ASILUS culiciformis. FAB.

Afilus ater, glaber, femoribus pofticis longitudine abdominis. FAB. Syft. entom. p. 796. n°. 24. — Spec. inf. tom. 2. p. 466. n°. 33.

M. Fabricius obferve que cet infecte reffemble un peu à un Conops, mais que fa trompe doit le faire placer parmi les *Afiles.* Il eft petit. Les antennes font courtes, & terminées par une foie droite, avancée. L'abdomen eft prefque cylindrique, comprimé, courbé. Les ailes font grandes, tranfparentes, avec les balanciers jaunes. Les cuiffes poftérieures font de la longueur de l'abdomen; elles ont en-deffous quelques petites dentelures.

Il fe trouve en Angleterre, aux environs de Paris.

45. ASILE eftival.

ASILUS aftivus. SCHRANK.

Afilus niger cinereo pubefcens; thorace lineis tribus atris; tibiis teftaceis.

Afilus cinereus, thorace lineis tribus, pedibufque nigris: tibiis teftaceis. SCHRANK. Enum. inf. auft. n°. 996.

Afilus aftivus. SCOP. Entom. carn. n°. 996?

Il reffemble un peu à l'*Afile cendré*, mais il eft plus petit. Les antennes font noires & terminées par un filet long, fétacé. Le front eft couvert de poils longs, d'un roux cendré. Le corcelet eft noir, & couvert d'un duvet cendré: on voit à fa partie fupérieure, trois raies longitudinales, très-noires, dont celle du milieu, un peu plus longue que les deux autres, eft divifée, dans toute fa longueur, par une petite ligne cendrée. L'abdomen eft cylindrique, noir, avec le bord des anneaux cendré. Les pattes font noires, mais les jambes font d'un rouge briqueté, avec leur extrémité noirâtre. Les ailes font tranfparentes & veinées de noir. Les balanciers font jaunes.

On trouve cette efpèce, en France, en Allemagne, dans les champs & dans les bois.

46. ASILE morio.

ASILUS morio. LIN.

Afilus hirtus niger, alis albo nigroque variis. LIN. Syft. nat. p. 1008. n°. 16. — Faun. fuec. n°. 1917.

*Afilus morio tomentofus niger, alis fufcis: mar-

gine interiore macula hyalina ; villo fulvo ante alas, SCHRANK. *Enum. inf. auft. n°.* 1001.

M. Schrank obferve que cet infecte a le port d'une mouche, & qu'il reffemble d'ailleurs beaucoup au Taon maritime. (*Tabanus maritimus.* SCHRANK. SCOP. — *Tabanus. n°. 11.* GEOFF.)

Il a un peu plus de quatre lignes de long. Tout fon corps eft noir & velu. Les antennes font compofées de trois articles, & terminées par un filet tubulé. Le corcelet eft noir & couvert, de chaque côté, de poils fauves-jaunâtres. L'abdomen eft ovale, noir, avec une bande, au-milieu, prefque blanche. Les pattes font brunes. Les ailes font un peu plus longues que le corps, & mélangées de noir & de blanc.

Il fe trouve au nord de l'Europe, en Allemagne.

47. Asile portugais.
Asilus lufitanius. LIN.
Afilus nigricans, alis albo maculatis, abdomine flavo, trifariam nigro maculato. LIN. *Syft. nat.* p. 1009. n°. 17.

Il reffemble pour la forme & la grandeur à une mouche ordinaire. La trompe eft courte, obtufe, noire. La tête & le corcelet font noirs & pubefcens. L'abdomen eft jaune, prefque conique, un peu aplati : on y voit au bord du milieu & des côtés de chaque anneau, une tache noire, transverfale. Les ailes font obfcures, quelquefois tachetées de blanc.

On le trouve au midi de l'Europe.

Efpèces moins connues.

1. Asile tarfe-noir.
Asilus tarfofus. FOURC.
Afilus niger glaber, femoribus tibiifque rufis. GEOFF. *Inf. tom.* 2. p. 471. n°. 10.
L'*Afile* noir liffe, à pattes fauves & tarfes noirs. *Afilus tarfofus.* FOURC. *Entom. par. pag.* 462. n°. 10.

Le corps de cet infecte eft noir & liffe. Ses pattes feules font de couleur fauve, à l'exception des pieds ou tarfes qui font noirs. Ses ailes font blanches, & ont un point marginal noir & long. Le caractère de cette efpèce eft d'avoir la première pièce des tarfes poftérieurs auffi longue que les quatre autres & beaucoup plus groffe qu'elles. GEOFF.

Il fe trouve aux environs de Paris. Il a environ deux lignes de long.

2. Asile glabre.
Asilus glaber.
Afilus niger glaber, halteribus albis alis fubrotundis obfcuris margine nigro. GEOFF. *Inf. tom.* 2. p. 471. n°. 11.
L'*Afile* noir liffe, à balanciers blancs & ailes bordées de noir. GEOFF. *ib.*

Afilus marginatus. FOURC. *Entom. par. p.* 462. n°. 11.

Cette petite efpèce eft toute noire, liffe & peu alongée. Les balanciers de fes ailes font blancs, & les ailes font d'une teinte un peu obfcure, bordées d'un point marginal long & noir. Ses ailes font larges & ovales. GEOFF.

On le trouve aux environs de Paris. Il a environ trois lignes de long.

3. Asile vert-doré.
Asilus viridis. FOURC.
D'un vert brillant, doré ; pattes blanchâtres.
Afilus viridis nitens, pedibus albidis. GEOFF. *Inf. tom.* 2. pag. 475. n°. 19.
L'*Afile* vert-doré. GEOFF. *ib.*
Afilus viridis. FOURC. *Entom. par. pag.* 465. n°. 19.

Tout le corps de cette efpèce eft d'un vert-doré : les pattes feules font pâles, blanchâtres, tirant un peu fur le jaune. Les ailes font un peu brunes. GEOFF.

On le trouve aux environs de Paris, fur les fleurs. Il a environ deux lignes & demie de long.

4. Asile frontal.
Asilus frontalis.
Cendré-noirâtre, barbe blanche ; ailes avec un point noirâtre & l'extrémité obfcure.
Erax barbatus fufco cinereus ; barba alba ; alis puncto fufco, apice fufcefcentibus. SCOP. *Entom. carn.* n°. 976.

Cet infecte reffemble beaucoup à l'*Afile-cendré*; il n'en diffère qu'en ce que le front eft plus poileux, & que les poils qui fe trouvent en-deffus de la trompe font blancs. L'extrémité de la trompe eft rouffe. Le corcelet eft marqué d'une raie longitudinale, plus obfcure, fans taches. L'abdomen a trois rangées de points noirâtres. Les pattes font brunes. Les ailes ont un point noir au milieu & leur extrémité obfcure. Le bouton des balanciers eft obfcur.

Il fe trouve en Carniole.

5. Asile patte-fauve.
Asilus ruficornis.
Tout noir ; front couvert de poils ; antennes & pattes ferrugineufes.
Erax rufipes niger totus, fronte barbata : antennis pedibufque ferrugineis. SCOP. *Entom. carn.* n°. 980.

Il a environ fix lignes de long. Les antennes font ferrugineufes & terminées par un filet fétacé. Le corcelet & l'abdomen font noirs & fans taches. Les pattes font entièrement ferrugineufes. Les ailes font transparentes, fans couleur, avec leur extremité un peu obfcure & les nervures noirâtres. Les balanciers font ferrugineux.

On le trouve dans les champs, en Carniole.

6. ASILE doré.

ASILUS aureus.

Noir ; front , balanciers & bords des anneaux de l'abdomen dorés.

Erax niger niger , fronte , halteribus , abdominifque incifuris margine aureis. SCOP. *Entom. carn. n°. 981.*

Il a environ quatre lignes & demie de long. Les antennes font en maffe ; & ne font pas terminées par un filet fétacé. Tout le corps eft noir. mais le front & le bord des anneaux de l'abdomen ont une belle couleur dorée qui ne paroît qu'à un certain jour. L'abdomen eft à demi-cylindrique. Les yeux font d'un vert-noir. Les ailes font un peu violettes , mais tranfparentes & fans couleur à leur bafe.

7. ASILE aquatique.

ASILUS aquaticus.

Noir ; balanciers & bord des anneaux de l'abdomen blancs.

Erax aquaticus niger ; halteribus abdominifque incifuris margine albis. SCOP. *Entom. carn. n°. 992.*

Il a environ quatre lignes de long. Il eft tout noir , excepté le bord des anneaux de l'abdomen qui eft blanc. Les ailes font tranfparentes & fans taches. Les balanciers font blancs & leur bouton eft comprimé. L'abdomen eft à demi-cylindrique.

Il fe trouve dans les endroits humides de la Carniole.

8. ASILE pufille.

ASILUS pufillus.

Noirâtre ; corcelet cendré : avec des lignes noires ; balanciers blancs.

Erax pufillus nigricans , thorace cinerafcente ; lineis nigris , halteribus albis. SCOP. *Entom. carn. n°. 983.*

Il a environ trois lignes de long. Les yeux font marrons. Les ailes font tranfparentes & fans taches , avec les nervures noirâtres & le bord extérieur noir. Le bord des anneaux de l'abdomen eft blanc.

Il fe trouve dans les bois , en Carniole.

9. ASILE moucheté.

ASILUS guttatus.

Corcelet noirâtre avec des lignes pâles , abdomen ferrugineux , avec deux lignes & des taches noires.

Erax maculatus —Oculi fubvirides ; thorax fufcus : lineis pallidioribus. Abdomen ferrugineum : linea laterali maculifque dorfalibus nigris. SCOP. *Entom. carn. n°. 984.*

Il a environ fix lignes de long. Le dernier article des antennes eft prefqu'arrondi & terminé par un filet fétacé. Les yeux font d'un vert noirâtre. La poitrine eft cendrée. Le bord extérieur des ailes eft ferrugineux , & les nervures font noirâtres. Les pattes font ferrugineufes , avec des tarfes & l'ex-

trémité des jambes noirâtres. Le fecond , le troifième , le quatrième & le cinquième anneaux de l'abdomen des mâles ont chacun une tache noire quadrangulaire. Les autres font tous noirs ; ces anneaux dans les femelles ont leurs taches coniques & contiguës en - deffus & quadrangulaires en-deffous. Le bord de tous les anneaux eft ferrugineux.

On le trouve en Carniole dans les bois.

10. ASILE maculé.

ASILUS inquinatus.

Ailes tranfparentes , avec l'extrémité & les nervures noirâtres , & une ligne , au bord extérieur , noire.

Erax inquinatus — Ala hyalina ; apice venifque fufcis ; linea coftali nigra. SCOP. *Entom. carn. n°. 985.*

Il a quatre ou cinq lignes de long. Les antennes , l'abdomen & les pattes font ferrugineux. Le corcelet eft cendré , avec des lignes noirâtres. L'abdomen a à fa partie fupérieure des taches triangulaires. Les ailes ont vers le milieu un point noirâtre tranfverfal , une ligne tranfverfale ondée vers la bafe & leur extrémité obfcure.

On le trouve dans les prés de la Carniole.

Nota. Je crois que cette efpèce & la précédente appartiennent au genre du Rhagion.

11. ASILE fauve.

ASILUS rufus.

Fauve , corcelet avec trois lignes longitudinales , noirâtres ; abdomen avec quatre points noirs.

Erax rufus totus rufus : thorax lineis dorfalibus fufcis tribus longitudinalibus ; abdomen dorfo punctis quatuor nigris. SCOP. *Entom. carn. n°. 986.*

Il a environ quatre lignes & demie de long. Il reffemble à l'*Afile moucheté* , mais il en diffère en ce que les ailes n'ont point de ligne noirâtre à leur bord extérieur , & qu'elles ont ce bord roux , & les yeux verdâtres.

Il fe trouve dans les champs de la Carniole.

Il appartient peut-être au genre du Rhagion.

12. ASILE très-noir

ASILUS nigerrimus SCHRANK.

Liffe , tout noir , ailes noires , avec le bord extérieur , très-noir.

Afilus ater totus , glaber , alis nigris : cofta atra. SCHRANK. *Enum. inf. auft. n°. 998.*

Il a environ cinq lignes de long. On ne remarque fur le corps de cet infecte aucune autre couleur que le noir.

Il fe trouve en Allemagne.

13. ASILE goutteux.

ASILUS podagricus. SCHRANK.

Noir ; corcelet jaune , avec des raies noires ; pattes pâles ; premier article des tarfes poftérieurs long & renflé.

Asilus niger ; thorace flavo : nigro lineato ; pedibus pallidis ; tarsorum posticorum articulo primo incrassato. SCHRANK. *Enum. inf. auf.* n°. 1009.

Il a environ cinq lignes de long. Il est noir & luisant. Le front est couvert d'un duvet argenté. Le corcelet est jaune avec deux lignes longitudinales, rapprochées, & deux points noirs sur les côtés. L'abdomen est noir, luisant, avec le bord des anneaux, & trois taches de chaque côté ferrugineux. Les pattes sont ferrugineuses ; mais on voit à la partie antérieure des cuisses & des jambes une ligne noire. Les ailes sont transparentes & veinées de noir. Les balanciers sont ferrugineux. Les tarses postérieurs sont remarquables par leur premier article beaucoup plus long & plus gros que les autres.

Il se trouve dans les bois en Autriche.

ATTELABE , *ATTELABUS*. Genre d'insectes de la troisième Section de l'Ordre des Coléoptères.

Les *Attelabes* ont ordinairement le corps presque ovale ; la tête alongée en forme de trompe ; la bouche placée à l'extrémité de cette trompe, & pourvue de mandibules, de mâchoires & d'antennules ; les antennes courtes, droites, moniliformes, un peu en masse ; les tarses composés de quatre pièces, dont la troisième est large & presque bifide ; enfin deux ailes cachées sous des étuis durs, solides & convexes.

Le chevalier Linné avoit placé parmi les *Attelabes* des insectes qui en diffèrent essentiellement, tels que les Clairons, le Spondyle. M. Geoffroy est le premier auteur qui a bien distingué ce genre en le séparant de tous ceux avec qui il a quelqu'analogie. Il lui a donné le nom de *Becmare*, en latin *Rhinomacer*, nom qui n'a point été conservé par les entomologistes qui ont écrit après lui, mais que M. Fabricius a ensuite restitué à quelques autres insectes de cette famille. Le baron de Geer, n'ayant pas jugé à propos de conserver le genre d'*Attelabe*, l'a réuni à celui de Charanson, & en a seulement fait une famille.

Ces insectes appartiennent à la famille des Charansons ; & ils ont les plus grands rapports avec les Charansons proprement dits, les Brachicères, les Brentes, les Rhinomacers, les Macrocéphales & les Bruches. Mais les antennes brisées des Charansons ; les antennes courtes, qui grossissent insensiblement, & qui sont comme tronquées à leur extrémité dans les Brachicères ; les antennes droites, moniliformes, presqu'égales des Brentes ; les antennes assez longues, droites, filiformes, & presque sétacées des Rhinomacers ; les antennes longues, droites, filiformes, terminées par une petite masse dans les Macrocéphales, enfin les antennes un peu comprimées, presque perfoliées, & qui ne sont pas posées sur une trompe dans les Bruches, distinguent suffisamment les *Attelabes* dont les antennes, plus courtes que le corcelet, sont droites, un peu en masse.

Les antennes des *Attelabes* sont composées de

onze articles, dont le premier & le second sont un peu plus gros que les autres, & presqu'arrondis ; les six qui suivent vont un peu en grossissant ; les trois derniers, un peu plus gros que ceux-ci, forment une espèce de masse ; mais le dernier est arrondi & presque pointu à son extrémité : elles sont plus courtes que le corcelet, & posées au milieu d'une espèce de trompe plus ou moins longue.

La tête est petite, un peu arrondie à sa base, & alongée ensuite en forme de trompe.

Les yeux sont ronds, un peu saillans, & placés un de chaque côté de la base de la tête.

La bouche est placée à l'extrémité de la trompe ; elle est très-petite & très-difficile à distinguer. Elle est composée de deux mandibules, de deux mâchoires, d'une lèvre inférieure & de quatre antennules. On n'apperçoit point de lèvre supérieure ; le chaperon est un peu avancé sur la bouche, & il est arrondi ou obtus à sa partie antérieure. Les mandibules sont petites, courtes, assez larges, cornées, très-dures, creusées en cuiller à leur partie interne, & un peu convexes à leur partie externe. Les mâchoires sont petites, assez larges, bifides, presque membraneuses & garnies de poils ou cils courts, à leur partie interne. La lèvre inférieure est difficile à distinguer ; elle paroît entière, arrondie ou légèrement échancrée & ciliée. Les antennules antérieures, un peu plus longues que les postérieures, sont courtes, de la longueur des mâchoires & composées de quatre articles, dont les trois premiers sont égaux & arrondis, & le quatrième est plus mince que les autres & terminé en pointe. Les postérieures sont très-courtes & composées de trois articles, dont les deux premiers sont arrondis, mais un peu comprimés à leur extrémité, & le dernier est terminé en pointe.

Le corcelet est ordinairement arrondi, sans rebord, plus large que la tête, plus étroit que les élytres.

Le corps est plus ou moins ovale. Les élytres sont dures & convexes ; elles cachent les deux ailes membraneuses, minces & repliées.

Les pattes sont de longueur moyenne.

Les tarses sont composés de quatre pièces : la première est assez longue & conique ; la seconde plus large & plus courte ; la troisième est large, bilobée, & elle reçoit, au milieu, la quatrième pièce qui est mince, un peu arquée, & terminée par deux petits crochets. Les trois premières pièces sont un peu aplaties & garnies en-dessous de poils courts, roides & serrés.

Les larves des *Attelabes* sont des vers mous, blanchâtres, sans pattes, dont le corps est assez gros & composé de treize anneaux peu distincts, & dont la tête est dure, écailleuse & armée de deux mâchoires assez solides. Elles vivent toutes de substance végétale ; elles attaquent les feuilles, les fleurs, les fruits & les tiges des plantes : elles se nourrissent dans leur substance ou elles roulent les feuilles & en rongent le parenchyme. Elles changent

M m

plusieurs-fois de peau, &., parvenues à toute leur grosseur, elles filent une coque de soie, ou la construisent d'une espèce de matière résineuse assez solide, & s'y transforment en nymphe, d'où elles sortent au bout de quelque tems sous la forme d'insecte parfait.

Lorsque ces larves sont un peu nombreuses, elles font souvent beaucoup de tort aux végétaux, soit en les privant de leurs feuilles, soit en attaquant les jeunes pousses, soit enfin en rongeant les fleurs & les fruits. Et il est d'autant plus difficile de s'en garantir, qu'elles ne se montrent que par les ravages qu'elles font : elles ne travaillent point à dé-

couvert ; mais, enfermées au milieu d'une tige ou au centre d'un fruit qu'elles rongent insensiblement, on n'est averti de leur présence que lorsque le mal est sans remède.

C'est ordinairement sur les plantes qui ont nourri les larves que l'on trouve les insectes parfaits ; on les trouve quelquefois sur différentes fleurs, occupés à retirer de la liqueur mielleuse qui y est contenue : quelques-uns se nourrissent aussi du parenchyme des feuilles ; mais, moins dangereux & beaucoup moins voraces que leurs larves, les torts qu'ils causent aux végétaux sont bien moins considérables.

ATTELABE.

ATTELABUS. Lin. Fab.

BECMARE. *RHINOMACER.* Geoff.

CURCULIO. Degeer.

CARACTERES GÉNÉRIQUES.

Antennes droites, plus courtes que le corcelet, un peu en masse: onze articles; le premier gros, presqu'arrondi; les trois derniers en masse ovale, alongée.

Tête alongée en forme de trompe.

Bouche placée à l'extrémité de la trompe, & pourvue de mandibules, de mâchoires & d'antennules.

Quatre antennules: les deux antérieures courtes, composées de quatre articles, dont les trois premiers égaux, arrondis, moniliformes, & le dernier terminé en pointe; les postérieures très-courtes, composées de trois articles, dont les deux premiers arrondis, & le troisième terminé en pointe.

Quatre articles à tous les tarses: les trois premiers courts, triangulaires, garnis en-dessous de poils courts & serrés; le troisième large & bilobé.

ESPÈCES.

1. ATTELABE longimane.

Brun; pattes antérieures très-longues; cuisses renflées & épineuses vers leur extrémité.

2. ATTELABE tête-écorchée.

Noir; élytres rouges; tête amincie à sa partie postérieure.

3. ATTELABE moucheté.

Noir; élytres avec une tache d'un rouge fauve à leur base.

4. ATTELABE tout noir.

Noir, arrondi; trompe courte, élytres striées.

ATTELABES. (Insectes).

5.. ATTELABE penfylvain.

Noir; élytres rouges, avec une bande au milieu & l'extrémité noire.

6.. ATTELABE furinamois.

Noir; antennes avec des anneaux blancs & noirâtres ; élytres terminées par deux dentelures.

7. ATTELABE perlé.

Ferrugineux, avec des tubercules élevés, noirs, à la partie fupérieure du corps.

8. ATTELABE indien.

Ferrugineux; tête bleue ; élytres avec leur bafe & une bande au milieu bleues.

9.. ATTELABE laque.

Noir ; corcelet & élytres rouges ; trompe fimple, de la longueur de la tête.

10. ATTELABE anguleux.

Ferrugineux; élytres ftriées, noires, avec le bord ferrugineux, & un angle aigu à leur bafe.

11. ATTELABE corcelet-roux.

Roux ; partie fupérieure de la tête noire ; élytres bleues, luifantes.

12. ATTELABE pubefcent.

Velu, violet ; trompe noire, fillonnée.

13. ATTELABE fémoral.

Noir ; élytres pubefcentes, ftriées ; cuiffes poftérieures groffes & renflées.

14. ATTELABE vert.

D'un vert doré ; trompe & pattes cuivreufes.

15. ATTELABE doré.

D'un vert doré bleuâtre en deffus, d'un bleu violet noirâtre en deffous.

16. ATTELABE cuivreux.

Pubefcent, tout cuivreux ; antennes & extrémité de la trompe noires.

17. ATTELABE cramoifi.

Pubefcent, d'un noir bronzé ; élytres rouges, ftriées ; tête & corcelet cuivreux.

18. ATTELABE violet.

Pubefcent, tout violet; élytres ftriées.

19. ATTELABE rouge.

Corps ovale, oblong, tout rouge; élytres ftriées.

20. ATTELABE bleuet.

Corps ovale, oblong, noir; élytres violettes, ftriées ; pattes noires.

21. ATTELABE flavipède.

Corps ovale, oblong, tout noir ; cuiffes d'un jaune fauve.

22. ATTELABE Puce.

Corps ovale, oblong, noir, couvert d'un

ATTELABES. (Insectes).

duvet cendré ; élytres & pattes d'un rouge briqueté.

23. ATTELABE fascié.

Brun, couvert d'un duvet cendré ; élytres avec deux bandes brunes, ondées, peu marquées.

24. ATTELABE à museau.

Corps oblong, roux ; tête & élytres d'un vert bleuâtre, luisant.

25. ATTELABE de la Vesse.

Corps ovale, pubescent, noir en-dessus, cendré en-dessous ; trompe amincie à son extrémité.

1. ATTELABE longimane.

ATTELABUS longimanûs. NOB.

Attelabus brunneus ; pedibus anticis longiffimis, femoribus apice incraffatis fpinofis. NOB.

Cet infecte est remarquable par la longueur de fes pattes antérieures. Il a environ quatre lignes de long. Tout fon corps est d'une couleur brune, luifante. Les antennes ont à-peu-près la longueur de la tête ; celle-ci est un peu plus large à fon extrémité qu'à l'endroit de l'infertion des antennes. Les yeux font bruns, arrondis & peu faillans. Le corcelet est liffe & arrondi. L'écuffon est petit, mais plus large que long, & prefque quarré. Les élytres font prefque plattes en-deffus ; elles ont de petites élévations irrégulières, & des ftries peu marquées, formées par des points. Ces élytres fe courbent à leur partie poftérieure en angle droit, & on apperçoit à l'endroit de leur courbure quelques élévations peu faillantes. Les pattes antérieures font très-longues : les cuiffes font minces depuis leur bafe jufqu'au milieu ; elles font enfuite renflées, & armées d'une épine affez longue, un peu crochue, & d'une autre très-petite : les jambes font minces, longues, un peu arquées. Le tarfe manquoit à cinq ou fix efpeces que j'ai eu occafion d'obferver ; les autres pattes font de longueur moyenne.

Cet infecte varie un peu. J'en ai vu dont les pattes de devant étoient moins longues, & les épines moins marquées que celles que je viens de décrire.

On le trouve à Cayenne.

2. ATTELABE tête-écorchée.

ATTELABUS Coryli. LIN.

Attelabus niger, elytris rubris, capite poftice attenuato. NOB.

Attelabus niger, elytris rubris. LIN. Syft. nat. pag. 619. n°. 1. —Faun. fuec. n°. 88.

Curculio niger ; elytris rubris capite poftice elongato. LIN. It. Oeland. 153. —Faun. fuec. ed. 1. n°. 476.

Attelabus Avellanæ niger ; elytris thorace pedibufque rubris. LIN. Syft. nat. p. 619. n°. 2.

Attelabus Coryli niger ; elytris rufis reticulatis. FAB. Syft. entom. pag. 156. n°. 1. —Spec. inf. tom. 1. p. 199. n°. 1.

Rhinomacer niger thorace elytrifque rubris, capite pone elongato. GEOFF. Inf. tom. 1. pag. 173. n°. 11.

La tête écorchée. GEOFF. *ib.*

Curculio excoriato-ruber breviroftris ; antennis rectis corpore brevi fubquadrato nigro; elytris rubris, capite ovato poftice attenuato. DEG. Mém. tom. 5. pag. 257. n°. 46. pl. 8. fig. 3.

Charanfon *tête écorchée* rouge à courte trompe & à antennes droites, à corps court & quarré noir, à étuis rouges & à tête ovale, effilée vers le derrière. DEG. *ib.*

Curculio collaris. SCOP. Entom. carn. n°. 71.

Bruchus Avellanæ. SCHRANK. Enum. inf. auft. n°. 194.

SULZ. Hift. inf. tab. 4. fig. 1.

PONTOP. Alt. dan. 205. 1. tab. 16.

SCHAEFF. Icon. inf. tab. 56. fig. 5, 6. — Id. tab. 75. fig. 8.

Cet infecte, remarquable par la forme de la tête, varie un peu pour fes couleurs, ce qui a engagé Linné à en faire deux efpèces différentes. Il a environ trois lignes de long, & une ligne & demie de large, au milieu des élytres. Les antennes, la tête, l'écuffon & le deffous du corps font d'un beau noir luifant. Le corcelet est noir, ou entièrement rouge, ou rouge avec un peu de noir à fa partie antérieure. Les élytres font rouges, avec des ftries formées par des points enfoncés. Les pattes font noires, mais les individus dont le corcelet est rouge ont prefque toujours une grande partie des cuiffes rouge. La trompe est courte, & n'égale pas la moitié de la longueur de la tête. Les yeux font noirs, faillans & arrondis. La tête est prefque ovale, & amincie poftérieurement à fa jonction avec le corcelet : celui-ci est pareillement aminci à fa partie antérieure, de forte qu'on voit entr'eux une efpèce d'étranglement. Les élytres paroiffent comme quarrées.

On trouve communément en Europe cet infecte fur le Charme, le Bouleau, l'Orme, le Noifetier. La larve vit fur les mêmes arbres, dans des feuilles qu'elle roule en cylindre, qu'elle ferme par les deux bouts, & dans l'intérieur defquelles elle fe nourrit & fe métamorphofe.

3. ATTELABE moucheté.

ATTELABUS bipuftulatus. FAB.

Attelabus ater, elytris macula bafeos rufa. FAB. Gen. inf. app. p. 229. —Spec. inf. tom. 1. pag. 200. n°. 2.

Il reffemble pour la forme & la grandeur à l'*Attelabe laque*. Le corps est noir & luifant. Les élytres feulement ont une tache d'un rouge fauve à leur bafe ; les pattes font très-noires, & les cuiffes font armées d'une épine à leur partie interne.

Il fe trouve dans l'Amérique feptentrionale.

4. ATTELABE tout noir.

ATTELABUS ater. NOB.

Attelabus corpore nigro rotundato, roftro breviffimo, elytris ftriatis. NOB.

Le corps de cet infecte est prefque auffi large que long, & très-convexe ; il a deux lignes de longueur, depuis la partie antérieure du corcelet jufqu'à l'extrémité des élytres, & deux lignes de largeur au milieu de celles-ci ; il est tout noir & luifant. Les antennes font courtes & pofées au milieu de la trompe. La tête est petite, peu avancée. Les yeux font ronds & peu faillans. La trompe est très-courte. Le corcelet est liffe & affez large. Les élytres font très-convexes & ftriées. Les cuiffes font fimples, fans épines ni dentelures.

Il fe trouve à Cayenne.

5. ATTELABE penſylvain.

Attelabus penſylvanicus. LIN.

Attelabus niger, elytris rubris : faſcia media apiciſque nigra. LIN. *Syſt. nat. p. 620. n°. 5.*

Attelabus penſylvanicus. FAB. *Mant. inſ. tom. 1. pag. 124. n°. 3.*

Il eſt un peu plus petit que l'*Attelabe tête-écorchée.* La tête eſt noire, aplatie, alongée & amincie à ſa partie poſtérieure. Les mandibules ſont rouſſes : les antennes ſont filiformes, obtuſes, jaunâtres à leur baſe. Le corcelet eſt oblong, noir & liſſe. Les élytres ſont d'un rouge fauve, avec deux bandes noires, l'une au milieu & l'autre à l'extrémité. Les pattes ſont de la couleur des élytres.

Il ſe trouve dans l'Amérique ſeptentrionale.

6. ATTELABE ſurinamois.

Attelabus ſurinamenſis. LIN.

Attelabus elytris apice bidentatis. LIN. *Syſt. nat. pag. 619. n°. 4.*

Il reſſemble au précédent, mais il eſt un peu plus grand. La tête & le corcelet ſont noirs. Les antennes ont alternativement des anneaux blancs & noirâtres. Les élytres ſont noirâtres, ſtriées & terminées par deux dentelures. Les pattes ſont ferrugineuſes, & les cuiſſes ont à leur baſe un anneau blanc.

Il ſe trouve à Surinam.

7. ATTELABE perlé.

Attelabus gemmatus. THUNB.

Attelabus ferrugineus, ſupra tuberculis nigris elevatis. THUNB. *Nov. ſpec. inſ. diſſ. 3. pag. 68. fig. 80.*

Attelabus gemmatus ferrugineus, tuberculis nigris ſparſis. FAB. *Mant inſ. tom. 1. p. 124. n°. 4.*

Il reſſemble pour la forme & la grandeur à l'*Attelabe tête-écorchée.* Tout ſon corps eſt glabre & ferrugineux. Les antennes ſont noires. La tête eſt triangulaire, amincie à ſa partie poſtérieure, avec quatre points noirs. Les yeux ſont noirs & ſaillans. Le corcelet eſt convexe, inégal, avec ſix points noirs, dont quatre antérieurs & deux poſtérieurs. Les élytres forment une angle aigu de chaque côté de leur baſe ; elles ſont plus larges que le corcelet, convexes, obtuſes, couvertes de points profondément enfoncés. On y voit une tache noire au bord extérieur & à l'extrémité, & treize points noirs élevés, dont ſix à chaque élytre, & un commun en deux.

Il ſe trouve au cap de Bonne-Eſpérance.

8. ATTELABE indien.

Attelabus indicus. THUNB.

Attelabus ferrugineus, capite elytrorum baſi faſciaque media cyaneis. THUNB. *Nov. ſpec. inſ. diſſ. 3. p. 68. fig. 81.*

Attelabus indicus. FAB. *Mant. inſ. tom. 1. pag. 124. n°. 5.*

Cet inſecte diffère des précédens, & je doute, d'après la figure & la deſcription que M. Thunberg a données de cet inſecte, qu'il appartienne à ce genre.

Il reſſemble pour la forme & la grandeur à l'*Attelabe melanure.* (*Attelabus melanurus.* LIN.) La tête eſt bleue, preſque quarrée, amincie poſtérieurement. Les antennes ſont filiformes, rouſſâtres. Les mandibules & les antennules ſont rouſſâtres. Le corcelet eſt ferrugineux, alongé, cylindrique, aminci à ſes deux extrémités, mais principalement à l'antérieure. Les élytres ſont ferrugineuſes, liſſes, finement ſtriées, tronquées obliquement, avec la baſe & une bande en delà du milieu, bleues. L'abdomen eſt rouge, avec une tache rouge placée au milieu. Les pattes ſont ferrugineuſes, avec les genoux bleus.

Il ſe trouve au cap de Bonne-Eſpérance.

9. ATTELABE laque.

Attelabus curculionoïdes. LIN.

Attelabus niger, thorace elytriſque rubris. LIN. *Syſt. nat. p. 619. n°. 3.*

Attelabus curculionoïdes. FAB. *Syſt. ent. p. 157. n°. 2.—Spec. inſ. tom. 1. p. 200. n°. 3.*

Rhinomacer niger, thorace elytriſque rubris, proboſcide longitudine capitis. GEOFF. *Inſ. tom. 1. p. 273. n°. 10.*

Le Becmare laque. GEOFF. *ib.*

Curculio nitens. SCOP. *Entom. carn. n°. 72.*

SULZER. *Hiſt. inſ. tab. 4. fig. 12.*

SCHAEFF. *Icon. inſ. tab. 75. fig. 8.*

Bruchus curculionoïdes. SCHRANK. *Enum. inſ. auſt. n°. 193.*

Rhinomacer coccineus. FOURC. *Ent. par. p. 115. n°. 10.*

Il a environ trois lignes de long, depuis le bout de la trompe juſqu'à l'extrémité des élytres. ˢˢ antennes, la tête, les pattes & tout le deſſus du corps ſont d'un beau noir luiſant ; le corcelet & les élytres ſont d'un rouge de laque. Les antennes ſont à-peu-près de la longueur de la tête. La trompe eſt courte : les yeux ſont ron & ſaillans. La tête eſt petite, & d'une large gale dans toute ſon étendue. Le corcelet eſt arrond & très-liſſe. Les élytres ont des points irréguliers, peu enfoncés. Les cuiſſes ſont ſimples, ſans épines ni dentelures.

On trouve cet inſecte en Europe, ſur différens arbres ; il eſt beaucoup plus commun dans les provinces méridionales de la France qu'aux environs de Paris.

10. ATTELABE anguleux.

Attelabus angulatus. FAB.

Attelabus ferrugineus, coleoptris angulatis : diſco nigro. FAB. *Mant. inſ. tom. 1. p. 114. n°. 7.*

Il reſſemble beaucoup au précédent. Les antennes ſont noires & ferrugineuſes à leur baſe. La tête eſt ferrugineuſe, avec les yeux noirs. Le corcelet eſt ferrugineux, avec une grande tache noire à ſa bafe. Les élytres font ftriées, noires, avec tout le bord ferrugineux : on y voit un angle aigu de chaque côté, vers la bafe. Le corps eft ferrugineux, avec la poitrine noire.

Il fe trouve à Cayenne.

11. ATTELABE corcelet-roux.
ATTELABUS ruficollis. FAB.
Attelabus rufus, capitis vertice nigro, elytris caruleis nitidis. FAB. *Spec. inf. tom.* 1. *p.* 200. *n°.* 4.

Il reffemble à l'*Attelabe* tête-écorchée. La tête eft roufle, avec une grande tache noire fur le vertex. Les antennes font cendrées à leur extrémité. Le corcelet eft élevé en boffe, roux & fans taches. Les élytres font bleues, luifantes & fans taches. L'abdomen eft roux, noir en - deffous, avec le bord roux. Les pattes font roufles.

Il fe trouve en Sibérie.

12. ATTELABE pubefcent.
.ATTELABUS pubefcens. FAB.
Attelabus violaceus hirtus, roftro atro. FAB. *Spec. inf. tom.* 1. *p.* 200. *n°.* 5.
Curculio pubefcens longiroftris, violaceus, hirtus, roftro atro. FAB. *Syft. ent. p.* 131. *n°.* 19.

Il reffemble pour la forme & la grandeur aux *Attelabes vert & doré.* La trompe eft noire & de la longueur du corcelet : on y apperçoit deux lignes longitudinales enfoncées. Les yeux font jaunâtres. Le corcelet eft cylindrique, un peu relevé fur les côtés, comme dans l'*Attelabe* vert ; il eft violet, ainfi que les élytres, & couverts l'un & l'autre de poils droits, noirâtres.

Il fe trouve en Allemagne.

13. ATTELABE fémoral.
ATTELABUS femoratus. NOB.
~·elabus ater, elytris pubefcentibus ftriato punctatis, ? moribus pofticis incraffatis. NOB.
Attelabu~ Betulæ pedibus faltatoriis, corpore toto atro. LIN. *Syft. nat. p.* 620. *n°.* 7. —*Faun. fuec. n°.* 640.
Attelabus Betule ~~, pedibus faltatoriis. FAB. *Syft. entom. p.* 15. *n°.* 5. —*Spec. inf. tom.* 1. *p.* 201. *n°.* 6.
Curculio excoriato-~ger breviroftris; antennis rectis, corpore brevi fub~adrato nigro nitido, capite ovato poftice attenuato, ? moribus pofticis maximis. DEG. *Mém. tom.* 5. *p.* 1~ *n°.* 47.

Charanfon *tête écorchée ~·~,* à courte trompe, & à antennes droites, à co~, court & quarré, noir, luifant, à tête ovale, en par derrière, & à cuiffes poftérieures, groffes. *~ ib.*
Curculio fagi. SCOP. *Entom. ca. ib.*
Bruchus Betulæ. SCHRANK. *En. n°.* 73. *inf. auft. n°.* 191.

Cet infecte a près de deux lignes de ~ ; il eft tout noir & luifant, &, vu à la loupe ; il paroît couvert d'un très-léger duvet noirâtre. La~ompe

eft un peu plus large vers fon extrémité qu'à l'infertion des antennes. Les yeux font ronds, peu faillans & bruns. La tête eft égale & pointillée. Le corcelet eft arrondi & pointillé. Les élytres font prefque quarrées, & chargées de ftries très-marquées, formées par des points enfoncés. Les cuiffes poftérieures du mâle feulement font groffes & renflées.

On trouve cet infecte fur différens arbres. Il n'eft pas rare aux environs de Paris.

14. ATTELABE vert.
ATTELABUS Betulæ. NOB.
Attelabus viridi-auratus; roftro pedibufque cupreis. NOB.
Curculio Betulæ longiroftris, thorace antrorfum fæpe fpinofo, corpore viridi aurato, fubtus concolore. LIN. *Syft. nat. p.* 611. *n°.* 39. —*Faun. fuec. n°.* 605.
Curculio caruleo-viridis nitens; antennis atris. LIN. *Faun. fuec. édit.* 1. *n°.* 486.
Curculio Betulæ longiroftris, corpore viridi-aurato fubtus concolore FAB. *Syft. entom. p.* 130. *n°.* 16. —*Spec. inf. tom.* 1. *p.* 165. *n°.* 23.
Curculio Betulæ longiroftris; antennis rectis nigris, corpore fubquadrato viridi-aurato nitidiffimo, pedibus purpureo-æneis. DEG. *Mém. tom.* 5. *p.* 248. *n°.* 36. *pl.* 7. *fig.* 25.

Charanfon à longue trompe & à antennes droites, noires, à corps court & prefque quarré, d'un vert doré très - luifant, à pattes couleur de pourpre dorée. DEG. *ib.*

Rhinomacer totus viridi-fericeus. GEOFF. *Inf. tom.* 2. *p.* 270. *n°.* 2.

Le Becmare vert. GEOFF. *ib.*
Curculio auratus. SCOP. *Entom. carn. n°.* 77.
Curculio Betula. SCHRANK. *Enum. inf. auft. n°.* 197.
Rhinomacer viridis. FOURC. *Ent. par. pag.* 115. *n°.* 2.

FRISCH. *Inf.* 12. 17. *tab.* 8. *fig.* 2.
SULZ. *Hift. inf. tab.* 4. *fig.* 5.
SCHAEFF. *Icon. inf. tab.* 6. *fig.* 4.

Cet infecte & les fuivans appartiennent évidemment à ce genre, puifque les antennes, toutes les parties de la bouche, la forme du corps & leur manière de vivre, ne différent pas de celles des efpèces précédentes.

Il n'a guères plus de trois lignes de long. Tout fon corps eft d'une belle couleur verte, un peu bleuâtre, très-luifante & dorée, mais la trompe & les pattes font d'une couleur cuivreufe dorée. Les antennes font noirâtres. La trompe eft affez longue & un peu plus large vers fon extrémité qu'à l'infertion des antennes. Les yeux font ronds, bruns & peu faillans. La tête eft un peu plus étroite que le corcelet, & pointillée. Le corcelet eft arrondi & pointillé : on y voit dans quelques efpèces une épine de chaque côté, dirigée en avant. Les élytres font larges, quarrées, irréguliérement pointillées, & prefque preſque raboteuſes. Les cuiſſes ſont ſimples , ſans épines ni dentelures.

On le trouve dans toute l'Europe , ſur le Bouleau , le Saule , la vigne , &c. il en roule les feuilles & y dépoſe ſes œufs.

15. ATTELABE doré.
Attelabus Populi. NOB.
Attelabus viridi-cœruleus nitidus , corpore ſubtus pedibuſque nigro-violaceis. NOB.
Curculio Populi longiroſtris , thorace antrorſum ſpinoſo , corpore viridi ignito : ſubtus atro cœruleſcente. LIN. *Syſt. nat. p. 611. nº. 40.* —Faun. ſuec. *nº. 606.*
Curculio Populi. FAB. *Syſt. entom. pag. 131. nº. 17.* —Spec. inſ. tom. 1. p. 166. nº. 24.
Rhinomacer viridi-auratus , ſubtus nigro-violaceus. GEOFF. *Inſ. tom. 1. p. 270. nº. 3.*
Le Becmare doré. GEOFF. *ib.*
Curculio Populi *longiroſtris ; antennis rectis nigris , corpore ſubquadrato ſupra viridi-aurato nitido, ſubtus violaceo , pedibus violaceis.* DEG. *Mém. tom. 5. pag. 249. nº. 37.*

Charanſon *du Tremble* à longue trompe & à antennes droites , noires , à corps court & preſque quarré , d'un vert doré luiſant en-deſſus , & violet en-deſſous, à pattes violettes. DEG. *ib.*
Cet inſecte reſſemble beaucoup au précédent , mais il eſt un peu plus petit. Les antennes ſont noires. La trompe eſt aſſez longue , & d'un vert doré. Le corcelet eſt vert-doré, arrondi & pointillé. Les élytres ſont quarrées, d'un beau vert doré , & chargées de points enfoncés , qui forment preſque des ſtries régulières. Le deſſous du corps & les pattes ſont d'un noir violet, luiſant. On voit de chaque côté du corcelet de la plupart des eſpèces , une épine dirigée en avant.
On le trouve en Europe , ſur le Peuplier, le Tremble, le Bouleau.

16. ATTELABE cuivreux.
Attelabus Bacchus. NOB.
Attelabus pubeſcens , cupreus ; antennis roſtrique apice nigris. NOB.
Curculio Bacchus *longiroſtris aureus , roſtro plantiſque nigris.* LIN. *Syſt. nat. p. 611. nº. 38.*
Curculio Bacchus. FAB. *Syſt. entom. p. 130. nº. 15.* —Spec. inſ. tom. 1. p. 165. nº. 22.
Curculio Bacchus. SCHRANK. *Enum. inſ. auſt. nº. 199.*
SULZER. *Hiſt. inſ. tab. 4. fig. 4.*
SCHAEFF. *Icon. inſ. tab. 37. fig. 13.*
Il reſſemble beaucoup aux précédens , mais il eſt un peu plus grand , & tout ſon corps eſt couvert d'un léger duvet, tandis qu'il eſt toujours glabre dans les deux autres. Il varie pour la grandeur ; il a depuis trois juſqu'à ſi lignes de long. Tout ſon corps eſt d'une belle couleur de cuivre , un peu plus rouge en-deſſous qu'en deſſus. La trompe eſt longue , cuivreuſe depuis la tête juſqu'à l'inſertion
Hiſtoire Naturelle, Inſectes. Tome IV.

des antennes , & noirâtre à ſon extrémité. Le corcelet eſt fortement & irrégulièrement pointillé. Les élytres ſont preſque raboteuſes. Les pattes ſont cuivreuſes , & les tarſes ſont un peu noirâtres. On voit de chaque côté du corcelet de la plupart, une épine , dont la pointe eſt dirigée en avant.
On trouve cet inſecte ſur différens arbres & différentes plantes , en Provence & en Languedoc. On le trouve auſſi quelquefois aux environs de Paris, mais beaucoup plus petit que ceux des provinces méridionales.

17. ATTELABE cramoiſi.
Attelabus purpureus. NOB.
Attelabus pubeſcens nigro-æneus ; elytris rubris ſtriatis, capite thoraceque aureis. NOB.
Curculio purpureus *longiroſtris purpureus nitens , roſtro longiſſimo.* LIN. *Syſt. nat. p. 607. nº. 14.* —Faun. ſuec. *nº. 585.*
Curculio purpureus. FAB. *Spec. inſ. tom. 1. p. 169. nº. 48.*
Rhinomacer niger ; elytris rubris , capite thoraceque aureis , proboſcide longitudine fere corporis. GEOFF. *Inſ. tom. 1. p. 270. nº. 4.*
Le Becmare doré à étuis rouges. GEOFF. *ib.*
Curculio purpureus roſtro longiſſimo ; antennis rectis , corpore villoſo ſubquadrato purpureo-aurato nitidiſſimo. DEG. *Mem. tom. 5. p. 250. nº. 38.*
Charanſon à très-longue trompe & à antennes droites , à corps velu , court & preſque quarré , d'un rouge cramoiſi , doré & luiſant. DEG. *ib.*
Curculio purpureus. SCOP. *Entom. carn. nº. 86.*
Scarabeus miniatus minimus. PETIV. *Gazoph. tab. 22. fig. 5.*
BERGSTR. *Nomencl. 1. 16. 12. tab. 2. fig. 12.*
Rhinomacer ruber. FOURC. *Entom. par. p. 113. nº. 4.*

Il reſſemble aux précédens, mais il eſt beaucoup plus petit ; il a à peine deux lignes depuis la tête juſqu'à l'extrémité des élytres. Tout le corps , vu à la loupe, paroît pubeſcent. La trompe eſt noire , luiſante, & preſque de la longueur du corps. Les antennes ſont noires. La tête & le corcelet ſont d'une couleur cuivreuſe , dorée, plus ou moins brillante. Les élytres ſont rougeâtres & régulièrement ſtriées. Le corps en-deſſous & les pattes ſont d'un noir bronzé. Les tarſes ſont noirâtres.

On le trouve en Europe , ſur différens arbres. Il eſt commun , en printems , aux environs de Paris , ſur l'Aubépine.

18. ATTELABE violet.
Attelabus Alliariæ. NOB.
Attelabus pubeſcens violaceus totus ; elytris ſtriqtis. NOB.
Curculio Alliariæ *longiroſtris violaceus totus.* LIN. *Syſt. nat. p. 606. nº. 4.* —Faun. ſuec. *nº. 580.*
Curculio Alliaria. FAB. *Syſt. entom. p. 132. nº. 27.* —Spec. inſ. tom. 1. p. 168. nº. 40.

N n

Rhinomacer fubvillofus cœruleus. GEOFF. *inf. t.* 1, p. 271. *n°.* 5.

Le Becmare bleu à poil. GEOFF. *ib.*

Curculio cœruleus longiroftris : antennis rectis, corpore obtufo villofo cœruleo violaceo nitido. DEG. *Mém. tom.* 5. *p.* 251. *n°.* 39.

Charanfon *bleu velu* à longue trompe & à antennes droites, à corps court & velu, d'un bleu violet, luifant. DEG. *ib.*

Curculio icofandriæ. SCOP. *Entom. carn. n°.* 85. FRISCH. *Inf. tom.* 9. *tab.* 18.

Curculio Alliariæ. SCHRANK, *Enum. inf. auft. n°.* 200.

Rhinomacer cœruleus. FOURC. *Entom. par. p.* 154. *n°.* 5.

Il reffemble aux précédens ; mais il eft beaucoup plus petit ; il n'a pas une ligne & demie de long, depuis la tête jufqu'à l'extrémité des élytres. Tout fon corps eft d'un bleu violet, plus ou moins foncé, & légérement couvert de poils noirâtres, qui ne paroiffent bien qu'à une forte loupe. La trompe eft noire & affez longue. Les antennes font noires. Les yeux font noirs, arrondis & faillans. La tête & le corcelet font pointillés. Les élytres font quarrées & fortement ftriées ; on apperçoit une rangée de points enfoncés dans chaque ftrie. Les pattes font d'un bleu noirâtre, & les tarfes font noirs.

Cet infecte fe trouve en Europe, fur différentes plantes ; il eft affez commun aux environs de Paris.

Rhinomacer nigro-fufcus, glaber, punctato-ftriatus. GEOFF. *Inf. tom.* 1. *p.* 271. *n°.* 6.

Le Becmare noir ftrié. GEOFF. *ib.*

Rhinomacer niger. FOURC. *entom. par. p.* 114. *n°.* 6.

Nous le regardons comme une variété du précédent, dont il ne diffère que parce qu'il eft entiérement glabre, & que fa couleur eft d'un bleu très-foncé, prefque noir. On le trouve d'ailleurs avec le précédent, mais plus rarement que lui.

19. ATTELABE rouge.

ATTELABUS frumentarius. NOB.

Attelabus corpore oblongo fanguineo ; elytris ftriatis. NOB.

Curculio frumentarius *longiroftris fanguineus.* LIN. *Syft. nat. p.* 608. *n°.* 15. —*Faun. fuec. n°.* 586.

Curculio frumentarius. FAB. *Syft. entom. p.* 133. *n°.* 34. —*Spec. inf. tom.* 1. *p.* 169. *n°.* 49.

Curculio fanguineus *longiroftris ; antennis rectis, corpore oblongo fanguineo.* DEG. *Mém. tom.* 5. *p.* 251. *n°.* 40.

Charanfon à longue trompe & à antennes droites, à corps alongé, d'un rouge de cinnabre. DEG. *ib.*

Rhinomacer fanguineus ; elytris ftriato punctatis. *Act. nidros.* 3. 391.

Acta. Stockh. 1750. *p.* 1. *n°.* 1.

LEUVENH. *Arc.* 168. *aug.* 16. *p.* 83. *fig.* 1.

Il a environ une ligne & demie de long. Son corps eft alongé, mais le ventre eft affez gros. Il eft

entiérement d'un rouge de cinnabre. Les yeux feuls font noirs, arrondis & un peu faillans. La trompe eft déliée & de la longueur du corcelet. Les élytres font ovales, & chargées de ftries bien marquées, dans lefquelles on apperçoit des points enfoncés.

On trouve cet infecte au nord de l'Europe, fur les grains trop long-tems confervés. Il eft rare aux environs de Paris.

20. ATTELABE bleuet.

ATTELABUS cyaneus. NOB.

Attelabus corpore oblongo nigro ; elytris ftriatis violaceis, pedibus nigris. NOB.

Curculio cyaneus *longiroftris ater: elytris violaceis.* FAB. *Syft. entom. p.* 132. *n°.* 28. —*Spec. inf. tom.* 1. *p.* 168. *n°.* 41.

Curculio cyaneus *longiroftris ater : elytris violaceis fcutello albo.* LIN. *Syft. nat. p.* 606. *n°.* 5. —*Faun. fuec. n°.* 581 ?

Rhinomacer nigro-viridefcens, oblongus, ftriatus. GEOFF. *Inf. tom.* 1. *p.* 272. *n°.* 7.

Le Becmare alongé. GEOFF. *ib.*

Curculio cyaneus *longiroftris, antennis rectis : corpore oblongo nigro, elytris nigro-cœruleis nitidis.* DEG. *Mém. tom.* 5. *p.* 252. *n°.* 41.

Charanfon *noir violet* à longue trompe & à antennes droites, à corps noir alongé, & à étuis d'un bleu foncé, luifant. DEG. *ib.*

Curculio violaceus. SCHRANK. *Enum. inf. auft. n°.* 201.

Rhinomacer oblongus. FOURC. *Entom. par. pag.* 114. *n°.* 7.

Il a une forme alongée, & fes élytres, au lieu de paroître quarrées, comme dans la plupart des efpèces précédentes, ont une figure ovale, un peu alongée. Tout le corps eft noir, les élytres feules font d'un bleu foncé. La trompe eft affez longue. La tête eft petite, avancée, & les yeux font ronds & un peu faillans. Le corcelet eft étroit, alongé & pointillé. Les élytres ont des ftries bien marquées, & on voit dans chaque ftrie une rangée de points enfoncés. Les pattes font noires, ce qui nous porte à croire que c'eft l'efpèce fuivante que Linné a décrite.

Cet infecte varie un peu pour la grandeur ; il a environ une ligne & un quart depuis la tête jufqu'à l'extrémité des élytres.

On le trouve dans toute l'Europe, fur différentes plantes, mais plus particuliérement fur les Chardons.

21. ATTELABE flavipède.

ATTELABUS flavipes. NOB.

Attelabus corpore oblongo, nigro, femoribus luteis. NOB.

Curculio flavipes *longiroftris ater, femoribus luteis.* FAB. *Syft. entom. p.* 133. *n°.* 33. —*Spec. inf. tom.* 1. *p.* 169. *n°.* 47.

Rhinomacer fubglobofus, niger, ftriatus ; femoribus rufis. GEOFF. *Inf. tom.* 1. *p.* 271. *n°.* 8.

Le Becmare noir à pattes fauves. GEOFF. *ib.*

Rhinomacer fulvipes. Fourc. *Entom. par. pag.* 114. *n°.* 8.

Il reſſemble au précédent, mais il eſt plus petit, & ſes élytres ſont plus ovales. Tout le corps eſt noir & luiſant. La trompe eſt fine, déliée, & preſque de la longueur du corps. La tête eſt petite, & les yeux ne ſont preſque pas ſaillans. Le corcelet eſt étroit & pointillé. Les élytres ont des ſtries bien marquées. Les pattes ſont d'un jaune fauve, mais les tarſes & les jambes ſont quelquefois noirâtres.

On trouve cet inſecte aux environs de Paris, ſur différentes fleurs, mais principalement ſur les fleurs compoſées.

21. Attelabe Puce.

Attelabus Malva. Nob.

Attelabus corpore oblongo nigro cinereo pubeſcente; elytris pedibuſque teſtaceis. Nob.

Curculio Malvæ longiroſtris griſeus; elytris pedibuſque teſtaceis. Fab. *Syſt. entom. p.* 132. *n°.* 30. —*Spec. inſ. tom.* 1. *p.* 168. *n°.* 43.

Rhinomacer ſubgloboſus, villoſus, niger; pedibus elytriſque rufis. Geoff. *Inſ. tom.* 1. *p.* 272. *n°.* 9.

Le Becmare Puce. Geoff. *ib.*

Rhinomacer minutus. Fourc. *Entom. par. pag.* 115. *n°.* 9.

Il reſſemble au précédent, mais il eſt un peu plus petit. Sa trompe eſt moins alongée, & les élytres ſont moins renflées. La tête, le corcelet, ſouvent la baſe des élytres & tout le corps en-deſſous ſont noirs, mais couverts d'un duvet gris; les antennes, les élytres & les pattes ſont de couleur de terre cuite, plus ou moins foncée. La trompe eſt de la longueur du corcelet. Les yeux ſont noirs, ronds & un peu ſaillans. Le corcelet eſt arrondi. Les élytres ont des ſtries bien marquées, & elles ſont couvertes d'un léger duvet.

On le trouve en France, en Angleterre, ſur différentes plantes; il n'eſt pas rare aux environs de Paris.

23. Attelabe faſcié.

Attelabus faſciatus. Nob.

Attelabus griſeo pubeſcens; elytris faſciis duabus undatis fuſcis; antennis pedibuſque pallidis. Nob.

Cet inſecte reſſemble entiérement au précédent pour la forme & la grandeur. Il a environ une ligne de long. Tout ſon corps eſt d'un brun plus ou moins clair, & couvert d'un duvet gris. La trompe eſt aſſez longue. Les yeux ſont noirs & un peu ſaillans. Le corcelet eſt pointillé, & on y voit une ligne longitudinale, peu enfoncée, au milieu de ſa partie ſupérieure. Les élytres ſont ſtriées, & elles ont deux bandes brunes, peu marquées, un peu ondées, qui ſont aux poils qui manquent à cet endroit. Les antennes & les pattes ſont d'une couleur rouſſe pâle.

On trouve cet inſecte ſur les fleurs, aux environs de Paris.

24. Attelabe à muſeau.

Attelabus roſtratus. Nob.

Attelabus corpore oblongo rufo, capite elytriſque viridi-cæruleis nitidis. Nob.

Curculio roſtratus longiroſtris; antennis rectis, corpore oblongo rufo, capite elytriſque viridi-cæruleis nitidis. Deg. *Mém. tom.* 5. *p.* 252. *n°.* 42. *pl.* 7. *f.* 27 & 28.

Charanſon *à muſeau*, à longue trompe & à antennes droites, à corps alongé roux, à tête & étuis d'un bleu verdâtre, luiſant. Deg. *ib.*

Il a environ deux lignes de long, depuis le bout de la trompe juſqu'à l'extrémité des élytres. La trompe, le corcelet, les pattes & le deſſous du corps ſont d'un brun jaunâtre & luiſant; mais la tête & les élytres ſont d'un bleu verdâtre très-luiſant. Les yeux ſont noirs, & les antennes ſont moitié rouſſes & moitié brunes. La trompe eſt un peu plus longue que le corcelet; elle eſt légérement aplatie, & un peu plus large que celle des autres eſpèces. Les yeux ſont ronds & aſſez ſaillans. Le corcelet eſt arrondi & pointillé. Les élytres ſont pointillées.

On le trouve au nord de l'Europe.

25. Attelabe de la Veſſe.

Attelabus Cracca. Nob.

Attelabus corpore ovato pubeſcente, ſupra atro ſubtus cinereo. Nob.

Curculio Craccæ longiroſtris niger ovatus, roſtro ſubulato; abdomine pallido. Lin. *Syſt. nat. p.* 606. *n°.* 6.

Curculio Craccæ longiroſtris gibbus ſupra ater ſubtus cinereus. Fab. *Syſt. entom. p.* 132. *n°.* 20. —*Spec. inſ. tom.* 1. *p.* 168. *n°.* 42.

Curculio Viciæ longiroſtris; antennis rectis, corpore oblongo villoſo cinereo-nigro; elytris ſulcatis. Deg. *Mém. tom.* 5. *p.* 253. *n°.* 43.

Charanſon *de la Veſſe* à longue trompe & à antennes droites, à corps alongé, velu, couleur d'ardoiſe, à étuis cannelés.

Il a environ une ligne de long. Son corps eſt ovale, alongé, noir en-deſſus, & cendré en-deſſous, mais entiérement couvert d'un duvet cendré. La trompe eſt un peu plus longue que le corcelet; elle eſt mince & déliée à ſon extrémité. Le corcelet eſt très-finement chagriné. Les élytres, dont la figure eſt parfaitement ovale, ſont chargées de ſtries bien marquées.

Cet inſecte ſe trouve au nord de l'Europe; il eſt très-rare aux environs de Paris. Sa larve vit dans les gouſſes d'une eſpèce de Veſſe. (*Vicia Cracca.* Lin.)

Les larves de cet *Attelabe* ſont petites; leur corps eſt renflé, & ordinairement roulé en cercle, de façon que la tête touche à l'extrémité du corps; elles ſont d'un blanc de lait jaunâtre. Leur tête eſt écailleuſe, d'un jaune d'ocre, & munie de deux mâchoires brunes. Elles n'ont point de pattes, & leur peau eſt toute garnie de rugoſités & de plis.

Elles fubiffent leur métamorphofe dans les femences même de la Veffe, qu'elles rongent peu-à-peu.

AVIRON. On a donné, en Entomologie, le nom d'*aviron* aux pattes de quelques infectes aquatiques, tels que la Notonecte, la Corife, &c. Les pattes de ces infectes font larges, aplaties, & fervent comme d'efpèces de rames ou d'*avirons* propres à battre l'eau, & faire avancer l'infecte avec plus de célérité. Les auteurs latins les ont nommées *pedes natatorii*, pieds nageurs, pieds propres à la nage.

AVIRON. (Punaife à) *Voy.* NOTONECTE.

AURELIE, *AURELIA*. Les anciens Entomologiftes avoient donné ce nom aux nymphes de la plupart des infectes, mais plus ordinairement à celles des Lépidoptères, à caufe de leurs couleurs brillantes, dorées. *Voy.* NYMPHE, CHRYSALIDE.

B.

BALANCIERS, *HALTERES*. Les *balanciers* font deux petits filets mobiles, très-minces, plus ou moins longs, terminés par une efpèce de bouton arrondi, ovale, tronqué, fouvent comprimé, & placé fous l'origine des ailes de tous les Diptères, un de chaque côté. Les *balanciers* font placés, dans quelques genres, au-deffous des ailerons, efpèces de petites écailles, en forme de coquille, qu'on voit au-deffous de l'origine des ailes, mais les ailerons manquent à plufieurs genres, & alors les *balanciers* fe trouvent a nud.

Le véritable ufage des *balanciers* n'eft pas encore affez connu. Quelques naturaliftes ont cru qu'ils fervoient de contrepoids à l'infecte lorfqu'il voloit, à-peu-près comme les bâtons armés de poids par les deux bouts, fervent de contrepoids aux danfeurs de corde, pour fe foutenir & garder l'équilibre. M. Fabricius paroît être de ce fentiment. « *Halteres ufus ad aequilibrium melius obfervandum videtur* ». (*Philof. entom. pag.* 36.) mais leur petiteffe ne femble pas permettre de s'arrêter à ce fentiment. D'autres, comparant l'aileron à une efpèce de tambour, & le *balancier* a une efpèce de baguette, ont cru qu'ils fervoient à produire le bourdonnement que la plupart des infectes font entendre en volant; mais il eft bien facile de fe convaincre du contraire. La plupart des infectes qui n'ont ni *balanciers* ni ailerons, tels que les Abeilles, les Guêpes; & ceux qui ont des *balanciers* fans ailerons, tels que les Afiles, les Bombilles, bourdonnent & font entendre un bruit plus fort que la plupart de ceux qui ont ces deux parties. Quelques Mouches, pourvues de *balanciers* & d'ailerons, ne bourdonnent que très-peu, & quelques-unes même ne bourdonnent pas du tout : enfin, fi on coupe les *balanciers* aux Diptères, on les entendra bourdonner tout comme auparavant; le fon qu'ils feront entendre fera exactement le même, comme j'ai eu fouvent occafion de l'obferver. Je regarde donc le *balancier* comme concourant avec les ailerons à faciliter le vol de ces infectes, & avec d'autant plus de fondement, que ceux qui manquent d'ailerons ont leurs *balanciers* beaucoup plus grands que ceux qui font en même-tems pourvus de ces deux parties.

L'infecte met fouvent en action les *balanciers*, & il les agite avec beaucoup de viteffe. Lorfqu'il vole, on les voit dans un mouvement très-vif & très-rapide. Ils font d'une longueur affez confidérable dans les Tipules, les Coufins & les Afiles. Ils font moins grands dans les Mouches, les Syrphes.

Enfin, ils font à peine apparens dans la plupart des Mouches; ils font recouverts de l'aileron dans les Syrphes, les Mouches; ils font à nud dans les Afiles, les Coufins, les Bombilles.

Linné, & après lui prefque tous les naturaliftes, ont fait entrer les *balanciers* comme un des caractères de l'Ordre des Diptères, avec d'autant plus de raifon, que ces parties n'exiftent que dans les infectes de cet Ordre, & qu'elles femblent leur tenir lieu des deux ailes qui leur manquent. *Voy.* AILERON.

BANDE, *FASCIA*. On donne, en Entomologie, le nom de *bande*, en latin *fascia*, à une large raie tranfverfale, d'une couleur différente de celle du fond, qui fe trouve fur les élytres, les ailes, le corcelet ou la tête des infectes. Lorfque cette raie eft étroite & ne forme qu'une ligne, elle a pris le nom de *ftriga*. La bande eft droite, *recta*, ou oblique, *obliqua*, fuivant qu'elle coupe à angles droits ou obliquement, les élytres ou les ailes; elle eft fimple, *fimplex*, ondée, *undata*, anguleufe, *angulata*, irrégulière, *irregularis*, fuivant qu'elle eft égale dans toute fa largeur, ou qu'elle forme des ondulations, des angles faillans, ou qu'elle prend une forme irrégulière; elle eft interrompue, *interrupta*, lorfqu'au milieu de l'élytre ou du corcelet, ou de la tête, elle forme une interruption plus ou moins marquée.

BARBE, *BARBA*. On a donné le nom de *barbe* aux poils longs & affez roides, qui fe trouvent au front des Afiles & de la plupart des Diptères, & qui entourent la bafe de la trompe.

BARBILLON, *PALPUS. TENTACULUM*. On donne le nom de *barbillon* à des filets articulés, de forme & de confiftance différentes, qui accompagnent la bouche de la plupart des infectes. Ces parties font plus ordinairement défignées fous le nom d'*antennules. Voy.* ANTENNULE.

BARBU, **BARBUE**, *BARBATUS*. Le front des Afiles & de quelques Diptères eft *barbu*, ou garni de poils longs & roides. On en voit encore à la bouche de quelques Coléoptères, tels que les Carabes, &c.

BASE, *BASIS*. L'origine des ailes, des élytres, des balanciers, des antennes; le haut des cuiffes, des jambes; la partie fupérieure du ventre, &c. ont été nommés *bafe*, & l'extrémité oppofée a été nommée *pointe* ou *extrémité*, *apex*.

BEC, ROSTRUM. Les infectes n'ont point de *bec* proprement dit, mais la plupart ont leur tête avancée en forme de *bec* dur, aminci, de la confiftance de la corne, au bout duquel font placées les parties de la bouche, tels font les Charanfons, les Brentes, les Brachycères, les Attelabes, les Rhinomacers, &c. On a auffi donné le nom de *roftrum* à la trompe des Punaifes, des Cigales, des Fulgores, en un mot, de tous les Hémiptères. C'eft auffi à la bouche de ceux-ci à qui le nom de *bec* convient le mieux; la bouche des Charanfons ne différant pas de celle des autres Coléoptères, & étant munie de lèvres, de mandibules, de mâchoires & d'antennules, le nom de *roftrum* ne leur convient pas. *Voy.* CHARANSON.

BECMARE. M. Geoffroy a établi un genre d'infectes fous le nom de *Becmare*, en françois, & de *Rhinomacer* en latin, auquel il affigne pour caractères génériques, *des antennes en maffe toutes droites, pofées fur une longue trompe*. Ce genre avoit été confondu, avant ce célèbre naturalifte, avec celui de Charanfon & celui de l'Attelabe. Il a été enfuite féparé du premier genre, & donné, par prefque tous les auteurs, fous le nom d'*Attelabus*, nom que nous avons été forcés de conferver. *Voy.* ATTELABE,

BEMBEX. BEMBEX. Gente d'infectes de la feconde Section de l'Ordre des Hyménoptères.

Les *Bembex* femblent tenir le milieu entre les Abeilles & les Guêpes. Leur bouche les rapproche des Abeilles, & les couleurs & la forme du corps les font un peu reffembler aux Guêpes. Ils différent encore des Abeilles par leur corps moins velu, par par leur langue courte & cachée fous la lèvre fupérieure, par leur tarfes filiformes, & dont les antérieurs font ciliés. Ils différent des Guêpes en ce que celles-ci n'ont point une langue avancée & divifée en cinq pièces, comme on le remarque dans les autres; le corps des Guêpes d'ailleurs eft entièremens glabre, & celui des *Bembex* eft légèrement velu.

Ces infectes avoient été confondus avec les Abeilles & les Guêpes, jufqu'à ce que M. Fabricius en ait fait un genre, auquel il affigne pour caractères effentiels, 1°. *Une langue fléchie, divifée en cinq pièces*. 2°. *Une lèvre avancée, cachant la langue*. 3°. *Deux antennes filiformes*. (*Voy. Syft. entom.* p. 361. & *Mant. inf. tom.* 1. p. 285).

Les antennes des *Bembex* font filiformes, & un peu plus courtes que le corcelet; elles font compofées de douze articles, dont le premier eft un peu plus gros & un peu plus long que les autres;

le fecond eft court & arrondi; le troifième eft le plus long de tous; celui-ci eft mince à fa bafe, & il augmente un peu en groffeur en avançant vers fon extrémité; les autres font à-peu-près égaux entr'eux.

Les yeux font grands, prefque ovales & à réfeau. On apperçoit au fommet de la tête trois petits yeux liffes, difpofés en triangle.

La bouche eft compofée d'une lèvre fupérieure, de deux mandibules, d'une trompe courte, divifée en cinq pièces, & de quatre antennules filiformes.

La lèvre fupérieure eft alongée, affez large à fa bafe, terminée en pointe, ou légèrement arrondie à fon extrémité. Les mandibules font minces, affez longues, prefque droites, un peu courbées & prefque dentées vers leur extrémité : elles font placées un peu au-deffous de la bafe latérale de la lèvre. La trompe eft prefque entièrement cachée par la lèvre : elle eft courte, coudée vers fon milieu, placée entre les mandibules, & divifée en cinq pièces, dont deux extérieures minces, larges, coriaces, coudées, & terminées en pointe; deux minces, déliées, prefque fétacées, un peu plus courtes & moins folides que les deux latérales; celles-ci font cachées fous une cinquième pièce mince, large, bifide à fon extrémité, prefque de la longueur des deux pièces latérales, mais moins large & moins folide qu'elles.

Les deux antennules antérieures font filiformes, & compofées de fix pièces, dont la première eft courte, un peu plus groffe que les autres; la feconde eft longue & cylindrique; la troifième eft la plus longue; la quatrième l'eft beaucoup moins; enfin les deux dernières font affez courtes: elles font inférées à la courbure des deux pièces extérieures de la trompe. Les antennules poftérieures un peu plus courtes que les antérieures, font filiformes, & compofées de quatre articles cylindriques, dont les deux premiers font affez longs, & les deux derniers très-courts : elles font inférées à la bafe inférieure des trois pièces du milieu.

Le corps ne diffère guères de celui de la plupart des Guêpes; il eft prefque glabre dans quelques efpèces, & légèrement velu dans d'autres; mais la partie fupérieure de l'abdomen paroît liffe dans toutes.

Les ailes font veinées & de grandeur inégale : elles font toutes les quatre étendues, à-peu-près comme celles des Abeilles, ce qui fait diftinguer au premier coup-d'œil les *Bembex* des Guêpes, qui ont les inférieures pliffées.

Les pattes font de longueur moyenne, & toutes attachées à la poitrine : elles font compofées de la hanche, de la cuiffe, de la jambe & du tarfe; celui-ci eft divifé en cinq pièces, dont la première, plus longue que les autres, est a-peu-près cylindrique ; les trois suivantes sont courtes & presque en cœur : la dernière, un peu plus longue que celle-ci est terminée par un double crochet. J'ai remarqué dans toutes les espèces que j'ai eu occasion de voir, des cils longs, plus ou moins serrés, placés a la partie latérale externe des tarses antérieurs.

Il n'y a point, parmi les *Bembex*, de mulets chargés de tout le travail, comme on en remarque parmi

les Guêpes & les Abeilles. Ces insectes vivent solitaires, & après leur accouplement, la femelle construit plusieurs loges isolées, soit dans la terre, soit contre quelque tronc d'arbre ou la tige de quelque plante, dépose un œuf dans chaque, y met la provision nécessaire à la larve qui en doit sortir, les bouche & les abandonne. La larve ne diffère pas de celles des Abeilles & des Guêpes; c'est un ver mol, sans pattes, dont le corps est composé de douze à treize anneaux, & dont la tête est écailleuse.

BEMBEX.

BEMBEX. FAB.

APIS. LIN. DEG. VESPA. LIN.

CARACTERES GÉNÉRIQUES.

ANTENNES courtes, filiformes, compofées de douze articles : le premier long & affez gros ; le fecond prefque globuleux ; le troifième long & aminci à fa bafe.

Bouche munie de deux mandibules, d'une trompe divifée en cinq pièces, & de quatre antennnules filiformes.

Abdomen joint au corcelet par un pédicule court.

Aiguillon fimple, pointu, caché dans l'abdomen.

Cinq articles aux tarfes ; le premier long & cylindrique ; les trois fuivans prefque trianguluires.

Tarfes antérieurs ciliés.

Trois petits yeux liffes.

ESPÈCES.

1. BEMBEX tacheté.

Très-noir, luifant ; corcelet avec des lignes jaunes, tranfverfales ; abdomen avec quatre taches jaunes fur chaque anneau.

2. BEMBEX vefpiforme.

Noir ; corcelet avec quatre lignes longitudinales, & deux tranfverfales, jaunes ; abdomen avec des bandes finuées, interrompues ; antennes & pattes fauves.

3. BEMBEX pubefcent.

Lèvre fupérieure alongée, conique, fendue ; abdomen noir, avec des bandes finuées, d'un jaune verdâtre.

4. BEMBEX ruficorne.

Noir, pubefcent ; abdomen glabre, luifant, avec de larges bandes jaunes, interrompues ; antennes & pattes fauves.

BEMBEX. (Insectes)

5. BEMBEX olivâtre.

Lèvre conique, avancée, jaune ; abdomen d'un jaune vert, avec le bord des anneaux noir & l'anus tridenté.

6. BEMBEX glauque.

Lèvre conique, avancée, jaune ; abdomen d'un jaune vert, avec deux points noirs sur chaque anneau.

7. BEMBEX finué.

Lèvre conique, jaune, avancée ; abdomen avec des bandes noires, finuées.

8. BEMBEX fafcié.

Noir; lèvre arrondie ; abdomen avec six bandes jaunes, dont cinq interrompues.

9. BEMBEX interrompu.

Noir ; lèvre arrondie, entière ; corcelet avec des lignes & des points jaunes ; abdomen avec cinq bandes jaunes, interrompues.

10. BEMBEX frontal.

Mélangé de noir & de jaune ; abdomen jaune, avec une bande noire à la base de chaque anneau ; front un peu avancé.

11. BEMBEX bariolé.

Noir ; corcelet avec des lignes longitudinales & transverfales jaunes ; abdomen avec des bandes étroites, interrompues.

12. BEMBEX rufipède.

Noir ; abdomen avec trois bandes jaunes ; ailes noirâtres ; base des antennes & pattes roussses.

1. BEMBEX tacheté.

BEMBEX punétata. FAB.

Bembex labio fuperiori integro; abdominis fegmentis atris, punétis quatuor flavis. FAB. *Syft.* entom. p. 361. n°. 2. — *Spec. inf.* tom. 1. p. 458. n°. 2.

Ce *Bembex* n'eſt pas ſi grand que la Guêpe Frélon : il a environ dix à onze lignes de long. Tout le corps eſt glabre. Les antennes ſont noires, avec une petite ligne jaune, à la partie inférieure du premier article. Le front eſt noir, avec une ligne jaune au milieu. La lèvre ſupérieure eſt jaune & coupée par une large ligne noire. Les mandibules ſont jaunes à leur baſe, & noires à leur extrémité. Tout le reſte de la tête eſt noir. Le corcelet eſt noir, & on voit une ligne noire tranſverſale qui s'élargit ſur les côtés, placée au bord antérieur, une petite tache jaune à la baſe ſupérieure de l'aile, & trois lignes jaunes tranſverſales entre les ailes, dont deux droites, & une courbe ; celle-ci eſt placée à l'extrémité du corcelet. On voit encore de chaque côté, au-deſſous des ailes, quelques petites taches jaunes, oblongues. L'abdomen eſt noir & luiſant; il a à ſa partie ſupérieure quatre taches jaunes tranſverſales, dont deux latérales, plus grandes, & deux petites placées au milieu. Ces deux dernières taches manquent au cinquième anneau, & le ſixième n'en a point. Le deſſous de l'inſecte eſt noir, mais on remarque ſur le ſecond, le troiſième & le quatrième anneaux du ventre une tache jaune de chaque côté ; de ſorte que ces trois anneaux ont ſix taches jaunes en y comprenant les quatre qui ſe trouvent à leur partie ſupérieure & dont j'ai déjà parlé. Les pattes ſont noires avec un peu de jaune aux cuiſſes. Les tarſes ſont noirâtres & les antérieurs ont des cils noirs.

Cet inſecte ſe trouve dans l'Amérique méridionale. Il nous vient aſſez fréquemment de Cayenne.

2. BEMBEX veſpiforme.

BEMBEX ſignata. FAB.

Bembex thorace ſupra nigro lineis quatuor faſciolifque duabus flavis; abdomine flavo nigroque vario. NOB.

Bembex labio fuperiori rotundato integro, corpore nigro flavoque vario. FAB. *Syft. entom.* p. 361. n°. 1. — *Spec. inf.* tom. 1. p. 457. n°. 1.

Veſpa ſignata thorace ſupra nigro, lineis quatuor faſciolifque duabus flavis. LIN. *Syft. nat.* p. 952. n°. 24. — *Muſ. Lud. Ulr.* pag. 410.

Apis veſpiformis glabra lutea, capite poſtice nigro, thorace nigro : lineis quatuor longitudinalibus luteis; abdomine maculis lobatis nigris. DEG. *Mém.* tom. 3. p. 570. n°. 2. pl. 28. fig. 3.

Abeille *Guêpe* liſſe jaune, à tête noire par derrière, à corcelet noir, avec quatre raies longitudinales jaunes & à taches noires découpées ſur le ventre. DEG. ib.

Veſpa ſignata. SULZ. *Hiſt. inſ.* tab. 27. fig. 9.

Il reſſemble au précédent pour la forme & la grandeur. Son corps eſt entièrement glabre. Les antennes ſont noires, avec un peu de jaune à la partie inférieure du premier article. Le front & la lèvre ſupérieure ſont jaunes, avec deux petits points noirs irréguliers ſur le front, vers l'inſertion des antennes. La baſe des mandibules & le derrière des yeux eſt jaune. Le corcelet eſt noir, & on y voit, à la partie ſupérieure, quatre lignes longitudinales, jaunes, parallèles, &, au-deſſous de celles-ci, trois lignes tranſverſales, jaunes, dont la dernière, placée à l'extrémité, eſt courbe. Il y a encore une ligne jaune un peu élevée à la partie antérieure du corcelet. L'abdomen eſt noir, avec des taches ondées, jaunes, diſpoſées de façon que toute la partie latérale de l'anneau eſt jaune, & que ces taches ſe rapprochent l'une de l'autre vers le bas de chaque anneau, & ne ſont ſéparées que par un peu de noir. Les pattes ſont jaunes, avec un peu de noir ſur la partie ſupérieure des cuiſſes, & quelquefois des jambes. Les cils des tarſes antérieurs ſont jaunes. Le deſſous du corps eſt jaune : on voit ſeulement ſur le ventre trois points noirs triangulaires, un ſur le milieu du ſecond, du troiſième & du quatrième anneaux. Le cinquième, outre le point triangulaire, a encore tout le bord ſupérieur noir. Enfin le dernier eſt tout noir en-deſſous.

Il ſe trouve à Cayenne, à Surinam.

3. BEMBEX pubeſcent.

BEMBEX roſtrata. FAB.

Bembex labio ſuperiori conico fiſſo ; abdomine atro, faſciis glaucis repandis. FAB. *Syft. entom.* p. 361. n°. 3. ——— *Spec. inf.* tom. 1. p. 458. n°. 3.

Apis roſtrata labio ſuperiore conico inflexo ; abdominis faſciis glaucis repandis. LIN. *Syft. nat.* p. 957. n°. 25. — *Faun. ſuec* n°. 1700.

Iter. gotl. 336.

Veſpa armata. SULZ. *Hiſt. inſ.* tab. 27. fig. 10.

Il eſt un peu plus petit que les deux précédens : il a environ huit à neuf lignes de long. Les antennes ſont noires & ſouvent brunes en deſſous, avec du jaune à la partie inférieure du premier anneau. Le front & la lèvre ſupérieure ſont jaunes : on apperçoit ſeulement une très-petits points noirs ſur le front, vers l'inſertion des antennes. Les mandibules ſont jaunes à leur baſe & noires à leur extrémité. Le reſte de la tête & le corcelet ſont obſcurs & couverts d'un léger duvet qui paroît griſâtre ſuivant le reflet de la lumière. L'abdomen eſt noir, avec des bandes ondées, d'un jaune verdâtre, interrompues : mais l'interruption étant beaucoup plus conſidérable ſur le premier anneau, celui-ci paroît n'avoir que deux taches jaunes, une de chaque côté. Tout le deſfous du corps eft noirâtre & très-légèrement velu. Les pattes font jaunes; mais la bafe & la partie fupérieure des cuiffes font noires. Les cils des tarfes font fauves.

On le trouve au nord de l'Europe. Il eft rare aux environs de Paris.

4. BEMBEX ruficorne.

Bembex ruficornis. FAB.

Bembex niger, pubefcens; abdomine fafciis flavis interruptis; antennis pedibufque fulvis. NOB.

Bembex labio fubconico, thorace fufco flavo maculato; abdomine nigro fafciis fex flavis; antennis pedibufque ferrugineis. FAB. *Mant. inf. tom.* 1. *pag.* 286. n°. 9.

Il reffemble au précédent pour la forme & la grandeur. Les antennes font fauves. Le front eft jaune, avec une tache noirâtre. La lèvre fupérieure eft large, peu avancée & jaune: on voit une ligne de la même couleur derrière les yeux; le refte de la tête eft noirâtre & pubefcent. Le corcelet eft pubefcent, noirâtre, avec une ligne jaune fur le bord antérieur, une tache tranfverfale, jaune, fur l'écuffon, & un point d'un jaune fauve à la bafe de l'aile. L'abdomen eft noir, luifant, glabre, avec de larges bandes interrompues, jaunes. Les pattes font d'un jaune fauve: la bafe & la partie fupérieure des cuiffes font noires. La poitrine eft noire & pubefcente, & le deffous du ventre eft glabre & jaune, avec un peu de noir au bord des anneaux, & une ligne noire, longitudinale, au milieu. Les ailes ont une très-légère teinte fauve à leur bafe.

J'ai trouvé cet infecte en Provence, fur les fleurs, dans les endroits fecs & ftériles. On le trouve auffi en Efpagne.

5. BEMBEX olivâtre.

Bembex olivacea. FAB.

Bembex labio conico flavo; abdomine glauco, fegmentorum marginibus nigris, ano tridentato. FAB. *Mant. inf. tom.* 1. *p.* 285. n°. 4.

Il reffemble entièrement à l'efpèce qui fuit. Les antennes font noires & jaunes à leur bafe. La tête eft d'une couleur cendrée-noirâtre, avec la lèvre jaune. Le corcelet eft noirâtre, couvert d'un léger duvet cendré, avec une ligne jaunâtre fur les bords. L'addomen eft d'un jaune verdâtre, luifant, avec le bord des anneaux très-noir. On diftingue deux points de la même couleur fur le fecond anneau. L'anus eft terminé par trois dentelures. Les pattes font jaunes.

Il a été trouvé fur différentes plantes, en Barbarie.

6. BEMBEX glauque.

Bembex glauca. FAB.

Bembex labio conico; abdomine glauco: fegmentis punctis duobus nigris. FAB. *Mant. inf. tom.* 1. *p.* 285. n°. 5.

Il reffemble au *Bembex pubefcent.* La lèvre fupérieure eft jaune & avancée. Le front eft noirâtre. Le corcelet eft jaune, mais la partie fupérieure eft noirâtre, avec deux lignes jaunes. L'abdomen eft glauque, avec deux points noirs fur chaque anneau. Les pattes font jaunes.

Il fe trouve à Tranquebar.

7. BEMBEX finué.

Bembex repanda. FAB.

Bembex labio conico; abdomine glauco fafciis atris repandis. FAB. *Mant. inf. tom.* 1. *p.* 286. n°. 6.

Il reffemble au *Bembex* pubefcent, mais il eft un peu plus petit. Les antennes, guères plus longues que la tète, font noires en-deffus & jaunes en-deffous. La tête eft jaune, & le vertex obfcur. La lèvre fupérieure eft jaune, avancée, conique, terminée en pointe affez fine. Les yeux font bruns. La partie fupérieure du corcelet eft noire, avec deux lignes jaunes, courtes, longitudinales, placées au milieu. On voit deux ou trois lignes courtes, jaunes, fur l'écuffon, & une autre de chaque côté du corcelet, au-deffus de la bafe des ailes. La poitrine & les pattes font jaunes. L'abdomen eft jaune, avec des bandes finuées, noires, & deux points noirs fur les premiers anneaux. Le ventre eft jaune, avec un peu de noir vers l'extrémité.

Il fe trouve aux Indes orientales.

8. BEMBEX fafcié.

Bembex fafciata. FAB.

Bembex labio rotundato, nigra; abdomine fafciis fex flavis, anterioribus quinque interruptis. FAB. *Spec. inf. tom.* 1. *p.* 458. n°. 4.—*Mant. inf. tom.* 1. *p.* 286. n°. 7.

Il eft de la grandeur du *Bembex pubefcent.* Les antennes font noires: mais le premier article eft jaune à fa partie inférieure, & le dernier eft fouvent ferrugineux. La tête eft couverte d'un duvet grisâtre. La lèvre fupérieure eft arrondie & jaune. Le corcelet eft obfcur, fans taches, & couvert d'un duvet grisâtre. L'abdomen eft noir, luifant, avec fix bandes jaunes, dont les cinq premières font interrompues. Les pattes font jaunes, & les cuiffes noires.

On trouve cette efpèce en Italie.

9. BEMBEX interrompu.

Bembex interrupta. FAB.

Bembex labio rotundato integro nigra, thorace maculato; abdomine fafciis quinque interruptis flavis. FAB. *Mant. inf. tom.* 1. *p.* 286. n°. 8.

Il eft petit. Les mandibules font d'un rouge briqueté, avec leur extrémité noire. La bouche eft jaune. Les antennes font noires. Le corcelet eft noir, avec une petite ligne tranfverfale jaune, à la partie antérieure, un point au devant des ailes, deux petites lignes longitudinales fur le dos; enfin, deux points & le bord de l'écuffon de la même couleur jaune. L'abdomen eſt glabre, très-noir, avec cinq bandes interrompues, jaunes. Les pattes ſont un peu briquetées, avec les cuiſſes noires.

Il ſe trouve aux Indes orientales.

10. BEMBEX frontal.

Bembex frontalis. Nob.

Bembex flavo nigroque vario; abdomine flavo ſegmentorum baſi nigra, fronte prominula. Nob.

Il a environ cinq lignes de long. La tête eſt noire, aſſez large; avec une très-petite ligne jaune derrière les yeux. Ceux-ci ſont bruns, ovales & ſaillans. Le front eſt un peu élevé, noir, avec une ligne jaune, ſinuée, à ſa partie inférieure. La lèvre eſt jaune, avancée, large & arrondie à ſa baſe, & terminée en pointe. Les mandibules ſont jaunes à leur baſe, & noires à leur extrémité. Le corcelet eſt noir, avec deux points longitudinaux à la baſe, un autre à l'origine de chaque aile, deux quarrés au-deſſus de l'écuſſon, enfin, une petite ligne tranſverſale, courte, ſur l'écuſſon, & une autre arquée, à ſon extrémité. L'abdomen eſt jaune en-deſſus, avec la baſe de chaque anneau noire, ce qui forme autant de bandes noires : on voit de plus un point quarré ſur le premier anneau, qui ſe confond avec le noir de la baſe. Tout le deſſous du ventre eſt noir au milieu, avec un peu de jaune ſur le bord des anneaux. Les pattes ſont jaunes, avec une partie des cuiſſes noires.

Il ſe trouve aux Indes orientales.

11. BEMBEX bariolé.

Bembex variegata. Nob.

Bembex nigra, thorace ſupra lineolis ſtrigiſque flavis; abdomine faſciis flavis interruptis. Nob.

Il eſt de la grandeur du *Bembex pubeſcent* Les antennes ſont noires, avec un peu de jaune à la partie antérieure du premier article. Le vertex eſt noir. Le front & la bouche ſont jaunes, & les mâchoires ſont jaunes à leur baſe, & noires à leur extrémité. La lèvre eſt avancée & arrondie à ſon extrémité. Le corcelet eſt noir, avec une ligne tranſverſale, jaune, à ſa partie antérieure; deux lignes longitudinales, droites, courtes, au milieu; une autre de chaque côté, un peu courbe, au-deſſus de l'origine des ailes; deux tranſverſales, droites, ſur l'écuſſon, & enfin une courbe à ſon extrémité. Les côtés & la poitrine ſont mélangés de noir & de jaune. L'abdomen eſt noir, luiſant, avec une bande étroite, un peu interrompue, au milieu de chaque anneau. Les pattes ſont jaunes, avec la baſe & la partie ſupérieure des cuiſſes noires. Le ventre eſt jaune, avec une tache triangulaire au milieu des anneaux; le dernier eſt tout noir.

Il ſe trouve à Cayenne.

12. BEMBEX rufipède.

Bembex rufipes. Nob.

Bembex atra; abdomine faſciis tribus flavis; alis fuſcis. Nob.

Il diffère un peu des précédens pour la forme, & ſa grandeur eſt environ de ſept lignes. Les antennes ſont rouſſes à leur baſe, & noires à leur extrémité. La tête eſt noire; la lèvre eſt noire, arrondie & peu avancée. Le corcelet eſt noir, avec un point roux à la baſe des ailes, & un autre un peu au-deſſous. L'abdomen eſt noir, luiſant, avec trois bandes jaunes. Les pattes ſont rouſſes, & les cils des tarſes ſont de la même couleur. Les ailes ſont noirâtres.

J'ai trouvé cet inſecte en Provence, ſur différentes fleurs.

BIBION, Bibio. Genre d'inſectes de l'Ordre des Diptères.

Les *Bibions* ſont des inſectes qui ont deux ailes membraneuſes veinées; deux petits balanciers; deux antennes, grenues, perfoliées, plus courtes que les antennules; la tête petite & aplatie dans les femelles, groſſe & arrondie dans les mâles; le corcelet convexe, élevé; enfin les jambes antérieures terminées par un onglet.

Ce genre a été confondu avec celui des Tipules par Linné, Degeer, Fabricius, &c. M. Geoffroy eſt le ſeul qui l'en ait ſéparé & donné ſous le nom que nous lui conſervons, nom qui a été cependant donné à un autre genre d'inſectes, par M. Fabricius. Voy. Némotèle.

Quoique les *Bibions* reſſemblent aux Tipules par la conformation de la bouche, nous croyons cependant que la différence qu'il y a dans les antennes, dans les antennules & dans la forme extérieure du corps de toutes les eſpèces, ſuffit pour diſtinguer facilement ces deux genres.

Les antennes des Tipules ſont longues, filiformes, rarement ſimples, & preſque toujours pectinées ou plumeuſes, dans les mâles; tandis que celles des *Bibions* ſont courtes, ſimples, compoſées d'articles courts, grenus, perfoliés ou enfilés les uns à la ſuite des autres par le milieu, repréſentant en quelque ſorte, comme dit M. Geoffroy, ces ifs découpés dont on ornoit autrefois les jardins. Les antennules des *Bibions* ſont plus longues que les antennes. Quoique ces deux caractères ſuffiſent pour diſtinguer facilement ces derniers des Tipules, on peut y joindre encore la forme du corps; les *Bibions* ſont plus courts, plus gros, moins éfilés, & les pattes ſont plus courtes que celles des Tipules; de plus la jambe eſt armée, à ſa jonction avec le tarſe, d'un ongle plus ou moins long & un peu crochu.

Les antennes des *Bibions* ſont à peine de la longueur de la tête : elles ſont compoſées de ſept à huit articles courts, grenus, un peu aplatis par les deux bouts & enfilés les uns dans les autres : le premier & le dernier ſont arrondis. Ces articles ſont plus ou moins diſtincts, ſuivant les eſpèces : on apperçoit dans la plupart le petit filet qui unit chaque article l'un à l'autre.

Les antennules, placées au-deſſous des antennes & inſérées une de chaque côté de la baſe de la trompe, ſont compoſées de cinq articles, preſque cylindriques. Elles ſont un peu plus longues que les antennes & l'inſecte les porte un peu courbées.

La bouche eſt une eſpèce de trompe très-courte, compoſée de deux pièces aſſez groſſes, convexes en dehors, aplaties en dedans, qui s'ouvrent latéralement, & qui, par leur écartement, laiſſent appercevoir deux filets très-courts, très-petits, preſque membraneux.

La tête diffère dans les deux ſexes ; celle du mâle eſt beaucoup plus groſſe que celle de la femelle ; elle eſt arrondie dans l'un & un peu aplatie dans l'autre. Cette différence ſemble ne venir que des yeux qui ſont très-grands, & qui embraſſent preſque toute la tête dans le mâle, au lieu que ceux de la femelle ſont petits, ovales & un peu ſaillans. On apperçoit dans les deux ſexes, au ſommet de la tête, entre les deux grands yeux à réſeaux, trois autres petits yeux liſſes, diſpoſés en triangle.

Le corcelet eſt convexe & relevé principalement dans la femelle. Il donne naiſſance à ſa partie latérale & poſtérieure aux deux ailes & aux deux balanciers.

Le corps n'eſt point auſſi long que celui des Tipules : l'abdomen eſt preſque cylindrique dans les mâles, il eſt un peu renflé dans les femelles.

Les pattes, quoique longues, ne le ſont cependant pas autant que celles des Tipules ; elles ne ſont pas non plus ſi minces, ni ſi déliées : toutes les cuiſſes, & ſur-tout les antérieures, ſont un peu renflées, & les jambes du plus grand nombre ſont terminées par un ongle long, preſque droit, peu crochu. Les tarſes ſont compoſés de cinq articles preſque cylindriques, qui vont en diminuant de longueur, celui de la baſe étant un peu plus long que les autres. Le dernier eſt terminé par deux ongles petits, crochus, & par deux petites pelottes ſpongieuſes.

Les larves des *Bibions* diffèrent de celles des Tipules & de la plupart des Diptères. Elles reſſemblent à des eſpèces de vers alongés : elles ont, ſuivant l'obſervation de Réaumur & de M. Geoffroy, une petite tête écailleuſe, & une bouche munie de deux crochets : elles ſont dépourvues de pattes ; leur corps eſt compoſé de douze à treize anneaux, & il eſt hériſſé de quelques poils, ce qui leur donne l'air de petites chenilles. Les ſtigmates de ces larves ſont ſemblables à ceux des chenilles ; ils ſont ſimples, peu apparens & poſés ſur les côtés des anneaux. Elles n'ont point les deux grands ſtigmates poſtérieurs qu'on remarque aux larves des Mouches & des Tipules. Ces illuſtres obſervateurs n'ont point vu ſi ces larves, en groſſiſſant, changent pluſieurs fois de peau, comme les chenilles & les autres larves, mais lorſqu'elles veulent ſe métamorphoſer, elles la quittent entièrement.

Ces larves ſe défont de leur peau à peu près comme la plûpart des chenilles ſe défont de la leur. La peau des premiers anneaux ſe fend longitudinalement ſur la partie ſupérieure du corps qui répond au corcelet de l'inſecte parfait ; des parties charnues s'élèvent dans l'inſtant au-deſſus de la fente, & en s'y élevant contribuent à l'agrandir. La peau qui recouvre la tête ſe détache en forme de calotte. La nymphe dégage inſenſiblement tous ſes anneaux en les gonflant & les amenant en avant, en même tems qu'elle pouſſe en arrière la peau.

La nymphe des *Bibions* diffère donc de celle de preſque tous les Diptères qui ſont enfermées dans une coque formée de la peau même de la larve. Elle en diffère encore en ce que les parties que doit avoir l'inſecte parfait paroiſſent à travers l'enveloppe commune qui les recouvre. On voit diſtinctement la tête, les pattes, les ailes, le ventre, en un mot toutes les parties. Ces nymphes ſont de la troiſième eſpèce. *Voy.* LARVE, NYMPHE.

Les larves des *Bibions* vivent dans la terre, dans le fumier & la fiente des animaux. C'eſt à Réaumur à qui nous devons les premières obſervations qu'on a faites ſur elles. « J'ai vu, dit-il, » en octobre de ces vers (de ces larves) à mil- » liers, & encore petits, dans de bouzes de va- » che médiocrement fraiches ; & pendant l'hiver » j'ai trouvé des mêmes vers ſous terre, dans le » bois de Boulogne. Si la ſaiſon où j'ai rencontré » des bouzes de vache peuplées de vers de ce » genre, étoit celle où leurs mouches paroiſſent, » il ſeroit naturel de penſer que des mères avoient » fait leurs œufs ſur ces excrémens ; mais dans » le mois d'octobre, on ne voit point les Mou- » ches dans leſquelles ſe transforment les vers » dont il s'agit ; d'où il ſuit qu'ils n'avoient pu » naître dans des excrémens dont un grand ani- » mal ne s'étoit vidé que depuis peu de jours ; » qu'il faut penſer que ces vers qui étoient ſous » terre, ayant ſenti que la matière qui avoit été » dépoſée ſur ſa ſurface, & qui l'avoit humectée » étoit propre à leur fournir de la nourriture, » s'étoient rendus au milieu de cette matière. » (*Mém. tom.* 5. *p.* 58.)

Quelques eſpèces de ces inſectes ſe montrent de très-bonne heure : on les voit voler en très-grand nombre dans les jardins, & ſe poſer ſur les arbres fruitiers & ſur les fleurs indiſtinctement, ce qui a ſouvent allarmé les cultivateurs & leur a fait croire que ces inſectes étoient malfaiſans, qu'ils rongeoient & détruiſoient les fleurs & les fruits : mais leur crainte eſt mal fondée. Les *Bibions* ne cauſent aucun dommage : leur bouche, munie ſimplement d'une trompe, n'eſt guères propre qu'à retirer les ſucs répandus ſur les plantes & les arbres : elle ſeroit incapable de percer les fruits, les feuilles ou les fleurs. Le tems de leur apparition leur a fait donner le nom de Mouches de S. Marc, de Mouches de S. Jean, &c., parce que quelques espèces se montrent en grand nombre vers la fin de Mars , & d'autres vers la mi-Juin. Leur vol est lourd & pesant, & ils sont très-aisés à prendre.

L'accouplement des *Bibions* n'offre rien de remarquable. On voit le mâle & la femelle unis ensemble des heures entières, par l'extrémité de leurs corps , de façon que leurs têtes sont opposées ; ils marchent & ils volent dans cette position sans se séparer ; la femelle ordinairement traînant ou emportant le mâle après elle. Celui-ci porte à l'extrémité de son ventre deux petits crochets qu'on ne peut bien appercevoir que lors-qu'on presse un peu l'abdomen pour les obliger de sortir. Entre ces deux crochets, il y a un petit corps charnu , qui est la partie qui caractérise son sexe , & qu'il introduit dans la fente de la femelle , tandis que les crochets le tiennent fortement attaché à elle. Cet accouplement dure des journées entières , après quoi ils se séparent ; la femelle reste fécondée ; elle dépose ses œufs & elle périt bientôt après. Les *Bibions* vivent peu de tems dans leur dernier état ; car dès qu'ils sont devenus insectes ailés, ils s'accouplent, se reproduisent & meurent. On ne les voit guères paroître & se succéder que pendant deux ou trois semaines,

BIBION.

BIBIO. GEOFF.

TIPULA. LIN. FAB.'

CARACTÈRES GÉNÉRIQUES.

ANTENNES courtes, simples, filiformes, grenues, perfoliées : articles un peu aplatis par les bouts, enfilés les uns à la suite des autres.

Trompe courte, charnue, s'ouvrant latéralement.

Suçoir formé de plusieurs pièces courtes, petites, presque membraneuses.

Deux antennules longues, filiformes, composées de cinq articles cylindriques, & insérées à la base latérale de la trompe.

Pattes assez grosses; jambes antérieures souvent armées d'un onglet.

ESPÈCES.

1. BIBION printanier.

Mâle noir, avec les cuisses ferrugineuses; ailes transparentes, avec un point noir, marginal.

Femelle noire; abdomen & pattes ferrugineuses; ailes transparentes, avec un point noir, marginal.

2. BIBION précoce.

Mâle tout noir, un peu velu; ailes transparentes, avec le bord extérieur obscur.

Femelle : corcelet & abdomen rouges; ailes un peu obscures, avec le bord extérieur noir.

3. BIBION noir.

Mâle noir, velu; ailes blanches, avec le bord extérieur noirâtre.

Femelle noire, peu velue; ailes obscures; avec le bord extérieur noir.

4. BIBION caniculaire.

Noir, presque glabre; ailes transparentes, avec un point marginal noir; pattes rousses.

5. BIBION Pomone.

Noir, presque glabre; ailes transparentes, avec un point noir marginal; cuisses ferrugineuses.

6. BIBION floral.

Noir, glabre; ailes noires; abdomen avec une ligne jaune de chaque côté.

7. BIBION corcelet-fauve.

Noir, glabre; corcelet d'un rouge fauve.

BIBIONS. (Insectes).

8. BIBION rufipède.

Noir; velu; pattes ferrugineuses, les deux postérieures alongées.

9. BIBION nègre.

Mâle noir, presque glabre; ailes transparentes, avec un point noir marginal; yeux bruns.

Femelle noire; glabre; ailes obscures, avec un point noir marginal; yeux noirs.

10. BIBION ordurier.

Noir, glabre; tête arrondie; ailes trans-
parentes, avec deux nervures noires, parallèles, vers le bord extérieur.

11. BIBION tête-rouge.

Noir, tête rouge; corcelet cendré, avec une grande tache noire.

12. BIBION phalenoïde.

Noirâtre, couvert de poils cendrés; ailes ovales, penchées, cendrées, sans taches, ciliées tout autour.

13. BIBION hérissé.

Noirâtre, couvert de poils cendrés; ailes ovales, penchées, ciliées tout autour, grisâtres, avec des taches noirâtres.

1. **Bibion** printanier.

Bibio brevicornis. NOB.

Bibio atro-fuscus, pedibus lividis alarum puncto marginali fusco. GEOFF. *Inf. tom.* 2. *pag.* 570. *n°.* 1.

Le *Bibion* noir à pattes jaunâtres & point marginal. GEOFF. *ib.*

Tipula brevicornis nigra glabra, alis margine nigricantibus, tibiis anticis spina terminatis. LIN. *Syst. nat. p.* 976. *n°.* 42.—*Faun. suec. n°.* 1766. Maf.

Tipula ferrugata atra, glabra, alis fuscis; abdomine fusco ferrugineo. LIN. *Syst. nat. p.* 976. *n°.* 40. Femina.

Tipula brevicornis nigra glabra, alis margine nigricantibus; abdomine fusco, tibiis anticis spinosis. FAB. *Syst. entom. p.* 753. *n°.* 37.—*Spec. inf. tom.* 2. *p.* 408. *n°.* 49.

Tipula flavicaudis nigra; antennis brevibus subulatis; abdomine fœmina flavo, alis obscuris, tibiis anticis spina terminatis. DEG. *Mém. tom.* 6. *p.* 419. *n°.* 35.

Tipule à ventre jaune, noire, à courtes antennes en maffue, à ventre jaune dans la femelle, à ailes obfcures, & à longue épine aux jambes antérieures. DEG. *ib.*

Bibio marginalis. FOURC. *Entom. par. p.* 514. *n°.* 1.

Cet infecte n'a guères plus de trois lignes de long. Sa forme & fes couleurs diffèrent un peu dans les deux fexes, ce qui eft caufe que le chevalier Linné, qui ne les avoit point vu accouplés, en a fait deux efpèces différentes.

Le mâle eft noir & nullement brillant. Ses antennes font noires, de la longueur de la tête, & un peu plus courtes que les antennules : elles font compofées d'articles courts & grenus, enfilés les uns à la fuite des autres. La tête eft groffe & arrondie. L'abdomen eft prefque cylindrique. Les ailes font tranfparentes, avec une petite teinte de brun le long du bord extérieur, & un point noirâtre vers le milieu de ce bord. Les cuiffes font d'une couleur ferrugineufe foncée, & les jambes font brunes.

Les antennes de la femelle font femblables à celles du mâle. La tête eft petite, un peu aplatie & noire. Le corcelet eft noir & convexe. L'abdomen eft un peu renflé & d'une couleur ferrugineufe, avec une ligne longitudinale, noirâtre, tout le long de fa partie fupérieure. Les pattes font d'une couleur ferrugineufe, plus claire que celles du mâle : elles font d'une longueur moyenne dans les deux fexes. Les cuiffes font un peu renflées, & les jambes antérieures font terminées par deux épines, dont l'extérieure eft plus longue & plus crochue que l'autre.

La larve de ce *Bibion* vit dans la terre.

On trouve, en Europe, cet infecte fur les fleurs & les arbres fruitiers, dans les jardins & dans les champs.

Histoire Naturelle, Infectes. Tome IV.

2. **Bibion** précoce.

Bibio hortulanus. FOURC.

Bibio niger, alis albis margine exteriori nigricante. Maf. NOB.

Bibio alis fufcis margine exteriori nigro, thorace abdomineque rubro. Femina. NOB.

Tipula marci nigra glabra, alis nigricantibus, femoribus anticis introrfum fulcatis. LIN. *Syst. nat. pag.* 976. *n°.* 38. —*Faun. suec. n°.* 1765.

Tipula hortulana alis albis margine exteriore nigro, thorace abdomineque rubro. LIN. *Syst. nat. p.* 977. *n°.* 46.—*Faun. succ. n°.* 1770.

Tipula hortulana, alis hyalinis, margine exteriore nigro. FAB. *Syst. entom. p.* 753. *n°.* 38. —*Spec. inf. tom.* 2. *p.* 409. *n°.* 50.

Bibio alis margine exteriore nigro, thorace abdomineque rubris. GEOFF. *Inf. tom.* 2. *p.* 571. *n°.* 3. *pl.* 19. *fig.* 3.

Le *Bibion* de St.-Marc, rouge. GEOFF. *ib.*

Tipula hortulana. SCHRANK. *Enum. inf. auft. n°.* 876.

Bibio hortulanus. FOURC. *Entom. par. p.* 514. *n°.* 3.

REAUM. *Mém. inf. tom.* 5. *pl.* 7. *fig.* 7, 8, 9, 10.

SCHAEFF. *Icon. inf. pl.* 104. *fig.* 8, 9, 10, 11.

Ce *Bibion* a environ quatre lignes de long. Le mâle diffère tellement de la femelle, qu'on feroit porté à les regarder comme deux efpèces différentes, ainfi que l'a fait le chevalier Linné, fi on n'avoit fouvent occafion de les voir accouplés enfemble.

Le mâle eft tout noir, luifant & un peu velu. Les antennes font prefque de moitié plus courtes que les antennules. La tête eft groffe & arrondie. Le corcelet eft relevé. L'abdomen eft prefque cylindrique. Les ailes font blanches & tranfparentes. Le bord extérieur feulement eft un peu obfcur, avec les nervures noires.

La femelle eft un peu luifante, & eft prefque glabre. La tête eft noire, petite, un peu aplatie. Le corcelet eft très-élevé, & d'un affez beau rouge luifant, dans l'animal vivant, mais d'un rouge pâle lorfqu'il eft mort. L'abdomen eft un peu renflé, & d'une couleur femblable à celle du corcelet. La poitrine & les pattes font noires. Les cuiffes des pattes antérieures font un peu plus groffes que celles des autres pattes; & la jambe eft armée d'un ongle affez long. Les ailes font plus obfcures que celles du mâle, & la couleur noirâtre du bord extérieur eft plus foncée.

On trouve ces infectes en Europe, en très-grand nombre, fur différentes plantes, dans les jardins & dans les champs.

Les larves reffemblent à un ver mol, un peu alongé. Leur corps eft compofé de douze anneaux diftincts, & couvert de quelques poils : elles n'ont point de pattes. Leur tête eft dure & écailleufe, & leur bouche eft armée de deux petites mâchoires. On les trouve dans les boufes de vache, où elles se nourrissent. Parvenues à leur entier accroissement, elles entrent dans la terre pour se transformer en nymphe. La nymphe est nue & alongée; la partie qui correspond au corcelet de l'insecte parfait est un peu relevée en bosse, & on distingue toutes les parties que doit avoir l'insecte parfait.

3. BIBION noir.
Bibio febrilis. FOURC.
Bibio ater hirsutus, alis albis margine exteriore nigro. GEOFF. *Inf. tom.* 2. *p.* 570. *n°.* 2. Mas.
Bibio ater, subhirsutus; alis fuscis margine exteriore nigro. NOB. Femina.
Le *Bibio* de St.-Marc, noir. GEOFF. *ib.*
Tipula febrilis *atra, oblonga, hirta, alis nigricantibus.* LIN. *Syst. nat. p.* 976. *n°.* 44. —*Faun. suec. n°.* 1768.
Tipula febrilis *atra, oblonga, hirta, alis costa nigricante.* FAB. *Syst. entom. p.* 754. *n°.* 42. —*Spec. inf. tom.* 2. *p.* 410. *n°.* 55.
Tipula Marci-nigra *atra tota; antennis brevibus subulatis, alis margine exteriore nigro, tibiis anticis spina terminatis.* DEG. *Mém. tom.* 6. pag. 428. *n°.* 33.
Tipule *noire de St.-Marc*, toute noire, à antennes courtes, en massue, à ailes bordées extérieurement de noir, à longue épine aux jambes antérieures. DEG. *ib.*
SCHAEFF. *Icon. inf. tab.* 15. *fig.* 1, 2. (Femelle).
Le mâle de cette espèce ne diffère pas de celui de l'espèce précédente : il est seulement un peu plus gros, & le bord extérieur des ailes un peu plus obscur; mais la femelle diffère beaucoup de la précédente, celle-ci est plus grande & toute noire. La tête, beaucoup plus petite que celle du mâle, est étroite & un peu aplatie. Les antennes sont un peu plus courtes que les antennules. Le corcelet est relevé en bosse, & l'abdomen est assez gros. Les cuisses des pattes antérieures sont un peu renflées, & les jambes terminées par un onglet. Les ailes sont obscures, avec le bord extérieur noir : elles sont d'un tiers plus longues que le ventre. Tout le corps du mâle est un peu plus velu que celui de la femelle.
Il se trouve en Europe; il est très-commun au printems aux environs de Paris.

4. BIBION caniculaire.
Bibio Joannis. NOB.
Bibio niger glaber; alis albis, puncto marginali nigro; pedibus rufis. NOB.
Tipula Joannis *atra glabra; alis puncto nigro, tibiis pallidis, posticis clavatis.* LIN. *Syst. nat. p.* 976. *n°.* 41.
Tipula Joannis *nigra glabra; alis albis, puncto nigro; antennis brevibus, pedibus nigris.* FAB. *Syst. entom. p.* 754. *n°.* 39. —*Spec. inf. tom.* 2. pag. 409. *n°.* 51.

Tipula atra; antennis brevibus subulatis, pedibus fœminæ rufis; alis puncto nigro, tibiis anticis spina terminatis. DEG. *Mém. tom.* 6. *p.* 425. *n°.* 32. *pl.* 27. *fig.* 17.
Tipule *de St.-Jean* noire, à antennes courtes, en massue, à jambes rousses dans la femelle, à point noir sur les ailes, & à longue épine sur les jambes antérieures. DEG. *ib.*
Il a environ trois lignes de long. Les antennes sont plus courtes que la tête, & chargées de quelques poils courts. La tête du mâle est arrondie, & beaucoup plus grosse que celle de la femelle. Le corcelet est élevé en bosse, & l'abdomen du mâle, un peu plus étroit que celui de la femelle, est terminé par deux petits crochets en forme de pinces. Les ailes sont transparentes. On voit au bord extérieur un point noir, beaucoup plus apparent dans le mâle que dans la femelle. Les pattes sont d'une couleur fauve obscure dans la femelle, & souvent noirâtre dans le mâle. Les cuisses sont un peu renflées, & les jambes antérieures sont terminées par deux onglets, dont l'un est une fois plus long que l'autre. Tout le corps du mâle est noir & peu velu, & celui de la femelle est noir & presque glabre.
Le Baron De Geer a donné la figure & la description de la larve de cet insecte. *Voy. Mém. des inf. tom.* 6. pag. 425. *pl.* 27. *fig.* 12, 13, 14.
Ce célèbre entomologiste trouva, au mois de Mai, dans du fumier & des bouzes de Vache, une grande quantité de petites larves sans pattes, qui y vivoient en société, & qui se nourrissoient de leur substance. Elles avoient un peu plus de trois lignes de long, & leur corps étoit délié & cylindrique. Leur couleur étoit d'un blanc sale, un peu grisâtre ; mais leur tête écailleuse, & à-peu-près semblable à celle des chenilles, étoit rousse, luisante, & munie de deux mâchoires assez grandes, avec lesquelles elles hachoient le fumier pour en tirer leur nourriture. Quand elles étoient bien rassasiées, on voyoit dans l'intérieur du corps, à travers leur peau transparente, le grand intestin, qui étoit fort gros, & qui paroissoit alors le long du corps comme une large raie noire. Les anneaux du corps étoient garnis de quelques filets courts, membraneux & coniques, dirigés avec leur pointe vers le derrière : ceux qui se trouvoient sur le dernier anneau étoient plus longs que les autres, & en plus grand nombre. On voyoit encore sur ce dernier anneau, deux taches rondes, brunes, élevées, entourées d'un cercle gaudronné, en forme de cordon, au milieu duquel il y avoit deux petites éminences noires, qui sont les vrais stigmates ou les ouvertures de la respiration, & l'on voyoit, au travers de la peau, les deux principales trachées qui s'y rendoient, & qui prenoient leur origine de deux autres stigmates, qui se trouvent à côté du premier anneau, près de la tête, & qui paroissent comme deux petits points bruns. Quand la larve marche, elle pousse hors du derrière deux

mamelons coniques & membraneux, qui semblent l'aider dans sa marche, qui ne se fait qu'en glissant sur le fumier : mais lorsqu'elle est en repos, ces mamelons sont entièrement retirés dans le corps.

Ces larves ne peuvent pas vivre long-tems hors du fumier : si on les en retire, elles meurent & se dessechent alors assez vîte. Celles que le Baron De Geer observa se transformèrent vers la fin de Mai, en nymphes d'un blanc sale, qui n'avoient rien de particulier dans leur figure. Leur corps étoit alongé, presque cylindrique, un peu courbé en-dessous. La tête étoit ronde, & le corcelet étoit gros & comme bossu.

Cet observateur ne sait pas précisément en quel tems parurent les insectes parfaits ; il les trouva morts au milieu du mois de Juillet, dans le poudrier qui avoit servi à renfermer les nymphes.

§. BIBION Pomone.
Bibio Pomonæ. Nob.
Bibio niger glaber, alis hyalinis, punēto nigro, femoribus ferrugineis. Nob.
Tipula Pomonæ *nigra glabra, alis hyalinis, punēto nigro, femoribus ferrugineis.* Fab. *Syst. entom. p.* 754. *n°.* 40. —*Spec. inf. tom.* 2. *p.* 410. *n°.* 52.
Tipula Marci *fulvipes nigra ; antennis brevibus subulatis, femoribus rufis, alis albis, tibiis anticis spina terminatis.* Deg. *Mém. tom.* 6. *pag.* 429. *n°.* 34.
Tipule *de St.-Marc à cuisses rousses* noire, à antennes en massue, à cuisses rousses, à ailes blanches, & à longue épine aux jambes antérieures. Deg. *ib.*
Il ressemble beaucoup au précédent pour la forme & la grandeur : il est presque glabre, entièrement noire & sans taches, à l'exception des cuisses, qui sont d'un rouge brun dans les deux sexes. Les ailes sont transparentes, sans couleur, avec un point noir au bord extérieur. La tête du mâle est grosse & arrondie, & celle de la femelle est petite & un peu aplatie. Les jambes antérieures sont terminées par un long crochet.
Il se trouve en Europe.

6. BIBION floral.
Bibio Thomæ. Nob.
Bibio ater glaber, alis nigris ; abdominis lateribus linea crocea. Nob.
Tipula Thomæ *atra glabra, alis nigris ; abdominis lateribus linea crocea.* Lin. *Syst. nat. p.* 976. *n°.* 39.
Tipula Thomæ. Fab. *Syst. ent. p.* 754. *n°.* 4. —*Spec. inf. tom.* 2. *p.* 410. *n°.* 54.
Il est un peu plus grand que les deux précédens ; il ressemble au *Bibion* noir ; mais ses antennes sont un plus longues, & l'abdomen a de chaque côté une ligne d'un rouge safrané.
Il se trouve en Europe, sur les fleurs.

7. BIBION corcelet-fauve.
Bibio ruficollis. Nob.
Bibio ater glaber thorace rufo. Nob.
Tipula ruficollis atra glabra, thorace rufo. Fab. *Spec. inf. tom.* 2. *p.* 410. *n°.* 53.
Il ressemble aux précédens. Le corps est noir & glabre. Le corcelet seul est fauve & relevé en bosse. Les ailes sont obscures, principalement sur le bord extérieur.
Il se trouve au cap de Bonne-Espérance.

8. BIBION rufipède.
Bibio rufipes. Nob.
Bibio ater, hirtus, pedibus ferrugineis, posticis elongatis. Nob.
Tipula rufipes atra hirta, pedibus ferrugineis, posticis elongatis. Fab. *Sp. inf. tom.* 2. *p.* 410. *n°.* 56.
Il ressemble aux précédens. Son corps est noir & velu. L'orbite des yeux est ferrugineuse. L'abdomen est aplati en-dessus. Toutes les pattes sont ferrugineuses, & les postérieures sont plus longues que les autres. Les cuisses sont un peu renflées, & le bas des jambes paroît un peu comprimé.
Il se trouve à l'isle de Terre-neuve.

9. BIBION nègre.
Bibio nigrita. Nob.
Bibio ater, glaber ; alis albis, punēto marginali fusco ; oculis brunneis. Nob. Mas.
Bibio ater, glaber ; alis fuscis, punēto marginali nigro. Nob. Femina.
Tipula Marci. Schrank. *Enum. inf. aust. n°.* 877.
Il ressemble au Bibion noir, mais il est deux fois plus petit, n'ayant guères plus de deux lignes de long.
Le mâle est noir & très-légèrement velu. La tête est grosse & arrondie. Les yeux sont d'un brun foncé. Le corcelet est relevé en bosse, un peu luisant & moins velu que le corps. Les pattes sont noires, & les jambes antérieures sont terminées par plusieurs dentelures courtes & égales. On voit au milieu de la jambe deux petites dents placées à la partie latérale externe. Les ailes sont transparentes ; les nervures du bord extérieur seulement sont noirâtres, & vers le milieu de ce bord il y a un point noir
La femelle est un peu plus grosse que le mâle ; elle est noire & presque glabre. La tête est petite, étroite & aplatie. Les antennes sont un peu plus longues que les antennules. Le corcelet est relevé & luisant. Les pattes sont semblables à celles du mâle. Les ailes sont obscures ; le bord extérieur est noirâtre, & le point marginal, noir, est plus grand que celui du mâle.
Cet insecte est commun aux environs de Paris. On le trouve dans le mois d'Avril sur les arbres & sur les fleurs.

10. BIBION ordurier.

Bibio latrinarum. NOB.

Bibio niger , glaber , capite rotundato ; alis albis , margine exteriori venis duabus nigris. NOB.

Scathopfe nigra. GEOFF. *Inf. tom.* 1. *pag.* 545. *n°.* 1.

Le Scatopfe. GEOFF. *ib.*

Tipula latrinarum nigra ; antennis brevibus fubulatis ; abdomine ovato , alis albis ; coftis duabus nigris , tibiis muticis. DEG. *Mém. tom.* 6. *pag.* 430. *n°.* 36. *pl.* 28. *fig.* 1 & 2.

Tipula Scathopfe. SCHRANK. *Enum. inf. auft. n°.* 881.

Cet infecte que je n'ai pas encore eu occafion de bien examiner, diffère un peu des précédens, & mérite peut-être, ainfi que l'a penfé M. Geoffroy, de former un genre ; mais il eft fi petit qu'on ne peut diftinguer les parties de fa bouche. Il a environ une ligne de long. Tout fon corps eft noir & glabre. Les antennes compofées de dix articles grenus, arrondis & égaux entr'eux , font un peu plus longues que la tête. Celle-ci eft petite , arrondie & d'egale grandeur dans les deux fexes. Le corcelet eft relevé en boffe & il paroît luifant. L'abdomen eft large , court & aplati dans les deux fexes. Les pattes n'ont ni épines ni dentelures. Les ailes font tranfparentes , en recouvrement & prefqu'une fois plus longues que l'abdomen : elles ont au bord extérieur, deux nervu res noires , à peu près parallèles , qui ne vont pas jufqu'a leur extrémité. Ces nervures font réunies vers la bafe de l'aile par une autre nervure noire & oblique.

On trouve ce *Bibion* en Europe, fur les fumiers , les fientes des animaux , vers les eaux croupiffantes & les latrines , & très-rarement fur les fleurs. Il eft affez commun aux environs de Paris.

11. BIBION tête-rouge.

Bibio erythrocephalus. NOB.

Bibio niger , capite rubro ; thorace cinereo , dorfo macula nigra. NOB.

Tipula erythrocephala nigra cinereo-albido maculata , antennis brevibus fubulatis , corpore brevi, capite magno rubro. DEG. *Mém. tom.* 6. *p.* 431. *n°.* 37. *pl.* 28. *fig.* 5 & 6.

Tipule à grande tête rouge, noire , tachetée de cendré blanchâtre , à courtes antennes en maffue , à corps court & à groffe tête rouge. DEG. *ib.*

Il n'eft guères plus grand qu'une Puce ordinaire. Les antennes font noires , cylindriques , divifées en plufieurs articles très-courts , & à peu près de la longueur de la tête. Celle-ci eft groffe & arrondie ; elle eft garnie de deux grands yeux à réfeau , d'un rouge foncé , qui en occupent prefque toute la furface. Le corps eft court & noir, avec des taches cendrées. Le deffus du cor-

celet eft marqué d'une grande tache noire , bordée tout autour de la même couleur cendrée. Dans quelques individus , les côtés & le deffous du corcelet font pareillement cendrés. Les balanciers font jaunes. Les ailes qui fe croifent fur le corps , font larges , tranfparentes & ornées à un certain jour , des couleurs de l'iris ; on y voit quelques nervures brunes au bord extérieur.

De Geer, à qui nous devons la defcription & la figure de ce petit infecte, trouva en Suède , au mois de Juillet , fur les joncs qui croiffent dans l'eau , une telle quantité de ces *Bibions* , que ces joncs en étoient tout couverts : « Je » n'ai guères vu , ajoute-t-il , d'infectes raffemblés » en plus grand nombre dans un même endroit. » Pour peu que je touchai aux joncs , il s'envo- » loient , mais pour y retourner tout de fuite ; » car ils font très-vifs , marchant & volant avec » agilité. Il y a toute apparence qu'ils viennent » de larves *aquatiques* , puifqu'ils fe tiennent fi près » de l'eau ».

12. BIBION phalénoïde.

Bibio phalænoïdes. FOURC.

Bibio alis deflexis cinereis , ovato-lanceolatis , ciliatis , immaculatis. GEOFF. *Inf. tom.* 1. *pag.* 572. *n°.* 4.

Le Bibion à ailes frangées & fans taches. GEOFF. *ib.*

Tipula phalænoïdes alis deflexis cinereis , ovato lanceolatis , ciliatis. LIN. *Syft. nat. p.* 977. *n°.* 47. — *Faun. fuec. n°.* 1771.

Tipula phalænoïdes. FAB. *Syft. entom. pag.* 755. *n°.* 49. —— *Spec. inf. tom.* 1. *pag.* 411. *n°.* 62.

Tipula hirfutiffima cinerea ; antennis nodofis , alis deflexis ovato-lanceolatis hirfutiffimis ciliatis immaculatis. DEG. *Mém. tom.* 6. *p.* 422. *n°.* 30. *pl.* 27. *fig.* 6.

Tipule très-velue , cendrée, à antennes à nœuds, à ailes pendantes , ovales , très-velues , frangées & fans taches. DEG. *ib.*

Culex parvus cinereus alis pendulis. FRISCH. *Inf.* 11. *p.* 6. *tab.* 11.

Tipula phalænoïdes. SCOP. *Entom. carn. n°.* 864.

Tipula phalænoïdes. SCHRANK. *Enum. inf. auft. n°.* 883.

Bibio phalænoïdes FOURC. *Entom. part. p.* 515. *n°.* 4.

Cet infecte & le fuivant diffèrent des efpèces précédentes, & méritent peut-être de former un genre diftinct ; mais leur petiteffe ne nous a pas encore permis d'examiner les parties de leur bouche.

Ce *Bibion* a environ une ligne de long : tout fon corps eft noirâtre & couvert de poils cendrés. Les antennes, un peu plus longues que la tête, font compofées de onze articles , courts , velus, grenus & comme enfilés les uns à la fuite des autres par un filet très-mince : leur couleur est livide, de même que celle des pattes. Les ailes sont grandes, ovales & pointues par les deux bouts : elles sont blanchâtres ou grisâtres, sans taches, & couvertes sur leurs nervures, de poils gris. Les bords sont garnis de poils longs, de la même couleur, qui les font paroître comme frangées. L'insecte les porte pendantes des deux côtés du corps, ce qui lui donne l'air d'une petite Phalène.

On le trouve en Europe, pendant tout l'été, dans les lieux humides & ombragés, sur les murs des maisons, vers les latrines, &c.

15. BIBION hérissé.
Bibio hirtus. NOB.
Bibio hirsutus, alis, deflexis ovatis ciliatis, albo fuscoque tessellatis. NOB.
Bibio alis deflexis cinereis, ovato-lanceolatis, ciliatis, nebuloso-maculatis. GEOFF. *Ins. tom.* 2. *p* 572. *n°.* 5.

Le Bibion à ailes frangées & couvertes de taches nébuleuses. GEOFF. *ib.*
Tipula hirta hirsuta, alis deflexis ovatis, ciliatis albo nigroque tessellatis. LIN. *Syst. nat. pag.* 977. *n°.* 48. — *Faun. suec. n°.* 1772.
Tipula hirta. FAB. *Syst. entom. pag.* 755. *n°.* 48. — *Spec. ins. tom.* 2. *pag.* 411. *n°.* 61.
Tipula hirsutissima nigro-cinerea, antennis nodosis, alis deflexis ovatis hirsutissimis ciliatis nigro maculatis. DEG. *Mém. tom.* 6. *pag.* 424. *n°.* 31.
Tipule *hérissée* très-velue, cendrée, noirâtre, à antennes à nœuds, à ailes pendantes, ovales, très-velues, frangées, avec des taches noires. DEG. *ib.*
LEUWENH. *Epist.* 24. *jun.* 1692. *fig.* 2, 3, 4.
Il ressemble beaucoup au précédent, mais il est un peu plus grand. Tout le corps est noirâtre & couvert de poils cendrés. Les antennes sont noirâtres, de la longueur du corcelet & composées d'articles grenus, arrondis & velus. Le corcelet est arrondi & relevé. Les ailes semblables à celles de l'espèce précédente, sont un peu obscures & couvertes de poils cendrés & noirâtres, ce qui les fait paroître comme nébuleuses. Tout leur bord est frangé.

Les poils qui se trouvent sur les ailes de cet insecte & du précédent, ressemblent, comme l'a très-bien observé M. Geoffroy, à de petites écailles semblables à celles qui couvrent les ailes des Papillons ; elles se détachent aussi facilement au moindre frottement.

On trouve cet insecte en Europe, sur les arbres & dans les bois touffus & ombragés. Il n'est pas si commun aux environs de Paris que le précédent.

BIFIDE, *Bifidus.* C'est-à-dire, fendu ou divisé en deux. Les antennes d'une espèce de Tenthrède & de la plupart des Crustacés, les appendices qui se trouvent à l'extrémité de l'abdomen des Aselles, &c. sont *bifides* ou divisés en deux portions. On donne encore en Entomologie le nom de *bifide* aux bandes ou aux raies colorées dont une des extrémités se divise en deux : on en a plusieurs exemples dans les ailes des Papillons.

BINOCLE, *Binoculus.* M. Geoffroy a établi un genre d'insectes sous le nom de *Binocle*, auquel il assigne pour caractères, 1°. six pattes ; 2°. deux yeux ; 3°. antennes simples & sétacées ; 4°. queue fourchue ; 5°. corps crustacé. Nous croyons avec Linné, De Geer, M. Fabricius & beaucoup d'autres entomologistes que les *Binocles* ne diffèrent pas assez des Monocles pour former un genre : ces insectes d'ailleurs n'ont pas été encore assez bien observés. *Voy.* MONOCLE & ENTOMOSTRACA.

BIRRHE, *Byrrhus.* Genre d'insectes de la première Section de l'Ordre des Coléoptères.
Les *Birrhes* sont des insectes ovales, presque globuleux, dont les deux ailes sont cachées sous des étuis durs, convexes & sans rebords, dont les antennes sont courtes & terminées en masse perfoliée, dont la bouche est munie de deux lèvres, de deux mandibules, de deux mâchoires & de quatre antennules filiformes, presque en masse ; enfin dont les jambes sont comprimées & les tarses composés de cinq pièces.

Ces insectes sont de la famille des Dermestes. Le chevalier Linné les avoit d'abord rangés dans le genre des Dermestes : il les en a ensuite séparés & rangés avec les Anthrènes, sous le nom de *Byrrhus.* M. Geoffroy avoit déjà établi ce genre sous le nom de *Cistela*, nom que Linné n'a pas conservé, & que M. Fabricius a ensuite donné à un autre genre bien différent de celui-ci.

Les *Birrhes* ont beaucoup de rapports avec les Dermestes, les Anthrènes & les Sphéridies. Mais les antennes du premier sont terminées par une masse perfoliée, composée seulement de trois articles ; celles du second ont leur masse qui paroît solide ; le troisième a ses antennes dont la masse est composée de quatre articles, & celles des *Birrhes* ont leur masse moins grosse que celles des autres ; & composée de cinq à six articles perfoliés, très-distincts, un peu aplatis par les deux bouts, enfilés par leur milieu.

Les antennes des *Birrhes* sont plus longues que la tête & plus courtes que le corcelet ; elles sont composées de onze articles très-distincts, dont le premier est gros & renflé, le second petit & presque globuleux, le troisième un peu plus long & conique, les suivans un peu grenus & augmentant insensiblement en grosseur. Les cinq à six derniers forment une masse perfoliée ; ils sont grenus, arrondis, un peu aplatis par les deux bouts, très-distincts, & comme enfilés par leur milieu les uns à la fuite des autres ; le dernier eſt arrondi à ſon extrémité.

La tête eſt inclinée & preſque entièrement cachée dans le corcelet. Les yeux ſont petits, ovales, peu ſaillans. La bouche eſt compoſée de deux levres, de deux mandibules, de deux mâchoires & de quatre antennules.

La lèvre ſupérieure eſt avancée, plate, preſque coriacée, entière, un peu ciliée à ſa partie antérieure. Les mandibules ſont très-dures, de grandeur moyenne, arquées, tranchantes, preſque dentées & terminées par deux petites dents égales. Les mâchoires ſont aſſez groſſes, peu ſolides, très-peu arquées, diviſées en deux pièces, dont l'extérieure eſt la plus grande & arrondie, & l'intérieure eſt un peu pointue. La levre inférieure eſt un peu plus étroite que la ſupérieure ; elle eſt preſque membraneuſe & preſque bifide. On y voir à ſa partie antérieure une inciſion peu profonde.

Les antennules antérieures ſont compoſées de quatre articles, dont le premier eſt très-petit ; les deux ſuivants ſont coniques & preſque égaux entr'eux. Le quatrième eſt un peu plus gros que ceux-ci, & de figure preſque ovale : elles ont leur inſertion au dos des mâchoires. Les antennules poſtérieures ſont compoſées de trois articles, dont le premier eſt très-petit, le ſecond preſque conique & le dernier un peu plus gros que celui-ci, de figure ovale, preſque tronqué à ſon extrémité. Elles ont leur inſertion vers la baſe latérale de la lèvre inférieure.

Le corcelet eſt arrondi ſupérieurement, ſans rebords par les côtés, preſque conique, c'eſt-à-dire, plus étroit à ſa partie antérieure qu'à ſa jonction avec les élytres. L'écuſſon eſt très-petit & à peine ſenſible. Les élytres ſont dures, convexes, ſans rebords.

Le corps a ordinairement une figure ovale, preſque globuleuſe ; il eſt un peu convexe en-deſſous, & très-convexe en-deſſus.

Les pattes ſont aſſez courtes & remarquables par la manière dont l'inſecte les applique contre le corps lorſqu'on le touche & qu'il contrefait le mort. La hanche eſt petite ; la cuiſſe eſt large & aplatie ; elle a en-deſſous une cavité ou eſpèce de rainure, dans laquelle la jambe ſe place. La jambe eſt large & très-aplatie ; on y voit auſſi une petite rainure au bas de ſa partie poſtérieure interne, dans laquelle le tarſe vient ſe placer & ſe cacher de façon qu'on croit au premier aſpect que ces inſectes n'ont point de tarſes ou qu'ils les ont perdus.

Les tarſes ſont filiformes & compoſés de cinq pièces, dont les quatre premières ſont courtes, égales entr'elles & garnies, en-deſſous, de poils aſſez longs. La cinquième pièce eſt preſque auſſi longue que les quatre autres priſes enſemble ; elle eſt arquée, preſque cylindrique, un peu renflée à ſon extrémité & munie de deux crochets arqués & pointus.

Lorſqu'on touche ces inſectes ils retirent leur tête dans le corcelet, appliquent leurs pattes & leurs antennes contre le corps, & contrefont les morts. Ils demeurent quelque tems dans cette poſition, après quoi ils continuent de marcher. On les rencontre dans les champs, aux bords des chemins ou autres endroits ſemblables. Ils ſont rarement uſage de leurs ailes quoiqu'ils en ſoient pourvus.

On ne connoît point encore leurs larves : mais il eſt probable qu'elles doivent reſſembler à celles des Dermeſtes & des Anthrènes, & qu'elles doivent ſe nourrir de ſubſtances végétales ou animales en putréfaction ou prêtes à ſe décompoſer.

BIRRHE.

BYRRHUS. LIN. FAB.

CISTELA. GEOFF. DERMESTES. DEG.

CARACTERES GÉNÉRIQUES.

ANTENNES courtes, droites, en maffe : premier article très-gros ; le fecond globuleux ; les autres grenus ; les cinq à fix derniers diftinéts, en maffe perfoliée.

Bouche munie de deux lèvres, de deux mandibules, de deux mâchoires bifides & de quatre antennules prefque en maffe.

Tête cachée dans le corcelet.

Corps ovale, prefque globuleux.

Pattes comprimées. Tarfes compofés de cinq articles filiformes ; les quatre premiers très-courts, garnis en-deffous de poils longs.

ESPÈCES.

1. BIRRHE géant.

Noir ; élytres pointillées, ferrugineufes.

2. BIRRHE pilule.

Noir en-deffous, d'un brun fauve bronzé en-deffus ; élytres avec des raies noirâtres, interrompues.

3. BIRRHE fafcié.

Noir ; élytres avec une bande peu marquée, large, ondée, fauve.

4. BIRRHE tout noir.

Entièrement noir, luifant, fans taches.

5. BIRRHE dorfal.

Noirâtre ; élytres avec une tache tranfverfale, commune, ferrugineufe.

6. BIRRHE varié.

Noir ; corcelet bronzé ; élytres noirâtres, avec trois raies courtes, verdâtres, tachetées de noir.

7. BIRRHE bronzé.

Noirâtre, luifant en-deffous, entièrement bronzé en-deffus.

1. BIRRHE géant.
BYRRHUS gigas. FAB.
Byrrhus niger ; elytris punctatis ferrugineis.
FAB. *Mant. inf. tom.* 3. *p.* 38. *n°.* 1.

Il eſt plus grand que le Birrhe pilule. Tout
ſon corps eſt noir, les élytres ſeules ſont ferrugineuſes, ſans taches, pointillées. Les pattes ſont
noires ; les jambes ſont comprimées & arquées.
L'anus de la femelle eſt terminé en pointe.

2. BIRRHE pilule.
BYRRHUS pilula. LIN.
Byrrhus fuſcus ; elytris ſtriis atris interruptis.
LIN. *Syſt. nat. p.* 568. *n°.* 4.
Dermeſtes tomentoſus ovatus fuſco nebuloſus.
LIN. *Faun. ſuec. n°.* 427.
Byrrhus pilula. FAB. *Syſt. ent. p.* 60. *n°.* 1.
— *Spec. inf. tom.* 1. *p.* 69. *n°.* 1.
*Ciſtela ſubvilloſa virideſcens, faſciis longitudi-
nalibus fuſcis interruptis.* GEOFF. *Inf. tom.* 1. *p.*
116. *n°.* 1. *pl.* 1 *fig.* 8.
La Ciſtèle ſatinée. GEOFF. *ib.*
*Dermeſtes pilula ovatus ſupra nigro-æneus,
ſubtus totus niger; elytris faſciis interruptis æneis.*
DEG. *Mém. tom.* 4. *pag.* 213. *n°.* 8. *pl.* 7. *fig.*
23 & 24.
Dermeſte *pilule* ovale noir-bronzé en-deſſus
& tout noir en-deſſous, à raies interrompues,
cuivreuſes ſur les étuis. DEG. *ib.*
SCHAEFF. *Elem. inf. tab.* 45. —— *Icon. inf.
tab.* 95. *fig.* 3.
Ciſtela ornata. SULZ. *Hiſt. inf. tom.* 2. *tab.* 2.
fig. 12.
Ciſtela viredeſcens. FOURC. *Ent. par. p.* 28. *n°.* 1.
Cet inſecte a environ quatre lignes de long &
deux & demie dans ſa plus grande largeur. Il eſt
ovale, très-convexe en-deſſus & couvert de poils
très-courts & très-ſerrés, qui ſe détachent par
le frottement & qui font paroître alors l'inſecte
tout noir. Le corcelet eſt ſatiné, noirâtre, bronzé,
un peu fauve & d'une ſeule couleur. Les élytres
ſont ſatinées, d'un brun bronzé, un peu fauve,
avec des raies longitudinales, plus claires, luiſantes, interrompues par de petites taches noirâtres. Les pattes, les antennes & le deſſous du corps
ſont noirs. L'écuſſon eſt petit & à peine viſible.

Il faut obſerver que lorſque les petits poils qui
couvrent la partie ſupérieure du corps de cet
inſecte & qui lui donnent ſa couleur, ont été
enlevés par le frottement, alors tout le corps
paroît noir. Il n'eſt pas rare de le trouver de cette
couleur.

On trouve cet inſecte en Europe, dans les
champs, ſur les bords des chemins, dans les
endroits ſabloneux, &c.

3. BIRRHE faſcié.
BYRRHUS faſciatus. NOB.
*Byrrhus ater, elytris faſcia, undata, rufa, obſo-
leta.* NOB.

*Ciſtela ſubvilloſa atra, faſcia elytrorum tranſ-
verſa aurato-fuſca.* GEOFF. *Inf. tom.* 1. *p.* 116.
n°. 2.
Ciſtela atra. FOURC. *Entom. par. p.* 28. *n°.* 2.
Cette eſpèce eſt plus petite que la précédente
& un peu plus ovale. Tout ſon corps eſt noir,
un peu luiſant en-deſſous, & matté & velouté
en-deſſus. Le corcelet eſt noir, ſatiné, avec quelques nuances rouſſes. Les élytres ſont noires,
ſatinées, avec une bande peu marquée, large,
un peu ondée, d'une couleur fauve foncée.
On le trouve rarement courant dans les champs,
aux environs de Paris.

4. BIRRHE tout noir.
BYRRHUS ater. FAB.
Byrrhus niger immaculatus. FAB. *Spec. inf. tom.*
1. *pag.* 69. *n°.* 2.
Ciſtela nigra nitens, glabra. GEOFF. *Inf. tom.*
1. *p.* 117. *n°.* 3.
Ciſtela nitens. FOURC. *Entom. par. pag.* 28.
n°. 3.
Cet inſecte varie pour la grandeur. Celui que
M. Fabricius a décrit eſt de la grandeur du
Birrhe *pilule.* Il n'en diffère que parce que la
tête & le corcelet ſont très-noirs, glabres, liſſes
& peu luiſans ; & les élytres ont des ſtries peu
marquées.

Celui qui ſe trouve aux environs de Paris,
décrit par M. Geoffroy, n'a guères que deux
lignes de long. Sa couleur eſt noire par tout.
Le corcelet & les élytres ſont très-liſſes & luiſans, & en les regardant avec une loupe, on
voit qu'ils ſont finement & irrégulièrement pointillés.

L'un ſe trouve en Allemagne & l'autre aux
environs de Paris, dans les champs.

5. BIRRHE dorſal.
BYRRHUS dorſalis. FAB.
*Byrrhus nigricans, coleoptris macula tranſ-
verſa ferruginea.* FAB. *Mant. inf. tom.* 1. *pag.* 38.
n°. 4.
Il reſſemble parfaitement au précédent pour la
forme, mais il eſt un peu plus petit. Il eſt noir
& obſcur : on voit ſur le corcelet quelques taches
peu marquées. Les élytres ſont ſans ſtries, noires, avec une tache tranſverſale, commune,
ferrugineuſe.

M. Fabricius remarque que cet inſecte n'eſt
peut-être qu'une variété du précédent.

6. BIRRHE varié.
BYRRHUS varius. FAB.
*Byrrhus niger, thorace æneo ; elytris fuſcis ;
ſtriis tribus abbreviatis viridibus nigro maculatis.*
FAB. *Syſt. entom. p.* 60. *n°.* 2. — *Spec. inf. tom.*
1. *p.* 69. *n°.* 3.
Il reſſemble pour la forme & la grandeur au
Birrhe

Birrhe *pilule*. Le corps eft noir en-deffous. La tête eft bronzée & les antennes font noires. Le corcelet eft ovale, d'une couleur bronzée obfcure. Les élytres font noirâtres, avec trois ftries luifantes, verdâtres, tachetées de noirâtre, qui ne vont pas jufqu'à leur extrémité. Les pattes font noires & les jambes comprimées.

On le trouve en Angleterre.

Cet infecte n'eft peut-être qu'une variété du Birrhe *pilule*.

7. BIRRHE bronzé.

BYRRHUS æneus. FAB.

Byrrhus totus æneus. FAB. *Syft. entom. pag.*
60. n°. 3. —— *Spec. inf. tom.* 1. *pag.* 70.
n°. 1.

Cette efpèce reffemble au Birrhe *pilule*, mais il eft beaucoup plus petit, ayant à peine deux lignes de long; il eft entièrement d'une couleur bronzée en-deffus, & d'une couleur noirâtre en-deffous.

On le trouve à Upfal, & rarement aux environs de Paris, dans les endroits fablonneux des forêts.

BLAPS, **BLAPS**. Genre d'infectes de la feconde Section de l'Ordre des Coléoptères.

Les *Blaps* font des infectes oblongs ou ovales, qui ont deux ailes cachées fous des étuis durs, coriaces, convexes, qui embraffent le corps de chaque côté; deux antennes filiformes, plus courtes que la moitié du corps; une bouche munie de deux lèvres, de mandibules, de mâchoires & de quatre antennules, dont le dernier article eft triangulaire; enfin dont les tarfes des quatre pattes antérieures font compofés de cinq articles, & les poftérieurs de quatre. La plupart de ces infectes manquent d'ailes, & alors font étuis font réunis l'un à l'autre par leur future.

Ces infectes font de la famille des Ténébrions, & ils ont les plus grands rapports avec les Pimélies, les Hélops & les Ténébrions. Les antennes des Pimélies font parfaitement femblables à celles des *Blaps*; la feule différence qui fe trouve entre ces deux genres d'infectes, c'eft que les antennules des Pimélies font prefque filiformes, & que celles des *Blaps* ont leur dernier article un peu plus gros que les autres, de figure triangulaire, un peu comprimé & comme tronqué à fon extrémité. Ces deux genres d'ailleurs ne nous paroiffent pas affez diftincts, & nous croyons qu'ils devroient être réunis; la différence des antennules des *Blaps* avec celle des Hélops eft plus fenfible; celles de ces derniers fe terminent par un article large, comprimé, figuré en croiffant, & les antennes font compofées d'articles prefque coniques. Les Ténébrions fe distinguent des *Blaps*, en ce que le troifième article des antennes n'eft pas fi long que le

troifième article de celles des *Blaps*, & les antennules d'ailleurs font prefque filiformes.

Les antennes des *Blaps* font plus courtes que la moitié du corps: elles font filiformes, c'eft-à-dire, d'épaiffeur égale dans toute leur longueur: on y compte onze articles, dont le premier eft court & affez gros; le fecond très-court & prefque arrondi; le troifième long & prefque cylindrique; les fuivans un peu coniques, & les derniers globuleux, moniliformes.

La tête eft diftincte, avancée, plus étroite que le corcelet. Les yeux font ovales, oblongs, peu faillans. La bouche eft compofée d'une lèvre fupérieure, d'une lèvre inférieure, de deux mandibules, de deux mâchoires & de quatre antennules.

La lèvre fupérieure eft affez grande, avancée, échancrée & ciliée à fa partie antérieure. Les mandibules font dures, affez épaiffes, arquées, garnies de dentelures peu marquées. Les mâchoires font bifides, & les divifions inégales: l'extérieure eft un peu plus grande que l'autre; elle eft un peu comprimée, & garnie de poils ferrés; l'intérieure eft plus courte & plus étroite que l'extérieure: elle eft un peu arquée, terminée par plufieurs dents minces & pointues, & garnie de poils ferrés. La lèvre inférieure eft courte, plus étroite & moins avancée que la lèvre fupérieure; elle eft prefque membraneufe, échancrée ou prefque fendue à fa partie antérieure.

Les antennules antérieures font un peu plus longues & plus épaiffes que les poftérieures: elles font compofées de quatre articles, dont le premier eft très-petit, & à peine fenfible; le fecond eft affez long & conique; le troifième eft conique & & un peu plus court que le fecond; le quatrième eft comprimé, plus large que les autres, de figure prefque triangulaire, & paroît comme coupé à fon extrémité. Elles ont leur infertion à la partie extérieure des mâchoires.

Les antennules poftérieures font compofées de trois articles, dont le premier eft le plus petit; le fecond arrondi, prefque conique, & le troifième tronqué à fon extrémité: elles ont leur infertion à la bafe latérale de la lèvre inférieure.

Le corcelet eft ordinairement convexe, terminé latéralement par un léger rebord, arrondi par les côtés, & coupé antérieurement & poftérieurement; il eft toujours plus étroit que les élytres.

Les élytres font dures, grandes, convexes, fouvent réunies enfemble à leur future, & prefque toujours terminées en pointe plus ou moins avancée. Elles ont une ligne faillante fur les côtés, & elles embraffent une partie de l'abdomen.

Les pattes font affez longues. La hanche eft petite. Les cuiffes font longues, peu renflées & angulaufes. Les jambes font longues, prefque cylindriques, terminées par deux petites épines. Les tarfes des quatre pattes antérieures font compofés de cinq pièces, dont la première eft un peu plus longue que les autres ; les trois qui suivent font courtes & presque triangulaires ; la dernière est plus longue que la première, & terminée par deux crochets. Les tarses des pattes postérieures n'ont que quatre articles, dont le premier & le dernier font assez longs, & les deux intermédiaires très-courts.

Les *Blaps* n'ont en général point d'ailes, & ils ne courent pas avec beaucoup de célérité. La plupart se tiennent cachés pendant le jour sous des pierres ou dans des trous ; ils en sortent la nuit pour courir çà & là, & chercher leur nourriture :

on les trouve quelquefois dans des caves, dans des endroits humides & inhabités. Ils répandent une odeur très-fétide, beaucoup plus forte, mais à-peu-près semblable à celle de la plupart des Carabes, ou à celle des Blattes des cuisines, ce qui les avoit fait ranger parmi ces derniers insectes, par quelques naturalistes anciens.

On ne connoît point les larves des *Blaps*, il est probable qu'elles font cachées dans la terre, & qu'elles diffèrent peu de celles des Ténébrions.

BLABS.

BLAPS. FAB.

TENEBRIO. LIN. GEOFF. DEG.

CARACTÈRES GÉNÉRIQUES.

ANTENNES filiformes, moniliformes à leur extrémité, plus courtes que la moitié du corps : troisième article long, presque cylindrique; les suivans coniques; les derniers globuleux.

Bouche munie de lèvres, de mandibules, de mâchoires & de quatre antennules.

Mâchoires bifides.

Antennules antérieures, composées de quatre articles; le premier très-petit; le second long; le dernier gros, aplati, presque triangulaire & tronqué. Antennules postérieures, composées de trois articles : le premier petit, le second presque conique, & le dernier tronqué.

Tarses des quatre pattes antérieures, composés de cinq articles : articles second, troisième & quatrième très-courts. Tarses postérieurs composés de quatre articles : second & troisième très-courts.

ESPÈCES.

1. BLAPS lisse.

Noir, luisant; corcelet arrondi, légèrement convexe; élytres lisses, presque obtuses.

2. BLAPS filloné.

Noir; élytres mucronées, chargées de neuf lignes élevées.

3. BLAPS mucroné.

Noir, peu luisant; élytres lisses, mucronées; corcelet presque aplati.

4. BLAPS ponctué.

Noir; corcelet anguleux postérieurement; élytres avec des stries formées par des points enfoncés.

5. BLAPS strié.

Noir; corcelet anguleux postérieurement; élytres obtuses, striées; stries presque lisses.

6. BLAPS crenelé.

D'un gris noirâtre; élytres obtuses, striées; stries crenelées.

1. BLAPS liſſe.

BLAPS gigas. FAB.

Blaps nigra, thorace rotundato; elytris lævibus obtuſis. FAB *Syſt. entom. p.* 254. *n*°. 1. — *Spec. inſ. tom.* 1. *p.* 321. *n*°. 1.

Tenebrio gigas apterus niger, thorace æquali, coleoptris lævibus truncatis. LIN. *Syſt. nat. p.* 676. *n*°. 14.

SULZ. *Hiſt. inſ.* 64. *tab.* 7. *fig.* 9.

Cet inſecte n'eſt peut-être qu'une variété du *Blaps mucroné* : il eſt beaucoup plus grand, ayant ſeize à dix-ſept lignes de long ; il a le corcelet plus convexe, les élytres plus liſſes & moins pointues. Il eſt entiérement noir & luiſant. On voit un petit rebord au corcelet, & une ligne élevée de chaque côté des élytres.

On le trouve dans les caves, dans les endroits humides & inhabités des maiſons, dans les champs, ſous des tas de pierres, &c. en Eſpagne, en Italie, ſur la côte de Barbarie. Il eſt commun en Provence & en Languedoc.

2. BLAPS ſilloné.

BLAPS ſulcata. FAB.

Blaps coleoptris mucronatis ſulcatis. FAB. *Syſt. entom. p.* 254. *n*°. 2. — *Spec. inſ. tom.* 1. *pag.* 321. *n*°. 2.

Tenebrio polychreſtes apterus : elytris mucronatis, ſinguis ſtriis novem elevatis. FORSK. *Deſcrip. anim.* 79. 10.

Il reſſemble au ſuivant pour la forme & les couleurs, mais il eſt preſque une fois plus grand. Les élytres ſont réunies, mucronées & marquées de huit ou neuf ſillons élevés, liſſes.

Il ſe trouve dans les jardins & dans les champs, en Egypte.

M. Fabricius rapporte que les femmes turques mangent cet inſecte cuit avec du beurre, dans l'intention d'engraiſſer. On ſe ſert auſſi de cet inſecte en Egypte & dans le Levant, contre les douleurs d'oreilles & la morſure des Scorpions.

3. BLAPS mucroné.

BLAPS mortiſaga. FAB.

Blaps atra, coleoptris mucronatis lævibus. FAB. *Syſt. entom. p.* 254. *n*°. 3. — *Spec. inſ. tom.* 1. *p.* 321. *n*°. 3.

Tenebrio Mortiſagus apterus, thorace æquali, coleoptris lævibus mucronatis. LIN. *Syſt. nat. pag.* 676. *n*°. 15. — *Faun. ſuec. n*°. 822.

Tenebrio atra, aptera, coleoptris lævibus, pone acuminatis. GEOFF. *Inſ. tom.* 1. *p.* 346. *n*°. 1.

Le Ténébrion liſſe à prolongement. GEOFF. *ib.*

Tenebrio acuminatus apterus, ater, coleoptris pone acuminatis. DEG. *Mém. tom.* 5. *p.* 31. *n*°. 1.

Ténébrion à étuis en pointe non ailé, noir, dont les étuis finiſſent en pointe. DEG. *ib.*

Scarabæus major totus niger; abdomine longo elytris veluti caudatis. RAJ. *Inſ.* 90. 11.

Scarabæus ex toto niger, minute nitens, fœtidus. LIST. *Scarab. angl.* 388. 21.

Scarabæus impennis tardipes. PETIV. *Gazoph. tab.* 24. *fig.* 7.

Blatta fœtida tertia. MOUFF. *Theat. inſ. p.* 139. *fig.* 1.

ALDROV. *Inſ. p.* 499.

Blatta fœtida. CHARLET. *Exercit. p.* 48.

Blatta fœtida. MERRET. *Pin. p.* 202.

Scarabæus terreſtris & ſtercorarius niger, fœtidus. FRISCH. *Inſ.* 13. *tab.* 25.

Blatta officinarum. DALE. *Pharm. p.* 91.

SCHAEFF. *Elem. inſ. tab.* 124. *fig.* 1. —*Icon. tab.* 6. *fig.* 13.

Tenebrio mortiſagus. SCOP. *Entom. carn. n*°. 252.

Tenebrio mortiſagus. SCHRANK. *Enum. inſ. auſt. n*°. 415.

Tenebrio mortiſaga. FOURC. *Ent. par. p.* 156. *n*°. 1.

Cet inſecte varie un peu pour la grandeur ; il a depuis dix lignes juſqu'à un pouce de long. Il eſt entiérement noir & un peu luiſant. Les antennes ſont un peu plus longues que le corcelet : celui-ci eſt liſſe, preſque aplati, terminé de chaque côté par un petit rebord ; il eſt légérement échancré antérieurement, & coupé droit poſtérieurement. L'écuſſon eſt très-petit, à peine apparent, plus large que long, & couvert de poils très-courts. Les élytres ſont liſſes, réunies par leur ſuture, très-convexes, terminées en arrière par un prolongement ; elles ont de chaque côté une ligne longitudinale, élevée, & elles embraſſent une partie de l'abdomen. On ne trouve point d'ailes au-deſſous des élytres.

Cet inſecte eſt très puant. On le trouve dans toute l'Europe, dans les champs, dans les jardins, dans les caves, les endroits humides, mal propres, ſous des tas de pierres & autres lieux ſemblables.

4. BLAPS ponctué.

BLAPS excavata. FAB.

Blaps thorace poſtice angulato, elytris excavato punctatis. FAB. *Syſt. entom. p.* 254. *n*°. 4. —*Spec. inſ. tom.* 1. *p.* 322. *n*°. 4.

PETIV. *Gazoph. tab.* 92. *fig.* 14.

Act. angl. 271. 861. 13.

Il eſt plus petit & moins convexe que le précédent. Le corcelet eſt noir, liſſe, bordé de chaque côté, preſque ſinué poſtérieurement, & terminé par deux angles aigus. Les élytres ſont noires, & elles ont des ſtries formées par des points très-enfoncés.

Il ſe trouve ſur la côte de Coromandel.

5. BLAPS ſtrié.

BLAPS ſtriata. FAB.

Blaps thorace poſtice angulato, atra ; elytris obtuſis ſtriatis. FAB. *Spec. inſ. tom.* 1. *p.* 312. *n*°. 5.

Il reſſemble entiérement au précédent pour la forme & la grandeur. La tête & le corcelet ſont très-noirs, liffes, & point du tout luifans. Le bord poftérieur du corcelet forme une angle de chaque côté. Les élytres font réunies, très-noires, luifantes & chargées de ftries prefque liffes.

On le trouve fur la côte de Coromandel.

6. BLAPS crenelé.

BLAPS crenata. FAB.

Blaps thorace poftice angulato, grifeo-fufca; elytris crenato ftriatis obtufis. FAB. Spec. inf. tom. 1. p. 322. n°. 6.

Il reffemble au précédent, mais il eft une fois plus petit. La tête & le corcelet font liffes, d'un gris noirâtre, fans taches. Les élytres font ftriées, & les ftries crenelées.

Il fe trouve fur la côte de Coromandel.

BLATTE, BLATTA. Genre d'infectes de l'Ordre des Orthoptères.

Les Blattes font des infectes qui ont deux ailes membraneufes, pliées longitudinalement & cachées fous deux étuis prefque coriaces; deux antennes longues, fétacées, compofées d'un grand nombre d'articles; la tête inclinée; la bouche munie de levres, de mandibules, de mâchoires & d'antennules; le corcelet large, plat, bordé; enfin dont les pattes ne font point propres à fauter, & dont les tarfes font compofées de cinq articles, & quelquefois de quatre feulement aux pattes poftérieures.

Ce genre a été placé dans l'Ordre des Coléoptères par MM. Geoffroy, Scopoli, & dans celui des Hémiptères par Linné, mais il a été féparé de ces deux Ordres par le Baron de Geer & M. Fabricius, qui ont reuni ensemble la Blatte, le Forficule & la nombreufe famille des Sauterelles.

Les Blattes font très-faciles à reconnoître, & ne peuvent être confondues avec aucun autre genre d'infectes. Les pattes qui ne font propres qu'à la courfe les diftinguent au premier coup d'œil des Sauterelles, des Grillons, des Truxales, des Criquets, & les antennes placées au-deffous des yeux, la tête inclinée, le corcelet large & bordé, leur donnent une forme qui leur eft particulière.

Les antennes des Blattes font fétacées, c'eft-à-dire, qu'elles reffemblent à un fil qui diminue infenfiblement d'épaiffeur & va fe terminer en pointe très-fine. Elles font affez longues & compofées d'un nombre très-confidérable d'articles, dont le premier eft très diftinct & beaucoup plus gros que les autres. M. Geoffroy en a compté jufqu'à quatre-vingt-quatorze dans celles de la Blatte des cuifines, Blatta orientalis. Ce nombre d'anneaux rend les antennes très-fouples & très-flexibles: l'infecte les porte en avant lorfqu'il marche; il les agite fouvent, & paroît vouloir tâter & reconnoître les objets qui fe trouvent au-devant de lui. Elles ont leur infertion au-deffous des yeux.

La tête eft de grandeur médiocre, prefqu'entiérement cachée fous le corcelet, & tellement inclinée que la bouche touche prefqu'à la poitrine. Les yeux font à réfeau, oblongs, un peu figurés en croiffant & placés un de chaque côté de la tête, prefqu'au-deffus des antennes.

La bouche eft compofée d'une lèvre fupérieure, d'une lèvre inférieure, de deux mandibules, de deux mâchoires, de deux galètes & de quatre antennules.

La lèvre fupérieure eft large, peu avancée, aplatie, prefque membraneufe, arrondie ou prefqu'échancrée antérieurement. Les mandibules font affez larges, comprimées latéralement, très-dures & armées de plufieurs dents folides, d'inégale grandeur, très-pointues. Les mâchoires font affez dures, un peu comprimées latéralement, ciliées intérieurement & terminées en pointe longue, arquée, affez forte. La lèvre inférieure eft à-peu-près de la largeur de la fupérieure: elle eft prefque membraneufe, aplatie, échancrée à fa partie antérieure. Les galètes font membraneufes, plates, peu larges & de la longueur des mâchoires, au dos defquelles elles font inférées. Les antennules antérieures font filiformes, plus longues que les poftérieures & compofées de cinq articles, dont les deux premiers font très-courts, le troifième affez long & cylindrique, le quatrième affez long & prefque conique, & le dernier affez long & pointu par les deux bouts: elles ont leur infertion au dos des mâchoires, à côté des galètes. Les antennules poftérieures font filiformes & compofées de trois articles, dont le premier eft à peine plus court que les deux autres: elles ont leur infertion à la bafe latérale de la lèvre inférieure.

Le corcelet eft ordinairement plus large que long; il eft peu convexe, prefqu'aplati; il déborde par les côtés, le corps de l'infecte, & il cache prefqu'entiérement la tête. Au-deffous de l'attache des ailes & des élytres, depuis le corcelet jufqu'à l'abdomen, il y a un efpace que de Geer nomme la poitrine: elle a, dit-il, peu d'épaiffeur, & fe trouve couverte en-deffus par une partie des étuis & des ailes. On ne voit point d'écuffon fur cette poitrine, & c'eft à elle que fe trouvent unis les étuis, les ailes & les deux dernières paires de pattes.

Le corps des Blattes eft, en général, d'une figure alongée, rarement ovale & toujours un peu aplatie. L'abdomen eft large, aplati en-deffus & légérement convexe en-deffous. Il eft compofé de plufieurs anneaux & terminé par deux petites appendices coniques, articulées, mobiles. L'ufage de ces deux pièces n'eft pas connu; le mâle & la femelle en font également pourvus. Mais le mâle en a deux autres un peu plus courtes & plus minces que celles-ci, fituées entre deux lames tranfverfales, qui fe trouvent au bout du dernier anneau , & d'où fortent les parties qui conftituent fon fexe.

Les pattes font affez longues. Les poftérieures font plus longues que les intermédiaires , & celles-ci le font un peu plus que les antérieures. Les cuiffes font larges, aplaties & attachées au corps par une large & grande pièce nommée *hanche*. Les jambes font longues, un peu aplaties, à-peu-près d'égale épaiffeur dans toute leur longueur & garnies de beaucoup de piquants. On voit auffi quelques piquants moins longs & moins forts que ceux des jambes, à la partie poftérieure des cuiffes. Les tarfes font plus minces & plus déliés que les jambes : ils font compofés de cinq articles , dont le premier eft auffi long que les trois qui fuivent, pris enfemble ; le dernier eft long & terminé par deux petits crochets. Ce qu'il y a de bien fingulier , c'eft que quelques efpèces n'ont que quatre articles aux tarfes des pattes poftérieures, c'eft ce qui a fait placer ces infectes, par M. Geoffroy, dans la divifion qu'il a faite des infectes dont les quatre pattes antérieures ont cinq articles & les poftérieures quatre feulement. J'ai une femelle de la *Blatte des cuifines* qui a cinq articles à une des pattes poftérieures & quatre feulement à l'autre. Cette différence eft d'autant plus remarquable qu'il n'y a aucun infecte que je connoiffe où ces parties varient comme dans ce genre.

Les élytres, qui fervent à couvrir & à défendre les ailes , font d'une confiftance moyenne entre l'écailleufe & la membraneufe, c'eft-à-dire, qu'elles font coriaces comme du parchemin fin & mince. Elles font un peu en recouvrement , & elles fe terminent en pointe arrondie ; elles font alongées & garnies de nervures longitudinales : on y en diftingue trois principales qui partent de la bafe de l'élytre & qui donnent naiffance à plufieurs autres. Celle du milieu eft relevée , & va de la bafe à l'extrémité de l'élytre , prefque en ligne. droite ou en ferpentant légèrement. L'intérieure eft creufée & courbée ; elle va fe terminer vers le milieu du bord interne de l'élytre , de forte qu'elle forme prefque une figure ovale avec la nervure oppofée de l'autre élytre. L'extérieure eft moins marquée que les deux dont nous venons de parler , & elle va fe terminer au bord externe.

Les ailes , au nombre de deux , font pliées longitudinalement en éventail, & jamais tranfverfalement comme le font celles des Coléoptères. Leur longueur eft prefque toujours égale à celle des élytres : elles font membraneufes , & garnies de beaucoup de nervures tant longitudinales que tranfverfales : mais les principales fuivent une direction longitudinale.

Les ailes & les élytres manquent à la femelle de la *Blatte* des *cuifines* ; on apperçoit feulement un moignon d'élytres & point d'ailes. La *Blatte de Petiver* a les ailes plus courtes & plus petites que les élytres , & celles-ci font plus larges que dans les autres efpèces.

Les larves des *Blattes* ne diffèrent de l'infecte parfait que par le défaut d'ailes. La nymphe n'en diffère non plus que parce qu'on lui voit le commencement des ailes & des élytres qui croiffent & fe développent peu à peu. Celle-ci d'ailleurs court avec la même agilité & fait ufage des mêmes alimens que la larve & l'infecte parfait.

Les *Blattes* font fort agiles ; elles courent avec beaucoup de viteffe & font plus ordinairement ufage de leurs pattes que de leurs ailes, quoique quelques-unes volent très-bien. La plupart fuyent la lumière & ne paroiffent que la nuit, ce qui leur a fait donner, par les anciens naturaliftes , le nom de *lucifuga* , infectes qui fuyent la clarté. Quelques efpèces vivent dans les maifons où elles font très-incommodes, mangeant & rongeant tout ce qu'elles trouvent, mais principalement le pain , la farine, le cuir , le fucre , le fromage & différentes provifions. Elles fe cachent pendant le jour dans les trous & les fentes des murs, derrière les tapifferies , dans les angles des armoires, &c. Elles fortent la nuit & fe répandent partout, mais la clarté d'une lampe fuffit pour les écarter & les faire fuir.

Scopoli rapporte que la racine de Nymphea ou Nenuphar, cuite avec le lait, tue les *Blattes* & les Grillons , & que la vapeur du charbon de pierre qu'on brûle les fait pareillement périr.

L'accouplement de ces infectes qui évitent la clarté & fe fauvent au moindre bruit , a été peu obfervé ; on fait feulement que la femelle pond un ou deux œufs très-gros, prefque de la grandeur de la moitié de fon ventre, cylindrique , mais arrondi par les deux bouts & relevé d'un côté en carène. Dès qu'elle eft éclofe , la larve court , & vit avec les infectes parfaits ; on en voit fouvent plufieurs enfemble de grandeur différente , fuivant leur âge. Frifch rapporte que la femelle de la *Blatte* des cuifines (*Blatta orientalis*.) garde pendant quelques jours, à l'orifice de la partie qui caractérife fon fexe , l'œuf qu'elle eft prête à pondre, & qui eft d'une groffeur confidérable. Il fe paffe , dit-il , plus d'une femaine avant qu'elle le quitte entièrement.

BLATTE.

BLATTA. LIN. GEOFF. FAB.

CARACTERES GÉNÉRIQUES.

ANTENNES longues, fétacées : articles courts, nombreux, prefque égaux, peu diftincts : le premier beaucoup plus gros que les autres.

Bouche munie de mandibules, de mâchoires, de deux lèvres & de quatre antennules filiformes.

Tête penchée, cachée fous la partie antérieure du corcelet.

Abdomen terminé, dans les deux fexes, par deux appendices mobiles, coniques, articulées.

Pattes propres pour la courfe. Tarfes compofés de cinq articles, dont le premier très-long; les trois fuivans très-courts, & le dernier alongé & terminé par deux crochets.

Nota. Quelques efpèces n'ont que quatre articles aux tarfes poftérieurs.

ESPECES.

1. BLATTE géant.

Livide; corcelet avec une grande tache quarrée, noirâtre.

2. BLATTE de Madère.

Noirâtre; corcelet & élytres livides, avec des taches & des points noirâtres, irréguliers.

3. BLATTE cendrée.

D'un brun livide; corcelet mélangé de cendré & de noirâtre; élytres cendrées.

4. BLATTE égyptienne.

Noire; bord antérieur du corcelet blanc.

5. BLATTE occidentale.

Corcelet noir, bordé de pâle, avec deux points fauves à fa bafe; élytres olivâtres.

6. BLATTE furinamoife.

Livide; corcelet noir, avec le bord antérieur d'un jaune pâle; pattes fauves.

BLATTES. (Insectes).

7. BLATTE Kakkerlac.

Ferrugineuse; corcelet fauve, roussâtre, avec deux grandes taches obscures, & le bord postérieur pâle.

8. BLATTE australe.

Ferrugineuse; corcelet noir, avec une tache annulaire, blanche; élytres avec une petite raie blanche, à leur base.

9. BLATTE bordée.

Noirâtre; tête & bords du corcelet & des élytres ferrugineux.

10. BLATTE érythrocephale.

Noire; tête & pattes ferrugineuses.

11. BLATTE hottentote.

Noirâtre, sans taches; tête & pattes rouges.

12. BLATTE indienne.

Grise; tête noire; corcelet noir, avec le bord antérieur blanc.

13. BLATTE blanche.

D'un blanc verdâtre; antennes jaunes.

14. BLATTE ponctuée.

Pâle; corcelet & élytres parsemés de points noirâtres; disque des élytres noir.

15. BLATTE verte.

D'un vert pâle; bords latéraux du corcelet & antennes jaunes; ailes blanches.

16. BLATTE bresilienne.

Pâle, obscure; abdomen noir; tarses jaunâtres.

17. BLATTE rayée.

Très-noire; bords du corcelet & des élytres blancs; élytres avec deux raies longitudinales, parallèles, blanches.

18. BLATTE de Pensylvanie.

Noirâtre; corcelet blanchâtre sur ses bords, & noirâtre au milieu; base des élytres blanche.

19. BLATTE africaine.

Noire en-dessous, cendrée en-dessus; corcelet velu, avec les bords extérieurs jaunes.

20. BLATTE de Petiver.

Noire, presque circulaire; élytres avec quatre taches d'un blanc jaune, sur chaque.

21. BLATTE des cuisines.

D'un brun ferrugineux; élytres courtes, avec une ligne enfoncée.

22. BLATTE à ceinture.

Jaunâtre en-dessus, noirâtre en-dessous; bords du corcelet & des élytres blancs.

23. BLATTE livide.

Noirâtre en-dessus, d'un gris fauve, livide en-dessous, ailes de la longueur du corps.

24. BLATTE rousse.

Rousse, alongée; pattes d'un rouge briqueté; ailes plus longues que le corps.

BLATTES. (Insectes)

25. BLATTE grise.

Alongée, d'un gris cendré; corcelet & élytres parsemés de petits points noirâtres.

26. BLATTE à bandelettes.

Ovale, très-noire; élytres avec une raie longitudinale, rouge.

27. BLATTE variée.

Corcelet jaunâtre; élytres testacées, noires à leur extrémité.

28. BLATTE laponne.

Noirâtre en-dessous, d'un jaune livide, cendré en-dessus, avec des points & taches noirâtres.

29. BLATTE pâle.

Toute d'un jaune pâle, sans taches; yeux noirs.

30. BLATTE germanique.

Livide; corps jaunâtre; corcelet avec deux raies noires, parallèles.

31. BLATTE fuligineuse.

Noirâtre; tête & base des élytres roussâtres.

32. BLATTE corcelet-roux.

Corcelet ferrugineux; corps d'une couleur de briques, pâle.

33. BLATTE tachetée.

Corcelet noir, bordé de blanc; élytres pâles, avec des taches noires.

34. BLATTE marginée.

Noire; corcelet roux, bordé de blanc; élytres noires, avec le bord blanc.

35. BLATTE alongée.

Alongée; livide; corcelet avec deux points & une tache en croissant, noirs.

36. BLATTE nitidule.

Corcelet ferrugineux, avec une tache noire; élytres bleues, sans taches.

37. BLATTE pigmée.

Ovale, d'un brun noirâtre; antennes courtes; corcelet bordé de blanc transparent.

1. BLATTE géant.

BLATTA gigantea. LIN.

Blatta livida, thoracis clypeo macula quadrata fusca. LIN. Syst. nat. p. 687. n°. 1. — Muf. Lud. Ulr. p. 106. n°. 1.

Blatta gigantea. FAB. Syst. entom. pag. 271. n°. 1. —— Spec. inf. tom. 1. pag. 341. n°. 1.

GRONOV. Zooph. 633. tab. 16. fig. 3.

SEBA. Muf. 3. tab. 77. fig. 1. 2.

DRURY. Illuft. tom. 2. pl. 36. fig. 2.

Cette Blatte eit très-grande : elle a près de deux pouces de long. Tout son corps est d'une couleur cendrée pâle ou livide. Les antennes font fétacées & de la longueur de la moitié du corps. Le corcelet confidéré tranfverfalement, paroît avoir une figure ovale : il eft pâle avec une grande tache obfcure au milieu, qui touche au bord poftérieur, mais non pas à celui des côtés. Les élytres font livides, affez grandes, ftriées & obtufes. L'abdomen eft pâle & terminé de chaque côté par une appendice conique, affez grande. Les jambes font armées d'épines affez fortes.

Elle fe trouve dans toute l'Amérique méridionale. Elle nous vient rarement de Cayenne.

2. BLATTE de Madère.

BLATTA Madera. FAB.

Blatta fufca, thorace elytrifque lividis fufco variegatis. FAB. Spec. inf. tom. 1. pag. 341. n°. 2.

Elle reffemble à la précédente, mais elle n'eft pas fi grande. La tête eft olivâtre & les antennes obfcures. Le corcelet eft livide, obfcur, avec quelques points noirâtres, irréguliers, plus ou moins marqués. Les élytres font grifâtres, avec deux lignes noirâtres, dont l'une droite & élevée, defcend de la bafe jufques vers le milieu de l'élytre ; l'autre arquée & creufée, va aboutir vers le milieu du bord interne. Vers l'extrémité de l'élytre on apperçoit les nervures plus élevées & formant des ftries régulières ; il y a auffi des points irréguliers, obfcurs. Le corps eft d'une couleur olivâtre, foncée. Les pattes font obfcures & épineufes.

Elle fe trouve à Madère, aux Antilles & dans l'Amérique méridionale.

3. BLATTE cendrée.

BLATTA cinerea. NOB.

Blatta fufco-livida ; thorace nigro cinereoque variegato ; elytris cinereis. NOB.

Les couleurs, & fur-tout la forme du corcelet, diftinguent cette efpèce des deux précédentes, auxquelles elle reffemble d'ailleurs un peu : elle a environ un pouce de long. Les antennes font obfcures & prefque de la longueur du corps. Celui-ci eft livide, & un peu obfcur vers les bords de l'abdomen & fur la poitrine. La tête eft noire avec la bouche livide & une bande jau-

nâtre entre les deux antennes & une autre à la partie poftérieure de la tête. Le corcelet eft plus large à fa partie poftérieure qu'à fa partie antérieure : il eft d'un gris cendré livide avec des taches irrégulières, noires. Les élytres font d'un gris nébuleux ; on y remarque les deux lignes noires, l'une droite & l'autre arquée, dont nous avons parlé en décrivant la Blatte de Madère. Les pattes font livides & épineufes.

J'ai trouvé cette efpèce en grande quantité dans des caiffes pleines de graines & de plantes envoyées à M. Thouin de l'île de France. Ces Blattes y étoient vivantes dans l'état de larve & d'infecte parfait.

4. BLATTE égyptienne.

BLATTA ægyptiaca. LIN.

Blatta atra thoracis margine antico albo. LIN. Syft. nat. pag. 687. n°. 2. —— Muf. Lud. Ulr. p. 107.

Blatta ægyptiaca. FAB. Syft. entom. p. 271. n°. 2. —— Spec inf. tom. 1. p. 342. n°. 3.

GRONOV. Zooph. 637. tab. 15. fig. 2.

DRURY. Illuft. tom. 2. tab. 36. fig. 3.

Elle eft de la grandeur de la Blatte des cuifines. Tout fon corps eft noir. Les antennes font noires & de la longueur de la moitié du corps. La tête eft noire & la bouche blanchâtre. Le corcelet, confidéré tranfverfalement, paroît avoir une figure ovale ; il eft noir, & fur le bord antérieur, il y a une large bande blanche. Les élytres font noires, avec un fillon tranfverfal, oblique, blanc à la bafe & des ftries élevées vers l'extrémité. Les ailes font pliées longitudinalement, noirâtres dans toute leur étendue, & blanches à leur bafe. Les pattes font obfcures & les jambes armées d'épines affez fortes.

Elle fe trouve en Egypte.

5. BLATTE occidentale.

BLATTA occidentalis. FAB.

Blatta thorace atro : margine omni pallido punctifque duobus bafeos fulvis ; elytris olivaceis. FAB. Mant. inf. tom. 1. pag. 225. n°. 4.

Elle eft plus grande que la précédente. Les antennes font d'un noir de poix avec le premier article ferrugineux. La tête eft noire, luifante, avec la bouche & une ligne entre les antennes, d'un rouge briqueté. Le corcelet eft noir, luifant, avec tout le bord pâle & deux petits points linéaires, rouges, à la bafe. Les élytres font olivâtres & parfemées de très-petits points cendrés. L'abdomen a des taches rouges au milieu & quelques-unes plus petites fur les bords. Les pattes font d'un rouge de briques.

Elle fe trouve en Amérique.

6. BLATTE furinamoife.

BLATTA furinamenfis. LIN.

. *Blatta livida , thoracis margine antico albo.*
LIN. *Syst. nat.* p. 687. n°. 3.

Blatta surinamensis. FAB. *Syst. entom.* pag.
271. n°. 3. —— *Spec. inf. tom.* 1. pag. 342.
n°. 4.

*Blatta fusca , thorace atro nitido : margine
antico flavo , pedibus testaceis.* DEG. *Mém. tom.*
3. pag. 539. no. 6. pl. 44. fig. 8.

Blatte de Surinam brune , à corcelet noir ,
luisant , dont le bord antérieur est jaune pâle ,
à pattes fauves. DEG. *ib.*

SULZ. *Inf. tab.* 8. fig. 1.

Elle a environ neuf lignes de long & quatre
lignes & demie de large. Les antennes sont obscures ; les yeux sont jaunâtres & la tête est noire.
Le corcelet est d'un noir très-luisant & son bord
antérieur est d'un jaune pâle , ce qui forme à
cet endroit une espèce de bande. Les élytres sont
d'un brun obscur , noirâtre , & bordées de brun
très-clair à leur partie antérieure & externe : elles
sont un peu plus convexes que dans les autres
espèces , & elles dépassent un peu l'abdomen. Elles
sont un peu moins larges , à leur base , que le
corcelet. Les pattes sont d'une couleur roussâtre ,
& les jambes sont garnies d'épines brunes.

Elle se trouve à Surinam.

7. BLATTE Kakkerlac.
BLATTA americana. LIN.

*Blatta ferruginea , thoracis clypeo postice exal-
bido.* LIN. *Syst. nat.* p. 687, n°. 4.

Blatta americana. FAB. *Syst. entom.* pag. 271.
n°. 4. — *Spec. inf. tom.* 1. p. 342. n°. 5.

*Blatta fusco flavescens , elytris sulco ovato
impressis ; abdomine longioribus.* GEOFF. *Inf. tom.*
1. p. 381. n°. 2.

La grande Blatte. GEOFF. *ib.*

*Blatta Kakkerlac ferruginea , thoracis clypeo
flavescente : maculis binis margineque postico fuscis ; abdomine rufo ; antennis longissimis.* DEG.
Mém. tom. 3. p. 535. n°. 1. pl. 44. fig. 1, 2,
& 3.

Blatte *Kakkerlac* rousse , à corcelet jaunâtre ,
avec deux taches & une bordure brunes , à ventre roux & à antennes très-longues. DEG. *ib.*

*Blatta molendinaria ab insula Jamaica allata
major.* RAI. *Inf.* 68.

. MÉRIAN. *Surin.* 1. tab. 1.

Blatta aurelianensis. FOURC. *Ent. par.* p. 177.
n°. 2.

Cette *Blatte,* connue en Amérique sous le nom de
Kakkerlac ou *Kakkerlaque,* se trouve depuis long-
tems en Europe , où elle a été apportée par les vaisseaux qui reviennent de ce pays là. Elles sont
un peu plus grandes en Amérique qu'elles ne le
sont en Europe. Un climat beaucoup plus chaud
& une nourriture beaucoup plus abondante sont
sans doute plus favorables au développement &
à l'accroissement de cet insecte ; leur couleur paroît aussi s'être un peu altérée ; celles de l'Amé-

rique sont d'une belle couleur de rouille , tandis que celles de l'Europe sont brunes. Les Kak-
kerlacs ne sont que trop connus dans toute l'Amérique méridionale par les dégâts qu'ils font dans
les maisons , dans les champs & sur-tout dans
les sucreries. Ils rongent les étoffes de laine , de
coton , de chanvre ; ils détruisent la plupart des
meubles mal soignés ; ils gâtent les provisions
de bouche , & ils attaquent sur-tout le sucre &
toutes les substances douces & sucrées. Il est très-
difficile de se garantir de cet insecte puant ,
incommode & nuisible.

Tout le corps de cet insecte est d'une couleur
rousse , ferrugineuse , plus ou moins claire. Les
antennes sont de la longueur du corps. Le corcelet est assez large , presque ovale , considéré
transversalement , d'une couleur jaune d'ocre obscur , avec deux taches au milieu plus obscures.
Les élytres ont une ligne longitudinale élevée ,
placée vers le milieu , une autre arquée & enfoncée , qui va aboutir vers le milieu du bord interne ; enfin une autre moins enfoncée , placée
vers le bord externe. Les pattes sont ferrugineuses & armées de piquants noirâtres.

Elle se trouve en Europe & dans toute l'Amérique méridionale.

8. BLATTE australe.
BLATTA australasia. FAB.

*Blatta ferruginea , thorace atro . annulo albo ;
elytris basi lineola alba.* FAB. *Syst. entom.* pag.
271. n°. 5. —— *Spec. inf. tom.* 1. pag. 342.
n°. 6.

Elle ressemble pour la forme & la grandeur à
la *Blatte Kakkerlac.* La tête est noire , avec le
bord postérieur blanc. Le corcelet est noir , luisant , avec un grand anneau blanc , au milieu. Les
élytres sont ferrugineuses , striées & marquées
d'une ligne longitudinale blanche , placée au bord
extérieur , vers la base.

Elle a été prise fréquemment sur les vaisseaux
qui revenoient de la mer pacifique & des terres
australes.

9. BLATTE bordée.
BLATTA fusca. THUNB.

*Blatta fusca , capite , thoracis elytrorumque
marginibus ferrugineis.* NOB.

*Blatta fusca , immaculata , capite , antennis ,
pedibus , thoracis hemelytrorumque marginibus ferrugineis.* THUNB. *Nov. spec. inf. diss.* 4. p. 77.

Elle est de la grandeur de la *Blatte Kakkerlac.*
La tête est ferrugineuse. Les antennes sont sétacées , rousses , de la longueur de la moitié du
corps. Le corcelet est convexe , d'un brun noirâtre , avec tout le bord ferrugineux , quelques petits points enfoncés. Les élytres sont réticulées , un peu plus longues que l'abdomen ,
d'une couleur brune , noirâtre , avec tout le bord
extérieur ferrugineux. Les ailes sont obscures ,

avec le bord extérieur rouge. L'abdomen est très-noir & glabre en-dessous ; il est noir en-dessus, avec le bord des anneaux & tout le tour jaunâtres. Les pattes sont ferrugineuses.

La femelle est aptère , ovale, plus large que le mâle , noirâtre en-dessus , avec le bord du corcelet & des anneaux de l'abdomen rougeâtre. Les antennes, les pattes & la tête sont rousses.

Elle se trouve au cap de Bonne - Espérance. Elle est commune dans les champs sous les pierres.

10. BLATTE érythrocéphale.
BLATTA erythrocephala. FAB.
Blatta atra , capite pedibusque ferrugineis.
FAB. Spec. inf. tom. 1. p. 342. n°. 7.
Son corps est grand & très-noir. Les antennes & les yeux sont noirs , & la tête est ferrugineuse. Le corcelet est rond , très - noir & sans taches. Les élytres & l'abdomen sont très-noirs. Les pattes sont ferrugineuses.

Elle se trouve . . . . .
Elle a été décrite , par M. Fabricius , dans le Muséum de M. Banks.

11. BLATTE hottentote.
BLATTA capensis. THUNB.
Blatta fusca , immaculata capite pedibusque rubris. THUNB. Nov. Spec. inf. dissert. 4. p. 17.
Blatta capensis fusca, capite pedibusque rue .
FAB. Mant. inf. tom. 1. p. 225. n°. 9.
Elle ressemble , pour la forme & la grandeur , à la Blatte Kakkerlac ; la couleur de tout le corps, excepté de la tête & des pattes , est d'un brun noirâtre , luisant. Les antennes sont noires. La tête est rougeâtre. Le corcelet est lisse & plus étroit que les élytres. Les élytres sont sillonées & sont plus longues que l'abdomen. Les pattes sont rougeâtres.

Elle se trouve au cap de Bonne-Espérance.

12. BLATTE indienne.
BLATTA indica. FAB.
Blatta grisea , thoraee atro margine antice albo. FAB. Syst. entom. p. 272. n°. 6. — Spec. inf. tom. 1. p. 343. n°. 8.
La tête est noire. La bouche & le bord des yeux sont blancs. Le corcelet est très-noir, glabre, luisant , avec le bord antérieur blanc. Les élytres sont striées , grises , avec une petite ligne à la base , noire. L'abdomen est brun & les pattes sont grisâtres.

Elle se trouve aux Indes orientales.

13. BLATTE blanche.
BLATTA nivea. LIN.
Blatta alba ; antennis flavis. LIN. Syst. nat. p. 688. n°. 1.
Blatta nivea. FAB. Syst. entom. p. 272. n°. 7.
— Spec. inf. tom. 1. p. 343. n°. 9.

Blatta livida pallida , thoracis clypeo elytrisque hyalinis albo - virescentibus ; antennis flavis. DEG. Mém. tom. 3. pag. 540. n°. 8. pl. 44. fig. 10.

Blatte blanche livide pâle , à corcelet & à étuis transparens, d'un blanc un peu verdâtre , à antennes jaunes. DEG. ib.
DRURY. Illust. tom. 2. tab. 36. fig. 1.
Elle varie pour la grandeur ; elle a ordinairement depuis six jusqu'à huit lignes de long. Tout le corps est d'une couleur jaune , livide. Le corcelet & les élytres sont blanchâtres , légérement lavés de vert. Les antennes sont jaunes & un peu plus courtes que le corps. Les pattes sont un peu épineuses & de la couleur du dessous du corps.

Elle se trouve à Cayenne , à Surinam , aux Antilles.

14. BLATTE ponctuée.
BLATTA irrorata. FAB.
Blatta pallida , thorace elytrisque fusco irroratis , alis disco nigro. FAB. Syst. entom. pag. 272. n°. 8. — Spec. inf. tom. 1. pag. 343. n°. 10.

Blatta irrorata : pallida thorace elytrisque fusco irroratis , alis basi nigris. THUNB. Nov. spec. inf. diff. 4. p. 76.
Elle est assez grande & de couleur pâle. Le front est ferrugineux avec le bord postérieur brun. Le corcelet est rond , entier , pâle , avec une tache au milieu & plusieurs points noirs répandus sur toute sa surface. Les élytres sont grises , avec une ligne courte à la base & plusieurs points très-petits , noirs. Les ailes sont noires , mais leur extrémité est pâle.

Elle se trouve à la nouvelle Hollande, au cap de Bonne-Espérance.

15. BLATTE verte.
BLATTA viridis. FAB.
Blatta antennis thoracisque linea laterali flavis , alis albis. FAB. Syst. entom. pag. 272. n°. 9. — Spec. inf. tom. 1. p. 343. n°. 11.
Elle ressemble un peu à la Blatte blanche dont elle n'est peut-être qu'une variété. Elle est toute d'un vert pâle. Les antennes sont jaunâtres & un peu plus courtes que le corps. Les yeux sont noirs , & on apperçoit entr'eux un point fauve. Le corcelet est vert, avec une ligne jaune de chaque côté. Les ailes sont blanches & sans tache.

On trouve cette espèce dans l'Amérique méridionale. Elle nous vient de Cayenne.

16. BLATTE brésilienne.
BLATTA brasiliensis. FAB.
Blatta pallida ; abdomine nigro. FAB. Syst. entom. p. 272. n°. 10. — Spec. inf. tom. 1. p. 343. n°. 11.

Blatta abdomen nigrum obscure fusca ; abdomine nigro , tarſis flavis , alis longitudine abdominis. DEG. Mém. tom. 3. p. 538. n°. 3.

Blatte à ventre noir brune obſcure , à ventre noir & à tarſes jaunâtres , dont les ailes ne ſont pas plus longues que le corps. DEG. *ib.*

Cette *Blatte* doit beaucoup varier pour la grandeur puiſque celle que De Geer a décrite a un pouce de longueur , tandis que celle que M. Fabricius décrit , n'eſt guères plus grande que la *Blatte laponne*, qui n'a jamais plus de ſix lignes de long.

Sa couleur eſt par-tout d'un brun obſcur , mêlé d'un peu de noir ſur la tête & ſur les pattes ; mais le ventre eſt tout noir en-deſſus comme en-deſſous. Les antennes ſont longues , déliſées & un peu obſcures. Le bord poſtérieur du corcelet s'étend en pointe ; & ſes bords extérieurs , ainſi que ceux des élytres ſont un peu plus clairs que le reſte. Les élytres & les ailes ne ſont pas tout-à-fait auſſi longues que le ventre : elles en laiſſent une petite portion à découvert. Les jambes ont une quantité d'épines brunes & les tarſes ſont d'un jaune fauve.

Elle ſe trouve à Surinam , au Breſil.

17. BLATTE rayée.

BLATTA lineata. NOB.

Blatta atra , thorace antice elytriſque lineis duabus albis parallelis. NOB.

Elle a environ ſept lignes de long. Elle eſt toute d'un beau noir luiſant. Les antennes ſont de la longueur du corps. Le corcelet eſt noir avec une large ligne blanche vers le bord antérieur & les deux latéraux. Les élytres ſont noires & ont une large ligne blanche , qui s'étend le long du bord extérieur , depuis la baſe juſqu'à l'extrémité , & une ligne longitudinale blanche , qui deſcend depuis la baſe juſqu'au deux tiers de l'élytre & forme , avec celle de l'autre élytre , deux lignes parallèles. Les ailes ſont noires , de la longueur des élytres , & un peu plus longues que le corps.

Elle ſe trouve . . . .

Cette *Blatte* eſt conſervée dans le cabinet de M. Pâris.

18. BLATTE de Penſylvanie.

BLATTA Penſylvanica. DEG.

Blatta fuſca , thoracis clypeo albido , medio fuſco ; elytris baſi albidis. NOB.

Blatta fuſca , thoracis clypeo albido : medio nigro-fuſco , elytris flavo-fuſcis antice albidis. DEG. *Mém. tom. 3. pag. 337. n°. 2. pl. 44. fig. 4.*

Blatte de Penſylvanie, brune , à corcelet blanchâtre , mais noirâtre au milieu , à trois d'un brun jaunâtre , mais blanchâtre à leur origine. DEG. *ib.*

Elle a environ un pouce de long & ſix lignes de large. Les antennes ſont d'un brun obſcur & de la longueur de tout le corps. La tête & le

corps ſont bruns ; le ventre a une bordure pâle , & les pattes ſont d'un brun clair. La plaque du corcelet , qui n'eſt pas fort grande , eſt d'un blanc ſale , avec une grande tache irrégulière , d'un brun noirâtre , placée au milieu. Les élytres & les ailes dépaſſent un peu l'abdomen ; elles ſont d'un brun jaunâtre , avec des nervures obſcures. Mais les élytres ſont d'un blanc ſale à leur baſe & au bord extérieur.

Elle ſe trouve en Penſylvanie.

19. BLATTE africaine.

BLATTA africana. LIN.

Blatta cinerea , thoracis clypeo villoſo. LIN. *Syſt. nat. p. 688. n°. 6. —— Muſ. Lud. Ulr. p. 108. n°. 3.*

Elle reſſemble à la *Blatte égyptienne*, mais elle eſt un peu plus petite , plus arrondie , & elle n'eſt pas glabre comme elle. Les antennes ſont preſque de la longueur du corps. Le corcelet eſt de couleur de cendres & tout couvert de poils très-courts. Le bord extérieur eſt d'un blanc jaunâtre. Tout le corps eſt noir & les pattes ſont épineuſes.

Elle ſe trouve en Afrique.

20. BLATTE de Petiver.

BLATTA petiveriana. FAB.

Blatta nigra , elytris maculis quatuor flaveſcentibus. FAB. *Syſt. ent. p. 272. n°. 11. — Spec. inſ. tom. 1. p. 543. n°. 13.*

Caſſida petiveriana nigra ; elytris maculis quatuor flaveſcentibus. LIN. *Syſt. nat. pag. 578. n°. 28.*

Blatta heteroclita. PALLAS. *Spicil. Zoolog. faſc. 9. tab. 1. fig. 5.*

Cimici affinis niger. PETIV. *Gazoph. tab. 71. fig. 1.*

SULZ. *Hiſt. inſ. tab. 11. fig. A. B.*

SEB. *Muſ. 4. tab. 95. fig. 21.*

SCHROET. *Abhandl. 1. tab. 1. fig. 7. 8.*

Cette eſpèce reſſemble , au premier regard , à une Caſſide , mais elle a tous les caractères des *Blattes*. Elle eſt de grandeur moyenne , plus large & moins alongée que les eſpèces précédentes. Elle eſt preſque ronde , légèrement convexe , toute d'un noir foncé , point du tout luiſant. Les antennes ſont de la longueur de la moitié du corps. Elles ſont preſque filiformes , & compoſées d'un nombre conſidérable d'articles. Le corcelet , beaucoup plus large que long , couvre entièrement la tête. On apperçoit un petit écuſſon triangulaire , tel que celui des Coléoptères. Les élytres ſont en recouvrement : la ſupérieure a quatre grandes taches d'un jaune blanchâtre , dont trois placées longitudinalement vers le bord extérieur , & la quatrième , un peu moins grande , eſt placée vers le bord interne. L'élytre inférieure a les trois premières taches figurées de même ;

mais, au lieu de la quatrième, on trouve toute la partie cachée par l'élytre supérieure d'un beau jaune fauve. Je n'ai trouvé à plusieurs espèces que j'ai examinées que des ailes très-courtes, qui ne peuvent servir à l'insecte pour voler. L'abdomen est un peu plus court que les élytres; il est plus large que long, & terminé par deux appendices latérales, très-courtes. Les jambes sont armées d'épines comme dans toutes les espèces.

Elle se trouve aux Indes orientales.

21. BLATTE des cuisines.

BLATTA orientalis. LIN.

Blatta ferrugineo-fusca; elytris abbreviatis sulco oblongo impresso. LIN. *Syst. nat. p.* 688. n°. 7. —*Faun. suec.* n°. 862.

Blatta orientalis ferrugineo-fusca immaculata; elytris sulco oblongo. FAB. *Syst. ent. p.* 272. n°. 11. —*Spec. ins. tom.* 1. p. 343. n°. 14.

Blatta ferrugineo-fusca; elytris sulco ovato impressis; abdomine brevioribus. GEOFF. *ins. tom.* 1. p. 380. n°. 1. pl. 7. fig. 5.

La *Blatte* des cuisines. GEOFF. *ib.*

Blatta culinaris ferrugineo-fusca, alis maris abdomine brevioribus, foemina aptera. DEG. *Mém. tom.* 3. p. 530. n°. 1. pl. 25. fig. 1, 2.

Blatte des cuisines d'un brun de marron roussâtre, dont le mâle seul a des ailes plus courtes que le ventre. DEG. *ib.*

Blatta orientalis. SCOP. *Entom. carn.* n°. 313.

Blatta molendinaria. MOUFF. *Theat. ins. pag.* 138. fig. 1 & 2.

Blatta prima seu mollis Mouffeti. RAI. *Ins. pag.* 68. n°. 1.

Scarabaeus alter testudinarius minor atque alatus. COL. *Ecphr.* 1. 40. tab. 36.

Grylli. JONST. *Ins.* tab. 13. fig. A.

Blatta lucifuga seu molendinaria. FRISCH. *Ins.* 5. p. 11. tab. 3.

SULZ. *Ins.* tab. 7. fig. 47. —*Hist. ins.* tab. 8. fig. 2.

SCHAEFF. *Icon.* tab. 155. fig. 6, 7.

Blatta orientalis. SCHRANK. *Enum. ins. aust.* n°. 457.

Blatta orientalis, FOURC. *Ent. pag.* 177. n°. 1.

Elle a environ dix lignes de long & cinq de large. Elle est par-tout de couleur brune, plus ou moins foncée. Les antennes sont sétacées, & un peu plus longues que le corps: elles sont composées d'un nombre considérable d'articles courts, peu distincts. M. Geoffroy en a compté jusqu'à quatre-vingt-quatorze. La tête est comme dans toutes les autres espèces, petite & presqu'entièrement cachée sous le corcelet. Les élytres sont d'une couleur un peu plus claire que le reste du corps: elles sont d'un tiers plus courtes que l'abdomen; dans les mâles; mais les femelles n'ont ni ailes, ni élytres; on leur apperçoit seulement les moignons de celles-ci, lorsqu'elles sont dans leur état parfait. Les pattes postérieures, & sur-tout les jambes, sont beau-

coup plus longues que les antérieures, & elles sont très-épineuses. L'abdomen est terminé par deux appendices, de plus d'une ligne de longueur, un peu comprimées, composées de plusieurs anneaux, & terminées en pointe.

Ces *Blattes* se servent peu de leurs ailes, mais elles courent avec beaucoup de célérité; elles habitent les maisons, & sur-tout les cuisines & les boulangeries : elles se cachent pendant le jour dans les fentes des murs & des planchers, sous des hardes, derrière des meubles, &c. Elles sortent pendant la nuit de leur retraite & se répandent par-tout. Elles rongent & dévorent toutes sortes de provision, mais principalement le pain, la farine, & les substances douces & sucrées. Elles attaquent quelquefois les vieux souliers & les habits de laine. J'ai dit plus haut que Scopoli rapporte que la fumée de charbon de pierre & la racine de Nymphea, cuite avec du lait, les fait périr ou les éloigne.

Elle se trouve dans le Levant & presque toute l'Europe.

22. BLATTE à ceinture.

BLATTA cincta. FAB.

Blatta flavescens thoracis elytrorumque marginibus albis. FAB. *Mant. ins. tom.* 1. p. 226. n°. 17.

Elle ressemble beaucoup à la précédente pour la forme & la grandeur. Son corps est jaunâtre en-dessus & noirâtre en-dessous. Le corcelet est arrondi avec le bord antérieur & les deux latéraux blancs. Les élytres ont leur bord également blanc, à leur base. Les pattes sont blanchâtres.

Elle varie; elle a quelquefois les élytres plus longues que le corps, & d'autres fois plus courtes que lui.

Elle se trouve en Amérique.

23. BLATTE livide.

BLATTA livida. DEG.

Blatta fusca, corpore subtus pedibusque fulvo-griseis, alis longitudine abdominis. DEG. *Mém. tom.* 3. p. 538. n°. 4. pl. 44. fig. 6.

Blatte brune, à pattes & le dessous du corps d'un gris roussâtre, à ailes de la longueur du corps. DEG. *ib.*

Elle a huit lignes de long, & quatre de large. Sa figure est ovale-alongée. Les antennes sont déliées & presque de la longueur de tout le corps. Le corcelet, dont le bord postérieur se termine en pointe, est de la même largeur que le devant du corps. La couleur de cet insecte est brune, un peu roussâtre, sur le corcelet & les élytres; elle est pâle ou d'un gris roussâtre, sur la tête, le dessous du corps & les pattes; mais celle du ventre est un peu plus obscure, & les épines des jambes sont d'un brun foncé.

Elle se trouve à Surinam.

24. BLATTE rouffe.

BLATTA rufa. DEG.

Blatta oblonga rufa, pedibus teftaceis ; alis abdomine longioribus. DEG. *Mém. tom.* 3. *p.* 539. *n°.* 5. *pl.* 44. *fig.* 7.

Blatte oblongue rouffe, à pattes fauves, dont les ailes font plus longues que le corps. DEG. *ib.*

Cette *Blatte* n'eft pas difficile à diftinguer ; fa figure eft oblongue, & delargeur prefqu'égale partout. Elle eft longue de neuf & large de trois lignes ; mais dans cette mefure font comprifes les élytres & les ailes, qui ont le double de la longueur de l'abdomen. Le corcelet eft prefque arrondi, & de même largeur que la bafe des élytres. Tout le deffus du corps eft roux, & le deffous eft noirâtre. Les ailes font d'un roux très-clair, & les pattes font fauves. Les appendices de l'abdomen font noires.

Elle fe trouve à Surinam.

25. BLATTE grife.

BLATTA grifea. DEG.

Blatta oblonga cinereo-grifea, punctis aliquot fufcis minutiffimis. DEG. *Mém. tom.* 3. *p.* 540. *n°.* 7. *pl.* 44. *fig.* 9.

Blatte oblongue d'un gris cendre, à quelques petits points bruns. DEG. *ib.*

Elle a environ dix lignes de long & quatre de large. Les antennes font d'un brun jaunâtre, & un peu courtes que le corps. Le corcelet eft prefque arrondi, d'une couleur grife-cendrée, avec deux points obfcurs, placés vers fa partie poftérieure. Les élytres font plus longues que l'abdomen & diminuent de largeur vers leur extrémité ; elles font grifes & parfemées de petits points bruns. Le ventre a tout le long des côtés deux rangées de points obfcurs.

Elle fe trouve à Surinam.

26. BLATTE à bandelettes.

BLATTA picta. FAB.

Blatta atra, elytris vitta fanguinea. FAB. *Mant. inf. tom.* 1. *p.* 226. *n°.* 18.

DRURY. *Illuft. inf. tom.* 3. *tab.* 50. *fig.* 3.

Elle eft petite & de figure ovale. Les antennes font noires. La tête eft brune & cachée fous le corcelet. Le corcelet eft orbiculaire, avec le bord antérieur jaunâtre. Les élytres font noires, avec une raie d'un rouge de fang, qui defcend depuis leur bafe jufqu'à leur extrémité. Les pattes font noires & épineufes.

Elle fe trouve au Brefil.

27. BLATTE variée.

BLATTA variegata. FAB.

Blatta thorace flavefcente, elytris teftaceis apice nigris. FAB. *Syft. entom. p.* 273. *n°.* 13. —*Spec. inf. tom.* 1. *p.* 344. *n°.* 15.

Elle eft de la grandeur de la *Blatte laponne.* Les antennes font noires. La tête eft noire, avec la partie poftérieure jaune. Le corcelet eft jau-

nâtre. Les élytres & les ailes font d'un rouge de briques, & leur extrémité eft noire. La poitrine eft très-noire. L'abdomen eft noir, avec le bord & quatre bandes jaunes, lefquelles ne vont pas atteindre le bord. Les pattes font très-noires, & les jambes fauves.

Elle fe trouve dans la Nouvelle-Hollande.

28. BLATTE laponne.

BLATTA laponica. LIN.

Blatta flavefcens elytris nigro maculatis. LIN. *Syft. nat. p.* 688. *n°.* 8. —*Faun. fucc.* n°. 863.

Blatta laponica. FAB. *Syft. entom. pag.* 273. *n°.* 14. —— *Spec. inf. tom.* 1. *pag.* 344. *n°.* 16.

Blatta flavefcens, elytris ad angulum acutum ftriatis. GEOFF. *Inf. tom.* 1. *p.* 381. *n°.* 3.

La *Blatte* jaune. GEOFF. *ib.*

Blatta nigro-fufca, thoracis margine elytrifque dilute grifeis nigro maculatis. DEG. *Mém. tom.* 3. *p.* 533. *n°.* 2. *pl.* 25. *fig.* 8, 9 & 10.

Blatte de Laponie d'un brun noirâtre, à corcelet bordé de gris clair, & à étuis du même gris, tachetés de noir. DEG. *ib.*

Blatta fylveftris. SCOP. *Entom. carn. n°.* 314. SULZ. *Hift. inf. tab.* 8. *fig.* 3.

SCHAEF. *Elem. inf. tab.* 26. *fig.* 2. — *Icon. inf. tab.* 88. *fig.* 2, 3.

Blatta laponica. SCHRANK. *Enum. inf. auft. n°.* 458.

Blatta laponica. FOURC. *Ent. par. pag.* 178. *n°.* 3.

Elle a environ cinq lignes de long & deux de large. Le corps eft noir & luifant. Les antennes font noires & de la longueur du corps. Le corcelet eft noir, avec les bords d'un jaune grifâtre, un peu livide : il eft rarement entièrement d'un jaune grifâtre. Les élytres font d'un gris brun, plus ou moins foncé, avec quelques points ou taches noires. On y apperçoit au milieu une ftrie longitudinale, élevée, de laquelle partent, de chaque côté, plufieurs ftries élevées, obliques, repréfentant, en quelque forte, comme le remarque M. Geoffroy, les barbes d'une plume. Les ailes font noirâtres & de la longueur des élytres. L'abdomen eft plus court que les ailes & les élytres, & il y a quelquefois une très-légère bordure jaunâtre. Les pattes font brunes, un peu livides.

Elle fe trouve en Europe, dans les bois.

Linné remarque que cet infecte fe trouve dans les cabanes des Lapons, en fi grand nombre, qu'il dévore fouvent, dans un feul jour, les poiffons que ce peuple fait fécher pour lui fervir de nourriture. M. Geoffroy dit auffi qu'il fe trouve à Paris, dans les boulangeries, où il mange très-bien la farine.

29. BLATTE pâle.

BLATTA pallida. NOB.

Blatta pallide-lutea immaculata, oculis nigris. NOB.

Il ne faut pas confondre cette *Blatte* avec la précédente, quoiqu'elle lui reſſemble un peu pour la forme & la grandeur. Celle-ci eſt un peu moins alongée. Tout le corps eſt d'une couleur jaune, pâle, ſans aucune tache; les yeux ſeuls ſont noirs; les antennes ſont un peu plus longues que le corps.

Elle ſe trouve très-communément dans les bois aux environs de Paris & dans les provinces méridionales de la France. Elle court avec la plus grande célérité.

30. BLATTE germanique.
Blatta germanica. LIN.
Blatta livida, corpore flaveſcente thorace lineis duabus nigris parallelis. LIN. *Syſt. nat.* p. 688. n°. 9.
Blatta germanica. FAB. *Syſt. ent.* pag. 273. n°. 15. —— *Spec. inſ. tom.* 1. pag. 344. n°. 17.

Elle eſt de la grandeur de la *Blatte laponne.* Son corps eſt jaunâtre; le corcelet & les élytres ſont d'un jaune livide. On voit ſur le corcelet deux lignes longitudinales, larges, noires & parallèles; ce qui la diſtingue de la précédente, dont le corcelet eſt toujours ſans taches.

Elle ſe trouve en Allemagne.

31. BLATTE fuligineuſe.
Blatta deuſta. THUNB.
Blatta fuſca, capite elytrorumque baſi ruſis. NOB.
Blatta fuſca, immaculata, capitis hemilytrorumque baſibus ruſis. THUNB. *Nov. ſpec. inſ. diſſ.* 4. P. 77.

Elle eſt un peu plus grande que la *Blatte germanique.* La tête & les mandibules ſont rouges, avec la lèvre ſupérieure très-noire. Les antennes ſont noirâtres & un peu plus courtes que le corps. Le corcelet eſt noir & aſſez plat. Les élytres ſont rouſsâtres à leur baſe & à leur bord extérieur, vers la baſe; elles ſont enſuite noirâtres, comme brûlées; elles ſont réticulées & un peu plus longues que le corps. L'abdomen eſt noir, glabre, avec le bord des anneaux légérement rouſsâtre. Les pattes ſont noires & garnies de poils & d'épines rouſsâtres.

Elle ſe trouve au cap de Bonne-Eſpérance.

32. BLATTE corcelet roux.
Blatta ruficollis. FAB.
Blatta thorace ferrugineo, corpore pallide teſtaceo. FAB. *Mant. inſ. tom.* 1. p. 216. n°. 22.

Elle reſſemble, pour la forme & la grandeur, à la *Blatte germanique.* Tout le corps eſt d'un rouge de briques pâle. Les yeux ſont noirs. Le corcelet eſt glabre, liſſe, ferrugineux, ſans taches.

Elle ſe trouve aux Indes orientales.

33. BLATTE tachetée.
Blatta maculata. FAB.
Blatta thorace nigro, margine albido; elytris pallidis nigro maculatis. FAB. *Spec. inſ. append.* pag. 501. —— *Mant. inſ. tom.* 1. pag. 216. n°. 23.
Blatta maculata. Naturf. 15, 89. *tab.* 3. *fig.* 17, 18.

Cet inſecte n'eſt peut-être qu'une variété de la *Blatte.* laponne. Elle eſt un peu plus grande; le corcelet eſt noir & bordé de blanc, & les élytres ſont pâles avec des taches noires.

Elle ſe trouve en Allemagne.

34. BLATTE marginée.
Blatta marginata. FAB.
Blatta nigra, thorace rufo albo marginato; elytris nigris, limbo albo. FAB. *Spec. inſ. append.* pag. 501. —— *Mant. inſ. tom.* 1. pag. 216. n°. 24.
Blatta marginata. Naturf. 15, 88. *tab.* 3. *fig.* 16.

Elle eſt de la grandeur de la *Blatte germanique.* Tout le corps eſt noir en-deſſous. Le corcelet eſt roux & bordé de blanc. Les élytres ſont noires avec le bord blanc.

Elle ſe trouve en Italie.

35. BLATTE alongée.
Blatta oblongata. LIN.
Blatta oblonga, livida, thorace punctis duobus lunulaque nigris. LIN. *Syſt. nat.* pag. 689. n°. 10.
Blatta oblongata. FAB. *Spec. inſ. tom.* 1. p. 345. n°. 18.
Blatta oblonga flavo-teſtacea, thorace faſcia punctiſque duobus lunulaque nigris. DEG. *Mém. tom.* 3. p. 541. n°. 9. *pl.* 44. *fig.* 11.

Blatte alongée, d'un jaune fauve, à raie, & deux points noirs ſur le corcelet, & à antennes noires, très-velues. DEG. *ib.*

Elle eſt étroite & alongée; elle a cinq lignes de long & un peu moins de deux lignes de large. Les antennes ſont noires, avec l'extrémité jaune, très-velues & de la longueur de la moitié du corps; elles paroiſſent en maſſe, mais cette groſſeur, ſelon De Geer, n'eſt produite que par un grand nombre de poils noirs, arrangés en broſſe ou en bouquet autour de l'antenne, à quelque diſtance de ſon extrémité, qui eſt liſſe ou ſans poils. La couleur de cet inſecte eſt d'un jaune d'ocre, un peu fauve, ſur le corcelet, le corps & les pattes. La tête eſt noire, avec les yeux jaunes. On voit ſur le corcelet deux points noirs, placés à côté l'un de l'autre, & par derrière, tout près du bord poſtérieur, une raie un peu courbée, également noire. Dans quelques individus ces deux points noirs ſont un peu plus grands & comme joints

joints

joints enſemble. A la partie inférieure des quatre cuiſſes poſtérieures, on voit une tache noire. Les appendices de l'abdomen ſont grandes, larges & d'un brun obſcur.

Elle ſe trouve à Surinam.

36. BLATTE nitidule.

Blatta nitidula. FAB.

Blatta thorace ferrugineo ; elytris cyaneis. FAB. *Spec. inſ. tom.* 1. p. 345 n°. 19.

Elle eſt petite & luiſante ; les antennes ſont noires depuis la baſe juſqu'au milieu, & enſuite blanches juſques vers leur extrémité. La tête eſt très-noire, avec une bande blanche à la bouche. Le corcelet eſt luiſant, ferrugineux, avec une tache noire à la baſe. Les élytres ſont bleues & ſans taches. L'abdomen eſt obſcur, & les pattes pâles.

Elle ſe trouve à Surinam.

37. BLATTE pygmée.

Blatta minutiſſima. DEG.

Blatta ovata nigro-fuſca ; antennis brevioribus, thoracis lateribus albis hyalinis. DEG. *Mém. tom.* 3. *pag.* 542. *n°.* 10. *pl.* 44. *fig.* 13 *&* 14.

Blatte *très-petite* ovale d'un brun noirâtre, à courtes antennes, & dont les bords du corcelet ſont blancs & tranſparens. DEG. *ib.*

Cette *Blatte* eſt très-petite ; elle n'a guères que deux lignes de long & une ligne de large. Elle eſt ovale & d'une couleur brune, luiſante. Les antennes ſont noirâtres, filiformes, compoſées de pluſieurs articles grenus, légèrement velus. La plaque du corcelet eſt circulaire, & ſes bords latéraux ſont blancs & tranſparens. Les élytres ſont aſſez dures & les ailes ſont pliées, & d'une couleur brune claire. Les pattes ſont brunes & épineuſes.

Elle ſe trouve à Cayenne, à Surinam.

BOMBILLE, *BOMBYLIUS.* Genre d'inſectes de l'Ordre des Diptères.

Les *Bombilles* ſont des inſectes qui ont deux ailes nues, veinées ; deux balanciers ; deux antennes courtes, filiformes ; le corps ordinairement très-velu, aſſez court ; enfin les pattes longues & très-minces.

Ce genre a été confondu avec celui de l'Aſile par M. Geoffroy, qui n'en a décrit qu'une ſeule eſpèce ; mais il a été ſéparé par tous les autres auteurs, & donné ſous le nom de *Bombille, Bombylius.*

Ces inſectes ont beaucoup de rapports avec les Aſiles & avec les Empis ; mais indépendamment des caractères diſtinctifs qu'offrent les antennes, la trompe & les pattes, les *Bombilles* ont un air qui leur eſt propre, & qui les fait aiſément reconnoître. Leur corps eſt couvert de poils longs, fins & très-ſerrés, qui le font paroître bien plus gros qu'il ne l'eſt effectivement. Leur bouche eſt pourvue

d'une trompe mince, déliée, très-longue, portée droite en avant, & telle qu'on ne la voit dans aucun autre inſecte ; & les pattes ſont longues, déliées, comme celles des Couſins & des Tipules.

Les antennes des *Bombilles* reſſemblent beaucoup à celles des Aſiles ; mais ſi on y fait attention, on y trouvera des différences remarquables. Celles des *Bombilles*, à-peu-près de la longueur de la tête, ſont compoſées de trois articles, dont le premier eſt gros, aſſez long, ou preſque cylindrique ; le ſecond eſt court & preſque globuleux, & le troiſième, auſſi long, & même un peu plus long que le premier, eſt un peu plus mince & va en diminuant d'épaiſſeur juſqu'à ſon extrémité. Il n'eſt point en maſſe, ni terminé par un filet long & ſétacé, comme dans la plupart des Aſiles.

La tête eſt courte, large, à-peu-près ſemblable à celle des Taons & des Mouches : elle a deux grands yeux à réſeau, très-rapprochés l'un de l'autre à ſa partie ſupérieure. Les trois petits yeux liſſes ſont placés à l'angle poſtérieur des grands yeux à réſeau.

La trompe, dans la plus grande partie de ces inſectes, eſt preſque de la longueur de leur corps. L'inſecte la porte droite en avant, & elle paroît comme un filet mince, délié & pointu : elle eſt implantée dans une cavité qui ſe trouve au-devant de la tête, un peu au-deſſous des antennes. Elle eſt compoſée de cinq pièces, qu'on peut ſéparer facilement lorſque l'inſecte eſt vivant ou ſuffiſamment ramolli à la vapeur de l'eau. On y voit deux pièces aſſez grandes, dont l'une ſert de gaîne, l'autre contient trois filets très-déliés. La plus grande & la plus longue eſt celle qui ſe trouve en-deſſous, c'eſt la ſeule qui paroît lorſque l'inſecte ne fait pas uſage de ſa trompe ; elle eſt creuſée en gouttière tout le long de ſa partie ſupérieure, & elle eſt bifide ou diviſée en deux à ſon extrémité, ce qui diſtingue ce genre de ceux de l'Empis & de l'Aſile, dont la pièce inférieure eſt entière. L'autre pièce, placée ſur celle-ci, eſt beaucoup plus courte ; elle eſt mince, aplatie, déliée, & terminée en pointe très-fine ; elle fait l'office de lèvre, & ſert à contenir les ſoies dans la gouttière ou cannelure de la pièce inférieure. Les ſoies qui forment, à proprement parler, le ſuçoir, ſont au nombre de trois ; ce ſont des filets très-minces & très-fins, d'inégale longueur ; les deux latéraux ſont un peu plus courts que la pièce ſupérieure ; celui du milieu eſt ordinairement un peu plus long qu'elle, mais il eſt toujours plus court que la pièce inférieure.

De chaque côté de la baſe de la trompe, on remarque deux petites antennules très-velues, très-courtes, & compoſées de trois articles peu diſtincts.

Le corps eſt en général large, raccourci, & couvert, dans preſque toutes les eſpèces, de poils très-longs, très-fins & très-ſerrés.

Les ailes dépaſſent le corps ; elles ſont aſſez longues, étroites & chargées de nervures aſſez fines.

Lorſqu'il eſt en repos, l'inſecte les tient étendues & un peu éloignées du corps.

Les balanciers ſont deux petits filets très-minces, & terminés par un petit bouton, placés à une petite diſtance de la baſe inférieure & poſtérieure de l'aile, & cachés parmi les poils, dont le corps de l'inſecte eſt couvert.

Les pattes ſont longues, minces & déliées, ſouvent garnies de poils longs & roides. Les tarſes ſont compoſés de cinq articles cylindriques, dont le premier eſt très-long; le troiſième eſt plus court que le ſecond, & le quatrième eſt le plus court de tous; le dernier, un peu plus long que celui-ci, eſt terminé par deux petits crochets, au-deſſous deſquels il y a deux petites pelottes qui ſervent à l'inſecte à ſe cramponner ſur les corps les plus liſſes & les plus polis.

Les larves des *Bombilles* ont échappé juſqu'à préſent à la recherche des entomologiſtes. Nous ne connoiſſons point encore leur forme & leur manière de vivre.

Les *Bombilles* ſont très-vifs & très-agiles: ils prennent preſque toujours leur nourriture en volant & ſans ſe poſer. On les voit planer & introduire dans les fleurs leur longue trompe, afin d'en retirer les ſucs mielleux qui y ſont contenus, & dont ils font leur unique nourriture. Ils paſſent ſucceſſive-ment & avec la plus grande rapidité d'une fleur à l'autre ſans s'y arrêter, faiſant entendre par le moyen de leurs ailes, un bruit pareil à celui des Abeilles-Bourdons & de la plupart des Diptères. C'eſt ſans doute ce bourdonnement qui leur a fait donner, par les entomologiſtes anciens, le nom de *Bombylius*.

Nous avons diviſé ce genre en deux familles. La première comprend toutes les eſpèces dont le corps eſt plus ou moins couvert de poils longs & très-fins. Nous avons placé dans la ſeconde les eſpèces dont le corps eſt ſimplement recouvert d'un duvet court & ſerré. La forme du corps de ces dernières paroît, au premier coup-d'œil, différer un peu de celle des autres *Bombilles*, & les rapprocher au contraire des Taons: mais avec un peu d'attention, on verra que la ſeule différence qui ſe trouve entr'eux, c'eſt que les uns ſont très-velus, & que les autres ont le corps preſque liſſe. D'ailleurs, la trompe a la même forme, la même direction, & le même nombre de pièces; les antennes ſont les mêmes; les antennes ne diffèrent pas; enfin, leur manière de vivre eſt tout à fait ſemblable: tous ſe nourriſſent du ſuc mielleux contenu dans les fleurs; aucun n'attaque les animaux pour les piquer & leur ſucer le ſang, comme le pratiquent les Taons.

BOMBILLE.

BOMBYLIUS. LIN. FAB.

ASILUS. GEOFF.

CARACTERES GÉNÉRIQUES.

ANTENNES de la longueur de la tête, compofées de trois articles, dont le premier eft prefque cylindrique, le fecond globuleux, & le troifième alongé & terminé en pointe.

Trompe longue, mince, déliée, portée droite en avant, compofée de cinq pièces, dont l'inférieure eft bifide.

Deux antennules courtes, compofées de trois articles, & inferées à la bafe latérale de la trompe.

Pattes minces & déliées.

Corps fouvent très-velu.

ESPÈCES.

PREMIERE FAMILLE	3. BOMBILLE ponctué.
Corps velu.	*Corps couvert de poils roufsâtres; ailes avec des taches & des points noirs.*
1. BOMBILLE Bichon.	
	4. BOMBILLE moucheté.
Corps couvert de poils fins, gris-fauves; ailes moitié noires, moitié tranfparentes, finuées.	*Corps cendré, noir poftérieurement; ailes tachetées de noir.*
2. BOMBILLE mi-parti.	5. BOMBILLE immaculé.
Corps couvert de poils cendrés; ailes moitié noires, moitié tranfparentes, égales.	*Corps couvert de poils roufsâtres; ailes tranfparentes, fans taches.*

BOMBILLES. (Insectes).

6. BOMBILLE cul-blanc.

Corps roux-cendré ; extrémité de l'abdomen blanchâtre ; ailes obscures à leur base.

7. BOMBILLE dorsal.

Roux cendré ; abdomen brun, avec une petite croix & deux taches blanches.

8. BOMBILLE roussâtre.

Corps entièrement couvert de poils roux ; ailes avec une tache rousse à leur base, bordée de brun.

9. BOMBILLE nain.

Corps couvert de poils jaunâtres ; trompe & pattes noires ; ailes obscures à leur base.

10. BOMBILLE cuivreux.

Noir, peu velu ; lobe antérieur du corcelet fauve ; abdomen cuivreux, avec une rangée de points fauves.

11. BOMBILLE noir.

Très-noir, peu velu ; abdomen avec trois rangées de points blancs ; ailes noirâtres à leur base.

12. BOMBILLE tacheté.

Noir ; partie antérieure du corcelet & partie postérieure de l'abdomen blanches ; ailes noires à leur base.

13. BOMBILLE obscur.

Noir, sans taches ; ailes obscures, noires à leur base.

14. BOMBILLE courte-trompe.

Noir & couvert de poils roussâtres ; tête obscure ; trompe plus courte que le corcelet.

15. BOMBILLE maure.

Noir & couvert de poils obscurs ; antennes poileuses ; trompe de la longueur de la tête.

16. BOMBILLE agile.

Corps couvert de poils gris ; ailes blanches, transparentes, de la longueur de l'abdomen.

17. BOMBILLE gris.

Corps couvert de poils gris ; corcelet avec deux lignes blanches ; ailes transparentes, avec deux points & la base noirâtres.

18. BOMBILLE verdâtre.

Corps couvert de poils verdâtres ; trompe courte ; ailes transparentes, sans taches.

19. BOMBILLE cendré.

Corps couvert de poils cendrés ; ailes obscures ; trompe à peine de la longueur du corcelet.

20. BOMBILLE morio.

Noir, entièrement couvert de poils obscurs ; ailes moitié noires, moitié transparentes.

21. BOMBILLE bossu.

Corps couvert d'un duvet cotonneux, gris, argenté ; corcelet élevé ; ailes transparentes.

22. BOMBILLE pygmée.

Corcelet noirâtre, blanc à sa partie antérieure & postérieure ; ailes moitié noires, moitié transparentes, avec quelques points noirs.

23. BOMBILLE versicolor.

Corps couvert de poils cendrés ; tête & pattes noires ; ailes blanches, transparentes.

BOMBILLES. (Insectes).

DEUXIEME FAMILLE.

Corps pubescent.

24. BOMBILE tabaniforme.

Brun, couvert d'un léger duvet roussâtre ; abdomen avec une large raie grise, peu marquée ; trompe de la longueur du corcelet.

25. BOMBILLE trompette.

Noirâtre ; abdomen avec le bord des an-neaux cendré ; trompe mince, déliée, de la longueur du corps.

26. BOMBILLE mauritanique.

Noir, couvert d'un léger duvet ferrugineux ; abdomen avec une tache noire sur le second anneau ; trompe de la longueur du corps.

27. BOMBILLE barbu.

Brun ; abdomen roux à sa base, avec deux taches noires, & une bande blanche interrompue ; trompe de la longueur du corcelet.

PREMIÈRE FAMILLE.

Corps velu.

2. BOMBILLE Bichon.

BOMBYLIUS *major*. LIN.
Bombylius alis dimidiato nigris. LIN. *Syſt. nat.*
p. 1009. n°. 1. —*Faun. ſuec.* n°. 1918.
Bombylius major alis dimidiato nigris ſinuatis.
FAB. *Syſt. entom.* p. 802. n°. 1. —*Spec. inſ. tom.* 2.
p. 472. n°. 1.
Aſilus lanigerus, alarum baſi fuſca. GEOFF. *Inſ.*
tom. 2. p. 466. n°. 1.

Le Bichon. GEOFF. *ib.*
Bombylius variegatus niger, villis griſeis, alis
dimidiato-fuſcis & hyalinis. DEG. *Mém. tom.* 6. p.
268. n°. 1. pl. 15. fig. 10.

Bombille à ailes panachées noir, à poils gris,
dont les ailes font moitié brunes & moitié dia-
phanes, DEG. *ib.*
Muſca bombyliformis denſe piloſa nigra; abdo-
mine obtuſo ad latera rufo. RAI. *Inſ.* p. 273.
MOUFF. *Theat. inſ.* p. 65. fig. 5.
REAUM. *Mém. inſ. tom.* 4. pl. 8. fig. 11, 12, 13.
SCHAEFF. *Icon. inſ. tab.* 79. fig. 5.
Bombylius major. SCHRANK. *Enum. inſ. auſt.*
n°. 1002.
Aſilus lanigerus. FOURC. *Ent. par.* p. 458. n°. 1.

Il a de cinq à ſix lignes de long. Son corps
eſt court, large, noir, & couvert de poils d'un
gris rouſſâtre, longs, fins & ſerrés. Les antennes
ſont noires, & un peu plus longues que la tête.
La trompe eſt noire, preſque de la longueur
du corps, & un peu recourbée à ſon extrémité.
Les ailes ſont longues & aſſez étroites : elles ſont
moitié noires & moitié tranſparentes : le noir ſe
trouve à la partie extérieure : il ne s'étend pas juſqu'à l'extrémité de l'aile, & il paroît un peu ondé.
Les nervures de toute l'aile ſont noires. Les balanciers ſont petits, noirâtres, & cachés parmi les
poils. Les pattes ſont longues, minces, déliées,
d'une couleur cendrée, & chargées d'épines longues
très-fines & noires. Les tarſes ſont noirs.
Cet inſecte ſe trouve aſſez communément dans
toute l'Europe.

2. BOMBILLE mi-parti.

BOMBYLIUS *æqualis.* FAB.
Bombylius alis dimidiato nigris æqualibus. FAB.
Spec. inſ. tom. 2. p. 473. n°. 2.

Il reſſemble un peu au précédent, mais il eſt
une fois plus petit. Tout ſon corps eſt couvert
de poils cendrés. Les ailes ſont tranſparentes, &
ont une large raie noire, droite, égale, & non
pas ondée comme dans le Bichon, qui part de la
baſe & deſcend tout le long du bord extérieur.
On le trouve dans l'Amérique ſeptentrionale.

3. BOMBILLE ponctué.

BOMBYLIUS *medius.* LIN.
Bombylius alis fuſco punctatis, corpore flaveſcente
poſtice albo. LIN. *Syſt. nat.* p. 1009. n°. 2.

Bombylius medius. FAB. *Syſt. ent.* p. 802, n°. 2.
—*Spec. inſ. tom.* 2. p. 473. n°. 3.
Bombylius punctatus niger, villis fulvis, alis
fuſco punctatis. DEG. *Mém. tom.* 6. p. 269. n°. 2.
pl. 15. fig. 12.

Bombille à ailes ponctuées noir à poils fauves,
dont les ailes ſont piquées de points bruns. DEG. *ib.*
PETIV. *Gazoph. tab.* 36. fig. 5.
Bombylius medius. SCOP. *Entom. carn.* n°. 1019.
Bombylius medius. SCHRANK. *Enum. inſ. auſt.*
n°. 1003.
SCHAEFF. *Elem. entom. tab.* 27. fig. 1. —*Icon.*
inſect. tab. 78. fig. 3.

Cet inſecte reſſemble au *Bombille* Bichon, mais
il eſt un peu plus grand, & les poils qui couvrent
tout le corps ſont d'une couleur rouſſâtre. Les
antennes & la trompe ſont noires, & les pattes
brunes. Les ailes ſont moitié obſcures, moitié tranſparentes, & parſemées de points obſcurs, de différente grandeur, placés à la jonction des nervures,
ce qui les fait paroître tachetées ou pointillées.

Il ſe trouve en Europe.

4. BOMBILLE moucheté.

BOMBYLIUS *capenſis.* LIN.
Bombylius alis nigro maculatis, corpore cineraſ-
cente; poſtice nigro. LIN. *Syſt. nat.* p. 1009. n°.
3. —*Muſ. Lud. Ulr.* p. 423. n°. 1.
Bombylius capenſis. FAB. *Syſt. entom.* p. 803.
n°. 3. —*Spec. inſ. tom.* 2. p. 473. n°. 4.

Il eſt un peu plus petit que le *Bombille* ponctué,
à qui il reſſemble d'ailleurs un peu. Son corps eſt
couvert de poils gris; mais la partie poſtérieure
de l'abdomen eſt couverte de poils noirâtres. La
trompe eſt à-peu-près de la longueur de la moitié
du corps. Les ailes reſſemblent à celles du *Bom-*
bille ponctué, mais les points noirâtres qu'on y
voit ſont beaucoup plus gros, & ils y forment
autant de taches.
On le trouve au cap de Bonne-Eſpérance.

6. BOMBILLE immaculé.

BOMBYLIUS *minor.* LIN.
Bombylius alis immaculatis. LIN. *Syſt. nat.* p.
1009. n°. 4. —*Faun. ſuec.* n°. 1920.
Bombylius minor alis immaculatis, corpore fla-
veſcente hirto, pedibus teſtaceis. FAB. *Syſt. entom.*
p. 803. n°. 4. —*Spec. inſ. tom.* 2. p. 473. n°. 5.
PETIV. *Gazoph. tab.* 42. fig. 9.
SCHAEFF. *Icon. inſ. tab.* 46. fig. 9.
Bombylius major. SCOP. *Entom. carn.* n°. 1018.
Bombylius minor. SCHRANK. *Enum. inſ. auſt.*
n°. 1004.

Il varie beaucoup pour la grandeur; mais il
eſt néanmoins toujours plus petit que le *Bombille*
Bichon. Son corps eſt noir, & tout couvert de poils
longs, ſerrés, de couleur un peu rouſſe. La trompe
eſt noire & preſque de la longueur du corps. Les
ailes ſont tranſparentes, ſans taches, mais très-légérement lavées de brun à leur baſe.

Il ſe trouve en Europe.

6. BOMBILLE cul-blanc.

BOMBYLIUS *analis*. NOB.

Bombylius rufefcens, ano albo, alis bafi fufceis. NOB.

Il diffère du *Bombille* Bichon, auquel il reffemble beaucoup pour la forme & la grandeur, en ce que l'extrémité de l'abdomen eft couverte de poils blanchâtres, tandis que tout le corps eft couvert de poils rouffâtres; & les ailes ne font noirâtres qu'à leur bafe. La trompe eft noire, de la longueur du corps, un peu recourbée à fon extrémité. Les pattes font brunes & les tarfes noirs.

J'ai trouvé cet infecte en Provence.

7. BOMBILLE dorfal.

BOMBYLIUS *dorfalis*. NOB.

Bombylius rufefcens; abdomine fufco, albo maculato, alis bafi fufcefcentibus. NOB.

Il reffemble au *Bombille* pour la forme & la grandeur. Les antennes font noires. La trompe eft noire, prefque de la longueur du corps & peu recourbée à fon extrémité. Le corcelet eft couvert d'un duvet gris rouffâtre. L'abdomen eft d'un brun rouffâtre & peu velu. On y voit au milieu une ligne blanche, tranfverfale, & une autre ligne longitudinale, courte, qui vient de l'extrémité de l'abdomen, couper la première à angles droits, & former une efpèce de croix blanche, plus ou moins diftincte. Vers l'extrémité de l'abdomen, on remarque encore de chaque côté une tache blanche, formée par une touffe de poils. Les ailes font tranfparentes, mais un peu obfcures à leur bafe, principalement fur le bord extérieur. Les pattes font brunes & les tarfes noirâtres.

J'ai trouvé cet infecte en Provence & en Languedoc.

8. BOMBILLE rouffâtre.

BOMBYLIUS *rufus*. NOB.

Bombylius rufus, alis albis, bafi rufis. NOB.

Il eft un peu plus petit que les précédens: fa longueur eft d'environ quatre lignes. Tout le corps eft couvert d'un duvet court, rouffâtre. Les antennes font noires. La trompe eft noire, un peu recourbée à fon extrémité, & un peu plus courte que le corps. Les ailes font tranfparentes, mais elles ont une tache rouffe à leur bafe, entourée de brun. Les pattes font rouffâtres, & les tarfes obfcurs.

Cet infecte fe trouve aux Antilles. Il m'a été communiqué par M. de Badier.

9. BOMBILLE nain.

BOMBYLIUS *minimus*. FAB.

Bombylius alis bafi fufcefcentibus, corpore flavefcente hirto, roftro pedibufque nigris. FAB. Mant. Inf. tom. 2. p. 366. n°. 6.

Bombylius minor. SCOP. Entom. carn. n°. 1020.

Il a environ deux lignes & demie de long. Tout fon corps eft couvert de poils fins, d'un gris jaunâtre. Les antennes & la trompe font noires: celle-ci

eft prefque de la longueur du corps. Les yeux font bruns. Les pattes font noirâtres. Les ailes font tranfparentes, fans taches, mais très-légèrement lavées de brun à leur bafe.

On le trouve en Allemagne, en France. Il eft très-commun en Provence, en Languedoc.

10. BOMBILLE cuivreux.

BOMBYLIUS *cupreus*. FAB.

Bombylius nudiufculus niger, thoracis lobo antice fulvo; abdomine cupreo, linea dorfali punctorum fulvorum. FAB. Mant. inf. tom. 2. p. 366. n°. 7.

Il eft de grandeur moyenne. Les antennes font noires, alongées, réunies à leur bafe. La trompe eft plus courte que les antennes; elle eft fétacée & avancée en avant. Le corcelet eft noir, mais les côtés brillent d'une couleur cuivreufe, & la partie antérieure eft couverte de poils fauves. L'abdomen eft cuivreux, mais il paroît vert dans une certaine pofition: on y voit une rangée de points fauves tout le long de fa partie fupérieure. Les pattes font noires, & les cuiffes font pâles en-deffous. Les ailes font obfcures.

Il fe trouve à Cayenne.

11. BOMBILLE noir.

BOMBYLIUS *ater*. LIN.

Bombylius alis bafi femi-nigris ater; abdomine albo maculato. LIN. Syft. nat. p. 1010. n°. 5.

Bombylius ater. FAB. Syft. entom. p. 803. n°. 5. —Spec. inf. tom. 2. p. 473. n°. 6.

Bombylius ater. SCOP. Entom. carn. n°. 1021.

Bombylius ater. SCHRANK. Enum. inf. auft. n°. 1006.

SCHAEFF. Icon. inf. tab. 79. fig. 6.

Il a environ trois lignes de long. Les antennes font noires & de la longueur de la tête. La trompe eft noire, & à peine de la longueur de la moitié du corps. Le corcelet eft très-noir, un peu velu & fans taches. L'abdomen eft très-noir, plus velu fur fes bords qu'à fa partie fupérieure. On y voit deux points affez grands, un de chaque côté, vers la bafe, & trois rangées longitudinales de points blancs, vers l'extrémité. Tout le corps en-deffous eft noir. Les ailes font noires à leur bafe, principalement vers le bord externe, tout le refte eft tranfparent.

On trouve cet infecte en Allemagne & dans les provinces méridionales de la France.

12. BOMBILLE tacheté.

BOMBYLIUS *maculatus*. FAB.

Bombylius alis bafi nigris, ater, thorace antice abdomineque poftice albis. FAB. Syft. entom. pag. 803. n°. 6.—Spec. inf. tom. 2. p. 474. n°. 7.

Il reffemble au précédent pour la forme & la grandeur. Les antennes & fa trompe font noires. Le front eft couvert de poils blanchâtres. Le corcelet eft noir, & fa partie antérieure eft couverte de poils blancs, très-ferrés. L'abdomen eft noir,

& on voit à fa partie poftérieure des poils blancs, à travers lefquels brillent quelques points d'un blanc de neige. Les pattes font noires.

Cette efpèce fe trouve fur la côte de Malabar.

13. BOMBILLE obfcur.

Bombylius fufcus. FAB.

Bombylius ater immaculatus, alis fufcis. FAB. *Spec. inf. tom. 2. p. 474. n°. 8.*

Ce *Bombille* reffemble parfaitement au précédent, mais il eft tout noir & fans taches. Les ailes font noires à leur bafe & obfcures à leur extrémité.

On le trouve en Italie.

14. BOMBILLE courte-trompe.

Bombylius breviroftris. NOB.

Bombylius niger rufo hirfutus, capite nigro villofo, roftro thorace breviore. NOB.

Il a environ trois lignes de long, mais il varie un peu pour la grandeur. Son corps eft noir & couvert de poils fins, ferrés, d'une couleur rouffe très-foncée. Les antennes font noires & prefque de la longueur de la tête. Le front eft couvert de poils longs & noirâtres. La trompe eft noire, & n'a guères qu'une ligne de longueur ; l'infecte la porte droite en avant, ainfi que toutes les efpèces de ce genre. Les ailes font obfcures, principalement à leur bafe. Les balanciers font fauves. Les pattes font noirâtres, & les tarfes bruns.

Ce *Bombille* eft affez commun en Provence & en Languedoc : on le trouve aufli quelquefois aux environs de Paris.

15. BOMBILLE maure.

Bombylius maurus. NOB.

Bombylius niger, fufco hirfutus ; antennis pillofis, roftro breviffimo. NOB.

Il n'eft guères plus grand que l'efpèce précédente. Tout fon corps eft d'un noir mat, & peu velu : on voit feulement quelques poils longs & d'un roux noirâtre à la poitrine & aux parties latérales du corcelet & de l'abdomen. Les antennes font noires : le premier article eft gros, un peu renflé & couvert de poils noirâtres, affez longs; le fecond eft très-petit & arrondi; le dernier eft mince & peu alongé. La trompe eft droite en avant, & elle n'excède guères la longueur des antennes. Les ailes font un peu obfcures, principalement à leur bafe. Les pattes & les balanciers font noirs.

J'ai trouvé cet efpèce très-commune en Provence. On la rencontre aufli quelquefois aux environs de Paris.

16. BOMBILLE agile.

Bombylius agilis. NOB.

Bombylius hirfutus fulvo grifeus, alis albidis longitudine corporis. NOB.

Ce *Bombille*, long environ de quatre lignes, eft remarquable par la petiteffe de fes ailes. Les antennes font noires & un peu plus courtes que

la tête. La trompe eft noire & prefque de la longueur du corps. Les yeux font bruns. La tête & tout le corps font couverts de poils longs, fins, très-ferrés, d'un gris clair, un peu fauve. Les pattes font un peu cendrées, avec l'extrémité des jambes & les tarfes noirâtres. Les ailes font petites, de la longueur de l'abdomen, tranfparentes, avec les nervures très-fines & noirâtres.

J'ai trouvé plufieurs fois cet infecte en Provence ; il n'y eft pas rare, mais il eft très-difficile à attraper, parce qu'il vole avec la plus grande légéreté, qu'il fe pofe rarement & qu'il ne fe laiffe point approcher.

17. BOMBILLE gris.

Bombylius grifeus. FAB.

Bombylius alis albis bafi fufcis hirtus, thorace nigro, albo lineato, abdomine grifeo. FAB. *Mant. inf. tom. 2. p. 366. n°. 11.*

Il reffemble beaucoup au fuivant. Tout fon corps eft couvert de poils gris, mais moins ferrés que ceux du *Bombille* verdâtre. Le corcelet eft noir, avec deux lignes longitudinales blanches. Les ailes font tranfparentes, mais noirâtres fur le bord extérieur de leur bafe, avec deux points noirâtres au milieu de chaque.

On le trouve en Efpagne, fur les fleurs compofées.

18. BOMBILLE verdâtre.

Bombylius virefcens. FAB.

Bombylius alis albis immaculatis, corpore hirto virefcente, roftro abbreviato. FAB. *Mant. inf. tom. 2. p. 366. n°. 12.*

La trompe de cette efpèce eft à peine de la longueur de la tête. Tout le corps eft couvert de poils, fins, très-ferrés, verdâtres.

On le trouve en Efpagne, fur les fleurs.

19. BOMBILLE cendré.

Bombylius cinereus. NOB.

Bombylius niger, cinereo hirtus, alis fufcis ; roftro thorace breviori. NOB.

Il a environ quatre lignes de long. Tout fon corps eft noir & couvert de poils longs, fins & ferrés, de couleur cendrée, un peu fauve. La trompe eft noire, droite en avant, un peu plus courte que le corcelet. Les yeux font bruns. Les ailes font obfcures, principalement depuis leur bafe jufqu'au milieu du bord externe.

Je l'ai trouvé en Provence, volant de fleurs en fleurs.

20. BOMBILLE morio.

Bombylius morio. NOB.

Bombylius niger fufco hirfutus, alis dimidiato nigris. NOB.

Il eft court & affez large : il a à peine trois lignes & demie de long. Tout fon corps eft noir & couvert de poils bruns, obfcurs, longs & ferrés.

La

rés. La trompe est noire & un peu plus longue que la moitié du corps. Les antennes sont noires & un peu plus longues que la tête. Les ailes sont obscures tout le long du bord extérieur, depuis leur base jusque vers leur extrémité. Cette couleur obscure est large à la base, & va en diminuant d'épaisseur. Le reste de l'aile est transparent. Les pattes sont noirâtres.

Cet insecte se trouve en Provence, sur les fleurs.

21. BOMBILLE bossu.

Bombylius gibbosus. Nob.

Bombylius tomentosus griseus, thorace elevato gibbo, alis albis. Nob.

Ce petit *Bombille*, long environ de deux lignes & un tiers, se fait distinguer de tous les précédents par l'élévation de son corcelet. Tout son corps est couvert d'un duvet cotonneux, gris, argenté sur le devant de la tête & sur la poitrine. Les antennes sont noires & de la longueur de la tête. La trompe est noire & presque de la longueur du corps : l'insecte ne la porte pas droite en avant mais presque perpendiculaire au plan de position. Le corcelet est convexe, relevé en bosse, & la tête est un peu penchée, comme dans la plupart des Empis. Les ailes sont blanches, transparentes. Les balanciers sont plus gros que dans les autres espèces ; leur couleur est d'un jaune paille. Les pattes sont grises, & les tarses noirs.

J'ai trouvé plusieurs fois cet insecte en Provence, vers la mer. Il est très agile & très-difficile à attraper ; il vole continuellement de fleurs en fleurs, sans presque jamais s'y arrêter.

22. BOMBILLE pigmée.

Bombylius pigmæus. Fab.

Bombylius alis dimidiato punctisque nigris, thorace fusco basi apiceque albo. Fab. Spec. ins. tom. 2. p. 474. 9.

Il est très-petit. La tête est noire. Le corcelet est velu, obscur, mais blanc à sa partie antérieure & postérieure. L'abdomen est couvert de poils ferrugineux. Les ailes sont noires tout le long du bord extérieur, & elles ont en outre quelques points noirs. Les pattes sont ferrugineuses.

On le trouve dans l'Amérique Septentrionale.

23. BOMBILLE versicolor.

Bombylius versicolor. Fab.

Bombylius alis albis hirtus cinerascens, capite pedibusque atris. Fab. Mant. ins. tom. 2. p. 367. n°. 14.

Il est très-petit. Tout le corps est couvert de poils peu serrés. La trompe est noire & avancée. Le corcelet est cendré, sans taches. Les ailes sont transparentes & sans taches. L'abdomen est presque arrondi, cendré, sans taches dans les

femelles, & avec une grande tache ferrugineuse, placée à sa partie supérieure, dans les mâles.

Il se trouve à la côte de Barbarie sur les fleurs composées.

DEUXIÈME FAMILLE.

Corps pubescent.

24. BOMBILLE tabaniforme.

Bombylius haustellatus.

Bombylius fuscus, rufo pubescens ; abdominis dorso vitta obsoleta grisea, rostro thoracis longitudine. Nob.

Tabanus haustellatus *oculis fuscescentibus, abdomine atro, margine fulvo pubescente, haustello corpore dimidio breviore.* Fab. Spec. ins. tom. 2. p. 455. n°. 2.

Cet insecte & les suivans ont une forme un peu différente, au premier aspect, de celle des autres *Bombilles*. Ils ressemblent un peu aux Taons par la forme de leur corps, ce qui a sans doute engagé Linné & M. Fabricius à les placer parmi ces insectes. Mais leurs antennes, leur bouche & leurs habitudes diffèrent essentiellement de celles des Taons, & les rapprochent au contraire beaucoup de celles des *Bombilles*.

Il a depuis sept jusqu'à neuf lignes de long. Tout son corps est brun, assez large & couvert d'un duvet roussâtre, plus épais & un peu plus long sous la tête & sur la poitrine. Les antennes sont composées de trois articles, dont le premier est court, presque cylindrique & un peu courbé ; le second est très-court, presque arrondi, un peu comprimé par les deux bouts ; le troisième, plus long que les deux premiers pris ensemble, est un peu renflé à sa base, & il va en diminuant d'épaisseur, jusqu'à son extrémité ; vu à la loupe, il paroît composé de sept à huit articles. La trompe est noire & presque de la longueur du corcelet ; elle ressemble parfaitement à celles des autres *Bombilles* ; elle est composée de cinq pièces, dont l'inférieure, plus longue que les autres, est bifide à son extrémité, & creusée en gouttière, tout le long de sa partie supérieure, pour y recevoir trois soies. La pièce supérieure, destinée à contenir les soies, est à-peu-près de la longueur de celles-ci ; elle est plus large à sa base qu'à son extrémité, & elle se termine en pointe très-fine. A la base de la trompe on voit de chaque côté une petite antennule, composée de trois articles, dont le dernier, un peu plus long que les autres, est terminée en pointe. Le devant de la tête est cendré. Les yeux sont bruns. Le corcelet est couvert d'un duvet court, roussâtre. L'abdomen est ovale, un peu aplati, presque glabre ; on y voit tout autour un duvet très-court, roussâtre, & une raie longitudinale au milieu, d'une couleur grise, roussâtre, formée par des poils très-courts. Cette raie est peu marquée & ne paroît distinctement qu'à un certain jour. Les pattes font noirâtres. Les ailes font un peu étendues comme dans les autres Bombilles, & elles dépaffent le corps; elles font transparentes & légèrement lavées de roussâtre, avec leurs nervures brunes.

J'ai trouvé affez fréquemment cet infecte en Provence. Il vole, avec la plus grande agilité, de fleurs en fleurs, en retire avec fa longue trompe, le nectar qui y eft contenu, s'y arrête un inftant & paffe bientôt à une autre. Je ne lui ai jamais vu attaquer des animaux ainfi que le pratiquent les Taons.

25. BOMBILLE trompette.

BOMBYLIUS rostratus.

Bombylius fuscus, abdominis segmentis apice cinereis; roftro longitudine corporis. NOB.

Tabanus rostratus oculis fuscescentibus, roftro longitudine corporis. LIN. Syft. nat. p. 999. n°. 1. — Muf. Lud. Ulr. p. 421. n°. 1.

Tabanus rostratus. FAB. Spec. inf. tom. 2. p. 455. n°. 1.

Bombylius tabaniformis - griseus griseo - niger, fronte conico griseo, roftro longitudine corporis, abdomine fasciis griseis, DEG. Mém. tom. 6. pag. 270. n°. 14 pl. 30. fig. 9.

Bombille noir, grifâtre, à museau conique gris & à trompe de la longueur du corps, avec des bandes grifes fur le ventre. DEG. ib.

Il reffemble au précédent pour la forme & la grandeur. Sa trompe eft noire, mince, déliée, avancée en avant & de la longueur du corps. Le devant de la tête eft gris & un peu avancé fur la bafe de la trompe. Les antennes font noires, un peu plus courtes que la tête & compofées de trois articles, dont le dernier eft terminé en pointe. Le corcelet eft noir, avec des raies longitudinales, cendrées, peu marquées. La poitrine & le deffous de la tête font couverts de poils courts, ferrés, grifâtres. L'abdomen eft ovale, affez large, un peu aplati, noirâtre, avec le bord des anneaux gris & pubefcens. Les pattes font noirâtres. Les ailes font transparentes, mais légèrement lavées de brun, avec les nervures brunes.

On le trouve au cap de Bonne-Efpérance.

26. BOMBILLE mauritanique.

BOMBYLIUS mauritanus.

Bombylius niger, teftacea pubefcente, abdominis fegmento fecundo macula nigra, roftro longitudine corporis. NOB.

Tabanus mauritanus oculis nigricantibus, abdominis fecundo fegmento macula nigra, roftro corpus æquante. LIN. Syft. nat. p. 999. n°. 3.

Il eft un peu plus petit que les précédens. La trompe eft noire, mince, déliée, presque de la longueur du corps. Les yeux font d'un noir bleuâtre. Les antennes font ferrugineufes. Le corcelet eft noir & couvert de poils d'un rouge briqueté. Le premier anneau de l'abdomen eft petit & noir; le fecond eft ferrugineux, avec une tache noire au milieu; les fuivans font noirs, avec leur bord d'un rouge briqueté. Les pattes font ferrugineufes. Les ailes font transparentes, avec quelques taches noirâtres.

On le trouve fur la côte de Barbarie.

27. BOMBILLE barbu.

BOMBYLIUS barbatus.

Bombylius abdomine bafi rufo, apice nigro dorfo maculis nigris; roftro thoracis longitudine. NOB.

Tabanus barbatus oculis nigris, roftro corpore dimidio breviore. LIN. Syft. nat. p. 999. n°. 2. — Muf. Lud. Ulr. p. 421. n°. 2.

Bombylius tabaniformis-rufus fronte conico griseo, roftro longitudine thoracis, abdomine rufo fufciis binis albis apiceque nigro. DEG. Mém. tom. 6. p. 171. n°. 2. pl. 30. fig. 11.

Il a environ fept lignes de long, & il reffemble aux précédens. Les antennes font noires & plus courtes que la tête. Celle-ci eft un peu avancée fur la bafe de la trompe; elle eft grife & garnie en-deffous de poils affez longs & blanchâtres. La trompe eft noire & de la longueur de la moitié du corps de l'infecte. On y voit de chaque côté de fa bafe deux petites antennules brunes, un peu velues. Les yeux font noirs. Le corcelet eft brun & couvert de poils courts, ferrés, fauves. La poitrine eft couverte de poils plus longs que ceux du corcelet & d'une couleur grifâtre. L'abdomen eft court, large, un peu aplati : les trois premiers anneaux font ferrugineux, avec une tache noire au milieu; le bord du fecond anneau eft marqué d'une petite bande blanchâtre, interrompue : le quatrième eft noir & on y voit au bord une petite bande blanche, mieux marquée & non interrompue. Les autres font tout-à-fait noirs. Les cuiffes font noires, & les jambes & les tarfes font bruns. Les ailes ont une légère teinte de brun principalement tout le long du bord extérieur.

On le trouve au cap de Bonne-Efpérance.

FIN du quatrième volume.

TABLE
DES NOMS LATINS
CONTENUS DANS CE VOLUME.